七种重要农作物品种发展动态

|2016—2020年|

全国农业技术推广服务中心　编著

中国农业科学技术出版社

图书在版编目（CIP）数据

七种重要农作物品种发展动态：2016—2020年 / 全国农业技术推广服务中心编著. --北京：中国农业科学技术出版社，2022.9
ISBN 978-7-5116-5905-7

Ⅰ.①七… Ⅱ.①全… Ⅲ.①作物－品种－中国－2016-2020 Ⅳ.①S329.2

中国版本图书馆CIP数据核字（2022）第167121号

责任编辑　贺可香
责任校对　李向荣
责任印制　姜义伟　　王思文

出 版 者　中国农业科学技术出版社
　　　　　北京市中关村南大街12号　　邮编：100081
电　　话　（010）82106638（编辑室）　　（010）82109702（发行部）
　　　　　（010）82109709（读者服务部）
网　　址　https：// castp.caas.cn
经 销 者　各地新华书店
印 刷 者　北京大地彩印有限公司
开　　本　210 mm×297 mm　1/16
印　　张　51.5
字　　数　1 600千字
版　　次　2022年9月第1版　　2022年9月第1次印刷
定　　价　200.00元

《七种重要农作物品种发展动态》
（2016—2020年）

编审委员会

主　　任：张兴旺　魏启文
副 主 任：孙好勤　刘　信　谢　炎　杨海生
委　　员：邹　奎　王　杕　储玉军　张冬晓　陶伟国　王玉玺　邱　军
　　　　　金石桥　孙海艳　张连平　马运粮　王永波　王桂娥　王焕强
　　　　　王　峰　李洪建　李培贵　林　绿　朱建华　祁广军　冯书云
　　　　　沈　丽　何金龙　钟　玲　赵杰樑　赵月奎　张钟亿　张秀祥
　　　　　范东晟　郑洪林　杨洪明　邢海军　阎会平　康凤祥　常　宏
　　　　　徐廷波　施俊生　熊成国　蔡义东　雷　海

《七种重要农作物品种发展动态》
（2016—2020年）

编著委员会

主　编　著：刘　信　王玉玺

副主编著：陈应志　邱　军　曾　波

水稻品种执行主编著：曾　波　王　洁

小麦品种执行主编著：张笑晴　王西成

玉米品种执行主编著：白　岩　杨国航

大豆品种执行主编著：陈应志　武婷婷

棉花品种执行主编著：马泽众　许乃银

油菜品种执行主编著：张　芳　郭瑞星

马铃薯品种执行主编著：陈应志　徐建飞

编著人员（以姓氏笔画排序）：

于永红	马　铃	王　林	王天宇	王俊铎	王敬涵	王德强
卞春松	文　聃	石　洁	石　瑛	卢代华	田志国	付小琼
丛博韬	吕　汰	朱小源	朱杰华	朱香镇	伍　玲	刘　佳
刘　鹏	刘卫平	刘太国	刘胜毅	刘晓梅	刘逢举	闫　雷
闫晓艳	阮宏椿	孙国清	杜益新	杜德志	李　华	李　凯
李　超	李长辉	李凤海	李丽君	李秀萍	李春杰	李雪源
李磊鑫	杨　洁	杨子光	杨中路	杨仕华	杨志辉	杨秀荣
杨晓妮	肖春芳	肖留斌	吴宏亚	邱　强	余泽恩	沈艳芬
张君权	张招娟	陈海峰	陈福如	纳添仓	范亚明	林　玲
罗莉霞	金龙国	周　彤	周朝文	周新安	郑志鸿	赵　虹
赵仁贵	赵丽红	赵素琴	郝中娜	胡卫国	胡学旭	南张杰
钟育海	钟雪梅	段绍光	侯起岭	洪美艳	姚艳梅	夏俊辉
栾　奕	郭　灿	郭玉春	唐海涛	唐淑荣	陶金璐	龚俊义
彭　军	董志敏	喻　理	智海剑	程本义	程艳波	程晓晖
颜秀娟	潘金豹	戴常军	魏峭嵘			

前　言

　　农作物品种发展动态，是一个重大种业命题。农业现代化，种子是基础。品种决定种子的内在质量，体现种子的核心竞争力，高水平品种研发供给能力是种业振兴的主要标志。对我们这样一个人口大国和农业大国而言，农作物品种是国家粮食和重要农产品安全的基石，必须准确把握农作物品种发展动态，结合国家的战略需求和市场需求，才能有的放矢地制定促进我国农作物品种创新发展的法规、政策和措施。对品种研发单位而言，把握农作物品种发展动态，是创新选育顺应时代要求、满足市场需求品种的前提。

　　研判农作物品种发展动态，需要大样本、广范围、连续性的最新品种数据，国家品种区域试验数据，能很好地满足这一要求。"十三五"期间，全国农业技术推广服务中心按照《中华人民共和国种子法》要求，组织安排了水稻、小麦、玉米、大豆、棉花5种主要农作物国家级品种366个组、6 071个试验点次、4 362个次品种的区域试验；同时还统一组织了油菜、马铃薯品种23个组、270个试验点次、1 156个次品种的统一试验，获取了试验品种在丰产性、稳产性、适应性、抗逆性、生育期等特征特性方面的全部数据。

　　应行业期盼，全国农业技术推广服务中心在农业农村部种业管理司的大力支持下，会同有关省种子管理部门、科研院所、试验主持单位、特性鉴定单位技术人员，尝试对"十三五"期间参加国家级统一试验的水稻、小麦、玉米、大豆、棉花、油菜、马铃薯7种农作物的品种数据进行全面系统梳理，从时间和空间两个维度，深度分析这些品种的产量及其构成因子、农艺性状、品质、抗性动态变化以及审定（登记）和推广应用情况，以求客观反映近年来我国这些农作物品种发展动态，编著成了《七种重要农作物品种发展动态（2016—2020年）》一书。希望本书的出版有助于广大种子管理工作者、科研教学人员、种子企业从业者了解掌握相关农作物品种发展动态，对指导育种创新、加快种业振兴、推动现代种业发展有所助益。

　　由于这是首次尝试全面系统分析七大农作物参试品种近5年的发展动态，其专业性强、信息量大、分析难度高，加之作者水平所限，书中存在疏漏和不妥之处在所难免，敬请广大读者批评指正。

编著者

2021年12月8日

目 录

第一部分 水 稻

第一章　2016—2020年华南早籼组国家水稻品种试验 ……………………… 2

第二章　2016—2020年华南晚籼组国家水稻品种试验 ……………………… 6

第三章　2016—2020年长江上游中籼迟熟组国家水稻品种试验 …………… 11

第四章　2016—2020年长江中下游早籼早中熟组国家水稻品种试验 ……… 16

第五章　2016—2020年长江中下游早籼迟熟组国家水稻品种试验 ………… 22

第六章　2016—2020年长江中下游中籼迟熟组国家水稻品种试验 ………… 28

第七章　2016—2020年长江中下游晚籼早熟组国家水稻品种试验 ………… 34

第八章　2016—2020年长江中下游晚籼中迟熟组国家水稻品种试验 ……… 40

第九章　2016—2020年长江中下游单季晚粳组国家水稻品种试验 ………… 46

第十章　2018—2020年长江中下游麦茬稻组国家水稻品种试验 …………… 52

第十一章　2016—2020年武陵山区中籼组国家水稻品种试验 ……………… 57

第十二章　2016—2020年北方稻区国家水稻品种试验 ……………………… 63

第二部分 小 麦

第十三章　2016—2020年国家小麦品种试验概况 …………………………… 70

第十四章　2016—2020年国家冬小麦长江上游组品种试验性状动态分析 …… 83

第十五章　2016—2020年国家冬小麦长江中下游组品种性状动态分析 …… 88

第十六章　2016—2020年国家冬小麦黄淮南片水地组品种性状动态分析 …… 98

第十七章　2016—2020年国家冬小麦黄淮北片水地组品种性状动态分析 …… 105

第十八章　2016—2020年国家冬小麦黄淮旱地组品种试验性状动态分析 …… 116

第十九章　2016—2020年国家冬小麦北部水地组品种试验性状动态分析 …… 128

第二十章　2016—2020年国家冬小麦北部旱地组品种试验性状动态分析 …… 146

第二十一章　2016—2020年国家春小麦东北晚熟组品种试验性状动态分析 …… 152

第二十二章　2016—2020年国家春小麦西北水地组品种试验性状动态分析 …… 156

第二十三章　2016—2020年国审小麦品种推广情况分析 …………………… 166

第三部分 玉 米

第二十四章 2016—2020年国家玉米品种试验审定概况 ……………………………………188

第二十五章 2016—2020年北方极早熟春玉米品种试验性状动态分析 …………………216

第二十六章 2016—2020年东华北中早熟春玉米品种试验性状动态分析 …………………226

第二十七章 2016—2020年东华北中熟春玉米品种试验性状动态分析 …………………236

第二十八章 2016—2020年东华北中晚熟春玉米品种试验性状动态分析 …………………249

第二十九章 2018—2020年京津冀早熟夏玉米品种试验性状动态分析 …………………262

第三十章 2016—2020年黄淮海夏玉米品种试验性状动态分析 …………………………267

第三十一章 2016—2020年西北玉米品种试验性状动态分析 ……………………………279

第三十二章 2016—2020年西南春玉米品种试验性状动态分析 …………………………285

第三十三章 2016—2020年东南春玉米品种试验性状动态分析 …………………………292

第三十四章 2016—2020年北方（东华北）鲜食玉米品种试验性状动态分析 …………300

第三十五章 2016—2020年北方（黄淮海）鲜食玉米品种试验性状动态分析 …………316

第三十六章 2016—2020年南方（东南）鲜食玉米品种试验性状动态分析 ……………341

第三十七章 2016—2020年南方（西南）鲜食玉米品种试验性状动态分析 ……………361

第三十八章 2016—2020年青贮玉米品种试验性状动态分析 ……………………………379

第三十九章 2016—2020年爆裂玉米品种试验性状动态分析 ……………………………391

第四十章 2016—2020年国审玉米品种推广情况分析 …………………………………402

第四部分 大 豆

第四十一章 2016—2020年国家大豆品种试验概况 ……………………………………408

第四十二章 2016—2020年北方春大豆品种试验性状动态分析 …………………………418

第四十三章 2016—2020年黄淮海夏大豆品种试验性状动态分析 ………………………457

第四十四章 2016—2020年长江流域大豆品种试验性状动态分析 ………………………477

第四十五章 2016—2020年热带亚热带大豆品种试验性状动态分析 ……………………519

第四十六章 2016—2020年大豆品种推广情况分析 ……………………………………542

第五部分 棉 花

第四十七章 2016—2020年国家棉花品种试验概况 ……………………………………548

第四十八章 2016—2020年长江流域棉花品种试验性状动态分析 ………………………561

第四十九章 2016—2020年黄河流域棉花品种试验性状动态分析 ………………………590

第五十章 2016—2020年西北内陆棉花品种试验性状动态分析 …………………………638

第五十一章 2016—2020年国审棉花品种推广应用情况分析 ……………………………680

第六部分　油　菜

第五十二章　2015—2020年国家油菜品种试验概况 ………………………………694

第五十三章　2015—2020年长江上游流域冬油菜品种试验性状动态分析 …………698

第五十四章　2015—2020年长江中游流域冬油菜品种试验性状动态分析 …………713

第五十五章　2015—2020年长江下游流域冬油菜品种试验性状动态分析 …………728

第五十六章　2015—2020年黄淮海冬油菜品种试验性状动态分析 …………………743

第五十七章　2015—2020年云贵高原组冬油菜品种试验性状动态分析 ……………757

第五十八章　2015—2020年早熟组冬油菜品种试验性状动态分析 …………………769

第五十九章　2016—2020年国家登记油菜品种推广情况分析 ………………………778

第七部分　马铃薯

第六十章　　2016—2020年南方冬作组马铃薯品种试验 ……………………………788

第六十一章　2016—2020年中南早熟组马铃薯品种试验 ……………………………792

第六十二章　2016—2020年早熟中原组马铃薯品种试验性状动态分析 ……………795

第六十三章　2016—2020年中晚熟华北组马铃薯品种试验性状动态分析 …………798

第六十四章　2016—2020年中晚熟东北组马铃薯品种试验性状动态分析 …………801

第六十五章　2016—2020年中晚熟西北组马铃薯品种试验性状动态分析 …………804

第六十六章　2016—2020年中晚熟西南组马铃薯品种试验性状动态分析 …………807

第一部分　水稻

第一章 2016—2020年华南早籼组国家水稻品种试验

第一节 试验点基本概况

根据生态区划和种植区划,该类型品种试验涉及海南、福建、广东和广西。2016—2020年,设置区域试验点10个,分别是海南1个、广东5个、广西3个、福建1个(表1-1)。试验地点分布在东经108°31′~117°30′、北纬20°01′~24°18′,海拔高度为1.0~80.7m。2016—2020年,设置生产试验点5个,分别是广东2个、广西2个、福建1个(表1-2)。其中广东肇庆市农业科学研究所、广东高州市良种场、广西农业科学院水稻研究所、广西玉林市农业科学研究所生产试验点同时是区域试验点。可见,"十三五"期间国家统一水稻品种试验华南早籼类型的试验点设置数量适当、代表性良好、承试单位固定。

表1-1 2016—2020年华南早籼区域试验承试单位基本情况

承试单位	试验地点	经度(E)	纬度(N)	海拔(m)
海南省农业科学院粮食作物研究所	澄迈县永发镇	110°31′	20°01′	15.0
广东广州市农业科学研究院	广州市南沙区万顷沙镇	113°32′	22°42′	1.0
广东高州市良种场	高州市分界镇	110°55′	21°48′	31.0
广东肇庆市农业科学研究所	肇庆市鼎湖区坑口	112°31′	23°10′	22.5
广东惠州市农业科学研究所	惠州市汤泉	114°41′	23°19′	7.0
广东清远市农技推广站	清远市清城区源潭镇	113°21′	23°05′	12.0
广西农业科学院水稻研究所	南宁市	108°31′	22°35′	80.7
广西玉林市农业科学研究所	玉林市仁东	110°10′	22°38′	80.0
广西钦州市农业科学研究所	钦州市大寺基地试验田	108.43°	22.07°	23.0
福建漳州江东良种场	漳州江东郭州作业区实验地	117°30′	24°18′	10.0

表1-2 2016—2020年华南早籼生产试验承试单位基本情况

承试单位	试验地点	经度(E)	纬度(N)	海拔(m)
广东肇庆市农业科学研究所	肇庆市鼎湖区坑口	112°31′	23°10′	22.5
广东高州市良种场	高州市分界镇	110°55′	21°48′	31.0
广西农业科学院水稻研究所	南宁市	108°31′	22°35′	80.7
广西玉林市农业科学研究所	玉林市仁东	110°03′	22°38′	80.0
福建漳州市农业科学研究所	龙海区东园镇	117°34′	24°11′	4.0

第二节 国家统一水稻品种试验参试品种概况

2016—2020年华南早籼组区域试验参试品种109个(不含对照,下同),均以天优华占为对照。按品种类型分,常规稻品种25个、占比为22.9%,杂交稻品种84个、占比为77.1%。从选育单位来看,由科研(高校)单位选育的品种31个、占比为28.4%,企业选育的品种64个、占比为58.4%,科研单位和企业联合选育的品种14个、占比为12.8%(表1-3)。由此可见,"十三五"时期华南早籼水稻新育成品种呈现杂交稻为主、常规稻为辅的态势,常规稻约占1/4;企业已成为品种选育的重要力量,其育成品种数占比过半。

表1-3 2016—2020年华南早籼区域试验品种选育单位情况

类别	2016年（个）	2017年（个）	2018年（个）	2019年（个）	2020年（个）	合计（个）	占比（%）
科研单位选育	5	4	6	7	9	31	28.4
企业选育	15	11	15	12	11	64	58.7
科企联合选育	3	5	1	4	1	14	12.8

2016—2020年生产试验参试品种22个，也是均以天优华占为对照。按品种类型分，常规稻品种6个、占比为27.3%，杂交稻品种16个、占比为72.7%。从选育单位来看，由科研（高校）单位选育的品种5个、占比为22.7%，企业选育的品种15个、占比为68.2%，科研单位和企业联合选育的品种2个、占比为9.1%（表1-4）。以上数据表明，在品种类型及选育单位占比上，区域试验品种与生产试验品种的表现基本一致。

表1-4 2016—2020年华南早籼生产试验品种选育单位情况

类别	2016年（个）	2017年（个）	2018年（个）	2019年（个）	2020年（个）	合计（个）	占比（%）
科研单位选育	0	0	0	2	3	5	22.7
企业选育	1	6	4	1	3	15	68.2
科企联合选育	1	0	1	0	0	2	9.1

第三节 2016—2020年华南早籼组国家水稻品种试验产量动态分析

依据区域试验参试品种的年度平均产量，2016—2020年的平均亩产为484.17～532.74kg，2019年最低为484.17kg，2018年最高为532.74kg，绝对产量年度之间存在较大的差异（图1-1）。从相对产量上看，2016年和2018年的平均亩（1亩约为667m²，全书同）产高于对照天优华占，分别比对照增产1.25%和0.39%；2017年、2019年、2020年的平均亩产均低于对照天优华占，分别比对照减产0.81%、2.53%、3.81%。

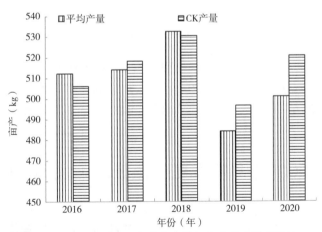

图1-1 2016—2020年华南早籼组亩产基本情况统计

进一步分析比对照天优华占增产3%以上的参试品种数，2016—2020年分别是6个、4个、6个、3个和1个，占比分别是26.1%、20.0%、27.3%、13.0%和5.0%，共计20个、占总品种数的18.3%。以上数据表明，依据现行的国家稻品种审定标准，总体上"十三五"期间华南早籼高产品种（比对照增产3%以上，下同）大约占1/5，同时年度之间存在明显的差异。

针对2016—2020年华南早籼区域试验品种产量构成三因子（表1-5），有效穗最低为2016年的16.5万穗/亩，最高为2017年、2018年的17.3万穗/亩，平均值为16.9万穗/亩，年度间变化不大；每穗实粒数最低为2020年的130.4粒，最高为2018年的144.5粒，平均值为135.4粒，同样年度间变化不大；千粒重最低为2017年、2018年的24.6g，最高为2016年的25.7g，平均值为25.0g，年度间变化也不大。可见，产量构成三因子年度间变化都不大。综合分析推断，较高的有效穗和每穗实粒数是2018年高产的原因。

表1-5　2016—2020年华南早籼区域试验品种产量构成因子

年份	品种数（个）	有效穗（万穗/亩）	每穗实粒数（粒）	每穗总粒数（粒）	结实率（%）	千粒重（g）
2016	23	16.5	131.0	155.0	84.6	25.7
2017	20	17.3	136.9	166.4	82.4	24.6
2018	22	17.3	144.5	170.1	85.0	24.6
2019	23	16.7	134.6	159.9	84.3	24.9
2020	21	16.9	130.4	152.1	85.8	25.0
平均	—	16.9	135.4	160.7	84.4	25.0

依据区域试验参试品种的年度平均全生育期，2016—2020年的平均全生育期为123.6～128.3d，最短为2018年、2019年的123.6d，最长为2017年的128.3d，年度之间存在较为明显的差异（表1-6）。从相对生育期上看，2016—2020年参试品种的平均生育期均长于对照天优华占，具体是比对照长2.1～4.8d。根据现行的国家稻品种审定标准对品种生育期的要求，进一步分析全生育期长于对照天优华占不超过5d的品种数，2016—2020年分别是22个、20个、21个、18个、21个，达标率分别是95.7%、100.0%、95.5%、78.3%、100.0%；共计102个，总体达标率为93.6%。表明"十三五"期间绝大部分华南早籼品种的生育期是符合品种审定要求的，同时不同年度之间有差异。

表1-6　2016—2020年华南早籼区域试验品种生育期及主要农艺性状表现

年份	品种数（个）	全生育期				株高（cm）	穗长（cm）
		天数（d）	比CK（±d）	未超标品种数（个）	占比（%）		
2016	23	126.0	2.8	22	95.7	113.6	23.1
2017	20	128.3	3.2	20	100.0	109.4	23.0
2018	22	123.6	2.7	21	95.5	111.2	24.0
2019	23	123.6	4.8	18	78.3	109.1	23.2
2020	21	128.2	2.1	21	100.0	114.0	22.8

对主要农艺性状进行分析发现，2016—2020年区域试验参试品种的平均株高为109.1～114.0cm，最矮为2019年的109.1cm，最高为2020年的114.0cm，平均值为111.4cm，年度之间存在一定的变化；穗长最短为2020年22.8cm，最长为2018年的24.0cm，平均值为23.2cm，年度间变化不大。

第四节　2016—2020年华南早籼组国家水稻品种试验抗性动态分析

稻瘟病和白叶枯病是华南稻区的主要病害。针对稻瘟病，依据区域试验参试品种的年度综合指数平均值，2016—2020年的稻瘟病综合指数为3.1～4.1级，属中抗—中感水平，最小值是2020年的3.1级，最大值是2019年的4.1级，平均值为3.6级（表1-7）。进一步分析穗瘟损失率最高级小于等于3级的参试品种数，2016—2020年分别是16个、15个、10个、8个、15个，占比分别是69.6%、75.0%、45.5%、34.8%、71.4%；共计64个，总体抗稻瘟病品种比例为58.7%。以上数据表明：依据现行的国家稻品种审定标准，"十三五"期间华南早籼区域试验品种稻瘟病抗性总体上属中抗水平，有超过一半的品种为抗稻瘟病品种，同时年度间存在较明显的差异。

针对白叶枯病，依据区域试验参试品种年度平均值，2016—2020年的白叶枯病为4.9～6.8级，属中感—感的水平，最小值是2019年4.9级，最大值是2020年的6.8级，平均值是5.6级。进一步分析病级小于等于3级的参试品种数，2016—2020年分别是5个、2个、3个、5个、2个，占比分别是21.7%、10.0%、13.6%、21.7%、9.5%；共计17个，总体抗白叶枯病品种比例为15.6%。以上数据表明，依据现行的国家稻品种审定标准，"十三五"期间华南早籼区域试验品种白叶枯病抗性总体上是中感—感的水平，有接近1/5为抗白叶枯病品种。

表1-7 2016—2020年华南早籼区域试验品种抗病性表现

年份	品种数（个）	稻瘟病			白叶枯病		
		综合指数（级）	损失率最高级≤3的品种数（个）	占比（%）	平均级	病级≤3的品种数（个）	占比（%）
2016	23	3.5	16	69.6	5.0	5	21.7
2017	20	3.4	15	75.0	6.0	2	10.0
2018	22	3.7	10	45.5	5.1	3	13.6
2019	23	4.1	8	34.8	4.9	5	21.7
2020	21	3.1	15	71.4	6.8	2	9.5

第五节 2016—2020年华南早籼组国家水稻品种试验品质动态分析

依据现行的农业行业标准《食用稻品种品质》（NY/T 593—2013）衡量，2017—2020年华南早籼区域试验参试品种达到优质三等及以上的品种数分别是10个、13个、15个、14个，优质率分别是50.0%、59.1%、65.2%、66.7%，优质率呈现出逐年稳步提高的态势；共计52个，总体优质率为60.5%（图1-2）。可见，有一半以上的华南早籼区域试验品种达到了优质稻农业行业标准。

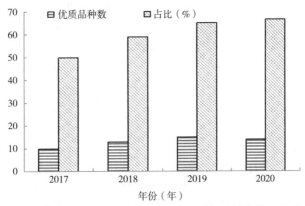

图1-2 2016—2020年华南早籼组优质品种基本情况统计

进一步分析主要品质指标达到优质三等及以上等级的品种百分率，即优质达标率：从加工品质指标整精米率上看，优质达标率最低值是2018年的63.6%，最高值是2019年的91.3%，平均值为75.3%；从外观品质指标垩白度上看，优质达标率最低值是2017年的85.0%，最高值是2020年的100.0%，平均值为92.9%；从蒸煮品质指标碱消值上看，优质达标率最低值是2017年75.0%，最高值是2020年的85.7%，平均值为80.2%；从食味品质指标直链淀粉含量上看，优质达标率最低值是2017年的90.0%，最高值是2018年的100.0%，平均值是94.1%（表1-8）。表明2017—2020年华南早籼优质达标率的主要限制性指标是整精米率和碱消值。

表1-8 2017—2020年华南早籼区域试验品种主要品质指标优质达标率

主要指标	2017年	2018年	2019年	2020年
整精米率（%）	70.0	63.6	91.3	76.2
垩白度（%）	85.0	90.9	95.7	100.0
碱消值（级）	75.0	81.8	78.3	85.7
直链淀粉含量（%）	90.0	100.0	91.3	95.2

第二章 2016—2020年华南晚籼组国家水稻品种试验

第一节 试验点基本概况

根据生态区划和种植区划,华南感光晚籼类型品种试验也是涉及海南、广东、福建和广西。2016—2020年,设置区域试验点11个,分别是海南2个、广东5个、广西3个、福建1个(表2-1),其中海南神农基因科技有限公司试点在2019年改为海南广陵高科实业有限公司。试验地点分布在东经108°14′~117°47′、北纬18°29′~24°29′,海拔为1.0~80.6m。2016—2020年,设置生产试验点5个,分别是广东2个、广西2个、福建1个(表2-2)。其中广东肇庆市农业科学研究所、广东高州市良种场、广西农业科学院水稻研究所、广西玉林市农业科学研究所生产试验点同时是区域试验点。可见,"十三五"期间国家统一水稻品种试验华南感光晚籼类型的试验点设置数量适当、代表性良好、承试单位基本稳定。

表2-1 2016—2020年华南晚籼区域试验承试单位基本情况

承试单位	试验地点	经度(E)	纬度(N)	海拔(m)
海南农业科学院粮食作物研究所	澄迈县永发镇	110°31′	20°01′	15.0
海南神农基因科技有限公司(2016—2018年)	陵水县提蒙育种基地	109°48′	19°09′	10.0
海南广陵高科实业有限公司(2019—2020年)	陵水县	110°02′	18°29′	4.0
广东广州市农业科学研究院	广州市南沙区万顷沙镇	113°32′	22°42′	1.0
广东高州市良种场	高州市分界镇	110°55′	21°48′	31.0
广东肇庆市农业科学研究所	肇庆市鼎湖区坑口	112°31′	23°10′	22.5
广东惠州市农业科学研究所	惠州市汤泉	114°04′	23°09′	14.0
广东清远市农业技术推广服务中心	清远市清城区源潭镇	113°21′	23°05′	12.0
广西农业科学院水稻研究所	南宁市	108°14′	22°51′	80.6
广西玉林市农业科学研究所	玉林市仁东	110°03′	22°38′	80.0
广西钦州市农业科学研究所	钦北区大寺镇四联村	108°43′	22°07′	23.0
福建漳州江东良种场	本场郭洲作业区	117°47′	24°29′	10.0

表2-2 2016—2020年华南晚籼生产试验承试单位基本情况

承试单位	试验地点	经度(E)	纬度(N)	海拔(m)
广东肇庆市农业科学研究所	肇庆市鼎湖区坑口	112°31′	23°10′	22.5
广东高州市良种场	高州市分界镇	110°55′	21°48′	31.0
广西农业科学院水稻研究所	南宁国家区域试验站	108°32′	22°56′	92.1
广西玉林市农业科学研究所	玉林市仁东	110°03′	22°38′	80.0
福建漳州市农业科学研究所	龙海区东园镇	117°08′	24°04′	4.5

第二节 国家统一水稻品种试验参试品种概况

2016—2020年区域试验参试品种52个,均为杂交稻品种,2016—2018年以博优998为对照,2019年以博优998和吉丰优1002为对照,2020年以吉丰优1002为对照。按品种类型分,两系杂交稻品种19个、占比为36.5%,三系杂交稻品种33个、占比为63.5%。从选育单位来看,由科研(高校)

单位选育的品种3个、占比为5.8%，企业选育的品种37个、占比为71.2%，科研单位和企业联合选育的品种12个、占比为23.1%（表2-3）。由此可见，"十三五"时期华南感光晚籼育种呈现出三系与两系杂交稻协同发展的态势，两系杂交稻品种数已超过1/3；相比于华南早籼，企业育成品种的占比更高一些，企业已成为华南感光晚籼水稻育种的主体。

表2-3　2016—2020年华南晚籼区域试验品种选育单位情况

类别	2016年（个）	2017年（个）	2018年（个）	2019年（个）	2020年（个）	合计（个）	占比（%）
科研单位选育	1	0	1	1	0	3	5.8
企业选育	8	6	11	6	6	37	71.2
科企联合选育	3	4	0	3	2	12	23.1

2016—2020年生产试验参试品种14个，均为杂交稻品种，以博优998为对照。按类型分，两系和三系杂交稻品种各7个、占比各为50.0%。在两系杂交稻品种占比上，生产试验品种高于区域试验品种。从选育单位来看，由科研（高校）单位选育的品种1个、占比为7.1%，企业选育的品种10个、占比为71.4%，科研单位和企业联合选育的品种3个、占比为21.4%（表2-4）。相较于华南早籼，华南感光晚籼在各类别选育单位占比上，区域试验品种与生产试验品种的表现更加一致。

表2-4　2016—2020年华南晚籼生产试验品种选育单位情况

类别	2016年（个）	2017年（个）	2018年（个）	2019年（个）	2020年（个）	合计（个）	占比（%）
科研单位选育	0	0	1	0	0	1	7.1
企业选育	1	4	3	2	0	10	71.4
科企联合选育	1	1	0	1	0	3	21.4

第三节　2016—2020年华南晚籼组国家水稻品种试验产量动态分析

依据区域试验参试品种的年度平均产量，2016—2020年平均亩产为462.28～492.95kg，2016年最低为462.28kg，2019年最高为492.95kg，绝对产量年度之间存在一定的差异（图2-1）。从相对产量上看，2016—2019年区域试验参试品种平均亩产均高于对照博优998，分别比对照增产2.06%、2.67%、1.98%、7.11%；2020年更换了对照品种，区域试验参试品种平均亩产低于对照吉丰优1002，比对照减产5.50%。

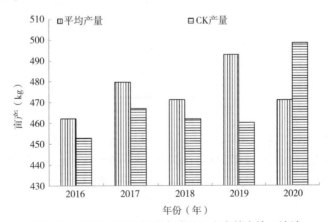

图2-1　2016—2020年华南晚籼组亩产基本情况统计
（2016—2019年对照CK为博优998，2020年对照CK为吉丰优1002）

进一步分析比对照博优998/吉丰优1002增产3%以上的参试品种数，2016—2020年分别是5个、8个、5个、7个和0个，占比分别是41.7%、80.0%、41.7%、70.0%和0，共计25个，占总品种数的

48.1%。可见，当以博优998为对照时，华南感光晚籼有一半甚至更多的品种达到了高产品种标准，当以吉丰优1002为对照时，基本没有区域试验品种达到高产品种标准，表明对照品种的选择和产量水平的高低对区域试验品种评价至关重要。

针对2016—2020年华南感光晚籼区域试验品种产量构成三因子（表2-5），有效穗最低为2016年的15.7万穗/亩，最高为2020年的18.0万穗/亩，平均值为16.8万穗/亩，相较于华南早籼，年份间变化大一些；每穗实粒数最低为2020年的121.9粒，最高为2018年的129.3粒，平均值为126.2粒，年份间变化不大；千粒重最低为2020年的24.5g，最高为2018年的26.3g，平均值为25.3g，年度间变化也不大。

表2-5　2016—2020年华南晚籼区域试验品种产量构成因子

年份	品种数（个）	有效穗（万穗/亩）	每穗实粒数（粒）	每穗总粒数（粒）	结实率（%）	千粒重（g）
2016	12	15.7	126.2	153.0	82.5	24.6
2017	10	17.1	128.6	162.0	79.5	25.4
2018	12	16.5	129.3	162.6	79.8	26.3
2019	10	16.7	125.2	153.4	81.6	25.9
2020	8	18.0	121.9	153.0	79.6	24.5
平均	—	16.8	126.2	156.9	80.6	25.3

依据区域试验参试品种的年度平均全生育期，2016—2020年国家统一试验华南感光晚籼品种的全生育期为111.0～117.0d，最短为2016年的111.0d，最长为2018年的117.0d，平均值为113.8d，年度之间也存在较为明显的差异（表2-6）。从相对生育期上看，2016年与对照博优998相同，2017年和2018年分别比对照博优998长2.1d和3.1d，2019年比对照博优99短1.8d；按2019年国家统一区域试验数据吉丰优1002的全生育期比博优998长4.3d计，2020年参试品种的全生育期比博优99短0.7d。根据现行的国家稻品种审定标准对品种生育期的要求，进一步分析全生育期长于对照博优998不超过5d/对照吉丰优1002不超过1d的品种数，2016—2020年分别是12个、10个、9个、9个、10个，达标率分别是100.0%、100.0%、75.0%、90.0%、100.0%；共计48个，总体达标率为92.3%。与华南早籼类似，"十三五"期间绝大部分华南感光晚籼品种的生育期是符合品种审定标准的，同时不同年份之间有差异。

表2-6　2016—2020年华南晚籼区域试验品种生育期及主要农艺性状表现

年份	品种数（个）	全生育期				株高（cm）	穗长（cm）
		天数（d）	比CK（±d）	未超标品种数（个）	占比（%）		
2016	12	111.0	0.0	12	100.0	106.8	23.3
2017	10	114.0	2.1	10	100.0	113.8	24.0
2018	12	117.0	3.1	9	75.0	105.5	23.7
2019	10	112.9	-1.8	9	90.0	104.7	23.3
2020	8	114.3	-5.0	8	100.0	110.9	23.1

注：CK为博优998（2016—2019）、吉丰优1002（2020），吉丰优1002全生育期比博优998长4.3d。

对主要农艺性状进行分析发现，2016—2020年区域试验参试品种的平均株高为104.7～113.8d，最矮为2019年的104.7d，最高为2017年的113.8d，平均值为108.4d，年度之间存在较明显的变化；穗长最短为2020年的23.1cm，最长为2017年的24.0cm，平均值为23.5cm，年度间变化不大。

第四节　2016—2020年华南晚籼组国家水稻品种试验抗性动态分析

针对稻瘟病，依据区域试验参试品种的年度综合指数平均值，2016—2020年的稻瘟病综合指数为3.8～4.5级，属中抗—中感水平，最小值是2016年、2017年的3.8级，最大值是2020年的4.5级，平均值为4.1级（表2-7）。进一步分析穗瘟损失率最高级小于等于3级的参试品种数，2016—2020年分别是6个、5个、4个、4个、3个，占比分别是50.0%、50.0%、33.3%、40.0%、37.5%；共计22个，总体抗稻瘟病品种比例为42.3%。以上数据表明，依据现行的国家稻品种审定标准，"十三五"期间华南感光晚籼区域试验品种稻瘟病抗性总体上属中感水平，有接近一半的品种为抗稻瘟病品种，同时年度间差异明显小于华南早籼。

针对白叶枯病，依据区域试验参试品种年度平均值，2016—2020年的白叶枯病病级为4.2～7.0级，属中感—感的水平，最小值是2016年4.2级，最大值是2020年的7.0级，平均值是5.7级。进一步分析病级小于等于3级的参试品种数，2016—2020年分别是5个、0个、1个、0个、2个，占比分别是41.7%、0、8.3%、0、25.0%；共计8个，总体抗白叶枯病品种比例为15.4%。以上数据表明，与华南早籼类似，依据现行的国家稻品种审定标准，"十三五"期间华南感光晚籼区域试验品种白叶枯病抗性总体上是中感—感的水平，也有接近1/5为抗白叶枯病品种，但年度间差异明显。

表2-7　2016—2020年华南晚籼区域试验品种抗病性表现

年份	品种数（个）	稻瘟病			白叶枯病		
		综合指数（级）	损失率最高级≤3的品种数（个）	占比（%）	平均级	病级≤3的品种数（个）	占比（%）
2016	12	3.8	6	50.0	4.2	5	41.7
2017	10	3.8	5	50.0	6.4	0	0
2018	12	4.4	4	33.3	5.8	1	8.3
2019	10	4.0	4	40.0	5.0	0	0
2020	8	4.5	3	37.5	7.0	2	25.0

第五节　2016—2020年华南晚籼组国家水稻品种试验品质动态分析

依据现行的农业行业标准NY/T 593—2013《食用稻品种品质》衡量，2017—2020年华南感光晚籼区域试验参试品种达到优质三等及以上的品种数分别是9个、11个、8个、6个，优质率分别是90.0%、91.7%、80.0%、75.0%；共计34个，总体优质率为85.0%（图2-2）。可见，2017—2020年绝大多数的华南感光晚籼区域试验品种达到了优质稻农业行业标准。

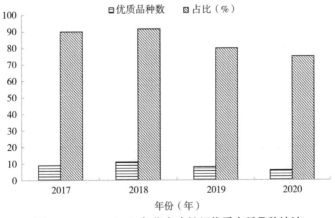

图2-2　2016—2020年华南晚籼组优质水稻品种统计

进一步分析主要品质指标达到优质三等及以上等级的品种百分率，即优质达标率：从加工品质指标整精米率上看，优质达标率最低值是2020年的87.5%，最高值是2017年、2018年的100.0%，平均值为94.4%；从外观品质指标垩白度上看，2017—2020年均为100.0%；从蒸煮品质指标碱消值上看，优质达标率除了2019年为90.0%之外，其他年份均为100.0%；从食味品质指标直链淀粉含量上看，优质达标率最低值是2020年的75.0%，最高值是2019年的100.0%，平均值是89.2%（表2-7）。表明2017—2020年华南感光晚籼优质达标率的主要限制性指标是直链淀粉含量，其他主要指标的优质达标率接近或达100%。

表2-7 2017—2020年华南晚籼组品种主要品质指标优质达标率

主要指标	2017年	2018年	2019年	2020年
整精米率（%）	100.0	100.0	90.0	87.5
垩白度（%）	100.0	100.0	100.0	100.0
碱消值（级）	100.0	100.0	90.0	100.0
直链淀粉含量（%）	90.0	91.7	100.0	75.0

第三章 2016—2020年长江上游中籼迟熟组国家水稻品种试验

第一节 试验点基本概况

长江上游中籼迟熟品种试验涉及云南、贵州、四川、陕西和重庆。2016—2020年，设置区域试验点17个，分别是云南3个、贵州4个、四川6个、陕西1个、重庆3个（表3-1）。试验地点分布在东经98°36′~108°11′，北纬22°40′~33°04′，海拔为284.0~1 318.0m。2016—2020年，设置生产试验点8个，分别是四川4个、重庆2个、贵州1个、云南1个（表3-2）。其中四川巴中市巴州区种子站和云南红河哈尼族彝族自治州农业科学院生产试验点同时是区域试验点。可见，该生态区范围广、海拔高且差异大、地形地貌复杂，"十三五"期间国家统一水稻品种试验长江上游中籼迟熟类型的试验点设置数量较多、代表性良好、承试单位稳定。

表3-1 2016—2020年长江上游中籼区域试验承试单位基本情况

承试单位	试验地点	经度（E）	纬度（N）	海拔（m）
贵州黔东南苗族侗族自治州农业科学院	黄平县旧州镇寨碧村	107°43′	26°59′	674.0
贵州黔西南布依族苗族自治州农业科学研究所	兴义市下午屯镇乐立村	105°56′	25°06′	1 170.0
贵州省农业科学院水稻研究所	贵阳市花溪区金竹镇	106°43′	26°35′	1 140.0
贵州省遵义市农业科学研究院	新浦新区新舟镇槐安村	107°18′	28°20′	800.0
陕西省汉中市农业科学研究所	汉中市汉台区农业科学所试验农场	107°12′	33°04′	510.0
四川省广元市种子管理站	广元市利州区赤化镇石羊一组	105°57′	32°34′	490.0
四川绵阳市农业科学研究院	绵阳市农业科学区松垭镇	104°45′	31°03′	470.0
四川内江杂交水稻科技开发中心	内江杂交水稻中心试验地	105°03′	29°35′	352.3
四川省原良种试验站	成都市双流	103°55′	30°35′	494.0
四川省农业科学院水稻高粱研究所	泸县福集镇茂盛村	105°33′	29°19′	284.0
四川巴中市巴州区种子管理站	巴州区石城乡青州村	106°41′	31°45′	325.0
云南德宏傣族景颇族自治州种子管理站	芒市芒市镇大湾村	98°36′	24°29′	913.0
云南红河哈尼族彝族自治州农业科学院	建水县西庄镇高营村	102°46′	23°36′	1 318.0
云南文山州种子管理站	文山市开化镇黑卡村	103°35′	22°40′	1 260.0
重庆市涪陵区种子管理站	涪陵区马武镇文观村3社	107°15′	29°36′	672.0
重庆市农业科学院水稻研究所	巴南区南彭镇大石塔村	106°04′	29°01′	302.0
重庆万州区农业技术推广站	万州区响水镇响水村	108°11′	30°40′	509.0

表3-2 2016—2020年长江上游中籼生产试验承试单位基本情况

承试单位	试验地点	经度（E）	纬度（N）	海拔（m）
四川巴中市巴州区种子管理站	巴州区石城乡青州村	106°41′	31°45′	325.0
四川省宜宾市农业科学院	南溪区大观镇院试验基地	104°54′	28°58′	282.0
四川蓬安县植保站	蓬安县睦坝镇武胜村5组	106°15′	31°07′	281.0
四川宣汉县种子管理站	宣汉县	107°62′	31°05′	374.0
重庆市南川区种子植保站	南川区大观镇铁桥村3社	107°05′	29°03′	720.0
重庆潼南区农业技术推广中心	潼南区梓潼街道办新生村2社	105°47′	30°12′	252.0
贵州种植业发展服务中心	湄潭县永兴镇界溪村	107°35′	27°56′	790.0
云南红河哈尼族彝族自治州农业科学院	建水县西庄镇高营村	102°46′	23°36′	1 318.0

第二节 国家统一水稻品种试验参试品种概况

2016—2020年区域试验参试品种303个，均为杂交稻品种，以F优498为对照。按品种类型分，两系杂交稻品种67个、占比为22.1%，三系杂交稻品种236个、占比为77.9%。从选育单位来看，由科研（高校）单位选育的品种101个、占比为33.3%，企业选育的品种136个、占比为44.9%，科研单位和企业联合选育的品种66个、占比为21.8%（表3-3）。由此可见，"十三五"时期长江上游迟熟中籼两系杂交稻取得了稳步发展，两系杂交稻品种占比超过1/5；在育成品种上，科研单位、企业、科企联合三者大致呈鼎足之势。

表3-3 2016—2020年长江上游中籼区域试验品种选育单位情况

类别	2016年（个）	2017年（个）	2018年（个）	2019年（个）	2020年（个）	合计（个）	占比（%）
科研单位选育	22	24	22	19	14	101	33.3
企业选育	32	30	30	22	22	136	44.9
科企联合选育	12	12	10	14	18	66	21.8

2016—2020年生产试验参试品种54个，均为杂交稻品种，以F优498为对照。按品种类型分，两系杂交稻品种14个、占比为25.9%，三系杂交稻品种40个、占比为74.1%。在两系杂交稻品种占比上，生产试验品种与区域试验品种大致相当。从选育单位来看，由科研（高校）单位选育的品种16个、占比为29.6%，企业选育的品种27个、占比为50.0%，科研单位和企业联合选育的品种11个、占比为20.4%（表3-4）。与华南早籼类似，在各类别选育单位占比上，区域试验品种与生产试验品种的表现基本一致。

表3-4 2016—2020年长江上游中籼生产试验品种选育单位情况

类别	2016年（个）	2017年（个）	2018年（个）	2019年（个）	2020年（个）	合计（个）	占比（%）
科研单位选育	3	4	2	4	3	16	29.6
企业选育	7	5	5	5	5	27	50.0
科企联合选育	3	4	0	2	2	11	20.4

第三节 2016—2020年长江上游中籼迟熟国家水稻品种试验产量动态分析

依据区域试验参试品种的年度平均产量，2016—2020年的平均亩产为596.17～642.34kg，2020年最低为596.17kg，2016年最高为642.34kg，且绝对产量水平呈现逐年缓慢下降的态势（图3-1）。从相对产量上看，2017年的平均亩产高于对照F优498，比对照增产1.06%；2016年、2018年、2019年、2020年均低于对照F优498，分别比对照减产0.14%、0.61%、0.48%、2.94%。

进一步分析比对照F优498增产3%以上的参试品种数，2016—2020年分别是14个、21个、6个、13个和2个，占比分别是21.2%、31.8%、9.7%、23.6%和3.7%，共计56个，占总品种数的18.5%。以上数据表明：与华南早籼类似，依据现行的国家稻品种审定标准，总体上"十三五"期间长江上游迟熟中籼高产品种大约占1/5，同时年度之间存在明显的差异。

针对2016—2020年长江上游迟熟中籼区域试验品种产量构成三因子（表3-5），有效穗最低为2017年的15.1万穗/亩，最高为2020年的16.0万穗/亩，平均值为15.4万穗/亩，年度间变化很小；每穗实粒数最低为2020年的150.7粒，最高为2017年的159.5粒，平均值为155.3粒，年度间变化不大；千粒重最低为2020年的27.0g，最高为2017年、2018年的28.5g，平均值为28.0g，年度间变化不大。相较于其他类型品种，长江上游迟熟中籼品种有效穗偏低、每穗粒数较多，属大穗型品种。综合分析推断，每穗实粒数和千粒重偏低是2020年产量偏低的原因。

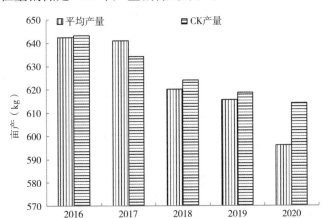

图3-1 2016—2020年长江上游中籼迟熟组亩产基本情况统计

表3-5 2016—2020年长江上游中籼区域试验品种产量构成因子

年份	品种数（个）	有效穗（万穗/亩）	每穗实粒数（粒）	每穗总粒数（粒）	结实率（%）	千粒重（g）
2016	66	15.3	156.7	192.6	81.5	28.3
2017	66	15.1	159.5	202.1	79.1	28.5
2018	62	15.2	153.5	185.7	82.8	28.5
2019	55	15.2	156.2	191.2	81.8	27.7
2020	54	16.0	150.7	183.5	82.2	27.0
平均	—	15.4	155.3	191.0	81.5	28.0

依据区域试验参试品种的年度平均全生育期，2016—2020年的平均全生育期为150.5～155.2d，最短为2018年的150.5d，最长为2017年的155.2d，平均值为153.4d，年度之间存在差异（表3-6）。从相对生育期上看，2016—2020年参试品种的平均生育期均长于对照F优498，具体是比对照长0.9～1.8d。根据现行的国家稻品种审定标准对品种生育期的要求，进一步分析全生育期长于对照F优498不超过5d的品种数，2016—2020年分别是66个、65个、62个、54个、54个，达标率分别是100.0%、98.5%、100.0%、98.2%、100.0%；共计301个，总体达标率为99.3%。表明"十三五"期间除个别品种之外，长江上游迟熟中籼品种的生育期是符合品种审定要求的。

表3-6 2016—2020年长江上游中籼区域试验品种生育期及主要农艺性状表现

年份	品种数（个）	全生育期				株高（cm）	穗长（cm）
		天数（d）	比CK（±d）	未超标品种数（个）	占比（%）		
2016	66	153.1	1.1	66	100.0	117.3	24.8
2017	66	155.2	1.8	65	98.5	115.9	25.3
2018	62	150.5	1.4	62	100.0	114.9	24.8
2019	55	154.2	1.6	54	98.2	115.3	24.7
2020	54	154.2	0.9	54	100.0	112.7	24.5

对主要农艺性状进行分析发现，2016—2020年区域试验参试品种的平均株高为112.7～117.3cm，最矮为2020年的112.7cm，最高为2016年的117.3cm，平均值为115.2cm，年份之间存在一定的变化；穗长最短为2020年的24.5cm，最长为2017年的25.3cm，平均值24.8cm，年份间变化不大。

第四节　2016—2020年长江上游中籼迟熟国家水稻品种试验抗性动态分析

稻瘟病是长江上游稻区的最主要病害。依据区域试验参试品种的年度综合指数平均值，2016—2020年的稻瘟病综合指数为3.5～4.4级，属中抗—中感水平，最小值是2016年的3.5级，最大值是2017年、2018年的4.4级，平均值为4.1级（表3-7）。进一步分析穗瘟损失率最高级小于等于3级的参试品种数，2016—2020年分别是28个、14个、4个、14个、5个，占比分别是42.4%、21.2%、6.5%、25.5%、9.3%；共计65个，总体抗稻瘟病品种比例为21.5%。以上数据表明，依据现行的国家稻品种审定标准，"十三五"期间长江上游迟熟中籼区域试验品种稻瘟病抗性总体上属中感水平，有1/5的品种为抗稻瘟病品种，同时年度间差异明显。

表3-7　2016—2020年长江上游中籼区域试验品种稻瘟病抗性表现

年份	品种数（个）	稻瘟病				
		综合指数（级）	综合指数≤6.5的品种数（个）	占比（%）	损失率最高级≤3的品种数（个）	占比（%）
2016	66	3.5	65	98.5	28	42.4
2017	66	4.4	58	87.9	14	21.2
2018	62	4.4	59	95.2	4	6.5
2019	55	4.2	50	90.9	14	25.5
2020	54	3.9	54	100.0	5	9.3

第五节　2016—2020年长江上游中籼迟熟国家水稻品种试验品质动态分析

依据现行的农业行业标准《食用稻品种品质》（NY/T 593—2013）衡量，2017—2020年长江上游迟熟中籼区域试验参试品种达到优质三等及以上的品种数分别是10个、37个、36个、37个，优质率分别是15.2%、59.7%、65.5%、68.5%，优质率呈现出逐年稳步提高的态势；共计120个，总体优质率为50.6%（图3-2）。可见，有一半的长江上游迟熟中籼区域试验品种达到了优质稻农业行业标准。

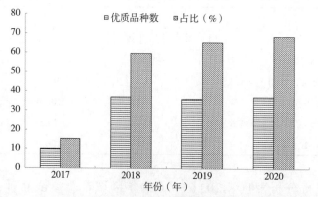

图3-2　2016—2020年长江上游中籼迟熟组优质品种基本情况统计

进一步分析主要品质指标达到优质三等及以上等级的品种百分率，即优质达标率：从加工品质指标整精米率上看，优质达标率最低值是2017年的33.3%，最高值是2019年的89.1%，平均值为71.9%；从外观品质指标垩白度上看，优质达标率最低值是2017年的43.9%，最高值是2020年的100.0%，平均值为83.5%；从蒸煮品质指标碱消值上看，优质达标率最低值是2017年71.2%，最高值是2020年的96.3%，平均值为83.8%；从食味品质指标直链淀粉含量上看，优质达标率最低值是2017年的75.8%，最高值是2018年的93.5%，平均值是86.4%（表3-7）。表明2017—2020年长江上游迟熟中籼优质达标率的主要限制性指标是整精米率，垩白度、碱消值和直链淀粉含量也有一定的影响。

表3-7　2017—2020年长江上游中籼区域试验品种主要品质指标优质达标率

主要指标	2017年	2018年	2019年	2020年
整精米率（%）	33.3	83.9	89.1	81.5
垩白度（%）	43.9	93.5	96.4	100.0
碱消值（级）	71.2	82.3	85.5	96.3
直链淀粉含量（%）	75.8	93.5	87.3	88.9

第四章 2016—2020年长江中下游早籼早中熟组
国家水稻品种试验

第一节 试验点基本概况

长江中下游早籼早中熟类型水稻区域试验和生产试验各1组（2020年无生产试验），其中区域试验点16个，生产试验点6个，分布在江西、湖南、湖北、安徽和浙江。东经分布109°58′~120°19′，北纬分布25°91′~30°57′，海拔为7.2~231m。在22个试验点中，有3个试验点同时承担了区域试验和生产试验任务，分别为江西省种子管理局、湖南衡阳市农业科学研究所和安徽黄山市种子管理站；有3个试验点承担了稻米品质取样任务，分别是江西省种子管理局、湖南岳阳市农业科学研究所和中国水稻研究所，详细信息见表4-1。

表4-1 2016—2020年早籼早中熟组水稻区域试验承试单位情况

试验点	试验地点	经度（E）	纬度（N）	海拔（m）
江西省种子管理局●▲	南昌县莲塘	115°58′	28°41′	30.0
江西省邓家埠水稻原种场	余江县城东郊	116°51′	28°12′	37.7
江西省九江市农业科学院	九江市马回岭镇	115°48′	29°26′	45.0
江西省宜春市农业科学研究所	宜春市东郊	114°23′	27°48′	128.5
湖南省农业科学院水稻研究所	长沙市东郊马坡岭	113°05′	28°12′	44.9
湖南岳阳市农业科学研究所▲	岳阳县麻塘	113°05′	29°24′	32.0
湖南怀化市农业科学研究所	怀化市鹤城区石门乡坨院村	109°58′	27°33′	231.0
湖南衡阳市农业科学研究所●	衡南县三塘镇	112°30′	26°53′	70.1
湖北孝感市农业科学研究所	孝感市	113°51′	30°57′	25.0
湖北荆州农业科学院	沙市东郊王家桥	112°02′	30°24′	32.0
湖北黄冈市农业科学院	黄冈市梅家墩	114°55′	30°34′	31.2
安徽宣城市农业科学研究所	宣城市军天湖	118°45′	30°56′	30.6
安徽安庆市种子管理站	怀宁县农业技术推广所	116°41′	30°32′	50.0
安徽黄山市种子管理站●	黄山市农业科学所新雁基地	118°14′	29°40′	134.0
浙江金华市农业科学研究院	金华市汤溪镇寺平村	119°12′	29°06′	60.2
中国水稻研究所★▲	杭州市富阳区	120°19′	30°12′	7.2
湖南攸县种子管理站○	攸县新市良种场	113.21°	27.00°	102.5
江西现代种业有限公司○	赣州市赣县江口镇优良村	115.10°	25.91°	110.0
江西永修县种子管理局○	永修县立新乡岭南村	115º48′	29º01′	36.6

注：★同时是主持单位；●同时承担区域试验和生产试验；▲稻米品质检测取样点。

第二节 参试品种基本概况

2016—2020年长江中下游早籼早中熟类型水稻参试品种共52个（备注：不含对照，下同），平均每年参试品种10.4个，对照均为中早35；按试验规模划分，区域试验规模为45个，年均9个，约占当年试验规模的86.54%，其余为生产试验；按照品种类型划分，常规稻品种总共19个，占比36.54%，其余均为两系杂交稻；区域试验品种中，初试品种总共36个次，占比69.23%；初试品种每年平均有1.33个通过当年的试验，平均通过率约为20.50%，其中2016年的平均通过率最高达到50.00%，2018年和2019年的初试通过率最低为0（表4-2）。按参试品种选育单位分析，企业独立或联合选育品种32个，总体占比61.54%，其中2020年占比最高，达到87.50%（表4-3），科企联合选育已经成为时下早籼早中熟水稻新品种选育的主流。

表4-2　2016—2020年早籼早中熟组水稻区域试验品种基本情况

年份	总参试	生产试验	初试品	常规稻	初试通过
	品种数（个）	品种数（个）	品种数（个）	品种数（个）	品种数（个）
2016	14	2	10	4	5
2017	11	1	5	4	2
2018	9	2	5	4	0
2019	10	2	8	4	0
2020	8	0	8	3	1

表4-3　2016—2020年早籼早中熟组水稻区域试验品种选育单位情况

序号	类型	2016年（个）	2017年（个）	2018年（个）	2019年（个）	2020年（个）	合计（个）	占比（%）
1	企业选育	5	3	3	3	2	16	31
2	科研教学单位选育	7	5	2	2	1	17	33
3	科企联合选育	2	2	3	4	5	16	31

第三节　2016—2020年长江中下游早籼早中熟组 国家水稻品种试验产量动态分析

2016年区域试验品种中，产量较高、比对照增产3%～5%的品种有金12-39、中早46和陵两优早14；产量中等、比对照增减产3%以内的品种有陵两优89、中早47、华两优6号等9个。

2017年区域试验品种中，产量较高、比对照增产3%～5%的品种有中早46；产量中等、比对照增减产3%以内的品种有陵两优159、中早47、陵两优3997、陵两优6104、锦两优1116、陵两优36等6个；其余品种产量一般，比对照减产超过3%。

2018年区域试验品种中，产量高、比对照增产5%以上的品种有陵两优159；产量较高、比对照增产3%～5%的品种有顶两优1671和陵两优158；产量中等、比对照增减产小于3%的品种有陵两优689和陵两优36；产量一般、比对照减产3%以上的品种有锦两优361和两优5114。

2019年区域试验品种中，产量中等、比对照增产或减产小于3%的品种有陵两优723、顶两优500、潇两优268和潇两优3997；产量一般、比对照减产3%以上的品种有中早52、益早软占、甬籼409和甬籼15。

2020年区域试验品种中，产量较高、比对照增产3%～5%的品种有中早80和顶两优1639；产量中等、比对照增减产小于3%的品种有陵两优77和陵两优038；产量一般、比对照减产3%以上的品种有株两优118、煜两优141、嘉早丰5号和甬籼634。

综合五年试验数据，2016—2020年中早35整体表现基本稳定，年度平均亩产分别为483.17kg（2016年）、505.78kg（2017年）、541.72kg（2018年）、483.70kg（2019年）和461.58kg（2020年），在各组试验中属于中上等水平。生育期超过对照1d的品种数量年度占比分别为25.00%、20.00%、85.71%、50.00%和75.00%，参试材料的生育期达标率为48.86%，即有一大半的材料仅仅因为熟期问题而被淘汰。其他表型（有效穗数、株高、穗长、每穗总粒数和结实率）基本稳定，但是作为遗传力本应该较大的千粒重性状，其年度差异却呈现较大的变异，变异为26.43～28.17g，说明该对照品种的千粒重性状不稳定，受环境影响较大，需要在今后的试验过程中特别注意（表4-4）。

表4-4　2016—2020年对照品种中早35产量构成因子统计

年份	亩产（kg）	生育期（d）	有效穗数（个）	株高（cm）	穗长（cm）	每穗总粒数（粒）	结实率（%）	千粒重（g）
2016	483.17	114.75	21.09	89.88	18.62	124.55	80.04	27.07
2017	505.78	113.81	20.75	91.27	18.17	127.93	78.83	26.95
2018	541.72	108.73	19.67	91.57	18.13	129.93	84.74	28.17
2019	483.70	115.20	20.09	89.64	18.33	126.92	79.12	26.77
2020	461.58	111.87	18.77	91.69	19.04	134.81	79.60	26.43

综合5年试验数据，2016—2020年中早35的平均亩产495.19kg，区域试验组平均亩产489.47kg，整体比对照平均减产1.16%；全生育期112.87d，区域试验组全生育期平均112.95d，整体比对照平均迟熟0.05d；有效穗数20.07个，区域试验组有效穗数平均21.22个，整体比对照平均多5.71%；株高90.81cm，区域试验组平均株高88.33kg，比对照平均减少2.73%；穗长18.46cm，区域试验组穗长平均19.23cm，整体比对照平均长4.15%；每穗总粒数128.83粒，区域试验组每穗总粒数平均127.16粒，整体比对照平均减少1.30%；结实率80.47%，区域试验组结实率平均79.59%，整体比对照平均降低1.09%；千粒重27.08g，区域试验组千粒重平均26.10g，整体比对照平均降低3.61%（图4-1、表4-5）。

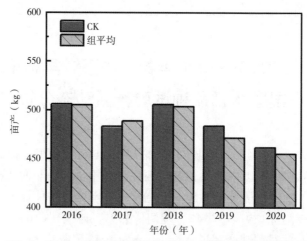

图4-1　2016—2020年早籼早中熟组区域试验品种产量统计

表4-5　2016—2020年早籼早中熟组参试品种产量构成因子统计

年份	亩产（kg）	生育期（d）	有效穗数（个）	株高（cm）	穗长（cm）	每穗总粒数（粒）	结实率（%）	千粒重（g）
2016	489.47	114.47	21.80	85.58	19.13	125.79	78.28	26.65
2017	503.33	113.53	22.70	89.86	19.10	125.88	79.04	26.13
2018	530.69	109.78	21.43	90.59	19.28	132.29	80.24	26.18
2019	469.88	114.78	20.95	85.19	18.87	123.43	81.02	25.37
2020	453.95	112.20	19.23	90.43	19.75	128.39	79.38	26.17

综合5年的试验数据，相比对照中早35，5年间参试品种中显著增产（3%以上）的品种占比平均为10.29%，显著减产（3%以上）的品种占比平均为31.71%（表4-6）。

表4-6　2016—2020年早籼早中熟组区域试验品种产量情况统计

年份	总数（个）	高产占比（%）	较高产占比（%）	中产占比（%）	一般产占比（%）
2016	12	16.67	8.33	75.00	0
2017	10	0	10.00	60.00	30.00

年份	总数（个）	高产占比（%）	较高产占比（%）	中产占比（%）	一般产占比（%）
2018	7	14.29	28.57	28.57	28.57
2019	8	0	50.00	50.00	50.00
2020	8	0	25.00	25.00	50.00

注：高产、较高产、中产和一般产分别对应于相比对照嘉优5号增产5%以上、增产3%～5%、增产幅度正负3%以内和减产3%以上。

第四节　2016—2020年长江中下游早籼早中熟国家水稻品种试验品质动态分析

2016年区域试验品种中，依据国家《优质稻谷》（GB/T 17891—2017）标准衡量，所有品种均为等外级，米质中等或一般。2017年区域试验品种中，依据农业行业标准《食用稻品种品质》（NY/T 593—2013）（2017—2020年均以此为标准），达到优质2级的品种有华两优6号等1个，其余品种为普通级。2018年区域试验品种中，所有参试品种均为普通级，米质中等或一般。2019年区域试验品种中，优质3级的品种有潇两优268和益早软占，其他参试品种的米质均为普通级。2020年区域试验品种中，优质3级的品种有煜两优141、陵两优038和嘉早丰5号，其他参试品种的米质均为普通级。

综合5年的试验数据，对照中早35的品质性状比较稳定，综合表现为米质一般（表4-7）。5年间优质米品种共6个，平均占比12.78%，但是年度间波动较大，参试品种中，优质早稻主要集中在最近两年。

表4-7　2016—2020年早籼早中熟组品种试验优质米情况统计

年份	对照品种品质等级[a]	优质米品种占比（%）	优质米品种数（个）
2016	一般	0	0
2017	一般	8.33	1
2018	一般	0	0
2019	一般	22.22	2
2020	一般	33.33	3

注：a表示2016年的品质等级为国标，2017—2020年品质等级为部标。

综合5年的试验数据，长江中下游早籼早中熟类型参试品种主要品质性状年度间表现稳定（表4-8）。整精米率、粒长、长宽比、垩白粒率、垩白度、碱消值、胶稠度和直链淀粉含量的年度品均值分别为56.61%、6.22mm、2.55、57.25%、9.55%、5.28级、64.65mm和21.62%。2016—2020年，整精米率变化不明显；长宽比呈增大趋势，长宽比由2016年的2.52增加到2020年的2.60，增长幅度3.17%；胶稠度改善明显，由2016年的59.38mm增加到2020年的67.81mm，增长幅度14.20%；垩白粒率呈明显降低趋势，由2016年的73.77%下降到2020年的24.19%，下降幅度达到67.21%。

表4-8　2016—2020年早籼早中熟组区域试验品种主要品质性状统计

年份	整精米率（%）	粒长（mm）	长宽比	垩白粒率（%）	垩白度（%）	碱消值（级）	胶稠度（mm）	直链淀粉（%）
2016	54.80	6.22	2.52	73.77	12.28	4.88	59.38	21.96
2017	59.22	6.25	2.56	65.33	9.76	5.34	63.47	21.50
2018	57.94	6.22	2.54	66.52	11.66	5.07	67.19	20.73
2019	56.84	6.09	2.54	56.44	10.41	5.59	65.37	22.50
2020	54.26	6.32	2.60	24.19	3.66	5.51	67.81	21.40
平均	56.61	6.22	2.55	57.25	9.55	5.28	64.65	21.62

第五节 2016—2020年长江中下游早籼早中熟国家 水稻品种试验抗性动态分析

2016年区域试验品种中，依据穗瘟损失率最高级，陵两优89和陵两优618为感，金12-39和中早46为高感，其他品种为中抗或中感水平。

2017年区域试验品种中，穗瘟损失率最高级9级的品种有中早46、锦两优1116、陵两优6104等3个，5级的品种有华两优6号、陵两优3997、陵两优早14、中早47等4个，其余品种为3级。

2018年区域试验品种中，稻瘟病穗瘟损失率最高级3级的品种有陵两优36；穗瘟损失率最高级5级的品种有陵两优159、锦两优361；穗瘟损失率最高级7级的品种有陵两优158；穗瘟损失率最高级9级的品种有顶两优1671、陵两优689和两优5114。

2019年区域试验品种中，稻瘟病穗瘟损失率最高级3级的品种有中早52、潇两优268和潇两优3997；穗瘟损失率最高级5级的品种有益早软占；穗瘟损失率最高级7级的品种有顶两优500和陵两优723；穗瘟损失率最高级9级的品种有甬籼409和甬籼15。

2020年区域试验品种中，稻瘟病穗瘟损失率最高级3级的品种有煜两优141、陵两优038和嘉早丰5号；穗瘟损失率最高级5级的品种有株两优118、中早80、顶两优1639和甬籼634；穗瘟损失率最高级7级的品种有陵两优77。

综合5年的稻瘟病抗性数据（图4-2），对照中早35的年度稻瘟病穗瘟损失率最高级抗性表现为：5级（2016年）、7级（2017年）、7级（2018年）、7级（2019年）和7级（2020年），整体抗性水平比较稳定。2016—2020年参试品种中，稻瘟病穗瘟损失率最高级3级、5级、7级、9级的品种共有15个、14个、6个、10个，占比分别为33.33%、31.11%、52.83%、13.33%、22.22%。抗性水平比对照好的品种占比分别为41.67%（2016年）、70.00%（2017年）、42.86%（2018年）、50.00%（2019年）和87.50%（2020年），平均占比58.40%。

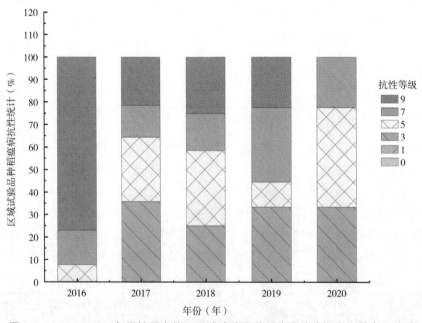

图4-2 2016—2020年早籼早中熟组区域试验品种稻瘟病穗瘟损失率最高级统计

综合5年的白叶枯抗性数据（图4-3），对照中早35的年度白叶枯抗性等级表现为：7级（2016年）、5级（2017年）、7级（2018年）、7级（2019年）和7级（2020年），整体抗性水平比较稳定。2016—2020年参试品种中，白叶枯最高级3级、5级、7级、9级的品种共有1个、12个、25个、23个、9

个，占比分别为2.22%、26.67%、51.11%、20.00%。抗性水平比对照好的品种占比分别为16.67%（2016年）、0（2017年）、0（2018年）、85.00%（2019年）和37.50%（2020年），平均占比27.83%。

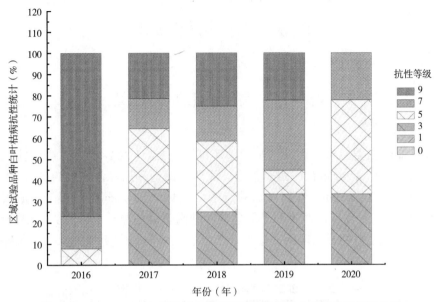

图4-3　2016—2020年早籼早中熟组区域试验品种白叶枯抗性情况统计

第五章 2016—2020年长江中下游早籼迟熟组 国家水稻品种试验

第一节 试验点基本概况

长江中下游早籼迟熟类型水稻区域试验和生产试验各1组（2018年无生产试验），其中区域试验点14个，生产试验点7个，分布在广西、福建、江西、湖南和浙江。东经110°12′~120°40′，北纬25°91′~30°12′，海拔4.0~252m。在21个试验点中，有3个试验点同时承担了区域试验和生产试验任务，分别为福建沙县良种场、江西省种子管理局和湖南贺家山原种场；有3个试验点承担了稻米品质取样任务，分别是江西省种子管理局、湖南衡阳市农业科学研究所和中国水稻研究所。详细信息见表5-1。

表5-1 2016—2020年早籼迟熟组水稻区域试验承试单位情况

试验点	试验地点	经度（E）	纬度（N）	海拔（m）
广西桂林市农业科学院	桂林市雁山镇院内试验田	110°12′	25°04′	170.4
福建沙县良种场●	沙县富口镇延溪	117°40′	26°06′	130.0
江西吉安市农业科学研究所	吉安县凤凰镇	114°51′	26°56′	58.0
江西宜春市农业科学研究所	宜春市厚田	114°23′	27°48′	128.5
江西赣州市农业科学研究所	赣州市	114°57′	25°51′	123.8
江西省种子管理局●▲	南昌县莲塘	115°58′	28°41′	30.0
江西邓家埠水稻原种场	余江县城东郊	116°51′	28°12′	37.7
湖南省农业科学院水稻研究所	长沙东郊马坡岭	113°05′	28°12′	44.9
湖南贺家山原种场●	常德市	111°54′	29°01′	28.2
湖南郴州市农业科学研究所	郴州市苏仙区桥口镇	113°11′	25°26′	128.0
湖南衡阳市农业科学研究所▲	衡南县三塘镇	112°30′	26°53′	70.1
浙江温州市农业科学研究院	温州市藤桥镇枫林岙村	120°40′	28°01′	6.0
浙江金华市农业科学研究院	金华市汤溪镇寺平村	119°12′	29°06′	60.2
中国水稻研究所★▲	杭州市富阳区	120°19′	30°12′	7.2
湖南邵阳市农业科学技术研究院	邵阳市谷洲镇	111°50′	27°10′	252.0
湖南岳阳县农业种子技术推广站	岳阳县公田镇祯祥村红日组	113°25′	29°07′	45.0
江西现代种业有限公司	赣州市赣县江口镇优良村	115°06′	25°54′	110.0
江西进贤县种子管理站	进贤县温圳镇联理村	116°11′	28°31′	4.0

注：★同时是主持单位；●同时承担区域试验和生产试验；▲稻米品质检测取样点。

第二节 参试品种基本概况

2016—2020年长江中下游早籼迟熟类型水稻参试品种共50个（备注：不含对照，下同），平均每年参试品种10.0个，对照均为陆两优996；按试验规模划分，区域试验规模为40个，年均8.0个左右，约占当年试验规模的80.00%，其余为生产试验；按照品种类型划分，常规稻品种总共13个（占比26.00%），三系杂交稻6个（占比12.00%），其余均为两系杂交稻；区域试验品种中，初试品种总共28个次，占比56.00%；初试品种每年平均有2.20个通过当年的试验，平均通过率约为22.00%，其中2019年的平均通过率最高达到60.00%，2016年的初试通过率最低为20.00%（表5-2）。按参试品种选育单位分析，企业独立或联合选育品种39个，总体占比78.00%，其中2020年占比最高，达88.89%（表5-3）。

表5-2　2016—2020年早籼迟熟组水稻区域试验品种基本情况　　　　　　　　　（个）

年份	总参试品种数	生产试验品种数	初试品种数	常规稻品种数	初试通过品种数
2016	11	2	5	0	1
2017	11	3	7	3	3
2018	9	0	6	5	2
2019	10	3	5	4	3
2020	9	2	5	1	2

表5-3　2016—2020年早籼迟熟组水稻区域试验品种选育单位情况

序号	类型	2016年（个）	2017年（个）	2018年（个）	2019年（个）	2020年（个）	合计（个）	占比（%）
1	企业选育	4	6	3	3	3	19	38
2	科研教学单位选育	5	3	2	0	1	11	22
3	科企联合选育	2	2	4	7	5	20	40

第三节　2016—2020年长江中下游早籼迟熟国家
水稻品种试验产量动态分析

2016年区域试验品种中，产量较高、比对照增产3%～5%的品种有五丰优317、陵两优171、株两优831；产量中等、比对照增减产小于3%的品种有煜两优415、五优30、陵两优7771、9两优179和陵两优179；产量一般、比对照减产3%以上的品种有顶两优600。

2017年区域试验品种中，产量较高、比对照增产3%～5%的品种有五丰优85；其余品种均产量中等，比陆两优996的增、减产幅度不超过3%。

2018年区域试验品种中，产量较高、比对照增产3%～5%的品种有中早48和嘉育25；产量中等、比对照增减产小于3%的品种有中早51、煜两优371、兴安早占、陵两优7372、陵两优368和中早60；产量一般，比对照减产3%以上的品种有百优1572。

2019年区域试验品种中，产量高、比对照增产5%以上的品种有启两优2216；产量中等、比对照增减产小于3%的品种有中早60、陵两优212、钰两优1116、钰两优268和煜两优371；产量一般，比对照减产3%以上的品种有钰两优361和宽仁优6155。

2020年区域试验品种中，产量较高、比对照增产3%～5%的品种有启两优2216和锦两优736；产量中等、比对照增减产小于3%的品种有启两优1647、中早82、陵两优7041和煜两优514；产量一般，比对照减产3%以上的品种有钰两优268。

综合5年试验数据，2016—2020年陆两优996整体表现基本稳定，年度平均亩产分别为494.98kg（2016年）、503.82kg（2017年）、529.89kg（2018年）、497.57kg（2019年）和495.13kg（2020年），在各组试验中属于中等偏低水平。生育期超过对照3d的品种数量年度占比分别为8.33%、0、0、12.50%和0，参试材料的生育期达标率为95.83%。其他表型（有效穗数、株高、穗长、每穗总粒数、结实率和千粒重）均表现比较稳定（表5-4）。

表5-4　2016—2020年对照品种陆两优996产量构成因子统计

年份	亩产（kg）	生育期（d）	有效穗数（个）	株高（cm）	穗长（cm）	每穗总粒数（粒）	结实率（%）	千粒重（g）
2016	494.98	113.93	20.11	93.14	19.67	117.23	83.06	28.29
2017	503.82	113.57	20.85	97.53	19.35	132.40	77.85	27.81
2018	529.89	110.14	18.69	98.14	20.75	135.22	83.90	27.91
2019	497.57	116.36	19.65	94.21	19.94	130.51	78.99	27.66
2020	495.13	112.50	18.53	99.67	20.39	135.76	81.23	27.44

综合5年试验数据，2016—2020年陆两优996的平均亩产504.28kg，区域试验组平均亩产506.89kg，整体比对照平均增产0.52%；对照全生育期113.3d，区域试验组全生育期平均112.99d，整体比对照平均早熟0.31d；对照有效穗数19.57个，区域试验组有效穗数平均20.52个，整体比对照平均多4.87%；对照株高96.54cm，区域试验组平均株高89.82cm，整体比对照平均减少6.96%；对照穗长20.02cm，区域试验组穗长平均19.30cm，整体比对照平均短3.61%；对照每穗总粒数130.23粒，区域试验组每穗总粒数平均134.76粒，整体比对照平均增加3.48%；对照结实率81.01%，区域试验组结实率平均79.53%，整体比对照平均降低1.64%；对照千粒重27.83g，区域试验组千粒重平均25.98g，整体比对照平均降低6.65%（图5-1、表5-5）。

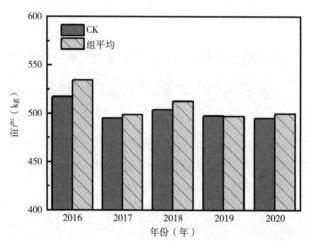

图5-1　2016—2020年早籼迟熟组区域试验品种亩产数据统计

表5-5　2016—2020年早籼迟熟组区域试验品种产量构成因子统计

年份	亩产（kg）	生育期（d）	有效穗数（个）	株高（cm）	穗长（cm）	每穗总粒数（粒）	结实率（%）	千粒重（g）
2016	498.99	114.00	21.17	86.68	19.33	124.30	79.99	26.40
2017	513.79	112.47	20.67	92.76	18.33	140.27	78.03	25.98
2018	524.76	109.63	19.62	90.50	19.17	143.70	81.21	25.70
2019	496.89	116.55	21.12	87.88	19.42	134.11	77.16	25.46
2020	500.00	112.30	20.01	91.29	20.24	131.42	81.28	26.35

综合5年的试验数据，相比对照陆两优996，5年间参试品种中显著增产（3%以上）的品种占比平均为10.91%，显著减产（3%以上）的品种占比平均为12.30%（表5-6）。

表5-6　2016—2020年早籼迟熟组区域试验品种产量情况统计

年份	总数（个）	高产占比（%）	较高产占比（%）	中产占比（%）	一般产占比（%）
2016	9	11.11	22.22	55.56	11.11
2017	8	0	12.50	87.50	0
2018	9	0	22.22	66.67	11.11
2019	8	12.50	0	62.50	25.00
2020	7	0	28.57	57.14	14.29

注：高产、较高产、中产和一般产分别对应于相比对照嘉优5号增产5%以上、增产3%~5%、增产幅度正负3%以内和减产3%以上。

第四节　2016—2020年长江中下游早籼迟熟国家水稻品种试验品质动态分析

2016年区域试验品种中，依据国家《优质稻谷》（GB/T 17891—2017）标准衡量，所有品种均为等外级，米质中等或一般。2017—2020年区域试验中，依据农业行业标准《食用稻品种品质》（NY/T 593—2013），所有品种均为普通级，米质中等或一般。

综合5年的试验数据，对照陆两优996的品质性状比较稳定，年度表现为米质一般（表5-7）。5年间优质米品种共3个，平均占比6.52%，但是年度间波动较大，参试品种中，优质早稻主要集中在最近两年。

表5-7　2016—2020年早籼迟熟品种试验优质米情况统计

年份	对照品种品质等级[a]	优质米品种占比（%）	优质米品种数（个）
2016	一般	0	0
2017	一般	0	0
2018	一般	0	0
2019	一般	22.22	2
2020	一般	12.50	1

注：[a]为2016年的品质等级为国标，2017—2020年品质等级为部标。

综合5年的试验数据，长江中下游早籼迟熟类型参试品种主要品质性状年度间表现稳定（表5-8）。整精米率、粒长、长宽比、垩白粒率、垩白度、碱消值、胶稠度和直链淀粉含量的年度品均值分别为53.58%、6.31mm、2.64、51.94%、9.34%、5.00级、66.46mm和21.17%。2016—2020年，整精米率呈显著增大趋势：整精米率由2016年的46.30%增长为2020年的58.64%，增长幅度26.65%。垩白粒率和垩白度呈显著下降趋势：垩白粒率由2016年的65.85%下降为2020年的24.67%，降幅62.54%；垩白度由2016年的10.74%下降为2020年的3.92%，降幅63.48%。

表5-8　2016—2020年早籼迟熟组区域试验品种主要品质性状统计

年份	整精米率（%）	粒长（mm）	长宽比	垩白粒率（%）	垩白度（%）	碱消值（级）	胶稠度（mm）	直链淀粉（%）
2016	46.30	6.34	2.64	65.85	10.74	4.39	68.55	20.17
2017	56.86	6.01	2.39	63.00	13.36	5.45	64.19	22.36

（续表）

年份	整精米率（%）	粒长（mm）	长宽比	垩白粒率（%）	垩白度（%）	碱消值（级）	胶稠度（mm）	直链淀粉（%）
2018	51.13	6.15	2.52	61.83	11.05	4.67	70.55	22.46
2019	54.99	6.51	2.81	44.37	7.62	5.00	71.56	18.84
2020	58.64	6.52	2.83	24.67	3.92	5.47	57.48	22.03
平均	53.58	6.31	2.64	51.94	9.34	5.00	66.46	21.17

第五节　2016—2020年长江中下游早籼迟熟国家水稻品种试验抗性动态分析

2016年区域试验品种中，依据穗瘟损失率最高级，陵两优179、株两优831、9两优179、顶两优6008为中感，陵两优171为感，其他品种为高感。

2017年区域试验品种中，穗瘟损失率最高级9级的品种有五丰优85等1个，7级的品种有株两优831等1个，5级的品种有中早48、中两优48、陵两优238、陵两优99等4个，其余品种为1～3级。

2018年区域试验品种中，稻瘟病穗瘟损失率最高级3级的品种有中早60和煜两优371；穗瘟损失率最高级5级的品种有中早51、中早48、兴安早占、百优1572、陵两优368；穗瘟损失率最高级7级的品种有陵两优7372；穗瘟损失率最高级9级的品种有嘉育25。

2019年区域试验品种中，稻瘟病穗瘟损失率最高级3级的品种有煜两优371、钰两优268、启两优2216和钰两优361；穗瘟损失率最高级5级的品种有钰两优1116；穗瘟损失率最高级7级的品种有中早60、陵两优212和宽仁优6155。

2020年区域试验品种中，稻瘟病穗瘟损失率最高级3级的品种有陵两优7041和锦两优736；穗瘟损失率最高级5级的品种有煜两优514和启两优1647；穗瘟损失率最高级7级的品种有中早82。

综合5年的稻瘟病抗性数据（图5-2），对照陆两优996的年度稻瘟病穗瘟损失率最高级抗性表现为：9级（2016年）、5级（2017年）、9级（2018年）、9级（2019年）和5级（2020年），整体抗性水平年度间波动较大。2016—2020参试品种中，稻瘟病穗瘟损失率最高级1级、3级、5级、7级、9级的品种共有1个、11个、20个、7个、7个，占比分别为2.17%、23.91%、43.48%、15.22%、15.22%。抗性水平比对照好的品种占比分别为60.00%（2016年）、22.22%（2017年）、80.00%（2018年）、100.00%（2019年）和50.00%（2020年），平均占比62.44%。

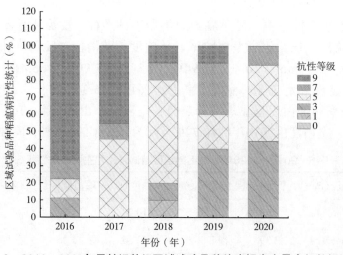

图5-2　2016—2020年早籼迟熟组区域试验品种穗瘟损失率最高级数据统计

综合5年的白叶枯抗性数据（图5-3），对照陆两优996的年度白叶枯抗性等级表现为：9级（2016年）、9级（2017年）、7级（2018年）、7级（2019年）和7级（2020年），整体抗性水平比较稳定。2016—2020参试品种中，白叶枯最高级5级、7级、9级的品种共有13个、30个、3个，占比分别为28.26%、65.22%、6.52%。抗性水平比对照好的品种占比分别为90.00%（2016年）、100.00%（2017年）、10.00%（2018年）、55.56%（2019年）和25.00%（2020年），平均占比56.11%。

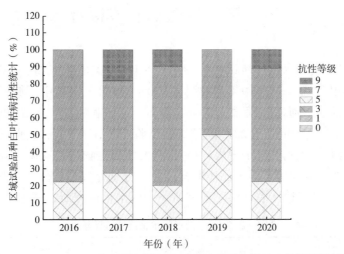

图5-3 2016—2020年早籼迟熟组区域试验品种白叶枯病抗性数据统计

第六章　2016—2020年长江中下游中籼迟熟组国家水稻品种试验

第一节　试验点基本概况

长江中下游中籼迟熟类型水稻区域试验6～8组（2016—2018年为8组，2019年为7组，2020年为6组）和生产试验7～8组（2016—2019年为8组，2020年为7组），其中区域试验点16个，生产试验点7个，分布在安徽、福建、河南、湖北、湖南、江苏、江西和浙江。东经109°51′～120°19′，北纬27°15′～33°23′，海拔2.7～210m。在23个区域试验试验点中，有3个试验点同时承担了区域试验和生产试验任务，分别为福建武夷山市良种场、湖北武汉佳和生物科技有限公司、江苏里下河地区农业科学研究所；有4个试验点承担了稻米品质取样任务，分别是安徽省农业科学院水稻研究所、河南信阳市农业科学院、江苏沿海地区农业科学研究所、中国水稻研究所，详细信息见表6-1。

表6-1　2016—2020年中籼迟熟水稻区域试验承试单位情况

试验点	试验地点	经度（E）	纬度（N）	海拔（m）
安徽滁州市农业科学研究院	滁州市国家农作物区域试验站	118°26′	32°09′	17.8
安徽黄山市农业技术推广中心	休宁县商山镇双桥村	118°24′	29°67′	150.7
安徽省农业科学院水稻研究所▲	合肥市	117°	31°	20.0
安徽袁粮水稻产业有限公司	芜湖市镜湖区利民村试验基地	118°27′	31°14′	7.2
福建武夷山市良种场●	武夷山市良种场仙人岩	117°59′	27°45′	210.0
河南信阳市农业科学院▲	信阳市本院试验田	114°05′	32°07′	75.9
湖北京山市农技推广中心	京山县永兴镇苏余畈村五组	113°07′	31°01′	75.6
湖北宜昌市农业科学研究院	枝江市问安镇四岗试验基地	111°05′	30°34′	60.0
湖北武汉佳禾生物科技有限公司●	监利县毛市镇柘福村	112.5°	29.5°	33.0
湖南怀化市农业科学研究所	怀化市洪江市双溪镇大马村	109°51′	27°15′	180.0
湖南岳阳市农业科学院	岳阳县麻塘试验基地	113°05′	29°26′	32.0
江苏里下河地区农业科学研究所●	扬州市	119°25′	32°25′	8.0
江苏沿海地区农业科学研究所▲	盐城市	120°08′	33°23′	2.7
江西九江市农业科学院	九江市柴桑区马回岭镇	115°48′	29°26′	45.0
江西省农业科学院水稻研究所	高安市鄱阳湖区现代农业科技示范基地	115°22′	28°25′	60.0
中国水稻研究所★▲	杭州市富阳区	120°19′	30°12′	7.2
江西抚州市农业科学研究所	抚州市临川区鹏溪	116°16′	28°01′	47.3
湖南鑫盛华丰种业科技有限公司	岳阳县筻口镇中心村	113.02°	29.01°	32.0
安徽合肥丰乐种业股份公司	肥西县严店乡苏小村	117°17′	31°52′	14.7
浙江杭州市临安区农技中心	临安国家农作物品种区域试验站	119°23′	30°09′	83.0

注：★同时是主持单位；●同时承担区域试验和生产试验；▲稻米品质检测取样点。

第二节　参试品种基本概况

2016—2020年长江中下游中籼迟熟类型水稻参试品种共549个（备注：不含对照，下同），平均每年参试品种109.8个，对照均为丰两优四号；按试验规模划分，区域试验试验规模为416个，年均83.2个左右，约占当年试验规模的75.77%，其余为生产试验；按照品种类型划分，常规稻品种0个（占比0），三系杂交稻89个（占比16.21%），其余均为两系杂交稻；区域试验品种中，初试品种总共279个次，占比50.82%；初试品种每年平均有23.4个通过当年的试验，平均通过率约为40.60%，其中2017年的平均通过率最高为66.67%，2020年的初试通过率最低为25.00%（表6-2）。按参试品种选育单位分析，企业独立或联合选育品种430个，总体占比78.32%，其中2017年占比最高，为80.00%（表6-3）。

表6-2 2016—2020年中籼迟熟组水稻区域试验品种基本情况 （个）

年份	总参试品种数	生产试验品种数	初试品种数	常规稻品种数	初试通过品种数
2016	139	44	64	0	30
2017	120	30	60	0	40
2018	120	28	52	0	15
2019	93	19	59	0	21
2020	77	12	44	0	11

表6-3 2016—2020年中籼迟熟组水稻区域试验品种选育单位情况

序号	类型	2016年（个）	2017年（个）	2018年（个）	2019年（个）	2020年（个）	合计（个）	占比（%）
1	企业选育	91	79	77	55	46	348	63
2	科研教学单位选育	31	23	23	13	14	104	19
3	科企联合选育	16	17	18	18	13	82	15

第三节 2016—2020年长江中下游中籼迟熟组国家水稻品种试验产量动态分析

2016年区域试验品种中，产量高、比对照增产5%以上的品种有隆两优1318、袁两优17号、荃优0861等33个品种/组合，平均亩产647.70kg；产量较高、比对照增产3%～5%的品种有隆两优96、利两优959、镇籼优1393等19个品种/组合，平均亩产631.19kg；产量中等、比对照增减产小于3%的品种有望两优007、两优532、荃优10号等30个品种/组合，平均亩产610.87kg；产量一般，比对照减产3%以上的品种有渝优8629、乾两优1号、深两优7248等11个品种/组合，平均亩产574.65kg。

2017年区域试验品种中，产量高、比对照增产5%以上的品种有隆两优8612、C两优雅占、荃优0861等43个品种/组合，平均亩产642.81kg；产量较高、比对照增产3%～5%的品种有隆两优4118、荆两优859、M两优1377等13个品种/组合，平均亩产631.17kg；产量中等、比对照增减产小于3%的品种有荃优10号、聚两优2185、两优3879等28个品种/组合，平均亩产605.68kg；产量一般，比对照减产3%以上的品种有华浙优71、金龙优068、丰两优686等6个品种/组合，平均亩产568.06kg。

2018年区域试验品种中，产量高、比对照增产5%以上的品种有吨两优900、旺两优958、Y两优919等34个品种/组合，平均亩产649.29kg；产量较高、比对照增产3%～5%的品种有扬两优508、荆两优2816、荃优712等14个品种/组合，平均亩产632.90g；产量中等、比对照增减产小于3%的品种有中两优华占、聚两优2185、徽两优6863等40个品种/组合，平均亩产612.11kg；产量一般，比对照减产3%以上的品种有恒丰优新华占、华浙优71、济优国泰等4个品种/组合，平均亩产587.25kg。

2019年区域试验品种中，产量高、比对照增产5%以上的品种有Q两优532、Q两优169、钢两优1010等23个品种/组合，平均亩产682.22kg；产量较高、比对照增产3%～5%的品种有瑞两优绿银占、广两优211、润两优1957等14个品种/组合，平均亩产662.18kg；产量中等、比对照增减产小于3%的品种有福两优676、茂两优676、深两优858等27个品种/组合，平均亩产639.72kg；产量一般、比对照减产3%以上的品种有祥两优1866、乐两优1086、广8优4093等8个品种/组合，平均亩产611.07kg。

2020年区域试验品种中，产量高、比对照增产5%以上的品种有Q两优532、两优7002、钢两优1010等23个品种/组合，平均亩产637.63kg；产量较高、比对照增产3%～5%的品种有荃优1802、嘉优中科19-2、臻两优5281等8个品种/组合，平均亩产620.43kg；产量中等、比对照增减产小于3%的品种有福农优676、浙两优7850、友两优2152等32个品种/组合，平均亩产591.99kg；产量一般，比对照减产3%以上的品种有泰两优28、深香优151、E两优268等3个品种/组合，平均亩产567.20kg。

综合5年试验数据，2016—2020年丰两优四号整体表现基本稳定，年度平均亩产分别为607.94kg（2016年）、602.86kg（2017年）、609.69kg（2018年）、638.46kg（2019年）和592.14kg（2020年），在各组试验中属于中等水平。生育期超过对照7d的品种数量年度占比分别为0、1.11%、0、0和0，参试材料的生育期达标率为99.76%。其他表型（有效穗数、株高、穗长、每穗总粒数、结实率和千粒重）均表现比较稳定（表6-4）。

表6-4　2016—2020年对照品种丰两优四号产量构成因子统计

年份	亩产（kg）	生育期（d）	有效穗数（个）	株高（cm）	穗长（cm）	每穗总粒数（粒）	结实率（%）	千粒重（g）
2016	607.94	136.58	14.19	127.53	25.06	196.17	83.58	28.13
2017	602.86	135.81	14.79	134.23	25.12	189.34	82.70	27.88
2018	609.69	133.74	15.23	130.90	25.30	187.35	83.77	27.77
2019	638.46	134.97	15.00	126.74	25.55	195.18	85.81	27.87
2020	592.14	134.87	14.62	123.95	23.87	189.22	84.22	28.75

综合5年试验数据，2016—2020年丰两优四号的平均亩产610.22kg，区域试验组平均亩产628.21kg，整体比对照平均增产2.95%；对照全生育期135.19d，区域试验组全生育期平均135.60d，整体比对照平均迟熟0.41d；对照有效穗数14.76个，区域试验组有效穗数平均16.06个，整体比对照平均多8.76%；对照株高128.67cm，区域试验组平均株高122.95cm，整体比对照平均降低4.45%；对照穗长24.98cm，区域试验组穗长平均25.19cm，整体比对照平均短0.86%；对照每穗总粒数191.45粒，区域试验组每穗总粒数平均202.78粒，整体比对照平均增加5.91%；对照结实率84.02%，区域试验组结实率平均81.82%，整体比对照平均降低2.62%；对照千粒重28.08g，区域试验组千粒重平均25.40g，整体比对照平均降低9.55%（图6-1、表6-5）。

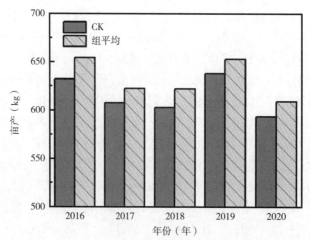

图6-1　2016—2020中籼迟熟组区域试验品种亩产数据统计

表6-5　2016—2020年中籼迟熟组区域试验品种产量构成因子统计

年份	亩产（kg）	生育期（d）	有效穗数（个）	株高（cm）	穗长（cm）	每穗总粒数（粒）	结实率（%）	千粒重（g）
2016	623.80	136.98	15.58	123.96	25.52	198.21	80.62	26.33
2017	624.59	136.66	15.91	126.72	25.30	205.56	80.43	25.33
2018	627.93	133.88	16.57	123.48	25.39	198.42	81.64	24.97
2019	654.48	136.18	16.39	120.61	25.60	211.58	83.65	24.61
2020	610.21	134.32	15.83	119.96	24.15	200.10	82.73	25.74

综合5年的试验数据，相比对照丰两优四号，5年间参试品种中显著增产（3%以上）的品种占比平均为53.88%，显著减产（3%以上）的品种占比平均为7.71%（表6-6）。

表6-6　2016—2020年中籼迟熟组区域试验品种产量情况统计

年份	总数（个）	高产占比（%）	较高产占比（%）	中产占比（%）	一般产占比（%）
2016	93	35.38	20.43	32.26	11.83
2017	90	47.78	14.44	31.11	6.67
2018	92	36.96	15.22	43.48	4.35
2019	72	31.94	19.44	37.50	11.11
2020	65	35.38	12.31	47.69	4.62

注：高产、较高产、中产和一般产分别对应于相比对照嘉优5号增产5%以上、增产3%~5%、增产幅度正负3%以内和减产3%以上。

第四节　2016—2020年长江中下游中籼迟熟组 国家水稻品种试验品质动态分析

2016年区域试验品种中，国标优1级、优2级、优3级和等外级的品种个数分别为0、5、18和72，占比分别为0、5.26%、18.95%和75.80%；2017年区域试验品种中，部标优1级、优2级、优3级和普通级的品种个数分别为0、2、11和77，占比分别为0、2.22%、12.22%和85.56%；2018年区域试验品种中，部标优1级、优2级、优3级和普通级的品种个数分别为2、14、36和40，占比分别为2.17%、15.22%、39.13%和43.48%；2019年区域试验品种中，部标优1级、优2级、优3级和普通级的品种个数分别为3、16、17和38，占比分别为4.05%、21.62%、22.97%和51.35%；2020年区域试验品种中，部标优1级、优2级、优3级和普通级的品种个数分别为1、13、20和31，占比分别为1.54%、20.00%、30.77%和47.69%。

综合5年的试验数据，对照丰两优四号的品质性状年度波动和年内组间波动较大（表6-7）。5年间优质米品种共168个，平均占比40.38%，但是年度间波动较大。

表6-7　2016—2020年中籼迟熟组区域试验品种优质米情况统计

年份	对照品种品质等级[a]	优质米品种占比（%）	优质米品种数（个）
2016	一般	24.21	23
2017	一般	51.11	46

（续表）

年份	对照品种品质等级[a]	优质米品种占比（%）	优质米品种数（个）
2018	优3/优2	56.52	52
2019	优2	48.65	36
2020	普通/优3	52.31	34

注：[a]为2016年的品质等级为国标，2017—2020年品质等级为部标。

综合5年的试验数据，长江中下游中籼迟熟组参试品种主要品质性状年度间表现稳定（表6-8）。整精米率、粒长、长宽比、垩白粒率、垩白度、碱消值、胶稠度和直链淀粉含量的年度品均值分别为57.36%、6.70mm、3.17、13.71%、2.01%、5.50级、76.31mm和15.50%。2016—2020年，垩白粒率和垩白度呈降低趋势：垩白粒率由2016年的18.78%下降到了2020年的11.10%，降低幅度40.89%；垩白度由2016年的2.98%下降为2020年的1.55%，降低幅度47.99%。

表6-8 2016—2020年中籼迟熟组区域试验参试品种主要品质性状统计

年份	整精米率（%）	粒长（mm）	长宽比	垩白粒率（%）	垩白度（%）	碱消值（级）	胶稠度（mm）	直链淀粉（%）
2016	53.98	6.80	3.12	18.78	2.98	5.58	78.83	15.06
2017	54.90	6.67	3.18	14.04	2.46	5.38	71.73	14.71
2018	57.76	6.71	3.20	10.44	1.44	5.27	75.16	15.34
2019	65.88	6.63	3.21	14.20	1.60	5.45	78.53	16.32
2020	54.27	6.69	3.14	11.10	1.55	5.83	77.32	16.08
平均	57.36	6.70	3.17	13.71	2.01	5.50	76.31	15.50

第五节 2016—2020年长江中下游中籼迟熟组国家水稻品种试验抗性动态分析

2016年区域试验品种中，稻瘟病穗瘟损失率最高级1级、3级、5级、7级、9级的品种数为0个、6个、24个、37个和28个，占比分别为0、6.32%、71.58%、18.95%和3.16%。2017年区域试验品种中，稻瘟病穗瘟损失率最高级1级、3级、5级、7级、9级的品种数为0个、25个、34个、17个和14个，占比分别为0、27.78%、37.78%、18.89%和15.56%。2018年区域试验品种中，稻瘟病穗瘟损失率最高级1级、3级、5级、7级、9级的品种数为0个、18个、45个、20个和9个，占比分别为0、19.57%、48.91%、21.74%和9.78%。2019年区域试验品种中，稻瘟病穗瘟损失率最高级1级、3级、5级、7级、9级的品种数为2个、22个、32个、7个和11个，占比分别为2.70%、29.73%、43.24%、9.46%和14.86%。2020年区域试验品种中，稻瘟病穗瘟损失率最高级1级、3级、5级、7级、9级的品种数为2个、19个、31个、11个和2个，占比分别为3.08%、29.23%、47.69%、16.92%和3.08%。

综合5年的稻瘟病抗性数据（图6-2），对照丰两优四号的年度稻瘟病穗瘟损失率最高级抗性均表现为9级，整体抗性水平年度间非常稳定。2016—2020年参试品种中，稻瘟病穗瘟损失率最高级1级、3级、5级、7级、9级的品种共有4个、90个、166个、92个、64个，占比分别为0.96%、21.63%、39.90%、22.12%、15.38%。抗性水平较好的品种（穗瘟损失率最高级为3级或3级以内的）占比分别为6.32%（2016年）、27.78%（2017年）、19.57%（2018年）、32.43%（2019年）和32.31%（2020年），平均占比23.68%。

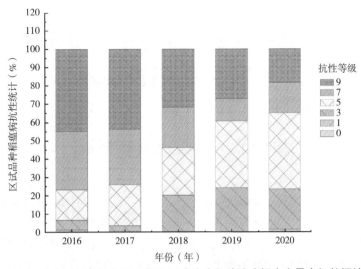

图6-2　2016—2020年中籼迟熟组区域试验品种穗瘟损失率最高级数据统计

综合5年的白叶枯抗性数据（图6-3），对照丰两优四号的年度白叶枯抗性等级均表现5级，整体抗性水平非常稳定。2016—2020年参试品种中，白叶枯最高级1级、3级、5级、7级、9级的品种共有4个、22个、231个、132个和27个，占比分别为0.96%、5.29%、55.53%、31.73%和6.49%。抗性水平比对照好的品种占比分别为6.32%（2016年）、8.89%（2017年）、6.52%（2018年）、2.70%（2019年）和6.15%（2020年），平均占比6.12%。

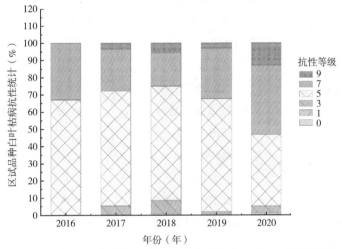

图6-3　2016—2020年中籼迟熟组区域试验品种白叶枯病抗性数据统计

第七章 2016—2020年长江中下游晚籼早熟组国家水稻品种试验

第一节 试验点基本概况

长江中下游晚籼早熟类型水稻区域试验和生产试验各2组，其中区域试验点15个，生产试验点8个，分布在湖北、安徽、江西、湖南和浙江。东经112°02′~120°19′，北纬25°91′~30°58′，海拔7.2~350m。在23个区域试验点中，有4个试验点同时承担了区域试验和生产试验任务，分别为安徽黄山市农业技术推广中心、湖北金锣港原种场、江西省种子管理局和湖南贺家山原种场；有3个试验点承担了稻米品质取样任务，分别是江西省种子管理局、湖南岳阳市农业科学研究院和中国水稻研究所，详细信息见表7-1。

表7-1 2016—2020年晚籼早熟组水稻区域试验承试单位情况

试验点	试验地点	经度（E）	纬度（N）	海拔（m）
安徽黄山市农业技术推广中心●	黄山市休宁县商山镇双桥村	118°24′	29°67′	150.7
安徽芜湖市种子管理站	南陵县籍山镇新坝村	118°13′	30°58′	8.0
湖北金锣港原种场●	团风县城北	114°54′	30°42′	20.3
湖北荆州农业科学院	沙市东郊王家桥	112°02′	30°24′	32.0
湖北孝感市农业科学院	院试验基地	113°51′	30°56′	25.0
湖南省贺家山原种场●	常德市贺家山	111°54′	29°01′	28.2
湖南省农业科学院水稻研究所	长沙市东郊马坡岭	113°05′	28°12′	44.9
湖南岳阳市农业科学研究院▲	岳阳市麻塘	113°05′	29°26′	32.0
江西邓家埠水稻原种场	余江县东郊	116°51′	28°12′	37.7
江西赣州市农业科学研究所	赣州市	114°57′	25°51′	123.8
江西九江市农业科学院	九江市马回岭镇	115°48′	29°26′	45.0
江西省种子管理局●▲	南昌市莲塘	115°27′	28°09′	25.0
江西宜春市农业科学研究所	宜春市	114°23′	27°47′	128.5
浙江金华市农业科学研究院	金华市汤溪镇寺平村	119°12′	29°06′	60.2
中国水稻研究所★▲	杭州市富阳区	120°19′	30°12′	7.2
江西现代种业股份有限公司	赣州市赣县江口镇优良村	115°06′	25°54′	110.0
江西奉新县种子局	奉新县赤岸镇沿里村	114°45′	28°34′	350.0
湖南邵阳市农业科学技术研究院	邵阳县谷洲镇古娄村	111°50′	27°10′	252.0
湖南衡南县种子管理中心	衡南县松江镇荷叶坪村	112°16′	26°32′	50.0

注：★同时是主持单位；●同时承担区域试验和生产试验；▲稻米品质检测取样点。

第二节 参试品种基本概况

2016—2020年长江中下游晚籼早熟类型水稻参试品种共134个（备注：不含对照，下同），每年平均参试品种26.8个，对照均为五优308；按试验规模划分，每年设置A、B两组，区域试验试验规模为109个，年均21.8个左右，约占当年试验规模的81.34%，其余为生产试验；按照品种类型划分，常规稻品种总共2个（占比1.49%），三系杂交稻77个（占比57.46%），其余均为两系杂交稻；区域试验品种中，初试品种总共81个次，占比60.45%；初试品种每年平均有6.60个通过当年的试验，平均通过率约为41.48%，其中2020年的平均通过率最高达56.25%，2016年的初试通过率最低为21.05%（表7-2）。按参试品种选育单位分析，企业独立或联合选育品种121个，总体占比90.30%，其中2016年占比最高，达到93.33%（表7-3）。

表7-2　2016—2020年晚籼早熟组水稻区域试验品种基本情况　　　　　　　　　（个）

年份	总参试品种数	生产试验品种数	初试品种数	常规稻品种数	初试通过品种数
2016	30	7	19	0	4
2017	24	3	17	0	4
2018	26	4	18	0	11
2019	29	7	11	1	5
2020	25	4	16	1	9

表7-3　2016—2020年晚籼早熟组水稻区域试验品种选育单位情况

序号	类型	2016年（个）	2017年（个）	2018年（个）	2019年（个）	2020年（个）	合计（个）	占比（%）
1	企业选育	21	15	18	15	18	87	65
2	科研教学单位选育	2	2	5	1	3	13	10
3	科企联合选育	7	7	3	13	4	34	25

第三节　2016—2020年长江中下游晚籼早熟组国家水稻品种试验产量动态分析

2016年区域试验品种中，产量较高、比对照增产3%～5%的品种有湘丰优269、早优丝苗、炳优6028、玖两优305、吉优258、丰两优晚六、盛丰优656；产量一般、比对照减产3%以上的品种有泸优308，平均亩产561.57kg；其他品种产量中等、比对照增减产3%以内。

2017年区域试验品种中，产量高、比对照增产5%以上有顺丰优656、隆优5438、旺两优911、晖两优8612和顺丰优656等5个；产量较高、比对照增产3%～5%的品种有仁5优8355、腾两优1818、玖两优1257等3个；产量一般、比对照减产3%以上的品种有裕优锋占等1个；其余品种产量中等、比对照增减产3%以内。

2018年区域试验品种中，产量高、比对照增产5%以上的品种有济优6553、隆香优晶占和腾两优1818；产量较高、比对照增产3%～5%的品种有隆优5438、五优珍丝苗、两优810、荆楚优87和晖两优5438；产量中等、比对照增减产3%以内的品种有荃早优851、野香优美丝、广两优373、早丰A/亮莹、泰优晶占、晖两优534、广泰优226、陵两优1273和泰优396。

2019年区域试验品种中，产量高、比对照增产5%以上的品种有旺两优911和荆楚优87；产量较高、比对照增产3%～5%的品种有银两优506、两优810和隆香优晶占；产量中等、比对照增减产3%以内的品种有野香优美丝、晖两优8612、五优珍丝苗、腾两优1866、华盛A/21丝苗、溢优281野香优明月丝苗、广泰优226、桃香优361、济优6553、晖两优1377、启两优5410和晖两优534；产量一般、比对照减产3%以上的品种有早丰A/亮莹、青香优黄占、中银优金丝苗和月牙香珍。

2020年区域试验品种中，产量高、比对照增产5%以上的品种有荃早优晶占、银两优506、欣两优晚一号和泰优乡占；产量较高、比对照增产3%～5%的品种有华盛A/21丝苗、启两优5410、健优银丝苗和启两优1011；产量中等、比对照增减产3%以内的品种有鼎优600、色香优明月丝苗、晖两优4185、佳晚籼2808、晖两优1377、银两优一号、野香优明月丝苗、广泰优1622、宽仁优1127和华盛优美特占；产量一般、比对照减产3%以上的品种有双香优帝丝和双香优浦丝苗和春两优1801。

综合5年试验数据，2016—2020年五优308整体表现基本稳定，年度平均亩产分别为581.61kg（2016年）、573.02kg（2017年）、613.26kg（2018年）、625.48kg（2019年）和565.04kg（2020年），在各组试验中属于中等水平。生育期超过对照的品种数量年度占比分别为4.55%、0、18.18%、13.64%和14.29%，参试材料的生育期达标率为89.87%。其他表型（有效穗数、株高、穗长、每穗总粒数、结实率和千粒重）均表现比较稳定（表7-4）。

表7-4　2016—2020年对照品种五优308产量构成因子统计

年份	亩产（kg）	生育期（d）	有效穗数（个）	株高（cm）	穗长（cm）	每穗总粒数（粒）	结实率（%）	千粒重（g）
2016	581.61	119.43	22.13	99.02	21.97	171.53	79.01	23.88
2017	573.02	118.27	20.65	107.20	22.17	161.88	81.24	23.78
2018	613.26	118.87	22.49	109.13	21.84	163.59	81.89	23.41
2019	625.48	121.00	21.34	105.14	22.15	177.26	82.58	23.67
2020	565.04	124.14	20.84	111.48	23.20	190.71	76.43	23.09

综合5年试验数据，2016—2020年五优308的平均亩产591.68kg，区域试验组平均亩产599.84kg，整体比对照平均增产1.38%；对照全生育期120.34d，区域试验组全生育期平均118.71d，整体比对照平均早熟1.63d；对照有效穗数21.49个，区域试验组有效穗数平均21.32个，整体比对照平均少0.17个；对照株高106.39cm，区域试验组平均株高106.68cm，整体比对照减少0.28cm；对照穗长22.26cm，区域试验组穗长平均23.14cm，整体比对照平均长3.93%；对照每穗总粒数172.99粒，区域试验组每穗总粒数平均169.41粒，整体比对照平均减少2.07%；对照结实率80.23%，区域试验组结实率平均80.51%，整体比对照平均提高0.28%；对照千粒重23.56g，区域试验组千粒重平均24.23g，整体比对照平均提高2.84%（图7-1、表7-5）。

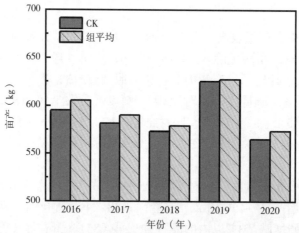

图7-1　2016—2020年晚籼早熟组区域试验品种亩产数据统计

表7-5　2016—2020年晚籼早熟组区域试验品种产量构成因子统计

年份	亩产（kg）	生育期（d）	有效穗数（个）	株高（cm）	穗长（cm）	每穗总粒数（粒）	结实率（%）	千粒重（g）
2016	590.65	117.59	21.57	99.74	22.39	168.04	79.55	24.94
2017	579.63	117.22	20.94	107.24	22.72	158.08	82.50	24.41
2018	626.83	117.42	22.02	110.52	22.68	164.53	82.52	24.29
2019	627.75	119.26	20.80	105.55	23.41	174.10	82.24	24.26
2020	574.32	122.05	21.28	110.33	24.49	182.32	75.75	23.26

综合5年的试验数据，相比对照五优308，5年间参试品种中显著增产（3%以上）的品种占比平均为18.48%，显著减产（3%以上）的品种占比平均为10.17%（表7-6）。

表7-6 2016—2020年晚籼早熟组区域试验品种产量情况统计

年份	总数（个）	高产占比（%）	较高产占比（%）	中产占比（%）	一般产占比（%）
2016	22	20.73	13.64	59.09	4.55
2017	21	14.29	14.29	66.67	4.76
2018	22	27.27	22.73	40.91	9.09
2019	22	9.09	13.64	59.09	18.18
2020	21	19.05	19.05	47.62	14.29

注：高产、较高产、中产和一般产分别对应于相比对照嘉优5号增产5%以上、增产3%～5%、增产幅度±3%以内和减产3%以上。

第四节 2016—2020年长江中下游晚籼早熟组 国家水稻品种试验品质动态分析

2016年区域试验品种中，玖两优9号、启两优1561、炳优6028、玖两优1307、玖两优305、五优108、丰两优晚六为等外级，其他品种均米质优，达优质1～3级。

2017年区域试验品种中，达到优质2级的品种有早优丝苗等1个，达到优质3级的品种有安优华7、富两优5087、五优821、荃早优851、顺丰优656、巨风优441、安优华7、富两优5087、五优821、荃早优851、顺丰优656、巨风优441等12个，其余品种为普通级。

2018年区域试验品种中，优质1级的品种有野香优美丝；优质2级的品种有荃早851、早丰A/亮莹、两优869和广泰优226；优质3级的品种有顺丰优656、两优810、广两优373、旺两优911、泰优晶占、腾两优1818、晖两优534、济优6553和隆香晶占；其他参试品种均为普通级。

2019年区域试验品种中，优质1级的品种有野香优美丝、华盛A/21丝苗、野香优明月丝苗和启两优5410；优质2级的品种有早丰A/亮莹、两优810、银两优506、溢优281、广泰优226和济优6553；优质3级的品种有旺两优911、青香优黄占、晖两优534、隆香优晶占和晖两优1377；其他参试品种均为普通级。

2020年区域试验品种中，优质1级的品种有华盛A/21丝苗、野香优明月丝苗和启两优5410；优质2级的品种有银两优506、佳晚籼2808、鼎优600、欣两优晚一号、晖两优1377、银两优一号、华盛优美特占、健优银丝苗、广泰优1622和宽仁优1127；优质3级的品种有泰优乡占、色香优明月丝苗、启两优1011和春两优1801；其他参试品种均为普通级。

综合5年的试验数据，对照五优308的品质性状存在年度波动：2016年国标优2级；2017年A、B组均为部标优3级；2018年A组为部标普通级，B组为部标优3级；2019—2020年均为部标普通级（表7-7）。5年间优质米品种共63个，平均占比57.80%，但是年度间波动较大，参试品种中，优质早稻主要集中在最近三年。

表7-7 2016—2020年晚籼早熟组区域试验品种优质米情况统计

年份	对照品种品质等级[a]	优质米品种占比（%）	优质米品种数（个）
2016	优2/优2	0	0
2017	一般/优3	0	0
2018	一般/一般	0	0
2019	一般/一般	22.22	2
2020	一般/一般	12.50	1

注：[a]为2016年的品质等级为国标，2017—2020年品质等级为部标；文字描述分别表示A/B组的等级。

综合5年的试验数据，长江中下游晚籼早熟类型参试品种主要品质性状年度间表现稳定（表7-8）。整精米率、粒长、长宽比、垩白粒率、垩白度、碱消值、胶稠度和直链淀粉含量的年度品均值分别为61.85%、6.89mm、3.36、9.70%、1.46%、5.95级、70.02mm和17.54%。2016—2020年，长宽比呈显著增大趋势，由2016年的3.21增长为2020年的3.57，增长幅度11.21%。垩白利率、垩白度、直链淀粉含量呈显著下降趋势：垩白粒率由2016年的10.86%下降为2020年的6.11%，降幅43.74%；垩白度由2016年的1.63下降为2020年的1.10，降幅32.52%；直链淀粉含量由2016年的18.27%下降为2020年的17.10%，降幅6.40%。

表7-8 2016—2020年晚籼早熟组区域试验品种主要品质性状统计

年份	整精米率（%）	粒长（mm）	长宽比	垩白粒率（%）	垩白度（%）	碱消值（级）	胶稠度（mm）	直链淀粉（%）
2016	64.25	6.80	3.21	10.86	1.63	6.01	67.14	18.27
2017	65.62	6.78	3.23	14.78	2.43	5.14	66.73	17.29
2018	56.35	6.99	3.33	8.90	1.22	5.99	73.56	17.50
2019	63.47	6.92	3.43	7.88	0.92	5.97	72.05	17.55
2020	59.55	6.97	3.57	6.11	1.10	6.63	70.63	17.10
平均	61.85	6.89	3.36	9.70	1.46	5.95	70.02	17.54

第五节 2016—2020年长江中下游晚籼早熟组国家水稻品种试验抗性动态分析

2016年区域试验品种中，依据穗瘟损失率最高级，早丰优8号、两优007为中抗；玖两优305为高感；其他品种表现为中感或感水平。

2017年区域试验品种中，穗瘟损失率最高级9级的品种有玖两优305，7级的品种有隆香优吉占、顺丰优656、丰两优晚六、裕优锋占等4个，3级的品种有荃早优851和两优007，其余品种为5级。

2018年区域试验品种中，稻瘟病穗瘟损失率最高级3级的品种有两优810、荆楚优87、济优6553、野香优油丝、两优869；穗瘟损失率最高级5级的品种有荃早优851、隆优5438、广两优373、晖两优8612、野香优美丝、五优珍丝苗、广泰优226、隆香优晶占、晖两优534；穗瘟损失率最高级7级的品种有顺丰优656、泰优晶占、早丰A/亮莹、旺两优911、腾两优1818、陵两优1273和晖两优5438；穗瘟损失率最高级9级的品种有泰优396。

2019年区域试验品种中，穗瘟损失率最高级3级的品种有荆楚优87；穗瘟损失率最高级5级的品种有两优810、晖两优8612、五优珍丝苗、野香优美丝、腾两优1866、银两优506、青香优黄占、华盛A/21丝苗、广泰优226、晖两优534、桃香优361、月牙香珍、晖两优1377和野香优明月丝苗；穗瘟损失率最高级7级的品种有早丰A/亮莹、旺两优911隆香优晶占、济优6553、启两优5410和中银优金丝苗；穗瘟损失率最高级9级的品种有溢优281。

2020年区域试验品种中，穗瘟损失率最高级3级的品种有佳晚籼2808、广泰优1622和泰优乡占；穗瘟损失率最高级5级的品种有银两优506、华盛A/21丝苗、荃早优晶占、晖两优4185、鼎优600、欣两优晚一号、色香优明月丝苗、野香优明月丝苗、晖两优1377、健优银丝苗、银两优一号、华盛优美特占、启两优1011；穗瘟损失率最高级7级的品种有双香优帝丝、双香优浦丝苗、启两优5410和宽仁优1127；穗瘟损失率最高级9级的品种有春两优1801。

综合5年的稻瘟病抗性数据（图7-2），对照五优308的年度稻瘟病穗瘟损失率最高级抗性表现为：9级（2016年）、9级（2017年）、7级（2018年）、9级（2019年）和9级（2020年），整体抗性水平比较稳定。2016—2020年参试品种中，稻瘟病穗瘟损失率最高级1级、3级、5级、7级、9级的品种共有0个、17个、64个、20个、8个，占比分别为0、15.6%、58.72%、18.35%、7.34%。抗性水平较好（瘟病穗瘟损失率最高级3级或3级以内）的品种占比分别为8.70%（2016年）、19.05%（2017年）、22.73%（2018年）、13.64%（2019年）和14.29%（2020年），平均占比15.62%。

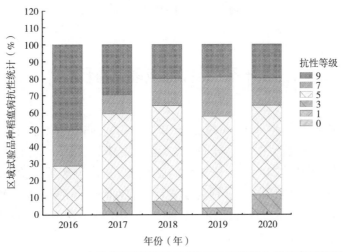

图7-2 2016—2020年晚籼早熟组区域试验品种穗瘟损失率最高级数据统计

综合5年的白叶枯抗性数据（图7-3），对照五优308的年度白叶枯抗性等级表现为：7级（2016年）、7级（2017年）、7级（2018年）、9级（2019年）和9级（2020年），整体抗性水平比较稳定。2016—2020年参试品种中，白叶枯最高级3级、5级、7级、9级的品种共有2个、53个、41个、13个，占比分别为1.83%、48.62%、37.61%、11.93%。抗性水平比对照好的品种占比分别为17.39%（2016）、61.90%（2017年）、72.73%（2018年）、63.64%（2019年）和38.10%（2020年），平均占比42.29%。

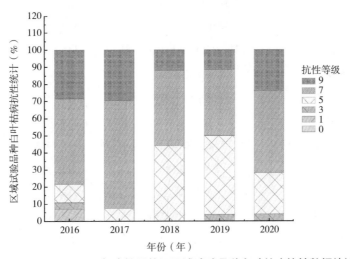

图7-3 2016—2020年晚籼早熟组区域试验品种白叶枯病抗性数据统计

第八章 2016—2020年长江中下游晚籼中迟熟组
国家水稻品种试验

第一节 试验点基本概况

长江中下游晚籼中迟熟类型水稻区域试验和生产试验各1组（2018年无生产试验），其中区域试验点14个，生产试验点7个，分布在广西、福建、江西、湖南和浙江5个省份。东经110°12′~120°40′，北纬25°91′~30°12′，海拔4.0~252m。在14个区域试验试验点中，有3个试验点同时承担了区域试验和生产试验任务，分别为福建沙县良种场、江西省种子管理局和湖南贺家山原种场；有3个试验点承担了稻米品质取样任务，分别是江西省种子管理局、湖南衡阳市农业科学研究所和中国水稻研究所，详细信息见表8-1。

表8-1 2016—2020年晚籼中迟熟组水稻区域试验承试单位情况

试验点	试验地点	经度（E）	纬度（N）	海拔（m）
福建龙岩市新罗区良种场▲	龙岩市新罗区白沙镇南卓村	117°12′	25°23′	248.0
福建莆田市荔城区良种场	莆田市荔城区黄石镇沙坂	119°00′	25°26′	10.2
福建沙县良种场●	沙县富口镇延溪村	117°43′	26°28′	130.0
广东韶关市农业科技推广中心	仁化县大桥镇古洋试验基地内			
广西桂林市农业科学院	桂林市雁山镇	110.2°	25.07°	170.4
广西柳州市农业科学研究所	柳州市沙塘镇	109°22′	24°28′	99.1
湖南郴州市农业科学研究所	郴州市苏仙区桥口镇	113°11′	25°26′	128.0
湖南省贺家山原种场●	常德市贺家山	111°54′	29°01′	28.2
湖南省农业科学院水稻研究所	长沙市东郊马坡岭	113°05′	28°12′	44.9
江西赣州市农业科学研究所	赣州市	114°57′	25°51′	123.8
江西吉安市农业科学研究所	吉安县凤凰镇	114°51′	26°56′	58.0
江西省种子管理局●▲	南昌市莲塘	115°27′	28°09′	25.0
江西宜春市农业科学研究所	宜春市	114°23′	27°47′	128.5
浙江温州市农业科学研究院●	温州市藤桥镇枫林岙村	120°40′	28°01′	6.0
浙江金华市农业科学研究院	金华市汤溪镇寺平村	119.2°	29.1°	60.2
中国水稻研究所★▲	杭州市富阳区	120°19′	30°12′	7.2
湖南邵阳市农业科学技术研究院	邵阳县谷洲镇古楼村	111°50′	27°10′	252.0
江西现代种业股份有限公司	赣州市赣县江口镇优良村	115°06′	25°54′	110.0

注：★同时是主持单位；●同时承担区域试验和生产试验；▲稻米品质检测取样点。

第二节 参试品种基本概况

2016—2020年长江中下游晚籼中迟熟类型水稻参试品种共65个（备注：不含对照，下同），平均每年参试品种13.0个，对照均为天优华占；按试验规模划分，区域试验规模为58个，年均

11.6个左右，约占当年试验规模的89.23%，其余为生产试验；按照品种类型划分，常规稻品种总共4个（占比6.15%），三系杂交稻36个（占比55.38%），其余均为两系杂交稻；区域试验品种中，初试品种总共47个次，占比72.31%；初试品种每年平均有2.60个通过当年的试验，平均通过率约为26.19%，其中2016年的平均通过率最高达到41.67%，2018年的初试通过率最低为20.00%（表8-2）。按参试品种选育单位分析，企业独立或联合选育品种51个，总体占比78.46%，其中2016年和2017年占比最高，达到83.33%（表8-3）。

表8-2　2016—2020年晚籼中迟熟组水稻区域试验品种基本情况　　　　　（个）

年份	总参试品种数	生产试验品种数	初试品种数	常规稻品种数	初试通过品种数
2016	12	0	12	1	5
2017	12	0	7	0	1
2018	17	6	10	0	2
2019	12	0	10	0	3
2020	12	1	8	3	2

表8-3　2016—2020年晚籼中迟熟组水稻区域试验品种选育单位情况

序号	类型	2016年（个）	2017年（个）	2018年（个）	2019年（个）	2020年（个）	合计（个）	占比（%）
1	企业选育	7	9	13	5	7	41	63
2	科研教学单位选育	1	2	3	4	3	13	20
3	科企联合选育	3	1	1	3	2	10	15

第三节　2016—2020年长江中下游晚籼中迟熟组国家水稻品种试验产量动态分析

2016年区域试验品种中，产量较高、比对照增产3%～5%的品种有Y两优911、荃两优华占和扬籼优713；产量一般、比对照减产3%以上的品种有中香黄占、雅5优3203和H两优991；其他品种产量中等，比对照增减产3%以内。

2017年区域试验品种中，产量较高、比对照增产3%～5%的品种有Y两优911等1个；产量一般、比对照减产3%以上的品种有裕优黄占、恒两优农占、中嘉优7202、秋谷优6536等4个；其余品种产量中等、比对照增减产3%以内。

2018年区域试验品种中，产量中等、比对照增减产3%以内的品种有嘉诚优1253、济优9号、创两优602、康两优911、隆晶优4013、泰两优1332和荃优金10号；产量一般、比对照减产3%以上的品种有鄂香优珍香占、五丰优2801、兴两优1821和胜优青占。

2019年区域试验品种中，产量中等、比对照增减产3%以内的品种有C两优农香39、荃广优822、泰两优1332、金贵优瑞丝、荆两优3367和秋谷优6522；产量一般、比对照减产3%以上的品种有万象优1716、嘉诚优1253、黄丝莉占、野香优美晶、青香优美占和丽香优纳丝。

2020年区域试验品种中，产量中等、比对照增减产3%以内的品种有荃广优822、野香优美莉和隆晶优8549；产量一般、比对照减产3%以上的品种有荆两优3367、新粤占、青香优美占、振两优3485、粤禾丝苗、丰山丝苗、秎两优6930和堆丰优1号。

综合5年试验数据，2016—2020年天优华占整体表现基本稳定，年度平均亩产分别为560.64kg、574.15kg、601.19kg、616.00kg和557.82kg，在各组试验中属于较高水平。生育期超过对照3d的品种数量年度占比分别为16.67%、8.33%、0、0和0，参试材料的生育期达标率为95.00%。

其他表型（有效穗数、株高、穗长、每穗总粒数、结实率和千粒重）均表现比较稳定（表8-4）。

表8-4　2016—2020年对照品种天优华占产量构成因子统计

年份	亩产（kg）	生育期（d）	有效穗数（个）	株高（cm）	穗长（cm）	每穗总粒数（粒）	结实率（%）	千粒重（g）
2016	560.64	120.31	20.30	100.52	21.32	159.74	79.13	25.20
2017	574.15	120.40	20.24	105.31	22.10	172.88	79.80	24.42
2018	601.19	119.38	20.60	108.86	21.80	155.89	82.47	24.72
2019	616.00	120.33	20.05	104.33	21.25	164.92	84.10	24.87
2020	557.82	124.57	19.29	112.73	22.54	184.50	76.87	24.10

综合5年试验数据，2016—2020年天优华占的平均亩产581.96kg，区域试验组平均亩产563.18kg，整体比对照平均减产3.23%；对照全生育期121.00d，区域试验组全生育期平均120.29d，整体比对照平均早熟0.71d；对照有效穗数20.10个，区域试验组有效穗数平均19.37个，整体比对照平均少0.73个；对照株高106.35cm，区域试验组平均株高109.17cm，整体比对照平均增高2.65%；对照穗长21.80cm，区域试验组穗长平均22.82cm，整体比对照平均增长4.66%；对照每穗总粒数167.59粒，区域试验组每穗总粒数平均169.58粒，整体比对照平均增加1.19%；对照结实率80.47%，区域试验组结实率平均80.94%，整体比对照平均增加0.47%；对照千粒重24.66g，区域试验组千粒重平均24.47g，整体比对照平均降低0.19g（图8-1、表8-5）。

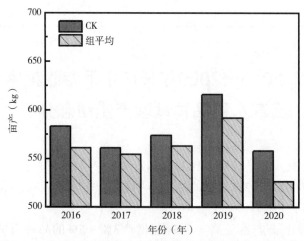

图8-1　2016—2020晚籼中迟熟组区域试验品种亩产数据统计

表8-5　2016—2020年晚籼中迟熟组区域试验品种产量构成因子统计

年份	亩产（kg）	生育期（d）	有效穗数（个）	株高（cm）	穗长（cm）	每穗总粒数（粒）	结实率（%）	千粒重（g）
2016	553.91	118.60	19.65	105.07	22.53	161.29	81.66	24.92
2017	562.03	119.82	19.43	108.98	23.06	175.30	80.28	24.94
2018	586.64	119.07	20.06	110.22	22.97	165.17	81.96	24.49
2019	589.84	119.33	19.20	106.23	22.14	167.19	84.15	24.07
2020	523.47	124.63	18.50	115.35	23.39	178.92	76.65	23.92

综合5年的试验数据，相比对照天优华占，五年间参试品种中显著增产（3%以上）的品种占比平均为3.45%，显著减产（3%以上）的品种占比平均为44.83%（表8-6）。

表8-6 2016—2020年晚籼中迟熟组区域试验品种产量情况统计

年份	总数（个）	高产占比（%）	较高产占比（%）	中产占比（%）	一般产占比（%）
2016	12	0	8.33	58.33	33.33
2017	12	0	8.33	58.33	33.33
2018	11	0	0	63.64	36.36
2019	12	0	0	50.00	50.00
2020	11	0	0	27.27	72.73

注：高产、较高产、中产和一般产分别对应于相比对照嘉优5号增产5%以上、增产3%～5%、增产幅度±3%以内和减产3%以上。

第四节 2016—2020年长江中下游晚籼中迟熟组国家水稻品种试验品质动态分析

2016年区域试验品种中，H两优991、扬籼优712、扬籼优713、万象优926、荃两优华占、鑫丰优3号和鹏优6628m质优，达国标优质2级或3级，其他品种为等外级，米质中等或一般。

2017年区域试验品种中，达到优质2级的品种有鹏优6228、隆晶优4013等2个，达到优质3级的品种有Y两优911、鑫丰优3号、荃两优华占、裕优黄占等4个，其余品种为普通级。

2018年区域试验品种中，优质1级的品种有隆晶优4013、荃优金10号、泰两优1332、胜优青占；优质2级的品种有嘉诚优1253；优质3级的品种有康两优911、鄂香优珍香占、兴两优1821、济优9号和创两优602；其他参试品种均为普通级，米质中等或一般。

2019年区域试验品种中，优质1级的品种有泰两优1332、丽香优纳丝、荆两优3367、黄丝莉占和青香优美占；优质2级的品种有嘉诚优1253和荃广优822；优质3级的品种有C两优农香39、金贵优瑞丝和万象优1716；其他参试品种均为普通级，米质中等或一般。

2020年区域试验品种中，优质1级的品种有青香优美占、荆两优3367、隆晶优8549和新粤占；优质2级的品种有荃广优822、振两优3485、堆丰优1号、秭两优6930和粤禾丝苗；优质3级的品种有野香优美莉；其他参试品种均为普通级，米质中等或一般。

综合5年的试验数据，对照天优华占的品质性状有年度波动，年度表现为：2016年国标优3，2017—2018年部标优3，2019—2020年米质一般（表8-7）。5年间优质米品种共43个次，平均占比74.14%，但是年度间波动较大，参试品种中，2018—2020年优质稻品种占比较大，平均88.38%。

表8-7 2016—2020年晚籼中迟熟组区域试验品种优质米情况统计

年份	对照品种品质等级[a]	优质米品种占比（%）	优质米品种数（个）
2016	优3	58.33	7
2017	优3	50.00	6
2018	优3	90.91	10
2019	一般	83.33	10
2020	一般	90.91	10

注：a表示2016年的品质等级为国标，2017—2020年品质等级为部标。

综合5年的试验数据，长江中下游晚籼中迟熟组参试品种主要品质性状年度间表现稳定（表8-8）。整精米率、粒长、长宽比、垩白粒率、垩白度、碱消值、胶稠度和直链淀粉含量的年度品均值分别为61.66%、6.88mm、3.34、11.80%、1.85%、6.21级、70.54mm和16.96%。2016—2020年，碱消值、长宽比呈显著增大趋势：碱消值由2016年的5.64级增长为2020年的6.78级，增长幅度1.14级；长宽比由2016年的3.26增长为2020年的3.58级，增长幅度9.82%。

表8-8 2016—2020年晚籼中迟熟组区域试验参试品种主要品质性状统计

年份	整精米率（%）	粒长（mm）	长宽比	垩白粒率（%）	垩白度（%）	碱消值（级）	胶稠度（mm）	直链淀粉（%）
2016	57.37	6.91	3.26	10.42	1.64	5.64	73.64	15.95
2017	63.18	6.73	3.17	23.89	4.30	5.84	66.69	18.05
2018	62.65	6.81	3.19	9.64	1.41	6.28	73.77	17.20
2019	64.23	6.94	3.49	10.61	1.18	6.50	69.24	17.52
2020	60.84	7.01	3.58	4.45	0.74	6.78	69.38	16.06
平均	61.66	6.88	3.34	11.80	1.85	6.21	70.54	16.96

第五节　2016—2020年长江中下游晚籼中迟熟组
国家水稻品种试验抗性动态分析

2016年区域试验品种中，雅5优3203和扬籼优712为中抗，万象优926为感，其他品种为中感或高感。

2017年区域试验品种中，穗瘟损失率最高级9级的品种有Y两优911、秾谷优6536、天优666、旌香优8012等4个，7级的品种有鹏优6228等1个，3级的品种有隆晶优4013和裕优黄占，其余品种为5级。

2018年区域试验品种中，稻瘟病穗瘟损失率最高级3级的品种有隆晶优4013、康两优911；穗瘟损失率最高级5级的品种有泰两优1332、胜优青占、创两优602、嘉诚优1253；穗瘟损失率最高级7级的品种有济优9号、荃优金10号、鄂香优珍香占、兴两优1821；穗瘟损失率最高级9级的品种有五丰优2801。

2019年区域试验品种中，稻瘟病穗瘟损失率最高级5级的品种有C两优农香39、荃广优822、泰两优1332、金贵优瑞丝、荆两优3367和秾谷优6522、万象优1716、嘉诚优1253、野香优美晶、青香优美占和丽香优纳丝；穗瘟损失率最高级7级的品种有黄丝莉占。

2020年区域试验品种中，稻瘟病穗瘟损失率最高级3级的品种有振两优3485、野香优美莉和新粤占；稻瘟病穗瘟损失率最高级5级的品种有荆两优3367、荃广优822、青香优美占、秾两优6930、隆晶优8549和粤禾丝苗；穗瘟损失率最高级7级的品种有堆丰优1号；稻瘟病穗瘟损失率最高级9级的品种有丰山丝苗。

综合5年的稻瘟病抗性数据（图8-2），对照天优华占的年度稻瘟病穗瘟损失率最高级抗性表现为：5级（2016年）、3级（2017年）、3级（2018年）、5级（2019年）和3级（2020年），整体抗性水平年度间有波动。2016—2020年参试品种中，稻瘟病穗瘟损失率最高级1级、3级、5级、7级、9级的品种共有0个、12个、29个、8个、9个，占比分别为0、20.69%、50.00%、13.79%、15.52%。抗性水平比对照好的品种占比分别为16.67%（2016年）、0（2017年）、0（2018年）、0（2019年）和0（2020年），平均占比3.33%。

综合5年的白叶枯抗性数据（图8-3），对照天优华占的年度白叶枯抗性等级表现为：5级（2016年）、7级（2017年）、5级（2018年）、5级（2019年）和7级（2020年），整体抗性水平基本稳定。2016—2020年参试品种中，白叶枯最高级5级、7级、9级的品种共有41个、14个、3个，占比分别为70.69%、24.14%、5.17%。

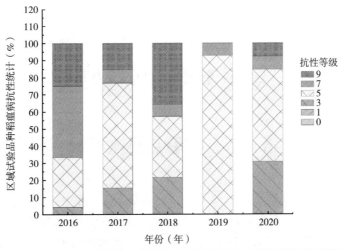

图8-2　2016—2020年晚籼中迟熟组区域试验品种穗瘟损失率最高级数据统计

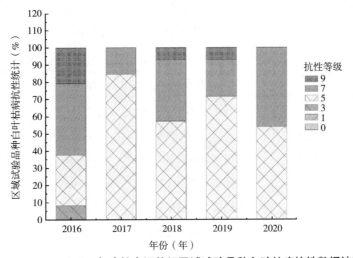

图8-3　2016—2020年晚籼中迟熟组区域试验品种白叶枯病抗性数据统计

第九章　2016—2020年长江中下游单季晚粳组国家水稻品种试验

第一节　试验点基本概况

长江中下游单季晚粳类型水稻区域试验和生产试验各1组，其中区域试验点10个，生产试验点4个，分布在安徽、湖北、江苏、上海和浙江5个省市。东经111°05′~121°27′，北纬29°51′~31°48′，海拔0~60m。在14个试验点中，有4个试验点同时承担了区域试验和生产试验任务，分别为安徽省农业科学院水稻研究所、江苏（武进）水稻研究所、上海市农业科学院作物育种栽培研究所和浙江宁波市农业科学研究院；有3个试验点承担了稻米品质取样任务，分别是湖北省宜昌市农业科学研究院、江苏省常熟市农业科学研究所和中国水稻研究所，详细信息见表9-1。

表9-1　2016—2020年单季晚粳组水稻区域试验承试单位情况

试验点	试验地点	经度（E）	纬度（N）	海拔（m）
安徽安庆市种子站	怀宁县农业技术推广所	116°41′	30°32′	50.0
安徽省农业科学院水稻研究所●◆	庐江县郭河镇	117°24′	31°48′	8.3
安徽省农业科学院水稻研究所●◆	合肥市岗集镇院试验基地	117°17′	31°52′	29.8
湖北荆州市农业科学院	沙市东郊王家桥	112°02′	30°24′	32.0
湖北孝感市农业科学院	孝感市本院试验基地	113°51′	30°56′	25.0
湖北省宜昌市农业科学研究院▲	枝江市问安镇四岗	111°05′	30°34′	60.0
江苏常熟市农业科学研究所▲	常熟市大义小山基地	120°46′	31°39′	4.5
江苏（武进）水稻研究所●	常州市武进区	120°00′	31°08′	0.0
上海市农业科学院作物育种栽培研究所●	庄行综合试验基地	121°27′	30°56′	4.0
浙江宁波市农业科学研究院●	宁波市鄞州区邱隘镇	120°20′	29°51′	3.0
中国水稻研究所★▲	杭州市富阳区	120°19′	30°12′	7.2

注：★同时是主持单位；●同时承担区域试验和生产试验；▲稻米品质检测取样点；◆安徽省农业科学院水稻所试验点2016—2017年的试验地点在合肥市岗集镇院试验基地，2018—2020年的试验地点在庐江县郭河镇。

第二节　参试品种基本概况

2016—2020年长江中下游单季晚粳类型水稻参试品种共71个（备注：不含对照，下同），平均每年参试品种14.2个，对照均为嘉优5号；按试验规模划分，区域试验试验规模为53个，年均11个左右，约占当年试验规模的75.01%，其余为生产试验；按照品种类型划分，常规稻品种总共16个，占比22.54%，其余均为杂交稻；区域试验品种中，初试品种总共38个次，占比53.52%；初试品种每年平均有3个通过当年的试验，平均通过率约为41.17%，其中2017年的平均通过率最高达75%，2020年的初试通过率最低为12.5%（表9-2）。按参试品种选育单位分析，企业独立或联合选育品种44个，总体占比61.97%，其中2017年占比最高，达92.31%（表9-3）。

表9-2　2016—2020年单季晚粳组水稻区域试验品种基本情况

年份	总样品数（个）	生产试验样品数（个）	区域试验样品数（个）	初试样品数（个）	续试样品数（个）	常规稻样品数（个）	初试通过数（个）	初试通过率（%）
2016	14	4	10	9	1	3	3	33.33
2017	13	2	11	8	3	3	6	75.00
2018	15	4	11	5	6	3	3	60.00
2019	16	5	11	8	3	3	2	25.00
2020	13	3	10	8	2	1	1	12.50

表9-3　2016—2020年单季晚粳组水稻区域试验品种选育单位情况

序号	类型	2016年（个）	2017年（个）	2018年（个）	2019年（个）	2020年（个）	合计（个）	占比（%）
1	企业选育	5	8	11	7	2	33	46
2	科研教学单位选育	7	1	4	8	7	27	38
3	科企联合选育	2	4	0	1	4	11	15

第三节　2016—2020年长江中下游单季晚粳组国家水稻品种试验产量动态分析

2016年区域试验中，产量较高、比对照增产3%～5%的品种有甬优7872、秀优71207、荃粳优1号；产量中等、比对照增减产3%以内的品种有中嘉8号；其他品种产量一般、比对照减产3%以上。

2017年区域试验中，产量高、比嘉优5号增产5%以上的品种有甬优7872、秀优7113、浙粳优1578、荃粳优46、福两优1314等5个；产量一般，比嘉优5号减产3%以上的品种有瑞华019等1个；其余品种产量中等，比嘉优5号增减产3%以内。

2018年区域试验中，产量高、比对照增产5%以上的品种有嘉优中科9号、秀优4913、秀优7113、浙粳优1578、荃粳优98、荃粳优46、甬优7861、常优17-1和福两优1314；产量中等、比对照增减产3%以内的品种有常粳16-7；产量一般、比对照减产3%以上的品种有嘉禾239。

2019年区域试验中，产量高、比对照增产5%以上的品种有常优18-6、荃粳优98和荃粳优70；产量较高、比对照增产3%～5%的品种有秀优4913、C19014和常优17-1；产量中等、比对照增减产3%以内的品种有浙优19和紫祥优26；产量一般、比对照减产3%以上的品种有苏1716、嘉优中科18-1和春江151。

2020年区域试验中，产量高、比对照增产5%以上的品种有甬优75、常优18-6、浙粳优1758、常优19-35、荃粳优荃粳优70、常优178和嘉优中科19-1；产量较高、比对照增产3%～5%的品种有浙粳优1746和申优28；产量一般、比对照减产3%以上的品种有隆香198。

综合5年试验数据，2016—2020年嘉优5号整体表现比较稳定，年度平均亩产分别为640.9kg（2016年）、621.4kg（2017年）、664.1kg（2018年）、690.1kg（2019年）和643.3kg（2020年），在各组试验中属于中等水平。生育期超过对照5d的品种数量年度占比分别为8.33%、0、0、12.50%和0，参试材料的生育期达标率为95.56%。其他表型（有效穗数、株高、穗长、每穗总粒数、结实率）表现比较稳定，但是千粒重年度间变异较大，说明该对照千粒重性状受到了较大的环境影响（表9-4）。

表9-4　2016—2020年对照品种嘉优5号产量构成因子统计

年份	亩产（kg）	生育期（d）	有效穗数（个）	株高（cm）	穗长（cm）	每穗总粒数（粒）	结实率（%）	千粒重（g）
2016	640.87	158.60	16.70	110.80	20.20	175.90	87.20	29.70
2017	621.36	157.80	17.20	112.60	19.70	164.60	87.40	29.50

（续表）

年份	亩产（kg）	生育期（d）	有效穗数（个）	株高（cm）	穗长（cm）	每穗总粒数（粒）	结实率（%）	千粒重（g）
2018	664.12	158.90	16.80	111.80	21.10	164.50	89.60	28.60
2019	690.05	154.30	17.70	113.20	19.20	166.60	85.30	30.30
2020	643.34	152.40	15.60	113.60	20.90	202.20	88.20	28.90

综合5年试验数据，2016—2020年嘉优5号的平均亩产651.95kg，区域试验组平均亩产678.50kg，整体比对照平均增产4.07%；全生育期156.40d，区域试验组全生育期平均152.59d，整体比对照平均早熟3.81d；有效穗数16.80个，区域试验组有效穗数平均16.49d，整体比对照平均少0.31个，基本持平；穗长20.22cm，区域试验组穗长平均20.02cm，整体比对照平均短0.2cm；有效穗数16.8个，区域试验组有效穗数平均16.5d，整体比对照平均少0.3个；每穗总粒数174.76粒，区域试验组每穗总粒数平均233.86粒，整体比对照平均提高33.82%；结实率87.54%，区域试验组结实率平均82.81%，整体比对照平均降低4.73%；千粒重29.40g，区域试验组千粒重平均25.85g，整体比对照平均降低12.06%（图9-1、表9-5）。

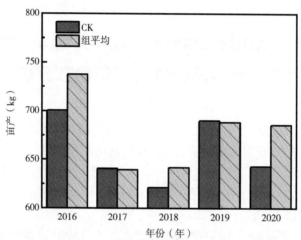

图9-1　2016—2020年单季晚粳组区域试验品种产量统计

表9-5　2016—2020年单季晚粳组区域试验品种产量构成因子统计

年份	亩产（kg）	生育期（d）	有效穗数（个）	株高（cm）	穗长（cm）	每穗总粒数（粒）	结实率（%）	千粒重（g）
2016	639.31	151.56	16.27	115.95	20.52	237.61	80.97	26.42
2017	643.89	156.48	17.08	116.86	20.39	212.52	81.54	25.72
2018	730.60	156.99	16.17	117.54	19.55	223.69	84.10	26.43
2019	688.40	150.82	17.94	113.35	19.14	201.57	84.53	25.88
2020	690.31	147.13	15.00	115.85	20.51	293.90	82.92	24.82

综合5年的试验数据，相比对照嘉优5号，5年间参试品种中显著增产（3%以上）的品种占比平均为30.18%，显著减产（3%以上）的品种占比平均为21.09%（表9-6）。

表9-6　2016—2020年单季晚粳组区域试验品种产量情况统计

年份	总数（个）	高产占比（%）	较高产占比（%）	中产占比（%）	一般产占比（%）
2016	10	30.00	0	20.00	50.00
2017	11	45.45	0	45.45	9.09
2018	11	81.82	0	9.09	9.09
2019	11	27.27	27.27	18.18	27.27
2020	10	70.00	20.00	0	10.00

注：高产、较高产、中产和一般产分别对应于相比对照嘉优5号增产5%以上、增产3%～5%、增产幅度±3%以内和减产3%以上。

第四节 2016—2020年长江中下游单季晚粳组
国家水稻品种试验品质动态分析

2016年区域试验中，除了荃粳优1号、焦亚优4号、嘉优中科3号、嘉优中科6号为等外级，其他品种均为米质优，达到优质2级或3级。

2017年区域试验中，达到优质2级的品种有甬优7872、甬优7861等2个，达到优质3级的品种有秀优71207、中嘉8号、福两优1314、中粳8优9313、浙粳优1578、常粳16-7等6个，其余品种为普通级。

2018年区域试验中，优质2级的品种有甬优7861；优质3级的品种有福两优1314、浙粳优1578、常粳16-7、常优17-1和嘉禾239；其他参试品种均为普通级，米质中等或一般。

2019年区域试验中，优质3级的品种有常优17-1、春江151、荃粳优70、浙优19、常优18-6、紫祥优26和嘉优中科18-1；其他参试品种均为普通级，米质中等或一般。

2020年区域试验中，优质2级的品种有隆香198；优质3级的品种有荃粳优70、申优28、甬优75、浙粳优1746、浙粳优1758、常优18-6和常优19-35；其他参试品种均为普通级，米质中等或一般。

综合5年的试验数据，对照嘉优5号的品质性状比较稳定，综合表现优质，年度表现为国标2级（2016年）、部标3级（2017—2020年）（表9-7）。5年间优质米品种平均占比55.15%，其中比对照品质还要好的品种平均占比为10.00%，但是年度间波动较大，主要集中在2017年和2018年，其他年份均没有出现。

表9-7 2016—2020年单季晚粳组区域试验品种试验优质米情况统计

年份	对照品种品质等级[a]	优质米品种占比（%）	品质比对照好的品种占比（%）
2016	优2	45.45	0
2017	优3	58.33	41.67
2018	优3	50.00	8.33
2019	优3	58.33	0
2020	优3	63.64	0

注：[a]为2016年的品质等级为国标，2017—2020年品质等级为部标。

综合5年的试验数据，长江中下游单季晚粳类型参试品种主要品质性状年度间表现稳定（表9-8）。整精米率、粒长、长宽比、垩白粒率、垩白度、碱消值、胶稠度和直链淀粉含量的年度品均值分别为68.18%、5.52mm、2.11、19.90%、2.81%、6.44级、72.81mm和15.72%。2016—2020年，整精米率、粒型变化不明显，胶稠度和碱消值年度波动较大；直链淀粉含量呈现增长趋势，由2016年的15.06%增加到了2020年的17.16%，增长达13.94%；垩白粒率和垩白度性状呈现逐年改善趋势，垩白粒率由2016年的21.15%下降到2020年的19.90%，垩白度则有2016年的3.26%下降到2020年的2.81%，下降幅度说明我国单季晚粳品种以垩白性状为代表的外观品质性状得到了明显改善。

表9-8 2016—2020年单季晚粳组区域试验品种主要品质性状统计

年份	整精米率（%）	粒长（mm）	长宽比	垩白粒率（%）	垩白度（%）	碱消值（级）	胶稠度（mm）	直链淀粉（%）
2016	68.92	5.46	2.09	21.15	3.26	6.38	73.91	15.06
2017	70.69	5.61	2.15	22.19	3.31	6.54	67.86	15.33
2018	64.88	5.61	2.13	23.17	3.14	6.16	69.43	15.15
2019	69.33	5.49	2.09	17.72	2.09	6.46	72.72	15.92
2020	67.08	5.46	2.09	15.24	2.27	6.64	80.15	17.16
平均	68.18	5.52	2.11	19.90	2.81	6.44	72.81	15.72

第五节　2016—2020年长江中下游单季晚粳组
国家水稻品种试验抗性动态分析

2016年区域试验中，除了焦亚优4号的稻瘟病综合指数为6.6级外，其他品种均未超过6.5级。依据穗瘟损失率最高级，华粳40为抗，常优1294和秀优71207为中抗，焦亚优4号为高感，其他品种为中感或感。

2017年区域试验中，所有品种的稻瘟病综合指数均未超过6.5级；穗瘟损失率最高级7级的品种有中嘉8号、瑞华019、常粳16-7等3个，5级的品种有甬优7872、秀优71207、荃粳优46、福两优1314、中粳8优9313、秀优7113等6个，其余品种为3级。条纹叶枯病最高级3级的品种有福两优1314、中粳8优9313、秀优7113等3个，其余品种为5级。

2018年区域试验中，稻瘟病穗瘟损失率最高级1级的品种有嘉禾239、禾优4913；穗瘟损失率最高级3级的品种有甬优7861、浙粳优1578、荃粳优98；穗瘟损失率最高级5级的品种有秀优7113、荃粳优46、福两优1314、常优17-1；穗瘟损失率最高级7级的品种有常粳16-7、嘉优中科9号。

2019年区域试验中，稻瘟病穗瘟损失率最高级3级的品种有浙优19；穗瘟损失率最高级5级的品种有荃粳优98、秀优4943、常优17-1、荃粳优70、春江151、紫祥优26、嘉优中科18-1和常优18-6；穗瘟损失率最高级7级的品种有C19014；穗瘟损失率最高级9级的品种有苏1716。

2020年区域试验中，稻瘟病穗瘟损失率最高级3级的品种有浙粳优1758；穗瘟损失率最高级5级的品种有荃粳优70、常优178、嘉优中科19-1、申优28、甬优75、浙粳优1746、隆香优198；穗瘟损失率最高级7级的品种有常优18-6和常优19-35。

综合5年的稻瘟病抗性数据（图9-2），对照嘉优5号的年度稻瘟病穗瘟损失率最高级抗性表现为：5级（2016年）、7级（2017年）、3级（2018年）、5级（2019年）和3级（2020年），整体抗性水平较高。2016—2020年参试品种中，稻瘟病穗瘟损失率最高级1级、3级、5级、7级、9级的品种共有4个、9个、27个、11个、2个，占比分别为7.55%、16.98%、52.83%、20.75%、3.77%。抗性水平比对照好的品种占比分别为40.00%（2016年）、72.73%（2017年）、18.18%（2018年）、9.09%（2019年）和0（2020年），平均占比28.00%。

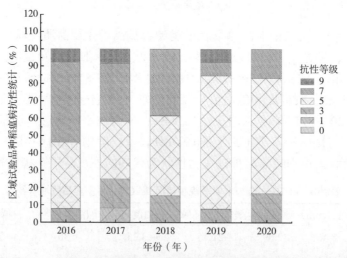

图9-2　2016—2020年单季晚粳组区域试验品种稻瘟病穗瘟损失率最高级统计

综合5年的白叶枯抗性数据（图9-3），对照嘉优5号的年度白叶枯抗性等级表现为：3级（2016年）、5级（2017年）、5级（2018年）、3级（2019年）和5级（2020年），整体抗性水平较高。2016—2020年参试品种中，白叶枯最高级1级、3级、5级、7级、9级的品种共有4个、11个、25个、

13个、0个，占比分别为7.55%、20.75%、47.17%、24.53%、0。抗性水平比对照好的品种占比分别为20.00%（2016年）、18.18%（2017年）、0（2018年）、18.18%（2019年）和0（2020年），平均占比11.27%。

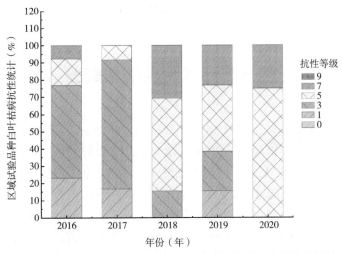

图9-3 2016—2020年单季晚粳组区域试验品种白叶枯抗性统计

综合5年的条纹叶枯抗性数据（图9-4），对照嘉优5号的年度条纹叶枯病抗性等级均表现5级，整体抗性水平非常稳定。2016—2020年参试品种中，条纹叶枯病最高级1级、3级、5级、7级、9级的品种共有11个、16个、25个、1个、0个，占比分别为20.75%、30.19%、47.17%、1.89%、0。抗性水平比对照好的品种占比分别为40.00%（2016年）、36.36%（2017年）、27.27%（2018年）、63.63%（2019年）和90.00%（2020年），平均占比51.45%，抗性水平整体呈现逐年提高趋势。

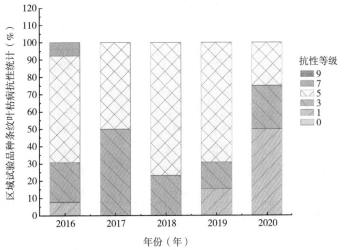

图9-4 2016—2020年单季晚粳组区域试验品种条纹叶枯病抗性统计

第十章 2018—2020年长江中下游麦茬稻组国家水稻品种试验

第一节 试验点基本概况

长江中下游麦茬稻组水稻区域试验从2018年开始设置，2018年设立了1个区域试验组，2019年设立了2个区域试验组和1个生产试验组，2020年设立了2个区域试验组和2个生产试验组。区域试验点12个，生产试验点6个，分布在安徽、河南和湖北。东经112°02′~117°32′，北纬30°46′~34°20′，海拔24.0~120m。在18个区域试验试验点中，有6个试验点同时承担了区域试验和生产试验任务，分别为安徽东昌农业科技有限公司、安徽省六安市农业科学研究院、河南省光山县种子管理站、河南省信阳市种子管理站、湖北随州市随县农业科学研究所和湖北省孝感市孝南区农业科学研究所；有3个试验点承担了稻米品质取样任务，分别是安徽东昌农业科技有限公司、河南省信阳市种子管理站、湖北省襄阳市农业科学院，详细信息见表10-1。

表10-1 2018—2020年长江中下游水稻区域试验承试单位情况

试验点	试验地点	经度（E）	纬度（N）	海拔（m）
安徽东昌农业科技有限公司●▲	定远县西卅店镇	117°32′	32°33′	90.0
安徽凤台县农业科学研究所	凤台县	116°38′	32°46′	23.4
安徽六安市农业科学研究院●	六安市木南农业示范园	116°32′	31°53′	40.0
安徽省农业科学院水稻研究所	合肥市牛角大圩试验基地	117°25′	31°59′	20.0
安徽皖垦种业股份有限公司	合肥市	116°52′	33°05′	24.0
河南省固始县种子管理站	固始县	115°40′	34°20′	50.0
河南省光山县种子管理站●	光山县	114°54′	32°01′	49.4
河南省信阳市种子管理站●▲	信阳市	114°03′	32°06′	65.0
湖北随州市随县农业科学研究所●	随州市随县厉山镇星旗村	113°18′	31°54′	86.5
湖北襄阳市农业科学院▲	襄阳市南漳县九集镇	112°06′	32°06′	63.4
湖北英山县种子管理局	英山县红山镇满溪坪大畈	115°41′	30°46′	120.0
湖北孝感市孝南区农业科学研究所●	孝感市孝南区	114°10′	31°40′	25.0

注：★同时是主持单位；●同时承担区域试验和生产试验；▲稻米品质检测取样点。

第二节 参试品种基本概况

2018—2020年长江中下游麦茬稻组水稻参试品种共54个（备注：不含对照，下同），平均每年参试品种10.8个，对照均为五优308；按试验规模划分，区域试验试验规模为47个，年均9.4个左右，约占当年试验规模的87.04%，其余为生产试验；按照品种类型划分，常规稻品种总共1个（占比1.85%），三系杂交稻27个（占比50.00%），其余均为两系杂交稻；区域试验品种中，初试品种总共37个次，占比68.52%；初试品种每年平均有5.0个通过当年的试验，平均通过率约为43.71%，其中2020年的平均通过率最高达62.50%，2018年的初试通过率最低为33.33%（表10-2）。按参试品种选育单位分析，企业独立或联合选育品种39个，总体占比85.19%，其中2020年占比最高，达88.24%（表10-3）。

表10-2　2018—2020年麦茬稻组水稻区域试验品种基本情况　　（个）

年份	总参试品种数	生产试验品种数	初试品种数	常规稻品种数	初试通过品种数
2018	12	0	12	0	4
2019	25	4	17	0	6
2020	17	3	18	1	5

表10-3　2018—2020年麦茬稻组水稻区域试验品种选育单位情况　　（个）

序号	类型	2018年	2019年	2020年	合计	占比
1	企业选育	8	18	11	37	69
2	科研教学单位选育	2	0	2	4	7
3	科企联合选育	1	4	4	9	17
4	个人	1	3	0	0	7

第三节　2018—2020年长江中下游麦茬稻组国家水稻品种试验产量动态分析

2018区域试验品种中，产量高、比对照增产5%以上的品种有旺两优911、两优6378等2个；产量较高、比对照增产3%～5%的品种有信糯863、瑞两优1053等2个；产量中等、比对照增减产3%以内的品种有创两优510、农两优金占、荣优225、荃早优851等4个；其余品种产量一般、比对照减产超过3%以上。

2019年区域试验品种中，产量高、比对照增产5%以上的品种有万丰优107、荃早优晶占、旺两优911和两优6378；产量较高、比对照增产3%～5%的品种有瑞两优1053、两优917和吉优粤占；产量中等、比对照增减产3%以内的品种有晖两优8612、荃早优851、胜优黄占、川康优6111和晖两优7810、隆香优晶占、赣丝占、隆晶优413、荃广优822、隆锋优1675和中恒优金丝苗；产量一般、比对照减产超过3%以上的品种有银两优95占、顺优丝占和野香优12。

2020年区域试验品种中，产量高、比对照增产5%以上的品种有万丰优107、荃早优晶占、两优7078和赣丝占；产量较高、比对照增产3%～5%的品种有隆晶优4013；产量中等、比对照增减产3%以内的品种有济优6553、隆晶优1212、鄂两优98、晖两优7810、吉优粤占、隆香优晶占、五优蒂占和银两优一号；产量一般、比对照减产超过3%以上的品种有振两优3485。

综合3年试验数据，2018—2020年五优308整体表现基本稳定，年度平均亩产分别为600.73kg（2018年）、696.91kg（2019年）和602.76kg（2020年），在各组试验中属于中等水平。生育期超过对照1d的品种数量年度占比分别为25.00%、4.76%和14.29%，参试材料的生育期达标率为85.32%。其他主要农艺性状表型（有效穗数、株高、穗长、每穗总粒数、结实率和千粒重）均表现比较稳定（表10-4）。

表10-4　2018—2020年对照品种五优308产量构成因子统计

年份	亩产（kg）	生育期（d）	有效穗数（个）	株高（cm）	穗长（cm）	每穗总粒数（粒）	结实率（%）	千粒重（g）
2018	600.73	126.64	18.67	118.78	23.37	184.58	81.75	23.98
2019	696.91	126.80	20.11	114.13	22.43	191.46	84.16	23.45
2020	602.76	125.55	17.32	113.31	24.29	191.83	85.53	23.81

综合3年试验数据，2018—2020年五优308的平均亩产633.47kg，区域试验组平均亩产635.21kg，整体比对照平均增产0.27%；对照全生育期126.33d，区域试验组全生育期平均124.59d，整体比对照平均早熟1.74d；对照有效穗数18.70个，区域试验组有效穗数平均18.21个，整体比对照

平均减少2.64%；对照株高115.41cm，区域试验组平均株高114.13cm，整体比对照平均减少1.15%；对照穗长23.36cm，区域试验组穗长平均24.14cm，整体比对照平均增长3.33%；对照每穗总粒数189.29粒，区域试验组每穗总粒数平均187.92粒，整体比对照平均减少0.72%；对照结实率83.81%，区域试验组结实率平均83.55%，整体比对照平均降低0.32%；对照千粒重23.75g，区域试验组千粒重平均24.40g，整体比对照平均增加2.78%（图10-1、表10-5）。

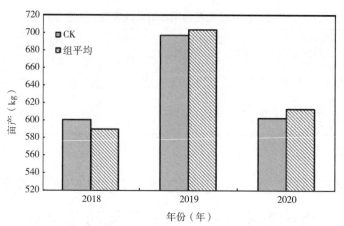

图10-1　2018—2020年麦茬稻组参试品种亩产数据统计

表10-5　2018—2020年麦茬稻组品种试验参试品种产量构成因子统计

年份	亩产（kg）	生育期（d）	有效穗数（个）	株高（cm）	穗长（cm）	每穗总粒数（粒）	结实率（%）	千粒重（g）
2018	589.76	124.39	17.88	116.76	24.05	183.09	81.69	24.73
2019	703.09	125.03	19.24	113.80	23.41	190.46	84.25	24.13
2020	612.77	124.35	17.50	111.67	24.97	190.20	84.71	24.36

综合3年的试验数据，相比对照五优308，3年间参试品种中显著增产（3%以上）的品种占比平均为34.04%，显著减产（3%以上）的品种占比平均为17.02%（表10-6）。

表10-6　2018—2020年麦茬稻组区域试验品种产量情况统计

年份	总数（个）	高产占比（%）	较高产占比（%）	中产占比（%）	一般产占比（%）
2018	12	16.67	16.67	33.33	33.33
2019	21	19.05	14.29	52.38	14.29
2020	14	28.57	7.14	57.14	7.14

注：高产、较高产、中产和一般产分别对应于相比对照嘉优5号增产5%以上、增产3%~5%、增产幅度±3%以内和减产3%以上。

第四节　2018—2020年长江中下游麦茬稻组 国家水稻品种试验品质动态分析

2018年区域试验品种中，达到优质2级的品种有T优3125等1个，达到优质3级的品种有旺两优911、两优6378、荃早优851、瑞两优1053等4个，其余品种为普通级。

2019年区域试验品种中，达到优质1级的品种有两优917、隆锋优1675和顺优丝占；达到优质2级的品种有两优6378、旺两优911、荃早优851、万丰优107、赣丝占和荃广优822；达到优质3级的品种有瑞两优1053、川康优6111、荃早优晶占、胜优黄占、隆香优晶占、隆晶优413和野香优12；其余品种为普通级。

2020年区域试验品种中，达到优质2级的品种有万丰优107、济优6553、隆晶优1212、鄂两优98、赣丝占、隆晶优4013和银两优一号；达到优质3级的品种有荃早优晶占、振两优3485和隆香优晶占；其余品种为普通级。

综合3年的试验数据，对照五优308的品质性状比较稳定，年度表现为米质一般（表10-7）。3年间优质米品种共31个，平均占比65.96%，但是年度间波动较大，2018—2020年的优质率分别为41.67%、76.19%和71.43%。

表10-7　2018—2020年麦茬稻组品种试验优质米情况统计

年份	对照品种品质等级[a]	优质米品种占比（%）	优质米品种数（个）
2018	一般	41.67	7
2019	一般	76.19	5
2020	一般	71.43	4

注：[a]表示2018—2020年品质等级为部标。

综合3年的试验数据，长江中下游麦茬稻组参试品种主要品质性状年度间表现稳定（表10-8）。整精米率、粒长、长宽比、垩白粒率、垩白度、碱消值、胶稠度和直链淀粉含量的年度品均值分别为59.96%、6.80mm、3.25、8.30%、1.07%、6.14级、74.94mm和17.47%。2018—2020年，整精米率、碱消值、胶稠度和直链淀粉含量呈不同程度增大趋势：整精米率由2018年的56.10%增长到2020年的63.13%，增长幅度12.53%；碱消值由2018年的6.04级增长到2020年的6.14级，增长幅度0.1级；胶稠度由2018年的70.94mm增长到2020年的78.45mm，增长幅度10.59%；直链淀粉含量由2018年的17.22%增长到2020年的17.87%，增长幅度3.77%。粒长、长宽比、垩白利率和垩白度垩白利率呈不同程度下降趋势：粒长由2018年的6.87mm减少到2020年的6.75mm，减少幅度1.78%；长宽比由2018年的3.29减少到2020年的3.23，减少幅度1.86%；垩白利率由2018年的11.76%下降到2020年的5.74%，降幅51.19%；垩白度由2018年的1.65%下降到2020年的0.74%，降幅55.15%。

表10-8　2018—2020年麦茬稻组区域试验品种主要品质性状统计

年份	整精米率（%）	粒长（mm）	长宽比	垩白粒率（%）	垩白度（%）	碱消值（级）	胶稠度（mm）	直链淀粉（%）
2018	56.10	6.87	3.29	11.76	1.65	6.04	70.94	17.22
2019	60.64	6.79	3.23	7.40	0.81	6.15	75.41	17.33
2020	63.13	6.75	3.23	5.74	0.74	6.23	78.45	17.87
平均	59.96	6.80	3.25	8.30	1.07	6.14	74.94	17.47

第五节　2018—2020年长江中下游麦茬稻组国家水稻品种试验抗性动态分析

2018年区域试验品种中，稻瘟病抗性较好的品种有荃早优851、两优6378、创两优510等3个，穗瘟损失率最高级均为3级（中抗）。其余品种稻瘟病抗性为中感或感，穗瘟损失率最高级5～7级。

2019区域试验品种中，稻瘟病抗性较好的品种有川康优6111和晖两优7810，穗瘟损失率最高级分别为1级和3级，其余品种稻瘟病抗性为中感或感，穗瘟损失率最高级5～7级。

2020年区域试验品种中，穗瘟损失率最高级为3级的有两优7078和隆晶优4013；穗瘟损失率最高级为5级的有吉优粤占、赣丝占、银两优一号、五优蒂占、荃早优晶占、济优6553、隆晶优1212、鄂两优98、晖两优7810和振两优3485；穗瘟损失率最高级为7级的有隆香优晶占和万丰优107。

综合3年的稻瘟病抗性数据（图10-2），对照五优308的年度稻瘟病穗瘟损失率最高级抗性表现为：7级（2018年）、5级（2019年）和7级（2020年），整体抗性水平年度间有波动。2018—2020年参试品种中，稻瘟病穗瘟损失率最高级1级、3级、5级、7级、9级的品种共有1个、6个、24个、16个、0个，占比分别为2.13%、12.77%、51.06%、34.04%、0。抗性水平比对照好的品种占比分别为41.67%（2018年）、9.52%（2019年）和85.71%（2020年），平均占比45.63%。

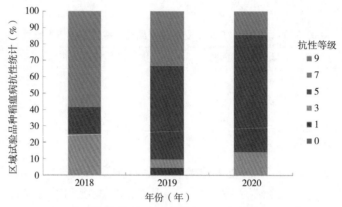

图10-2　2018—2020年麦茬稻组区域试验品种穗瘟损失率最高级数据统计

综合3年的白叶枯抗性数据（图10-3），对照五优308的年度白叶枯抗性等级均表现为9级，整体抗性水平稳定。2018—2020年参试品种中，白叶枯最高级1级、3级、5级、7级、9级的品种共有0个、3个、27个、14个、3个，占比分别为0、6.38%、57.45%、29.79%和6.38%。抗性水平较好（3级或3级以内）的品种占比分别为8.33%（2018年）、9.52%（2019年）和0（2020年），平均占比5.95%。

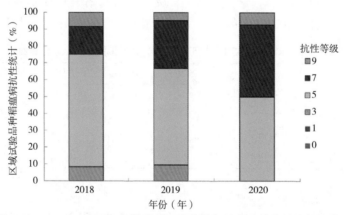

图10-3　2018—2020年麦茬稻组区域试验品种白叶枯病抗性数据统计

第十一章 2016—2020年武陵山区中籼组国家水稻品种试验

第一节 试验点基本概况

武陵山区中籼类型水稻区域试验和生产试验各1组，布点鄂湘渝黔四省市交界的800m以下稻区，区域试验点数从2001年起一直维持11个，生产试验点数从原有4个增至7个，区域试验承试单位分别为恩施州种子管理局、恩施土家族苗族自治州农业科学院、长阳县种子管理局、湘西土家族苗族自治州农业科学研究院、龙山县种子管理站、张家界永定区粮油站、黔江区种子管理站、武隆区农业技术推广中心、秀山县种子管理站、铜仁市农业科学院和思南县种子管理站。试点分布在东经107°46′～110°87′，北纬27°43′～30°60′；海拔差异大，恩施土家族苗族自治州种子管理局试点海拔最高为740m，湘西土家族苗族自治州农业科学研究院试点海拔最低为210m（表11-1）。7家承试单位已建设国家级农作物品种区域试验站，1家抗性鉴定单位被纳入国家新品种审定特性鉴定站范畴，试验条件大为改善，建立了完备的标准体系、科学的技术体系、完善的组织体系和稳定的网络体系。

表11-1 2016—2020年武陵山区中籼水稻区域试验承试单位情况

试验点	试验地点	经度（E）	纬度（N）	海拔（m）
湖北恩施土家族苗族自治州种子管理局★	宣恩县椒园镇水田坝村	109°42′	30°03′	740
湖北恩施土家族苗族自治州农业科学院（水稻油菜研究）▲	恩施市红庙（恩施州农业科学院试验基地）	109°27′	30°19′	423
湖北长阳县种子管理局▲	长阳贺家坪镇渔泉溪村二组	110°87′	30°60′	556.2
重庆黔江区种子管理站▲	黔江区阿蓬江镇龙田居委1组	108°43′	29°09′	462
重庆武隆区农业技术推广中心	武隆区长坝镇鹅冠村石坝组	107°46′	29°33′	384
重庆秀山县种子管理站▲	秀山县清溪场镇东林居委会三组	108°43′	28°09′	380
湖南龙山县种子管理站▲	龙山县石羔镇干比村	109°27′	29°33′	482
湖南张家界永定区粮油站	张家界永定区尹家溪镇马口村	110°27′	29°08′	217
湖南湘西土家族苗族自治州农业科学研究院▲	吉首市林木山村（湘西州农业科学院基地）	109°45′	28°20′	210
贵州铜仁市农业科学院▲	铜仁市碧江区坝黄镇铜仁科学院试验基地	109°11′	27°43′	272
贵州思南县种子管理站	思南县许家坝镇许家坝村	108°06′	27°52′	570
湖北恩施土家族苗族自治州农业科学院（植保土肥研究所）●	恩施市红庙（恩施州农业科学院试验基地）	109°27′	30°19′	423
	咸丰县高乐山镇青山坡村	109°11′	29°43′	680
	恩施市白果乡两河口村	109°12′	30°07′	1 005
	恩施市新塘乡下坝村	109°46′	30°11′	1 500

注：★同时是主持单位；▲同时是区域试验和生产试验点；●区生产试验病害及生产试验耐冷性鉴定点。

第二节 参试品种基本概况

2016—2020年区域试验参试品种共58个（备注：不含对照，下同），除2016年设置双对照

Ⅱ优264和瑞优399外，其余年份以瑞优399为对照；按品种类型来看，两系杂交籼稻27个、占比46.55%，三系杂交籼稻31个、占比53.45%；按选育单位分析，企业独立或联合选育品种30个、占比51.72%，科研教学单位、科企联合选育品种均为14个，均占比24.14%（表11-2），企业参与度越来越高。按参试品种来源分析，主要来源于武陵山区中籼生态区内的省份共40个、占比69%，其中湖南20个、湖北15个、重庆10个、贵州5个；来源于生态区外的省份共8个、占比31%，其中四川6个、福建2个。

表11-2　2016—2020年武陵山区中籼水稻区域试验品种选育单位情况　　　　　　　　（个）

序号	类型	2016年	2017年	2018年	2019年	2020年	合计	占比（%）
1	企业选育	8	7	4	5	6	30	51.72
2	科研教学单位选育	1	2	4	4	3	14	24.14
3	科企联合选育	2	3	4	3	2	14	24.14

2016—2020年生产试验参试品种共22个，按品种类型来看，两系杂交籼稻品种9个、占比40.91%，三系品种13个、占比59.09%；企业独立或联合选育品种12个、占比54.55%，科研教学单位选育品种4个、占比18.18%，科企联合选育品种6个，均占比27.27%（表11-3）；按参试品种来源分析，来源于武陵山区中籼生态区内省份共有16个、占比72.73%，其中湖南8个、湖北2个、重庆5个、贵州1个；生态区外省份共有6个、占比27.27%，其中四川5个、福建1个。

表11-3　2016—2020年武陵山区中籼水稻生产试验品种选育单位情况　　　　　　　　（个）

序号	类型	2016年	2017年	2018年	2019年	2020年	合计	占比（%）
1	企业选育	4	4	2	1	1	12	54.55
2	科研教学单位选育	0	0	1	0	3	4	18.18
3	科企联合选育	2	0	1	1	2	6	27.27

第三节　2016—2020年国家水稻品种试验审定品种概况

2016—2020年，经武陵山区域试验筛选且通过国家审定品种共计16个（表11-4），是2011—2015年该组试验审定水稻品种总数7个的2.29倍，品种审定数量总体呈现上升趋势，占比2016—2020年国家统一试验审定品种共328个次的4.88%（表11-5）。

表11-4　2016—2020年武陵山区中籼水稻通过国审品种分类统计　　　　　　　　（个）

年份	审定数	每年区域试验产量	稻瘟病			米质等级		
		比CK ± ≥3.0%	1级	3级	5级	1级	2级	3级
2016	2	2	1	1				1
2017	6	3	5	1				2
2018	3	2	2		1			1
2019	4	1	4				1	1
2020	1			1				1
合计	16	8	12	3	1	0	1	6

注：品种等级指达到国家《优质稻谷》标准（国标）或农业行业《食用稻品种品质》标准（部标），2016—2017年采用国标，2018年采用部标与国标，2019年以后全部采用部标。

表11-5 2016—2020年各试验渠道国审水稻品种

序号	品种类型	2016年		2017年		2018年		2019年		2020年	
		通过审定品种数（个次）	占比（%）	通过审定品种数（个次）	占比（%）	通过审定品种数（个次）	占比（%）	通过审定品种数（个次）	占比（%）	通过审定品种数（个次）	占比（%）
1	统一试验	40	60.61	92	48.17	85	29.41	46	11.19	65	10.11
2	绿色通道试验	16	24.24	99	51.83	158	54.67	229	55.72	317	49.30
3	联合体试验					46	15.92	136	33.09	255	39.66
4	特殊类型试验									6	0.93
	合计	66	100.00	191	100.00	289	100.00	411	100.00	643	100.00

注："个次"是按照参试品种经过国家统一试验、绿色通道或联合体等多区组试验，并通过国家相应区组的审定；审定公告同名品种归为同一审定编号，审定公告品种为"个"（下同）。

一、2016—2020年国家水稻品种试验高产品种审定概况

2016—2020年该生态区16个审定品种的平均亩产均值623.91kg，比对应区域试验对照品种亩产均值601.78kg、组平均产量均值611.42kg分别增产3.68%、2.04%（图11-1）。按照《主要农作物品种审定标准》（2017年版），高产品种共8个，占该组区域试验审定品种的50%。

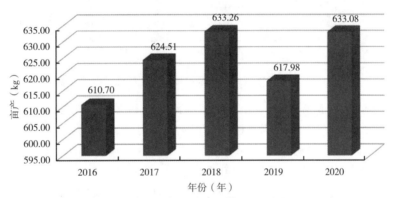

图11-1 2016—2020年审定品种亩产量均值

二、2016—2020年国家水稻品种试验优质品种审定概况

该区域育种、试验及生产主要聚焦品种抗逆性、安全性。在已审定品种中，自2001年该区域试验开设以来，前15年优质稻仅2个，最近五年审定优质稻品种共7个，且每年至少审定1个优质稻品种，品质改善大幅提升（表11-4）。

三、2016—2020年国家水稻品种试验抗病品种审定概况

特殊的生态环境利于稻瘟病发生和流行，水稻减产或绝收时有发生，据此，该区域对水稻品种抗逆性、熟期和结实率要求相当严格，率先实行稻瘟病一票否决、耐冷性鉴评等审定指标，审定标准相应比国家其他生态区要求更高。2016—2020年已审定品种中，抗稻瘟病品种有12个，占75%；中抗稻瘟病品种有3个，占18.75%；中感稻瘟病品种有1个，占6.25%，其中该区域试验前6年抗稻瘟病品种仅有清江1号，由于审定标准的提高和选育单位有针对性的育种，通过审定的水稻品种不仅稻瘟病抗性越来越强，而且纹枯病、稻曲病抗性也增强，综合性状得到明显改善（表11-4）。

第四节　2016—2020年国家水稻品种试验参试品种产量及构成因子动态分析

从品种产量分析，参试品种平均亩产2020年最低584.35kg，2018年最高625.58kg。据统计，2016—2020年的年均亩产609.3kg，较2011—2015年的615.18kg减幅0.96%（图11-2）；2011—2020年的年均亩产612.24kg，较2001—2010年的570.12kg增幅7.4%。品种产量受到气候影响较大，2020年武陵山区气候总体较差，3月底至4月上旬发生"倒春寒"，不利于秧苗生长；6—7月降水量是往年2倍以上且总降水量较往年多509.5mm，气温比常年稍低，不利于水稻的控苗、壮苗以及早熟品种抽穗扬花，致使品种的生育期较往年长；9—10月阴雨连绵且气温比常年低2℃，不利于水稻的成熟和收获。该年度是近5年来气候最差年份，不利于水稻产量的形成。

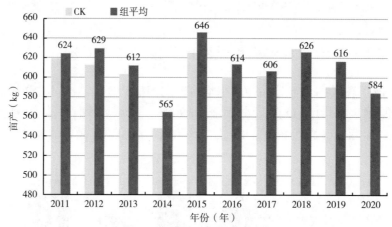

图11-2　近10年来武陵山区中籼水稻区的品种参试产量

从产量构成因子分析，水稻理论产量主要有每亩有效穗数、每穗实粒数和千粒重三个因子构成。2016—2020年参试品种中，每亩有效穗年均值为16.6万穗，2019年最低，为16.1万穗，2016年最高，为17.1万穗；武陵山区因积温相比南方其他稻区而言，相对要弱，以中小穗型为主，每穗总粒数年均都未超过190粒，每穗实粒数年均值144.5粒，2020年最低，为134.6粒，2017年最高，为148.3粒，结实率均稳定在80%以上；千粒重呈现逐年递增状态，年均值为27.2g，2016年、2017年最低，均为26.5g，2020年最高，为28.4g（表11-6）。总体来看，每亩有效穗数、每穗实粒数和千粒重年度变化起伏较小。

表11-6　2016—2020年武陵山区中籼水稻品种试验参试品种产量构成因子

年份	每亩有效穗（万穗）	每穗总粒数（粒）	每穗实粒数（粒）	结实率（%）	千粒重（g）
2016	17.1	171.4	145.4	84.8	26.5
2017	16.4	182.6	148.3	81.2	26.5
2018	16.5	177.3	147.9	83.4	27.2
2019	16.1	179.1	146.6	81.9	27.7
2020	16.7	157.8	134.6	85.3	28.4
平均	16.6	173.6	144.5	83.2	27.2

第五节 2016—2020年国家水稻品种试验参试品种农艺性状动态分析

2016—2020年参试品种中，生育期年均值为145.6d，比对照品种生育期短3.6~5.2d，2018年最短，为143.1d，2020年最长，为148.2d，武陵山区中籼水稻品种生育期较国家其他南方稻区要偏长；株高年均值为115.5cm，2020年最低，为111.4cm，2016年最高，为117.9cm；穗长年均值为24.9cm，2020年最低，为24.4cm，2017年最高，为25.3cm（表11-7）。总体来看，气候较差年份如2020年农艺性状表现总体较差。

表11-7 2016—2020年武陵山区中籼水稻品种试验参试品种农艺性状

年份	生育期（d）	生育期比CK（±d）	株高（cm）	穗长（cm）
2016	143.6	-4.1	117.9	25.0
2017	145.5	-5.2	115.0	25.3
2018	143.1	-4.0	117.0	24.8
2019	147.4	-3.9	116.1	25.0
2020	148.2	-3.6	111.4	24.4
平均	145.6	-4.2	115.5	24.9

第六节 2016—2020年国家水稻品种试验参试品种品质性状动态分析

从总体优质品种达标情况分析，2016—2020年参试品种中，优质稻共13个，占参试品种的22.41%，较2011—2015年优质稻占比的8.47%提升了13.94%，优质率总体呈递增趋势，尤其是2020年为10年来最高且达33.33%（表11-8），但是该组试验整体品种优质率偏低，武陵山区地处北纬30°地带，生态环境良好，土壤污染程度低且天然富硒，水稻成熟期均温23.2℃且昼夜温差较大，是优质稻生产适宜区，优质稻产业已逐渐成为该区域乡村产业振兴的重要抓手，当前绿色优质尤其是适口性品种不足成为制约因素，需依托自然禀赋与区位优势，发挥试验审定引领功能，创设以品种试验为基础的产业融合发展模式，提高稻业效益，助推产业兴旺。

表11-8 近10年来武陵山区中籼类型区优质稻品质分析 （个）

品质等级	2011年	2012年	2013年	2014年	2015年	2016年	2017年	2018年	2019年	2020年
优3及以上	0	0	0	3	2	2	3	3	1	4

从单项品质指标达标情况分析，近10年来，出糙率达标率均稳定在85%以上，整体表现好，对品种优质率影响相对较小；直链淀粉达标率次之，均在60%以上，近3年来都达100%；整精米率整体还是偏低，近10年的平均达标率42.59%，垩白度是制约武陵山区品种优质率偏低的主要原因，近10年的平均达标率才22.38%（表11-9、图11-3）。今后武陵山区中籼水稻区优质稻品种选育攻关重点聚焦垩白度、整精米率以及适口性。

表11-9 近10年来武陵山区中籼稻米主要品质指标达标率分析 （%）

主要指标	2011年	2012年	2013年	2014年	2015年	2016年	2017年	2018年	2019年	2020年
出糙率	100	100	100	100	100	100	100	84.6	100	91.7
整精米率	7.7	8.3	7.7	76.9	75	46.2	53.8	27.8	30.8	91.7
垩白度	0	16.7	7.7	30.8	33.3	15.4	23.1	30.8	7.7	58.3
直链淀粉	92.3	66.7	76.9	76	83.3	76.9	69.2	100	100	100
总达标率	0	0	0	23.1	16.7	15.4	23.1	23.1	7.69	33.3

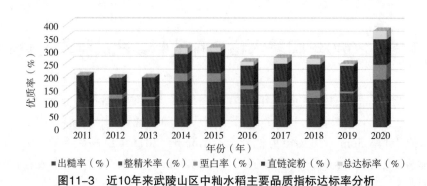

图11-3　近10年来武陵山区中籼水稻主要品质指标达标率分析

第七节　2016—2020年国家水稻品种试验参试品种抗性性状动态分析

武陵山区中籼水稻相比国家其他15个生态区来说，最大的特色在于品种抗病性、耐冷性的筛选鉴定。2016—2020年参试品种中，稻瘟病达到抗级的品种41个，占参试品种的70.69%，达到中抗级的品种15个，占参试品种的25.86%，达到中感级的品种2个，占参试品种的3.45%（表11-10）。据统计，2001—2020年累计筛选抗稻瘟病品种321个次，占参试品种数39.8%，由2001—2010年24.7%提升至2011—2020年55.6%。以每次修订国家级的《主要农作物品种审定标准》为风向标，不断加大武陵山区中籼水稻稻瘟病抗性品种筛选鉴定力度，引导了稻瘟病抗病品种的比率明显提高，表明水稻品种选育、审定与推广愈发重视安全性逐渐成了种业各界的普遍共识。

表11-10　2016—2020年武陵山区中籼水稻参试品种稻瘟病抗性

年份	1级		3级		5级		小计
	数量（个）	占比（%）	数量（个）	占比（%）	数量（个）	占比（%）	数量（个）
2016	9	81.82	2	18.18			11
2017	5	41.67	6	50.00	1	8.33	12
2018	11	91.67			1	8.33	12
2019	10	83.33	2	16.67			12
2020	6	54.55	5	45.45			11
合计	41	70.69	15	25.86	2	3.45	58

第十二章 2016—2020年北方稻区国家水稻品种试验

第一节 2016—2020年北方水稻品种试验参试品种基本概况

2016—2020年国家北方水稻区域试验设有黄淮海粳稻、京津唐粳稻、晚熟中早粳、中熟中早粳、晚熟早粳和中熟早粳6个熟期组，参试品种共计462个（不包括对照），每年参试品种90~94个，试验规模相对稳定。参试品种以常规稻为主，杂交组合平均每年不到5个，仅占每年参试品种总数的5%左右（图12-1）。

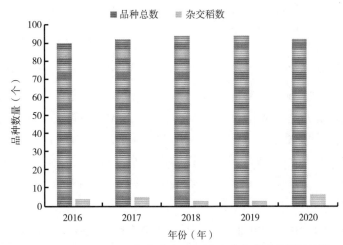

图12-1 2016—2020年北方水稻区域试验参试品种数量统计

第二节 2016—2020年北方水稻品种试验参试品种产量及构成因子动态分析

为便于分析，将生态类型相似的组合并为一类，黄淮海粳稻属于中熟中粳，京津唐粳稻属于早熟中粳，将黄淮海粳稻和京津唐粳稻并为中粳；晚熟早粳种植区域其实与早熟中早粳相互重叠，与晚熟中早粳和中熟中早粳合并为中早粳；中熟早粳单独归为早粳。按照中粳、中早粳和早粳分别统计参试品种产量变化情况见图12-2。

从图12-2可以看出，除2018年产量略低外，其他年份间产量差别不大，基本保持在640kg/亩的水平。也就是说，2016—2020年北方水稻区域试验产量没有明显增加，分析原因，可能与2017年国家农作物品种审定委员会开始施行新的《主要农作物品种审定标准（国家级）》有关，新标准对绿色优质水稻品种的产量水平放宽了要求，导致参试品种由原来高产类型为主转变为绿色优质为主，拉低了参试品种的平均产量水平。从生态类型看，中粳和中早粳产量较高，平均亩产为645~658kg，主要是由于该区光温资源充足，生育期较长，再加上栽培管理水平较高所致；早粳组主要种植区域在黑龙江第二积温带上限、吉林早熟稻区、内蒙古兴安盟中南部地区，生育期较短，平均559kg/亩左右，产量相对较低。

具体到各个组别的产量水平，京津唐粳稻组和中早粳中熟组产量最高，其次是黄淮粳稻组和中早粳晚熟组，再次是早粳晚熟组，早粳中熟组产量最低。分析产量构成因子可以发现，黄淮粳稻组、京津唐粳稻组和中早粳晚熟组亩有效穗数较少，但是穗粒数较多、千粒重高，该类品种主要是靠大穗大粒获得高产；与此相反，中早粳中熟组穗粒数较少、千粒重低，但是有效穗数较多，同样可以达较高的产量水平，这类品种主要靠穗数多获得高产。早粳晚熟组和早粳中熟组不仅穗粒数少、千粒重低，有效穗数也不高，这是该类品种产量偏低的主要原因。

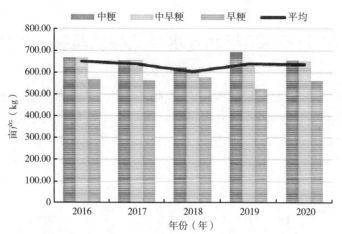

图12-2　2016—2020年北方水稻区域试验不同组别年度产量变化趋势

从表12-1中还可以看出，参试品种的株高大部分为100～105cm，株高太高植株容易倒伏，株高太矮往往造成生物量较低，最终影响产量，所以100～105cm应该是高产品种比较理想的株高范围。穗长与穗型关系较大，黄淮粳稻组、京津唐粳稻组和中早粳中熟组以直立穗为主，穗相对短小，但是着粒密度大，穗粒数并不少，从表12-1中可以看出，直立穗品种产量普遍高于散穗型品种（中早粳晚熟组、早粳晚熟组和早粳中熟组），这主要是由于直立穗品种，一般都茎秆粗壮，耐肥抗倒，在适宜环境下容易获得较高的产量。

表12-1　2016—2020年北方水稻区域试验不同组别产量及其构成因子统计

组别	产量（kg）	有效穗（万穗/亩）	株高（cm）	穗长（cm）	穗粒数总粒数	结实率（%）	千粒重（g）
黄淮粳稻组	646.77a	21.0d	98.9c	16.8c	147.0a	87.7b	26.3a
京津唐粳稻组	668.76a	22.4cd	106.2a	17.2bc	134.0ab	91.7a	26.1a
中早粳晚熟组	640.05a	23.2c	105.2a	17.8b	141.8a	88.5ab	24.7b
中早粳中熟组	666.15a	31.8a	101.5b	16.8c	122.3c	84.8c	23.9c
早粳晚熟组	627.36a	26.7b	105.4a	17.7b	122.5c	86.3b	23.6c
早粳中熟组	558.79b	26.0b	104.4ab	18.8a	125.0bc	87.9b	24.8b

第三节　2016—2020年北方水稻品种试验参试品种品质性状动态分析

参照农业部《食用稻品种品质》（NY/T 593—2013）稻米分级标准，稻米主要指标的优质达标率是指该项指标达到部颁优质3级以上的品种数占当年该组区域试验品种总数的百分率；水稻品种品质≥优1、≥优2、≥优3的优质率是指每年每组品质分别达到优1、优2、优3以上的品种数占当年该组区域试验品种总数的百分率。对2016—2020年北方水稻区域试验品种的稻米品质进行统计分析，各主要米质指标的优质达标率及品种优质率情况见图12-3。

从图12-3看出，北方水稻区域试验品种品质达到优1、优2、优3以上的优质率分别为2.1%、21.5%、63.1%，优质率整体不高，尤其是优1、优2的品种太少。出糙率优质达标率为100%，直链淀粉含量的优质达标率也达99.4%，且年度间比较稳定，说明几乎所有参试品种的出糙率和直链淀粉含量都达到优质标准，这两项指标对北方水稻品种品质影响不大。整精米率、胶稠度和碱消值平均优质达标率分别为90.5%、95.8%和92.7%，年度间略有起伏，对水稻品质有一定的影响。垩白度优质达标率最低，平均为66%，不论是年度间还是平均值都与品种的优质率一致，说明垩白度是影响北方水稻品种品质的主要因素。

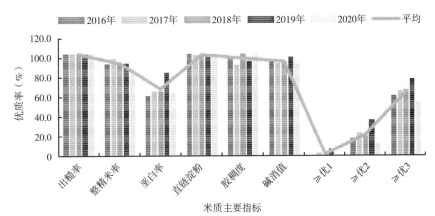

图12-3　2016—2020年北方水稻区域试验米质主要指标优质达标率及品种优质率统计

表12-2为不同组别区域试验品种主要米质指标达标率及品种优质率统计情况，表12-2中可以看出，中早粳中熟组、早粳晚熟组和早粳中熟组的品种优质率明显高于黄淮粳稻组、京津唐粳稻组和中早粳晚熟组，中早粳中熟组、早粳晚熟组和早粳中熟组的种植区域主要分布在辽宁、吉林、黑龙江及宁夏、新疆、内蒙古地区，这些地区秋季光温资源丰富、昼夜温差较大，比较适合水稻灌浆期营养物质的合成与运输，有利于优质稻米的生产，这是北方区域试验三个组别稻米品质优良的主要原因。

从表12-2同样可以看出，垩白度优质达标率与品种的优质率有很好的——对应关系，垩白度是影响北方水稻品种品质的主要因子。其他米质指标对北方水稻品种品质影响不大。

第四节　2016—2020年北方水稻品种试验参试品种抗性性状动态分析

国家北方水稻区域试验对所有组别参试品种进行了稻瘟病抗性鉴定，用稻瘟病综合抗性指数和穗颈瘟损失率最高级对品种抗性进行了评价；北方水稻区域试验对黄淮粳稻组和京津唐粳稻组进行了条纹叶枯病抗性鉴定，本书条纹叶枯病数据仅包括黄淮粳稻组和京津唐粳稻组鉴定结果。本书统计了每年各组别抗性达到某级别的品种数量占当年该组参试品种总数量的比例，以此评价分析北方水稻参试品种整体的抗性水平及变化趋势，为北方水稻抗性育种提供借鉴和参考。

从表12-3年份结果来看，稻瘟病抗性无论是依据综合抗性指数还是穗瘟损失率最高级，品种稻瘟病抗性不仅没有提高，反而有些减弱。分析原因可能与近年试验渠道放开、品种数量井喷、品种质量良莠不齐有关，值得反思和警戒。

从5年的平均结果看，无论是抗、中抗，还是中感，依据穗瘟损失率最高级计算的抗性比例都明显低于依据稻瘟病综合指数计算的抗性比例，说明依据穗瘟损失率最高级对品种定级更为严格。依据穗瘟损失率最高级，有近1/3的品种因穗瘟损失率最高级不达标被区域试验淘汰，仅1/3的品种抗性在中抗以上，尤其是达到抗以上（≤1）的品种不到10%，由此可以看出，北方水稻品种的稻瘟病抗性还需要进一步加强和提高。

条纹叶枯病抗性在中感以上（≤5）的品种比例总体在93.8%，有些年份甚至达100%，总体抗性较好，很少有品种因条纹叶枯病抗性不达标被淘汰。但是，条纹叶枯病达到抗或中抗以上的比例不高，品种对条纹叶枯病抗性不强，不可因此放松警惕，条纹叶枯病抗性育种依然任重而道远。

表12-2　2016—2020年北方稻区不同组别参试种品质情况

组别	出糙率（%）		整精米率（%）		垩白度（%）		直链淀粉（%）		胶稠度（mm）		碱消值		品种优质率（%）		
	平均值	优质率	平均值	优质率	平均值	优质率	平均值	优质率	平均值	优质率	平均值	优质率	≥优1	≥优2	≥优3
黄淮粳稻组	83.9±0.4	100.0	67.8±1.0	94.3	5.7±1.3	54.7	15.5±0.5	98.3	68.5±3.7	96.1	7±0.2	94.4	0.6	11.9	53.0
京津唐粳稻组	83.4±0.4	100.0	66.7±1.3	89.0	5.3±1.2	59.7	15.5±0.6	98.3	70.3±5.7	91.2	7±0.3	92.4	1.7	11.0	56.0
中早粳晚熟组	82.6±0.4	100.0	65.4±1.7	77.9	7.4±2.2	42.9	15.1±0.5	100.0	71.2±4.3	96.0	6±0.3	72.6	0	9.6	41.2
中早粳中熟组	83.0±0.2	100.0	71.2±1.9	98.3	3.7±1.1	76.1	15.7±0.7	100.0	69.6±2.9	98.3	7±0.2	98.3	6.7	38.8	76.1
早粳晚熟组	83.5±0.5	100.0	69.9±1.6	93.3	3.9±0.8	81.7	15.7±0.6	100.0	66.2±3.2	93.3	7±0.1	100.0	0	31.7	80.0
早粳中熟组	82.3±0.3	100.0	66.4±1.7	89.9	3.9±1.4	80.8	16.2±0.6	100.0	67.4±1.7	100.0	7±0.1	98.3	3.6	26.0	72.4

表12-3　2016—2020年北方水稻区域试验品种抗性情况

年份	稻瘟病						条纹叶枯病（%）		
	依据稻瘟病综合指数（%）			依据穗瘟损失率最高级（%）					
	≤2.0	≤4.0	≤5.0	≤1	≤3	≤5	≤1	≤3	≤5
2016	35.8	78.6	88.8	8.8	42.1	72.1	0.0	1.4	97.1
2017	18.8	72.3	88.9	8.9	37.5	78.5	4.6	15.7	88.5
2018	18.2	79.0	93.7	8.3	27.8	62.5	4.6	22.0	98.6
2019	14.4	63.5	81.9	4.4	30.3	61.4	0.0	29.2	100.0
2020	11.4	52.9	79.2	6.5	31.0	65.8	0.0	23.4	85.0
平均	19.7	69.3	86.5	7.4	33.7	68.1	1.8	18.3	93.8

第五节　小　结

北方国家水稻品种试验分为6个生态类型组，每年参试品种维持在90～94个，规模相对稳定。2016—2020年，北方水稻参试品种平均产量没有明显提高，京津唐粳稻组和中早粳中熟组产量最高，其次是黄淮粳稻组和中早粳晚熟组，再次是早粳晚熟组，早粳中熟组产量最低。不同类型有不同的高产模式，黄淮粳稻组、京津唐粳稻组和中早粳晚熟组靠大穗大粒获得高产，中早粳中熟组靠穗数多获得高产，早粳晚熟组和早粳中熟组在穗数、穗粒数及千粒重方面都没有优势，所以产量较低。

北方水稻区域试验品种优质率整体不高，尤其是优1、优2的品种太少。出糙率和直链淀粉含量对北方水稻品质几乎没有影响，整精米率、胶稠度和碱消值对水稻品质有一定的影响，垩白度是制约北方水稻品种品质的主要因素。中早粳中熟组、早粳晚熟组和早粳中熟组的品种优质率明显高于黄淮粳稻组、京津唐粳稻组和中早粳晚熟组。

2016—2020年，参试品种稻瘟病抗性不仅没有提高，反而有些减弱；条纹叶枯病抗性达到抗或中抗以上的比例不高，品种对条纹叶枯病抗性不强，北方水稻抗性育种任重而道远，亟须加强。

第二部分

小麦

第十三章　2016—2020年国家小麦品种试验概况

农作物品种区域试验是将新育成或新引进的品种按统一的技术方案在不同的生态环境下进行连续多年、多点试验，分析、评价其特征特性，以确定新品种利用价值和适宜推广区域的过程。它既是品种审定的重要依据，又是鉴定科研育种成果并将其转化为生产力必不可少的关键环节。2007年颁布的国家行业标准《农作物品种试验技术规程小麦》为我国的小麦品种区域试验工作进一步规范化管理提供了依据。

第一节　2016—2020年国家冬小麦品种试验概况

一、2016—2020年长江上游冬小麦品种试验概况

为鉴定长江上游冬麦区新选育的小麦品种（系）的丰产性、抗逆性和适应性，为国家品种审定和新品种的示范、推广提供科学依据设置了国家小麦品种试验长江上游组区域试验和生产试验。长江上游冬麦区包括贵州、重庆，四川除阿坝、甘孜州南部部分县以外的地区，云南泸西、新平至保山以北和迪庆、怒江州以东地区，陕西南部地区，湖北十堰、襄阳，甘肃陇南。

2016—2020年，长江上游组区域试验设18个试验点，各属四川5个（成都、绵阳、内江、平昌、西昌），重庆3个（北碚、永川、万州），云南3个（玉溪、昆明、曲靖），贵州4个（贵阳、毕节、遵义、兴义），陕西2个（勉县、安康），湖北1个（十堰），甘肃1个（成县）；生产试验设7个试点，其中四川2个（成都、绵阳），重庆1个（永川），云南1个（曲靖），贵州1个（兴义），陕西1个（勉县），湖北1个（十堰）。

2016—2020年长江上游组区域试验通常设置A、B两组试验，每组试验参试品种不超过12个品种（含对照），对照品种均为川麦42。其中，2017年参试品种仅11个，设置1组试验。2016年参试品种18个，其中3个续试品种，14个由各省级区域试验推荐新参试品种；2017年参试品种11个，其中2个续试品种，8个由各省级区域试验推荐新参试品种；2018年参试品种20个，其中5个续试品种，13个由各省级区域试验推荐新参试品种，对照品种增加绵麦367；2019年参试品种18个，其中2个续试品种，15个由各省级区域试验推荐新参试品种；2020年参试品种22个，其中5个为续试品种，16个品种由各省级区域试验推荐新参试品种（表13-1）。

2016—2020年，2017年为完成试验程序的品种川麦601和川农32设置了生产试验。2019年为完成试验程序的品种蜀麦133设置了生产试验。2020年为完成试验程序的品种川麦93和续试同时安排生产试验的品种绵麦827和川辐14设置了生产试验。

表13-1　2016—2020年国家冬小麦品种试验长江上游组参试品种数统计　　　　（个）

年份	安排试验			试验后对品种处理			
	参试品种数	续试品种	一年试验	完成试验	生产试验	续试同时生产试验	续试
2016	17	3	14	0	1	0	2
2017	10	2	9	1	0	0	5
2018	18	5	13	0	1	0	2
2019	17	2	15	0	1	1	4
2020	21	5	16	2	1	2	7

区域试验采用统一田间试验设计，随机区组排列、3次重复，小区面积0.02亩。少数试点受试验地面积限制小区面积略有调减，但均在10m²以上。生产试验无重复或2次重复，间比排列，总面积300m²以上。

根据各试点实际情况，试验前作有水稻、玉米、大豆、甘薯、荞麦、薏苡、高粱、蔬菜、绿肥、烤烟和休闲地等。各试点按照当地大田生产实际确定播期、密度、耕作、肥水管理。适时化学除草和人工中耕除草，及时防治虫、鼠害。

2016年根据考察结果，除遵义外的17个试点数据参与汇总。2017年度鉴于冻害的严重影响，年会决定贵阳试点数据不予汇总；鉴于试验的整体表现正常和对照本年度的非正常表现，年会决定，2017年度试验所有试点以试验均值代替对照。2018年度试验中继续采用川麦42作为试验对照，经区域试验年会上国家品审委讨论决定，剔除永川、昆明和十堰3个减产幅度大的试点，用其余15个试点数据进行汇总，其中，绵阳、毕节和成县3个试点用参试品种（川麦42除外）均值为对照进行分析和品种评价。2019年度试验结果中，毕节试点因冰雹影响无结果，用其余17个试点数据进行汇总，其中，内江、昆明、兴义3个试点和遵义点A组用参试品种（川麦42除外）均值为对照。2020年度对两组均涉及增产极值点的成都、绵阳、内江、平昌、永川、昆明、曲靖、贵阳、遵义、毕节和兴义11个试点，B组西昌点用参试品种（对照品种川麦42除外）均值为对照，无极值的试点用川麦42为对照。

二、2016—2020年长江中下游冬小麦品种试验概况

（一）参试品种

本组区域试验2016年始设A、B两组，各组试验品种均为14个（含对照），品种来源为上年度续试品种、多点品比试验升级品种、省级审定或区域试验推荐，扬麦20为对照品种。生产试验按区域试验升级情况确定品种和组数。2016—2020年共试验品种90个（表13-2、表13-3）。

表13-2 2016—2020年长江中下游冬小麦品种区域试验A组参试品种

序号	品种名称	参试单位	序号	品种名称	参试单位
1	华麦1028	江苏省大华种业集团有限公司	23	金丰0515	江苏金色农业科技发展有限公司
2	扬辐麦2149	江苏金土地种业有限公司	24	扬14-179	江苏里下河地区农业科学研究所
3	安农1124	安徽农业大学	25	南农15Y19	南京农业大学细胞遗传研究所
4	扬12-144	江苏金土地种业有限公司江苏里下河地区农业科学所	26	华麦1223	华中农业大学
5	国红3号	合肥国丰种业有限公司	27	宁13134	江苏省农业科学院农业生物技术研究所
6	徽红225	安徽未来种业有限公司	28	鄂麦DH16	湖北省农业科学院植保土肥研究所
7	宁12046	江苏省农业科学院农业生物技术研究所	29	隆垦616	安徽源隆生态农业有限公司
8	皖西麦0638	六安地区农业科学研究所	30	华麦1403	江苏省大华种业集团有限公司
9	南农14Y106	南京农业大学	31	扬辐麦5059	中国种子集团有限公司
10	天民108	河南天民种业有限公司	32	扬14-88	江苏里下河地区农业科学研究所
11	华麦428	江苏省大华种业集团有限公司	33	扬辐麦5162	江苏里下河地区农业科学研究所
12	扬辐麦1025	江苏里下河地区农业科学研究所	34	宁红1458	江苏红旗种业股份有限公司江苏省农业科学院农业生物技术研究所
13	扬13-68	江苏里下河地区农业科学研究所	35	宁麦1504	江苏省农业科学院农业生物技术研究所
14	扬富麦101	扬州长富种业科技有限公司	36	瑞华590	江苏瑞华农业科技有限公司
15	襄麦35	襄阳市农业科学院	37	白湖麦1号	安徽省白湖种子公司
16	鄂麦195	湖北省农业科学院粮食作物研究所，湖北省种子集团有限公司	38	国红11	合肥国丰农业科技有限公司

（续表）

序号	品种名称	参试单位	序号	品种名称	参试单位
17	华麦1168	华中农业大学	39	长江麦816	扬州市扬子江种业有限公司
18	乐麦G1302	合肥丰乐种业股份有限公司	40	隆麦213	安徽源隆生态农业有限公司
19	扬11-125	江苏金土地种业有限公司、江苏里下河地区农业科学研究所	41	扬15-129	江苏里下河地区农业科学研究所
20	光明麦1415	光明种业有限公司	42	滁麦1701	滁州学院
21	扬辐麦2049	江苏里下河地区农业科学研究所	43	东麦1501	南京东宁农作物研究所
22	扬12G16	江苏里下河地区农业科学研究所	44	华麦1068	江苏省大华种业集团有限公司

表13-3 2016—2020年长江中下游冬小麦品种区域试验B组参试品种

序号	品种名称	参试单位	序号	品种名称	参试单位
1	国红6号	合肥国丰农业科技有限公司	24	宁13001	江苏省农业科学院农业生物技术研究所
2	C839	安徽源隆生态农业有限公司	25	国红9号	合肥国丰农业科技有限公司
3	扬辐麦2054	江苏里下河地区农业科学研究所	26	宁14058	江苏省农业科学院农业生物技术研究所
4	农麦126	江苏神农大丰种业科技有限公司	27	苏麦899	江苏丰庆种业科技有限公司
5	苏研麦017	连云港苏研种业有限公司	28	资14-213	江苏省农业科学院粮食作物研究所、扬州市扬子江种业
6	扬麦24	江苏里下河地区农业科学研究所	29	扬辐麦4046	江苏里下河地区农业科学所
7	扬12-145	江苏里下河地区农业科学研究所	30	扬14-214	江苏里下河地区农业科学研究所
8	苏麦8号	江苏丰庆种业科技有限公司	31	扬14-48	江苏里下河地区农业科学研究所
9	光明麦1311	光明种业有限公司、江苏省农业科学院生物技术所	32	苏麦179	江苏丰庆种业科技有限公司
10	宁麦24	江苏省农业科学院农业生物技术研究所、合肥丰乐种业股份有限公司	33	乐麦1579	安徽农业大学/合肥丰乐种业股份有限公司
11	徽麦101	安徽天勤农业科技有限公司	34	长江麦580	扬州市扬子江种业
12	信麦79	信阳市农业科学院	35	鄂麦398	湖北农业科学院粮食作物研究所
13	信麦116	信阳市农业科学院	36	扬13G3	江苏里下河地区农业科学研究所
14	苏麦0558	江苏丰庆种业科技有限公司	37	信麦161	信阳市农业科学院
15	扬13-122	江苏金土地种业有限公司、江苏里下河地区农业科学研究所	38	苏麦526	江苏丰庆种业科技有限公司
16	东麦1301	江苏泫源禾农业科技有限公司	39	宁红15103	江苏红旗种业股份有限公司、江苏省农业科学院粮食作物研究所
17	苏隆212	安徽源隆生态农业有限公司	40	白湖麦9号	安徽省白湖种子公司
18	襄麦D31	襄阳市农业科学院	41	扬15G70	江苏里下河地区农业科学研究所
19	兴麦576	湖北国油种都高科技有限公司	42	汉麦008	湖北省农业科学院粮食作物研究所
20	镇12096	江苏瑞华农业科技有限公司、江苏丘陵地区镇江农业科学所	43	华麦1369	华中农业大学
21	扬13G24	江苏里下河地区农业科学研究所	44	滁麦1801	滁州学院
22	扬辐麦4188	江苏金土地种业有限公司	45	镇14034	江苏丘陵地区镇江农业科学研究所
23	信麦129	信阳市农业科学院	46	襄麦21	襄阳市农业科学院

（二）试点分布

本组区域试验共设19个试点，江苏（南京、扬州、常熟、白马湖农场、东台、镇江）6个；湖北（武汉、荆州、襄阳、黄冈）4个；安徽（合肥、六安、滁州、马厂湖农场、白湖农场）5个；浙江（诸暨、湖州）2个；河南（信阳）1个；上海（崇明）1个。生产试验试点设8~10个（表13-4）。

表13-4　长江中下游小麦区域试验试点分布

省份	承试单位	区域试验	生产试验	联系人
江苏	江苏里下河地区农业科学研究所	√	√	汪尊杰
	江苏省农业科学院粮食作物研究所	√		张鹏
	常熟市农业科学研究所	√		王雪刚
	江苏丘陵地区镇江农业科学研究所	√		李东升
	淮安市白马湖农场	√	√	陈春
	东台市农业科学研究所	√		孙剑
	江苏丰庆种业科技有限公司		√	朱洪文
	江苏瑞华农业科技有限公司		√	金彦刚
湖北	湖北省农业科学院粮食作物研究所	√		张宇庆
	宜昌市农业科学研究院		√	李绪清
	荆州农业科学院	√		陈功海
	襄阳市农业科学院	√	√	姜齐斌
	黄冈市农业科学院	√		闫振华
河南	信阳市种子管理站	√	√	赵万兵
安徽	安徽省农业科学院作物研究所	√		甘斌杰
	六安市农业科学研究院	√	√	胡凤灵
	滁州市农业科学研究所	√	√	张先广
	安徽省马厂湖农场	√		叶兴
	安徽省白湖种子有限公司	√		王德好
浙江	浙江省诸暨农作物区域试验站	√	√	王建裕
	湖州市农业科学院	√		叶根如
上海	上海光明种业有限公司	√		余飞宇

（三）试验设计及试验实施情况

本组区域试验采用统一田间试验设计，随机区组排列，3次重复，小区面积0.02亩。生产试验参试品种与对照品种随机排列，2次重复，小区面积150m²，全区收获计产。对照品种按照当地有代表性推广品种。各试点设于当地有代表性的田块，前作多为水稻、豆类、玉米、绿肥、芝麻等。各试点按照当地大田生产实际确定播期、密度、耕作、肥水管理。适时化学除草和人工中耕除草，及时防治虫、鼠害。

三、2016—2020年黄淮南片水地组冬小麦品种试验概况

为了科学、客观地鉴定各地新育成小麦品种在黄淮冬麦区南片水地组的丰产性、稳产性、适应性、抗逆性、品质特性及利用价值，沟通并加速省际间优良小麦品种的示范推广，为国家小麦品种审定及合理利用提供科学依据，设置了国家冬小麦黄淮南片水地组区域试验和生产试验。黄淮南片麦区主要包括陕西关中灌区、河南除信阳和南阳南部部分稻茬麦区以外的平原灌区，安徽、江苏沿淮及淮河以北地区。

（一）试点设置及分布

2016—2020年，黄淮南片麦区水地组品种试验共设34个试验点，其中区域试验27个试验点，

生产试验24个试验点，节水试验2个试验点，节肥试验3个试验点（表13-5）。河南试点17个，其中河南丰德康种业股份有限公司和郑州市种子管理站均为荥阳试点，分别负责早播组和晚播组区域试验，郑州金色种子研究所和郑州市种子管理站为一个生产试验点，分别负责早播组和晚播组试验。从2018—2019年度起周口试点区域试验分别由周口市农业科学院（周口）和河南华冠种业有限公司（鹿邑）分别承担，其中周口试点承担早播组1～3组区域试验，鹿邑试点承担早播组4～5组和晚播组区域试验。河南科技学院试点为节水试点，同时承担节水试验、正常区域试验和生产试验。河南农业大学许昌校区为2019—2020年度新增试点，仅承担节肥试验。南阳市种子管理站（南阳）试点承担区域试验，但根据方案要求，其试验结果暂不汇总，仅作为当地品种选择的参考。安徽试点6个，其中瘦西湖农场农业技术推广站（寿县）试点承担观察试验，不设置重复，作为引种的依据。江苏试点6个，其中江苏徐淮地区徐州农业科学研究所（徐州）和江苏保丰集团公司（徐州）分别承担徐州点区域试验和生产试验。江苏瑞华农业科技有限公司（宿迁）为节肥试点，2019—2020年起不再承担节肥试验，仍承担正常区域试验和生产试验。陕西5个试点，其中陕西省种子管理站（杨凌国家区域试验站）仅承担节水试验。

表13-5　2016—2020年黄淮南片水地组小麦品种试验试点信息及承试情况

省份	承试单位	所在地	试验类别
河南	河南省农业科学院小麦研究所	原阳	区域试验/生产试验
	河南省新乡市农业科学院	辉县	区域试验/生产试验
	漯河市农业科学院	漯河	区域试验/生产试验
	河南省商丘市农林科学院	商丘	区域试验
	周口市农业科学院	周口	区域试验/生产试验
	驻马店市农业科学院	驻马店	区域试验/生产试验
	濮阳市国家农作物品种区域试验站	濮阳	区域试验/生产试验
	洛阳农林科学院	洛阳	区域试验
	河南科技学院小麦中心	新乡县	区域试验/生产试验/节水
	南阳市种子管理站	南阳	区域试验
	郑州市金色种子研究所	郑州	生产试验
	河南丰德康种业股份有限公司	荥阳	区域试验/节肥
	中国农业科学院棉花研究所	安阳	生产试验
	河南中种联丰种业有限公司	尉氏	生产试验
	河南华冠种业有限公司	鹿邑	区域试验/生产试验
	河南农业大学农学院（许昌校区）	许昌	节肥
	郑州市种子管理站（河南远航种业有限公司）	荥阳	区域试验/生产试验
安徽	阜阳市农业科学院	阜阳	区域试验/生产试验
	安徽华成种业股份有限公司	宿州	区域试验/生产试验
	亳州市农业科学研究院	涡阳	区域试验/生产试验
	安徽省新马桥原种场	新马桥	区域试验/生产试验
	瘦西湖农场农业技术推广站	寿县	区域试验
	濉溪县农业科研试验站	濉溪	生产试验
江苏	江苏徐淮地区徐州农业科学研究所（徐州市农业科学院）	徐州	区域试验
	江苏徐淮地区淮阴农业科学研究所（淮安市农业科学研究院）	淮安	区域试验/生产试验
	江苏省农垦农业发展公司现代农业研究院（淮海试验站）	射阳	区域试验
	江苏省大华种业有限公司育种研究院连云港研究所	连云港	区域试验/生产试验
	江苏瑞华农业科技有限公司（宿迁试验站）	宿迁	区域试验/生产试验/节肥
	江苏保丰集团公司	徐州	生产试验

（续表）

省份	承试单位	所在地	试验类别
陕西	宝鸡市农业科学研究院	宝鸡	区域试验/生产试验
	陕西省种子管理站（杨凌国家区域试验站）	杨凌	节水
	西北农林科技大学农学院	杨凌	区域试验/生产试验
	华阴市裕华农业科技发展有限公司	华阴	区域试验
	陕西省农作物品种试验站	富平	区域试验/生产试验

（二）试验设置

2015—2016年度之前黄淮南片麦区水地组区域试验分为冬水组和春水组试验，春水组以弱春性品种为主，由于耕作制度、产量潜力、冻害等原因，弱春性品种在黄淮南片生产中的应用面积越来越小，因此国家试验方案从2016—2017年度起，取消春水组试验。品种比较试验仅保留冬水组试验，即早播组试验，不再设置春水组。在国家区域试验中将相应的春水组试验调整为晚播组试验，冬水组试验更名为早播组试验，将上年度的弱春性品种纳入本组继续试验，同时将早熟品种安排在本组试验中。

从表13-6可知，2016—2018年度区域试验设置均为5组，2019—2020年度为6组，每组品种数平均为16个左右。2017—2019年度直接从区域试验中推荐审定品种数分别为4个、5个、3个，2016—2017年度、2017—2018年度淘汰品种数分别为24个、23个，各占试验品种数的70%左右，近两个年度由于中强筋和强筋品种纳入绿色优质品种范畴，品种淘汰数量减少。生产试验参试品种数由上年度区域试验续试品种数决定，同样由于绿色品种制度的实施，近年来生产试验品种数将有明显的上升趋势。2016—2020年分别安排了3组、6组、6组、4组、8组生产试验，试验品种数分别为14个、36个、32个、20个、47个。2016—2020年生产试验无淘汰品种，均推荐审定，但2019—2020年度试验品种民丰266由于送样原因，2020—2021年度继续安排生产试验。

表13-6　2016—2020年度黄淮南片水地组小麦区域试验参试品种统计

年度	组数（个）	参试品种数（个）	推荐审定（个）	区域试验（个）	生产试验（个）	停试（个）	续试比例（%）
2015—2016	5	75	0	36	32	7	90.7
2016—2017	5	79	4	21	30	24	69.6
2017—2018	5	79	5	22	29	23	70.9
2018—2019	6	95	3	39	45	9	90.5
2019—2020	6	95	0	48	37	11	88.4
合计		424	12	166	173	74	82.5

注：参试品种数不含对照。

2016—2020年度区域试验冬水组（早组播）对照品种均为周麦18，春水组（晚播组）2016—2018年度为偃展4110，从2018—2019年度更换为淮麦40，同时早播组增加百农207作为辅助对照。生产试验冬水组（早播组）对照均为周麦18，春水组（晚播组）弱春性品种对照2016—2019年度为偃展4110，2020年为淮麦40。2016—2018年度冬水组（早播组）优质对照品种为藁麦8901，春水组（晚播组）优质对照品种为豫麦34，2018—2019年度起优质对照品种更换为新麦26和郑麦366。

区域试验参试品种采用随机区组排列，3次重复，小区面积0.02亩，全区收获。设置优质对照的组别，优质对照品种不进行产量汇总，只作为品质对照，除品质分析供样试点（承试单位中带*的单位）在同一地块种植一小区供品质分析取样外，其他试点均不种植优质对照品种。节水试验和节肥试验单独汇总。生产试验参试品种顺序排列，设2次重复，小区面积不小于150m²，全区收获。

各试点根据实际情况，选择土壤肥力均匀具有代表性的地块，播期和行距配制按当地生产实际确定，田间管理略高于当地大田生产水平。试验管理应及时施肥、排灌（旱地组除外）、治虫、中耕除草，但不对病害进行药剂防治，不使用各种植物生长调节剂。应保证同一试点各品种、各重复间的各项管理措施一致（包括播期、密度、施肥量与方法等），同一重复内的同一管理措施应在同一天内完成。试验过程中应及时采取有效地防止人、鼠、鸟、畜、禽等对试验的危害。试验前茬以玉米、大豆、水稻、绿肥等为主。

黄淮南片麦区水地组冬水组（早播组）播期一般为10月5—15日，春水组（晚播组）播期一般为10月15—20日。同一试点播期应间隔5d以上。播种量半冬性品种16万～18万株，弱春性品种20万～22万株（根据试验地肥力水平和当地生产情况可进行适当调整）。保证正常年份试验平均亩产在400kg以上，低于400kg不予汇总。节水试验点要求全生育期减少灌溉1次，节肥试验点全生育期减施氮肥30%。

（三）试验汇总情况

黄淮南片麦区水地组区域试验正常汇总试点23个（丰德康种业和郑州种子站为一个试点，周口市农业科学院和华冠种业为一个试点），生产试验正常汇总试点23个（郑州金色种子和郑州种子站为一个试点）。2015—2016年度第1组和第2组全部试点参与汇总；第3组、4组宝鸡试点金针虫为害重，缺苗多，不参与汇总；第5组周口试点冬季冻害重，成穗少，富平试点地力不匀、成穗少，不参与汇总。2016—2017年度驻马店试点因播种期降雨多，小麦播种晚，播种出苗后水淹，导致出苗差，缺苗断垄严重，不参与汇总。2017—2018年度宝鸡试点因春季冻害严重，条锈病和叶枯病重发，大部分品种早枯死，减产严重，平均亩产低于400kg，不予汇总；濮阳试点因春季冻害严重，肥力不匀，小麦品种长势不匀，5月15日大风暴雨造成严重倒伏，试验代表性一般，不匀汇总。2018—2019年度宝鸡市农业科学研究院试点第2组、3组、4组、6组因播种时干旱，部分品种缺苗多，补种后苗长势弱，成穗偏少，不予汇总；阜阳市农业科学院试点因全蚀病严重，不参与汇总。2019—2020年度徐州市农业科学院试点第2组、3组、4组因全蚀病严重，不予汇总；驻马店市农业科学院试点因上季玉米试验影响，地力偏低且不匀，加之春季干旱，长势差，秆低，成穗数少，穗小，没有代表性不予汇总。

四、2016—2020年黄淮北片水地组冬小麦品种试验概况

黄淮北片水地区域试验常年设22个试验点，66点次的区域试验，其中山东10个试点30点次试验，河北7个试点21点次试验，山西5个试点15点次试验，生产试验常年设13个试点，其中山东5个、河北6个、山西2个。

2015—2016年度区域试验参试29个品种（不含对照，下同）分2组试验，2016—2017年度参试26个品种分2组试验，2017—2018年度参试35个品种分2组试验，2018—2019年度参试42个品种分3组试验，2019—2020年度参试50个品种分4组试验。2015—2016年度生产试验参试6个品种分1组试验，2016—2017年度参试9个品种分2组试验，2017—2018年度参试8个品种分1组试验，2018—2019年度参试3个品种分1组试验，2019—2020年度参试8个品种分2组试验。

五、2016—2020年黄淮北片旱地组冬小麦品种试验概况

黄淮冬麦区旱地组又分为黄淮冬麦区旱肥组和黄淮冬麦区旱薄组。黄淮冬麦区旱肥组区域试验常年设17个试点，其中山东4个、河北3个、山西2个、河南5个、陕西3个；生产试验常年设8个试点，其中山东2个、河北1个、山西1个、河南3个、陕西1个。黄淮冬麦区旱薄组常年设14个试验点，其中河北1个、甘肃1个、山西4个、河南4个、陕西4个；生产试验常年设8个试点，其中甘肃1个、河北1个、山西2个、河南2个、陕西2个。

（一）黄淮冬麦区旱肥组试验概况

1. 区域试验

2015—2016年度参试15个品种（含对照，下同），2016—2017年度参试15个品种，2017—2018年度参试16个品种，2018—2019年度参试26个品种分2组试验，2019—2020年度参试30个品种分2组试验。

2. 生产试验

2015—2016年度参试3个品种分1组试验，2016—2017年度参试7个品种，2017—2018年度参试2个品种，2018—2019年度参试6个品种，2019—2020年度参试4个品种。

（二）黄淮冬麦区旱薄组试验概况

1. 区域试验

2015—2016年度参试11个品种，2016—2017年度参试12个品种，2017—2018年度参试13个品种，2018—2019年度参试14个品种，2019—2020年度参试10个品种。

2. 生产试验

2015—2016年度参试3个品种，2016—2017年度参试3个品种，2017—2018年度参试4个品种，2018—2019年度参试3个品种，2019—2020年度参试5个品种。

六、2016—2020年北部冬麦区水地组品种试验概况

（一）2016—2020年北部冬麦区水地组气候概况

小麦生长发育期间的气候情况是影响小麦产量、品质和农艺性状表现的重要影响因素，在进行品种性状评价时需要综合考虑气候因素的影响。2016—2020年度的北部冬麦区的气候情况变化大，极端低温气候和干旱发生频次较高，2017—2018年度"干旱"和"倒春寒"发生较严重，其余年份总体上对小麦的生长发育还算是比较有利。

2016—2020年度各年份气候情况具体表现为：2015—2016年度总体气候条件对小麦生长有利。冬前小麦播种后气温接近常年，光照较充足，降水量适中，土壤墒情良好，利于小麦分蘖及苗期生长。越冬前持续低温寡照，降水较多，降雪量大，积雪较厚，气温降幅较大，气温较常年同期偏低。返青期气温较高，日照条件良好，对麦苗返青生长较为有利。起身期曾出现了轻度干旱，从小麦正常返青到拔节，气象条件总体有利于小麦春季生长发育。抽穗灌浆期降雨适中，利于小麦穗部发育生长，利于小麦灌浆，对增加粒数、提高粒重非常有利。2016—2017年度总体气候条件对小麦有利。冬前气候特征是多雨低温寡照，影响小麦正常生长，导致叶龄偏小，分蘖偏少，不利于形成冬前壮苗。越冬期温度高、降水多、光照少，有利于小麦安全越冬。越冬期气候条件总体上对小麦越冬利大于弊。返青期气温较常年偏高，降水量较常年偏多，有利于小麦返青。拔节期气温偏高，降水偏少，日照充足，对小麦拔节孕穗生长较为有利。抽穗开花期温度偏高，光照充足，生育进程比常年提前。灌浆期气温仍偏高、降水偏少，对后期小麦灌浆不太有利，由于生长后期气温偏高，降水偏少，土壤墒情不足，造成成熟期有所提前。2017—2018年度"干旱"和"倒春寒"发生较严重，总体气候条件对小麦生长发育不利。播种后气温正常，日照偏少，降水偏多，出苗好。10月下旬起连续5个月无明显降水，创下历史最旱秋冬年份。秋冬春连旱，对小麦安全越冬及返青生长非常不利，小麦返青比常年晚。返青期普降小雨，对小麦生长较为有利，有利于小麦生长。清明4月5日降雪降温，出现了持续倒春寒天气，对小麦造成不利影响。拔节期普降中雨，对小麦生长较为有利。灌浆期高温干旱少雨，墒情轻微不足，有降雨适当缓解旱情，降雨偏少，温度较高，土壤水分蒸发量较大，干热天气对小麦产量造成不利影响，对小麦灌浆影响较大。成熟期墒情严重不足，不利于小麦灌浆。2018—2019年度多数试点气候条件有利于小麦生长。播种期多数试点雨量适宜，土壤墒情好，气温较好，光照充足，有利于出苗。越冬期各试点气温正常或稍高于往年，且低温天

气持续时间短，光照充足，气候干燥，降水较少，冬季冻害较轻。返青拔节期多数试点返青期升温较快，气温较高，日照时数长，光照充足，降雨充足，返青期提前，春分蘖增加亩穗数增多。抽穗灌浆期多数试点日照时数较长，光照充足，气候适宜，有利于小麦灌浆，增加千粒重，提高产量。2019—2020年度多数试点总体气候条件有利于小麦生长。播种期多数试点气温偏高，光照充足，土壤墒情好，有利于出苗；遵化试点降雨较少，但浇蒙头水后出苗整齐、健壮。越冬期多数试点气温较常年高，低温时间较短，日照充足，有效降水较多，对小麦越冬非常有利。返青拔节期多数试点返青后气温高，升温快，光照充足，墒情适宜，返青后生长快，但4月发生倒春寒，部分品种遭受冻害，穗粒数减少。抽穗灌浆期多数试点抽穗期气温偏低，光照充足，降雨多，对小麦生长有利，灌浆成熟期气温偏高，降水少，个别品种有高温逼熟现象，产量受到一定影响。收获期各试点气候干燥，光照充足，无穗发芽情况。

（二）试验设置

2016—2020年北部冬麦区水地组国家小麦品种试验共设置区域试验5组和生产试验4组，区域试验和生产试验均以"中麦175"为参照品种，参试品种分别为76个和17个（含对照）。2016—2020年区域试验参试品种依次为16个、11个、14个、17个和18个，2017—2020年生产试验品种依次为7个、3个、3个和4个。常年设置区域试验1组、生产试验1组，其中2015—2016年度因没有参试品种未开展生产试验（表13-7）。

表13-7　2016—2020年北部冬麦区水地组国家小麦品种试验参试品种情况　　　　　（个）

试验类型	参试品种数					累计品种数
	2015—2016年度	2016—2017年度	2017—2018年度	2018—2019年度	2019—2020年度	
区域试验	16	11	14	17	18	76
生产试验	0	7	3	3	4	17
合计	16	18	17	20	22	93

（三）参试品种类型和来源的变化动态

2016—2020年北部冬麦区水地组国家小麦品种试验参试品种共计93个（含对照）。依据参试品种类型（常规品种或杂交品种）和供种单位性质（科研或企业）的变化情况表现如下。

1. 参试品种以常规小麦为主

2016—2020年北部冬麦区水地组小麦品种区域试验76个参试品种中，常规小麦品种共67个，约占参试品种的88%；杂交小麦品种共9个，约占参试品种总数的12%（表13-8）。其中，2015—2016年度杂交小麦参试品种1个，2017—2020年各年度杂交小麦参试品种数增多为2个。在生产试验17个参试品种中，常规小麦品种共14个，约占参试品种总数的82%；杂交小麦品种共3个，约占参试品种总数的18%。由于参试品种数量少，常规小麦和杂交小麦品种在各年度中的比例变化规律不明显，但杂交小麦品种的参试数量保持相对稳定，除2015—2016年度外，每年占比都在10%以上（11%～18%）。可见，北部冬麦区水地组参试品种以常规品种为主，但杂交小麦品种也占有一定的份额，这种品种类型的分布符合北部冬麦区的生产发展需求，充分体现了北部冬麦区水地组小麦区域试验和品种选择做到了与时俱进、增强了品种试验的针对性和实用性。

2. 品种来源以科研单位为主

从参试品种的供种单位性质（品种来源）来看，区域试验76个参试品种中科研单位占64个，约占总数的84%；企业单位参试品种数共12个，约占总数的16%（表13-8）。然而，生产试验的17个参试品种全部来源于科研单位，企业单位的参试品种均未进入生产试验阶段。可见，北部冬麦区水地组参试品种来源以科研单位为主，企业单位参试品种虽然在区域试验中占有10%以上的比例，但都没有参加生产试验。这种现象出现的背景，一是北部冬麦区科研单位育种实力强，企业单位育种实力弱；二是北部冬麦区小麦种植面积占比较少，对种业公司来说北部冬麦区小麦种子市场和品种的商业价值吸引力较弱，因而针对北部冬麦区的小麦育种工作投入少或重视程度不足，公司提供的参试品种也就缺少竞争力。

表13-8　2016—2020年北部冬麦区水地组国家小麦品种试验参试品种类型与来源分布

分类或来源	试验类型	品种类型	2015—2016年度	2016—2017年度	2017—2018年度	2018—2019年度	2019—2020年度	总计
常规/杂交	区域试验	常规	15	9	12	15	16	67
		杂交	1	2	2	2	2	9
	生产试验	常规	0	6	3	2	3	14
		杂交	0	1	0	1	1	3
供种单位性质	区域试验	科研	14	9	10	15	16	64
		公司	2	2	4	2	2	12
	生产试验	科研	0	7	3	3	4	17
		公司	0	0	0	0	0	0

3. 主要供种单位情况分析

从参试品种的主要供种单位来看（表13-9），区域试验71个（次）参试品种来源于16个单位（不含对照）。其中，中国农业科学院作物科学研究所和北京杂交小麦工程技术研究中心为北部冬麦区水地组品种试验的主要供种单位，2016—2020年两家单位的参试品种分别为27次和16次，分别占总数的38.0%和22.5%，合计占比约60%。河北众信种业科技有限公司和天津市农作物研究所的参试品种次数都为4次，各占比5.6%，两家合计占比在10%以上。山西省农业科学院作物科学研究所参试品种次数为3次，占比4.2%。其余11家单位合计参加品种次数为17次，占比约24%。生产试验共13个参试品种中（不含对照），中国农业科学院作物科学研究所和北京杂交小麦工程技术研究中心各为5次，分别占比38.5%，两家合计占总数的77%；另外，山西省农业科学院谷子研究所、天津市蓟县良种繁殖场和中国农业大学各参加1次，合计占比约23%。可见，中国农业科学院作物科学研究所和北京杂交小麦工程技术研究中心为北部冬麦区水地组品种试验的主要供种单位，其参试品种数在区域试验和生产试验中合计分别占比60.5%和77.0%。

表13-9　2016—2020年北部冬麦区水地组国家小麦品种试验供种单位情况

类型	序号	选育（申请）单位	品种数量（个）	比例（%）
区域试验	1	中国农业科学院作物科学研究所	27	38.0
	2	北京杂交小麦工程技术研究中心	16	22.5
	3	河北众信种业科技有限公司	4	5.6
	4	天津市农作物研究所	4	5.6
	5	山西省农业科学院作物科学研究所	3	4.2
	6	河北科伟种业开发有限公司	2	2.8
	7	河北农业大学	2	2.8
	8	科贸种业有限公司	2	2.8
	9	山西省农业科学院谷子研究所	2	2.8
	10	天津蓟县康恩伟泰种子有限公司	2	2.8
	11	天津市蓟县良种繁殖场	2	2.8
	12	河北博发生物科技有限公司	1	1.4
	13	河北省农林科学院粮油作物研究所	1	1.4
	14	河北婴泊种业科技有限公司	1	1.4
	15	中国科学院遗传与发育生物学研究所	1	1.4
	16	中国农业大学	1	1.4
		合计	71	100

（续表）

类型	序号	选育（申请）单位	品种数量（个）	比例（%）
生产试验	1	北京杂交小麦工程技术研究中心	5	38.5
	2	中国农业科学院作物科学研究所	5	38.5
	3	山西省农业科学院谷子研究所	1	7.7
	4	天津市蓟县良种繁殖场	1	7.7
	5	中国农业大学	1	7.7
		合计	13	100

（四）北部冬麦区水地组区域试验点设置和变化

2016—2020年度北部冬麦区水地组国家小麦品种试验的试点布置相对稳定，区域试验布点11个，其中河北4个、山西3个、北京和天津各2个。生产试验布点6个，其中河北和山西各2个试点，北京和天津各1个试点（表13-10）。区域试验各承试单位和简称依次为：中国农业科学院作物科学研究所（昌平）、北京杂交小麦工程技术研究中心（顺义）、天津市宝坻区种子管理站（宝坻）、天津市武清区种子管理站（武清）、河北奔诚种业有限公司（滦南）、河北科伟种业开发有限公司（固安）、河北省遵化市农作物品种试验站（遵化）、国营保定农场（保定）、山西介休市种子站（介休）、山西祁县五亩田农牧专业合作社联合社（祁县）、山西省农业科学院作物科学研究所（太原）、山西屯玉种业科技股份有限公司（屯留）。其中，山西介休市种子站于2020年停试，改由山西祁县五亩田农牧专业合作社联合社承担。生产试验各承试单位和简称依次为：北京杂交小麦工程技术研究中心（顺义）、天津市武清区种子管理站（武清）、河北奔诚种业有限公司（滦南）、河北省遵化市农作物品种试验站（遵化）、山西省农业科学院作物科学研究所（太原）和山西屯玉种业科技股份有限公司（屯留）。

表13-10　2016—2020年北部冬麦区水地组国家小麦品种试验承担单位

类型	承试单位	简称	年度				
			2015—2016	2016—2017	2017—2018	2018—2019	2019—2020
区域试验	中国农业科学院作物科学研究所	昌平	√	√	√	√	√
	北京杂交小麦工程技术研究中心	顺义	√	√	√	√	√
	天津市宝坻区种子管理站	宝坻	√	√	√	√	√
	天津市武清区种子管理站	武清	√	√	√	√	√
	国营保定农场	保定	√	√	√	√	√
	河北奔诚种业有限公司	滦南	√	√	√	√	√
	河北科伟种业开发有限公司	固安	√	√	√	√	√
	河北省遵化市农作物品种试验站	遵化	√	√	√	√	√
	山西介休市种子站	介休	√	√	√	√	×
	山西祁县五亩田农牧专业合作社联合社	祁县	×	×	×	×	√
	山西省农业科学院作物科学研究所	太原	√	√	√	√	√
	山西屯玉种业科技股份有限公司	屯留	√	√	√	√	√
	合计（试点数）		11	11	11	11	11
生产试验	北京杂交小麦工程技术研究中心	顺义	×	√	√	√	√
	天津市武清区种子管理站	武清	×	√	√	√	√
	河北奔诚种业有限公司	滦南	×	√	√	√	√
	河北省遵化市农作物品种试验站	遵化	×	√	√	√	√
	山西省农业科学院作物科学研究所	太原	×	√	√	√	√
	山西屯玉种业科技股份有限公司	屯留	×	√	√	√	√
	合计（试点数）			6	6	6	6

注：√和×分别表示承担和未承担相应类型的品种试验。

（五）参试品种抗性鉴定与品质测试

2016—2020年度北部冬麦区水地组小麦区域试验参试品种委托中国农业科学院植物保护研究所承担条锈病、叶锈病和白粉病抗病性鉴定，北京市延庆区种子管理站承担田间抗寒性鉴定，农业农村部谷物品质监督检验测试中心（北京）承担品质检测，北京杂交小麦工程技术研究中心承担DNA指纹检测。

七、2016—2020年度北部冬麦区旱地组品种试验概况

北部冬麦区旱地组区域试验常年设11个试验点，其中宁夏回族自治区（以下简称宁夏）3个试点、甘肃5个试点、山西3个试点；生产试验常年设7个试点，其中宁夏2个、甘肃2个、山西3个。

区域试验：2015—2016年度参试12个品种（含对照，下同），2016—2017年度参试12个品种，2017—2018年度参试9个品种，2018—2019年度参试8个品种，2019—2020年度参试11个品种。

生产试验：2015—2016年度没有生产试验，2016—2017年度参试2个品种，2017—2018年度参试3个品种，2018—2019年度参试2个品种，2019—2020年度没有生产试验。

第二节　2016—2020年国家春小麦品种试验概况

一、2016—2020年东北春麦区晚熟组品种试验概况

2016—2020年东北春麦晚熟组区域试验设置试点10个，共开展了区域试验11组，参试品种129个（次），从2017年开始增加了试验组数和参试品种数量，并在近几年保持相对稳定，从参试品种选育单位看，基本以科研单位为主，具体情况见表13-11和图13-1。

表13-11　2016—2020年东北春麦区晚熟组区域试验开展情况及参试品种情况

年份	区域试验组数（组）	参试品种来源及占比								合计（个）
		科研单位		大学		企业		个人		
		数量（个）	占比（%）	数量（个）	占比（%）	数量（个）	占比（%）	数量（个）	占比（%）	
2016	1	11	78.6	1	7.1	2	14.3	0	0.0	14
2017	3	27	81.8	2	6.1	4	12.1	0	0.0	33
2018	2	22	81.5	0	0.0	4	14.8	1	3.7	27
2019	3	19	70.4	0	0.0	8	29.6	0	0.0	27
2020	2	25	89.3	1	3.6	2	7.1	0	0.0	28
合计	11	104	80.6	4	3.1	20	15.5	1	0.8	129

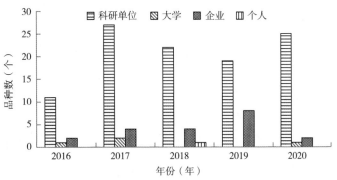

图13-1　2016—2020年东北春麦区晚熟组区域试验参试品种选育单位情况

2016—2020年东北春麦晚熟组生产试验承试点10个，共开展了生产试验5组，参试品种23个，从参试品种选育单位看，仍以科研单位为主，具体情况见表13-12和图13-2。

表13-12　2016—2020年东北春麦区晚熟组生产试验开展情况及参试品种情况

年份	生产试验组数（组）	参试品种来源						
		科研单位（个）	占比（％）	大学（个）	占比（％）	企业（个）	占比（％）	合计（个）
2016	1	2	50.0	0	0.0	2	50.0	4
2017	1	4	57.1	1	14.3	2	28.6	7
2018	1	3	100.0	0	0.0	0	0.0	3
2019	1	3	60.0	0	0.0	2	40.0	5
2020	1	4	100.0	0	0.0	0	0.0	4
合计	5	16	69.6	1	4.3	6	26.1	23

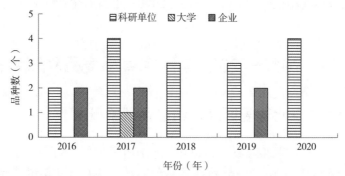

图13-2　2016—2020年东北春麦区晚熟组生产试验参试品种选育单位情况

二、2016—2020年西北春麦区水地组品种试验概况

西北春麦区水地组小麦品种试验共16个试点，分布于新疆、内蒙古、甘肃、青海和宁夏5个省份，其中新疆4个试点、内蒙古3个试点、甘肃3个试点、宁夏3个试点、青海3个试点，生产试验常年设置12个试点。

2016—2020年每年设置区域试验1组，2016年6个参试品种（含对照，下同），2017年5个参试品种，2018年10个参试品种，2019年5个品种参试，2020年7个参试品种。2016—2020年常年设置生产试验1组，其中2017年因无参试品种未开展试验。2016年生产试验2个参试品种（含对照，下同），2018年3个参试品种，2019年2个参试品种，2020年3个参试品种。

第十四章 2016—2020年国家冬小麦长江上游组品种试验性状动态分析

第一节 2016—2020年国家冬小麦长江上游组品种试验产量及构成因子分析

一、品种试验及对照的产量水平

除2017年受条锈病严重影响未达350kg/亩外，2016—2020年长江上游组品种试验的平均亩产量基本保持在350kg以上，并略有上升。本组对照的产量水平与试验平均产量的变化保持高度一致（图14-1），说明产量变化主要受年度间气候影响。

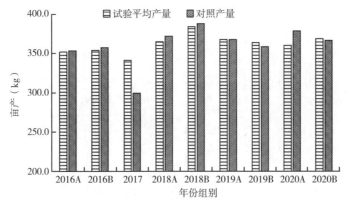

图14-1 2016—2020年国家冬小麦品种试验长江上游组平均产量及对照产量

二、参试品种产量动态分析

续试及以上品种为通过品种试验筛选的品种。2016—2020年长江上游组品种试验续试及以上品种的平均亩产从2016年的369.6kg上升至2020年的385.7kg，保持稳定增长（图14-2），说明品种试验对品种产量的筛选非常有效。

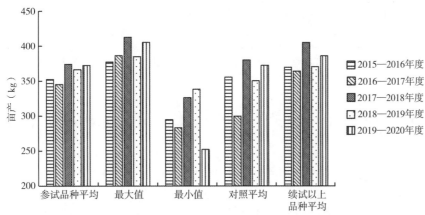

图14-2 2016—2020年国家冬小麦品种试验长江上游组参试品种产量动态

三、品种产量构成因素动态分析

2016—2020年长江上游组品种试验续试及以上品种的平均亩穗数分别为25.1万、24.6万、22.2万、24.5万和26.1万，每穗粒数分别为41.2粒、39.1粒、46.6粒、45.0粒和42.9粒，千粒重分别为43.5g、46.5g、45.0g、42.9g和45.1g，均表现为缓慢增加趋势（图14-3、图14-4和图14-5）。

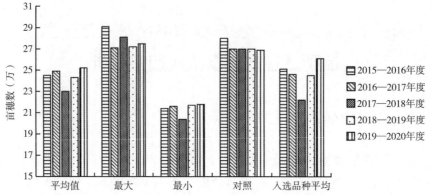

图14-3　2016—2020年国家冬小麦品种试验长江上游组参试品种亩穗数动态

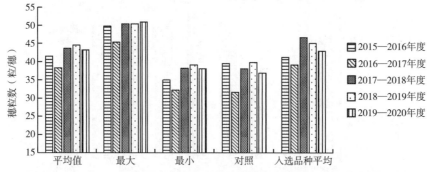

图14-4　2016—2020年国家冬小麦品种试验长江上游组参试品种穗粒数动态

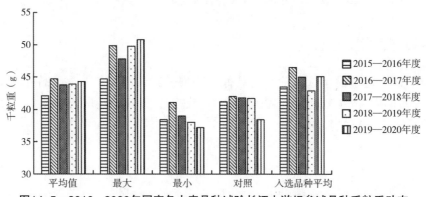

图14-5　2016—2020年国家冬小麦品种试验长江上游组参试品种千粒重动态

第二节　2016—2020年国家冬小麦长江上游组品种农艺性状动态分析

一、苗期、成株期、穗部及籽粒性状动态

长江上游品种基本为春性品种，幼苗半直立为主，2016—2020年参试品种中，仅5个品种幼苗直立，1个品种幼苗半匍匐。多数品种成株期记载株型紧凑/半紧凑，有10个品种记载松散/半松散。参试品种以长方形穗为主，纺锤形和圆锥形穗少；长芒品种多，仅2个品种为顶芒，3个品种为短

芒；参试品种均为白壳品种；参试品种有22个红粒品种，其余是白粒品种；参试品种多为半硬质品种，记载以饱满/较饱满为多。

二、株高和生育期动态

2016—2020年，参试品种平均株高、对照品种株高和入选品种株高均保持在80～90cm，基本稳定（图14-6）。参试品种的生育期仅在2016年有1个品种较对照早1d，2018年有1个品种和对照相当，其余品种均较对照迟熟，且有越来越迟的趋势（表14-1）。

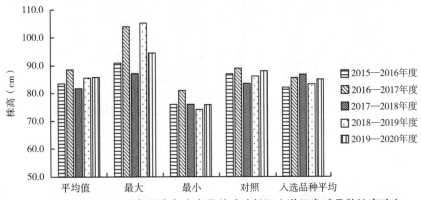

图14-6　2016—2020年国家冬小麦品种试验长江上游组参试品种株高动态

表14-1　2016—2020年国家冬小麦品种试验长江上游组生育期统计

生育期* （较CK）	参试品种					续试品种				
	2015— 2016年度	2016— 2017年度	2017— 2018年度	2018— 2019年度	2019— 2020年度	2015— 2016年度	2016— 2017年度	2017— 2018年度	2018— 2019年度	2019— 2020年度
−1d	1	0	0	0	0	0	0	0	0	0
0d	0	0	1	0	0	0	0	0	0	0
+1d	2	0	1	2	2	0	0	0	1	2
+2d	6	2	6	3	4	2	1	1	1	2
+3d	5	4	5	3	5	1	3	0	0	3
+4d	1	3	4	5	5	0	1	2	2	2
+5d	1	1	1	4	4	0	1	0	2	3
+6d	1	0	0	0	0	0	0	0	0	0
+7d	0	0	0	0	1	0	0	0	0	0

注：*，生育期"+1d"表示比对照晚熟1d，其余类推。

第三节　2016—2020年国家冬小麦长江上游组品种品质性状动态分析

在小麦品种品质分类的不同审定标准的引导下，2016—2020年国家冬小麦长江上游品种试验参试品种中，逐渐出现弱筋品种和全部达标的中筋品种。2015—2016年度17个参试品种中，川育27为弱筋小麦。2016—2017年度10个参试品种中，云154-65品质指标全部达到中筋小麦标准。2017—2018年度18个参试品种的品质指标均未完全达到弱筋小麦和中筋小麦标准。2018—2019年度17个参试品种中，品质指标达到弱筋小麦标准的品种1个（川辐14），达到中筋小麦标准的品种2个，其余均为品质指标不完全达标的中筋品种。2019—2020年度21个参试品种中，品质指标达到弱筋小麦标准的品种3个（川麦1694、南麦941和蜀麦1671），达到中筋小麦标准的品种1个（川麦84），其余均为品质指标不完全达标的中筋品种。对照品种川麦42在5年里属中筋偏弱类型，在部分年份和组别中达到弱筋小麦标准。从粗蛋白含量、湿面筋含量，吸水量和面团稳定时间4个主要的指标来看，除吸水量在年度间有缓慢提高外，其余指标在年度间的差异与对照相同（图14-7、图14-8、图14-9和图14-10）。

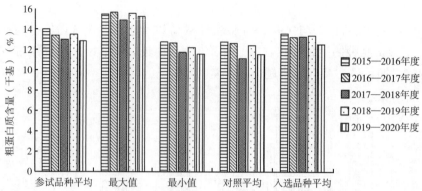

图14-7　2016—2020年国家冬小麦品种试验长江上游组参试品种粗蛋白动态

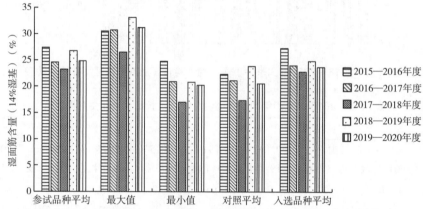

图14-8　2016—2020年国家冬小麦品种试验长江上游组参试品种湿面筋动态

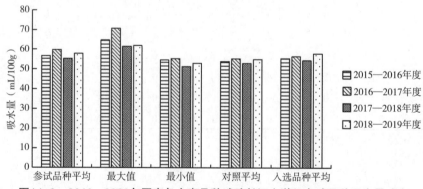

图14-9　2016—2020年国家冬小麦品种试验长江上游组参试品种吸水量动态

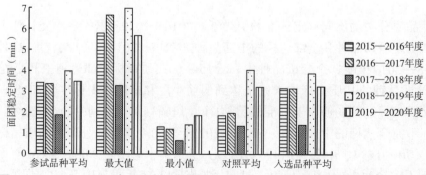

图14-10　2016—2020年国家冬小麦品种试验长江上游组参试品种面团稳定时间动态

第四节　2016—2020年国家冬小麦长江上游组品种抗性性状动态分析

　　长江上游冬麦区鉴定的4种主要病害包括条锈病、白粉病、叶锈病和赤霉病。因本区域为条锈病小种的发源地和易变区，故条锈病高感品种是一票否决的。白粉病、叶锈病和赤霉病也较频繁发生，故长江上游品种的抗病性均较好，出现多抗品种的频率高。2016—2020年83个参试品种中，兼抗4种病害的品种有6个，兼抗3种病害的有28个，兼抗2种病害的有38个。

　　条锈病：2016年有2个品种免疫，4个品种高抗，3个品种中抗，3个慢锈品种，对照品种中感；2017年6个品种中抗，4个品种慢锈，对照品种中抗；2018年4个品种近免疫，5个品种高抗，5个品种中抗，4个品种慢病，对照品种慢病；2019年5个品种近免疫，3个品种高抗，3个品种中抗，4个品种慢病，对照品种慢病；2020年4个品种免疫，2个品种高抗，15个品种慢条锈病，对照品种慢病。

　　叶锈病：2016年5个品种免疫，6个高抗品种，1个中抗品种，3个慢病品种，对照品种高感；2017年1个品种高抗，4个品种慢病，对照品种高感；2018年3个品种免疫，4个品种高抗，4个品种中抗，1个品种慢病，对照品种慢病；2019年6个品种免疫，1个品种高抗，4个品种慢病，对照品种高感；2020年6个品种免疫，1个品种高抗，3个品种慢锈，对照品种高感。

　　白粉病：2016年1个品种免疫，4个品种高抗，4个品种中抗，对照品种中感；2017年2个品种免疫，对照品种高感；2018年1个品种免疫，5个品种高抗，3个品种中抗，对照品种高感；2019年1个品种免疫，2个品种高抗，6个品种中抗，对照品种高感；2020年6个品种高抗，7个品种中抗，对照品种中感。

　　赤霉病：2016年无抗病品种，10个品种中感，对照品种高感；2017年3个品种中抗，6个品种中感，对照品种中感；2018年3个品种中抗，8个品种中感，对照品种高感；2019年2个品种中抗，10个品种中感，对照品种中感；2020年17个品种中抗，3个品种中感，对照品种中感。

第十五章 2016—2020年国家冬小麦长江中下游组品种性状动态分析

第一节 2016—2020年国家冬小麦长江中下游组产量及构成因子分析

一、区域试验A组

2015—2016年度试验参试品种产量为381.98～417.98kg，增产-1.11%～8.21%。其中华麦1028产量最高，扬13-68产量最低。参试品种平均每亩穗数30.45万穗，每穗37.28粒，千粒重平均40.03g。2016—2017年度试验参试品种产量为371.39～437.54kg，增产-6.9%～9.7%。其中华麦徽红225产量最高，扬富麦101产量最低。参试品种平均每亩穗数31万穗，每穗37.06粒，千粒重平均41.43g。2017—2018年度试验参试品种产量为368.45～425.28kg，增产-5.39%～9.21%。其中金丰0515产量最高，鄂麦DH16产量最低。参试品种平均每亩穗数30.43万穗，每穗37.32粒，千粒重平均41.06g。2018—2019年度试验参试品种产量为418.45～447.49kg，增产-0.67%～6.22%。其中扬辐麦5059产量最高，宁红1458产量最低。参试品种平均每亩穗数29.43万穗，每穗38.13粒，千粒重平均43.62g。2019—2020年度试验参试品种产量为406.5～443.8kg，增产-0.33%～8.8%。其中东麦1501产量最高，国红11产量最低。参试品种平均每亩穗数30.5万穗，每穗39.34粒，千粒重平均42.41g（表15-1）。

表15-1 2016—2020年长江中下游组区域试验平均产量及构成因子情况

组别		性状	2015—2016年度	2015—2016年度	2017—2018年度	2018—2019年度	2019—2020年度
A组	品种	亩产（kg）	402.20	410.13	404.83	435.49	426.75
		亩穗数（万穗）	30.45	31	30.43	29.43	30.5
		穗粒数（粒）	37.28	37.06	37.32	38.13	39.34
		千粒重（g）	40.03	41.43	41.06	43.62	42.41
	对照	亩产（kg）	386.28	398.80	389.42	421.57	407.90
		亩穗数（万穗）	29	29.78	30.21	28.82	30.2
		穗粒数（粒）	39.7	38.69	39.43	40.29	40.30
		千粒重（g）	37.9	40.25	38.69	41.63	40.90
B组	品种	亩产（kg）	402.53	413.56	413.97	436.74	425.26
		亩穗数（万穗）	30.69	29.11	30.88	29.50	30.88
		穗粒数（粒）	38.50	38.03	37.23	37.23	38.45
		千粒重（g）	38.62	40.03	41.80	42.54	42.55
	对照	亩产（kg）	389.23	398.77	394.30	421.33	412.40
		亩穗数（万穗）	29.70	28.05	30.54	28.99	30.70
		穗粒数（粒）	39.70	39.37	39.74	40.08	40.60
		千粒重（g）	37.60	39.97	38.86	42.02	40.80

2016—2020年区域试验A组品种平均产量为402.20kg、410.13kg、404.83kg、435.49kg、426.75kg。2016—2018年度参试品种平均产量基本保持在400kg左右，年度之间差异不大。而产量结构亦变化不明显，每亩穗数30.5万穗左右，每穗粒数37粒左右，千粒重保持在41g左右。与此同时，对照品种在产量及构成因子变化不明显。2018—2019年度和2019—2020年度品种平均产量保持在425kg以上，比前三年度品种平均产量增产明显，平均增产幅度为6.49%。每亩穗数增加不明显，

每穗粒数比前三年度增加1～2粒，千粒重增加2～3g（表15-2、表15-3）。而对照的产量及构成因子与2016—2018年数据相比，基本保持一致，变化较小。

表15-2 2016—2020年长江中下游组区域试验A组参试品种产量表现

序号	品种名称	2015—2016年度 产量（kg/亩）	2015—2016年度 增幅（%）	2015—2016年度 产量（kg/亩）	2015—2016年度 增幅（%）	2017—2018年度 产量（kg/亩）	2017—2018年度 增幅（%）	2018—2019年度 产量（kg/亩）	2018—2019年度 增幅（%）	2019—2020年度 产量（kg/亩）	2019—2020年度 增幅（%）
1	华麦1028	417.98	8.21	升级	升级						
2	安农1124	414.54	7.31	升级	升级	—	—	—	—	—	—
3	国红3号	405.93	5.09	升级	升级	—	—	—	—	—	—
4	皖西麦0638	402.69	4.25	升级	升级	—	—	—	—	—	—
5	扬辐麦1025	389.59	0.86	升级	升级	—	—	—	—	—	—
6	扬辐麦2149	415.22	7.49	430.27	7.9	—	—	—	—	—	—
7	扬12-144	407.4	5.47	425.13	6.6	—	—	—	—	—	—
8	徽红225	405.23	4.9	437.54	9.7	—	—	—	—	—	—
9	宁12046	404.93	4.83	419.36	5.2	—	—	—	—	—	—
10	南农14Y106	397.51	2.91	淘汰	淘汰	—	—	—	—	—	—
11	天民108	393.03	1.75	淘汰	淘汰	—	—	—	—	—	—
12	华麦428	392.54	1.62	淘汰	淘汰	—	—	—	—	—	—
13	扬13-68	381.98	-1.11	淘汰	淘汰	—	—	—	—	—	—
14	扬辐麦2049	—	—	423.65	6.2	422.18	8.41	—	—	—	—
15	光明麦1415	—	—	419.36	5.2	416.43	6.93	—	—	—	—
16	乐麦G1302	—	—	408.9	2.5	404.87	3.97	—	—	—	—
17	扬11-125	—	—	406.67	2	409.59	5.18	—	—	—	—
18	扬富麦101	—	—	371.39	-6.9	410.73	5.47	—	—	—	—
19	扬12G16	—	—	405.33	1.6	淘汰	淘汰	—	—	—	—
20	襄麦35	—	—	398.42	-0.1	淘汰	淘汰	—	—	—	—
21	华麦1168	—	—	396.21	-0.6	淘汰	淘汰	—	—	—	—
22	鄂麦195	—	—	389.48	-2.3	淘汰	淘汰	—	—	—	—
23	金丰0515	—	—	—	—	425.28	9.21	447.28	6.18	—	—
24	隆垦616	—	—	—	—	411.57	5.69	445	5.62	—	—
25	宁13134	—	—	—	—	410.36	5.38	437.72	3.9	—	—
26	扬14-179	—	—	—	—	404.14	3.78	436.71	3.66	—	—
27	南农15Y19	—	—	—	—	381.56	-2.02	淘汰	淘汰	—	—
28	华麦1223	—	—	—	—	391.59	0.56	淘汰	淘汰	—	—
29	鄂麦DH16	—	—	—	—	368.45	-5.39	淘汰	淘汰	—	—
30	华麦1403	—	—	—	—	—	—	429.69	2	427.5	4.8
31	扬辐麦5059	—	—	—	—	—	—	447.49	6.22	420.4	3.07
32	扬14-88	—	—	—	—	—	—	429.82	2.03	422	3.47
33	扬辐麦5162	—	—	—	—	—	—	442.89	5.13	426.2	4.51
34	宁红1458	—	—	—	—	—	—	418.45	-0.67	淘汰	淘汰
35	宁麦1504	—	—	—	—	—	—	418.53	-0.66	淘汰	淘汰
36	瑞华590	—	—	—	—	—	—	436.66	3.65	420.9	3.2
37	白湖麦1号	—	—	—	—	—	—	444.66	5.55	442.1	8.39
38	国红11	—	—	—	—	—	—	426.53	1.24	406.5	-0.33
39	长江麦816	—	—	—	—	—	—	—	—	419.2	2.79

（续表）

序号	品种名称	2015—2016年度 产量（kg/亩）	2015—2016年度 增幅（%）	2015—2016年度 产量（kg/亩）	2015—2016年度 增幅（%）	2017—2018年度 产量（kg/亩）	2017—2018年度 增幅（%）	2018—2019年度 产量（kg/亩）	2018—2019年度 增幅（%）	2019—2020年度 产量（kg/亩）	2019—2020年度 增幅（%）
40	隆麦213	—	—	—	—	—	—	—	—	429.8	5.37
41	扬15-129	—	—	—	—	—	—	—	—	434.5	6.52
42	滁麦1701	—	—	—	—	—	—	—	—	426.9	4.67
43	东麦1501	—	—	—	—	—	—	—	—	443.8	8.8
44	华麦1068	—	—	—	—	—	—	—	—	428	4.94

表15-3　2016—2020年长江中下游组区域试验A组参试品种产量构成因子情况

序号	品种名称	亩穗数（万穗） 2015—2016年度	2016—2017年度	2017—2018年度	2018—2019年度	2019—2020年度	穗粒数（粒） 2015—2016年度	2016—2017年度	2017—2018年度	2018—2019年度	2019—2020年度	千粒重（g） 2015—2016年度	2016—2017年度	2017—2018年度	2018—2019年度	2019—2020年度
1	华麦1028	30.60					35.60					41.60				
2	安农1124	30.50					37.10					41.50				
3	国红3号	28.10					39.10					41.40				
4	皖西麦0638	30.60					37.50					39.80				
5	扬辐麦1025	30.40					37.90					38.70				
6	扬辐麦2149	32.30	33.77				37.00	37.45				38.30	39.54			
7	扬12-144	30.00	30.56				38.70	37.77				40.00	42.50			
8	徽红225	31.70	33.28				35.20	34.31				41.80	44.63			
9	宁12046	29.40	30.10				39.90	39.30				38.60	40.30			
10	南农14Y106	31.60					37.20					39.40				
11	天民108	30.40					35.20					40.50				
12	华麦428	30.20					37.70					38.60				
13	扬13-68	30.10					36.50					40.20				
14	扬辐麦2049		31.33	30.39				37.25	38.49				42.18	41.49		
15	光明麦1415		31.85	30.46				37.06	37.77				39.66	39.49		
16	乐麦G1302		32.07	31.14				38.15	39.30				39.63	38.52		
17	扬11-125		29.73	30.11				37.90	38.54				41.84	41.19		
18	扬富麦101		29.13	30.32				35.94	38.16				40.13	40.60		
19	扬12G16		30.23					34.97					44.37			
20	襄麦35		30.66					39.17					40.57			
21	华麦1168		32.11					34.89					40.61			
22	鄂麦195		28.13					37.66					42.58			
23	金丰0515			32.21	31.01				38.62	37.92				40.29	42.14	
24	隆垦616			29.46	28.03				39.26	41.12				39.84	43.89	
25	宁13134			30.71	28.60				34.96	36.57				43.91	47.46	
26	扬14-179			29.94	29.53				35.89	37.26				42.83	44.08	
27	南农15Y19			30.15					37.17					40.79		
28	华麦1223			30.75					36.44					41.09		
29	鄂麦DH16			29.55					33.26					42.65		
30	华麦1403				29.69	31.10				37.72	36.90				43.33	44.30
31	扬辐麦5059				29.62	29.70				39.71	40.30				43.52	43.60

（续表）

序号	品种名称	亩穗数（万穗）					穗粒数（粒）					千粒重（g）				
		2015—2016年度	2016—2017年度	2017—2018年度	2018—2019年度	2019—2020年度	2015—2016年度	2016—2017年度	2017—2018年度	2018—2019年度	2019—2020年度	2015—2016年度	2016—2017年度	2017—2018年度	2018—2019年度	2019—2020年度
32	扬14-88				30.02	29.60				36.35	37.40				44.50	44.00
33	扬辐麦5162				29.57	30.90				39.64	39.40				40.79	41.40
34	宁红1458				28.30					35.89					46.03	
35	宁麦1504				28.70					37.15					43.72	
36	瑞华590				29.43	30.20				35.11	36.40				47.08	45.40
37	白湖麦1号				30.11	31.80				41.05	41.70				40.90	39.30
38	国红11				29.97	31.10				40.16	40.10				39.65	38.20
39	长江麦816					29.90					36.60					44.60
40	隆麦213					29.40					42.60					40.40
41	扬15-129					31.20					40.30					41.60
42	滁麦1701					31.70					40.10					40.20
43	东麦1501					30.70					40.80					42.60
44	华麦1068					29.20					38.80					45.70

二、区域试验B组

2016年试验中参试品种产量为386.02～420.62kg，增产-0.82%～8.06%。其中国红6号产量最高，信麦79产量最低。参试品种平均每亩穗数30.69万穗，每穗38.5粒，千粒重平均38.62g。2017年试验中参试品种产量为389.45～432.82kg，增产-2.3%～8.5%。其中华麦苏隆212产量最高，兴麦576产量最低。参试品种平均每亩穗数29.11万穗，每穗38.03粒，千粒重平均40.03g。2018年试验中参试品种产量为402.95～425.91kg，增产2.19%～8.02%。其中，苏隆212产量最高，鄂资14-213产量最低。参试品种平均每亩穗数30.88万穗，每穗37.23粒，千粒重平均41.8g。2019年试验中参试品种产量为416.32～453.45kg，增产-1.19%～7.62%。其中国红9号产量最高，苏麦179产量最低。参试品种平均每亩穗数29.5万穗，每穗37.23粒，千粒重平均42.54g。2020年试验中参试品种产量为404.8～446.1kg，增产-1.83%～8.18%。其中扬13G3产量最高，扬15G70产量最低。参试品种平均每亩穗数30.88万穗，每穗38.45粒，千粒重平均42.55g。

2016—2020年区域试验B组品种平均产量为402.53kg、413.56kg、413.97kg、436.74kg、425.26kg。2016—2019年参试品种平均产量逐年递增，且2019年比2016年增加明显，平均增产幅度为8.5%。2020年略有下降，但比前三年仍有较大增幅。产量结构中，2016—2020年，每亩穗数保持在30万穗左右，每穗粒数38粒左右，千粒重逐年递增，2020年比2016年增加3.93g，增幅达到10.2%。比2017年增加2.52g，增幅为6.29%。与此同时，对照品种在产量及构成因子变化不明显，每亩穗数和每穗粒数保持稳定。千粒重除2016年明显低之外，2017—2020年变化不明显（表15-4、表15-5）。

表15-4　2016—2020年长江中下游组区域试验B组参试品种产量表现

序号	品种名称	2015—2016年度		2016—2017年度		2017—2018年度		2018—2019年度		2019—2020年度	
		产量（kg/亩）	增幅（%）	产量（kg/亩）	增幅（%）	产量（kg/亩）	增幅（%）	产量（kg/亩）	增幅（%）	产量（kg/亩）	增幅（%）
1	国红6号	420.62	8.06	426.93	7.1						

（续表）

序号	品种名称	2015—2016年度		2016—2017年度		2017—2018年度		2018—2019年度		2019—2020年度	
		产量(kg/亩)	增幅(%)	产量(kg/亩)	增幅(%)	产量(kg/亩)	增幅(%)	产量(kg/亩)	增幅(%)	产量(kg/亩)	增幅(%)
2	C839	417.82	7.35								
3	扬辐麦2054	416.66	7.05								
4	农麦126	413.76	6.3								
5	苏研麦017	405.45	4.17	422.4	5.9						
6	扬麦24	400.48	2.89								
7	扬12-145	399.15	2.55	419.6	5.2						
8	苏麦8号	395.96	1.73								
9	光明麦1311	394.25	1.29								
10	宁麦24	393.36	1.06								
11	徽麦101	386.84	-0.61								
12	信麦79	386.02	-0.82								
13	信麦116			397.45	-0.3						
14	苏麦0558			410.36	2.9	414.6	5.15				
15	扬13-122			424.66	6.5	418.28	6.08				
16	东麦1301			432.27	8.4	421.16	6.81				
17	苏隆212			432.82	8.5	425.91	8.02				
18	襄麦D31			391.53	-1.8						
19	兴麦576			389.45	-2.3						
20	镇12096			421.49	5.7	416.81	5.71				
21	扬13G24			393.86	-1.2						
22	扬辐麦4188					416.97	5.75	449.9	6.78		
23	信麦129					411	4.23	441.46	4.78		
24	宁13001					408.79	3.67	443.31	5.22		
25	国红9号					417.47	5.88	453.45	7.62		
26	宁14058					407.37	3.32	438.13	3.99		
27	苏麦899					409.65	3.89	441.72	4.84		
28	资14-213					402.95	2.19	429.21	1.87		
29	扬辐麦4046					410.68	4.15				
30	扬14-214							445.43	5.72	432.5	4.89
31	扬14-48							429.21	1.87		
32	苏麦179							416.32	-1.19		
33	乐麦1579							426.94	1.33		
34	长江麦580							434.66	3.16	433.6	5.15
35	鄂麦398							427.94	1.57		
36	扬13G3									446.1	8.18
37	信麦161									428.5	3.91
38	苏麦526									418.8	1.56
39	宁红15103									420.5	2
40	白湖麦9号									406.4	-1.44
41	扬15G70									404.8	-1.83

（续表）

序号	品种名称	2015—2016年度 产量（kg/亩）	2015—2016年度 增幅（%）	2016—2017年度 产量（kg/亩）	2016—2017年度 增幅（%）	2017—2018年度 产量（kg/亩）	2017—2018年度 增幅（%）	2018—2019年度 产量（kg/亩）	2018—2019年度 增幅（%）	2019—2020年度 产量（kg/亩）	2019—2020年度 增幅（%）
42	汉麦008									413.9	0.37
43	华麦1369									427	3.56
44	滁麦1801									427.7	3.73
45	镇14034									427.2	3.6
46	襄麦21									441.4	7.04

表15-5　2016—2020年长江中下游组区域试验B组参试品种产量构成因子情况

序号	品种名称	亩穗数（万穗） 2015—2016年度	2016—2017年度	2017—2018年度	2018—2019年度	2019—2020年度	穗粒数（粒） 2015—2016年度	2016—2017年度	2017—2018年度	2018—2019年度	2019—2020年度	千粒重（g） 2015—2016年度	2016—2017年度	2017—2018年度	2018—2019年度	2019—2020年度
1	国红6号	30.60	28.71				40.30	39.48				38.30	40.65			
2	C839	31.20					39.30					38.80				
3	扬辐麦2054	30.10					39.40					40.50				
4	农麦126	31.30					37.90					41.00				
5	苏研麦017	32.00	30.46				38.30	39.07				36.90	36.65			
6	扬麦24	31.60					37.10					38.30				
7	扬12-145	29.10	28.93				41.20	39.72				36.60	37.60			
8	苏麦8号	30.80					35.90					40.80				
9	光明麦1311	29.50					39.10					37.60				
10	宁麦24	31.60					36.60					39.30				
11	徽麦101	31.10					38.10					37.50				
12	信麦79	29.40					38.80					37.80				
13	信麦116		28.97					37.36					38.60			
14	苏麦0558		30.72	30.78				36.25	36.55				38.67	42.36		
15	扬13-122		28.70	29.03				36.60	36.92				43.64	44.46		
16	东麦1301		29.35	30.91				36.94	35.73				43.93	44.33		
17	苏隆212		29.17	29.32				38.27	39.34				41.70	41.99		
18	襄麦D31		28.02					36.93					42.31			
19	兴麦576		29.08					37.67					38.99			
20	镇12096		29.19	31.53				37.44	36.36				41.11	40.95		
21	扬13G24		28.05					40.63					36.54			
22	扬辐麦4188			32.13	30.81				37.16	38.03				40.93	42.80	
23	信麦129			31.43	29.48				36.73	39.47				41.79	42.03	
24	宁13001			29.74	28.70				38.67	38.67				42.97	44.81	
25	国红9号			31.52	29.52				39.56	39.80				38.93	42.76	
26	宁14058			31.85	29.89				35.63	36.48				41.68	43.66	
27	苏麦899			32.38	30.87				36.79	37.86				39.13	41.60	
28	资14-213			32.10	30.15				34.18	35.51				42.07	44.63	
29	扬辐麦4046			28.66					40.38					41.82		
30	扬14-214				29.26	30.10				40.71	41.10				41.41	41.20

（续表）

序号	品种名称	亩穗数（万穗）					穗粒数（粒）					千粒重（g）				
		2015—2016年度	2016—2017年度	2017—2018年度	2018—2019年度	2019—2020年度	2015—2016年度	2016—2017年度	2017—2018年度	2018—2019年度	2019—2020年度	2015—2016年度	2016—2017年度	2017—2018年度	2018—2019年度	2019—2020年度
31	扬14-48			28.27					41.98					39.63		
32	苏麦179			29.55					36.22					42.54		
33	乐麦1579			28.87					38.12					43.29		
34	长江麦580			30.03	29.80				39.45	39.90				41.53	42.40	
35	鄂麦398			28.13					42.30					42.36		
36	扬13G3				31.00					42.00					42.00	
37	信麦161				30.90					38.70					42.30	
38	苏麦526				30.70					37.10					43.70	
39	宁红15103				30.60					36.40					44.50	
40	白湖麦9号				30.70					39.50					41.10	
41	扬15G70				30.50					40.30					39.90	
42	汉麦008				30.30					35.10					45.00	
43	华麦1369				32.60					37.40					41.20	
44	滁麦1801				30.40					37.80					43.00	
45	镇14034				30.70					36.30					45.30	
46	襄麦21				33.10					38.30					41.60	

第二节　2016—2020年国家冬小麦长江中下游组品种试验品质性状动态分析

2016—2020年本组试验参试品种的品质分类主要以中筋为主，2016—2018年优质小麦主要是弱筋小麦。2019年以后优质绿色小麦除了弱筋小麦以外，也出现少量中强筋小麦和强筋小麦。其中，2019—2020年度变化较大，出现3个中强筋品种（扬14-88、瑞华590和隆麦213）和1个强筋品种（华麦1403）（表15-6、表15-7、表15-8）。

表15-6　2016—2020年长江中下游区域试验参试品种品质类型变化

年度	弱筋小麦（个）	中筋小麦（个）	中强筋小麦（个）	强筋小麦（个）
2015—2016	2	24	0	0
2016—2017	2	24	0	0
2017—2018	1	25	0	0
2018—2019	3	21	2	0
2019—2020	1	20	3	1
合计	9	114	5	1

表15-7　2016—2020年长江中下游区域试验A组参试品种品质分类

序号	品种名称	2015—2016年度	2016—2017年度	2017—2018年度	2018—2019年度	2019—2020年度
1	华麦1028	中筋				
2	安农1124	中筋				

（续表）

序号	品种名称	2015—2016年度	2016—2017年度	2017—2018年度	2018—2019年度	2019—2020年度
3	国红3号	中筋				
4	皖西麦0638	弱筋				
5	扬辐麦1025	弱筋				
6	扬辐麦2149	中筋	中筋			
7	扬12-144	中筋	中筋			
8	徽红225	中筋	中筋			
9	宁12046	中筋	中筋			
10	南农14Y106	中筋				
11	天民108	中筋				
12	华麦428	中筋				
13	扬13-68	中筋				
14	扬辐麦2049		中筋	中筋		
15	光明麦1415		中筋	中筋		
16	乐麦G1302		弱筋	中筋		
17	扬11-125		中筋	中筋		
18	扬富麦101		中筋	中筋		
19	扬12G16		中筋			
20	襄麦35		中筋			
21	华麦1168		中筋			
22	鄂麦195		中筋			
23	金丰0515			中筋	中筋	
24	隆垦616			中筋	中筋	
25	宁13134			中筋	中筋	
26	扬14-179			弱筋	弱筋	
27	南农15Y19			中筋		
28	华麦1223			中筋		
29	鄂麦DH16			中筋		
30	华麦1403				中筋	强筋
31	扬辐麦5059				中筋	中筋
32	扬14-88				中强筋	中强筋
33	扬辐麦5162				弱筋	中筋
34	宁红1458				中筋	
35	宁麦1504				中筋	
36	瑞华590				中筋	中强筋
37	白湖麦1号				中筋	弱筋
38	国红11				中筋	糯小麦
39	长江麦816					中筋
40	隆麦213					中强筋
41	扬15-129					中筋
42	滁麦1701					中筋
43	东麦1501					中筋
44	华麦1068					中筋

表15-8　2016—2020年长江中下游区域试验B组参试品种品质分类

序号	品种名称	2015—2016年度	2016—2017年度	2017—2018年度	2018—2019年度	2019—2020年度
1	国红6号	中筋	中筋			
2	C839	弱筋				
3	扬辐麦2054	中筋				
4	农麦126	中筋				
5	苏研麦017	中筋	中筋			
6	扬麦24	中筋				
7	扬12-145	中筋	中筋			
8	苏麦8号	中筋				
9	光明麦1311	中筋				
10	宁麦24	中筋				
11	徽麦101	中筋				
12	信麦79	中筋				
13	信麦116		中筋			
14	苏麦0558		中筋	中筋		
15	扬13-122		中筋	中筋		
16	东麦1301		中筋	中筋		
17	苏隆212		中筋	中筋		
18	襄麦D31		中筋			
19	兴麦576		中筋			
20	镇12096		中筋	中筋		
21	扬13G24		弱筋			
22	扬辐麦4188			中筋	中筋	
23	信麦129			中筋	中筋	
24	宁13001			中筋	中筋	
25	国红9号			中筋	中筋	
26	宁14058			中筋	中筋	
27	苏麦899			中筋	中筋	
28	资14-213			中筋	中强筋	
29	扬辐麦4046			中筋		
30	扬14-214				弱筋	中筋
31	扬14-48				中筋	
32	苏麦179				中筋	
33	乐麦1579				中筋	
34	长江麦580				中筋	中筋
35	鄂麦398				中筋	
36	扬13G3					中筋
37	信麦161					中筋
38	苏麦526					中筋
39	宁红15103					中筋
40	白湖麦9号					中筋
41	扬15G70					中筋
42	汉麦008					中筋
43	华麦1369					中筋
44	滁麦1801					中筋
45	镇14034					中筋
46	襄麦21					中筋

第三节　2016—2020年国家冬小麦长江中下游组品种抗性性状动态分析

　　2016—2020年参试品种的赤霉病抗性提高明显。2015—2016年度、2016—2017年度、2017—2018年度参试品种赤霉病抗性主要分布在中抗和中感之间，达到中抗以上的品种分别有16个、22个、17个，分别占参试品种64%、84.6%、65.4%。其中2015—2016年度、2016—2017年度各有高抗品种1个，2015—2016年度有高感品种1个。2018—2019年度、2019—2020年度参试品种赤霉病抗性主要集中在中抗，达到中抗及以上的品种分别有24个、26个，分别占参试品种个数的92.3%、100%。其中2018—2019年度有高抗赤霉病品种1个。

　　纹枯病抗性整体变化不明显，以高感品种为主，但近年来有突出抗性的品种出现。

　　白粉病抗性分布较广，整体变化不大。2015—2016年度中感及以上品种多于高感品种，其中有3个品种达到抗。2016—2017年度、2017—2018年度均以高感品种居多，尤其是2017—2018年度，有24个高感品种，占当年品种数量的92.3%。2018—2019年度以后抗性逐渐提高，中感及以上品种均占当年品种数量的一半以上。2018—2019年度更是有9个品种达到抗水平。

　　条锈病抗性逐步提升，达到中抗及以上的品种数量占比由2015—2016年度的0升至2019—2020年度的61.5%。叶锈病变化较小，每年均以高感品种为主（表15-9）。

表15-9　2016—2020年长江中下游区域试验参试品种抗性分布

病害种类	抗病等级	2015—2016年度	2016—2017年度	2017—2018年度	2018—2019年度	2019—2020年度
赤霉病	抗	1	1	0	1	0
	中抗	15	21	17	23	26
	中感	8	3	9	2	0
	高感	1	0	0	0	0
纹枯病	抗	—	0	1	1	0
	中抗	—	0	2	2	1
	中感	—	15	11	9	0
	高感	—	11	11	14	25
白粉病	抗	3	3	0	9	2
	中抗	3	0	1	0	1
	中感	9	7	1	6	12
	高感	10	15	24	11	11
条锈病	抗	0	0	0	0	0
	中抗	0	2	6	2	16
	中感	0	11	1	0	0
	高感	25	12	19	24	10
叶锈病	抗	2	0	0	0	0
	中抗	3	3	4	0	0
	中感	2	3	0	3	0
	高感	18	19	21	23	26

第十六章 2016—2020年国家冬小麦黄淮南片水地组品种性状动态分析

第一节 2016—2020年国家冬小麦黄淮南片水地组品种产量及构成因子分析

一、区域试验产量总体呈上升趋势

2016—2020年黄淮南片水地组区域试验平均产量545.4kg，产量最低年份为2018年，试验平均产量为473.7kg/亩，本年度由于春季干旱导致冻害严重，加上后期病害、收获期多雨等原因，产量水平是近10年来最低年份之一，仅略高于2013年的473.0kg/亩。2016—2020年产量水平最高的年份是2019年，试验平均产量为581.0kg/亩，也是黄淮南片麦区有试验记录以来产量最高的年份。对这5年区域试验的平均产量进行线性回归，回归方程为$y=8.214x+520.7$，表明2016—2020年产量水平总体处于上升趋势，年均增产量8.2kg/亩，增产幅度1.6%（表16-1）。

2016—2020年黄淮南片水地组区域试验冬水组（早播组）平均产量为548.2kg/亩，春水组（晚播组）平均产量为533.0kg/亩，产量水平最高和最低年份也是2019年和2018年。冬水组（早播组）比春水组（晚播组）区域试验产量平均高15.2kg/亩，平均产量高2.9%。早播组与晚播组产量对比，2019年早播组增产量最高，平均高出21.6kg/亩；2020年增产量最少，平均高出9.0kg/亩（图16-1）。

表16-1 2016—2020年黄淮南片水地组小麦区域试验产量统计

年份	早播组产量（kg/亩）	晚播组产量（kg/亩）	两组平均产量（kg/亩）	早播组较晚播组绝对增产量（kg/亩）	增幅（%）
2016	535.6	523.5	533.2	12.1	2.3
2017	573.8	555.7	570.2	18.1	3.3
2018	476.8	461.4	473.7	15.4	3.3
2019	584.6	563.0	581.0	21.6	3.8
2020	570.3	561.3	568.8	9.0	1.6
平均	548.2	533.0	545.4	15.2	
变异系数	7.2	7.2	7.2	29.0	

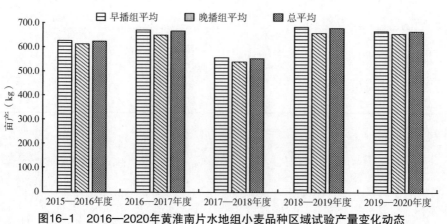

图16-1 2016—2020年黄淮南片水地组小麦品种区域试验产量变化动态

二、生产试验产量上升趋势和区域试验一致

2016—2020年黄淮南片水地组生产试验产量变化趋势和区域试验产量变化趋势一致。5年间平均产量为485.3～592.8kg，最高产量出现在2018—2019年度，最低产量为2017—2018年度，且冬水组（早播组）产量整体水平高于春水组（晚播组），两组间产量差异最大的年份在2015—2016年度，相差达到31.5kg/亩，相差最小的是2019—2020年度。5年冬水组（早播组）产量平均水平比春水组（晚播组）高3.8%。对5年的产量变化趋势进行回归分析，回归方程为$y=10.23x+522.7$，表明2016—2020年产量水平总体处于上升趋势，年均增产量10.23kg/亩，增幅1.96%（表16-2、图16-2）。

表16-2　2016—2020年黄淮南片水地组小麦生产试验产量统计

年份	早播组产量（kg/亩）	晚播组产量（kg/亩）	两组平均产量（kg/亩）	早播组较晚播组绝对增产量（kg/亩）	增幅（%）
2016	555.1	523.7	544.6	31.5	6.0
2017	571.2	544.1	566.7	27.2	5.0
2018	485.3	466.6	482.2	18.7	4.0
2019	592.8	576.6	588.7	16.2	2.8
2020	585.7	578.5	584.8	7.2	1.2
平均	558.0	537.9	553.4	20.2	
变异系数	6.9	7.7	7.0	42.2	

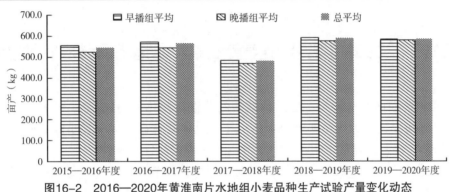

图16-2　2016—2020年黄淮南片水地组小麦品种生产试验产量变化动态

三、亩穗数数的增加是黄淮南片麦区产量提升的主要因素

2016—2020年度黄淮南片水地组小麦区域试验产量三要素见表16-3、图16-3。从表16-3、图16-3中可知，穗粒数变异系数最大，亩穗数次之，变化最小的是千粒重，表明穗粒数受年际间环境变化影响较大。2016—2020年亩穗数为37.5万～42.0万穗，穗粒数为31.2～35.4粒，亩穗数最多的2018—2019年度，穗粒数最小的为2017—2018年度，且2017—2018年度亩穗数也处于较低水平，从产量三要素可知，2018—2019年度产量水平高，主要是亩穗数增加，且穗粒数较多，2017—2018年度产量减少主要是由于穗粒数的变化引起的，另外亩穗数也处于较低水平。

对5年的产量要素进行回归分析，发现年际间亩穗数增加0.885万穗/亩，增幅为2.38%，是产量三要素中增加幅度最大的因子。基本苗也有所增加，但是增幅只有0.97%，不及亩穗数增加程度，表明近年来黄淮南片水地组参试品种成穗能力呈现上升趋势，亩穗数增加对产量提升发挥了主要作用，同时也导致穗粒数有所减少，千粒重略有增加。

表16-3　2016—2020年黄淮南片水地组小麦区域试验产量三要素统计

年度	基本苗（万穗/亩）	亩穗数（万穗/亩）	穗粒数（粒/穗）	千粒重（g）
2015—2016	17.6	37.5	35.4	45.4
2016—2017	18.4	39.9	34.7	44.2

（续表）

年度	基本苗（万穗/亩）	亩穗数（万穗/亩）	穗粒数（粒/穗）	千粒重（g）
2017—2018	18.7	38.6	31.2	44.4
2018—2019	18.1	42.0	34.5	44.9
2019—2020	18.5	40.9	33.5	45.3
平均	18.3	39.8	33.9	44.8
变异系数	2.1	4.0	4.3	1.1
回归方程	$y=0.172x+17.73$	$y=0.885x+37.12$	$y=-0.403x+35.07$	$y=0.044x+44.71$
年增长率（%）	0.97	2.38	-1.15	0.10

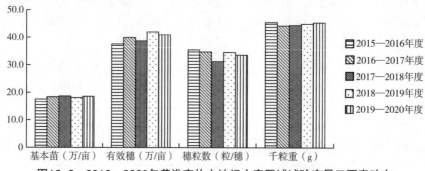

图16-3　2016—2020年黄淮南片水地组小麦区域试验产量三要素动态

第二节　2016—2020年国家冬小麦黄淮南片水地组品种农艺性状动态分析

2016—2020年黄淮南片水地组小麦品种试验农艺性状变化见表16-4、图16-4。从表16-4、图16-4中可知，年际间变化最大的是非严重倒伏点率，其次是株高，变化最小的是容重，表明倒伏、株高受天气变化影响较大，容重影响较小，黄淮南片小麦商品性整体较好。

回归分析发现，2016—2020年全生育期有变短趋势，年减少0.847d，是由品种特性还是轮作制度的变化引起，需要进一步分析。株高有上升趋势，高秆品种容易获得高产，且抗倒伏能力不一定下降，但在生产上不易获得广泛认可。2021年的试验发现，由于绿色品种制度及江苏、安徽等地育种工作者对株高的重视，试验品种株高有下降趋势。

经分期播种鉴定，2016—2020年黄淮南片水地组小麦品种试验中每年鉴定出的弱春性品种均为8个，但由于参试品种呈现上升趋势，弱春性品种在试验中的比重呈现下降趋势。

表16-4　2016—2020年黄淮南片水地组小麦区域试验农艺性状统计

年度	全生育期（d）	株高（cm）	容重（g）	非严重倒伏率（%）
2015—2016	232.8	78.1	777.0	93.5
2016—2017	228.4	81.1	783.7	82.6
2017—2018	220.9	76.7	784.6	91.3
2018—2019	233.3	81.1	787.1	95.9
2019—2020	226.1	84.6	805.4	96.7
平均	228.3	80.3	787.6	92.0
变异系数	2.0	3.4	1.2	5.5
回归方程	$y=-0.847x+230.8$	$y=1.294x+76.43$	$y=6.020x+769.5$	$y=1.988x+86.03$
年增长率（%）	-0.37	1.69	0.78	2.31

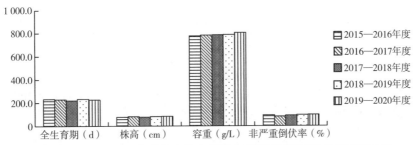

图16-4 2016—2020年黄淮南片水地组小麦区域试验农艺性状变化动态

第三节 2016—2020年国家冬小麦黄淮南片水地组品质性状动态分析

一、优质品种数量呈现上升趋势，品质改良取得明显进展

从表16-5可知，2016—2020年中强筋品种数年际间变化波动较大，前4年占比变化不大，但在2020年出现井喷现象，基本是前几年的两倍以上，占总试验品种数的17.9%。优质强筋品种从2016年的0个提升到2020年的9个，占比逐年提升。优质品种数的占比增加主要是由于优质强筋品种的增加，2020年度优质品种（强筋和中强筋）占比达27.4%，该年度中强筋品种数和强筋品种数均达到黄淮南片麦区优质品种数的历史新高，表明黄淮南片水地组小麦品质的提升取得了明显的进步。

表16-5 2016—2020年黄淮南片水地组小麦品种试验优质品种统计

年份	品种数（个）	中强筋（个）	占比（%）	强筋（个）	占比（%）	优质品种（个）	占比（%）
2016	75	10	13.3	0	0.0	10	13.3
2017	79	7	8.9	2	2.5	9	11.4
2018	79	7	8.9	6	7.6	13	16.5
2019	95	11	11.6	8	8.4	19	20.0
2020	95	17	17.9	9	9.5	26	27.4
合计	423	52	12.3	25	5.9	77	18.2

二、稳定时间提升，加工参数优化

黄淮南片麦区域试验优质中筋、优质中强筋适播区，容重、粗蛋白、湿面筋各年度间基本都可以达到一等麦水平，年际间变化不大。品质较差的最大限制因素是稳定时间和面粉加工参数（拉伸面积、最大拉伸阻力）偏低。从表16-6和图16-5可以看出，2016—2020年容重、粗蛋白含量、湿面筋含量平均值均达到了优质强筋品种审定标准，但是吸水量和稳定时间均偏低，如果将稳定时间7min的品种的拉伸面积和最大拉伸阻力进行平均，拉伸面积和最大拉伸阻力平均值将远达不到优质小麦审定标准。因此，提升稳定时间，改善面粉加工品质是黄淮南片麦区小麦品质改良的重要方向。

从表16-6可以看出，2016—2020年稳定时间出现了明显的上升趋势，从2016年的5.5min提高到了2020年的8.4min，年增加0.877min，年增率达到了22.16%。湿面筋含量、吸水量、最大拉伸阻力也出现了较为明显的提升。

表16-6 2016—2020年黄淮南片水地组小麦品种试验品质参数统计

年度	容重（g/L）	蛋白质（%）	湿面筋（%）	吸水量（mL/100g）	稳定时间（min）	拉伸面积（cm²）	最大拉伸阻力（E.U.）
2015—2016	801.2	13.9	30.5	—	5.4	—	—

（续表）

年度	容重 （g/L）	蛋白质 （%）	湿面筋 （%）	吸水量 （mL/100g）	稳定时间 （min）	拉伸面积 （cm²）	最大拉伸阻力 （E.U.）
2016—2017	809.6	14.2	33.0	56.6	5.5	87.7	438.8
2017—2018	802.0	15.2	35.7	59.0	5.5	110.1	490.0
2018—2019	800.3	14.2	32.2	58.0	8.2	92.3	480.1
2019—2020	825.6	13.8	32.4	59.6	8.4	92.8	462.6
平均	807.7	14.3	32.7	58.3	6.6	95.7	467.9
变异系数	1.2	3.4	5.1	2.0	21.2	8.9	4.2
回归方程		$y=-0.016x+$ 14.31	$y=0.302x+$ 31.84	$y=0.796x+$ 55.52	$y=0.877x+$ 3.958	$y=-0.235x+$ 96.51	$y=6.171x+$ 446.2
年增益		-0.11	0.95	1.43	22.16	-0.24	1.38

注：拉伸面积和最大拉伸阻力值均为稳定时间7min以上试验品种的平均值。

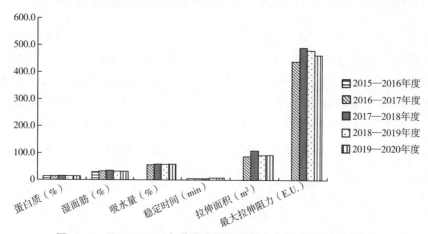

图16-5　2016—2020年黄淮南片水地组小麦品种试验品质动态

第四节　2016—2020年国家冬小麦黄淮南片水地组品种抗性性状动态分析

一、条锈病抗性有所下降

图16-6反映的是5种小麦主要病害中中抗及以上的品种在试验中所占的比例。条锈病大规模发生需要高湿和偏低的温度，驻马店以北地区5月10—15日之后温度上升较快，且雨水较少，条锈病孢子不易存活繁殖，虽然条锈病常年发生，但对生产影响不大。从图16-6和表16-7可知，2016—2018年条锈病中抗以上的品种占试验品种的80%左右，而2019—2020年抗性品种占比却低于50%。5年间中抗条锈病品种的数量均占比最高，且年际间变化不大，但是2019—2020年条锈病免疫至高抗的品种数量急剧减少，是导致抗性品种占比下降的主要原因。

二、叶锈病发生严重程度呈上升趋势

2018年以前黄淮南片麦区叶锈病发生较轻，2018年黄淮麦区大规模爆发，后续呈2年一次或者3年两次重发趋势。叶锈病喜高温，对灌浆中后期籽粒灌浆影响较大，因此对黄淮南片北部地区影响比条锈病还大。从图16-6、表16-7可知，叶锈病抗性整体不如条锈病，且2019—2020年抗性品种变化趋势和条锈病一样，占比呈现下降趋势，叶锈病免疫的品种较少，高抗的品种较多，但2020年免疫至高抗叶锈病的品种数均出现明显下降，可能由于优势生理小种发生了变化，另外核心亲本占比过大，其抗性丧失，也可能导致整体抗性下降。

三、白粉病抗性育种未得到重视

白粉病在整个黄淮麦区均有发生，特别是随着种植密度的增加，白粉病越发严重。白粉病对产量的影响不及锈病，防治也相对容易，白粉病育种一直未受到育种家的重视，黄淮南片麦区白粉病抗性基因未得到有效更替，因此试验中的品种普遍抗性不好。从图16-6、表16-7可知，中抗白粉病的品种在试验中占比已经很低，高抗至免疫的品种更是缺乏，2018年甚至出现了所有试验品种均感白粉病。从国家冬小麦白粉病鉴定结果可知，长江流域特别是中上游地区，免疫至高抗白粉病的品种很多，黄淮麦区北片的参试品种白粉病抗性也好于南片，可见冬麦区抗性基因不缺乏，而是对白粉病抗性育种重视不够。

四、赤霉病抗性水平处于上升趋势

赤霉病在黄淮南片麦区发生概率和普遍率均较低，但是近年来由于气候等原因，黄淮麦区赤霉病发生呈明显上升趋势。由于赤霉毒素残留的影响，黄淮南片主产麦区赤霉病育种受到了极大的重视。由表16-7可以看出，2016年黄淮南片中感赤霉病的品种占比在10%以下，2017年之后即上升到10%以上，且中抗品种从无到有，呈现增多趋势，2020年有一个品种抗性达到了高抗水平。由于鉴定条件的改善，育种手段的创新，今后黄淮南片麦区赤霉病抗性水平将得到明显提升。

五、纹枯病抗性改良仍处于摸索阶段

纹枯病抗性育种在黄淮南片麦区一直处于摸索阶段，由于缺少抗性资源，且鉴定条件较为复杂，黄淮南片纹枯病抗性的改良未见明显好转。

六、茎基腐病、全蚀病呈现上升趋势

茎基腐病、全蚀病和纹枯病、赤霉病发病情况较为相似，对产量影响甚至超过后者，近年来呈现严重趋势，且防治较为困难。

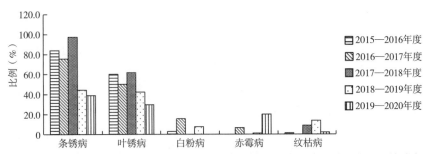

图16-6 2016—2020年黄淮南片水地组小麦品种试验中抗病品种所占比重的动态

表16-7 2016—2020年黄淮南片水地组小麦品种试验抗病性鉴定统计

年度	类型	条锈病		叶锈病		白粉病		赤霉病		纹枯病	
		个数（个）	比例（%）	个数（个）	比例（%）	个数（个）	比例（%）	个数（个）	比例（%）	个数（个）	比例（%）
2015—2016	免疫	10	13.3	4	5.3	0	0	0	0	0	0
2015—2016	高抗	26	34.7	24	32.0	0	0	0	0	0	0
2015—2016	中抗	27	36.0	17	22.7	2	2.7	0	0	1	1.3
2015—2016	中感	7	9.3	11	14.7	10	13.3	6	8.0	33	44.0

（续表）

年度	类型	条锈病		叶锈病		白粉病		赤霉病		纹枯病	
		个数（个）	比例（%）	个数（个）	比例（%）	个数（个）	比例（%）	个数（个）	比例（%）	个数（个）	比例（%）
2015—2016	高感	5	6.7	19	25.3	63	84.0	69	92.0	41	54.7
2015—2016	抗	63	84.0	45	60.0	2	2.7	0	0	1	1.3
2015—2016	感	12	16.0	30	40.0	73	97.3	75	100.0	74	98.7
2016—2017	免疫	9	11.5	1	1.3	0	0	0	0	0	0
2016—2017	高抗	8	10.3	22	28.2	1	1.3	0	0	0	0
2016—2017	中抗	42	53.8	16	20.5	11	14.1	5	6.4	0	0
2016—2017	中感	12	15.4	20	25.6	29	37.2	25	32.1	33	42.3
2016—2017	高感	7	9.0	19	24.4	37	47.4	48	61.5	45	57.7
2016—2017	抗	59	75.6	39	50.0	12	15.4	5	6.4	0	0
2016—2017	感	19	24.4	39	50.0	66	84.6	73	93.6	78	100.0
2017—2018	免疫	24	29.6	0	0	0	0	0	0	0	0
2017—2018	高抗	6	7.4	35	43.2	0	0	0	0	2	2.5
2017—2018	中抗	49	60.5	15	18.5	0	0	0	0	5	6.2
2017—2018	中感	1	1.2	9	11.1	4	4.9	12	14.8	54	66.7
2017—2018	高感	1	1.2	22	27.2	77	95.1	69	85.2	20	24.7
2017—2018	抗	79	97.5	50	61.7	0	0.0	0	0	7	8.6
2017—2018	感	2	2.5	31	38.3	81	100.0	81	100.0	74	91.4
2018—2019	免疫	2	2.1	15	15.8	0	0	0	0	0	0
2018—2019	高抗	5	5.3	10	10.5	0	0	0	0	4	4.2
2018—2019	中抗	35	36.8	15	15.8	7	7.4	1	1.1	9	9.5
2018—2019	中感	15	15.8	20	21.1	3	3.2	22	23.2	32	33.7
2018—2019	高感	38	40.0	35	36.8	85	89.5	72	75.8	50	52.6
2018—2019	抗	42	44.2	40	42.1	7	7.4	1	1.1	13	13.7
2018—2019	感	53	55.8	55	57.9	88	92.6	94	98.9	82	86.3
2019—2020	免疫	3	3.2	3	3.2	0	0	0	0	0	0
2019—2020	高抗	0	0	8	8.4	0	0	0	0	0	0
2019—2020	中抗	34	35.8	17	17.9	0	0	19	20.0	2	2.1
2019—2020	中感	24	25.3	25	26.3	10	10.5	58	61.1	87	91.6
2019—2020	高感	34	35.8	42	44.2	85	89.5	18	18.9	6	6.3
2019—2020	抗	37	38.9	28	29.5	0	0	19	20.0	2	2.1
2019—2020	感	58	61.1	67	70.5	95	100.0	76	80.0	93	97.9

第十七章 2016—2020年国家冬小麦黄淮北片水地组品种性状动态分析

第一节 2016—2020年国家冬小麦黄淮北片水地组品种产量及构成因子分析

一、品种试验产量

（一）对照品种及产量

良星99和济麦22均是2006年通过国家审定的小麦品种，良星99于2010—2011年度开始被确定为国家冬小麦品种试验黄淮北片区域试验对照品种。2016年区域试验年会上，国家品种审定委员会小麦专业委员会确定济麦22为黄淮北片水地区域试验对照品种，2016—2017年度良星99和济麦22同为对照品种，2017—2018年度开始以济麦22为对照品种。2个对照品种都为熟期偏晚品种，济麦22通过系统选育，株高比审定时有所降低，抗倒性比良星99提高，推广应用面积大。

从对照品种产量及产量结构变化看，2015—2017年区域试验中良星99的平均产量为580.2kg/亩，2016—2020年济麦22的平均产量为547.8kg/亩。2015—2017年生产试验，良星99的平均产量为590.3kg/亩，2016—2020年济麦22的平均产量为532.7kg/亩。良星99的丰产性高于济麦22，但济麦22株高比良99降低5cm左右，抗倒性提高，在黄淮北片有更好的适应性（表17-1、表17-2）。

表17-1 2016—2017年黄淮北片水地组对照品种良星99与济麦22主要性状对比

组别	品种	产量（kg/亩）	位次	汇总点数	全生育期（d）	严重倒伏点数	倒伏点率（%）	死茎率（%）	株高（cm）	亩穗数（万穗）	穗粒数（粒）	千粒重（g）
A	良星99	580.0	12	19	239.1	6	31.6	0.5	85	48.2	32.6	42.9
	济麦22	578.8	13	19	239.7	3	15.8	0.2	78	47.3	33.4	43.5
B	良星99	578.4	11	19	239.3	7	36.8	0.1	85	48.1	32.3	43.1
	济麦22	577.4	12	19	239.8	4	21.1	0.2	79	47.0	33.2	43.5

表17-2 2016—2020年度黄淮北片水地组对照品种产量及三要素变化

试验类别	试验年度	对照品种	试验组数	平均产量（kg/亩）	亩穗数（万穗）	穗粒数（粒）	千粒重（g）
区域试验	2015—2016	良星99	2	581.2	43.1	34.7	44.0
	2016—2017	良星99	2	579.2	48.2	32.5	43.0
	2016—2017	济麦22	2	578.1	47.2	33.3	43.5
	2017—2018	济麦22	2	486.8	43.9	32.7	38.0
	2018—2019	济麦22	3	583.8	45.9	34.8	44.5
	2019—2020	济麦22	4	546.0	47.2	31.8	43.3
生产试验	2015—2016	良星99	1	575.7	40.3	42.5	38.4
	2016—2017	良星99	2	604.8	48.5	32.7	43.2
	2017—2018	济麦22	1	472.2	41.8	32.4	41.5
	2018—2019	济麦22	1	577.6	45.9	33.0	44.7
	2019—2020	济麦22	2	548.3	48.8	31.4	43.1

（二）区域试验产量水平

黄淮北片小麦区域试验品种的亩产量常年在590kg/亩左右。2016—2020年试验平均产量在575kg/亩左右，其中，2017—2018年度由于秋、夏降水较多，播种期推迟，冬前分蘖不足，影响了亩穗数，春季低温影响了穗粒数，后期光照不足又影响了粒重，产量水平偏低，试验平均产量在530.4kg/亩。2019—2020年度由于受低温影响，产量水平偏低，平均产量为563.1kg/亩。

从不同年份小区产量折算亩产量的分布看，黄淮北片小麦区域试验品种的亩产量主要集中为550～650kg，亩产低于500kg出现的频次很低，亩产高于650kg出现的频次变化较大。2017—2018年度由于试验产量总体偏低，试验亩产高于650kg出现的频次较低；2018—2019年度试验产量较高，出现亩产高于650kg出现的频次偏高。从多年的试验结果看，试验亩产低于450kg通常是由于品种丰产性弱，亩产高于650kg/亩与环境关系较大。

表17-3　2016—2020年度黄淮北片水地组区域试验平均产量及产量三要素变化动态

年度	试验组数	平均产量（kg/亩）	产量结构		
			亩穗数（万穗）	穗粒数（粒）	千粒重（g）
2015—2016	2	597.8	42.4	35.7	44.2
2016—2017	2	592.5	44.3	35.2	42.2
2017—2018	2	530.4	43.0	32.9	41.7
2018—2019	3	589.1	44.9	35.1	44.5
2019—2020	4	563.1	47.1	32.5	42.4
平均	2.6	574.6	44.3	34.3	43.0

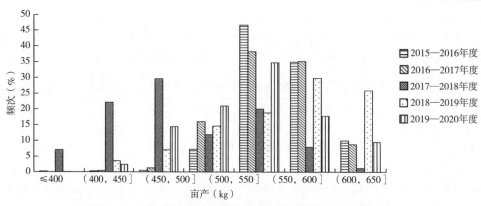

图17-1　不同年份黄淮北片水地组不同产量出现频次百分比

（三）生产试验产量水平

从2016—2020年的生产试验情况看，产量趋势与区域试验相似，但产量水平高于区域试验，特别是灾害年份，生产试验产量明显高于区域试验，应该是通过区域试验的筛选，参加生产试验的品种在丰产性方面有一定提高，抗逆性改善，在灾害年份，生产试验产量高于区域试验产量。

表17-4　2016—2020年度黄淮北片水地组生产试验平均产量及产量三要素变化

年度	试验组数	平均产量（kg/亩）	产量结构		
			亩穗数（万穗）	穗粒数（粒）	千粒重（g）
2015—2016	1	598.7	39.3	39.0	45.8
2016—2017	2	625.4	48.4	33.5	44.5
2017—2018	1	491.8	41.9	32.6	41.6
2018—2019	1	597.8	45.7	34.5	44.9
2019—2020	2	566.6	48.7	32.2	42.8
平均		576.1	44.8	34.4	43.9

二、产量构成因素的变化

亩穗数数变化：从多年的试验结果看，黄淮北片小麦亩产在500kg/亩以上时，亩穗数多在40万穗以上，但亩穗数高于50万穗出现的频次很低，原因是亩穗数过高，倒伏会加重，影响产量，亩产低于450kg的试验品种很少，亩穗数的变化较大，主要是大穗品种，也说明在目前的条件下，大穗品种不适宜于黄淮北片（图17-2）。

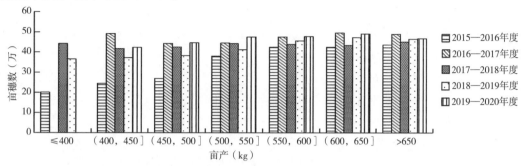

图17-2　2016—2020年黄淮北片水地组不同产量水平下亩穗数变化

千粒重变化：从多年试验结果看，黄淮北片小麦亩产在450kg以上时千粒重在40g以上，但亩产低于400kg时，品种数较少，规律不明显，随着产量的提高，千粒重有提高的趋势（图17-3）。

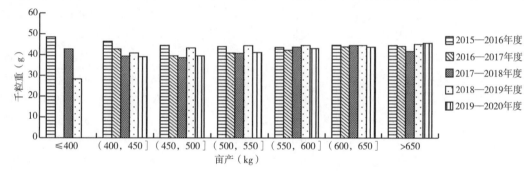

图17-3　2016—2020年黄淮北片水地组不同产量水平下千粒重变化

穗粒数变化：从多年试验结果看，年度间穗粒数的变化规律不明显，对穗粒数影响较大因素是春季冻害，因结实性降低对穗粒数较大，不同产量段均有穗粒数较多的品种，多数品种穗粒数为32～37粒，穗粒数受亩穗数影响较大，随着亩穗数增加，穗粒数减少（图17-4、表17-5、表17-6）。

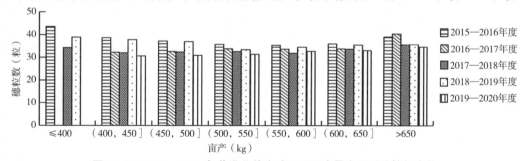

图17-4　2016—2020年黄淮北片水地组不同产量水平下穗粒数变化

表17-5　不同年份黄淮北片水地组不同群体条件下的穗粒数变化

年度	亩穗数（万穗）						
	≤30	（30，35］	（35，40］	（40，45］	（45，50］	（50，55］	＞55
2015—2016	40.1	41.1	37.5	36.0	33.4	31.8	29.8
2016—2017			36.4	36.2	34.1	32.8	31.8
2017—2018	32.1	33.2	33.3	33.0	32.8	31.8	29.6
2018—2019	37.2	37.2	36.8	35.4	34.5	33.9	33.9
2019—2020		39.4	35.0	33.7	31.7	30.6	30.2

表17-6　不同年度黄淮北片水地组不同产量出现频次及相应产量结构分布

年度	亩产（kg）	出现频次（次）	频率（%）	亩穗数（万穗）	千粒重（g）	穗粒数（粒）	亩产（kg）
2015—2016	≤400	1	0.2	20.1	48.6	43.6	266.6
	（400，450］	2	0.3	24.5	46.5	38.6	439.5
	（450，500］	3	0.5	26.9	44.6	37.2	474.5
	（500，550］	44	7.3	38.0	44.0	35.7	533.8
	（550，600］	280	46.7	42.4	43.6	35.4	579.2
	（600，650］	210	35.0	42.5	44.7	35.9	620.0
	>650	60	10.0	43.6	44.6	39.1	670.6
合计		600	100.0	42.0	44.1	36.0	597.8
2016—2017	≤400	0	0	0	0	0	0
	（400，450］	2	0.4	49.2	42.8	32.2	435.6
	（450，500］	7	1.3	44.3	39.5	32.6	485.0
	（500，550］	85	16.0	44.5	40.9	33.8	530.0
	（550，600］	204	38.3	47.6	42.3	33.6	576.9
	（600，650］	187	35.2	49.6	43.9	33.8	621.0
	>650	47	8.8	49.0	44.1	40.4	682.2
合计		532	100.0	47.9	42.8	34.3	592.5
2017—2018	≤400	51	7.1	44.2	39.3	31.9	365.0
	（400，450］	159	22.1	41.7	38.6	32.3	428.1
	（450，500］	214	29.7	42.5	40.7	32.6	473.1
	（500，550］	86	11.9	44.2	43.8	31.8	525.2
	（550，600］	144	20.0	43.9	44.6	33.7	576.0
	（600，650］	58	8.0	43.3	41.7	35.6	617.9
	>650	9	1.2	45.2	39.4	38.4	661.4
合计		721	100.0	43.0	41.3	32.9	496.3
2018—2019	≤400	1	0.1	36.6	28.4	38.9	395.7
	（400，450］	36	3.6	37.2	40.9	37.8	434.1
	（450，500］	70	7.1	38.3	43.3	36.9	476.0
	（500，550］	145	14.6	41.2	44.4	33.4	527.8
	（550，600］	186	18.8	45.7	44.6	34.5	576.7
	（600，650］	296	29.9	47.3	44.6	35.5	626.4
	>650	256	25.9	46.5	45.1	35.7	676.1
合计		990	100.0	44.9	44.5	35.2	597.6
2019—2020	≤400	0	0	0	0	0	0
	（400，450］	28	2.4	42.3	39.1	30.6	438.0
	（450，500］	171	14.4	44.6	39.5	30.8	477.8
	（500，550］	250	21.0	47.6	41.2	31.3	527.5
	（550，600］	414	34.8	47.8	43.1	32.7	574.1
	（600，650］	212	17.8	49.1	43.8	33.0	624.4
	>650	113	9.5	46.8	45.7	34.6	675.0
合计		1 188	100.0	47.3	42.4	32.3	565.8
2016—2020	≤400	53	1.3	43.6	39.3	32.2	363.7
	（400，450］	227	5.6	41.0	39.1	33.0	430.5

（续表）

年度	亩产（kg）	出现频次（次）	频率（%）	亩穗数（万穗）	千粒重（g）	穗粒数（粒）	亩产（kg）
	（450，500]	465	11.5	42.6	40.6	32.6	475.4
	（500，550]	610	15.1	44.5	42.5	32.5	528.0
2016—2020	（550，600]	1 228	30.5	45.7	43.5	33.9	576.4
	（600，650]	963	23.9	46.8	44.2	34.7	623.0
	>650	486	12.1	46.4	44.9	36.3	674.1
合计		4 032	100.0	45.2	43.0	33.9	569.3

第二节　2016—2020年国家冬小麦黄淮北片水地组品种农艺性状动态分析

一、亩穗数

从多年的试验结果，亩穗数受播种期、冬前积温、春季温度和水分的影响，在年份间变化较大，多数试验品种的亩穗数为45万～50万穗/亩，亩穗数在45万穗/亩以下的品种非常少，亩穗数在50万穗/亩的品种占比15%左右（图17-5）。不同年份亩穗数集中分布的范围不同，试验产量偏低年份，亩穗数公布峰值偏低，亩穗数是提高黄淮北片产量的重要因子。

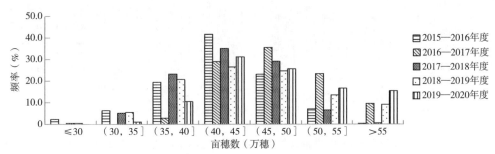

图17-5　2016—2020年黄淮北片水地组不同年份不同亩穗数品种出现频率

二、千粒重

从多年的试验结果，千粒重受亩穗数、倒伏、灌浆期光照、温度有关，在年份间有一定变化，多数试验品种的千粒重为40～50g，千粒重在40g以下的品种非常少，千粒重过低不适宜于黄淮北片生产（图17-6）。不同年份千粒重集中分布相对一致，从目前试验品种的试验结果千粒重高于50g的品种很少，而且多是亩穗数比较少的品种。

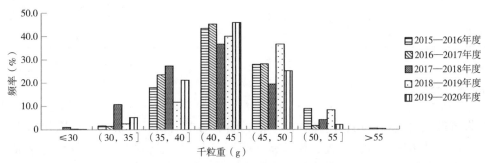

图17-6　2016—2020年黄淮北片水地组不同年份不同千粒重品种出现频率

三、穗粒数

穗粒数受亩穗数和春季温度影响较大，年份间波动较大，从多年的试验结果看，穗粒数主要为30～38粒（图17-7）。从黄淮北片生产实际来看，目前大穗品种参加试验的较少。

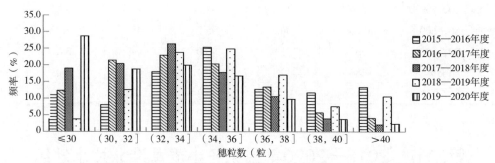

图17-7　2016—2020年黄淮北片水地组不同年份不同穗粒数品种出现频率

四、株高

株高与抗倒性有较高的相关性，从农民选择品种的习惯看，植株过高由于担心倒伏，多不受欢迎，植株过低，生物产量降低，对进一步提高产量不得利，品种选育过程中多被淘汰，目前试验品种株高多在80cm左右（图17-8、表17-7）。产量低于450kg时株高较矮，主要是亩穗数不足或大穗品种。受春季水肥和温度影响，株高年度间有变化，但变化幅度不大。

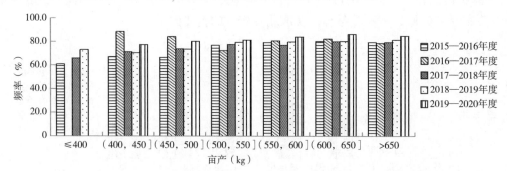

图17-8　2016—2020年黄淮北片水地组不同年份不同产量水平株高出现频率

表17-7　2016—2020年黄淮北片水地组不同年份不同产量水平下株高变化　（cm）

产量（kg/亩）	2015—2016年度	2016—2017年度	2017—2018年度	2018—2019年度	2019—2020年度
≤400	61.0	0	66.0	73.0	0
（400，450]	67.0	88.5	71.3	70.3	77.2
（450，500]	66.5	84.0	73.8	73.5	80.0
（500，550]	76.7	72.3	77.4	79.2	81.2
（550，600]	79.1	80.5	76.8	79.6	83.9
（600，650]	80.0	82.1	80.0	80.1	86.1
>650	79.2	78.4	79.2	81.3	84.7
平均	79.1	79.7	74.3	79.3	83.1

五、最高分蘖

最高分蘖与亩穗数关系密切，受播种期、播种量、冬前有效积温等多方面因素影响，年度间有较大变幅，从多年试验情况看，多数品种最高分蘖为90万～120万穗/亩，从黄淮北片常年的产量结构看，最高亩穗数是高产的基础，最高分蘖低的品种产量也较低（图17-9、表17-8）。

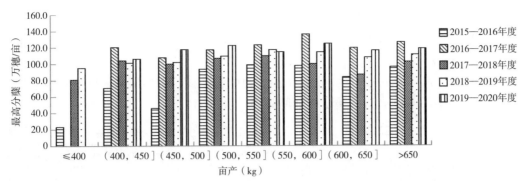

图17-9　2016—2020年度黄淮北片水地组不同年份不同产量水平下最高分蘖变化

表17-8　2016—2020年度黄淮北片水地组不同年份不同产量水平下最高分蘖变化　　　　　（万穗/亩）

产量（kg）	2015—2016年度	2016—2017年度	2017—2018年度	2018—2019年度	2019—2020年度
≤400	23.3	0.0	81.0	95.3	0.0
（400，450］	70.6	120.5	104.1	101.4	106.3
（450，500］	45.8	108.0	100.2	102.1	117.5
（500，550］	93.5	117.3	106.9	109.5	122.5
（550，600］	98.7	122.9	109.6	117.2	114.6
（600，650］	97.7	136.1	100.0	114.4	124.6
>650	83.9	119.4	86.7	107.8	116.3
平均	96.0	126.2	102.2	111.2	118.4

第三节　2016—2020年国家冬小麦黄淮北片水地组品质性状动态分析

一、品质对照

黄淮北片区域试验品质分析由农业农村部谷物品质监督检验测试中心·北京分析（表17-9），以藁优8801为品质对照品种，该品种蛋白质含量较高，受环境影响湿面筋和稳定时间变化较大。

表17-9　2016—2020年黄淮北片水地组品质对照藁优8901的品质指标变化

年度	容重（g/L）	蛋白质（%）	湿面筋（%）	吸水量（mL/100g）	稳定时间（min）	拉伸面积（cm²）	最大拉伸阻力（E.U.）
2015—2016	802	16.20	34.4		10.0		
2016—2017	804	16.02	33.9	59	11.7	125	552
2017—2018	799	16.12	34.1	61	9.7	110	488
2018—2019	819	15.80	30.7	60	8.9	98	418
2019—2020	821	16.34	32.9	62	19.7	461	101

二、不同类型品种统计

根据《国家小麦审定标准》进行分类，强筋小麦：粗蛋白含量（干基）≥14.0%、湿面筋含量（14%水分基）≥30.5%、吸水率≥60%、稳定时间≥10.0min、最大拉伸阻力E.U.（参考值）≥450、拉伸面积≥100cm²，其中有一项指标不满足，但可以满足中强筋的降为中强筋小麦。中强筋小麦：粗蛋白含量（干基）≥13.0%、湿面筋含量（14%水分基）≥28.5%、吸水率≥58%、稳定时间≥7.0min、最大拉伸阻力E.U.（参考值）≥350、拉伸面积≥80cm²，其中有一项指标不满足，但可以满足中筋的降为中筋小麦。中筋小麦：粗蛋白含量（干基）≥12.0%、湿面筋含量（14%水分基）≥24.0%、吸水率≥55%、稳定时间≥3.0min、最大拉伸阻力E.U.（参考值）≥200、拉伸面积≥50cm²。弱筋小麦：粗蛋白含量（干基）<12.0%、湿面筋含量（14%水分基）<24.0%、吸水率<55%、稳定时间<3.0min。

从品质分析结果看，2016—2020年试验品种多为中筋品种，占参试品种数的80%以上，没有弱筋品种，优质强筋占比15%左右，主要是中强筋品种（表17-10）。

表17-10　2016—2020年黄淮北片水地组不同年份品质类型品种数变化

项目	品种分类	2015—2016年度	2016—2017年度	2017—2018年度	2018—2019年度	2019—2020年度
品种数量（个）	强筋	0	2	2	3	1
	中强筋	4	1	5	1	8
	中筋	25	23	28	38	41
	弱筋	0	0	0	0	0
	合计	29	26	35	42	50
品种比例（%）	强筋	0.0	7.7	5.7	7.1	2.0
	中强筋	13.8	3.8	14.3	2.4	16.0
	中筋	86.2	88.5	80.0	90.5	82.0
	弱筋	0.0	0.0	0.0	0.0	0.0

三、品质分析结果

从2016—2020年不同品质类型品种的品质指标看，容重多数年份和品种均能达到800g/L以上，蛋白质含量分别可达到相应品质类型的要求，吸水量多数品种达不到相应品质类型的要求（表17-11）。

表17-11　2016—2020年黄淮北片水地组不同品质类型品质指标变化

品质指标	强筋	中强筋	中筋	弱筋	平均
容重（g/L）	818.3	816.9	813.3	—	813.7
蛋白质（%）	15.15	14.14	13.97	—	14.1
湿面筋（%）	31.75	31.02	32.14	—	32.0
吸水量（mL/100g）	59.83	58.92	59.97	—	59.9
稳定时间（min）	22.09	10.15	3.91	—	5.5
拉伸面积（cm²）	391.13	340.93	—	—	346.4
最大拉伸阻力（E.U.）	417.38	264.07	—	—	279.0

四、不同年份品质指标变化

从2016—2020年不同品质指标变化情况看，除容重变化较小外，各项品质指标均有较大变化，品种间的变化更大，特别是湿面筋和吸水量，变化幅度超过10%（表17-12）。

表17-12　2016—2020年黄淮北片水地组品质指标变化

品质指标	2015—2016年度	2016—2017年度	2017—2018年度	2018—2019年度	2019—2020年度
容重（g/L）	810.5（788~826）	808.1（780~826）	803.3（775~836）	823.5（796~846）	818.1（785~846）
蛋白质（%）	13.97（12.61~15.78）	13.93（12.15~15.08）	14.1（12.31~15.81）	14.28（12.88~15.98）	13.9（12.71~15.81）

（续表）

品质指标	2015—2016年度	2016—2017年度	2017—2018年度	2018—2019年度	2019—2020年度
湿面筋（%）	31.8 （27.1~36.5）	31.3 （25.6~35.6）	33.3 （27.7~39）	32.2 （27.77~37.36）	31.5 （35.9~28.1）
吸水量（mL/100g）		57.5（50.2~61.6）	59.7（54~64）	61.2（53.9~64）	60.1（55~63）
稳定时间（min）	5（1.5~11.7）	6.5（1.4~35.9）	4.8（0.9~17.3）	4.7（1.2~22.4）	5.8（1.2~28.8）
拉伸面积（cm²）		113.33	112.00	516.17	416.71
最大拉伸阻力（E.U.）		682.67	530.50	97.17	84.71

第四节 2016—2020年国家冬小麦黄淮北水地组品种抗性性状动态分析

一、抗寒性

抗寒性由遵化国家区域试验站鉴定，抗寒性按5级进行分类（表17-13），鉴定在自然条件下进行，由于气候年型不同，品种抗寒性分类年度间有变化，但绝大多数品种可达审定指标要求（表17-14），5年共有7个品种未达审定要求的抗寒性指标要求，分别是秋乐2122（2016年）、徽研66（2016年）、邯生730（2018年）、山农116（2018年）、俊达139（2019年）、邦麦11（2019年）、山农111（2019年）

表17-13 根据越冬死茎率将抗寒性分为五级

抗寒性级别	越冬死茎率（%）	抗寒性评价标准
1级	≤10	好
2级	10.1~15.0	较好
3级	15.1~20.0	中等
4级	20.1~25.0	较差
5级	>25.0	差

表17-14 2016—2020年黄淮北片水地组不同抗寒级别品种数量及比例

抗性分类	2015—2016年度	2016—2017年度	2017—2018年度	2018—2019年度	2019—2020年度
好	22（78.6%）	39（100%）	22（50%）	31（63.3%）	59（100%）
较好	2（7.1%）	0（0%）	12（27.3%）	6（12.2%）	0（0%）
中等	0（0%）	0（0%）	4（9.1%）	8（16.3%）	0（0%）
较差	2（7.1%）	0（0%）	4（9.1%）	1（2%）	0（0%）
差	2（7.1%）	0（0%）	2（4.5%）	3（6.1%）	0（0%）
参试品种	28	39	44	49	59

二、抗倒性

抗倒性根据各试点田间调查进行统计评价，从试验结果看，亩产在600kg左右倒伏的比例最高（表17-15），根据小麦品种审定标准，每年区域试验倒伏程度≤3级，或倒伏面积≤40.0%的试验点比例≥70%的品种认定为达标。5年因倒伏淘汰的品种有汶农28、冀麦631、BWF2号、福穗1号、山农510871、金禾12339、济麦56、景阳670、中科1656。

表17-15　2016—2020年黄淮北片水地组不同产量水平下倒伏出现概率

产量区间（kg/亩）	倒伏点次分布					倒伏点次占倒伏点（%）					倒伏点次占试验点次（%）				
	2015—2016年度	2016—2017年度	2017—2018年度	2018—2019年度	2019—2020年度	2015—2016年度	2016—2017年度	2017—2018年度	2018—2019年度	2019—2020年度	2015—2016年度	2016—2017年度	2017—2018年度	2018—2019年度	2019—2020年度
≤400	0	0	35.0	0	0	0	0	24.0	0	0	0	0	4.9	0	0
≤450	0	2.0	3.0	0	8.0	0	1.2	2.1	0	3.1	0	0.4	0.4	0	0.7
≤500	0	4.0	11.0	7.0	51.0	0	2.5	7.5	5.6	19.5	0	0.8	1.5	0.7	4.3
≤550	6.0	30.0	23.0	38.0	51.0	6.7	18.6	15.8	30.4	19.5	1.0	5.6	3.2	3.8	4.3
≤600	69.0	64.0	58.0	15.0	78.0	76.7	39.8	39.7	12.0	29.8	11.5	12.0	8.0	1.5	6.6
≤650	13.0	44.0	16.0	37.0	53.0	14.4	27.3	11.0	29.6	20.2	2.2	8.3	2.2	3.7	4.5
>650	2.0	17.0	0	28.0	21.0	2.2	10.6	0	22.4	8.0	0.3	3.2	0	2.8	1.8
总计	90.0	161.0	146.0	125.0	262.0	100.0	100.0	100.0	100.0	100.0	15.0	30.3	20.2	12.6	22.1

三、抗病性

抗病性由中国农业科学院植物保护研究所鉴定，5年共鉴定186品种·次（表17-16），对条锈病表现中抗及以上21品种·次，对叶锈病表现中抗及以上23品种·次，对白粉病表现中抗及以上38品种·次，对纹枯病表现中抗及以上7品种·次，对赤霉病表现中抗及以上16品种·次，高感4~5种病害28品种·次，高感3种病害59品种·次（表17-17）。

根据小麦审定标准，5年因高感5种病害淘汰品种有：淄麦28（2016年）、淄麦29（2018年）、石12-4025（2018年）、山农1591（2018年）、邯13-4470（2019年）、俊达139（2019年）、普冰3737（2019年）、众信6285（2019年）、菏麦0643-2（2019年）、婴泊700（2019年）和山农111（2019年）。

表17-16　2016—2020年黄淮北片水地组参试品种对不同病害的抗性变化

抗性分级	不同抗性品种数（个）					不同抗性品种数占比（%）				
	条锈病	叶锈病	白粉病	纹枯病	赤霉病	条锈病	叶锈病	白粉病	纹枯病	赤霉病
免疫	0	1	0	0	0	0.0	0.5	0.0	0.0	0.0
高抗	6	10	7	0	0	3.2	5.4	3.8	0.0	0.0
中抗	15	12	31	7	16	8.1	6.5	16.7	3.8	8.6
中感	20	19	105	115	31	10.8	10.2	56.5	61.8	16.7
慢	71	8	0	0	0	38.2	4.3	0.0	0.0	0.0
高感	74	136	43	64	139	39.8	73.1	23.1	34.4	74.7

表17-17　2016—2020年度黄淮北片水地组试验品种对不同病害的感病情况

年度	鉴定品种数（个）	高感多种病害品种数（个）					高感多种病害品种数点比（%）				
		高感1	高感2	高感3	高感4	高感5	高感1%	高感2%	高感3%	高感4%	高感5%
2015—2016	30	11	9	8	1	1	36.67	30	26.67	3.33	3.33
2016—2017	28	1	15	9	3	0	3.57	53.57	32.14	10.71	0
2017—2018	34	3	12	11	7	1	8.82	35.29	32.35	20.59	2.94

（续表）

年度	鉴定品种数（个）	高感多种病害品种数（个）					高感多种病害品种数点比（%）				
		高感1	高感2	高感3	高感4	高感5	高感1%	高感2%	高感3%	高感4%	高感5%
2018—2019	43	2	5	23	13	0	4.65	11.63	53.49	30.23	0
2019—2020	51	16	25	8	2	0	31.37	49.02	15.69	3.92	0

四、节水性

品种节水性能由河北省农林科学院旱作农业研究所，按河北省地方标准《冬小麦节水性鉴定技术规范》（DB 13/T 2798—2018）鉴定（表17-18），节水指数按下面公式计算。

$$WSI = \frac{(Y_a)^4}{(Y_m)} \times \frac{(Y_M)}{(Y_A)^4}$$

式中，WSI为节水指数，Y_a为待测材料胁迫处理籽粒产量（kg），Y_A为对照品种胁迫处理籽粒产量（kg），Y_M为对照品种足水处理籽粒产量（kg），Y_m为参试品种足水处理籽粒产量（kg）。

表17-18 节水鉴定等级

级别	节水指数（WSI）	抗旱性
1	≥1.400	极强（HR）
2	1.200～1.399	强（R）
3	1.000～1.199	较强（RR）
4	0.800～0.999	中等（MR）
5	0.600～0.799	弱（S）
6	≤0.599	极弱（HS）

节水鉴定从2016—2017年度开始，4年共鉴定156个品种·次，节水指数达到1.2以上8品种·次（表17-19），节水指数大于1及以上45品种·次，根据小麦专业委员会规定，节水指数达到1.2以上的认定为节水品种，结合其他审定指标5年未通过审定的节水品种。

表17-19 不同年度试验品种不同节水指数品种出现频次变化变化

年度	节水指数分布			
	≥1.2	≥1	<1	0.8<
2016—2017	0	16	12	0
2017—2018	5	13	9	6
2018—2019	2	8	14	19
2019—2020	1	8	15	28
合计	8	45	50	53

第十八章 2016—2020年国家冬小麦黄淮旱地组品种试验性状动态分析

第一节 2016—2020年国家冬小麦黄淮旱地组品种产量及构成因子动态分析

一、对照品种及产量水平

（一）黄淮冬麦区旱肥组

洛旱7号是2007年通过国家审定的小麦品种，审定编号为国审麦2007018。2010年区域试验年会上，国家品种审定委员会小麦专业委员会确定洛旱7号为黄淮冬麦区旱肥组区域试验对照品种（表18-1）。

表18-1 2016—2020年黄淮冬麦区旱肥组对照品种产量及三要素变化

年度	对照（洛旱7号）			
	亩产（kg）	亩穗数（万穗）	穗粒数（粒）	千粒重（g）
2015—2016	419.1	35.6	31.7	48.1
2016—2017	408.8	37.9	31.9	44.9
2017—2018	355.7	35.2	30	45.2
2018—2019	390.5	37	29.2	45.6
2019—2020	386.1	37.7	29.9	45.3
平均	392.0	36.7	30.5	45.8

（二）黄淮冬麦区旱薄组

晋麦47是1998年通过国家审定的小麦品种，审定编号为国审麦980001。1998年国家品种审定委员会小麦专业委员会确定晋麦47为黄淮冬麦区旱薄组区域试验对照品种（表18-2）。

表18-2 2016—2020年黄淮冬麦区旱薄组对照品种产量及三要素变化

年度	对照（晋麦47）			
	亩产（kg）	亩穗数（万穗）	穗粒数（粒）	千粒重（g）
2015—2016	324.2	30.9	32.6	41.4
2016—2017	304.8	37.7	29.7	39.6
2017—2018	302.5	34.1	28.8	39.3
2018—2019	261.5	33.1	26.7	41.2
2019—2020	302.7	36.5	26.4	40.6
平均	299.1	34.5	28.8	40.4

二、区域试验产量水平

（一）黄淮冬麦区旱肥组

2016—2020年试验平均亩产多在400kg左右，其中2017—2018年度产量水平偏低，试验平均亩产在355.7kg。2017—2018年度越冬期干旱少雨，返青拔节期气温急剧升高（3月平均气温为1961年以来历史同期最高），光照充足，造成小麦返青起身快，小麦几乎进入疯长阶段，但4月上旬的霜冻天气过程，使正处于孕穗期的小麦来了个急刹车、受到不同程度的冻害（小穗败育或穗头抽不出），病害较常年偏重发生，千粒重与穗粒数减少，产量水平低于常年（表18-3）。

表18-3 2016—2020年黄淮冬麦区旱肥组区域试验平均产量及产量三要素变化

年度	亩产（kg）	亩穗数（万穗）	穗粒数（粒）	千粒重（g）
2015—2016	438.4	36.9	34.6	42.7
2016—2017	422.6	40.9	32.6	39.9
2017—2018	366.2	37.3	30.4	41.7
2018—2019	405.6	38.4	30.2	42.2
2019—2020	392.9	39.3	30.4	41.9
平均	405.1	38.6	31.6	41.7

从不同年份小区折合亩产的分布看，黄淮冬麦区旱肥组小麦区域试验试验品种的亩产主要集中在370～430kg，亩产低于350kg或高于450kg出现的频次很低，2017—2018年度由于是歉丰年份，试验产量总体偏低，2015—2016年度试验产量较高。从多年的试验结果看，试验亩产低于350kg多是由于品种抗旱、抗寒及丰产性原因，亩产高于450kg与环境关系很大（图18-1）。

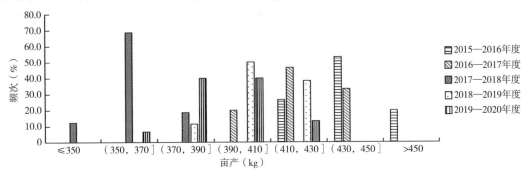

图18-1 2016—2020年黄淮冬麦区旱肥组不同年份不同产量出现频次

（二）黄淮冬麦区旱薄组

2016—2020年试验平均亩产多在300kg以上，唯2018—2019年度产量水平偏低，试验平均亩产为264.8kg，当年由于降水量、休闲期降水量、生育期降水量均较常年减少较多。越冬前气温偏高，进入越冬期，气温降幅较大，部分试点不抗冻品种冻害较为严重。有效穗、穗粒数减少，产量水平低于常年（表18-4）。

表18-4 2016—2020年黄淮冬麦区旱薄组区域试验平均产量及产量三要素变化

年度	亩产（kg）	亩穗数（万穗）	穗粒数（粒）	千粒重（g）
2015—2016	329.5	31.0	31.6	44.3
2016—2017	315.5	36.9	31.3	38.6
2017—2018	317.9	34.7	29.8	38.9
2018—2019	264.8	32.3	27.9	39.8
2019—2020	307.3	36.8	26.5	40.9
平均	307.0	34.3	29.4	40.5

从不同年份小区折合亩产的分布看，黄淮冬麦区旱薄组小麦区域试验试验品种的亩产主要集中在290～330kg，亩产低于250kg出现的频次很低，2018—2019年度是歉丰年份，试验产量总体偏低，2015—2016年度和2017—2018年度试验产量较高。从多年的试验结果看，试验亩产低于250kg多是由于品种抗旱、抗寒及丰产性原因，亩产高于340kg与环境关系很大（图18-2）。

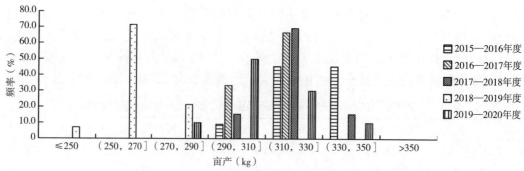

图18-2　2016—2020年度黄淮冬麦区旱薄组不同年份不同产量出现频次

三、生产试验产量水平

（一）黄淮冬麦区旱肥组

从2016—2020年黄淮冬麦区旱肥组生产试验情况看，产量趋势与区域试验相似，但产量水平低于区域试验。而在2019—2020年度生产试验产量明显高于区域试验（表18-5）。

表18-5　2016—2020年黄淮冬麦区旱肥组生产试验平均产量及三要素变化

年度	亩产（kg）	亩穗数（万穗）	穗粒数（粒）	千粒重（g）
2015—2016	413.6	36.7	32.6	46.7
2016—2017	411.3	39.6	31.2	37.4
2017—2018	348.3	35.7	29.3	42.1
2018—2019	378.1	38.0	28.5	41.4
2019—2020	471.9	38.6	33	43.4
平均	404.6	37.7	30.9	42.2

（二）黄淮冬麦区旱薄组

从2016—2020年的生产试验情况看，产量趋势与区域试验相似，但产量水平稍高于区域试验（表18-6）。

表18-6　2016—2020年黄淮冬麦区旱薄组生产试验平均产量及三要素变化

年度	亩产（kg）	亩穗数（万穗）	穗粒数（粒）	千粒重（g）
2015—2016	330.3	31.9	31.6	42.7
2016—2017	353.7	42.2	31.1	36.8
2017—2018	311.0	38.5	28.0	39.6
2018—2019	300.4	38.2	29.0	40.1
2019—2020	327.9	39.1	26.5	39.9
平均	324.7	38.0	29.2	39.8

四、产量构成因素的变化

（一）黄淮冬麦区旱肥组

亩穗数：从多年的试验结果看，黄淮冬麦区旱肥组区域试验参试品种平均亩产为405.1kg/亩，亩穗数平均为38.6万穗，具体为36.9万～40.9万穗（图18-3）。

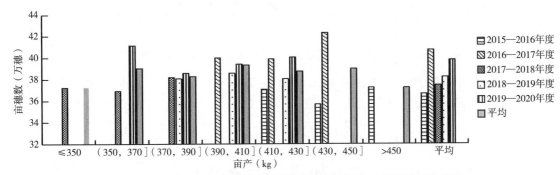

图18-3　2016—2020年黄淮冬麦区旱肥组不同产量水平下亩穗数变化

千粒重：从多年的试验结果看，年度间千粒重的变化规律不明显，在丰产的2015—2016年度有效穗数偏低，千粒重较高，弥补了穗数的不足，实现了丰收（图18-4）。

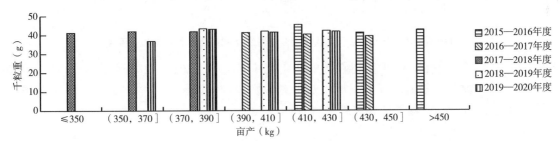

图18-4　2016—2020年黄淮冬麦区旱肥组不同产量水平下千粒重变化

穗粒数：从多年的试验结果看，年度间穗粒数的变化规律较为明显，随着产量水平的提高穗粒数相应增加，多数品种穗粒数为30～32粒（图18-5）。

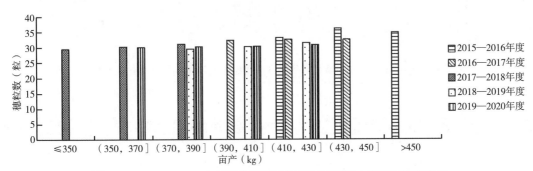

图18-5　2016—2020年黄淮冬麦区旱肥组不同产量水平下穗粒数变化

（二）黄淮冬麦区旱薄组

有效穗：从试验结果看，黄淮冬麦区旱薄组在丰产的2015—2016年度与歉收的2018—2019年度有效穗偏少，2015—2016年度千粒重较高，形成了丰产。随着产量水平的提高，有效穗也在不断提高，正常年份要获得丰收，需要足够的有效穗来保障（图18-6）。

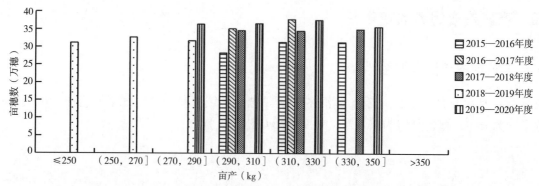

图18-6　2016—2020年黄淮冬麦区旱薄组不同产量水平下亩穗数变化

千粒重：从试验结果看，黄淮冬麦区旱薄组小麦亩产在330kg以上时，千粒重提高较多，产量水平小于330kg时，千粒重一般在40g左右。在2015—2016年度有效穗偏少，千粒重较高（图18-7）。

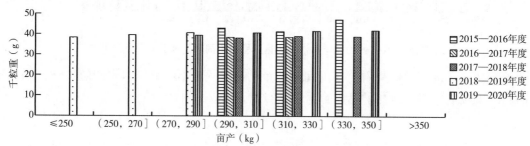

图18-7　2016—2020年黄淮冬麦区旱薄组不同产量水平下千粒重变化

穗粒数：从试验结果看，年度间穗粒数的变化规律不明显，2015—2016年度与2016—2017年度穗粒数较多，穗粒数与产量的增加呈正比。对穗粒数影响较大因素是春季冻害，因结实性降低对穗粒数较大，不同产量段均有穗粒数较多的品种（图18-8）。

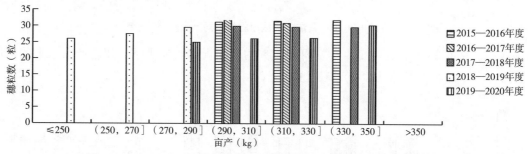

图18-8　2016—2020年黄淮冬麦区旱薄组不同产量水平下穗粒数变化

第二节　2016—2020年国家冬小麦黄淮旱地组品种农艺性状动态分析

一、有效穗

（一）黄淮冬麦区旱肥组

从试验结果，亩穗数受播种期、冬前积温、春季温度和水分的影响，在年份间变化较大，多数品种的亩穗数为37万～41万穗，亩穗数为35万穗以下或42万穗以上的品种非常少，亩穗数为35万～37万穗的品种占比为24.5%，亩穗数为37万～39万穗的品种占比为26.5%，亩穗数为39万～41万穗的品种占比为32.4%。不同年份亩穗数集中分布的范围不同，丰产的2016—2017年度亩穗数最多，有效穗是保障旱地产量的重要因子（图18-9）。

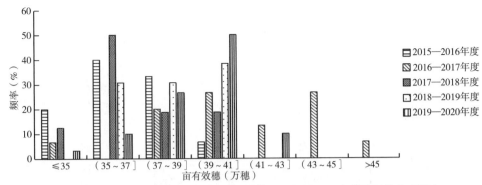

图18-9　2016—2020年黄淮冬麦区旱肥组不同年份不同有效穗品种出现频率

（二）黄淮冬麦区旱薄组

从试验结果，在年份间变化较大，亩有效穗在30万穗以下和39万穗以上的品种非常少，亩穗数为33万～36万穗的品种占比为41.7%。丰产的2016—2017年度亩穗数最多（图18-10）。

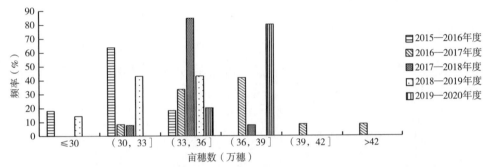

图18-10　2016—2020年黄淮冬麦区旱薄组不同年份不同亩穗数品种出现频率

二、千粒重

（一）黄淮冬麦区旱肥组

从试验结果，千粒重受亩穗数、倒伏、灌浆期光照、温度、降水等有关，在年份间有一定变化，千粒重在38g以下和47g以上的品种非常少，千粒重为38～41g品种占比在35.3%，千粒重为41～44g品种占比为40.2%，千粒重过高不适宜于旱地生产。从试验品种的试验结果千粒重高的年份为2015—2016年度，主要是该年度有效穗比较少、灌浆期气候适宜（图18-11）。

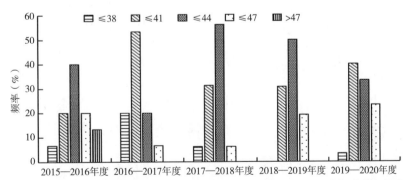

图18-11　2016—2020年黄淮冬麦区旱肥组不同年份不同千粒重品种出现频率

（二）黄淮冬麦区旱薄组

从试验结果，在年份间有一定变化，千粒重在36g以下和43g以上的品种非常少，千粒重为

39～42g品种占比在58.3%，千粒重过高不适宜于旱地生产。从试验品种的试验结果千粒重高的年份为2015—2016年度，主要是该年度有效穗比较少、灌浆期气候适宜（图18-12）。

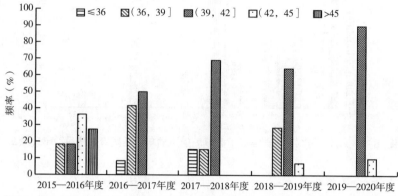

图18-12　2016—2020年黄淮冬麦区旱薄组不同年份不同千粒重品种出现频率

三、穗粒数

（一）黄淮冬麦区旱肥组

从试验结果看，穗粒数主要为29～33粒，品种占比在79.4%。从生产实际看，目前旱地大穗稳产性较差，不易通过试验（图18-13）。

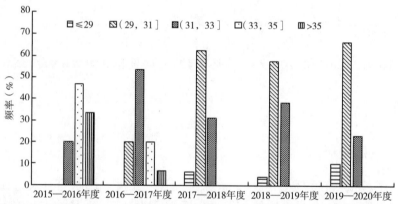

图18-13　2016—2020年黄淮冬麦区旱肥组不同年份不同穗粒数品种出现频率

（二）黄淮冬麦区旱薄组

穗粒数受亩穗数数和春季温度影响较大，年份间波动较大，穗粒数主要为25～34粒（图18-14）。

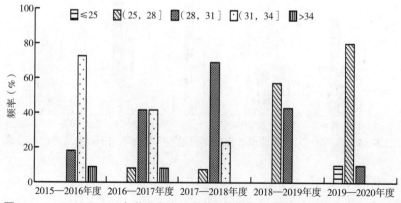

图18-14　2016—2020年黄淮冬麦区旱薄组不同年份不同穗粒数品种出现频率

四、株高

（一）黄淮冬麦区旱肥组

株高与抗倒性有较高的相关性，植株过高易倒伏，植株过低，生物产量降低，对进一步提高产量不利。目前旱肥组平均株高多在83cm以下，干旱年份平均株高多在80cm以下。株高受春季水肥和温度影响，年度间变幅较大（图18-15）。

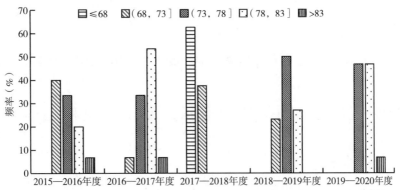

图18-15　2016—2020年黄淮冬麦区旱肥组不同年份不同株高品种出现频率

（二）黄淮冬麦区旱薄组

目前试验品种株高多在85cm以下，干旱年份多在75cm以下，受春季水肥和温度影响，株高年度间变化幅度较大（图18-16）。

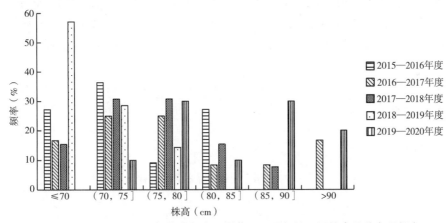

图18-16　2016—2020年黄淮冬麦区旱薄组不同年份不同株高品种出现频率

五、最高分蘖

（一）黄淮冬麦区旱肥组

最高分蘖与亩穗数关系密切，受播种期、播种量、冬前有效积温、降水等多方面因素影响，年度间有较大变幅，从试验情况看，最高分蘖多数品种为95万～105万/亩，从产量结构看，最高亩穗数是高产的基础，但受降水影响品种产量的高低和最高亩穗数不完全呈正比。

（二）黄淮冬麦区旱薄组

从试验情况看，多数品种最高分蘖为80万～90万/亩，由于样本偏少，最高分蘖与有效穗之间关系不是很密切（图18-17）。

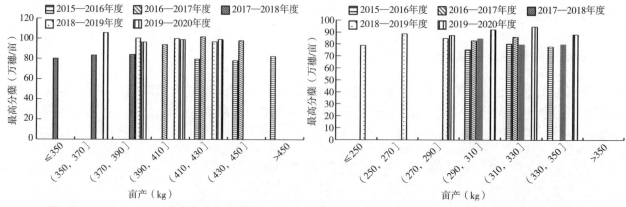

图18-17 2016—2020年黄淮冬麦区旱肥组（左）和旱薄组（右）不同品种不同产量水平下最高分蘖变化

第三节 2016—2020年国家冬小麦黄淮旱地组品种品质性状动态分析

一、不同类型品种统计

根据《国家小麦审定标准》进行分类，强筋小麦：粗蛋白含量（干基）≥14.0%、湿面筋含量（14%水分基）≥30.5%、吸水率≥60%、稳定时间≥10.0min、最大拉伸阻力E.U.（参考值）≥450、拉伸面积≥100cm²，其中有一项指标不满足，但可以满足中强筋的降为中强筋小麦。中强筋小麦：粗蛋白含量（干基）≥13.0%、湿面筋含量（14%水分基）≥28.5%、吸水率≥58%、稳定时间≥7.0min、最大拉伸阻力E.U.（参考值）≥350、拉伸面积≥80cm²，其中有一项指标不满足，但可以满足中筋的降为中筋小麦。中筋小麦：粗蛋白含量（干基）≥12.0%、湿面筋含量（14%水分基）≥24.0%、吸水率≥55%、稳定时间≥3.0min、最大拉伸阻力E.U.（参考值）≥200、拉伸面积≥50cm²。弱筋小麦：粗蛋白含量（干基）<12.0%、湿面筋含量（14%水分基）<24.0%、吸水率<55%、稳定时间<3.0min。

从品质分析结果看，2016—2020年试验品种多为中筋品种。黄淮冬麦区旱肥组强筋品种占参试品种数的1.1%，中强筋品种占参试品种数的6.4%，中筋品种占参试品种数的92.6%，没有弱筋品种。黄淮冬麦区旱薄组中强筋品种占参试品种数的3.7%，中筋品种占参试品种数的96.3%，没有强筋和弱筋品种（表18-7）。

表18-7 2016—2020年不同年份品质类型品种数变化　　　　　　　　　　　　　　　（个）

品种分类	黄淮冬麦区旱肥组					黄淮冬麦区旱薄组				
	2015—2016年度	2016—2017年度	2017—2018年度	2018—2019年度	2019—2020年度	2015—2016年度	2016—2017年度	2017—2018年度	2018—2019年度	2019—2020年度
强筋小麦	0	0	0	0	1	0	0	0	0	0
中强筋小麦	0	0	1	1	4	1	1	0	0	0
中筋小麦	13	14	14	23	23	9	10	12	13	8
弱筋小麦	0	0	0	0	0	0	0	0	0	0
合计	13	14	15	24	28	10	11	12	13	8

二、品质分析结果

从2016—2020年黄淮冬麦区旱肥组不同品质类型品种的品质指标看，容重多数年份和品种均能达到800g/L以上，蛋白质含量分别可达到相应品质类型的要求，吸水量、最大拉伸阻力（E.U.）多数品种达不到相应品质类型的要求（表18-8）。

从2016—2020年黄淮冬麦区旱薄组只有1个品种为中强筋类型，其余品质均为中筋类型。不同品质类型品种的品质指标看，容重多数年份和品种均能达到800g/L以上，蛋白质含量分别可达到相应品质类型的要求，最大拉伸阻力（E.U.）达不到相应品质类型的要求。

表18-8 2016—2020年黄淮冬麦区旱肥组不同品质类型品质指标变化

品质指标	强筋	中强筋	中筋	平均
容重（g/L）	826.0	822.5	815.3	821.3
蛋白质（%）	14.4	13.8	14.1	14.1
湿面筋（%）	31.3	29.8	32.4	31.2
吸水量（mL/100g）	61.0	60.1	50.9	57.3
稳定时间（min）	14.5	8.4	4.1	9.0
拉伸面积（cm²）	129.0	160.2	—	144.6
最大拉伸阻力（E.U.）	610.0	407.5		508.8

第四节 2016—2020年国家冬小麦黄淮旱地组品种试验抗性性状动态分析

一、抗寒性

抗寒性由遵化国家区域试验站鉴定，抗寒性按5级进行分类，鉴定在自然条件下进行，由于气候年型不同，品种抗寒性分类年度间有变化，但绝大多数品种可达审定指标要求。黄淮冬麦区旱肥组5年共有5个品种未达审定标准的抗寒性要求，分别是秦农23（2019年）、洛旱21（2018年）、洛旱26（2018年）、新麦28（2018年）、阳光578（2016年）。黄淮冬麦区旱薄组5年共有4个品种未达审定标准的抗寒性要求，分别是秦农27（2019年）、鲁农188（2018年）、众信4899（2018年）、洛旱25（2016年）（表18-9至表18-11）。

表18-9 根据越冬死茎率将抗寒性分为五级

抗寒性级别	越冬死茎率（%）	抗寒性评价标准
1级	≤10	好
2级	10.1～15.0	较好
3级	15.1～20.0	中等
4级	20.1～25.0	较差
5级	>25.0	差

表18-10 2016—2020年黄淮冬麦区旱肥组不同抗寒级别品种数量及比例 （个）

抗性分类	2016	2017	2018	2019	2020
好	12（80%）	15（100%）	4（25%）	17（65.4）	30（100%）
较好			4（25%）	4（15.4）	
中等	1（6.7）		5（31.3）	4（15.4）	
较差			2（12.5）		
差	2（13.3）		1（6.3）	1（3.8）	
参试品种	15	15	16	26	30

表18-11　2016—2020年黄淮冬麦区旱薄组不同抗寒级别品种数量及比例　　　　（个）

抗性分类	2016	2017	2018	2019	2020
好	9（81.8%）	12（100%）	9（69.2）	13（92.9%）	10（100%）
较好			1（7.7%）		
中等	1（9.1%）		1（7.7%）		
较差			1（7.7%）	1（7.1%）	
差	1（9.1%）		1（7.7%）		
参试品种	11	12	13	26	30

二、抗倒性

根据小麦品种审定标准，每年区域试验倒伏程度≤3级，或倒伏面积≤40.0%的试验点比例≥70%的品种认定为未达到小麦审定标准。抗倒性依据区域试验各试点田间调查进行统计评价，从试验结果看，黄淮冬麦区旱肥组5年因素倒伏淘汰的品种有金禾14219（2020年）、翔麦518（2020年）、秦农23（2019年）、烟农679（2019年）、圣麦105（2017年）、冀麦161（2017年）、济麦262（2017年）、轮选149（2017年）、金禾7183（2017年）。黄淮冬麦区旱薄组5年因素倒伏淘汰的品种有中麦40（2020年）、中麦42（2020年）、运旱137（2017年）。

三、抗病性

抗病性由中国农业科学院植物保护研究所鉴定，黄淮冬麦区旱肥组5年共鉴定102品种·次，对条锈病表现近免疫2个、高抗1个、中抗6个、慢病30个品种·次，对叶锈病表现高抗3个、中抗6个、慢病3个品种·次，对白粉病表现高抗5个、中抗2个品种·次，对黄矮病没有表现有抗性的品种。黄淮冬麦区旱薄组5年共鉴定60品种·次，对条锈病表现免疫1个、高抗1个、中抗4个、慢病16个品种·次，对叶锈病表现高抗11个、慢病4个品种·次，对白粉病表现高抗1个、中抗2个品种·次，对黄矮病没有表现有抗性的品种。整体上看，黄淮冬麦区旱地组小麦品种的抗病性有待提高（表18-12、表18-13）。

表18-12　2016—2020年黄淮冬麦区旱肥组试验品种对不同病害的抗性变化

抗性分级	不同抗性品种数（个）				不同抗性品种数占比（%）			
	条锈病	叶锈病	白粉病	黄矮病	条锈病	叶锈病	白粉病	黄矮病
免疫	0	0	0	0	0.0	0.0	0.0	0.0
近免疫	2	0	0	0	2.0	0.0	0.0	0.0
高抗	1	3	5	0	1.0	2.9	4.9	0.0
中抗	6	6	2	0	5.9	5.9	2.0	0.0
慢	30	3	0	0	29.4	2.9	0.0	0.0
中感	18	24	49	57	17.6	23.5	48.0	55.9
高感	45	66	46	45	44.1	64.7	45.1	44.1

表18-13 2016—2020年黄淮冬麦区旱薄组试验品种对不同病害的抗性变化

抗性分级	不同抗性品种数（个）				不同抗性品种数占比（%）			
	条锈病	叶锈病	白粉病	黄矮病	条锈病	叶锈病	白粉病	黄矮病
免疫	1				1.7	0.0	0.0	0.0
近免疫					0.0	0.0	0.0	0.0
高抗	1	11	1		1.7	18.3	1.7	0.0
中抗	4		2		6.7	0.0	3.3	0.0
慢	16	4			26.7	6.7	0.0	0.0
中感	17	8	17	28	28.3	13.3	28.3	46.7
高感	21	37	40	32	35.0	61.7	66.7	53.3

四、抗旱性

品种抗旱性由洛阳农林科学院按国家标准采用旱棚鉴定法进行鉴定。以小区籽粒产量抗旱指数作为全生育期抗旱性鉴定指标。抗旱指数计算公式：

$$DI = GYS.T2 \times GYS.W^{-1} \times GYCK.W \times (GYCK.T2)^{-1}$$

式中，DI为抗旱指数；GYS.T2为待测品种棚内籽粒产量；GYS.W为待测品种棚外籽粒产量；GYCK.W为对照品种棚外籽粒产量；GYCK.T2为对照品种棚内籽粒产量。

黄淮冬麦区旱肥组抗旱鉴定5年共鉴定102个品种·次，根据小麦专业委员会规定，抗旱指数达到5级淘汰的品种有：ZH5169（2019年）、泛麦25（2020年）、SND184（2019年），抗旱性达到4级有72个品种·次，抗旱性达到3级有27个品种·次。

黄淮冬麦区旱薄组抗旱鉴定5年共鉴定60个品种·次，抗旱性达到4级有36个品种·次，抗旱性达到3级有24个品种·次，没有抗旱性较强或强的品种（表18-14）。

从参试品种抗旱性鉴定结果看，目前育种者在注重丰产性的同时参试品种的抗旱性有所降低，特别是黄淮冬麦区旱肥组参试品种抗旱性下降明显。

表18-14 小麦全生育期抗旱鉴定分级标准（旱棚鉴定法）

抗旱级别	抗旱指数	抗旱评价
1	≥1.300	强
2	1.100～1.299	较强
3	0.900～1.099	中等
4	0.700～0.899	较弱
5	≤0.699	弱

五、冬春性

黄淮冬麦区旱肥组5年共鉴定102个品种·次，黄淮冬麦区旱薄组5年共鉴定60个品种·次，所有参试品种均为冬性类。

第十九章　2016—2020年国家冬小麦北部水地组品种试验性状动态分析

小麦是我国第三大粮食作物，种植面积仅次于水稻和玉米。北部冬麦区作为北方冬麦区的重要产区之一，主要包括北京、天津、河北、山西、甘肃、宁夏等省份的全部或部分冬麦区，提供了北方冬麦区22%以上的产量，加强适应于该区域生态条件的小麦新品种选育和推广应用对保障小麦生产水平和我国粮食安全具有重要意义。小麦品种试验的试验设置、参试品种来源和类型、试验调查性状、鉴定测试指标和品种主要农艺、产量、抗性和品质指标都在动态变化中。及时总结和分析评价近年来我国北部冬麦区水地组小麦区域试验品种特性变化动态，可为制定更符合当时小麦生产发展需求品种试验和审定规范提供依据。

第一节　2016—2020年国家冬小麦北部水地组品种试验产量及构成因子分析

一、小麦品种区域试验产量性状变化动态

2016—2020年国家冬小麦北部冬麦区水地组品种区域试验的对照品种均为中麦175，各年度参试品种和对照品种的产量性状统计结果如下（图19-1和表19-1）。

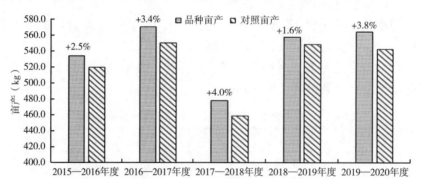

图19-1　2016—2020年北部冬麦区水地组国家小麦品种区域试验产量变化动态

［注：图中的数字（如+2.5%）表示增产率，余类推］

表19-1　2016—2020年北部冬麦区国家品种试验参试品种产量性状

类型	年份	产量水平			各产量区间品种分布比例（%）		
		品种亩产（kg）	对照亩产（kg）	增产率（%）	450~500（kg/亩）	500~550（kg/亩）	550~600（kg/亩）
区域试验	2016	533.9	520.2	2.5	6.3	68.8	25.0
	2017	570.9	550.5	3.4	0	18.2	81.8
	2018	478.3	458.6	4.0	100.0	0	0
	2019	558.4	549.1	1.6	0	29.4	70.6
	2020	564.6	543.1	3.8	0	27.8	72.2
	平均	541.8	524.3	3.0	19.7	30.3	50.0

（续表）

类型	年份	产量水平			各产量区间品种分布比例（%）		
		品种亩产（kg）	对照亩产（kg）	增产率（%）	450～500（kg/亩）	500～550（kg/亩）	550～600（kg/亩）
生产试验	2017	558.9	503.9	9.4	0	28.6	71.4
	2018	504.1	470.7	4.7	66.7	33.3	0
	2019	549.6	524.0	3.3	0	66.7	33.3
	2020	547.5	510.0	5.5	0	75.0	25.0
	平均	546.4	502.1	6.6	11.8	47.1	41.2

（一）对照品种表现

对照品种中麦175的5年平均亩产量为524.3kg，除2017—2018年度外的其余4个年份对照平均产量为540kg/亩左右。其中，2017—2018年度受极端低温、倒春寒和干旱影响，总体产量水平明显低于其他年份，对照品种产量只有458.6kg/亩；2015—2016年度对照产量为520.2kg/亩；2016—2017年度和2018—2019年度对照产量为550kg/亩左右；2019—2020年度对照产量为543.1kg/亩。总体来看，对照中麦175的产量水平在2016—2017年度、2018—2019年度和2019—2020年度中表现类似，都在550kg/亩左右；2015—2016年度产量水平稍低；2017—2018年度明显低于其余年份，产量约为常年产量水平的80%。

（二）参试品种产量动态

2016—2020年参试品种的产量表现动态与对照品种的变化动态类似，2017—2018年度产量水平为478.3kg/亩，明显低于其余年份；2018—2019年度和2019—2020年度的产量水平都在560kg/亩左右；2016—2017年度的产量水平在570kg/亩左右；2015—2016年度产量水平稍低，约为534kg/亩。总体而言，参试品种的5年平均产量约为542kg/亩，除2017—2018年度外的4年平均产量约为557kg/亩。

（三）参试品种产量分布区间

2016—2020年参试品种的产量基本上都为450～600kg/亩，只有2017—2018年度"津农12号"的产量略低于450kg/亩（447.6kg/亩）、2016—2017年度"京麦1727"的产量略高于600kg/亩（602.9kg/亩）。为便于比较和简化分类，将这两个品种分别归类到450～500kg/亩和550～600kg/亩的区间内。因此，可将所有参试品种的产量归类为3个产量区间，即低产区间（450～500kg/亩）、中产区间（500～550kg/亩）和高产区间（550～600kg/亩）。结果表明，2017—2018年度各品种的产量水平都为450～500kg/亩；2015—2016年度产量为500～550kg/亩的品种数约占70%，产量为550～600kg的品种数约占25.0%；2016—2017年度为高产年份，各参试品种的产量水平主要为550～600kg/亩的约占82%，其余全部为500～550kg/亩；2018—2019年度和2019—2020年度总体产量水平在560kg/亩左右（仅次于2016—2017年度），品种产量水平为550～600kg/亩和500～550kg/亩的比率分别约占70%和30%。总体而言，产量为450～500kg/亩、500～550kg/亩和550～600kg/亩的品种数平均分别约占20%、30%和50%；如不考虑特殊年份的2017—2018年度产量表现，则品种产量为500～550kg/亩和550～600kg/亩的比率分别约占36%和63%，产量为在450～500kg/亩的品种数几乎可以忽略。

（四）参试品种增产率

从增产的绝对量来看，2016—2020年参试品种的产量水平与对照相比，平均约增产17.5kg/亩。其中，2016—2017年度、2017—2018年度和2019—2020年度的绝对增产量都为20kg/亩左右；2015—2016年度和2018—2019年度的绝对增产量都为10kg/亩左右。

从增产率来看，参试品种的5年平均增产率为3.0%，其中2019—2020年度的平均增产率最低（1.6%）；2018年为低产年份，但增产率在5年中表现为最高（4.0%），可能的原因是对照品种在极端低温条件下的产量表现稍弱于其他参试品种；2015—2016年度参试品种的增产率为2.5%，在5年中表现稍差；2016—2017年度和2019—2020年度的增产率分别为3.4%和3.8%，表现较好。

（五）各年度产量水平

从2016—2020年参试品种和对照品种的综合产量水平上看，各年度的综合产量水平高低依次为：2016—2017年度（569.1kg/亩）>2019—2020年度（563.4kg/亩）>2018—2019年度（557.8kg/亩）>2015—2016年度（533.1kg/亩）>2017—2018年度（476.9kg/亩）。

从2016—2020年参试品种的增产率来看，各年度参试品种的增产幅度由高到低依次为：2017—2018年度（4%）>2019—2020年度（3.8%）>2016—2017年度（3.4%）>2015—2016年度（2.5%）>2018—2019年度（1.6%）（图19-1）。

二、小麦品种生产试验产量性状变化动态

2017—2020年国家冬小麦北部冬麦区水地组品种生产试验的对照品种为中麦175，各年度参试品种和对照品种的产量表现总体上与区域试验中的产量表现类似，具体统计结果如下（图19-2和表19-1）。

（一）对照品种表现

对照品种中麦175的4年平均亩产量为502.1kg，其中，2017—2018年度总体产量水平明显低于其他年份，对照品种产量只有470kg/亩左右；2018—2019年度对照产量为524kg/亩左右，为4年中产量最高的年份；2016—2017年度和2019—2020年度对照产量分别为504kg/亩和510kg/亩。总体来看，对照中麦175的产量水平在2017—2020年的表现为：2018—2019年度（524.0kg/亩）>2019—2020年度（510.0kg/亩）>2016—2017年度（503.9kg/亩）>2017—2018年度（470.7kg/亩）。

（二）参试品种产量动态

2017—2020年参试品种的产量表现动态与对照品种的变化动态类似，其中2016—2017年度的产量约560kg/亩，为最高产年份；2017—2018年度产量为504.1kg/亩，明显低于其余年份，约为常年产量水平的90%；2018—2019年度和2019—2020年度的产量水平都在550kg/亩左右。总体而言，参试品种的4年平均产量约为546kg/亩，各年份的产量表现如下：2016—2017年度（558.9kg/亩）>2018—2019年度（549.6kg/亩）>2019—2020年度（547.5kg/亩）>2017—2018年度（504.1kg/亩）。

（三）参试品种增产率

从增产的绝对量来看，2017—2020年度参试品种的产量水平与对照相比，平均约增产44kg/亩。其中，2016—2017年度的绝对增产量约为55kg/亩、2017—2018年度和2019—2020年度的绝对增产量都在30kg/亩以上；2018—2019年度的绝对增产量都约为25kg/亩。

从增产率来看，参试品种的4年平均增产率为6.6%，其中2018—2019年度的平均增产率最低（3.3%）；2017—2018年度为低产年份，增产率为4.7%；2016—2017年度增产幅度最大，为9.4%；2019—2020年度的增产率为5.5%和3.8%，表现较好。各年份的增产率高低排序依次为：2016—2017年度（9.4%）>2019—2020年度（5.5%）>2017—2018年度（4.7%）>2018—2019年度（3.3%）（图19-2）。

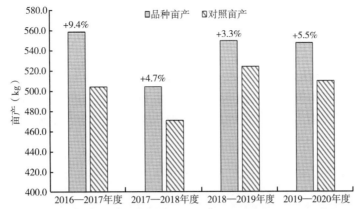

图19-2 2016—2020年北部冬麦区水地组国家小麦品种生产试验产量变化动态

［注：图中的数字（如+9.4%）表示增产率，余类推］

三、小麦品种试验产量构成因子的变化动态

2016—2020年国家冬小麦北部冬麦区水地组品种试验各年度参试品种和对照品种的产量构成三要素（即亩穗数、穗粒数和千粒重）统计结果如下（表19-2）。

表19-2 2016—2020年北部冬麦区国家品种试验参试品种产量构成因子性状

类型	年度	参试品种			对照品种			参试品种比对照增减		
		亩穗数（万穗）	穗粒数（粒）	千粒重（g）	亩穗数（万）	穗粒数（粒）	千粒重（g）	亩穗数（万穗）	穗粒数（粒）	千粒重（g）
区域试验	2015—2016	38.3	33.2	44.1	41.4	31.2	42.0	-3.1	2.0	2.1
	2016—2017	47.6	33.4	41.4	50.2	30.3	40.6	-2.5	3.1	0.8
	2017—2018	38.5	33.9	41.8	41.8	31.6	38.5	-3.3	2.3	3.3
	2018—2019	44.0	33.3	42.5	45.4	31.6	40.3	-1.4	1.7	2.2
	2019—2020	44.4	33.2	40.6	45.7	31.1	40.3	-1.3	2.1	0.4
	平均	42.4	33.4	42.1	44.9	31.2	40.3	-2.5	2.2	1.8
生产试验	2016—2017	45.3	37.0	42.2	48.8	32.0	39.5	-3.5	5.0	2.7
	2017—2018	45.2	32.3	43.4	42.7	32.8	39.3	2.5	-0.5	4.2
	2018—2019	43.7	35.4	42.6	45.0	33.4	40.5	-1.3	2.0	2.1
	2019—2020	44.1	35.1	43.8	47.3	30.8	39.6	-3.2	4.3	4.3
	平均	44.8	35.6	42.8	45.9	32.2	39.7	-1.2	3.4	3.1

（一）亩穗数的变化动态

在2016—2020年北部冬麦区水地组区域试验中的表现为：参试品种5年平均亩穗数为42.4万穗/亩，而对照品种平均为44.9万穗/亩，参试品种比对照平均少2.5万穗/亩。参试品种的亩穗数为38.3~47.6万穗，其中2015—2016年度和2017—2018年度的亩穗数在38万穗/亩以上，2018—2019年度和2019—2020年度约44万穗/亩，2016—2017年度为47.6万穗/亩。对照品种的亩穗数为41.4万~50.2万穗，其中2015—2016年度和2017—2018年度亩穗数在41万穗以上，2018—2019年度和2019—2020年度亩穗数在45万穗以上，2016—2017年度亩穗数最高为50万穗以上。参试品种的亩穗数在5年中都比对照品种少，差异为1.3万～3.3万穗。

在生产试验中的表现为：参试品种4年平均亩穗数为44.8万穗，而对照品种平均为45.9万穗，参试品种比对照平均少1.2万穗。参试品种的亩穗数为43.7～45.3万穗，其中2016—2017年度和2017—2018年度的亩穗数在45万穗以上，2018—2019年度和2019—2020年度约44万穗/亩。对照品种的亩穗数为42.7万～48.8万穗，其中2017—2018年度亩穗数约43万穗，2018—2019年度、2019—2020年度和2016—2017年度亩穗数依次约为45万穗、47万穗和49万穗。参试品种的亩穗数在2017—2018年度比对照品种高2.5万穗，其余年份均比对照低。

（二）穗粒数的变化动态

在2016—2020年北部冬麦区水地组区域试验中的表现为：参试品种5年平均穗粒数为33.4粒，而对照品种平均为31.2粒，参试品种比对照平均多2.2粒。参试品种的穗粒数在5年中相对稳定，为33.2～33.9粒，其中2017—2018年度的穗粒数最高接近40粒/穗。对照品种的穗粒数为30.3～31.6粒，其中2016—2017年度穗粒数约30粒，其余年份都在31粒以上。参试品种的穗粒数在5年中都比对照品种高，差异为1.7～3.1粒。

在生产试验中的表现为：参试品种4年平均穗粒数为35.6粒，而对照品种平均为32.2粒，参试品种比对照平均多3.4粒。参试品种的穗粒数为32.3～37.0粒，其中2016—2017年度的穗粒数为37粒，2018—2019年度和2019—2020年度都在35粒以上。对照品种的穗粒数为30.8～33.4粒，其中2019—2020年度穗粒数约31粒，2016—2017年度穗粒数约32粒，2017—2018年度和2018—2019年度穗粒数在33粒左右。参试品种的穗粒数在2017—2018年度比对照品种略低，其余年份均比对照高，其中2016—2017年度的穗粒数比对照高5.0粒/穗。

（三）千粒重的变化动态

在2016—2020年北部冬麦区水地组区域试验中的表现为：参试品种5年平均千粒重为42.1g，而对照品种平均为40.3g，参试品种比对照平均多1.8g。参试品种的千粒重在5年中为40.6～44.1g，其中2015—2016年度的千粒重在44g以上。对照品种的千粒重为38.5～42.0g，其中2017—2018年度千粒重最低为38.5g，2015—2016年度千粒重最高达42.0g，其余年份都在40g以上。参试品种的千粒重在5年中都比对照品种高，差异为0.4～3.3g。

在生产试验中的表现为：参试品种4年平均千粒重为42.8g，而对照品种平均为39.7g，参试品种比对照平均多3.1g。参试品种的千粒重为42.2～43.8g，其中2016—2017年度和2018—2019年度的千粒重在42g以上，2017—2018年度和2019—2020年度都在43g以上。对照品种的千粒重为39.3～40.5g，其中2018—2019年度千粒重在40g以上，其余年份的千粒重都为39.3～39.6g。参试品种的千粒重在4年中均比对照高，差异为2.1～4.3g，其中2017—2018年度和2019—2020年度参试品种比对照高4g以上，2016—2017年度和2018—2019年度的千粒重比对照高2g以上。

（四）产量三要素的综合分析

综合参试品种产量构成因子在2016—2020年北部冬麦区水地组品种试验的表现：亩穗数、穗粒数和千粒重等产量构成因子受气候环境影响较大，在年份间波动较大，但随着年份变化增减趋势不明显。参试品种与对照品种相比较，亩穗数明显比对照少，而穗粒数和千粒重高于对照。在区域试验中，参试品种平均亩穗数比对照低2.5万穗，而穗粒数和千粒重分别比对照品种高2.2粒和1.8g。在生产试验中，参试品种平均亩穗数与对照品种差异缩小，仅相差1.2万穗，而穗粒数和千粒重与对照的差异扩大到3.4粒和3.1g。可见，对照品种中麦175在群体优势明显，而在穗粒数和千粒重方面存在弱势。参加生产试验的品种与对照品种相比，群体上的弱势缩小，同时扩大了在穗粒数和千粒重上的优势，因此增产率更高（表19-2）。

第二节 2016—2020年国家冬小麦北部水地组 品种试验农艺性状动态分析

2016—2020年国家冬小麦北部冬麦区水地组品种试验各年度参试品种的全生育期、株高、基本苗、最高茎数、有效分蘖率、亩穗数、穗粒数和千粒重等农艺性状的变化动态总结如下。

一、小麦品种试验全生育期的变化动态

在2016—2020年北部冬麦区水地组品种试验中参试品种全生育期的表现为（图19-3、表19-3）：参试品种5年平均全生育期为254d，正常年份小麦品种的全生育期为252～253d。其中，2017—2018年度受干旱影响全生育期提前一周左右；2019—2020年度受低温影响，全生育期延迟约10d。全生育期在年份间受气候影响差异较大，为247～262d，但在年份内品种间差异较小，通常标准差都在1d以内，标准差为0.6～1.0d。如图19-3所示，全生育期在2015—2016年度、2016—2017年度和2018—2019年度表现正常，全生育期252d左右，而在2017—2018年度全生育期偏短，在2019—2020年度全生育期偏长。

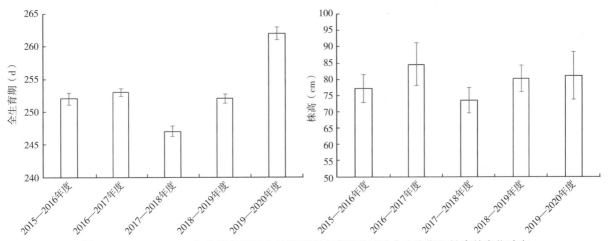

图19-3　2016—2020年北部冬麦区水地组国家小麦品种试验全生育期和株高的变化动态

表19-3　2016—2020年北部冬麦区国家品种试验参试品种主要农艺性状表现（平均值±标准差）

年度	生育期 （d）	株高 （cm）	基本苗 （万/亩）	最高总茎数 （万/亩）	有效分蘖率 （%）	亩穗数 （万穗）	穗粒数 （粒）	千粒重 （g）
2015—2016	252±0.9	77.1±4.4	21.6±0.4	83.5±3.2	47.1±2.6	38.5±2.2	33.1±2.5	44.0±2.3
2016—2017	253±0.6	84.5±6.6	22.2±0.8	113.3±6.3	43.2±2.3	47.9±2.8	33.1±2.5	41.3±3.1
2017—2018	247±0.8	73.5±3.9	23.4±0.5	68.7±3.2	38.7±1.8	38.7±1.8	33.8±1.4	41.6±2.6
2018—2019	252±0.7	80.2±4.1	23.4±0.7	89.2±3.5	50.8±3.0	44.1±2.7	33.2±2.6	42.4±2.9
2019—2020	262±1.0	81.0±7.3	22.7±0.6	105.2±6.4	43.2±2.5	44.5±3.3	33.1±2.5	40.6±2.9
平均	254±0.8	79.1±5.3	22.7±0.6	91.5±4.5	44.9±2.4	42.6±2.6	33.3±2.3	42.0±2.8

二、小麦品种试验株高的变化动态

在2016—2020年北部冬麦区水地组品种试验中参试品种株高的表现为（图19-3、表19-3）：

参试品种5年平均株高为79.1cm，正常年份株高在80cm左右。其中，2017—2018年度受干旱影响株高，植株长势偏弱，平均株高只有73.5cm；2016—2017年度株高最高，达到84.5cm；2015—2016年度植株偏矮，株高为77.1cm；2018—2019年度和2019—2020年度株高都在80cm左右。株高在年份间受气候影响差异较大，各年份小麦品种的平均株高变幅为73.5～84.5cm。同时，在年份内品种间差异也较大，品种间标准差为3.9～7.3cm。如图19-3所示，株高在2017—2018年度株高偏矮，在其余年份株高表现较为正常。

三、小麦品种试验基本苗的变化动态

在2016—2020年北部冬麦区水地组品种试验中参试品种基本苗的表现为（图19-4）：参试品种5年平均基本苗为22.7万/亩，正常年份小麦品种的基本苗为23万/亩左右。其中，2015—2016年基本苗为21.6万/亩；2016—2017年度和2019—2020年度的基本苗在22.5万/亩左右；2017—2018年度和2018—2019年度的基本苗都为23.4万/亩。基本苗在年份间可能会受播种量和气候影响，变幅在21.6～23.4万/亩，除了2015—2016年基本苗稍低外，其余年份间差异不大。基本苗在年份内品种间差异较小，通常标准差都在1万/亩以内，标准差的变幅为0.4万～0.8万/亩。如图19-4所示，基本苗在2015—2016年度、2016—2017年度和2017—2018年度表现递增趋势，2018—2019年度与上年持平，2019—2020年度基本苗比上年减少0.7万/亩。总体而言，基本苗在年份间和品种间差异较小，随着年份变化的增减趋势不明显。

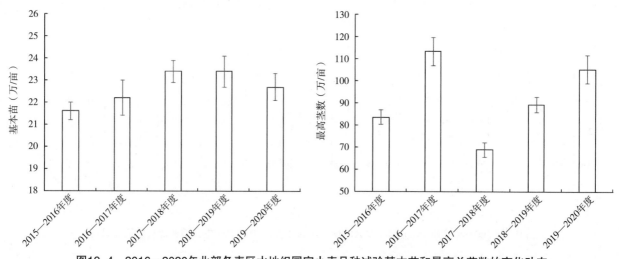

图19-4　2016—2020年北部冬麦区水地组国家小麦品种试验基本苗和最高总茎数的变化动态

四、小麦品种试验最高茎数的变化动态

在2016—2020年北部冬麦区水地组品种试验中参试品种最高茎数的表现为（图19-4，表19-3），参试品种5年平均最高茎数为91.5万/亩，正常年份小麦品种的最高茎数为90万/亩左右。其中，2017—2018年度受倒春寒和干旱影响，最高茎数约为69万/亩；2015—2016年度和2018—2019年度的最高茎数都在80万/亩以上；2019—2020年度的最高茎数约为105万/亩；2016—2017年度的最高茎数约为113万/亩，为5年中最高茎数的一年。最高茎数在年份间受气候影响变化较大，为68.7万～113.3万/亩，其中2017—2018年最高茎数较低，2016—2017年度和2019—2020年度的最高茎数较高，2015—2016年度和2018—2019年度最高茎数表现中等。最高茎数在年份内品种间差异较大，标准差为3.2万～6.4万/亩。如图19-4所示，2016—2017年度最高茎数最高，2017—2018年度表现最差，年份间波动规律不显著。总体而言，最高茎数在年份间和品种间差异较大，随着年份变化的增减趋势不明显。

五、小麦品种试验有效分蘖率的变化动态

在2016—2020年北部冬麦区水地组品种试验中参试品种有效分蘖率的表现为（图19-5，表19-3）：参试品种5年平均有效分蘖率为44.9%，正常年份小麦品种的有效分蘖率为45%左右。其中，2017—2018年度受倒春寒影响，有效分蘖率最低仅为38.7%；2018—2019年度的有效分蘖率最高为50.8%，其余年份的有效分蘖率都在45%左右。有效分蘖率在年份间受气候影响差异较大，为38.7%～50.8%，其中，2017—2018年度有效分蘖率偏低；2018—2019年度有效分蘖率较高，其余年份间差异不大。有效分蘖率在年份内品种间差异较大，标准差的为1.8%～3.6%。如图19-5所示，有效分蘖率在2017—2018年度明显偏差，2018—2019年度最高，其余年份差异不大。总体而言，有效分蘖率在年份间和品种间差异较大，随着年份变化的增减规律不明显。

六、小麦品种试验亩穗数的变化动态

在2016—2020年北部冬麦区水地组品种试验中参试品种亩穗数的表现为（图19-5）：参试品种5年平均亩穗数为42.6万穗，正常年份小麦品种的亩穗数为45万穗左右。其中，2015—2016年度因基本苗偏低、2017—2018年度受倒春寒和干旱影响，亩穗数都在40万穗以下；2016—2017年度的亩穗数约为48万穗，为5年中亩穗数最高的一年；2018—2019年度和2019—2020年度的亩穗数都在44万穗以上。亩穗数在年份间受气候影响变化较大，为38.5万～47.9万穗，其中2015—2016年度和2017—2018年度亩穗数较低，2016—2017年度的亩穗数最高，2018—2019年度和2019—2020年度的亩穗数表现较好。亩穗数在年份内品种间差异较大，标准差为1.8万～3.3万穗。如图19-5所示，2016—2017年度亩穗数最高，2015—2016年度和2017—2018年度表现较差，年份间波动规律不明显。总体而言，亩穗数在年份间和品种间差异较大，随着年份变化的增减趋势不明显（图19-5）。

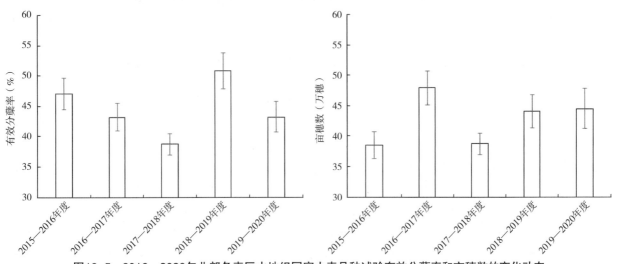

图19-5　2016—2020年北部冬麦区水地组国家小麦品种试验有效分蘖率和亩穗数的变化动态

七、小麦品种试验穗粒数的变化动态

2016—2020年北部冬麦区水地组品种试验中参试品种穗粒数的表现为（图19-6）：参试品种5年平均穗粒数为33.3粒/穗。其中，2017—2018年度受倒春寒和干旱影响，亩穗数偏少，作为补偿穗粒数较多，约为34粒/穗；其余年份穗粒数表现比较稳定，都约为33粒/穗。穗粒数在年份间受气候影响变化较小，为33.1～33.8粒/穗，其中2017—2018年度穗粒数较高，其余年份穗粒数表现类似。穗粒数在年份内品种间差异较大，标准差的变幅为1.4～2.6粒/穗。如图19-6所示，2017—2018年度穗粒数最高，其余年份比较稳定。总体而言，穗粒数在年份间变化较小，在品种间差异较大，随着年份变化的增减趋势不明显。

八、小麦品种试验千粒重的变化动态

2016—2020年北部冬麦区水地组品种试验中参试品种千粒重的表现为（图19-6）：参试品种5年平均千粒重为42g，正常年份小麦品种的千粒重为42g左右。其中，2019—2020年度受低温影响，千粒重较低，为40.6g；2015—2016年度和2018—2019年度的千粒重较高，分别为44.0g和42.4g；2016—2017年度和2016—2017年度的千粒重都在41g以上。千粒重在年份间受气候影响变化较大，为40.6～44.0g，其中2019—2020年度千粒重较低，2015—2016年度和2018—2019年度的千粒重较高，2016—2017年度和2017—2018年度的千粒重表现中等。千粒重在年份内品种间差异较大，标准差的变幅为2.3～3.1g。如图19-6所示，2015—2016年度千粒重最高，2019—2020年度表现最差。

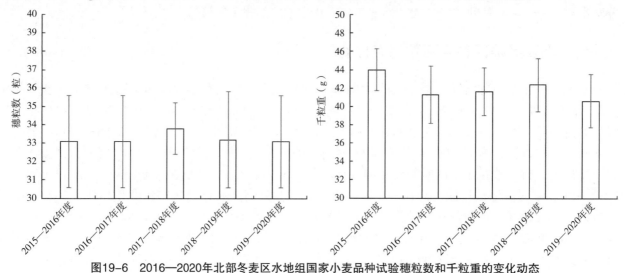

图19-6　2016—2020年北部冬麦区水地组国家小麦品种试验穗粒数和千粒重的变化动态

第三节　2016—2020年国家冬小麦北部水地组
品种试验品质性状动态分析

2016—2020年国家冬小麦北部冬麦区水地组区域试验参试品种的品质指标委托农业农村部谷物品质监督检验测试中心（北京）检测。中心对样品进行了杂质和不完善粒去除，并进行了降落数值测定，对高于200s的样品进行等量混样，消除了个别降落数值过低的样品对混合样品品质的影响，以确保品种品质测试结果的准确性。依据《主要农作物品种审定标准（国家级）》中小麦"1.5品质"和"2.2.7优质品种"，满足下述各项相关指标要求的强筋、中强筋和弱筋小麦为优质品种。强筋小麦：粗蛋白含量（干基）≥14.0%、湿面筋含量（14%水分基）≥30.5%、吸水量≥60%、稳定时间≥10.0min、最大拉伸阻力E.U.（参考值）≥450、拉伸面积≥100cm²，其中有一项指标不满足，但可以满足中强筋的降为中强筋小麦。中强筋小麦：粗蛋白含量（干基）≥13.0%、湿面筋含量（14%水分基）≥28.5%、吸水量≥58%、稳定时间≥7.0min、最大拉伸阻力E.U.（参考值）≥350、拉伸面积≥80cm²，其中有一项指标不满足，但可以满足中筋的降为中筋小麦。中筋小麦：粗蛋白含量（干基）≥12.0%、湿面筋含量（14%水分基）≥24.0%、吸水量≥55%、稳定时间≥3.0min、最大拉伸阻力E.U.（参考值）≥200、拉伸面积≥50cm²。弱筋小麦：粗蛋白含量（干基）<12.0%、湿面筋含量（14%水分基）<24.0%、吸水量<55%、稳定时间<3.0min。将2016—2020年国家冬小麦北部冬麦区水地组区域试验参试品种的品质检测结果，依据小麦品种品质指标的分类标准，分析粗蛋白含量（干基）、湿面筋含量（14%水分基）、吸水量、稳定时间、最大拉伸阻力和拉伸面积等指标品种类型比例，并分析了品种综合品质类型的动态变化（表19-4）。

表19-4 2016—2020年北部冬麦区水地组区域试验小麦品种品质性状

品质指标	年度	平均值	品种数（个）	各品质类型品种数（个）				各品质类型品种比例（%）			
				强筋	中强筋	中筋	弱筋	强筋	中强筋	中筋	弱筋
蛋白质	2015—2016	13.9	16	7	7	2	0	43.8	43.8	12.5	0
	2016—2017	14.4	11	9	2	0	0	81.8	18.2	0	0
	2017—2018	15.1	13	13	0	0	0	100.0	0.0	0	0
	2018—2019	14.0	16	7	9	0	0	43.8	56.3	0	0
	2019—2020	14.3	17	12	4	1	0	70.6	23.5	5.9	0
	合计	14.4	73	48	22	3	0	65.8	30.1	4.1	0
湿面筋	2015—2016	30.9	16	9	5	2	0	56.3	31.3	12.5	0
	2016—2017	35.0	11	11	0	0	0	100.0	0.0	0	0
	2017—2018	35.4	13	13	0	0	0	100.0	0	0	0
	2018—2019	32.6	16	12	3	1	0	75.0	18.8	6.3	0
	2019—2020	33.5	17	16	1	0	0	94.1	5.9	0	0
	合计	33.5	73	61	9	3	0	83.6	12.3	4.1	0
吸水量	2016—2017	56.8	11	0	5	5	1	0	45.5	45.5	9.1
	2017—2018	59.1	13	8	1	3	1	61.5	7.7	23.1	7.7
	2018—2019	57.1	16	3	4	6	3	18.8	25.0	37.5	18.8
	2019—2020	60.4	17	14	2	1	0	82.4	11.8	5.9	0
	合计	57.7	57	25	12	15	5	43.9	21.1	26.3	8.8
稳定时间	2015—2016	4.0	16	1	2	4	9	6.3	12.5	25.0	56.3
	2016—2017	3.2	11	0	1	2	8	0	9.1	18.2	72.7
	2017—2018	2.6	13	0	0	4	9	0	0	30.8	69.2
	2018—2019	3.9	16	0	2	8	6	0	12.5	50.0	37.5
	2019—2020	5.6	17	1	4	8	4	5.9	23.5	47.1	23.5
	合计	3.4	73	2	9	26	36	2.7	12.3	35.6	49.3
最大拉伸阻力	2016—2017	526.0	1	1	0	0	0	100.0	0	0	0
	2018—2019	313.0	2	0	1	1	0	0	50.0	50.0	0
	2019—2020	360.2	5	1	2	2	0	20.0	40.0	40.0	0
	合计	419.5	8	2	3	3	0	25.0	37.5	37.5	0
拉伸面积	2016—2017	106.0	1	1	0	0	0	100.0	0	0	0
	2018—2019	68.0	2	0	1	1	0	0	50.0	50.0	0
	2019—2020	73.6	5	1	2	2	0	20.0	40.0	40.0	0
	合计	87.0	8	2	3	3	0	25.0	37.5	37.5	0
品质类型	2015—2016	—	16	1	1	14	0	6.3	6.3	87.5	0
	2016—2017	—	11	0	1	10	0	0	9.1	90.9	0
	2017—2018	—	13	0	0	13	0	0	0	100.0	0
	2018—2019	—	16	0	0	16	0	0	0	100.0	0
	2019—2020	—	17	1	1	15	0	5.9	5.9	88.2	0
	合计	—	73	2	3	68	0	2.7	4.1	93.2	0

一、小麦品种试验参试品种蛋白质含量的动态变化

2016—2020年北部冬麦区水地组区域试验73个参试品种的蛋白质含量以强筋和中强筋品种为主，达到强筋、中强筋标准的品种比例分别达到65.8%和30.1%，达到强筋或中强筋标准的品种比例累计约占96%（图19-7）。粗蛋白含量（干基）<12.0%的符合弱筋小麦标准的品种没有出现。其余符合中筋小麦蛋白质含量标准的品种约占4%。达到强筋或中强筋的累计占比在年份间变化不大，其中2016—2017年度、2017—2018年度和2018—2019年度所有参试品种的蛋白质含量都达到强筋或中

强筋小麦标准，2015—2016年度和2018—2019年度参试品种的蛋白质含量都达到强筋或中强筋小麦标准的品种占比分别为87.6%和94.1%。蛋白质含量达到强筋标准的品种比例在年份间波动较大，其中2017—2018年度达到100%，2016—2017年度在80%以上，2019—2020年度在60%以上，而2015—2016年度和2018—2019年度仅约占44%。

二、小麦品种试验参试品种湿面筋含量的动态变化

2016—2020年北部冬麦区水地组区域试验73个参试品种的湿面筋含量也以强筋和中强筋品种为主，达到强筋、中强筋标准的品种比例分别达到83.6%和12.3%，达到强筋或中强筋标准的品种比例累计约占96%（图19-7、表19-4）。湿面筋含量（14%水分基）<24.0%的符合弱筋小麦标准的品种没有出现。其余符合中筋小麦湿面筋含量标准的品种约占4%。达到强筋或中强筋的累计占比在年份间变化不大，其中2016—2017年度、2017—2018年度和2019—2020年度所有参试品种的湿面筋含量都达到强筋或中强筋小麦标准，2015—2016年度和2018—2019年度参试品种的湿面筋含量都达到强筋或中强筋小麦标准的品种占比分别为87.5%和93.8%。湿面筋含量达到强筋标准的品种比例在年份间波动较大，其中2016—2017年度和2017—2018年度达到100%，2019—2020年度在90%以上，2019—2020年度在70%以上，而2015—2016年度仅约占56%。

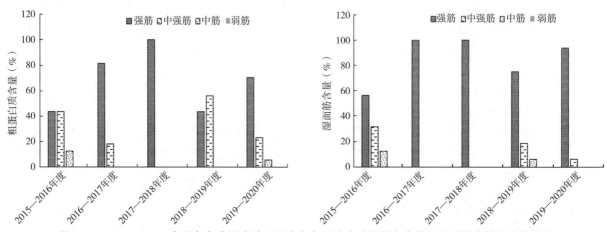

图19-7　2016—2020年北部冬麦区水地组国家小麦品种试验粗蛋白含量和湿面筋含量的变化动态

三、小麦品种试验参试品种吸水量的动态变化

2017—2020年北部冬麦区水地组区域试验57个参试品种的吸水量也以强筋和中强筋品种为主，达到强筋、中强筋标准的品种比例分别达到43.9%和21.1%，达到强筋或中强筋标准的品种比例累计约占65%（图19-8、表19-4），这与蛋白质含量和湿面筋含量达到强筋或中强筋标准的约96%的品种比例相比，吸水量达到中强筋以上标准的品种比例明显减少。吸水量<55%的符合弱筋小麦标准的品种占比约9%。其余符合中筋小麦吸水量标准的品种约占26%。达到强筋或中强筋的累计占比在年份间变化较大，其中2019—2020年度吸水量达到强筋或中强筋小麦标准的品种比例达到94%，2017—2018年度约占70%，2016—2017年度和2018—2019年度参试品种的吸水量都达到强筋或中强筋小麦标准的品种占比在45%左右。吸水量达到强筋标准的品种比例在年份间波动也较大，其中2019—2020年度吸水量达到强筋标准的品种比例达80%以上，2017—2018年度达到60%以上，而2018—2019年度仅占约19%，2016—2017年度所有参试品种的吸水量指标均未达到强筋标准。需要说明的是，2015—2016年度未测试吸水量指标。

四、小麦品种试验参试品种稳定时间的动态变化

2016—2020年北部冬麦区水地组区域试验73个参试品种的稳定时间以弱筋品种的比例最高，

其占比达49.3%；其次是中筋品种占比35.6%；达到强筋和中强筋标准的品种分别占比2.7%和12.3%（图19-8、表19-4）。稳定时间达到强筋标准的品种很少，仅有2015—2016年度的参试品种"ZY855"和2019—2020年度的"中麦Z21"稳定时间达到强筋标准。稳定时间达到中强筋标准的品种也较少，约占参试品种的12%。2016—2020年共有9个品种的稳定时间达到中强筋标准，即2015—2016年度的众信7198和长6794、2016—2017年度的ZY 855、2018—2019年度的京麦18和SDWW—21、2019—2020年度的中麦5051、太麦101、津农17和博麦7612。

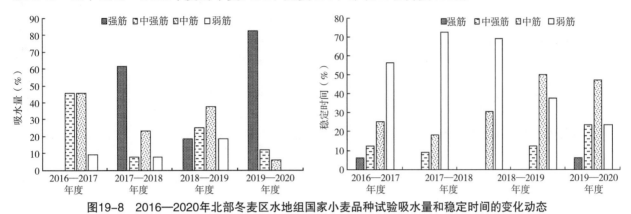

图19-8 2016—2020年北部冬麦区水地组国家小麦品种试验吸水量和稳定时间的变化动态

五、小麦品种试验参试品种最大拉伸阻力和拉伸面积的动态变化

最大拉伸阻力和拉伸面积测试的品种数量较少，2016—2020年共测试8个品种，约占参试品种数的10%。测试的8个品种中，达到强筋标准的品种共2个，即ZY855和中麦Z21；达到中强筋标准的品种共3个，即SDWW—21、中麦5051和博麦7612；其余3个品种达到中筋品种标准，即京麦18、太麦101和津农17。

六、小麦品种试验参试品种综合品质类型的动态变化

蛋白质含量、湿面筋含量和吸水量以强筋和中强筋品种类型为主，达到中强筋品种以上标准的品种比例分别约占96%、96%和65%；而稳定时间却以弱筋和中筋品种为主，达到弱筋和中筋标准的品种比例分别为49.3%和35.6%，弱筋和中筋品种合计约占85%。稳定时间是北部冬麦区参试品种品质类型提升的主要限制因子。另外，所有品种的蛋白质含量和湿面筋含量都不符合弱筋标准，吸水量达到弱筋标准的品种比例也仅约占9%。蛋白质含量、湿面筋含量和吸水量与稳定时间之间的矛盾，导致综合品质指标符合中强筋、强筋或弱筋标准的品种比例极少。在2016—2020年北部冬麦区水地组区域试验73个参试品种中，综合品质指标达到强筋标准的品种只有两个（津农17和ZY855），占比2.7%；达到中强筋标准的品种共3个（中麦Z21、众信7198和ZY855），占比4.1%；其余93.2%的品种均为中筋类型，没有符合弱筋标准的品种。可见，稳定时间是限制北部冬麦区小麦品种品质类型提升的主要限制因子，科研育种工作应当注重稳定时间指标的改良，否则小麦品质类型很难达到中强筋以上标准，更谈不上品质类型的普遍提升。

第四节 2016—2020年国家冬小麦北部水地组
品种试验抗性性状动态分析

2016—2020年国家冬小麦北部冬麦区水地组品种区域试验参试品种委托北京延庆种子管理站承担田间抗寒性鉴定，中国农业科学院植物保护研究所承担条锈病、叶锈病和白粉病的抗病性鉴定。

现将2016—2020年北部冬麦区水地组品种试验的抗寒性鉴定和抗病性鉴定结果总结如下。

一、抗寒性鉴定

（一）鉴定试验设计

2016—2020年参试品种的抗寒性委托北京延庆种子管理站进行田间鉴定。试验采取随机区组排列，3次重复，小区面积7.5m²，行长5m，行距0.25m，每小区6行。播种密度按基本苗25万株/亩设计。试验安排在延庆康庄镇军营村，试验地平整，肥力均匀，前茬作物绿肥，土壤质地为沙壤土，肥力中上等。

（二）抗寒性分级标准

根据越冬死茎率将抗寒性分为五级：抗寒性级别1级，越冬死茎率≤10%，抗寒性评价为好；抗寒性级别2级，越冬死茎率10.1%～15.0%，抗寒性评价为较好；抗寒性级别3级，越冬死茎率15.1%～20.0%，抗寒性评价为中等；抗寒性级别4级，越冬死茎率20.1%～25.0%，抗寒性评价为较差；抗寒性级别5级，越冬死茎率>25.0%，抗寒性评价为差。

（三）抗寒性鉴定结果

2016—2020年北部冬麦区水地组区域试验小麦品种抗寒性鉴定结果为：2015—2016年度参试品种中的中麦1217、京麦1727、CA1091、津麦3118和京农12-79的抗寒性级别2级，越冬死茎率10.1%～15.0%，抗寒性评价为较好。航2566、轮选149、众信7198、中麦175、中麦8号、中麦4072、中麦93、农大3486和长6794的越冬死茎率为15.1%～20.0%，抗寒性级别3级，抗寒性评价为中等。ZY855的抗寒性级别4级，越冬死茎率20.1%～25.0%，抗寒性评价为较差。婴泊700的抗寒性级别5级，越冬死茎率>25.0%，抗寒性评价为差。2016—2017年度参试品种中的长麦6789的越冬死茎率≤10%，抗寒性级别1级，抗寒性评价为好。京麦16、晋作80、科遗6259、科育18、京麦1727、KT-01、ZY855、中麦175和津麦3118的抗寒性级别2级，越冬死茎率10.1%～15.0%，抗寒性评价为较好。河农5102的越冬死茎率为15.1%～20.0%，抗寒性级别3级，抗寒性评价为中等。2017—2018年度参试品种中的津农12号、轮选149、京麦16、科育18、CA12123、中麦88、RS1025、众信8678、科茂53、京麦18、京农14-62和中麦175的越冬死茎率15.1%～20.0%，抗寒性级别3级，抗寒性评价为中等。津麦0158的抗寒性级别4级，越冬死茎率为20.1%～25.0%，抗寒性评价为较差。冀麦325和ZY855的抗寒性级别5级，越冬死茎率>25.0%，抗寒性评价为差。2018—2019年度所有参试品种的抗寒性级别均为5级，越冬死茎率>25.0%，抗寒性评价为差。2018—2019年度因播种浅和干旱等原因，所有品种的抗寒性都评价为差，鉴定结果报废。2019—2020年度参试品种中的京农14-19的越冬死茎率≤10%，抗寒性级别1级，抗寒性评价为好。中麦Z21、晋太1508、京农16-16、BH3757、GY13028、河农8184、RS1115、BH7868、中麦5051、津农17、航麦819、京农16-72、中麦623和中麦175的抗寒性级别2级，越冬死茎率为10.1%～15.0%，抗寒性评价为较好。太麦101、博麦7612、众信7247的越冬死茎率15.1%～20.0%，抗寒性级别3级，抗寒性评价为中等。

（四）越冬死茎率的变化动态

2018—2019年度参试品种的平均越冬死茎率达到51.3%，变幅为39.1%～72.6%，所有品种的抗寒性级别均为5级，越冬死茎率>25.0%，抗寒性评价为差。2018—2019年度因播种浅和干旱等原因，鉴定结果报废。

2018—2019年度以外的4年鉴定结果平均越冬死茎率为15.8%，幅度为9.2%～28.8%。其中，2017—2018年度的平均越冬死茎率最高，为19.5%；2015—2016年度次之，为16.7%；2019—2020年度和2016—2017年度的平均越冬死茎率较低，分别为13.8%和13.2%。

越冬死茎率受气候和种植管理措施影响较大，年份间变化的规律性不明显（图19-9）。

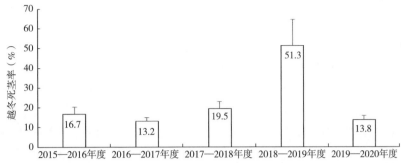

图19-9　2016—2020年北部冬麦区水地组国家小麦品种试验抗寒性鉴定越冬死茎率的变化动态

（五）品种抗寒性级别的变化动态

根据越冬死茎率将抗寒性分为五级，好（越冬死茎率≤10%）、较好（越冬死茎率10.1%～15.0%）、中等（越冬死茎率15.1%～20.0%）、较差（越冬死茎率20.1%～25.0%）和差（越冬死茎率>25.0%）。各年份参试品种的抗寒性级别比例表明（表19-5）：参试品种的抗寒性级别以"较好"和"中等"为主，分别占比约48%和40%，合计占比接近90%；抗寒性级别为"好"的品种比例较少，平均仅占约3.7%，在2016—2020年的参试品种中只有2016—2017年度参试品种"长麦6789"和2019—2020年度参试品种"京农14-19"共两个品种的抗寒性评价为"好"。参试品种的抗寒性评价为"较差"和"差"的品种分别占比3.2%和4.9%，2015—2016年度的参试品种ZY855和婴泊700的抗寒性分别被评价为较差和差。2017—2018年度的参试品种"津麦0158"的抗寒性分别被评价为"较差"，冀麦325和ZY855的抗寒性评价为"差"。参试品种的抗寒性鉴定结果在年份间差异较大，2016—2017年度和2019—2020年度的抗寒性级别以"较好"为主，分别占比81.8%和77.8%；2017—2018年度以"中等"为主，占比80%；2015—2016年度抗寒性级别"中等"和"较好"的品种分别占比56.3%和31.3%。参试品种的抗寒性级别"好""较好"和"中等"均表示为抗寒性鉴定合格品种，故将这3个抗寒性级别品种所占比例的总和定义为合格率，即抗寒性鉴定合格的品种比例（表19-5）。2016—2017年度和2019—2020年度的品种抗寒性鉴定合格率均为100%，2015—2016年度和2017—2018年度的品种抗寒性鉴定合格率分别为87.5%和80%。总体而言，参试品种的抗寒性鉴定合格率约为92%。

表19-5　2016—2020年北部冬麦区水地组区域试验小麦品种抗寒性鉴定结果

年份	品种数（个）	越冬死茎率（%）	合格率（%）	品种抗寒性级别分布比例（%）				
				好	较好	中等	较差	差
2016	16	16.7	87.5	0	31.3	56.3	6.3	6.3
2017	11	13.2	100.0	9.1	81.8	9.1	0	0
2018	15	19.5	80.0	0	0	80.0	6.7	13.3
2020	18	13.8	100.0	5.6	77.8	16.7	0	0
总计	60	15.8	91.9	3.7	47.7	40.5	3.2	4.9

注：①合格率为抗寒性级别中的好、较好和中等所占比例的和；②2018—2019年度鉴定结果未参与汇总。

二、抗病性鉴定

（一）抗病性鉴定方法

根据国家小麦品种试验方案要求，2016—2020年北部冬麦区水地组区域试验的参试品种委托中国农业科学院植物保护研究所利用条锈菌、叶锈菌、白粉菌的混合优势小种在田间人工接种条件下的抗条锈病、叶锈病、白粉病鉴定。条锈病混合圃鉴定菌系由中国农业科学院植物保护研究所提供的主要条锈菌小种或致病类型8个代表性菌株。二次人工喷雾接种感病品种铭贤169诱发行，在感病对照品种铭贤169充分发病后调查各品种的发病情况。叶锈菌小种为PHT和THT；每个品种播长1m，行距33cm，中间设接种行，20个小麦品种设一个诱发行品种铭贤169，田间管理采用高肥水、接种前3d和接种后每10d一次灌水，以促进发病。小麦叶锈菌按1g∶1 000mL无毒轻量矿物油比例均匀喷雾接种到诱发行品种和部分小麦品种上，晾干2h后喷水保湿16h，次日清晨8:00揭去塑料薄膜，两次调查，取调查结果的最高值。白粉菌为混合菌株，每个品种播长1m，行距25cm，不设重复，中间设接种行。分别于冬、春两次接种。田间管理采用高氮、高水、高密度栽培措施，以促进发病。通常在5月下旬各调查两次，最后结果取两次调查的最高值。病害严重度按0～9级法记载。鉴定方法和调查记载标准参见《小麦抗病虫性评价技术规范》（NY/T 1443—2007）系列标准，小麦赤霉病计算方法参考《小麦区域试验品种抗赤霉锈病鉴定技术规范》（NY/T 2954—2016），小麦条锈病计算方法参考《小麦区域试验品种抗条锈病鉴定技术规范》（NY/T 2953—2016）；白粉病鉴定方法和调查记载标准参见《全国小麦品种试验抗病虫鉴定标准（试行）》。

（二）抗病性鉴定结果

2016—2020年北部冬麦区水地组区域试验的参试品种抗条锈病、叶锈病、白粉病鉴定结果总结如下（表19-6）：2015—2016年度品种中，中麦93高抗条锈病、中感叶锈病、中抗白粉病；农大3486中感条锈病、高抗叶锈病、中感白粉病；京麦1727、长6794、津麦3118中抗条锈病、慢叶锈病、中抗白粉病；中麦4072高感条锈病、慢叶锈病、中抗白粉病；ZY855高抗条锈病、高感叶锈病、中感白粉病；众信7198高抗条锈病、高抗叶锈病、高感白粉病；京农12-79高抗条锈病、慢叶锈病、高感白粉病；中麦175高抗条锈病、中抗叶锈病、高感白粉病；婴泊700慢条锈病、高感叶锈病、中抗白粉病；中麦8号中感条锈病、高感叶锈病、中感白粉病；中麦1217中抗条锈病、高感叶锈病、中感白粉病；航2566、轮选149中抗条锈病、中抗叶锈病、高感白粉病；CA1091中感条锈病、高感叶锈病、高感白粉病。2016—2017年度品种中，晋作80中感条锈病、中感叶锈病、中抗白粉病；中麦175中抗条锈病、慢叶锈病、中抗白粉病；ZY855高抗条锈病、高感叶锈病、中抗白粉病；长麦6789、京麦16、津麦3118中感条锈病、高感叶锈病、中抗白粉病；科遗6259、京麦1727中抗条锈病、高感叶锈病、中感白粉病；科育18高感条锈病、高感叶锈病、中感白粉病；KT-01高感条锈病、慢叶锈病、高感白粉病；河农5102高感条锈病、高感叶锈病、高感白粉病。2017—2018年度品种中，轮选149、科茂53高感条锈病、中感叶锈病、中感白粉病；津农12号慢条锈病、高感叶锈病、中感白粉病；CA12123慢条锈病、高感叶锈病、中抗白粉病；众信8678高感条锈病、高感叶锈病、中感白粉病；津麦0158高感条锈病、高感叶锈病、中抗白粉病；京麦16、京麦18、京农14-62慢条锈病、高感叶锈病、高感白粉病；中麦88、RS1025、中麦175中感条锈病、高感叶锈病、高感白粉病；冀麦325、科育18高感条锈病、高感叶锈病、高感白粉病。2018—2019年度品种中，SDWW-21、中麦175中感条锈病、中感叶锈病、中感白粉病；中夏168高感条锈病、慢叶锈病、中感白粉病；津17鉴14、BH3757、科茂53高感条锈病、中感叶锈病、中感白粉病；轮选149高感条锈病、中感叶锈病、中抗白粉病；航麦305中感条锈病、高感叶锈病、中感白粉病；京农16-16、京农14-62、CA12123、京麦18、中麦88、中麦220高感条锈病、高感叶锈病、中感白粉病；中麦5号高感条锈病、中感叶锈病、高感白粉病；中信麦15、中麦6079高感条锈病、高感叶锈病、高感白粉病。2019—2020年度品种中，中麦175慢条锈病、中感叶锈病、中感白粉病；BH3757高感条锈病、中感叶锈病、中感白粉病；津农17慢条锈病、中抗叶锈病、高感白粉病；京农16-72中感条锈病、高感叶锈病、中感白粉病；中麦5051中感条锈病、慢叶锈病、高感白粉病；晋太1508、RS1115中感条锈病、中感叶锈病、高感白粉病；京农16-16、河农8184、航麦819高感条锈病、高感叶锈病、中感白粉病；GY13028高感条锈病、高感叶锈病、中抗白粉病；BH7868、博麦7612高感条锈病、中感叶锈病、高感白粉病；中麦Z21慢条锈病、高感叶锈病、高感白粉病；京农14-19、中麦623中感条锈病、高感叶锈病、高感白粉病；太麦101、众信7247高感条锈病、高感叶锈病、高感白粉病。

表19-6 2016—2020年北部冬麦区水地组区域试验小麦品种抗病性鉴定结果

年份	品种名称	条锈病	叶锈病	白粉病	年份	品种名称	条锈病	叶锈病	白粉病
2015—2016	中麦93	HR	MS	MR	2017—2018	中麦175	MS	HS	HS
2015—2016	农大3486	MS	HR	MS	2017—2018	冀麦325	HS	HS	HS
2015—2016	京麦1727	MR	M	MS	2017—2018	科育18	HS	HS	HS
2015—2016	长6794	MR	M	MS	2018—2019	SDWW-21	MS	MS	MS
2015—2016	津麦3118	MR	M	MR	2018—2019	中麦175	MS	MS	MS
2015—2016	中麦4072	HS	M	MR	2018—2019	中夏168	HS	M	MS
2015—2016	ZY855	HR	HS	MS	2018—2019	津17鉴14	HS	MS	MS
2015—2016	众信7198	HR	HR	HS	2018—2019	BH3757	HS	MS	MS
2015—2016	京农12-79	HR	M	HS	2018—2019	科茂53	HS	MS	MS
2015—2016	中麦175	HR	MR	HS	2018—2019	轮选149	HS	MS	MR
2015—2016	婴泊700	M	HS	MR	2018—2019	航麦305	MS	HS	MS
2015—2016	中麦8号	MS	HS	MS	2018—2019	京农16-16	HS	HS	MS
2015—2016	中麦1217	MR	HS	MS	2018—2019	京农14-62	HS	HS	MS
2015—2016	航2566	MR	MR	HS	2018—2019	CA12123	HS	HS	MS
2015—2016	轮选149	MR	MR	HS	2018—2019	京麦18	HS	HS	MS
2015—2016	CA1091	MS	HS	HS	2018—2019	中麦88	HS	HS	MS
2016—2017	晋作80	MS	MS	MR	2018—2019	中麦220	HS	HS	MS
2016—2017	中麦175	MR	M	MR	2018—2019	中麦5号	HS	MS	HS
2016—2017	ZY855	HR	HS	MR	2018—2019	中信麦15	HS	HS	HS
2016—2017	长麦6789	MS	HS	MS	2018—2019	中麦6079	HS	HS	HS
2016—2017	京麦16	MS	HS	MS	2019—2020	中麦175	M	MS	MS
2016—2017	津麦3118	MS	HS	MR	2019—2020	BH3757	HS	MS	MS
2016—2017	科遗6259	MR	HS	MS	2019—2020	津农17	M	MR	HS
2016—2017	京麦1727	MR	HS	MS	2019—2020	京农16-72	MS	HS	MS
2016—2017	科育18	HS	HS	MS	2019—2020	中麦5051	MS	M	HS
2016—2017	KT-01	HS	M	HS	2019—2020	晋太1508	MS	MS	HS
2016—2017	河农5102	HS	HS	HS	2019—2020	RS1115	MS	MS	HS
2017—2018	轮选149	HS	MS	MS	2019—2020	京农16-16	HS	HS	MS
2017—2018	科茂53	HS	MS	MS	2019—2020	河农8184	HS	HS	MS
2017—2018	津农12号	M	HS	MS	2019—2020	航麦819	HS	HS	MS
2017—2018	CA12123	M	HS	MR	2019—2020	GY13028	HS	HS	MR
2017—2018	众信8678	HS	HS	MS	2019—2020	BH7868	HS	MS	HS
2017—2018	津麦0158	HS	HS	MR	2019—2020	博麦7612	HS	MS	HS
2017—2018	京麦16	M	HS	HS	2019—2020	中麦Z21	M	HS	HS
2017—2018	京麦18	M	HS	HS	2019—2020	京农14-19	MS	HS	HS
2017—2018	京农14-62	M	HS	HS	2019—2020	中麦623	MS	HS	HS
2017—2018	中麦88	MS	HS	HS	2019—2020	太麦101	HS	HS	HS
2017—2018	RS1025	MS	HS	HS	2019—2020	众信7247	HS	HS	HS

（三）品种高感病害类型分析

根据各参试品种对条锈病、叶锈病和白粉病的抗性级别统计其对三大病害的高感次数，对上述

3种病害同时高感的品种计为高感3次，对这3种病害都不高感的品种计为高感0次，对其中任一种病害高感的品种统计为高感1次，对其中任2种病害高感则计为高感2次。统计结果表明（表19-7），高感条锈病、叶锈病和白粉病3种病害中的1种和2种的品种比例最高，高感1种和2种病害的品种占比分别为42.1%和35.5%，高感1种或2种病害的品种约占参试品种的78%。对条锈病、叶锈病和白粉病3种病害都不高感，即高感病害种类为0的品种占比较少，共计10个品种·次，占参试品种的13.2%。这类品种主要出现在2015—2016年度的鉴定结果中，包括中麦93、农大3486、京麦1727、长6794和津麦3118等5个品种。其余年份这类品种很少，主要包括2016—2017年度的晋作80和对照中麦175、2018—2019年度的SDWW-21和对照中麦175、2019—2020年度的中麦175。除了对照中麦175外，在2017—2020年的4年中实际仅出现2个品种，即晋作80和SDWW-21。同时高感条锈病、叶锈病和白粉病3种病害的品种数共计7个，约占参试品种数的9%。全高感的品种包括2016—2017年度的河农5102，2017—2018年度的冀麦325和科育18，2018—2019年度的中信麦15和中麦6079，2019—2020年度的太麦101和众信7247。

表19-7　2016—2020年北部冬麦区水地组区域试验小麦品种对3种病害高感次数统计

年度	品种数（个）	各高感次数的品种数（个）				各高感次数的品种比例（%）			
		0	1	2	3	0	1	2	3
2015—2016	16	5	10	1	0	31.3	62.5	6.3	0
2016—2017	11	2	6	2	1	18.2	54.5	18.2	9.1
2017—2018	14	0	4	8	2	0	28.6	57.1	14.3
2018—2019	17	2	6	7	2	11.8	35.3	41.2	11.8
2019—2020	18	1	6	9	2	5.6	33.3	50.0	11.1
总计	76	10	32	27	7	13.2	42.1	35.5	9.2

（四）品种抗病性分级情况分析

根据各参试品种对条锈病、叶锈病和白粉病的抗性级别统计各抗病级别的品种数量和比例，结果表明（表19-8），条锈病，2016—2019年参试品种高感条锈病的比例呈逐年上升趋势，比例由2015—2016年度的6.3%上升到2018—2019年度的82.4%，2019—2020年度回落到50%。2016—2020年高感条锈病的品种比例平均为43.4%，中感、慢病、中抗和高抗条锈病的品种比例分别为25%、11.8%、11.8%和7.9%。高抗条锈病的品种很少，共计6个品种中有5个品种出现在2015—2016年度，最近4年除了2016—2017年度的ZY855外，没有高抗条锈病的品种。中抗条锈病的品种也主要出现在2015—2016年度（中麦1217、京麦1727、津麦3118、航2566、轮选149和长6794 6个品种）和2016—2017年度（科遗6259、京麦1727和中麦175 3个品种）。总体而言，参试品种对条锈病的抗性在中感和高感类型为主，占品种总数的约67%。叶锈病，2016—2019年参试品种对叶锈病的抗病类型以高感和中感类型为主，分别占比57.9%和22.4%，合计约占比80%。慢叶锈病的品种占11.8%，而高抗和中抗叶锈病的品种很少，2015—2016年度高抗和中抗叶锈病的品种分别有2个和3个，其余年份只有2019—2020年度的津农17中抗叶锈病。总体而言，参试品种对叶锈病的抗性在中感和高感类型为主，占品种总数的约80%。白粉病，2016—2019年参试品种对白粉病的抗病类型以高感和中感类型为主，分别占比39.5%和44.7%，合计约占比84%。高抗和慢白粉病的品种都没有出现。中抗白粉病的品种占比15.8%，2015—2016年度和2016—2017年度每年都有4个品种中抗白粉病，2017—2018年度有2个品种中抗白粉病，2018—2019年度和2019—2020年度都只有1个品种中抗白粉病。总体而言，参试品种对白粉病的抗性在中感和高感类型为主，占品种总数的约84%。

（五）品种抗病性小结

2016—2019年北部冬麦区水地组参试品种对条锈病、叶锈病和白粉病的抗性级别都以高感和中感类型为主，分别占参试品种数的68.4%、80.3%和84.2%。高抗或中抗条锈病的品种仅出现在2015—2016年度和2016—2017年度，其后3年没有高抗或中抗条锈病品种。高抗或中抗叶锈病的品种主要出现在2015—2016年度，其余年份仅出现1次中抗品种，其余3年中没有品种高抗或中抗叶锈病品种。高抗或慢白粉病的品种在2016—2020年都没有出现。中抗白粉病的品种每年都有，但比例很小，尤其是近3年每年只有1~2个品种中抗白粉病。

2016—2020年参试品种对条锈病、叶锈病和白粉病3种主要病害的抗性级别都为高感的品种比例为9.2%，高感2种病害的品种比例为35.5%，高感1种病害的品种比例为42.1%，而都不高感的品种仅占比13.2%。由于前两年的抗病性表现较好，近3年抗病性表现下滑，高感3种、2种和1种病害的品种比例平均分别为12.4%、49.4%和32.4%，而都不高感的品种仅占5.8%。总体而言，2015—2016年度品种抗病性鉴定结果最好，2016—2017年度鉴定结果较好，而近3年的鉴定结果相对较差。年份间抗病性鉴定结果的差异与参试品种的抗病性有关，与种植年份的气候有关，可能也与鉴定方法或调查记载标准的差异有关。

表19–8 2016—2020年北部冬麦区水地组区域试验小麦品种抗病性分级情况

类别	年度	总计（个）	各抗病级别品种数量（个）					各抗病级别品种比例（%）				
			高抗	中抗	慢	中感	高感	高抗	中抗	慢	中感	高感
条锈病	2015—2016	16	5	6	1	3	1	31.3	37.5	6.3	18.8	6.3
	2016—2017	11	1	3	0	4	3	9.1	27.3	0	36.4	27.3
	2017—2018	14	0	0	5	3	6	0	0	35.7	21.4	42.9
	2018—2019	17	0	0	0	3	14	0	0	0	17.6	82.4
	2019—2020	18	0	0	3	6	9	0	0	16.7	33.3	50
	合计	76	6	9	9	19	33	7.9	11.8	11.8	25.0	43.4
叶锈病	2015—2016	16	2	3	5	1	5	12.5	18.8	31.3	6.3	31.3
	2016—2017	11	0	0	2	1	8	0	0	18.2	9.1	72.7
	2017—2018	14	0	0	0	2	12	0	0	0	14.3	85.7
	2018—2019	17	0	0	1	7	9	0	0	5.9	41.2	52.9
	2019—2020	18	0	1	1	6	10	0	5.6	5.6	33.3	55.6
	合计	76	2	4	9	17	44	2.6	5.3	11.8	22.4	57.9
白粉病	2015—2016	16	0	4	0	6	6	0	25.0	0	37.5	37.5
	2016—2017	11	0	4	0	5	2	0	36.4	0	45.5	18.2
	2017—2018	14	0	2	0	4	8	0	14.3	0	28.6	57.1
	2018—2019	17	0	1	0	13	3	0	5.9	0	76.5	17.6
	2019—2020	18	0	1	0	6	11	0	5.6	0	33.3	61.1
	合计	76	0	12	0	34	30	0	15.8	0	44.7	39.5

第二十章 2016—2020年国家冬小麦北部旱地组品种试验性状动态分析

第一节 2016—2020年国家冬小麦北部旱地组品种产量及构成因子动态分析

一、品种试验产量水平

（一）对照品种及产量

长6878是2003年通过国家审定的小麦品种，国审麦2003019。2006年区域试验年会上，国家品种审定委员会小麦专业委员会确定长6878为北部冬麦区旱地组区域试验对照品种（表20-1）。

表20-1 2016—2020年北部冬麦区旱地组对照品种长6878的产量及三要素变化

年度	亩产（kg）	亩穗数（万穗）	穗粒数（粒）	千粒重（g）
2015—2016	310.6	32.2	32.8	39.5
2016—2017	271.7	35.9	30.2	32.5
2017—2018	327.5	33.9	34.1	37.9
2018—2019	311.9	34.0	34.0	36.1
2019—2020	328.5	43.5	31.3	33.8
平均	310.0	35.9	32.5	36.0

（二）区域试验产量水平

2016—2020年试验平均亩产多在300kg以上，2016—2017年度产量水平偏低，平均亩产为273.7kg，当年由于降水量偏少，灌浆后期气温偏高，干热风危害，产量水平有所降低。从不同年份小区折合亩产的分布看，北部冬麦区旱地小麦区域试验试验品种的亩产主要集中在280～340kg，亩产低于280kg和亩产高于340kg出现的频次很低，2016—2017年度由于试验产量总体偏低，2019—2020年度试验产量较高。从试验结果看，试验亩产低于280kg多是由于品种丰产性原因，亩产高于340kg与环境和抗病性关系较大（表20-2、图20-1）。

表20-2 2016—2020年北部冬麦区旱地组区域试验品种平均产量及产量三要素变化

年度	亩产（kg）	亩穗数（万穗）	穗粒数（粒）	千粒重（g）
2015—2016	315.8	32.6	33.0	40.3
2016—2017	273.7	35.0	30.5	33.5
2017—2018	314.6	31.9	31.3	41.8
2018—2019	312.0	32.7	36.4	36.1
2019—2020	326.1	40.4	31.8	35.5
平均	308.4	34.5	32.6	37.4

（三）生产试验产量水平

生产试验只有3个年度，2015—2016年度与2019—2020年度没有生产试验。从试验情况看，产量趋势与区域试验相似，产量水平略高于区域试验，在灾害年份，生产试验产量明显高于区域试验，应该是通过区域试验的筛选，参加生产试验的品种在抗病性、抗旱性方面有一定提高（表20-3）。

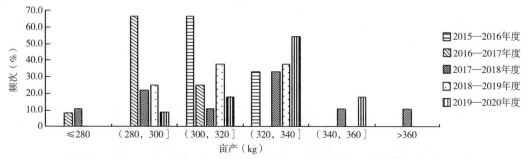

图20-1　2016—2020年北部冬麦区旱地组不同年份不同产量出现频次百分比

表20-3　2016—2020年北部冬麦区旱地组生产试验平均产量及三要素变化

年度	平均亩产（kg）	亩穗数（万穗）	穗粒数（粒）	千粒重（g）
2016—2017	323.8	33.7	29	35.4
2017—2018	313.6	36.6	32.3	39.5
20218—2019	259.6	36.8	26.9	35.8
平均	299.0	35.7	29.4	36.9

二、产量构成因素的变化

（一）有效穗

从试验结果看，2019—2020年度参试品种有效穗最高，在歉收的2016—2017年度有效穗却较另外3个年份偏高。有效穗低于30万/亩，一般品种产量偏低（图20-2）。

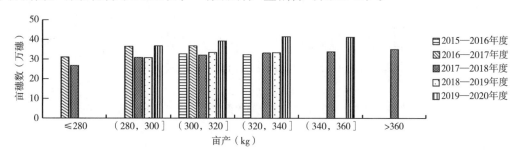

图20-2　2016—2020年北部冬麦区旱地组不同产量水平下亩穗数变化

（二）千粒重

从试验结果看，2017—2018年度参试品种千粒重最高，在歉收的2016—2017年度千粒重最低。千粒重主要受后期降水和病害的影响比较大（图20-3）。

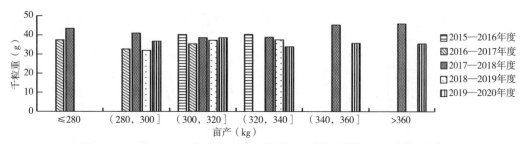

图20-3　2016—2020年度北部冬麦区旱地组不同产量水平下千粒重变化

（三）穗粒数变化

从试验结果看，2018—2019年度参试品种穗粒数最高，在歉收的2016—2017年度穗粒数最低。对穗粒数影响较大因素是春季冻害，因结实性降低对穗粒数较大，不同产量段均有穗粒数较多的品种，丰产年份穗粒数相对较多（图20-4）。

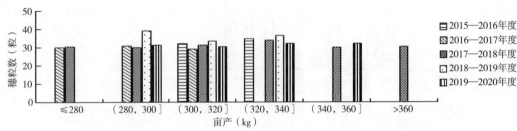

图20-4　2016—2020年北部冬麦区旱地组不同产量水平下穗粒数变化

第二节　2016—2020年度国家冬小麦北部旱地组品种试验农艺性状动态分析

一、有效穗

从试验结果，有效穗受播种期、冬前积温、春季温度和水分的影响，在年份间变化较大，多数试验品种的有效穗为33万～36万穗/亩，亩穗数在30万穗以下和42万穗以上的品种非常少，不同年份有效穗集中分布的范围不同，有效穗是提高产量的重要因子（图20-5）。

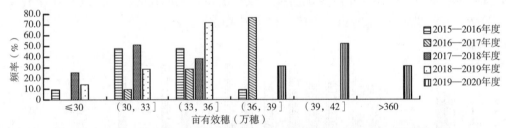

图20-5　2016—2020年北部冬麦区旱地组不同年份不同亩有效穗品种出现频率

二、千粒重

从试验结果看，千粒重受亩穗数、倒伏、灌浆期光照、温度、降水、病害有关，在年份间有一定变化，多数试验品种的千粒重为35～39g。从目前试验品种的试验结果看，千粒重高于43g的品种很少（图20-6）。

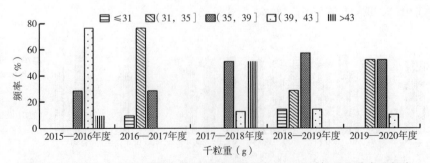

图20-6　2016—2020年北部冬麦区旱地组不同年份不同千粒重品种出现频率

三、穗粒数

穗粒数受亩穗数和春季温度影响较大，年份间波动较大，穗粒数主要为30~34粒（图20-7）。

图20-7 2016—2020年北部冬麦区旱地组不同年份不同穗粒数品种出现频率

四、株高

株高与抗倒性有较高的相关性，北部冬麦区旱地从生态条件和农民选择品种的习惯看，生产上种植的小麦品种植株较高。植株过低，生物产量降低，多不受欢迎。生产上植株较高往往造成丰水年份品种倒伏严重，建议在丰水年份将株高控制在90cm以下，株高年际间变幅较大（图20-8）。

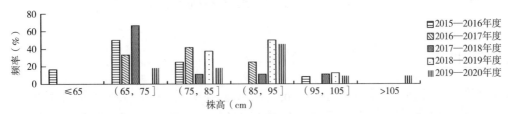

图20-8 2016—2020年北部冬麦区旱地组不同年份不同株高出现频率

五、最高分蘖

最高分蘖与有效穗关系密切，受播种期、播种量、冬前有效积温等多方面因素影响，年度间有较大变幅，从试验情况看，最高群体多数品种为70万~90万/亩（图20-9）。

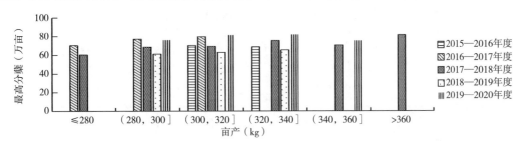

图20-9 2016—2020年北部冬麦区旱地组不同年份不同产量水平下最高分蘖变化

第三节 2016—2020年国家冬小麦北部旱地组 品种试验品质性状动态分析

一、不同类型品种统计

根据《国家小麦审定标准》进行分类，强筋小麦：粗蛋白含量（干基）≥14.0%、湿面筋含量（14%水分基）≥30.5%、吸水率≥60%、稳定时间≥10.0min、最大拉伸阻力E.U.（参考值）≥450、拉伸面积≥100cm²，其中有一项指标不满足，但可以满足中强筋的降为中强筋小麦。中强筋小麦：粗蛋白含量（干基）≥13.0%、湿面筋含量（14%水分基）≥28.5%、吸水率≥58%、稳定时间≥7.0min、最大拉伸阻力E.U.（参考值）≥350、拉伸面积≥80cm²，其中有一项指标不满足，但可以满足中筋的降为中筋小麦。中筋小麦：粗蛋白含量（干基）≥12.0%、湿面筋含量（14%水分基）≥24.0%、吸水率≥55%、稳定时间≥3.0min、最大拉伸阻力E.U.（参考值）≥200、拉伸面积≥50cm²。弱筋小麦：粗蛋白含量（干基）<12.0%、湿面筋含量（14%水分基）<24.0%、吸水率<55%、稳定时间<3.0min。

从品质分析结果看，2016—2020年试验品种均为中筋品种，没有优质强筋、中强筋、弱筋品种。

二、品质分析结果

从2016—2020年不同品质类型品种的品质指标看，容重、蛋白质含量、湿面筋含量、吸水率多数年份和品种均能达到相应品质类型的要求，主要是稳定时间达不到相应品质类型的要求。

第四节　2016—2020年国家冬小麦北部旱地组品种试验抗性性状动态分析

一、抗寒性

抗寒性由北京延庆种子管理站鉴定，鉴定方法与遵化国家区域试验站相同。5年共有2个品种未达审定要求的抗寒性指标要求，分别是众信7298（2018年）、普冰322（2018年）（表20-4）。

表20-4　2016—2020年北部冬麦区旱地组不同抗寒级别品种数量及比例　（个）

抗性分类	2015—2016年度	2016—2017年度	2017—2018年度	2018—2019年度	2019—2020年度
好		1（16.7%）			1（9.1%）
较好	5（41.7%）	8（66.7%）			8（72.7%）
中等	7（58.3%）	1（16.7%）	7（77.8%）		2（18.2%）
较差			1（11.1%）		
差			1（11.1%）		
参试品种	12	12	9	8	11

二、抗倒性

根据小麦品种审定标准，每年区域试验倒伏程度≤3级，或倒伏面积≤40.0%的试验点比例≥70%的品种认定为未达到小麦审定标准。抗倒性依据区域试验各试点田间调查进行统计评价，从试验结果看，5年因素倒伏淘汰的品种有：陇育1355（2020年）、临旱7035（2019年）、陇育15（2019年）、陇中9号（2019年）、陇鉴110（2017年）、陇育12号（2017年）、陇中6号（2017年）。

三、抗病性

抗病性由中国农业科学院植物保护研究所鉴定，5年共鉴定52品种·次，对条锈病表现免疫1个、近免疫1个、高抗3个、中抗6个、慢病19个品种·次，对叶锈病表现高抗3个、中抗2个、慢病3

个品种·次，对白粉病表现中抗4个品种·次，对黄矮病没有表现有抗性的品种。整体上看，北部冬麦区旱地组小麦品种的抗病性有待提高（表20-5）。

表20-5　2016—2020年北部冬麦区旱地组试验品种对不同病害的抗性变化

抗性分级	不同抗性品种数（个）				不同抗性品种数占比（%）			
	条锈病	叶锈病	白粉病	黄矮病	条锈病	叶锈病	白粉病	黄矮病
免疫	1				1.9	0.0	0.0	0.0
近免疫	1				1.9	0.0	0.0	0.0
高抗	3	3			5.8	5.8	0.0	0.0
中抗	6	2	4		11.5	3.8	7.7	0.0
慢	19	3			36.5	5.8	0.0	0.0
中感	10	8	23	17	19.2	15.4	44.2	32.7
高感	12	36	25	35	23.1	69.2	48.1	67.3

四、抗旱

品种抗旱性由洛阳农林科学院进行鉴定，鉴定方法与黄淮冬麦区旱地相同。5年共鉴定52品种·次，抗旱性达4级有29个品种·次，抗旱性达3级有23个品种·次，没有抗旱性较强或强的品种，也没有达5级被淘汰的品种。总体看，参试品种在降株高的同时如何保持抗旱性，是育种者需要注意的问题。

第二十一章　2016—2020年国家春小麦东北晚熟组品种试验性状动态分析

第一节　2016—2020年国家春小麦东北晚熟组品种产量及构成因子动态分析

一、区域试验

平均亩产量年际间变化为300.6～353.2kg/亩，2016—2018年产量呈下降趋势，2018年产量最低为300.6kg/亩。2018—2020年产量呈上升趋势；2020年产量最高为353.2kg/亩。2016—2017年度、2017—2018年度和2018—2019年度减产品种较多，减产品种数分别为26个、11个和15个（表21-1）。

表21-1　2016—2020年国家春麦区东北晚熟组区域试验产量变化情况

年度	平均产量（kg/亩）	品种间变幅（kg/亩）	增产品种数（个）	增产幅度（%）	减产品种数（个）	减产幅度（%）
2015—2016	339.0	321.7～357.4	14	1.0～12.2	0	—
2016—2017	311.5	265.7～351.6	7	0.7～9.6	26	−19.1～−0.1
2017—2018	300.6	273.6～331.8	16	0.1～11.4	11	−7.7～−0.5
2018—2019	323.9	295.5～362.5	12	0.5～8.7	15	−9.9～−0.6
2019—2020	353.2	322.4～377.6	23	0.9～12.3	5	−3.7～−0.1

产量三要素方面，有效穗数、穗粒数和千粒重的变化情况如表21-2所示，有效穗数平均为39.9万穗/亩，变幅为31.0万～44.8万穗/亩；穗粒数平均为32.7粒/穗，变幅为28.8～42.8粒/穗；千粒重平均为36.6g，变幅为30.3～46.3g。

2016—2020年平均产量与产量构成因素相关性分析可知，产量与有效穗数、穗粒数和千粒重的相关系数分别为0.403 1、0.738 0和0.287 8。可见，东北春麦晚熟组区域试验中平均穗粒数对产量的影响最大，而有效穗数和千粒重对产量影响较小。结合产量构成因素，2017—2018年度产量较低的原因是平均穗粒数较少。2019—2020年度产量较高是由于平均穗粒数和平均千粒重共同作用的结果。

表21-2　2016—2020年国家春麦区东北晚熟组产量要素变化情况

年度	有效穗数（万/亩）	品种间变幅（万/亩）	穗粒数（粒）	品种间变幅（粒/穗）	千粒重（g）	品种间变幅（g）
2015—2016	40.0	37.2～42.1	31.8	28.8～34.2	36.2	31.0～40.4
2016—2017	38.7	31.0～40.9	30.4	37.1～34.5	37.6	31.8～46.3
2017—2018	40.4	37.3～42.3	32.0	29.9～35.5	35.5	30.3～39.8
2018—2019	39.9	36.3～42.9	31.6	28.1～33.9	36.5	33.1～41.0
2019—2020	40.6	36.4～44.8	37.7	34.5～42.8	37.0	33.3～42.9
总计	39.9	31.0～44.8	32.7	28.8～42.8	36.6	30.3～46.3

二、生产试验

2016—2020年生产试验产量为288.8～323.0kg/亩，除2017年外，平均亩产呈逐年上升趋势。

2019年较2018年产量提升了1.72%，2020年较2019年产量提升了5.3%，产量提升幅度逐年增大。5年间，参试品种仅2017年1个品种减产，其余各年品种较对照均增产，这也是2017年平均亩产量较2016年下降的原因（表21-3）。

表21-3 2016—2020年国家春麦生产试验东北春麦晚熟组平均产量变化情况

年度	平均产量 （kg/亩）	品种间变幅 （kg/亩）	增产品种数 （个）	增产幅度 （%）	减产品种数 （个）	减产幅度 （%）
2015—2016	295.6	293.4 ~ 297.6	4	2.9 ~ 4.3	0	—
2016—2017	288.8	266.0 ~ 299.9	6	0.9 ~ 6.4	1	-5.6
2017—2018	301.5	297.7 ~ 304.5	3	6.0 ~ 8.4	0	—
2018—2019	306.7	294.7 ~ 320.3	5	0.7 ~ 9.5	0	—
2019—2020	323.0	316.9 ~ 339.8	4	5.0 ~ 12.6	0	—

产量三要素方面，有效穗数、穗粒数和千粒重的变化情况如表21-4所示，有效穗数平均为39.9万穗/亩，变幅为37.3万 ~ 42.5万穗/亩；穗粒数平均为33.4粒/穗，变幅为29.4 ~ 35.5粒/穗；千粒重平均为36.1g，变幅为30.8 ~ 40.4g。

2016—2020年平均产量与产量构成因素相关性分析可知，产量与有效穗数、穗粒数和千粒重的相关系数分别为0.618 5、0.956 8和-0.500 8。可见，东北春麦晚熟组生产试验中穗粒数对产量的影响呈正相关且影响较大，有效穗数对产量影响一般，千粒重对产量的影响呈负相关。小麦育种方向是既要保证单位面积的有效穗数，提高粒重，同时尽量减少千粒重的降低，实现超高产。

表21-4 2016—2020年国家春麦生产试验东北晚熟组产量要素变化情况

年度	有效穗数 （万/亩）	品种间变幅 （万/亩）	穗粒数 （粒）	品种间变幅 （粒/穗）	千粒重 （g）	品种间变幅 （g）
2015—2016	39.7	39.0 ~ 40.3	33.1	31.8 ~ 35.5	36.7	34.1 ~ 40.2
2016—2017	39.7	38.3 ~ 41.7	30.9	29.4 ~ 32.6	37.1	35.0 ~ 40.4
2017—2018	40.1	39.9 ~ 40.3	33.1	31.3 ~ 34.6	34.6	30.8 ~ 38.0
2018—2019	39.0	37.3 ~ 40.1	33.2	31.7 ~ 34.6	36.8	35.1 ~ 39.3
2019—2020	41.1	40.0 ~ 42.5	36.5	35.2 ~ 38.0	35.4	34.0 ~ 37.7
总计	39.9	37.3 ~ 42.5	33.4	29.4 ~ 35.5	36.1	30.8 ~ 40.4

第二节 2016—2020年国家春小麦东北晚熟组品种试验农艺性状动态分析

一、区域试验

2016—2020年区域试验参试品种平均株高年际间变化为78 ~ 100cm。其中，2015—2016年度平均株高为95cm，2017—2020年的株高分别为78cm、89cm、97cm和100cm，有逐年增高的趋势。株高的变化主要是由于气候条件的影响所导致，各年份平均株高及其变化幅度详见表21-5。

二、生产试验

2016—2020年生产试验参试品种平均株高年际间变化为83 ~ 102cm，其中，2015—2016年度平均株高为91cm，2017—2020年的株高分别为83cm、90cm、95cm和102cm，有逐年增高的趋势。年际间株高的变化，主要是由于气候条件的影响所导致，各年份平均株高及其变化幅度详见表21-5。

表21-5　2016—2020年东北春麦区晚熟组品种试验参试品种平均株高变化情况

年度	区域试验		生产试验	
	平均株高（cm）	品种间变幅（cm）	平均株高（cm）	品种间变幅（cm）
2015—2016	95	92~99	91	90~92
2016—2017	78	70~88	83	81~88
2017—2018	89	77~95	90	86~92
2018—2019	97	89~106	95	90~99
2019—2020	100	93~107	102	98~106

第三节　2016—2020年国家春小麦东北晚熟组
品种试验品质性状动态分析

对于参加区域试验的品种，每年在收获后，进行了多点混样品质分析。随着国家提倡优质麦的选育及市场需求的变化，各育种单位相应加强了优质品种的选育力度，参试品种品质水平有了较大的提高，但从参试品种的品质水平来看，仍以中筋类型为主（表21-6）。

表21-6　2016—2020年东北春麦区晚熟组区域试验参试品种品质情况

年度	品种数（个）	强筋及中强筋品种		中筋品种	
		品种数（个）	占比（%）	品种数（个）	占比（%）
2015—2016	14	6	42.9	8	57.1
2016—2017	33	12	36.4	21	63.6
2017—2018	27	6	22.2	21	77.8
2018—2019	27	5	18.5	22	81.5
2019—2020	28	4	14.3	24	85.7
合计	129	33	25.6	96	74.4

第四节　2016—2020年国家春小麦东北晚熟组
品种试验抗性性状动态分析

2016—2020年国家春小麦东北晚熟组参试品种进行区域试验同时，同步进行了对小麦秆锈病、叶锈病、赤霉病、根腐病和白粉病等的接种鉴定，总体表现对小麦秆锈病和叶锈病的抗性好，对赤霉病、根腐病和白粉病的抗性表现不好（表21-7、表21-8）。

表21-7　2016—2020年东北春麦区晚熟组区域试验参试品种抗病鉴定情况

病害	年度	品种数（个）	免疫		高抗		中抗/慢病		中感		高感	
			品种数（个）	占比（%）	品种数（个）	占比（%）	品种数（个）	占比（%）	品种数（个）	占比（%）	品种数（个）	占比（%）
秆锈病	2015—2016	14	8	57.1	1	7.1	5	35.7	0	0.0	0	0.0
	2016—2017	33	15	45.4	6	18.2	3	9.1	5	15.2	4	12.1
	2017—2018	27	18	66.7	4	14.8	5	18.5	0	0.0	0	0.0
	2018—2019	27	14	51.9	2	7.4	4	14.8	2	7.4	5	18.5
	2019—2020	28	1	3.6	4	14.3	22	78.6	1	3.6	0	0.0
	合计	129	56	43.4	17	13.2	39	30.2	8	6.2	9	7.0

病害	年度	品种数（个）	免疫		高抗		中抗/慢病		中感		高感	
			品种数（个）	占比（%）	品种数（个）	占比（%）	品种数（个）	占比（%）	品种数（个）	占比（%）	品种数（个）	占比（%）
叶锈病	2015—2016	14	11	78.6	0	0	2	14.3	0	0	1	7.1
	2016—2017	33	15	45.4	5	15.2	9	27.3	2	6.1	2	6.1
	2017—2018	27	27	100.0	0	0	0	0	0	0.0	0	0
	2018—2019	27	13	48.1	6	22.2	3	11.1	1	3.7	4	14.8
	2019—2020	28	3	10.7	3	10.7	18	64.3	2	7.1	2	7.1
	合计	129	69	53.5	14	10.9	32	24.8	5	3.9	9	7.0
赤霉病	2015—2016	14			0	0	4	28.6	4	28.6	6	42.8
	2016—2017	33			0	0	7	21.2	10	30.3	16	48.5
	2017—2018	27			0	0	0	0	8	29.6	19	70.4
	2018—2019	27			0	0	0	0	4	14.8	23	85.2
	2019—2020	28			0	0	0	0	7	25.0	21	75.0
	合计	129			0	0	11	8.5	33	25.6	85	65.9
根腐病	2015—2016	14			0	0	0	0	6	42.9	8	57.1
	2016—2017	33			0	0	0	0	28	84.8	5	15.2
	2017—2018	27			0	0	0	0	11	40.7	16	59.3
	2018—2019	27			0	0	0	0	18	66.7	9	33.3
	2019—2020	28			0	0	0	0	21	75.0	7	25.0
	合计	129			0	0	0	0	84	65.1	45	34.9
白粉病	2015—2016	14			0	0	2	14.3	8	57.1	4	28.6
	2016—2017	33			0	0	1	3.0	24	72.7	8	24.2
	2017—2018	27			0	0	0	0	11	40.7	16	59.3
	2018—2019	27			0	0	0	0	17	63.0	10	37.0
	2019—2020	28			0	0	0	0	14	50.0	14	50.0
	合计	129			0	0	3	2.3	74	57.4	52	40.3

表21-8 2016—2020年东北春麦区晚熟组区域试验参试品种对病害兼抗情况

年度	鉴定品种（个）	兼抗3种病害		兼抗2种病害		抗1种病害		不抗病	
		品种数（个）	占比（%）	品种数（个）	占比（%）	品种数（个）	占比（%）	品种数（个）	占比（%）
2015—2016	14	5	35.7	8	57.1	1	7.1	0	0
2016—2017	33	5	15.2	19	57.6	8	24.2	1	3.0
2017—2018	27	0	0	27	100.0	0	0	0	0
2018—2019	27	0	0	17	63.0	8	29.6	2	7.4
2019—2020	28	0	0	23	82.1	4	14.3	1	3.6
合计	129	10	7.8	94	72.9	21	16.3	4	3.1

第二十二章　2016—2020年国家春小麦西北水地组品种试验性状动态分析

第一节　2016—2020年国家春小麦西北水地组品种产量及构成因子动态分析

一、对照品种及产量

宁春4号是1981年通过宁夏审定的小麦品种，宁夏、内蒙古、甘肃、新疆均有种植，被确定为国家春小麦品种试验西北片区域试验对照品种，为中熟期品种，生产利用面积大，年种植面积400～500亩。

从对照品种产量及产量结构变化看，2016—2020年区域试验，宁春4号的平均亩产为517.9kg，亩穗数42.3万穗，穗粒数36.4粒，千粒重46.2g，基本苗38.1万/亩，株高82.3cm；2016—2020年生产试验，宁春4号平均亩产为590.3kg。该品种株高适中，抗倒性较好，稳产性好，在西北水地区域有更好的适应性（表22-1）。

表22-1　2016—2020年西北春麦区水地组区域试验对照品种宁春4号主要性状

年度	生育期	基本苗（万/亩）	株高（cm）	严重倒伏点数	严重倒伏点率（%）	产量（kg/亩）	亩穗数（万穗）	穗粒数（粒）	千粒重（g）
2015—2016	107	36.9	72.4	0	0	498.2	41.6	37.3	43.7
2016—2017	105	38.7	85.1	1	0.1	485.4	41.0	35.6	46.5
2017—2018	106	38.6	84.7	2	0.1	514.2	43.5	36.0	46.9
2018—2019	108	41.0	84.9	2	0.1	541.4	44.7	36.1	45.8
2019—2020	108	35.3	84.2	0	0	550.5	40.6	37.1	48.2
平均	107	38.1	82.3			517.9	42.3	36.4	46.2

二、区域试验产量

2016—2020年区域试验参试品种平均亩产为526.4kg，其中2016—2017年度产量水平偏低，试验平均亩产为502.3～507.1kg，由于部分点病害、倒伏、成熟期干热风等影响，降低了籽粒饱满度，影响了千粒重，因此产量水平有所降低。2019—2020年度产量水平高，试验平均亩产549.0～549.6kg（表22-2）。

表22-2　2016—2020年西北春麦区水地组区域试验品种产量及产量三要素变化情况

年度	品种数（个）	产量（kg/亩）	产量结构		
			亩穗数（万穗）	穗粒数（粒）	千粒重（g）
2015—2016	6	507.1	41.6	39.4	44.4
2016—2017	5	502.3	40.9	37.2	46.1
2017—2018	10	523.9	44.3	36.5	47.9
2018—2019	5	549.6	44.9	38.9	47.3
2019—2020	7	549.0	40.5	41.0	48.8
平均		526.4	42.4	38.6	46.9

从不同年份小区折合亩产的分布看，西北片春小麦区水地组区域试验品种的亩产主要集中在500～550kg，亩产低于500kg出现的频次很低，亩产高于550kg出现的频次变化较大，2016—2018年度由于试验产量总体偏低，试验亩产高于550kg出现的频次较低，2019—2019年度试验产量较高，出现亩产高于550kg出现的频次偏高，从多年的试验结果看，试验亩产低于500kg多是由于品种丰产性原因，亩产高于550kg与环境关系较大（表22-3，图22-1）。

表22-3　2016—2020年西北春麦区水地组区域试验品种不同产量出现频次

产量范围（kg/亩）	2015—2016年度	2016—2017年度	2017—2018年度	2018—2019年度	2019—2020年度
≤400	11	5	16	5	7
（400，450]	14	12	19	2	14
（450，500]	17	23	21	10	18
（500，550]	13	19	30	22	15
（550，600]	19	12	33	11	20
（600，650]	10	5	19	14	12
>650	6	4	12	11	19
合计	90	80	150	75	105

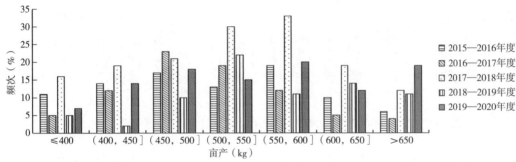

图22-1　2016—2020年西北春麦区水地组不同年份不同产量出现频次百分比

三、生产试验产量

从2016—2020年的生产试验情况看，产量多数趋势与区域试验相似，产量水平基本与区域试验持平，说明本组区域试验参试品种丰产性较好，与大田生产接近（表22-4）。

表22-4　2016—2020年西北春麦区水地组生产试验产量及三要素变化情况

年度	品种数	平均亩产（kg）	产量结构		
			亩穗数（万穗）	穗粒数（粒）	千粒重（g）
2015—2016	2	489.3	44.6	34.6	44.4
2017—2018	3	526.8	40.8	41.7	46.6
2018—2019	2	512.0	40.5	42.6	45.3
2019—2020	3	559.2	41.9	34.8	51.3
平均		521.8	42.0	38.4	46.9

四、产量构成因素的变化

（一）亩穗数

从多年的试验结果看，西北片春小麦区水地组区域试验品种亩产平均526.4kg，平均亩穗数42.4万穗，当产量在500kg/亩以上时，亩穗数多在40万穗/亩左右，但亩穗数高于42万穗/亩出现的频次很低，主要原因是亩穗数过高，粒重降低，倒伏加重，从而影响产量；亩产低于500kg的试验品种很少，亩穗数的变化年际间变化较大，由于春小麦主要是主穗决定产量，中大穗品种适宜于西北春麦水地区（表22-5、图22-2）。

表22-5　2016—2020年西北春麦区水地组区域试验品种不同产量水平及亩穗数变化

产量（kg/亩）	2015—2016年度	2016—2017年度	2017—2018年度	2018—2019年度	2019—2020年度
≤400	36.43	41.72	49.54	86.06	34.51
（400，450］	34.17	40.18	49.63	42.92	37.29
（450，500］	36.71	43.88	41.64	40.65	37.66
（500，550］	38.68	36.39	39.26	41.78	40.86
（550，600］	41.4	40.02	42.87	42.16	41.88
（600，650］	44.37	41.88	48.13	37.65	43.13
>650	49.69	47.98	44.08	43.80	44.32
平均	40.21	41.72	45.02	47.86	39.95

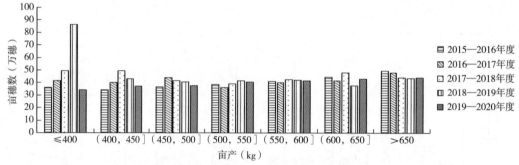

图22-2　2016—2020年西北春麦区水地组区域试验不同产量水平下亩穗数变化

（二）千粒重

从多年的试验结果看西北片春小麦区水地组生产试验亩产在500kg以上时，千粒重多在45g以上，但亩产量低于500kg时，千粒重相应降低，虽随着产量的提高，千粒重有提高的趋势，但在高产时千粒重不一定与产量呈正比，或受群体影响（表22-6，图22-3）。

表22-6　2016—2020年西北春麦区水地组区域试验品种不同产量水平及千粒重变化

产量范围（kg/亩）	2015—2016年度	2016—2017年度	2017—2018年度	2018—2019年度	2019—2020年度
≤400	44.45	44.7	40.23	45.95	49.31
（400，450］	40.26	44.03	49.87	46.75	48.19
（450，500］	44.64	46.31	49.94	46.28	47.37
（500，550］	45.5	47.2	49.73	46.31	48.09
（550，600］	44.19	45.08	46.82	44.47	49.19
（600，650］	46.65	45.78	49.58	48.35	50.8
>650	48.17	48.4	47.81	50.58	49.57
平均	44.84	45.93	47.71	46.96	48.93

（三）穗粒数

从多年的试验结果看，年度间穗粒数的变化规律不明显，对穗粒数影响较大因素是春季冻害，因结实性降低对穗粒数较大，不同产量段均有穗粒数较多的品种，多数品种穗粒数为36～39粒，穗粒数受亩穗数影响较大，随着亩穗数增加，穗粒数减少，当亩穗数高于42万穗时，穗粒数减少（图22-4，表22-7至表22-9）。

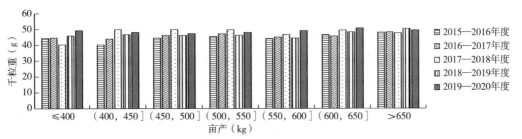

图22-3　2016—2020年西北春麦区水地组不同产量水平下千粒重变化

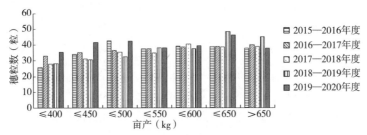

图22-4　2016—2020年西北春麦区水地组不同产量水平下穗粒数变化

表22-7　2016—2020年西北春麦区水地组区域试验品种不同产量水平及穗粒数变化

产量（kg/亩）	2015—2016年度	2016—2017年度	2017—2018年度	2018—2019年度	2019—2020年度
≤400	25.89	32.96	27.88	28.2	35.46
（400，450］	34.1	35.36	31.29	30.7	41.74
（450，500］	42.76	36.57	35.58	32.68	42.47
（500，550］	37.6	37.77	34.95	38.34	38.2
（550，600］	39.27	38.63	40.73	37.65	39.55
（600，650］	39.1	38.98	38.72	48.57	46.42
>650	37.94	40.2	39.09	45.32	38.03
平均	36.67	37.21	35.46	37.35	40.27

表22-8　2016—2020年西北春麦区水地组不同年份不同群体条件下的穗粒数变化

年度	亩穗数（万穗）		
	≤40	（40，45］	（45，50］
2015—2016	41.4	37.5	
2016—2017		37.2	
2017—2018		37.4	34.0
2018—2019		39.0	38.8
2019—2020	39.4	41.7	

表22-9　2016—2020年西北春麦区水地组不同年份不同产量出现频次及相应产量结构分布

年度	亩产（kg）	出现频次（次）	出现频次比例（%）	亩穗数（万穗）	千粒重（g）	穗粒数（粒）
2015—2016	≤400	11	12.22	36.43	44.45	25.89
	（400，450］	14	15.56	34.17	40.26	40.51
	（450，500］	17	18.89	36.71	44.64	42.76
	（500，550］	13	14.44	38.68	45.5	37.61
	（550，600］	19	21.11	41.4	44.19	39.27
	（600，650］	10	11.11	44.37	46.65	39.1
	>650	6	6.67	49.69	48.17	37.94
	合计	90	100.00	40.21	44.84	37.58

（续表）

年度	亩产（kg）	出现频次（次）	出现频次比例（%）	亩穗数（万穗）	千粒重（g）	穗粒数（粒）
2016—2017	≤400	5	6.25	41.72	44.7	32.96
	（400，450]	12	15	40.18	44.03	36.36
	（450，500]	23	28.75	43.88	46.31	36.57
	（500，550]	19	23.75	36.39	47.2	37.77
	（550，600]	12	15	40.02	45.08	38.63
	（600，650]	5	6.25	41.88	45.78	38.98
	>650	4	5	48.04	51.35	40.9
	合计	80	100.00	41.73	46.35	37.45
2017—2018	≤400	16	10.67	49.54	40.23	27.88
	（400，450]	19	12.67	49.63	49.87	34.16
	（450，500]	21	14.00	41.64	49.94	35.58
	（500，550]	30	20.00	39.26	49.73	34.95
	（550，600]	33	22.00	42.87	46.82	40.73
	（600，650]	19	12.67	48.13	49.58	38.72
	>650	12	8.00	44.08	47.81	39.09
	合计	150	100.00	45.02	47.71	35.87
2018—2019	≤400	5	6.67	86.06	45.95	28.2
	（400，450]	2	2.67	42.92	46.75	30.7
	（450，500]	10	13.33	40.65	46.28	32.68
	（500，550]	22	29.33	41.78	46.31	38.34
	（550，600]	11	14.67	42.16	44.47	37.65
	（600，650]	14	18.67	37.65	48.35	48.57
	>650	11	14.67	43.80	50.58	45.32
	合计	75	100.00	47.86	46.96	37.35
2019—2020	≤400	7	6.67	34.51	49.31	35.46
	（400，450]	14	13.33	37.29	48.19	41.74
	（450，500]	18	17.14	37.66	47.37	42.47
	（500，550]	15	14.29	40.86	48.09	38.2
	（550，600]	20	19.05	41.88	49.19	39.55
	（600，650]	12	11.43	43.13	50.8	46.42
	>650	19	18.10	44.32	49.57	38.03
	合计	105	100.00	39.95	48.93	40.27
合计	≤400	44	42.47	248.26	224.64	150.39
	（400，450]	61	59.22	204.19	229.10	183.47
	（450，500]	89	92.12	200.54	234.54	190.06
	（500，550]	99	101.81	196.97	236.83	186.87
	（550，600]	95	91.83	208.33	229.75	195.83
	（600，650]	60	60.12	215.16	241.16	211.79
	>650	52	52.43	229.93	247.48	201.28
	合计	500	100.00	214.77	234.79	188.53

第二节 2016—2020年国家春小麦西北水地组 品种试验农艺性状动态分析

一、亩穗数

从多年的试验结果，亩穗数受播种墒情、播种期、春季温度和水分的影响，在年份间变化较大，多数试验品种的亩穗数为40万～45万穗/亩，亩穗数在40万穗以下的品种较少，占9%，亩穗数在50万穗的品种占18%。不同年份亩穗数集中分布的范围不同，试验产量偏低年份的亩穗数偏低，亩穗数是提高西北春麦水地片产量的重要因子（图22-5）。

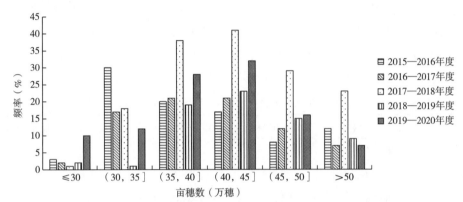

图22-5 2016—2020年西北春麦区水地组不同年份不同亩穗数品种出现频率

二、千粒重

从多年的试验结果，千粒重受亩穗数、倒伏、灌浆期光照、温度有关，在年份间有一定变化，不同年份千粒重集中分布相对一致。多数试验品种的千粒重为45～50g，千粒重在45g以下的品种较少，占24%；千粒重高于50g的品种很少，占18%，千粒重过低不适宜于西北春麦水地片生产（图22-6）。

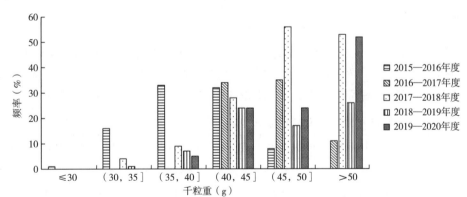

图22-6 2016—2020年西北春麦区水地组不同年份不同千粒重品种出现频率

三、穗粒数

穗粒数受亩穗数和春季温度影响较大，年份间波动较大，从多年的试验结果看，穗粒数主要为35～40粒，超过40粒的占21.2%，从目前生产实际看，大穗品种参加试验的较少，以中大穗品种为主（图22-7）。

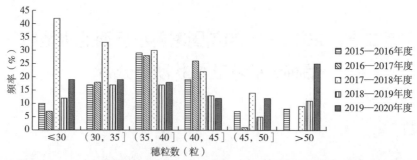

图22-7 2016—2020年西北春麦区水地组不同年份不同穗粒数品种出现频率

四、株高

株高与抗倒性有较高的相关性，从农民选择品种的习惯看，植株过高容易倒伏，多不受欢迎，植株过低，生物产量降低，对进一步提高产量不利，品种选育过程中多被淘汰，目前试验品种株高多在80cm左右。产量低于500kg/亩时株高较矮，主要是亩穗数不足或大穗品种。受春季水肥和温度影响，株高年度间有变化，但变化幅度不大（表22-10）。

表22-10 2016—2020年西北春麦区水地组不同年份不同产量水平下株高变化 （cm）

亩产（kg）	2015—2016年度	2016—2017年度	2017—2018年度	2018—2019年度	2019—2020年度
≤400	69.91	83.40	81.95	79.17	77.20
（400，450]	75.44	83.46	88.41	92.05	81.09
（450，500]	83.98	83.00	87.84	87.29	84.82
（500，550]	85.46	87.09	82.65	80.63	82.46
（550，600]	88.16	88.08	84.63	86.95	82.40
（600，650]	92.30	88.1	86.46	86.74	79.55
>650	91.17	90.00	86.90	87.13	83.35
平均	83.77	86.16	85.55	85.71	81.55

五、最高茎数

最高茎数与亩穗数关系密切，受播种期、播种量、出苗、春季温度等多方面因素影响，年度间有较大变幅，从多年试验情况看，最高群体多数品种为60万～75万穗/亩，从西北春麦水地片常年的产量结构看，最高亩穗数是高产的基础，最高群体过低或过高均影响产量（表22-11）。

表22-11 2016—2020年西北春麦区水地组不同年份不同产量水平下最高群体变化 （万/亩）

亩产（kg）	2015—2016年度	2016—2017年度	2017—2018年度	2018—2019年度	2019—2020年度
≤400	51.39	44.86	68.28	128.43	48.06
（400，450]	52.12	58.81	83.67	73.81	50.26
（450，500]	49.3	69.58	64.06	60.85	64.21
（500，550]	68.12	68.00	49.78	60.36	71.36
（550，600]	52.33	77.19	74.19	68.34	65.96
（600，650]	64.01	78.81	98.34	68.15	70.02
>650	60.56	76.53	95.35	61.61	65.02
平均	56.83	67.68	76.24	74.51	62.13

第三节　2016—2020年国家春小麦西北水地组品种试验品质性状动态分析

一、品质对照的性状变化

西北春麦水地组区域试验品质分析由农业部谷物品质监督检验测试中心分析，以宁春4号为品质对照，该品种蛋白质含量中等，受环境影响容重、湿面筋和稳定时间、最大拉伸阻力变化较大（表22-12）。

表22-12　2016—2020年西北春麦区水地组对照品种宁春4号品质指标变化

年份	容重（g/L）	蛋白质（%）	湿面筋（%）	吸水量（mL/100g）	稳定时间（min）	拉伸面积（cm²）	最大拉伸阻力（E.U.）
2016	810	13.57	27.5	57.9	5.6		
2017	824	14.31	30.3	57.9	4.0		
2018	809	15.27	30.5	58.2	2.6	41	163
2019	825	13.1	29.3	57.4	4.4	61	245
2020	820	13.99	31.1	60.2	4.2	68	222

二、不同类型品种统计

根据《国家小麦审定标准》进行分类，强筋小麦：粗蛋白含量（干基）≥14.0%、湿面筋含量（14%水分基）≥30.5%、吸水率≥60%、稳定时间≥10.0min、最大拉伸阻力E.U.（参考值）≥450、拉伸面积≥100cm²，其中有一项指标不满足，但可以满足中强筋的降为中强筋小麦。中强筋小麦：粗蛋白含量（干基）≥13.0%、湿面筋含量（14%水分基）≥28.5%、吸水率≥58%、稳定时间≥7.0min、最大拉伸阻力E.U.（参考值）≥350、拉伸面积≥80cm²，其中有一项指标不满足，但可以满足中筋的降为中筋小麦。中筋小麦：粗蛋白含量（干基）≥12.0%、湿面筋含量（14%水分基）≥24.0%、吸水率≥55%、稳定时间≥3.0min、最大拉伸阻力E.U.（参考值）≥200、拉伸面积≥50cm²。弱筋小麦：粗蛋白含量（干基）<12.0%、湿面筋含量（14%水分基）<24.0%、吸水率<55%、稳定时间<3.0min。

从品质分析结果看，2016—2020年西北春麦区水地组区域试验品种多为中筋品种，中筋品种类型小麦品种占参试品种数的81.8%，中强筋品种类型占参试品种数的18.2%，数量仍有增加趋势。2016—2020年西北春麦区水地组区域试验中没有出现强筋或弱筋品种（表22-13）。

表22-13　2016—2020年西北春麦区水地组不同年份品质类型品种数变化　　　　　（个）

品种分类	2015—2016年度	2016—2017年度	2017—2018年度	2018—2019年度	2019—2020年度
强筋	0	0	0	0	0
中强筋	0	1	0	2	3
中筋	6	4	10	3	4
弱筋	0	0	0	0	0
合计	6	5	10	5	7

三、品质分析结果

从2016—2020年不同品质类型品种的品质指标看，容重多数年份和品种均能达到800g/L以上，蛋白质、湿面筋、吸水量含量分别可达到相应品质类型的要求，主要是稳定时间、拉伸阻力部分品种达不到相应品质类型的要求（表22-14）。

表22-14　2016—2020年西北春麦区水地组不同品质类型品质指标变化

品质指标	强筋	中强筋	中筋	弱筋	平均
容重（g/L）	—	816.9	813.3	—	813.7
蛋白质（%）	—	14.14	13.97	—	14.1
湿面筋（%）	—	31.02	32.14	—	32.0
吸水量（mL/100g）	—	58.92	59.97	—	59.9
稳定时间（min）	—	10.15	3.91	—	5.5
拉伸面积（cm²）	—	340.93	—	—	346.4
最大拉伸阻力（E.U.）	—	264.07	—	—	279.0

四、不同年份品质指标变化

从2016—2020年不同品质指标变化情况看，除吸水量、蛋白质变化较小外，各项品质指标均有较大变化，品种间的变化更大，特别是湿面筋、稳定时间，变化幅度超过10%（表22-15）。

表22-15　2016—2020年西北春麦区水地组品质指标变化

品质指标	2015—2016年度	2016—2017年度	2017—2018年度	2018—2019年度	2019—2020年度
容重（g/L）	804.5（784~821）	821.4（801~836）	822.5（850~806）	819.2（825~814）	808.7（770~832）
蛋白质（%）	13.34（13.02~13.67）	14.2（13.62~14.62）	14.5（13.45~15.3）	13.3（12.83~13.91）	14.8（13.99~16.15）
湿面筋（%）	26.2（25.2~27.5）	29.8（28.5~30.3）	29.6（27~31.8）	28.9（26.6~30.6）	31.9（30~35.8）
吸水量（mL/100g）	59.3（57.1~62.6）	60.7（58.9~63）	59.9（55.7~63.6）	59.1（57.3~61.9）	61.7（60.2~63.6）
稳定时间（min）	5.7（5.2~6.3）	5（4~8）	3.1（1.6~5）	6.0（3.9~8.2）	5.9（2.9~8.9）
拉伸面积（cm）			45.4（17~80）	68.2（37~87）	87.6（49~131）
最大拉伸阻力（E.U.）			182.5（79~230）	288.4（147~376）	323.4（151~520）

第四节　2016—2020年国家春小麦西北水地组品种试验抗性性状动态分析

一、抗倒性

根据小麦品种审定标准，每年区域试验倒伏程度≤3级，或倒伏面积≤40.0%的试验点比例≥70%的品种认定为达到小麦审定标准。抗倒性根据区域试验各试点田间调查进行统计评价，从试验结果看，亩产超过500kg的品种倒伏的比例相对较高，本区域5年未出现因倒伏淘汰的品种（表22-16）。

表22-16　2016—2020年西北春麦区水地组不同产量水平下倒伏出现概率

产量分布（kg/亩）	≥30倒伏点次分布					≥30倒伏点次占倒伏点（%）					≥30倒伏点次占试验点次（%）				
	2015 2016 年度	2016 2017 年度	2017 2018 年度	2018 2019 年度	2019 2020 年度	2015 2016 年度	2016 2017 年度	2017 2018 年度	2018 2019 年度	2019 2020 年度	2015 2016 年度	2016 2017 年度	2017 2018 年度	2018 2019 年度	2019 2020 年度
≤400	0	0	1	0	0	0.0	0.0	14.3	0.0	0.0	0.0	0.0	6.3	0.0	0.0

（续表）

产量分布（kg/亩）	≥30倒伏点次分布					≥30倒伏点次占倒伏点（%）					≥30倒伏点次占试验点次（%）				
	2015—2016年度	2016—2017年度	2017—2018年度	2018—2019年度	2019—2020年度	2015—2016年度	2016—2017年度	2017—2018年度	2018—2019年度	2019—2020年度	2015—2016年度	2016—2017年度	2017—2018年度	2018—2019年度	2019—2020年度
(400, 450]	0	1		0	0	0.0	20.0	0.0	0.0	0.0	0.0	6.3	0.0	0.0	0.0
(450, 500]	0	1	1	3	0	0.0	20.0	14.3	33.3	0.0	0.0	6.3	6.3	18.8	0.0
(500, 550]	1	2	1	1	0	25.0	40.0	14.3	11.1	0.0	6.7	12.5	6.3	6.3	0.0
(550, 600]	2	0	1	2	2	50.0	0.0	14.3	22.2	66.7	13.3	0.0	6.3	12.5	13.3
(600, 650]	0	0	1	2	0	0.0	0.0	14.3	22.2	0.0	0.0	0.0	6.3	12.5	0.0
>650	0	0	1	1	0	0.0	0.0	14.3	11.1	0.0	0.0	0.0	6.3	6.3	0.0
合计	3	4	6	9	2	75.0	80.0	85.8	100	66.7	20.0	25	37.5	56.3	13.3

二、抗病性

抗病性由中国农业科学院植物保护研究所鉴定，5年共鉴定32个品种·次，对条锈病表现中抗及以上24品种·次，对叶锈病表现中抗及以上9品种·次，对白粉病表现中抗及以上2品种·次，对赤霉病、黄矮病表现中抗及以上0品种·次，高感4种病害4品种·次，高感3种病害18品种·次（表22-17）。

根据小麦审定标准，5年高感5种病害的品种需淘汰，本组未出现此类品种（表22-18）。

表22-17　2016—2020年西北春麦区水地组试验品种对不同病害的抗性变化

抗性分级	不同抗性品种数（个）					不同抗性品种数占比（%）				
	条锈病	叶锈病	白粉病	赤霉病	黄矮病	条锈病	叶锈病	白粉病	赤霉病	黄矮病
免疫	6	4	0	0	0	18.8	12.5	0	0	0
高抗	13	3	0	0	0	40.6	9.4	0	0	0
中抗	5	2	2	0	0	15.6	6.3	6.3	0	0
中感	3	3	16	2	1	9.4	9.4	50.0	6.3	3.1
慢	4	2	0	0	0	12.5	6.3	0	0	0
高感	1	18	14	30	31	3.1	56.2	43.7	93.7	96.9

表22-18　2016—2020年西北春麦区水地组试验品种对不同病害的感病情况

年度	鉴定品种数（个）	高感多种病害品种数（个）*					高感多种病害品种数占比（%）				
		高感1	高感2	高感3	高感4	高感5	高感1	高感2	高感3	高感4	高感5
2015—2016	6	2	3	1	0	0	6.3	9.4	3.1	0	0
2016—2017	4	1	2	3	0	0	3.1	6.3	9.4	0	0
2017—2018	10	0	4	5	1	0	0	12.5	15.6	3.1	0
2018—2019	5	0	1	3	1	0	0	3.1	9.4	3.1	0
2019—2020	7	0	0	4	3	0	0	0	12.5	9.4	0

注：*"高感1"表示高感1种病害，余类推。

第二十三章　2016—2020年国审小麦品种推广情况分析

2007年颁布的国家行业标准《农作物品种审定规范小麦》，为我国的小麦品种审定工作进一步规范化提供了依据。2017年国家农作物品种审定委员会为适应农业供给侧结构性改革、绿色发展和农业现代化新形势对品种审定工作的要求，根据《中华人民共和国种子法》《主要农作物品种审定办法》有关规定，对《主要农作物品种审定标准（国家级）》进行了修订。新品种审定的目的就是地择优推荐符合当时生产需要的新品种，因而不同历史时期育成的新品种类型丰富，特征特性差异较大。及时总结和分析评价近年来国审小麦品种推广应用情况，可为与时俱进地制定更具针对性和实用性的小麦行业发展和产业政策提供依据。

一、长江上游冬小麦品种2016—2020年推广情况分析

2016—2020年，长江上游麦区推广面积最大的国审品种是川麦104，该品种在四川年推广面积在100万亩以上，在重庆、云南、陕西、湖北等地也有一定面积。川麦107在云南的推广面积也每年有100万亩左右，但在其余省份已逐步退出生产。绵麦367是四川推广面积第二的品种，年推广面积60万～70万亩，在重庆、云南、陕西等地有小面积应用。绵麦51、川麦42、西科麦4号、绵麦45等2010年前审定的国审品种在四川每年还保持10万亩以上的推广面积。2018年和2019年审定的品种川农32和绵麦48的年推广面积已接近或超过10万亩，有加大推广应用的趋势。

二、长江中下游冬小麦品种2016—2020年推广情况分析

长江中下游冬麦区包括江苏和安徽两省淮河以、湖北、上海、浙江、河南信阳全部与南阳南部地区，总面积7 000万亩。2016年以来，国审小麦品种年推广面积总面积保持在2 000万亩左右。

2017—2019年推广面积累计达到100万亩以上的有11个品种，分别是郑麦9023、宁麦13、扬麦23、扬麦20、扬麦15、镇麦168、苏麦188、扬麦25、扬麦22、浩麦一号和华麦6号。其中，2016年以前审定的品种有9个，2016年以后审定的品种2个（扬麦25、华麦6号），推广面积最大的2个品种（郑麦9023、宁麦13）均为2006年以前审定的品种（表23-1）。

2016年以后审定的品种有12个，面积呈上升趋势的有4个（扬麦25、华麦6号、安农1124、宁麦26），其中，扬麦25增长速度最快，目前已成为本麦区主推品种。有3个品种推广工作刚刚开始，分别为镇麦13、明麦133、中研麦1号，有望成为下一批主推品种；其余5个品种则在推广一段时间后，被生产淘汰，在2019年已经没有推广面积（表23-2）。

表23-1　2017—2019年长江中下游国审小麦品种推广面积统计　　　　　　　（万亩）

序号	品种名称	审定编号	2017年	2018年	2019年	合计	排名
1	郑麦9023	国审麦2003027	737.5	624.9	550	1 912.4	1
2	宁麦13	国审麦2006004	531.1	519.2	425	1 475.3	2
3	扬麦23	国审麦2013006	152.9	177.0	159	488.9	3
4	扬麦20	国审麦2010002	196.9	158.9	113	468.8	4
5	扬麦15	国审麦2004003	105.7	106.5	94	306.2	5
6	镇麦168	国审麦2007004	75.9	102.3	119	297.2	6
7	苏麦188	国审麦2012005	97.9	98.9	77	273.8	7
8	扬麦25	国审麦2016003	5.9	95.9	169	270.8	8
9	扬麦22	国审麦2012004	43.8	48.9	32	124.7	9

（续表）

序号	品种名称	审定编号	2017年	2018年	2019年	合计	排名
10	华麦6号	国审麦2016004	41.1	50.6	47	138.7	10
11	浩麦一号	国审麦2013004	61.2	36.4	14	111.6	11
12	宁麦16	国审麦2009003	39.0	27.3	20	86.3	12
13	安农1124	国审麦20180004	—	33.9	46	79.9	13
14	镇麦11	国审麦2008004	22.9	22.8	12	57.7	14
15	扬辐麦2号	国审麦2003025	36.3	9.2	12	57.5	15
16	宁麦26	国审麦20170005	—	7.5	42	49.5	16
17	镇麦8号	国审麦2008004	14.2	16.1	16	46.3	17
18	宁麦23	国审麦2013005	12.3	12.5	16	40.8	18
19	扬麦21	国审麦2013001	14.0	10.1	11	35.1	19
20	生选6号	国审麦2009004	21.0	12.8	—	33.8	20
21	宁麦18	国审麦2012003	—	26.3	—	26.3	21
22	扬麦17	国审麦2005002	17.8	5.9	—	23.7	22
23	宁麦22	国审麦2013003	6.4	4.4	10	20.8	23
24	南农0686	国审麦2010003	7.9	7.7	—	15.6	24
25	镇麦13	国审麦20200003	—	—	14	14.0	25
26	宁麦15	国审麦2008005	11.4	2.6	—	14.0	26
27	扬麦12	国审麦2001003	—	13.6	—	13.6	27
28	中研麦1号	国审麦2016018	—	—	13	13.0	28
29	明麦133	国审麦20200001	—	—	13	13.0	29
30	亿麦9号	国审麦2016005	3.5	0.8	—	4.3	30
31	苏麦11	国审麦2016002	1.4	1.2	—	2.6	31
32	华麦1028	国审麦20180007	1.1	—	—	1.1	32
33	农麦126	国审麦20180008	1.0	—	—	1.0	33
34	国红3号	国审麦20180006	0.5	—	—	0.5	34
	合计		2 260.6	2 234.1	2 024.0		

表23-2 2016年以后长江中下游审定小麦品种推广面积情况

序号	品种名称	审定编号	2016—2017年度	2017—2018年度	2018—2019年度	合计	排名
1	扬麦25	国审麦2016003	5.9	95.9	169	270.8	8
2	华麦6号	国审麦2016004	41.1	50.6	47	138.7	10
3	安农1124	国审麦20180004	—	33.9	46	79.9	13
4	宁麦26	国审麦20170005	—	7.5	42	49.5	16
5	镇麦13	国审麦20200003	—	—	14	14.0	25
6	明麦133	国审麦20200001	—	—	13	13.0	29
7	中研麦1号	国审麦2016018	—	—	13	13.0	28
8	亿麦9号	国审麦2016005	3.5	0.8	—	4.3	30
9	苏麦11	国审麦2016002	1.4	1.2	—	2.6	31
10	华麦1028	国审麦20180007	—	1.1	—	1.1	32
11	农麦126	国审麦20180008	—	1.0	—	1.0	33
12	国红3号	国审麦20180006	—	0.5	—	0.5	34

三、黄淮冬麦区南片水地组冬小麦品种2016—2020年推广情况分析

（一）黄淮南片各省小麦种植情况

黄淮南片麦区水地常年麦播面积1.2亿亩左右，面积和总产占全国的30%以上。其中河南省7 000万亩左右、苏北2 000万亩左右、皖北2 000万亩左右、陕西关中900万亩左右，是我国最重要的小麦商品粮生产基地。从表23-3可知，2015—2019年陕西小麦种植面积呈现明显下降趋势，河南小麦种植面积略有上升，安徽和江苏小麦种植面积变化不大。5年4省小麦总种植面积呈现先上升后下降的趋势（表23-3）。

表23-3　2015—2019年度黄淮南片各省小麦种植面积统计　　　　　（万亩）

年份	陕西	河南	安徽	江苏	总面积
2015	1 519	7 801	3 826	3 181	16 327
2016	1 408	7 913	3 961	3 220	16 502
2017	1 313	8 315	3 924	3 173	16 725
2018	1 196	8 334	3 800	3 225	16 555
2019	1 142	8 303	3 773	3 212	16 430
合计	6 578	40 666	19 284	16 011	82 539

（二）2015—2019年黄淮南片水地组国审小麦品种推广应用情况

2015—2019年黄淮南片国审小麦品种累计推广面积达到10万亩以上的品种有104个，其中累计推广面积1 000万亩以上的品种有13个，分别为百农207、西农979、中麦895、周麦22、郑麦7698、百农AK58、周麦27、郑麦379、小偃22、新麦26、淮麦33、山农20、郑麦9023；累计推广面积500万~1 000万亩的品种有7个，分别是百农4199、郑麦366、华成3366、丰德存麦1号、郑麦101、丰德存麦5号、豫麦49-198；此外，累计推广面积达到100万亩的品种有41个。

上述品种中，推广面积明显处于上升趋势的品种有百农207、百农4199、烟农999、西农511、荃麦725、郑麦0943、淮麦40、周麦36等。其中，百农207是黄淮南片麦区推广面积最大的品种，2019年推广面积达到了2 117万亩，5年累计推广种植6 481万亩（表23-4）。

表23-4　2015—2019年度黄淮南片水地组国审小麦品种推广面积情况　　　　　（万亩）

序号	品种名称	审定年份	各年度推广面积					合计
			2014—2015年度	2015—2016年度	2016—2017年度	2017—2018年度	2018—2019年度	
1	百农207	2013	108	676	1 590	1 990	2 117	6 481
1	百农207	2013	108	676	1 590	1 990	2 117	6 481
2	西农979	2005	1 097	1 134	787	762	575	4 354
3	中麦895	2012	258	604	675	1 062	817	3 417
4	周麦22	2007	2 012	576	249	160	103	3 100
5	郑麦7698	2012	827	1 005	576	418	168	2 994
6	百农AK58	2005	921	674	464	275	171	2 505
7	周麦27	2011	138	781	978	360	148	2 404
8	郑麦379	2016	98	301	485	639	590	2 114
9	小偃22	2003	390	244	314	289	362	1 600
10	新麦26	2010	71	93	274	420	534	1 393
11	淮麦33	2014	170	254	287	286	256	1 252

（续表）

序号	品种名称	审定年份	各年度推广面积					合计
			2014—2015年度	2015—2016年度	2016—2017年度	2017—2018年度	2018—2019年度	
12	山农20	2010	398	469	246	42	20	1 176
13	郑麦9023	2003	322	261	203	162	123	1 072
14	百农4199	2017				294	689	983
15	郑麦366	2005	441	162	84	127	67	882
16	华成3366	2013	59	178	182	211	175	805
17	丰德存麦1号	2011	175	236	165	80	43	700
18	郑麦101	2013		63	93	266	248	670
19	丰德存麦5号	2014			159	211	240	610
20	豫麦49-198	2000	176	147	109	69	88	589
21	淮麦20	2003	190	87	84	72	47	481
22	瑞华麦520	2014	15	114	162	104	77	472
23	淮麦22	2007	126	105	103	82	51	467
24	洛麦23	2009	194	163	70	27	10	464
25	徐麦33	2013	50	67	125	117	103	461
26	泛麦5号	2005	82	102	111	68	71	433
27	烟农999	2016		48	71	101	203	423
28	紫麦19	2019	97	94	62	95	55	402
29	淮麦28	2009	70	73	99	82	76	400
30	淮麦35	2013	36	78	102	83	76	374
31	周麦16	2003	96	151	63	45		356
32	淮麦29	2009	116	77	63	59	40	355
33	衡观35	2006	118	97	69	24		308
34	西农511	2018				20	277	297
35	保麦6号	2016		70	81	74	66	291
36	皖麦52	2007	72	69	80	33	33	287
37	天民198	2014	49	70	69	54	38	280
38	淮麦30	2013	88	38	81	30	34	270
39	平安8号	2012	83	80	56	36	13	268
40	周麦26	2012	83	51	71	38	25	267
41	荃麦725	2018			23	68	135	226
42	郑麦0943	2019			15		205	220
43	徐麦35	2017			45	72	90	207
44	良星66	2008	87	52	36	28		203
45	先天麦12号	2018		48	63	60	30	201
46	西农509	2011	105	11	67			184
47	偃展4110	2003	70	45	48	12		175
48	许科1号	2009	61	46	28	23	14	173
49	恒进麦8号	2017			43	44	66	152
50	豫麦18-99	1995	62	57	30			149
51	瑞华麦523	2017		24	42	41	31	138
52	周麦28	2013		18	21	24	67	130

（续表）

序号	品种名称	审定年份	各年度推广面积					合计
			2014—2015年度	2015—2016年度	2016—2017年度	2017—2018年度	2018—2019年度	
53	淮麦40	2018				23	102	125
54	周麦36	2018				13	108	121
55	西农9718	2006	33	29	22	17	20	121
56	淮麦25	2007	51	32	25	13		121
57	西农529	2017				96	19	115
58	西农20	2020			25	41	47	114
59	漯麦8号	2007	20	22	25	21	17	104
60	宿553	2011	41	21	18	21		100
61	连麦2号	2005	72			17	11	100
62	商麦156	2020			40	45	14	99
63	洛麦26	2018			11	41	46	98
64	天益科麦5号	2017				43	54	97
65	漯麦18	2012	31	28	14	20		92
66	开麦18	2006		29	31	13	18	91
67	周麦30	2016			27	20	30	77
68	周麦18	2005	47	16	12			76
69	未来0818	2014		33	17	15	11	76
70	偃高21	2017			18	34	22	74
71	洛麦21	2009	24	16	21	13		74
72	隆平麦518	2013		23	15	27		65
73	新麦21	2009		15	19	18	12	64
74	淮麦44	2020				13	50	63
75	郑麦369	2018					63	63
76	丰德存麦12	2017				18	45	63
77	漯麦9号	2008		23	25	11		59
78	瑞华麦518	2018				29	28	57
79	西农585	2017				22	33	55
80	冠麦1号	2016				15	34	49
81	金禾9123	2012	13	10	13	12		48
82	周麦23	2008	12	19	10			41
83	徐麦31	2011	16	11			13	40
84	洛麦24	2013				31		31
85	濮兴5号	2017				16	15	31
86	许农5号	2007	18	11				29
87	豫农035	2007		28				28
88	豫麦158	2014			13	14		27
89	瑞华麦516	2018					25	25
90	中育1211	2018				11	14	25
91	中研麦1号	2016				12	13	25
92	金麦8号	2008		12		12		23
93	郑麦136	2019					21	21

（续表）

序号	品种名称	审定年份	各年度推广面积					合计
			2014—2015年度	2015—2016年度	2016—2017年度	2017—2018年度	2018—2019年度	
94	明麦2号	2014			17			17
95	豫麦70-36	2003	14					14
96	淮麦21	2008	12					12
97	存麦8号	2014			12			12
98	平安6号	2006		12				12
99	新麦208	2005	11					11
100	周麦21	2007					11	11
101	周麦32	2018					11	11
102	淮麦46	2019					11	11
103	富麦2008	2006		11				11
104	郑麦103	2019				11		11

（三）2015—2019年黄淮南片水地部分国审小麦品种介绍

2015—2019年黄淮南片水地部分国审小麦品种主要性状汇总详见表23-5所示。

表23-5　2015—2019年黄淮南片水地组国审小麦品种主要性状汇总

序号	品种名称	种性	品质类型	生育期（d）	株高（cm）	有效穗（万穗/亩）	穗粒数（粒/穗）	千粒重（g）	亩产（kg/亩）
1	百农207	半冬性	中筋	231.0	76.1	40.2	35.6	41.7	547.2
2	西农979	半冬性	强筋	226.1	74.6	42.7	32.0	40.3	509.5
3	中麦895	半冬性	中筋	229.6	73.8	44.3	29.8	46.5	547.0
4	周麦22	半冬性	中筋	228.6	80.0	36.5	36.1	45.4	546.3
5	郑麦7698	半冬性	强筋	229.0	75.5	39.8	34.9	44.0	547.4
6	百农AK58	半冬性	中筋	229.4	67.0	40.5	32.4	43.9	553.4
7	周麦27	半冬性	中筋	232.7	74.2	40.2	37.3	42.6	570.1
8	郑麦379	半冬性	中筋	226.8	81.9	40.7	31.0	47.1	531.3
9	小偃22	半冬性	中筋	225.4	86.4	43.1	34.6	36.1	481.3
10	新麦26	半冬性	强筋	227.9	81.1	42.1	32.8	41.6	533.0
11	淮麦33	半冬性	中筋	227.6	82.8	38.7	36.7	39.2	504.2
12	山农20	半冬性	中筋	228.8	85.5	44.5	32.4	41.7	553.6
13	郑麦9023	弱春性	强筋	222.4	81.9	39.6	27.4	43.0	453.4
14	百农4199	半冬性	中筋	226.5	71.5	42.4	31.9	44.1	241.3
15	郑麦366	半冬性	强筋	228.5	68.8	39.6	37.1	37.4	513.9
16	华成3366	半冬性	中筋	232.9	83.4	46.8	30.9	40.1	524.1
17	丰德存麦1号	半冬性	强筋	233.9	77.4	42.8	32.1	44.8	556.2
18	郑麦101	弱春性	强筋	216.3	79.6	41.6	29.9	41.4	463.9
19	丰德存麦5号	半冬性	强筋	227.6	75.6	38.1	32.0	42.3	468.4
20	豫麦49-198	半冬性	中筋	233.0	78.7	40.1	30.1	43.0	501.7
21	淮麦20	半冬性	中筋	236.8	86.0	37.0	32.2	39.8	478.3
22	瑞华麦520	半冬性	中筋	226.5	87.4	42.2	31.1	40.2	494.7

（续表）

序号	品种名称	种性	品质类型	生育期（d）	株高（cm）	有效穗（万穗/亩）	穗粒数（粒/穗）	千粒重（g）	亩产（kg/亩）
23	淮麦22	半冬性	中筋	231.5	81.0	40.3	33.0	39.7	529.3
24	洛麦23	半冬性	中筋	227.8	75.8	42.0	35.5	39.1	562.2
25	徐麦33	半冬性	中筋	227.4	77.1	41.5	30.8	43.8	493.6
26	泛麦5号	半冬性	中筋	229.2	76.9	43.4	33.0	38.2	549.7
27	烟农999	半冬性	强筋	226.9	88.2	40.1	33.7	44.3	529.0
28	紫麦19	半冬性	中筋	231.9	85.9	37.4	36.1	44.2	557.6
29	淮麦28	半冬性	中筋	228.3	93.2	37.5	38.8	41.3	560.8
30	淮麦35	半冬性	中筋	229.7	87.1	39.5	35.5	42.6	548.1
31	周麦16	半冬性	中筋	236.4	74.5	37.2	30.0	45.6	472.3
32	淮麦29	半冬性	中筋	229.0	88.5	41.8	32.9	41.7	561.1
33	衡观35	半冬性	中筋	230.5	77.5	36.6	37.6	39.5	523.9
34	西农511	半冬性	强筋	232.9	78.6	36.9	38.3	42.3	554.5
35	保麦6号	半冬性	中筋	228.0	81.2	39.9	35.0	38.3	486.0
36	皖麦52	半冬性	中筋	228.5	88.2	40.0	36.3	40.9	557.3
37	天民198	弱春性	中筋	218.3	70.8	42.8	35.5	37.5	515.9
38	淮麦30	弱春性	中筋	217.5	80.4	43.7	28.6	43.5	498.7
39	平安8号	半冬性	中筋	233.7	77.7	42.6	33.5	43.8	556.9
40	周麦26	半冬性	强筋	232.2	81.9	39.5	33.7	43.6	518.2
41	荃麦725	半冬性	中筋	229.3	81.4	43.2	33.7	41.2	534.2
42	郑麦0943	半冬性	中筋	217.0	70.0	41.5	33.0	43.6	490.4
43	徐麦35	半冬性	中筋	226.2	82.2	42.7	35.8	41.6	578.4
44	良星66	半冬性	中筋	228.5	84.9	45.3	32.4	40.6	559.2
45	先天麦12号	弱春性	中筋	221.8	81.6	41.0	29.1	48.6	514.1
46	西农509	弱春性	强筋	222.5	39.5	35.8	37.2	80.5	504.0
47	偃展4110	弱春性	中筋	224.8	75.8	41.5	27.6	42.5	471.4
48	许科1号	半冬性	中筋	228.9	86.7	36.8	37.0	45.8	574.5
49	恒进麦8号	半冬性	中筋	224.9	90.7	41.3	32.2	47.7	579.4
50	豫麦18-99	弱春性	中筋	223.5	74.0	41.7	30.9	38.3	455.9
51	瑞华麦523	弱春性	中筋	216.5	85.5	45.5	28.4	45.9	537.9
52	周麦28	半冬性	中筋	230.8	75.8	38.6	36.1	43.2	549.4
53	淮麦40	弱春性	强筋	221.4	82.2	43.1	30.7	44.7	529.4
54	周麦36	半冬性	强筋	231.6	79.7	36.2	37.9	45.3	566.2
55	西农9718	弱春性	强筋	219.5	72.6	42.6	29.0	42.0	495.7
56	淮麦25	半冬性	中筋	228.5	87.1	41.6	37.4	38.3	564.2
57	西农529	弱春性	强筋	215.9	80.4	41.1	33.5	42.6	539.9
58	西农20	半冬性	强筋	224.1	75.8	40.6	30.4	44.2	502.2
59	漯麦8号	半冬性	中筋	232.7	79.0	44.4	31.0	39.1	516.4
60	宿553	半冬性	中筋	233.3	87.4	41.9	32.5	43.4	527.2
61	连麦2号	半冬性	中筋	228.4	82.2	40.0	33.7	39.1	527.3
62	商麦156	半冬性	中筋	216.2	79.4	38.0	36.5	42.6	529.6
63	洛麦26	半冬性	中筋	228.3	74.4	40.8	32.9	44.9	539.5
64	天益科麦5号	半冬性	中筋	226.0	88.5	39.6	34.7	45.0	575.3

（续表）

序号	品种名称	种性	品质类型	生育期（d）	株高（cm）	有效穗（万穗/亩）	穗粒数（粒/穗）	千粒重（g）	亩产（kg/亩）
65	漯麦18	弱春性	中筋	223.1	75.3	41.5	32.5	45.2	541.3
66	开麦18	半冬性	中筋	232.9	78.0	38.2	36.7	41.0	544.7
67	周麦30	半冬性	强筋	226.4	80.0	35.5	36.4	46.7	527.9
68	周麦18	半冬性	中筋	230.6	76.2	37.1	34.4	45.2	554.9
69	未来0818	半冬性	中筋	229.1	81.4	40.8	34.7	38.4	494.8
70	偃高21	半冬性	中筋	216.6	86.0	37.7	32.5	51.8	546.5
71	洛麦21	半冬性	中筋	228.7	89.8	36.3	36.4	44.8	560.8
72	隆平麦518	半冬性	强筋	226.2	79.0	44.0	27.1	47.6	492.4
73	新麦21	弱春性	中筋	221.0	85.7	44.7	34.1	40.9	554.7
74	淮麦44	半冬性	中筋	224.1	78.3	40.4	32.0	44.5	509.9
75	郑麦369	半冬性	中筋	228.5	83.1	42.3	30.3	46.6	537.3
76	丰德存麦12	半冬性	中筋	226.2	80.8	42.0	30.8	47.4	559.4
77	漯麦9号	半冬性	中筋	227.9	77.4	35.5	37.3	43.6	540.1
78	瑞华麦518	半冬性	中筋	228.8	83.7	43.7	33.4	40.4	547.2
79	西农585	弱春性	中筋	215.9	78.9	42.2	31.2	44.4	527.3
80	冠麦1号	半冬性	中筋	226.8	77.3	37.9	32.9	48.3	532.9
81	金禾9123	半冬性	中筋	233.9	83.1	41.5	33.8	43.9	552.4
82	周麦23	弱春性	中筋	220.4	85.7	37.6	40.2	44.2	577.5
83	徐麦31	半冬性	中筋	232.9	87.4	40.5	32.1	42.9	523.6
84	洛麦24	弱春性	中筋	218.1	76.0	46.5	32.6	37.0	519.2
85	濮兴5号	半冬性	中筋	225.8	82.1	39.9	32.3	48.3	561.0
86	许农5号	半冬性	中筋	228.2	89.0	34.9	37.0	45.9	545.2
87	豫农035	半冬性	中筋	233.3	86.5	39.1	30.1	46.4	521.8
88	豫麦158	半冬性	中筋	228.7	80.7	36.4	34.4	45.1	490.7
89	瑞华麦516	弱春性	中筋	228.4	79.2	40.3	34.9	41.6	550.0
90	中育1211	半冬性	中筋	228.6	78.1	40.8	34.2	44.3	546.7
91	中研麦1号	弱春性	中筋	216.3	78.7	45.3	30.2	42.1	523.3
92	金麦8号	半冬性	中筋	227.8	84.2	36.8	38.2	40.4	537.1
93	郑麦136	半冬性	中筋	225.1	76.0	40.8	31.6	45.1	538.0
94	明麦2号	弱春性	中筋	217.1	87.1	38.4	33.9	38.6	465.5
95	豫麦70-36	弱春性	中筋	222.2	82.3	38.6	34.1	40.2	493.9
96	淮麦21	弱春性	中筋	219.7	85.0	39.9	39.3	35.1	541.9
97	存麦8号	半冬性	中筋	226.0	76.5	38.1	34.1	44.8	536.4
98	平安6号	弱春性	中筋	220.5	78.9	40.6	33.6	40.6	517.3
99	新麦208	弱春性	中筋	219.7	76.6	44.0	28.8	43.5	518.5
100	周麦21	弱春性	强筋	220.9	77.5	43.1	30.3	41.3	491.0
101	周麦32	半冬性	强筋	228.3	78.0	41.4	31.7	44.5	533.0
102	淮麦46	半冬性	中筋	231.1	79.5	38.8	37.3	40.6	539.5
103	富麦2008	半冬性	中筋	228.2	81.3	41.1	34.8	38.1	540.7
104	郑麦103	半冬性	中筋	230.7	79.5	40.3	33.8	46.7	572.8

1. 百农207

半冬性多穗型中晚熟品种。幼苗半匍匐，长势旺，冬季抗寒性中等，耐倒春寒能力中等。株高76cm，株型松紧适中，茎秆粗壮，抗倒性一般，籽粒半角质，商品性好。中后期耐高温能力较好，熟相好。平均亩穗数40.2万穗，穗粒数35.6粒，千粒重41.7g。高感叶锈病、赤霉病、白粉病和纹枯病，中抗条锈病。稳产性好，适宜黄淮南片麦区高中产水肥地早中茬种植。注意防治纹枯病、白粉病和赤霉病等病虫害。

2. 西农979

属半冬性早中熟强筋品种。苗壮，越冬抗寒性好，不耐倒春寒；株高75cm，抗倒伏中等，品质优，籽粒角质，较饱满，容重高，黑胚率低，外观商品性好，平均亩成穗42.7万穗，穗粒数32粒，千粒重40.3g，中抗至高抗条锈病，慢秆锈病，中感赤霉病、纹枯病，高感白粉病。适宜黄淮南片麦区偏南部中晚茬种植。适期晚播，降低春季低温冻害，注意防治白粉病、叶枯病和叶锈病，春季水肥管理可略晚，注意控制株高，防止倒伏。

3. 中麦895

半冬性多穗型中晚熟品种。幼苗长势壮，冬季抗寒性中等，抗倒春寒能力中等。株高平均74cm，株型紧凑，长相清秀，茎秆弹性中等，抗倒性中等。叶功能期长，耐后期高温能力好，灌浆速度快，成熟落黄好。亩成穗数44.3万穗，穗粒数29.8粒，千粒重46.5g。中感叶锈病，高感条锈病、白粉病、纹枯病和赤霉病。适宜黄淮南片麦区高中产水肥地早中茬种植。注意防治蚜虫、条锈病、白粉病、纹枯病、赤霉病等病虫害。

4. 周麦22

半冬性中大穗型中熟品种。苗期长势壮，冬季抗寒性较好，较耐倒春寒。株高80cm，茎秆弹性好，抗倒伏能力强。株型较紧凑，穗层较整齐，旗叶短小上举，长相清秀；根系活力强，耐后期高温，熟相较好。亩成穗36.5万穗，穗粒数36.1粒，千粒重45.4g，耐肥抗倒，高产潜力大，稳产性好，适应性广。综合抗病性较好，高抗条锈病，抗叶锈病，中感白粉病和纹枯病，叶枯病轻，感赤霉病。适宜黄淮南片麦区高水肥地早中茬种植。

5. 郑麦7698

半冬性多穗型中晚熟强筋品种。冬季抗寒性较好，抗倒春寒能力一般。株高平均76cm，抗倒性中等。株型较紧凑，穗层厚。后期根系活力较强，熟相较好，籽粒角质，均匀。亩成穗数39.8万穗，穗粒数34.9粒，千粒重44g。慢条锈病，高感叶锈病、白粉病、纹枯病和赤霉病。适宜黄淮南片麦区高中产水肥地早中茬种植，注意防治白粉病、纹枯病和赤霉病等病虫害。

6. 百农矮抗58

属半冬性多穗型中熟品种。苗期长势壮，抗寒性好，耐倒春寒。株高67cm，高抗倒伏；株型紧凑，穗层整齐。综合抗性好，根系活力强，耐后期高温，成熟落黄好。籽粒角质，容重高，色泽亮，黑胚率中等，外观商品性好。亩成穗40.5万穗，穗粒数32.4粒，千粒重43.9g，稳产性突出。高抗条锈病、白粉病和秆锈病，中抗叶枯病，中感纹枯病，高感叶锈病和赤霉病。适宜黄淮南片麦区高中产水肥地早中茬种植。

7. 周麦27

半冬性大穗型中熟品种。幼苗半匍匐，冬季抗寒性较好，抗倒春寒能力一般。株高74cm，株型偏松散，抗倒性中等。穗层整齐，穗较大，小穗排列较稀，结实性好。耐旱性一般，灌浆快，熟相一般。亩穗数40.2万穗、穗粒数37.3粒、千粒重42.6g。高感条锈病、白粉病、赤霉病、纹枯病，中感叶锈病。高产潜力大，黄淮南片中北部利用更能发挥其产量潜力。注意防治条锈病、白粉病、纹枯病、赤霉病。

8. 郑麦379

半冬性多穗型中晚熟品种，冬季抗寒性较好，对春季低温较敏感。株高约82cm，抗倒伏能力较强。耐后期高温能力中等，熟相中等，籽粒角质，外观品质较好。平均亩成穗40.7万穗，穗粒数

31粒，千粒重47.1g。抗条锈病，中感叶枯病、纹枯病、叶锈病，感白粉病、赤霉病。适宜黄淮南片麦区高中产水肥地早中茬种植。注意防治赤霉病和白粉病。

9. 小偃22

弱春性多穗型中早熟品种。1998年通过陕西省审定，现仍是陕西区域试验对照品种。株高86cm，抗倒性一般，结实性好，成穗数多，抗逆性强，稳产性好，在粗放管理下较易获得高产和稳产。目前田间自然发病条锈病高感，中高水肥地种植，抗倒伏能力较差，导致种植面积逐年下降，更适合旱肥地种植。平均亩穗数43.1万穗，穗粒数34.6粒，千粒重36.1g。慢条锈病，中感纹枯病和秆锈病，高感叶锈病、白粉病和赤霉病。

10. 新麦26

半冬性中晚熟强筋品种。冬季抗寒性好，耐倒春寒能力偏弱，株高81cm，株型紧凑，抗倒性偏弱，蜡质重，熟相一般。平均亩穗数42.1万穗，穗粒数32.8粒，千粒重41.6g。丰产性较好，品质优，是面粉企业公认的目前黄淮南片麦区品质优异的强筋品种。高感白粉病和赤霉病，在周口、商丘、驻马店东部等倒春寒频发和重发区慎用，高水肥地注意防倒伏，及时防治白粉病、赤霉病。

11. 淮麦33

半冬性中晚熟品种。幼苗半匍匐，苗势壮，冬季抗寒性较好，耐倒春寒能力中等。株高83cm，茎秆弹性较好，抗倒性较好。长相清秀利落，近长方形穗，均匀整齐，籽粒角质，商品性好，黑胚率低。亩穗数38.7万穗，穗粒数36.7粒，千粒重39.2g，中感条锈病，高感白粉病、叶锈病、赤霉病、纹枯病。适宜黄淮南片麦区高中产水肥地早中茬种植。注意防治叶锈病、赤霉病、白粉病和纹枯病。

12. 山农20

半冬性多穗型中晚熟品种。幼苗匍匐，冬季抗寒性好，抗倒春寒能力中等。株高85cm，长相清秀利落，抗倒性较好，耐后期高温，熟相好，籽粒角质，商品性好。平均亩穗数44.5万穗，穗粒数32.4粒，千粒重41.7g。高感赤霉病，中感条锈病和纹枯病，慢叶锈病，白粉病免疫。适宜黄淮南片麦区高中产水肥地早中茬种植。注意防治条锈病、纹枯病、赤霉病。春季水肥管理可略晚，注意控制株高，防止倒伏。

13. 郑麦9023

属弱春性多穗型早熟强筋品种。株高82cm，抗倒力中等，株型较紧凑，穗层整齐，较耐旱、耐高温，落黄好，籽粒角质，粒大，容重较高，外观商品性好，品质优，丰产性较好。平均亩成穗数39.6万穗，穗粒数27.4粒，千粒重43g。中至高抗条锈病，中感叶锈病、白粉病和赤霉病。适宜黄淮南片麦区偏南部地区晚茬种植。栽培上应注意适期晚播防止冻害。

14. 百农4199

属半冬性中早熟品种。幼苗半匍匐，冬季抗寒性好，对春季低温较敏感，有虚尖现象；株高72cm，抗倒伏能力较好，纺锤形穗，上部穗码较密，籽粒半角质，饱满度好，不耐后期高温，熟相较好。亩成穗数42.4万穗，穗粒数31.9粒，千粒重44.1g。中抗条锈病，中感叶锈病、白粉病和纹枯病，高感赤霉病。适宜黄淮南片麦区高中产水肥地早中茬种植。栽培上应注意适期晚播防止冻害。

15. 郑麦366

属半冬性多穗型早熟强筋品种。苗壮，冬季抗寒能力较强，不耐倒春寒，株高69cm，株型紧凑，抗倒伏能力强，品质好，籽粒角质，饱满，外观商品性好。平均亩成穗39.6万穗，穗粒数37.1粒，千粒重37.4g。高抗条锈病，中抗白粉病，中感赤霉病，高感叶锈病和纹枯病。栽培上注意播期不能太早，一般要比半冬性中晚熟品种周麦18、矮抗58等晚播5d以上。及时防治叶锈病和纹枯病。

16. 华成3366

半冬性多穗型中晚熟品种。幼苗半匍匐，长势一般，冬季抗寒性较好。早春发育缓慢，抽穗晚，抗倒春寒能力中等。株高83cm，茎秆细，穗小穗多，籽粒角质，饱满度好，黑胚率低。平均亩穗数46.8万穗，穗粒数30.9粒，千粒重40.1g。耐热性一般，赤霉病发病轻。适宜黄淮南片麦区高中产水肥地早中茬种植。注意防治白粉病、叶锈病。

17. 丰德存麦1号

半冬性多穗型中晚熟强筋品种。幼苗半匍匐，叶窄小、稍卷曲，冬季抗寒性较好，抗倒春寒能力中等。株高77cm左右，茎秆细韧，抗倒性较好，籽粒半角质，黑胚率高。叶功能期长，灌浆慢，偏晚熟。亩穗数42.8万穗、穗粒数32.1粒、千粒重44.8g。综合抗病性一般，高感条锈病、叶锈病、白粉病和赤霉病，中感纹枯病。适宜黄淮南片麦区高中产水肥地早中茬种植。

18. 郑麦101

弱春性多穗型中早熟强筋品种。幼苗匍匐，冬季抗寒性较好，抽穗早，对春季低温较敏感。根系活力较强，耐热性较好，灌浆快，转色快，熟相较好。株高80cm，株型略松散，茎秆弹性好，抗倒性好，穗小，结实性一般，籽粒角质，饱满度好。平均亩穗数41.6万穗，穗粒数29.9粒，千粒重41.4g。中抗条锈病，高感叶锈病、赤霉病、白粉病、纹枯病。适宜黄淮南片麦区高中产水肥地晚茬种植。

19. 丰德存麦5号

半冬性多穗型中晚熟强筋品种。冬季抗寒性较好，对春季低温敏感。株高76cm，抗倒性中等。后期根系活力强，熟相较好。籽粒角质，商品性好。亩成穗数38.1万穗，穗粒数32粒，千粒重42.3g。抗条锈病，中感叶锈病和白粉病，高感叶枯病、纹枯病和赤霉病。在周口、商丘、驻马店东部等倒春寒频发和重发区要适当晚播，及时防治纹枯病、叶枯病和赤霉病。

20. 豫麦49-198

为半冬性多穗型中熟品种。幼苗生长健壮，分蘖成穗率高，抗寒性好；株型紧凑，长相清秀，株高78cm，抗倒性好，根系活力强，耐旱，灌浆速度快；籽粒饱满，半角质，容重高，黑胚率低。平均亩成穗数40.1万穗，穗粒数30.1粒，千粒重43g。目前主要在河南中西部地区利用，并在旱肥地有一定面积，其种植区域和面积相对稳定。

21. 淮麦20

属半冬性多穗型中晚熟品种。幼苗匍匐，冬季抗寒性好，较耐倒春寒。株型稍松散，长相清秀，穗层厚。株高86cm，抗倒性中等，籽粒偏角质，千粒重高，黑胚率低，外观商品性好。平均亩成穗37万穗，穗粒数32粒，千粒重39.8g。中至高抗条锈病，中抗叶枯、纹枯病，中感白粉病，高感叶锈病和赤霉病。适宜黄淮南片麦区高水肥地早茬种植。

22. 瑞华麦520

半冬性多穗型中熟品种。幼苗匍匐，苗势壮，冬季抗寒性较好，耐倒春寒能力中等。株高87cm，抗倒性中等，蜡质重，成穗多，灌浆快，籽粒商品性好。后期耐高温能力一般。平均亩成穗42.2万穗，穗粒数31.1粒，千粒重40.2g。高抗条锈病，高感叶锈病、白粉病、赤霉病、纹枯病。适宜黄淮南片麦区的高水肥力地早中茬种植。注意防治白粉病、叶锈病。

23. 淮麦22

半冬性多穗型中晚熟品种。幼苗匍匐，冬季抗寒性强，抗倒春寒能力较好。株高81cm，较抗倒伏。株型稍松散，长相清秀，穗层厚，籽粒半角质，外观商品性好，不耐后期高温，熟相一般。亩成穗40.3万穗，穗粒数33粒，千粒重39.7g。高抗秆锈病，中感白粉病和纹枯病，高感条锈病、叶锈病、赤霉病。适宜黄淮南片麦区的高水肥力地早中茬种植。注意防治条锈病、叶锈病和赤霉病。

24. 洛麦23

半冬性中大穗型中晚熟品种。冬季抗寒性较好，耐倒春寒能力一般，株高76cm，株型紧凑利落，抗倒性较好，对肥水敏感，后期有早衰现象。平均亩成穗数42万穗，穗粒数35.5粒，千粒重39.1g。中感白粉病、赤霉病，高感条锈病、叶锈病、纹枯病。适宜黄淮南片麦区高水肥地早中茬种植。注意防治条锈病、叶锈病、白粉病、颖枯病。

25. 徐麦33

半冬性中大穗型中晚熟品种。幼苗半匍匐，苗势壮，冬季抗寒性较好，对春季低温较敏感。株高77cm左右，抗倒性中等，穗层整齐，穗多穗匀。灌浆较快，耐高温能力中等，成熟落黄较好。纺锤形穗，籽粒角质，饱满度较好，容重高。平均亩穗数41.5万穗，穗粒数30.8粒，千粒重43.8g。中抗白粉病，中感条锈病，高感叶锈病、赤霉病和纹枯病。适期晚播，防止春季低温冻害。

26. 泛麦5号

半冬性多穗型中熟品种。幼苗匍匐，抗冬寒性较好，抗倒春寒能力偏弱。株高77cm，较抗倒伏，株型半紧凑，穗层整齐。籽粒角质，千粒重中等，容重高，黑胚率低。平均亩成穗43.4万穗，穗粒数33粒，千粒重38.2g。中感条锈病、白粉病和纹枯病，中抗秆锈病，高感叶锈病和赤霉病。适宜黄淮南片麦区高中产水肥地早中茬种植。适期晚播，防止春季低温冻害。

27. 烟农999

半冬性多穗型晚熟强筋品种。幼苗匍匐，苗势壮，冬季抗寒性较好，春季起身拔节较慢，抽穗迟，耐倒春寒能力较好。株高88cm，抗倒性一般。株型较紧凑，茎秆蜡质层厚，穗层厚，穗长方形，籽粒角质，耐高温能力一般。平均亩穗数40.1万穗，穗粒数33.7粒，千粒重44.3g。慢条锈病，中抗叶锈病，高感白粉病、赤霉病、纹枯病。适宜黄淮南片麦区高中产水肥地早中茬种植。

28. 西农511

半冬性晚熟品种中强筋品种。幼苗匍匐，冬季抗寒性好，耐倒春寒能力较好。株高78cm，茎秆弹性较好，抗倒伏。株型稍松散，穗层整齐。中后期具有一定耐旱性，根系活力强，耐低湿寡照，耐湿性较好，熟相好。籽粒角质，琥珀色，较饱满，外观商品性好。亩成穗数36.9万穗，穗粒数38.3粒，千粒重42.3g。综合抗病性好，赤霉病、条锈病、纹枯病发病轻。适宜黄淮南片麦区中高水肥地早茬种植。注意防治白粉病和茎腐病。

29. 荃麦725

半冬性多穗型中熟品种。幼苗半匍匐，冬季抗寒性较好，耐倒春寒能力一般。株高81cm，株型较紧凑，茎秆弹性一般，抗倒性一般。穗小穗多，穗层厚，灌浆快，熟相较好，籽粒半角质，饱满度好。亩穗数43.2万穗，穗粒数33.7粒，千粒重41.2g。高感赤霉病和白粉病，中感条锈病、叶锈病和纹枯病。适宜黄淮南片麦区高中产水肥地早中茬种植。

30. 郑麦0943

半冬性多穗型中熟品种。株高70cm，株型松散，抗倒性中等，穗纺锤形，穗层整齐，熟相好，籽粒半角质，饱满度好。亩穗数41.5万穗，穗粒数33.0粒，千粒重43.6g。中抗条锈病，感纹枯病，中感赤霉病、白粉病和叶锈病。适宜黄淮南片麦区高中产水肥地早中茬种植。

31. 淮麦40

弱春性多穗型中早熟中强筋品种。幼苗半直立，冬季抗寒性较好，耐倒春寒能力中等，株高82cm，株型稍松散，抗倒性较好，穗层厚，灌浆快，转色快，熟相好，籽粒角质，长粒，饱满度好。亩穗数43.1万穗，穗粒数30.7粒，千粒重44.7g。高感赤霉病和白粉病，中感纹枯病，中抗条锈病，慢叶锈病。适宜黄淮南片麦区中高水肥地晚茬种植。注意防治白粉病和纹枯病。

32. 周麦36号

半冬性中晚熟中强筋品种。幼苗半匍匐，冬季抗寒性中等，耐倒春寒能力中等。株高80cm，茎秆秆质硬，抗倒伏能力强。株型松紧适中，穗层整齐。中后期耐旱性中等，后期根系活力强，耐后期高温，熟相好。穗子较大，结实性较好。籽粒半角质，较饱满。亩成穗数36.2万穗左右，穗粒数37.9粒左右，千粒重45.3g左右。高抗条锈病，高感叶锈病、赤霉病、纹枯病，白粉病发病较轻。适宜黄淮南片麦区中高水肥地早茬种植。注意防治叶锈病、赤霉病和纹枯病。

四、黄淮冬麦区北片水地组冬小麦品种2016—2020年推广情况分析

黄淮冬麦北片水地麦区包括山东全部、河北保定和沧州的南部及其以南地区、山西运城和临汾的盆地灌区，该区域常年总种植面积在1亿亩左右，其中有部分水地旱地品种交错种植区，是全国仅少于黄淮南片麦区的第二大麦区。其中山东面积最大，常年小麦种植面积在6 100万亩左右，水地面积在5 300万亩左右，河北常年小麦种植面积在3 500万亩左右，冀中南麦区小麦面积在2 369万亩左

右，山西常年小麦种植面积在800万亩左右，其中运城、临汾盆地灌区面积在300万亩左右，黄淮北片麦区水地面积在8 000万亩左右。

近4年在黄淮北片水地推广应用国审品种31个，累计种植面积23 352万亩，按年度计算占黄淮北片水地种植面积70%左右。其中，利用面积最大的是济麦22，其次是鲁原502，面积分别达5 892.1万亩和5 072.6万亩，山农20面积为2 300.9万亩，山农28面积为2 752.8万亩，山农29面积为1 689.4万亩。种植面积相对稳定的品种有济麦22、山农28号、衡S29、衡观35。济麦22连续4年种植面积在1 000万亩以上，多数年份种植面积在1 500万亩以上，山农28号近3年种植面积600万亩以上，衡S29、衡观35连续3～5年种植面积在100万亩以上。种植面积上升较快的品种有泰科麦33、邯麦19、济麦23、山农30号和济麦44，泰科麦33和邯麦19从2018年开始利用，2019年面积分别达198万亩和156万亩，山农30号和济麦44在2019年推广当年面积分别达到94万亩和86万亩。

从2019年的统计面积看，国审品种中济麦22种植面积超过1 000万亩，种植面积为1 544万亩，超过500万亩的品种有3个，山农28号种植面积808万亩、山农29号种植面积683万亩，鲁原502种植面积513万亩，面积超过200万亩的品种3个，烟农999种植面积263万亩，衡4399种植面积261万亩。从2019品种跨省利用情况看，国审品种中有19个品种在3个省同时利用，4年累计种植面积21 441万亩，2019年种植面积4 807万亩，占北片水地面积60%左右（表23-6、表23-7）。

表23-6　2016—2019年黄淮冬麦区北片水地组不同年份国审小麦品种种植面积统计

面积（万亩）	2015—2016年度	2016—2017年度	2017—2018年度	2018—2019年度
合计面积（万亩）	5 946.5	5 863.5	6 066.1	5 476.0
占种植面积比例（%）	74.3	73.3	75.8	68.5

表23-7　2016—2019年黄淮冬麦区北片水地组不同年份国审品种种植面积变化情况

序号	品种名称	种植面积（万亩）				累计面积（万亩）	种植省份（个）
		2015—2016年度	2016—2017年度	2017—2018年度	2018—2019年度		
1	济麦22	1 561.6	1 508.5	1 278	1 544	5 892.1	3
2	鲁原502	1 439.8	1 419.8	1 700	513	5 072.6	3
3	山农20	1 294.6	677.6	254.7	74	2 300.9	3
4	山农28号	467.4	618.4	859	808	2 752.8	3
5	山农29号	0	383.3	623.1	683	1 689.4	3
6	良星99	173.3	137.2	138.6	76	525.1	3
7	衡观35	167.3	111	110.5	104	492.8	1
8	烟农999	51	37.4	219.3	263	570.7	2
9	良星66	123.3	104.9	70	59	357.2	3
10	邯6172	147.9	93.3	26.1	26	293.3	2
11	鑫麦296	103.1	157.9	85.6	74	420.6	3
12	河农6049	113.8	82.1	53.6	100	349.5	1
13	衡S29	36.8	138.8	112.3	124	411.9	2
14	冀麦585	64.1	45.8	44.7	22	176.6	1
15	泰科麦33	0	0	84.1	198	282.1	1
16	师栾02-1	29	38.6	61	96	224.6	2
17	中信麦99	0	28.1	105.3	116	249.4	2
18	邯麦19	0	0	64	156	220	3
19	石麦15	40.1	46.9	18.3	12	117.3	1

（续表）

序号	品种名称	种植面积（万亩）				累计面积 （万亩）	种植省份 （个）
		2015—2016年度	2016—2017年度	2017—2018年度	2018—2019年度		
20	邢麦6号	32	35.8	32.6	31	131.4	1
21	邢麦13号	21	28.9	31.2	77	158.1	1
22	山农24	40.3	25.8	19.3	41	126.4	2
23	山农25	0	15.1	0	106	121.1	2
24	冀麦325	16	53.1	23.7	26	118.8	2
25	山农30号	0	0	0	94	94	1
26	舜麦1718	14.1	19	13.6	10	56.7	2
27	郯麦98	0	12.3	9.7	10	32	1
28	邯麦17	0	23.2	14.9	15	53.1	1
29	百农AK58	7.5	5.6	0.6	4	17.7	1
30	齐麦2号	0	13.9	12.2	12	38.1	3
31	周麦22	2.5	1.2	0.1	2	5.8	1

五、黄淮冬麦区旱地组冬小麦品种2016—2020年推广情况分析

黄淮冬麦区旱地包括山东旱地，河北保定和沧州的南部及其以南地区旱地，河南除信阳全部和南阳南部部分地区以外的旱地，陕西西安、渭南、咸阳、铜川和宝鸡旱地，山西运城全部、临汾和晋城部分旱地，甘肃天水丘陵山地。小麦种植面积约5 300万亩，本区品种分布较分散，又分为旱肥和旱薄两种类型。主要发生病害包括条锈病、叶锈病、白粉病和黄矮病，对品种抗旱性、冬春抗寒性、生育后期抗干热风能力有一定要求。因此，冬春抗寒性较好，耐旱、耐热，抗条锈病、白粉病和黄矮病品种的选育和推广是本区的主要目标。

中麦175是本区推广面积最大的品种，其次为山农25、晋麦47、铜麦6号、洛旱6号、中信麦9号、西农928、长8744、衡136、运旱20410、长6359、烟农21、临旱6号，推广10万亩以上品种年累计1 460万亩，占16.77%。苗头品种有洛旱22、中麦36、长6990等。

本区品种分布较分散，大部分为高产品种，推广面积前10位品种占该区面积16.77%，又分为旱肥和旱薄两种类型。其中旱肥地品种以中麦175、山农25、洛旱6号为代表，旱薄地品种以晋麦47、西农928为代表，水肥利用效率均较高。

六、北部冬麦区水地组冬小麦品种2016—2020年推广情况分析

（一）2016—2020年北部冬麦区水地组国审小麦品种情况

1. 北部冬麦区小麦品种水地组国家审定情况

2016—2020年北部冬麦区国审品种共11个，其中常规小麦品种9个，分别为中麦1062、航麦247、京花11号、京花12号、农大3486、航麦2566、中麦93、长6794和津麦3118；杂交小麦品种2个，即京麦179和京麦183。从品种审定年份来看，2016年审定品种3个、2018年审定品种6个、2019年和2020年各审定1个品种，而2017年未审定品种。从育种单位来看，育种单位主要包括中国农业科学院作物科学研究所和北京杂交小麦工程技术研究中心，各审定4个品种，约占总审定品种数的73%。中国农业科学院作物科学研究所申请通过国家审定的小麦品种包括中麦1062、航麦247、航麦2566和中麦93，全部为常规小麦品种。北京杂交小麦工程技术研究中心申请通过国家审定的小麦品

种包括京花11号、京花12号、京麦179和京麦183，其中京花11号和京花12号为常规小麦品种、京麦179和京麦183为杂交小麦品种。另外，中国农业大学、山西省农业科学院谷子研究所、天津市蓟州区良种繁殖场联合北京纵横种业有限公司各申请通过国家审定1个小麦品种，审定品种名称分别为农大3486、长6794和津麦3118（表23-8）。

表23-8　2016—2020年北部冬麦区水地组国审小麦品种

序号	国审年份	品种名称	审定编号	类型	省市	选育单位
1	2016	中麦1062	国审麦2016028	常规	北京	中国农业科学院作物科学研究所
2	2016	航麦247	国审麦2016029	常规	北京	中国农业科学院作物科学研究所
3	2016	京花11号	国审麦2016030	常规	北京	北京杂交小麦工程技术研究中心
4	2018	京花12号	国审麦20180067	常规	北京	北京杂交小麦工程技术研究中心
5	2018	农大3486	国审麦20180068	常规	北京	中国农业大学
6	2018	航麦2566	国审麦20180069	常规	北京	中国农业科学院作物科学研究所
7	2018	中麦93	国审麦20180070	常规	北京	中国农业科学院作物科学研究所
8	2018	长6794	国审麦20180071	常规	山西	山西省农业科学院谷子研究所
9	2018	京麦179	国审麦20180072	杂交	北京	北京杂交小麦工程技术研究中心
10	2019	津麦3118	国审麦20190049	常规	天津	天津市蓟州区良种繁殖场北京纵横种业有限公司
11	2020	京麦183	国审麦20200034	杂交	北京	北京杂交小麦工程技术研究中心

2. 审定品种产量与产量构成因子的变化动态

2016—2020年北部冬麦区水地组国审小麦品种共11个，各年份品种综合表现情况分析如下（表23-9）所示。审定品种的产量动态表现为：2016—2020年北部冬麦区国审小麦品种总体产量水平为530kg/亩左右。其中，2016年审定品种产量最低，为467kg/亩左右；2018年和2019年审定品种的产量水平呈上升趋势，产量分别为555kg/亩左右和574kg/亩左右；2020年审定品种的产量水平回落到548.1kg/亩左右。审定品种的增产率表现为：审定品种在区域试验中的增产率平均6.0%左右，呈逐年上升趋势，增产率随年份变化的线性回归函数为增产率（%）＝0.009 5×年份–19.174（R^2＝0.959 9[**]）。增产率由2016年审定品种的4.4%提升到2020年的8.6%。生产试验中的增产率平均9.5%左右，年份间波动较大，其中2019年审定品种生产试验增产率较低为5.3%，2018年审定品种生产试验增产率最高为10.9%，2016年和2020年审定品种生产试验增产率在8%左右。审定品种的产量比较：审定品种中增产10%的品种为京麦179；其次是京麦183和津麦3118，分别增产8.6%和7.2%；京花12号、航麦2566、农大3486和中麦1062的增产率都在6%以上；航麦247、中麦93和京花11号的增产率为3%～5%；长6794的增产率最低为1.9%。在生产试验中，航麦2566、京麦179、农大3486、中麦93和京花12号的增产幅度都在10%以上，航麦247、京花11号、中麦1062、京麦183、长6794和津麦3118的增产率也都在5%以上。产量构成因子的变化动态：亩穗数、穗粒数和千粒重的总体平均值分别为42.3万穗、32.8粒和43.6g，在年份间的变化趋势不明显。航麦247、中麦1062和京花11号的亩穗数在45万穗以上，津麦3118、京麦183、农大3486、中麦93和京花12号的亩穗数在40万穗以上，京麦179、长6794和航麦2566的亩穗数较少，分别为39.0万穗、38.5万穗和34.6万穗。穗粒数与亩穗数存在明显的负相关关系，京麦179、长6794和航麦2566的穗粒数最高，都在35粒以上；中麦1062、航麦247和京花11号的穗粒数最少，穗粒数分别为30.3粒、28.6粒和27.3粒。京花12号、京麦179、航麦2566和津麦3118的千粒重最高，都在45g以上，京花11号、中麦93、京麦183、农大3486和长6794的千粒重都在40g以上，航麦247和中麦1062的千粒重都在39g左右（表23-9）。

表23-9　2016—2020年北部冬麦区水地组国家审定品种产量性状

审定年份	品种名称	产量水平（kg/亩）			增产率（%）			产量构成因子		
		区域试验1	区域试验2	生产试验	区域试验1	区域试验2	生产试验	亩穗数（万穗）	穗粒数（粒）	千粒重（g）
2016	航麦247	407.8	527.5	508.1	3.80	5.80	9.50	48.4	28.6	39.2
	京花11号	403.9	518.5	501.8	2.80	3.90	8.10	46.3	27.3	44.8
	中麦1062	418.4	526.2	501.2	6.50	5.50	8.00	47.5	30.3	39.0
	平均	410.0	524.1	503.7	4.37	5.07	8.53	47.4	28.7	41.0
2018	航麦2566	551.0	556.7	571.2	5.70	7.00	13.40	34.6	37.3	46.9
	京花12号	559.1	550.7	559.6	7.30	5.90	11.10	40.3	32.0	47.6
	京麦179	578.9	602.9	563.7	11.30	9.50	11.90	39.0	38.4	47.0
	农大3486	561.8	544.8	562.0	7.80	4.70	11.50	42.2	32.8	41.9
	长6794	523.2	537.8	536.2	0.40	3.40	6.40	38.5	35.9	41.3
	中麦93	537.4	549.7	560.5	3.10	5.70	11.20	41.0	32.2	43.7
	平均	551.9	557.1	558.9	5.93	6.03	10.92	39.3	34.8	44.7
2019	津麦3118	552.3	595.7	495.9	6.20	8.20	5.30	44.7	30.9	45.6
2020	京麦183	597.5	498.7	564.7	8.50	8.70	7.78	43.1	34.8	42.9

注：“区域试验1”表示第一年区域试验结果，“区域试验2”表示第二年区域试验结果。下同。

3. 审定品种品质性状动态分析

依据《主要农作物品种审定标准（国家级）》中小麦"1.5品质"和"2.2.7优质品种"，满足下述各项相关指标要求的强筋、中强筋和弱筋小麦为优质品种。强筋小麦：粗蛋白含量（干基）≥14.0%、湿面筋含量（14%水分基）≥30.5%、吸水量≥60%、稳定时间≥10.0min、最大拉伸阻力E.U.（参考值）≥450、拉伸面积≥100cm²，其中有一项指标不满足，但可以满足中强筋的降为中强筋小麦。中强筋小麦：粗蛋白含量（干基）≥13.0%、湿面筋含量（14%水分基）≥28.5%、吸水量≥58%、稳定时间≥7.0min、最大拉伸阻力E.U.（参考值）≥350、拉伸面积≥80cm²，其中有一项指标不满足，但可以满足中筋的降为中筋小麦。中筋小麦：粗蛋白含量（干基）≥12.0%、湿面筋含量（14%水分基）≥24.0%、吸水量≥55%、稳定时间≥3.0min、最大拉伸阻力E.U.（参考值）≥200、拉伸面积≥50cm²。弱筋小麦：粗蛋白含量（干基）<12.0%、湿面筋含量（14%水分基）<24.0%、吸水量<55%、稳定时间<3.0min。将2016—2020年国家冬小麦北部冬麦区水地组国家审定品种的品质检测结果依据小麦品种品质指标的分类标准，分析粗蛋白含量（干基）、湿面筋含量（14%水分基）、吸水量、稳定时间、最大拉伸阻力和拉伸面积等指标品种类型比例，并分析了品种综合品质类型的动态变化（表23-10）。

蛋白质含量：京花11号、京麦183、航麦247、京麦179、航麦2566、中麦1062、长6794、京花12号和农大3486的粗蛋白含量≥14.0%，达到强筋小麦标准；中麦93和津麦3118的粗蛋白含量≥13.0%，也达到中强筋小麦标准。

湿面筋含量：京麦183、京麦179、京花11号、航麦247、航麦2566、农大3486和中麦1062的湿面筋含量（14%水分基）≥30.5%，达到强筋小麦标准；京花12号、中麦93、长6794和津麦3118的湿面筋含量（14%水分基）≥28.5%，达到中强筋小麦标准。

吸水量：京花11号、农大3486的吸水量≥60%，达到强筋小麦标准；京麦183、京花12号和航麦247的吸水量≥58%，达到中强筋小麦标准；长6794、航麦2566和中麦1062的吸水量≥55%，达到中筋小麦标准；中麦93的吸水量<55%，符合弱筋小麦标准。

稳定时间：长6794和中麦1062的稳定时间≥7.0min，达到中强筋小麦标准；航麦2566、航麦247、中麦93、京麦183、农大3486和津麦3118的稳定时间<3.0min，符合弱筋小麦标准。

综合评价：综合蛋白质含量、湿面筋含量、吸水量和稳定时间指标，各审定品种均属于中筋小麦品种。其中，京花11号、农大3486、京麦183、京花12号和航麦247的蛋白质含量、湿面筋含量和吸水量指标达到中强筋小麦标准，但稳定时间不达标；长6794和中麦1062的蛋白质含量、湿面筋含量和稳定时间指标达到中强筋小麦标准，但吸水量不达标；长6794的蛋白质含量、湿面筋含量和稳定时间指标达到中强筋小麦标准，吸水量为57.9%，接近于中强筋小麦吸水量58%的标准，综合指标最接近于中强筋小麦标准（表23-10）。

表23-10　2016—2020年北部冬麦区水地组国家审定品种品质性状

审定年份	审定名称	蛋白质含量（%）			湿面筋含量（%）			稳定时间（min）			吸水率（%）
		区域试验1	区域试验2	平均	区域试验1	区域试验2	平均	区域试验1	区域试验2	平均	
2016	中麦1062	15.1	13.9	14.5	31.7	30.0	30.9	8.6	7.9	8.3	55.2
2016	航麦247	15.9	14.7	15.3	32.5	34.6	33.6	2.4	2.2	2.3	58.0
2016	京花11号	17.0	14.7	15.8	36.4	31.6	34.0	3.2	4.4	3.8	61.2
2018	京花12号	14.6	13.9	14.3	30.5	30.1	30.3	3.8	3.9	3.9	58.9
2018	农大3486	14.8	13.6	14.2	32.3	29.7	31.0	1.6	1.8	1.7	60.9
2018	航麦2566	15.0	14.4	14.7	32.8	32.7	32.8	2.7	2.7	2.7	56.4
2018	中麦93	14.3	13.5	13.9	30.7	29.2	30.0	2.1	2.2	2.2	54.4
2018	长6794	14.9	13.7	14.3	30.8	28.2	29.5	9.4	9.4	9.4	57.9
2018	京麦179	14.8	15.3	15.1	34.4	38.6	36.5	4.4	1.7	3.1	—
2019	津麦3118	13.1	13.0	13.0	28.7	31.2	30.0	1.2	2.0	1.6	—
2020	京麦183	14.7	16.1	15.4	34.9	39.5	37.2	2.6	1.2	1.9	59.0

4. 审定品种抗病性状动态分析

2016—2020年北部冬麦区水地组国家审定品种抗条锈病、叶锈病和白粉病鉴定结果总结如下（表23-11）。条锈病：京花11号对条锈病免疫；农大3486、长6794和京麦179中抗条锈病；中麦1062、航麦247和中麦93慢条锈病；京花12号、航麦2566、津麦3118和京麦183中感条锈病。叶锈病：京花12号中抗叶锈病；中麦1062、航麦247、中麦93和航麦2566中感叶锈病；京花11号、农大3486、长6794、京麦179、津麦3118和京麦183均高感叶锈病。白粉病：航麦247和津麦3118中抗白粉病；中麦93、航麦2566、农大3486、长6794和京麦179中感白粉病；京花12号、中麦1062、京花11号和京麦183均高感白粉病。综合评价：航麦247、中麦93和航麦2566的抗病性好，对三种病害都不高感；津麦3118、农大3486、长6794、京麦179、中麦1062和京花12号的抗病性较好，高感一种病害，中抗一种病害或对一种病害为慢病；京花11号和京麦183的抗病性一般，均高感叶锈病和白粉病，其中京花11号对条锈病免疫，京麦183中感条锈病（表23-11）。

表23-11　2016—2020年北部冬麦区水地组国家审定品种抗病性状

审定年份	审定名称	条锈病	叶锈病	白粉病
2016	中麦1062	慢	中感	高感
2016	航麦247	慢	中感	中抗
2016	京花11号	免疫	高感	高感
2018	京花12号	中感	中抗	高感
2018	农大3486	中抗	高感	中感
2018	航麦2566	中感	中感	中感
2018	中麦93	慢	中感	中感

审定年份	审定名称	条锈病	叶锈病	白粉病
2018	长6794	中抗	高感	中感
2018	京麦179	中抗	高感	中感
2019	津麦3118	中感	高感	中抗
2020	京麦183	中感	高感	高感

（二）2015—2019年北部冬麦区水地组国审小麦品种推广应用情况

1. 北部冬麦区水地组小麦种植面积变化动态

2015—2019年北部冬麦区水地组小麦总面积约4 000万亩（表23-12），各年份种植面积在总体上呈明显的滑坡态势，总面积从2015年的约820万亩，下滑到2019年的760万亩左右。种植面积随年份下降的线性回归函数为：种植面积 = −16.392 × 年份+64 235（R^2 = 0.907 6[**]），即种植面积在2016—2020年中平均每年下降16万亩。

2015—2019年北京小麦面积下滑速率最快，下降了约78%，面积由2015年的约55万亩下降到2019年的约12万亩。山西的小麦面积在前4年下降较少，仅下降约15%，面积由2015年的175万亩下降到2018年的约149万亩；但在2019年下降幅度很大，面积由2018年的149万亩下降到2019年的45万亩；由2015年到2019年面积累计下降了74%。河北和天津北部冬麦区的小麦面积在2015—2018年期呈下降趋势，其中河北小麦面积由2015年的526万亩下降到2019年的512万亩左右，下降了2.5%左右；天津小麦面积由2015年的约125万亩下降到2019年的100万亩左右，下降了20%左右。河北和天津的小麦面积在2019年都出现了反弹，面积分别超过2015年约10%和0.4%。因此，北部冬麦区小麦面积总体呈现下降趋势，每年下降约16万亩，其中北京每年小麦面积下降约11万亩；山西在2019年较2018年面积下滑较多；河北和天津面积下降不明显。

2015—2019年累计种植面积统计结果表明，河北、天津、山西和北京的小麦面积分别约为2 700万亩、599万亩、658万亩和139万亩，面积占比分别约为68%、15.1%、16.5%和3.5%。其中，2019年北部冬麦区河北、天津、山西和北京的小麦面积分别约为580万亩、126万亩、45万亩和12万亩，面积占比分别约为76%、16.5%、5.9%和1.6%（表23-12）。

表23-12　2015—2019年北部冬麦区小麦种植面积变化动态

年度	北部冬麦区各地小麦面积（万亩）					北部冬麦区各地小麦面积占比（%）			
	北京	河北	山西	天津	总面积	北京	河北	山西	天津
2014—2015	55.0	526.0	174.8	125.5	819.5	6.7	64.2	21.3	15.3
2015—2016	36.1	549.0	148.8	127.3	825.2	4.4	66.5	18.0	15.4
2016—2017	22.8	533.7	140.3	119.8	797.2	2.9	66.9	17.6	15.0
2017—2018	12.6	512.7	149.3	100.5	775.1	1.6	66.1	19.3	13.0
2018—2019	12.0	579.5	45.0	126.1	762.6	1.6	76.0	5.9	16.5
合计	138.6	2 700.9	658.3	599.3	3 979.6	3.5	67.9	16.5	15.1

2. 北部冬麦区种植小麦品种种植面积前十位的品种面积变化动态

2015—2019年北部冬麦区推广应用的小麦品种以"中麦175"为主，中麦175每年推广面积为269万～414万亩/年，5年累计推广面积达1 710万亩，面积占总面积的约54%。累计推广面积在100万亩以上的品种有济麦22、轮选987和轮选169，分别推广应用约142万亩、123万亩和112万亩，占总面积的比例分别为4.5%、3.9%和3.5%。累计推广应用面积在50万亩以上的品种包括中麦1062、京花11号、京冬18、河农7069、河农6425和轮选266，面积占比为1.7%～2.6%。

北部冬麦区累计推广应用面积在50万亩以上的品种共10个（表23-13），其中前7位的品种都是国审小麦品种，第8～第9位为省审品种，第10位为京津冀联合审定的品种。前10位的品种累计推广应用面积约2 500万亩，约占总面积的79.5%；其中前7位国审品种累计推广应用2 317万亩，约占总面积的73.6%（表23-14）。

小结：2015—2019年北部冬麦区推广应用的小麦品种以"中麦175"为主，5年累计推广面积超过总面积的一半；小麦种植面积主要集中在少数品种上，面积列前10名的品种种植面积占比近80%；推广应用的小麦品种以国审品种为主，面积列前7名的品种都是国审小麦品种，其面积占比达73.6%。

表23-13　2015—2019年北部冬麦区小麦种植面积前十位的品种面积统计

次序	品种名称	是否国审	各年份种植面积（万亩）					总面积（万亩）	面积占比（%）
			2015	2016	2017	2018	2019		
1	中麦175	是	414.1	404.0	310.1	313.1	269.0	1 710.2	54.3
2	济麦22	是	27.8	24.1	26.1	25.8	38.0	141.8	4.5
3	轮选987	是	19.3	52.5	30.1	20.8	0	122.6	3.9
4	轮选169	是	0	26.4	36.1	26.2	23.0	111.7	3.5
5	中麦1062	是	0	10.6	14.5	25.2	33.0	83.2	2.6
6	京花11号	是	0	0	10.5	42.6	21.0	74.1	2.4
7	京冬18	是	0	15.1	18.7	21.6	18.0	73.4	2.3
8	河农7069	否	0	45.0	0	0	24.0	69.0	2.2
9	河农6425	否	46.3	6.1	3.1	2.7	4.0	62.2	2.0
10	轮选266	否	0	0	0	0	54.0	54.0	1.7

表23-14　2016—2020年黑龙江及内蒙古呼伦贝尔春小麦面积变化情况　　　　（万亩）

年度	黑龙江	内蒙古呼伦贝尔	合计
2015—2016	240.00	418.00	658.00
2016—2017	218.50	462.76	681.26
2017—2018	222.89	300.92	523.81
2018—2019	173.36	369.85	543.21
2019—2020	161.62	329.2	490.82
总计	1 016.37	1 880.73	2 897.10

七、北部麦区旱地组冬小麦品种2016—2020年推广情况分析

北部冬麦区旱地包括山西阳泉、晋中、长治、吕梁、临汾和晋城的部分地区，陕西延安全部和榆林的南部地区，甘肃庆阳和平凉全部、定西部分地区，宁夏固原部分地区。区内产量水平较低。小麦生育期间降水量120～140mm，干旱、低温冻害、干热风是该区小麦生长的主要逆境环境，主要发生病害包括白粉病、条锈病、叶锈病和黄矮病。该区推广品种收获期较迟，遇降雨概率较大，对穗发芽抗性或成熟期种子休眠性有一定要求。因此，抗寒抗旱、耐瘠薄盐碱、灌浆速度快、耐穗发芽品种的选育和推广是本区的主要目标。

本区推广面积前3位的主导品种包括陇育5号、中麦175、长6359、长6878，苗头品种为临旱9号、陇育4号、陇育10号、陇鉴110。全部为高产抗旱型品种，缺少优质中强筋和强筋品种，如何进一步提高该区域品种品质，将是今后育种需要注意的问题。

八、东北春麦区小麦品种2016—2020年推广情况分析

东北春麦区黑龙江及内蒙古呼伦贝尔2016—2020年小麦累计推广2 897.1万亩（表23-14），其

中前10位累计推广1 851.94万亩（表23-15），约占本区域总累计推广面积的63.92%。近几年随着黑龙江玉米和大豆种植补贴政策的实施，小麦面积逐年减少，年播种面积呈递减趋势。品质方面，排名前10位品种强筋、中强筋品种累计推广1 285.17万亩，占本区域总面积的44.36%，且龙麦35等强筋品种近几年在生产上的主导地位一直没有变，新审定的苗头性强筋品种在生产上还没有大面积的推广应用，说明本区域小麦生产上仍然缺少品质、产量及抗性都过硬的品种，而且克春8号、克春9号等高产、中筋、多抗品种面积也有一定的上升，说明生产上高产、多抗类型品种仍具有一定的市场竞争力。从品种的育成单位构成看，主要是以科研单位为主，企业育成品种较少。5年间国家新审品种17个，年平均3.4个，但因科研单位推广力度不足，生产上品种更新换代较慢。

表23-15 2016—2020年东北春麦区累计推广面积前10位品种推广面积变化情况   （万亩）

品种名称	2016		2017		2018		2019		2020		面积合计	品质类型
	面积	位次	面积	位次	面积	位次	面积	位次	面积	位次		
龙麦35	98.8	1	153.77	1	135.4	1	97.97	1	124.25	1	610.19	强筋
龙麦33	68.5	2	116.3	2	68.73	2	66.17	2	20.6	4	340.3	强筋
龙麦36	21.9	7	41.44	5	68.09	3	62.64	3	25.69	2	219.76	强筋
垦九10号	66.5	3	60.91	3	26.22	4	2.5	19	20.74	3	176.87	中筋
克旱16号	33.6	5	43.1	4	19.53	9	16.68	6	7.5	15	120.41	中筋
克春4号	40.5	4	30.87	6	17.7	6	12.2	10	13.65	9	114.92	中强筋
克春8号	10.8	11	10.95	10	19.8	7	25.0	4	17.1	6	83.65	中筋
内麦19	32.9	6	16.0	9	0	29	15.0	8	2.0	27	65.9	中筋
克春9号	2.0	22	2.0	23	22.74	5	21.0	5	17.4	5	65.14	中筋
克旱21号	21.2	8	24.5	7	7.0	15	0	34	2.1	26	54.8	中筋
小计	396.70		499.84		385.21		319.16		251.03		1 851.94	

九、西北春麦区水地组品种2016—2020年推广情况分析

春小麦西北片水地麦区包括宁夏引黄灌区，甘肃河西走廊的白银、定西、武威、张掖、酒泉，内蒙古呼和浩特、鄂尔多斯、巴彦淖尔，新疆伊利、昌吉、塔城、库尔勒，青海海西、海东、西宁，该区域常年总种植面积在2 000万亩左右，其中有部分水地旱地品种交错种植区，是全国第二大春麦区。其中内蒙古面积最大，常年小麦种植面积在1 000万亩左右，新疆常年小麦种植面积在500万亩左右，甘肃常年小麦面积在300万亩左右，宁夏常年小麦种植面积在100万亩左右，青海常年小麦种植面积在100万亩左右。

2016—2020年在西北片水地利用国审品种约10个，累计种植面积800万亩，按年度计算占种植面积8%左右。从近几年的统计面积看，国审品种中新春6号种植面积最大，年种植约100万亩，宁春39号年种植30万亩。从品种跨省利用情况看，国审品种中有3个品种在3个以上省同时利用，年种植面积约40万亩，占总面积2%左右。随着国家西北春麦区域试验的开展和引种备案制度的实行，本区域春小麦在品种资源交流和品种推广方面得到加强，省审品种跨区推广现象增多（表23-16）。

表23-16 不同年份西北春麦水地组国审水地小麦品种种植面积

项目	2016	2017	2018
合计面积（万亩）	1 464	2 264.3	1 737.1
国审品种面积（万亩）	140	176	158
占种植面积比例（%）	9.6	7.7	9.1

第二部分

玉米

第二十四章 2016—2020年国家玉米品种试验审定概况

第一节 国家玉米品种试验试点概况

一、北方极早熟春玉米组

北方极早熟春玉米组品种类型区包括黑龙江北部及东南部山区第四积温带,内蒙古呼伦贝尔部分地区、兴安盟部分地区、锡林郭勒盟部分地区、乌兰察布部分地区、通辽部分地区、赤峰部分地区、包头北部、呼和浩特北部,吉林延边朝鲜族自治州、白山市的部分山区,河北省北部坝上及接坝的张家口和承德的部分地区,山西北部大同、朔州、忻州、吕梁海拔1 200m以上地区,宁夏南部山区海拔2 000m以上地区,甘肃兰州、定西、临夏回族自治州和张掖海拔2 000m以上地区。该组共有15个试点,其中,黑龙江4个、吉林2个、河北3个、内蒙古4个、宁夏2个。

二、东华北中早熟春玉米组

东华北中早熟春玉米组品种类型区包括黑龙江第二积极温带,吉林延边朝鲜族自治州、白山的部分地区,通化、吉林的东部,内蒙古中东部的呼伦贝尔扎兰屯南部、兴安盟中北部、通辽扎鲁特旗中部、赤峰中北部、乌兰察布前山、呼和浩特北部、包头北部早熟区,河北张家口坝下丘陵及河川中早熟区和承德中南部中早熟地区,山西中北部大同、朔州、忻州、吕梁、太原、阳泉海拔900~1 100m的丘陵地区,宁夏南部山区海拔1 800m以下地区。该组共有12个试点,其中,黑龙江4个、吉林4个、内蒙古4个。

三、东华北中熟春玉米组

东华北中熟春玉米区属于我国最大的玉米主产区,位于玉米生产"黄金带"核心区,辽河平原、松嫩平原和内蒙古的优势产区都为玉米种植提供了良好的生产基础。总体看,该区是我国主要产粮区,粮食商品化率高,对于稳定我国粮食需求,提升人们饮食质量以及满足加工需求做出了重要贡献。随着现代农业产业升级和种植业调整,受栽培条件、投入产出比、机械化水平和其他作物进出口等众多因素的影响,种植面积成倍增长,已成为名副其实的当家作物。

(一)东华北中熟春玉米区概况

东华北中熟春玉米区覆盖辽宁、吉林、黑龙江、内蒙古、河北和山西6个省份,按照行政区划又可分为两个不连续的亚区,一是辽宁东部山区和辽北部分地区,吉林长春、吉林、松原、白城、通化、辽源的中熟区,黑龙江第一积温带,内蒙古乌兰浩特、赤峰、通辽等部分地区,该亚区面积较大,也是主要区域;二是内蒙古呼和浩特、包头、巴彦淖尔、鄂尔多斯等部分地区,山西北部大同、朔州盆地和中部及东南部丘陵区,河北张家口坝下丘陵及河川中熟区和承德中南部中熟地区。

该区属大陆性季风气候,活动积温在2 650℃以上,冬季低温干燥,春季风大雨少,昼夜温差大,雨热同季,属典型的雨养农业区。该区玉米种植面积5 000万~6 000万亩(330万~400万hm²),播种面积占全国的1/10以上。田间种植密度一般约4 000株/亩。

该区种植制度为一年一熟,种植方式主要是玉米清种,基本上连作。该区品种多样性差。生产有利条件主要是地势较为平坦,土层深厚,利于机械化作业;该区玉米依靠增加群体密度增加产量优势较为明显，有利于规模化、机械化发展。该区玉米生产风险主要与近几年美系血缘的广泛使用有很大关系，病害主要有丝黑穗、玉米螟、大斑病、茎腐病等病虫害，具体表现为个别年份、个别病害发生范围较大，级别较重，近几年穗腐病也趋于多发；播种期、苗期干旱或低温冷害，具体表现为苗整齐度低，大面积"粉种"或加重丝黑穗病发生概率；个别年份生育中期持续低温寡照、干旱对授粉影响较大，具体表现为持续时间的长短与空秆率成相关度极高；后期早霜时有发生，具体表现为容重和品质降低；强对流天气频繁，具体表现为玉米生长中后期台风多发，倒伏、倒折严重，对产量、品质和后期收获造成严重影响（表24-1）。

表24-1　东华北中熟春玉米组区域试验点设置详情

序号	试验点	试验点简称	经度（E）	纬度（N）	海拔（m）
1	抚顺市农业科学研究院玉米所	辽宁清原	124°76′	42°06′	224
2	本溪满族自治县农业科学研究所	辽宁本溪	124°7′28″	41°17′38″	311
3	新宾满族自治县农业科学研究所	辽宁新宾	125°10′54″	41°47′48″	494.1
4	洮南市农业技术推广中心	吉林洮南	122°39′59″	45°19′59″	154
5	磐石市经济开发区品种区域试验站	吉林磐石	126°06′	42°95′	320
6	长春市农业科学院	吉林长春	125°14′35″	43°55′58″	222
7	吉林省宏泽现代农业有限公司	吉林九台	125°2′24″	43°52′12″	96
8	吉林省润民种业有限公司	吉林榆树	126°29′37″	44°48′45″	200
9	黑龙江省农作物引种鉴定展示中心	黑龙江双城	126°58′	45°90′	127
10	黑龙江大学农作物研究院	黑龙江呼兰	126°58′	45°90′	128
11	五常市龙汇玉米研究所	黑龙江五常	127°96′	44°54′	194.6
12	北大荒垦丰种业股份有限公司	黑龙江阿城	126°45′53″	45°31′52″	174.3
13	黑龙江德农种业有限公司	黑龙江肇东	125°90′77″	46°02′18″	147
14	内蒙古金葵艾利特种业有限公司	内蒙古赤峰	118°81′80″	42°34′92″	601
15	包头市农牧业科学研究院	内蒙古包头	109°51′	40°34′	1 020
16	内蒙古自治区农牧业科学院玉米研究所	内蒙古呼和浩特	111°39′45″	40°46′29″	1 041
17	大民种业股份有限公司	内蒙古乌兰浩特	121°53′48″	46°24′16″	278
18	内蒙古丰垦种业有限责任公司	内蒙古科右	121°45′	44°97′	248

（二）东华北中熟春玉米区域试验验点概况

随着农作物品种审定制度的逐步完善，品种区域试验的准确性和高效性愈来愈受到普遍关注。影响品种区域试验准确性、高效性的因素很多，其中试验点数量和分布是关键，对试验结果具有较大的影响。玉米区域试验选择试验点应遵循三个原则：一是集中性原则，要求区域试验点设置在玉米的主产区，这是由区域试验的目的决定的；二是代表性原则，即要在有代表性的生态、耕作、社会经济条件下布点，这由区域试验的性质决定；三是可行性原则，即布点数量适合，保证每一种代表类型有一试点，这由区域试验条件决定。如果布点过少，则难以有代表性，不便对新品种做出全面准确的鉴定，数量过多则增加不必要的财力和物力。

国家有组织地进行玉米品种区域试验已有20多年，积累了较为系统的资料和丰富的经验。国家试验和审定工作让相关省份实现了集中优势兵力打大仗的想法，把最优良的试验、鉴定和检测单位吸纳入试验评价体系中来，实现了低水平投入下的相对稳定和公平、公正，筛选出了一大批优良品种；玉米试验点是在传统玉米种植区划和品种布局区划的基础上，依据行政区域设置的。多年来，全国农业技术推广服务中心品种区域试验处一直在研究并改革国家试验点的数量和分布，使其更趋合理，提高试验的准确性和效率。

经过多年的试验和调整，目前东华北中熟春玉米区域试验由辽宁、吉林、黑龙江、内蒙古4省

（区）共计18个区域试验点承担。受经费不足等多方面因素影响，山西和河北一直没有设立统一试验点。

四、东华北中晚熟春玉米组

东华北中晚熟春玉米区包括吉林四平、松原、长春的大部分地区，辽源、白城、吉林部分地区、通化南部；辽宁除东部山区和大连、东港以外的大部分地区；内蒙古赤峰和通辽大部分地区；山西忻州、晋中、太原、阳泉、长治、晋城、吕梁平川和南部山区；河北张家口、承德、秦皇岛、唐山、廊坊、保定北部、沧州北部春播区；北京春播区；天津市春播区。区域试验试点共27个（表24-2），具体：吉林（5家）、辽宁（5家）、山西（4家）、河北（6家）、内蒙古（4家）、北京（1家）、天津（2家）。

表24-2　东华北中晚熟春玉米组承试单位情况

所属地	试验点名称	试验地址
吉林	吉林省宏兴种业有限公司	德惠市经济技术开发区德通街与汇工路交汇处
	吉林农大科茂种业有限责任公司	长春市新城大街与博学路交汇复地嘉年华广场
	吉林市农业科学院	吉林市九站农研西路1号
	吉林省农业科学院	公主岭市科茂西大街303号
	九台区国家农作物品种区域试验站（鸿翔种业）	长春市九台区龙家堡镇
辽宁	锦州市科学技术研究院	锦州市凌河区科研里119号
	丹东农业科学院	辽宁省凤城市草河管理区
	铁岭市农业科学院	铁岭市柴河街南段238号
	辽宁省农业科学院玉米研究所	沈阳市沈河区东陵路84号
	沈阳北玉农业科学研究院	辽宁省海城市验军管理区验军村
山西	山西中农容玉种业有限责任公司	忻州市忻府区兰村乡下社村种子公司
	北京屯玉种业有限责任公司	山西省屯留县屯玉路129号
	定襄县农业种子工作站	定襄县农作物原种场（季庄乡凉楼台村西1.5公里）
	山西诚信种业玉米研究院	山西省太原市长风街2号
河北	承德裕丰种业有限公司	河北承德县下板城镇
	遵化市玉米育种研究所	河北省遵化市团瓢庄乡兴隆店村
	河北科伟种业开发有限公司	河北省固安县牛驼镇北科伟引育种中心院内
	河北巡天农业科技有限公司	河北省张家口市经开区沙岭子镇
	河北省宽城种业有限责任公司	河北省宽城县龙须门镇
	承德市农林科学院	承德市双桥区冯营子镇广通公司大厦1407
内蒙古	通辽市厚德种业有限责任公司	通辽市科尔沁区辽河镇辽河一村东
	通辽市农牧科学研究所	内蒙古通辽市科尔沁区钱家店镇东
	赤峰宇丰科技种业有限公司	内蒙古自治区赤峰市元宝山区平庄镇马蹄营子村
	德农种业股份公司赤峰分公司	内蒙古赤峰市松山区夏家店乡水地村
北京	北京龙耘种业有限公司	北京市密云区十里堡镇靳各寨村
天津	天津市宝坻区农业发展服务中心	宝坻区新安镇大赵村
	天津市武清区农业发展服务中心（保农仓公司）	天津市武清区南蔡村镇张辛庄村村北

五、京津冀早熟夏玉米组

京津冀早熟夏玉米区位于东华北春播区和黄淮海夏播区之间，具有两个区域类似的特征同时又有着独特的区域特点，该区域光照比较充足，雨热同季，较适合夏玉米生长。京津冀早熟夏玉米区包括河北唐山、秦皇岛、廊坊、沧州北部、保定北部、保定北部夏播区，北京夏播区，天津夏播区。

该组别截至2020年共有试验点次12个，其中河北5个、北京3个、天津4个。

六、黄淮海夏玉米组

黄淮海夏玉米区地势平坦，光热资源丰富，是我国两大玉米主产区之一。黄淮海夏玉米区包括河南、山东、河北保定和沧州的南部及以南地区、陕西关中灌区、山西运城和临汾、晋城部分平川、江苏和安徽两省淮河以北、湖北襄阳。

该组别分为普通玉米区域试验组和机收玉米区域试验组，截至2020年共有试验点次71个，涉及8个省份。普通玉米区域试验点40个，河北7个、河南12个、山东8个、安徽3个、陕西3个、江苏3个、山西2个、湖北2个。机收玉米区域试验点31个，河北5个、河南10个、山东7个、安徽3个、陕西2个、江苏2个、山西1个、湖北1个。

七、西北春玉米组

国家西北春玉米类型区位于北纬33°～47°，东经82°～110°，年≥10℃活动积温2 800～4 226℃，无霜期135～186d，年日照时数1 468～3 796h，玉米生育期间有效降水60～630mm，海拔457～1 549m，包括内蒙古西部、宁夏大部、甘肃中北部、新疆北疆等区域。从东到西具体为：内蒙古巴彦淖尔大部、鄂尔多斯大部地区，陕西榆林、延安、宝鸡等，宁夏引扬黄灌区，甘肃陇南河谷山地春玉米区、庆阳、平凉、白银、武威、张掖等，新疆昌吉州阜康市以西至博乐市以东、北疆沿天山、伊犁州直西部平原等。该区种植的玉米品种为中晚熟、晚熟品种，代表性品种有郑单958、先玉335、正大12、大丰30、西蒙6号等。

围绕西北春玉米类型区划定和结合各地区生产实际，2016—2020年，西北春玉米试验在西北5省区共设置17个区域试验点，分别是：新疆5个，安排在塔城、昌吉等地；甘肃4个，安排在张掖、白银、平凉等地；宁夏4个，安排在银川、中卫等地；陕西2个，安排在延安和榆林；内蒙古2个，安排在鄂尔多斯和巴彦淖尔。17个试验点中，按承担主体类型划分，大致分为种子企业、科研院所、种子站和其他事业单位等。其中种子企业6家、科研院所5家、种子站4家，其他事业单位2家。作为承担试验主体的种子企业和科研院所，试验点数量约占17个试验点的65%。

八、西南春玉米组

（一）2016—2020年西南春玉米品种试验试点布局概况

在2016—2020年，根据农技种函文件相关精神，全国农业技术推广服务中心组织实施了国家西南玉米品种区域试验。通过鉴定评价新育成玉米品种（组合）的丰产性、稳产性、适应性、抗性、品质及其他重要特征特性表现，为国家玉米品种审定和推广提供科学依据。自2019年起，西南春玉米品种区域试验分为中低海拔和中高海拔（指云南、四川及贵州的部分地区）两组。西南春玉米品种试验承试单位（以下简称"试点"）分布在广西、云南、四川、贵州、重庆、湖北、湖南及陕西8个省份，试点布局合理，区域、生态上具有代表性（表24-3）。

表24-3　2016—2020年西南春玉米品种试验试点布局概况

年份	试点总数	备注
2016	共29个试点：广西（3）、云南（4）、四川（5）、贵州（5）、重庆（3）、湖北（5）、湖南（3）、陕西（1）	因气象灾害及其他因素的影响，湖北建始及云南临沧2个试点报废

（续表）

年份	试点总数	备注
2017	共28个试点：广西（1）、云南（4）、四川（5）、贵州（6）、重庆（3）、湖北（5）、湖南（3）、陕西（1）	因气象灾害及其他因素的影响，湖北建始、云南曲靖及贵州都匀3个试点报废
2018	共25个试点：广西（1）、云南（4）、四川（5）、贵州（4）、重庆（3）、湖北（4）、湖南（3）、陕西（1）	无试点报废
2019	共20个试点（中低海拔）：广西（1）、四川（5）、贵州（3）、重庆（3）、湖北（4）、湖南（3）、陕西（1） 共12个试点（中高海拔）：云南（6）、四川（3）、贵州（3）	中低海拔无试点报废；因气象灾害及其他因素的影响，中高海拔四川西昌试点报废
2020	共23个试点（中低海拔）：广西（2）、四川（5）、贵州（3）、重庆（3）、湖北（5）、湖南（3）、陕西（2） 共13个试点（中高海拔）：云南（7）、四川（3）、贵州（3）	中低海拔无试点报废；因气象灾害及其他因素的影响，中高海拔四川西昌试点报废

（二）2016—2020年西南春玉米品种试验期间试点天气概况

环境是植物赖以生存的基础，天气状况的好坏严重影响作物的生长发育，也严重影响区域试验效果。在试验期间，因气象灾害的影响，导致部分参试品种组合无试验数据甚至整个试点报废的情况经常出现，2016—2020年西南春玉米品种试验期间试点天气概况如下（表24-4）。

表24-4 2016—2020年西南春玉米品种试验期间试点天气概况

年份	天气概况
2016	试验期间，西南地区天气状况基本正常，但局部地区的害性天气对玉米生长仍造成了一定的影响。一是试验前、中期，多数试点降雨偏多，玉米的苗期生长发育略迟缓，南宁、兴义、建始、遵义、临沧等试点遭遇暴风大雨天气，部分参试品种倒折严重；二是湖北、湖南及云南昭通等地灌浆中、后期干旱偏重，不利于玉米灌浆、成熟
2017	试验期间，西南地区天气状况基本正常，但局部地区遇灾害性天气，对玉米生长造成一定的影响。一是试验前、中期，各省的多数试点降雨偏多，气温偏低，玉米的苗期生长、授粉、灌浆造成一定影响；二是广西、贵州、湖北、云南、四川等地的部分试点在灌浆期间遭遇大风暴雨天气，部分参试品种倒伏严重
2018	试验期间，西南地区天气状况基本正常，但局部地区遇灾害性天气，对玉米生长造成一定的影响。一是试验前期至中期各省的多数试点气温较高，轻微干旱，后期降雨偏多，高温高湿，玉米授粉、灌浆造成一定影响；二是重庆、湖南、湖北等地的部分试点在玉米灌浆期遭遇强对流天气，造成个别品种有一定程度的倒伏
2019	试验期间，西南地区天气状况基本正常，但局部地区遇灾害性天气，对玉米生长造成一定的影响。一是试验前期至中期各省的多数试点气温较高，轻微干旱，后期降雨偏多，高温高湿，对玉米授粉、灌浆造成一定影响；二是四川、重庆等地的部分试点在玉米生长后期遭遇强对流天气，造成个别品种有一定程度的倒伏
2020	试验期间，西南地区天气状况基本正常，但局部地区遇灾害性天气，对玉米生长造成一定的影响。一是试验前、中期，各省的多数试点降雨偏多，导致部分参试品种倒伏较为严重；二是四川、广西、湖北等地的部分试点在玉米开花期遭遇持续阴雨天气，对玉米散粉及后期灌浆结实有一定影响

（三）2016—2020年西南春玉米品种试验试点质量分析概况

2016—2020年西南春玉米品种试验绝大多数试点严格按照试验方案及操作规程执行，积极应对气象灾害带来的不利影响，保证试验顺利进行，试验布局合理，栽培管理到位，参试品种重复间一致性较好，试验总结填报及时、规范，试验总体质量较高。对各试点进行单年单点方差分析，通过分析各试点的试验误差变异系数（CV%），判断各试点试验精度，进而对试点试验整体质量进行评价。

广西、云南、四川、贵州、重庆、湖北、湖南及陕西8个省份在2016—2020年各省份平均试验误差变异系数（CV%）汇总如下（表24-5），分析结果表明：除个别省份在个别年份的CV%略高外，绝大多数省份多年的CV%均在6%以下，说明西南春玉米品种试验试点精度较高，整体质量较好（表24-5）。

表24-5　2016—2020年西南春玉米品种区域试验各试点试验质量分析概况

年份	广西	云南	四川	贵州	重庆	湖北	湖南	陕西
2016	4.77	5.52	4.14	3.38	2.73	5.97	1.42	4.13
2017	8.43	7.64	6.12	6.16	4.51	5.96	3.86	5.49
2018	5.32	5.55	4.33	4.59	3.18	4.35	1.68	4.78
2019	5.32	— 5.11*	4.01 1.65*	5.84 4.94*	2.15	4.27	1.54	4.79
2020	3.36	— 4.73*	4.56 1.57*	4.35 3.19*	2.32	5.59	1.35	8.35

注：*代表中高海拔。

九、东南春玉米组

2016—2020年，东南春玉米试验试点总数为11～12个，位置变化较小，2016年在广东设两处试点，2017年之后取消了广东的试点，仅在江西、福建、江苏、安徽、浙江设点（表24-6）。

表24-6　2016—2020年东南春玉米组试验试点情况

省份	试验试点	地址	试点分布（年份）				
			2016	2017	2018	2019	2020
广东	英德市农业科学研究所	英德市大站镇英山路	√				
	肇庆市农业科学研究所	肇庆市鼎湖坑口	√				
江西	江西省农业科学院作物研究所	南昌市莲塘	√	√	√	√	√
	瑞昌市种子管理局	瑞昌市	√	√	√	√	√
福建	福建省农业科学院作物研究所	福州市新店埔档	√	√	√	√	√
	福建省南平市农业科学研究所	建阳市东桥东路13号	√	√	√	√	√
江苏	盐城市东首新洋农业试验站	盐城市东首	√	√	√	√	√
	南通市如皋薛窑沿江地区农业科学所（江苏沿江地区农业科学研究所）	南通市如皋薛窑	√	√	√	√	√
	江苏省农业科学院粮食作物研究所	南京市孝陵卫		√	√	√	√
安徽	合肥丰乐种业股份有限公司	合肥市樊洼路8号	√				
	安徽科技学院农学院	凤阳安徽科技学院农学院	√	√	√	√	√
	安徽省农业科学院玉米研究中心（烟草所）	合肥市农业科学南路40号		√	√	√	√
	六安市农业科学研究院	六安市皋城路		√	√	√	√
	黄山市农业科学所（黄山市农业技术推广中心）	黄山市屯溪区		√	√	√	√
浙江	浙江东阳市玉米研究所	东阳市城东街道塘西	√	√	√	√	√
合计点数（个）			11	12	12	11	11

十、北方（东华北）鲜食玉米组

北方（东华北）鲜食玉米区包括黑龙江第五积温带至第一积温带、吉林、辽宁、内蒙古、河北、山西、北京、新疆、宁夏、甘肃、陕西等省份年≥10℃活动积温1 900℃以上玉米春播种植区。区域试验试点共10个，具体：黑龙江（1家）、吉林（1家）、辽宁（1家）、内蒙古（2家）、河北（2家）、山西（1家）、北京（1家）、新疆（1家）（表24-7）。

表24-7 北方（东华北）鲜食玉米组承试单位情况

所属省	试验点名称	试验地址
河北	承德市农业科学研究所	河北省承德市双桥区种子路冯营子村北公交站
	万全县华穗特用玉米种业有限公司	河北省张家口市万全区北环路
北京	中国农业科学院作物科学研究所	北京市海淀区学院南路80号
吉林	吉林农业大学农学院	吉林省长春市南关区新城大街2888号
辽宁	沈阳农业大学特种玉米研究所	辽宁省沈阳市沈河区东陵路120号
内蒙古	北京德农种业有限公司赤峰分公司	内蒙古自治区赤峰市红山区物流园区汇通路41号
	内蒙古农牧业科学院玉米研究中心	内蒙古自治区呼和浩特市玉泉区昭君路22号
山西	屯玉种业科技股份有限公司	山西省长治市屯留区屯玉路129号
新疆	石河子市农垦科学院	新疆维吾尔自治区石河子市乌伊公路221号
黑龙江	肇东市德农种业有限公司	黑龙江省绥化市肇东市创业大道

十一、北方（黄淮海）鲜食玉米组

北方（黄淮海）地区是我国鲜食玉米的主要产区，这一地区面积大、地域广，气候复杂，对保证国家鲜食玉米周年供应发挥着不可替代的作用。这一地区包括北京、天津、河北中南部、河南、山东、陕西关中灌区、山西南部、安徽和江苏两省淮河以北地区等玉米夏播种植区。

北方（黄淮海）地区海鲜食玉米区区域试验点涵盖8省份13个单位承担本组试验。截至2020年黄淮区鲜食玉米试验每年有13个试点，其中北京1个、天津2个、河北1个、山东2个、河南2个、陕西2个、安徽2个、江苏1个。2020年河南周口市农业科学院调换为河南鹤壁市农业科学院（表24-8）。

表24-8 2016—2020年黄淮海鲜食糯玉米区域试验点设置及承试单位

序号	省份	单位	序号	省份	单位
1	河北	石家庄市农业科学研究院玉米室	8	北京	中国农业科学院作物科学研究所
2	陕西	陕西富平全国农业技术推广中心试验站	9-1	河南	河南周口市农业科学院
3	陕西	陕西农作物新品种示范园	9-2	河南	河南鹤壁市农业科学院
4	山东	山东华良种业有限公司	10	河南	河南农业科学院粮食作物研究所
5	山东	莱州山东登海种业	11	江苏	盐城市新洋农业试验站
6	安徽	宿州市农业科学研究所	12	天津	武清区种子管理站
7	安徽	界首市农业科学研究所	13	天津	天津市农作物研究所

十二、南方（东南）鲜食玉米组

2016—2020年，南方（东南）鲜食玉米试验试点总数为21～22个，分布在上海、广东、江西、福建、江苏、安徽、浙江、广西、海南等省份，年份间位置变化较小（表24-9）。

表24-9 2016—2020年南方（东南）鲜食玉米组试验试点情况

省份	试验试点	地址	试点分布（年份）				
			2016	2017	2018	2019	2020
上海	上海市农业科学院作物育种栽培研究所	奉贤区金齐路1000号	√	√	√	√	√
	上海市农业技术服务中心	闵行区吴中路628号	√	√	√		

（续表）

省份	试验试点	地址	试点分布（年份）				
			2016	2017	2018	2019	2020
广东	梅州市农业科学研究所	梅州市三角地	√	√	√	√	√
	惠州市农业科学研究所	惠城区惠州大道333号	√	√	√	√	√
	阳江市农业科学研究所	阳江市区金山路边	√	√	√	√	√
	广州市农业科学院	广州市新港东路151号	√	√	√	√	√
	广东省农业科学院作物研究所	广州市五山	√	√	√	√	√
江西	江西省农业科学院作物研究所	南昌市莲塘	√	√	√	√	√
	江西省赣州市旱作物科学研究所	赣州市火车站南	√	√	√	√	√
福建	福建省农业科学院作物研究所	福州市新店埔档	√	√	√	√	√
	莆田市种子管理站	城厢区文献路西段	√	√	√	√	√
江苏	苏州市种子管理站	苏州市滨河路851号	√	√	√	√	√
	江苏沿江地区农业科学研究所	南通市如皋薛窑	√	√	√	√	√
	江苏省农业科学院粮食作物研究所	南京市孝陵卫	√	√	√	√	√
安徽	安徽科技学院农学院	凤阳安徽科技学院农学院	√	√	√	√	√
	安徽省农业科学院烟草研究所	合肥市农业科学南路40号	√	√	√	√	√
浙江	嵊州市农业科学研究所	嵊州市博济镇	√	√	√	√	√
	东阳市种子管理站	吴宁镇兴平东路123号	√	√	√	√	√
	淳安县种子技术推广站	千岛湖镇新安北路27号	√	√	√		
	浙江东阳市玉米研究所	东阳市城东街道塘西				√	√
广西	广西农业科学院玉米研究所	南宁市郊吴圩镇明阳	√	√	√	√	√
	桂林市农业科学研究所	桂林市雁山镇	√	√	√	√	√
海南	海南省农业科学院粮食作物研究所	海口市流芳路9号	√	√	√	√	√
合计点数（个）			22	22	22	21	21

十三、南方（西南）鲜食玉米组

2016—2020年，南方（西南）鲜食玉米试验试点总数为9～10个，分布在重庆、贵州、四川、云南、湖北、湖南等省份，年份间位置变化较小（表24-10）。

表24-10　2016—2020年南方（西南）鲜食玉米组试验试点情况

省份	试验试点	地址	试点分布（年份）				
			2016	2017	2018	2019	2020
重庆	重庆市农业科学院玉米研究所	九龙坡区白市驿镇高峰寺村	√	√	√	√	√
贵州	遵义市农业科学研究所	遵义县马家湾	√	√	√	√	√
	贵州省农业科学院旱粮研究所	贵阳市小河区金农社区	√	√	√	√	√
四川	四川省绵阳市农业科学研究院	绵阳市松垭镇	√	√	√	√	√
	宜宾市农业科学院	四川宜宾市	√	√	√	√	√
云南	曲靖市种子管理站	云南省曲靖市麒麟南路288号	√	√	√	√	√
	云南省农业科学院粮食作物研究所	昆明市北京路2238号			√	√	√
湖北	宜昌市农业科学研究院	宜昌市点军区江南大道89号	√	√	√	√	√
	湖北省种子管理局	武汉市洪山区珞狮路308号	√				
	湖北省现代农业展示中心	武汉市黄陂区武湖农场		√	√	√	√

（续表）

省份	试验试点	地址	试点分布（年份）				
			2016	2017	2018	2019	2020
湖南	湖南省农业科学院作物研究所	长沙市马坡岭	√	√			
	湖南省怀化市农业科学研究所	湖南省怀化市迎丰东路138号			√	√	√
合计点数（个）			9	9	10	10	10

十四、青贮玉米组

青贮玉米国家试验开设东华北中晚熟组、黄淮海夏播组和西南春玉米组共3个生态区（组别）的试验，每个生态区（组别）开设1组试验。

青贮玉米东华北中晚熟组包括吉林四平、松原、长春的大部分地区，辽源、白城、吉林部分地区、通化南部，辽宁除东部山区和大连、东港以外的大部分地区，内蒙古赤峰和通辽大部分地区，山西忻州、晋中、太原、阳泉、长治、晋城、吕梁平川和南部山区，河北张家口、承德、秦皇岛、唐山、廊坊、保定北部、沧州北部春播区，北京春播区，天津春播区等区域。这个区域是我国青贮玉米种植的第一大主产区，尤其在内蒙古通辽地区，常年青贮玉米的种植面积为400万～500万亩。截至2020年，该组试验共有14个试点，其中北京1个、天津1个、河北2个、山西2个、内蒙古3个、吉林1个、辽宁和黑龙江各2个。

青贮玉米黄淮海夏玉米组包括河南、山东、河北保定和沧州的南部及以南地区、陕西关中灌区、山西运城和临汾、晋城平川、江苏和安徽两省淮河以北、湖北襄阳。该区域是1年2熟区域，一般冬小麦在6月上旬收获之后抢时播种青贮玉米，青贮玉米主要种植区域在山东、河南等地。截至2020年，该组试验共有15个试点，其中河南4个、山东3个、陕西3个、河北2个、安徽2个、江苏1个。

青贮玉米西南春玉米组包括四川、重庆、湖南、湖北、陕西南部海拔800m及以下的丘陵、平坝、低山地区，贵州贵阳、黔南州、黔东南州、铜仁、遵义海拔1100m以下地区，云南省中部昆明、楚雄、玉溪、大理、曲靖等地的丘陵、平坝、低山地区，以及广西桂林、贺州等区域。截至2020年，该组试验共有10个试点，其中四川2个、重庆2个、湖南2个，陕西、湖北、贵州、云南各1个。

十五、爆裂玉米组

我国爆裂玉米产业始于20世纪80年代，每年以20%左右的速度在持续增长。近年来，随着人们观影热情的高涨，影院发展迅猛，爆米花的需求量增长迅速。国家爆裂玉米区域试验在全国8个省（区、市）开展品种试验，2016—2020年，共有31个爆裂玉米品种参试，2016—2020年，分别有7个、4个、5个、6个和9个品种参试，2020年参试品种数量最多。2016—2020年，有16个爆裂玉米品种通过国家审定。一批新品种通过审定和推广，极大地满足了我国市场对爆裂玉米品种及原料玉米的需求，推动了我国爆裂玉米育种、栽培技术研究、规模化生产等方面的发展。

第二节　2016—2020年国家玉米品种试验参试品种概况

一、北方极早熟春玉米组

2016—2020年，北方极早熟春玉米组参试品种数为99个，其中，2016年25个、2017年25个、2018年16个、2019年16个、2020年17个。

二、东华北中早熟春玉米组

2016—2020年，东华北中早熟春玉米组参试品种数为235个，其中，2016年48个、2017年48个、2018年42个、2019年51个、2020年46个。

三、东华北中熟春玉米组

（一）东华北中熟春玉米区域品种概况

由于东华北中熟春玉米区区域经济发展不平衡，致使科研人才和资源严重缺位，科研力量和水平不高，研发能力低，品种更新速度较为缓慢。随着郑单958、先玉335等广适性品种的快速推广，尤其是企业和科研单位充分认识了突破性广适品种，不断加大投入，初见成效。原有东北早熟春玉米区域内品种遗传差异多数表现较为明显，模拟育种很少，但随着先玉335的推广，参试品种的同质性问题逐渐显现。

近几年，在试验、审定工作逐渐完善过程中，东华北中熟春玉米区的整体轮廓逐渐清晰，尤其近几年，相关省份管理部门、科研单位和企业充分认识到了该区的重要性，加大了支持、研发和推广力度，参试单位数量已经从初始的几家发展到近百家，增加了资源多样性的同时，避免了同质化现象；国家试验和审定工作的导向作用显著，社会各界充分认识到了东华北中熟春玉米区的价值，企业和科研单位加大了资源创新力度。

（二）东华北中熟春玉米区域品种发展建议

随着社会、经济和科技的不断进步，东华北中熟必将发展成东华北玉米产区的主要类型，具有至关重要的现实意义和价值。我们应该紧跟玉米育种科技发展，少走弯路，确立选育早熟、密植型品种的目标，积极引进法国、加拿大、德国以及其他国家和地区的早熟品种资源进行创新，同时抓紧进行原有资源改良，联合攻关，资源共享，选育优良的早熟品种，为玉米生产做出更大贡献。

目前，东北早熟春玉米区急需突破性优良品种。随着先进育种理论和技术的运用和发展，利用杂种优势增产的幅度已经不是十分明显，我们必须通过进一步提升群体密度来提高产量。发达国家的经验证明，群体密度的增加需要植株矮化、花期集中、通过缩短营养生长期和增加灌浆速率来提早熟期，这几方面应该是高度相关的。事实证明，种植早熟品种，在适宜密度的情况下，产量水平不降反增，而且可以在一定程度上降低收获时含水量；早熟品种属于集约型品种，对于地力和土壤耕作以及未来发展的机械化收获都有好处；延迟播期能克服早播造成的粉种、芽势弱以及开花授粉期遇低温寡照造成的空秆和秃尖现象。具体农艺性状指标应达到或接近以下要求：

种子发芽率高、发芽势强，低温条件下拱土能力强；

茎、叶空间分布合理，耐密植；穗上部茎秆纤细、叶片稀疏清秀；种植密度应达到4 000～4 500株/亩；

抗病性优良，对丝黑穗病、大斑病、茎腐病要达到抗以上水平，不要求后期活秆成熟；

株高、穗位高适中，抗倒性好；茎秆不粗、但坚韧，气生根发达；

穗轴细且坚硬，果穗均匀，结实性好，出籽率高，籽粒容重高；

熟期适宜，熟期是一个相对的概念，按照目前该区生产发展实际看，应该逐步实现10月1—20日田间籽粒收获。

四、东华北中晚熟春玉米组

2016—2020年，东华北中晚熟组区域试验品种262个次（不含对照），其中，区域试验1年168个，区域试验2年94个。具体：2016年4组区域试验、参试品种63个（区域试验一年品种49个，区域试验二年品种14个）；2017年4组区域试验、参试品种64个（区域试验一年品种34个，区域试验二年品种30个）；2018年4组区域试验、参试品种47个（区域试验一年品种23个，区域试验二年品种24个）；2019年3组区域试验、参试品种41个（区域试验一年品种27个，区域试验二年品种14个）；2020年3组区域试验、参试品种47个（区域试验一年品种35个，区域试验二年品种12个）（表24-11）。

表24-11　东华北中晚熟春玉米组参试品种（不含对照）统计

年份	试验区组数（组）	参试品种数（个）	区域试验一年	区域试验二年
2016	4	63	49	14
2017	4	64	34	30
2018	4	47	23	24
2019	3	41	27	14
2020	3	47	35	12

五、京津冀早熟夏玉米组

2018—2020年，京津冀早熟夏玉米品种统一试验参试品种数为36个，2018年、2019年和2020年分别有9个、17个、10个品种参试。

六、黄淮海夏玉米组

2016—2020年，黄淮海夏玉米品种统一试验参试品种数为452个。其中，普通玉米组395个，机收玉米组57个。2016年、2017年、2018年、2019年和2020年分别有97个、98个、92个、88个、77个品种参试。随着品种试验渠道的拓宽，统一试验参试普通品种数量呈现逐年降低趋势，参试品种数量由2016年的97个减少至2020年的61个（表24-12）。

表24-12　2016—2020年黄淮海夏玉米国家玉米品种试验各生态区参试品种数量　（个）

区组	2016年	2017年	2018年	2019年	2020年	总计
普通玉米组	97	84	79	74	61	395
机收玉米组	0	14	13	14	16	57

七、西北春玉米组

相比国家东华北中熟、中晚熟等春玉米组而言，西北春玉米组每年试验品种的数量不多。2016—2020年西北春玉米组共有106个（次）品种参加区域试验，平均每年约20个；共有24个品种参加生产试验，平均每年约5个。从每年参加试验的品种数量看，各年度之间差异还是比较明显的。2016年是这5年中参加区域试验品种数量最多的年份，达到31个；其次是2017年，数量为27个；2018—2020年这3年每年参试品种数量比较稳定，都在20个以下，其中2019年为18个，2018年和2020年均为15个，不足2016年的一半。数据显示（表24-13），2017年之后西北组春玉米参试品种数量明显下降，一方面与绿色通道、联合体试验大规模开展有直接的关系，试验渠道的拓宽使得大量新育成的品种涌入了绿色通道和联合体试验，缓解了统一试验的压力；另一方面由于统一试验经费紧张，国家控制统一试验规模，也是参试品种数量下降的一个原因。

表24-13　2016—2020年西北春玉米区域试验参试品种情况　　　　　　　（个）

年份	区域试验品种数	一年区域试验	二年区域试验	种子企业	科研院所	个人	民营科研
2016	31	27	4	26	3	1	
2017	27	20	7	23	3	1	
2018	15	10	5	14	1		
2019	18	14	4	13	3		2
2020	15	14	1	12	3		
总数	106	85	21	88	13	2	3

从参试主体看，大致把参试主体分为种子企业、科研院所、民营科研和个人四大类。2016—2020年，种子企业申请的参试品种数量最多为88个，占总数量的83.0%；其次是科研院所，数量为13个，占总数量的12.3%；民营科研和个人申请的品种数量仅为5个，不足5%。上述情况说明，种子企业成为科研育种的主体，参试品种申请数量大且试验参与度高、积极性高，充分发挥了种子企业的主体作用。

从品种晋级率看，5年间，区域试验中第一年参试品种平均晋级率为23.9%，约占参试品种总数的1/4。另外，年度之间晋级率表现不同、差异明显，其中晋级率最高的年份是2019年，晋级率高达40.0%，比平均晋级率高出16.1个百分点；其次是2017年，晋级率为25.9%；2018年和2016晋级率分别为25.0%和23.5%；晋级率最低的是2020年，仅为7.1%。

2017年国家对玉米品种试验程序进行了改革，决定从2017年起，原来第二年区域试验完成后再进行生产试验调整为第二年区域试验和生产试验可以同时进行，故出现了2018年之前，生产试验品种晋级率比较高（生产试验品种从第二年区域试验品种产生，如2016年晋级率达到100%），而在2018年之后，由于区域试验生产试验同时进行，生产试验品种要从第一年区域试验产生，出现了生产试验晋级品种晋级率偏低的情况（比如2020年生产试验品种晋级率仅为7.1%）（表24-14）。

表24-14　2016—2020年生产试验参试品种情况

年份	生产试验品种数	二年晋级	一年晋级	种子企业	科研院所	民营科研
2016	6	6		5	1	
2017	7	3	4	6	1	
2018	6	1	5	6		
2019	4	0	4	3		1
2020	1	0	1	1		
总数	24	10	14	21	2	1

八、西南春玉米组

（一）2016—2020年西南春玉米品种试验参试品种区域试验结果概况

参考农业农村部《主要农作物品种审定标准》中的玉米品种评价标准，结合各参试品种的综合表现，推荐续试、生产试验或通过区域试验推荐审定的标准为：产量比参试品种产量平均值增产≥2.0%，增产试验点比例≥60%；倒伏倒折率之和≤8.0%，且倒伏倒折率之和≥10.0%的点次比例≤20%；大斑病、纹枯病、穗腐病、茎腐病田间人工接种或自然发病非高感。根据上述品种推荐审定标准，2016—2020年西南春玉米品种试验参试品种区域试验结果概况如下（表24-15）。

2016年区域试验淘汰品种数25个，推荐进入第二年区域试验品种数26个（金亿1157、五单2号、仲玉13-136、卓单9号、龙华369、友玉988、成单716、奥星玉518、金亿418、陵玉1358、SAU1402、强硕168、金园15、杰单158、青青921、吉圣玉207、黔4088、经禾168、裕丰151、吉圣玉1号、先玉1419、荣玉1510、金亿219、成单333、飞科1501、G7533），推荐进入生产试验品种数13个（金玉669、QW11-6、青青700、KW009、正玉983、青青100、友玉106、永越88、康农玉198、新玉1156、帮豪玉208、雅玉988、金禾130）。

2017年区域试验淘汰品种数19个，推荐进入第二年区域试验品种数20个（先玉1680、青青302、绵单315、金亿2002、康农玉908、真玉1号、昊玉151、渝单821、黔1808、鲁单9088、新玉1822、卓玉007、吉圣玉608、众星玉1号、友玉76、杰单009、永越1990、成单393、正红431、福玉1189），推荐进入生产试验品种数4个（G7533、成单716、成单333、金园15）。

2018年区域试验淘汰品种数20个，推荐进入第二年区域试验品种数14个（青青7141、锦华787、奥星568、圣达11、天玉612、成单719、五谷8616、渝单801、劲单13号、永越1998、五谷8257、贵卓玉10号、惠玉688、真玉3号），推荐进入生产试验品种数5个（众星玉1号、友玉76、正红431、渝单821、云瑞62）。

2019年中低海拔区域试验淘汰品种数8个，推荐进入第二年区域试验品种数13个（十九行101、成单718、绵单906、先玉1999、成单3601、真玉5号、煌单1718、绵单65、川单99、雅玉981、凯圣001、华盛369、正昊玉818），推荐进入生产试验品种数10个（锦华787、贵卓玉10号、青青7141、天玉612、奥星568、惠玉688、成单719、圣达11、渝单801、金亿2002）。

2019年中高海拔区域试验淘汰品种数10个，推荐进入第二年区域试验品种数11个（大天2416、雅玉1288、红壳1号、中农大718、云瑞22、科越19、云瑞408、友玉8号、康农玉918、重玉718、德单173），推荐进入生产试验品种数9个（锦华787、天玉612、青青7141、科越18、奥星568、金亿2002、圣达11、永越1998、惠玉688）。

2020年中低海拔区域试验淘汰品种数7个，推荐进入第二年区域试验品种数5个（渝单59、奥星998、金玉汇1号、华盛338、黔玉710），推荐进入生产试验品种数5个（绵单906、雅玉981、凯圣001、渝单59、奥星998）。

2020年中高海拔区域试验淘汰品种数7个，推荐进入第二年区域试验品种数17个（金玉112、煌单809、十九行118、雅玉984、荣科99、DS917、成单3601、国奥7号、正昊玉103、云瑞905、福玉1388、康农玉588、田玉520、贵卓玉11、北玉8253、黔玉904、亘玉2728），推荐进入生产试验品种数16个（金玉112、煌单809、十九行118、雅玉984、荣科99、DS917、成单3601、正昊玉103、国奥7号、云瑞905、福玉1388、田玉520、北玉8253、红壳1号、中农大718、康农玉918）（表24-15）。

表24-15　2016—2020年西南春玉米品种试验参试品种区域试验结果概况　　　　　　（个）

年份	参试品种数	淘汰品种数	续试品种数	生产试验品种数
2016	64	25	26	13
2017	65	19	20	4
2018	51	20	14	5
2019	31（中低海拔）	8	13	10
	30（中高海拔）	10	11	9
2020	22（中低海拔）	7	5	5
	33（中高海拔）	7	17	16

（二）2016—2020年西南春玉米品种试验参试品种主要性状表现概况

参试品种区域试验均采用随机区组设计，3次重复，小区面积20m²，5行区，实收中间3行（面积12m²）计产，试验周边设置与小区行数相同的保护行。2016—2020年，参试品种数总体呈下降趋势，对参试品种部分性状表现均值进行统计（表24-16），通过对参试品种产量进行方差分析和多重比较分析发现，参试品种间达极显著水平，说明品种间存在较大的遗传基础差异。从表24-16中可以得出，中高海拔的产量表现要明显优于中低海拔，但生育期要长于中低海拔，综合来看，对西南春玉米品种试验的划分（中低海拔和中高海拔）更有利于筛选出适合西南特定地区的优良品种（表24-16）。

表24-16 2016—2020年西南春玉米品种试验参试品种主要性状表现概况

年份	参试品种数（个）	生育期（d）	株高（cm）	穗位（cm）	百粒重（g）	亩产（kg）	亩产幅度（kg）	产量间差异显著水平
2016	64	117.32	290.74	114.14	32.42	587.79	500.01～646.67	**
2017	65	118.00	292.59	120.56	32.61	584.37	520.47～625.03	**
2018	51	116.65	286.86	114.06	33.39	567.76	510.00～611.60	**
2019	31（中低海拔）	118.19	293.52	120.26	34.00	553.55	481.10～609.60	**
	30（中高海拔）	129.40	270.50	103.67	35.03	681.64	620.40～730.60	**
2020	22（中低海拔）	116.39	295.41	119.05	33.09	541.43	477.40～566.80	**
	33（中高海拔）	131.49	280.33	131.82	36.69	767.55	686.30～831.80	**

注：**代表极显著；2019年和2020年的部分参试品种同时参加中低及中高海拔区域试验。

（三）2016—2020年西南春玉米品种试验参试品种较对照亩产表现概况

2016—2018年西南春玉米品种试验的对照为渝单8号，2019—2020年更替为中玉335。对2016—2020年参试品种及对照的平均亩产进行统计（表24-17），从表24-17可以得出：2016年参试品种平均亩产587.79kg，比渝单8号（CK）平均增产5.8%，较对照增产的参试品种数55个，占参试品种总数的85.94%；2017年参试品种平均亩产584.37kg，比渝单8号（CK）平均增产5.83%，较对照增产的参试品种数58个，占参试品种总数的89.23%；2018年参试品种平均亩产567.76kg，比渝单8号（CK）平均增产1.13%，较对照增产的参试品种数34个，占参试品种总数的66.67%；2019年中低海拔参试品种平均亩产553.55kg，比中玉335（CK）平均增产4.86%，较对照增产的参试品种数29个，占参试品种总数的93.55%，中高海拔参试品种平均亩产681.64kg，较对照增产的参试品种数26个，占参试品种总数的86.67%；2020年中低海拔参试品种平均亩产541.43kg，比中玉335（CK）平均增产7.76%，较对照增产的参试品种数20个，占参试品种总数的90.91%，中高海拔参试品种平均亩产767.55kg，较对照增产的参试品种数29个，占参试品种总数的87.88%。此外，2016—2020年参试品种的平均亩产呈逐年下降趋势，2018年参试品种平均亩产较对照增产最低（1.13%）（表24-17）。

表24-17 2016—2020年西南春玉米品种试验参试品种较对照亩产表现概况

年份	参试品种数（个）	参试品种亩产（kg）	对照品种	对照亩产（kg）	比对照（±%）	比对照增产参试品种数（个）
2016	64	587.79		555.26	5.86	55
2017	65	584.37	渝单8号	552.78	5.83	58
2018	51	567.76		561.44	1.13	34
2019	31（中低海拔）	553.55		527.90	4.86	29
	30（中高海拔）	681.64	中玉335	649.13	5.01	26
2020	22（中低海拔）	541.43		502.45	7.76	20
	33（中高海拔）	767.55		719.83	6.63	29

九、东南春玉米组

国家东南春玉米品种试验采用统一组织两年区域试验，育种单位自行开展生产试验。2016—2020年东南春玉米组每年均设一组试验，参试品种数为8～12个（不含对照品种）。对照品种为苏玉29，由江苏省农业科学院粮食作物研究所供种（表24-18）。

表24-18 2016—2020年东南春玉米组参试品种情况

年份	参试品种数（个）	区域试验第1年品种数（个）	对照品种
2016	12	9	苏玉29
2017	10	4	苏玉29
2018	8	7	苏玉29
2019	12	9	苏玉29
2020	11	8	苏玉29

十、北方（东华北）鲜食玉米组

（一）鲜食糯玉米组

2016—2020年，北方（东华北）鲜食糯玉米组区域试验品种63个次（不含对照），其中，区域试验1年37个，区域试验2年26个。具体：2016年域试验参试品种7个（区域试验一年品种7个，区域试验2年品种0个）；2017年区域试验参试品种11个（区域试验1年品种5个，区域试验2年品种6个）；2018年区域试验参试品种14个（区域试验1年品种9个，区域试验2年品种5个）；2019年区域试验参试品种14个（区域试验1年品种6个，区域试验2年品种8个）；2020年区域试验参试品种17个（区域试验1年品种10个，区域试验2年品种7个）（表24-19）。

表24-19 北方（东华北）鲜食玉米组参试品种（不含对照）统计（个）

年份	参试品种数	区域试验1年	区域试验2年
2016	7	7	0
2017	11	5	6
2018	14	9	5
2019	14	6	8
2020	17	10	7

（二）鲜食甜玉米组

2016—2020年，北方（东华北）鲜食甜玉米组区域试验品种63个次（不含对照），其中，区域试验1年37个，区域试验2年26个。具体：2016年域试验参试品种5个（区域试验1年品种4个，区域试验2年品种1个）；2017年区域试验参试品种6个（区域试验1年品种2个，区域试验2年品种4个）；2018年区域试验参试品种5个（区域试验1年品种3个，区域试验2年品种2个）；2019年区域试验参试品种11个（区域试验1年品种8个，区域试验2年品种3个）；2020年区域试验参试品种10个（区域试验1年品种2个，区域试验2年品种8个）（表24-20）。

表24-20 北方（东华北）鲜食玉米组参试品种（不含对照）统计

年份	试验区组数（组）	参试品种数（个）	区域试验1年（个）	区域试验2年（个）
2016	1	5	4	1
2017	1	6	2	4
2018	1	5	3	2
2019	1	11	8	3
2020	1	10	2	8

十一、北方（黄淮海）鲜食玉米组

北方（黄淮海）地区2016—2020年鲜食玉米试验设置甜玉米和糯玉米各1组试验，共有121个品种参试（不含对照）。黄淮海甜玉米品种试验参试品种数为46个；其中，2016年、2017年、2018年、2019年和2020年分别有4个、5个、12个、16个、9个甜玉米品种参试。黄淮海糯玉米品种试验参试品种数为75个，2016年、2017年、2018年、2019年和2020年分别有9个、13个、17个、19个、17个糯玉米品种参试。可以看出甜糯玉米品种从2018年开始，参试品种数明显增加。

从表24-21可以看出甜糯玉米品种在2018年参试品种数和花色类别明显增加。其中甜玉米在2018年以黄甜为主，增加了黄白甜和白甜，2019年又增加了黑甜等花色品种，在花色类别上更趋丰富；糯玉米主要表现在糯加甜类型在2018年明显增加，且有黑色糯质玉米参试，在花色类别上更趋于丰富多彩。

表24-21 2016—2020年黄淮海鲜食玉米试验区参试品种数量

区组	分类	2016年	2017年	2018年	2019年	2020年	总计
甜玉米	黄色	3	4	8	7	31	46
	黄白色	1	1	2	3	1	
	白色			2	4	3	
	紫黑色				2	2	
糯玉米	糯质	8	11	13	13	11	75
	甜糯	1	2	4	6	6	

十二、南方（东南）鲜食玉米组

南方（东南）鲜食玉米分为鲜食甜玉米和鲜食糯玉米两大类型。2016—2020年甜玉米组每年设一组试验，参试品种为10～14个（不含对照品种），参试品种数年份间差异不大；在糯玉米组每年设两组试验，参试品种数为18～28个（不含对照品种），参试品种数呈现先上升后趋于稳定。2016—2020年南方（东南）鲜食甜玉米对照除2018年更换为粤甜27号外，其余年份均为粤甜16号，均由广东省农业科学院供种。南方（东南）鲜食糯玉米对照均为苏玉糯5号，由江苏沿江地区农业科学研究所供种（表24-22）。

表24-22 2016—2020年南方（东南）鲜食玉米组参试品种情况

年份	类型	参试品种数（个）	区域试验第1年品种数（个）	试验组数（组）	对照品种
2016	甜玉米	13	8	1	粤甜16号
	糯玉米	18	10	2	苏玉糯5号
2017	甜玉米	10	6	1	粤甜27号
	糯玉米	19	12	2	苏玉糯5号
2018	甜玉米	14	8	1	粤甜16号
	糯玉米	27	15	2	苏玉糯5号
2019	甜玉米	14	7	1	粤甜16号
	糯玉米	28	14	2	苏玉糯5号
2020	甜玉米	14	7	1	粤甜16号
	糯玉米	27	13	2	苏玉糯5号

十三、南方（西南）鲜食玉米组

南方（西南）鲜食玉米分为鲜食甜玉米和鲜食糯玉米两大类型。2016—2020年甜玉米组每年设一组试验，参试品种数为10～14个（不含对照品种），参试品种数年份间差异不大；在糯玉米组2016年仅一组试验，其余年份设两组试验，参试品种数为12～28个（不含对照品种），参试品种数整体呈上升趋势。2016—2020年南方（西南）鲜食甜玉米对照除2018年更换为粤甜27号外，其余年份均为粤甜16号，均由广东省农业科学院供种。南方（西南）鲜食糯玉米对照均为渝糯7号，由重庆市农业科学院供种（表24-23）。

表24-23 2016—2020年南方（西南）鲜食玉米组参试品种情况

年份	类型	参试品种数（个）	区域试验第1年品种数（个）	试验组数（组）	对照品种
2016	甜玉米	13	10	1	粤甜16号
	糯玉米	12	10	1	渝糯7号
2017	甜玉米	10	6	1	粤甜27号
	糯玉米	17	9	2	渝糯7号
2018	甜玉米	13	7	1	粤甜16号
	糯玉米	22	13	2	渝糯7号
2019	甜玉米	14	8	1	粤甜16号
	糯玉米	28	16	2	渝糯7号
2020	甜玉米	14	8	1	粤甜16号
	糯玉米	28	12	2	渝糯7号

十四、青贮玉米组

2016—2020年，青贮玉米区域试验参试品种数为193个（含对照）。其中，东华北中晚组54个、黄淮海夏播组72个、西南春玉米组67个。从生态区域分析，黄淮海组和西南组参试品种较多，且每年数量较为稳定，目前开设1组试验容量往往满足不了参试需求；而东华北中晚熟组参试品种最少，且每年数量变化较大，2017年有17个品种，2020年只有7个品种。这与该生态区域面积较大、试点较少、参试品种在试点间表现差异大有关；同时该组设置的对照品种雅玉青贮26生物产量高，参试品种要达到审定标准较为困难，从而影响了品种参试单位的积极性。由于对照品种雅玉青贮26生育期长，在该区域籽粒乳线无法达到1/2，青贮品质较差，从2019年开始，该组开始设置京九青贮16和京科青贮932为副对照，根据试验结果，将讨论更换新对照。从参试年份分析，2016年、2017年、2018年、2019年和2020年分别有41个、46个、34个、38个和34个品种参试，参试品种数量有所下降，但近3年较为稳定（表24-24）。

表24-24 2016—2020年青贮玉米参试品种数量（含对照） （个）

生态区组	2016年	2017年	2018年	2019年	2020年	总计
东华北中晚组	10	17	9	11	7	54
黄淮海夏播组	16	15	12	14	15	72
西南春玉米组	15	14	13	13	12	67
总计	41	46	34	38	34	193

十五、爆裂玉米组

2016—2020年，共计9家单位申请参加了国家爆裂玉米区域试验，参试品种共计31个。其中沈阳农业大学特种玉米研究所参试品种最多，有8个品种参试。2016年、2017年、2018年、2019年和2020年，分别有7个、4个、5个、6个和9个品种参试，2020年参试品种最多，2017年参试品种最少（表24-25）。

表24-25 2016—2020年国家爆裂玉米品种试验参试品种数量 （个）

参试单位	参试品种数量
沈阳农业大学特种玉米研究所	8
沈阳金色谷特种玉米有限公司	4
沈阳特亦佳玉米科技有限公司	5
黑龙江省农业科学院牡丹江分院	1
上海农业科学种子种苗有限公司	2
上海市农业科学院	1
北京中农斯达农业科技开发有限公司	4
吉林农业大学农学院	4
新疆祥丰生物科技有限公司	2

第三节 2016—2020年国家玉米品种试验审定品种概况

一、北方极早熟春玉米组

2016—2020年，北方极早熟春玉米组审定品种数为19个。其中，2016年1个、2017年2个、2018年13个、2019年2个、2020年1个，2018年最多。

二、东华北中早熟春玉米组

2016—2020年，东华北中早熟春玉米组审定品种数为55个。其中，2016年和2017年无审定品种，2018年33个、2019年10个、2020年12个，2018年最多。

三、东华北中熟春玉米组

（一）公益性品种试验部分

2016—2020年东华北中熟春玉米组统一试验共计试验198个品种（不含对照），其中55个品种进行了生产试验，审定通过了30个（表24-26）。

2016年区域试验3组，一组参试品种13个，二组参试品种13个，三组参试品种12个。2017年区域试验3组，每组参试品种16个。2018年区域试验3组，共计42个参试品种，其中31个品种第一年区域试验，11个品种第二年继续区域试验并同时自行开展生产试验。2019年区域试验3组，共计容纳参试品种44个，其中36个品种为第一年区域试验，8个品种为第二年继续试验并同时自行开展生产试验。2020年共安排2个组别的品种区域试验任务，共计容纳参试品种32个，其中20个品种为第一年区域试验，12个品种为第二年继续试验并同时自行开展生产试验。

表24-26 2016—2020年东华北中熟春玉米组试验审定品种数量 （个）

年份	区域试验品种数	上年度保留品种数	新入区域试验品种数	淘汰品种数	生产试验品种数	审定品种数
2016	35	11	19	10	1	1
2017	45	13	32	22	22	18

（续表）

年份	区域试验品种数	上年度保留品种数	新入区域试验品种数	淘汰品种数	生产试验品种数	审定品种数
2018	42	11	31	23	12	6
2019	44	8	36	24	8	5
2020	32	12	30	20	12	
合计	198	55	148	99	55	30

（二）联合体和绿色通道品种试验部分

在新《中华人民共和国种子法》刚刚颁布，但尚未正式实施的情况下，农业部于2015年11月6日发布了由6位部级领导共同签发的《农业部办公厅关于进一步改进完善品种试验审定工作的通知》（以下简称《通知》），在建立多元化品种评价体系、拓宽品种审定试验渠道等方面提出了指导性意见。农业部全国农业技术推广服务中心（以下简称"全国农技中心"）根据《通知》精神，于2016年1月25日下发了《关于受理国家审定主要农作物品种联合体试验申请的通知》，在《审定办法》颁布之前即在全国范围内受理联合体试验申请。2016年8月15日施行的新《审定办法》贯彻了《通知》的主要精神，对联合体试验、绿色通道试验、自主试验等内容在法规层面予以明确。根据国务院领导指示精神，2017年7月20日，国家农作物品种审定委员会对《品种审定标准》做了较大改动，总体上由筛选丰产性品种向筛选低风险、绿色品种改变。产量不再是审定品种的决定性指标。

2016—2018年国家玉米品种试验联合体数量分别为73个、117个、146个，呈逐年递增趋势；2015—2018年国家审定玉米品种数量分别为55个、34个、171个、631个，呈倍增趋势。与此同时，各省的品种多渠道试验也进入快速发展阶段，审定数量激增。联合体试验经过3年运行已基本走上正轨，绝大多数联合体试验质量已具有较高水平。联合体试验已经成为品种试验渠道的主力军。有条件的联合体在开设青贮、鲜食和特用玉米试验外，还拟增开机收组试验联合体试验。这促使企业由被动参与者变为组织者、决策者，在组织试验的过程中不断积累经验，极大提高了积极性、自律性与自觉性。2020年东华北中熟春玉米组的联合体数量已达22家，绿色通道数量达15家。2021年开始，年审定玉米品种数量破千。

四、东华北中晚熟春玉米组

2016—2020年，东华北中晚熟组生产试验品种98个（不含对照），通过审定品种89个。具体：2016年生产试验品种10个，通过审定品种10个；2017年生产试验品种38个，通过审定品种36个；2018年生产试验品种24个，通过审定品种22个；2019年生产试验品种14个，通过审定品种9个；2020年生产试验品种12个，通过审定品种12个（表24-27）。

表24-27　东华北中晚熟春玉米组审定品种

年份	生产试验品种数（个）	审定品种数（个）	审定品种名称
2016	10	10	吉农大778、承201、农单476、金岛HD9078、嘉禾798、华农887、正成018、A1589、联创808、豫禾601
2017	38	36	佳昌309、SN6022、秀青835、松楠198、粟科352、YA15194、滑玉388、兴玉018、桦单18、军育179、辽单575、辽1281、吉农大819、KM15、创玉115、丰海7号、LD3013、必祥1207、金诚12、金诚381、正玉16、YF3240、营试169、强硕168、东单1316、连禾333、MC121、兆育517、ZY298、先玉1483、先玉1419、先玉1225、CZ530、五谷635、五谷638、农玉16

（续表）

年份	生产试验品种数（个）	审定品种数（个）	审定品种名称
2018	24	22	KY1515、S1646、CM178、中博510、鲁单9088、辽单1205、辽单519、农华178、秦粮302、翔玉568、JY1361、五谷632、新丹155、京科2179、沐玉105、强硕178、先玉1420、吉农大598、五谷737、先玉1718、太育1401、三北63
2019	14	9	MC875、辽单716、三北6017、DL1705、先玉1826、凤育88、福育237、柏玉108、通科9
2020	12	12	先玉1951、绥玉58、金园108、ZY749、五谷276、利合989、富民228、先达6018、玉农76、新单61、承玉88、泽玉803

五、京津冀早熟夏玉米组

2018—2020年，京津冀早熟夏玉米区共审定品种17个，2018年审定2个，2019年审定9个，2020年审定6个，除2020年审定的品种MC168为统一试验参试品种，其他16个审定品种均为绿色通道、联合体等自行开展试验品种。

六、黄淮海夏玉米组

2016—2020年，黄淮海夏玉米区审定品种数为617个。其中，普通玉米审定580个，机收玉米审定37个。2016年、2017年、2018年、2019年和2020年分别审定1个、71个、93个、233个和219个。自2014年开始受理绿色通道审定试验，2017年品种审定数量激增，2016年开始受理联合体审定试验，2019年品种审定数量达到最高峰233个，2020年审定品种数量略有回落（表24-28）。

表24-28　2016—2020年黄淮海夏玉米组国家玉米品种试验各生态区审定品种数量　　　　　（个）

区组	2016年	2017年	2018年	2019年	2020年	总计
普通玉米组	1	67	87	221	204	580
机收玉米组	0	4	6	12	15	37

七、西北春玉米组

总体看，西北地区种子企业数量和品种选育水平和全国多数地区相比有差距，西北品种审定数量少，2011—2015年为例，5年间西北组共审定玉米品种9个，和东华北、黄淮海相比，2016年之后，这一情况有所改变。据统计，2016—2020年，西北组玉米审定品种数量共139个，其中统一试验审定品种19个，占审定数量的13.7%；联合体渠道审定品种68个，占审定数量的48.9%；绿色通道审定品种60个，占审定数量的43.2%。从审定品种数量上看，统一试验审定品种少，每年保持在5个左右。而联合体和绿色通道试验审定品种均占到了40%以上，且联合体、较绿色通道占比较大，约占一半，表明联合体和绿色通道审定品种已成为主流，将在品种审定中占据重要的地位。

另外从审定品种数量可以进一步看出，年度间审定的品种数差异明显，其中2016年审定数量最少，仅审定3个品种，而最多的2020年审定品种高达63个，是2016年的21倍。2016—2020年，审定品种数量表现"先增后降再增"的变化趋势，从2017年开始，审定品种数量增速明显，到2020年审定品种数量达到峰值（图24-1）。

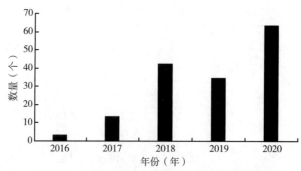

图24-1　2016—2020西北组审定玉米品种数量

八、西南春玉米组

2016—2020年西南春玉米组审定品种数为82个，除2016年未有审定品种外，其余年份均有审定品种。其中，2017年审定品种数最少（3个），2018年审定品种数量最多（55个），2019年和2020年审定品种数居中（均为12个）。

在2016—2020年西南春玉米组审定品种区域试验两年平均产量较对照增产10%以上的品种有28个，占审定品种总数的34.15%，其中2018年审定的品种隆瑞696较对照增产最多（15.1%）；生产试验产量较对照增产10%以上的品种有48个，占审定品种总数的58.54%，其中2018年审定的品种经禾168较对照增产最多（17.9%）（表24-29）。

表24-29　2016—2020年国家玉米品种西南春玉米组审定品种产量概况

品种	审定年份	审定编号	区域试验两年平均亩产（kg）	较对照增产（%）	生产试验亩产（kg）	较对照增产（%）
隆瑞117	2017	国审玉20170031	603.88	5.6	575.00	6.1
绵单1273	2017	国审玉20170032	588.10	3.5	611.00	8.9
登海856	2017	国审玉20176103	595.90	6.4	626.40	8.8
强硕168	2018	国审玉20180087	584.83	6.8	621.60	9.9
SAU1402	2018	国审玉20180126	595.81	6.4	577.80	13.4
帮豪玉208	2018	国审玉20180127	600.92	9.5	590.00	10.5
高科玉138	2018	国审玉20180128	609.78	12.1	584.80	12.8
昊玉501	2018	国审玉20180129	592.40	7.4	593.90	7.5
禾康9号	2018	国审玉20180130	607.91	11.8	590.90	11.9
华玉12	2018	国审玉20180131	628.40	14.5	595.50	17.0
吉圣玉1号	2018	国审玉20180132	609.30	9.7	604.90	11.5
吉圣玉207	2018	国审玉20180133	597.50	8.5	595.00	9.7
杰单158	2018	国审玉20180134	570.60	3.9	596.70	13.0
金禾130	2018	国审玉20180135	600.33	10.2	608.70	9.1
金亿1157	2018	国审玉20180136	615.18	10.5	625.70	12.4
金亿219	2018	国审玉20180137	612.58	9.8	609.00	9.6
金亿418	2018	国审玉20180138	610.97	11.6	626.50	12.5
经禾168	2018	国审玉20180139	585.35	6.3	610.20	7.8
垦玉999	2018	国审玉20180140	607.91	11.8	615.80	11.5
黔单88	2018	国审玉20180141	586.14	5.3	606.60	10.1
青青100	2018	国审玉20180142	606.44	12.3	580.10	13.1
青青700	2018	国审玉20180143	623.37	12.8	585.70	14.3
青青921	2018	国审玉20180144	606.17	9.5	578.60	13.2
雅玉988	2018	国审玉20180145	606.67	11.3	614.30	11.7
永越88	2018	国审玉20180146	616.58	13.3	595.50	14.8

（续表）

品种	审定年份	审定编号	区域试验两年平均亩产（kg）	较对照增产（%）	生产试验亩产（kg）	较对照增产（%）
友玉106	2018	国审玉20180147	596.15	8.6	600.80	13.8
友玉988	2018	国审玉20180148	632.93	14.4	620.70	17.6
正玉983	2018	国审玉20180149	616.30	14.1	622.60	13.1
NK718	2018	国审玉20180261	575.00	4.5	557.00	5.5
京科968	2018	国审玉20180314	608.00	10.4	577.00	9.3
川单308	2018	国审玉20180322	634.40	14.4	598.90	17.9
鼎程811	2018	国审玉20180323	561.95	9.0	563.70	7.4
泓丰159	2018	国审玉20180324	604.90	9.9	581.20	10.1
金单68	2018	国审玉20180325	563.05	9.3	565.60	7.5
金单98	2018	国审玉20180326	558.95	8.5	561.20	6.9
金玉102	2018	国审玉20180327	630.45	13.8	588.90	16.1
康农玉508	2018	国审玉20180328	619.36	10.9	635.45	12.6
隆瑞696	2018	国审玉20180329	637.41	15.1	603.25	10.9
隆瑞8号	2018	国审玉20180330	628.12	13.4	612.22	12.5
绵单232	2018	国审玉20180331	605.75	9.2	574.70	12.6
天艺193	2018	国审玉20180332	642.90	12.5	630.60	10.4
先玉1382	2018	国审玉20180333	610.35	7.3	592.00	8.1
渝豪单2号	2018	国审玉20180334	600.45	8.3	578.30	13.3
正昊235	2018	国审玉20180335	643.90	15.0	618.20	13.2
登海857	2018	国审玉20186134	630.50	8.3	623.80	8.3
登海858	2018	国审玉20186135	640.50	10.0	629.10	9.2
国豪玉23号	2018	国审玉20186136	582.00	9.1	575.50	9.3
金博士129	2018	国审玉20186137	606.90	8.8	608.00	4.8
金博士158	2018	国审玉20186138	610.40	9.5	611.90	5.4
金博士866	2018	国审玉20186139	609.50	8.3	606.80	4.6
隆白1号	2018	国审玉20186140	633.99	11.1	604.76	11.3
隆单1604	2018	国审玉20186141	621.36	8.9	599.17	10.2
隆黄2502	2018	国审玉20186142	649.11	12.0	608.37	11.9
潞玉1681	2018	国审玉20186143	610.80	11.1	593.80	6.8
强盛520	2018	国审玉20186144	605.10	11.5	586.70	9.6
天宇502	2018	国审玉20186145	570.90	7.0	583.00	10.8
巡玉608	2018	国审玉20186146	570.40	6.9	576.40	9.5
仲玉1181	2018	国审玉20186147	560.70	5.1	575.10	9.3
鲁单9088	2019	国审玉20190174	584.20	6.2	590.90	14.8
成单333	2019	国审玉20190327	595.30	6.9	584.80	12.3
金园15	2019	国审玉20190329	572.30	4.2	587.80	11.7
成单716	2019	国审玉20190330	596.40	6.9	619.50	8.9
五单2号	2019	国审玉20190331	598.70	8.1	576.00	11.1
先玉1680	2019	国审玉20190332	593.40	6.8	609.90	16.0
黔玉1808	2019	国审玉20190333	583.80	6.2	596.00	11.2
真玉1号	2019	国审玉20190334	575.60	4.8	600.40	14.9
永越1990	2019	国审玉20190335	592.30	7.7	576.70	11.9
新玉1822	2019	国审玉20190336	587.80	7.3	572.80	8.8
吉圣玉608	2019	国审玉20190337	587.00	6.2	610.80	15.9
冠玉57	2019	国审玉20196257	674.50	10.7	659.70	10.5

（续表）

品种	审定年份	审定编号	区域试验两年平均亩产（kg）	较对照增产（%）	生产试验亩产（kg）	较对照增产（%）
卓玉007	2020	国审玉20200401	599.73	8.2	614.40	16.1
云瑞62	2020	国审玉20200402	564.10	1.6	603.40	10.9
福玉1189	2020	国审玉20200403	586.60	6.4	608.90	11.2
绵单315	2020	国审玉20200404	598.90	8.2	601.90	13.7
创世168	2020	国审玉20200405	587.20	6.7	593.10	7.3
渝单821	2020	国审玉20200406	578.90	4.2	596.50	7.0
贵卓玉10号	2020	国审玉20200407	592.10	8.0	606.10	7.5
金亿2002	2020	国审玉20200420	574.40	6.6	561.30	5.3
正红431	2020	国审玉20200421	597.31	7.8	617.40	12.0
荣玉丰赞	2020	国审玉20200422	604.25	10.6	616.50	9.8
青青7141	2020	国审玉20200423	572.35	4.4	605.90	8.6
惠玉688	2020	国审玉20200424	566.15	4.0	552.30	3.0

九、东南春玉米组

2016—2020年，东南春玉米审定品种仅3个品种，2018年审定通过2个品种，2020年审定1个品种（表24-30）。

表24-30　2016—2020年东南春玉米组品种试验审定品种

审定年份	审定编号	品种名称	渠道
2018	国审玉20180150	天益青9号	统一试验
2018	国审玉20180314	京科968	统一试验
2020	国审玉20200473	先玉1264	统一试验

十、北方（东华北）鲜食玉米组

2016—2020年，北方（东华北）鲜食玉米组通过审定品种57个（糯玉米品种个，甜玉米品种个）。具体：2016年通过审定品种2个（糯玉米品种1个，甜玉米品种1个）；2017年通过审定品种1个（为甜玉米品种）；2018年通过审定品种27个（糯玉米品种17个，甜玉米品种10个）；2019年通过审定品种8个（糯玉米品种4个，甜玉米品种4个）；2020年通过审定品种21个（糯玉米品种14个，甜玉米品种7个）（表24-31）。

表24-31　北方（东华北）鲜食玉米组审定品种

年份	审定品种数（个）	审定品种	
		糯玉米品种	甜玉米品种
2016	2	甜糯182号	金冠218
2017	1		万甜2015
2018	27	金糯695、粮源糯2号、密花甜糯3号、斯达糯38、万黄糯253，（黄糯9号、金糯691、京科糯2010、京科糯623、密花甜糯12号、蜜甜糯4号、农科糯303、斯达糯32、斯达糯41、万糯161、万糯162、中糯330）	双甜318、郑甜78、BM800，（金冠220、京科甜608、农科甜563、中农甜488、中农甜828、京科甜609、农科甜601）
2019	8	吉糯20号、晋糯20号、（京科糯2000E、蜜甜糯1号）	斯达甜221、BM434，（京科甜307、斯达甜224）

（续表）

年份	审定品种数（个）	审定品种	
		糯玉米品种	甜玉米品种
2020	21	京科糯625、华耐甜糯358、吉糯28、中糯336、金糯1607、斯达糯44、万糯2018，（徽甜糯1号、农科玉368、京科糯2000H、蜜甜糯2号、天紫23、斯达31、农科糯336）	京白甜452、斯达甜222，（华耐白甜509、BM407、米哥、中甜401、斯达甜225）

注：括号内为鲜食玉米组联合体试验审定的品种。

十一、北方（黄淮海）鲜食玉米组

2016—2020年，黄淮海鲜食玉米组审定品种数为61个。其中甜玉米审定24个，糯玉米审定37个。2017年审定品种最少，只有2个；2020年审定品种最多，达28个品种。2016年审定甜玉米品种5个，糯玉米品种3个；2017年只审定2个糯玉米品种；2018年审定甜玉米品种4个，糯玉米品种14个；2019年审定甜玉米品种3个，糯玉米品种2个；2020年审定甜玉米品种12个，审定糯玉米品种16个（表24-32）。

表24-32　2016—2020年国家黄淮海甜糯玉米试验审定品种数量　　　　　　　　　（个）

区组	分类	2016年		2017年		2018年		2019年		2020年			总计
		品种数量	小计	品种数量	小计	品种数量	小计	品种数量	小计	品种数量	小计		
甜玉米	黄色	5		0		2		3		8			
	黄白色	0	5	0	0	2	4	0	3	1	12	24	
	白色	0		0		0		0		3			
	紫黑色	0		0		0		0		0			
糯玉米	糯质	1	3	2	2	10	14	1	2	12	16	37	
	甜糯	2		0		4		1		4			

（一）2016—2020年黄淮海甜玉米品种审定情况

2016—2020年黄淮海鲜食甜玉米品种试验，以中农大甜413为对照，共审定了24个品种（含联合体审定品种）。其中黄色甜玉米品种有18个；黄白双色的甜玉米品种3个；白色甜玉米品种3个。审定品种花色呈现多元化（表24-33）。

表24-33　2016—2020年黄淮海鲜食甜玉米区域试验产量与专家品尝鉴定

品种	组别	审定编号	区域试验两年平均亩产（kg）	较对照增产（%）	品尝鉴定	粒色
金冠218	黄淮海甜玉米组	国审玉2016014	1 025.8	26.9	84.76	黄甜
石甜玉1号	黄淮海甜玉米组	国审玉2016015	897.3	10.8	85.7	黄甜
ND488	黄淮海甜玉米组	国审玉2016016	867.7	7.7	86.7	黄甜
郑甜66	黄淮海甜玉米组	国审玉2016017	881.6	9.5	84.2	黄甜
京科甜533	黄淮海甜玉米组	国审玉2016025	629.4	-10.9		黄甜
双甜318	黄淮海甜玉米组	国审玉20180157	855.9	16.2	87.8	黄白甜
BM488	黄淮海甜玉米组	国审玉20180356	867.4	15.6	88.99	黄甜
农科甜601	黄淮海甜玉米组	国审玉2018.357	857.0	14.2	86.92	黄甜
斯达甜219	黄淮海甜玉米组	国审玉20180358	885.2	17.9	88.1	黄白甜
斯达甜221	黄淮海甜玉米组	国审玉20190379	884.7	25.2	86.3	黄甜
京科甜307	黄淮海甜玉米组	国审玉20190380	687.9	-4.8	85.9	黄甜

（续表）

品种	组别	审定编号	区域试验两年平均亩产（kg）	较对照增产（%）	品尝鉴定	粒色
斯达甜224	黄淮海甜玉米组	国审玉20190382	782.5	9.6	86.1	黄甜
京白甜452	黄淮海甜玉米组	国审玉20200474	747.6	1.0	83.8	白甜
斯达甜222	黄淮海甜玉米组	国审玉20200475	940.1	−3.0	86.75	白甜
中甜401	黄淮海甜玉米组	国审玉20200479	923.5	30.4	88.55	白甜
斯达甜225	黄淮海甜玉米组	国审玉20200480	871.3	−22.5	88.65	黄甜
沪甜2号	黄淮海甜玉米组	国审玉20200494	791.1	9.2	84.68	黄甜
高原丽人	黄淮海甜玉米组	国审玉20200495	685.8	−7.4	85.1	黄甜
高原王子	黄淮海甜玉米组	国审玉20200496	724.1	−2.2	82.0	黄甜
晶甜9号	黄淮海甜玉米组	国审玉20200497	757.7	2.2	84.9	黄甜
双甜2018	黄淮海甜玉米组	国审玉20200498	741.6	0.1	85.00	黄白
粤甜28	黄淮海甜玉米组	国审玉20200499	776.1	8.3	88.95	黄甜
BM364	黄淮海甜玉米组	国审玉20200500	815.3	13.7	89.1	黄甜
金冠597	黄淮海甜玉米组	国审玉20200501	912.6	27.3	87.65	黄甜

（二）2016—2020年黄淮海糯玉米品种审定品种

2016—2020年黄淮海鲜食糯玉米品种试验，以苏玉糯2号为对照，共审定了37个品种（含联合体审定品种）。其中糯质玉米品种26个；糯加甜品种11个。糯加甜品种类型明显增加，花糯和黑色等品种增加显著，审定品种呈现多元化和色彩鲜明的个性化，助力我国黄淮海地区鲜食玉米产业蓬勃发展（表24-34）。

表24-34　2016—2020年黄淮海鲜食糯玉米区域试验产量与专家品尝鉴定

品种	审定编号	区域试验两年平均亩产（kg）	较对照增产（%）	品尝鉴定	粒色
甜糯182号	国审玉2016004	925.4	13.0	87.6	白甜糯
佳彩甜糯	国审玉2016005	907.7	10.9	84.5	紫白甜糯
鲜玉糯5号	国审玉2016006	925.0	13.0	85.5	白糯
洛白糯2号	国审玉20170041	875.8	8.5	86.9	白糯
粮源糯1号	国审玉20170042	786.6	−2.4	86.5	白糯
密花甜糯3号	国审玉20180153	866.7	10.5	88.49	紫白甜糯
斯达糯38	国审玉20180154	817.4	4.3	85.32	白糯
苏玉糯602	国审玉20180159	846.8	7.9	86.28	白糯
郑黄糯968	国审玉20180160	881.6	12.3	84.96	黄糯
金糯691	国审玉20180337	944.2	20.5	87.45	白糯
密花甜糯12	国审玉20180340	916.9	15.7	87.6	紫白甜糯
密甜糯4号	国审玉20180341	847.9	7.0	87.48	黄白甜糯
农科糯303	国审玉20180342	818.3	4.4	85.35	白糯
斯达糯32	国审玉20180343	779.5	−0.5	87.25	紫白糯
斯达糯41	国审玉20180344	740.4	−5.5	89.65	白糯
万糯161	国审玉20180345	957.3	22.5	88.3	白糯
万糯162	国审玉20180346	957.9	23.0	86	紫白糯
华耐甜糯101	国审玉20180353	891.6	12.5	88.14	白甜糯
京科糯2016	国审玉20180354	875.3	10.5	88.14	白甜糯
京科糯609	国审玉20180355	840.1	6.0	87.9	白甜糯
京科糯2000E	国审玉20190385	906.0	21.3	87.9	白糯

（续表）

品种	审定编号	区域试验两年平均亩产（kg）	较对照增产（%）	品尝鉴定	粒色
密甜糯1号	国审玉20190386	793.2	6.3	87.95	白甜糯
京科糯625	国审玉20200481	780.1	3.1	88.9	紫白糯
中糯336	国审玉20200484	757.4	0.1	86.95	白糯
金糯1607	国审玉20200485	851.0	12.4	84.65	白甜糯
斯达糯44	国审玉20200486	627.0	−17.1	82.7	黑糯
万糯2018	国审玉20200487	879.2	16.2	87.4	黄糯
徽甜糯1号	国审玉20200488	784.9	6.8	86.5	白甜糯
京科糯2000H	国审玉20200490	807.8	9.9	89.2	白糯
密甜糯2号	国审玉20200491	786.6	7.3	86.8	白甜糯
斯达糯31	国审玉20200493	599.0	−17.9	83.2	黑糯
金跃糯58	国审玉20200502	839.8	11.0	86.16	花糯
郑白甜糯1号	国审玉20200503	864.4	14.2	87.12	白甜糯
苏玉糯702	国审玉20200504	773.5	2.2	83.14	花糯
花糯680	国审玉20200505	808.4	6.9	84.55	花糯
徽甜糯810	国审玉20200506	862.5	14.0	86.8	白甜糯
苏玉糯802	国审玉20200507	799.3	5.7	85.1	花糯
鲁糯005	国审玉20200508	882.3	20.9	85.0	黄糯

十二、南方（东南）鲜食玉米组

2016—2020年南方（东南）鲜食糯玉米共审定48个，南方（东南）鲜食甜玉米40个，合计88个品种，其中统一试验渠道共49个品种，联合体渠道共39个品种。除2019年审定品种数下降以外，整体呈上升趋势（表24-35）。

表24-35 2016—2020年南方（东南）鲜食玉米组审定品种数 （个）

年份	南方（东南）鲜食糯玉米		南方（东南）鲜食甜玉米		合计
	统一试验	联合体	统一试验	联合体	
2016	7	0	2	0	9
2017	6	0	5	0	11
2018	2	0	3	11	16
2019	2	4	2	0	8
2020	15	12	4	13	44
合计	32	16	16	24	88

十三、南方（西南）鲜食玉米组

2016—2020年共审定通过南方（西南）鲜食糯玉米40个，南方（西南）鲜食甜玉米12个，合计52个品种，其中统一试验渠道共42个品种，2019年开始出现联合体审定品种，联合体渠道共10个品种。除2019年审定品种数略有下降以外，整体呈上升趋势，特别是在2020年，审定品种数量较多（表24-36）。

表24-36 2016—2020年南方（西南）鲜食玉米组审定品种数 （个）

年份	南方（西南）鲜食糯玉米		南方（西南）鲜食甜玉米		合计
	统一试验	联合体	统一试验	联合体	
2016	2	0	0	0	2
2017	2	0	3	0	5

（续表）

年份	南方（西南）鲜食糯玉米		南方（西南）鲜食甜玉米		合计
	统一试验	联合体	统一试验	联合体	
2018	6	0	4	0	10
2019	2	5	2	0	9
2020	18	5	3	0	26
合计	30	10	12	0	52

十四、青贮玉米组

2017—2020年青贮玉米国家统一区域试验共审定品种34个。其中东华北中晚熟区审定6个、黄淮海夏播区审定13个、西南春玉米区审定15个，东华北区审定品种数量较少，平均每年约1个品种，而黄淮海夏播区和西南春播区审定品种数量差异不大，平均每年3～4个品种。按年份分析，2017年审1个，2018年审定8个品种，2019年审定12个品种，2020年审定13个品种，2018年之后审定品种的数量在逐年增加。其中有5品种在2个以上的生态区域通过了审定，如大京九26、大京九4059、北农3651和京九青贮16在东华北和黄淮海通过了审定。个别品种通过了青贮玉米品种审定，也通过了普通玉米品种审定，如京科968在黄淮海区、中玉335在西南区（表24-37）。

表24-37　2017—2020年国家青贮玉米品种统一区域试验审定情况

序号	审定年份	生态区域	品种名称	审定编号	区域试验年份	生产试验年份	生产试验类别
1	2017	东华北中晚熟	大京九26	国审玉20170049	2014—2015	2016	统一
2	2018	黄淮海夏播	大京九26	国审玉20180176	2014—2015	2017	自主
3	2018	黄淮海夏播	北农青贮368	国审玉20180175	2014—2015	2016	统一
4	2018	东华北中晚熟	京科青贮932	国审玉20180174	2016—2017	2017	自主
5	2018	西南春玉米	成青398	国审玉20180177	2016—2017	2017	自主
6	2018	西南春玉米	荣玉青贮1号	国审玉20180178	2016—2017	2017	自主
7	2018	西南春玉米	饲玉2号	国审玉20180179	2016—2017	2017	自主
8	2018	西南春玉米	中玉335	国审玉20180180	2015—2016	2017	统一
9	2018	西南春玉米	涿单18	国审玉20180181	2015—2016	2017	统一
10	2019	黄淮海夏播	大京九青贮3912	国审玉20190040	2015—2016	2017	统一
11	2019	黄淮海夏播	渝青386	国审玉20190041	2015—2016	2017	统一
12	2019	黄淮海夏播	成青398	国审玉20190042	2016—2017	2017	自主
13	2019	黄淮海夏播	京科青贮932	国审玉20190043	2016—2017	2017	自主
14	2019	东华北中晚熟	大京九4059	国审玉20190398	2016—2017	2018	统一
15	2019	黄淮海夏播	大京九4059	国审玉20190398	2016—2017	2018	统一
16	2019	东华北中晚熟	北农青贮3651	国审玉20190399	2016—2017	2018	统一
17	2019	黄淮海夏播	北农青贮3651	国审玉20190399	2016—2017	2018	统一
18	2019	东华北中晚熟	京九青贮16	国审玉20190400	2017—2018	2018	自主
19	2019	黄淮海夏播	京九青贮16	国审玉20190400	2017—2018	2018	自主
20	2019	西南春玉米	华玉11	国审玉20190403	2017—2018	2018	自主
21	2019	黄淮海夏播	京科968	国审玉20190031	2016—2017	2017	自主
22	2020	东华北中晚熟	先玉1853	国审玉20200548	2018—2019	2019	自主
23	2020	黄淮海夏播	渝青385	国审玉20200551	2017—2018	2019	自主
24	2020	黄淮海夏播	郑单901	国审玉20200552	2018—2019	2019	自主
25	2020	黄淮海夏播	渝单58	国审玉20200553	2018—2019	2019	自主
26	2020	西南春玉米	云瑞10号	国审玉20200555	2017—2018	2018	自主

（续表）

序号	审定年份	生态区域	品种名称	审定编号	区域试验年份	生产试验年份	生产试验类别
27	2020	西南春玉米	曲辰11号	国审玉20200556	2017—2018	2018	自主
28	2020	西南春玉米	渝青389	国审玉20200557	2017—2018	2018	自主
29	2020	西南春玉米	金荣青贮一号	国审玉20200561	2017—2018	2018	自主
30	2020	西南春玉米	绵单青贮1号	国审玉20200562	2017—2018	2018	自主
31	2020	西南春玉米	云瑞121	国审玉20200558	2018—2019	2019	自主
32	2020	西南春玉米	云瑞5号	国审玉20200559	2018—2019	2019	自主
33	2020	西南春玉米	成青381	国审玉20200560	2018—2019	2019	自主
34	2020	西南春玉米	川青8号	国审玉20200563	2018—2019	2019	自主

十五、爆裂玉米组

2016—2020年7家单位共计19个新品种通过审定。其中，沈阳农业大学特种玉米研究所审定品种最多，有6个品种，其次为沈阳金色谷特种玉米有限公司，有3个品种通过审定，其余5个单位审定品种都为2个。2016年、2017年、2018年、2019年和2020年分别审定5个、3个、6个、2个和3个爆裂玉米品种，2019年审定品种最少，2018年审定品种最多（表24-38）。

表24-38 2016—2020年国家爆裂玉米品种试验审定品种数量 （个）

参试单位	参试品种数量
沈阳农业大学特种玉米研究所	6
沈阳金色谷特种玉米有限公司	3
沈阳特亦佳玉米科技有限公司	2
上海农业科学种子种苗有限公司	2
上海市农业科学院	2
北京中农斯达农业科技开发有限公司	2
吉林农业大学农学院	2

第二十五章 2016—2020年北方极早熟春玉米品种试验性状动态分析

第一节 2016—2020年北方极早熟春玉米参试品种产量动态分析

2016—2020年北方极早熟春玉米品种区域试验品种（不排除重复的品种和对照）共计106个次。在5省份（黑龙江、吉林、河北、内蒙古和宁夏）合计15个区域试验鉴定地点的自然生态条件下，对其参试品种的产量平均值进行动态分析。

品种产量动态分析表明，2016—2020年北方极早熟春玉米品种试验参试品种的均值产量分别为688.24kg、676.19kg、639.73kg、672.01kg、693.74kg，其中2020年该区组平均产量最高，比该区组最低平均产量（2016年）高29.84%。就该区组内平均产量变异程度而言，2018年最大（0.062），2017年最小（0.039），总体变异不大。2016年，A6565单产达755.80kg，成为5年来该熟期组的最高单产纪录，最低产量为2016年禾源178，单产582.10kg（表25-1）。

表25-1 北方极早熟春玉米品种产量动态分析

项目	2016年	2017年	2018年	2019年	2020年
产量平均值（kg/亩）	688	676	640	672	694
标准差	41.10	26.16	39.37	34.16	40.14
变异系数	0.06	0.04	0.06	0.05	0.06
最小值（kg/亩）	582	612	583	593	614
最大值（kg/亩）	756	725	704	733	748

第二节 2016—2020年北方极早熟春玉米参试品种农艺性状动态分析

2016—2020年北方极早熟春玉米品种区域试验品种（不排除重复的品种和对照）共计106个次。在5个省份（黑龙江、吉林、河北、内蒙古和宁夏）合计15个区域试验鉴定地点的自然生态条件下，分别对其参试品种的生育期、株高、穗位高、倒伏倒折率、空秆率、穗长、穗行数、百粒重进行动态分析。

一、2016—2020年北方极早熟春玉米参试品种生育期动态分析

品种生育期动态分析表明，2016—2020年北方极早熟春玉米品种试验参试品种的均值生育期分别120.44d、120.67d、117.00d、121.21d、121.38d，其中2020年该区组平均生育天数最高，比该区组最低平均生育天数（2018年）高3.75%。就该区组内平均生育期变异程度而言，2017年最大（0.012），2019年最小（0.007），总体变异不大。2017年和2020年，泓丰613和登海G1515生育天数达124.00d，成为5年来该熟期组的最高生育天数纪录，最低生育天数为2018年的兴辉808，生育天数为115d（表25-2）。

表25-2 北方极早熟春玉米品种生育期动态分析

项目	2016年	2017年	2018年	2019年	2020年
生育期平均值（d）	120.4	120.7	117.0	121.2	121.4

（续表）

项目	2016年	2017年	2018年	2019年	2020年
标准差	1.10	1.39	1.00	0.84	1.27
变异系数	0.01	0.01	0.01	0.01	0.01
最小值（d）	119	118	115	119.3	119.3
最大值（d）	122	124	119	122.5	124

二、2016—2020年北方极早熟春玉米参试品种株高动态分析

品种株高动态分析表明，2016—2020年北方极早熟春玉米品种试验参试品种的均值株高分别246.59cm、260.56cm、257.50cm、264.76cm、261.33cm，其中2019年该区组平均株高最高，比该区组最低平均株高（2016年）高7.37%。就该区组内平均株高变异程度而言，2020年最大（16.50），2019年最小（11.63）。2020年，A2058株高达292.00cm，成为5年来该熟期组的最高株高纪录，最低株高为2016年的鑫丰901，株高为199.00cm（表25-3）。

表25-3　北方极早熟春玉米品种株高动态分析

项目	2016年	2017年	2018年	2019年	2020年
株高平均值（cm）	247	261	258	265	261
标准差	15.87	12.27	14.91	11.63	16.5
变异系数	0.06	0.05	0.06	0.04	0.06
最小值（cm）	199	236	223	241	225
最大值（cm）	271	282	278	281	292

三、2016—2020年北方极早熟春玉米参试品种穗位高动态分析

品种穗位高动态分析表明，2016—2020年北方极早熟春玉米品种试验参试品种的均值穗位高分别为87.74cm、90.69cm、87.71cm、87.18cm、89.17cm，其中2017年该区组平均穗位高最高，比该区组最低平均株高（2019年）高4.03%。就该区组内平均穗位高变异程度而言，2018年最大（0.11），2019年最小（0.07），总体变异不大。其中2020年，东农298穗位高达109.00cm，成为5年来该熟期组的最高穗位高纪录，最低穗位高为2018年的星单7，穗位高为66.00cm（表25-4）。

表25-4　北方极早熟春玉米品种穗位高动态分析

项目	2016年	2017年	2018年	2019年	2020年
穗位高平均值（cm）	88	91	88	87	89
标准差	8.83	8.17	9.68	6.24	8.87
变异系数	0.10	0.09	0.11	0.07	0.10
最小值（cm）	71	71	66	72	74
最大值（cm）	101	103	102	97	109

四、2016—2020年北方极早熟春玉米参试品种倒伏倒折率动态分析

品种倒伏倒折率动态分析表明，2016—2020年北方极早熟春玉米品种试验参试品种的均值倒伏倒折率分别0.68%、0.94%、3.05%、1.13%、1.63%，其中2020年该区组平均倒伏倒折率最高，比该区组最低平均倒伏倒折率（2016年）高139.67%。就该区组内平均倒伏倒折率变异程度而言，2016

年最大（2.01），2020年最小（0.76），总体变异相对较大。其中2017年，鑫禾6号倒伏倒折率达10%，成为5年来该熟期组的最高倒伏倒折率纪录，最低倒伏倒折率为2016年的7个品种（A6565，佳试14002，利禾10，华庆1001，富成098，三北102和富成99），2017年的富成098倒伏倒折率均为0，均表现较强的抗倒、抗折能力（表25-5）。

表25-5　北方极早熟春玉米品种倒伏倒折率动态分析

项目	2016年	2017年	2018年	2019年	2020年
倒伏倒折率平均值（%）	0.68	0.94	3.05	1.13	1.63
标准差	1.37	1.52	2.78	1.30	1.25
变异系数	2.01	1.61	0.91	1.15	0.76
最小值（%）	0	0	0.20	0.10	0.20
最大值（%）	4.70	5.80	10.00	5.20	5.30

五、2016—2020年北方极早熟春玉米参试品种空秆率动态分析

品种空秆率动态分析表明，2016—2020年北方极早熟春玉米品种试验参试品种的均值空秆率分别0.85%、0.73%、2.17%、1.78%、0.43%，其中2018年该区组平均空秆率最高，比该区组最低平均空秆率（2020年）高401.10%（图25-1）。

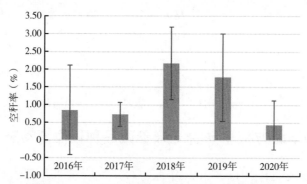

图25-1　北方极早熟春玉米品种空秆率动态分析

空秆率变异系数2020年最大（1.59），2017年最小（0.46），总体变异相对较大（表25-6）。其中2016年，YN109空秆率达7.00cm，成为5年来该熟期组的最高空秆率纪录，最低空秆率为2017年的利合528，空秆率为0.07%。

表25-6　北方极早熟春玉米品种空秆率动态分析

项目	2016年	2017年	2018年	2019年	2020年
空秆率平均值（%）	0.85	0.73	2.17	1.78	0.43
标准差	1.26	0.34	1.02	1.23	0.69
变异系数	1.48	0.46	0.47	0.69	1.59
最小值（%）	0.20	0.07	0.50	0.60	0.10
最大值（%）	7.00	1.60	4.00	5.00	3.10

六、2016—2020年北方极早熟春玉米参试品种穗长动态分析

品种穗长动态分析表明，2016—2020年北方极早熟春玉米品种试验参试品种的均值穗长分别为17.75cm、18.43cm、17.96cm、17.64cm、17.90cm，其中2018年该区组平均穗长最高，比该区组最低平均穗长（2020年）高4.50%（图25-2）。

区组内平均穗长变异系数2020年最大（0.0451），2018年最小（0.0368），总体变异不大。其中2017年和2020年，利合727和华耕201穗长19.70cm，成为5年来该熟期组的最高穗长纪录，最低穗长为2019年的华美658，穗长为16.20cm（表25-7）。

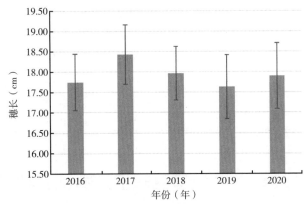

图25-2　北方极早熟春玉米品种穗长动态分析

表25-7　北方极早熟春玉米品种穗长动态分析

项目	2016年	2017年	2018年	2019年	2020年
穗长平均值（cm）	17.75	18.43	17.96	17.64	17.90
标准差	0.70	0.73	0.66	0.79	0.81
变异系数	0.04	0.04	0.04	0.04	0.05
最小值（cm）	16.30	17.10	16.80	16.20	16.60
最大值（cm）	19.20	19.70	19.20	19.10	19.70

七、2016—2020年北方极早熟春玉米参试品种穗行数动态分析

品种穗行数动态分析表明，2016—2020年北方极早熟春玉米品种试验参试品种的穗行数跨度区间分别为10～22行、10～20行、12～18行、10～18行、10～20行，其中2016年品种中穗行数跨度最高（12行），2018年品种中穗行数跨度最小（6行）。5年间，单品种穗行数出现频率最高的为12～18行，其次为12～16行，分别占参试品种的33.96%和30.19%；单品种最高行数22行，仅2016年出现1个品种（德单1638）；单品种最低行数10行，2016年出现3个品种（SY1609，北斗302，东农278），2017年2个品种（欧美亚2，德单1638），2019年2个品种（黑科玉18，利禾722），2020年1个品种（登海G1515）（表25-8）。

表25-8　北方极早熟春玉米品种穗行数动态分析

项目	2016年	2017年	2018年	2019年	2020年	5年总体
穗行区间（行）	10～22	10～20	12～18	10～18	10～20	10～22
单品种最高穗行变异差异（行）	12～22	10～20	12～18	10～16；12～18	12～20	10～20；12～22
单品种最低穗行变异差异（行）	12～16	12～16；14～18	12～14；14～16	12～16	14～16	12～14；14～16
单品种出现最多穗行数（行）	12～18	12～18	12～16	12～16；12～18	12～16	12～18

八、2016—2020年北方极早熟春玉米参试品种百粒重动态分析

品种百粒重动态分析表明，2016—2020年北方极早熟春玉米品种试验参试品种的均值百粒重分别31.40g、32.43g、32.06g、30.82g、32.09g，其中2017年该区组平均百粒重最高，比该区组最低平均粒重（2019年）高5.22%。就该区组内平均百粒重变异程度而言，2019年最大（0.068），2017年

最小（0.004 9），总体变异相对较小。其中2017年，元华9号百粒重为35.90g，成为5年来该熟期组的最高百粒重纪录，最低百粒重为2019年的华地105，百粒重为27.40g（表25-9）。

表25-9　北方极早熟春玉米品种百粒重动态分析

项目	2016年	2017年	2018年	2019年	2020年
百粒重平均值（g）	31.40	32.43	32.06	30.82	32.09
标准差	1.96	1.58	1.65	2.09	1.84
变异系数	0.063	0.049	0.052	0.068	0.057
最小值（g）	28.00	29.80	28.70	27.40	29.10
最大值（g）	35.70	35.90	35.30	34.40	35.50

第三节　2016—2020年北方极早熟春玉米参试品种品质性状动态分析

2016—2020年东华北中早熟春玉米品种试验参试品种（品种和对照）共计34份。在5省份（黑龙江、吉林、河北、内蒙古和宁夏）合计15个生产试验鉴定地点的自然生态条件下，分别对其参试区域试验品种籽粒的容重、粗蛋白（干基）含量、粗脂肪（干基）含量、粗淀粉（干基）含量、赖氨酸（干基）含量品质性状进行评价。

一、2016—2020北方极早熟春玉米参试品种容重动态分析

品种容重动态分析表明，2016—2020年北方极早熟春玉米品种试验参试品种的籽粒均值容重分别771.50g/L、754.63g/L、776.25g/L、750.33g/L和757.75g/L，其中2018年该区组平均容重最高，比该区组最低平均容重（2019年）高3.45%。就该区组内平均容重变异程度而言，2017年最大（0.036），2016年最小（0.004），总体变异相对较小。其中2018年，先达103籽粒容重为806.00g/L，成为5年来该熟期组的最高容重纪录，最低容重为2017年的德单1638，容重为705.00g/L（表25-10）。

表25-10　北方极早熟春玉米品种容重动态分析

项目	2016年	2017年	2018年	2019年	2020年
容重平均值（g/L）	771.50	754.63	776.25	750.33	757.75
标准差	3.35	27.30	18.77	17.82	17.51
变异系数	0.004	0.036	0.024	0.024	0.023
最小值（g/L）	767.00	705.00	757.00	731.00	730.00
最大值（g/L）	776.00	793.00	806.00	774.00	777.00

二、2016—2020年北方极早熟春玉米参试品种粗蛋白含量（干基）动态分析

品种粗蛋白含量动态分析表明（表25-11），2016—2020年北方极早熟春玉米品种试验参试品种的籽粒均值粗蛋白（干基）含量分别为10.65%、10.55%、10.33%、10.25%和10.44%，其中2016年该区组平均粗蛋白含量最高，比该区组最低平均粗蛋白含量（2019年）高3.93%。就该区组内平均粗蛋白含量变异程度而言，2019年最大（0.064），2018年最小（0.026），总体变异相对不大。其中2017年，利合228籽粒粗蛋白含量为11.56%，成为5年来该熟期组的最高粗蛋白含量纪录，最低粗蛋白含量为2017年的A6565，粗蛋白含量为9.08%。

表25-11 北方极早熟春玉米品种籽粒粗蛋白含量（干基）动态分析

项目	2016年	2017年	2018年	2019年	2020年
粗蛋白含量平均值（%）	10.65	10.55	10.33	10.25	10.44
标准差	0.61	0.64	0.27	0.65	0.61
变异系数	0.057	0.061	0.026	0.064	0.059
最小值（%）	9.87	9.08	9.99	9.33	9.74
最大值（%）	11.44	11.56	10.71	10.74	11.11

三、2016—2020年北方极早熟春玉米品种试验参试品种粗脂肪（干基）含量动态分析

品种粗脂肪含量动态分析表明，2016—2020年北方极早熟春玉米品种试验参试品种的籽粒均值粗脂肪（干基）含量分别为4.53%、4.87%、3.86%、3.79%和4.33%，其中2017年该区组平均粗脂肪含量最高，比该区组最低平均粗脂肪含量（2019年）高28.66%。就该区组内平均粗脂肪含量变异程度而言，2018年最大（0.16），2020年最小（0.12），总体变异相对不大。其中2017年，对照德美亚1号籽粒粗脂肪含量为5.85%，成为5年来该熟期组的最高粗脂肪含量纪录，而GL 1409次之（5.83%），最低粗脂肪含量为2019年的先玉1808，粗脂肪含量为3.22%（表25-12）。

表25-12 北方极早熟春玉米品种籽粒粗脂肪含量（干基）动态分析

项目	2016年	2017年	2018年	2019年	2020年
粗脂肪含量（%）	4.53	4.87	3.86	3.79	4.33
标准差	0.69	0.65	0.61	0.79	0.53
变异系数	0.15	0.13	0.16	0.21	0.12
最小值（%）	3.44	3.78	3.48	3.22	3.49
最大值（%）	5.34	5.85	4.92	4.90	4.88

四、2016—2020年北方极早熟春玉米参试品种粗淀粉（干基）含量动态分析

品种粗淀粉含量动态分析表明，2016—2020年北方极早熟春玉米品种试验参试品种的籽粒均值粗淀粉（干基）含量分别为71.67%、72.41%、74.41%、73.47%和73.69%，其中2018年该区组平均粗淀粉含量最高，比该区组最低平均粗淀粉含量（2016年）高3.82%，粗淀粉呈现总结上升趋势（图25-3）。

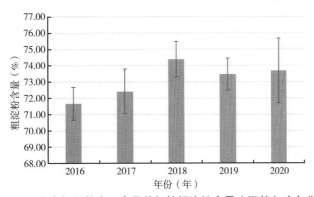

图25-3 北方极早熟春玉米品种籽粒粗淀粉含量（干基）动态分析

区组内平均粗淀粉含量变异程度2020年最大（0.027），2019年最小（0.013），总体变异相对不大。其中2018年，利合727籽粒粗淀粉含量为76.18%，成为5年来该熟期组的最高粗淀粉含量纪录，最低粗淀粉含量为2016年的对照德美亚1号，粗淀粉含量为70.03%（表25-13）。

表25-13 北方极早熟春玉米品种籽粒粗淀粉含量（干基）动态分析

项目	2016年	2017年	2018年	2019年	2020年
粗淀粉含量（%）	71.67	72.41	74.41	73.47	73.69
标准差	1.01	1.36	1.09	0.98	1.99
变异系数	0.014	0.019	0.015	0.013	0.027
最小值（%）	70.03	70.57	73.36	72.08	70.94
最大值（%）	72.65	76.09	76.18	74.23	75.82

五、2016—2020年北方极早熟春玉米参试品种赖氨酸（干基）含量动态分析

品种赖氨酸含量动态分析表明，2016—2020年北方极早熟春玉米品种试验参试品种的籽粒均值赖氨酸（干基）含量分别为0.273%、0.282%、0.278%、0.283%和0.258%，其中2019年该区组平均赖氨酸含量最高，比该区组最低平均赖氨酸含量（2020年）高10.03%。就该区组内平均赖氨酸含量变异程度而言，2017年最大（0.053），2019年最小（0.033），总体变异相对不大。其中2018年，富成098、先玉1508、三北102、C2191和利合228籽粒赖氨酸含量均为0.30%，成为5年来该熟期组的最高赖氨酸含量纪录，最低赖氨酸含量为2020年的金地99，赖氨酸含量为0.24%（表25-14）。

表25-14 北方极早熟春玉米品种籽粒赖氨酸含量（干基）动态分析

项目	2016年	2017年	2018年	2019年	2020年
赖氨酸含量（%）	0.273	0.282	0.278	0.283	0.258
标准差	0.01	0.02	0.01	0.01	0.01
变异系数	0.048	0.053	0.047	0.033	0.042
最小值（%）	0.26	0.26	0.26	0.27	0.24
最大值（%）	0.29	0.30	0.29	0.29	0.27

第四节　2016—2020年北方极早熟春玉米参试品种抗性性状动态分析

2016—2020年，参加北方极早熟春玉米抗性鉴定的品种共有99份（不排除重复的品种，不含对照品种），其中2016年参试品种25份，2017年参试品种25份，2018年参试品种16份，2019年参试品种16份，2020年参试品种17份。在人工接种条件下，分别对大斑病、丝黑穗病、茎腐病、灰斑病和穗腐病进行抗性评价。

一、2016—2020年北方极早熟春玉米参试品种大斑病抗性动态分析

2016—2020年北方极早熟春玉米参试品种大斑病抗性鉴定结果显示，近5年没有发现高抗品种；抗病品种4份，占比4.04%；中抗品种19份，占比19.19%；感病品种68份，占比68.69%；高感品种8份，占比8.08%。

玉米大斑病各抗病级别品种数量、占比如图25-4所示，2016—2020年的参试品种中没有高抗品种，品种抗性以感病为主，2016—2019年感病品种数量最多，每年占比均达到50%以上，并呈逐年上升的趋势，但在2020年感病品种数量和占比均大幅下降，占比为23.5%。其次为中抗品种，数量和占比呈上升趋势，2016—2017年数量较少，2018—2019年数量和占比较前两年有明显上升，直到2020年达到最大值，占比达到52.9%。而抗性品种和高感品种的数量都较少。

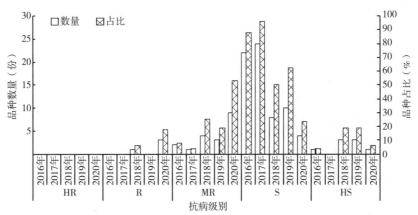

图25-4 2016—2020年北方极早熟春玉米参试品种玉米大斑病抗病级别分析

二、2016—2020年北方极早熟春玉米参试品种丝黑穗病抗性动态分析

2016—2020年北方极早熟春玉米参试品种丝黑穗病抗性鉴定结果显示，近5年没有发现高抗品种；抗病品种18份，占比18.18%；中抗品种37份，占比37.37%；感病品种40份，占比40.40%；高感品种4份，占比4.04%。

玉米丝黑穗病各抗病级别品种数量、占比如图25-5所示，2016—2020年的参试品种中没有高抗丝黑穗品种。品种抗性主要集中在中抗和感病。其中感病品种呈先上升后下降的趋势，在2017年数量达到最多，占比达到60%，2020年占比最小，为23.53%。中抗品种占比呈先下降后上升的趋势，在2017年中抗品种占比最小，为16%，而2020年达到最大，为70.59%。抗病品种仅在2019年数量最多，占比最高，为50%，其他年份数量和占比相对较少。高感品种较少，主要集中在2016—2018年，每年的占比不到10%，2019—2020年没有高感品种。

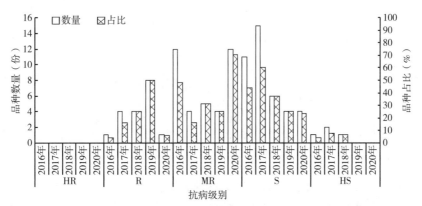

图25-5 2016—2020年北方极早熟春玉米参试品种玉米丝黑穗病抗病级别分析

三、2016—2020年北方极早熟春玉米参试品种茎腐病抗性动态分析

2016—2020年北方极早熟春玉米参试品种茎腐病抗性鉴定结果显示，高抗品种39份，占比39.39%；抗病品种29份，占比29.29%；中抗品种24份，占比24.24%；感病品种3份，占比3.03%；高感品种4份，占比4.04%。

　　玉米茎腐病各抗病级别品种数量、占比如图25-6所示，品种抗性主要集中在高抗、抗病和中抗。其中高抗品种除2017年仅有1份品种外，其他年份的高抗品种数量均最多，占比均最大，其中2018年的占比达到62.5%。抗性品种在2017年的数量最多，占比最大，达到60%，而在其他几年的占比较为接近，16%～23.53%。中抗品种数量5年的变化幅度较小，占比在17.65%～32%。感病品种和高感品种数量都较少。

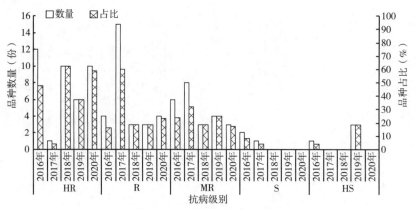

图25-6　2016—2020年北方极早熟春玉米参试品种玉米茎腐病抗病级别分析

四、2016—2020年北方极早熟春玉米参试品种灰斑病抗性动态分析

　　2016—2020年北方极早熟春玉米参试品种灰斑病抗性鉴定结果显示，高抗品种0份；抗病品种1份，占比1.01%；中抗品种42份，占比42.42%；感病品种55份，占比55.56%；高感品种1份，占比1.01%。

　　玉米灰斑病各抗病级别品种数量、占比如图25-7所示，2016—2020年的参试品种中没有高抗灰斑病品种。中抗品种仅在2020年中有1份，其他年份没有抗性品种。品种抗性以中抗和感病为主，其中中抗品种的品种数量和占比均呈现出先升高后下降的趋势，在2017年达到最大，品种数量和占比分别为13份，52%；感病品种的品种数量呈现下降趋势，占比呈先下降后上升再下降的趋势，在2018年和2019年达到最大，占为68.75%。高感品种仅在2019年有1份。

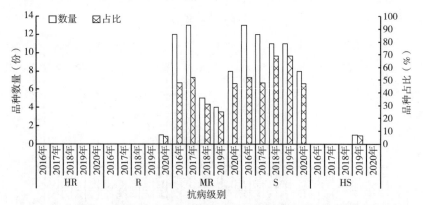

图25-7　2016—2020年北方极早熟春玉米参试品种玉米灰斑病抗病级别分析

五、2016—2020年北方极早熟春玉米参试品种穗腐病抗性动态分析

　　2016—2020年北方极早熟春玉米参试品种穗腐病抗性鉴定结果显示，高抗品种0份；抗病品种34份，占比34.34%；中抗品种50份，占比50.51%；感病品种14份，占比14.14%；高感品种1份，占比1.01%。

　　玉米穗腐病各抗病级别品种数量、占比如图25-8所示，2016—2020年的参试品种中没有高抗穗腐病品种。品种抗性以抗病和中抗为主，其中抗病品种的品种数量和占比均呈现出先下降再升高后下降的趋势，2016年品种数量最多，为10份，2018年占比最大，为50%；中抗品种的品种数量和占比也均呈现出先升高再下降后升高的趋势，最大值出现在2017年，品种数量和占比分别为19份和76%。2018年的数量最少，为4份，占比最低，为25%。感病品种2020年的数量最多，占比最大，为35.29%，其次为2018年，占比为25%。2016年和2017年的占比最小，均为4%。高感品种只出现在2016年，占比仅为4%。

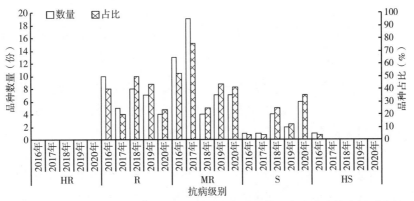

图25-8 2016—2020年北方极早熟春玉米参试品种玉米穗腐病抗病级别分析

第二十六章 2016—2020年东华北中早熟春玉米品种试验性状动态分析

第一节 2016—2020年东华北中早熟春玉米参试品种产量动态分析

2016—2020年东华北中早熟春玉米品种试验参试品种（不排除重复的品种和对照）共计256份。在3个省份（黑龙江、吉林、内蒙古）合计12个区域试验鉴定地点的自然生态条件下，分别对其参试品种的产量进行动态分析。

品种产量动态分析表明，2016—2020年东华北中早熟春玉米品种试验参试品种的均值亩产量分别为817.1kg、804.6kg、777.1kg、776.5kg、787.5kg，其中2016年该区组平均产量最高，比该区组最低平均产量（2019年）高5.23%。就该区组内平均产量变异程度而言，2019年最大（0.052），2017年最小（0.037），总体变异不大（表26-1）。2016年，龙信399亩产达868.4kg，成为5年来该熟期组的最高亩产纪录，最低产量为2019年协和595，亩产662.0kg。

表26-1 东华北中早熟春玉米品种产量动态分析

项目	2016年	2017年	2018年	2019年	2020年
亩产（kg）	817.1	804.6	777.1	776.5	787.5
标准差	31.7	30.1	38.2	40.2	30.4
变异系数	0.039	0.037	0.049	0.052	0.039
亩产最小值（kg）	740.6	709.7	693.6	662	709.8
亩产最大值（kg）	868.4	851.8	845.6	864.1	846.8

第二节 2016—2020年东华北中早熟春玉米品种试验参试农艺性状动态分析

2016—2020年东华北中早熟春玉米品种试验参试品种（不排除重复的品种和对照）共计256份。在3省份（黑龙江、吉林、内蒙古）合计12个区域试验鉴定地点的自然生态条件下，分别对其参试品种的生育期、株高、穗位高、倒伏倒折率、空秆率、穗长、穗行数、百粒重进行动态分析。

一、2016—2020年东华北中早熟春玉米品种试验参试品种生育期动态分析

品种生育期动态分析表明，2016—2020年东华北中早熟春玉米品种试验参试品种的均值生育期分别为126.3d、127.2d、124.7d、126.5d、124.0d，其中2017年该区组平均生育天数最高，比该区组最低平均生育天数（2029年）高2.57%。就该区组内平均生育期变异程度而言，2017年最大（0.007 4），2016年最小（0.004 5），总体变异不大（表26-2）。2017年品种嘉和729生育天数达129.3d，成为5年来该熟期组的最高生育天数纪录，最低生育天数为2020年品种8A2019，生育天数为122.2d。

表26-2　东华北中早熟春玉米品种生育期动态分析

项目	2016年	2017年	2018年	2019年	2020年
生育期（d）	126.3	127.2	124.7	126.5	124.0
标准差	0.57	0.94	0.75	0.67	0.68
变异系数	0.004 5	0.007 4	0.006 0	0.005 3	0.005 5
最小值（d）	124.8	124.7	123.8	124.9	122.2
最大值（d）	127.3	129.3	126.8	127.8	125.7

二、2016—2020年东华北中早熟春玉米参试品种株高动态分析

品种株高动态分析表明，2016—2020年东华北中早熟春玉米品种试验参试品种的均值株高分别291.9cm、299.5cm、273.9cm、290.8cm、298.3cm，其中2017年该区组平均株高最高，比该区组最低平均株高（2018年）高9.34%。就该区组内平均株高变异程度而言，2018年最大（0.15），2017年最小（0.04）（表26-3）。2017年，品种宁玉758株高达348.0cm，成为5年来该熟期组的最高株高纪录，最低株高为2018年品种牡玉107，株高为236.0cm。

表26-3　东华北中早熟春玉米品种株高动态分析

项目	2016年	2017年	2018年	2019年	2020年
株高平均值（cm）	291.9	299.5	273.9	290.8	298.3
标准差	18.4	13.4	41.4	15.5	15.4
变异系数	0.06	0.04	0.15	0.05	0.05
最小值（cm）	242.0	273.0	236.0	253.0	268.0
最大值（cm）	333.0	348.0	318.0	333.0	333.0

三、2016—2020年东华北中早熟春试验参试品种穗位高动态分析

品种穗位高动态分析表明，2016—2020年东华北中早熟春玉米品种试验参试品种的均值穗位高分别为110.4cm、109.6cm、103.4cm、109.1cm、116.5cm，其中2016年该区组平均穗位高最高，比该区组最低平均株高（2018年）高12.60%。就该区组内平均穗位高变异程度而言，2018年最大（0.10），2017年最小（0.07），总体变异不大（表26-4）。其中2016年，吉程13穗位高达141.0cm，成为5年来该熟期组的最高穗位高纪录，最低穗位高为2018年品种广德128，穗位高为77.0cm。

表26-4　东华北中早熟春玉米品种穗位高动态分析

项目	2016年	2017年	2018年	2019年	2020年
穗位高平均值（cm）	110.4	109.6	103.4	109.1	116.5
标准差	10.4	7.3	10.6	8.7	9.2
变异系数	0.09	0.07	0.10	0.08	0.08
最小值（cm）	90.0	91.0	77.0	92.0	96.0
最大值（cm）	141.0	123.0	135.0	131.0	136.0

四、2016—2020年东华北中早熟春玉米参试品种倒伏倒折率动态分析

品种倒伏倒折率动态分析表明，2016—2020年东华北中早熟春玉米品种试验参试品种的均值倒伏倒折率分别为2.04%、0.96%、1.28%、3.20%、9.20%，其中2020年该区组平均倒伏倒折率最高，

比该区组最低平均倒伏倒折率（2017年）高857.15%，呈现逐年升高趋势，品种抗倒性整体降低（图26-1）。

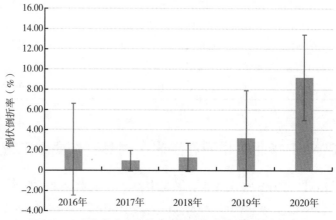

图26-1　东华北中早熟春玉米品种倒伏倒折率动态分析

由倒伏倒折率变异程度可知：2016年最大（2.04），2020年最小（0.46），总体变异相对较大（表26-5）。其中2016年，中江玉5号倒伏倒折率达25.40%，成为5年来该熟期组的最高倒伏倒折率纪录，最低倒伏倒折率为2016年的5个品种（中试6323，龙信636，北斗309，先达304，丰垦139）倒伏倒折率为0，均表现较强的抗倒、抗折能力。

表26-5　东华北中早熟春玉米品种倒伏倒折率动态分析

项目	2016年	2017年	2018年	2019年	2020年
倒伏倒折率平均值（%）	0.68	0.94	3.05	1.13	1.63
标准差	1.37	1.52	2.78	1.30	1.25
变异系数	2.01	1.61	0.91	1.15	0.76
最小值（%）	0	0	0.20	0.10	0.20
最大值（%）	4.70	5.80	10.00	5.20	5.30

五、2016—2020年东华北中早熟春玉米品种试验参试品种空秆率动态分析

空秆率动态分析表明，2016—2020年东华北中早熟春玉米品种试验参试品种的均值空秆率分别为0.26%、0.48%、0.32%、0.55%、0.31%，其中2019年该区组平均空秆率最高，比该区组最低平均空秆率（2016年）高110.57%。由空秆率变异程度可知：2019年最大（1.48），2017年最小（0.29），总体变异相对较大（表26-6）。其中2019年，协和595空秆率达4.50%，成为5年来该熟期组的最高空秆率纪录，最低空秆率分别为2016年3个品种（丰垦083，先达304，丰垦139），2018年2个品种（金跃288，五谷428），2019年4个品种（三北3057，大智368，M1833，泽玉601），2020年7个品种（8A2019，拓玉27，华林365，牡单27，LW258，科育192，Q1768），空秆率均为0。

表26-6　东华北中早熟春玉米品种空秆率动态分析

项目	2016年	2017年	2018年	2019年	2020年
空秆率平均值（%）	0.26	0.48	0.32	0.55	0.31
标准差	0.19	0.14	0.22	0.82	0.22
变异系数	0.73	0.29	0.68	1.48	0.71
最小值（%）	0	0.20	0	0	0
最大值（%）	1.00	0.90	0.90	4.50	0.80

六、2016—2020年东华北中早熟春试验参试品种穗长动态分析

品种穗长动态分析表明，2016—2020年东华北中早熟春玉米品种试验参试品种的均值穗长分别为19.7cm、20.2cm、19.3cm、19.7cm、20.1cm，其中2017年该区组平均穗长最高，比该区组最低平均穗长（2018年）高4.37%。就该区组内平均穗长变异程度而言，2019年最大（0.049 4），2016年最小（0.041 4），总体变异较小（表26-7）。其中2017年2个品种（广德9，同德139）和2019年1品种（科育192），成为5年来该熟期组的最高穗长纪录（22.5cm），最低穗长为2018年的品种农269，穗长为16.7cm。

表26-7 东华北中早熟春玉米品种穗长动态分析

项目	2016年	2017年	2018年	2019年	2020年
穗长平均值（cm）	19.7	20.2	19.3	19.7	20.1
标准差	0.81	0.88	0.95	0.97	0.86
变异系数	0.041 4	0.043 5	0.049 2	0.049 4	0.042 7
最小值（cm）	17.9	18.9	16.7	17.4	18.5
最大值（cm）	22.2	22.5	21.6	22.5	22.2

七、2016—2020年东华北中早熟春玉米参试品种穗行数动态分析

品种穗行数动态分析表明，2016—2020年东华北中早熟春玉米品种试验参试品种的穗行数跨度区间分别为12~22行、12~22行、12~22行、12~20行、12~20行，其中2017年品种中穗行数跨度最高（10行），2016年、2018年和2020年品种中穗行数跨度最小（6行）。5年间，单品种穗行数出现频率最高的为14~18行，占参试品种的30.47%；单品种最高行数达22行的有4个，其中2016年2个（龙信636和龙信399）、2017年1个（良玉199）、2018年1个（创玉423），其他年度无。单品种最低行数12行的有67个，其中2016年出现奥邦77、丰垦083等7个品种，2017年出现镜泊湖绿单4、东农264等18个品种，2018年出现大智368、高歌5号等12个品种，2019年出现大智368、LS873等16个品种，2020年出现拓玉27、德禄10等14个品种（表26-8）。

表26-8 东华北中早熟春玉米品种穗行数动态分析

项目	2016年	2017年	2018年	2019年	2020年	5年总体
穗行区间（行）	12~22	12~22	12~22	12~20	12~20	12~22
单品种最高穗行变异差异（行）	12~18 14~20 16~22	12~22	14~20 16~22	12~20	12~18 14~20	12~22
单品种最低穗行变异差异（行）	14~16 16~18 18~20	16~18	14~16 16~18	14~16 16~18 18~20	14~16 16~18	14~16 16~18 18~20
单品种出现最多次穗行数（行）	16~18	14~18	14~18	14~18	14~18	14~18

八、2016—2020年东华北中早熟春玉米参试品种百粒重动态分析

品种百粒重动态分析表明，2016—2020年东华北中早熟春玉米品种试验参试品种的均值百粒重分别为40.0g、36.8g、38.1g、38.6g、38.1g，其中2016年该区组平均百粒重最高，比该区组最低平均粒重（2017年）高8.76%。就该区组内平均百粒重变异程度而言，2018年最大（0.072 1），2017年最小（0.054 9），总体变异相对不大（表26-9）。其中2016年，奥邦77百粒重为45.90g，成为5

年来该熟期组的最高百粒重纪录，最低百粒重为2017年的良玉199和2020年的LG3904，百粒重均为31.9g。

表26-9 东华北中早熟春玉米品种百粒重动态分析

项目	2016年	2017年	2018年	2019年	2020年
百粒重平均值（g）	40.0	36.8	38.1	38.6	38.1
标准差	2.4	2.0	2.7	2.7	2.7
变异系数	0.060 7	0.054 9	0.072 1	0.070 7	0.070 7
最小值（g）	34.5	31.9	32.9	32.8	31.9
最大值（g）	45.9	40.5	43.8	44.8	44.2

第三节 2016—2020年东华北中早熟春玉米参试品种品质性状动态分析

2016—2020年东华北中早熟春玉米品种试验参试品种（不排除重复的品种和对照）共计84份。在3省份（黑龙江、吉林、内蒙古）合计12个生产试验鉴定地点的自然生态条件下，分别对其参试区域试验品种籽粒的容重、粗蛋白（干基）含量、粗脂肪（干基）含量、粗淀粉（干基）含量、赖氨酸（干基）含量品质性状进行评价。

一、2016—2020年东华北中早熟春玉米参试品种容重动态分析

品种容重动态分析表明，2016—2020年东华北中早熟春玉米品种试验参试品种的籽粒均值容重分别为762.0g/L、770.6g/L、752.8g/L、741.7g/L、743.9g/L，总体呈下降趋势。其中2017年该区组平均容重最高，比该区组最低平均容重（2019年）高3.90%（图26-2）。

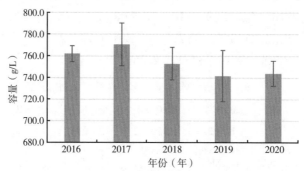

图26-2 东华北中早熟春玉米品种容重动态分析

由容重变异可知，2019年最大（0.032），2016年最小（0.010），总体变异相对较大（表26-10）。其中2017年，合颐2号籽粒容重为815.0g/L，成为5年来该熟期组的最高容重纪录，最低容重为2019年的吉单27（CK），容重为660.0g/L，成为5年间唯一品种容重低于700.0g/L的品种。

表26-10 东华北中早熟春玉米品种容重动态分析

项目	2016年	2017年	2018年	2019年	2020年
容重平均值（g/L）	762.0	770.6	752.8	741.7	743.9
标准差	7.3	19.5	15.0	23.6	11.6
变异系数	0.010	0.025	0.020	0.032	0.016
最小值（g/L）	755.0	731.0	730.0	660.0	730.0
最大值（g/L）	772.0	815.0	780.0	773.0	762.0

二、2016—2020年东华北中早熟春玉米参试品种粗蛋白含量（干基）动态分析

品种粗蛋白含量动态分析表明，2016—2020年东华北中早熟春玉米品种试验参试品种的籽粒均值粗蛋白（干基）含量分别为9.23%、10.47%、8.86%、9.27%和8.87%，其中2017年该区组平均粗蛋白含量最高，比该区组最低平均粗蛋白含量（2018年）高18.20%。就该区组内平均粗蛋白含量变异程度而言，2016年最大（0.18），2018年最小（0.05），总体变异相对较大（表26-11）。其中2017年，华庆101籽粒粗蛋白含量为12.64%，成为5年来该熟期组的最高粗蛋白含量纪录，最低粗蛋白含量为2016年的BX1107，粗蛋白含量为8.00%。

表26-11　东华北中早熟春玉米品种籽粒粗蛋白含量（干基）动态分析

项目	2016年	2017年	2018年	2019年	2020年
粗蛋白含量平均值（%）	9.23	10.47	8.86	9.27	8.87
标准差	1.63	1.02	0.48	0.76	0.59
变异系数	0.18	0.10	0.05	0.08	0.07
最小值（%）	8.00	8.44	8.07	8.03	8.02
最大值（%）	11.54	12.64	9.64	10.47	9.94

三、2016—2020年东华北中早熟春玉米参试品种粗脂肪（干基）含量动态分析

品种粗脂肪含量动态分析表明，2016—2020年东华北中早熟春玉米品种试验参试品种的籽粒均值粗脂肪（干基）含量分别为4.337%、3.992%、3.593%、3.875%和3.590%，其中2016年该区组平均粗脂肪含量最高，比该区组最低平均粗脂肪含量（2020年）高20.80%，总体呈下降趋势（图26-3）。

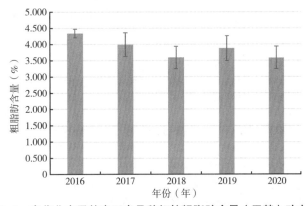

图26-3　东华北中早熟春玉米品种籽粒粗脂肪含量（干基）动态分析

由粗脂肪含量变异可知，2019年最大（0.16），2016年最小（0.032），总体变异2017—2020年基本持平（表26-12）。其中2017年，国斌543籽粒粗脂肪含量为4.84%，成为5年来该熟期组的最高粗脂肪含量纪录，最低粗脂肪含量为2020年的伊邦919，粗脂肪含量为3.05%。

表26-12　东华北中早熟春玉米品种籽粒粗脂肪含量（干基）动态分析

项目	2016年	2017年	2018年	2019年	2020年
粗脂肪含量平均值（%）	4.337	3.992	3.593	3.875	3.590
标准差	0.14	0.36	0.34	0.38	0.34
变异系数	0.032	0.091	0.095	0.099	0.096
最小值（%）	4.14	3.28	3.13	3.26	3.05
最大值（%）	4.44	4.84	4.31	4.6	4.17

四、2016—2020年东华北中早熟春玉米参试品种粗淀粉（干基）含量动态分析

品种粗淀粉含量动态分析表明，2016—2020年东华北中早熟春玉米品种试验参试品种的籽粒均值粗淀粉（干基）含量分别为74.1%、74.7%、75.8%、75.3%、75.66%，粗淀粉含量近年来有上升趋势；其中2018年该区组平均粗淀粉含量最高，比该区组最低平均粗淀粉含量（2016年）高2.27%（图26-4）。

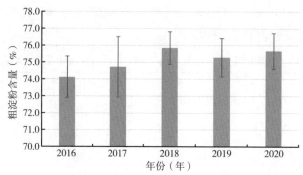

图26-4 东华北中早熟春玉米品种籽粒粗淀粉含量（干基）动态分析

就该区组内平均粗淀粉含量变异程度而言，2017年最大（0.024），2018年最小（0.013），总体变异相对不大（表26-13）。其中2020年，禾田919籽粒粗淀粉含量为77.51%，成为5年来该熟期组的最高粗淀粉含量纪录，最低粗淀粉含量为2017年的中试6323，粗淀粉含量为70.58%。

表26-13 东华北中早熟春玉米品种籽粒粗淀粉含量（干基）动态分析

项目	2016年	2017年	2018年	2019年	2020年
粗淀粉含量（%）	74.1	74.7	75.8	75.3	75.66
标准差	1.22	1.80	0.96	1.14	1.07
变异系数	0.017	0.024	0.013	0.015	0.014
最小值（%）	72.43	70.58	73.19	73.23	74.04
最大值（%）	75.28	76.98	76.92	76.97	77.51

五、2016—2020年东华北中早熟春玉米参试品种赖氨酸（干基）含量动态分析

品种赖氨酸含量动态分析表明，2016—2020年东华北中早熟春玉米品种试验参试品种的籽粒均值赖氨酸（干基）含量分别为0.263%、0.282%、0.262%、0.266%、0.256%，其中2017年该区组平均赖氨酸含量最高，比该区组最低平均赖氨酸含量（2018年）高10.31%。就该区组内平均赖氨酸含量变异程度而言，2017年最大（0.073），2018年最小（0.040），总体变异相对不大（表26-14）。其中2017年，T539籽粒赖氨酸含量均为0.33%，成为5年来该熟期组的最高赖氨酸含量纪录，最低赖氨酸含量为2020年的伊邦919，科育192，鑫鑫1号（CK），赖氨酸含量为0.24%。

表26-14 东华北中早熟春玉米品种籽粒赖氨酸含量（干基）动态分析

项目	2016年	2017年	2018年	2019年	2020年
赖氨酸含量（%）	0.263	0.282	0.262	0.266	0.256
标准差	0.012 5	0.020 6	0.010 5	0.014 9	0.015 0
变异系数	0.047	0.073	0.040	0.056	0.059
最小值（%）	0.25	0.25	0.25	0.25	0.24
最大值（%）	0.28	0.33	0.28	0.29	0.29

第四节 2016—2020年东华北中早熟春玉米参试品种抗性性状动态分析

2016—2020年，参加东华北中早熟春玉米抗性鉴定的品种共有235份（不排除重复的品种，不含对照品种），其中2016年参试品种48份，2017年参试品种48份，2018年参试品种42份，2019年参试品种51份，2020年参试品种46份。在人工接种条件下，分别对大斑病、丝黑穗病、茎腐病、灰斑病和穗腐病进行抗性评价。

一、2016—2020年东华北中早熟春玉米参试品种大斑病抗性动态分析

2016—2020年东华北中早熟春玉米参试品种大斑病抗性鉴定结果显示，近5年没有发现高抗和抗病品种；中抗品种49份，占比20.85%；感病品种171份，占比72.77%；高感品种15份，占比6.38%。

玉米大斑病各抗病级别品种数量、占比如图26-5所示，2016—2020年的参试品种中没有高抗和抗病品种，品种抗性以感病为主，每年占比均达到50%以上，其中2017年的占比高达91.67%，其次为2016年，占比为75%，其他3年的占比为58.82%～71.43%。中抗品种在2017年的占比最低，仅为8.33%，其他4年中抗品种的占比变化不大，为19.57%～29.41%。2016年和2017年没有高感品种，2018—2020年高感品种的占比为7.12%～13.04%，并呈逐年上升趋势。

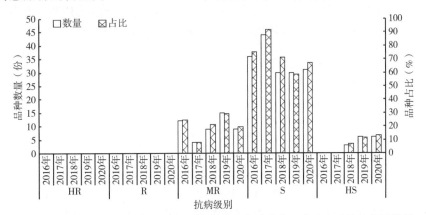

图26-5 2016—2020年东华北中早熟春玉米参试品种玉米大斑病抗病级别分析

二、2016—2020年东华北中早熟春玉米参试品种丝黑穗病抗性动态分析

2016—2020年东华北中早熟春玉米参试品种丝黑穗病抗性鉴定结果显示，高抗品种6份，占比2.55%；抗病品种42份，占比17.87%；中抗品种71份，占比30.21%；感病品种113份，占比48.09%；高感品种3份，占比12.77%。

玉米丝黑穗病各抗病级别品种数量、占比如图26-6所示，2016—2020年参试品种的抗性以感病为主，在2020年占比达到极值，为65.22%，其次为2017年和2019年，占比分别为62.5%和60.78%，但是2018年的占比较少，仅为9.52%。高抗品种较少，仅2018年有6份。抗病品种的数量和占比均呈现先上升后下降的趋势，2018年数量达到最大，为13份，占比最大，为30.95%，其他4年的变化不明显，占比在12.5%～18.75%。中抗品种的数量和占比呈先下降后上升再下降的趋势，2016年占比最大，为47.92%；2017年占比最小，为14.58%。高感品种较少，仅在2016年和2017年，占比均在5%以下。

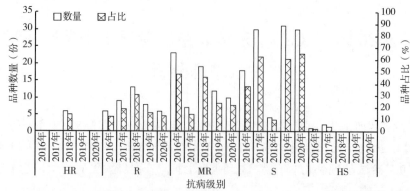

图26-6　2016—2020年东华北中早熟春玉米参试品种玉米丝黑穗病抗病级别分析

三、2016—2020年东华北中早熟春玉米参试品种茎腐病抗性动态分析

2016—2020年东华北中早熟春玉米参试品种茎腐病抗性鉴定结果显示，高抗品种50份，占比21.28%；抗病品种45份，占比19.15%；中抗品种111份，占比47.23%；感病品种28份，占比11.91%；高感品种1份，占比0.43%。

玉米茎腐病各抗病级别品种数量、占比如图26-7所示，2016—2020年参试品种的抗性以中抗为主，数量和占比均呈现逐年递增的趋势，其中2018—2020年中抗品种的占比达到60%以上，并在2020年占比达到极值，为69.57%，2016年占比最小，仅为8.33%。高抗品种和抗病品种的数量相当，其中2018年和2020年没有高抗品种，2016年高抗品种的数量最多，33份，占比最大，为68.75%。抗病品种的数量和占比均呈现先上升后下降再升高的趋势，2017年占比最大达到37.5%。2018年的占比最小，为4.76%。感病品种的数量相对较少，呈先上升后下降的趋势，在2018年达到最大值，占比为33.33%，其他4年的占比在2.08%~10.87%之间。高感品种仅在2019年有1份品种。

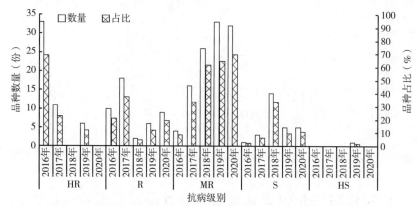

图26-7　2016—2020年东华北中早熟春玉米参试品种玉米茎腐病抗病级别分析

四、2016—2020年东华北中早熟春玉米参试品种灰斑病抗性动态分析

2016—2020年东华北中早熟春玉米参试品种灰斑病抗性鉴定结果显示，近5年没有发现高抗和抗病品种；中抗品种103份，占比43.83%；感病品种116份，占比49.36%；高感品种16份，占比6.81%。

玉米灰斑病各抗病级别品种数量、占比如图26-8所示，2016—2020年的参试品种中没有高抗和抗病品种，品种抗性以中抗和感病为主，其中中抗品种的品种数量和占比呈逐年递减趋势，2016年的占比高达83.33%，2020年下降到13.04%，降低了6.39倍。感病品种的品种数量和占比呈先上升后下降的趋势，占比在2019上达到最大，为72.55%，2020年略有下降，为67.39%。高感品种的数量较少，并且仅在2018—2020年中有高感品种，并呈逐年递增趋势，到2020年达到19.57%。

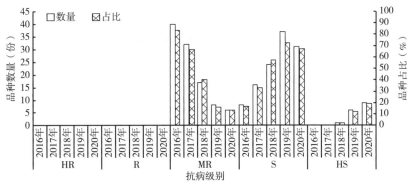

图26-8　2016—2020年东华北中早熟春玉米参试品种玉米灰斑病抗病级别分析

五、2016—2020年东华北中早熟春玉米参试品种穗腐病抗性动态分析

2016—2020年东华北中早熟春玉米参试品种穗腐病抗性鉴定结果显示，高抗品种1份，占比21.28%；抗病品种21份，占比19.15%；中抗品种114份，占比43.83%；感病品种91份，占比49.36%；高感品种8份，占比6.81%。

玉米穗腐病各抗病级别品种数量、占比如图26-9所示，2016—2020年的参试品种的品种抗性以中抗和感病为主，中抗品种每年变化无规律，除2020年占比仅为4.35%外，其他4年中抗品种的占比均达到40%以上，并在2019年达到最大值，为86.28%。感病品种在2020年达到最大值，为84.78%，其次为2018年，占比为57.14%，其他3年的占比变化不大，11.77%～25%之间。抗性品种相对较少，品种数量和占比均呈逐年递减的趋势，在2016年数量最多，占比为25%。2017—2019年没有高感品种，2016年和2020年的高感品种数仅为3份和6份。高抗品种仅在2016年有1份。

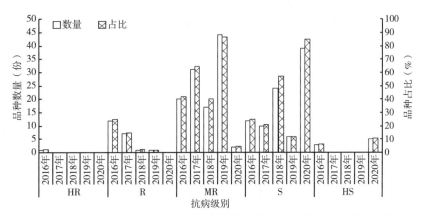

图26-9　2016—2020年东华北中早熟春玉米参试品种玉米穗腐病抗病级别分析

第二十七章 2016—2020年东华北中熟春玉米品种试验性状动态分析

第一节 2011—2020年东华北中熟春玉米参试品种产量动态分析

为增加产量数据动态分析的有效性，统计了自2011年开始以来东华北中熟春玉米组公益性区域试验的相关数据（表27-1）。

表27-1 2011—2020年东华北中熟春玉米组区域试验相关产量

年份	区域试验参试品种 平均亩产（kg）	区域试验参试品种 最高亩产（kg）	对照品种亩产（kg） （先玉335）
2011	727.6	757.2	732.0
2012	749.3	790.0	732.6
2013	822.5	869.1	817.1
2014	900.4	944.1	869.9
2015	868.8	918.4	845.5
2016	841.7	904.2	824.2
2017	812.5	865.5	801.5
2018	805.5	869.5	800.4
2019	858.4	927.6	844.4
2020	877.0	935.6	875.7

玉米品种区域试验通过多环境（多地点，多年份）下的试验来分析和评价新品种的特征特性，以解决其利用价值和适宜推广区域。区域试验参试品种平均产量、区域试验参试品种最高亩产、对照品种亩产（kg）（先玉335）三条趋势线都呈缓慢上升状态。对照品种的产量缓慢上升说明栽培条件和水平的不断提升；区域试验参试品种平均产量的折线和趋势线均高于对照品种产量，这说明参试品种产量水平也不断提升（图27-1）。

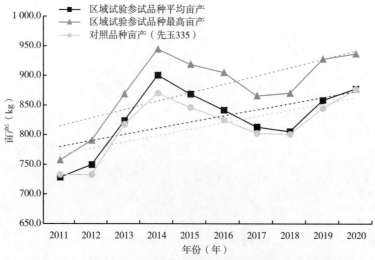

图27-1 2011—2020年东华北中熟春玉米组区域试验相关产量

第二节 2016—2020年东华北中熟春玉米参试品种农艺性状动态分析

一、2016—2020年东华北中熟春玉米品种试验参试品种株高动态分析

为分析2016—2020年东华北中熟春玉米组参试品种株高动态，统计了自2016年开始以来东华北中熟春玉米组公益性区域试验的相关数据（表27-2）。

表27-2 2016—2020年东华北中熟春玉米组区域试验株高 （m）

年份	参试品种平均值	参试品种最高值	对照品种
2016	3.12	3.40	3.33
2017	2.94	3.19	3.15
2018	2.93	3.18	3.10
2019	3.16	3.44	3.32
2020	3.20	3.47	3.47

2016—2020年对照品种先玉335株高缓慢增加，参试品种平均株高一直低于对照品种，且也呈缓慢增加趋势。参试品种平均株高、参试品种株高最高值和对照品种株高趋势一致。对照品种株高缓慢增加应该是与栽培和气象条件相关（图27-2）。

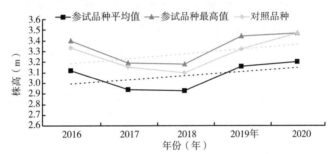

图27-2 2016—2020年东华北中熟春玉米组区域试验株高

经参试品种株高平均值与对应年份参试品种平均产量进行线性回归分析，相关系数 $R=0.978\ 253$，决定系数 $R^2=0.956\ 979$，调整相关 $R=0.970\ 896$（表27-3）。由此可见，株高对于中熟品种的产量具有很大影响，随株高增加，生物量加大，植株光合性能加强，利于高产。

表27-3 2016—2020年参试品种平均产量与品种株高平均值线性回归分析

变量	回归系数	标准回归系数	标准误	t值	P值
b_0	−0.365 9		0.420 8	0.869 5	0.448 6
b_1	0.004 1	0.978 3	0.000 5	8.169 1	0.003 8

二、2016—2020年东华北中熟春玉米品种试验参试品种穗位高动态分析

为分析2016—2020年东华北中熟春玉米组参试品种穗位高动态，统计了自2016年开始以来东华北中熟春玉米组公益性区域试验的相关数据（表27-4）。

表27-4 2016—2020年东华北中熟春玉米组区域试验穗位高 （m）

年份	参试品种平均值	参试品种最高值	对照品种
2016	1.12	1.36	1.17

（续表）

年份	参试品种平均值	参试品种最高值	对照品种
2017	1.12	1.36	1.17
2018	1.13	1.3	1.17
2019	1.19	1.39	1.25
2020	1.22	1.42	1.36

2016—2020年对照品种先玉335穗位缓慢增加，参试品种平均穗位高一直低于对照品种，且也呈缓慢增加趋势。参试品种平均穗位高、参试品种穗位高最高值和对照品种穗位高趋势一致。对照品种穗位高缓慢增加应该是与栽培和气象条件相关（图27-3）。

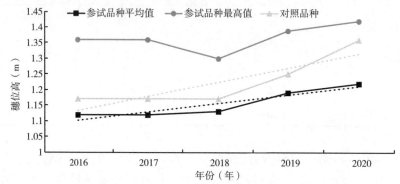

图27-3　2016—2020年东华北中熟春玉米组区域试验穗位高

经参试品种穗位高平均值与对应年份参试品种平均产量进行线性回归分析，相关系数$R = 0.863\ 971$，决定系数$R^2 = 0.746\ 445$，调整相关$R = 0.813\ 589$。

由此可见，穗位高对于中熟品种产量的影响小于株高，所以育种过程中在增加株高的同时，穗位应该适中，这样可以降低植株重心，防止大面积倒伏发生（表27-5）。

表27-5　2016—2020年参试品种平均产量与品种穗位高平均值线性回归分析

变量	回归系数	标准回归系数	标准误	t值	P值
b_0	0.048 8		0.372 8	0.131 0	0.904 1
b_1	0.001 3	0.864 0	0.000 4	2.971 8	0.059 0

三、2016—2020年东华北中熟春玉米品种试验参试品种倒伏倒折率动态分析

为分析2016—2020年东华北中熟春玉米组参试品种倒伏倒折率动态，统计了自2016年开始以来东华北中熟春玉米组公益性区域试验的相关数据（表27-6）。

表27-6　2016—2020年东华北中熟春玉米组区域试验倒伏倒折率数据　　　　　　　（%）

年份	参试品种平均值	参试品种最高值	对照品种
2016	3.0	14.4	10.7
2017	4.0	12.6	10.5
2018	4.4	8.6	6.5
2019	7.5	20.4	16.0
2020	2.7	9.9	9.0

2016—2020年对照品种先玉335和参试品种平均倒伏倒折率变化趋势不太明显。这与近几年参试品种株高、穗位高变化不大有直接关系。参试品种平均倒伏倒折率、参试品种倒伏倒折率最高值

和对照品种倒伏倒折率趋势一致。年际间较大的波动与近几年产区8月底至9月中旬的频繁台风密切相关（图27-4）。

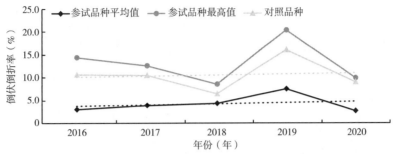

图27-4 2016—2020年东华北中熟春玉米组区域试验倒伏倒折率

经参试品种倒伏倒折率平均值与对应年份参试品种平均产量进行线性回归分析，相关系数$R=0.010\ 259$，决定系数$R^2=0.000\ 105$，调整相关$R=0.577\ 229$。由此可见，倒伏倒折率对于中熟品种的产量影响不明显，究其原因，东华北中熟春玉米产区的倒伏倒折基本都是8月底至9月初的台风造成，这时已进入灌浆期，且因台风伴随强降雨，田间湿度过大，造成玉米根系土壤松软，加之玉米生长前期雨水充沛，基本上没出现蹲苗过程，且受种植习惯改变影响基本没有中耕断根的耕作过程，以及犁底层浅等众多因素影响造成根系浅，因此大部分属于倒伏，倒折不多，对产量影响不大，但倒伏倒折会增加收获时损失，且增加收获成本（表27-7）。

表27-7 2016—2020年参试品种平均产量与品种倒伏倒折率平均值线性回归分析

变量	回归系数	标准回归系数	标准误	t值	P值
b_0	3.776 0		30.629 3	0.123 3	0.909 7
b_1	0.000 6	0.010 3	0.036 5	0.017 8	0.986 9

四、2016—2020年东华北中熟春玉米品种试验参试品种空秆率动态分析

为分析2016—2020年东华北中熟春玉米组参试品种空秆率动态，统计了自2016年开始以来东华北中熟春玉米组公益性区域试验的相关数据（表27-8）。

表27-8 2016—2020年东华北中熟春玉米组区域试验空秆率数据 （%）

年份	参试品种平均值	参试品种最高值	对照品种
2016	1.1	2.1	0.8
2017	0.8	1.6	0.5
2018	2.1	4.7	2.0
2019	1.0	3.9	1.2
2020	0.7	1.1	0.6

玉米通常都结1~2个穗，一般1个穗的居多，但在生产过程中，常出现空秆，即指玉米植株没有形成雌穗，或有雌穗但没有结籽粒的现象，俗称"哑巴穗"。空秆是玉米品种对异常生长环境最直接的反应，可以理解为植株自动调节停止生殖生长，所以品种试验过程中的空秆率是一个非常重要的指标，应严肃对待，品种试验过程中空秆率偏高的品种应审慎种植，否则异常年份（阴雨寡照、卡脖旱等）将会成灾，对粮食产量影响极大。

2016—2020年对照品种先玉335和参试品种平均空秆率变化趋势一致，呈不太明显的下行趋势，这说明近几年参试品种的育种水平不断提升，品种耐逆性有所提升。年际间较大的波动与气象条件密切相关。目前，玉米品种试验胁迫压力测试项目较少，只针对丝黑穗、青枯病、大斑病等常见玉米病害开展了鉴定。近几年，极端天气不断出现，涝害、干旱、低温、多雨、螟虫等异常天气

和病虫害不断损害玉米生产，农业生产亟须具有较高综合抗性的品种。由于技术和人员等因素，玉米品种试验尚未开展其他项目的逆境胁迫测试，但同相关科研院所、大专院校已经开展了相关研究。在品种区域试验和品种审定中，应积极申请政府财政支持，加强对品种耐密耐阴性的鉴定。除了高产、优质、抗病、抗倒外，还应鉴定和考察耐密性和耐阴性。生产上可以适当增大行距，有利于通风透光，提高光合能力，增加果穗营养，促进果穗分化，降低空秆率（图27-5）。

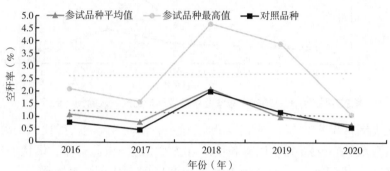

图27-5　2016—2020年东华北中熟春玉米组区域试验空秆率

经参试品种空秆率平均值与对应年份参试品种平均产量进行线性回归分析，相关系数 $R = -0.631\,380$，决定系数 $R^2 = 0.398\,640$，调整相关 $R = 0.445\,182$。由此可见，空秆率与中熟品种的产量呈明显负相关（表27-9）。

表27-9　2016—2020年参试品种平均产量与品种空秆率平均值线性回归分析

变量	回归系数	标准回归系数	标准误	t值	P值
b_0	10.948 2		6.958 8	1.573 3	0.213 7
b_1	−0.011 7	−0.631 4	0.008 3	1.410 2	0.253 3

2010年，辽宁14个地（市）7月中下旬平均累计日照时数分别为42.1h和27.8h，平均每天日照时数分别只有4.2h和2.5h，较常年同期分别减少22.4h和41.3h。特别是辽阳、沈阳、锦州三地，7月下旬累计日照时数只有15.7h，较常年同期减少54.2h，日照时数仅为常年同期的22.3%，平均每天日照时数只有1.4h。查阅沈阳中心气象台逐日日照气象资料，7月19—31日日照时数在2h以上的天数只有3d，其余10d日照时数基本为0，即没有日照。据研究，玉米在孕穗吐丝期连续5d遮阳减少光照就会造成严重的空秆，授粉不良、畸形穗等情况发生。辽宁部分地区7月中旬至8月中旬长时间的阴雨连绵、低温寡照会导致玉米空秆现象的严重发生，有的品种空秆率高达80%以上，最少的也达10%左右。像郑单958、先玉335这些已经普遍推广多年的广适耐密性品种，其空秆率也达30%左右。

五、2016—2020年东华北中熟春玉米品种试验参试品种秃尖长动态分析

为分析2016—2020年东华北中熟春玉米组参试品种秃尖长动态，统计了自2016年开始以来东华北中熟春玉米组公益性区域试验的相关数据（表27-10）。

表27-10　2016—2020年东华北中熟春玉米组区域试验秃尖长数据　　　　　　　（cm）

年份	参试品种平均值	参试品种最高值	对照品种
2016	0.8	1.5	0.9
2017	1.0	2.1	1.2
2018	0.8	2.2	1.0
2019	0.9	1.8	1.1
2020	0.6	1.4	0.9

2016—2020年对照品种先玉335和参试品种平均秃尖长变化趋势一致，呈明显的下行趋势，这

说明近几年参试的品种的育种水平不断提升，品种耐逆性和结实性有所提升。年际间较大的波动与气象条件密切相关（图27-6）。

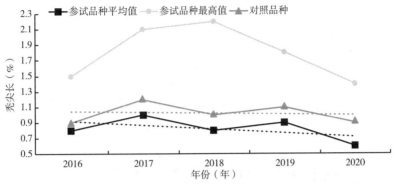

图27-6 2016—2020年东华北中熟春玉米组区域试验秃尖长

经参试品种秃尖长平均值与对应年份参试品种平均产量进行线性回归分析，相关系数 $R = -0.611\,469$，决定系数 $R^2 = 0.373\,894$，调整相关 $R = 0.406\,438$。由此可见，秃尖长与中熟品种的产量呈明显负相关（表27-11）。

表27-11 2016—2020年参试品种平均产量与品种秃尖长平均值线性回归分析

变量	回归系数	标准回归系数	标准误	t值	P值
b_0	3.338 3		1.882 5	1.773 4	0.174 3
b_1	-0.003 0	-0.611 5	0.002 2	1.338 5	0.273 1

秃尖和空秆率对产量结果的负面影响都非常明显。造成秃尖和空秆的问题主要是雌雄不协调，光温敏感，原因包括品种遗传特性、不当栽培措施和不良环境条件。例如有的品种对种植密度非常敏感，种植密度过大时，由于个体营养发育不良，灌浆期田间郁闭，通透性差，使得果穗得不到足够的营养，形成秃尖或空秆；玉米在开花授粉期受高温伏旱，抽丝时间推迟，花粉盛期已过，使雌穗授粉不良而秃尖或空秆。这些问题要求育种家应着重选育雌雄协调、对光温不敏感的自交系和杂交组合，区域试验中应该采取育种家提供的参试品种最适密度，审定过程中也应该对秃尖长度和空秆率做出具体规定，用于品种决选。

六、2016—2020年东华北中熟春玉米品种试验参试品种穗长动态分析

为分析2016—2020年东华北中熟春玉米组参试品种穗长动态，统计了自2016年开始以来东华北中熟春玉米组公益性区域试验的相关数据（表27-12）。

表27-12 2016—2020年东华北中熟春玉米组区域试验穗长 （cm）

年份	参试品种平均值	参试品种最高值	对照品种
2016	19.2	20.7	20.1
2017	19.4	21.5	20.3
2018	19.6	21.1	20.3
2019	19.9	22.9	20.2
2020	19.7	21.6	20.6

2016—2020年对照品种先玉335穗长变化不明显，参试品种平均穗长和参试品种最长穗长变化趋势一致，呈平缓的上行趋势，这说明近几年参试的品种的果穗穗长有所增加。总体看穗长性状较为平稳，受外界环境影响不大，东华北中熟春玉米组的果穗长度一般为19～20cm（图27-7）。

经参试品种秃尖长平均值与对应年份参试品种平均产量进行线性回归分析（表27-13），相关

系数 $R = 0.423\,932$，决定系数 $R^2 = 0.179\,718$，调整相关 $R = 0.306\,119$。由此可见，穗长与中熟品种的产量相关性不是很强。

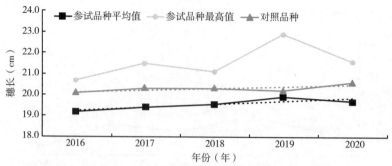

图27-7　2016—2020年东华北中熟春玉米组区域试验穗长

表27-13　2016—2020年参试品种平均产量与品种穗长平均值线性回归分析

变量	回归系数	标准回归系数	标准误	t 值	P 值
b_0	16.379 6		3.925 0	4.173 2	0.025 1
b_1	0.003 8	0.423 9	0.004 7	0.810 7	0.476 9

七、2016—2020年东华北中熟春玉米品种试验参试品种百粒重动态分析

为分析2016—2020年东华北中熟春玉米组参试品种百粒重动态，统计了自2016年开始以来东华北中熟春玉米组公益性区域试验的相关数据（表27-14）。

表27-14　2016—2020年东华北中熟春玉米组区域试验百粒重数据　　　　（g）

年份	参试品种平均值	参试品种最高值	对照品种
2016	37.2	41.4	37.2
2017	37.0	41.6	38.1
2018	38.6	41.7	39.2
2019	37.0	41.6	38.2
2020	38.0	42.6	38.6

2016—2020年对照品种先玉335百粒重变化不明显，参试品种平均穗长和参试品种最长穗长变化趋势一致，呈不明显的上行趋势，这说明近几年参试品种的百粒重有所增加。总体看百粒重性状较为平稳，受外界环境影响不大，东华北中熟春玉米组的百粒重一般为35～40g，粒型一般为半马齿（图27-8）。

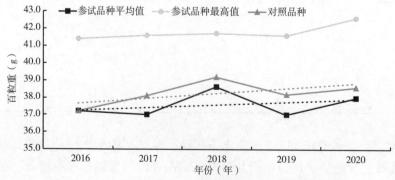

图27-8　2016—2020年东华北中熟春玉米组区域试验百粒重

经参试品种百粒重平均值与对应年份参试品种平均产量进行线性回归分析，相关系数

$R = 0.175\ 469$，决定系数$R^2 = 0.030\ 789$，调整相关$R = 0.540\ 630$。由此可见，百粒重与中熟品种的产量相关性不是很强（表27-15）。

表27-15　2016—2020年参试品种平均产量与品种百粒重平均值线性回归分析

变量	回归系数	标准回归系数	标准误	t值	P值
b_0	41.032 6		11.254 7	3.645 8	0.035 6
b_1	−0.004 1	0.175 5	0.013 4	0.308 7	0.777 7

八、2016—2020年东华北中熟春玉米品种试验参试品种各性状与产量的关联序分析

为分析2016—2020年东华北中熟春玉米组参试品种各性状与产量的关联序，统计了自2016年开始以来东华北中熟春玉米组公益性区域试验的相关数据。

经灰色关联分析，各性状与产量的关联序依次为：参试品种平均株高（0.920 8）>参试品种平均穗位高（0.876 0）>参试品种平均穗长（0.781 7）>参试品种平均百粒重（0.740 7）>参试品种平均秃尖长（0.526 7）>参试品种平均倒伏倒折率（0.356 4）>参试品种平均空秆率（0.316 7）>倒折率（0.780）>秃尖长（0.761），可见株高、穗位高、百粒重和穗长与产量关系较为密切，对产量构成影响较大。

为进一步验证上述结论，对2016—2020年参加东华北中熟春玉米试验的212个参试品种（含对照品种）的上述性状进行了灰色关联度分析，各性状与产量的关联序依次为：参试品种穗长（0.885 7）>参试品种株高（0.880 2）>参试品种百粒重（0.863 6）>参试品种穗位高（0.841 2）>参试品种秃尖长（0.534 7）>参试品种空秆率（0.477 4）>参试品种倒伏倒折率（0.441 2）。虽然关联性次序略有变化，但仍是株高、穗位高、百粒重和穗长与产量关系较为密切，对产量构成影响较大。

现行玉米区域试验年限较短，品种的评价方法直观定性且注重产量性状较多，综合评价各性状较少，可靠性差。近几年虽然国家玉米品种审定标准已在产量结果基础上增加了对倒折率、品质和抗病性的要求，但还不完善。从本试验结果可以看出，秃尖和空秆对于试验产量结果影响要远大于倒折，因此笔者认为在玉米审定标准中，对于空秆率和秃尖长也应做出具体规定，与产量和抗倒性一起用于品种丰产性、稳产性的决选。对于区域试验结果，应把产量性状与生育期性状、植株性状综合评价，总结出一套方便、实用的综合选择方法。

当然，区域试验结果与实际田间试验结果可能有一定偏差，仅供大家参考。

第三节　2016—2020年东华北中熟春玉米参试品种品质性状动态分析

玉米是集食用、饲用、工业用三元结构于一身，增值潜力最高的作物之一，近几年在人造能源方面也显示出了强劲的势头。进入21世纪后，面积增加较快，总产迅速提高，单产稳步增长。随着人们生活水平的提高，对玉米的需求也日益增多和多样化，由简单的产量型向质量型转变。因此，提高普通玉米的营养品质，达到国际化所需要求的品质标准，是玉米发展的必然趋势，也是使玉米走向良性循环之路的必须环节。玉米品质主要受基因型、生态环境（水、光照、温度和土壤等）和栽培措施（密度、播种期、收获期和肥料等）三方面的影响，其中基因型是内因，生态环境和栽培措施是外因。编者利用国家东华北中熟春玉米组试验近几年审定推广的玉米品种的品质检测结果进行了分析，进一步明确今后在玉米品质方面应着重发展的方向。

容重按国家标准《玉米》GB 1353—2018检测；2016—2020年东华北中熟春玉米参试品种平均容重变化趋势见图27-9。

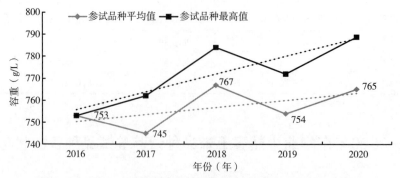

图27-9　2016—2020年东华北中熟春玉米组参试品种平均容重

粗淀粉按农业部标准《谷物籽粒粗淀粉测定法》NY/T 11—1985测定，2016—2020年东华北中熟春玉米参试品种粗淀粉变化趋势见图27-10。

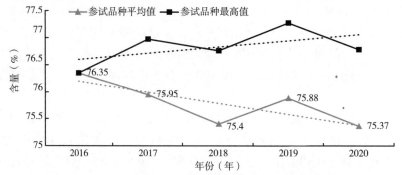

图27-10　2016—2020年东华北中熟春玉米组平均粗淀粉含量

粗蛋白按农业部颁标准《谷物、豆类作物种子粗蛋白测定法（半微量凯氏法）》NY/T 3—1982测定，2016—2020年东华北中熟春玉米参试品种粗蛋白变化趋势见图27-11。

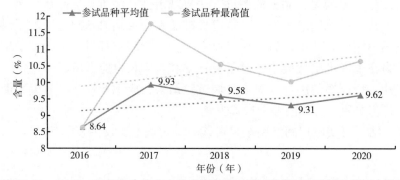

图27-11　2016—2020年东华北中熟春玉米组区域试验参试品种平均粗蛋白含量

粗脂肪按农业部颁标准《谷物、油料作物种子粗脂肪测定方法》NY/T 4—1982检测，2016—2020年东华北中熟春玉米参试品种粗脂肪变化趋势见图27-12。

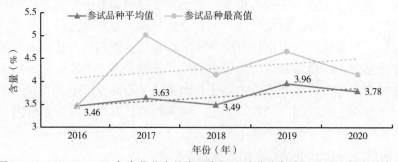

图27-12　2016—2020年东华北中熟春玉米组区域试验参试品种平均粗脂肪含量

由图27-9至图27-12可知，东华北中熟春玉米组公益性试验参试品种平均容重和最高容重、平均粗蛋白和最高粗蛋白、平均粗脂肪和最高粗脂肪含量均呈明显提高趋势，这表明随着育种水平的提高和育种资源的丰富，玉米籽粒营养品质不断提升。参试品种平均粗淀粉含量呈明显降低趋势，但最高粗淀粉含量却呈明显上升趋势，这表明，所有参试品种品质提升的同时，高淀粉专用品种的品质不断提升。

我国是世界上玉米用种量最大的国家之一，随着有利于农业及种业发展的相关政策、条例、措施等依次出台，近年来我国无论是玉米品种数量，还是粮食品质都取得了质的飞跃。一般来说数量是质量的基础，质量是数量的凝聚。当前，品种出现的"井喷"现象是改革的成果，显示了市场活力，更是品种质量提升的前景。要在保持新品种数量不断增长的基础上，更加重视品种品质的提升，提高具有自主知识产权的品种和具有区域化、专业化、多样化、特色化和品牌化品种所占的比例。主要的大宗粮食作物品种要妥善处理好高产与优质、高效的关系，在强调优质高效的同时，任何时候都不要忘了高产这个基本前提，这是由我国人口多、资源少这个国情所决定的。打好翻身仗，重在抓好种业创新，要坚持把科技自立自强摆上农业农村现代化的突出位置。包括持续开展主要粮食作物育种联合攻关，加快培育高产高效、绿色优质、节水节粮、宜机宜饲、专用特用新品种，满足多元化需求。

第四节 2016—2020年东华北中熟春玉米参试品种抗性性状动态分析

各地因环境条件和品种不同，病害的发生情况也有所不同。东华北中熟春玉米组目前流行的病害主要有玉米大斑病、茎基腐病、穗腐病、灰斑病、丝黑穗病等。审定推广抗病品种是防治玉米病害的根本途径，也是综合防治的中心环节，本节对2016—2020年东华北中熟春玉米组参试品种抗病鉴定结果进行了研究，分析了参试品种的抗性总体变化情况，旨在探讨玉米品种试验审定工作与品种抗病性改良间的关系，同时为玉米抗病育种工作提供科学依据。

一、鉴定圃设置和鉴定内容

分设两个鉴定圃（2次重复），第一鉴定圃由吉林省农业科学院植物保护研究所承担，设在吉林省公主岭市吉林省农业科学院农作物抗病性鉴定圃场，第二鉴定圃由黑龙江省农业科学院植物保护研究所承担设在黑龙江省哈尔滨市的黑龙江省农业科学院民主试验园区。进行大斑病、丝黑穗病、禾谷镰孢茎腐病、灰斑病和禾谷镰孢穗腐病的抗性鉴定评价。具体鉴定方法执行《玉米抗病虫性鉴定技术规范》（NY/T 1248）。

（一）玉米大斑病抗性鉴定圃

第一鉴定圃（吉林公主岭）每份鉴定品种种植行长5m，2行区，不设重复，正常田间管理。大斑病病菌经高粱粒扩繁后，配制成孢子悬浮液，于玉米喇叭口期喷雾接种。在玉米乳熟期进行调查。

第二鉴定圃（黑龙江哈尔滨）每份鉴定品种种植行长5m，2行区，种植密度参照区域试验方案要求，正常田间管理。在玉米喇叭口期进行叶片喷雾接种大斑病菌孢子悬浮液。在乳熟期进行病害调查。

（二）玉米丝黑穗病抗性鉴定圃

第一鉴定圃（吉林公主岭）每份鉴定品种种植行长5m，穴播，2行区，不设重复，正常田间管理。将丝黑穗病菌冬孢子粉配成0.1%菌土，播种后覆盖在种子表面每穴100g，然后覆田土。在玉米乳熟期进行调查。

第二鉴定圃（黑龙江哈尔滨）每份鉴定品种种植行长5m，4行区，种植密度参照区域试验方案要求，正常田间管理。在播种时接种，将配制的0.1%丝黑穗病菌菌土按每穴100g用量覆盖玉米种子后再覆土。在玉米乳熟期进行病害调查。

（三）玉米禾谷镰孢茎腐病抗性鉴定圃

第一鉴定圃（吉林公主岭）每份鉴定品种种植行长5m，2行区，不设重复，正常田间管理。禾谷镰孢菌在高粱粒上扩繁，在玉米抽雄前进行接种，接种时扒开玉米根系一侧土壤，在每株根部接种菌种30g，接种后覆土并浇水保湿。在玉米乳熟期进行调查。

第二鉴定圃（黑龙江哈尔滨）每份鉴定品种种植行长5m，4行区，种植密度参照区域试验方案要求，正常田间管理。接种时期为玉米大喇叭口期至抽雄初。接种时扒开玉米根系一侧土壤，在每株根部接种经扩繁培养的禾谷镰孢菌高粱粒菌种30g，覆土后并保持土壤湿润，以使病菌能够正常侵染根系组织并沿根系向茎秆蔓延。在玉米乳熟期进行病害调查。

（四）玉米灰斑病抗性鉴定圃

第一鉴定圃（吉林公主岭）每份鉴定品种种植行长5m，2行区，不设重复，正常田间管理。灰斑病病菌经高粱粒扩繁后，配制成分生孢子悬浮液，于玉米喇叭口期喷雾接种。在玉米乳熟期进行调查。

第二鉴定圃（黑龙江哈尔滨）每份鉴定品种种植行长5m，2行区，种植密度参照区域试验方案要求，正常田间管理。灰斑病病菌采用诱导产孢法扩繁，配制成分生孢子悬浮液，在玉米喇叭口期喷雾接种。在玉米乳熟期进行病害调查。

（五）玉米禾谷镰孢穗腐病抗性鉴定圃

第一鉴定圃（吉林公主岭）每份鉴定品种种植行长5m，2行区，不设重复，正常田间管理。于果穗吐丝后4~7d，配制禾谷镰孢菌孢子悬浮液，采用花丝通道注射法接种2mL。在玉米蜡熟期进行调查。

第二鉴定圃（黑龙江哈尔滨）每份鉴定品种种植行长5m，2行区，种植密度参照区域试验方案要求，正常田间管理。玉米吐丝后4~7d进行接种，将禾谷镰孢菌经高粱粒扩繁后，配制成2×10^6个/mL的孢子悬浮液，用注射器将孢悬液按每穗2mL的量接种注入花丝通道。在玉米蜡熟期进行病害调查。

二、参试品种抗病性动态分析

人工病圃作为区域试验鉴定品种抗病性的主要手段，具有准确、一致、重演和公平的特点。

东华北中熟春玉米区域试验中没有高抗和抗大斑病的品种，抗性集中在中抗和感的水平。2016—2020年中抗水平品种占参试品种的比例呈明显下降趋势，达到感水平品种占参试品种的比例呈明显上升趋势，还在2018年和2019年出现了少数高感品种。据分析，参试品种对大斑病的抗性呈下降趋势，这就要求育种人员在选育品种过程中增加对大斑病抗性的重视，尤其是国外引进资源的利用过程中更要注意，要适当添加抗原和本地资源血缘，增强抗病性。种质资源保护部门也应该加强抗大斑病的资源的筛选、评价和利用（表27-16）。

表27-16　2016—2020年大斑病不同抗性评价品种占参试品种百分比统计　　　　　　（%）

年份	高抗	抗	中抗	感	高感
2016	0	0	52.8	47.2	0
2017	0	0	32.6	67.4	0
2018	0	0	27.9	67.4	4.7
2019	0	0	24.4	73.3	2.2
2020	0	0	21.2	78.8	0.0

近几年，部分地区茎腐病发生偏重，分析主要是受夏季降雨多、土壤湿度大等气象因素；地势低洼、排水不良、土质黏重、土壤偏酸、虫害严重等环境因素；秋翻地面积少，重茬、迎茬地块多，病菌残留量大等耕作因素；参试品种种子来源渠道多、种子带菌等种子因素；种植密度不断提高等栽培因素的综合影响，茎腐病病原菌大量繁殖蔓延。茎腐病造成植株倒伏，果穗下垂、穗柄柔韧，不易掰离，穗心干缩，脱粒困难，百粒重和籽粒品质显著下降，造成减产10%～50%。东华北中熟春玉米区域试验中没有高感茎基腐病的品种，抗性集中在抗、中抗和感的水平。2016—2020年高抗的品种由近1/3减少到没有，无论是气象原因、病原菌生理小种变化还是育种资源问题，这个现象都应该引起重视；且随着抗性水平的降低，参试品种所占比例呈逐渐上升趋势，这也就意味着参试品种对茎基腐病抗性水平的整体下降，这就要求育种人员在选育品种过程中增加对茎腐病抗性的重视。种质资源保护部门也应该加强抗大斑病资源的筛选、评价和利用（表27-17）。

表27-17 2016—2020年茎基腐病不同抗性评价品种占参试品种百分比统计　　　　　　　　（%）

年份	高抗	抗	中抗	感	高感
2016	41.7	11.1	38.9	8.3	0
2017	23.9	37.0	34.8	4.3	0
2018	39.5	30.2	27.9	2.3	0
2019	0	18.2	68.2	13.6	0
2020	0	30.3	57.6	12.1	0

玉米穗腐病是玉米生长后期的重要病害之一，又称玉米穗粒腐病，玉米赤霉病。一般年份发病率5%～10%，严重的可达50%。玉米穗腐病的发生主要受品种、气候、穗部害虫、农艺活动、贮藏条件等多种因素影响。发病以后不仅导致玉米产量降低、品质下降，而且病菌还会产生毒素，引起人和家畜、家禽中毒，给农牧业都造成了严重的损失。如表27-18所示，东华北中熟春玉米区域试验中基本没有高抗穗腐病的品种，抗性集中在抗、中抗和感的水平。2016—2020年抗水平的品种比例迅速减少，这个现象应该引起重视；且随着抗性水平的降低，参试品种所占比例呈逐渐上升趋势，在2020年出现了高感的品种，这也就意味着参试品种对茎基腐病抗性水平的整体下降，这就要求育种人员在选育品种过程中增加对穗腐病抗性的重视。种质资源保护部门也应该加强抗穗腐病的资源的筛选、评价和利用。

表27-18 2016—2020年穗腐病不同抗性评价品种占参试品种百分比统计　　　　　　　　（%）

年份	高抗	抗	中抗	感	高感
2016	2.8	50.0	41.7	5.6	0
2017	0	28.3	69.6	2.2	0
2018	0	4.7	60.5	34.9	0
2019	0	8.9	84.4	6.7	0
2020	0	0.0	21.2	72.7	6.1

玉米丝黑穗病是一个世界性的玉米病害，在我国玉米种植区普遍发生，尤以北方春播区受害较重。在不做种衣剂处理的条件下，一般年份田间发病率3%～10%，重病田可达60%～70%。由于丝黑穗病直接导致果穗被害，因此是绝产型病害，发病率基本等于损失率，是玉米生产中的重要病害之一。近些年随着优质种衣剂的引进、研发和推广，防治水平不断提升，生产上普遍认为种衣剂完全可以解决丝黑穗病抗病问题，玉米丝黑穗病也由一票否决病害过渡为鉴定病害，不作为审定品种时的淘汰依据。但我们同时应该看到，随着审定标准的调整，参试品种丝黑穗病整体抗性呈明显下降趋势。如表27-19所示，东华北中熟春玉米区域试验中高抗、抗和高感丝黑穗病的品种很少，抗性集中在中抗和感的水平。2016—2020年中抗水平的品种比例迅速减少，感病品种比例迅速增加，这个现象应该引起重视；这些意味着参试品种对丝黑穗病抗性水平的整体下降，这就要求育种人员

在选育品种过程中增加对丝黑穗病抗性的重视。种质资源保护部门也应该加强抗丝黑穗病的资源的筛选、评价和利用。

表27-19　2016—2020年丝黑穗病不同抗性评价品种占参试品种百分比统计　（%）

年份	高抗	抗	中抗	感	高感
2016	0	5.6	33.3	55.6	5.6
2017	2.2	0	13.0	84.8	0
2018	0	7.0	11.6	79.1	2.3
2019	0	4.4	15.6	80.0	0
2020	0	15.2	18.2	66.7	0

东华北中熟春玉米区域试验中基本没有高抗灰斑病的品种，抗性集中在中抗和感的水平。2016—2020年抗水平的品种比例迅速减少，2018年就不再有抗病水平的品种，这个现象应该引起重视；且随着抗性水平的降低，参试品种所占比例呈明显上升趋势，在2019年出现了高感的品种，这也就意味着参试品种对灰斑病抗性水平的整体下降，这就要求育种人员在选育品种过程中增加对灰斑病抗性的重视。种质资源保护部门也应该加强抗灰斑病的资源的筛选、评价和利用（表27-20）。

表27-20　2016—2020年灰斑病不同抗性评价品种占参试品种百分比统计　（%）

年份	高抗	抗	中抗	感	高感
2016	0	5.6	77.8	16.7	0
2017	0	4.3	69.6	26.1	0
2018	0	0	44.2	55.8	0
2019	0	0	40.0	57.8	2.2
2020	0	0	36.4	63.6	0

在抗病品种选育、试验和审定过程中，应提倡多抗性，即对不同病害达到兼抗的目的。不同种类抗性的组合，不同层次抗性的利用，有可能培育出农艺性状良好并同时具有水平抗性的品种。大部分审定品种并不是在某一病害抗性上表现突出，而是综合抗性优良。

第二十八章 2016—2020年东华北中晚熟春玉米品种试验性状动态分析

第一节 2016—2020年东华北中晚熟春玉米品种试验参试品种产量动态分析

2016—2020年，参试品种平均亩产量分别为811.27kg/亩、817.19kg/亩、763.31kg/亩、808.46kg/亩、842.47kg/亩。2016年、2017年和2019年产量差别不大，2018年产量为5年最低点，2020年平均产量大幅度提高（图28-1），比该区组最低平均产量（2018年）高10.37%。就该区组内平均产量变异程度来看，2020年变异系数最大（5.27%），2019年变异系数最小（3.05%）。2020年，禾育207亩产达920.10kg，成为5年来该熟期组的最高亩产纪录，最低产量为2018年参试品种沈玉7189，亩产692.50kg（表28-1）。

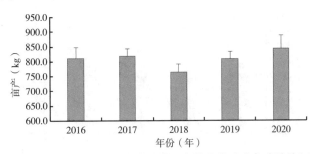

图28-1 2016—2020年东华北中晚熟春玉米的品种试验参试品种和平均产量

［注：误差线为标准差（下同）］

表28-1 东华北中晚熟春玉米品种试验参试品种平均产量动态分析

项目	2016年	2017年	2018年	2019年	2020年
亩产均值（kg）	811.27 ± 37.09	817.19 ± 26.65	763.31 ± 27.35	808.46 ± 24.69	842.47 ± 44.39
变异系数（%）	4.57	3.26	3.58	3.05	5.27
亩产最小值（kg）	713.82	746.20	692.50	756.20	695.90
亩产最大值（kg）	877.99	859.00	822.60	869.40	920.10

第二节 2016—2020年东华北中晚熟春玉米品种试验参试农艺性状动态分析

一、2016—2020年东华北中晚熟春玉米品种试验参试品种生育期动态分析

2016—2020年，参试品种平均生育日数分别为129.13d、126.10d、125.08d、129.36d和127.65d，其中2019年该组平均生育期最长，比2018年平均最短生育期多4.28d。从该区组内生育期变异程度来看，各年度变异系数均较小，为0.60%～0.83%，说明品种间生育期差异不大。2016年的参试品种LD3033生育期为131.52d，是5年期间该熟期组中生育期最长的品种；生育期最短的是2017年参试品种广德79，生育期为122.62d，即5年内，该熟期组品种间生育日数极差为8.90d（图28-2）。

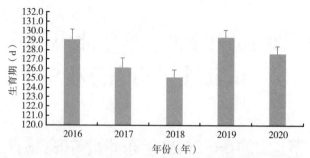

图28-2　东华北中晚熟春玉米品种试验参试品种生育期动态分析

二、2016—2020年东华北中晚熟春玉米品种试验参试品种株高动态分析

2016—2020年，东华北中晚熟参试品种平均株高分别为297.15cm、289.18cm、287.35cm、297.52cm和304.06cm，呈现先下降后上升的趋势，但变化幅度不大，5年内平均株高极差为16.71cm。各年度品种间株高变异系数为4.64%～4.95%。2020年参试品种承玉95的株高为339.00cm，是5年内株高最高的品种；2016年参试品种长玉7号的株高最低，为255.00cm，即5年内，该熟期组品种间株高极差为84.00cm（图28-3）。

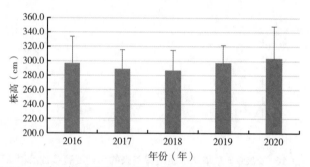

图28-3　东华北中晚熟春玉米品种试验参试品种株高动态分析

三、2016—2020年东华北中晚熟春玉米品种试验参试品种穗位高动态分析

2016—2020年，东华北中晚熟参试品种平均穗位高分别为114.08cm、112.65cm、114.25cm、111.73cm和118.36cm。2016—2019年，平均穗位高维持一个较稳定的水平，2020年有个小幅度的提高，5年平均穗位高极差为6.63cm。就区组内穗位高变异程度而言，2019年最大（7.70%），2018年变异程度最小（6.10%）。2016年参试品种LD3033的穗位最高，为140.14cm；2019年参试品种DD1018的穗位最低，为88.00cm，即5年内，该熟期组品种间穗位高极差为52.14cm（图28-4）。

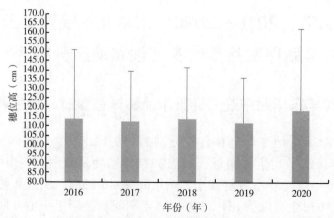

图28-4　东华北中晚熟春玉米品种试验参试品种穗位高动态分析

四、2016—2020年东华北中晚熟春玉米品种试验参试品种倒伏倒折率动态分析

2016—2020年，东华北中晚熟参试品种平均倒伏倒折率分别为4.76%、1.70%、1.83%、3.05%和4.77%，呈现下降又上升的趋势。2017年较2016年倒伏倒折率大幅度下降，而后又逐渐上升，到2020年平均倒伏倒折率达到5年来最高水平。就组内变异程度来看，品种间的倒伏倒折率差异非常大，变异系数最大的95.47%（2019年），最小的54.48%（2020年）。2016年参试品种龙华369倒伏倒折率最高，达23.86%；2017年参试品种S1646、2019年参试品种先玉1951、宏硕920和承玉88倒伏倒折率最低，为0.30%，即5年内，该熟期组品种间倒伏倒折率极差为23.56%（图28-5）。

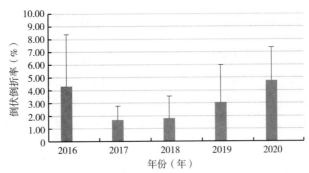

图28-5 东华北中晚熟春玉米品种试验参试品种倒伏倒折率动态分析

五、2016—2020年东华北中晚熟春玉米品种试验参试品种空秆率动态分析

2016—2020年，东华北中晚熟参试品种平均空秆率分别为1.13%、1.49%、1.41%、0.90%和0.94%。2017年，参试品种平均空秆率较2016年有所增加，而后逐渐下降，2019—2020年参试品种平均空秆率下降到1%以下，5年平均空秆率极差为0.59%。从组内变异程度来看，品种间空秆率差异较大，2020年品种间空秆率变异系数达69.03%。2020年的参试品种凤育186空秆率最高，为4.80%；2016年参试品种H1433的空秆率最低，为0.37%，即5年内，该熟期组品种间空秆率极差为4.43%（图28-6）。

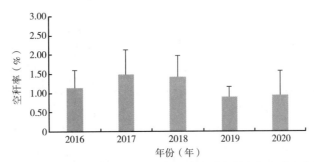

图28-6 东华北中晚熟春玉米品种试验参试品种空秆率动态分析

六、2016—2020年东华北中晚熟春玉米品种试验参试品种穗长动态分析

2016—2020年，东华北中晚熟参试品种平均穗长分别为18.78cm、19.39cm、18.78cm、19.22cm和19.01cm，维持在较稳定的水平，5年平均穗长极差为0.61cm。从组内品种间穗长变异程度来看，2016年穗长变异系数最大（5.17%），2020年最小（3.36%）。2018年参试品种沐玉105的穗长最短，为16.60cm；2017年参试品种强硕168的穗长最长，为22.40cm，即5年内，该熟期组品种间穗长极差为5.80cm（图28-7）。

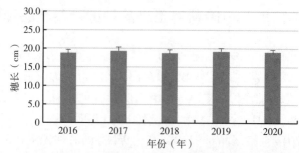

图28-7　东华北中晚熟春玉米品种试验参试品种穗长动态分析

七、2016—2020年东华北中晚熟春玉米品种试验参试品种百粒重动态分析

2016—2020年，东华北中晚熟参试品种平均百粒重分别为35.95g、36.75g、34.01g、35.75g和36.69g。百粒重呈现降低又升高的趋势。2017年百粒重最大，较该区组最小百粒重（2018年）高9.00%。各年度品种间百粒重变异系数为6.15%～6.74%。2016年参试品种玉丰505和2019年参试品种先达6018百粒重最小，为29.40g；百粒重最大的是2017年参试品种鲁单9088，达42.70g（图28-8、表28-2）。

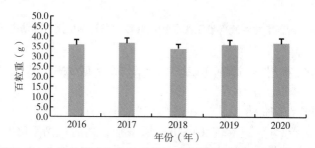

图28-8　东华北中晚熟春玉米品种试验参试品种百粒重动态分析

表28-2　东华北中晚熟春玉米品种试验参试品种农艺性状统计

性状	统计量	2016年	2017年	2018年	2019年	2020年
生育期	均值（d）	129.13 ± 1.03	126.10 ± 1.04	125.08 ± 0.84	129.36 ± 0.77	127.65 ± 0.76
	变异系数（%）	0.80	0.83	0.67	0.60	0.60
	最小值（d）	126.43	122.62	123.30	127.70	125.50
	最大值（d）	131.52	128.27	126.70	131.20	129.20
株高	均值（cm）	297.15 ± 13.87	289.18 ± 13.41	287.35 ± 13.44	297.52 ± 14.73	304.06 ± 14.69
	变异系数（%）	4.67	4.64	4.68	4.95	4.83
	最小值（cm）	262.48	255.00	261.00	262.00	273.00
	最大值（cm）	321.52	317.00	314.00	323.00	339.00
穗位高	均值（cm）	114.08 ± 8.39	112.65 ± 7.66	114.25 ± 6.97	111.73 ± 8.6	118.36 ± 8.04
	变异系数（%）	7.36	6.80	6.10	7.70	6.80
	最小值（cm）	97.33	89.00	100.00	88.00	101.00
	最大值（cm）	140.14	129.00	127.00	126.00	136.00
空秆率	均值（%）	1.13 ± 0.46	1.49 ± 0.64	1.41 ± 0.56	0.9 ± 0.26	0.94 ± 0.65
	变异系数（%）	40.83	42.71	39.41	28.98	69.03
	最小值（%）	0.37	0.60	0.50	0.40	0.50
	最大值（%）	3.39	4.60	3.10	1.40	4.80

（续表）

性状	统计量	2016年	2017年	2018年	2019年	2020年
倒伏倒折率	均值（%）	4.34 ± 4.07	1.7 ± 1.11	1.83 ± 1.7	3.05 ± 2.92	4.77 ± 2.6
	变异系数（%）	93.63	65.22	93.33	95.47	54.48
	最小值（%）	0.51	0.30	0.40	0.30	0.90
	最大值（%）	23.86	5.50	10.40	11.50	12.40
穗长	均值（cm）	18.78 ± 0.97	19.39 ± 1	18.78 ± 0.87	19.22 ± 0.82	19.01 ± 0.64
	变异系数（%）	5.17	5.16	4.64	4.26	3.36
	最小值（cm）	16.82	16.70	16.60	17.30	17.40
	最大值（cm）	22.12	22.40	21.50	20.90	20.60
百粒重	均值（g）	35.95 ± 2.28	36.75 ± 2.28	34.01 ± 2.09	35.75 ± 2.41	36.69 ± 2.46
	变异系数（%）	6.35	6.19	6.15	6.74	6.69
	最小值（g）	29.44	32.60	30.70	29.40	30.60
	最大值（g）	40.93	42.70	39.90	40.70	42.10

第三节 2016—2020年东华北中晚熟春玉米参试品种品质性状动态分析

一、2016—2020年东华北中晚熟春玉米参试品种容重动态分析

2016—2020年，东华北中晚熟参试品种平均容重分别为764.82g/L、762.66g/L、768.64g/L、751.57g/L和767.54g/L。2019年参试品种的平均容重较其他年份大幅度下降，其他年度差别不大。2018年平均容重最大，较2019年高17.07g/L。就变异程度而言，各年度品种间容重的差异均较小，为1.18%～1.84%。2019年参试品种辽单2801容重最小，为731.00g/L；2018年参试品种秦粮302容重最大，为793.00g/L（图28-9）。

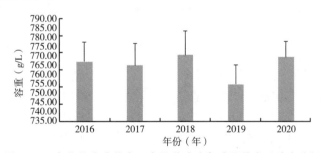

图28-9 东华北中晚熟春玉米品种试验参试品种容重动态分析

二、2016—2020年东华北中晚熟春玉米参试品种粗蛋白含量（干基）动态分析

2016—2020年，东华北中晚熟参试品种平均粗蛋白（干基）含量分别为9.16%、10.41%、10.54%、9.88%和10.00%。2018年平均粗蛋白含量达到5年来最高值，比该区组最低平均粗蛋白含量（2016年）高1.38%。就该区组内平均粗蛋白变异程度而言，2020年品种间差异稍大，变异系数为8.10%，2019年品种间差异较小，变异系数为5.06%。2018年的参试品种三北63粗蛋白含量最高，为12.08%，最低的是2016年参试品种嘉禾798，粗蛋白含量8.01%（图28-10）。

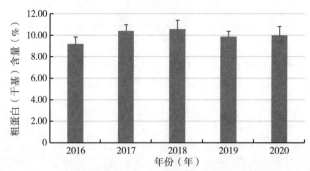

图28-10　东华北中晚熟春玉米品种试验参试品种粗蛋白动态分析

三、2016—2020年东华北中晚熟春玉米参试品种粗脂肪（干基）含量动态分析

2016—2020年，参试品种平均粗脂肪（干基）含量分别为4.00%、3.86%、3.82%、3.97%和4.05%，呈先降低后升高的趋势，2018年粗脂肪降到5年最低点。2020年平均粗脂肪含量达到5年来最高值。就该区组内平均粗脂肪变异程度而言，2019年最大（15.11%），2020年最小（8.15%）。2019年的参试品种先玉1826粗脂肪含量最高，为5.19%，2017年参试品种源育116最低，粗脂肪含量为3.00%（图28-11）。

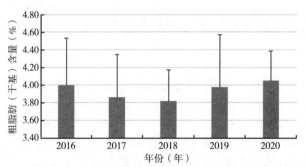

图28-11　东华北中晚熟春玉米品种试验参试品种粗脂肪动态分析

四、2016—2020年东华北中晚熟春玉米品种试验参试品种粗淀粉（干基）含量动态分析

2016—2020年，东华北中晚熟参试品种平均粗淀粉（干基）含量分别为74.60%、74.65%、75.00%、75.24%和74.85%，2016—2019年呈逐年上升趋势，2020年略有下降。5年期间基本保持较稳定水平，平均粗淀粉极差0.64%。就该区组内平均粗淀粉变异程度而言，各年份的品种间差异均较小，变异系数为1.10%~2.14%。2017年的参试品种粟科352和必祥1207分别是5年来粗淀粉含量最高和最低的品种，其含量分别为76.99%和71.49%（图28-12、表28-3）。

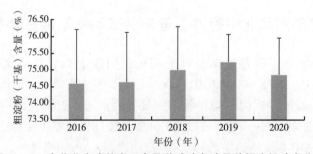

图28-12　东华北中晚熟春玉米品种试验参试品种粗淀粉动态分析

表28-3　东华北中晚熟春玉米品种试验参试品种品质性状统计

性状	统计量	2016年	2017年	2018年	2019年	2020年
容重	均值（g/L）	764.82±11.22	762.66±12.67	768.64±14.15	751.57±11.22	767.54±9.08
	变异系数（%）	1.47	1.66	1.84	1.49	1.18
	最小值（g/L）	749.00	733.00	740.00	731.00	745.00
	最大值（g/L）	785.00	783.00	793.00	768.00	786.00
粗蛋白（干基）	均值（%）	9.16±0.68	10.41±0.56	10.54±0.82	9.88±0.50	10.00±0.81
	变异系数（%）	7.42	5.38	7.78	5.06	8.10
	最小值（%）	8.01	8.84	8.82	8.91	8.03
	最大值（%）	9.92	11.57	12.08	10.84	10.94
粗脂肪（干基）	均值（%）	4.00±0.53	3.86±0.49	3.82±0.35	3.97±0.60	4.05±0.33
	变异系数（%）	13.25	12.69	9.16	15.11	8.15
	最小值（%）	3.30	3.00	3.12	3.24	3.56
	最大值（%）	4.80	5.02	4.59	5.19	4.61
粗淀粉（干基）	均值（%）	74.60±1.60	74.65±1.49	75.00±1.29	75.24±0.83	74.85±1.09
	变异系数（%）	2.14	2.00	1.72	1.10	1.46
	最小值（%）	71.62	71.49	72.99	73.70	72.97
	最大值（%）	76.32	76.99	76.88	76.69	76.94

第四节　2016—2020年东华北中晚熟春玉米参试品种抗性性状动态分析

一、玉米大斑病

2016—2020年，玉米大斑病抗病鉴定参试品种（不排除重复的品种和对照）共计278个，其中2016年参试67个，2017年参试67个，2018年参试50个，2019年参试44个，2020年参试50个。

（一）参试品种各抗性级别年份间比较分析

近5年，没有参试品种达到HR水平。2016年，有26个品种的抗性水平达到R级别，2017年降为1个，2018—2020年有不同程度的增加，数量维持在10个以内；达到MR抗性水平的品种数量呈逐年减少的趋势，到2020年有小幅度增加；2016年，S级别的品种数13个，2017年该级别品种数量翻了3倍，而后的几年逐年减少。5年中，每年都有1个品种达到HS抗性级别（图28-13）。

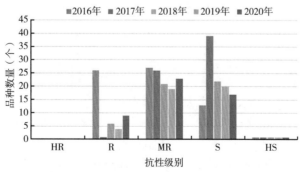

图28-13　玉米大斑病各抗病级别年份间比较

（二）各年度参试品种的抗病性比较分析

所有参试品种中，没有HR品种；R级别品种46份，占鉴定总数的16.55%；MR级别品种116份，占41.73%；S级别品种111份，占39.93%，HR品种5份，占鉴定总数的1.80%（因不同年份参试品种有重复，可能存在重复计数）。总体来看，参试品种对于该病的抗病性表现一般，MR以上的品种占比58.27%，且R和HR级别的抗病品种数量较少。从各年度的表现来看，2016年，参试品种的抗病表现最好，达到MR以上品种占当年鉴定总数的79.11%；其次是2020年，达到MR级别以上的品种数量占当年鉴定总数的64.00%；抗性表现较差的是2017年，达到MR级别的品种数量占当年鉴定总数的40.30%（图28-14）。

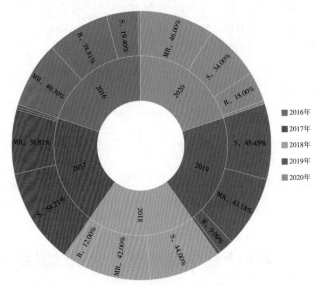

图28-14　玉米大斑病各年份抗病级别占比情况

二、玉米丝黑穗病

2016—2020年玉米丝黑穗抗病鉴定参试品种（不排除重复的品种和对照）共计278份。各年度参试品种数量与玉米大斑病相同。

（一）参试品种各抗性级别年份间比较分析

5年中，达到HR水平的品种39个，其中2019年为0个，2017年达到HR级别的品种最多，为12个。2016年，有31个品种的抗性水平达到R级别，2019年仅有3个品种达到了R级别，其他3年几乎维持在10个左右。达到MR抗性水平的品种数量呈逐年减少的趋势；S级别的品种数量，在2017年和2019年达到两个高峰，2016年S级别品种最少；5年中，HS级别品种均较少（图28-15）。

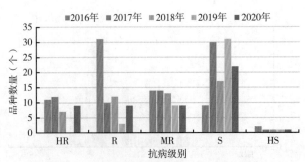

图28-15　玉米丝黑穗病各抗病级别年份间比较

（二）各年份参试品种抗病级别间比较分析

所有参试品种中，HR品种39个，占鉴定总数的14.03%；R品种65个，占鉴定总数的23.38%；MR品种59个，占21.22%；S级别品种109个，占39.21%，HS品种6个，占鉴定总数的2.16%（因不同年份参试品种有重复，可能存在重复计数）。总体来看，近5年参试品种对于该病的抗病性表现尚可，MR级别以上的品种占比58.63%，这其中HR和R级别品种占比较高。2016年，参试品种的抗病表现最好，83.58%参试品种达到MR抗性水平；其次是2018年，MR品种占64.00%；抗性表现较差的是2019年，达到MR级别的品种数量仅占当年鉴定总数的27.27%（图28-16）。

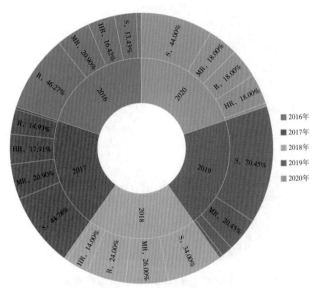

图28-16　玉米丝黑穗病各年份抗病级别占比情况

三、玉米镰孢茎腐病

2016—2020年玉米镰孢茎腐病鉴定参试品种（不排除重复的品种和对照）共计278份。各年度参试品种数量与玉米大斑病相同。

（一）参试品种各抗性级别年份间比较分析

5年中，达到HR水平的品种数量逐年减少，2019—2020年分别降为1个和0个，2016年达到HR级别的品种21个。R级别的品种数量呈现先增加后降低的趋势，2017—2018年有个小幅度增加后，2019—2020年该级别品种数大幅度下降。5个抗病级别中，MR级别品种数最多，仅在2018年MR级别品种数量下降，其他4个年度该级别品种数量变化不大。2016—2018年S级别品种数量较少，2019—2020年S级别品种数量较大幅度增加。HS级别品种数量呈现减少又增加的趋势，在2018年降到最低点，只有1个HS级别品种（图28-17）。

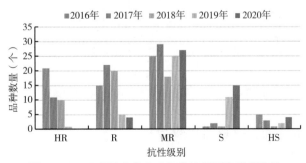

图28-17　玉米镰孢茎腐病各抗病级别年份间比较

（二）各年份参试品种抗病级别间比较分析

所有参试品种中，HR品种43个，占鉴定总数的15.47%；R品种66个，占鉴定总数的23.74%；MR品种124个，占44.60%；S级别品种30个，占10.79%，HS品种15个，占鉴定总数的5.40%（因不同年份参试品种有重复，可能存在重复计数）。总体来看，东华北中晚熟春玉米参试品种对于该病害的抗病性表现较好，MR级别以上的品种占比83.81%，但近两年来，参试品种对于该病害的抗病性有所降低。2018年之前，参试品种对于该病害的抗病级别达到MR以上的品种数量均占当年鉴定总数的90.00%以上；2019年，降为70.45%，2020年降为62.00%（图28-18）。

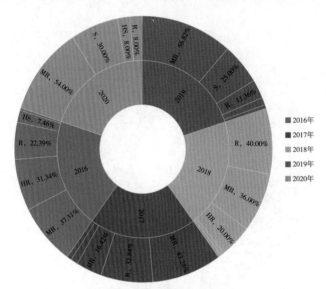

图28-18　玉米镰孢茎腐病各年份抗病级别占比情况

四、玉米灰斑病

2016—2020年玉米灰斑病鉴定参试品种（不排除重复的品种和对照）共计278份。各年度参试品种数量与玉米大斑病相同。

（一）参试品种各抗性级别年份间比较分析

2016—2020年，没有参试品种达到HR级。达到R级别的品种只有2016年有7个，后面4年零星有1~2个。5个抗病级别中，MR级别品种数最多，2016年和2020年MR级别品种数量基本持平，中间3年逐年减少。2016—2019年，S级别品种数量变化不大，2020年S级别品种较大幅度减少。5年中，每年都有1个HS级别品种（图28-19）。

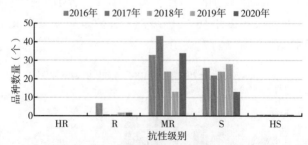

图28-19　玉米灰斑病各抗病级别年份间比较

（二）各年份参试品种抗病级别间比较分析

所有参试品种中，没有HR品种；R品种13个，占鉴定总数的4.68%；MR品种147个，占

52.88%；S级别品种113个，占40.65%，HS品种5个，占鉴定总数的1.80%（因不同年份参试品种有重复，可能存在重复计数）。总体来看，参试品种对于该病害的抗病性表现一般，MR级别以上的品种占比57.55%，但是HR和R级别以上品种较少。2019年参试品种的抗性较差，达到MR级别以上的品种占当年鉴定总数的34.09%。2020年参试品种的抗病性较好，MR以上的品种占当年鉴定总数的72.00%，其次是2017年，MR级别以上品种占比65.67%（图28-20）。

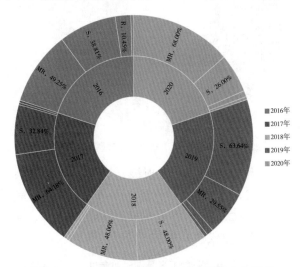

图28-20 玉米灰斑病各年份抗病级别占比情况

五、玉米穗腐病

2016—2020年玉米穗腐病鉴定参试品种（不排除重复的品种和对照）共计280份。其中，2016年参试67个，2017年参试67个，2018年参试50个，2019年参试44个，2020年参试52个。

（一）参试品种各抗性级别年份间比较分析

2016—2020年，达到HR级别的品种数量为32个，全部为2016年参试品种，2017—2020年没有HR品种。达到R级别的品种数量也是呈现逐年递减的趋势，2019年略有增加，幅度不大。MR级别品种数量年度间波动性较大，2017年较2016年增加10倍以上，并达到5年峰值，2018年又明显减少，2018—2020年保持较稳定的水平。S级别品种数量在2018年和2020年较其他年份大幅度增加。HS品种数量较少，只有2020年有2个HS品种，其他年份均未见HS品种（图28-21）。

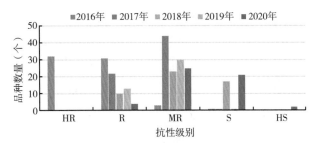

图28-21 玉米穗腐病各抗病级别年份间比较

（二）各年份参试品种抗病性比较分析

所有参试品种中，HR品种32个，占鉴定总数的11.43%；R品种80个，占鉴定总数的28.57%；MR品种125个，占44.64%；S级别品种41个，占14.64%；HS品种2个，占鉴定总数的0.71%（因不同年份参试品种有重复，可能存在重复计数）。总体来看，参试品种对于该病害的抗病性表现较好，达到MR级别以上品种占84.64%（图28-22）。

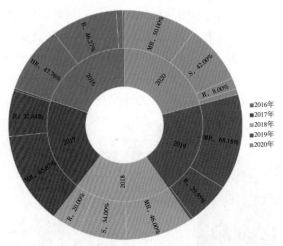

图28-22 玉米穗腐病各年份抗病级别占比情况

从各年度来看，2016年参试品种的抗病性表现最好，MR级别以上占当年鉴定总数的98.51%，其中HR和R分别占比47.76%和46.27%。2017年和2019年参试品种的抗病性表现也较好，MR级别以上参试品种分别达到98.51%和97.73%。2020年品种抗病性表现最差，MR级别以上品种占当年鉴定总数的58%，且没有HR品种，R级别也仅占8.00%（表28-4）。

表28-4 东华北中晚熟春玉米品种试验参试品种抗病鉴定统计

年份	抗病级别	玉米大斑病		玉米丝黑穗		玉米镰孢茎腐病		玉米灰斑病		玉米穗腐病	
		数量（个）	比例（%）	数量（个）	比例（%）	数量（个）	比例（%）	数量（个）	比例（%）	数量（个）	比例（%）
2016	HR	0	0	11	16.42	21	31.34	0	0	32	47.76
	R	26	38.81	31	46.27	15	22.39	7	10.45	31	46.27
	MR	27	40.30	14	20.90	25	37.31	33	49.25	3	4.48
	S	13	19.40	9	13.43	1	1.49	26	38.81	1	1.49
	HS	1	1.49	2	2.99	5	7.46	1	1.49	0	0
2017	HR	0	0	12	17.91	11	16.42	0	0	0	0
	R	1	1.49	10	14.93	22	32.84	1	1.49	22	32.84
	MR	26	38.81	14	20.90	29	43.28	43	64.18	44	65.67
	S	39	58.21	30	44.78	2	2.99	22	32.84	1	1.49
	HS	1	1.49	1	1.49	3	4.48	1	1.49	0	0
2018	HR	0	0	7	14.00	10	20.00	0	0	0	0
	R	6	12.00	12	24.00	20	40.00	1	2.00	10	20.00
	MR	21	42.00	13	26.00	18	36.00	24	48.00	23	46.00
	S	22	44.00	17	34.00	1	2.00	24	48.00	17	34.00
	HS	1	2.00	1	2.00	1	2.00	1	2.00	0	0
2019	HR	0	0	0	0	1	2.27	0	0	0	0
	R	4	9.09	3	6.82	5	11.36	2	4.55	13	29.55
	MR	19	43.18	9	20.45	25	56.82	13	29.55	30	68.18
	S	20	45.45	31	70.45	11	25.00	28	63.64	1	2.27
	HS	1	2.27	1	2.27	2	4.55	1	2.27	0	0

（续表）

年份	抗病级别	玉米大斑病		玉米丝黑穗		玉米镰孢茎腐病		玉米灰斑病		玉米穗腐病	
		数量（个）	比例（%）	数量（个）	比例（%）	数量（个）	比例（%）	数量（个）	比例（%）	数量（个）	比例（%）
2020	HR	0	0	9	18.00	0	0	0	0	0	0
	R	9	18.00	9	18.00	4	8.00	2	4.00	4	8.00
	MR	23	46.00	9	18.00	27	54.00	34	68.00	25	50.00
	S	17	34.00	22	44.00	15	30.00	13	26.00	21	42.00
	HS	1	2.00	1	2.00	4	8.00	1	2.00	2	4.00
2016—2020	HR	0	0	39	14.03	43	15.47	0	0	32	11.43
	R	46	16.55	65	23.38	66	23.74	13	4.68	80	28.57
	MR	116	41.73	59	21.22	124	44.60	147	52.88	125	44.64
	S	111	39.93	109	39.21	30	10.79	113	40.65	41	14.64
	HS	5	1.80	6	2.16	15	5.40	5	1.80	2	0.71

第二十九章 2018—2020年京津冀早熟夏玉米品种试验性状动态分析

第一节 2018—2020年京津冀早熟夏玉米品种试验参试品种产量动态分析

2018—2020年京津冀早熟夏玉米组参试品种的平均产量分别为596kg/亩、696kg/亩、687.2kg/亩，2019年参试品种平均亩产最高，达到696kg/亩，比平均产量最低年份（2018年）的596kg/亩，增产16.8%。近3年亩产最高的参试品种为2019年的京农业科学829，产量达766kg/亩，亩产最低的品种为2018年的郑品玉577，产量531.6kg/亩（表29-1）。

表29-1 京津冀早熟夏玉米组参试品种产量动态分析　　　（kg）

区组	产量	2018年	2019年	2020年
京津冀早熟组	平均值	596.0	696	687.2
	极小值	531.6	609	541.6
	极大值	640.2	766	754.8

第二节 2018—2020年京津冀早熟夏玉米品种试验参试农艺性状动态分析

一、2018—2020年京津冀早熟夏玉米品种试验参试品种生育期动态分析

2018—2020年京津冀早熟夏玉米组参试品种的平均生育期分别为99.1d、104.8d、106.8d，2020年参试品种平均生育期最长，比2018年平均最短生育期多7.7d。近3年生育期最长的参试品种为2020年的对照京单58，生育期108d，生育期最短的品种为2018年的郑品玉577，生育期96d，3年来该组参试品种间生育期极差为12d（表29-2）。

表29-2 京津冀早熟夏玉米组参试品种生育期动态分析　　　（d）

区组	生育期	2018年	2019年	2020年
京津冀早熟组	平均值	99.1	104.8	106.8
	极小值	96	102.3	105.1
	极大值	101	106.5	108

二、2018—2020年京津冀早熟夏玉米品种试验参试品种株高动态分析

2018—2020年京津冀早熟夏玉米组参试品种的平均株高分别为277cm、282.3cm、273.8cm，2020年参试品种平均株高最低，比2019年平均最高株高低8.5cm。近3年株高最低的参试品种为2019年的纪元888，株高240cm，株高最高的品种为2019年的圣瑞218，株高304cm，3年来该组参试品种间株高极差为64cm（表29-3）。

表29-3 京津冀早熟夏玉米组参试品种株高动态分析 （cm）

区组	株高	2018年	2019年	2020年
京津冀早熟组	平均值	277	282.3	273.8
	极小值	258	240	253
	极大值	285	304	289

三、2018—2020年京津冀早熟夏玉米品种试验参试品种穗位高动态分析

2018—2020年京津冀早熟夏玉米组参试品种的平均穗位高分别为99cm、107.2cm、106.1cm，2018年参试品种平均穗位高最低，比2019年平均最高穗位低8.2cm。近3年穗位最低的参试品种为2018年的MC806，穗位高84cm，穗位最高的品种为2019年的新单61，穗位高115cm，3年来该组参试品种间穗位高极差为31cm（表29-4）。

表29-4 京津冀早熟夏玉米组参试品种穗位高动态分析 （cm）

区组	穗位	2018年	2019年	2020年
京津冀早熟组	平均值	99	107.2	106.1
	极小值	84	96	95
	极大值	109	115	115

四、2018—2020年京津冀早熟夏玉米品种试验参试品种倒伏倒折率动态分析

2018—2020年京津冀早熟夏玉米组参试品种的平均倒伏倒折率分别为2.38%、1.7%、1.5%，2020年参试品种平均倒伏倒折率最低，比2018年平均最高倒伏倒折率低0.88%。近3年倒伏倒折率最低的参试品种为2019年的禾玉669，倒伏倒折率0.1%，倒伏倒折率最高的品种为2018年的郑品玉577，倒伏倒折率10.4%，3年来该组参试品种间倒伏倒折率极差为10.3%。参试品种倒伏倒折率整体上呈降低区域试验，选育品种的抗倒性有所提升（表29-5）。

表29-5 京津冀早熟夏玉米组参试品种倒伏倒折率动态分析 （%）

区组	倒伏倒折率	2018年	2019年	2020年
京津冀早熟组	平均值	2.38	1.7	1.5
	极小值	0.3	0.1	0.2
	极大值	10.4	7.6	6.8

五、2018—2020年京津冀早熟夏玉米品种试验参试品种穗长动态分析

2018—2020年京津冀早熟夏玉米组参试品种的平均穗长分别为18.2cm、18.6cm、17.5cm，近3年果穗最长的参试品种为2019年的京科976，穗长19.7cm，果穗最短的品种为2020年的旺禾789，穗长16.2cm，3年来该组参试品种间穗长极差为3.5cm（表29-6）。

表29-6 京津冀早熟夏玉米组参试品种穗长动态分析 （cm）

区组	穗长	2018	2019	2020
京津冀早熟组	平均值	18.2	18.6	17.5
	极小值	16.8	17.3	16.2
	极大值	18.9	19.7	18.6

六、2018—2020年京津冀早熟夏玉米品种试验参试品种百粒重动态分析

2018—2020年京津冀早熟夏玉米组参试品种的平均百粒重分别为34.5g、35.4g、36.1g，2020年参试品种平均百粒重最大，超过2018年最低平均百粒重1.6g。近3年百粒重最大的参试品种为2020年的对照京单58，百粒重41.6g，百粒重最低的品种为2020年的高玉99，百粒重29.8g，3年来该组参试品种间百粒重极差为11.8g（表29-7）。

表29-7　京津冀早熟夏玉米组参试品种百粒重动态分析　　　　　　　　　　　　（g）

区组	百粒重	2018年	2019年	2020年
京津冀早熟组	平均值	34.5	35.4	36.1
	极小值	32.2	31.1	29.8
	极大值	38.2	41.1	41.6

第三节　2018—2020年京津冀早熟夏玉米参试品种品质性状动态分析

2018—2020年京津冀早熟夏玉米组生产试验共有4个品种，2019年和2020年各2个。2019年和2020年参试品种的平均容重分别为768g/L、773g/L，平均粗蛋白含量分别为9.29%、8.52%，平均粗脂肪含量分别为4.19%、4.21%，平均粗淀粉含量分别为75.16%、75.48%，平均赖氨酸含量分别为0.32%、0.29%。参试品种中容重最大的品种为2020年的现代965，容重785g/L，粗蛋白含量最高的品种为2019年的NK821，粗蛋白含量9.64%，粗脂肪含量最高的品种为2019年的京科976，粗脂肪含量4.27%，粗淀粉含量最高的品种为2019年的京科976，粗淀粉含量75.73%，赖氨酸含量最高的品种为2019年的NK821，赖氨酸含量0.33%。

第四节　2018—2020年京津冀早熟夏玉米参试品种抗性性状动态分析

一、2018—2020年京津冀早熟夏玉米品种试验参试品种小斑病抗性动态分析

2018—2020年京津冀早熟夏玉米组参试品种小斑病抗性鉴定结果显示，所有参试品种全部为中抗和感病，近3年参试品种中抗比例分别为20.0%、44.4%、80.0%，感病比例分别为80.0%、55.6%、20.0%（表29-8）。

表29-8　2018—2020年京津冀早熟夏玉米品种试验参试品种小斑病抗性鉴定情况

区组	抗性评价	2018年		2019年		2020年	
		数量（个）	占比（%）	数量（个）	占比（%）	数量（个）	占比（%）
京津冀早熟组	HR	0	0	0	0	0	0
	R	0	0	0	0	0	0
	MR	2	20.0	8	44.4	8	80.0
	S	8	80.0	10	55.6	2	20.0
	HS	0	0	0	0	0	0

二、2018—2020年京津冀早熟夏玉米品种试验参试品种弯孢叶斑病抗性动态分析

2018—2020年京津冀早熟夏玉米组参试品种弯孢叶斑病抗性鉴定结果显示，所有参试品种未见高抗品种，主要集中在中抗和感病，近3年参试品种中抗比例分别为70.0%、16.7%、20.0%，感病比例分别为20.0%、55.6%、80.0%（表29-9）。

表29-9 2018—2020年京津冀早熟夏玉米品种试验参试品种弯孢叶斑病抗性鉴定情况

区组	抗性评价	2018年		2019年		2020年	
		数量（个）	占比（%）	数量（个）	占比（%）	数量（个）	占比（%）
京津冀早熟组	HR	0	0	0	0	0	0
	R	0	0	2	11.1	0	0
	MR	7	70.0	3	16.7	2	20.0
	S	2	20.0	10	55.6	8	80.0
	HS	1	10.0	3	16.7	0	0

三、2018—2020年京津冀早熟夏玉米品种试验参试品种茎腐病抗性动态分析

2018—2020年京津冀早熟夏玉米组参试品种茎腐病抗性鉴定结果显示，参试品种茎腐病抗性较好，多数在中抗以上，近3年参试品种中抗以上品种占比分别为100.0%、94.4%、70.0%。2019年和2020年各有一个高感茎腐病品种（表29-10）。

表29-10 2018—2020年京津冀早熟夏玉米品种试验参试品种茎腐病抗性鉴定情况

区组	抗性评价	2018年		2019年		2020年	
		数量（个）	占比（%）	数量（个）	占比（%）	数量（个）	占比（%）
京津冀早熟组	HR	1	10.0	8	44.4	2	20.0
	R	4	40.0	4	22.2	1	10.0
	MR	5	50.0	5	27.8	4	40.0
	S	0	0	0	0	2	20.0
	HS	0	0	1	5.6	1	10.0

四、2018—2020年京津冀早熟夏玉米品种试验参试品种瘤黑粉病抗性动态分析

2018—2020年京津冀早熟夏玉米组参试品种瘤黑粉病抗性鉴定结果显示，2018年参试品种瘤黑粉病抗性较好，中抗以上品种占比70.0%，2019年和2020年参试品种瘤黑粉病抗性差，全部为高感瘤黑粉病（表29-11）。

表29-11 2018—2020年京津冀早熟夏玉米品种试验参试品种瘤黑粉病抗性鉴定情况

区组	抗性评价	2018年		2019年		2020年	
		数量（个）	占比（%）	数量（个）	占比（%）	数量（个）	占比（%）
京津冀早熟组	HR	1	10.0	0	0	0	0
	R	2	20.0	0	0	0	0
	MR	4	40.0	0	0	0	0
	S	1	10.0	0	0	0	0
	HS	2	20.0	18	100.0	10	100.0

五、2018—2020年京津冀早熟夏玉米品种试验参试品种穗腐病抗性动态分析

2018—2020年京津冀早熟夏玉米组参试品种穗腐病抗性鉴定结果显示，参试品种整体上穗腐病抗性较差，未见高抗和抗病品种，近3年参试品种中抗比例分别为20.0%、5.6%、60.0%，感病比例分别为50.0%、33.3%、40.0%，高感比例分别为30.0%、61.1%、0（表29-12）。

表29-12　2018—2020年京津冀早熟夏玉米品种试验参试品种穗腐病抗性鉴定情况

区组	抗性评价	2018年		2019年		2020年	
		数量（个）	占比（%）	数量（个）	占比（%）	数量（个）	占比（%）
京津冀早熟组	HR	0	0	0	0	0	0
	R	0	0	0	0	0	0
	MR	2	20.0	1	5.6	6	60.0
	S	5	50.0	6	33.3	4	40.0
	HS	3	30.0	11	61.1	0	0

第三十章　2016—2020年黄淮海夏玉米品种试验性状动态分析

第一节　2016—2020年黄淮海夏玉米品种试验参试品种产量动态分析

一、普通玉米组

2016—2020年黄淮海普通玉米组参试品种的平均亩产量分别为678.2kg/亩、646.6kg/亩、628.9kg/亩、680.6kg/亩、662.8kg/亩，2019年参试品种平均亩产量最高，达到680.6kg/亩，比平均亩产量最低年份（2018年）的628.9kg/亩，增产8.2%。近5年亩产最高的参试品种为2019年的先玉1871，亩产量达737.4kg/亩，亩产量最低的品种为2018年的杰祥2号，亩产量533kg/亩。

二、机收籽粒组

2017—2020年黄淮海籽粒机收组参试品种的平均产量分别为631.8kg/亩、634.4kg/亩、661.2kg/亩、645.1kg/亩，2019年参试品种平均产量最高，达到661.2kg/亩，比平均产量最低年份（2017年）的631.8kg/亩，增产4.7%。近4年单产最高的参试品种为2019年的机玉217，产量达701.6kg/亩，产量最低的品种为2017年的津玉17，产量581.4kg/亩（表30-1）。

表30-1　黄淮海夏玉米组参试品种产量动态分析　　　　　　　　　　　　　（kg）

组别	亩产	2016年	2017年	2018年	2019年	2020年
普通组	平均值	678.2	646.6	628.9	680.6	662.8
	极小值	577.5	593.1	533	600.6	560.5
	极大值	734.3	693.6	678.1	737.4	703.5
机收组	平均值		631.8	634.4	661.2	645.1
	极小值		581.4	598.6	617.5	581.5
	极大值		625.1	663.2	701.6	676.9

黄淮海夏玉米区区域面积较大，气候类型复杂，近年来极端气候频发，年季间受干旱天气、高温热害、阴雨寡照、台风侵袭等影响，对玉米产量造成影响较大。2018年，大部分试点遭遇前期高温干旱、中期极端高温，影响玉米生殖发育、果穗生长及籽粒正常灌浆，部分品种出现空秆、畸形穗、苞叶短、秃尖等热害反应，气候对玉米生长弊大于利，导致产量偏低（图30-1）。

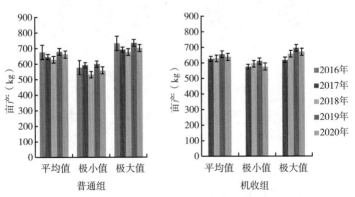

图30-1　黄淮海夏玉米组参试品种产量动态分析

第二节 2016—2020年黄淮海夏玉米品种试验参试农艺性状动态分析

一、2016—2020年黄淮海夏玉米品种试验参试品种生育期动态分析

（一）普通玉米组

2016—2020年黄淮海普通玉米组参试品种的平均生育期分别为100.9d、100.5d、99.2d、101.8d、102.1d，2020年参试品种平均生育期最长，比2018年平均最短生育期多2.9d。近5年生育期最长的参试品种为2017年的NG1408，生育期104d，生育期最短的品种为2018年的来玉179，生育期97d，5年来该组参试品种间生育期极差为7d（表30-2）。

表30-2 黄淮海夏玉米组参试品种生育期动态分析 （d）

组别	生育期	2016年	2017年	2018年	2019年	2020年
普通组	平均值	100.9	100.5	99.2	101.8	102.1
	极小值	98	99	97	99.9	101.3
	极大值	103	104	101	103.1	103
机收组	平均值		100	100.5	100.5	102.4
	极小值		97	99	99.3	101
	极大值		105	103	102.9	104.5

（二）机收籽粒组

2017—2020年黄淮海籽粒机收组参试品种的平均生育期分别为100d、100.5d、100.5d、102.4d，2020年参试品种平均生育期最长，比2017年平均最短生育期多2.4d（图30-2）。近4年生育期最长的参试品种为2017年的对照郑单958，生育期105d，生育期最短的品种为2017年的早粒1号，生育期97d，4年来该组参试品种间生育期极差为8d。

整体来说近年来黄淮海玉米品种生育期缩短，各年度参试品种平均生育期比对照品种郑单958减少3~5d，有利于品种后期脱水，为该区域小麦玉米轮作制下玉米籽粒机收创造条件。

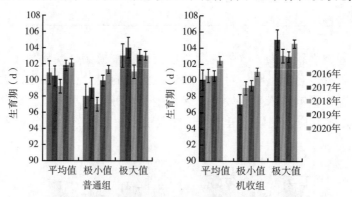

图30-2 黄淮海夏玉米组参试品种生育期动态分析

二、2016—2020年黄淮海夏玉米品种试验参试品种株高动态分析

（一）普通玉米组

2016—2020年黄淮海普通玉米组参试品种的平均株高分别为272cm、265cm、265cm、274cm、271cm，2017年和2018年参试品种平均株高最低，比2019年平均最高株高低9cm。近5年株高最低的

参试品种为2018年的农玉620，株高218cm，株高最高的品种为2019年的MC588，株高307cm，5年来该组参试品种间株高极差为89cm。

（二）机收玉米组

2017—2020年黄淮海机收玉米组参试品种的平均株高分别为256cm、259cm、259.4cm、263cm，2017年参试品种平均株高最低，比2020年平均最高株高低7cm。近4年株高最低的参试品种为2018年的晟玉188，株高235cm，株高最高的品种为2018年的万盛106，株高294cm，4年来该组参试品种间株高极差为59cm（表30-3）。

表30-3　黄淮海夏玉米组参试品种株高动态分析　　　　　　　　　　（cm）

组别	株高	2016年	2017年	2018年	2019年	2020年
普通组	平均值	272	265	265	274	271
	极小值	243	238	218	226	248
	极大值	304	296	293	307	306
机收组	平均值		256	259	259.4	263
	极小值		248	235	241	245
	极大值		291	294	279	280

近5年黄淮海区域普通玉米参试品种平均株高269cm，机收玉米平均株高259cm，整体看株高符合该区域玉米品种发展需求，且机收玉米平均株高比普通玉米降低10cm左右，且区组间品种株高差异，机收组优于普通组，进一步降低品种倒伏风险，适宜机械化收获（图30-3）。

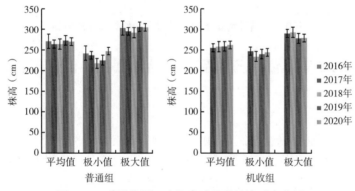

图30-3　黄淮海夏玉米组参试品种株高动态分析

三、2016—2020年黄淮海夏玉米品种试验参试品种穗位高动态分析

（一）普通玉米组

2016—2020年黄淮海普通玉米组参试品种的平均穗位高分别为101cm、101cm、96cm、106.3cm、108.9cm，2018年参试品种平均穗位高最低，比2020年平均最高穗位低12.9cm。近5年穗位最低的参试品种为2018年的昊玉301，穗位高73cm，穗位最高的品种为2020年的云瑞16，穗位高145cm，5年来该组参试品种间穗位高极差为72cm。

（二）机收玉米组

2017—2020年黄淮海机收玉米组参试品种的平均穗位高分别为100cm、88cm、94.3cm、97.2cm，2018年参试品种平均穗位高最低，比2017年平均最高穗位低12cm。近4年穗位最低的参试品种为2019年的秦粮505，穗位高73cm，穗位最高的品种为2017年的对照郑单958，穗位高115cm，4年来该组参试品种间穗位高极差为42cm（表30-4）。

表30-4　黄淮海夏玉米组参试品种穗位高动态分析　　　　　　　　　　（cm）

组别	穗位高	2016年	2017年	2018年	2019年	2020年
普通组	平均值	101	101	96	106.3	108.9
	极小值	86	91	73	85	92
	极大值	116	124	114	120	145
机收组	平均值		100	88	94.3	97.2
	极小值		75	75	73	83
	极大值		115	105	107	112

　　近年来黄淮海夏玉米区参试品种穗位适中，机收品种穗位明显低于普通品种，且参试品种间穗位极差较普通品种小，符合机械化收获品种发展方向。部分品种穗位超过70cm，进一步降低了品种倒伏风险（图30-4）。

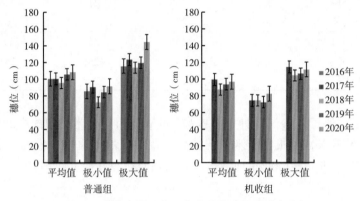

图30-4　黄淮海夏玉米组参试品种穗位高动态分析

四、2016—2020年黄淮海夏玉米品种试验参试品种倒伏倒折率动态分析

（一）普通玉米组

　　2016—2020年黄淮海普通玉米组参试品种的平均倒伏倒折率分别为2.6%、2.1%、3.4%、2.95%、1.69%，2020年参试品种平均倒伏倒折率最低，比2018年平均最高倒伏倒折率低1.71%。近5年倒伏倒折率最低的参试品种为2016年的圣源218和2020年的万盛105，倒伏倒折率0.2%，倒伏倒折率最高的品种为2018年的华研1868，倒伏倒折率17.9%，5年来该组参试品种间倒伏倒折率极差为17.7%。

（二）机收玉米组

　　2017—2020年黄淮海机收玉米组参试品种的平均倒伏倒折率分别为2.83%、3.31%、1.28%、1.52%，2019年参试品种平均倒伏倒折率最低，比2018年平均最高倒伏倒折率低2.03%。近4年倒伏倒折率最低的参试品种为2020年的秦粮505，倒伏倒折率0.3%，倒伏倒折率最高的品种为2018年的中研985，倒伏倒折率10.1%，4年来该组参试品种间倒伏倒折率极差为9.8%（表30-5）。

表30-5　黄淮海夏玉米组参试品种倒伏倒折率动态分析　　　　　　　　（%）

组别	倒伏倒折率	2016年	2017年	2018年	2019年	2020年
普通组	平均值	2.6	2.1	3.4	2.95	1.69
	极小值	0.2	0.6	0.3	0.4	0.2
	极大值	10.3	7.5	17.9	11.6	7.7
机收组	平均值		2.83	3.31	1.28	1.52
	极小值		0.6	0.4	0.6	0.3
	极大值		10	10.1	5.1	4.9

从近5年参试品种平均倒伏倒折率来看，参试单位在品种选育方面注重品种抗倒性筛选，品种抗倒伏性逐年向好，2018年因受两次较大台风影响，部分试点受灾倒伏倒折较重，导致当年参试品种整体倒伏倒折偏重。总的来看，机收组品种抗倒伏性要优于普通品种（图30-5）。

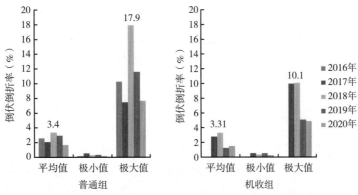

图30-5　黄淮海夏玉米组参试品种倒伏倒折率动态分析

五、2016—2020年黄淮海夏玉米品种试验参试品种穗长动态分析

（一）普通玉米组

2016—2020年黄淮海普通玉米组参试品种的平均穗长分别为17.7cm、17.7cm、17.5cm、17.7cm、17.1cm，近5年果穗最长的参试品种为2016年的强硕168，穗长20.4cm，果穗最短的品种为2018年的G450，穗长15.5cm，5年来该组参试品种间穗长极差为4.9cm。

（二）机收玉米组

2017—2020年黄淮海机收玉米组参试品种的平均穗长分别为17.8cm、17.5cm、17.5cm、16.6cm，近4年果穗最长的参试品种为2018年的德科501，穗长19.3cm，果穗最短的品种为2020年的豫单883，穗长15.4cm，4年来该组参试品种间穗长极差为3.9cm（表30-6）。

5年来参试品种平均穗长变幅不大，参试品种个体穗长为15.4～20.4cm（图30-6）。

表30-6　黄淮海夏玉米组参试品种穗长动态分析　　　　　　　　　（cm）

组别	穗长	2016年	2017年	2018年	2019年	2020年
普通组	平均值	17.7	17.7	17.5	17.7	17.1
	极小值	15.9	16.1	15.5	16	15.7
	极大值	20.4	19.7	19.4	19.8	18.5
机收组	平均值		17.8	17.5	17.5	16.6
	极小值		16.1	16.8	16.2	15.4
	极大值		18.9	19.3	19	18.6

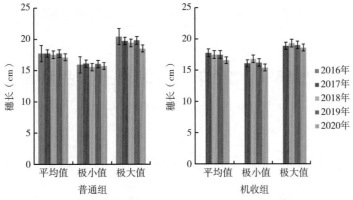

图30-6　黄淮海夏玉米组参试品种穗长动态分析

六、2016—2020年黄淮海夏玉米品种试验参试品种百粒重动态分析

（一）普通玉米组

2016—2020年黄淮海普通玉米组参试品种的平均百粒重分别为34.2g、33.9g、32.4g、34.4g、33.4g，2019年参试品种平均百粒重最大，超过2018年最低平均百粒重2g。近5年百粒重最大的参试品种为2016年的富中12号，百粒重39.3g，百粒重最低的品种为2018年的鲁星5163，百粒重27.3g，5年来该组参试品种间百粒重极差为12g。

（二）机收玉米组

2017—2020年黄淮海机收玉米组参试品种的平均百粒重分别为32.6g、32.5g、32.7g、32.8g，2020年参试品种平均百粒重最大，超过2018年最低平均百粒重0.3g。近4年百粒重最大的参试品种为2017年的万盛106，百粒重38.6g，百粒重最低的品种为2019年的奥原8号，百粒重26.9g，4年来该组参试品种间百粒重极差为11.7g（表30-7）。

表30-7　黄淮海夏玉米组参试品种百粒重动态分析　　　　　　　　　　（g）

组别	百粒重	2016年	2017年	2018年	2019年	2020年
普通组	平均值	34.2	33.9	32.4	34.4	33.4
	极小值	29.5	29	27.3	29	29.9
	极大值	39.3	37.8	36.5	38.4	36.8
机收组	平均值		32.6	32.5	32.7	32.8
	极小值		28.8	27.8	26.9	28.1
	极大值		38.6	36.5	37.1	36.9

从平均值看，机收组参试品种粒重低于普通组，有利于籽粒脱水，易于机械化粒收，2018年受高温热害气候影响，籽粒结实性较差，导致该年度粒重偏低。参试品种血缘、类型多样，品种间粒重差异较大（图30-7）。

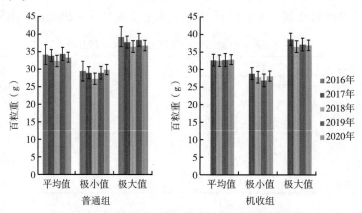

图30-7　黄淮海夏玉米组参试品种百粒重动态分析

第三节　2016—2020年黄淮海夏玉米品种试验参试
品种品质性状动态分析

一、2016—2020年黄淮海夏玉米品种参试品种容重动态分析

2016—2020年黄淮海夏玉米组参试品种的平均容重分别为764g/L、733g/L、761g/L、747g/L、

761g/L，2016年参试品种平均容重最大，超过2017年最低平均容重31g/L。近5年容重最大的参试品种为2019年的渭玉1838，为802g/L；容重最低的品种为2017年的圣瑞686，为700g/L，5年来该组参试品种间容重极差为102g/L（表30-8）。

表30-8　黄淮海夏玉米组参试品种容重动态分析　　　　　　　　　　（g/L）

组别	容重	2016年	2017年	2018年	2019年	2020年
黄淮海	平均值	764	733	761	747	761
	极小值	748	700	732	713	730
	极大值	777	764	786	802	796

参试品种籽粒容重整体上呈上升趋势，部分品种容重达800g/L左右（图30-8）。

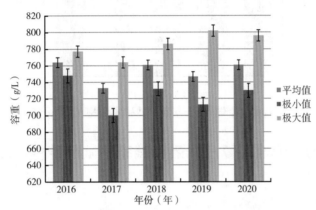

图30-8　黄淮海夏玉米组参试品种容重动态分析

二、2016—2020年黄淮海夏玉米品种试验参试品种粗蛋白含量（干基）动态分析

2016—2020年黄淮海夏玉米组参试品种的平均粗蛋白含量分别为10.51%、10.69%、10.83%、10.15%、10.26%，2018年参试品种平均粗蛋白含量最高，比2019年最低平均粗蛋白含量高0.68%。近5年粗蛋白含量最高的参试品种为2017年的XH301，为13.22%；粗蛋白含量最低的品种为2019年的先玉1871，为8.45%；5年来该组参试品种间粗蛋白含量极差为4.77%（表30-9）。

表30-9　黄淮海夏玉米组参试品种粗蛋白动态分析　　　　　　　　　　（%）

组别	粗蛋白	2016年	2017年	2018年	2019年	2020年
黄淮海	平均值	10.51	10.69	10.83	10.15	10.26
	极小值	9.68	8.52	9.45	8.45	8.89
	极大值	11.07	13.22	12.02	11.48	11.29

三、2016—2020年黄淮海夏玉米品种试验参试品种粗脂肪（干基）含量动态分析

2016—2020年黄淮海夏玉米组参试品种的平均粗脂肪含量分别为3.84%、3.88%、3.75%、4.06%、4.3%，2020年参试品种平均粗脂肪含量最高，比2018年最低平均粗脂肪含量高0.55%。近5年粗脂肪含量最高的参试品种为2020年的机玉217，为4.99%；粗脂肪含量最低的品种为2017年的X1，为3.03%；5年来该组参试品种间粗蛋白含量极差为1.96%（表30-10）。

表30-10　黄淮海夏玉米组参试品种粗脂肪动态分析　　　　　　　　　　（%）

组别	粗脂肪	2016年	2017年	2018年	2019年	2020年
黄淮海	平均值	3.84	3.88	3.75	4.06	4.3
	极小值	3.07	3.03	3.12	3.51	3.38
	极大值	4.59	4.83	4.82	4.65	4.99

5年来参试品种粗脂肪含量整体上呈逐年提高趋势，不同品种间存在较大差异（图30-9）。

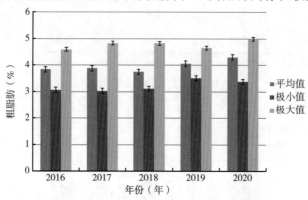

图30-9　黄淮海夏玉米组参试品种粗脂肪动态分析

四、2016—2020年黄淮海夏玉米品种试验参试品种粗淀粉（干基）含量动态分析

2016—2020年黄淮海夏玉米组参试品种的平均粗淀粉含量分别为73.77%、72.95%、73.83%、74.32%、73.22%，2019年参试品种平均粗淀粉含量最高，比2017年最低平均粗淀粉含量高1.37%。近5年粗淀粉含量最高的参试品种为2019年的金农149，为76.68%；粗淀粉含量最低的品种为2018年的万盛106，为70.03%；5年来该组参试品种间粗淀粉含量极差为6.65%（表30-11）。

表30-11　黄淮海夏玉米组参试品种粗淀粉动态分析　　　　　　　　　　（%）

组别	粗淀粉	2016年	2017年	2018年	2019年	2020年
黄淮海	平均值	73.77	72.95	73.83	74.32	73.22
	极小值	72.12	70.08	70.03	71.96	71.35
	极大值	74.61	76.21	76.25	76.68	75.84

五、2016—2020年黄淮海夏玉米品种试验参试品种赖氨酸（干基）含量动态分析

2016—2020年黄淮海夏玉米组参试品种的平均赖氨酸含量分别为0.33%、0.31%、0.31%、0.32%、0.31%，2016年参试品种平均赖氨酸含量最高。近5年赖氨酸含量最高的参试品种为2017年的XH301，为0.38%；赖氨酸含量最低的品种为2019年的浚单658和先玉1871，为0.26%；5年来该组参试品种间赖氨酸含量极差为0.12（表30-12）。

表30-12　黄淮海夏玉米组参试品种赖氨酸动态分析　　　　　　　　　　（%）

组别	赖氨酸	2016年	2017年	2018年	2019年	2020年
黄淮海	平均值	0.33	0.31	0.31	0.32	0.31
	极小值	0.29	0.27	0.28	0.26	0.28
	极大值	0.35	0.38	0.36	0.37	0.35

第四节 2016—2020年黄淮海夏玉米品种试验参试品种抗性性状动态分析

一、2016—2020年黄淮海夏玉米品种试验参试品种小斑病抗性动态分析

2016—2020年黄淮海夏玉米组参试品种小斑病抗性鉴定结果显示，所有参试品种未见高抗和高感品种，主要集中在中抗和感病。普通组中抗品种占比较高，其中半数以上均为中抗品种，2016—2020年参试品种中抗比例分别为51.5%、68.7%、51.3%、60.0%、50.8%，感病比例分别为34.0%、22.2%、46.3%、21.3%、34.4%；机收组感病品种占比较高，2018—2020年参试品种感病比例分别为76.9%、33.3%、62.5%，中抗比例分别为23.1%、40.0%、37.5%。2019年参试品种小斑病抗病性较好，普通组和机收组抗小斑病品种占比最高，分别达18.7%和26.7%（表30-13）。

表30-13 2016—2020年黄淮海夏玉米品种试验参试品种小斑病抗性鉴定情况

组别	抗性评价	2016年		2017年		2018年		2019年		2020年	
		数量（个）	占比（%）	数量（个）	占比（%）	数量（个）	占比（%）	数量（个）	占比（%）	数量（个）	占比（%）
普通组	HR	0	0	0	0	0	0	0	0	0	0
	R	14	14.4	9	9.1	2	2.5	14	18.7	9	14.8
	MR	50	51.5	68	68.7	41	51.3	45	60.0	31	50.8
	S	33	34.0	22	22.2	37	46.3	16	21.3	21	34.4
	HS	0	0	0	0	0	0	0	0	0	0
机收组	HR					0	0	0	0	0	0
	R					0	0	4	26.7	0	0
	MR					3	23.1	6	40.0	6	37.5
	S					10	76.9	5	33.3	10	62.5
	HS					0	0	0	0	0	0

二、2016—2020年黄淮海夏玉米品种试验参试品种弯孢叶斑病抗性动态分析

2016—2020年黄淮海夏玉米组参试品种弯孢叶斑病抗性鉴定结果显示，参试品种弯孢叶斑病抗性主要集中在中抗和感病。普通组感病品种占比较高，2016—2020年参试品种感病比例分别为42.3%、57.6%、28.8%、50.7%、54.1%，中抗比例分别为54.6%、0、41.3%、41.3%、23.0%；机收组2018—2020年参试品种感病比例分别为23.1%、33.3%、93.8%，中抗比例分别为61.5%、60.0%、6.3%。普通组2017年参试品种弯孢叶斑病抗病性较差，全部为感和高感，其中高感品种比例达42.4%，机收组2018年高感弯孢叶斑病品种比例15.4%（表30-14）。

表30-14 2016—2020年黄淮海夏玉米品种试验参试品种弯孢叶斑病抗性鉴定情况

组别	抗性评价	2016年		2017年		2018年		2019年		2020年	
		数量（个）	占比（%）	数量（个）	占比（%）	数量（个）	占比（%）	数量（个）	占比（%）	数量（个）	占比（%）
普通组	HR	0	0	0	0	0	0	0	0	0	0
	R	3	3.1	0	0	9	11.3	3	4.0	0	0
	MR	53	54.6	0	0	33	41.3	31	41.3	14	23.0
	S	41	42.3	57	57.6	23	28.8	38	50.7	33	54.1
	HS	0	0	42	42.4	15	18.8	3	4.0	14	23.0

（续表）

组别	抗性评价	2016年 数量（个）	2016年 占比（%）	2017年 数量（个）	2017年 占比（%）	2018年 数量（个）	2018年 占比（%）	2019年 数量（个）	2019年 占比（%）	2020年 数量（个）	2020年 占比（%）
机收组	HR					0	0	0	0	0	0
	R					0	0	1	6.7	0	0
	MR					8	61.5	9	60.0	1	6.3
	S					3	23.1	5	33.3	15	93.8
	HS					2	15.4	0	0	0	0

三、2016—2020年黄淮海夏玉米品种试验参试品种茎腐病抗性动态分析

2016—2020年黄淮海夏玉米组参试品种茎腐病抗性鉴定结果显示，参试品种茎腐病抗性较好，大多在中抗以上。普通组2016—2020年参试品种茎腐病中抗以上占比分别为92.8%、86.9%、96.3%、97.3%、73.8%，机收组2018—2020年中抗以上品种占比分别为84.6%、86.7%、56.3%，2018年参试品种高抗茎腐病比例最大，普通组和机收组高抗茎腐病品种占比分别达到67.5%和69.2%，2020年参试品种高感茎腐病比例较高，普通组和机收组高感占比分别达到了8.2%和25.0%。5年来456个参试品种中，高抗茎腐病的品种153个，高感茎腐病的品种13个，参试品种整体上表现出较好的茎腐病抗性（图30-10、表30-15）。

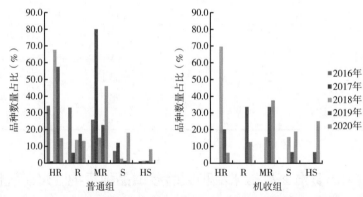

图30-10　2016—2020年黄淮海夏玉米品种试验参试品种茎腐病抗性鉴定情况

表30-15　2016—2020年黄淮海夏玉米品种试验参试品种茎腐病抗性鉴定情况

组别	抗性评价	2016年 数量（个）	2016年 占比（%）	2017年 数量（个）	2017年 占比（%）	2018年 数量（个）	2018年 占比（%）	2019年 数量（个）	2019年 占比（%）	2020年 数量（个）	2020年 占比（%）
普通组	HR	33	34.0	1	1.0	54	67.5	43	57.3	9	14.8
	R	32	33.0	6	6.1	11	13.8	13	17.3	8	13.1
	MR	25	25.8	79	79.8	12	15.0	17	22.7	28	45.9
	S	7	7.2	12	12.1	2	2.5	1	1.3	11	18.0
	HS	0	0	1	1.0	1	1.3	1	1.3	5	8.2
机收组	HR					9	69.2	3	20.0	1	6.3
	R					0	0	5	33.3	2	12.5
	MR					2	15.4	5	33.3	6	37.5
	S					2	15.4	1	6.7	3	18.8
	HS					0	0	1	6.7	4	25.0

四、2016—2020年黄淮海夏玉米品种试验参试品种瘤黑粉病抗性动态分析

2016—2020年黄淮海夏玉米组参试品种瘤黑粉病抗性鉴定结果显示，参试品种瘤黑粉病抗性较差，大多集中在感和高感。普通组2016—2020年参试品种感病比例分别为56.7%、59.6%、30.0%、2.7%、0，高感比例分别为12.4%、26.3%、3.8%、94.7%、100.0%；机收组2018—2020年参试品种感病比例分别为23.1%、13.3%、0，高感比例分别为0、80.0%、100.0%。2018年参试品种瘤黑粉病抗性较好，普通组和机收组中抗以上品种比例分别为66.3%和76.9%，2020年参试品种全部高感瘤黑粉病。近5年参试品种高感瘤黑粉病比例逐年加重，选育品种对瘤黑粉病的抗性逐年下降（图30-11、表30-16）。

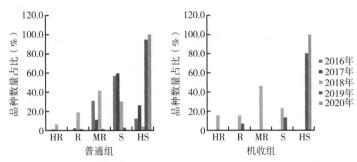

图30-11　2016—2020年黄淮海夏玉米品种试验参试品种瘤黑粉病抗性鉴定情况

表30-16　2016—2020年黄淮海夏玉米品种试验参试品种瘤黑粉病抗性鉴定情况

组别	抗性评价	2016年		2017年		2018年		2019年		2020年	
		数量（个）	占比（%）	数量（个）	占比（%）	数量（个）	占比（%）	数量（个）	占比（%）	数量（个）	占比（%）
普通组	HR	0	0	1	1.0	5	6.3	0	0	0	0
	R	0	0	2	2.0	15	18.8	1	1.3	0	0
	MR	30	30.9	11	11.1	33	41.3	1	1.3	0	0
	S	55	56.7	59	59.6	24	30.0	2	2.7	0	0
	HS	12	12.4	26	26.3	3	3.8	71	94.7	61	100.0
机收组	HR					2	15.4	0	0	0	0
	R					2	15.4	1	6.7	0	0
	MR					6	46.2	0	0	0	0
	S					3	23.1	2	13.3	0	0
	HS					0	0	12	80.0	16	100.0

五、2016—2020年黄淮海夏玉米品种试验参试品种穗腐病抗性动态分析

2016—2020年黄淮海夏玉米组参试品种穗腐病抗性鉴定结果显示，参试品种整体上穗腐病抗性较差，大多集中在感和高感。普通组2016—2020年参试品种感病比例分别为70.1%、31.3%、48.8%、61.3%、16.4%，高感比例分别为10.3%、53.3%、37.5%、16.0%、1.6%；机收组2018—2020年参试品种感病比例分别为46.2%、66.7%、12.5%，高感比例分别为23.1%、26.7%、0。2016—2019年没有高抗及抗病品种，2020年中抗以上品种比例大幅增加，部分品种抗性评价达到抗，中抗以上品种占比，普通组和机收组分别达到82.0%和87.5%，2020年参试品种穗腐病抗性呈现趋好态势（图30-12、表30-17）。

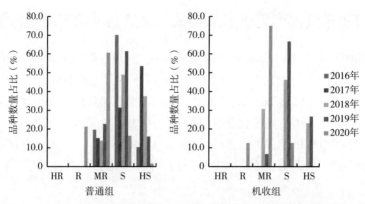

图30-12　2016—2020年黄淮海夏玉米品种试验参试品种穗腐病抗性鉴定情况

表30-17　2016—2020年黄淮海夏玉米品种试验参试品种穗腐病抗性鉴定情况

组别	抗性评价	2016年		2017年		2018年		2019年		2020年	
		数量（个）	占比（%）	数量（个）	占比（%）	数量（个）	占比（%）	数量（个）	占比（%）	数量（个）	占比（%）
普通组	HR	0	0	0	0	0	0	0	0	0	0
	R	0	0	0	0	0	0	0	0	13	21.3
	MR	19	19.6	15	15.2	11	13.8	17	22.7	37	60.7
	S	68	70.1	31	31.3	39	48.8	46	61.3	10	16.4
	HS	10	10.3	53	53.5	30	37.5	12	16.0	1	1.6
机收组	HR					0	0	0	0	0	0
	R					0	0	0	0	2	12.5
	MR					4	30.8	1	6.7	12	75.0
	S					6	46.2	10	66.7	2	12.5
	HS					3	23.1	4	26.7	0	0

第三十一章 2016—2020年西北玉米品种试验性状动态分析

第一节 产量动态分析

2016年，西北组春玉米参试品种平均产量为972.0kg/亩，最高产量1 014.6kg/亩，最低产量902.5kg/亩；对照先玉335平均亩产量为970.9kg/亩，参试品种平均亩产量与先玉335几乎相当。

2017年，参试品种平均产量为1 035.9kg/亩，最高产量1 113.5kg/亩，最低产量909.2kg/亩；对照先玉335平均产量1 044.0kg/亩，参试品种平均产量较对照先玉335减产0.8%。其中，有13个品种较对照增产，占参试品种的一半。但从参试品种整体较对照减产看，参试品种的减产幅度较大。

2018年，参试品种平均产量为1 078.6kg/亩，最高产量1 125.1kg/亩，最低产量992.1kg/亩；对照先玉335平均产量1 063.3kg/亩，参试品种平均产量较对照先玉335增产1.4%，其中有10个品种较对照增产。

2019年，参试品种平均产量为1 052.4kg/亩，最高产量1 131.5kg/亩，最低产量986.2kg/亩；对照先玉335平均产量1 060.5kg/亩，参试品种平均产量较对照先玉335减产0.8%，其中8个品种较对照增产，增产幅度为0.5%～6.7%。

2020年，参试品种平均产量为1 085.4kg/亩，最高产量1 172.7kg/亩，最低产量991.3kg/亩；对照先玉335平均产量1 088.7kg/亩，参试品种平均产量较对照先玉335减产0.3%，其中8个品种较对照增产，增产幅度为0.4%～7.7%（图31-1）。

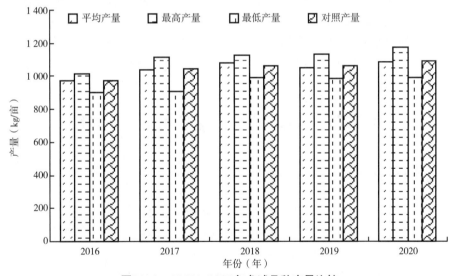

图31-1 2016—2020年参试品种产量比较

2016—2020年参试品种平均产量、最低产量和对照产量均表现出"增—降—增"的变化趋势，降的年份出现在2019年；而最高产量则一直呈增加的趋势。总体看，参试品种平均产量由2016年的972.0kg/亩提高到了2020年的1 085.4kg/亩，增长11.7%，年均增长2.2%；最低产量由2016年的902.5kg/亩提高到2020年的991.3kg/亩，亩均约提高90kg。参试品种产量提高的同时，对照先玉335产量也在提高，由2016年的970.9kg/亩提高到了2020年的1 088.7kg/亩（图31-2、表31-1）。

5年数据显示，参试品种平均产量在逐步提高，但能否说明产量的提高是归因于科研育种水平的提高，还有待进一步验证。因为同一品种对照先玉335这5年产量也是在逐年提高。在品种试验中，每年变化的只是不同品种，而种植模式和田间管理年季间相差不大，这就排除了栽培技术、田间管理等其他因素引起产量变化的可能。之所以会出现参试品种和对照产量双双提高的情况，可能是近几年西北地区气候适宜玉米生长，使参试品种和对照发挥出了最佳的产量水平。

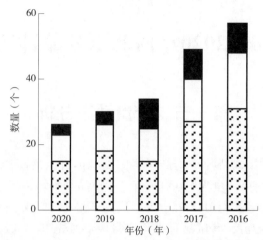

图31-2　2016—2020年西北组玉米区域试验增产比较

表31-1　2016—2020年西北组玉米区域试验增产情况

年份	2016年	2017年	2018年	2019年	2020年
■ 增产2%以上品种数量（个）	9	9	9	4	3
□ 增产品种数量（个）	17	13	10	8	8
▨ 参试品种数量（个）	31	27	15	18	15

　　5年间参试的106个品种中，有56个参试品种比对照先玉335增产，占参试品种数的52.8%；有34个品种比对照先玉335增产2%以上，占参试品种数的32%，按照玉米审定标准，每年约有1/3的参试品种达到了丰产性这一指标。另外，增产的品种数量年季间表现不同，以增产2%为例，其中2016—2018年这3年增产品种数相同，均为9个，2019年为4个，2020年最少为3个。总的来看，西北春玉米对照先玉335在产量方面上表现还是不错的，达到了对照产量的预期水平。

第二节　参试品种农艺性状动态分析

一、生育期动态分析

　　2016年，对照先玉335生育期131.7d，31个参试品种生育期129～133.5d，平均生育期131.8d，最早熟期品种和最晚熟期品种相差4.5d。3个品种生育期较对照晚1～2d，3个品种较对照早1～2d，其他品种和对照相比，生育期早或晚均在1d之内。

　　2017年，对照先玉335生育期130.4d，参试品种生育期为128.9～132.3d，平均生育期130.4d。4个品种生育期比对照晚1d以上，4个品种比对照早1d以上，其他品种和对照相当。

　　2018年，对照先玉生育期134.0d，参试品种平均生育期134.0d，生育期最长的为135.5d，最短的为132.1d，相差3.4d，比2016年参试品种生育期相差值少1d。和2016年3个品种、2017年4个品种较对照生育期晚1d以上相比，2018年只有1个品种生育期较对照晚1d以上。另外，只有1个品种较对照早1d以上，这个数量和前两年相比也在减少。

　　2019年，对照先玉335生育期135.1d，参试品种生育期平均为135.2d，具体为133.8～137.1d。无论是从参试品种最长生育期、最短生育期以及平均生育期和对照生育期来看，2019年均长于前3年数据，这与2019年玉米苗期低温、中期雨水偏多气温偏低等天气导致生育期推迟有关。整体来看，2019年参试品种生育期虽然延长，但和对照相比早或晚均在2d之内。

　　和2019年相比，2020年参试品种生育期推迟更加明显。如对照先玉335生育期为137.3d，比

2019年晚2.2d；参试品种最长生育期达139.3d，最短的也在136.9d，平均生育期为138.1d，这是5年内第一次出现参试品种平均生育期较对照生育期约晚1d的情况。这一年，气候情况和2019年差不多，也是苗期低温，中后期雨水偏多、温度偏低引起了玉米生育期推迟（图31-3）。

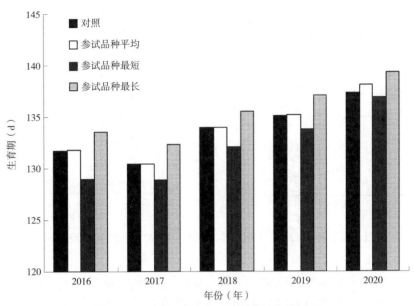

图31-3 2016—2020年参试品种生育期比较

由图31-3进一步可见，2016—2020年对照生育期、参试品种平均生育期、最长最短生育期变化完全一致，均表现出"降—增"的趋势，2017年表现最低，2020年表现最高。除了2020年平均生育期较对照生育期略长0.8d以外，其他年份两者几乎一致。从生育期这一指标上看，对照的选择是科学合理的。

另外，参试品种的最长生育期和最短生育期两者相差较大，其中最长生育期出现在2020年，长达139.3d，最短生育期出现在2017年，仅为128.9d，相差10d左右。同时，年季间最短和最长生育期相差也有差异，其中以2016年为最大，相差4.5d，其他年份保持在3d左右。总的来说，这5年参试品种生育期是表现延长的趋势（除了2017年气温偏高生育期提前外），这与近几年西北多数地区特别是宁夏、内蒙古西部等地玉米生育中前期气温偏低、雨水偏多有直接关系。这也进一步说明，玉米生育期不是一个稳定的数值，而是和气候天气有关，受天气影响比较大。

二、参试品种株高、穗位高动态分析

2016—2020年，参试品种平均株高和对照株高变化趋势一致，呈增加的趋势，分别从2016年的293cm和305cm增加到2020年的315cm和328cm；株高最高值和最低值变化趋势与平均株高和对照株高不一致，且两者之间也不一致，其中最高值表现为"增—降"的趋势，最低值则表现"增—降—增"的趋势。整体上看，参试品种株高在年季间和品种间都存在明显差异，如2019年，参试品种株高最低值仅为255cm，而最高值则达到346cm，相差约90cm，但绝大多数参试品种株高为290～320cm（图31-4）。

对照株高为305～328cm，和参试品种平均株高相比，基本上都高出14cm左右，说明对照先玉335株高整体偏高，生产上存在倒伏的风险。研究表明，植株株高对植物产量有较大影响，一定范围内，植株越高大，产量相应也越高。但并不是说植株越高越好，超过一定范围植株高大反而容易出现倒伏和晚熟的问题。

2016—2020年对照先玉335穗位高和参试品种最高穗位高均表现"增—降—增"变化，但出现降低的年份不同，对照出现在2019年，参数品种出现在2018年；参试品种平均穗位高一直呈增高的变化；最低穗位表现为"降—增"的变化。从数值上看，不同年度间，对照穗位高和参试品种平均穗位高都在122cm左右，除了2018年相差5cm外，其他年份相差都为1～2cm（图31-5）。

　　从参试品种整体看，多数年份参试品种最高穗位和最低穗位相差30cm左右，2019年达50cm，说明品种之间穗位高差异较明显，这也反映了参试单位育种水平也有一定的差距。

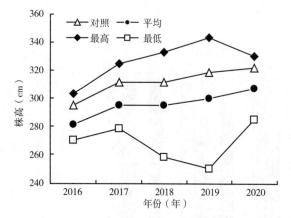

图31-4　2016—2020年西北组玉米参试品种株高情况

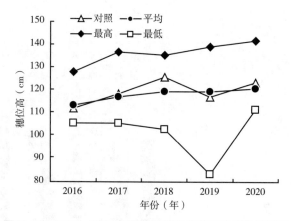

图31-5　2016—2020年西北组玉米参试品种穗位高情况

　　穗位株高比是衡量玉米植株抗倒性的一个重要指标，穗位高/株高比值越低，其抗倒性一般也越强。玉米植株穗位高和株高比值在40%以内属于较理想的状态。通过计算上述数据，发现大部分参试品种穗位和株高比值在40%左右，但也有部分品种数值超过40%。总的来说，大部分参试品种穗位处在一个理想的范围内。

三、参试品种倒伏倒折率动态分析

　　玉米生长前期发生倒伏会造成减产减收，后期发生倒伏会加大收获困难，同时也会造成一定程度的减产。目前实施的玉米品种试验记载标准要求，倒伏后3～5d调查倒伏株数，收获前调查倒折株数。也就是说，试验调查的倒伏率体现了参试品种的抗倒伏能力，而倒折率更多的是体现在收获难度上，特别是不利于机械化收获。由表31-2可见，不同年度间，参试品种平均倒伏倒折和对照倒伏倒折存在差异，对照倒伏数值为0.4%～4.8%，倒折数值为0.6%～2.4%，均高于参试品种的0.5%～1.4%倒伏值和0.4%～1.7%倒折值，这也符合对照株高高出参试品种平均株高10cm，增加了倒伏风险的规律。同时，参试品种之间倒伏倒折差异更加明显，有的品种未出现倒伏倒折，而有的品种倒伏倒折之和超过10%，建议品种选育单位把抗倒性作为重要性状目标，加大高抗品种的选育，加快培育出抗倒性好、适宜机械化收获的优良品种。总的来说，对照先玉335抗倒伏水平较大多数参试品种表现差一些。

表31-2　2016—2020年西北春玉米参试品种倒伏倒折率情况

年份	倒伏率（%）				倒折率（%）			
	对照	平均	最高	最低	对照	平均	最高	最低
2016	1.8	0.9	2.6	0.1	2.3	1.7	5.5	0.5
2017	0.6	0.6	7	0.1	1.1	1.3	11	0.3
2018	1.2	0.5	1.8	0	0.6	0.4	0.9	0
2019	4.8	1.4	5.7	0	1.8	1.1	3.6	0
2020	0.4	0.6	4.2	0	2.4	0.5	3.6	0

四、参试品种穗长、百粒重动态分析

从这5年参试品种穗长数值看，绝大多数参试品种穗长在19cm左右，5年参试品种穗长平均值为18.1～18.9cm，对照穗长为18.3～19.2cm，比参试品种平均值略高，高出3cm左右。

百粒重是玉米产量构成因素的重要指标之一。从近5年数据看，虽然百粒重呈"增—降—增"的变化，但总的来说，百粒重增加的趋势没有变，由2016年的34g增加到2020年的39g。不同年度参试品种平均百粒重存在差异，数值为33.9～38.5g，最高值和最低值相差4.6g。另外，对照百粒重也存在差异，数值为33.2～39.3g，最高值和最低值相差6.1g，比参试品种差值大。从图31-6看出，虽然百粒重从2016—2018年一直在增加，2019年有所降低，2020年大幅度提高，但参试品种和对照的百粒重在同一年份上差异不大，差值均在1g以下。这说明，百粒重这一指标之所以在年度间表现不同，主要原因还是受气候的影响。通过分析5年的气候状况，恰好印证了这一推断。2016年，西北地区绝大多数试点在玉米中后期遭遇持续干旱天气，影响籽粒灌浆，出现百粒重5年最低的情况。2017年和2018年气候正常，百粒重属于正常水平；2019年受气候和绝大多数参试品种百粒重偏低的叠加影响，出现了百粒重偏低的情况，成为2017—2020年中最低的一年；2020年，虽然部分试点玉米生长前期出现低温雨水偏多的情况，但总的来看，大部分试点延长了生育期，有利于籽粒灌浆，百粒重相对而言有所提高。

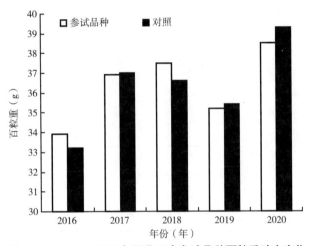

图31-6　2016—2020年西北玉米参试品种百粒重动态变化

第三节　参试品种抗性性状动态分析

近年来，随着气候环境的变化和耕作栽培制度的改变，西北地区玉米病虫害的种类和为害程度也随之发生变化。特别是近几年，内蒙古西部、陕西北部、宁夏部分地区玉米茎腐病、大斑病发生较重，个别年份红蜘蛛、玉米螟为害较重。虽然丝黑穗病、穗腐病在个别试点和个别品种上时有发生，但相比大斑病等主要病虫害要轻多。

从田间调查数据看，玉米茎腐病近几年频繁发生，2016—2020年每年都有不同程度的表现，最重的年份2020年有6个参试品种茎腐病发生率在20%以上，其他参试品种发病率在10%左右；2016年参试的31个品种中全部发生茎腐病，最重的品种平均发病率高达16.1%。另外，2018年、2019年两年参试品种茎腐病发生率也在7%左右（表31-3）。

近几年大斑病在西北部分试点发生较重，个别年份、个别试点发生级别最高达9级，其他年份集中在3～5级。同时，玉米螟、红蜘蛛在个别试点发生也很重，达到7级。其他病害如丝黑穗病、黑粉病也有发生，但总的来说，发病较轻，对生产影响不大。

表31-3　2016—2020年西北春玉米参试品种人工接种抗性表现　　　　　　　（个）

年份	病害种类	级别				
		高抗	抗	中抗	感	高感
2016	茎腐病	5	3	14	6	3
	丝黑穗病		6	9	14	2
	大斑病	2	4	9	12	4
	穗腐病		17	12	2	
2017	茎腐病	9	2	8	5	3
	丝黑穗病		3	9	15	
	大斑病		2	5	8	12
	穗腐病		7	15	4	1
2018	茎腐病	2	1	7	2	3
	丝黑穗病		4	3	8	
	大斑病			1	6	8
	穗腐病	1	1	3	7	3
2019	茎腐病	1	4	6	4	3
	丝黑穗病		5	3	10	
	大斑病				3	15
	穗腐病			4	7	7
2020	茎腐病	4	2	6	2	1
	丝黑穗病			4	10	1
	大斑病		1	3	9	2
	穗腐病				3	12
总计	茎腐病	21	12	41	19	13
	丝黑穗病	0	18	28	57	3
	大斑病	2	7	18	38	41
	穗腐病	1	25	34	23	23

目前执行的《主要农作物品种审定标准（国家级）》规定，西北春玉米组要求对参试品种的茎腐病、丝黑穗病、大斑病和穗腐病4种病害进行人工接种鉴定，但只把茎腐病、穗腐病作为参试品种是否续试的硬性指标，其他两种病害只做参考处理。从2016—2020年人工接种鉴定结果看，参试品种茎腐病发病级别最多，涵盖了每个级别，同时也是上述4种病害中出现高抗品种数量最多的病害，共有21个品种表现高抗水平；丝黑穗病发病较轻，发病级别集中在"感、中抗、抗"水平，发病品种数占参试品种总数的97.2%；大斑病发病较重，以感和高感（比如2017年有12个、2019年有15个高感品种）级为主，发病数占参试品种总数的74.5%；穗腐病5个级别都有发生，但99%的品种集中在"高感—抗"4个级别，且这4个级别每个级别发生的品种数相差不大。数据进一步显示，从2017年开始穗腐病发病表现逐年加重的趋势，特别是2018年之后，感和高感品种数量明显增多，由2016年的2个增加到2019年的14个，再到2020年的15个。

整体上看，参试品种茎腐病抗性水平较高，丝黑穗病和穗腐病抗性水平一般，大斑病抗性较差。

第三十二章 2016—2020年西南春玉米品种试验性状动态分析

第一节 2016—2020年西南春玉米品种试验参试品种产量动态分析

对纳入汇总试点的各品种产量进行统计分析，以参试品种及对照的平均亩产作为统计量，对2016—2020年西南春玉米品种试验参试品种及对照的平均亩产动态分析如图32-1所示：从图中可以得出，2016—2020年西南春玉米品种试验参试品种的平均亩产均高于当年对照，但2016—2020年西南春玉米品种试验参试品种的平均亩产总体呈现逐年下降趋势（不包括中高海拔），2020年参试品种平均亩产较2016年下降7.89%。此外，2019—2020年中高海拔组的平均亩产呈上升趋势，2020年较2019年增长12.60%，且中高海拔组的平均亩产要高于中低海拔组。

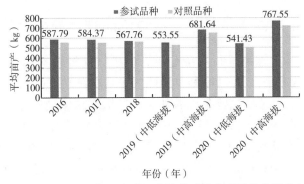

图32-1　2016—2020年西南春玉米品种试验参试品种产量动态分析

从图32-2可以得出，2016—2020年西南春玉米品种试验参试品种的平均亩产较对照均呈表现出增产，但2016—2019年参试品种的平均亩产较当年对照增长比例总体呈下降趋势（不包括中高海拔），其中2018年参试品种的平均亩产较对照的增长比例最低（1.13%），2020年中低海拔组的平均亩产较对照的增长比例最高（7.76%）。此外，2019—2020年中高海拔组较当年对照增长比例呈上升趋势，2020年较2019年增长了1.62%。

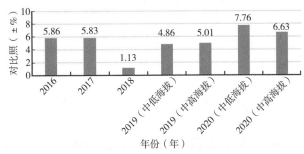

图32-2　2016—2020年西南春玉米品种试验参试品种产量较对照动态分析

第二节 2016—2020年西南春玉米品种试验参试农艺性状动态分析

一、2016—2020年西南春玉米品种试验参试品种生育期动态分析

对纳入汇总试点的各品种生育期进行统计分析，以参试品种及对照的平均生育期作为统计量，

对2016—2020年西南春玉米品种试验参试品种及对照的平均生育期动态分析如图32-3所示：从中可以得出，2016—2020年西南春玉米品种试验参试品种的平均生育期基本一致（不包括中高海拔），最长相差1.8d，且较当年对照也基本一致；2019—2020年中高海拔组平均生育期有所上升，2020年较2019年增加2.08d。此外，从中还可以看出，中高海拔的生育期比中低海拔更长，2019年及2020年中高海拔参试品种平均生育期比当年中低海拔参试品种平均生育期分别长11.21d和15.09d。

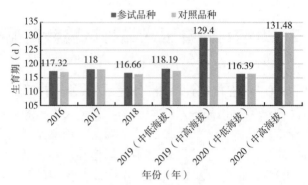

图32-3　2016—2020年西南春玉米品种试验参试品种生育期动态分析

二、2016—2020年西南玉米品种试验参试品种株高动态分析

对纳入汇总试点的各品种株高进行统计分析，以参试品种及对照的平均株高作为统计量，对2016—2020年西南春玉米品种试验参试品种及对照的平均株高动态分析如图32-4所示：从中可以得出，2016—2020年西南春玉米品种试验参试品种的平均株高总体呈先降后升的趋势（不包括中高海拔），但相差范围不大（10cm以内），除2019年外，其余年份参试品种的平均株高均高于对照；2019—2020年中高海拔组平均株高有所上升，2020年较2019年增加9.83cm。此外，从中还可以看出，中高海拔参试品种的平均株高低于中低海拔参试品种的平均株高，2019年及2020年中高海拔参试品种平均株高比当年中低海拔参试品种平均株高分别低23.02cm和15.08cm。

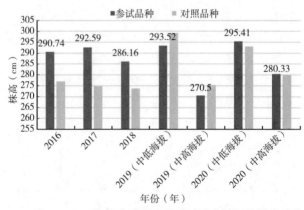

图32-4　2016—2020年西南春玉米品种试验参试品种株高动态分析

三、2016—2020年西南春玉米品种试验参试品种穗位高动态分析

对纳入汇总试点的各品种穗位高进行统计分析，以参试品种及对照的平均穗位高作为统计量，对2016—2020年西南春玉米品种试验参试品种及对照的平均穗位高动态分析如图32-5所示：从中可以得出，2016—2020年西南春玉米品种试验参试品种的平均穗位高总体较稳定（不包括中高海拔），2017年与2018年相差最大（6.48cm），除2017年外，其余年份参试品种的平均穗位高均低于对照。此外，从中还可以看出，中高海拔参试品种的平均穗位高低于中低海拔参试品种的平均穗位高，2019年及2020年中高海拔参试品种平均穗位高比当年中低海拔参试品种平均穗位高分别低16.59cm和5.23cm。

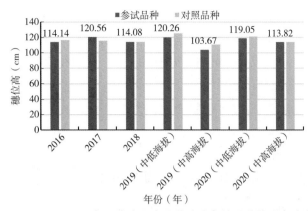

图32-5 2016—2020年西南春玉米品种试验参试品种穗位高动态分析

四、2016—2020年西南春玉米品种试验参试品种穗长动态分析

对纳入汇总试点的各品种穗长进行统计分析，以参试品种及对照的平均穗长作为统计量，对2016—2020年西南春玉米品种试验参试品种及对照的平均穗长动态分析如图32-6所示：从中可以得出，2016—2020年西南春玉米品种试验参试品种的平均穗长变化幅度较小（不包括中高海拔），最大相差0.53cm，且除2018年外，其余年份参试品种的平均穗长均小于当年对照。此外，从中还可以看出，中高海拔参试品种的平均穗长低于中低海拔参试品种的平均穗长，2019年及2020年中高海拔参试品种平均穗长比当年中低海拔参试品种平均穗长分别减少0.30cm和0.18cm。

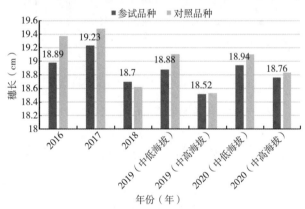

图32-6 2016—2020年西南春玉米品种试验参试品种穗长动态分析

五、2016—2020年西南春玉米品种试验参试品种穗行数动态分析

对纳入汇总试点的各品种穗行数进行统计分析，以参试品种及对照的平均穗行数作为统计量，对2016—2020年西南春玉米品种试验参试品种及对照的平均穗行数动态分析如图32-7所示：从中可以得出，2016—2020年西南春玉米品种试验参试品种的平均穗行数总体表现出先降后升的趋势（不包括中高海拔），最大相差0.44行；2016—2018年参试品种的平均穗行数均高于当年对照，但2019—2020年参试品种的平均穗行数均低于当年对照；2019—2020年中高海拔参试品种平均穗行数呈上升趋势。此外，从中还可以看出，中高海拔参试品种的平均穗行数低于中低海拔参试品种的平均穗行数，2019年及2020年中高海拔参试品种平均穗行数比当年中低海拔参试品种平均穗行数分别减少0.53行和0.48行。

六、2016—2020年西南春玉米品种试验参试品种穗粗动态分析

对纳入汇总试点的各品种穗粗进行统计分析，以参试品种及对照的平均穗粗作为统计量，对2016—2020年西南春玉米品种试验参试品种及对照的平均穗粗动态分析如图32-8所示：从中可以得

出，2016—2020年西南春玉米品种试验参试品种的平均穗粗总体表现出先降后升的趋势（不包括中高海拔），最大相差0.26cm，且2016—2020年参试品种的平均穗粗均高于当年对照。此外，从中还可以看出，2019—2020年中高海拔参试品种平均穗粗呈上升趋势，2020年中高海拔参试品种平均穗粗较2019年增加了0.27cm。

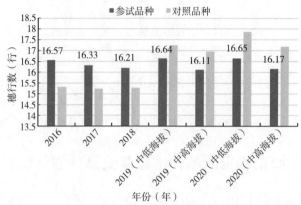

图32-7　2016—2020年西南春玉米品种试验参试品种穗行数动态分析

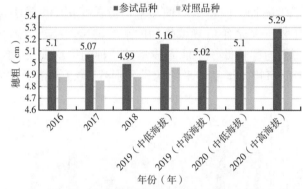

图32-8　2016—2020年西南春玉米品种试验参试品种穗粗动态分析

七、2016—2020年西南春玉米品种试验参试品种百粒重动态分析

对纳入汇总试点的各品种百粒重进行统计分析，以参试品种及对照的平均百粒重作为统计量，对2016—2020年西南春玉米品种试验参试品种及对照的平均百粒重动态分析如图32-9所示：从中可以得出，除2019年外，2016—2020年西南春玉米品种试验参试品种的平均百粒重总体呈上升趋势（不包括中高海拔）；2016—2018年参试品种的平均百粒重均高于当年对照，但2019—2020年参试品种的平均百粒重均低于当年对照；除2018年及2019年中低海拔外，2016—2020年西南春玉米品种试验参试品种的平均百粒重均高于当年对照。此外，从中还可以看出，中高海拔参试品种的平均百粒重高于中低海拔参试品种的平均百粒重，2019年及2020年中高海拔参试品种平均百粒重比当年中低海拔参试品种平均百粒重分别增加4.03g和3.60g。

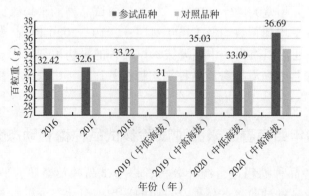

图32-9　2016—2020年西南春玉米品种试验参试品种百粒重动态分析

八、2016—2020年西南春玉米品种试验参试品种秃尖动态分析

对纳入汇总试点的各品种秃尖进行统计分析，以参试品种及对照的平均秃尖作为统计量，对2016—2020年西南春玉米品种试验参试品种及对照的平均秃尖动态分析如图32-10所示：从中可以得出，2016—2020年西南春玉米品种试验参试品种的平均秃尖表现出先升后降的趋势（不包括中高海拔），最大相差0.21cm，且2016—2020年参试品种的平均秃尖均高于当年对照；2019—2020年中高海拔参试品种平均秃尖呈降低趋势，2020年中高海拔参试品种平均秃尖较2019年减少了0.21cm。此外，从中还可以看出，中高海拔参试品种的平均秃尖低于中低海拔参试品种的平均秃尖，2019年及2020年中高海拔参试品种平均秃尖比当年中低海拔参试品种平均秃尖分别减少0.21cm和0.28cm。

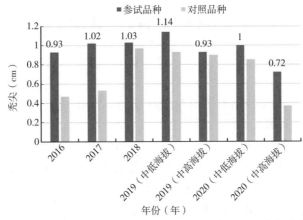

图32-10　2016—2020年西南春玉米品种试验参试品种秃尖动态分析

第三节　2016—2020年西南春玉米品种试验参试品种抗性性状动态分析

由国家玉米品种试验主管部门提供参试品种，参加西南春玉米组品种抗病性鉴定，包括生产对照品种。在四川和云南分别设鉴定圃（2次重复），各病害独立设圃，分别接种，对2016—2020年西南春玉米品种试验参试品种抗性进行鉴定，具体鉴定方法参照相关年份的《国家玉米区试验品种抗病性鉴定工作方案》。现主要统计大斑病、纹枯病、茎腐病及穗腐病四种病害的抗性鉴定结果，对2016—2020年西南春玉米品种试验参试品种抗性性状进行动态分析。

一、大斑病

2016—2020年西南春玉米品种试验参试品种大斑病抗性鉴定结果如图32-11所示，从中可以看出：2016年参试品种对大斑病表现抗性的品种有20个（6个表现抗，14个表现中抗），占参试品种总数的31.25%，对照渝单8号表现出感病（S）；2017年参试品种对大斑病表现抗性的品种有26个（26个表现中抗），占参试品种总数的40%，对照渝单8号表现出感病（S）；2018年参试品种对大斑病表现抗性的品种有42个（10个表现抗，32个表现中抗），占参试品种总数的82.35%，对照渝单8号表现出抗（R）；2019年中低海拔参试品种对大斑病表现抗性的品种有25个（11个表现抗，14个表现中抗），占参试品种总数的80.65%，对照中玉335表现中抗（MR）；2019年中高海拔参试品种对大斑病表现抗性的品种有18个（6个表现抗，12个表现中抗），占参试品种总数60.00%，对照中玉335表现中抗（MR）；2020年中低海拔参试品种对大斑病表现抗性的品种有11个（7个表现抗，4个表现中抗），占参试品种总数的50.00%，对照中玉335表现中抗（MR）；2020年中高海拔参试品种对大斑病表现抗性的品种有24个（14个表现抗，10个表现中抗），占参试品种总数72.73%，对照中玉335表现中抗（MR）。此外，2016—2020年西南春玉米参试品种对大斑病的抗性整体表现增强的趋势但高感品种一直存在，且遗憾的是2016—2020年均未筛选出高抗品种。

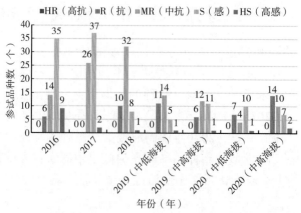

图32-11　2016—2020年西南春玉米品种试验参试品种大斑病抗性动态分析

二、纹枯病

2016—2020年西南春玉米品种试验参试品种纹枯病抗性鉴定结果如图32-12所示，从中可以看出：2016年参试品种对纹枯病表现抗性的品种有15个（2个表现抗，13个表现中抗），占参试品种总数的23.44%，对照渝单8号表现感病（S）；2017年参试品种对纹枯病表现抗性的品种有46个（46个表现中抗），占参试品种总数的70.77%，对照渝单8号表现中抗（MR）；2018年参试品种对纹枯病表现抗性的品种有16个（1个表现抗，15个表现中抗），占参试品种总数的31.37%，对照渝单8号表现感病（S）；2019年中低海拔参试品种对纹枯病表现抗性的品种有24个（24个表现中抗），占参试品种总数的77.42%，对照中玉335表现感病（S）；2019年中高海拔参试品种对纹枯病表现抗性的品种有18个（1个表现抗，17个表现中抗），占参试品种总数60.00%，对照中玉335表现感病（S）；2020年中低海拔参试品种对纹枯病表现抗性的品种有6个（6个表现中抗），占参试品种总数的27.27%，对照中玉335表现感病（S）；2020年中高海拔参试品种对纹枯病表现抗性的品种有15个（1个表现抗，14个表现中抗），占参试品种总数45.45%，对照中玉335表现感病（S）。此外，2016—2020年西南春玉米参试品种对纹枯病的抗性整体表现增强的趋势且高感品种逐渐消失，但遗憾的是2016—2020年均未筛选出高抗的品种。

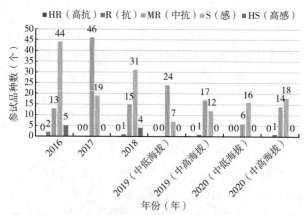

图32-12　2016—2020年西南春玉米品种试验参试品种纹枯病抗性动态分析

三、茎腐病

2016—2020年西南春玉米品种试验参试品种茎腐病抗性鉴定结果如图32-13所示，从中可以看出：2016年参试品种对茎腐病表现抗性的品种有42个（22个表现抗，20个表现中抗），占参试品种总数的65.63%，对照渝单8号表现中抗（MR）；2017年参试品种对茎腐病表现抗性的品种有52个（2个表现高抗，6个表现抗，44个表现中抗），占参试品种总数的80%，对照渝单8号表现感病（S）；2018年参试品种对茎腐病表现抗性的品种有39个（3个表现高抗，10个表现抗，26个表现中抗），占参试品种总数的76.47%，对照渝单8号表现中抗（MR）；2019年中低海拔参试品种对茎腐病表现抗性的品种有29个（2个表现高抗，12个表现抗，15个表现中抗），占参试品种总数的93.55%，对照中玉335表现抗（R）；2019年中高海拔参试品种对茎腐病表现抗性的品种有26个（9个表现抗，17个表现中抗），占参试品种总数86.67%，对照中玉335表现抗（R）；2020年中低海拔参试品种对茎腐病表现抗性的品种有19个（1个表现高抗，15个表现抗，3个表现中抗），占参试品种总数的86.36%，对照中玉335表现抗（R）；2020年中高海拔参试品种对茎腐病表现抗性的品种有26个（14个表现抗，12个表现中抗），占参试品种总数78.79%，对照中玉335表现中抗（MR）。此外，2016—2020年西南春玉米参试品种对茎腐病的抗性整体表现出较强的抗性且呈现抗性增强的趋势，高感品种也大幅度减少，但遗憾的是2016—2020年高抗品种依旧占比很小。

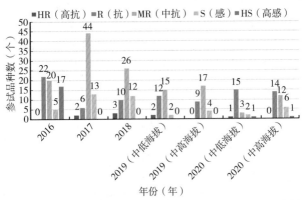

图32-13 2016—2020年西南春玉米品种试验参试品种茎腐病抗性动态分析

四、穗腐病

2016—2020年西南春玉米品种试验参试品种穗腐病抗性鉴定结果如图32-14所示，从中可以看出：2016年参试品种对穗腐病表现抗性的品种有34个（34个表现中抗），占参试品种总数的53.13%，对照渝单8号表现中抗（MR）；2017年参试品种对穗腐病表现抗性的品种有8个（8个表现中抗），占参试品种总数的12.31%，对照渝单8号表现感病（S）；2018年参试品种对穗腐病表现抗性的品种有16个（1个表现抗，15个表现中抗），占参试品种总数的31.37%，对照渝单8号表现感病（S）；2019年中低海拔参试品种对穗腐病表现抗性的品种有27个（13个表现抗，14个表现中抗），占参试品种总数的87.10%，对照中玉335表现中抗（MR）；2019年中高海拔参试品种对穗腐病表现抗性的品种有24个（7个表现抗，17个表现中抗），占参试品种总数80.00%，对照中玉335表现中抗（MR）；2020年中低海拔参试品种对穗腐病表现抗性的品种有13个（13个表现高抗），占参试品种总数的59.09%，对照中玉335表现中抗（MR）；2020年中高海拔参试品种对穗腐病表现抗性的品种有19个（1个表现抗，18个表现中抗），占参试品种总数57.58%，对照中玉335表现感病（S）。此外，2016—2020年西南春玉米参试品种对穗腐病的抗性整体表现出增强的趋势但感病品种依然占较大比例，而且除2020年中低海拔筛选到高抗品种外，其余年份均未筛选出高抗的品种。

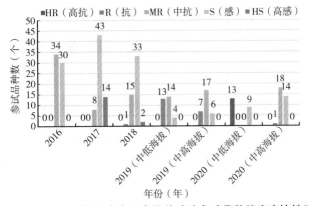

图32-14 2016—2020年西南春玉米品种试验参试品种穗腐病抗性动态分析

第三十三章 2016—2020年东南春玉米品种试验性状动态分析

第一节 2016—2020年东南春玉米品种试验参试品种产量动态分析

2016—2020年东南春玉米参试品种平均产量分别为525.2kg/亩、554.7kg/亩、566.2kg/亩、628.5kg/亩和549.4kg/亩。其中2019年该区组平均亩产量最高，达到628.5kg/亩，比该区组最低平均产量（2016年）高19.7%。就该区组内平均产量每年变异程度而言，2018年最大（33.6），2020年最小（20.6）。2019年，凤玉726单产达672.3kg/亩，是5年来该区组的最高单产品种，2018年中江玉661为最低单产品种，单产488.6kg/亩（表33-1）。

表33-1 2016—2020年东南春玉米品种试验参试品种产量动态分析

项目	2016年	2017年	2018年	2019年	2020年
产量平均值(kg/亩)	525.2	554.7	566.2	628.5	549.4
产量最大值(kg/亩)	568.9（鲲玉8号）	602.0（先玉1264）	604.7（通玉1701）	672.3（凤玉726）	578.9（凤玉716）
产量最小值(kg/亩)	492.7（柏玉358）	564.5（庐玉9105）	488.6（中江玉661）	567.1（润扬玉800）	493.5（康农玉528）
标准差	23.1	21.6	33.6	30.4	20.6

从整体看，2016—2019年，东南春玉米参试品种平均产量呈上升趋势，2020年产量略有下降（图33-1）。

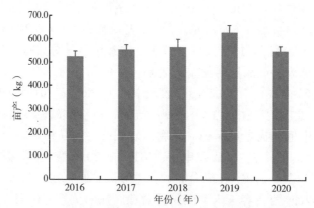

图33-1 2016—2020年东南春玉米品种试验参试品种产量动态分析

第二节 2016—2020年东南春玉米品种试验参试农艺性状动态分析

一、2016—2020年东南春玉米品种试验参试品种生育期动态分析

根据试验数据分析，2016—2020年东南春玉米参试品种生育期为100~104d，不同年份间生育期整体变化平稳。2016—2020年东南春玉米参试品种平均生育期分别为101.2d、102.2d、101.8d、102.3d、102.1d。其中2019年该区组平均生育期最高，达到102.3d，比该区组最低平均生育期（2016年）多1.1d。就该区组内平均生育期每年变异程度而言，2018年最大（1.4），2017年

最小（0.8）。2020年，康农玉528生育期达104.3d，是5年来该区组生育期最长的品种，2016年的NTP601和2018年凤玉712生育期最短，100.0d（表33-2，图33-2）。值得注意的是，该区组对照品种苏玉29生育期较短，5年间有4年为该年份生育期最短品种。

表33-2 2016—2020年东南春玉米品种试验参试品种生育期动态分析

项目	2016年	2017年	2018年	2019年	2020年
生育期平均值（d）	101.2	102.2	101.8	102.3	102.1
生育期最大值（d）	103.0（苏玉29）	103.5（苏玉29）	104（苏玉29）	104（苏玉29）	104.3（康农玉528）
生育期最小值（d）	100.0（NTP601）	100.8（庐玉9105）	100.0（凤玉712）	100.1（焦点玉051）	100.8（通玉201）
标准差	1.1	0.8	1.4	1.2	1.0

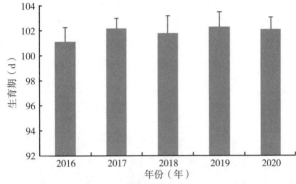

图33-2 2016—2020年东南春玉米品种试验参试品种生育期动态分析

二、2016—2020年东南春玉米品种试验参试品种株高动态分析

根据试验数据分析，2016—2020年东南春玉米参试品种株高为212.3～283.0cm，不同年份间平均株高变化不大。2016—2020年，东南春玉米参试品种平均株高分别为244.5cm、259.4cm、249.5cm、255.5cm、256.8cm。其中2017年该区组平均株高最高，达到259.4cm，比该区组最低平均株高（2016年）高14.9cm。就该区组内平均株高每年变异程度而言，2019年最大（16.3），2018年最小（10.5）。2020年，新创318株高达383.0cm，是5年来该区组的株高最高的品种，2016年的郑单1102株高最矮（212.3cm）（表33-3，图33-3）。

表33-3 2016—2020年东南春玉米品种试验参试品种株高动态分析

项目	2016年	2017年	2018年	2019年	2020年
株高平均值（cm）	244.5	259.4	249.5	255.5	256.8
株高最大值（cm）	262.2（士海916）	275.1（京科968）	273.0（新创318）	283.0（新创318）	280.0（宁单19号）
株高最小值（cm）	212.3（郑单1102）	237（庐玉9105）	236.0（通玉1801）	226.0（安科66）	233.0（安科985）
标准差	16.2	13.8	10.5	16.3	14.9

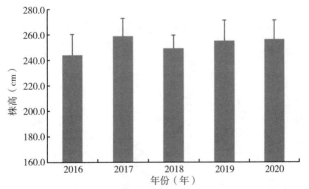

图33-3 2016—2020年东南春玉米品种试验参试品种株高动态分析

三、2016—2020年东南春玉米品种试验参试品种穗位高动态分析

2016—2020年间，东南春玉米参试品种平均穗位高分别为94.5cm、99.4cm、93.1、92.6cm、97.7cm。其中2017年该区组平均穗位最高，达到99.4cm，比该区组最低平均株高（2019年）高6.8cm。就该区组内平均穗位高每年变异程度而言，2016年最大（11.2），2017年最小（6.3）。2020年，柏玉358穗位高达118.5cm，是5年来该区组的穗位最高的品种，2016年的中江玉661和2017年的焦点玉076穗位最矮（78.0cm）（表33-4）。整体来看，2016—2020年不同年份间平均穗位高变化不大，稳定为90~100cm（图33-4）。

表33-4　2016—2020年东南春玉米品种试验参试品种穗位高动态分析

项目	2016年	2017年	2018年	2019年	2020年
穗位高平均值（cm）	94.5	99.4	93.1	92.6	97.7
穗位高最大值（cm）	118.5（柏玉358）	110.9（京科968）	103.0（新创318）	111.0（新创318）	114.0（宁单19号）
穗位高最小值（cm）	79.4（庐玉9105）	87.6（庐玉9105）	78.0（中江玉661）	78.0（焦点玉076）	87.0（安科985）
标准差	11.2	6.3	7.8	10.1	8.4

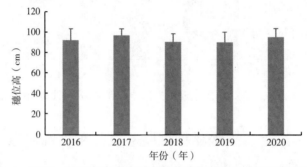

图33-4　2016—2020年东南春玉米品种试验参试品种穗位高动态分析

四、2016—2020年东南春玉米品种试验参试品种倒伏倒折率动态分析

2016—2020年间，东南春玉米参试品种平均倒折倒伏率分别为3.0%、5.1%、1.2%、1.8%、2.4%。其中，2018年该区组倒伏倒折率最低，仅1.2%；2017年倒伏倒折率较高，达5.1%。就该区组内平均倒伏倒折率每年变异程度而言，2017年最大（3.7），2018年最小（0.5）。对照品种苏玉29倒折倒伏率较高，5年中有4年均为该区组倒折倒伏率最高品种，2016年倒伏倒折率高达13.1%，2016年，荃玉6584品种的抗倒伏倒折能力最强（表33-5，图33-5）。

表33-5　2016—2020年东南春玉米品种试验参试品种倒伏倒折率动态分析

项目	2016年	2017年	2018年	2019年	2020年
倒伏倒折率平均值（%）	3.0	5.1	1.2	1.8	2.4
倒伏倒折率最大值（%）	13.1（苏玉29）	11.1（京科968）	2.3（苏玉29）	4.7（苏玉29）	7.5（苏玉29）
倒伏倒折率最小值（%）	0.3（荃玉6584）	0.6（鲲玉8号）	0.6（通玉1701）	0.6（安科66）	0.7（凤玉0.7）
标准差	3.4	3.7	0.5	1.2	1.7

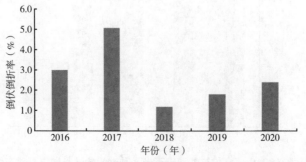

图33-5　2016—2020年东南春玉米品种试验参试品种倒伏倒折率动态分析

五、2016—2020年东南春玉米品种试验参试品种空秆率动态分析

2016—2020年东南春玉米参试品种平均空秆率分别为1.1%、0.5%、1.4%、0.9%、2.1%。其中，2017年该区组空秆率最低，仅0.5%；2020年空秆率较高，达2.1%。就该区组内平均空秆率每年变异程度而言，2019年最大（0.7），2017年最小（0.2）。通玉1701品种的空秆率很低，是参加两年区域试验均为该区组空秆率最低的品种，结合倒伏倒折率动态分析，可以看出通玉1701的抗倒伏能力也较好（表33-6）。2018年参试的中江玉661和2020年参试的康农玉528空秆率最高，达2.9%。整体来看，空秆率在品种间的差异较为明显（表33-6、图33-6）。

表33-6 2016—2020年东南春玉米品种试验参试品种空秆率动态分析

项目	2016年	2017年	2018年	2019年	2020年
空秆率平均值（%）	1.1	0.5	1.4	0.9	2.1
空秆率最大值（%）	1.6（土海916）	0.9（苏玉29）	2.9（中江玉661）	1.4（德玉18）	2.9（康农玉528）
空秆率最小值（%）	0.4（鲲玉8号）	0.3（通玉1701）	0.5（通玉1701）	0.3（凤玉726）	1.3（明天695）
标准差	0.3	0.2	0.7	0.3	0.5

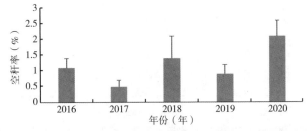

图33-6 2016—2020年东南春玉米品种试验参试品种空秆率动态分析

六、2016—2020年东南春玉米品种试验参试品种穗长动态分析

2016—2020年东南春玉米参试品种平均穗长分别为18.1cm、17.9cm、19.0cm、19.3cm、18.0cm。其中，2017年该区组穗长最短，为17.9cm；2019年穗长最长，达19.3cm。就该区组内平均穗长每年变异程度而言，2020年最大（1.1），2019年最小（0.6）。根据动态分析，发现庐玉系列的两个参试品种庐玉9105和庐玉4129参试两年的穗长均为该区组最短品种。2018年参试品种中江玉661的穗长在所有年份参试品种最短，仅17.9cm。新创318品种参试两年均为该区组穗长最长品种，2019年长达20.4cm，与2020年参试品种宁单19号为该区组穗长最长品种（表33-7）。整体看，2016—2020年穗长变化不大，基本为17～21cm（图33-7）。

表33-7 2016—2020年东南春玉米品种试验参试品种穗长动态分析

项目	2016年	2017年	2018年	2019年	2020年
穗长平均值（cm）	18.1	17.9	19.0	19.3	18.0
穗长最大值（cm）	19.5（柏玉358）	18.9（丰大601）	19.9（新创318）	20.4（新创318）	20.4（宁单19号）
穗长最小值（cm）	16.7（庐玉9105）	16.5（庐玉9105）	17.9（中江玉661）	16.7（庐玉4129）	16.1（庐玉4129）
标准差	0.8	0.7	0.6	0.9	1.1

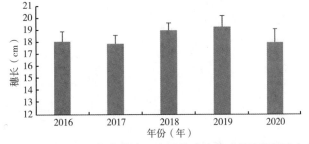

图33-7 2016—2020年东南春玉米品种试验参试品种穗长动态分析

七、2016—2020年东南春玉米品种试验参试品种穗行数动态分析

2016—2020年东南春玉米参试品种平均穗行数分别为15.2行、15.9行、15.3行、15.6行、16.7行。其中，2020年该区组穗行数最多，平均16.7行；2016年穗行数最少，平均15.2行。就该区组内平均穗长每年变异程度而言，2020年最大（1.2），2017年最小（0.6）。根据动态分析，2016年参试品种柏玉358穗行数最少，仅13.4行，2020年参试品种康农玉528穗行数最多，为18.6行（表33-8、图33-8）。

表33-8　2016—2020年东南春玉米品种试验参试品种穗行数动态分析

项目	2016年	2017年	2018年	2019年	2020年
穗行数平均值（行）	15.2	15.9	15.3	15.6	16.7
穗行数最大值（行）	16.5（荃玉6584）	16.9（丰大601）	16.7（凤玉712）	18.3（荟玉8237）	18.6（康农玉528）
穗行数最小值（行）	13.4（柏玉358）	14.6（创玉115）	14.4（凤玉726）	14.3（凤玉716）	14.7（明天695）
标准差	0.9	0.6	0.8	1.0	1.2

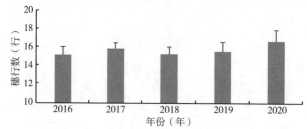

图33-8　2016—2020年东南春玉米品种试验参试品种穗行数动态分析

八、2016—2020年东南春玉米品种试验参试品种百粒重动态分析

2016—2020年东南春玉米参试品种平均百粒重分别为30.3g、29.8g、31.4g、31.8g、30.5g。其中，2019年该区组平均百粒重最大，为31.8g；2017年平均百粒重最小，为29.8g。就该区组内平均百粒重每年变异程度而言，2017年和2018年最小（1.3），2020年最大（2.1）。分析发现2020年参试品种明天695为该区组中百粒重最大的品种，达34.6g，同年份参试的荟玉8237为该区组表里中最小品种，为26.7g（表33-9）。整体看，2016—2020年百粒重在年份间变化较为稳定，基本为在26～35g（表33-9、图33-9）。

表33-9　2016—2020年东南春玉米品种试验参试品种百粒重动态分析

项目	2016年	2017年	2018年	2019年	2020年
百粒重平均值（g）	30.3	29.8	31.4	31.8	30.5
百粒重最大值（g）	32.6（郑单1102）	32.2（郑单1102）	33.8（凤玉726）	34.2（凤玉726）	34.6（明天695）
百粒重最小值（g）	28.1（NTP601）	27.7（丰大601）	29.9（凤玉712）	29.4（荟玉8237）	26.7（荟玉8237）
标准差	1.4	1.3	1.3	1.7	2.1

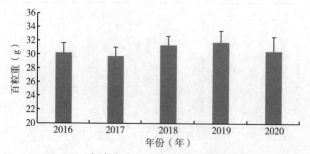

图33-9　2016—2020年东南春玉米品种试验参试品种百粒重动态分析

第三节　2016—2020年东南春玉米品种试验参试品种抗性性状动态分析

一、2016—2020年东南春玉米品种试验参试品种小斑病抗性动态分析

2016—2020年，玉米小斑病抗病鉴定参试品种（不排除重复的品种，不含对照）共计52份，其中2016年参试12份，2017年参试10份，2018年参试7份，2019年参试12份，2020年参试11份。

2016—2020年参试玉米抗性鉴定结果显示：高抗品种1份，占比1.92%；抗病品种24份，占比46.15%；中抗品种17份，占比32.69%；感病品种10份，占比19.23%

2016—2020年东南春玉米品种试验参试品种小斑病抗性鉴定结果如图33-10所示，所有参试品种小斑病抗性较好，大多集中在中抗及以上。2016—2020年参试品种中抗及以上占比分别为83.33%、30.00%、85.71%、100.00%、100.00%。2016—2020年东南春玉米试验品种对小斑病的抗性整体表现出较强的抗性且呈现抗性增强的趋势，感和高感品种大幅度减少，直至2019年降为0。

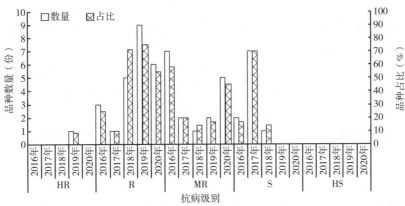

图33-10　2016—2020年东南春玉米品种试验参试品种小斑病抗性动态分析

二、2016年东南春玉米品种试验参试品种大斑病抗性动态分析

2016年，玉米大斑病抗病鉴定参试品种（不排除重复的品种，不含对照）12份。参试玉米小斑抗性鉴定结果显示：抗病品种7份，占比58.33%；中抗品种5份，占比41.67%。所有参试品种大斑病抗性较好，未发现高抗品种。

三、2016—2020年东南春玉米品种试验参试品种腐霉茎腐病抗性动态分析

2016—2020年，玉米腐霉茎腐病抗病鉴定参试品种（不排除重复的品种，不含对照品种）共计52份，其中2016年参试12份，2017年参试10份，2018年参试7份，2019年参试12份，2020年参试11份。

2016—2020年参试玉米抗性鉴定结果显示，高抗品种31份，占比59.62%；抗病品种11份，占比21.15%；中抗品种6份，占比11.54%；感病品种2份，占参试品种3.85%；高感品种2份，占比3.85%。

2016—2020年东南春玉米品种试验参试品种腐霉茎腐病抗性鉴定结果如图33-11所示，所有参试品种腐霉茎腐病抗性较好，大多集中在中抗及以上。2016—2020年参试品种中抗及以上占比分别为100.00%、100.00%、100.00%、75.00%、90.91%。2016—2020年东南春玉米参试品种对腐霉茎腐病的抗性整体表现出较强的抗性，但高抗品种呈现下降的趋势。

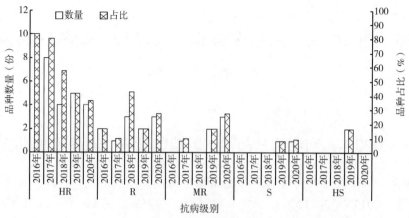

图33-11　2016—2020年东南春玉米品种试验参试品种腐霉茎腐病抗性动态分析

四、2016—2020年东南春玉米品种试验参试品种纹枯病抗性动态分析

2016—2020年，玉米纹枯病抗病鉴定参试品种（不排除重复的品种，不含对照品种）共计52份，其中2016年参试12份，2017年参试10份，2018年参试7份，2019年参试12份，2020年参试11份。

2016—2020年参试玉米抗性鉴定结果显示，中抗品种15份，占比28.85%；感病品种29份，占比55.77%；高感品种8份，占比15.38%。

2016—2020年东南春玉米品种试验参试品种纹枯病抗性鉴定结果如图33-12所示，所有参试品种纹枯病整体抗性主要集中在中抗和感病。2016—2020年参试品种中抗占比分别为8.33%、10.00%、42.86%、41.67%、45.45%；感病占比分别为83.33%、20.0%、57.14%、58.33%、54.55%。2016—2020年东南春玉米参试品种对纹枯病的抗性整体表现出较差的抗性，未发现抗和高抗品种，但抗性品种数量逐年呈现上升的趋势。

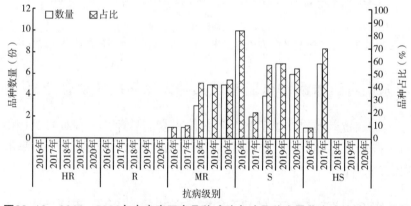

图33-12　2016—2020年东南春玉米品种试验参试品种腐霉茎腐病抗性动态分析

五、2016—2020年东南春玉米品种试验参试品种禾谷镰孢穗腐病抗性动态分析

2016—2020年，玉米禾谷镰孢穗腐病抗病鉴定参试品种（不排除重复的品种，不含对照）共计52份，其中2016年参试12份，2017年参试10份，2018年参试7份，2019年参试12份，2020年参试11份。

2016—2020年参试玉米抗性鉴定结果显示，抗病品种29份，占比55.77%；中抗品种8份，占比15.38%；感病品种10份，占参试品种19.23%；高感品种5份，占比9.62%。

2016—2020年东南春玉米品种试验参试品种禾谷镰孢穗腐病抗性鉴定结果如图33-13所示，所有参试品种禾谷镰孢穗腐病整体抗性较好，大多集中在中抗及以上。2016—2020年参试品种中抗及以上占比分别为50.00%、10.00%、100.00%、100.00%、100.00%。2016—2020年东南春玉米参试品种对禾谷镰孢穗腐病的抗性整体表现较强的抗性且呈现抗性增强的趋势，感和高感品种大幅度减少，直至2018年降为0；但未发现高抗品种。

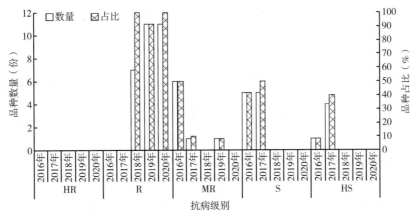

图33-13　2016—2020年东南春玉米品种试验参试品种禾谷镰孢穗腐病抗性动态分析

六、2018—2020年东南春玉米品种试验参试品种南方锈病抗性动态分析

2018—2020年，玉米南方锈病抗病鉴定参试品种（不排除重复的品种，不含对照）共计30份，其中2018年参试7份，2019年参试12份，2020年参试11份。

2018—2020年参试玉米抗性鉴定结果显示，高抗品种6份，占比20.00%；抗病品种12份，占比40.00%；中抗品种7份，占比23.33%；感病品种4份，占参试品种13.33%；高感品种1份，占比3.33%。

2018—2020年东南春玉米品种试验参试品种南方锈病抗性鉴定结果如图33-14所示，所有参试品种南方锈病整体抗性较好，大多集中在中抗及以上。2018—2020年参试品种中抗及以上占比分别为85.71%、100.00%、63.64%。2018—2020年东南春玉米参试品种对南方锈病的抗性整体表现较强的抗性，但感和高感占比呈现上升的趋势。

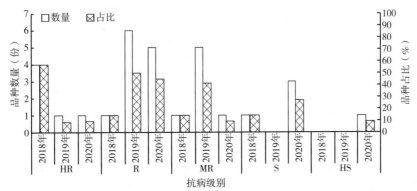

图33-14　2016—2020年东南春玉米品种试验参试品种南方锈病抗性动态分析

第三十四章　2016—2020年北方（东华北）鲜食玉米品种试验性状动态分析

第一节　2016—2020年北方（东华北）鲜食玉米参试品种产量动态分析

一、鲜食糯玉米组

2016—2020年，参试品种平均产量分别为952.96kg/亩、979.09kg/亩、989.53kg/亩、1 010.56kg/亩、1 401.88kg/亩。2017年、2018年和2019年亩产量差别不大，2016年产量为5年最低点，2020年平均产量大幅度提高，比该区组最低平均产量（2018年）高448.92kg/亩。就该区组内平均产量变异程度来看，2018年变异系数最大（10.42%），2020年变异系数最小（7.86%）。2020年，郑白甜糯9号单产达1 554.7kg/亩，成为5年来该组的最高单产纪录，最低产量为2018年参试品种斯达糯44，单产777.4kg/亩（图34-1、表34-1）。

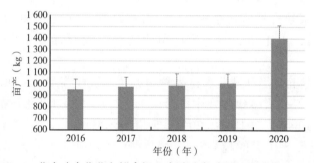

图34-1　北方（东华北）鲜食糯玉米试验参试品种亩产量动态分析

表34-1　北方（东华北）鲜食糯玉米参试品种亩产量动态分析

项目	2016年	2017年	2018年	2019年	2020年
产量最小值(kg/亩)	850.8	883.5	777.4	804.12	1 209
产量最大值(kg/亩)	1 072.1	1 096.0	1 145.3	1 100.64	1 554.7
产量平均值(kg/亩)	952.96	979.09	989.53	1 010.56	1 401.88
变异系数（%）	9.38	8.25	10.42	7.90	7.86

二、鲜食甜玉米组

2016—2020年，参试品种平均产量分别为837.72kg/亩、930.38kg/亩、927.44kg/亩、950.84kg/亩、1 358.64kg/亩。2017年、2018年和2019年产量差别不大，2016年产量为5年最低点，2020年平均产量大幅度提高，比该区组最低平均产量（2016年）高520.92kg/亩。就该区组内平均产量变异程度来看，2016年变异系数最大（9.25%），2017年变异系数最小（5.23%）。2020年，中农甜868单产达1 506.4kg/亩，成为5年来该组的最高单产纪录，最低产量为2016年参试品种郑甜78，单产73.3kg/亩（图34-2、表34-2）。

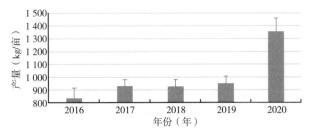

图34-2 北方（东华北）鲜食甜玉米试验参试品种产量动态分析

表34-2 北方（东华北）鲜食甜玉米参试品种产量动态分析

项目	2016年	2017年	2018年	2019年	2020年
产量最小值（kg/亩）	730.3	827.3	855.8	859.33	1 213.9
产量最大值（kg/亩）	929.7	987.1	922.9	1 018.26	1 506.4
产量平均值（kg/亩）	837.72	930.38	927.44	950.84	1 358.64
变异系数（%）	9.25	5.23	5.89	5.79	7.45

第二节 2016—2020年北方（东华北）鲜食玉米参试品种农艺性状动态分析

一、鲜食糯玉米组

（一）2016—2020年北方（东华北）鲜食糯玉米参试品种生育期动态分析

2016—2020年，北方（东华北）鲜食糯玉米参试品种平均生育日数分别为92.26d、92.72d、88.69d、89.03d和91.28d，其中，2017年该组平均生育期最长，比平均生育期最短的2018年多4.03d。从该区组内生育期变异程度来看，各年度变异系数均较小，为2.10%～4.77%，说明品种间生育期差异不大。2020年的参试品种黑糯660生育期为97.9d，是5年期间该组中生育期最长的品种；生育期最短的是2018年参试品种华耐甜糯358，生育期为83.2d，5年内该组品种间生育日数极差为14.7d（图34-3）。

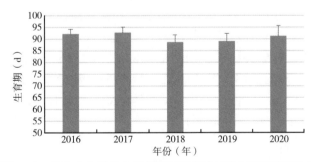

图34-3 北方（东华北）鲜食糯玉米参试品种生育期动态分析

（二）2016—2020年北方（东华北）鲜食糯玉米参试品种株高动态分析

2016—2020年，北方（东华北）鲜食糯玉米参试品种平均株高分别为271.14cm、271.36cm、251.64cm、259.64cm和256.75cm，5年内平均株高极差为19.72cm。各年度品种间株高变异系数为7.22%～9.91%。2016年参试品种京科糯609的株高为301.2cm，是5年内株高最高的品种；2020年参试品种澳甜糯65的株高最低，为216cm，5年内该组品种间株高极差为85.2cm（图34-4）。

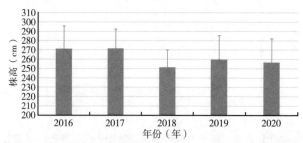

图34-4 北方（东华北）鲜食糯玉米参试品种株高动态分析

（三）2016—2020年北方（东华北）鲜食糯玉米参试品种穗位高动态分析

2016—2020年，北方（东华北）鲜食糯玉米参试品种平均穗位分别为122.7cm、126.87cm、112.03cm、113.57cm和115.06cm。2016—2020年，平均穗位维持一个较稳定的水平，2017年平均穗位最高，2018年最低，5年平均穗位极差为14.87cm。就区组内穗位变异程度而言，2020年最大（19.09%），2017年变异程度最小（12.76%）。2020年参试品种黑糯660的穗位最高，为158cm；2019年和2020年参试品种澳甜糯75的穗位最低，为85cm，5年内该组品种间穗位极差为73cm（图34-5）。

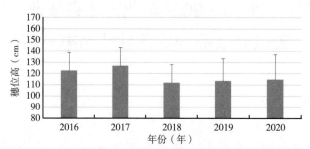

图34-5 北方（东华北）鲜食糯玉米参试品种穗位高动态分析

（四）2016—2020年北方（东华北）鲜食糯玉米参试品种倒伏倒折率动态分析

2016—2020年，北方（东华北）鲜食糯玉米参试品种平均倒伏倒折率分别为3.86%、1.07%、0.04%、0.26%和0.32%，呈现下降的趋势。2018年较2016年倒伏倒折率大幅度下降，而后略有上升，2016年平均倒伏倒折率达到5年来最高水平。就组内变异程度来看，品种间的倒伏倒折率差异非常大，变异系数最大的为254.20%（2018年），最小的为103.13%（2019年）。2016年参试品种粮源糯2号倒伏倒折率最高，达12.20%；2016年参试品种密彩甜糯3号，2017年参试品种金糯695、晋糯20号和万糯158，2018年参试品种京科糯625、斯达糯41、晋糯20、万糯158、吉糯20、斯达糯44、中糯336、京科糯617、万糯2018、华耐甜糯358和吉糯28号的倒伏倒折率都很低；2019年参试品种斯达糯44、吉糯28、澳甜糯75、晋糯1902、吉农糯111和珍早2019，2020年参试品种京科糯617、澳甜糯75、吉农糯111、珍珠糯18、吉糯50、黑糯660、万糯188和澳甜糯65为0，即5年内，该组品种间倒伏倒折率极差为12.20%（图34-6）。

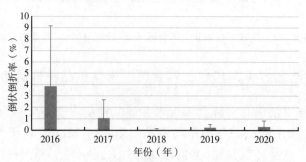

图34-6 北方（东华北）鲜食糯玉米参试品种倒伏倒折率动态分析

（五）2016—2020年北方（东华北）鲜食糯玉米参试品种空秆率动态分析

2016—2020年，北方（东华北）鲜食糯玉米参试品种平均空秆率分别为2.81%、2.55%、2.83%、1.24%和1.31%。2017年参试品种平均空秆率较2016年有所减少，2018年又表现为增加，2019—2020年参试品种平均空秆率下降到1.5%以下，5年平均空秆率极差为1.59%。从组内变异程度来看，品种间空秆率差异较大，2018年品种间空秆率变异系数达70.69%。2018年的参试品种富尔银糯178空秆率最高，为7.80%；2020年参试品种沈糯16号的空秆率最低，为0.20%，即5年内该组品种间空秆率极差为7.60%（图34-7）。

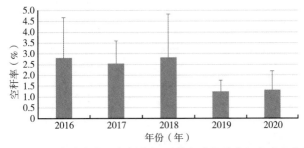

图34-7　北方（东华北）鲜食糯玉米参试品种空秆率动态分析

（六）2016—2020年北方（东华北）鲜食糯玉米参试品种穗长动态分析

2016—2020年，北方（东华北）鲜食糯玉米参试品种平均穗长分别为21.39cm、20.93cm、21.16cm、21.17cm和20.36cm，维持在较稳定的水平。5年平均穗长极差为0.03cm。从组内品种间穗长变异程度来看，2016年穗长变异系数最大（8.52%），2018年最小（5.72%）。2020年参试品种吉糯50的穗长最短，为16.60cm；2016年参试品种郑黄糯968的穗长最长，为23.70cm，即5年内该组品种间穗长极差为7.10cm（图34-8）。

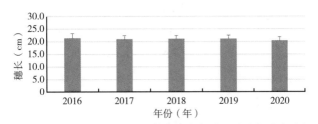

图34-8　北方（东华北）鲜食糯玉米参试品种穗长动态分析

（七）2016—2020年北方（东华北）鲜食糯玉米参试品种百粒重动态分析

2016—2020年，北方（东华北）鲜食糯玉米参试品种平均百粒重分别为34.26g、33.78g、34.94g、35.51g和36.81g。百粒重呈现逐渐升高的趋势（图34-9）。2020年百粒重最大，较该区组最小百粒重（2017年）高3.03g。各年份品种间百粒重变异系数为6.54%～9.93%。2018年参试品种斯达糯41百粒重最小，为28.90g；百粒重最大的是2020年参试品种珍早2019，达42.70g（表34-3）。

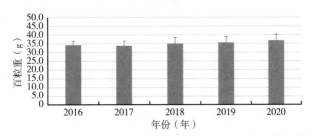

图34-9　北方（东华北）鲜食糯玉米参试品种百粒重动态分析

表34-3　北方（东华北）鲜食糯玉米参试品种农艺性状统计

性状	统计量	2016年	2017年	2018年	2019年	2020年
生育期（d）	最小值	88.1	88.2	83.2	84.3	83.9
	最大值	93.6	94.7	92.7	93.3	97.9
	变异系数（%）	2.10	2.58	3.44	2.37	4.77
	均值	92.26±1.94	92.72±2.39	88.69±3.05	89.03±3.24	91.28±4.35
株高（cm）	最小值	232.4	236.3	229.7	217.00	216.00
	最大值	301.2	297.3	283.5	299.00	294
	均值	271.14±24.53	271.36±21.05	251.64±18.16	259.64±25.73	256.75±25.16
	变异系数（%）	9.05	7.76	7.22	9.91	9.80
穗位（cm）	最小值	101.7	91.8	92	85	85
	最大值	104.9	141.8	138.4	146	158.00
	均值	122.7±15.71	126.87±16.19	112.03±16.23	113.57±19.86	115.06±21.97
	变异系数（%）	12.80	12.76	14.49	17.49	19.09
空秆率（%）	最小值	1.2	1.2	0.70	0.50	0.20
	最大值	6.4	4.30	7.80	2.10	3.30
	均值	2.81±1.87	2.55±1.05	2.83±2.00	1.24±0.53	1.31±0.87
	变异系数（%）	66.30	41.18	70.69	42.42	65.95
倒伏倒折率（%）	最小值	0	0	0	0	0
	最大值	12.20	4.30	0.40	0.80	1.70
	均值	3.86±5.31	1.07±1.58	0.04±0.11	0.26±0.27	0.32±0.52
	变异系数（%）	137.62	147.52	254.20	103.13	163.71
穗长（cm）	最小值	18.5	18.40	18.10	17.60	16.60
	最大值	23.70	23.00	23.10	22.80	22.50
	均值	21.36±1.82	20.93±1.35	21.16±1.21	21.17±1.38	20.36±1.40
	变异系数（%）	8.52	6.47	5.72	6.51	6.85
百粒重（g）	最小值	32.1	30.1	28.90	30.40	29.60
	最大值	38.30	38.00	41.60	40.50	42.70
	均值	34.26±2.24	33.78±2.81	34.94±3.47	35.51±3.28	36.81±3.50
	变异系数（%）	6.54	8.32	9.93	9.24	9.51

二、鲜食甜玉米组

（一）2016—2020年北方（东华北）鲜食甜玉米参试品种生育期动态分析

2016—2020年北方（东华北）鲜食甜玉米参试品种平均生育日数分别为91.2d、87.3d、82.96d、85.54d和85.78d，其中，2016年该组平均生育期最长，比2018年平均生育期最短的多8.24d。从该区组内生育期变异程度来看，各年度变异系数均较小，为3.83%~5.59%，说明品种间生育期差异不大。2020年的参试品种万甜2015生育期为98.2d，是5年期间该组中生育期最长的品种；生育期最短的是2018年参试品种BM380，生育期为78.9d。5年内该组品种间生育日数极差为19.3d（图34-10）。

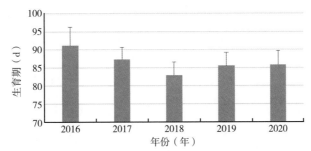

图34-10 北方（东华北）鲜食甜玉米参试品种生育期动态分析

（二）2016—2020年北方（东华北）鲜食甜玉米参试品种株高动态分析

2016—2020年北方（东华北）鲜食甜玉米参试品种平均株高分别为278.04cm、262.02cm、225.44cm、238.55cm和239.4cm，5年内平均株高极差为52.6cm。各年度品种间株高变异系数为5.01%~8.62%。2016年参试品种万甜2015的株高为297.4cm，是5年内株高最高的品种；2020年参试品种BM380的株高最矮，为204.3cm。5年内该组品种间株高极差为93.1cm（图34-11）。

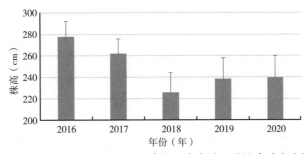

图34-11 北方（东华北）鲜食甜玉米参试品种株高动态分析

（三）2016—2020年北方（东华北）鲜食甜玉米参试品种穗位高动态分析

2016—2020年北方（东华北）鲜食甜玉米参试品种平均穗位高分别为117.42cm、108.88cm、82.14cm、85.27cm和82.3cm。2018—2020年，平均穗位维持一个较稳定的水平，2016年幅度较高，5年平均穗位极差为35.28cm。就区组内穗位高变异程度而言，2020年最大（23.24%），2017年变异程度最小（5.55%）。2016年参试品种郑甜78的穗位最高，为128.6cm；2019年和2020年参试品种BM380的穗位最低，为59cm。5年内该组品种间穗位高极差为99.6cm（图34-12）。

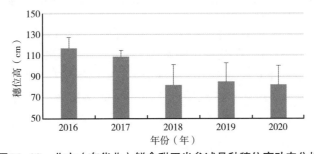

图34-12 北方（东华北）鲜食甜玉米参试品种穗位高动态分析

（四）2016—2020年北方（东华北）鲜食甜玉米参试品种倒伏率动态分析

2016—2020年北方（东华北）鲜食甜玉米参试品种平均倒伏率分别为1.9%、0.6%、0.46%、0.24%和0.63%，呈现下降的趋势。2016—2019年倒伏倒折率逐年下降，而2020年略有上升，2016年平均倒伏率达到5年来最高水平。就组内变异程度来看，品种间的倒伏倒折率差异很大，变异系数最大的为170.15%（2020年），最小的58.01%（2016年）。2016年参试品种农科甜601和京白甜456倒伏倒折率最高，达3.10%；2017年参试品种双甜318和吉甜15，2019年参试品种斯达甜222、博宝、圣甜白珠、斯达甜216、吉甜18、黑玫瑰13号倒伏倒折率最低为0。5年内该组品种间倒伏倒折率极差为3.10%（图34-13）。

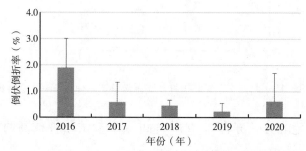

图34-13　北方（东华北）鲜食甜玉米参试品种倒伏倒折率动态分析

（五）2016—2020年北方（东华北）鲜食甜玉米参试品种空秆率动态分析

2016—2020年北方（东华北）鲜食甜玉米参试品种平均空秆率分别为9.92%、3.17%、2.04%、1.65%和1.35%。2017年，参试品种平均空秆率较2016年有所减少，而后逐渐减少，2019—2020年参试品种平均空秆率下降到1.8%以下，5年平均空秆率极差为8.57%。从组内变异程度来看，品种间空秆率差异较大，2016年品种间空秆率变异系数达85.42%。2016年的参试品种万甜2015空秆率最高，为23.8%；2020年参试品种斯达甜216的空秆率最低，为0.10%。5年内该组品种间空秆率极差为23.7%（图34-14）。

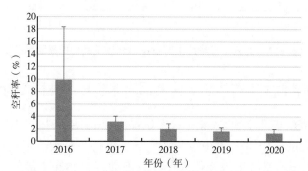

图34-14　北方（东华北）鲜食甜玉米参试品种空秆率动态分析

（六）2016—2020年北方（东华北）鲜食甜玉米参试品种穗长动态分析

2016—2020年，北方（东华北）鲜食甜玉米参试品种平均穗长分别为21.9cm、21.67cm、21.56cm、21.93cm和22.2cm，维持在较稳定的水平，5年平均穗长极差为0.64cm。从组内品种间穗长变异程度来看，2016年穗长变异系数最大（9.58%），2018年最小（3.12%）。2016年参试品种郑甜78的穗长最短，为18.90cm；2016年参试品种万甜2015的穗长最长，为24.50cm。5年内该组品种间穗长极差为5.6cm（图34-15）。

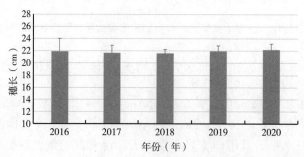

图34-15　北方（东华北）鲜食甜玉米参试品种穗长动态分析

（七）2016—2020年北方（东华北）鲜食甜玉米参试品种百粒重动态分析

2016—2020年，北方（东华北）鲜食甜玉米参试品种平均百粒重分别为36.20g、35.45g、36.34g、35.32g和36.92g。百粒重呈现降低又升高再降低再升高的波动趋势。2020年百粒重最大，较该区组最小百粒重（2019年）高1.6g。各年度品种间百粒重变异系数为5.77%～8.34%。2019年参试品种斯达甜22百粒重最小，为30.90g；2020年参试品种BM492百粒重最大，达到40.90g（图34-16、表34-4）。

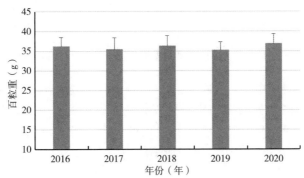

图34-16 北方（东华北）鲜食甜玉米参试品种百粒重动态分析

表34-4 北方（东华北）鲜食甜玉米参试品种农艺性状统计

性状	统计量	2016年	2017年	2018年	2019年	2020年
生育期 （d）	最小值	86.00	82.80	78.90	79.90	80.50
	最大值	98.20	93.10	88.00	89.80	90.30
	均值	91.20 ± 5.10	87.30 ± 3.34	82.96 ± 3.54	85.84 ± 3.66	85.78 ± 3.83
	变异系数（%）	5.59	3.83	4.27	4.28	4.46
株高 （cm）	最小值	260.90	239.30	204.30	209.00	214.00
	最大值	297.40	276.80	248.40	264.00	266.00
	均值	278.04 ± 13.92	262.02 ± 13.65	225.44 ± 18.82	238.55 ± 19.54	239.4 ± 20.65
	变异系数（%）	5.01	5.21	8.35	8.19	8.62
穗位高 （cm）	最小值	102.80	99.10	60.22	59.00	62.00
	最大值	128.60	115.9	105.27	117.00	113.00
	均值	117.42 ± 10.15	108.88 ± 6.05	82.14 ± 19.09	85.27 ± 17.49	82.3 ± 18.29
	变异系数（%）	8.64	5.55	23.24	20.51	22.23
空秆率 （%）	最小值	1.60	1.50	1.30	0.80	0.10
	最大值	23.80	3.90	3.30	2.50	2.20
	均值	9.92 ± 8.47	3.17 ± 0.88	2.04 ± 0.80	1.65 ± 0.57	1.35 ± 0.65
	变异系数（%）	85.42	27.72	39.15	34.34	48.16
倒伏倒折率（%）	最小值	0.80	0	0.30	0	0
	最大值	3.10	2.00	0.80	0.80	3.10
	均值	1.90 ± 1.10	0.60 ± 0.75	0.46 ± 0.21	0.24 ± 0.32	0.63 ± 1.07
	变异系数（%）	58.01	125.17	45.08	136.80	170.15
穗长 （cm）	最小值	18.90	20.00	20.70	20.20	20.60
	最大值	24.50	23.20	22.20	23.10	23.80
	均值	21.90 ± 2.10	21.67 ± 1.27	21.56 ± 0.67	21.92 ± 0.95	22.20 ± 0.94
	变异系数（%）	9.58	5.84	3.12	4.34	4.23
百粒重 （g）	最小值	33.00	31.30	33.10	30.90	33.10
	最大值	39.00	38.80	38.60	38.20	40.90
	均值	36.20 ± 2.28	35.45 ± 2.96	36.34 ± 2.55	35.32 ± 2.04	36.92 ± 2.49
	变异系数（%）	6.30	8.34	7.02	5.77	6.75

第三节　2016—2020年北方（东华北）鲜食玉米
参试品种品质性状动态分析

一、鲜食糯玉米组

（一）2016—2020年北方（东华北）鲜食糯玉米品种参试品种皮渣率动态分析

2016—2020年北方（东华北）鲜食糯玉米参试品种平均皮渣率分别为4.25%、4.34%、4.65%、3.80%和4.57%。2019年参试品种的平均皮渣率较其他年份小幅度下降，其他年度差别不大。2018年平均皮渣率最大，较2019年高0.85%。就变异程度而言，各年度品种间变异系数差异较大，为9.59%~24.94%。2017年参试品种斯达糯41皮渣率最小，为3.28%；2018年参试品种中糯336皮渣率最大，为7.47%（图34-17）。

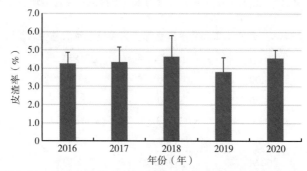

图34-17　北方（东华北）鲜食糯玉米参试品种皮渣率动态分析

（二）2016—2020年北方（东华北）鲜食糯玉米参试品种粗淀粉含量动态分析

2016—2020年北方（东华北）鲜食糯玉米参试品种平均粗淀粉含量分别为49.38%、48.67%、49.59%、51.98%和57.46%。2020年平均粗淀粉含量达到5年来最高值，比该区组最低平均粗淀粉含量（2017年）高3.31%。就该区组内平均粗淀粉变异程度而言，2017年品种间差异稍大，变异系数为12.22%，2020年品种间差异较小，变异系数为5.94%。2020年的参试品种中硕糯921粗淀粉含量最高，为63.70%，最低的是2016年参试品种京科糯609，粗淀粉含量38.82%（图34-18）。

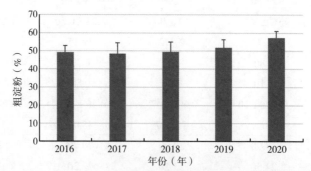

图34-18　北方（东华北）鲜食糯玉米参试品种粗淀粉动态分析

（三）2016—2020年北方（东华北）鲜食糯玉米品种参试品种支链淀粉含量动态分析

2016—2020年参试品种平均支链淀粉含量分别为94.71%、95.18%、98.91%、98.41%和98.30%，呈先升高后降低的趋势，2018年支链淀粉含量是5年最低点。2018年平均支链淀粉含量达到5年来最高值。就该区组内支链淀粉含量变异程度而言，2017年最大（30.59%），2018年最小（0.37%）。2019年的参试品种京科糯625支链淀粉含量最高，为149%，2017年参试品种粮源糯最低，支链淀粉含量为42.00%（图34-19、表34-5）。

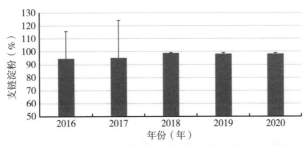

图34-19　北方（东华北）鲜食糯玉米参试品种支链淀粉含量动态分析

表34-5　北方（东华北）鲜食糯玉米参试品种品质性状统计分析

性状	统计量	2016年	2017年	2018年	2019年	2020年
粗淀粉（%）	最小值	43.47	38.82	42.09	42.95	50.39
	最大值	54.25	57.56	58.07	57.95	63.70
	均值	49.38	48.67	49.59	51.98	57.46
	变异系数（%）	0.07	0.12	0.11	0.08	0.06
直链淀粉占粗淀粉（%）	最小值	42.00	59.00	98.38	96.98	96.88
	最大值	92.00	149.00	99.65	99.62	99.36
	均值	74.71	95.18	98.91	98.41	98.30
	变异系数（%）	0.28	0.31	0	0.01	0.01
皮渣率（%）	最小值	3.45	3.28	3.34	2.79	3.60
	最大值	5.02	5.80	7.47	5.52	5.21
	均值	4.26	4.34	4.65	3.80	4.57
	变异系数（%）	0.14	0.19	0.25	0.21	0.10

二、鲜食甜玉米组

（一）2016—2020年北方（东华北）鲜食甜玉米参试品种皮渣率动态分析

2016—2020年北方（东华北）鲜食甜玉米参试品种平均皮渣率分别为6.12%、5.88%、5.89%、3.85%和4.83%。平均皮渣率有逐年降低的趋势，但2019年参试品种的平均皮渣率较其他年份均低。2016年平均皮渣率最大，较2019年高2.27%。就变异程度而言，各年度品种间变异系数差异较大，为16.22%～51.62%。2016年参试品种BM800皮渣率最小，为2.33%；2016年参试品种农科甜601皮渣率最大，为8.93%（图34-20）。

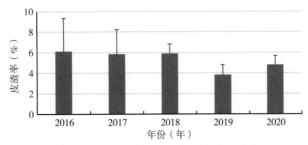

图34-20　北方（东华北）鲜食甜玉米参试品种皮渣率含量动态分析

（二）2016—2020年北方（东华北）鲜食甜玉米参试品种水溶性糖含量动态分析

2016—2020年北方（东华北）鲜食甜玉米参试品种平均水溶性糖含量分别为32.96%、34.06%、32.28%、31.23%和30.56%。2017年平均水溶性糖含量最高，比该组最低平均水溶性糖含量（2020年）高3.50%。就该区组内平均水溶性糖含量的变异程度而言，2019年品种间差异较大，变异系数为12.66%，2017年品种间差异最小，变异系数为2.80%。2016年的参试品种万甜2015水溶性糖含量最高，为36.61%，最低的是2019年参试品种博宝，水溶性糖含量仅为23.90%（图34-21）。

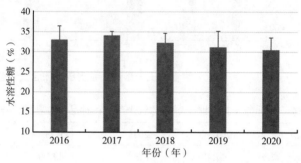

图34-21　北方（东华北）鲜食甜玉米参试品种水溶性糖含量动态分析

（三）2016—2020年北方（东华北）鲜食甜玉米品种参试品种还原糖含量动态分析

2016—2020年参试品种平均还原糖含量分别为9.96%、10.36%、8.90%、10.71%和12.40%，呈先升高后降低再升高的波浪形趋势，2018年还原糖含量是5年最低点。2020年平均还原糖含量达5年最高值，二者相差3.50%。就该区组内还原糖含量变异程度而言，2019年最大（27.01%），2018年最小（6.27%）。2019年的参试品种墨童还原糖含量最高，为17.75%，2017年参试品种斯达甜216最低，还原糖含量为5.79%（图34-22、表34-6）。

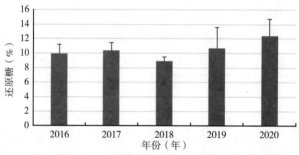

图34-22　北方（东华北）鲜食甜玉米参试品种还原糖含量动态分析

表34-6　北方（东华北）鲜食甜玉米参试品种品质性状统计分析

性状	统计量	2016年	2017年	2018年	2019年	2020年
还原糖含量（%）	最小值	8.77	9.11	8.08	5.79	7.06
	最大值	11.90	11.90	9.40	17.75	14.81
	均值	9.96	10.36	8.90	10.71	12.40
	变异系数（%）	12.60	10.67	6.27	27.01	18.77
水溶性糖含量（%）	最小值	28.47	32.80	29.27	23.90	25.18
	最大值	36.61	35.65	35.75	36.32	34.79
	均值	32.96	34.06	32.28	31.23	30.56
	变异系数（%）	10.61	2.80	7.23	12.66	9.64
皮渣率（%）	最小值	2.33	2.36	4.80	2.58	3.21
	最大值	8.93	8.91	7.21	5.77	6.11
	均值	6.12	5.88	5.89	3.85	4.83
	变异系数（%）	52.22	40.29	16.22	25.08	17.62

第四节 2016—2020年北方（东华北）鲜食玉米参试品种抗性性状动态分析

一、北方（东华北）鲜食糯玉米参试品种抗性性状动态分析

（一）糯玉米大斑病

2016—2020年糯玉米大斑病抗病鉴定参试品种（不排除重复的品种和对照）共计62个。其中，2016年参试7个，2017年参试11个，2018年参试14个，2019年参试14个，2020年参试16个。

1. 参试品种各抗性级别年份间比较分析

近5年没有参试品种达到HR水平。2016年有1个品种的抗性水平达到R级别，2017年降为0个，2018—2020年有不同程度的增加，数量维持在10个以内；达到MR抗性水平的品种数量呈先上升又下降的趋势，到2018年和2019年呈稳定趋势；2016年，S级别的品种数1个，2017年和2018年该级别品种数量5个，2019年呈下降趋势；2020年呈上升趋势。5年中，没有参试品种达到HS抗性级别（图34-23）。

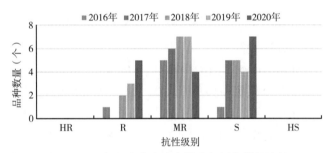

图34-23 糯玉米大斑病各抗病级别年份间比较

2. 各年份参试品种的抗病性比较分析

所有参试品种中，没有HR品种；R级别品种11份，占鉴定总数的17.74%；MR级别品种29份，占46.77%；S级别品种22份，占35.48%，没有HS品种（因不同年份参试品种有重复，可能存在重复计数）。总体来看，参试品种对于大斑病的抗病性表现一般，MR以上的品种占比64.52%，且R和HR级别的抗病品种数量较少。从各年度的表现来看，2019年，参试品种的抗病表现最好，达到MR以上品种占当年鉴定总数的16.13%；其次是2018年和2020年，达到MR级别以上的品种数量占当年鉴定总数的14.52%；抗性表现较差的是2016年和2017年，达到MR级别的品种数量占当年鉴定总数的9.68%（图34-24）。

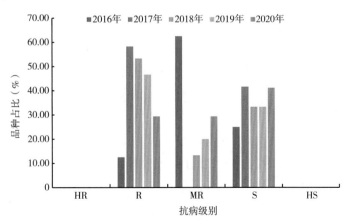

图34-24 糯玉米大斑病各年份抗病级别占比情况

（二）糯玉米丝黑穗病

2016—2020年糯玉米丝黑穗抗病鉴定参试品种（不排除重复的品种和对照）共计62个。其中，2016年参试7个，2017年参试11个，2018年参试14个，2019年参试14个，2020年参试16个。

1. 参试品种各抗性级别年份间比较分析

5年中，达到HR水平的品种2个，其中2018年、2019年和2020年都为0个，2016年和2017年达到HR级别的品种各1个。2016年，有1个品种的抗性水平达R级别；2017年，没有品种的抗性水平达R级别，2018—2020年达R级别的品种数量呈上升趋势。2016—2019年达MR抗性水平的品种数量呈上升趋势，但在2020年表现减少；S级别的品种数量呈上升趋势，在2016年为4个，2017年和2018年各为6个，2019年和2020年各为11个。5年中，HS级别品种仅有1个（图34-25）。

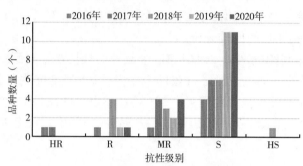

图34-25　玉米丝黑穗病各抗病级别年份间比较

2. 各年度参试品种的抗病性比较分析

所有参试品种中，2016年和2017年共有2个品种达HR水平，占鉴定总数的3.23%；R级别品种7份，占鉴定总数的11.29%；MR级别品种14份，占22.58%；S级别品种38份，占61.29%，HS品种1份，占鉴定总数的1.61%（因不同年份参试品种有重复，可能存在重复计数）。总体来看，参试品种对于该病的抗病性表现一般，MR以上的品种占比37.09%，且R和HR级别的抗病品种数量较少。从各年度的表现来看，2018年，参试品种的抗病表现最好，达到MR以上品种占当年鉴定总数的11.29%；其次是2017年和2020年，达到MR级别以上的品种数量占当年鉴定总数的8.06%；抗性表现较差的是2016年和2019年，达到MR级别的品种数量占当年鉴定总数的4.83%（图34-26）。

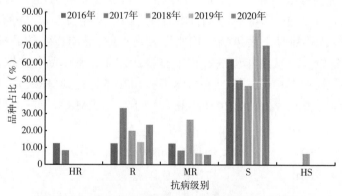

图34-26　糯玉米丝黑穗病各年份抗病级别占比情况

（三）糯玉米瘤黑粉病

2016—2020年糯玉米瘤黑粉病鉴定参试品种（不排除重复的品种和对照）共计55份。其中，2016年参试0个，2017年参试11个，2018年参试14个，2019年参试14个，2020年参试16个。

1. 参试品种各抗性级别年份间比较分析

5年中，2017—2018年达HR水平的品种数量趋势稳定，均为1个；2019—2020年达HR水平的品种数量趋势稳定，均为2个。R级别的品种数量呈现先增加后降低的趋势，2018年有个小幅度增加后，2019—2020年该级别品种数大幅度下降。5个抗病级别中，MR级别品种数最多，在2018和2019年MR级别品种数量下降，均为4个，2017年和2020年该级别品种数量均在5个以上。2016—2018年S级别品种数量较少，2019—2020年S级别品种数量较大幅度增加，均为5个。HS级别品种数量呈现减少又增加的趋势，在2017年没有达该级别的品种数量（图34-27）。

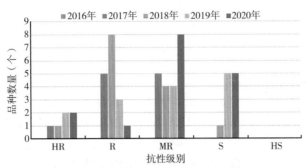

图34-27 糯玉米瘤黑粉病各抗病级别年份间比较

2. 各年份参试品种抗病级别间比较分析

所有参试品种中，HR品种6个，占鉴定总数的10.90%；R品种17个，占鉴定总数的30.90%；MR品种21个，占38.18%；S级别品种11个，占20.00%，HS品种0个（因不同年份参试品种有重复，可能存在重复计数）。总体来看，东华北中晚熟春玉米参试品种对于该病害的抗病性表现较好，MR级别以上的品种占比80.00%，但在2019年，参试品种对于该病害的抗病性有所降低。2017年，参试品种对于该病害的抗病级别达MR以上的品种数量均占当年鉴定总数的20.00%；2018年，参试品种对于该病害的抗病级别达到MR以上的品种数量均占当年鉴定总数的23.64%；2019年，降为16.36%，2020年又上升为20.00%（图34-28）。

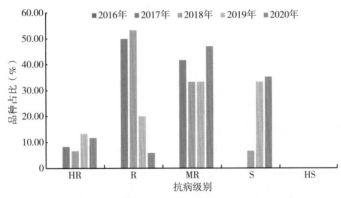

图34-28 糯玉米瘤黑粉病各年份抗病级别占比情况

二、北方（东华北）鲜食甜玉米参试品种抗性性状动态分析

（一）甜玉米大斑病

2016—2020年甜玉米大斑病抗病鉴定参试品种（不排除重复的品种和对照）共计37个，其中2016年参试5个，2017年参试6个，2018年参试5个，2019年参试11个，2020年参试10个。

1. 参试品种各抗性级别年份间比较分析

近5年没有参试品种达HR水平；仅有1个品种的抗性水平达R级别（2020年参试品种）；达MR抗性水平的品种数量为11个，2019年数量最多，为4个；2016—2018年，达S级别的品种数趋势保持稳定，均为4个，2019年呈上升趋势，为7个，2020年呈下降趋势，为6个；5年中没有参试品种达到HS抗性级别（图34-29）。

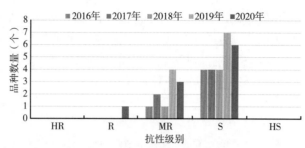

图34-29　甜玉米大斑病各抗病级别年份间比较

2. 各年份参试品种的抗病性比较分析

所有参试品种中，没有HR品种；R级别品种1份，占鉴定总数的2.70%；MR级别品种11份，占29.73%；S级别品种25份，占67.57%，没有HS品种（因不同年份参试品种有重复，可能存在重复计数）。总体来看，参试品种对于该病的抗病性表现一般，MR以上的品种占比32.43%，且R和HR级别的抗病品种数量很少。从各年度的表现来看，2019年和2020年，参试品种的抗病表现最好，达MR以上品种占当年鉴定总数的10.81%；其次是2017年，达MR级别以上的品种数量占当年鉴定总数的5.41%；抗性表现较差的是2016年和2018年，达MR级别的品种数量仅占当年鉴定总数的2.70%。

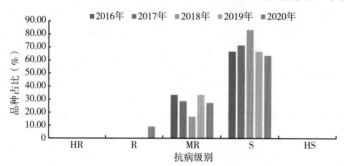

图34-30　甜玉米大斑病各年份抗病级别占比情况

（二）甜玉米丝黑穗病

2016—2020年甜玉米丝黑穗病鉴定参试品种（不排除重复的品种和对照）共计37个，其中，2016年参试5个，2017年参试6个，2018年参试5个，2019年参试11个，2020年参试10个。

1. 参试品种各抗性级别年份间比较分析

5年中，没有品种的抗性水平达HR或R水平；达MR抗性水平的品种数量呈先下降又上升的趋势，2020年数量最多，为3个；S级别的品种数量在2016年和2018年均为2个，2019年数量最多，为10个。2016年和2018年达HS级别的品种均为2个；2017年达HS级别的品种均为1个；2019—2020年没有达HS级别的品种（图34-31）。

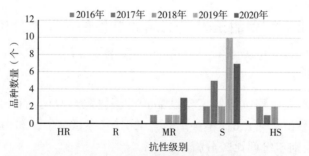

图34-31　甜玉米丝黑穗病各抗病级别年份间比较

2. 各年度份试品种的抗病性比较分析

所有参试品种中，没有HR级别品种和R级别的品种；MR级别品种6份，占16.22%；S级别品种26份，占70.27%，MS级别品种5份，占13.51%（因不同年份参试品种有重复，可能存在重复计数）。总体来看，参试品种对于该病的抗病性表现一般，没有R和HR级别的抗病品种，且MR级别的品种仅占比16.22%。从各年度的表现来看，2020年，参试品种的抗病表现最好，达MR以上品种占当年鉴定总数的8.10%；其次是2016年、2018年和2019年，达MR级别以上的品种数量仅占当年鉴定总数的2.70%；抗性表现较差的是2017年，没有达MR级别的抗病品种（图34-32）。

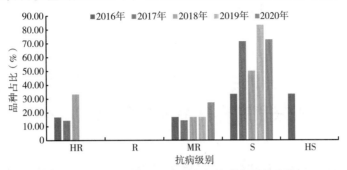

图34-32 甜玉米丝黑穗病各年份抗病级别占比情况

（三）甜玉米瘤黑粉病

2016—2020年甜玉米瘤黑粉病鉴定参试品种（不排除重复的品种和对照）共计26份。其中，2016年参试0个，2017年参试0个，2018年参试5个，2019年参试11个，2020年参试10个。

1. 参试品种各抗性级别年度间比较分析

3年中，仅2018年达HR水平的品种数量为1个；2018年达R级别的品种数量为1个，2019年达R级别的品种数量为3个，2020年均没有达R级别的品种；达MR级别品种数最多，在2019年达MR级别品种数量为8个；2019—2020年S级别品种数量呈上升趋势，2020年达S级别的品种数量多达4个；没有达HS级别的品种（图34-33）。

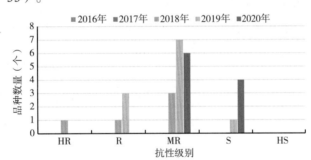

图34-33 甜玉米瘤黑粉病各抗病级别年份间比较

2. 各年度参试品种抗病级别间比较分析

所有参试品种中，HR品种1个，占鉴定总数的3.85%；R品种4个，占鉴定总数的15.38%；MR品种16个，占61.54%；S级别品种5个，占19.23%，HS品种0个（因不同年份参试品种有重复，可能存在重复计数）。总体来看，北方（东华北）鲜食玉米参试品种对于该病害的抗病性表现较好，MR级别以上的品种占比80.77%，在2018年，参试品种对于该病害的抗病性有所降低。2018年，参试品种对于该病害的抗病级别达MR以上的品种数量均占当年鉴定总数的100%；2019年，参试品种对于该病害的抗病级别达MR以上的品种数量均占当年鉴定总数的90.91%；2020年，参试品种对于该病害的抗病级别达MR以上的品种数量均占当年鉴定总数的60.00%（图34-34）。

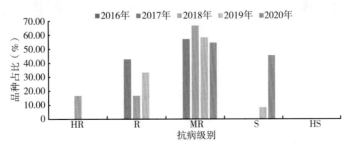

图34-34 甜玉米瘤黑粉病各年份抗病级别占比情况

第三十五章　2016—2020年北方（黄淮海）鲜食玉米品种试验性状动态分析

第一节　2016—2020年北方（黄淮海）鲜食玉米试验参试品种产量动态分析

一、2016—2020年北方（黄淮海）鲜食玉米试验参试品种产量年份间比较

（一）甜玉米组

2016—2020年北方（黄淮海）鲜食玉米试验甜玉米参试品种平均鲜果穗产量（2016—2018年鲜穗亩产为不带苞叶产量数据；2019—2020年鲜穗亩产为带苞叶产量数据）分别为787.53kg/亩、816.64kg/亩，736.46kg/亩，824.75kg/亩，808.77kg/亩；总体看带苞叶的比不带苞叶产量要高4.68%。其中2017年不带苞叶鲜穗平均产量较高为816.64kg/亩；2019年带苞叶鲜穗平均产量为824.75kg/亩。就该组内平均产量变异程度而言，2016年最大（10.30），2020年最小（6.36）。2019年，耘甜60单产达946.34kg/亩，成为5年来甜玉米组的最高鲜果穗单产纪录，最低产量为2016年郑甜78，单产656.51kg/亩（表35-1、图35-1）。

表35-1　黄淮海鲜食玉米参试品种鲜果穗产量动态分析　　　　　　　　　　　（kg/亩）

鲜穗亩产		2016年	2017年	2018年	2019年	2020年
甜玉米鲜穗亩产（kg）	平均	787.53	816.64	736.46	824.75	808.77
	标准差	81.14	58.65	60.11	68.63	51.41
	最大值	889.96	904.20	865.24	946.34	909.10
	最小值	656.51	728.54	665.58	697.27	723.30
	变异系数	10.30	7.18	8.16	8.32	6.36
糯玉米鲜穗亩产（kg）	平均	840.60	836.77	769.26	852.56	1 075.87
	标准差	51.72	57.27	62.40	66.28	83.91
	最大值	933.35	939.67	851.80	942.50	1 188.00
	最小值	763.95	735.88	600.40	653.60	912.90
	变异系数	6.15	6.84	8.11	7.77	7.80

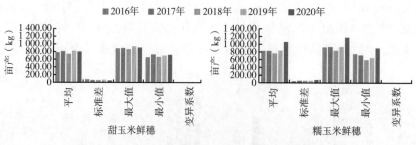

图35-1　黄淮海鲜食玉米参试品种鲜果穗产量动态

2016—2020年北方（黄淮海）鲜食玉米试验甜玉米参试品种平均鲜籽粒产量分别为543.78kg/亩、576.42kg/亩、511.97kg/亩、588.98kg/亩、581.96kg/亩。就该组内平均产量变异程度而言，

2017年最大（11.86），2020年最小（7.70）。2019年，耘甜60单产达688.30kg/亩，成为5年来甜玉米组的最高鲜籽粒单产纪录，最低产量为2018年对照中农大甜413，单产429.10kg/亩。需要说明的是鲜食甜玉米籽粒产量受籽粒成熟度和脱粒方法影响较大（表35-2、图35-2）。

表35-2　黄淮海鲜食玉米参试品种鲜籽粒产量动态分析

鲜籽粒亩产		2016年	2017年	2018年	2019年	2020年
甜玉米鲜籽粒亩产（kg）	平均	543.78	576.42	511.97	588.98	581.96
	标准差	63.79	68.34	54.38	56.89	44.81
	最大值	616.58	680.74	643.60	688.30	647.30
	最小值	454.77	500.08	429.10	504.30	501.20
	变异系数	11.73	11.86	10.62	9.66	7.70
糯玉米鲜籽粒亩产（kg）	平均	549.13	555.87	508.97	564.31	568.68
	标准差	48.14	35.81	35.59	40.23	39.62
	最大值	659.35	618.52	569.60	628.90	615.50
	最小值	488.03	495.86	425.70	459.00	478.00
	变异系数	8.77	6.44	6.99	7.13	6.97

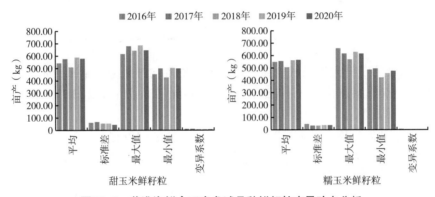

图35-2　黄淮海鲜食玉米参试品种鲜籽粒产量动态分析

（二）糯玉米组

2016—2020年北方（黄淮海）鲜食玉米试验糯玉米参试品种平均鲜果穗产量（2016—2018年鲜穗亩产为不带苞叶产量数据；2019—2020年鲜穗亩产为带苞叶产量数据）分别为840.60kg/亩、836.77kg/亩、769.26kg/亩、852.56kg/亩、1 075.87kg/亩；总的看，带苞叶的比不带苞叶产量要高18.23%。其中2020年带苞叶鲜穗平均产量最高，为1 075.56kg/亩。就该组内平均产量变异程度而言，2018年最大（8.11），2016年最小（6.15）。2019年，万糯188单产达1 188.00kg/亩，成为5年来糯玉米组的最高鲜果穗单产纪录，最低产量为2016年粮源糯1号单产763.95kg/亩。

2016—2020年北方（黄淮海）鲜食玉米试验糯玉米参试品种平均鲜籽粒产量分别为549.13kg/亩、555.87kg/亩、508.97kg/亩、564.31kg/亩、568.68kg/亩。就该组内平均产量变异程度而言，2016年最大（8.77），2017年最小（6.44）。2016年密花甜糯3号单产达659.35kg/亩，成为5年来糯玉米组的最高鲜籽粒单产纪录，最低产量为2018年斯达糯44单产425.70kg/亩（需要说明的是鲜食糯玉米籽粒产量受籽粒成熟度和脱粒方法影响较大）。

总体来看，2016—2020年北方（黄淮海）鲜食玉米试验在不同年份间产量表现出不同的差异。甜玉米组和糯玉米组试验，5年中，随着时间的推移，产量呈现上升的趋势。组内变异系数年度间差异不大，整体水平比上一个5年有所提高，在新一轮优良品种种质带动下，品种的产量水平稳步提高。

二、2016—2020年北方（黄淮海）鲜食玉米试验参试品种产量分类型比较

（一）2016年

2016年北方（黄淮海）鲜食玉米试验参试甜玉米品种平均鲜果穗产量（不带苞叶）787.53kg/亩；其标准差为81.14；最高鲜果穗产量（不带苞叶）889.96kg/亩（农科甜601），最低鲜果穗产量（不带苞叶）656.51kg/亩（郑甜78），变异系数为10.30。

2016年北方（黄淮海）鲜食玉米试验参试甜玉米品种平均鲜籽粒产量543.78kg/亩；其标准差为63.79；最高鲜籽粒产量616.58kg/亩（双甜318），最低鲜籽粒产量454.77kg/亩（郑甜78），变异系数为11.73（表35-3）。

表35-3 2016年黄淮海鲜食玉米试验参试品种产量动态数据 （kg/亩）

项目	甜鲜穗	甜鲜籽粒	糯鲜穗	糯鲜籽粒
平均	787.53	543.78	840.60	549.13
标准差	81.14	63.79	51.72	48.14
最大值	889.96	616.58	933.35	659.35
最小值	656.51	454.77	763.95	488.03
变异系数	10.30	11.73	6.15	8.77

2016年北方（黄淮海）鲜食玉米试验参试糯玉米品种平均鲜果穗产量（不带苞叶）840.60kg/亩；其标准差为51.72；最高鲜果穗产量（不带苞叶）933.35kg/亩（万黄糯253），最低鲜果穗产量（不带苞叶）763.95kg/亩（粮源糯1号），变异系数为6.15。

2016年北方（黄淮海）鲜食玉米试验参试糯玉米品种平均鲜籽粒产量549.13kg/亩；其标准差为48.14；最高鲜籽粒产量659.35kg/亩（密花甜糯3号），最低鲜籽粒产量488.03kg/亩（粮源糯2号），变异系数为8.77（图35-3）。

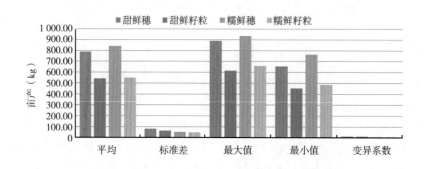

图35-3 2016年黄淮海鲜食玉米试验参试品种产量动态

（二）2017年

2017年北方（黄淮海）鲜食玉米试验参试甜玉米品种平均鲜果穗产量（不带苞叶）816.64kg/亩；其标准差为58.65；最高鲜果穗产量（不带苞叶）904.20kg/亩（斯达甜221），最低鲜果穗产量（不带苞叶）728.54kg/亩（中农大甜413），变异系数为7.18。

2017年北方（黄淮海）鲜食玉米试验参试甜玉米品种平均鲜籽粒产量576.42kg/亩；其标准差为68.34；最高鲜籽粒产量680.74kg/亩（斯达甜221），最低鲜籽粒产量500.08kg/亩（中农大甜413），变异系数为11.86（表35-4）。

表35-4 2017年黄淮海鲜食玉米试验参试品种产量动态数据 （kg/亩）

项目	甜鲜穗	甜鲜籽粒	糯鲜穗	糯鲜籽粒
平均	816.64	576.42	836.77	555.87
标准差	58.65	68.34	57.27	35.81
最大值	904.20	680.74	939.67	618.52
最小值	728.54	500.08	735.88	495.86
变异系数	7.18	11.86	6.84	6.44

2017年北方（黄淮海）鲜食玉米试验参试糯玉米品种平均鲜果穗产量（不带苞叶）836.77kg/亩，其标准差为57.27；最高鲜果穗产量（不带苞叶）939.67kg/亩（郑白糯976），最低鲜果穗产量（不带苞叶）735.88kg/亩（斯达糯41），变异系数为6.84。

2017年北方（黄淮海）鲜食玉米试验参试糯玉米品种平均鲜籽粒产量555.87kg/亩，其标准差为35.81；最高鲜籽粒产量618.52kg/亩（密花甜糯3号），最低鲜籽粒产量495.86kg/亩（郑白糯8号），变异系数为6.44（图35-4）。

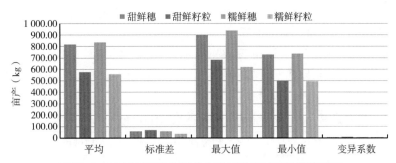

图35-4 2017年黄淮海鲜食玉米试验参试品种产量动态

（三）2018年

2018年北方（黄淮海）鲜食玉米试验参试甜玉米品种平均鲜果穗产量（不带苞叶）736.46kg/亩，其标准差为60.11；最高鲜果穗产量（不带苞叶）865.24kg/亩（斯达甜221），最低鲜果穗产量（不带苞叶）665.58kg/亩（中农大甜413），变异系数为8.16。

2018年北方（黄淮海）鲜食玉米试验参试甜玉米品种平均鲜籽粒产量511.97kg/亩，其标准差为54.38；最高鲜籽粒产量643.60kg/亩（斯达甜221），最低鲜籽粒产量429.10kg/亩（中农大甜413），变异系数为10.62（表35-5）。

表35-5 2018年黄淮海鲜食玉米试验参试品种产量动态数据 （kg/亩）

项目	甜鲜穗	甜鲜籽粒	糯鲜穗	糯鲜籽粒
平均	736.46	511.97	769.26	508.97
标准差	60.11	54.38	62.40	35.59
最大值	865.24	643.60	851.80	569.60
最小值	665.58	429.10	600.40	425.70
变异系数	8.16	10.62	8.11	6.99

2018年北方（黄淮海）鲜食玉米试验参试糯玉米品种平均鲜果穗产量（不带苞叶）769.26kg/亩；其标准差为62.40；最高鲜果穗产量（不带苞叶）851.80kg/亩（郑白糯976），最低鲜果穗产量（不带苞叶）600.40kg/亩（斯达糯41），变异系数为8.11（图35-5）。

2018年北方（黄淮海）鲜食玉米试验参试糯玉米品种平均鲜籽粒产量508.97kg/亩；其标准差为

35.59；最高鲜籽粒产量569.6kg/亩（郑白糯976），最低鲜籽粒产量425.70kg/亩（斯达糯44），变异系数为6.99（图35-5）。

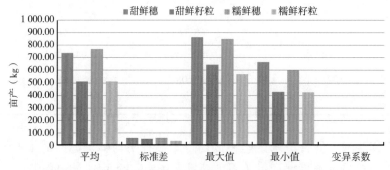

图35-5　2018年黄淮海鲜食玉米试验参试品种产量动态

（四）2019年

2019年北方（黄淮海）鲜食玉米试验参试甜玉米品种平均鲜果穗产量（带苞叶）824.75kg/亩；其标准差为68.63；最高鲜果穗产量（带苞叶）946.34kg/亩（耘甜60），最低鲜果穗产量（带苞叶）697.27kg/亩（高原丽人），变异系数为8.32。

2019年北方（黄淮海）鲜食玉米试验参试甜玉米品种平均鲜籽粒产量588.98kg/亩；其标准差为56.89；最高鲜籽粒产量688.30kg/亩（耘甜60），最低鲜籽粒产量504.30kg/亩（萃甜618），变异系数为9.66（表35-6）。

表35-6　2019年黄淮海鲜食玉米试验参试品种产量动态数据　　　　　　　　　（kg/亩）

项目	甜鲜穗	甜鲜籽粒	糯鲜穗	糯鲜籽粒
平均	824.75	588.98	852.56	564.31
标准差	68.63	56.89	66.28	40.23
最大值	946.34	688.30	942.50	628.90
最小值	697.27	504.30	653.60	459.00
变异系数	8.32	9.66	7.77	7.13

2019年北方（黄淮海）鲜食玉米试验参试糯玉米品种平均鲜果穗产量（带苞叶）852.56kg/亩，其标准差为66.28；最高鲜果穗产量（带苞叶）942.50kg/亩（万糯2018），最低鲜果穗产量（带苞叶）653.60kg/亩（斯达糯44），变异系数为7.77。

2019年北方（黄淮海）鲜食玉米试验参试糯玉米品种平均鲜籽粒产量564.31kg/亩，其标准差为40.23；最高鲜籽粒产量628.90kg/亩（金糯1902），最低鲜籽粒产量459.00kg/亩（斯达糯44），变异系数为7.13（图35-6）。

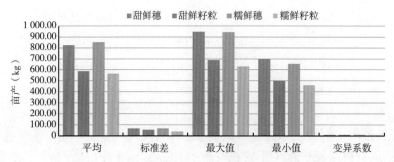

图35-6　2019年黄淮海鲜食玉米试验参试品种产量动态

（五）2020年

2020年北方（黄淮海）鲜食玉米试验参试甜玉米品种平均鲜果穗产量（带苞叶）808.77kg/亩，其标准差为51.41；最高鲜果穗产量（带苞叶）909.10kg/亩（萃甜616），最低鲜果穗产量（带苞叶）723.30kg/亩（中农大甜413），变异系数为6.36（表35-7）。

表35-7　2020年黄淮海鲜食玉米试验参试品种产量动态数据　　　　　　　　　　（kg/亩）

项目	甜鲜穗	甜鲜籽粒	糯鲜穗	糯鲜籽粒
平均	808.77	581.96	1 075.87	568.68
标准差	51.41	44.81	83.91	39.62
最大值	909.10	647.30	1 188.00	615.50
最小值	723.30	501.20	912.90	478.00
变异系数	6.36	7.70	7.80	6.97

2020年北方（黄淮海）鲜食玉米试验参试甜玉米品种平均鲜籽粒产量581.96kg/亩，其标准差为44.81；最高鲜籽粒产量647.30kg/亩（萃甜616），最低鲜籽粒产量501.20kg/亩（中农大甜413），变异系数为7.70。

2020年北方（黄淮海）鲜食玉米试验参试糯玉米品种平均鲜果穗产量（带苞叶）10 75.87kg/亩，其标准差为83.91；最高鲜果穗产量（带苞叶）1 188.00kg/亩（万糯2018），最低鲜果穗产量（带苞叶）912.9kg/亩（苏玉糯907），变异系数为7.80。

2020年北方（黄淮海）鲜食玉米试验参试糯玉米品种平均鲜籽粒产量568.68kg/亩，其标准差为39.62；最高鲜籽粒产量615.5kg/亩（金糯1902），最低鲜籽粒产量478.00kg/亩（苏玉糯907），变异系数为6.97（表35-8）。

表35-8　2016—2020黄淮海鲜食玉米各组平均产量　　　　　　　　　　　　　　（kg/亩）

类型	项目	2016年	2017年	2018年	2019年	2020年
甜玉米	平均鲜穗	787.53	816.64	736.46	824.75	808.77
	平均鲜粒	543.78	576.42	511.97	588.98	581.96
糯玉米	平均鲜穗	840.60	836.77	769.26	852.56	1 075.87
	平均鲜粒	549.13	555.87	508.97	564.31	568.68

2016—2020年北方（黄淮海）鲜食玉米参试品种分为甜糯各1组，产量性状包含鲜果穗产量和鲜籽粒产量，区组间产量变化趋势如下：甜玉米果穗和籽粒产量呈现不同程度的上升趋势，2018年整体偏低，可能因为气候等原因的影响；糯玉米组果穗和籽粒产量趋于平缓增长的趋势，2018年整体偏低。黄淮海区域参试品种来源广泛，品种表现易受环境影响；品种选育应注重区域适应性，适当提高中早熟期鲜食玉米品种的产量选育标准。中晚熟期的品种要注重适应性（图35-7）。

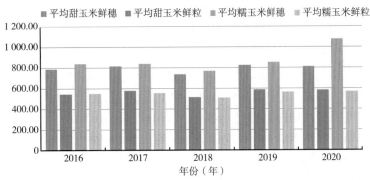

图35-7　2016—2020年黄淮海鲜食玉米试验参试品种鲜穗、鲜粒动态

第二节　2016—2020年北方（黄淮海）鲜食玉米
品种试验参试品种农艺性状动态分析

一、2016—2020年北方（黄淮海）鲜食玉米品种试验参试品种生育期动态分析

（一）甜玉米组

2016—2020年，北方（黄淮海）鲜食玉米试验甜玉米组参试品种平均生育日数分别为73.9d、75.47d、71.92d、72.00d和74.67d，其中2017年该组平均生育期最长，比2018年平均最短生育期多3.55d。该区组内生育期变异程度而言，2018年最大（4.77），2016年最小（1.90）。2020年的参试品种莘甜616和莘甜618生育期为80d，是5年期间该熟期组中生育期最长的品种；生育期最短的是2018年和2019年的BM380，生育期是67d，对照品种中农大甜413，生育期为72d，即5年内该熟期组品种间生育日数极差为13d（图35-8、表35-9）。

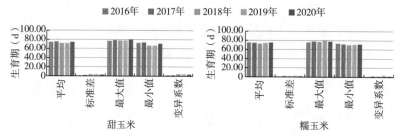

图35-8　2016—2020年黄淮海鲜食玉米试验参试品种生育期动态

表35-9　2016—2020年黄淮海鲜食玉米试验参试品种生育期动态分析　　　　（d）

类型		2016年	2017年	2018年	2019年	2020年
甜玉米生育期	平均	73.97	75.47	71.92	72.00	74.67
	标准差	1.41	1.77	3.43	3.28	3.06
	最大值	76.46	78.46	78.00	78.00	80.00
	最小值	72.46	73.31	67.00	67.00	71.00
	变异系数	1.90	2.34	4.77	4.55	4.09
糯玉米生育期	平均	74.85	74.73	72.78	74.05	75.06
	标准差	0.91	1.59	1.72	2.75	1.68
	最大值	76.00	77.77	77.00	81.00	78.00
	最小值	73.15	71.62	70.00	71.00	72.00
	变异系数	1.22	2.13	2.36	3.71	2.24

（二）糯玉米组

2016—2020年，北方（黄淮海）鲜食玉米试验糯玉米组参试品种平均生育日数分别为74.85d、74.73d、72.78d、74.05d和75.06d，其中2020年该组平均生育期最长，比2018年平均最短生育期多2.28d。该区组内生育期变异程度而言，2019年最大（3.71），2016年最小（1.22）。2019年的参试品种存玉糯1号生育期为81d，是5年期间该熟期组中生育期最长的品种；生育期最短的是2018年的景坡82，生育期是70d，对照品种苏玉糯2号生育期也是70d，即5年内，该熟期组品种间生育日数极差为12d。

（三）生育期分析

通过2016—2020年北方（黄淮海）鲜食玉米甜糯两组试验可以看出，甜玉米组生育期的变异系数明显高于糯玉米组，这与现实的试验情况相吻合，本区幅员辽阔，又是南北过渡交替区域，南北方的品种均在本区参试，尤其是近两年南方热带和亚热带品种地区选育的品种进入本组，如云南和广东等地，以及2020年以来应用的泰系种质明显增多等，使得本区域试验生育期拉长，给收获种等试验工作带来压力；糯玉米的试验相对来说压力略小些。但从甜糯玉米两组生育期最大值来看，本组试验生育期有增加的趋势，因此，提示育种家应注重早熟性的选择。

二、2016—2020年北方（黄淮海）鲜食玉米品种试验参试品种株高动态分析

（一）甜玉米组

2016—2020年北方（黄淮海）鲜食玉米试验甜玉米参试品种平均株高分别为241.85cm、243.95cm、219.34cm、229.13cm和229.56cm，其中2017年该组平均株高最高（郑甜177），比该区组最低平均株高（2018年）高24.61cm。就该区组内株高变异程度来看，2018年最大（13.90），2016年最小（5.99）。2019年参试品种晶甜9号的株高为290.0cm，是5年内株高最高的品种；2016年高原王子的株高最低，为170.32cm，即5年内该熟期组品种间株高极差为119.68cm（图35-9、表35-10）。

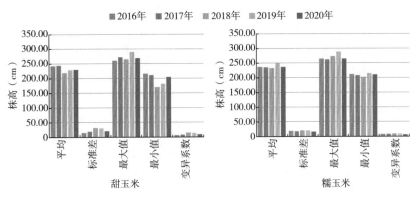

图35-9　2016—2020年黄淮海鲜食玉米试验参试品种株高动态

表35-10　2016—2020年黄淮海鲜食玉米试验参试品种株高动态分析　　　　　　　　（cm）

类型	项目	2016年	2017年	2018年	2019年	2020年
甜玉米株高	平均	241.85	243.95	219.34	229.13	229.56
	标准差	14.48	19.00	30.50	28.82	20.18
	最大值	260.69	271.57	265.33	290.00	269.00
	最小值	216.02	209.89	170.32	181.00	205.00
	变异系数	5.99	7.79	13.90	12.58	8.79
糯玉米株高	平均	237.26	235.62	232.58	249.55	236.89
	标准差	18.20	17.04	19.65	20.28	15.22
	最大值	264.86	262.40	272.97	288.00	265.00
	最小值	212.55	207.49	202.14	215.00	210.00
	变异系数	7.67	7.23	8.45	8.13	6.43

（二）糯玉米组

2016—2020年北方（黄淮海）鲜食玉米试验糯玉米参试品种平均株高分别为237.26cm、235.62cm、232.58cm、249.55cm和236.89cm，其中2019年该组平均株高最高，比该区组最低平均株高（2018年）高16.97cm。就该区组内株高变异程度来看，2018年最大（8.45），2020年最小（6.43）。2019年参试品种徽甜糯810的株高为288.00cm，是5年内株高最高的品种；2016年京科糯617的株高最低，为202.14cm，即5年内该熟期组品种间株高极差为85.86cm。

（三）株高分析

通过2016—2020年北方（黄淮海）鲜食玉米甜糯两组试验可以看出，甜玉米组株高的变异系数明显高于糯玉米组，高矮差异明显，这与现实的试验情况相吻合，南方的含有热源的品种的参试加入，是本区域试验验品种株高变异系数较大的其中一个因素。糯玉米也存在类似问题。因此本区域试验株高有增高趋势，使得试验风险相对增高。

三、2016—2020年北方（黄淮海）鲜食玉米品种试验参试品种穗位高动态分析

（一）甜玉米组

2016—2020年北方（黄淮海）鲜食玉米试验甜玉米参试品种平均穗位分别为89.82cm、96.92cm、83.82cm、80.63cm和81.00cm，其中2017年该组平均穗位最高，比该区组最低平均穗位（2019年）高16.29cm。就该区组内穗位变异程度来看，2018年最大（28.55），2016年最小（10.18）。2017年参试品种郑甜177的穗位为130.85cm，是5年内穗位最高的品种；2018年双甜2018的穗位最低，为52.68cm，即5年内，该熟期组品种间穗位极差为78.17cm（图35-10、表35-11）。

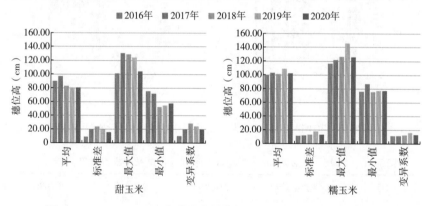

图35-10 2016—2020年黄淮海鲜食玉米试验参试品种穗位高动态

表35-11 2016—2020年黄淮海鲜食玉米试验参试品种穗位高动态分析 （cm）

类型	项目	2016年	2017年	2018年	2019年	2020年
甜玉米穗位	平均	89.82	96.92	83.32	80.63	81.00
	标准差	9.14	19.49	23.79	19.53	15.80
	最大值	101.12	130.85	128.54	124.00	104.00
	最小值	75.46	71.94	52.68	55.00	58.00
	变异系数	10.18	20.10	28.55	24.22	19.50
糯玉米穗位	平均	100.07	103.16	101.07	108.65	102.39
	标准差	11.73	11.91	13.12	17.84	13.57
	最大值	116.42	121.48	126.32	146.00	126.00
	最小值	76.08	87.22	75.45	77.00	77.00
	变异系数	11.72	11.54	12.98	16.42	13.25

（二）糯玉米组

2016—2020年北方（黄淮海）鲜食玉米试验糯玉米参试品种平均穗位分别为100.07cm、103.16cm、101.07cm、108.65cm和102.39cm，其中2019年该组平均穗位最高，比该区组最低平均穗位（2016年）高8.58cm。就该区组内穗位变异程度来看，2019年最大（16.42），2017年最小（11.54）。2019年参试品种苏玉糯1802的穗位为146.00cm，是5年内穗位最高的品种；2018年京科糯617的穗位最低，为75.45cm，即5年内该熟期组品种间穗位极差为67.83cm。

（三）穗位分析

通过2016—2020年北方（黄淮海）鲜食玉米甜糯两组试验可以看出，甜玉米组穗位的变异系数明显高于糯玉米组，高矮差异较为明显，这与现实的试验情况相吻合，南方的含有热源的品种的参试加入，是本区域试验品种穗位变异系数较大的其中一个因素。但穗位风险明显低于株高，这与近年来新种质的引入利用和育种家多年选育，强调强秆低穗位的育种目标密不可分，试验中初见成效。

四、2016—2020年北方（黄淮海）鲜食玉米品种试验参试品种倒伏倒折率动态分析

（一）甜玉米组

2016—2020年北方（黄淮海）鲜食玉米试验甜玉米参试品种平均倒伏倒折率分别为9.59%、2.02%、3.88%、4.19%和4.19%，其中2016年该组平均倒伏倒折率最高，2017年平均倒伏倒折率最低。就该区组内倒伏倒折率的变异程度较为剧烈，2019年最大（92.73），2016年最小（51.91）。2016年参试品种农科甜601的倒伏倒折率为18.19%，是5年内倒伏倒折率最高的品种；2017年沪甜2号的倒伏倒折率最低，为0.12%。本组内变异系数明显大，说明倒伏倒折率年度间存在明显差异，同时区组内存在明显不抗倒伏倒折率的品种（图35-11、表35-12）。

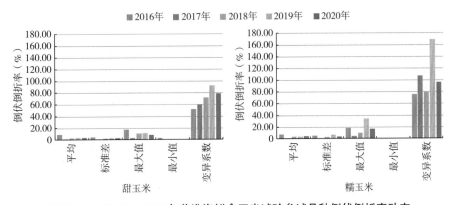

图35-11 2016—2020年黄淮海鲜食玉米试验参试品种倒伏倒折率动态

表35-12 2016—2020年黄淮海鲜食玉米试验参试品种倒伏倒折率动态分析 （%）

类型	项目	2016年	2017年	2018年	2019年	2020年
	平均	9.59	2.02	3.88	4.19	4.19
	标准差	4.98	1.21	2.80	3.88	3.29
甜玉米倒伏倒折率	最大值	18.19	3.82	11.20	12.10	9.00
	最小值	3.38	0.12	1.20	0.20	0.70
	变异系数	51.91	60.12	72.27	92.73	78.61

（续表）

类型	项目	2016年	2017年	2018年	2019年	2020年
糯玉米倒伏倒折率	平均	8.19	1.29	4.18	4.53	4.79
	标准差	6.19	1.39	3.37	7.65	4.61
	最大值	18.80	5.04	10.60	35.10	16.90
	最小值	0.48	0	0	0	0
	变异系数	75.58	107.79	80.64	169.13	96.16

（二）糯玉米组

2016—2020年北方（黄淮海）鲜食玉米试验糯玉米参试品种平均倒伏倒折率分别为8.19%、1.29%、4.18%、4.53%和4.79%，其中2016年该组平均倒伏倒折率最高，2017年平均倒伏倒折率最低。本区组内倒伏倒折的变异程度较为剧烈，2019年最大（169.13），2016年最小（75.58）。2016年参试品种华耐黑糯57的倒伏倒折率为35.10%，是5年内倒伏倒折率最高的品种；2017—2020年对照苏玉糯2号的倒伏倒折率均为0。本组内变异系数明显大，说明倒伏倒折率年度间存在明显差异，同时区组内存在明显不抗倒伏倒折的品种。

（三）倒伏倒折率分析

通过2016—2020年北方（黄淮海）鲜食玉米甜糯两组试验可以看出，甜玉米组和糯玉米组倒伏倒折率的变异系数明显，但平均倒伏倒折率为1.29%～9.59%，5年间最高倒伏倒折率35.10%，2017—2020年对照的倒伏倒折率为0，从一个侧面说明参试品种中存在明显不抗倒伏倒折的品种，但从倒伏倒折率平均上来看，甜糯玉米参试品种在抗倒伏倒折方面有明显改善，同时提示育种家在适当降低株高穗位提高抗倒伏倒折能力外，也要重视提高茎秆韧度等其他方面的手段，同时增加多点鉴定试验，也是筛选抗倒伏倒折的重要途径。

五、2016—2020年北方（黄淮海）鲜食玉米品种试验参试品种空秆率动态分析

（一）甜玉米组

2016—2020年北方（黄淮海）鲜食玉米试验甜玉米参试品种平均空秆率分别为3.98%、2.51%、2.13%、2.95%和2.40%，其中2016年该组平均空秆率最高，2018年平均空秆率最低。该区组内空秆率的变异程度较大，2020年最大（79.88），2017年最小（46.84）。2016年参试品种BM800的空秆率为8.56%，是5年内空秆率最高的品种；2019年斯达甜222的空秆率最低，为0.30%。本组内变异系数值明显大，说明空秆率年度间存在明显差异，属于气候原因；同时区组内存在明显空秆率高的品种（图35-12、表35-13）。

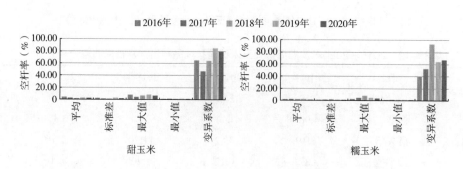

图35-12　2016—2020年黄淮海鲜食玉米试验参试品种空秆率动态

表35-13　2016—2020年黄淮海鲜食玉米试验参试品种空秆率动态分析　　　　（%）

类型	项目	2016年	2017年	2018年	2019年	2020年
甜玉米空秆率	平均	3.98	2.51	2.13	2.95	2.40
	标准差	2.58	1.18	1.37	2.50	1.92
	最大值	8.56	4.49	6.30	8.20	6.50
	最小值	1.22	0.91	0.70	0.30	0.80
	变异系数	64.89	46.84	64.15	84.86	79.88
糯玉米空秆率	平均	1.62	1.64	1.96	1.54	1.22
	标准差	0.66	0.86	1.84	0.99	0.82
	最大值	2.89	3.88	8.00	4.00	3.40
	最小值	0.40	0.38	0.50	0.40	0.30
	变异系数	40.65	52.77	93.64	64.50	67.44

（二）糯玉米组

2016—2020年北方（黄淮海）鲜食玉米试验糯玉米参试品种平均空秆率分别为1.62%、1.64%、1.96%、1.54%和1.22%，其中2018年该组平均空秆率最高，2020年平均空秆率最低。该区组内空秆率的变异程度较大，2018年最大（93.64），2016年最小（40.65）。2018年参试品种花糯680的空秆率为8.00%，是5年内空秆率最高的品种；2020年斯达糯50的空秆率最低，为0.30%。本组内变异系数值明显大，说明空秆率年度间存在明显差异，属于气候原因；但更多的因素是区组内存在明显空秆率高的品种。

（三）空秆率分析

通过2016—2020年北方（黄淮海）鲜食玉米甜糯两组试验可以看出，甜玉米组和糯玉米组空秆率的变异系数明显，但平均空秆率为1.22%～3.98%，5年间最高空秆率8.56%，而变异系数最大值达到93.64%，从一个侧面说明参试品种中存在明显空秆率高的品种，从空秆率平均上来看，糯玉米参试品种在空秆率方面优于甜玉米，这从一个侧面说明甜玉米更多的来自本区之外，参试前缺乏在本区的多点适应性鉴定。同时提示参试单位应增加多点鉴定试验和密度试验。

六、2016—2020年北方（黄淮海）鲜食玉米品种试验参试品种穗长动态分析

（一）甜玉米组

2016—2020年北方（黄淮海）鲜食玉米试验甜玉米参试品种平均穗长分别为20.25cm、20.00cm、19.01cm、19.95cm和16.14cm，其中2016年该组平均穗长最长，2020年平均穗长最短。该区组内穗长的变异程度2016年最大（7.33），2020年最小（2.13）。2017年参试品种双甜318的穗长为22.22cm，是5年内穗长最长的品种；2020年萃甜618的穗长最短，为15.60cm。本组内变异系数值为2.13～7.33，说明穗长年度间存在差异；同时区组内也存在明显果穗较长的品种，但穗长这一性状总的趋势是变短变均匀，这与产业对鲜食玉米产品的要求密切相关（图35-13、表35-14）。

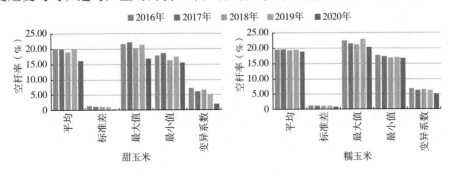

图35-13　2016—2020年黄淮海鲜食玉米试验参试品种空秆率动态

表35-14　2016—2020年黄淮海鲜食玉米试验参试品种空秆率动态分析　　（cm）

类型	项目	2016年	2017年	2018年	2019年	2020年
甜玉米穗长	平均	20.25	20.00	19.01	19.95	16.14
	标准差	1.48	1.23	1.27	1.04	0.34
	最大值	21.73	22.22	20.40	21.40	16.90
	最小值	17.88	18.65	16.40	17.50	15.60
	变异系数	7.33	6.16	6.71	5.21	2.13
糯玉米穗长	平均	19.68	19.65	19.39	19.48	18.94
	标准差	1.34	1.22	1.28	1.21	0.98
	最大值	22.52	21.58	21.20	22.90	20.40
	最小值	17.85	17.38	16.90	17.00	16.80
	变异系数	6.80	6.23	6.60	6.22	5.16

（二）糯玉米组

2016—2020年北方（黄淮海）鲜食玉米试验甜玉米参试品种平均穗长分别为19.68cm、19.65cm、19.39cm、19.48cm和18.94cm，其中2016年该组平均穗长最长，2020年平均穗长最短。该区组内穗长的变异程度2016年最大（6.80），2020年最小（5.16）。2019年参试品种华耐黑糯57的穗长为22.90cm，是5年内穗长最长的品种；2020年苏玉糯的穗长最短，为16.80cm。本组内变异系数值为5.16～6.8，说明穗长年度间差异不大；同时区组内也存在明显果穗较长的品种，但穗长这一性状总的趋势是趋于平稳，一般为19～20cm，强调群体均匀，这与产业对鲜食玉米产品的要求密切相关。

（三）穗长动态分析

通过2016—2020年北方（黄淮海）鲜食玉米甜糯两组试验可以看出，甜玉米组和糯玉米组穗长的变异系数不大，平均为2.13～7.33cm，有逐年变小趋势；平均穗长为16.14～20.25cm，5年间最长22.90m，最短16.14m；两个极值均出现在2019—2020年，穗长这一性状趋于平稳在19～20cm，变异系数逐年递减说明产业的发展要求果穗的均匀程度在提高，在均穗的基础上长大穗的出现，说明甜糯玉米目前高产型品种仍然是育种家和市场追求的主题。但均匀果穗已经成为鲜食玉米的基础。

七、2016—2020年北方（黄淮海）鲜食玉米品种试验参试品种穗行数和行粒数动态分析

（一）甜玉米组

2016—2017年北方（黄淮海）鲜食玉米试验甜玉米参试品种平均穗行数为15.75和14.91，2018—2020年申报改为系统申报，数值为12～20，5年间穗行数最多为22行，最少为12行，一般为12～18行，变异系数6.07～8.42。

2016—2020年北方（黄淮海）鲜食玉米试验甜玉米参试品种平均行粒数分别为36.62、37.99、34.76、37.67和37.29，其中2017年该组平均行粒数最多，2018年平均行粒数最少。该区组内行粒数的变异程度2018年最大（8.06），2016最小（2.10）。2019年参试品种萃甜616的行粒数为42.50，是5年内行粒数最大的品种；2018年双甜2018的行粒数最少，为30.70。本组内变异系数值1.10～8.06，说明行粒数年度间存在差异；同时区组内也存在明显行粒数较多的品种，结合穗长性状结果，总的趋势果穗变均匀，但结实封顶性状明显好转（图35-14、表35-15）。

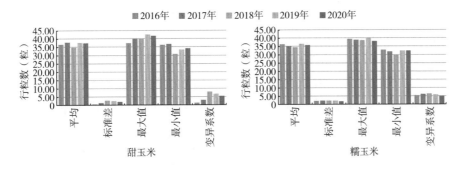

图35-14 2016—2020年黄淮海鲜食玉米试验参试品种行粒数动态

表35-15 2016—2020年黄淮海鲜食玉米试验参试品种行粒数动态分析 （粒）

类型	项目	2016年	2017年	2018年	2019年	2020年
甜玉米行粒数	平均	36.62	37.99	34.76	37.67	37.29
	标准差	0.40	1.17	2.80	2.51	1.99
	最大值	37.39	40.00	40.30	42.50	41.70
	最小值	36.27	36.72	30.70	33.50	34.30
	变异系数	1.10	3.08	8.06	6.67	5.34
糯玉米行粒数	平均	36.38	35.18	34.47	36.65	35.82
	标准差	1.98	2.19	2.18	2.13	1.80
	最大值	39.35	38.81	38.60	39.90	38.10
	最小值	32.85	31.82	30.10	32.40	32.30
	变异系数	5.44	6.24	6.32	5.82	5.04

（二）糯玉米组

2016—2017年北方（黄淮海）鲜食玉米试验糯玉米参试品种平均穗行数为14.75和14.62，2018—2020年申报改为系统申报，数值为12～20，5年间穗行数最多为20行，最少为12行，一般为12～18行。

2016—2020年北方（黄淮海）鲜食玉米试验糯玉米参试品种平均行粒数分别为36.38、35.18、34.47、36.65和35.82，其中2017年该组平均行粒数最多，2018年平均行粒数最少。该区组内行粒数的变异程度2018年最大（6.32），2020年最小（5.04）。2019年参试品种花糯680的行粒数为39.90，是5年内行粒数最多的品种；2018年京科糯617的行粒数最少，为30.10。本组内变异系数值5.04～6.32，说明行粒数年度间存在差异；同时区组内也存在明显行粒数较多的品种，结合穗长性状结果，总的趋势果穗变均匀，但结实封顶性状明显好转。

（三）果穗行数和行粒数动态分析

通过2016—2020年北方（黄淮海）鲜食玉米甜糯两组试验可以看出，甜玉米组和糯玉米组果穗行数和行粒数的变异系数不大，平均为1.10～8.06；总体看，甜玉米波动大于糯玉米。穗行数稳定在12～18，综合分析，行粒数的增加主要来源于果穗秃尖变短和果穗结实封顶变好，区组内也存在明显穗行数和行粒数较多的品种，结合穗长性状结果，总的趋势果穗变均匀，果穗结实与封顶变好。鲜食玉米产业的发展要求长大穗的基础上，要求均匀性和结实封顶好的品种，使品种外观和商品性更好。

八、2016—2020年北方（黄淮海）鲜食玉米品种试验参试品种百粒重动态分析

（一）甜玉米组

2016—2020年北方（黄淮海）鲜食玉米试验甜玉米参试品种平均百粒重分别为34.12g、34.82g、

34.18g、34.75g和35.37g，其中2019年该组平均百粒重最高，2016年平均百粒重最低。该区组内百粒重的变异程度，2016年最大（13.32），2019年最小（6.87）。2017年参试品种双甜318的百粒重为39.98g，是5年内百粒重最重的品种；2018年郑甜186的百粒重最少，为27.00g。本组内变异系数值6.87～13.32，说明百粒重年度间存在差异；同时区组内也存在明显籽粒大或小、百粒重高或低的品种。甜玉米籽粒随着产业发展，呈现多元化，市场既需要大籽粒加工型品种，也需要籽粒深米粒相对较小的品种（图35-15、表35-16）。

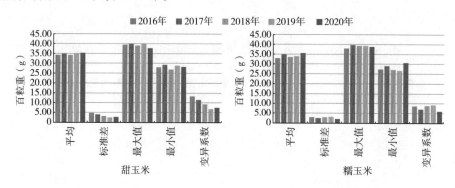

图35-15　2016—2020年黄淮海鲜食玉米试验参试品种百粒重动态

表35-16　2016—2020年黄淮海鲜食玉米试验参试品种百粒重动态分析　（g）

类型	项目	2016年	2017年	2018年	2019年	2020年
甜玉米鲜百粒重	平均	34.12	34.82	34.18	34.75	35.37
	标准差	4.54	3.97	3.17	2.39	2.70
	最大值	39.55	39.98	38.90	39.80	37.60
	最小值	28.02	29.30	27.00	28.80	28.30
	变异系数	13.32	11.39	9.29	6.87	7.62
糯玉米鲜百粒重	平均	32.82	34.80	33.47	33.99	35.44
	标准差	2.86	2.46	2.99	3.16	2.08
	最大值	38.00	39.74	39.30	39.20	38.80
	最小值	27.25	29.20	27.10	26.70	30.60
	变异系数	8.72	7.07	8.92	9.31	5.88

（二）糯玉米组

2016—2020年北方（黄淮海）鲜食玉米试验糯玉米参试品种平均百粒重分别为32.82g、34.80g、33.47g、33.99g和35.44g，其中2020年该组平均百粒重最高，2016年平均百粒重最低。该区组内百粒重的变异程度，2019年最大（9.31），2017年最小（7.07）。2017年参试品种密花甜糯3号的百粒重为39.74g，是5年内百粒重最高的品种；2019年存玉糯1号的百粒重最低，为26.70g。本组内变异系数值5.88～9.31，说明百粒重年度间存在差异；同时区组内也存在明显籽粒大或小、百粒重高或低的品种。糯加甜玉米品种的出现，也使得籽粒百粒重呈现变化。

（三）百粒重动态分析

通过2016—2020年北方（黄淮海）鲜食玉米甜糯两组试验可以看出，甜玉米组和糯玉米组百粒重的变异系数不大，平均为6.87～13.32；总体看甜玉米变化大于糯玉米。百粒重年度间存在差异，但年度间变化不大，百粒重最大值出现在2017年；同时区组内也存在明显籽粒大或小、百粒重高或低的品种。甜玉米籽粒随着产业发展，呈现多元化，市场既需要大籽粒加工型品种，也需要籽粒百粒重相对较小的品种。糯加甜玉米品种的出现，也使得籽粒百粒重呈现变化。

九、2016—2020年北方（黄淮海）鲜食玉米品种试验参试品种出籽率动态分析

（一）甜玉米组

2016—2020年北方（黄淮海）鲜食玉米试验甜玉米参试品种平均出籽率分别为68.75%、68.23%、67.39%、70.48%和70.70%，其中2020年该组平均出籽率最高，2018年平均出籽率最低。该区组内出籽率的变异程度，2017年最大（6.62），2016年最小（3.27）。2019年参试品种高原丽人的出籽率为75.90%，是5年内出籽率最高的品种；2018年中农大甜413的出籽率最低，为60.60%。本组内变异系数值3.27~6.62，出籽率年度间差异不大，但区组内存在明显差异（图35-16、表35-17）。

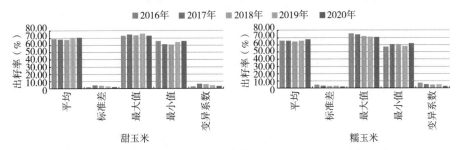

图35-16　2016—2020年黄淮海鲜食玉米试验参试品种出籽率动态

表35-17　2016—2020年黄淮海鲜食玉米试验参试品种出籽率动态分析 （%）

类型	项目	2016年	2017年	2018年	2019年	2020年
甜玉米鲜出籽率	平均	68.75	68.23	67.39	70.48	70.70
	标准差	2.25	4.52	4.15	3.47	2.61
	最大值	72.86	75.00	73.60	75.90	73.40
	最小值	65.98	61.59	60.60	64.50	65.60
	变异系数	3.27	6.62	6.16	4.92	3.69
糯玉米鲜出籽率	平均	65.87	65.49	64.47	65.80	67.73
	标准差	4.85	3.75	3.11	3.63	2.20
	最大值	75.54	74.52	71.80	71.40	70.40
	最小值	57.40	60.72	60.60	58.20	62.20
	变异系数	7.36	5.72	4.83	5.52	3.25

（二）糯玉米组

2016—2020年北方（黄淮海）鲜食玉米试验糯玉米参试品种平均出籽率分别为65.87%、65.49%、64.47%、65.80%和67.73%，其中，2020年该组平均出籽率最高，2018年平均出籽率最低。该区组内出籽率的变异程度，2016年最大（7.36），2020年最小（3.25）。2016年参试品种密花甜糯3号的出籽率为75.54%，是5年内出籽率最高的品种；2018年万黄糯253的出籽率最低，为57.40%。本组内变异系数值3.25~7.36，出籽率年度间差异不大，但区组内存在明显差异。

（三）出籽率动态分析

通过2016—2020年北方（黄淮海）鲜食玉米甜糯两组试验可以看出，甜玉米组和糯玉米组出

籽率的变异系数波动不大，为3.25～7.36；总体看，糯玉米变化大于甜玉米。出籽率年度间存在差异，但年度间变化不大，出籽率最大值出现在2016年；区组内也存在明显籽粒大或小、出籽率高或低的品种。出籽率高低还受到脱粒方法、收获期早晚等诸多试验影响；总的看，糯玉米出籽率明显高于甜玉米。甜玉米和糯玉米出籽率平均为64.47%～70.70%，总体水平偏高，结合动态分析结果，鲜食玉米参试品种秃尖性状明显减小、果穗趋于均匀、结实封顶好，相对提高了出籽率水平。

第三节 2016—2020年北方（黄淮海）鲜食玉米品种试验参试品种品质性状动态分析

一、2016—2020年北方（黄淮海）鲜食玉米品种试验参试品种品尝品质动态分析

（一）甜玉米组

2016—2020年北方（黄淮海）鲜食玉米试验甜玉米参试品种品尝品质是由专家对外观感官品质、气味、风味、色泽、甜度、柔嫩性和皮的薄厚等7个方面依据标准给予评分，最后平均汇总。本组平均品尝鉴定得分分别为85.29、86.65、84.08、85.02和85.89，其中，2017年该组平均品尝鉴定得分最高，2018年平均品尝鉴定得分最低。该区组内品尝鉴定得分的变异程度，2018年最大（2.19），2017年最小（1.17）。2020年参试品种黑玫瑰13的品尝鉴定得分为89，是5年内品尝品质最高的品种；2018年高原王子的品尝鉴定得分最低，为80.30。本组内变异系数值1.17～2.13，品尝鉴定得分年度间差异不大，但区组内品种间存在明显差异；同时品尝鉴定的结果也受品尝专家对标准的解读与个人偏好关联（图35-17、表35-18）。

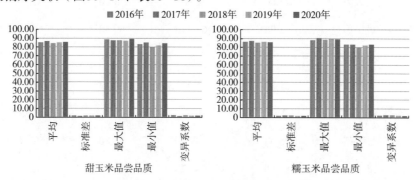

图35-17 2016—2020年黄淮海鲜食玉米试验参试品种专家品尝品质动态

表35-18 2016—2020年黄淮海鲜食玉米试验参试品种专家品尝品质动态分析　（分）

类型	项目	2016年	2017年	2018年	2019年	2020年
甜玉米品尝品质	平均	85.29	86.65	84.08	85.02	85.89
	标准差	1.81	1.01	1.84	1.49	1.44
	最大值	88.52	87.79	87.70	87.20	89.00
	最小值	83.33	85.00	80.30	81.60	84.00
	变异系数	2.13	1.17	2.19	1.75	1.68
糯玉米品尝品质	平均	86.20	87.14	85.35	86.19	85.59
	标准差	1.72	2.26	2.31	1.85	1.49
	最大值	88.35	90.35	88.50	89.80	89.00
	最小值	83.20	83.31	80.40	82.30	83.00
	变异系数	2.00	2.60	2.70	2.15	1.74

（二）糯玉米组

2016—2020年北方（黄淮海）鲜食玉米试验糯玉米参试品种品尝品质是由专家对外观感官品质、气味、风味、色泽、甜度、柔嫩性和皮的薄厚等7个方面依据标准给予评分，最后平均汇总。本组平均品尝鉴定得分分别为86.20、87.14、85.35、86.19和85.59，其中，2017年该组平均品尝鉴定得分最高，2018年平均品尝鉴定得分最低。该区组内品尝鉴定得分的变异程度，2018年最大（2.709），2020年最小（1.74）。2017年参试品种斯达糯41的品尝鉴定得分为90.35，是5年内品尝品质最高的品种；2018年苏玉糯1702的品尝鉴定得分最低，为80.40。本组内变异系数值1.74～2.70，品尝鉴定平均得分年度间差异不大，但区组内品种间存在明显差异；同时品尝鉴定的结果也受品尝专家对标准的解读，也与个人偏好关联。

（三）品尝鉴定动态分析

通过2016—2020年北方（黄淮海）鲜食玉米甜糯两组试验可以看出，甜玉米组和糯玉米组品尝鉴定的变异系数波动不大，为1.17～2.70；总体看，糯玉米变化大于甜玉米。品尝鉴定年度间存在差异，但年度间变化不大，品尝鉴定最大值出现在2017年，最小值出现在2018年；总的看，糯玉米品尝鉴定得分略高于甜玉米。糯玉米品尝鉴定总体水平偏高，结合动态分析结果，糯玉米5年来品尝评分较高，与我国糯玉米育种水平整体提升相符，甜玉米品尝品质偏低也与其对采收要求较高相关。

二、2016—2020年北方（黄淮海）鲜食玉米品种试验参试品种检测品质动态分析

2016—2020年北方（黄淮海）鲜食玉米试验甜糯玉米参试品种室内检测品质是由河南农业大学检测，甜玉米主要是对还原性糖、水溶性糖和皮渣率等3项进行检测；糯玉米主要是对粗淀粉、支链淀粉和皮渣率等3个方面进行检测。

（一）2016—2020年北方（黄淮海）鲜食玉米品种试验参试甜玉米品种还原性糖动态分析

2016—2020年北方（黄淮海）鲜食玉米试验甜玉米参试品种平均还原性糖含量分别为8.02、7.92、8.01、7.60和7.40；其中2016年该组平均还原性糖最高，2020年平均还原性糖最低。该区组内平均还原性糖的变异程度，2016年最大（6.56），2020年最小（3.50）。2018年参试品种洛单甜2号还原性糖为8.75，是5年内还原性糖含量最高的品种；2020年萃甜616的还原性糖含量最低，为7.05。本组内变异系数值3.50～6.56，还原性糖年度间差异不大，但区组内品种间存在明显差异（图35-18）。

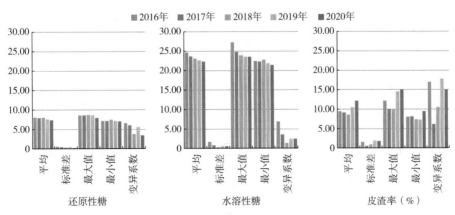

图35-18　2016—2020年黄淮海鲜食玉米试验参试品种甜玉米品质检测动态

（二）2016—2020年北方（黄淮海）鲜食玉米品种试验参试甜玉米品种水溶性糖动态分析

2016—2020年北方（黄淮海）鲜食玉米试验甜玉米参试品种平均水溶性糖含量分别为24.76、23.70、23.16、22.68和22.39；其中2016年该组平均水溶性糖最高，2020年平均水溶性糖最低。该区组内平均水溶性糖的变异程度2018年最大（1.30），2016最小（6.93）。2016年参试品种双甜318水溶性糖为27.32，是5年内还原性糖含量最高的品种；2020年萃甜616的还原性糖含量最低为21.52。本组内变异系数值1.30～6.93，还原性糖年度间差异不大，但区组内品种间存在明显差异（表35-19）。

（三）2016—2020年北方（黄淮海）鲜食玉米品种试验参试甜玉米品种皮渣率动态分析

2016—2020年北方（黄淮海）鲜食玉米试验甜玉米参试品种平均皮渣率分别为9.51%、9.15%、8.06%、10.57%和12.25%；其中2020年该组平均皮渣率最高，2018年平均皮渣率最低。该区组内平均皮渣率的变异程度2019年最大（17.76），2017年最小（6.21）。2020年参试品种沪雪甜1号皮渣率为15.16%，是5年内皮渣率最高的品种；2019年BM380的皮渣率最低为7.29%。本组内变异系数值6.21～17.76，表明皮渣率年度间和区组内品种间存在明显差异；品种皮渣率最主要的是品种特性，其次与采收期、昼夜温差和水分含量关联（表35-19）。

表35-19　2016—2020年黄淮海鲜食玉米试验参试品种甜玉米品质检测动态分析

类型	项目	2016年	2017年	2018年	2019年	2020年
还原性糖	平均	8.02	7.92	8.01	7.60	7.40
	标准差	0.53	0.48	0.30	0.43	0.26
	最大值	8.65	8.65	8.75	8.67	7.95
	最小值	7.18	7.14	7.52	7.16	7.05
	变异系数	6.56	6.08	3.76	5.61	3.50
水溶性糖	平均	24.76	23.70	23.16	22.68	22.39
	标准差	1.72	0.84	0.30	0.55	0.55
	最大值	27.32	24.87	23.94	23.64	23.62
	最小值	22.46	22.33	22.79	21.89	21.52
	变异系数	6.93	3.56	1.30	2.44	2.48
皮渣率（%）	平均	9.51	9.15	8.60	10.57	12.25
	标准差	1.61	0.57	0.91	1.88	1.85
	最大值	12.24	9.93	10.02	14.51	15.16
	最小值	8.09	8.13	7.42	7.29	9.49
	变异系数	16.95	6.21	10.53	17.76	15.06

（四）2016—2020年北方（黄淮海）鲜食玉米品种试验参试糯玉米品种粗淀粉动态分析

2016—2020年北方（黄淮海）鲜食玉米试验糯玉米参试品种平均粗淀粉含量分别为59.86%、69.54%、59.64%、64.15%和63.28%；其中2017年该组平均粗淀粉最高，2018年平均粗淀粉最低。该区组内平均粗淀粉的变异程度，2019年最大（6.83），2017年最小（1.93）。2017年参试品种苏玉糯1602粗淀粉为72.36%，是5年内粗淀粉含量最高的品种；2018年万糯158的粗淀粉含量最低为55.30%。本组内变异系数值1.93～6.83，粗淀粉年度间差异不大，但区组内品种间存在明显差异。

（五）2016—2020年北方（黄淮海）鲜食玉米品种试验参试糯玉米品种支链淀粉/总淀粉动态分析

2016—2020年北方（黄淮海）鲜食玉米试验糯玉米参试品种平均支链淀粉/总淀粉分别为97.86%、97.86%、97.87%、97.97%和98.20%；其中2020年该组平均支链淀粉/总淀粉最高，2016年和2017年平均支链淀粉/总淀粉较低。该区组内平均支链淀粉/总淀粉的变异程度2020年最大（0.69），2018年最小（0.41）。2020年参试品种郑白甜糯5号支链淀粉/总淀粉为99.57%，是5年内支链淀粉/总淀粉含量最高的品种；2019年吉农糯111的支链淀粉/总淀粉含量最低为97.02%。本组内变异系数值0.41～0.69，支链淀粉/总淀粉年度间差异不大，但区组内品种间存在差异。

（六）2016—2020年北方（黄淮海）鲜食玉米品种试验参试糯玉米品种皮渣率动态分析

2016—2020年北方（黄淮海）鲜食玉米试验糯玉米参试品种平均皮渣率分别为7.72%、8.45%、5.89%、7.70%和8.18%；其中2017年该组平均皮渣率最高，2018年平均皮渣率最低。该区组内平均皮渣率的变异程度2020年最大（22.82%），2016年最小（7.24%）。2020年参试品种金糯1902皮渣率为12.70%，是5年内皮渣率最高的品种；2018年斯达糯41的皮渣率最低为3.96%。本组内变异系数值7.24～22.82，皮渣率年度间存在差异，区组内品种间存在较大差异；品种皮渣率最主要的影响因素是品种特性，其次与采收期、昼夜温差和水分含量关联（图35-19、表35-20）。

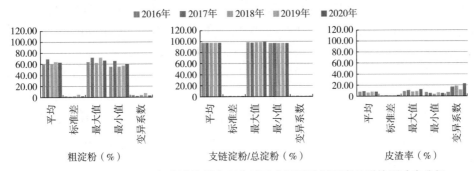

图35-19 2016—2020年黄淮海鲜食玉米试验参试品种糯玉米品质检测动态分析

表35-20 2016—2020年黄淮海鲜食玉米试验参试品种糯玉米品质检测动态分析

类型	项目	2016年	2017年	2018年	2019年	2020年
粗淀粉（%）	平均	59.86	69.54	59.64	64.15	63.28
	标准差	2.17	1.34	2.18	4.38	1.74
	最大值	64.31	72.36	62.91	72.00	66.86
	最小值	55.54	66.48	55.30	57.29	60.92
	变异系数	3.62	1.93	3.66	6.83	2.75
支链淀粉/总淀粉（%）	平均	97.86	97.86	97.87	97.97	98.20
	标准差	0.47	0.44	0.40	0.60	0.68
	最大值	98.62	98.54	98.82	99.01	99.57
	最小值	97.21	97.28	97.34	97.02	97.25
	变异系数	0.48	0.45	0.41	0.61	0.69

（续表）

类型	项目	2016年	2017年	2018年	2019年	2020年
	平均	7.72	8.45	5.89	7.70	8.18
	标准差	0.56	1.37	1.10	0.88	1.87
皮渣率（%）	最大值	8.74	10.21	8.11	9.19	12.70
	最小值	6.92	5.09	3.96	6.45	5.62
	变异系数	7.24	16.25	18.59	11.40	22.82

第四节　2016—2020年北方（黄淮海）鲜食玉米品种试验参试品种抗性性状动态分析

一、2016—2020年北方（黄淮海）鲜食甜玉米品种抗性性状动态分析

2016—2020年，参加北方（黄淮海）鲜食甜玉米抗性鉴定的品种共计46份（不排除重复的品种，不含对照品种），其中2016年参试4份，2017年参试5份，2018年参试12份，2019年参试16份，2020年参试9份。在人工接种条件下，对小斑病、瘤黑粉病、矮花叶病、禾谷镰孢茎腐病（仅2016、2017年进行）和丝黑穗病（仅2018—2020年进行）进行抗性评价。

1. 甜玉米小斑病

2016—2020年参试甜玉米小斑病抗性鉴定结果显示：高抗品种2份（2019年），占参试品种的4.5%；抗病品种6份，占参试品种的13.04%；中抗品种14份，占参试品种的30.43%；感病品种18份，占参试品种39.13%；高感品种6份，占参试品种13.04%（图35-20）。

2016—2020年间，仅2019年参试品种中存在2份高抗品种，占当年参试品种的12.50%；2016年所有参试品种均未达到抗性水平；2017—2020年，抗性品种数量和占比均呈逐年上升趋势，中抗品种的占比呈逐年下降趋势，但是2017—2019年中抗品种的数量一直稳定在4份；5年间感病品种的数量及占比均呈先降低后升高再降低的趋势；2018—2020年高感品种的数量呈逐渐下降趋势。

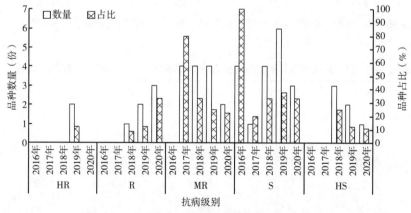

图35-20　甜玉米参试品种小斑病抗性评价动态分析

2. 甜玉米瘤黑粉病

2016—2020年参试甜玉米瘤黑粉病抗性鉴定结果显示：无高抗和抗性品种；中抗品种11份，占参试品种的23.91%；感病品种16份，占参试品种34.78%；高感品种19份，占参试品种41.30%。

2016—2020年间，所有参试品种中无高抗和抗性品种；2016年和2017年均无高感品种，2018—2020年，高感品种数量和占比均呈逐年上升趋势，且2020年高感品种占比高达100.00%；5年中仅2017年参试品种对瘤黑粉病达到抗性较好，达到中抗及以上水平的品种占比高达80.00%（图35-21）。

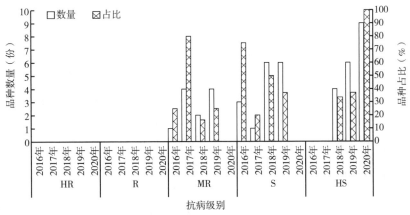

图35-21　甜玉米参试品种瘤黑粉病抗性评价动态分析

3. 甜玉米矮花叶病

2016—2020年参试甜玉米矮花叶病抗性鉴定结果显示，无高抗品种；抗性品种1份（2019年），占参试品种的2.17%；中抗品种1份（2019年），占参试品种的2.17%；感病品种6份，占参试品种13.04%；高感品种38份，占参试品种82.61%。

2016—2020年，达到中抗及以上水平的参试品种占比仅为4.35%，其中抗性品种和中抗品种各1份，均出现在2019年；2016—2018年、2020年，所有参试品种对矮花叶病均表现为高感（图35-22）。

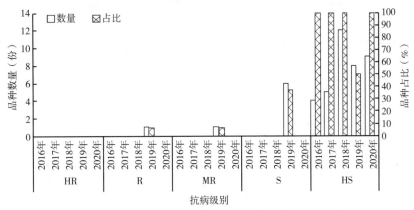

图35-22　甜玉米参试品种矮花叶病抗性评价动态分析

4. 甜玉米禾谷镰孢茎腐病

2016—2017年参试甜玉米禾谷镰孢茎腐病抗性鉴定结果显示，高抗品种1份（2016年），占参试品种的11.11%；抗性品种6份，占参试品种的66.67%；无中抗品种；感病品种1份，占参试品种11.11%；高感品种1份，占参试品种11.11%。

2016—2017年，参试甜玉米对禾谷镰孢茎腐病的抗性较好，达到中抗以上水平的参试品种占比为77.78%，且以抗性品种为主，其中2016年所有参试品种均达到中抗以上水平（图35-23）。

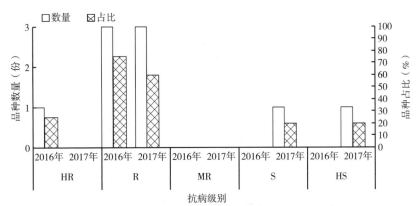

图35-23　甜玉米参试品种禾谷镰孢茎腐病抗性评价动态分析

5. 甜玉米丝黑穗病

2018—2020年参试甜玉米丝黑穗病抗性鉴定结果显示：高抗品种1份（2018年），占参试品种的2.70%；抗性品种1份（2019年），占参试品种的2.70%；无中抗品种；感病品种17份，占参试品种45.95%；高感品种18份，占参试品种的48.65%。

2018—2020年，参试甜玉米对丝黑穗病的抗性较差，达到中抗及以上水平的参试品种仅占5.40%，其中2018年和2019年各占2.70%，2020年无参试品种达到中抗及以上水平；感病参试品种的数量和占比呈现逐年下降的趋势；高感参试品种的占比呈现逐年上升的趋势（图35-24）。

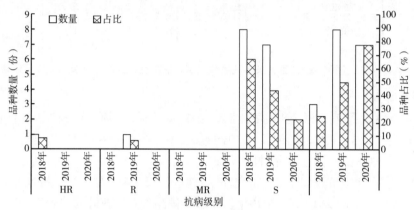

图35-24　甜玉米参试品种丝黑穗病抗性评价动态分析

二、2016—2020年北方（黄淮海）鲜食糯玉米品种抗性性状动态分析

2016—2020年，参加北方（黄淮海）鲜食甜玉米抗性鉴定的品种共计75份（不排除重复的品种，不含对照品种），其中2016年参试9份，2017年参试13份，2018年参试17份，2019年参试19份，2020年参试17份。在人工接种条件下，对小斑病、瘤黑粉病、矮花叶病、禾谷镰孢茎腐病（仅2016、2017年进行）和丝黑穗病（仅2018—2020年进行）进行抗性评价。

1. 糯玉米小斑病

2016—2020年参试糯玉米小斑病抗性鉴定结果显示，高抗品种1份（2020年），占参试品种的1.33%；抗病品种10份，占参试品种的13.33%；中抗品种39份，占参试品种的52.00%；感病品种24份，占参试品种32.00%；高感品种1份（2019年），占参试品种1.33%。

2016—2020年间，仅2020年参试品种中存在1份高抗品种，占当年参试品种的5.88%；2016年参试品种中仅22.22%的品种达到抗性水平；2017—2020年，达到抗性水平的参试品种占比均在50%以上，分别为100.00%、52.94%、63.16%、82.35%；5年间参试品种数量及占比呈现先上升后下降再上升的趋势；2018—2020年，感病品种数量和占比均呈逐年下降趋势（图35-25）。

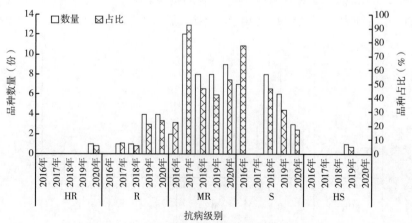

图35-25　糯玉米参试品种小斑病抗性评价动态分析

2. 糯玉米瘤黑粉病

2016—2020年参试糯玉米瘤黑粉病抗性鉴定结果显示：无高抗品种；抗病品种7份，占参试品种9.33%；中抗品种12份，占参试品种的16.00%；感病品种22份，占参试品种29.33%；高感品种34份，占参试品种45.33%。

2016—2020年，参试糯玉米对瘤黑粉病的抗性较差，所有参试品种中无高抗品种；达到抗性水平的品种占比分别为55.55%、46.16%、41.18%、5.26%、0，呈逐年降低趋势，品种数量分别为5、6、7、1、0，呈先升高后降低趋势；2019年仅一份品种达到中抗，无高抗和抗病品种；2020年所有参试品种均为高感（图35-26）。

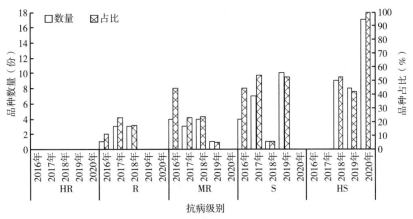

图35-26　糯玉米参试品种瘤黑粉病抗性评价动态分析

3. 糯玉米矮花叶病

2016—2020年参试糯玉米矮花叶病抗性鉴定结果显示，无高抗品种；抗性品种2份（2019年），占参试品种的2.67%；中抗品种1份（2019年），占参试品种的1.33%；感病品种14份，占参试品种18.67%；高感品种58份，占参试品种77.33%。

2016—2020年，参试糯玉米对矮花叶病的抗性较差，仅2019年有3份品种达到中抗及以上水平，占当年参试品种的15.79%；2016—2018年、2020年，所有参试品种对矮花叶病均表现为高感（图35-27）。

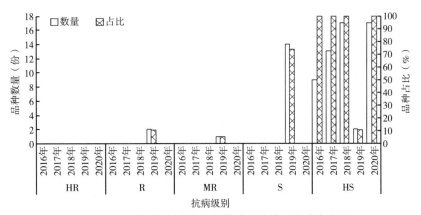

图35-27　糯玉米参试品种矮花叶病抗性评价动态分析

4. 糯玉米禾谷镰孢茎腐病

2016—2017年参试糯玉米禾谷镰孢茎腐病抗性鉴定结果显示，高抗品种6份（2016年），占参试品种的27.27%；抗性品种1份（2016年），占参试品种的4.55%；中抗品种4份，占参试品种18.18%；无感病品种；高感品种11份，占参试品种50.00%（图35-28）。

2016年，参试糯玉米对禾谷镰孢茎腐病的抗性较好，所有参试品种均达到中抗以上水平；2017年，参试糯玉米对禾谷镰孢茎腐病的抗性较差，高抗和抗病品种，中抗品种仅2份，占当年参试品种的15.38%，其余84.62%的参试品种均为高感。

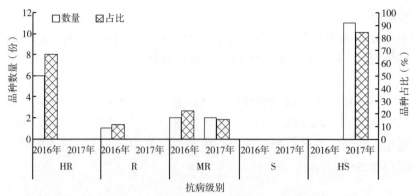

图35-28　糯玉米参试品种禾谷镰孢茎腐病抗性评价动态分析

5. 糯玉米丝黑穗病

2018—2020年参试糯玉米丝黑穗病抗性鉴定结果显示，高抗品种1份（2018年），占参试品种的1.89%；抗性品种3份（2018年、2019年、2020年各1份），占参试品种的5.66%；中抗品种8份，占参试品种的15.09%；感病品种31份，占参试品种58.49%；高感品种10份，占参试品种18.87%。

2018—2020年，参试糯玉米对丝黑穗病的抗性较差，达到中抗及以上水平的参试品种占比分别为35.29%、15.79%、17.65%，尤其高抗品种仅有2018年的1份；每年参试品种均以感病品种为主，其在当年参试品种中的占比分别为52.94%、63.16%、58.82%；高感品种的占比呈逐年上升趋势（图35-29）。

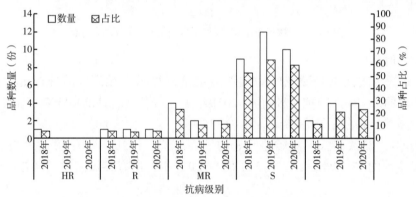

图35-29　糯玉米参试品种丝黑穗病抗性评价动态分析

第三十六章　2016—2020年南方（东南）鲜食玉米品种试验性状动态分析

第一节　2016—2020年南方（东南）鲜食玉米品种试验参试品种产量动态分析

一、2016—2020年南方（东南）鲜食糯玉米品种试验参试品种产量动态分析

鲜食玉米产量统计为鲜穗亩产，2016—2020年南方（东南）鲜食糯玉米参试品种平均鲜穗亩产分别为834.6kg、855kg、921.2kg、873.2kg、1 023.7kg。其中2020年该区组平均产量最高，达到1 023.7kg/亩，比该区组最低平均产量（2016年）高22.7%。就该区组内平均产量每年变异程度而言，2018年最大（72.8），2016年最小（54.8）。通过分析发现，对照品种苏玉糯5号在2016年、2017年、2020年均为该区组产量最低品种，仅在2018年、2019年，斯达糯44品种产量比苏玉糯5号低，2019年达5年区域试验最低，为667.2kg/亩。2020年参试品种科糯6号达5年该区组最高产量，为1 140.3kg/亩（表36-1）。

表36-1　2016—2020年南方（东南）鲜食糯玉米品种试验参试品种产量动态分析

项目	2016年	2017年	2018年	2019年	2020年
产量平均值（kg/亩）	834.6	855	921.2	873.2	1023.7
产量最大值（kg/亩）	924.4d（贵糯932）	940.8d（贵糯932）	1 030.9（闽花甜糯136）	983.0（闽花甜糯136）	1 140.3（科糯6号）
产量最小值（kg/亩）	723.8（苏玉糯5号）	735.4（苏玉糯5号）	721.3（斯达糯44）	667.2（斯达糯44）	915.7（苏玉糯5号）
标准差	54.8	63.3	72.8	66.6	66.3

从整体看，2016—2019年，南方（东南）鲜食糯玉米参试品种平均产量除2019年产量下降，整体呈上升趋势（图36-1）。

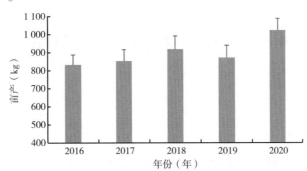

图36-1　2016—2020年南方（东南）鲜食糯玉米品种试验参试品种产量动态分析

二、2016—2020年南方（东南）鲜食甜玉米品种试验参试品种产量动态分析

鲜食玉米产量统计为鲜穗亩产，2016—2020年南方（东南）鲜食甜玉米参试品种平均鲜穗亩产分别为936.0kg、1 009.8kg、1 010.4kg、915.5kg、1 117.3kg。其中2020年该区组平均产量最高，达到1 117.3kg/亩，比该区组最低平均产量（2016年）高22.0%。就该区组内平均产量每年变异程度而

言，2017年最大（87.5），2018年最小（57.3）。通过分析发现，2020年参试品种创甜20号产量为1 287.2kg/亩，为5年内该区组产量最高品种。2017年参试品种奥弗兰产量为789.5kg/亩，为5年该区组最低产量（表36-2）。

表36-2　2016—2020年南方（东南）鲜食甜玉米品种试验参试品种产量动态分析

项目	2016年	2017年	2018年	2019年	2020年
产量平均值（kg/亩）	936.0	1 009.8	1 010.4	915.5	1 117.3
产量最大值（kg/亩）	1 022.8（泰鲜甜1号）	1 155.2（泰鲜甜1号）	1 100.9（郑甜188）	1 032.3（晶甜9号）	1 287.2（创甜20号）
产量最小值（kg/亩）	816.4（云甜玉10号）	789.5（奥弗兰）	859.2（双子星甜玉米）	857.5（珠玉甜1号）	982.5（BM380）
标准差	62.2	87.5	57.3	61.0	81.8

从整体看，2016—2019年，南方（东南）鲜食甜玉米参试品种平均产量除2019年产量下降，整体呈上升趋势（图36-2）。

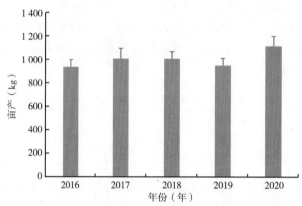

图36-2　2016—2020年南方（东南）鲜食甜玉米品种试验参试品种产量动态分析

第二节　2016—2020年南方（东南）鲜食玉米品种试验参试农艺性状动态分析

一、2016—2020年南方（东南）鲜食玉米品种试验参试品种出苗至采收期动态分析

（一）鲜食糯玉米

2016—2020年南方（东南）鲜食糯玉米参试品种平均出苗至采收期分别为79.5d、79.9d、78.2d、79.1d和79.1d，基本与对照品种苏玉糯5号时期差不多。其中2017年该区组平均出苗至采收期最长，达79.9d，比该区组最短出苗至采收期（2018年）长1.7d。就该区组内平均出苗至采收期每年变异程度而言，2017年、2018年、2020年均较小（1.37），2016年最大（1.6）。2018年参试品种晋糯20号出苗至采收期为75.0d，为该区组5年里出苗至采收期最短的品种。2019年参试品种美玉爽甜糯501为该区组5年内出苗至采收期最长的品种，为84.0d，其区域试验第一年也为2018年该区组出苗至采收期最长的品种（表36-3）。

表36-3 2016—2020年南方（东南）鲜食糯玉米品种试验参试品种出苗至采收期动态分析

项目	2016年	2017年	2018年	2019年	2020年
出苗至采收期平均值（d）	79.5	79.9	78.2	79.1	79.1
出苗至采收期最大值（d）	81.8（金玉糯9号）	80.2（苏玉糯5号）	82.0（美玉爽甜糯501）	84.0（美玉爽甜糯501）	82.0（华黑糯1号）
出苗至采收期最小值（d）	76.3（万黄甜糯1015）	79.9d（贵糯932）	75.0（晋糯20号）	77（密花甜糯3号）	77.0（彩甜糯100）
对照（d）	79.8	80.1	78.0	79.0	80.0
标准差	1.61	1.37	1.37	1.41	1.37

从整体看，2016—2020年，南方（东南）鲜食糯玉米参试品种平均出苗至采收期较为稳定，没有特别大的被动，平均数为79~80d（图36-3）。

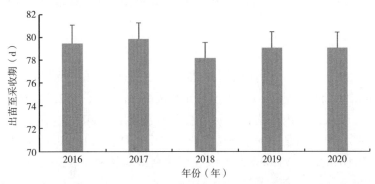

图36-3 2016—2020年南方（东南）鲜食糯玉米品种试验参试品种出苗至采收期动态分析

（二）鲜食甜玉米

2016—2020年南方（东南）鲜食甜玉米参试品种平均出苗至采收期分别为82.9d、82.4d、79.0d、78.6d、80.7d，2016年、2017年、2018年与对照品种相差1d以上。其中2016年该区组平均出苗至采收期最长，达82.9d，比该区组最短出苗至采收期（2019年）长4.3d。就该区组内平均出苗至采收期每年变异程度而言，2018年、2020年均较小（2.1），2016年最大（2.8）。2016年参试品种泰鲜甜1号出苗至采收期为87.7d，为该区组5年里出苗至采收期最长的品种，其参试另一年份也为该区组出苗至采收期最长品种。BM380参试两年均为该区组出苗至采收期最短品种，2019年仅为74.0d，为该区组5年内出苗至采收期最短的品种（表36-4）。

表36-4 2016—2020年南方（东南）鲜食甜玉米品种试验参试品种出苗至采收期动态分析

项目	2016年	2017年	2018年	2019年	2020年
出苗至采收期平均值（d）	82.9	82.4	79.0	78.6	80.7
出苗至采收期最大值（d）	87.7（泰鲜甜1号）	86.8（泰鲜甜1号）	83.0（新美甜816）	84.0（新美甜816）	84.0（广良甜27号）
出苗至采收期最小值（d）	75.5（云甜玉10号）	77.7（奥弗兰）	76.0（双子星甜玉米）	74.0（BM380）	76.0（BM380）
对照（d）	81.5	81.4	82.0	79.0	81.0
标准差	2.8	2.5	2.1	2.5	2.1

从整体看，2016—2020年，南方（东南）鲜食甜玉米参试品种平均出苗至采收期不同年份间存在差异，较为显著（图36-4）。

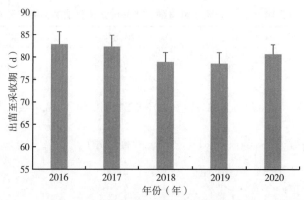

图36-4　2016—2020年南方（东南）鲜食甜玉米品种试验参试品种出苗至采收期动态分析

二、2016—2020年南方（东南）鲜食玉米品种试验参试品种株高动态分析

（一）鲜食糯玉米

2016—2020年南方（东南）鲜食糯玉米参试品种平均株高分别为232.2cm、228.1cm、229.1cm、227.8cm和220.7cm。其中2016年该区组平均株高最高，为232.2cm，比该区组最矮株高（2020年）长11.5cm。就该区组内平均株高每年变异程度而言，2020年最小（16.2），2016年最大（20.0）。2020年参试品种金甜糯一号为该区组株高最矮品种，仅190.0cm。YN224品种参试两年均为该区组最高品种，2016年高达277.0cm，为该区组株高最高品种（表36-5）。

表36-5　2016—2020年南方（东南）鲜食糯玉米品种试验参试品种株高动态分析

项目	2016年	2017年	2018年	2019年	2020年
株高平均值（cm）	215.5	225	225.7	214.6	213.4
株高最大值（cm）	260.3（YN224）	254.1（京科糯609）	268.9（美玉爽甜糯501）	252.0（美玉爽甜糯501）	241.0（京科糯928）
株高最小值（cm）	171.0（苏科糯1501）	188.8（苏科糯1501）	191.6（农科糯387）	184.0（澳甜糯75）	182.0（密花甜糯3号）
标准差	20.5	16.9	16.5	17.6	15.9

从整体看，2016—2019年，南方（东南）鲜食糯玉米参试品种平均株高有呈下降趋势（图36-5）。

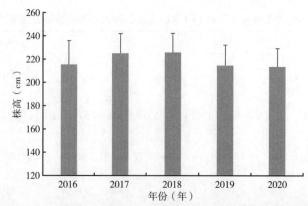

图36-5　2016—2020年南方（东南）鲜食糯玉米品种试验参试品种株高动态分析

（二）鲜食甜玉米

2016—2020年，南方（东南）鲜食甜玉米参试品种平均株高分别为216.9cm、231.8cm、

236.4cm、223.5cm和221.4cm。其中2018年该区组平均株高最高，为236.4cm，比该区组最矮株高（2016年）长19.5cm。就该区组内平均株高每年变异程度而言，2020年最小（16.6），2017年最大（27.8）。泰鲜甜1号参试两年均为该区组株高最高品种，2017年株高为283.4cm，为5年内该区组株高最高品种。2016年参试品种云甜玉10号株高163.2cm，为5年内该区组株高最矮品种（表36-6）。

表36-6　2016—2020年南方（东南）鲜食甜玉米品种试验参试品种株高动态分析

项目	2016年	2017年	2018年	2019年	2020年
株高平均值（cm）	216.9	231.8	236.4	223.5	221.4
株高最大值（cm）	258.1（泰鲜甜1号）	283.4（泰鲜甜1号）	270.7（新美甜816）	213.1（泰鲜甜816）	245.0（广良甜27号）
株高最小值（cm）	163.2（云甜玉10号）	172.4（奥弗兰）	208.9（双子星甜玉米）	183.0（BM380）	187.0（BM380）
标准差	23.0	27.8	17.7	20.0	16.6

从整体看，2016—2019年，南方（东南）鲜食甜玉米参试品种平均株高为216～237cm，年份间存在一定差异（图36-6）。

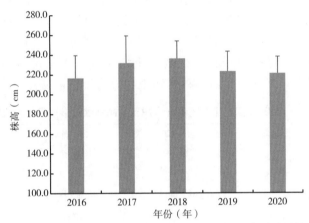

图36-6　2016—2020年南方（东南）鲜食甜玉米品种试验参试品种株高动态分析

三、2016—2020年南方（东南）鲜食玉米品种试验参试品种穗位高动态分析

（一）鲜食糯玉米

2016—2020年，南方（东南）鲜食糯玉米参试品种平均穗位高分别为81.8cm、89.0cm、91.7cm、82.3cm和81.8cm。其中2018年该区组平均穗位高最高，为91.7cm，比该区组最矮穗位高（2016年和2020年）高9.9cm。就该区组内平均穗位高每年变异程度而言，2017年最小（9.5），2016年和2020年最大（11.0）。分析发现，美玉爽甜糯501在参试两年里均为该区组穗位最高品种，2018年穗位高达118.6cm，为5年内穗位最高。2016年参试品种苏科糯1501为穗位最矮品种，仅60.2cm（表36-7）。

表36-7　2016—2020年南方（东南）鲜食糯玉米品种试验参试品种穗位高动态分析

项目	2016年	2017年	2018年	2019年	2020年
穗位高平均值（cm）	81.8	89.0	91.7	82.3	81.8
穗位高最大值（cm）	101.3（YN215）	104.4（晶彩糯）	118.6（美玉爽甜糯501）	105.0（美玉爽甜糯501）	101.0（苏玉糯5号）
穗位高最小值（cm）	60.2（苏科糯1501）	74.3（苏科糯1601）	72.8（农业科学糯387）	62.0（澳甜糯75）	67.0（美玉21号）
标准差	11.0	9.5	10.5	10.5	11.0

从整体看，2016—2020年，南方（东南）鲜食糯玉米穗位高年份间存在一定差异，年平均穗位高为81～92cm（图36-7）。

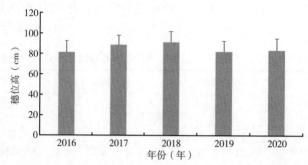

图36-7　2016—2020年南方（东南）鲜食糯玉米品种试验参试品种穗位高动态分析

（二）鲜食甜玉米

2016—2020年，南方（东南）鲜食甜玉米参试品种平均穗位高分别为79.0cm、93.5cm、86.7cm、75.1cm和78.6cm。其中2019年该区组平均穗位高最高，为93.5cm，比该区组最矮穗位高（2019年）高18.4cm。就该区组内平均穗位高每年变异程度而言，2020年最小（12.1），2017年最大（21.4）。分析发现，泰鲜甜1号在参试两年里均为该区组穗位最高品种，2017年穗位高达127.6cm，为5年内穗位最高。2016年参试品种云甜玉10号为穗位最矮品种，仅44.9cm（表36-8）。

表36-8　2016—2020年南方（东南）鲜食甜玉米品种试验参试品种穗位高动态分析

项目	2016年	2017年	2018年	2019年	2020年
穗位高平均值（cm）	79.0	93.5	86.7	75.1	78.6
穗位高最大值（cm）	103.8 （泰鲜甜1号）	127.6 （泰鲜甜1号）	105.5 （新美甜816）	97.0 （粤甜31）	94.0 （粤甜16号）
穗位高最小值（cm）	44.9 （云甜玉10号）	51.2 （奥弗兰）	65.1 （双子星甜玉米）	48.0 （BM380）	48.0 （BM380）
标准差	15.2	21.4	13.8	12.9	12.2

从整体看，2016—2020年，南方（东南）鲜食甜玉米穗位高年份间存在一定差异，年平均穗位高为75～94cm（图36-8）。

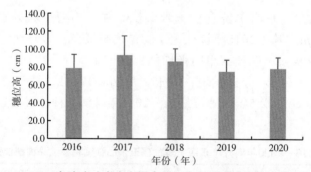

图36-8　2016—2020年南方（东南）鲜食甜玉米品种试验参试品种穗位高动态分析

四、2016—2020年南方（东南）鲜食玉米品种试验参试品种倒伏倒折率动态分析

（一）鲜食糯玉米

2016—2020年，南方（东南）鲜食糯玉米参试品种平均倒伏倒折率分别为2.7%、2.8%、1.8%、1.5%和1.1%。其中2017年该区组平均倒伏倒折率最高为2.8%，比该区组最低倒伏倒折率

（2020年）高1.7%。就该区组内平均倒伏倒折率每年变异程度而言，2020年最小（1.5%），2016年最大（4.8%）。2017年参试品种大玉糯2号倒伏倒折率高达18.5%，为5年内倒伏倒折率最高的品种。2016—2020年，除2017年平均倒折倒伏率略高于2016年，其他年份整体呈现逐渐降低的趋势（表36-9、图36-9）。

表36-9　2016—2020年南方（东南）鲜食糯玉米品种试验参试品种倒伏倒折率动态分析

项目	2016年	2017年	2018年	2019年	2020年
倒伏倒折率平均值(%)	2.7	2.8	1.8	1.5	1.1
倒伏倒折率最大值(%)	15.7 （YN224）	18.5 （大玉糯2号）	8.8 （美玉爽甜糯501）	12.2 （美玉爽甜糯501）	7.8 （华黑糯1号）
倒伏倒折率最小值(%)	0	0	0	0	0
标准差	4.8	4.5	2.3	2.3	1.5

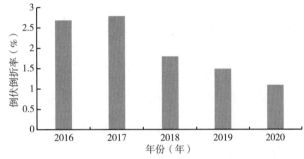

图36-9　2016—2020年南方（东南）鲜食糯玉米品种试验参试品种倒伏倒折率动态分析

（二）鲜食甜玉米

2016—2020年，南方（东南）鲜食甜玉米参试品种平均倒伏倒折率分别为4.7%、3.8%、3.2%、3.7%和2.3%。其中2016年该区组平均倒伏倒折率最高为4.7%，比该区组最低倒伏倒折率（2020年）高2.4%。就该区组内平均倒伏倒折率每年变异程度而言，2019年最小（2.3），2016年最大（5.6）。2016年参试品种浙甜11倒伏倒折率高达16.8%，为五年内倒伏倒折率最高的品种（表36-10）。

表36-10　2016—2020年南方（东南）鲜食甜玉米品种试验参试品种倒伏倒折率动态分析

项目	2016年	2017年	2018年	2019年	2020年
倒伏倒折率平均值(%)	4.7	3.8	3.2	3.7	2.3
倒伏倒折率最大值(%)	16.8（浙甜11）	9.9（泰鲜甜1号）	12.3（粤甜31）	9.4（广良甜27号）	7.8（农甜88）
倒伏倒折率最小值(%)	0	0（荣玉甜8号）	0.4（粤甜27号）	0.1（YT710）	0.1（创甜20号）
标准差	5.6	3.5	3.1	2.3	2.2

2016—2020年间，除2019年平均倒伏倒折率升高，其他年份整体呈现逐渐降低的趋势（图36-10）。

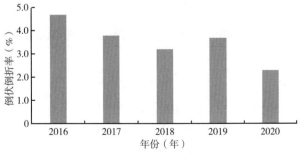

图36-10　2016—2020年南方（东南）鲜食甜玉米品种试验参试品种倒伏倒折率动态分析

五、2016—2020年南方（东南）鲜食玉米品种试验参试品种空秆率动态分析

（一）鲜食糯玉米

2016—2020年，南方（东南）鲜食糯玉米参试品种平均空秆率分别为0.9%、0.6%、0.7%、0.8%和1.1%。其中2020年该区组平均空秆率最高，为1.1%，比该区组最低空秆率（2017年）高0.5%。就该区组内平均空秆率每年变异程度而言，2018年最小（0.2%），2020年最大（0.5%）。2019年参试品种密花甜糯3号空秆率为2.2%，为5年内空秆率最高的品种（表36-11）。

表36-11 2016—2020年南方（东南）鲜食糯玉米品种试验参试品种空秆率动态分析

项目	2016年	2017年	2018年	2019年	2020年
空秆率平均值（%）	0.9	0.6	0.7	0.8	1.1
空秆率最大值（%）	1.8（YN224）	1.5（京科糯609）	1.5（美玉爽甜糯501）	2.2（密花甜糯3号）	2.0（美玉21号）
空秆率最小值（%）	0.3（YN215）	0.2（珍珠糯8号）	0.3（晶白甜糯）	0.3（苏科糯1801）	0.2（粤白甜糯6号）
标准差	0.4	0.4	0.2	0.4	0.5

整体来看，2016—2020年在不同年份间平均空秆率表现不一致，但变化不大，为0.6%～1.1%（图36-11）。

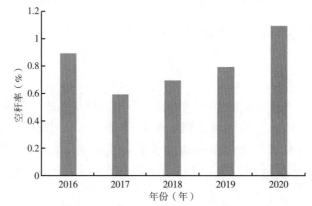

图36-11 2016—2020年南方（东南）鲜食糯玉米品种试验参试品种空秆率动态分析

（二）鲜食甜玉米

2016—2020年，南方（东南）鲜食甜玉米参试品种平均空秆率分别为1.4%、1.4%、1.1%、1.7%、2.4%。其中2020年该区组平均空秆率最高为2.4%，比该区组最低空秆率（2018年）高1.3%。就该区组内平均空秆率每年变异程度而言，2016年最小（0.4%），2020年最大（1.1%）。2020年参试品种睿甜8号空秆率为4.6%，为5年内空秆率最高的品种，2018年参试品种晶甜9号空秆率为0.3%，为5年内空秆率最低品种。整体来看，2016—2020年在不同年份间平均空秆率表现不一致，为1.1%～2.4%（表36-12、图36-12）。

表36-12 2016—2020年南方（东南）鲜食甜玉米品种试验参试品种空秆率动态分析

项目	2016年	2017年	2018年	2019年	2020年
空秆率平均值（%）	1.4	1.4	1.1	1.7	2.4
空秆率最大值（%）	2.4（SAUSH15）	3.3（奥弗兰）	3.4（新美甜816）	4.1（新美甜816）	4.6（睿甜8号）
空秆率最小值（%）	0.8（粤甜16号）	0.5（斯达甜221）	0.3（晶甜9号）	0.6（双子星甜玉米）	1.1（BM380）
标准差	0.4	0.9	1.0	0.9	1.1

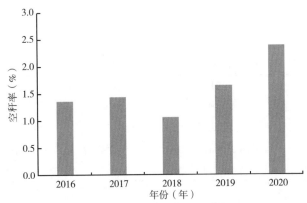

图36-12 2016—2020年南方（东南）鲜食甜玉米品种试验参试品种空秆率动态分析

六、2016—2020年南方（东南）鲜食玉米品种试验参试品种穗长动态分析

（一）鲜食糯玉米

2016—2020年间，南方（东南）鲜食糯玉米参试品种平均穗长分别为18.8cm、19cm、19.3cm、19.0cm和18.8cm。其中2017年和2018年该区组平均穗长最长，为19.3cm，比该区组最低穗长（2016年和2020年）长0.5cm。就该区组内平均每年穗长变异程度而言，2016年最小（0.9），2018年最大（1.4）。浙糯玉10在参试两年间均为该区组穗长最长品种，2018年穗长达22.6cm，为5年内穗长最长的品种，2020年参试品种珍珠糯18穗长为该区组穗长最短品种，为16.4cm（表36-13）。

表36-13 2016—2020年南方（东南）鲜食糯玉米品种试验参试品种穗长动态分析

项目	2016年	2017年	2018年	2019年	2020年
穗长平均值(cm)	18.8	19.3	19.3	19.0	18.8
穗长最大值(cm)	20.6（YN215）	22.4（浙糯玉10）	22.6（浙糯玉10）	21.8（美玉爽甜糯501）	21.5（粤花糯1号）
穗长最小值(cm)	17.4（粤白糯7号）	17.2（晋糯20号）	17.1（晋糯20号）	17.2（苏玉糯5号）	16.4（珍珠糯18）
标准差	0.9	1.2	1.4	1.2	1.1

整体来看，2016—2020年该区组参试品种平均穗长变化很小，为18.8~19.3cm（图36-13）。

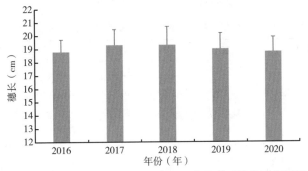

图36-13 2016—2020年南方（东南）鲜食糯玉米品种试验参试品种穗长动态分析

（二）鲜食甜玉米

2016—2020年，南方（东南）鲜食甜玉米参试品种平均穗长分别为19.7cm、19.3cm、20.4cm、19.9cm和19.6cm。其中2018年该区组平均穗长最长，为20.4cm，比该区组最低穗长（2017）长1.1cm。就该区组内平均每年穗长变异程度而言，2016年最小（0.6），2018年最大（1.1）。荣玉甜8号在参试两年间均为该区组穗长最长品种，2018年穗长达22.3cm，为5年内穗长最长的品种，2016

年参试品种斯达甜222和2020年参试品种瑞佳甜2号穗长为该区组穗长最短品种，为17.9cm。整体来看，2016—2020年该区组参试品种平均穗长变化幅度较小，为19～21cm（表36-14、图36-14）。

表36-14　2016—2020年南方（东南）鲜食甜玉米品种试验参试品种穗长动态分析

项目	2016年	2017年	2018年	2019年	2020年
穗长平均值（cm）	19.7	19.3	20.4	19.9	19.6
穗长最大值（cm）	20.8（粤甜27号）	21.7（荣玉甜8号）	22.3（荣玉甜8号）	22.0（YT710）	20.7（BM380）
穗长最小值（cm）	18.2（粤甜16号）	18.0（粤甜16号）	18.1（斯达甜222）	17.9（斯达甜222）	17.9（瑞佳甜2号）
标准差	0.6	1.0	1.1	1.0	0.9

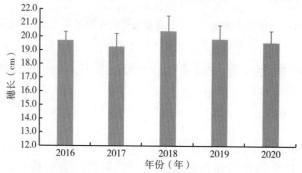

图36-14　2016—2020年南方（东南）鲜食甜玉米品种试验参试品种穗长动态分析

七、2016—2020年南方（东南）鲜食玉米品种试验参试品种鲜百粒重动态分析

（一）鲜食糯玉米

2016—2020年，南方（东南）鲜食糯玉米参试品种平均鲜百粒重分别为34.1g、34.9g、35.2g、35.3g和35.0g。其中2019年该区组平均鲜百粒重最重，为35.3g，比该区组最低百粒重（2016年）重1.2g。就该区组内平均鲜百粒重变异程度而言，2016年最小（3.0），2018年最大（3.8）。2016年和2017年参试品种大玉糯2号参试年份均为该区组鲜百粒重最重品种，2017年鲜百粒重达41.7g，和2020年参试品种瑞佳糯3号均为5年内百粒重最重的品种。2017—2018年参试品种珍珠糯8号参试两年均该区组鲜百粒重最轻品种，2017年最低，为26.1g。整体来看，2016—2020年该区组参试品种平均鲜百粒重变化幅度不大，为34～36g（表36-15、图36-15）。

表36-15　2016—2020年南方（东南）鲜食糯玉米品种试验参试品种鲜百粒重动态分析

项目	2016年	2017年	2018年	2019年	2020年
鲜百粒重平均值（g）	34.1	34.9	35.2	35.3	35.0
鲜百粒重最大值（g）	40.4（大玉糯2号）	41.7（大玉糯2号）	41.3（晶白甜糯）	41.0（金糯1805晶白甜糯）	41.7（瑞佳糯3号）
鲜百粒重最小值（g）	29.4（YN215）	26.8（珍珠糯8号）	26.1（珍珠糯8号）	27.5（桂黑糯609）	26.1（珍珠糯18）
标准差	3.0	3.1	3.8	3.6	3.6

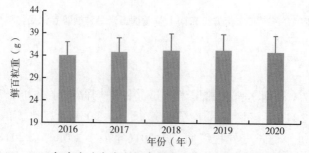

图36-15　2016—2020年南方（东南）鲜食糯玉米品种试验参试品种鲜百粒重动态分析

（二）鲜食甜玉米

2016—2020年，南方（东南）鲜食甜玉米参试品种平均鲜百粒重分别为34.6g、36.9g、35.0g、37.3g、37.4g。其中2020年该区组平均鲜百粒重最重，为37.4g，比该区组最低百粒重（2016年）重2.8g。就该区组内平均鲜百粒重变异程度而言，2017年最小（1.9），2020年最大（2.6）。2019年参试品种广良甜27号为该区组鲜百粒重最重品种，2017年鲜百粒重达41.7g，和2020年参试品种瑞佳糯3号为5年内百粒重最重的品种，为42.6g。2018年参试品种荣玉甜7号为五年内鲜百粒重最轻品种，为31.3g。整体来看，2016—2020年该区组参试品种平均鲜百粒重变化幅度不大，除2018年外，整体呈缓慢上升趋势（表36-16、图36-16）。

表36-16 2016—2020年南方（东南）鲜食甜玉米品种试验参试品种鲜百粒重动态分析

项目	2016年	2017年	2018年	2019年	2020年
鲜百粒重平均值（g）	34.6	36.9	35.0	37.3	37.4
鲜百粒重最大值（g）	38.8（万甜2015）	40.6（荣玉甜8号）	38.8（荣玉甜8号）	42.6（广良甜27号）	41.9（瑞佳甜2号）
鲜百粒重最小值（g）	31.9（SAUSH15）	34.0（粤甜28）	31.3（荣玉甜7号）	32.3（农甜88）	31.8（农甜88）
标准差	2.1	1.9	2.1	2.4	2.6

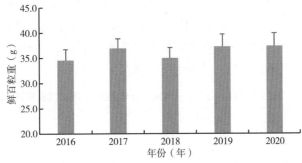

图36-16 2016—2020年南方（东南）鲜食甜玉米品种试验参试品种鲜百粒重动态分析

八、2016—2020年南方（东南）鲜食玉米品种试验参试品种鲜出籽率动态分析

（一）鲜食糯玉米

2016—2020年，南方（东南）鲜食糯玉米参试品种平均鲜出籽率分别为67.0%、68.1%、67.6%、67.4%、68.3%。其中2020年该区组平均鲜出籽率最高，为68.3%，比该区组最低鲜出籽率（2016年）高1.3%。就该区组内平均鲜出籽率变异程度而言，2017年最小（2.4），2018年最大（3.1）。密花甜糯3号参试2年鲜出籽率均为该区组最高品种，2019年高达74.4%，为5年内鲜出籽率最高品种，2018年参试品种YN515为5年来鲜出籽率最低品种，为61.9%。整体来看，2016—2020年该区组参试品种平均鲜出籽率变化不大，为67%～69%（表36-17、图36-17）。

表36-17 2016—2020年南方（东南）鲜食糯玉米品种试验参试品种鲜出籽率动态分析

项目	2016年	2017年	2018年	2019年	2020年
鲜出籽率平均值（%）	67.0	68.1	67.6	67.4	68.3
鲜出籽率最大值（%）	71.0（苏试81401）	71.5（农科糯387）	73.6（晶白甜糯）	74.4（密花甜糯3号）	74.3（密花甜糯3号）
鲜出籽率最小值（%）	62.1（YN215）	63.6（珍珠糯8号）	61.9（YN515）	62.1（美玉爽甜糯501）	64.0（美玉27号）
标准差	2.6	2.4	3.1	3.0	2.6

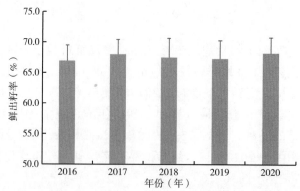

图36-17　2016—2020年南方（东南）鲜食糯玉米品种试验参试品种鲜出籽率动态分析

（二）鲜食甜玉米

2016—2020年，南方（东南）鲜食甜玉米参试品种平均鲜出籽率分别为69.4%、70.7%、69.2%、69.1%、69.4%。其中2017年该区组平均鲜出籽率最高，为70.7%，比该区组最低鲜出籽率（2019年）高1.6%。就该区组内平均鲜出籽率变异程度而言，2019年最小（1.6），2017年最大（3.3）。分析发现，2016年、2017年和2020年，对照品种粤甜16号均为该区组鲜出籽率最高品种，2017年高达75.9%，为5年内鲜出籽率最高品种，泰鲜甜1号参试年份均为该区组鲜出籽率最低品种，2016年仅为64.2%，为5年来鲜出籽率最低品种。整体来看，2016—2020年该区组参试品种平均鲜出籽率变化幅度较小，为69%～71%（表36-18、图36-18）。

表36-18　2016—2020年南方（东南）鲜食甜玉米品种试验参试品种鲜出籽率动态分析

项目	2016年	2017年	2018年	2019年	2020年
鲜出籽率平均值（%）	69.4	70.7	69.2	69.1	69.4
鲜出籽率最大值（%）	73.1（粤甜16号）	75.9（粤甜16号）	72.5（斯达甜221）	72.2（粤甜31）	75.0（粤甜16号）
鲜出籽率最小值（%）	64.2（泰鲜甜1号）	64.7（泰鲜甜1号）	65.3（荣玉甜7号）	67.2（晶甜9号）	64.4（浙甜19）
标准差	2.6	3.3	2.4	1.6	2.7

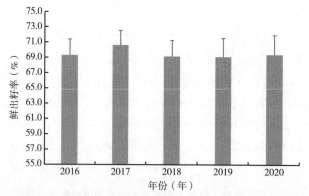

图36-18　2016—2020年南方（东南）鲜食甜玉米品种试验参试品种鲜出籽率动态分析

第三节　2016—2020年南方（东南）鲜食糯玉米
品种试验参试品种品质性状动态分析

一、2016—2020年南方（东南）鲜食糯玉米品种试验参试品种皮渣率动态分析

2016—2020年，南方（东南）鲜食糯玉米参试品种平均皮渣率分别为12.1%、10.8%、11.5%、

9.3%、12.2%。其中2019年该区组平均皮渣率最低，为9.3%，比该区组最高皮渣率（2016年）低2.9%。就该区组内平均皮渣率变异程度而言，2016年为1.4，最小，2018年最大（3.2）。2018参试品种粤白糯1号皮渣率最低，为6.3%，为5年内该区组皮渣率最低品种，2019年参试品种万糯188为5年来皮渣率最高品种，为20.0%。整体来看，2016—2019年南方（东南）鲜食糯玉米组参试品种平均皮渣率年份间存在差异，所有参试品种间最低值和最高值之间差距较大（表36-19、图36-19）。

表36-19 2016—2020年南方（东南）鲜食糯玉米品种试验参试品种皮渣率动态分析

项目	2016年	2017年	2018年	2019年	2020年
皮渣率平均值（%）	12.1	10.8	11.5	9.3	12.2
皮渣率最大值（%）	15.0（苏玉糯1601）	14.7（申糯8号）	20.0（万糯188）	12.7（申科糯602）	16.9（申科糯602）
皮渣率最小值（%）	9.0（万黄甜糯1015）	7.2（d贵糯932）	6.7（京科糯625）	6.3（粤白糯1号）	7.4（科糯6号）
标准差	1.4	1.8	3.2	1.5	2.8

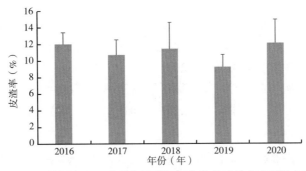

图36-19 2016—2020年南方（东南）鲜食糯玉米品种试验参试品种皮渣率动态分析

二、2016—2020年南方（东南）鲜食糯玉米品种试验参试品种支链淀粉/总淀粉比例动态分析

2016—2020年，南方（东南）鲜食糯玉米参试品种平均支链淀粉/总淀粉比例分别为97.3%、97.8%、97.4%、96.9%、97.3%。其中2017年该区组平均支链淀粉/总淀粉比例最高，为97.8%，比该区组最低支链淀粉/总淀粉比例（2019年）高0.9%。就该区组内平均支链淀粉/总淀粉比例变异程度而言，2019年最小（0.5），2018年最大（1.1）。2018年参试品种浙科糯10支链淀粉/总淀粉比例高达99.0%，为5年内该区组支链淀粉/总淀粉比例最高品种，同年份参试品种徽贵糯188为5年支链淀粉/总淀粉比例最低品种，为94.5%。整体来看，2016—2020年该区组参试品种平均支链淀粉/总淀粉比例较为稳定，年份间差异不大（表36-20、图36-20）。

表36-20 2016—2020年南方（东南）鲜食糯玉米品种试验参试品种支链淀粉/总淀粉比例动态分析

项目	2016年	2017年	2018年	2019年	2020年
支链淀粉/总淀粉比例平均值（%）	97.3	97.8	97.4	96.9	97.3
支链淀粉/总淀粉比例最大值（%）	98.5（TW1403）	98.8（京科糯625）	99.0（浙科糯10）	97.5（斯达糯44）	98.9（桂糯529）
支链淀粉/总淀粉比例最小值（%）	94.7（d贵糯923）	95.8（晋糯20号）	94.5（徽贵糯188）	95.2（密花甜糯5号）	96.1（YN811）
标准差	0.8	0.9	1.1	0.5	0.6

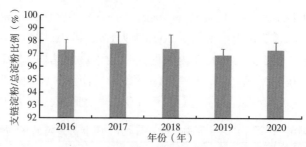

图36-20　2016—2020年南方（东南）鲜食糯玉米品种试验参试品种支链淀粉/总淀粉比例动态分析

第四节　2016—2020年南方（东南）鲜食甜玉米品种试验参试品种品质性状动态分析

一、2016—2020南方（东南）鲜食甜玉米品种参试品种皮渣率动态分析

2016—2020年，南方（东南）鲜食甜玉米参试品种平均皮渣率分别为13.3%、13.6%、16.3%、9.2%、11.2%。其中2019年该区组平均皮渣率最低，为9.2%，比该区组最高皮渣率（2018年）低7.2。就该区组内平均皮渣率变异程度而言，2016年最小（0.9），2018年最大（3.0）。2019参试品种新美甜816皮渣率最低，为5.05%，为5年内该区组皮渣率最低品种，2017年参试品种新美甜826为5年来皮渣率最高品种，为20.7%。整体来看，2016—2019年该区组参试品种平均皮渣率年份间存在差异（表36-21、图36-21）。

表36-21　2016—2020年南方（东南）鲜食甜玉米品种试验参试品种皮渣率动态分析

项目	2016年	2017年	2018年	2019年	2020年
皮渣率平均值(%)	13.3	13.6	16.3	9.2	11.2
皮渣率最大值(%)	14.5（粤甜28）	15.1（粤甜26号）	20.7（新美甜816）	15.3（双色丰甜2号）	16.9（维甜1号）
皮渣率最小值(%)	11.5（SAUSH15）	10.5（夏甜都都）	10.4（荣玉甜7号）	5.1（新美甜816）	7.6（萃甜616）
标准差	0.9	1.4	3.0	2.4	2.7

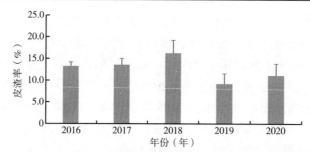

图36-21　2016—2020年南方（东南）鲜食甜玉米品种试验参试品种皮渣率动态分析

二、2016—2020年南方（东南）鲜食甜玉米品种试验参试品种水溶性总糖动态分析

2016—2020年，南方（东南）鲜食甜玉米参试品种平均水溶性总糖分别为15.2%、15.6%、16.8%、16.1%、19.1%。其中2020年该区组平均水溶性总糖最高，为19.1%，比该区组最低水溶性总糖（2016年）低3.9%。就该区组内平均水溶性总糖变异程度而言，2017年最小（2.0），2019年最大（5.8）。2019参试品种新美甜816水溶性总糖最高，为29.7%，为5年内该区组水溶性总糖最高品种，同年参试品种BM380为5年来水溶性总糖最低品种，为10.0%（表36-22、图36-22）。

表36-22 2016—2020年南方（东南）鲜食甜玉米品种试验参试品种水溶性总糖动态分析

项目	2016年	2017年	2018年	2019年	2020年
水溶性糖总量含量平均值（%）	15.2	15.6	16.8	16.1	19.1
水溶性糖总量含量最大值（%）	20.5（夏甜都都）	20.0（粤甜26号）	28.7（斯达甜221）	29.7（新美甜816）	28.5（创甜20号）
水溶性糖总量含量最小值（%）	12.2（粤甜27号）	12.3（郑甜188）	12.0（斯达甜222新美甜816粤甜31）	10.0（BM380）	12.3（广良甜27号）
标准差	2.7	2.0	5.0	5.8	4.3

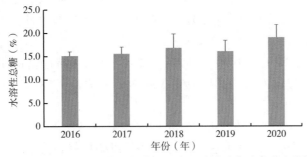

图36-22 2016—2020年南方（东南）鲜食甜玉米品种试验参试品种水溶性总糖动态分析

三、2016—2020年南方（东南）鲜食甜玉米品种试验参试品种还原糖动态分析

2016—2020年，南方（东南）鲜食甜玉米参试品种平均还原糖分别为7.4%、6.8%、9.0%、6.8%、7.6%。其中2018年该区组平均还原糖最高，为9.0%，比该区组最低还原糖低2.2%。就该区组内平均还原糖变异程度而言，2016年最小（1.2），2019年最大（4.6）。2018参试品种荣玉甜8号还原糖最高，为16.7%，为5年内该区组还原糖最高品种；2019年参试品种YT710还原糖为2.6%，为5年内该区组还原糖最低品种。2016—2020年南方（东南）鲜食甜玉米参试品种平均还原糖年份间存在差异（表36-23、图36-23）。

表36-23 2016—2020年南方（东南）鲜食甜玉米品种试验参试品种还原糖动态分析

项目	2016年	2017年	2018年	2019年	2020年
还原糖平均值（%）	7.4	6.8	9.0	6.8	7.6
还原糖最大值（%）	8.9（新美甜007 SAUSH15）	10.7（粤甜26号）	16.7（荣玉甜8号）	16.4（双子星甜玉米）	11.5（桂甜612）
还原糖最小值（%）	5.3（粤甜27号）	3.6（荣玉甜7号）	5.0（新美甜816）	2.6（YT710）	5.4（创甜20号）
标准差	1.2	2.0	3.5	4.6	1.6

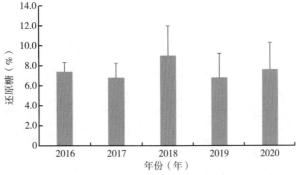

图36-23 2016—2020年南方（东南）鲜食甜玉米品种试验参试品种还原糖动态分析

第五节　2016—2020年东南鲜食玉米参试品种抗性性状动态分析

一、东南鲜食糯玉米参试品种抗性性状动态分析

2016—2020年，参加东南鲜食糯玉米抗性鉴定的品种共计119份（不排除重复的品种，不含对照品种），其中2016年参试18份，2017年参试19份，2018年参试27份，2019年参试28份，2020年参试27份。在人工接种条件下，对小斑病、纹枯病、腐霉茎腐病（仅2016、2017年进行）、瘤黑粉病（仅2018、2019年进行）和南方锈病（仅2018—2020年进行）进行抗性评价。

1. 糯玉米小斑病

2016—2020年东南鲜食糯玉米小斑病抗性鉴定结果显示：无高抗品种；抗病品种12份，占参试品种的10.08%；中抗品种35份，占参试品种的29.41%；感病品种58份，占参试品种48.74%；高感品种14份，占参试品种11.76%。

2016—2020年，抗病和中抗品种的占比在年度间均呈现出先降低后升高再降低的趋势；2016—2018、2020年参试品种均以感病品种为主，只有2019年以中抗品种为主（图36-24）。

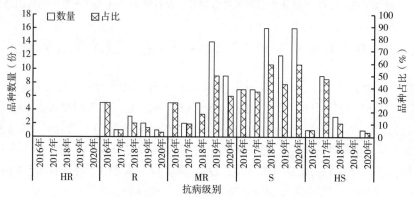

图36-24　鲜食糯玉米参试品种小斑病抗性评价动态分析

2. 糯玉米纹枯病

2016—2020年东南鲜食糯玉米纹枯病抗性鉴定结果显示：无高抗品种；抗病品种8份，占参试品种的6.72%；中抗品种54份，占参试品种的45.38%；感病品种50份，占参试品种42.02%；高感品种7份，占参试品种5.88%。

2018年东南鲜食糯玉米对纹枯病抗性较好，达到中抗及以上水平参试品种达92.9%；2016—2020年，中抗品种数量及占比呈现先升高后降低再升高的趋势，感病品种数量及占比呈现先降低后升高再降低的趋势；5年内，抗病品种和高感品种均较少，其中2017年无抗病品种，2018年无高感品种（图36-25）。

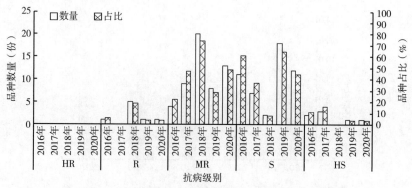

图36-25　鲜食糯玉米参试品种纹枯病抗性评价动态分析

3. 糯玉米腐霉茎腐病

2016—2017年东南鲜食糯玉米腐霉茎腐病抗性鉴定结果显示：高抗品种19份，占参试品种51.35%；抗病品种8份，占参试品种的21.62%；中抗品种8份，占参试品种的21.62%；感病品种8份，占参试品种5.41%；无高感品种。

2016—2017年东南鲜食糯玉米对腐霉茎腐病的抗性较好，2016年和2017年各有1份品种为感病品种，其他参试品种均达到中抗及以上水平，且以高抗品种的占比最大（图36-26）。

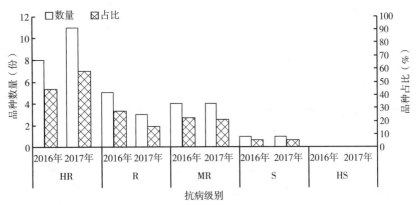

图36-26　鲜食糯玉米参试品种腐霉茎腐病抗性评价动态分析

4. 糯玉米瘤黑粉病

2018—2019年东南鲜食糯玉米瘤黑粉病抗性鉴定结果显示：无高抗品种；抗病品种2份，占参试品种的6.72%；中抗品种10份，占参试品种的45.38%；感病品种27份，占参试品种42.02%；高感品种16份，占参试品种5.88%。

2018—2019年东南鲜食糯玉米对瘤黑粉病的抗性较差，达到中抗及以上水平的品种仅占33.33%和10.71%；2018参试品种抗性略好于2019年，抗病品种、中抗品种数量和占比均在2019年之上（图36-27）。

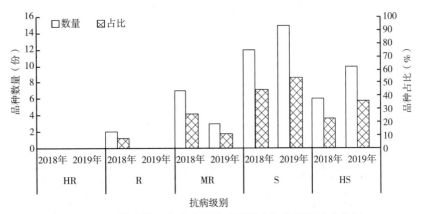

图36-27　鲜食糯玉米参试品种瘤黑粉病抗性评价动态分析

5. 糯玉米南方锈病

2018—2020年东南鲜食糯玉米南方锈病抗性鉴定结果显示：高抗品种3份，占参试品种3.66%；抗病品种7份，占参试品种的8.54%；中抗品种19份，占参试品种的23.17%；感病品种32份，占参试品种39.02%；高感品种21份，占参试品种25.61%。

2018—2020年，参试糯玉米对南方锈病的抗性较差，其中2018年参试品种整体抗性优于2019年和2020年，达到中抗及以上水平参试品种的占比为74.07%而2019年和2020年仅达到17.86%和14.81%；3年中，中抗品种的数量和占比呈逐渐下降趋势，高感品种的数量和占比呈逐年上升趋势（图36-28）。

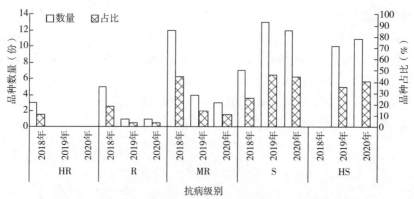

图36-28　鲜食糯玉米参试品种南方锈病抗性评价动态分析

二、东南鲜食甜玉米参试品种抗性性状动态分析

2016—2020年，参加东南鲜食甜玉米抗性鉴定的品种共计63份（不排除重复的品种，不含对照品种），其中2016年参试13份，2017年参试10份，2018年参试12份，2019年参试14份，2020年参试14份。在人工接种条件下，对小斑病、纹枯病、腐霉茎腐病（仅2016、2017年进行）、瘤黑粉病（仅2018、2019年进行）和南方锈病（仅2018—2020年进行）进行抗性评价。

1. 甜玉米小斑病

2016—2020年东南鲜食甜玉米小斑病抗性鉴定结果显示：无高抗品种；抗病品种10份，占参试品种的15.87%；中抗品种16份，占参试品种的25.40%；感病品种27份，占参试品种42.86%；高感品种10份，占参试品种15.87%。

2016—2020年，东南鲜食甜玉米对小斑病抗性较一般，其中2017年抗性较差，无高抗和抗性品种，中抗品种仅1份，占当年参试品种的10.00%；5年间，中抗品种的数量和占比均呈现先降低后升高的趋势；感病品种的数量和占比均呈现先升高后降低的趋势；高感品种的数量一直维持在2份，但在当年参试品种中的占比呈现先升高后降低的趋势（图36-29）。

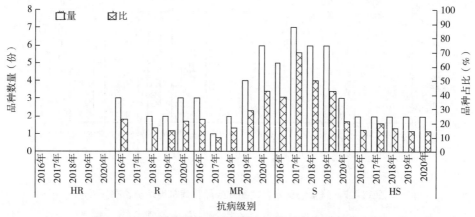

图36-29　鲜食甜玉米参试品种小斑病抗性评价动态分析

2. 甜玉米纹枯病

2016—2020年东南鲜食甜玉米纹枯病抗性鉴定结果显示：无高抗品种；抗病品种7份，占参试品种的11.11%；中抗品种20份，占参试品种的31.75%；感病品种29份，占参试品种46.03%；高感品种7份，占参试品种11.11%。

2016—2020年东南鲜食甜玉米对纹枯病的抗性较一般，达到中抗及以上水平的参试品种占比分别为46.15%、50.00%、58.33%、35.71%、28.57%，呈现先升高后降低的趋势；2018年和2020年均无高抗和抗病品种，2016、2017和2019年也无高抗品种，抗病品种在当年占比均在25.00%以下；5年间中抗品种数量和占比均呈现出先升高后降低再升高的趋势；感病品种的数量和占比均呈现先降低后升高的趋势；高感品种的数量和占比呈现先升高后降低再升高的趋势（图36-30）。

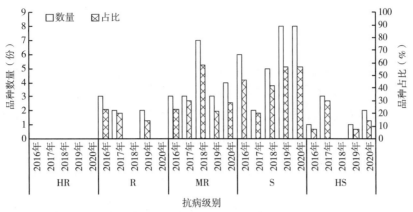

图36-30　鲜食甜玉米参试品种纹枯病抗性评价动态分析

3. 甜玉米腐霉茎腐病

2016—2017年东南鲜食甜玉米腐霉茎腐病抗性鉴定结果显示：高抗品种16份，占参试品种69.57%；抗病品种2份，占参试品种的8.70%；中抗品种5份，占参试品种的21.74%；无感病和高感品种。

2016—2017年东南鲜食甜玉米对腐霉茎腐病的抗性较好，所有参试品种均达到中抗及以上水平，且以高抗品种的占比最大，约达70.00%（图36-31）。

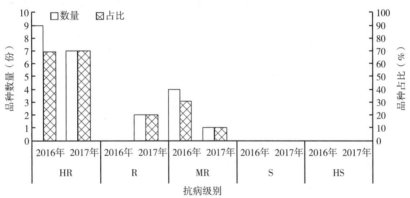

图36-31　鲜食甜玉米参试品种腐霉茎腐病抗性评价动态分析

4. 甜玉米瘤黑粉

2018—2019年东南鲜食甜玉米瘤黑粉病抗性鉴定结果显示：无高抗和抗病品种；中抗品种1份，占参试品种的3.85%；感病品种10份，占参试品种38.46%；高感品种15份，占参试品种57.69%。

2018—2019年东南鲜食甜玉米对瘤黑粉病的抗性较差，所有参试品种以高感品种为主；2018年没有参试品种达到中抗及以上水平，2019年仅7.14%参试品种达到中抗及以上水平（图36-32）。

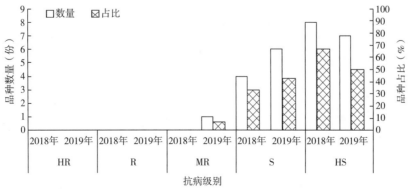

图36-32　鲜食甜玉米参试品种瘤黑粉病抗性评价动态分析

5. 甜玉米南方锈病

2018—2020年东南鲜食甜玉米南方锈病抗性鉴定结果显示：无高抗品种；抗病品种2份，占参试品种的5.00%；中抗品种9份，占参试品种的22.50%；感病品种27份，占参试品种67.50%；高感品种2份，占参试品种5.00%。

2018—2020年东南鲜食甜玉米对南方锈病的抗性较差，所有参试品种均以感病品种为主，达到中抗及以上水平的占比仅为41.67%、28.57%、14.29%，呈逐年下降趋势；2019年和2020年无高抗和抗病品种，2018年无高抗品种，抗病品种2份，占当年参试品种的16.67%；感病品种数量和占比均呈逐年上升趋势（图36-33）。

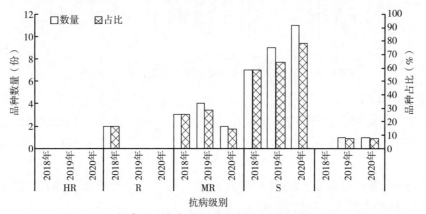

图36-33　鲜食甜玉米参试品种南方锈病抗性评价动态分析

第三十七章 2016—2020年南方（西南）鲜食玉米品种试验性状动态分析

第一节 2016—2020年南方（西南）鲜食玉米品种试验参试品种产量动态分析

一、2016—2020年南方（西南）鲜食糯玉米品种试验参试品种产量动态分析

鲜食玉米产量统计为鲜穗亩产，2016—2020年南方（西南）鲜食糯玉米参试品种平均鲜穗亩产分别为842.9kg、824.9kg、910.5kg、805.6kg、924.8kg。其中2020年该区组平均产量最高，达到924.8kg/亩，比该区组最低平均产量（2018年）高14.8%。就该区组内平均产量每年变异程度而言，2018年最大（69.4），2016年最小（47.1）。劲糯2号参试两年均为该区组产量最高品种，2018年产量高达1 082.8kg/亩，为5年里产量最高品种。斯达糯44参试两年均为该区组产量最低品种，2019年产量为642.2kg/亩，为5年里产量最低品种。从整体看，2016—2019年，南方（西南）鲜食糯玉米参试品种平均产量除2019年产量下降，整体呈上升趋势（表37-1、图37-1）。

表37-1 2016—2020年南方（西南）鲜食糯玉米品种试验参试品种产量动态分析

项目	2016年	2017年	2018年	2019年	2020年
鲜穗亩产平均值（kg）	842.9	824.9	910.5	805.6	924.8
鲜穗亩产最大值（kg）	896.5（万黄甜糯1015）	908.1（YN515）	1 082.8（劲糯2号）	972.8（劲糯2号）	1 015.1（澳甜糯75）
鲜穗亩产最小值（kg）	739.4（苏科糯1501）	729.0（农科糯387）	740.0（斯达糯44）	642.2（斯达糯44）	789.4（YS6873）
标准差	47.1	47.8	69.4	59.4	51.5

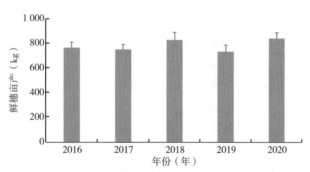

图37-1 2016—2020年南方（西南）鲜食糯玉米品种试验参试品种产量动态分析

二、2016—2020年南方（西南）鲜食甜玉米品种试验参试品种产量动态分析

鲜食玉米产量统计为鲜穗亩产，2016—2020年南方（西南）鲜食甜玉米参试品种平均鲜穗亩产分别为888.6kg、891.8kg、977.5kg、907.8kg、1 012.2kg。其中2020年该区组平均产量最高，达到1 012.2kg/亩，比该区组最低平均产量（2018年）高14.9%。就该区组内平均产量每年变异程度而言，2020年最大（76.3），2016年最小（39.2）。2020年参试品种广良甜27号产量高达1 082.8kg/亩，为5年里产量最高品种。2019年参试品种真甜101年产量为721.4kg/亩，为5年里产量最低品种。从整体看，2016—2019年，南方（西南）鲜食甜玉米参试品种平均产量除2019年产量相较2018年下降，其余年份均呈上升趋势（表37-2、图37-2）。

表37-2　2016—2020年南方（西南）鲜食甜玉米品种试验参试品种产量动态分析

项目	2016年	2017年	2018年	2019年	2020年
鲜穗亩产平均值(kg)	888.6	891.8	977.5	907.8	1 012.2
鲜穗亩产最大值(kg)	955.7(SAUSH15)	973.2(荣玉甜7号)	1 088.8(荣玉甜13)	1 053.6(荣玉甜13)	1 108.9(广良甜27号)
鲜穗亩产最小值(kg)	821.0(维甜1号)	767.2(瑞甜2号)	845.1(瑞甜1号)	721.4(真甜101)	869.2(高原王子)
标准差	39.2	73.8	68.1	87.4	76.3

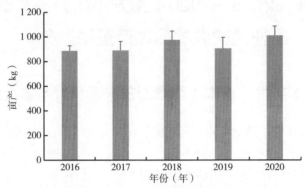

图37-2　2016—2020年南方（西南）鲜食甜玉米品种试验参试品种产量动态分析

第二节　2016—2020年南方（西南）鲜食玉米品种试验参试农艺性状动态分析

一、2016—2020年南方（西南）鲜食玉米品种试验参试品种出苗至采收期动态分析

（一）鲜食糯玉米

2016—2020年，南方（西南）鲜食糯玉米参试品种平均出苗至采收期分别为86.1d、88.5d、85.0d、87.0d、86.2d，基本与对照品种渝糯7号时期差不多。其中2017年该区组平均出苗至采收期最长，达88.5d，比该区组最短出苗至采收期（2018年）长3.5d。就该区组内平均出苗至采收期每年变异程度而言，2018年最小（1.1），2016年最大（1.8）。荣玉糯100参试两年均为该区组出苗至采收期最长品种，2019年为91.0d，为5年里出苗至采收期最长的品种。2016年参试品种维白糯1号为该区组5年内出苗至采收期最短的品种，为82.3d。从整体看，2016—2019年，南方（西南）鲜食糯玉米参试品种平均出苗至采收期较为稳定，没有特别大的被动，平均数维持在85~89d（表37-3、图37-3）。

表37-3　2016—2020年南方（西南）鲜食糯玉米品种试验参试品种出苗至采收期动态分析

项目	2016年	2017年	2018年	2019年	2020年
鲜穗亩产平均值(kg)	86.1	88.5	85.0	87.0	86.2
鲜穗亩产最大值(kg)	88.3(金玉糯9号)	90.9(金玉糯9号)	88.0(荣玉糯100)	91.0(荣玉糯100)	89.0(黔糯206)
鲜穗亩产最小值(kg)	82.3(维白糯1号)	85.7(大玉糯2号)	83.0(斯达糯44)	84.0(瑞黑糯1号)	83.0(彩甜糯100)
对照	86.5	89.4	84.5	87.5	87.0
标准差	1.8	1.6	1.1	1.6	1.6

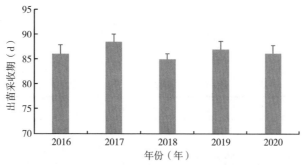

图37-3 2016—2020年南方（西南）鲜食糯玉米品种试验参试品种出苗至采收期动态分析

（二）鲜食甜玉米

2016—2020年间，南方（西南）鲜食糯玉米参试品种平均出苗至采收期分别为87.7d、88.7d、86.4d、87.6d、85.9d，其中2018年和2019年平均出苗至采收期和对照品种相差了超过1d。其中2017年该区组平均出苗至采收期最长，达88.7d，比该区组最短出苗至采收期（2020年）长2.8d。就该区组内平均出苗至采收期每年变异程度而言，2017年最小（2.0），2019年最大（2.6）。2019年参试品种粤甜28出苗至采收期长92.9d，为5年里出苗至采收期最长的品种。高原王子参试两年以来均为该区组出苗至采收期最短品种，2020年出苗至采收期为81.0d，为5年里出苗至采收期最短的品种。从整体看，2016—2019年，南方（西南）鲜食甜玉米参试品种平均出苗至采收期年份间存在较小，平均数维持在86~89d（表37-4、图37-4）。

表37-4 2016—2020年南方（西南）鲜食甜玉米品种试验参试品种出苗至采收期动态分析

项目	2016年	2017年	2018年	2019年	2020年
鲜穗亩产平均值（kg）	87.7	88.7	86.4	87.6	85.9
鲜穗亩产最大值（kg）	91.5（粤甜27）	92.9（粤甜28）	90.0（新荣甜816）	91.0（新荣甜816）	89.0（和甜三号）
鲜穗亩产最小值（kg）	83.4（云甜玉10号）	85.8（双色甜5号）	83.0（瑞甜1号）	83.0（高原王子）	81.0（高原王子）
对照	87.6	88.7	88.0	85.0	86.0
标准差	2.2	2.0	2.3	2.6	2.3

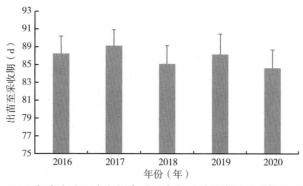

图37-4 2016—2020年南方（西南）鲜食甜玉米品种试验参试品种出苗至采收期动态分析

二、2016—2020年南方（西南）鲜食玉米品种试验参试品种株高动态分析

（一）鲜食糯玉米

2016—2020年，南方（西南）鲜食糯玉米参试品种平均株高分别为232.2cm、228.1cm、229.1cm、227.8cm、220.7cm。其中2016年该区组平均株高最高，为232.2cm，比该区组最矮株高（2020年）长11.5cm。就该区组内平均株高每年变异程度而言，2020年最小（16.2），2016年最大

（20.0）。2020年参试品种金甜糯一号为该区组株高最矮品种，仅190.0cm。YN224品种参试两年均为该区组最高品种，2016年高达277.0cm，为该区组株高最高品种。从整体看，2016—2019年，南方（西南）鲜食糯玉米参试品种平均株高有呈下降趋势（表37-5、图37-5）。

表37-5　2016—2020年南方（西南）鲜食糯玉米品种试验参试品种株高动态分析

项目	2016年	2017年	2018年	2019年	2020年
株高平均值（cm）	232.2	228.1	229.1	227.8	220.7
株高最大值（cm）	277.0（YN224）	270.6（YN224）	253.6（荣玉糯100）	261.0（劲糯2号）	245.0（渝糯7号）
株高最小值（cm）	190.1（苏科糯1501）	192.0（农科糯387）	193.1（农科糯387）	193.0（密花甜糯3号）	190.0（金甜糯一号）
标准差	20.0	20.7	16.5	17.6	16.2

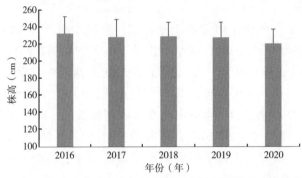

图37-5　2016—2020年南方（西南）鲜食糯玉米品种试验参试品种株高动态分析

（二）鲜食甜玉米

2016—2020年，南方（西南）鲜食甜玉米参试品种平均株高分别为232.5cm、237.1cm、241.0cm、227.7cm、214.9cm。其中2018年该区组平均株高最高，为241.0cm，比该区组最矮株高（2020年）长26.1cm。就该区组内平均株高每年变异程度而言，2017年最小（15.0），2019年最大（31.9）。2020年参试品种金高原王子为该区组株高最矮品种，仅147.0cm，该品种参试两年均为该区组最矮品种。新荣甜816品种参试两年均为该区组最高品种，2018年高达285.9cm，为该区组株高最高品种。从整体看，2016—2019年，南方（西南）鲜食甜玉米参试品种平均株高为214~241cm，变化幅度较为稳定（表37-6、图37-6）。

表37-6　2016—2020年南方（西南）鲜食甜玉米品种试验参试品种株高动态分析

项目	2016年	2017年	2018年	2019年	2020年
株高平均值（cm）	232.5	237.1	241.0	227.7	214.9
株高最大值（cm）	268.8（粤甜27号）	259.7（粤甜26号）	285.9（新荣甜816）	270.0（新荣甜816）	239.0（渝甜808）
株高最小值（cm）	193.6（云甜玉10号）	212.2（瑞甜2号）	188.8（瑞甜1号）	161.0（高原王子）	147.0（高原王子）
标准差	20.7	15	24.7	31.9	21.7

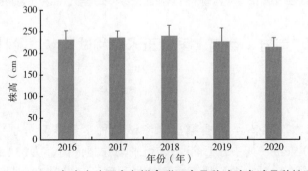

图37-6　2016—2020年南方（西南）鲜食甜玉米品种试验参试品种株高动态分析

三、2016—2020年南方（西南）鲜食玉米品种试验参试品种穗位高动态分析

（一）鲜食糯玉米

2016—2020年，南方（西南）鲜食糯玉米参试品种平均穗位高分别为90.3cm、92.3cm、92.0cm、95.0cm、93.0cm。其中2019年该区组平均穗位高最高，为95.0cm，比该区组最矮穗位高（2016年）高4.7cm。就该区组内平均穗位高每年变异程度而言，2018年最小（10.3），2016年最大（11.8）。分析发现，该区组的对照品种渝糯7号在2016年、2017年、2020年均为该区组穗位最高品种，2016年穗位高达116.3cm，为5年内穗位最高。2019年参试品种澳甜糯75为穗位最矮品种，仅70.0cm。从整体看，2016—2019年，南方（西南）鲜食糯玉米穗位高变化不大，年平均穗位高为90～95cm，较为稳定（表37-7、图37-7）。

表37-7　2016—2020年南方（西南）鲜食糯玉米品种试验参试品种穗位高动态分析

项目	2016年	2017年	2018年	2019年	2020年
穗位高平均值（cm）	90.3	92.3	92.0	95.0	93.0
穗位高最大值（cm）	116.3（渝糯7号）	111.3（渝糯7号）	115.4（荣玉糯100）	113.0（劲糯2号）	113.0（渝糯7号）
穗位高最小值（cm）	75.1（苏科糯1501）	74.7（金糯1607）	75.4（农科糯387）	70.0（澳甜糯75）	72.0（金糯1805）
标准差	11.8	11.7	10.3	11.2	11.5

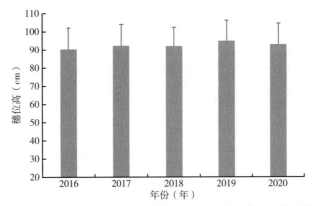

图37-7　2016—2020年南方（西南）鲜食糯玉米品种试验参试品种穗位高动态分析

（二）鲜食甜玉米

2016—2020年，南方（西南）鲜食甜玉米参试品种平均穗位高分别为84.0cm、91.0cm、89.8cm、86.6cm、86.3cm。其中2017年该区组平均穗位高最高，为91.0cm，比该区组最矮穗位高（2016年）高8.0cm。就该区组内平均穗位高每年变异程度而言，2017年最小（11.7），2019年最大（19.2）。分析发现，2016年参试品种粤甜27号穗位高为5年内该区组穗位最高品种，为110.5cm。2019年参试品种高原王子为穗位最矮品种，仅47.0cm。从整体看，2016—2019年，南方（西南）鲜食甜玉米穗位高变化不大，年平均穗位高为84～91cm（表37-8、图37-8）。

表37-8　2016—2020年南方（西南）鲜食甜玉米品种试验参试品种穗位高动态分析

项目	2016年	2017年	2018年	2019年	2020年
穗位高平均值（cm）	84.0	91.0	89.8	86.6	86.3
穗位高最大值（cm）	110.5（粤甜27号）	109.6（粤甜26号）	106.6（新荣甜816）	109.0（粤甜16号）	109.0（渝甜808）
穗位高最小值（cm）	58.5（云甜玉10号）	75.1（双色甜5号）	68.2（黑玫瑰8号）	47.0（高原王子）	56.0（高原王子）
标准差	16.2	11.7	11.8	19.2	14.5

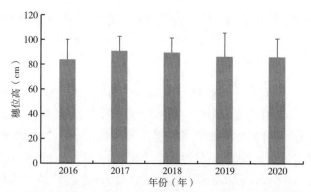

图37-8　2016—2020年南方（西南）鲜食甜玉米品种试验参试品种穗位高动态分析

四、2016—2020年南方（西南）鲜食玉米品种试验参试品种倒伏倒折率动态分析

（一）鲜食糯玉米

2016—2020年，南方（西南）鲜食糯玉米参试品种平均倒伏倒折率分别为1.9%、1.6%、0.5%、0.4%、1.0%。其中2016年该区组平均倒伏倒折率最高，为1.9%，比该区组最低倒伏倒折率（2019年）高1.5%。就该区组内平均倒伏倒折率每年变异程度而言，2018年和2019年最小（0.6），2016年最大（3.8）。2016年参试品种YN224倒伏倒折率高达13.4%，为5年内倒伏倒折率最高的品种。整体来看，倒伏倒折率在年份间差距较大，受当年天气影响比较显著（表37-9、图37-9）。

表37-9　2016—2020年南方（西南）鲜食糯玉米品种试验参试品种倒伏倒折率动态分析

项目	2016年	2017年	2018年	2019年	2020年
倒伏倒折率平均值（%）	1.9	1.6	0.5	0.4	1.0
倒伏倒折率最大值（%）	13.4（YN224）	12.5（大玉糯2号）	1.8（徽甜糯810）	2.9（瑞糯1号）	10.4（真糯102）
倒伏倒折率最小值（%）	0	0	0	0	0
标准差	3.8	2.9	0.6	0.6	2.2

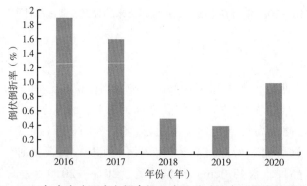

图37-9　2016—2020年南方（西南）鲜食糯玉米品种试验参试品种倒伏倒折率动态分析

（二）鲜食甜玉米

2016—2020年，南方（西南）鲜食甜玉米参试品种平均倒伏倒折率分别为5.3%、2.4%、1.2%、1.2%、3.3%。其中2016年该区组平均倒伏倒折率最高，为5.3%，比该区组最低倒伏倒折率（2018年和2019年）高4.1%。就该区组内平均倒伏倒折率每年变异程度而言，2018年最小（0.8），2016年最大（7.2）。2016年参试品种农科甜601倒伏倒折率高达26.6%，为5年内倒伏倒折率最高的品种。整体来看，倒伏倒折率在年份间差距较大，受当年天气影响比较显著（表37-10、图37-10）。

表37-10 2016—2020年南方（西南）鲜食甜玉米品种试验参试品种倒伏倒折率动态分析

项目	2016年	2017年	2018年	2019年	2020年
倒伏倒折率平均值(%)	5.3	2.4	1.2	1.2	3.3
倒伏倒折率最大值(%)	26.6（农科甜601）	7.0（瑞甜1号）	3.1（云甜玉8号）	6.2（BM380）	13.4（广良甜27号）
倒伏倒折率最小值(%)	0.3（云甜玉3号）	0	0	0	0
标准差	7.2	2.5	0.8	1.7	4.0

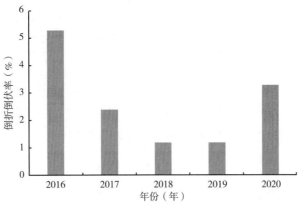

图37-10 2016—2020年南方（西南）鲜食甜玉米品种试验参试品种倒伏倒折率动态分析

五、2016—2020年南方（西南）鲜食玉米品种试验参试品种空秆率动态分析

（一）鲜食糯玉米

2016—2020年，南方（西南）鲜食糯玉米参试品种平均空秆率分别为0.9%、0.6%、0.7%、1.2%、1.1%。其中2019年该区组平均空秆率最高，为1.2%，比该区组最低空秆率（2017年）高0.3%。就该区组内平均空秆率每年变异程度而言，2016年最小（0.3），2019年最大（0.6）。2017年和2019年有多个参试品种空秆率为0，2019年参试品种YN609空秆率为2.5%，为5年内空秆率最高的品种。整体来看，2016—2020年平均空秆率变化不大，为0.6%~1.2%（表37-11、图37-11）。

表37-11 2016—2020年南方（西南）鲜食糯玉米品种试验参试品种空秆率动态分析

项目	2016年	2017年	2018年	2019年	2020年
空秆率平均值(%)	0.9	0.6	0.7	1.2	1.1
空秆率最大值(%)	1.5（彩甜糯6号）	1.3（天贵糯932）	1.9（渝糯7号）	2.5（YN609）	2.0
空秆率最小值(%)	0.5（渝糯7号）	0（金糯1607）	0	0.4（万糯188）	0.2（瑞佳糯3号）
标准差	0.3	0.4	0.4	0.6	0.5

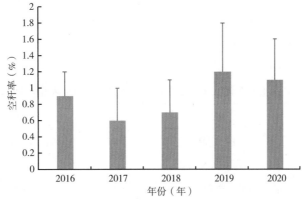

图37-11 2016—2020年南方（西南）鲜食糯玉米品种试验参试品种空秆率动态分析

（二）鲜食甜玉米

2016—2020年，南方（西南）鲜食甜玉米参试品种平均空秆率分别为0.8%、1.4%、1.0%、1.1%、1.4%。其中2017和2020年该区组平均空秆率最高，为1.4%，比该区组最低空秆率（2016年）高0.6%。就该区组内平均空秆率每年变异程度而言，2020年最小（0.3），2019年最大（0.9）。2016年参试品种郑甜88空秆率为0.1%，是5年内该区组空秆率最低品种，2019年参试品种新荣甜816空秆率为3.8%，为5年内空秆率最高的品种。整体来看，2016—2020年平均空秆率变化不大，为0.8%~1.4%（表37-12、图37-12）。

表37-12　2016—2020年南方（西南）鲜食甜玉米品种试验参试品种空秆率动态分析

项目	2016年	2017年	2018年	2019年	2020年
空秆率平均值（%）	0.8	1.4	1.0	1.1	1.4
空秆率最大值（%）	1.7（粤甜27号）	2.1（云甜玉8号）	1.8（粤甜27号）	3.8（新荣甜816）	2.1（YT920）
空秆率最小值（%）	0.1（郑甜88）	0.4（斯达甜221）	0.2（云甜玉8号）	0.4（萃甜618）	0.8（高原王子）
标准差	0.4	0.5	0.4	0.9	0.3

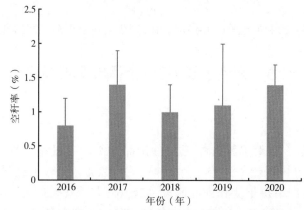

图37-12　2016—2020年南方（西南）鲜食甜玉米品种试验参试品种空秆率动态分析

六、2016—2020年南方（西南）鲜食玉米品种试验参试品种穗长动态分析

（一）鲜食糯玉米

2016—2020年，南方（西南）鲜食糯玉米参试品种平均穗长分别为19.1cm、18.9cm、19.7cm、18.8cm、18.3cm。其中2018年该区组平均穗长最长，为19.7cm，比该区组最低穗长（2020年）长1.4cm。就该区组内平均每年穗长异程度而言，2016年最小（0.6），2019年最大（1.1）。2018年参试品种荣玉糯100穗长达22.2cm，为5年内穗长最长的品种，2020年参试品种粤白甜糯6号穗长尾该区组穗长最短品种，为16.1cm。整体来看，2016—2020年该区组参试品种平均穗长变化不大，为18~20cm（表37-13、图37-13）。

表37-13　2016—2020年南方（西南）鲜食糯玉米品种试验参试品种穗长动态分析

项目	2016年	2017年	2018年	2019年	2020年
穗长平均值（cm）	19.1	18.9	19.7	18.8	18.3
穗长最大值（cm）	20.0（苏玉糯1601）	19.9（YN224）	22.2（荣玉糯100）	21.6（YN715）	20.6（粤花糯1号）
穗长最小值（cm）	18.2（粤白糯7号）	17.5（京科糯625）	17.9（徽甜糯810）	17.4（密花甜糯3号）	16.1（粤白甜糯6号）
标准差	0.6	0.7	1.0	1.1	0.7

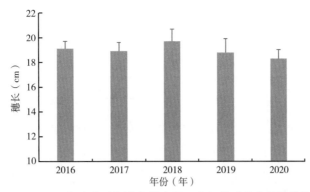

图37-13 2016—2020年南方（西南）鲜食糯玉米品种试验参试品种穗长动态分析

（二）鲜食甜玉米

2016—2020年，南方（西南）鲜食甜玉米参试品种平均穗长分别为19.cm、19.5cm、20.4cm、19.4cm、19.1cm。其中2018年该区组平均穗长最长，为20.4cm，比该区组最低穗长（2020年）长1.3cm。就该区组内平均每年穗长变异程度而言，2016年最小（0.7），2019年最大（1.7）。2018年参试品种荣玉甜13穗长达22.1cm，为5年内穗长最长的品种，2020年参试品种真甜101穗长尾该区组穗长最短品种，为15.5cm。整体来看，2016—2020年该区组参试品种平均穗长变化不大，为19～21cm（表37-14、图37-14）。

表37-14 2016—2020年南方（西南）鲜食甜玉米品种试验参试品种穗长动态分析

项目	2016年	2017年	2018年	2019年	2020年
穗长平均值（cm）	19.8	19.5	20.4	19.4	19.1
穗长最大值（cm）	20.4（粤甜27号）	20.3（粤甜28）	22.1（荣玉甜13）	21.4（荣玉甜13）	20.1（广良甜27号）
穗长最小值（cm）	18.4（粤甜16号）	18.9（粤甜16号）	19.0（瑞甜1号）	15.5（真甜101）	17.3（高原王子）
标准差	0.7	0.9	1.2	1.7	1.0

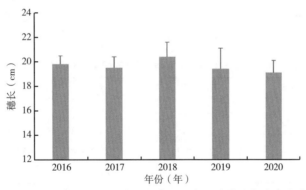

图37-14 2016—2020年南方（西南）鲜食甜玉米品种试验参试品种穗长动态分析

七、2016—2020年南方（西南）鲜食玉米品种试验参试品种鲜百粒重动态分析

（一）鲜食糯玉米

2016—2020年，南方（西南）鲜食糯玉米参试品种平均鲜百粒重分别为36.3g、34.6g、36.2g、36.7g、36.7g。其中2019年和2020年该区组平均鲜百粒重最重，为36.7g，比该区组最低百粒重（2017年）重2.1g。就该区组内平均鲜百粒重变异程度而言，2017年最小（2.0），2019年最大（3.3）。2016年和2017年参试品种大玉糯2号参试年份均为该区组鲜百粒重最重品种，2019年参试品种瑞糯1号鲜百粒重达44.1g，为5年内百粒重最重的品种，2018—2019年参试品种真糯101参试两

年均为该区组鲜百粒重最小种，2019年最低，为30.0g。整体来看，2016—2020年该区组参试品种平均鲜百粒重变化不大，较为稳定（表37-15、图37-15）。

表37-15 2016—2020年南方（西南）鲜食糯玉米品种试验参试品种鲜百粒重动态分析

项目	2016年	2017年	2018年	2019年	2020年
鲜百粒重平均值（g）	36.3	34.6	36.2	36.7	36.7
鲜百粒重最大值（g）	42.4（大玉糯2号）	39.4（大玉糯2号）	42.2（晶白甜糯）	44.1（瑞糯1号）	42.7（瑞佳糯3号）
鲜百粒重最小值（g）	33.3（粤白糯7号）	31.0（YN515）	31.6（真糯101）	30.0（真糯101）	31.1（彩糯）
标准差	2.2	2.0	2.4	3.3	2.8

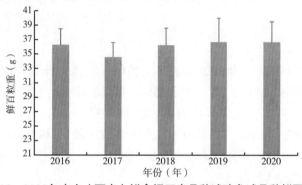

图37-15 2016—2020年南方（西南）鲜食糯玉米品种试验参试品种鲜百粒重动态分析

（二）鲜食甜玉米

2016—2020年，南方（西南）鲜食甜玉米参试品种平均鲜百粒重分别为37.0g、34.4g、36.9g、39.8g、40.1g。其中2020年该区组平均鲜百粒重最重，为40.1g，比该区组最低百粒重（2017年）重5.7g。就该区组内平均鲜百粒重变异程度而言，2016最小（1.9），2019年最大（3.4）。2020年参试品种双色甜1606该区组鲜百粒重最重品种，为45.1g，2017年参试品种荣玉甜7号鲜百粒重达31.9g，为5年内百粒重最轻的品种。整体来看，2016—2020年该区组参试品种平均鲜百粒重变化年份间存在差异，为34～41g（表37-16、图37-16）。

表37-16 2016—2020年南方（西南）鲜食甜玉米品种试验参试品种鲜百粒重动态分析

项目	2016年	2017年	2018年	2019年	2020年
鲜百粒重平均值（g）	37.0	34.4	36.9	39.8	40.1
鲜百粒重最大值（g）	41.6（双色甜5号）	38.4（双色甜5号）	42.3（荣玉甜13）	46.1（广良甜27号）	45.2（双色甜1606）
鲜百粒重最小值（g）	33.9（荣玉甜2号）	31.9（荣玉甜7号）	33.0（黑玫瑰8号）	33.3（真甜101）	35.8（渝甜808）
标准差	1.9	1.6	2.6	3.4	2.5

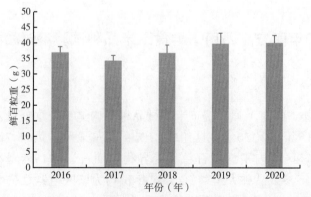

图37-16 2016—2020年南方（西南）鲜食甜玉米品种试验参试品种鲜百粒重动态分析

八、2016—2020年南方（西南）鲜食玉米品种试验参试品种鲜出籽率动态分析

（一）鲜食糯玉米

2016—2020年，南方（西南）鲜食糯玉米参试品种平均鲜出籽率分别为65.5%、64.3%、67.2%、66.1%、65.2%。其中2018年该区组平均鲜出籽率最高，为67.2%，比该区组最低鲜出籽率（2017年）高2.9%。就该区组内平均鲜出籽率变异程度而言，2016年最小（1.3%），2020年最大（5.5%）。2020年参试品种密花甜糯3号出籽率高达77.0%，为5年内鲜出籽率最高品种，同年份参试品种荣玉糯88为5年来鲜出籽率最低品种，为56.3%。整体来看，2016—2020年该区组参试品种平均鲜出籽率变化不大，为64%～68%（表37-17、图37-17）。

表37-17 2016—2020年南方（西南）鲜食糯玉米品种试验参试品种鲜出籽率动态分析

项目	2016年	2017年	2018年	2019年	2020年
鲜出籽率平均值（%）	65.5	64.3	67.2	66.1	65.2
鲜出籽率最大值（%）	68.0（YN224）	68.5（黑糯660）	73.2（粤鲜糯6号）	72.3（YN918）	77.0（密花甜糯3号）
鲜出籽率最小值（%）	64.0（彩甜糯6号）	59.9（金玉糯9号）	61.9（佳糯668）	60.1（荣玉糯2号）	56.3（荣玉糯88）
标准差	1.3	2.5	3.0	3.5	5.5

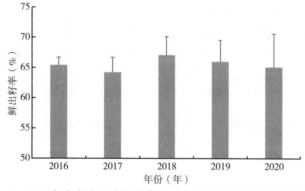

图37-17 2016—2020年南方（西南）鲜食糯玉米品种试验参试品种鲜出籽率动态分析

（二）鲜食甜玉米

2016—2020年，南方（西南）鲜食甜玉米参试品种平均鲜出籽率分别为67.6%、68.1%、71.3%、67.8%、72.3%。其中2020年该区组平均鲜出籽率最高，为72.3%，比该区组最低鲜出籽率（2016年）高4.5%。就该区组内平均鲜出籽率变异程度而言，2016年最小（2.1），2019年最大（2.9）。高原王子参试两年均为该区组鲜出籽率最高品种，2020年达77.0%，为五年内鲜出籽率最高品种，2019年参试品种真甜101为5年来鲜出籽率最低品种，为62.5%。整体来看，2016—2020年该区组参试品种平均鲜出籽率年份间存在一定差异，范围在67%～72%（表37-18、图37-18）。

表37-18 2016—2020年南方（西南）鲜食甜玉米品种试验参试品种鲜出籽率动态分析

项目	2016年	2017年	2018年	2019年	2020年
鲜出籽率平均值（%）	67.6	68.1	71.3	67.8	72.3
鲜出籽率最大值（%）	71.2（粤甜16号）	72.7（云甜玉8号）	77.0（云甜玉8号）	73.0（高原王子）	77.0（高原王子）
鲜出籽率最小值（%）	63.6（SAUSH15）	64.5（维甜1号）	68.4（荣甜玉7号）	62.5（真甜101）	67.7（莘甜618）
标准差	2.1	2.2	2.4	2.9	2.6

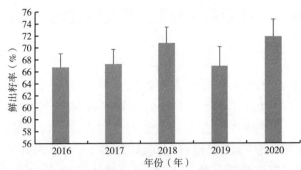

图37-18　2016—2020年南方（西南）鲜食甜玉米品种试验参试品种鲜出籽率动态分析

第三节　2016—2020年南方（西南）鲜食糯玉米
品种试验参试品种品质性状动态分析

一、2016—2020年南方（西南）鲜食糯玉米品种参试品种皮渣率动态分析

　　2016—2020年，南方（西南）鲜食糯玉米参试品种平均皮渣率分别为10.85%、11.27%、12.32%、13.31%、12.74%。其中2019年该区组平均皮渣率最低，为10.85%，比该区组最高皮渣率（2016年）低1.89%。就该区组内平均皮渣率变异程度而言，2016年、2017年、2018年均为1.5，最小，2019年最大（2.3）。2020年参试品种大玉糯2号皮渣率最低，为8.73%，为5年内该区组皮渣率最低品种，2019年参试品种金甜糯一号为5年来皮渣率最高品种，为19.45%。整体来看，2016—2019年该区组参试品种平均皮渣率呈上升趋势，2020年皮渣率有所降低（表37-19、图37-19）。

表37-19　2016—2020年南方（西南）鲜食糯玉米品种试验参试品种皮渣率动态分析

项目	2016年	2017年	2018年	2019年	2020年
皮渣率平均值（%）	10.85	11.27	12.32	13.31	12.74
皮渣率最大值（%）	14.40（大玉糯2号）	13.38（万糯158）	16.25（徽甜糯810）	19.45（金甜糯一号）	16.54（斯达糯38）
皮渣率最小值（%）	8.92（京科糯609）	8.73（大玉糯2号）	10.17（农科糯387）	10.56（荣玉糯88）	9.69（金糯1805）
标准差	1.5	1.5	1.5	2.3	1.7

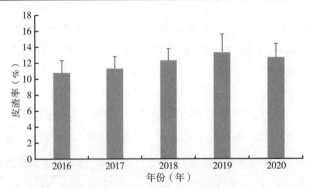

图37-19　2016—2020年南方（西南）鲜食糯玉米品种试验参试品种皮渣率动态分析

二、2016—2020年南方（西南）鲜食糯玉米品种试验参试品种粗淀粉含量动态分析

　　2016—2020年间，南方（西南）鲜食糯玉米参试品种平均粗淀粉含量分别为55.28%、60.14%、59.46%、55.63%、53.00%。其中2017年该区组平均粗淀粉含量最高，为60.14%，比该区组最低粗

淀粉含量（2020年）高7.14%。就该区组内平均粗淀粉含量变异程度而言，2016年最小（3.9），2020年最大（6.4）。2016年和2017年参试品种苏科糯1501参试两年粗淀粉含量均为该年份最高品质，2017年高达68.29%，为5年内该区组粗淀粉含量最高品种，2020年参试品种黑糯66为五年粗淀粉含量最低品种，为42.65%。整体来看，2016—2020年该区组参试品种平均粗淀粉含量随年份间有一定的波动，为53%~61%（表37-20、图37-20）。

表37-20　2016—2020年南方（西南）鲜食糯玉米品种试验参试品种粗淀粉含量动态分析

项目	2016年	2017年	2018年	2019年	2020年
粗淀粉含量平均值（%）	55.28	60.14	59.46	55.63	53.00
粗淀粉含量最大值（%）	62.21（苏科糯1501）	68.29（苏科糯1501）	65.74（苏科糯1601）	64.04（桂糯529）	65.27（桂糯529）
粗淀粉含量最小值（%）	49.40（苏玉糯1601）	47.70（苏玉糯1601）	45.05（徽银糯188）	47.47（徽甜糯810）	42.65（黑糯66）
标准差	3.9	5.5	5.9	4.9	6.4

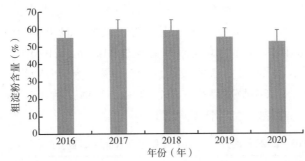

图37-20　2016—2020年南方（西南）鲜食糯玉米品种试验参试品种粗淀粉含量动态分析

三、2016—2020年南方（西南）鲜食糯玉米品种试验参试品种支链淀粉/总淀粉比例动态分析

2016—2020年，南方（西南）鲜食糯玉米参试品种平均支链淀粉/总淀粉比例分别为97.65%、98.67%、98.10%、98.29%、98.40%。其中2017年该区组平均支链淀粉/总淀粉比例最高，为98.67%，比该区组最低支链淀粉/总淀粉比例（2016年）高1.02%。就该区组内平均支链淀粉/总淀粉比例变异程度而言，2017年最小（0.3），2020年最大（1.1）。2020年参试品种彩糯支链淀粉/总淀粉比例高达99.46%，为5年内该区组支链淀粉/总淀粉比例最高品种，同年份参试品种YN811为5年支链淀粉/总淀粉比例最低品种，为94.28%。整体来看，2016—2020年该区组参试品种平均支链淀粉/总淀粉比例较为稳定，年份间差异不大（表37-21、图37-21）。

表37-21　2016—2020年南方（西南）鲜食糯玉米品种试验参试品种支链淀粉/总淀粉比例动态分析

项目	2016年	2017年	2018年	2019年	2020年
支链淀粉/总淀粉比例平均值（%）	97.65	98.67	98.10	98.29	98.40
支链淀粉/总淀粉比例最大值（%）	97.63（苏科糯1501）	99.19（YN224）	99.31（徽甜糯810）	99.29（瑞糯1号）	99.46（彩糯）
支链淀粉/总淀粉比例最小值（%）	96.87（维白糯1号）	97.86（万糯158）	95.94（劲糯2号）	96.06（劲糯2号）	94.28（YN811）
标准差	0.4	0.3	0.8	0.8	1.1

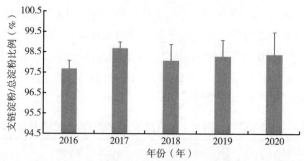

图37-21　2016—2020年南方（西南）鲜食糯玉米品种试验参试品种支链淀粉/总淀粉比例动态分析

第四节　2016—2020年南方（西南）鲜食甜玉米
品种试验参试品种品质性状动态分析

一、2016—2020年南方（西南）鲜食甜玉米品种参试品种皮渣率动态分析

2016—2020年，南方（西南）鲜食甜玉米参试品种平均皮渣率分别为10.92%、13.97%、13.70%、12.60%、12.16%。其中2016年该区组平均皮渣率最低，为10.92%，比该区组最高皮渣率（2017年）低3.05%。就该区组内平均皮渣率变异程度而言，2020年最小（1.0），2017年最大（2.4）。2016年参试品种农科甜601皮渣率最低，为8.49%，为5年内该区组皮渣率最低品种，2017年参试品种瑞甜1号为5年来皮渣率最高品种，为17.81%。整体来看，2016—2019年该区组参试品种平均皮渣率年份间存在差异（表37-22、图37-22）。

表37-22　2016—2020年南方（西南）鲜食甜玉米品种试验参试品种皮渣率动态分析

项目	2016年	2017年	2018年	2019年	2020年
皮渣率平均值（%）	10.92	13.97	13.68	12.60	12.16
皮渣率最大值（%）	14.72（云甜玉10号）	17.81（瑞甜1号）	16.75（晶甜9号）	14.43（渝甜808）	14.87（高原王子）
皮渣率最小值（%）	8.49（农科甜601）	10.72（粤甜28）	10.28（荣玉甜13）	10.53（荣玉甜13）	10.74（YT920）
标准差	1.7	2.4	2.1	1.1	1.0

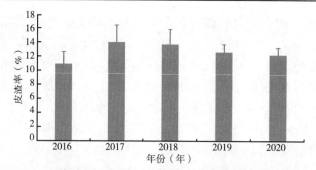

图37-22　2016—2020年南方（西南）鲜食甜玉米品种试验参试品种皮渣率动态分析

二、2016—2020年南方（西南）鲜食甜玉米品种试验参试品种水溶性总糖动态分析

2016—2020年，南方（西南）鲜食甜玉米参试品种平均水溶性总糖分别为15.04%、13.44%、15.62%、17.16%、17.02%。其中2019年该区组平均水溶性总糖最高，为17.16%，比该区组最低水溶性总糖（2017年）低3.72%。就该区组内平均水溶性总糖变异程度而言，2020年最小（0.5），2016年最大（3.2）。2019年参试品种真甜101水溶性总糖最高，为22.65%，为5年内该区组水溶性总糖最

高品种，2017年参试品种浙甜11为5年来水溶性总糖最低品种，为8.59%（表37-23、图37-23）。

表37-23　2016—2020年南方（西南）鲜食甜玉米品种试验参试品种水溶性总糖动态分析

项目	2016年	2017年	2018年	2019年	2020年
水溶性糖总量含量平均值（%）	15.04	13.44	15.62	17.16	17.02
水溶性糖总量含量最大值（%）	22.16（粤甜16号）	16.25（粤甜16号）	18.47（粤甜27号）	22.65（真甜101）	17.84（桂甜612）
水溶性糖总量含量最小值（%）	10.88（浙甜11）	8.59（浙甜11）	12.93（斯达甜221）	14.87（晶甜9号）	16.1（双色甜1606）
标准差	3.2	1.9	1.5	2.1	0.5

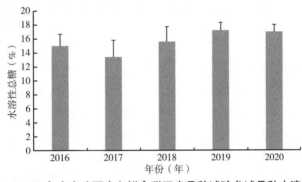

图37-23　2016—2020年南方（西南）鲜食甜玉米品种试验参试品种水溶性总糖动态分析

三、2016—2020年南方（西南）鲜食甜玉米品种试验参试品种还原糖动态分析

2016—2020年，南方（西南）鲜食甜玉米参试品种平均还原糖分别为6.83%、5.54%、5.23%、4.86%、5.78%。其中2016年该区组平均还原糖最高，为6.83%，比该区组最低还原糖（2019年）低1.97%。就该区组内平均还原糖变异程度而言，2020年最小（0.76），2016年最大（2.01）。2016年参试品种粤甜28还原糖最高，为10.63%，为5年内该区组还原糖最高品种；荣玉甜7号参试两年均为该区组还原糖最低品种，2017年最低为3.29%，为5年来还原糖最低品种。2016—2020年南方（西南）鲜食甜玉米参试品种平均还原糖年份间存在一定差异，平均为4.8~6.9（表37-24、图37-24）。

表37-24　2016—2020年南方（西南）鲜食甜玉米品种试验参试品种还原糖动态分析

项目	2016年	2017年	2018年	2019年	2020年
还原糖平均值（%）	6.83	5.54	5.23	4.86	5.78
还原糖最大值（%）	10.63（粤甜28）	8.88（斯达甜221）	7.95（京科甜621）	6.28（荣玉甜13）	6.60（瑞佳甜3号）
还原糖最小值（%）	4.09（维甜1号）	3.29（荣玉甜7号）	3.86（荣玉甜7号）	3.39（高原王子）	4.12（桂甜621）
标准差	2.01	1.89	1.07	0.82	0.76

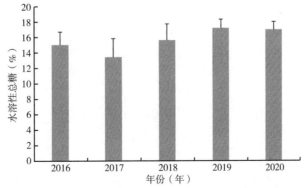

图37-24　2016—2020年南方（西南）鲜食甜玉米品种试验参试品种还原糖动态分析

第五节 2016—2020年西南鲜食玉米品种试验参试品种抗性性状动态分析

一、2016—2020年西南鲜食糯玉米参试品种抗性性状动态分析

2016—2020年，参加西南鲜食糯玉米抗性鉴定的品种共计107份（不排除重复的品种，不含对照品种），其中2016年参试12份，2017年参试17份，2018年参试22份，2019年参试28份，2020年参试28份。在人工接种条件下，对小斑病、纹枯病和丝黑穗病（仅2018、2019、2020年进行）进行抗性评价。

1. 糯玉米小斑病

2016—2020年西南鲜食糯玉米小斑病抗性鉴定结果显示，无高抗和抗病品种；中抗品种35份，占参试品种的32.71%；感病品种70份，占参试品种65.42%；高感品种2份，占参试品种1.87%。

5年中，2018年西南鲜食糯玉米对小斑病的抗性最差，所有参试品种均为感病，没有品种达到中抗及以上水平；其次为2020年，仅14.29%的参试品种表现为中抗，其他品种大多数表现为感病，仅1份品种表现为高感；2017年有41.18的参试品种表现为中抗；2016年和2019年抗性较好，中抗水平的参试品种达到66.67%、57.14%。2016—2020年，感病品种的数量和占比均呈现先升高后降低再升高的趋势（图37-25）。

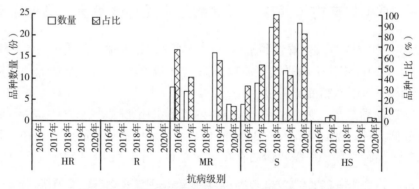

图37-25 糯玉米参试品种小斑病抗性评价动态分析

2. 糯玉米纹枯病

2016—2020年西南鲜食糯玉米纹枯病抗性鉴定结果显示，无高抗品种；抗病品种1份（2016年），占参试品种的0.93%；中抗品种30份，占参试品种的28.04%；感病品种72份，占参试品种67.29%；高感品种4份，占参试品种3.74%（图37-26）。

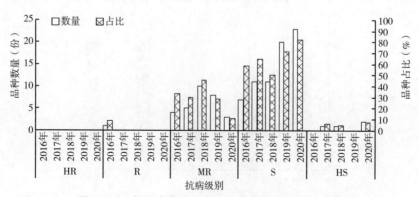

图37-26 糯玉米参试品种纹枯病抗性评价动态分析

2016—2020年西南鲜食糯玉米对纹枯病的抗性较差，无高抗品种，抗病品种仅1份，在当年占比为8.33%；中抗品种占比均在50.00%以下，呈先下降后上升再下降趋势，其数量呈现先上升后下降趋势；感病品种占比较大，呈先下降后上升趋势，其数量呈逐年上升趋势。

3. 糯玉米丝黑穗病

2018—2020年西南鲜食糯玉米丝黑穗病抗性鉴定结果显示，无高抗品种；抗病品种3份，占参试品种的3.85%；中抗品种5份，占参试品种的6.41%；感病品种49份，占参试品种62.82%；高感品种21份，占参试品种26.92%。

2018—2020年西南鲜食糯玉米对丝黑穗病的抗性较差，2018年和2019年仅有31.82%、3.57%的参试品种达到中抗及以上水平；中抗品种数量和占比均呈逐年下降趋势；感病品种的数量呈逐年上升趋势（图37-27）。

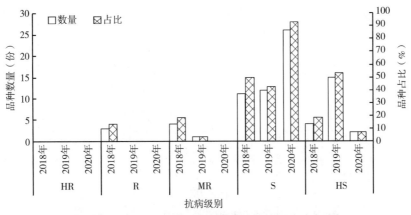

图37-27 糯玉米参试品种丝黑穗病抗性评价动态分析

二、2016—2020年西南鲜食甜玉米参试品种抗性性状动态分析

2016—2020年，参加西南鲜食甜玉米抗性鉴定的品种共计62份（不排除重复的品种，不含对照品种），其中2016年参试13份，2017年参试10份，2018年参试12份，2019年参试13份，2020年参试14份。在人工接种条件下，对小斑病、纹枯病和丝黑穗病（仅2018、2019、2020年进行）进行抗性评价。

1. 甜玉米小斑病

2016—2020年西南鲜食甜玉米小斑病抗性鉴定结果显示，无高抗和抗病品种；中抗品种36份，占参试品种的58.06%；感病品种24份，占参试品种38.71%；高感品种2份，占参试品种3.23%。

2016、2017、2019年，均无高抗、抗病和高感品种，参试品种以中抗品种为主，其占比分别为69.23%、90.00%、69.23%，且数量均稳定在9份；2018年和2020年均以感病品种为主，其占比分别为66.67%和50.00%（图37-28）。

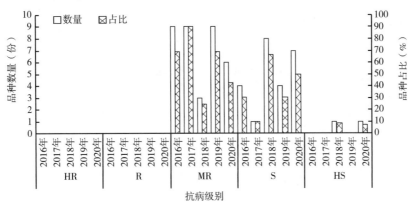

图37-28 甜玉米参试品种小斑病抗性评价动态分析

2. 甜玉米纹枯病

2016—2020年西南鲜食甜玉米纹枯病抗性鉴定结果显示，无高抗品种；抗病品种1份（2016年），占参试品种的1.61%；中抗品种21份，占参试品种的33.87%；感病品种36份，占参试品种54.84%；高感品种6份，占参试品种9.68%。

2016年西南鲜食甜玉米对纹枯病的抗性较好，有69.23%的参试品种达到中抗及以上水平；2017—2019年抗性略差，均无高抗和抗病品种，且中抗品种的占比均在30.00%~4.00%之间；2020年抗性最差，仅有7.14%的中抗品种，其余参试品种均为感病或者高感。5年间，中抗品种的数量及占比均呈先降低后上升再降低的趋势；感病品种的占比呈现先上升后降低再上升的趋势，且2017—2019年感病品种数量一直稳定在7份，于2016年比数量有所上升，到2020年感病品种的数量进一步上升（图37-29）。

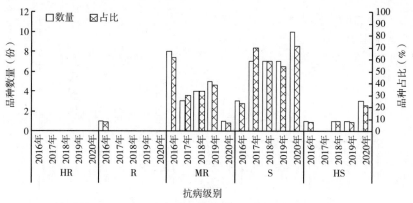

图37-29　甜玉米参试品种纹枯病抗性评价动态分析

3. 甜玉米丝黑穗病

2018—2020年西南鲜食甜玉米丝黑穗病抗性鉴定结果显示，无高抗品种、抗病和中抗品种；感病品种22份，占参试品种56.41%；高感品种17份，占参试品种43.59%。

2018—2020年西南鲜食甜玉米对丝黑穗病的抗性较差3年均无品种达到中抗及以上水平；2018和2020年参试品种以高感品种为主，2019年参试品种以感病品种为主，仅7.69%的参试品种表现为高感（图37-30）。

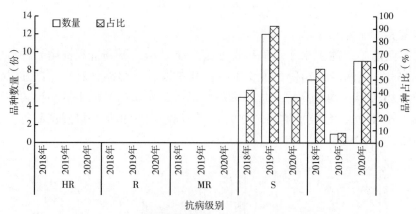

图37-30　甜玉米参试品种丝黑穗病抗性评价动态分析

第三十八章　2016—2020年青贮玉米品种试验性状动态分析

第一节　2016—2020年青贮玉米品种完成
两年试验参试品种产量动态分析

一、2016—2020年审定青贮玉米品种亩产生物干重、增产率动态分析

优良的青贮玉米品种应该具有干物质或含水量适宜、生物产量高、稳产性好、抗病性强、抗倒性强、营养品质好、持绿性好等特点，具有这样特性的青贮玉米品种在生产上能大面积推广应用，同时最适合用于全株青贮饲料。衡量青贮玉米品种的产量指标主要有生物鲜重、干物质含量或含水量和生物干重。生物鲜重是青贮玉米品种在最佳收获期从地面20cm处刈割，称重得到的全株鲜重，就是生物鲜重。生物鲜重可以粗略地反映青贮玉米产量的高低，具有明了、直观的特点。生物干重可以科学、正确地反映青贮玉米的实际产量，是青贮玉米产量的衡量指标，一般用亩产生物干重来比较不同品种生物产量的高低。生物干重=生物鲜重×干物质含量［100%-含水量（%）］。2016—2020年审定青贮玉米品种亩产生物干重区域试验数据见表38-1，由表38-1可知：东华北区域平均亩产生物干重为1 567kg/亩，由于2016年之前玉米生态分区未做调整，北方区参试品种大京九26在2014年和2015年的亩产生物干重较高，平均达到了1 752kg/亩，2016—2019年年底，东华北中晚熟区亩产生物干重为1 500kg/亩左右；黄淮海夏播区平均亩产生物干重为1 359kg/亩，2018—2019年度最高，达1 485kg/亩左右；西南春玉米区平均亩产生物干重为1 176kg/亩。

表38-1　2016—2020年审定青贮玉米品种两年参试亩产生物干重　　　　　　　　　（kg/亩）

区域试验年份	东华北中晚熟	黄淮海夏播	西南春玉米
2016	1 752	1 289	
2017		1 381	1 065
2018	1 465	1 246	1 160
2019	1 515	1 395	1 223
2020	1 537	1 485	1 256
平均	1 567	1 359	1 176

2016—2020年审定青贮玉米品种的两年区域试验亩产生物干重趋势变化见图38-1。按区域分析，东华北区域高于黄淮海区域，黄淮海区域高于西南区；从年度分析，从2016年审定的品种到2020年审定的品种，除去东华北2016年审定的品种大京九26，亩产生物干重都是逐年增加的。

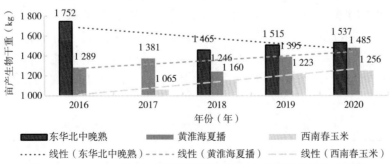

图38-1　2016—2020年审定青贮玉米品种2年参试的亩产生物干重

2016—2020年审定青贮玉米品种亩产生物干重增产率见表38-2，平均增产率都超过了5%，黄

淮海增产率较高达到9.2%，西南和东华北都在6.0%左右。

表38-2 2016—2020年审定青贮玉米品种两年参试干重增产率

区域试验年份	东华北中晚熟（%）	黄淮海夏播（%）	西南春玉米（%）
2016	4.6	7.1	
2017		11.3	4.6
2018	5.3	5.4	7.2
2019	7.9	10.8	6.6
2020	7.7	11.4	4.2
平均	6.4	9.2	5.7

二、2016—2020年审定青贮玉米品种干物质含量动态分析

青贮玉米品种的干物质含量影响生物干重的高低，同时对青贮玉米青贮发酵有很大的影响。青贮玉米的最佳收获期在乳线1/2时，此时干物质含量应该为30%～35%，青贮玉米区域试验严格按照参试品种的籽粒乳线位置分批收获。从表38-3可知，不同区域、不同年份的品种干物质含量基本没有差异，平均值都在34.0%左右，说明区域试验中品种收获是及时、准确的，完成两年区域试验的这些品种生育期在各生态区是适宜的。

表38-3 2016—2020年审定青贮玉米品种两年参试干物质含量

区域试验年份	东华北中晚熟（%）	黄淮海夏播（%）	西南春玉米（%）	平均（%）
2016	32.5	36.4		34.4
2017		32.8	32.8	32.8
2018	34.5	33.6	33.9	34.0
2019	34.9	32.6	35.2	34.2
2020	36.8	34.8	35.3	35.6
平均	34.7	34.0	34.3	34.3

第二节 2016—2020年青贮玉米品种完成两年试验参试品种株高穗位、抗倒性动态分析

一、2016—2020年审定青贮玉米品种株高穗位动态分析

株高是青贮玉米的主要农艺性状，相关研究表明株高与生物干重成正相关，株高越高，生物产量相对较高。从生态区域分析，东华北中晚熟区的品种株高高于黄淮海和西南区的，东华北中晚熟区平均株高达到了326cm；黄淮海夏播区和西南春玉米区相差不大，黄淮海夏播区平均株高为296cm，西南春播区平均株高为293cm。从区域试验年份分析，各年份之间没有差异，平均株高为305cm，2017—2018年度完成试验的品种株高最高达到311cm，2015—2016年度完成试验的品种株高最高达到295cm（表38-4）。

表38-4 2016—2020年审定青贮玉米品种两年参试株高

区域试验年份	东华北中晚熟（cm）	黄淮海夏播（cm）	西南春玉米（cm）	平均（cm）
2016	337	279		308
2017		309	280	295

（续表）

区域试验年份	东华北中晚熟（cm）	黄淮海夏播（cm）	西南春玉米（cm）	平均（cm）
2018	318	294	293	302
2019	319	306	309	311
2020	331	290	291	304
平均	326	296	293	305

二、2016—2020年审定青贮玉米品种株高/穗位比值动态分析

玉米品种穗位与株高呈显著正相关，株高越高，穗位越高。株高/穗位比值与品种的抗倒性极其相关，比值越低，抗倒性越强，玉米理想株型提出株高/穗位比值为1/3～1/2的较为适宜。从生态区域分析，各区域的比值都在43%左右，各区域之间几乎没有差异，东华北中晚熟区为44%，黄淮海夏播区为42%，西南春玉米区为43%；从参试年份分析，各年度之间也没有大的差异（表38-5）。

表38-5 2016—2020年审定青贮玉米品种2年参试品种株高/穗位比值

区域试验年份	东华北中晚熟（%）	黄淮海夏播（%）	西南春玉米（%）	平均（%）
2016	47	41		44
2017		43	41	42
2018	44	42	44	43
2019	45	44	44	44
2020	38	43	41	41
平均	44	42	43	43

三、2016—2020年审定青贮玉米品种倒伏倒折率动态分析

玉米倒伏倒折是限制青贮玉米高产、稳产、优质的重要因素之一，也影响青贮玉米的机械化收获。不同品种具有不同的抗倒性。抗倒性一般用倒伏率和倒折率这两个指标来衡量。倒伏率（根倒）是指倒伏株数占小区株数的百分比；倒折率（茎倒）是指倒折株数占小区株数的百分比。国家审定标准要求参试品种倒伏倒折率之和≤8.0%，且倒伏倒折率之和≥10.0%的点次比例≤20%；或不高于对照。从生态区域分析，东华北中晚熟区平均为3.8%，黄淮海夏播区为3.6%，西南春玉米区为1.6%，东华北和黄淮海区略高于西南区；从年份分析，2014—2015年度的倒伏倒折率之和为7.6%，其余年份都在2.5%以下，说明品种抗倒性都较强（表38-6）。

表38-6 2016—2020年审定青贮玉米品种2年参试品种倒伏倒折之和

区域试验年份	东华北中晚（%）	黄淮海夏播（%）	西南春玉米（%）	平均（%）
2016	7.5	7.7		7.6
2017		2.2	2.3	2.3
2018	3.9	1.4	1.3	2.2
2019	1.1	3.5	1.4	2.0
2020	2.8	2.9	1.4	2.4
平均	3.8	3.6	1.6	3.3

第三节 2016—2020年青贮玉米品种完成
两年试验参试品种品质动态分析

青贮玉米的营养价值主要取决于以下两个方面：一是其体外干物质消化率，体外干物质消化率主要取决于中性洗涤纤维（NDF）、酸性洗涤纤维（ADF）含量；二是其自身营养品质，营养品质则与淀粉（STARCH）、可溶性糖、粗蛋白（CP）和粗脂肪（EE）等含量有关。

一、2016—2020年审定青贮玉米品种全株淀粉含量动态分析

青贮玉米全株淀粉是青贮玉米中最主要的碳水化合物，也是反刍动物瘤胃代谢过程的重要组成部分，淀粉颗粒进入瘤胃后，即被瘤胃细菌、原虫和真菌作为碳源利用。青贮玉米淀粉又分为支链淀粉和直链淀粉。支链淀粉由α-1, 4-葡萄糖苷键连接。支链淀粉有很多的支链结构，分子质量很大。平均每20~25个葡萄糖残基就在C6的位置连接一个支链。直链淀粉较为简单，主链以α-1, 4-葡萄糖苷键连接，长几百个单位。淀粉用α-淀粉酶、支链淀粉酶水解为低聚糖和部分还原性单糖，再用糖化酶将低聚糖水解为还原性单糖，最后测定还原性单糖，并折算为非结构性碳水化合物（籽粒淀粉和全株可溶性糖的总和，简称粗淀粉）。如玉米青贮淀粉含量提高10%（18%~28%），每头成母牛可以减少玉米使用量1.7kg/d，节省饲料成本2.6元/d。从生态区域分析，各区域审定品种的全株淀粉含量都大于30%，区域之间差异不大，平均值为32.3%~31.0%；东华北区域的品种全株淀粉含量呈增加趋势。从参试年份分析，2016—2017年度以后的品种全株淀粉含量差异不大，都在31%以上；但都大于2015—2016年底之前的（表38-7）。

表38-7 2016—2020年审定青贮玉米品种两年参试品种全株淀粉含量

区域试验年份	东华北中晚熟（%）	黄淮海夏播（%）	西南春玉米（%）	平均（%）
2016	29.4	30.0		29.7
2017		30.8	30.1	30.5
2018	32.3	34.3	32.2	32.9
2019	33.6	29.2	30.9	31.2
2020	34.0	30.5	30.8	31.8
平均	32.3	31.0	31.0	31.4

二、2016—2020年审定青贮玉米品种全株中性洗涤纤维含量动态分析

常规饲料分析方法测定的粗纤维，是将饲料样品经稀酸、稀碱各煮沸30min后，所剩余的不溶解碳水化合物。其中纤维素是由β-1, 4葡萄糖聚合而成的同质多糖；半纤维素是葡萄糖、果糖、木糖、甘露糖和阿拉伯糖等聚合而成的异质多糖；木质素则是一种苯丙基衍生物的聚合物，它是动物利用各种养分的主要限制因子。该方法在分析过程中，有部分半纤维素、纤维素和木质素溶解于酸、碱中，使测定的粗纤维含量偏低，同时又增加了无氮浸出物的计算误差。为了改进粗纤维分析方案，Van Soest（1976）提出了用中性洗涤纤维（Neutral Detergent Fiber，缩写NDF）、酸性洗涤纤维（Acid Detergent Fiber，缩写ADF）、酸性洗涤木质素（Acid Detergent Lignin，缩写ADL）作为评定饲草中纤维类物质的指标。同时将饲料粗纤维中的半纤维素、纤维素和木质素全部分离出来，能更好地评定饲料粗纤维的营养价值。目前国际上通常采用这种方法对纤维的营养价值进行评价。用中性洗涤剂（pH值为7）消化植物细胞后，大部分细胞内容物溶解于洗涤剂中，其中包括淀粉、可溶性糖、脂肪和蛋白质，统称为中性洗涤剂溶解物（NDS），而不溶解的残渣为中性洗涤纤

维（NDF），这部分主要是细胞壁的主要成分，包括半纤维素、纤维素、木质素和灰分。中性洗涤纤维能被动物部分利用，被利用的程度与采食量有关。植物细胞的中性洗涤纤维含量越低，动物的采食量越高，中性洗涤纤维被利用的程度越高。从生态区域分析，各区域审定品种的全株中性洗涤纤维含量都在40%左右，区域之间差异不大，平均值为40.0%～39.2%；东华北区域的品种全株中性洗涤纤维含量呈减少趋势。从参试年份分析，2018—2019年度的品种全株中性洗涤纤维含量为37.9%，均小于之前年度的品种含量，说明参试品种品质越来越好（表38-8）。

表38-8　2016—2020年审定青贮玉米品种2年参试品种中性洗涤纤维含量

区域试验年份	东华北中晚熟（%）	黄淮海夏播（%）	西南春玉米（%）	平均（%）
2016	41.8	40.8		41.3
2017		39.9	40.5	40.2
2018	40.0	38.1	39.4	39.1
2019	38.9	42.1	39.9	40.3
2020	36.1	39.3	38.2	37.9
平均	39.2	40.0	39.5	39.6

三、2016—2020年审定青贮玉米品种全株粗蛋白含量动态分析

青贮玉米的全株粗蛋白是青贮玉米的主要营养成分，全株粗蛋白含量用凯氏定氮法测定。基本原理是将含有蛋白质的样品与浓硫酸共热使其分解，其中氮元素变成铵盐。再经浓碱液作用，放出的氨气经硼酸吸收后用盐酸标准溶液滴定硼酸溶液所吸收的氨。计算出试样含氮量，乘以相关的蛋白质换算系数，即得到粗蛋白的含量。从生态区域分析，各区域审定品种的全株粗蛋白含量8%左右，区域之间差异不大，东华北区域的要低于黄淮海和西南春玉米区。从参试年份分析，2014—2015年度的品种全株粗蛋白含量为7.9%，均小于以后年度的品种含量（表38-9）。

表38-9　2016—2020年审定青贮玉米品种2年参试品种全株粗蛋白含量

区域试验年份	东华北中晚熟（%）	黄淮海夏播（%）	西南春玉米（%）	平均（%）
2016	7.8	8.0		7.9
2017		8.6	8.6	8.6
2018	7.9	8.3	8.3	8.1
2019	7.5	8.3	8.4	8.1
2020	8.2	8.8	9.0	8.6
平均	7.8	8.4	8.6	8.3

第四节　2016—2020年青贮玉米品种试验参试品种抗性性状动态分析

一、2016—2020年西南青贮玉米参试品种抗性性状动态分析

2016—2020年，参加西南青贮玉米抗性鉴定的品种共计62份（不排除重复的品种，不含对照品种），其中2016年参试14份，2017年参试13份，2018年参试12份，2019年参试12份，2020年参试11份。在人工接种条件下，对大斑病（2016年未进行）、小斑病、茎腐病、纹枯病、灰斑病（仅2018、2019、2020年进行）和南方锈病（仅2018、2019、2020年进行）进行抗性评价。

1. 西南大斑病

2017—2020年西南青贮参试玉米大斑病抗性鉴定结果显示，无高抗品种；抗病品种17份，占参试品种的35.42%；中抗品种26份，占参试品种的54.17%；感病品种4份，占参试品种8.33%；高感品种1份（2020年），占参试品种2.08%。

2017—2020年，西南青贮参试玉米对大斑病的抗性较好，达到中抗及以上水平的参试品种分别为84.62%、100.00%、100.00%、72.73%，呈现先上升后下降的趋势，其中抗病品种的数量和占比均呈现先上升后下降的趋势，中抗品种的数量和占比呈现先下降后上升的趋势（图38-2）。

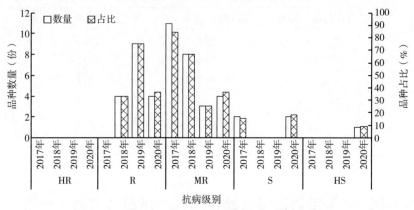

图38-2　青贮玉米参试品种大斑病抗性评价动态分析

2. 西南小斑病

2016—2020年西南青贮参试玉米小斑病抗性鉴定结果显示，无高抗品种；抗病品种13份，占参试品种的20.97%；中抗品种34份，占参试品种的54.84%；感病品种15份，占参试品种24.19%；无高感品种。

2016—2020年西南青贮参试玉米对小斑病的抗性较好，达到中抗及以上水平的参试品种分别有71.43%、53.85%、91.67%、91.67%、72.73%，其中2019年以抗病品种为主，其他年份以中抗品种为主，中抗品种数量及占比均呈现先升高后降低再升高的趋势；感病品种数量及占比均呈现先升高后降低再升高的趋势（图38-3）。

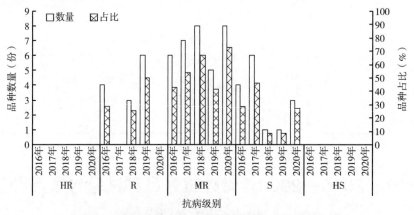

图38-3　青贮玉米参试品种小斑病抗性评价动态分析

3. 西南茎腐病

2016—2020年西南青贮参试玉米茎腐病抗性鉴定结果显示，无高抗品种；抗病品种13份，占参试品种的20.97%；中抗品种34份，占参试品种的54.84%；感病品种15份，占参试品种的24.19%；无高感品种。

2016—2020年西南青贮参试玉米对茎腐病的抗性较好，分别有100.00%、84.62%、66.67%、100.00%、81.82%的参试品种达到中抗及以上水平，呈现先降低后升高再降低的趋势；抗病品种的数量和占比呈现先降低后升高再降低的趋势；中抗品种的数量呈现先升高后降低，中抗品种的占比呈现先升高后降低再升高的趋势；感病品种数量及占比呈现先升高后降低再升高的趋势（图38-4）。

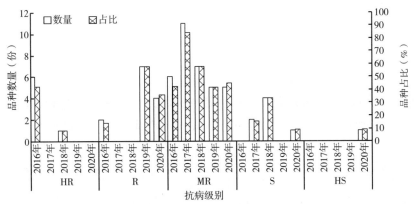

图38-4　青贮玉米参试品种茎腐病抗性评价动态分析

4. 西南纹枯病

2016—2020年西南青贮参试玉米纹枯病抗性鉴定结果显示，无高抗和抗病品种；中抗品种36份，占参试品种的58.06%；感病品种23份，占参试品种37.10%；高感品种3份，占参试品种的4.84%。

2017年参试品种抗性较好，所有参试品种均表现为中抗；2018—2020年达到中抗水平的参试品种占比均为50.00%及以上；2016年参试品种抗性最差，仅有21.43%的品种表现为中抗，其他均表现为感病（图38-5）。

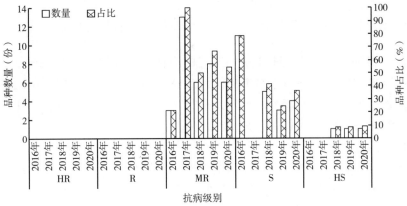

图38-5　青贮玉米参试品种纹枯病抗性评价动态分析

5. 西南灰斑病

2018—2020年西南青贮参试玉米灰斑病抗性鉴定结果显示，无高抗品种；抗病品种6份，占参试品种的17.14%；中抗品种11份，占参试品种的31.43%；感病品种14份，占参试品种40.00%；高感品种4份，占参试品种的11.43%。

2018—2020年，抗病品种的数量稳定在2份；西南青贮参试玉米对灰斑病的抗性一般，达到中抗及以上水平的参试品种占比分别为50.00%、41.67%、54.55%（图38-6）。

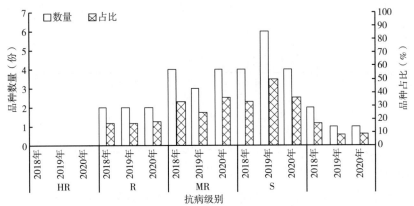

图38-6　青贮玉米参试品种灰斑病抗性评价动态分析

6. 西南南方锈病

2018—2020年西南青贮参试玉米南方锈病抗性鉴定结果显示，高抗品种3份，占参试品种的8.57%；抗病品种7份，占参试品种的20.00%；中抗品种13份，占参试品种的37.14%；感病品种9份，占参试品种25.71%；高感品种3份，占参试品种的8.57%。

2018—2020年西南青贮参试玉米分为有100.00%、58.33%、36.36%达到中抗及以上水平，呈逐年下降趋势，其数量也呈逐年下降趋势；抗病品种数量和占比均呈逐年降低趋势；感病、高感品种的数量和占比均呈逐年上升趋势；中抗品种的数量下降后稳定在3份（图38-7）。

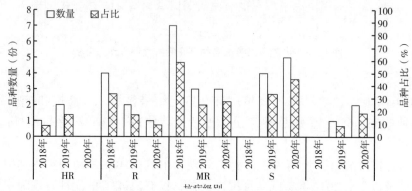

图38-7　青贮玉米参试品种南方锈病抗性评价动态分析

二、2016—2020年黄淮海青贮玉米参试品种抗性性状动态分析

2016—2020年，参加黄淮海青贮玉米抗性鉴定的品种共计68份（不排除重复的品种，不含对照品种），其中2016年参试15份，2017年参试15份，2018年参试11份，2019年参试13份，2020年参试14份。在人工接种条件下，对小斑病（2016年未进行）、弯孢病、南方锈病（2016年未进行）、禾谷镰孢茎腐病和瘤黑粉病（2016年未进行）进行抗性评价。

1. 黄淮海小斑病

2017—2020年黄淮海青贮参试玉米小斑病抗性鉴定结果显示，无高抗品种；抗病品种14份，占参试品种的26.42%；中抗品种38份，占参试品种的71.70%；感病品种1份，占参试品种1.89%；无高感品种。

2017—2020年黄淮海青贮参试玉米对小斑病的抗性较好，2017年、2018年和2020年所有参试品种均达到中抗及以上水平，2019年仅1份品种为感病，其他品种均达到中抗及以上水平；抗病品种的占比呈现先升高后降低的趋势；中抗品种的数量和占比均呈现先降低后升高的趋势（图38-8）。

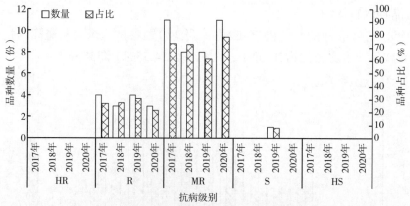

图38-8　青贮玉米参试品种小斑病抗性评价动态分析

2. 黄淮海弯孢病

2016—2020年黄淮海青贮参试玉米弯孢病抗性鉴定结果显示，无高抗品种；抗病品种7份，占

参试品种的10.29%；中抗品种35份，占参试品种的54.47%；感病品种26份，占参试品种38.24%；无高感品种。

2016年、2018年和2019年黄淮海青贮参试玉米对弯孢病的抗性较好，达到中抗及以上水平参试品种的占比分别为86.67%、72.73%、76.92%，2017年和2020年抗性较差，达到中抗及以上水平的占比仅为46.67%、28.57%。2016—2020年，抗病品种数量及占比呈先上升后下降趋势；中抗品种数量及占比呈先下降后上升再下降的趋势；感病品种的数量和占比呈先上升后下降再上升的趋势（图38-9）。

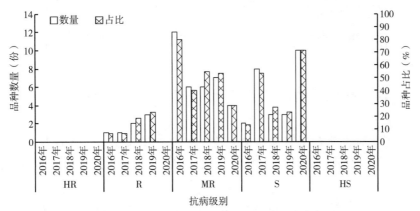

图38-9 青贮玉米参试品种弯孢病抗性评价动态分析

3. 黄淮海南方锈病

2017—2020年黄淮海青贮参试玉米弯孢病抗性鉴定结果显示，无高抗品种；抗病品种3份，占参试品种的5.66%；中抗品种14份，占参试品种的26.42%；感病品种30份，占参试品种56.60%；高感品种6份，占参试品种的11.32%。

2017—2020年黄淮海青贮参试玉米对弯孢病的抗性较差，达到中抗及以上水平的参试品种占比分别为20.0%、63.64%、46.15%、7.14%。2017—2020年，中抗品种的数量和占比呈先升高后降低趋势；感病品种的数量及占比呈现先降低后升高的趋势；高感品种的数量和占比呈先升高后降低的趋势（图38-10）。

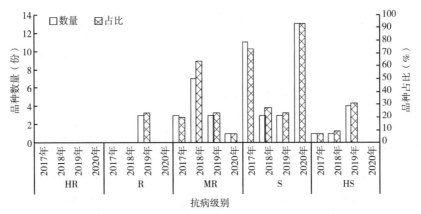

图38-10 青贮玉米参试品种南方锈病抗性评价动态分析

4. 黄淮海禾谷镰孢茎腐病

2016—2020年黄淮海青贮参试玉米禾谷镰孢茎腐病抗性鉴定结果显示，高抗品种14份，占参试品种的20.59%；抗病品种14份，占参试品种的20.59%；中抗品种26份，占参试品种的38.24%；感病品种9份，占参试品种13.24%；高感品种4份，占参试品种的5.88%。

2016—2020年黄淮海青贮参试玉米对禾谷镰孢茎腐病的抗性较好，达到中抗及以上水平参试品种的占比分别为100.00%、66.67%、63.64%、100.00%、71.43%，呈现先降低后升高再降低的趋势。2016年和2017年，参试品种以中抗品种为主；2018年参试品种以抗病品种和感病品种为主；2019年和2020年，参试品种以高抗品种为主（图38-11）。

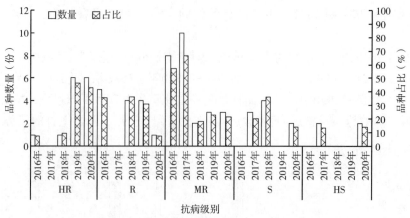

图38-11 青贮玉米参试品种禾谷镰孢茎腐病抗性评价动态分析

5. 黄淮海瘤黑粉病

2017—2020年黄淮海青贮参试玉米瘤黑粉病抗性鉴定结果显示，无高抗和抗病品种；中抗品种6份，占参试品种的11.32%；感病品种13份，占参试品种24.53%；高感品种34份，占参试品种的64.15%。

2017—2020年黄淮海青贮参试玉米对瘤黑粉病的抗性较差，2017年仅6.67%的参试品种表现为中抗，其他品种均表现为感病或者高感；2018年45.45%的参试品种表现为中抗，其他品种均表现为感病或者高感；2019年和2020年没有参试品种达到中抗及以上水平，所有参试品种大多数甚至全部表现为高感（图38-12）。

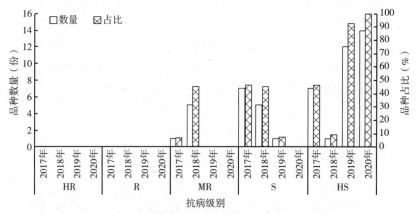

图38-12 青贮玉米参试品种瘤黑粉病抗性评价动态分析

三、2016—2020年东华北青贮玉米参试品种抗性性状动态分析

2016—2020年，参加东华北青贮玉米抗性鉴定的品种共计47份（不排除重复的品种，不含对照品种），其中2016年参试9份，2017年参试16份，2018年参试7份，2019年参试10份，2020年参试5份。在人工接种条件下，对大斑病、禾谷镰孢茎腐病、灰斑病和丝黑穗病（2016年未进行）进行抗性评价。

1. 东华北大斑病

2016—2020年东华北青贮参试玉米大斑病抗性鉴定结果显示，无高抗品种；抗病品种1份（2020年），占参试品种的2.13%；中抗品种23份，占参试品种的48.94%；感病品种21份，占参试品种44.68%；高感品种2份，占参试品种的4.26%。

2016年东华北青贮参试玉米对大斑病的抗性较好，77.78%的参试品种达到中抗水平；2017年抗性一般，有56.25%的参试品种达到中抗水平；2018—2020年抗性较差，达到中抗及以上水平参试品种的占比分别为42.86%、30.00%、40.00%。2016—2020年，中抗品种的数量呈现先升高后降低的趋势，占比呈现逐年降低趋势；感病品种的占比呈现先升高后降低再升高的趋势（图38-13）。

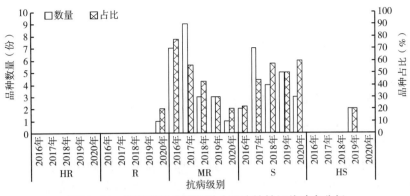

图38-13　青贮玉米参试品种大斑病抗性评价动态分析

2. 东华北禾谷镰孢茎腐病

2016—2020年东华北青贮参试玉米禾谷镰孢茎腐病抗性鉴定结果显示，高抗品种14份，占参试品种29.79%；抗病品种18份，占参试品种的3.30%；中抗品种14份，占参试品种的29.79%；感病品种1份（2019年），占参试品种2.13%；无高感品种。

2016—2020年东华北青贮参试玉米对禾谷镰孢茎腐病的抗性较好，除了2019年的1份参试品种表现为感病，其余参试品种均达到中抗及以上水平，但是2019年和2020年无高抗品种。2016—2020年，抗病品种的数量及占比均呈现先升高后降低再升高的趋势；中抗品种的数量呈现先升高后降低的趋势，占比呈现先降低后升高再降低的趋势（图38-14）。

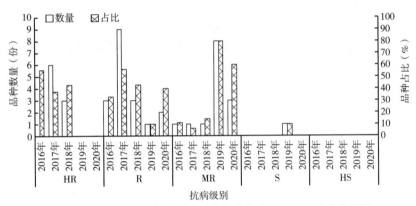

图38-14　青贮玉米参试品种禾谷镰孢茎腐病抗性评价动态分析

3. 东华北灰斑病

2016—2020年东华北青贮参试玉米灰斑病抗性鉴定结果显示，无高抗品种；抗病品种4份，占参试品种的8.51%；中抗品种30份，占参试品种的63.83%；感病品种13份，占参试品种27.66%；无高感品种（图38-15）。

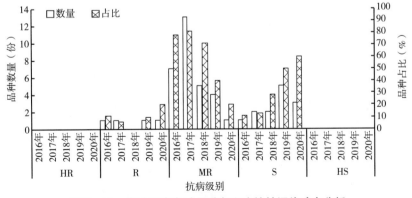

图38-15　青贮玉米参试品种灰斑病抗性评价动态分析

2016—2020年，达到中抗及以上水平参试品种的占比分别为88.89%、87.5%、71.43%、

50.00%、40.00%，呈逐年降低趋势，品种数量呈先升高后降低趋势；抗病品种的占比呈先降低后升高趋势；中抗品种的数量和占比均呈先升高后降低趋势；感病品种的数量呈先升高后降低趋势，占比呈逐年升高趋势。

4. 东华北丝黑穗病

2016—2020年东华北青贮参试玉米丝黑穗病抗性鉴定结果显示，无高抗品种；抗病品种3份，占参试品种的7.89%；中抗品种8份，占参试品种的21.05%；感病品种25份，占参试品种65.79%；高感品种2份，占参试品种5.26%。

2016—2020年东华北青贮参试玉米对丝黑穗病的抗性较差，达到中抗及以上水平参试品种占比分别为31.255、28.57%、10.00%、60.00%，呈现先降低后升高趋势；中抗品种数量和占比均呈现先降低后升高趋势；感病品种占比呈现先升高后降低趋势（图38-16）。

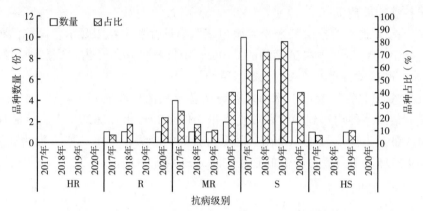

图38-16 青贮玉米参试品种丝黑穗病抗性评价动态分析

第三十九章 2016—2020年爆裂玉米品种试验性状动态分析

第一节 2016—2020年爆裂品种试验参试品种产量动态分析

2016—2020年爆裂玉米区域试验参试品种平均产量分别为每亩341.9kg、326.0kg、352.5kg、377.4kg和361.4kg，其中2019年该区组平均产量最高，比该区组最低平均产量（2017年）高15.8%（图39-1）。

图39-1 爆裂玉米区域试验参试品种产量动态分析

就该区组内平均产量变异程度而言，2018年最大（34.8），2017年最小（13.9）。2019年，平均单产达377.4kg/亩，成为5年来该熟期组的最高单产纪录，最低产量为2017年，平均单产326.0kg/亩（表39-1）。

表39-1 爆裂玉米区域试验参试品种亩产动态分析

项目	2016年（kg）	2017年（kg）	2018年（kg）	2019年（kg）	2020年（kg）
平均值	341.9	326.0	352.5	377.4	361.4
标准差	17.7	13.9	34.8	26.1	24.7
极大值	370.9	359.2	414.7	417.3	398.5
极小值	310.2	305.8	303.3	339.0	317.9
变异系数	0.052	0.043	0.099	0.069	0.068

第二节 2016—2020年爆裂玉米品种试验参试农艺性状动态分析

一、2016—2020年爆裂玉米品种试验参试品种生育期动态分析

2016—2020年，爆裂玉米参试品种平均生育期分别为114d、114d、113d、111d和112d，其中2016年平均生育期最长，比最短平均生育期（2019年）多3d（图39-2）。

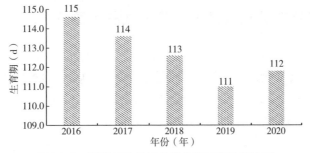

图39-2 爆裂玉米参试品种生育日数动态分析

就生育期日数变异程度而言，2016年最大（9.8），2019年最小为0.8。2016年参试品种申科爆3号的生育期为117d，是5年内生育期最长的品种；2019年参试品种佳203的生育期最短的是109d，即5年内，该品种间生育日数极差为8d（表39-2）。

表39-2 爆裂玉米参试品种生育日数动态分析

项目	2016年（d）	2017年（d）	2018年（d）	2019年（d）	2020年（d）
平均值	114	1134	113	111	112
标准差	9.8	7.4	1.2	0.8	1.4
极大值	132	125	114	112	114
极小值	98	98	111	109	110
变异系数	0.086	0.065	0.011	0.007	0.013

二、2016—2020年爆裂玉米品种试验参试品种株高动态分析

2016—2020年，爆裂玉米参试品种平均株高分别为261.3cm、258.7cm、247.1cm、236.5cm和247.4cm，其中2016年平均株高最高，比最短平均株高（2019年）高24.8cm（图39-3）。

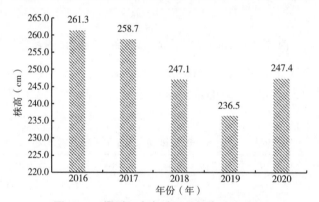

图39-3 爆裂玉米参试品种株高动态分析

就株高变异程度而言，2016年最大（38.3），2019年最小（16.1）。2016年吉林的平均株高为300.4cm，是5年内株高最高的地方；2020年青岛的平均株高为208.2cm（表39-3）。

表39-3 爆裂玉米参试品种株高动态分析

项目	2016年	2017年	2018年	2019年	2020年
平均数（cm）	261.3	258.7	247.1	236.5	247.4
标准差	38.3	32.9	24.5	16.1	23.8
极大值（cm）	300.4	294.3	290.4	258.7	286.3
极小值（cm）	212.0	223.5	221.4	214.4	208.2
变异系数	0.147	0.127	0.099	0.068	0.096

三、2016—2020年爆裂玉米品种试验参试品种穗位高动态分析

2016—2020年，爆裂玉米参试品种平均穗位高分别为121.9cm、122.5cm、114.2.1cm、106.9cm和108.3cm，其中2017年平均穗位高最高，比最短平均株高（2019年）高15.6cm。就穗位高变异程度而言，2018年最大（24.2），2020年最小（14.5）。2016年新疆的平均穗位高为152cm，是5年内平均穗位高最高的地方；2016年青岛的平均穗位高为88cm，是5年内平均穗位高最低的地方（图39-4、表39-4）。

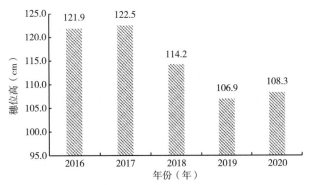

图39-4 爆裂玉米参试品种穗位高动态分析

表39-4 爆裂玉米参试品种穗位高动态分析

项目	2016年	2017年	2018年	2019年	2020年
平均数（cm）	121.9	122.5	114.2	106.9	108.3
标准差	30.1	20.5	24.2	15.9	14.5
极大值（cm）	152.0	145.4	150.1	132.7	127.8
极小值（cm）	88.0	100.3	90.8	89.4	87.4
变异系数	0.247	0.167	0.212	0.149	0.134

四、2016—2020年爆裂玉米品种试验参试品种倒伏率动态分析

2016—2020年，爆裂玉米参试品种平均倒伏率分别为2.0%、5.0%、2.2%、3.5%和2.6%，其中2017年该组倒伏率最高，比该区组最低倒伏率（2016年）高3%。就该区组内倒伏率变异程度而言，2017年最大（3.0），2020年最小（0.6）。2017年参试品种沈爆6号的倒伏率为9.3%，是5年内倒伏率最高的品种；2016年参试品种金爆59的倒伏率最低的是0.5%（图39-5、表39-5）。

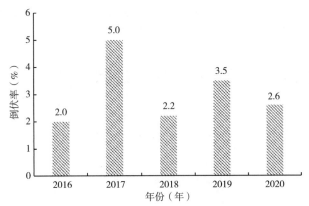

图39-5 爆裂玉米参试品种倒伏率动态分析

表39-5 爆裂玉米参试品种倒伏率动态分析

项目	2016年	2017年	2018年	2019年	2020年
平均数（%）	2	5	2.2	3.5	2.6
标准差	1.1	3	2.2	1.3	0.6
极大值（%）	4.1	9.3	8.1	5.6	3.7
极小值（%）	0.5	0.8	0.7	1.3	1.4
变异系数	0.550	0.600	1.000	0.371	0.231

五、2016—2020年爆裂玉米品种试验参试品种倒折率动态分析

2016—2020年，爆裂玉米参试品种平均倒折率分别为1.5%、0.3%、0.2%、1.1%和1.1%，其中2016年该组倒折率最高，比该区组最低倒折率（2018年）高1.3%。就该区组内倒折率变异程度而言，2016年最大（1.5%），2018年最小（0.2%）。2016年参试品种佳爆100的倒折率为5.6%，是5年内倒折率最高的品种；2017年参试品种沈爆6号、沈爆7号、佳爆100、金450、牧爆3号、申科爆3号和2018年参试品种佳35、沈爆12号、沈爆13号、申科爆6号、吉爆18、沈爆3号的倒折率最低是0（图39-6、表39-6）。

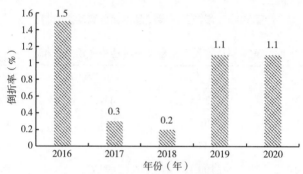

图39-6　爆裂玉米参试品种倒折率动态分析

表39-6　爆裂玉米参试品种倒折率动态分析

项目	2016年	2017年	2018年	2019年	2020年
平均数（%）	1.5	0.3	0.2	1.1	1.1
标准差	1.5	0.5	0.2	0.7	0.4
极大值（%）	5.6	1.6	0.6	2.4	2.1
极小值（%）	0.5	0	0	0.2	0.6
变异系数	0.984	1.771	1.515	0.613	0.402

六、2016—2020年爆裂玉米品种试验参试品种空秆率动态分析

2016—2020年，爆裂玉米参试品种平均空秆率分别为1.9%、2.2%、1.5%、0.6%和0.6%，其中2017年该组空秆率最高，比该区组最低空秆率（2018年、2020年）高1.6%。就该区组内空秆率变异程度而言，2017年、2018年最大（0.8），2019年最小（0.2）。2018年参试品种斯达爆4号的空秆率为3.7%，是5年内空秆率最高的品种；2019年参试品种沈爆15号的空秆率最低是0.2%（图39-7、表39-7）。

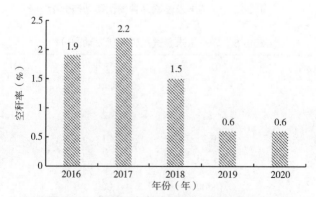

图39-7　爆裂玉米参试品种空秆率动态分析

表39-7 爆裂玉米参试品种空秆率动态分析

项目	2016年	2017年	2018年	2019年	2020年
平均数（%）	1.9	2.2	1.5	0.6	0.6
标准差	0.7	0.8	0.8	0.2	0.3
极大值（%）	3.2	3.3	3.7	1	1.1
极小值（%）	0.7	0.8	0.8	0.2	0.3
变异系数	0.368	0.364	0.533	0.333	0.500

七、2016—2020年爆裂玉米品种试验参试品种穗长动态分析

爆裂玉米参试品种平均穗长分别为18.5cm、18.4cm、18.5cm、19.4cm和18.4cm。其中2019年该组参试品种的平均穗长最长（19.4cm），比该区组最小穗行数（2017年、2020年）高5.4%。就该区组内穗长变异程度而言，2017年最大（1.3），2016年最小（0.7）。2019年参试的申科爆6号为20.8cm，是5年期间穗长最长的品种。穗长最短的是2017年参试品种斯达爆2号、吉爆16号，穗长为16.3cm（图39-8、表39-8）。

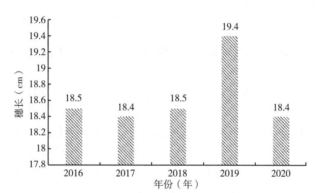

图39-8 爆裂玉米区域试验参试品种穗长动态分析

表39-8 爆裂玉米区域试验参试品种穗长动态分析

项目	2016年	2017年	2018年	2019年	2020年
平均数（cm）	18.5	18.4	18.5	19.4	18.4
标准差	0.7	1.3	1.1	0.8	0.8
极大值（cm）	19.6	20.5	20.5	20.8	19.9
极小值（cm）	17.2	16.3	16.8	18.1	16.8
变异系数	3.784	7.065	5.946	4.124	4.348

八、2016—2020年爆裂玉米品种试验参试品种秃尖长动态分析

爆裂玉米参试品种平均秃尖长分别为0.5cm、0.7cm、0.7cm、0.8cm和1.6cm。其中2020年该组参试品种的平均秃尖长最长（1.6cm），比该区组最小穗行数（2017年、2020年）高220%。就该区组内秃尖长变异程度而言，2019年、2020年最大（0.4），2018年最小（0.2）。2020年参试的吉爆19号为2.6cm，是5年期间秃尖最长的品种。秃尖最短的是2017年参试品种沈爆12号、佳203，秃尖长为0.3cm（图39-9、表39-9）。

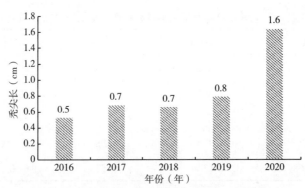

图39-9　爆裂玉米区域试验参试品种秃尖长动态分析

表39-9　爆裂玉米区域试验参试品种秃尖长动态分析

项目	2016年	2017年	2018年	2019年	2020年
平均数（cm）	0.5	0.7	0.7	0.8	1.6
标准差	0.3	0.3	0.2	0.4	0.4
极大值（cm）	0.9	1.3	1.1	1.5	2.6
极小值（cm）	0.3	0.4	0.4	0.3	1.1
变异系数	48.249	37.230	28.102	50.647	23.406

九、2016—2020年爆裂玉米品种试验参试品种穗粗动态分析

爆裂玉米参试品种平均穗粗分别为3.4cm、3.5cm、3.4cm、3.6cm和3.5cm。其中2019年该组参试品种的平均穗粗最大（3.6cm），比该区组最小穗行数（2016年、2018年）高5.8%。就该区组内穗粗变异程度而言，5年均为0.1。2019年参试的佳203、沈爆14号、沈爆15号和2020年参试的金91为3.8cm，是5年期间穗粗最粗的品种。秃尖最短的是2016年参试品种申科爆3号、沈爆3号，2017年的申科爆3号，2018年的沈爆9号、沈爆13号、吉爆18、沈爆3号，2020年的沈爆3号，穗粗为3.3cm（图39-10、表39-10）。

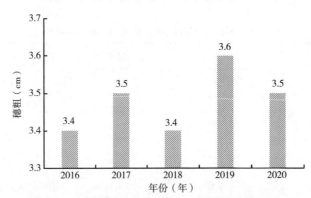

图39-10　爆裂玉米区域试验参试品种穗粗动态分析

表39-10　爆裂玉米区域试验参试品种穗粗动态分析

项目	2016年	2017年	2018年	2019年	2020年
平均数（cm）	3.4	3.5	3.4	3.6	3.5
标准差	0.1	0.1	0.1	0.1	0.1
极大值（cm）	3.6	3.7	3.7	3.8	3.8
极小值（cm）	3.3	3.3	3.3	3.4	3.3
变异系数	2.516	3.193	3.580	3.612	3.703

十、2016—2020年爆裂玉米品种试验参试品种穗行数动态分析

爆裂玉米参试品种平均穗行数分别为14行、14行、16行、18行和18行。其中2020年该组参试品种的平均穗行数最多（18行），比该区组最小穗行数（2016年/2017年）高20.1%。就该区组内单株粒数变异程度而言，2020年最大（18行），2016年、2017年最小（14行）。2020年参试的佳270穗行数为22行，是5年期间穗行数最多的品种（图39-11、表39-11）。

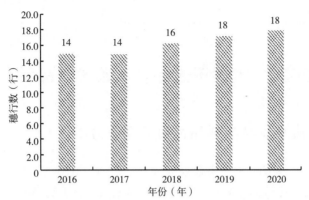

图39-11　爆裂玉米区域试验参试品种穗行数动态分析

表39-11　爆裂玉米区域试验参试品种穗行数动态分析

项目	2016年	2017年	2018年	2019年	2020年
平均数（行）	14	14	16	18	18
标准差	0.6	1.1	1.4	1.5	1.9
极大值（行）	16.0	16.0	18.0	20.0	22.0
极小值（行）	14	14	14.0	14.0	16.0
变异系数	4.064	7.612	8.642	8.845	10.763

十一、2016—2020年爆裂玉米品种试验参试品种百粒重动态分析

2016—2020年，爆裂玉米参试品种的平均百粒重分别为17.8g、18.4g、18.3g、21.0g和19.6g。2019年参试品种的平均百粒重最高，为21.0g，比平均百粒重最低的2016年高17.9%。从百粒重平均变异程度来看，变异程度最大的是2019年（2.5），2016年最小（1.2）。2019年参试品种沈爆14的百粒重为25.1g，是5年期间百粒重最大的品种。最小的是2018年参试品种斯达爆4号，百粒重为15.4g，品种间百粒重极差为9.7g（图39-12、表39-12）。

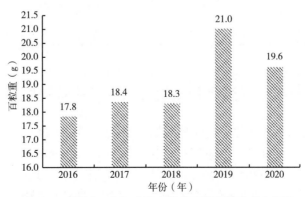

图39-12　爆裂玉米区域试验参试品种百粒重动态分析

表39-12　爆裂玉米区域试验参试品种百粒重动态分析

项目	2016年	2017年	2018年	2019年	2020年
平均数（g）	17.8	18.4	18.3	21.0	19.6
标准差	1.2	1.5	1.6	2.5	1.9
极大值（g）	19.5	20.4	20.9	25.1	21.6
极小值（g）	15.9	15.9	15.4	16.2	16.1
变异系数	6.641	7.961	8.665	11.747	9.495

第三节　2016—2020年爆裂玉米品种试验参试品种品质性状动态分析

一、2016—2020爆裂品种参试品种粒度动态分析

2016—2020年爆裂玉米参试品种平均粒度为56粒、53粒、57粒、51粒和53粒。其中，2018年该区组平均粒度最高为57粒，比该区组最低平均粒度51粒（2019年）高6粒。就该区组内平均粒度变异程度而言，2018年最大（5.9），2016年最小（4.0）。该区组最高粒度是斯达爆4号（2018年），达69粒，最低粒度为沈爆14号（2019年），达到43粒（图39-13、表39-13）。

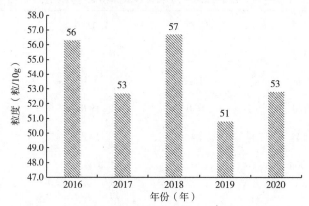

图39-13　爆裂玉米区域试验参试品种粒度动态分析

表39-13　爆裂玉米区域试验参试品种粒度动态分析

（粒/10g）

项目	2016年	2017年	2018年	2019年	2020年
平均值	56	53	57	51	53
标准差	4.0	5.0	5.9	5.5	5.6
极大值	63.0	60.0	69.0	62.0	64.0
极小值	51.0	49.0	49.0	43.0	47.0
变异系数	0.071	0.095	0.104	0.108	0.106

二、2016—2020年爆裂玉米品种试验参试品种膨爆倍数动态分析

2016—2020年爆裂玉米参试品种平均膨爆倍数为31倍、29倍、28倍、26倍和27倍。其中，2016年该区组平均膨爆倍数最高为31倍，比该区组最低膨爆倍数26倍（2019年）高18.3%。就该区组内平均膨爆倍数变异程度而言，2020年最大（2.6），2018年最小（1.5）。该区组最高膨爆倍数是申科爆3号（2016年），达35倍，最低膨爆倍数为申科爆6号、斯达爆4号、斯达爆5号和佳203（2019年），达24倍（图39-14、表39-14）。

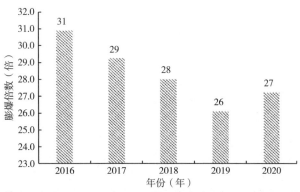

图39-14　爆裂玉米区域试验参试品种膨爆倍数动态分析

表39-14　爆裂玉米区域试验参试品种膨爆倍数动态分析　　　　　　　　　　（倍）

项目	2016年	2017年	2018年	2019年	2020年
平均值	31	29	28	26	27
标准差	2.3	1.7	1.5	2.0	2.6
极大值	35	32	30	30	32
极小值	27	27	26	24	25
变异系数	0.074	0.058	0.054	0.077	0.096

三、2016—2020年爆裂玉米品种试验参试品种爆花率含量动态分析

2016—2020年爆裂玉米参试品种平均爆花率为98%、98%、98%、99%和99%。其中，2019年、2020年该区组平均爆花率最高为99.0%，比该区组最低爆花率97.6%（2017年）高1.3%（图39-15）。就该区组内平均爆花率变异程度而言，2016年最大（1.3），2020年最小（0.7）。该区组最高爆花率是牧爆3号和申科爆2号（2016年）、佳203、沈爆14号和沈爆15号（2019年）、佳270（2020年），达到100%，最低爆花率为沈爆3号（2016年）、吉爆16号（2017年）、吉爆16号、斯达爆4号，达96%（表39-15）。

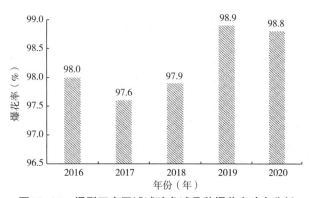

图39-15　爆裂玉米区域试验参试品种爆花率动态分析

表39-15　爆裂玉米区域试验参试品种爆花率动态分析　　　　　　　　　　（%）

项目	2016年	2017年	2018年	2019年	2020年
平均值	98.0	97.6	97.9	98.9	98.8
标准差	1.3	0.9	1.1	0.9	0.7
极大值	100	99	99	100	100
极小值	96	96	96	97	98
变异系数	0.013	0.009	0.011	0.009	0.007

第四节　2016—2020年爆裂玉米参试品种抗性性状动态分析

2016—2020年，参加爆裂玉米抗性鉴定的品种共计54份（不排除重复的品种，不含对照品种），其中2016年参试10份，2017年参试11份，2018年参试9份，2019年参试11份，2020年参试13份。在人工接种条件下，对丝黑穗病、瘤黑粉病（2016年未进行）、禾谷镰孢茎腐病（2016年、2017年未进行）和禾谷镰孢穗腐病（2016年未进行）进行抗性评价。

一、2016—2020年爆裂玉米参试品种丝黑穗抗性动态分析

2016—2020年爆裂玉米参试玉米丝黑穗抗性鉴定结果显示，高抗品种14份，占参试品种的25.9%；抗病品种11份，占参试品种的20.4%；中抗品种10份，占参试品种的18.5%；感病品种17份，占参试品种31.5%；高感品种2份，占参试品种3.7%。

2016—2018年，中抗及以上参试品种数量及占比较多，占比分别为100%、100%、66.7%；2019年和2020年均以感病品种为主，分别占当年参试品种的81.8%和53.8%（图39-16）。

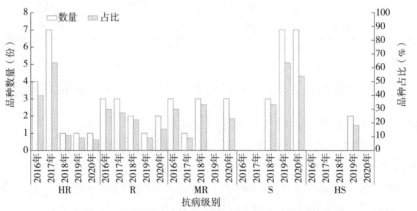

图39-16　爆裂玉米参试品种丝黑穗抗性评价动态分析

二、2017—2020年爆裂玉米参试品种瘤黑粉抗性动态分析

2017—2020年爆裂玉米参试玉米瘤黑粉抗性鉴定结果显示，高抗品种19份，占参试品种的43.2%；抗病品种5份，占参试品种的11.4%；中抗品种6份，占参试品种的13.6%；感病品种1份，占参试品种2.3%；高感品种13份，占参试品种29.5%。

2017—2019年，中抗及以上品种占当年参试品种的比例分别为100%、100%和90.9%，而2020年，未发现中抗及以上参试品种，所有参试品种均为高感（图39-17）。

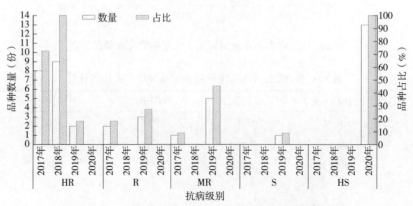

图39-17　爆裂玉米参试品种瘤黑粉抗性评价动态分析

三、2018—2020年爆裂玉米参试品种禾谷镰孢茎腐病抗性动态分析

2018—2020年爆裂玉米参试玉米瘤黑粉抗性鉴定结果显示，高抗品种10份，占参试品种的30.3%；抗病品种3份，占参试品种的9.1%；中抗品种10份，占参试品种的30.3%；感病品种3份，占参试品种9.1%；高感品种7份，占参试品种21.2%。

2018—2019年，中抗及以上品种占当年参试品种的比例都为100%，而2020年均以感病品种为主，占当年参试品种的61.5%（图39-18）。

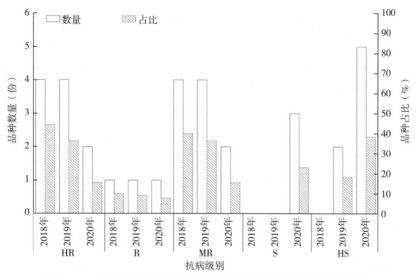

图39-18　爆裂玉米参试品种禾谷镰孢茎腐病抗性评价动态分析

四、2017—2020年爆裂玉米参试品种禾谷镰孢穗腐病抗性动态分析

2017—2020年爆裂玉米参试玉米瘤黑粉抗性鉴定结果显示，抗病品种28份，占参试品种的63.6%；中抗品种15份，占参试品种的34.1%；感病品种1份，占参试品种2.3%。

2017—2020年参试品种均以抗病品种为主，中抗及以上品种占当年参试品种的比例分别为100%、100%、100%和92.3%（图39-19）。

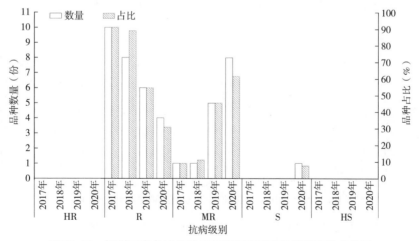

图39-19　爆裂玉米参试品种禾谷镰孢穗腐病抗性评价动态分析

第四十章　2016—2020年国审玉米品种推广情况分析

第一节　2016—2020年各生态区组主要推广玉米品种数量和面积贡献的动态分析

一、2016—2020年全国主要推广玉米品种数量及面积

我国种植玉米面积大、范围广。2016—2020年，全国每年推广面积大于10万亩的品种平均有837个。其中，年推广面积超过500万亩的品种平均每年有9个，占品种总数的1.1%；推广面积占统计玉米种种植面积的26.6%；年推广面积为100万～500万亩的品种平均每年有45个，占品种总数的5.4%，推广面积占统计玉米种种植面积的22.1%；年推广面积在10万～100万亩的品种平均每年有783个，占品种总数的93.5%，推广面积占玉米总面积的51.3%（表40-1）。

表40-1　2016—2020年全国主要推广玉米品种数量及应用面积情况

面积组别	数量（个）	数量占比（%）	推广面积（万亩）	面积占比（%）
>500万亩	9	1.1	11 840.1	26.6
100万～500万亩（包括100万亩）	45	5.4	9 735.0	22.1
10万～100万亩（包括10万亩）	783	93.5	22 675.8	51.3

二、2016—2020年全国主要推广玉米品种数量及应用面积年度动态变化

2016—2020年，年推广面积超过500万亩的品种数量为7～12个，在2018年达最大值12个；年推广面积在100万～500万亩的品种数量为42～59个，在2018年达最小值42个；年推广面积在10万～100万亩的品种为851～934个，在2019年达最小值851个（图40-1）。

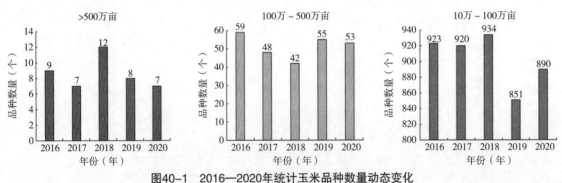

图40-1　2016—2020年统计玉米品种数量动态变化

年推广面积超过500万亩品种的推广面积在2016—2020年总体呈现下降趋势，由2016年的30.2%下降至2020年的23.2%；年推广面积在100万～500万亩品种的面积占比总体上呈现先下降后上升的趋势，由2016年的21.9%下降至2018年的17.3%，再上升至2020年的24.2%；年推广面积在10万～100万亩品种的面积占比总体上呈现上升趋势，由2016年的47.9%上升至2020年的52.6%（图40-2）。

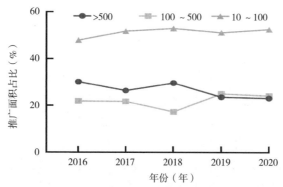

图40-2 2016—2020年统计玉米品种推广面积占比动态变化

三、不同主产区2016—2020年主要推广玉米品种数量和应用面积动态变化

东华北春玉米区：年推广面积超过500万亩的品种数量为1～3个，其面积占比总体上呈现下降趋势，由2016年的15.9%下降至2020年的8.4%；年推广面积为100万～500万亩的品种数量为19～29个，其面积占比总体上呈现徘徊上升趋势，由2016年的27.2%上升至2020年的28.7%；年推广面积为10万～100万亩的品种数量为392～429个，其面积占比总体上呈现上升趋势，由2016年的51.7%上升至2020年的60.9%；年推广面积小于10万亩的品种数量为52～89个，其面积占比总体上呈现下降趋势，由2016年的5.2%下降至2020年的2.0%（图40-3）。

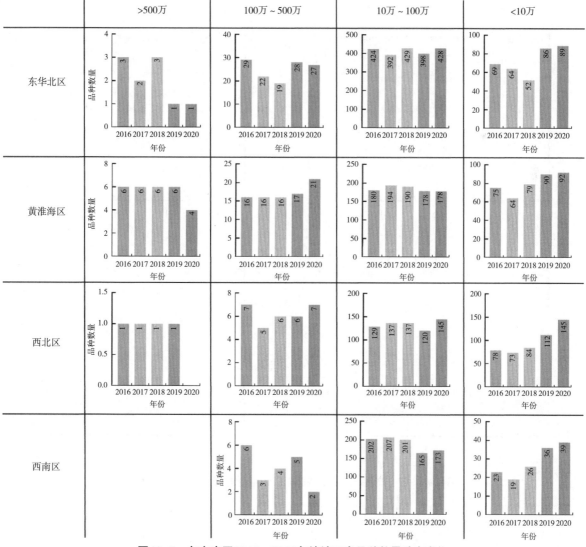

图40-3 各主产区2016—2020年统计玉米品种数量动态变化

　　黄淮海夏玉米区：年推广面积超过500万亩的品种数量为4~6个，其面积占比总体上呈现下降趋势，由2016年的48.7%下降至2020年的35.6%；年推广面积为100万~500万亩的品种数量为16~21个，其面积占比总体上呈上升趋势，由2016年的18.6%上升至2020年的32.0%；年推广面积为10万~100万亩的品种数量为178~194个，其面积占比总体上变化较小，为30.5%~34.7%；年推广面积小于10万亩的品种数量为34~92个，其面积占比总体上变化较小，为1.4%~2.1%。

　　西北春玉米区：年推广面积超过500万亩的品种数量为0~1个，其面积占比总体上呈下降趋势，由2016年的16.6%下降至2019年的11.0%，再到2020年没有超过500万亩的品种；年推广面积为100万~500万亩的品种数量为5~7个，其面积占比总体上呈上升趋势，由2016年的22.8%上升至2020年的25.9%；年推广面积为10万~100万亩的品种数量为120~145个，其面积占比总体上呈上升趋势，由2016年的55.5%上升至2020年的66.2%；年推广面积小于10万亩的品种数量为73~145个，其面积占比总体上呈现徘徊上升趋势，由2016年的5.1%上升至2020年的7.8%。

　　西南春玉米区：西南春玉米区没有年推广面积超过500万亩的品种；年推广面积在100万~500万亩的品种数量为2~3个，其面积占比总体上呈波动下降，由2016年的13.7%上升至2019年的19.2%再下降至2020年的6.9%；年推广面积为10万~100万亩的品种数量为165~207个，其面积占比总体上呈波动上升，由2016年的84.1%上升至2020年的89.7%；年推广面积小于10万亩的品种数量为19~39个，其面积占比总体上呈上升趋势，由2016年的2.2%上升至2020年的6.5%（图40-3、图40-4）。

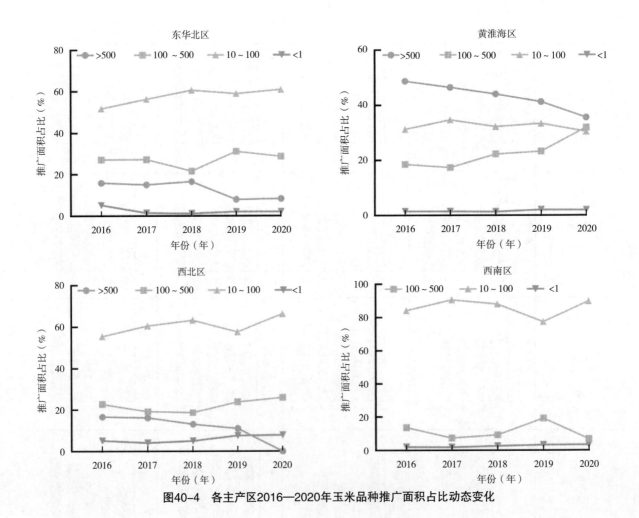

图40-4　各主产区2016—2020年玉米品种推广面积占比动态变化

第二节 2016—2020年国审玉米品种推广面积前10位品种推广年数分析

一、2016—2020年推广面积前10位品种分析

2016—2020年，从前10位推广面积较大的品种来看，郑单958连续5年始终位于第一位，虽然面积有所减少，但依然维持在2 700万亩以上；先玉335在2016—2018年位于第二位，2019—2020年下降至第三位，面积由2016年的3 263万亩减少到2020年的1 493万亩。京科968在2016—2018年位于第三位，2019—2020年上升至第二位，面积由2016年的2 017万亩减少到2020年的1 460万亩，种植面积虽有所减少，但依然维持在1 000万亩以上；登海605连续5年种植面积相对比较稳定，一直维持在10 00万亩以上（表40-2）。

表40-2 2016—2020年推广面积前10位品种

排名	2016年		2017年		2018年		2019年		2020年	
	品种	面积（万亩）	品种	面积（万亩）	品种	面积（万亩）	品种	面积（万亩）	品种	面积（万亩）
1	郑单958	3 944	郑单958	3 441	郑单958	3 074	郑单958	2 818	郑单958	2 798
2	先玉335	3 263	先玉335	2 526	先玉335	2 027	京科968	1 459	京科968	1 493
3	京科968	2 017	京科968	2 016	京科968	2 018	先玉335	1 333	裕丰303	1 460
4	登海605	1 439	登海605	1 427	登海605	1 369	登海605	1 278	登海605	1 272
5	浚单20	965	浚单20	799	德美亚1号	751	裕丰303	1 234	中科玉505	1 168
6	隆平206	816	伟科702	756	伟科702	701	中科玉505	776	先玉335	1 132
7	德美亚1	791	隆平206	587	裕丰303	653	浚单20	564	联创808	543
8	伟科702	742	大丰30	481	浚单20	606	伟科702	521	伟科702	485
9	中单909	540	翔玉998	478	隆平206	568	联创808	498	隆平206	439
10	蠡玉16	446	蠡玉16	437	联创808	511	隆平206	493	浚单20	370

二、2016—2020年推广面积前10位品种变化趋势

2016—2020年品种更新换代进入一个重要的调整期。在近5年间，虽然郑单958、先玉335等老品种的推广面积仍然占有很大的比例，但是推广面积连年下降。与此同时，登海605、伟科702和大丰30等品种推广面积基本稳定。此外，裕丰303、联创808和中科玉505等一些近几年审定的新品种推广面积呈显著上升的趋势（图40-5）。

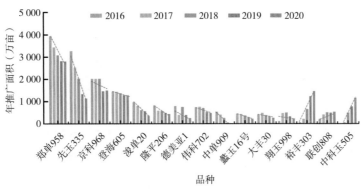

图40-5 2016—2020年推广面积前10位品种变化趋势

三、2016—2020年推广面积前10位品种审定时间及推广应用时间

2016—2020年推广面积前10位品种去除重复后共有15个，其中推广应用时间为15～20年的品种有5个，包括郑单958、浚单20、蠡玉16号、先玉335、德美亚1号；推广应用时间为10～15年的品种有2个，为隆平206、登海605；推广应用时间为5～10年的品种有8个，为京科968、伟科702、中单909、大丰30、翔玉998、裕丰303、联创808、中科玉505（表40-3）。

表40-3　2016—2020年推广面积前10位品种审定时间及推广应用时间

序号	品种	审定年份	推广应用时间（年）
1	郑单958	2000	20
2	先玉335	2004	16
3	京科968	2011	9
4	登海605	2010	10
5	浚单20	2003	17
6	隆平206	2009	11
7	德美亚1号	2004	16
8	伟科702	2011	9
9	中单909	2011	9
10	蠡玉16号	2003	17
11	大丰30	2012	8
12	翔玉998	2014	6
13	裕丰303	2015	5
14	联创808	2015	5
15	中科玉505	2015	5

第四部分

大豆

第四十一章　2016—2020年国家大豆品种试验概况

　　大豆品种区域试验是品种审定和推广的依据，对于促进种植业结构调整，实施农产品优势区域布局，促进现代农作物种业发展具有重要的意义。国家大豆品种试验在全国29个省（区、市）设置了4个大区、17个组别的品种试验，形成了由193个试点组成的试验网络体系。2016—2020年，共有1 054个大豆品种参试，完成了11 906品次的品种试验。2016年、2017年、2018年、2019年和2020年，分别有168个、200个、228个、225个和233个品种参试，参试品种数量逐年上升。2016—2020年，有144个大豆品种通过国家审定，其中有94个国审高产品种，50个国审优质品种。国审高产大豆品种区域试验平均产量为224.0kg/亩；国审高蛋白大豆品种平均蛋白含量为45.82%，国审高油大豆品种平均脂肪含量为22.20%。

第一节　国家大豆品种试验试点概况

一、北方春大豆区

　　北方春大豆区是我国大豆的第一大主产区，是我国大豆生产面积最大的地区，在我国大豆生产中起着举足轻重的作用。北方春大豆区包括超早熟组、极早熟组、早熟组、中早熟组、中熟组、中晚熟组和晚熟组7个生态区组。截至2020年，北方春大豆区共有74个试点，2016—2020年新增2组试验。

　　北方春大豆超早熟区包括黑龙江第六积温带及内蒙古大兴安岭东麓近山地区，该组的11个试点中，黑龙江8个、内蒙古3个（表41-1）。极早熟区包括黑龙江第五积温带、内蒙古大兴安岭以东冷凉地区，该组的10个试点中，黑龙江6个、内蒙古4个。早熟区包括黑龙江第四积温带及三、四积温带过渡区域，内蒙古大兴安岭以东嫩江流域、通辽和赤峰的北部山区，吉林延边州、白山市的高寒山区，新疆阿勒泰山区、萨吾尔山谷地、两河间平原、塔城盆地、伊犁河谷丘陵区及北疆沿天山一带东部的部分地区，该区11个试点中，黑龙江5个、内蒙古2个、吉林3个、新疆1个。中早熟区包括黑龙江第二积温带，内蒙古大兴安岭东南、赤峰丘陵山地，吉林延边州和白山市大部分地区、吉林市部分地区，新疆伊犁河谷西部、博尔塔拉谷地、北疆沿天山一带东部的部分地区，该区10个试点中，黑龙江5个、内蒙古1个、吉林3个、新疆1个。中熟区包括吉林长春全部，通化、松原、吉林市的大部分地区及辽源、延边州的部分地区；内蒙古东部温和区、土默川及河套平原；宁夏南部山区；山西朔州西北部、忻州西部地区；新疆伊犁新源县部分区域、北疆乌伊公路沿线及昌吉州的部分地区，该区有10个试点，黑龙江、内蒙古、吉林、新疆分别有1个、3个、5个和1个试点。中晚熟区包括吉林四平、辽源大部分地区，长春部分地区；辽宁东北部山地冷凉地区；内蒙古西辽河平原、河套平原灌溉区和阿拉善高原绿洲地区；河北承德部分地区；山西大同、朔州、忻州部分地区；宁夏引扬黄灌区；甘肃河西走廊及兰州、临夏州、定西的部分地区；新疆伊犁河谷西部、博尔塔拉谷地及北疆沿天山一带的部分地区，该区有11个试点，吉林、辽宁、甘肃、宁夏、河北和山西分别有3个、2个、2个、2个、1个和1个试点。晚熟区包括辽宁辽河平原温暖湿润地区；河北唐山、秦皇岛、张家口、承德的部分地区；山西临汾、晋城、长治、阳泉、晋中、吕梁、忻州、太原的部分地区；陕西关中以北的部分地区；甘肃沿黄灌区的白银和兰州、定西以及陇东等地的部分地区；宁夏引扬黄灌区，该区有12个试点，辽宁、陕西、山西、宁夏和甘肃分别有3个、2个、3个、2个和2个试点。

二、黄淮海夏大豆区

黄淮海地区是我国食用大豆的主要产区，对保证国家食用植物蛋白供给安全发挥着不可替代的作用。黄淮海夏大豆区包括北片、中片和南片3个生态区组。截至2020年共有33个试点，2016—2020年新增2个试点。

黄淮海北片包括北京中部和南部、天津、河北中部和山东北部。北片的8个区域试验试点中，北京2个、天津1个、河北4个、山东1个。黄淮海中片包括山西南部、河南中西部和北部、河北南部、山东中部、陕西关中地区。中片的12个区域试验试点中，陕西4个、山西2个、山东2个、河南3个、河北1个。黄淮海南片包括山东南部、河南东部和南部、江苏和安徽两省淮河以北地区。南片的13个试点中，安徽3个、河南4个、山东3个、江苏3个。

三、长江流域大豆区

长江流域大豆区包括长江流域春大豆组、长江流域夏大豆早中熟组、长江流域夏大豆晚熟组、鲜食大豆春播组和鲜食大豆夏播组5个生态区组，截至2020年共有62个试点。

长江流域春大豆区包括四川盆地及中东部地区、重庆大部分地区（除武陵山区）、湖北除鄂西山区以外地区、湖南中北部、江西中北部、江苏和安徽两省沿江地区、浙江。该区有13个试点，其中，江苏、安徽、湖北、浙江、重庆、四川、江西和湖南分别有1个、1个、2个、1个、2个、2个、2个和2个试点。长江流域夏大豆早中熟区包括重庆、湖北、湖南中北部、江西中北部、安徽沿江地区。该区有12个试点，其中河南、江苏、安徽、湖北、重庆、江西和湖南分别有1个、1个、3个、3个、2个、1个和1个试点。长江流域夏大豆晚熟区包括四川盆地及丘陵地区、湖南中南部、江西南部、江苏南部、浙江，该区有10个试点，其中江苏、浙江、四川和江西分别有3个、2个、3个和2个试点。南方鲜食大豆春播区包括长江中下游及以南地区，该区有16个试点，分布在辽宁、江苏、上海、安徽、湖北、浙江、四川、江西、湖南、厦门、贵州、广东、广西和云南14个省份。南方鲜食大豆夏播区包括除西南山区以外的长江中下游及以南地区，该区有10个试点，其中，江苏、上海、安徽、浙江、湖北、江西和四川分别有2个、1个、1个、2个、1个、2个和1个试点。

四、热带亚热带大豆区

热带亚热带区包括热带亚热带春大豆组和夏大豆组两个生态区组，截至2020年共有24个试点。

热带亚热带春大豆区包括广东、广西、福建、海南、江西南部、湖南南部，该区有12个试点，分布在广东、广西、湖南、江西、福建和海南6省份。热带亚热带夏大豆区包括广东、广西（桂林北部山区除外）、福建（武夷山区除外）、海南、江西南部、湖南南部，该区有12个试点，分布地与春大豆组一致。

表41-1 国家大豆品种试验各生态区域试验点数量及覆盖范围

生态区	区组	试点个数（个）	覆盖省份范围
北方春大豆区	超早熟组	11	黑龙江、内蒙古
	极早熟组	10	黑龙江、内蒙古
	早熟组	10	黑龙江、内蒙古、吉林、新疆
	中早熟组	10	黑龙江、内蒙古、吉林、新疆
	中熟组	10	内蒙古、吉林、新疆、山西、黑龙江
	中晚熟组	11	吉林、辽宁、甘肃、宁夏、河北、山西
	晚熟组	12	辽宁、陕西、山西、甘肃、宁夏

（续表）

生态区	区组	试点个数（个）	覆盖省份范围
黄淮海夏大豆区	北片	8	北京、天津、河北、山东
	中片	12	河北、河南、山东、山西、陕西
	南片	13	安徽、河南、山东、江苏
长江流域区大豆区	长江流域春大豆组	13	四川、重庆、湖北、湖南、江西、浙江、安徽、江苏
	长江流域夏大豆早中熟组	12	重庆、湖北、湖南、安徽、江苏南部、河南南部
	长江流域夏大豆晚熟组	10	四川、江西、江苏、浙江
	鲜食大豆春播组	17	辽宁、四川、湖北、湖南、安徽、江西、浙江、江苏、上海、云南、贵州、广东、广西、福建
	鲜食大豆夏播组	10	四川、江西、江苏、浙江
热带亚热带区大豆区	热带亚热带春大豆	12	广州、广西、湖南、江西、福建和海南
	热带亚热带夏大豆	12	广州、广西、湖南、江西、福建和海南

第二节 2016—2020年国家大豆品种试验参试品种概况

2016—2020年，北方春大豆品种试验参试品种数为496个。其中，超早熟组77个，极早熟组62个，早熟组93个，中早熟组123个，中熟组47个，中晚熟组49个，晚熟组45个（表41-2）。中早熟组参试品种最多，晚熟组参试品种最少。2016年、2017年、2018年、2019年和2020年北方春大豆区分别有72个、88个、107个、115个和114个品种参试，参试数量随年份稳步上升。

2016—2020年，黄淮海夏大豆品种试验参试品种数为264个。其中，北片62个，中片69个，南片133个。南片参试品种最多，北片参试品种最少。2016年、2017年、2018年、2019年和2020年黄淮海夏大豆区分别有45个、55个、56个、58个、50个品种参试，2019年参试品种最多，2016年参试品种最少。

2016—2020年，长江流域大豆品种试验参试品种数为208个。其中，春大豆组43个、夏大豆早中熟组64个、夏大豆晚熟组29个、鲜食大豆春播组44个、鲜食大豆夏播组28个。夏大豆早中熟组品种最多，夏大豆晚熟组品种最少。2016年、2017年、2018年、2019年和2020年长江流域地区分别有38个、42个、48个、33个和47个品种参试，2018年参试品种最多，2019年参试品种最少。

2016—2020年，热带亚热带大豆品种试验参试品种数为96个。其中，春大豆组45个，夏大豆组51个，春大豆组品种较夏大豆组品种多。2016年、2017年、2018年、2019年和2020年热带亚热带地区分别有13个、15个、17个、19个、22个品种参试，2020年参试品种最多，2016年参试品种最少。

表41-2 2016—2020年国家大豆品种试验各生态区参试品种数量　　　（个）

生态区	区组	2016年	2017年	2018年	2019年	2020年	总计
北方春大豆区	超早熟组	12	17	14	17	17	77
	极早熟组	10	10	13	15	14	62
	早熟组	13	13	18	22	27	93
	中早熟组	18	22	27	28	28	123
	中熟组	6	10	11	12	8	47
	中晚熟组	7	8	12	11	11	49
	晚熟组	6	8	12	10	9	45
黄淮海夏大豆区	北片	9	13	12	15	13	62
	中片	12	14	16	13	14	69
	南片	24	28	28	30	23	133

（续表）

生态区	区组	2016年	2017年	2018年	2019年	2020年	总计
长江流域大豆区	春大豆组	7	8	11	4	13	43
	夏大豆早中熟组	13	13	14	10	14	64
	夏大豆晚熟组	5	6	8	5	5	29
	鲜食大豆春播组	8	7	9	10	10	44
	鲜食大豆夏播组	5	8	6	4	5	28
热带亚热带大豆区	春大豆组	6	8	10	10	11	45
	夏大豆组	7	7	7	9	11	41
总计		168	200	228	225	233	1 054

第三节　2016—2020年国家大豆品种试验审定品种概况

2016—2020年，北方春大豆区审定品种数为77个。其中，超早熟组8个，极早熟组8个，早熟组11个，中早熟组30个，中熟组8个，中晚熟组8个，晚熟组4个（表41-3）。中早熟组审定品种最多，晚熟组审定品种最少。2016年、2017年、2018年、2019年和2020年北方春大豆区分别有8个、13个、7个、11个和27个大豆品种审定，2020年最多。

2016—2020年，黄淮海夏大豆区审定品种数为39个。其中，北片5个、中片7个、南片27个，南片审定品种最多。2016年、2017年、2018年、2019年和2020年黄淮海夏大豆区分别审定3个、2个、6个、16个和12个大豆品种，2017年审定品种最少，2019年审定品种最多。

2016—2020年，长江流域区审定品种数为19个。其中，春大豆组6个，夏大豆早中熟组9个，鲜食大豆夏播组4个。夏大豆早中熟组品种最多，夏大豆晚熟组和鲜食大豆春播组没有审定的品种。2017年、2018年、2019年和2020年长江流域区分别有4个、7个、4个和4个品种审定，2016年无审定品种，2018年审定品种数量最多。

2016—2020年，热带亚热带区审定品种数9个。其中，春大豆组3个、夏大豆组6个。2016年、2017年、2018年和2020年热带亚热带区分别有2个、2个、3个和2个品种审定，2019年无审定品种。

表41-3　2016—2020年国家大豆品种试验各生态区审定品种数量　　　　　（个）

生态区	区组	2016年	2017年	2018年	2019年	2020年	总计
北方春大豆区	超早熟组	0	0	0	5	3	8
	极早熟组	0	0	4	1	3	8
	早熟组	1	2	3	1	4	11
	中早熟组	5	6	4	4	11	30
	中熟组	0	2	3	0	3	8
	中晚熟组	2	2	3	0	1	8
	晚熟组	0	1	1	0	2	4
黄淮海夏大豆区	北片	0	0	2	2	1	5
	中片	1	0	1	5	0	7
	南片	2	2	3	9	11	27
长江流域大豆区	春大豆组	0	1	4	0	1	6
	夏大豆早中熟组	0	2	3	2	2	9
	夏大豆晚熟组	0	0	0	0	0	0
	鲜食大豆春播组	0	0	0	0	0	0
	鲜食大豆夏播组	0	1	0	2		4
热带亚热带大豆区	春大豆组	1	1	1	0	0	3
	夏大豆组	1	1	2	0	2	6
总计		13	21	34	31	45	144

一、2016—2020年国家大豆品种试验审定高产品种

2016—2020年，北方春大豆共审定45个高产品种。其中，超早熟组8个、极早熟组8个、早熟组10个、中早熟组12个、中熟组2个、中晚熟组2个、晚熟组3个（表41-4）。中早熟组审定的高产品种最多，中熟和中晚熟组审定的高产品种最少。2016年、2017年、2018年、2019年和2020年北方春大豆区分别有1个、4个、11个、10个和19个高产品种审定，审定的高产品种数量随年份上升，2020年达最高峰。北方春高产国审大豆品种中，中晚熟大豆品种铁豆43（国审豆20170013）产量最高，两年区域试验平均产量为251.9kg/亩，较对照增产5.8%（表41-5）。北方春中早熟大豆品种绥农77（国审豆20200011）两年区域试验平均产量增幅最大，较对照增产12.4%。

2016—2020年，黄淮海夏大豆共审定32个高产品种。其中，北片区5个、中片区5个、南片区22个。其中黄淮海夏大豆南片区组品种最多。2016年、2017年、2018年、2019年和2020年黄淮海夏大豆区分别有2个、2个、3个、14个和11个高产品种审定，2016年和2017年审定高产品种最少，2019年审定的高产品种最多。黄淮海国审高产大豆品种中，夏大豆北片组品种中黄78（国审豆20180019）产量最高，两年区域试验平均产量为232.20kg/亩，较对照增产8.29%。黄淮海夏大豆中片区组大豆品种郑1311（国审豆20190023）两年区域试验平均产量增幅最大，较对照增产18.25%。

2016—2020年，长江流域共审定12个高产大豆品种。其中，春大豆组3个、夏大豆早中熟组6个、鲜食大豆夏播3个、夏大豆早中熟组审定的高产品种最多，长江流域夏大豆晚熟组和鲜食大豆春播组没有审定的高产品种。2017年、2018年、2019年和2020年长江流域区分别有3个、4个、3个和3个高产大豆品种审定，2018年审定的高产大豆品种最多。长江流域高产国审品种中，夏大豆早中熟组品种油6019（国审豆20180029）产量最高，两年区域试验平均产量为217.1kg/亩，较对照增产7.1%。长江流域夏大豆早中熟组大豆品种濉科23（国审豆20200042）两年区域试验平均产量增幅最大，较对照增产9.8%。

2016—2020年，热带亚热带地区共审定4个高产大豆品种，全为夏大豆组。2016年、2018年和2020年分别有1个、2个和1个品种审定，2017年和2019年没有审定高产大豆品种，2018年审定高产大豆品种最多。热带亚热带高产国审品种中，夏大豆组品种华夏10号（国审豆2016013）产量最高，两年区域试验平均产量为190.0kg/亩，并且两年区域试验平均产量增幅最大，较对照增产11.0%（表41-5）。

表41-4　2016—2020年国家大豆品种试验各生态区审定高产品种数量　　　　　　（个）

生态区	区组	2016年	2017年	2018年	2019年	2020年	总计
北方春大豆区	超早熟组	0	0	0	5	3	8
	极早熟组	0	0	4	1	3	8
	早熟组	1	1	3	1	4	10
	中早熟组	0	1	2	3	6	12
	中熟组	0	0	1	0	1	2
	中晚熟组	0	1	1	0	0	2
	晚熟组	0	1	0	0	2	3
黄淮海夏大豆区	北片	0	0	2	2	1	5
	中片	0	0	0	5	0	5
	南片	2	2	1	7	10	22
长江流域大豆区	春大豆组	0	1	2	0	0	3
	夏大豆早中熟组	0	1	2	1	2	6
	夏大豆晚熟组	0	0	0	0	0	0
	鲜食大豆春播组	0	0	0	0	0	0
	鲜食大豆夏播组	0	1	0	2	1	4
热带亚热带大豆区	春大豆组	0	0	0	0	0	0
	夏大豆组	1	0	2	0	1	4
总计		4	9	20	27	34	94

表41-5 2016—2020年国审高产品种产量情况

品种	组别	审定年份	审定编号	区域试验两年平均产量（kg/亩）	较对照增产（%）	生产试验产量（kg/亩）	较对照增产（%）
合农95	北方春大豆早熟组	2016	国审豆2016001	185.4	8.0	199.0	10.0
蒙豆359	北方春大豆早熟组	2017	国审豆20170003	192.4	5.0	159.3	9.1
巴211	北方春大豆中早熟组	2017	国审豆20170006	214.6	5.7	193.8	10.0
铁豆43	北方春大豆中晚熟组	2017	国审豆20170013	251.9	5.8	246.3	15.8
希豆5号	北方春大豆晚熟组	2017	国审豆20170015	229.1	5.4	241.9	8.6
蒙豆44	北方春大豆极早熟组	2018	国审豆20180001	144.6	4.7	160.0	3.1
汇农417	北方春大豆极早熟组	2018	国审豆20180002	149.0	8.0	170.3	9.8
黑科60号	北方春大豆极早熟组	2018	国审豆20180003	150.3	8.9	174.4	12.4
明星0911	北方春大豆极早熟组	2018	国审豆20180004	143.9	4.3	159.8	3.0
东农63	北方春大豆早熟组	2018	国审豆20180005	173.6	3.8	193.4	7.1
华疆12	北方春大豆早熟组	2018	国审豆20180006	173.8	7.5	184.4	7.4
蒙豆1137	北方春大豆早熟组	2018	国审豆20180007	172.5	7.4	183.4	9.6
华庆豆103	北方春大豆中早熟组	2018	国审豆20180008	201.6	6.8	211.4	7.6
合农114	北方春大豆中早熟组	2018	国审豆20180011	206.8	9.6	214.8	9.3
长农38	北方春大豆中熟组	2018	国审豆20180013	233.9	4.4	225.9	2.3
铁豆82	北方春大豆中晚熟组	2018	国审豆20180015	234.0	4.7	213.9	11.1
中黄902	北方春大豆早熟组	2019	国审豆20190001	171.2	5.9	176.3	4.7
明星0910	北方春大豆超早熟组	2019	国审豆20190002	127.4	5.3	133.0	5.4
贺豆6号	北方春大豆超早熟组	2019	国审豆20190003	140.9	7.6	136.0	7.8
黑科56	北方春大豆超早熟组	2019	国审豆20190004	129.2	6.8	136.1	7.9
黑科59	北方春大豆超早熟组	2019	国审豆20190005	129.6	7.1	135.7	7.6
黑科58	北方春大豆超早熟组	2019	国审豆20190006	113.0	8.2	121.0	11.5
昊疆8号	北方春大豆极早熟组	2019	国审豆20190007	163.9	5.8	165.1	4.9
合农76	北方春大豆中早熟组	2019	国审豆20190008	212.9	8.1	220.7	10.7
垦豆66	北方春大豆中早熟组	2019	国审豆20190010	215.4	9.4	219.3	10.0
垦豆64	北方春大豆中早熟组	2019	国审豆20190011	199.8	6.1	219.2	10.0
佳豆36	北方春大豆超早熟组	2020	国审豆20200001	141.1	7.8	139.6	10.7
圣豆37	北方春大豆超早熟组	2020	国审豆20200002	137.6	5.2	129.9	3.0
合农118	北方春大豆超早熟组	2020	国审豆20200003	145.1	10.9	137.1	4.5
嫩奥5号	北方春大豆极早熟组	2020	国审豆20200004	163.9	5.8	157.3	9.3
佳豆30	北方春大豆极早熟组	2020	国审豆20200005	162.5	8.7	157.2	9.2
贺豆9号	北方春大豆极早熟组	2020	国审豆20200006	158.3	5.9	155.1	7.7
蒙豆640	北方春大豆早熟组	2020	国审豆20200007	182.8	6.3	181.6	7.9
华疆9号	北方春大豆早熟组	2020	国审豆20200008	184.5	7.3	173.6	10.6
佳豆33	北方春大豆早熟组	2020	国审豆20200009	185.6	8.1	171.7	9.3
嫩奥12	北方春大豆早熟组	2020	国审豆20200010	185.0	7.8	171.2	9.0
绥农77	北方春大豆中早熟组	2020	国审豆20200011	221.4	12.4	219.2	10.0
宾豆8号	北方春大豆中早熟组	2020	国审豆20200012	217.1	10.2	219.5	10.1
绥农62	北方春大豆中早熟组	2020	国审豆20200015	207.9	8.1	208.5	6.7
吉育303	北方春大豆中早熟组	2020	国审豆20200017	210.2	9.3	203.7	6.9
黑农102	北方春大豆中早熟组	2020	国审豆20200018	208.7	8.5	201.2	5.6
来豆2号	北方春大豆中早熟组	2020	国审豆20200019	213.0	9.7	206.2	8.2

（续表）

品种	组别	审定年份	审定编号	区域试验两年平均产量（kg/亩）	较对照增产（%）	生产试验产量（kg/亩）	较对照增产（%）
长农39	北方春大豆中熟组	2020	国审豆20200022	248.5	11.1	243.0	12.7
邯豆14	北方春大豆晚熟（西北组）	2020	国审豆20200026	245.6	6.3	218.1	2.9
汾豆93	北方春大豆晚熟（西北组）	2020	国审豆20200027	243.4	5.3	223.1	5.2
油春1204	长江流域春大豆组	2017	国审豆20170018	190.1	7.7	198.4	11.2
驻豆19	长江流域夏大豆早中熟组	2017	国审豆20170020	207.5	5.0	219.6	12.1
苏豆18号	鲜食大豆夏播组	2017	国审豆20170021	752.8	3.8	732.9	5.3
汉黄1号	长江流域春大豆组	2018	国审豆20180025	181.7	6.9	188.8	8.8
鄂2066	长江流域春大豆组	2018	国审豆20180028	187.4	6.4	195.8	12.8
油6019	长江流域夏大豆早中熟组	2018	国审豆20180029	217.1	7.1	208.1	11.8
潍科8号	长江流域夏大豆早中熟组	2018	国审豆20180031	210.1	3.7	220	12.3
奎鲜5号	鲜食大豆春播组	2018	国审豆20180035	823.5	1.8	810	9.3
驻豆20	长江流域夏大豆早中熟组	2019	国审豆20190028	211.7	7.1	178.9	1.6
南农46	鲜食大豆夏播组	2019	国审豆20190030	817.7	4.5	806.1	9.3
浙鲜84	鲜食大豆夏播组	2019	国审豆20190031	774.4	4.0	735.3	5.0
中豆46	长江流域春大豆组	2020	国审豆20200040	203.2	8.8	190.9	5.1
道秋10号	长江流域夏大豆早中熟组	2020	国审豆20200041	193.7	7.9	182.0	3.4
潍科23	长江流域夏大豆早中熟组	2020	国审豆20200042	197.1	9.8	187.1	6.3
南农413	鲜食大豆夏播组	2020	国审豆20200043	775.2	2.7	795.1	10.0
圣豆5号	黄淮海夏大豆南组	2016	国审豆2016010	204.3	8.0	234.8	8.5
阜豆15	黄淮海夏大豆南组	2016	国审豆2016009	211.2	6.5	239.6	10.7
商豆1310	黄淮海夏大豆南组	2017	国审豆20170016	223.8	8.1	201.7	11.2
濮豆857	黄淮海夏大豆南组	2017	国审豆20170017	212.9	2.5	193.6	6.6
中黄78	黄淮海夏大豆北片	2018	国审豆20180019	232.2	8.3	215.2	5.5
齐黄34	黄淮海夏大豆北片	2018	国审豆20180020	226.0	5.4	210.1	3.0
濮豆955	黄淮海夏大豆南组	2018	国审豆20180023	213.2	4.8	202.6	11.5
中黄301	黄淮海夏大豆南组	2019	国审豆20190012	210.9	14.8	206.3	14.3
皖宿1208	黄淮海夏大豆南组	2019	国审豆20190013	189.2	6.6	191.1	9.2
潍科8号	黄淮海夏大豆南组	2019	国审豆20180031	197.0	6.9	199.2	10.4
菏豆28	黄淮海夏大豆南组	2019	国审豆20190015	200.1	8.6	194.6	8.3
周豆25	黄淮海夏大豆南组	2019	国审豆20190016	195.5	6.1	198.8	10.7
郑1307	黄淮海夏大豆南组	2019	国审豆20190018	204.1	14.8	209.7	16.2
淮豆13	黄淮海夏大豆南组	2019	国审豆20190019	197.0	6.9	197.7	10.1
中黄74	黄淮海夏大豆北组	2019	国审豆20190021	219.0	2.1	212.2	6.9
冀豆19	黄淮海夏大豆北组	2019	国审豆20190022	219.4	2.3	200.8	1.2
郑1311	黄淮海夏大豆中组	2019	国审豆20190023	219.8	18.3	207.6	23.2
中黄70	黄淮海夏大豆中组	2019	国审豆20190024	192.3	4.9	198.0	17.5
圣豆十号	黄淮海夏大豆中组	2019	国审豆20190025	197.2	7.6	184.1	9.3
洛豆1号	黄淮海夏大豆中组	2019	国审豆20190026	200.4	9.4	194.4	15.3
运豆101	黄淮海夏大豆中组	2019	国审豆20190027	197.5	7.8	192.4	14.2
冀豆24	黄淮海夏大豆北组	2020	国审豆20200028	212.4	7.7	205.7	3.7
商豆1201	黄淮海夏大豆南组	2020	国审豆20200029	191.1	4.8	186.3	7.5
濮豆820	黄淮海夏大豆南组	2020	国审豆20200030	199.5	9.3	191.2	10.3

（续表）

品种	组别	审定年份	审定编号	区域试验两年平均产量（kg/亩）	较对照增产（%）	生产试验产量（kg/亩）	较对照增产（%）
中黄73	黄淮海夏大豆南组	2020	国审豆20200031	191.3	4.8	183.9	6.1
郑1311	黄淮海夏大豆南组	2020	国审豆20200032	215.2	18.0	201.7	16.4
嘉豆4号	黄淮海夏大豆南组	2020	国审豆20200034	197.9	8.7	189.3	9.0
周豆28	黄淮海夏大豆南组	2020	国审豆20200035	197.1	10.9	194.6	7.8
嘉豆2号	黄淮海夏大豆南组	2020	国审豆20200036	196.4	10.5	196.2	9.2
临豆11	黄淮海夏大豆南组	2020	国审豆20200037	190.0	4.5	185.8	7.0
许豆19	黄淮海夏大豆南组	2020	国审豆20200038	191.4	7.7	179.7	3.4
菏豆33	黄淮海夏大豆南组	2020	国审豆20200039	200.9	13.0	201.4	12.1
华夏10号	热带亚热带夏大豆组	2016	国审豆2016013	190.0	11	164.1	13.8
桂夏7号	热带亚热带夏大豆组	2018	国审豆20180033	173.3	8.8	180.8	12.2
桂夏豆109	热带亚热带夏大豆组	2018	国审豆20180034	168.7	6.3	171.2	6.2
华夏17	热带亚热带夏大豆组	2020	国审豆20200045	163	3.4	154.5	1.4

二、2016—2020年国家大豆品种试验审定优质品种

2016—2020年，北方春大豆共审定32个优质品种。其中，早熟组1个，中早熟组18个，中熟组6个，中晚熟组6个，晚熟组1个（表41-6）。中早熟组审定优质大豆品种最多，超早熟和极早熟组没有审定优质大豆品种。2016年、2017年、2018年、2019年和2020年北方春大豆区分别有7个、9个、7个、1个和8个优质大豆品种审定。北方春大豆区无高蛋白国审大豆品种，32个全为高油国审大豆品种；高油国审大豆品种中，合农75脂肪含量最高，为23.40%。

2016—2020年，黄淮海夏大豆共审定7个优质品种。其中，中片2个，南片5个。2016年、2018年、2019年和2020年黄淮海夏大豆区分别有1个、3个、2个和1个优质大豆品种审定。优质国审品种中，高蛋白品种3个，高油品种4个。皖豆39蛋白质含量最高，为45.81%；潍豆10号脂肪含量最高，为22.97%（表41-7）。

2016—2020年，长江流域地区共审定6个优质大豆品种。其中，春大豆组3个，夏大豆早中熟组3个，夏大豆晚熟组、鲜食大豆春播组和鲜食大豆夏播组没有审定的优质大豆品种。2017年、2018年、2019年和2020年长江流域地区分别有1个、3个、1个和1个优质大豆品种审定。优质国审大豆品种中，高蛋白品种4个和高油品种2个。中豆46蛋白质含量最高，为46.67%；中豆44脂肪含量最高，为22.97%。

2016—2020年，热带亚热带共审定5个优质品种。其中，春大豆组3个，夏大豆组2个。2016年、2017年、2018年和2020年热带亚热带区分别有1个、2个、1个和1个优质大豆品种审定，2017年审定的品种最多，2019年没有优质品种审定。优质国审品种中，5个全为高蛋白品种，无高油品种；桂春豆108蛋白质含量最高，为47.86%。

表41-6　2016—2020年国家大豆品种试验各生态区审定优质品种数量　　　　　（个）

生态区	区组	2016年	2017年	2018年	2019年	2020年	总计
北方春大豆区	超早熟组	0	0	0	0	0	0
	极早熟组	0	0	0	0	0	0
	早熟组	0	1	0	0	0	1
	中早熟组	5	5	2	1	5	18
	中熟组	0	2	2	0	2	6
	中晚熟组	2	1	2	0	1	6
	晚熟组	0	0	1	0	0	1

（续表）

生态区	区组	2016年	2017年	2018年	2019年	2020年	总计
黄淮海 大豆区	北片	0	0	0	0	0	0
	中片	1	0	1	0	0	2
	南片	0	0	2	2	1	5
长江流域 大豆区	春大豆组	0	0	2	0	1	3
	夏大豆早中熟组	0	1	1	1	0	3
	夏大豆晚熟组	0	0	0	0	0	0
	鲜食大豆春播组	0	0	0	0	0	0
	鲜食大豆夏播组	0	0	0	0	0	0
热带亚热带 大豆区	春大豆组	1	1	1	0	0	3
	夏大豆组	0	1	0	0	1	2
总计		9	12	14	4	11	50

表41-7　2016—2020年国审优质大豆品种　　　　　　　　　　　（%）

品种	组别	审定年份	审定编号	蛋白质含量 （两年平均值）	脂肪含量 （两年平均值）	蛋脂总和 （两年平均值）
垦农23	北方春大豆中早熟组	2016	国审豆2016002	38.26	22.01	60.27
垦豆39	北方春大豆中早熟组	2016	国审豆2016003	37.09	23.05	60.14
吉农45	北方春大豆中早熟组	2016	国审豆2016004	37.92	21.66	59.58
吉育206	北方春大豆中早熟组	2016	国审豆2016005	36.89	22.34	59.23
合农97	北方春大豆中早熟组	2016	国审豆2016006	38.5	21.5	60
辽豆32	北方春大豆中晚熟组	2016	国审豆2016007	38.30	22.01	60.31
吉农44	北方春大豆中晚熟组	2016	国审豆2016008	35.67	23.32	58.99
龙垦332	北方春大豆早熟组	2017	国审豆20170004	38.41	21.55	59.96
合农75	北方春大豆中早熟组	2017	国审豆20170005	35.71	23.40	59.11
垦豆65	北方春大豆中早熟组	2017	国审豆20170007	37.59	22.15	59.74
黑农83	北方春大豆中早熟组	2017	国审豆20170008	38.39	21.88	60.27
绥农36	北方春大豆中早熟组	2017	国审豆20170009	36.61	22.82	59.43
黑农75	北方春大豆中早熟组	2017	国审豆20170010	37.11	22.33	59.44
华力1号	北方春大豆中早熟组	2017	国审豆20170011	38.93	21.52	60.45
军农68	北方春大豆中熟组	2017	国审豆20170012	37.47	21.73	59.2
吉农48	北方春大豆中晚熟组	2017	国审豆20170014	36.74	22.92	59.66
合农85	北方春大豆中早熟组	2018	国审豆20180009	39.24	22.17	61.41
垦农38	北方春大豆中早熟组	2018	国审豆20180010	38.34	22.06	60.4
吉农50	北方春大豆中熟组	2018	国审豆20180012	36.25	22.04	58.29
吉育441	北方春大豆中熟组	2018	国审豆20180014	38.90	21.74	60.64
长农33	北方春大豆中晚熟组	2018	国审豆20180016	36.90	22.08	58.98
德豆10	北方春大豆中晚熟组	2018	国审豆20180017	38.09	21.84	59.93
铁豆67	北方春大豆晚熟组	2018	国审豆20180018	38.29	22.06	60.35
吉育381	北方春大豆中早熟组	2019	国审豆20190009	36.54	21.75	58.29
黑农87	北方春大豆中早熟组	2020	国审豆20200013	36.85	22.59	59.44
合农134	北方春大豆中早熟组	2020	国审豆20200014	37.15	22.35	59.5
龙垦337	北方春大豆中早熟组	2020	国审豆20200016	36.58	22.65	59.23
龙黄15	北方春大豆中早熟组	2020	国审豆20200020	36.40	21.50	57.9
中龙豆1号	北方春大豆中早熟组	2020	国审豆20200021	37.62	21.77	59.39

（续表）

品种	组别	审定年份	审定编号	蛋白质含量（两年平均值）	脂肪含量（两年平均值）	蛋脂总和（两年平均值）
长农54	北方春大豆中熟组	2020	国审豆20200023	36.65	22.23	58.88
中吉602	北方春大豆中熟组	2020	国审豆20200024	38.37	21.83	60.2
吉农82	北方春大豆中晚熟组	2020	国审豆20200025	36.90	23.00	59.9
皖豆21116	长江流域夏大豆早中熟组	2017	国审豆20170019	41.83	21.52	63.35
中豆44	长江流域春大豆组	2018	国审豆20180026	43.79	22.97	66.76
浙春8号	长江流域春大豆组	2018	国审豆20180027	45.04	19.86	64.9
蒙1301	长江流域夏大豆早中熟组	2018	国审豆20180030	45.26	19.07	64.33
兴豆5号	长江流域夏大豆早中熟组	2019	国审豆20190029	45.90	20.61	66.51
中豆46	长江流域春大豆组	2020	国审豆20200040	46.67	18.85	65.52
潍豆10号	黄淮海夏大豆中组	2016	国审豆2016011	36.80	22.97	59.77
石885	黄淮海夏大豆中组	2018	国审豆20180021	39.37	21.79	61.16
潍豆8号	黄淮海夏大豆南组	2018	国审豆20180022	41.37	22.08	63.45
冀豆16	黄淮海夏大豆南组	2018	国审豆20180024	40.71	22.36	63.07
皖豆39	黄淮海夏大豆南组	2019	国审豆20190017	45.81	18.56	64.37
徐豆23	黄淮海夏大豆南组	2019	国审豆20190020	45.22	19.10	64.32
科豆10	黄淮海夏大豆南组	2020	国审豆20200033	45.63	19.02	64.65
泉豆5号	热带亚热带春大豆组	2016	国审豆2016012	46.85	18.2	65.05
桂春豆108	热带亚热带春大豆组	2017	国审豆20170001	47.86	18.18	66.04
贡秋豆5号	热带亚热带夏大豆组	2017	国审豆20170002	45.46	19.89	65.35
圣豆40	热带亚热带春大豆组	2018	国审豆20180032	45.61	18.88	64.49
华夏14	热带亚热带夏大豆组	2020	国审豆20200044	45.4	18.35	63.75

第四十二章 2016—2020年北方春大豆品种试验性状动态分析

第一节 2016—2020年北方春大豆品种试验参试品种产量及构成因子动态分析

一、2016—2020年北方春大豆品种试验参试品种产量动态分析

（一）2016—2020年北方春大豆品种试验参试品种产量年份间比较

1. 超早熟组

2016—2020年北方春大豆超早熟参试品种平均产量分别为103.8kg/亩、135.8kg/亩、130.1kg/亩、136.8kg/亩和147.4kg/亩，其中2020年该区组平均产量最高，比该区组最低平均产量（2016年）高42.0%。就该区组内平均产量变异程度而言，2017年最大（14.5），2016年最小（4.0）。2020年，广民5号单产达160.5kg/亩，成为5年来该熟期组的最高单产纪录，最低产量为2016年黑河49，单产94.3kg/亩（表42-1）。

2. 极早熟组

2016—2020年北方春大豆极早熟参试品种平均产量分别为115.3kg/亩、168.8kg/亩、153.5kg/亩、154.3kg/亩和155.2kg/亩。其中2017年该区组平均产量最高，比该区组最低平均产量（2016年）高46.4%。就该区组内平均产量变异程度而言，2018年最大（9.4），2020年最小（5.2）。2017年，黑科60号单产达181.1kg/亩，成为5年来该熟期组的最高单产纪录，最低产量为2016年佳豆19，单产104.9kg/亩（表42-1）。

3. 早熟组

2016—2020年北方春大豆早熟参试品种平均产量分别为152.1kg/亩、178.3kg/亩、180.8kg/亩、180.0kg/亩和184.2kg/亩，其中2020年该区组平均产量最高，比该区组最低平均产量（2016年）高21.1%。就该区组内平均产量变异程度而言，2017年最大（8.5），2016年最小（4.2）。2020年，克豆59单产达195.7kg/亩，成为5年来该熟期组的最高单产纪录，最低产量为2016年绥农48，单产146.6kg/亩（表42-1）。

4. 中早熟组

2016—2020年北方春大豆中早熟参试品种平均产量分别为185.3kg/亩、205.1kg/亩、211.2kg/亩、199.0kg/亩和213.7kg/亩，其中2020年该区组平均产量最高，比该区组最低平均产量（2016年）高15.3%。就该区组内平均产量变异程度而言，2017年最大（11.7），2019年最小（5.5）。2018年，合农148单产达237.2kg/亩，成为5年来该熟期组的最高单产纪录，最低产量为2016年合交02-69，单产170.0kg/亩（表42-1）。

5. 中熟组

2016—2020年北方春大豆中熟参试品种平均产量分别为226.7kg/亩、223.5kg/亩、230.9kg/亩、212.4kg/亩和228.7kg/亩，其中2018年该区组平均产量最高，比该区组最低平均产量（2019年）高8.7%。就该区组内平均产量变异程度而言，2020年最大（18.6），2018年最小（7.2）。2020年，吉育627单产达266.1kg/亩，成为5年来该熟期组的最高单产纪录，最低产量为2020年东生29，单产200.4kg/亩（表42-1）。

6. 中晚熟组

2016—2020年北方春大豆中晚熟参试品种平均产量分别为237.3kg/亩、216.6kg/亩、231.1kg/亩、212.9kg/亩和213.3kg/亩，其中2016年该区组平均产量最高，比该区组最低平均产量（2019年）高11.4%。就该区组内平均产量变异程度而言，2017年最大（10.0），2020年最小（6.6）。2016年，铁豆43单产达253.1kg/亩，成为5年来该熟期组的最高单产纪录，最低产量为2017年辽豆49，单产197.6kg/亩（表42-1）。

7. 晚熟组

2016—2020年北方春大豆中晚熟参试品种平均产量分别为229.3kg/亩、223.5kg/亩、227.1kg/亩、221.8kg/亩和221.2kg/亩，其中2016年该区组平均产量最高，比该区组最低平均产量（2020年）高3.7%。就该区组内平均产量变异程度而言，2018年最大（16.1），2016年最小（7.1）。2018年邯13-25，单产达252.9kg/亩，成为5年来该熟期组的最高单产纪录，最低产量为2019年冀豆21，单产181.5kg/亩（表42-1）。

总体看来，2016—2020年北方春大豆同一熟期组在不同年份间产量表现出不同的差异。中早熟期组以及熟期更早的区组在5年当中，随着时间的推移，产量呈上升的趋势。晚熟组5年间产量没有明显差异，中熟组和中晚熟组产量略有下降的趋势。以上结果表明，近年来熟期较早的大豆品种的选育在整体产量上有大幅提高，但中熟以后大豆品种的选育在整体产量上没有提高或稍有降低，应适当提高品种选育的产量标准（图42-1）。

表42-1 北方春大豆参试品种产量动态分析

区组	产量	2016年	2017年	2018年	2019年	2020年
超早熟组	平均值（kg/亩）	103.8	135.8	130.1	136.8	147.4
	标准差	4.0	14.5	7.5	7.2	10.1
	极小值（kg/亩）	94.3	106.4	105.4	123.6	120.3
	极大值（kg/亩）	108.1	152.2	139.9	151.3	160.5
极早熟组	平均值（kg/亩）	115.3	168.8	153.5	154.3	155.2
	标准差	5.5	6.2	9.4	7.0	5.2
	极小值（kg/亩）	104.9	160.8	131.0	141.2	145.0
	极大值（kg/亩）	121.7	181.1	166.0	166.7	162.3
早熟组	平均值（kg/亩）	152.1	178.3	180.8	180.0	184.2
	标准差	4.2	8.5	7.0	5.6	8.2
	极小值（kg/亩）	146.6	164.3	169.0	168.6	156.5
	极大值（kg/亩）	160.2	190.6	191.1	189.5	195.7
中早熟组	平均值（kg/亩）	185.3	205.1	211.2	199.0	213.7
	标准差	8.5	11.7	9.6	5.5	7.3
	极小值（kg/亩）	170.0	173.6	190.0	190.6	199.6
	极大值（kg/亩）	200.5	222.7	237.2	208.3	226.8
中熟组	平均值（kg/亩）	226.7	223.5	230.9	212.4	228.7
	标准差	7.7	13.1	7.2	10.5	18.6
	极小值（kg/亩）	217.4	208.0	218.6	201.4	200.4
	极大值（kg/亩）	238.8	248.8	248.1	229.9	266.1
中晚熟组	平均值（kg/亩）	237.3	216.6	231.1	212.9	213.3
	标准差	9.3	10.0	9.4	7.3	6.6
	极小值（kg/亩）	220.9	197.6	213.9	202.7	204.5
	极大值（kg/亩）	253.1	228.6	245.2	227.7	226.6
晚熟组	平均值（kg/亩）	229.3	223.5	227.1	221.8	221.2
	标准差	7.1	13.8	16.1	16.0	11.7
	极小值（kg/亩）	219.7	206.1	196.4	181.5	206.2
	极大值（kg/亩）	238.0	245.7	252.9	241.9	238.1

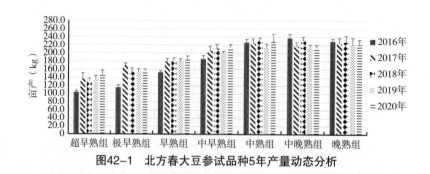

图42-1　北方春大豆参试品种5年产量动态分析

（二）2016—2020年北方春大豆品种试验参试品种产量区组间比较

1. 2016年

2016年，北方春大豆参试品种的平均产量178.5kg/亩。各熟期参试品种平均单产分别为103.8kg/亩、115.3kg/亩、152.1kg/亩、185.3kg/亩、226.7kg/亩、237.3kg/亩和229.3kg/亩（表42-1）。中晚熟参试品种产量最高，高于最低平均单产（超早熟）128.7%。中熟、中晚熟和晚熟3组产量差别不大，其他各组之间产量差异明显（图42-2）。各组的变异幅度来看，中晚熟组内产量变异幅度最大（9.3），超早熟组内产量变异幅度最小（4.0）。2016年，中晚熟组铁豆43单产最高，达253.1kg/亩，超早熟组黑河49的产量最低，为94.3kg/亩。

2. 2017年

2017年参试品种的平均产量193.1kg/亩。各熟期参试品种平均单产分别为135.8kg/亩、168.8kg/亩、178.3kg/亩、205.1kg/亩、223.5kg/亩、216.6kg/亩和223.5kg/亩（表42-1）。其中，晚熟和中熟产量相同且最高，高于最低平均单产（超早熟）64.6%。中熟、中晚熟和晚熟平均产量差别不大。中熟之前，生育期越长产量越高（图42-2）。各组的变异幅度来看，超早熟组内产量变异幅度最大（14.5），极早熟组内产量变异幅度最小（6.2）。中熟组长农39单产最高，达248.8kg/亩，超早熟组黑河49（CK-A）的产量最低，为106.4kg/亩。

3. 2018年

2018年参试品种的平均产量194.9kg/亩。各熟期参试品种平均单产分别为130.1kg/亩、153.5kg/亩、180.8kg/亩、211.2kg/亩、230.9kg/亩、231.1kg/亩和227.1kg/亩（表42-1）。其中，中晚熟产量最高，高于最低平均单产（超早熟）77.7%。仍然是中熟之前产量差异较明显，中熟之后产量基本趋于稳定（图42-2）。各组的变异幅度来看，晚熟组内产量变异幅度最大（16.1），早熟组内产量变异幅度最小（7.0）。晚熟组邯13-25单产最高，达252.9kg/亩，超早熟组黑河49的产量最低，为105.4kg/亩。

4. 2019年

2019年参试品种的平均产量188.2kg/亩。各熟期参试品种平均单产分别为136.8kg/亩、154.3kg/亩、180.0kg/亩、199.0kg/亩、212.4kg/亩、212.9kg/亩和221.8kg/亩（表42-1），即随着生育期延长，产量递增。产量最高的晚熟组高于最低平均单产（超早熟）62.1%（图42-2）。各组的变异幅度来看，晚熟组内产量变异幅度最大（16.0），中早熟组内产量变异幅度最小（5.5）。晚熟组汾豆93单产最高，达241.9kg/亩，超早熟组黑河49的产量最低，为123.6kg/亩。

5. 2020年

2020年参试品种的平均产量195kg/亩。各熟期参试品种平均单产分别为147.4kg/亩、155.2kg/亩、184.2kg/亩、213.7kg/亩、228.7kg/亩、213.3kg/亩和221.2kg/亩（表42-1）。其中，中熟组产量最高，高于最低平均单产（超早熟）55.2%。该年度中，中早熟组品种的产量有了较大幅度提升，平均产量与中晚熟组基本持平。中熟与晚熟组的产量差别不大，早熟之前各组依然是生育期越长，产量越高（图42-2）。各组的变异幅度来看，中熟组内产量变异幅度最大（18.6），极早熟组内产量变异幅度最小（5.2）。中熟组吉育627单产最高，达266.1kg/亩，也是5年中产量最高的品种。超早熟组黑河49的产量最低，为120.3kg/亩。

2016—2020年北方春大豆参试品种分为7个熟期组，区组间产量变化趋势如下：在中熟期之前，随着生育期的增加，产量呈不同程度的上升趋势，但在中熟期之后产量趋于平缓的趋势。表明大豆品种的选育应注重中熟及中熟期之前的品种选育工作，或者适当提高中熟期之后大豆品种的产量选育标准。

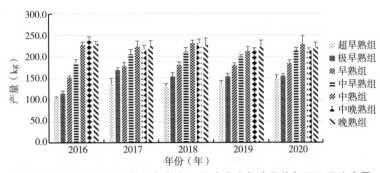

图42-2　2016—2020年北方春大豆品种试验参试品种各区组平均产量

二、2016—2020年北方春大豆品种试验参试品种产量构成因子动态分析

（一）2016—2020年北方春大豆品种试验参试品种单株粒数年份间比较

1. 超早熟组

参试品种单株粒数随年度增加而增多，到2019年达到峰值55.2粒，而后2020年单株粒数有所下降，为44.3粒。2019年单株粒数比该区组最小单株粒数（2016年）高43.8%。就该区组内单株粒数变异程度而言，2017年最大（6.2），2020年最小（3.6）（表42-2、图42-3）。2019年，品种合农151单株粒数为70.8粒，为5年来该熟期组的最大单株粒数，单株粒数最小的是2016年黑河49（CK-A），单株粒数为31.4粒。

2. 极早熟组

该组参试品种单株粒数变化趋势与超早熟组相同，随年度增加而增多，2019年达到峰值67.0粒。2020年参试品种的单株粒数下降为54.6粒。2019年该组参试品种的平均单株粒数比该区组最少单株粒数（2016年）高60.4%。就该区组内单株粒数变异程度而言，2019年最大（6.1），2016年最小（2.7）（表42-2）。2019年，大豆品种贺豆9号单株粒数为81.0粒，为5年来该熟期组的最大单株粒数，单株粒数最小的是2016年中黄901，单株粒数为37.4粒。

3. 早熟组

该熟期组大豆参试品种的单株粒数除2018年有较大幅度的提高，其他年度单株粒数没有明显的差异。年度间平均单株粒数极差为16.4粒。就该区组内单株粒数变异程度而言，2018年最大（7.1），2017年最小（3.8）（表42-2）。2018年，大豆品种垦豆61单株粒数为86.6粒，为5年来该熟期组的最大单株粒数，单株粒数最小的是2019年参试的星农20号，单株粒数为48.2粒。

4. 中早熟组

2017年，该熟期组参试品种的单株粒数较2016年有相对较大的提升，之后的4年，该区组内参试品种的单株粒数呈减少的趋势，2020年，单株粒数降为5年来最低值，78.5粒，较2017年低24.1%。就该区组内单株粒数变异程度而言，2019年最大（9.1），2016年最小（7.5）（表42-2）。2017年参试的吉育256和2019年参试的合农139的单株粒数均为113.7粒，是5年期间该熟期组参试品种中单株粒数最多的。单株粒数最少的是2020年参试的品种垦农37，单株粒数为65.3粒。

5. 中熟组

2016—2020年，中熟参试品种单株粒数分别是113.4粒、114.5粒、121.9粒、97.1粒和96.2粒，其中2018年该组单株粒数最多，比该区组最小单株粒数（2020年）高26.7%。就该区组内单株粒数变异程度而言，2017年最大（17.5），2016年最小（5.3）（表42-2）。2018年参试的吉育481单株粒数为142.4粒，是5年期间该熟期组参试品种中单株粒数最多的。单株粒数最少的是2020年参试品种东生29，单株粒数为82.2粒。

6. 中晚熟组

中晚熟参试品种平均单株粒数分别为126.7粒、108.9粒、133.5粒、130.8粒和108.1粒，2017年和2020年单株粒数相对较少，其他年度单株粒数差别不大。其中2018年该组参试品种的平均单株粒数最多，比该区组最小单株粒数（2020年）高23.6%。就该区组内单株粒数变异程度而言，2018年最大（15.6），2016年最小（6.4）（表42-2）。2018年参试的吉农37单株粒数为155.9粒，是5年期间该熟期组单株粒数最多的品种。单株粒数最少的是2020年参试品种东豆606，单株粒数为92.3粒。

7. 晚熟组

2016—2020年北方春大豆晚熟参试品种平均单株粒数分别为110.6粒、105.4粒、117.3粒、115.6粒和119.3粒，其中2020年该组单株粒数最多，比该区组最小单株粒数（2017年）高13.2%。就该区组内单株粒数变异程度而言，2018年和2019年最大（12.6），2020年最小（8.9）（表42-2）。2018年对照品种汾豆78单株粒数为144.6粒，是5年期间该熟期组参试品种中单株粒数最多的。单株粒数最少的是2019年参试品种冀豆21，单株粒数为92.3粒。

总体看来，同一熟期组参试品种的单株粒数年份间表现不同的变化趋势。超早熟和极早熟组参试品种年度间单株粒数变化趋势相同，2019年之前逐年增加，2019年单株粒数达到峰值，2020年参试品种单株粒数再次下降。除2018年以外，早熟组其他年度参试品种的单株粒数差别不大。中早熟组和中熟参试品种的单株粒数都是随年度先增加后减少，中早熟的峰值出现在2017年，中熟组峰值出现在2018年。中晚熟组在2017年和2020年出现两个低谷，其他年度单株粒数差别不大。晚熟组除了2017年，其他年度差别较小。

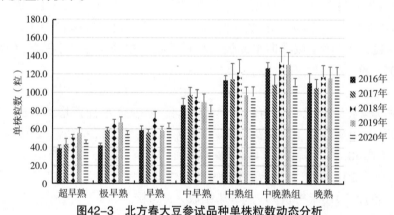

图42-3　北方春大豆参试品种单株粒数动态分析

表42-2　北方春大豆参试品种单株粒数动态分析

区组	单株粒数	2016年	2017年	2018年	2019年	2020年
超早熟组	平均值（粒）	38.4	43.0	50.0	55.2	44.3
	标准差	3.9	6.2	3.8	6.0	3.6
	极小值（粒）	31.4	32.5	43.6	41.3	37.5
	极大值（粒）	44.3	55.1	56.4	70.8	51.4
极早熟组	平均值（粒）	41.8	58.5	66.3	67.0	54.6
	标准差	2.7	2.9	4.0	6.1	3.2
	极小值（粒）	37.4	53.1	58.9	57.4	48.2
	极大值（粒）	45.2	63.9	73.3	81	59.1
早熟组	平均值（粒）	58.7	55.8	72.2	58.3	61.4
	标准差	4.3	3.8	7.1	4.7	5.2
	极小值（粒）	50.3	51	57.6	48.2	51.9
	极大值（粒）	64.3	61	86.6	66.3	69.6

（续表）

区组	单株粒数	2016年	2017年	2018年	2019年	2020年
中早熟组	平均值（粒）	86.1	97.4	95.1	89.4	78.5
	标准差	7.5	8.4	8.2	9.1	7.9
	极小值（粒）	77.8	80.9	79.9	76.4	65.3
	极大值（粒）	101.1	113.7	107.5	113.7	98
中熟组	平均值（粒）	113.4	114.5	121.9	97.1	96.2
	标准差	5.3	17.5	14.4	9.0	10.3
	极小值（粒）	106.9	90.9	93.4	85	82.2
	极大值（粒）	120.7	139.9	142.4	111.2	115.6
中晚熟组	平均值（粒）	126.7	108.9	133.5	130.8	108.1
	标准差	6.4	10.9	15.6	13.2	7.9
	极小值（粒）	120.6	93.9	110.8	114.5	92.3
	极大值（粒）	140.2	124.9	155.9	152.5	121.4
晚熟组	平均值（粒）	110.6	105.4	117.3	115.6	119.3
	标准差	10.5	9.4	12.6	12.6	8.9
	极小值（粒）	98.7	93.6	95.9	93.6	104.6
	极大值（粒）	129.9	121.8	144.6	136.9	133.3

（二）2016—2020年北方春大豆品种试验参试品种单株有效荚数年份间比较

1. 超早熟组

2016—2020年北方春大豆超早熟参试品种平均单株有效荚数分别为18.1个、20.3个、23.4个、23.3个和19.7个，其中2018年该组单株有效荚数最多，比该区组最小单株有效荚数（2016年）高29.6%。就该区组内单株有效荚数变异程度而言，2017年最大（2.6），2020年最小（1.2）。2019年参试品种合农151的单株有效荚数为28.5个，是5年期间单株有效荚数最多的品种。单株有效荚数最少的是2016年参试品种蒙豆27，单株有效荚数为14.9个（表42-3）。

2. 极早熟组

2016—2020年，北方春大豆极早熟参试品种平均单株有效荚数分别为19.6个、26.0个、27.3个、28.9个和23.6个，其中2019年该组单株有效荚数最多，比该区组最小单株有效荚数（2016年）高47.8%。就该区组内单株有效荚数变异程度而言，2019年最大（2.7），2016年最小（1.0）。2019年参试品种昊疆17的单株有效荚数为33.2个，是单株有效荚数最多品种。单株有效荚数最少的是2016年参试品种龙垦306和中黄908，单株有效荚数为18.5个（表42-3）。

3. 早熟组

2016—2020年，北方春大豆早熟参试品种平均单株有效荚数分别为25.1个、25.3个、31.1个、26.9个和28.1个，其中2018年该组单株有效荚数最多，比该区组最小单株有效荚数（2016年）高24.1%。就该区组内单株有效荚数变异程度而言，2018年最大（2.8），2016年最小（1.5）。2018年参试品种垦豆61的单株有效荚数为37.4个，是该熟期组参试品种中单株有效荚数最多的。最少的是2017年参试品种北豆52，单株有效荚数为22.3个（表42-3）。

4. 中早熟组

2016—2020年，北方春大豆中早熟参试品种平均单株有效荚数分别为38.8个、43.2个、42.4个、41.4个和34.3个，其中2017年该组单株有效荚数最多，比该区组最小单株有效荚数（2020年）高25.9%。就该区组内单株有效荚数变异程度而言，2019年最大（4.1），2020年最小（3.2）。单株有效荚数最多的品种是2019年的参试品种交大17号，为51.8个。最少的是2020年参试品种黑农504，单株有效荚数为29.0个（表42-3）。

5. 中熟组

2016—2020年，北方春大豆中熟参试品种平均单株有效荚数分别为47.3个、49.9个、50.2个、41.4个和41.3个，其中2018年该组单株有效荚数最多，比该区组最小单株有效荚数（2020年）高22.1%。就该区组内单株有效荚数变异程度而言，2017年最大（7.3），2016年最小（3.1）。2017年参试品种吉农89的单株有效荚数为60.6个，是单株有效荚数最多的品种。最少的是2020年对照品种吉育86，单株有效荚数为33.3个（表42-3）。

6. 中晚熟组

2016—2020年，北方春大豆中晚熟参试品种平均单株有效荚数分别为54.1个、51.6个、59.6个、60.1个和49.6个，其中2019年该组单株有效荚数最多，比该区组最小单株有效荚数（2020年）高21.0%。就该区组内单株有效荚数变异程度而言，2017年最大（7.1），2020年最小（3.7）。2019年参试品种吉育554的单株有效荚数为70.5个，是5年期间该熟期组内单株有效荚数最多的品种。最少的是2017年参试品种铁豆82，单株有效荚数为41.6个（表42-3）。

7. 晚熟组

2016—2020年，北方春大豆晚熟参试品种平均单株有效荚数分别为51.6个、50.7个、54.8个、53.5个和55.9个，其中2020年该组单株有效荚数最多，比该区组最小单株有效荚数（2017年）高10.4%。就该区组内单株有效荚数变异程度而言，2016年最大（6.8），2020年最小（3.7）。2018年的参试品种邯13-25和2019年参试品种铁豆97的单株有效荚数均为64.5个，是5年期间该熟期组参试品种中单株有效荚数最高值。单株有效荚数最少的是2017年参试品种铁豆86，单株有效荚数为42.7个（表42-3）。

总体来看，5年中各区组参试品种的平均单株有效荚数均经历了先增加后降低的过程，只是峰值出现的年份不同，超早熟组、早熟和中熟组单株有效荚数峰值均出现在2018年，极早熟和中晚熟的峰值出现在2019年，中早熟和晚熟组的峰值分别出现在2017年和2020年（图42-4）。

表42-3　北方春大豆参试品种单株有效荚数动态分析

区组	单株有效荚数	2016年	2017年	2018年	2019年	2020年
超早熟组	平均值（个）	18.1	20.3	23.4	23.3	19.7
	标准差	1.7	2.6	1.9	2.0	1.2
	极小值（个）	14.9	16.9	20	20.2	17.8
	极大值（个）	20.4	26.7	26.6	28.5	23.2
极早熟组	平均值（个）	19.6	26.0	27.3	28.9	23.6
	标准差	1.0	1.4	1.8	2.7	1.5
	极小值（个）	18.5	24	24.2	25.1	21.3
	极大值（个）	21.3	28.4	30.5	33.2	25.9
早熟组	平均值（个）	25.1	25.3	31.1	26.9	28.1
	标准差	1.5	1.8	2.8	1.9	2.2
	极小值（个）	22.5	22.3	25	23.4	23.8
	极大值（个）	27.5	28.1	37.4	30.5	31.9
中早熟组	平均值（个）	38.8	43.2	42.4	41.4	34.3
	标准差	3.6	3.7	3.5	4.1	3.2
	极小值（个）	32.8	36.3	36.7	35.7	29
	极大值（个）	47.8	49.9	51	51.8	41.4
中熟组	平均值（个）	47.3	49.9	50.2	41.1	41.3
	标准差	3.1	7.3	5.9	4.8	5.6
	极小值（个）	42.4	36.7	41.5	33.4	33.3
	极大值（个）	50.6	60.6	59.8	48.3	48.8

（续表）

区组	单株有效荚数	2016年	2017年	2018年	2019年	2020年
中晚熟组	平均值（个）	54.1	51.6	59.6	60.1	49.6
	标准差	4.1	7.1	6.9	6.8	3.7
	极小值（个）	48	41.6	45.3	51.9	45.4
	极大值（个）	58.9	61.1	69.7	70.5	56.2
晚熟组	平均值（个）	51.6	50.7	54.8	53.5	55.9
	标准差	6.8	5.3	6.4	5.2	3.7
	极小值（个）	43.4	42.7	45.3	43.6	50.8
	极大值（个）	63.4	57.5	64.5	64.5	62.6

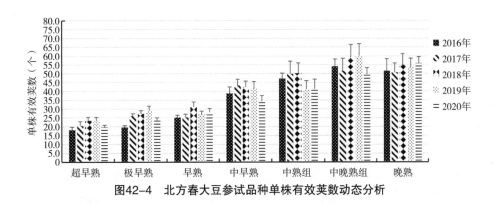

图42-4　北方春大豆参试品种单株有效荚数动态分析

（三）2016—2020年北方春大豆品种试验参试品种百粒重年份间比较

1. 超早熟组

2016—2020年北方春大豆超早熟参试品种平均百粒重分别为16.4g、20.5g、18.1g、18.9g和18.1g，其中2017年参试品种的平均百粒重最大，比2016年高24.73%克。其他3个年份之间百粒重均在18g左右。该区组内百粒重变异程度均较小，为1.0~1.7。其中2019年最大（1.7），2020年最小（1.0）。2017年参试品种嫩奥6号的百粒重为23.3g，是5年期间该熟期组参试品种中百粒重最大的。百粒重最小的是2016年参试品种昊疆3号，百粒重为14.1g，品种间百粒重极差达9.2g（表42-4）。

2. 极早熟组

2016—2020年，参试品种平均百粒重分别为15.7g、19.5g、16.8g、18.6g和17.9g，其中2017年参试品种的平均百粒重最大，比2016年高24.0%。该区组内百粒重变异程度均较小，为1.0~1.6。其中2018年和2019年最大（1.6），2016年最小（1.0）。百粒重最大的是2017年参试品种龙达11-182和对照品种黑河45，为21.5g，最小的是2016年参试品种贺豆3号，为13.3g。品种间百粒重极差为8.2g（表42-4）。

3. 早熟组

2016—2020年，该熟期组参试品种平均百粒重分别为17.1g、20.4g、18.5g、19.4g和18.3g，其中2017年参试品种的平均百粒重最大，比2016年高3.3g。该区组内百粒重平均变异程度来看，变异程度最大的是2018年（2.0），2016年和2020年最小（1.4）。2018年的参试品种蒙豆47，百粒重24.1g，是5年间百粒重最大的品种，最小的是2018年参试品种垦豆61和2020年参试的蒙科豆9号，百粒重为15.2g，品种间百粒重极差为8.9g（表42-4）。

4. 中早熟组

中早熟参试品种的平均百粒重年度之间变化幅度不大，分别为18.9g、19.6g、19.6g、19.8g和20.0g。2020年参试品种的平均百粒重最高，为20.0g，比平均百粒重最低的2016年仅高出6.0%。该区组内百粒重平均变异程度来看，变异程度最大的是2020年（2.0），2016年最小（1.2）。2019年参试品种东农豆252的百粒重为23.7g，是5年期间该熟期组中百粒重最大的品种。最小的是2020年参试品种合农139，百粒重为14.9g，品种间百粒重极差为8.8g（表42-4）。

5. 中熟组

2016—2020年，北方春大豆中熟参试品种的平均百粒重分别为20.8g、19.1g、18.5g、19.9g和19.9g。2016年参试品种的平均百粒重最高，为20.8g，比平均百粒重最低的2018年高12.77%。该区组内百粒重平均变异程度来看，变异程度最大的是2017年（2.3），2020年最小（1.5）。2016年对照品种吉育86的百粒重为23.1g，是5年期间该熟期组中百粒重最大的品种。最小的是2017年参试品种长农54和2018年参试品种吉农89，百粒重为16.2g，品种间百粒重极差为6.9g（表42-4）。

6. 中晚熟组

2016—2020年，北方春大豆中晚熟参试品种的平均百粒重分别为20.4g、19.0g、18.8g、18.1g和18.5g。2016年参试品种的平均百粒重最高，为20.4g，比平均百粒重最低的2019年高13%。该区组内百粒重平均变异程度来看，变异程度最大的是2017年（2.6），2019年最小（1.5）。2018年参试品种吉育592的百粒重为24.1g，是5年期间该熟期组百粒重最大的品种。最小的是2018年参试品种吉农37，百粒重为15.3g，品种间百粒重极差为8.8g（表42-4）。

7. 晚熟组

大豆晚熟参试品种5年期间平均百粒重分别为19.7g、22.2g、21.8g、21.1g和20.5g。2017年参试品种的平均百粒重最高，为22.2g，比平均百粒重最低的2016年高2.5g。该区组内百粒重平均变异程度来看，变异程度最大的是2018年（3.2），2020年最小（1.9）。2018年参试品种汾豆93的百粒重达29.9g，是5年期间该熟期组参试品种中百粒重最大的，也是所有熟期组参试品种中百粒重最大的。最小的是2016年参试品种辽豆44，百粒重为16.6g，品种间百粒重极差为13.3g（表42-4）。

2016—2020年，北方春大豆参试品种的百粒重5年动态分析表明，百粒重受熟期长短影响不大，从超早熟到中晚熟组百粒重基本为18～19g，只有晚熟组百粒重稍大，在21g左右。总体来看年度间变化不大，但同熟期组在不同年份间表现出一定的差异，超早熟组、极早熟组和早熟组百粒重年度间的变化曲线完全相同，最高值和最低值分别是出现在2017年和2016年，晚熟也是如此，只是5年的变化曲线略有不同。中熟组和中晚熟组则相反，百粒重最大值出现在2016年。中早熟组百粒重较稳定，年度间差异不大（图42-5）。

表42-4　北方春大豆参试品种百粒重动态分析

区组	百粒重	2016年	2017年	2018年	2019年	2020年
超早熟组	平均值（g）	16.4	20.5	18.1	18.9	18.1
	标准差	1.3	1.5	1.2	1.7	1.0
	极小值（g）	14.1	17	15.7	15.6	16.6
	极大值（g）	18.2	23.3	19.7	23	20.5
极早熟组	平均值（g）	15.7	19.5	16.8	18.6	17.9
	标准差	1.0	1.5	1.6	1.6	1.1
	极小值（g）	13.3	17.2	14.3	15.6	15.6
	极大值（g）	16.7	21.5	20.8	21.4	20.4
早熟组	平均值（g）	17.1	20.4	18.5	19.4	18.3
	标准差	1.4	1.6	2.0	1.5	1.4
	极小值（g）	15.3	18	15.2	17	15.2
	极大值（g）	20.3	23.8	24.1	22.9	21.2
中早熟组	平均值（g）	18.9	19.6	19.6	19.8	20.0
	标准差	1.2	1.4	1.4	1.6	2.0
	极小值（g）	16.4	16.4	16.8	16	14.9
	极大值（g）	20.6	22.3	23.6	23.7	23.5

（续表）

区组	百粒重	2016年	2017年	2018年	2019年	2020年
中熟组	平均值（g）	20.8	19.1	18.5	19.9	19.9
	标准差	1.6	2.3	1.8	2.1	1.5
	极小值（g）	18.7	16.2	16.2	16.3	17.8
	极大值（g）	23.1	22.4	21.7	22.5	22.2
中晚熟组	平均值（g）	20.4	19.0	18.8	18.1	18.5
	标准差	2.1	2.6	2.3	1.5	2.1
	极小值（g）	17.8	15.6	15.3	15.8	15.7
	极大值（g）	22.7	22.8	24.1	20.1	23.4
晚熟组	平均值（g）	19.7	22.2	21.8	21.1	20.5
	标准差	2.0	2.2	3.2	3.1	1.9
	极小值（g）	16.6	20.1	16.7	16.7	17.2
	极大值（g）	22.3	27.1	29.9	27.6	24.1

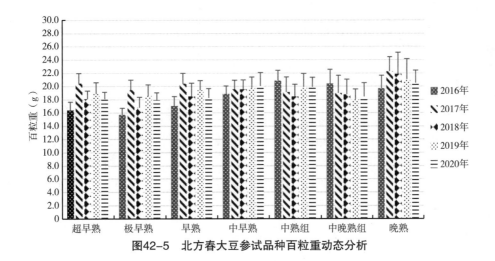

图42-5　北方春大豆参试品种百粒重动态分析

第二节　2016—2020年北方春大豆品种试验参试品种农艺性状动态分析

一、2016—2020年北方春大豆品种试验参试品种生育期动态分析

（一）超早熟组

2016—2020年，北方春大豆超早熟参试品种平均生育日数分别为104.2d、107.8d、107.8d、107.1d和109.4d，其中2020年该组平均生育期最长，比2016年平均最短生育期多5.2d。就该区组内生育期变异程度而言，2017年最大（5.4），2018年最小（3.4）。2020年的参试品种中黄928生育期为116d，是5年期间该熟期组中生育期最长的品种；生育期最短的是2016年对照品种黑河49，生育期为96d，即5年内，该熟期组品种间生育日数极差为20d（表42-5）。

（二）极早熟组

2016—2020年，极早熟参试品种平均生育期分别为112.9d、120.6d、115.8d、112.3d和116.3d，其中2017年该组平均生育期最长，比该区组最短平均生育期（2019年）多8.3d。就该区组内生育日数变异程度而言，2016年最大（2.4），2017年最小（0.7）。2017年的参试品种明星0911生育日数为122d，是5年期间该熟期组中生育期最长的品种；生育期最短的是2016年参试品种佳豆19，生育期为107d，即5年内，该熟期组品种间生育日数极差为15d（表42-5）。

（三）早熟组

2016—2020年，早熟参试品种平均生育期分别为114.1d、123.8d、117.7d、117.2d和120.2d，其中2017年该组平均生育期最长，比最短平均生育期（2016年）多9.7d。就该区组内生育日数变异程度而言，2016年最大（2.7），2017年最小（0.9）。2017年参试品种蒙豆1137、华疆12和北豆52，2020年参试品种垦豆89和星农25这5个品种生育期为125d，是5年内生育期最长的品种；生育期最短的是2016年参试品种合农109，生育期为110d，即5年内，该熟期组品种间生育日数极差为15d（表42-5）。

（四）中早熟组

2016—2020年，中早熟大豆参试品种平均生育期分别为120.8d、120.1d、122.7d、122.1d和122.6d，其中2018年该组平均生育期最长，比该区组最短平均生育期（2017年）多1.9d。就该区组内生育日数变异程度而言，2018年最大（2.3），2019年最小（1.5）。2018年参试品种交大15号生育期为127d，是5年内生育期最长的品种；生育期最短的是2017年参试品种绥农62，生育期为116d，即5年内，该熟期组品种间生育日数极差为11d（表42-5）。

（五）中熟组

2016—2020年，北方春大豆中熟参试品种平均生育期分别为131.1d、127.3d、126.8d、127.8d和126.9d，其中2016年该组平均生育期最长，比该区组最短平均生育期（2018年）多4.3d。就该区组内生育日数变异程度而言，2016年最大（2.3），2018年最小（1.9）。2016年参试品种长农38生育期为134d，是5年内生育期最长的品种；生育期最短的是124d，即5年内，该熟期组品种间生育日数极差为10d（表42-5）。

（六）中晚熟组

2016—2020年，北方春大豆中晚熟参试品种平均生育期分别为125.1d、125.6d、127.2d、127.4d和126.4d，其中2019年该组平均生育期最长，比该区组最短平均生育期（2016年）多2.3d。就该区组内生育日数变异程度较均匀，2018年最大（2.4），2016年、2019年和2020年最小，均为1.9。2018年参试品种辽豆57和对照品种吉育72的生育期为131d，是5年内生育期最长的品种；2016年参试品种吉农48、2017年参试品种吉育552和辽豆49、2018年参试品种吉育561生育期最短的是123d，即5年内，该熟期组品种间生育日数极差为8d（表42-5）。

（七）晚熟组

2016—2020年北方春大豆晚熟参试品种平均生育期分别为132.3d、132.2d、131.6d、134.5d和136.2d，其中2020年该组平均生育期最长，比该区组最短平均生育期（2018年）多4.6d。就该区组内生育日数变异程度来看，2019年最大（6.2），2016年最小（3.5）。2020年参试品种晋遗53的生育期为143d，是5年内生育期最长的品种；生育期最短的是2018年参试品种辽豆59和辽豆61，生育期125d，即5年内，该熟期组品种间生育日数极差为18d（表42-5）。

2016—2020年，同一年度大豆生育日数的长短整体上符合所属熟期组。2017年极早熟组和早熟组参试品种平均生育期均较长，生育日数大于同年中早熟组参试品种。相同熟期组，年度间表现出不同差异，中早熟组和中晚熟组的生育日数年度间差异不大，平均生育日数极差为2d。超早熟和中熟组在2016年之后，生育日数趋于稳定。晚熟组参试品种2016—2018年生育日数差别不大，2019年和2020年略有增加。极早熟和早熟组参试品种的生育日数呈相同的变化趋势，均是在2017年大幅度增加后又回落（图42-6）。

表42-5 北方春大豆参试品种生育日数动态分析

区组	生育日数	2016年	2017年	2018年	2019年	2020年
超早熟组	平均值（d）	104.2	107.8	107.8	107.1	109.4
	标准差	4.3	5.4	3.4	3.7	4.6
	极小值（d）	96.0	97.0	98.0	99.0	100.0
	极大值（d）	109.0	113.0	111.0	111.0	116.0
极早熟组	平均值（d）	112.9	120.6	115.8	112.3	116.3
	标准差	2.4	0.7	2.3	1.2	1.4
	极小值（d）	107.0	120.0	111.0	110.0	113.0
	极大值（d）	116.0	122.0	120.0	114.0	118.0
早熟组	平均值（d）	114.1	123.8	117.7	117.2	120.2
	标准差	2.7	0.9	1.0	1.3	2.0
	极小值（d）	110.0	122.0	116.0	114.0	116.0
	极大值（d）	118.0	125.0	119.0	120.0	125.0
中早熟组	平均值（d）	120.8	120.1	122.7	122.1	122.6
	标准差	1.7	2.2	2.3	1.5	1.9
	极小值（d）	118.0	116.0	119.0	120.0	119.0
	极大值（d）	124.0	124.0	127.0	125.0	126.0
中熟组	平均值（d）	131.1	127.3	126.8	127.8	126.9
	标准差	2.3	2.1	1.9	2.1	2.0
	极小值（d）	128.0	124.0	123.8	124.0	124.0
	极大值（d）	134.0	131.0	129.8	131.0	129.0
中晚熟组	平均值（d）	125.1	125.6	127.2	127.4	126.4
	标准差	1.9	2.3	2.4	1.9	1.9
	极小值（d）	123.0	123.0	123.0	125.0	124.0
	极大值（d）	129.0	129.0	131.0	130.0	129.0
晚熟组	平均值（d）	132.3	132.2	131.6	134.5	136.2
	标准差	3.5	5.3	4.4	6.2	5.2
	极小值（d）	128.0	128.0	125.0	126.0	129.0
	极大值（d）	138.0	142.0	138.0	142.0	143.0

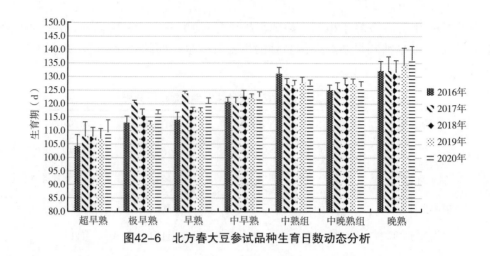

图42-6 北方春大豆参试品种生育日数动态分析

二、2016—2020年北方春大豆参试品种株高动态分析

（一）超早熟组

2016—2020年，北方春大豆超早熟参试品种平均株高分别为63.5cm、76.0cm、79.3cm、77.0cm和68.3cm，其中2018年该组平均株高最高，比该区组最低平均株高（2016年）高15.8cm。就该区组内株高变异程度来看，2017年最大（7.6），2018年和2020年最小（4.9）。2017年参试品种明星0910的株高为91.4cm，是5年内株高最高的品种；2016年对照品种黑河49的株高最低，为52.5cm，即5年内，该熟期组品种间株高极差为38.9cm（表42-6）。

（二）极早熟组

2016—2020年，极早熟参试品种平均株高分别为70.7cm、83.3cm、76.5cm、80.8cm和74.6cm，其中2017年该组平均株高最高，比该区组最低平均株高（2016年）高12.6cm。就该区组内株高变异程度来看，2018年最大（7.4），2020年最小（3.6）。5年内株高最高的是2017年参试品种明星0911，株高为94.2cm；2016年参试品种蒙豆44的株高最低，为62.9cm，即5年内，该熟期组品种间株高极差为31.3cm（表42-6）。

（三）早熟组

2016—2020年，北方春大豆早熟参试品种平均株高分别为81.5cm、75.0cm、81.4cm、78.3cm和74.5cm，其中2016年该组平均株高最高，比最低平均株高（2020年）高7.0cm。就该区组内株高变异程度来看，2018年最大（6.1），2016年最小（4.6）。2018年参试品种蒙豆47的株高为93.4cm，是5年内株高最高的品种；2020年参试品种蒙科豆9号的株高最低，为56.9cm，即5年内，该熟期组品种间株高极差为36.5cm（表42-6）。

（四）中早熟组

2016—2020年，北方春大豆中早熟参试品种平均株高分别为90.2cm、93.3cm、87.1cm、95.5cm和90.2cm，其中2019年参试品种的平均株高最高，比最低平均株高（2018年）高8.4cm。从区组内株高变异程度来看，2018年最大（11.7），2016年最小（5.5）。2017年参试品种黑农102的株高为117.7cm，是5年内株高最高的品种；2018年参试品种合农76的株高最矮，为68.3cm，即5年内，该熟期组品种间株高极差为49.4cm（表42-6）。

（五）中熟组

2016—2020年，北方春大豆中熟参试品种平均株高分别为106.1cm、102.4cm、97.8cm、101.8cm和95.8cm，平均株高极差10.3cm。就该区组内株高变异程度来看，2020年最大（8.2），2018年最小（5.5）。2019年参试品种吉育481的株高为115.8cm，是5年内株高最高的品种；2020年参试品种东生29的株高最矮，为85.2cm（表42-6）。

（六）中晚熟组

2016—2020年，北方春大豆中晚熟参试品种平均株高分别为83.3cm、94.0cm、89.3cm、95.4cm和81.8cm。其中2019年该组平均株高最高，比该区组最低平均株高（2020年）高13.6cm。就该区组内株高变异程度来看，2016年最大（13.3），2018年最小（6.6）。2019年参试品种吉育513的株高为108.6cm，是5年内株高最高的品种；2020年参试品种东豆606和铁豆102的株高最矮，为69.5cm，即5年内品种间株高极差为39.1cm（表42-6）。

（七）晚熟组

2016—2020年，北方春大豆晚熟参试品种平均株高分别为87.2cm、86.8cm、99.5cm、87.1cm和91.4cm。其中2018年该组平均株高最高，比该区组最低平均株高（2017年）高12.7cm。就该区组内株高变异程度来看，2018年最大（23.4），2016年最小（14.2）。2018年参试品种汾豆93的株高为144.6cm，是5年内株高最高的品种；2020年参试品种铁豆101的株高最矮，为64.0cm，即5年内品种间株高极差为80.6cm（表42-6）。

2016—2020年，北方春大豆株高整体上表现为超早熟组、极早熟组和早熟组株高偏低，中早熟组、中熟组、中晚熟组和晚熟组株高较高。同熟期组，在不同年份间表现出一定的差异。超早熟组大豆株高随年份变化表现先上升后下降趋势；晚熟组2018年株高较为突出，其他年份无明显差异；中熟组大豆株高有逐年下降的趋势；极早熟组、中早熟组和中晚熟组大豆株高随年份变化表现为双峰变化趋势（图42-7）。

表42-6 北方春大豆参试品种株高动态分析

区组	株高	2016年	2017年	2018年	2019年	2020年
超早熟组	平均值（cm）	63.5	76.0	79.3	77.0	68.3
	标准差	6.2	7.6	4.9	5.4	4.9
	极小值（cm）	52.5	62.1	65.1	65.1	58.6
	极大值（cm）	73.7	91.4	87.4	86.1	78.2
极早熟组	平均值（cm）	70.7	83.3	76.5	80.8	74.6
	标准差	4.1	6.5	7.4	6.1	3.6
	极小值（cm）	62.9	74.4	63.0	67.2	69.1
	极大值（cm）	79.2	94.2	86.8	90.8	83.7
早熟组	平均值（cm）	81.5	75.0	81.4	78.3	74.5
	标准差	4.6	4.7	6.1	5.9	5.9
	极小值（cm）	72.0	69.0	71.1	59.0	56.9
	极大值（cm）	89.4	85.3	93.4	87.1	84.4
中早熟组	平均值（cm）	90.2	93.3	87.1	95.5	90.2
	标准差	5.5	10.4	11.7	7.6	8.6
	极小值（cm）	80.9	71.0	68.3	78.5	73.5
	极大值（cm）	100.0	117.7	111.5	108.8	105.5

（续表）

区组	株高	2016年	2017年	2018年	2019年	2020年
中熟组	平均值（cm）	106.1	102.4	97.8	101.8	95.8
	标准差	7.1	7.7	5.5	7.5	8.2
	极小值（cm）	92.9	85.9	88.1	87.2	85.2
	极大值（cm）	113.6	112.7	109.7	115.8	111.3
中晚熟组	平均值（cm）	83.3	94.0	89.3	95.4	81.8
	标准差	13.3	12.3	6.6	7.7	9.4
	极小值（cm）	70.2	75.5	82.0	84.4	69.5
	极大值（cm）	103.8	108.3	103.2	108.6	95.8
晚熟组	平均值（cm）	87.2	86.8	99.5	87.1	91.4
	标准差	14.2	17.5	23.4	19.5	14.6
	极小值（cm）	65.8	69.8	68.2	64.4	64.0
	极大值（cm）	108.5	119.1	144.6	134.3	107.9

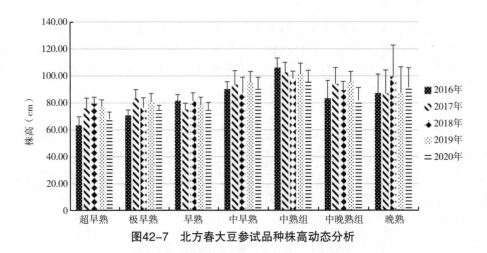

图42-7 北方春大豆参试品种株高动态分析

三、2016—2020年北方春大豆品种试验参试品种底荚高度动态分析

（一）超早熟组

2016—2020年，北方春大豆超早熟参试品种平均底荚高度分别为10.3cm、13.3cm、13.8cm、12.9cm和10.8cm。年度间平均底荚高度极差3.5cm。就该区组内底荚高度变异程度来看，2018年最大（2.6），2020年最小（1.2）。2018年参试品种九研23号的底荚高度为19.2cm，是5年内结荚位置最高的品种；2018年对照品种黑河49（CKA）的底荚高度最低，为7.8cm，即5年内该品种间底荚高度极差为11.4cm（表42-7）。

（二）极早熟组

2016—2020年，北方春大豆极早熟参试品种平均底荚高度分别为12.3cm、17.5cm、15.9cm、14.6cm和14.3cm。年度间平均底荚高度极差5.2cm。就该区组内底荚高度变异程度来看，2017年最大（1.9），2020年最小（1.0）。2017年参试品种合农117的底荚高度为20.3cm，是5年内结荚位置最高的品种；2016年参试品种贺豆3号的底荚高度最低，为10.4cm，即5年内该熟期组品种间底荚高度极差为9.9cm（表42-7）。

（三）早熟组

2016—2020年，北方春大豆早熟参试品种平均底荚高度分别为17.5cm、16.3cm、16.0cm、15.5cm和15.5cm。年度间平均底荚高度极差为2.0cm。就该区组内底荚高度变异程度来看，2016年和2020年最大（2.0），2017年最小（1.7）。5年内，底荚高度最高值为20.7cm，分别是2016年参试品种垦保2号、绥农48和2018年参试品种星农20号；2020年参试品种蒙克豆9号的底荚高度最低，为9.2cm，即品种间底荚高度极差为11.5cm（表42-7）。

（四）中早熟组

2016—2020年，北方春大豆中早熟参试品种平均底荚高度分别为16.3cm、15.7cm、14.2cm、15.9cm和15.5cm。年度间平均底荚高度极差2.1cm。就该区组内底荚高度变异程度来看，2016年最大（2.6），2018年最小（1.9）。2016年参试品种绥农43的底荚高度最高，为22.3cm；2020年参试品种合农139的底荚高度最低，为11.0cm，即5年内品种间底荚高度极差为11.3cm（表42-7）。

（五）中熟组

2016—2020年，北方春大豆中熟参试品种平均底荚高度分别为19.2cm、17.1cm、15.2cm、16.8cm和17.3cm。年度间平均底荚高度极差4.0cm。就该区组内底荚高度变异程度来看，2017年最大（2.9），2018年最小（1.7）。2016年对照品种吉育86的底荚高度最高，为22.3cm；2017年参试品种吉育441的底荚高度最低，为11.3cm，即品种间底荚高度极差为11.0cm（表42-7）。

（六）中晚熟组

2016—2020年，北方春大豆中晚熟参试品种平均底荚高度分别为13.2cm、14.3cm、13.3cm、12.7cm和10.5cm。年度间底荚高度极差为3.8cm。就该区组内底荚高度变异程度来看，2017年最大（1.8），2018年最小（1.4）。2017年对照品种吉育72的底荚高度最高，为18.3cm；2020年参试品种东豆606的底荚高度最低，为8.0cm，即品种间底荚高度极差为10.3cm（表42-7）。

（七）晚熟组

2016—2020年，北方春大豆晚熟参试品种平均底荚高度分别为10.7cm、13.4cm、14.8cm、13.0cm和14.2cm。年度间平均底荚高度极差4.1cm。就该区组内底荚高度变异程度来看，2018年最大（3.6），2020年最小（2.2）。2018年参试品种汾豆93的底荚高度最高，为24.7cm；2016年参试品种辽豆48的底荚高度最低，为7.9cm，即品种间底荚高度极差为16.8cm（表42-7）。

2016—2020年，北方春大豆平均底荚高度年度间差别不大。不同熟期组间大体表现为随熟期增加底荚高度升高，到中熟组达到峰值，中晚熟和晚熟组平均底荚高度再次降低；同熟期组，在不同年份间表现出一定差异；超早熟、极早熟、中晚熟和晚熟组均表现为先升高后降低的趋势，中早熟和中熟组则相反，表现为先降低后升高的趋势。早熟组参试品种平均底荚高度表现为逐年降低趋势（图42-8）。

表42-7 北方春大豆参试品种底荚高度动态分析

区组	底荚高度	2016年	2017年	2018年	2019年	2020年
超早熟组	平均值（cm）	10.3	13.3	13.8	12.9	10.8
	标准差	1.5	2.4	2.6	1.8	1.2
	极小值（cm）	7.9	9.6	7.8	10.0	8.9
	极大值（cm）	13.7	18.1	19.2	16.0	13.3

（续表）

区组	底荚高度	2016年	2017年	2018年	2019年	2020年
极早熟组	平均值（cm）	12.3	17.5	15.9	14.6	14.3
	标准差	1.1	1.9	2.1	1.4	1.0
	极小值（cm）	10.4	14.2	11.8	11.7	12.3
	极大值（cm）	13.7	20.3	19.0	17.1	15.8
早熟组	平均值（cm）	17.5	16.3	16.0	15.5	15.5
	标准差	2.0	1.7	1.8	1.9	2.0
	极小值（cm）	14.9	12.9	14.0	10.1	9.2
	极大值（cm）	20.7	19.4	20.7	19.8	18.8
中早熟组	平均值（cm）	16.3	15.7	14.2	15.9	15.5
	标准差	2.6	2.2	1.9	2.0	2.5
	极小值（cm）	12.1	11.5	11.6	12.4	11.0
	极大值（cm）	22.3	20.3	18.3	19.0	21.6
中熟组	平均值（cm）	19.2	17.1	15.2	16.8	17.3
	标准差	2.4	2.9	1.7	1.9	2.2
	极小值（cm）	14.3	11.3	11.4	12.3	13.4
	极大值（cm）	22.3	20.9	17.4	19.8	19.8
中晚熟组	平均值（cm）	13.2	14.3	13.3	12.7	10.5
	标准差	1.5	1.8	1.4	1.6	1.7
	极小值（cm）	11.8	12.2	11.5	10.1	8.0
	极大值（cm）	16.4	18.3	15.7	15.5	14.4
晚熟组	平均值（cm）	10.7	13.4	14.8	13.0	14.2
	标准差	2.3	2.4	3.6	2.8	2.2
	极小值（cm）	7.9	10.4	11.4	10.1	10.4
	极大值（cm）	15.6	18.5	24.7	19.4	17.6

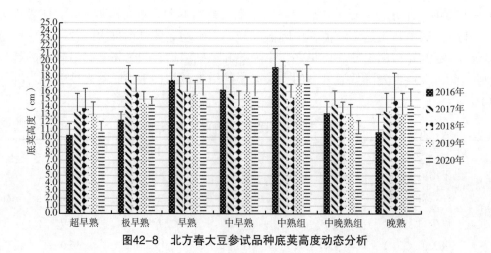

图42-8 北方春大豆参试品种底荚高度动态分析

四、2016—2020年北方春大豆品种试验参试品种节数动态分析

（一）超早熟组

2016—2020年，北方春大豆超早熟参试品种平均主茎节数分别为11.1个、12.0个、13.2个、12.6个和12.0个。年度间平均节数极差为2.1个。就该区组内主茎节数变异程度来看，2017年最大（1.1），2016年最小（0.7）。2018年参试品种圣豆58和圣豆37的主茎节数最多，为14.4个；2020年对照品种黑河49的主茎节数最少，为9.7个。品种间主茎节数极差为4.7个（表42-8）。

（二）极早熟组

2016—2020年，北方春大豆极早熟参试品种平均主茎节数分别为14.4个、15.2个、14.0个、13.8个和14.0个。年度间平均主茎节数极差为1.5个。各年度主茎节数变异程度为0.5～0.7。2017年参试品种明星0911的主茎节数最多，为16.5个；2019年参试品种龙达137的主茎节数最少，为12.6个，品种间主茎节数极差为3.9个（表42-8）。

（三）早熟组

2016—2020年，北方春大豆早熟参试品种平均主茎节数分别为14.6个、14.5个、14.9个、14.5个和14.3个。该区组各年度平均主茎节数较稳定，年度间平均主茎节数极差0.6个。各年度主茎节数变异程度为0.6～1.0。2018年参试品种垦豆61的主茎节数最多，为16.4个；2017年对照品种克山1号、2020年参试品种克豆66和对照品种克山1号的主茎节数最少，为12.9个。品种间主茎节数极差为3.5个（表42-8）。

（四）中早熟组

2016—2020年，北方春大豆中早熟参试品种平均主茎节数分别为17.5个、18.2个、17.1个、17.7个和16.7个。年度间平均主茎节数极差为1.5个。各年度主茎节数变异程度为1.1～1.5。2016年对照品种合交02-69（CKB）的主茎节数最多，为20.7个；主茎节数最少的是2018年参试品种龙垦337，主茎节数是14.7个。即5年内品种间主茎节数极差为6.0个（表42-8）。

（五）中熟组

2016—2020年，北方春大豆中熟参试品种平均主茎节数分别为18.1个、17.9个、17.9个、17.8个和16.8个。年度间平均主茎节数极差为1.3个。各年度主茎节数变异程度为0.9～1.2。2018年参试品种吉育481的主茎节数最多，为20.0个；主茎节数最少的是2020年参试品种吉育496，主茎节数是15.2个。即5年内参试品种主茎节数极差为4.8个（表42-8）。

（六）中晚熟组

2016—2020年，北方春大豆中晚熟参试品种平均主茎节数分别为16.4个、16.2个、15.9个、17.3个和15.3个。年度间平均主茎节数极差为2.0个。就该区组内主茎节数变异程度而言，2016年最大（1.5），2017年变异程度最小（0.8）。2019年参试品种吉育584的主茎节数最多，为19.8个；主茎节数最少的是2020年参试品种吉农210，主茎节数是13.8个。即5年内参试品种间主茎节数极差为6.0个（表42-8）。

（七）晚熟组

2016—2020年，北方春大豆晚熟参试品种平均主茎节数分别为17.7个、16.4个、17.3个、16.6

个和17.5个。年度间平均主茎节数极差为1.3个。就该区组内主茎节数变异程度而言，2018年最大（2.6），2016年变异程度最小（1.4）。2018年参试品种汾豆99的主茎节数最多，为21.6个；主茎节数最少的是2018年参试品种辽豆50，主茎节数是12.7个。即参试品种间主茎节数极差为8.9个（表42-8）。

2016—2020年，北方春大豆参试品种年度间平均主茎节数差别不大，在15个左右。不同熟期组间，主茎节数整体上表现为早熟及熟期更早的品种主茎节数少，中早熟及熟期较晚品种的平均主茎节数多。同熟期组，在不同年份间表现出一定的差异。早熟组主茎节数年度间几乎无差异；中熟组的前4年主茎节数稳定，2020年略有减少；极早熟组除2017年，其他年度平均主茎节数也相对较稳定；中早熟和晚熟参试品种几个年度间呈波动变化的趋势。中晚熟组参试品种的平均主茎节数2019年表现突出，其他年度逐年降低；超早熟组表现出先增加后降低的趋势（图42-9）。

表42-8　北方春大豆参试品种主茎节数动态分析

区组	主茎节数	2016年	2017年	2018年	2019年	2020年
超早熟组	平均值（个）	11.1	12.0	13.2	12.6	12.0
	标准差	0.7	1.1	1.0	0.9	0.9
	极小值（个）	9.8	9.8	10.3	10.5	9.7
	极大值（个）	12.0	14.0	14.4	13.7	13.2
极早熟组	平均值（个）	14.4	15.2	14.0	13.8	14.0
	标准差	0.6	0.7	0.6	0.6	0.5
	极小值（个）	13.2	13.8	13.1	12.6	13.1
	极大值（个）	15.1	16.5	14.9	14.9	14.9
早熟组	平均值（个）	14.6	14.5	14.9	14.5	14.3
	标准差	0.8	0.9	1.0	0.6	0.9
	极小值（个）	13.3	12.9	13.1	13.5	12.9
	极大值（个）	15.6	15.9	16.4	15.7	16.1
中早熟组	平均值（个）	17.5	18.2	17.1	17.7	16.7
	标准差	1.3	1.1	1.5	1.1	1.1
	极小值（个）	15.9	15.7	14.7	16.1	14.8
	极大值（个）	20.7	20.4	20.2	20.1	19.1
中熟组	平均值（个）	18.1	17.9	17.9	17.8	16.8
	标准差	0.9	1.0	1.2	0.9	1.0
	极小值（个）	17.0	15.7	15.6	16.3	15.2
	极大值（个）	19.7	19.4	20.0	19.6	18.1
中晚熟组	平均值（个）	16.4	16.2	15.9	17.3	15.3
	标准差	1.5	0.8	1.1	0.9	0.9
	极小值（个）	14.4	15.2	14.5	15.9	13.8
	极大值（个）	18.8	17.9	18.0	19.8	16.9
晚熟组	平均值（个）	17.7	16.4	17.3	16.6	17.5
	标准差	1.4	2.1	2.6	1.6	1.8
	极小值（个）	15.7	13.7	12.7	14.1	14.2
	极大值（个）	19.4	19.9	21.6	19.2	20.2

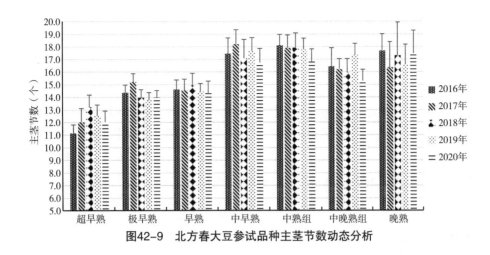

图42-9 北方春大豆参试品种主茎节数动态分析

五、2016—2020年北方春大豆品种试验参试品种有效分枝动态分析

（一）超早熟组

2016—2020年，北方春大豆超早熟参试品种平均有效分枝数分别为0.30个、0.16个、0.36个、0.22个和0.13个。其中2018年参试品种的有效分枝数最多，比最少有效分枝数（2020年）多0.23个。就该区组内有效分枝数变异程度来看，2017年最大（0.42），2020年最小（0.10）。2017年参试品种佳豆22的有效分枝数最多，为1.9个，最少的没有分枝（表42-9）。

（二）极早熟组

2016—2020年，极早熟参试品种平均有效分枝数分别为0.52个、0.25个、0.46个、0.26个和0.23个。其中2016年参试品种的有效分枝数最多，年度间平均有效分枝极差为0.29个。就该区组内有效分枝数变异程度来看，2018年最大（0.32），2020年最小（0.12）。2018年参试品种甘豆2号的有效分枝数最多，为1个，最少的没有分枝（表42-9）。

（三）早熟组

2016—2020年，早熟参试品种平均有效分枝数分别为0.19个、0.42个、0.35个、0.34个和0.36个。其中2017年该组有效分枝数最多，高于最少有效分枝数（2016年）0.23个。就该区组内有效分枝数变异程度来看，2020年最大（0.31），2016年最小（0.14）。2020年参试品种蒙科豆9号和蒙豆319的有效分枝数最多，为1.3个，最少的没有分枝（表42-9）。

（四）中早熟组

2016—2020年，北方春大豆中早熟参试品种平均有效分枝数分别为0.51个、0.50个、0.69个、0.63个和0.56个。其中2018年参试品种的平均有效分枝数最多，比该区组最少有效分枝数（2017年）多0.19个。就该区组内有效分枝数变异程度来看，2016年最大（0.37），2018年最小（0.21）。2020年参试品种交大17的有效分枝数最多，为1.5个；最少的是2016年参试品种旭日1号和2020年参试品种黑农504，有效分枝数为0.1个（表42-9）。

（五）中熟组

2016—2020年，北方春大豆中熟参试品种平均有效分枝数分别为0.61个、0.80个、1.09个、0.67个和0.77个。其中2018年参试品种的平均有效分枝数最多，比最少有效分枝数（2016年）多0.48个。就该区组内有效分枝数变异程度来看，2018年最大（0.70），2016年最小（0.34）。2018年参试品种长农39是5年中有效分枝最多的品种，有效分枝数是2.5个；最少的是2017年和2020年对照品种吉育86，有效分枝数为0.1个（表42-9）。

（六）中晚熟组

2016—2020年，北方春大豆中晚熟参试品种平均有效分枝数分别为1.50个、1.04个、1.22个、1.88个和1.45个。2019年参试品种的平均有效分枝数最多，比最少有效分枝数（2017年）多0.84个。就该区组内有效分枝数变异程度来看，2019年最大（0.75），2017年最小（0.49）。2019年的吉育584是5年内有效分枝最多的品种，为2.9个，最少的是2017参试品种吉育552，有效分枝数为0.4个（表42-9）。

（七）晚熟组

2016—2020年，年北方春大豆晚熟参试品种平均有效分枝数分别为2.54个、2.06个、1.82个、2.47个和2.94个。2020年参试品种的平均有效分枝数最多，比最少有效分枝数（2018年）多1.11个。就该区组内有效分枝数变异程度而言，2016年最大（0.52），2020年变异程度最小（0.34）。2016年，铁豆80的有效分枝数达3.5个，是5年来有效分枝最多的品种，最少的是2018年的对照品种铁丰31，有效分枝数是1.2个（表42-9）。

各年度整体来看，参试品种的平均有效分枝年度间没有明显差异。从不同熟期组角度来看，随生育日数增加，有效分枝增多。相同熟期组，在不同年份间表现出一定的差异，中熟组和中早熟组大豆的有效分枝数呈先上升后下降的趋势；超早和极早两个熟期组参试品种年度间的变化趋势基本一致，都是在2016年和2018年出现两个峰值，其他年度差异不大；早熟组2016年有效分枝较少，后4年有效分枝有所提高并达到稳定；中晚和晚熟组均表现先下降后上升趋势，中晚熟组参试品种到2019年达到峰值，晚熟则在2020年达到峰值（图42-10）。

表42-9 北方春大豆参试品种有效分枝数动态分析

区组	有效分枝数	2016年	2017年	2018年	2019年	2020年
超早熟组	平均值（个）	0.30	0.16	0.36	0.22	0.13
	标准差	0.18	0.42	0.17	0.21	0.10
	极小值（个）	0	0	0.10	0	0
	极大值（个）	0.70	1.90	0.80	0.80	0.30
极早熟组	平均值（个）	0.52	0.25	0.46	0.26	0.23
	标准差	0.28	0.25	0.32	0.22	0.12
	极小值（个）	0.20	0	0.10	0	0.10
	极大值（个）	1.00	0.90	1.00	0.60	0.50
早熟组	平均值（个）	0.19	0.42	0.35	0.34	0.36
	标准差	0.14	0.30	0.17	0.19	0.31
	极小值（个）	0	0	0.10	0.10	0
	极大值（个）	0.50	1.10	0.90	0.90	1.30
中早熟组	平均值（个）	0.51	0.50	0.69	0.63	0.56
	标准差	0.38	0.23	0.21	0.31	0.31
	极小值（个）	0.10	0.20	0.20	0.20	0.10
	极大值（个）	1.40	1.00	1.10	1.40	1.50
中熟组	平均值（个）	0.61	0.80	1.09	0.67	0.77
	标准差	0.37	0.55	0.57	0.45	0.47
	极小值（个）	0.30	0.10	0.30	0.20	0.10
	极大值（个）	1.20	2.10	2.50	1.80	1.80

（续表）

区组	有效分枝数	2016年	2017年	2018年	2019年	2020年
中晚熟组	平均值（个）	1.50	1.04	1.22	1.88	1.45
	标准差	0.50	0.40	0.41	0.74	0.65
	极小值（个）	0.50	0.40	0.70	0.90	0.50
	极大值（个）	2.50	1.90	2.00	2.90	2.40
晚熟组	平均值（个）	2.54	2.06	1.82	2.47	2.94
	标准差	0.52	0.43	0.43	0.46	0.31
	极小值（个）	2.00	1.50	1.20	1.80	2.40
	极大值（个）	3.50	2.80	2.90	3.30	3.40

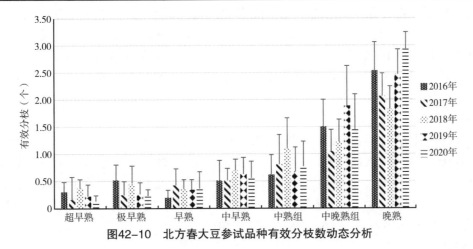

图42-10　北方春大豆参试品种有效分枝数动态分析

第三节　2016—2020年北方春大豆品种试验参试品种品质性状动态分析

一、2016—2020年北方春大豆品种试验参试品种粗蛋白含量动态分析

（一）2016—2020年北方春大豆品种试验参试品种粗蛋白含量年份间比较

1. 超早熟A组

2016—2020年超早熟A组参试品种平均粗蛋白含量为38.06%、38.68%、39.19%、39.51%和38.42%。其中，2019年该区组平均粗蛋白含量最高为39.51%，比该区组最低平均粗蛋白含量38.06%（2016年）高1.45%（图42-11）。就该区组内平均粗蛋白含量变异程度而言，2017年和2019年最大（1.21），2020年最小（0.77）。该区组最高粗蛋白含量是龙垦3318（2019年），达41.64%，最低粗蛋白含量为金源72（2016年），达36.06%（表42-10）。

2. 超早熟B组

2016—2020年超早熟B组参试品种平均粗蛋白含量为38.77%、38.93%、40.01%、40.5%和39.27%。其中，2019年该区组平均粗蛋白含量最高为40.5%，比该区组最低平均粗蛋白含量38.77%（2016年）高1.73%（图42-11）。就该区组内平均粗蛋白含量变异程度而言，2016年最大（1.31），2018年最小（1.03）。该区组最高粗蛋白含量是合农163（2020年），达41.69%，最低粗蛋白含量为昊疆3号（2017年），达36.96%（表42-10）。

3. 极早熟组

2016—2020年极早熟组参试品种平均粗蛋白含量为38.62%、38.80%、37.35%、38.64%和36.37%。其中，2017年该区组平均粗蛋白含量最高为38.80%，比该区组最低平均粗蛋白含量

36.37%（2020年）高2.43%（图42-11）。就该区组内平均粗蛋白含量变异程度而言，2020年最大（1.65），2019年最小（0.98）。该区组最高粗蛋白含量是吴疆17（2019年），达40.68%，最低粗蛋白含量为北源3号（2020年），达32.50%（表42-10）。

4. 早熟A组

2016—2020年早熟A组参试品种平均粗蛋白含量为38.44%、40.35%、38.39%、38.84%和38.82%。其中，2017年该区组平均粗蛋白含量最高为40.35%，比该区组最低平均粗蛋白含量38.39%（2018年）高1.96%（图42-11）。就该区组内平均粗蛋白含量变异程度而言，2020年最大（1.32），2016年最小（1.12）。该区组最高粗蛋白含量是蒙豆1137（2017年），达42.09%，最低粗蛋白含量为中黄916（2020年），达36.07%（表42-10）。

5. 早熟B组

2016—2020年早熟B组参试品种平均粗蛋白含量为38.44%、40.35%、39.59%、39.81%和38.86%。其中，2017年该区组平均粗蛋白含量最高为40.35%，比该区组最低平均粗蛋白含量38.44%（2018年）高1.91%（图42-11）。就该区组内平均粗蛋白含量变异程度而言，2018年最大（2.36），2016年最小（1.12）。该区组最高粗蛋白含量是星农20号（2018年），达44.33%，最低粗蛋白含量为克豆66（2020年），达35.98%（表42-10）。

6. 中早熟A组

2016—2020年中早熟A组参试品种平均粗蛋白含量为38.60%、38.90%、37.47%、38.56%和39.58%。其中，2020年该区组平均粗蛋白含量最高为39.58%，比该区组最低平均粗蛋白含量37.47%（2018年）高2.11%（图42-11）。就该区组内平均粗蛋白含量变异程度而言，2020年最大（2.19），2017年最小（1.39）。该区组最高粗蛋白含量是黑农504（2020年），达45.15%，最低粗蛋白含量为合农148（2018年），达33.75%（表42-10）。

7. 中早熟B组

2016—2020年中早熟B组参试品种平均粗蛋白含量为38.63%、38.16%、37.14%、38.91%和38.94%。其中，2020年该区组平均粗蛋白含量最高为38.94%，比该区组最低平均粗蛋白含量37.14%（2018年）高2.11%（图42-11）。就该区组内平均粗蛋白含量变异程度而言，2019年最大（2.18），2017年最小（1.23）。该区组最高粗蛋白含量是垦农37（2019年），达42.63%，最低粗蛋白含量为黑农102（2018年），达34.93%（表42-10）。

8. 中熟组

2016—2020年中熟组参试品种平均粗蛋白含量为37.84%、38.50%、38.18%、38.36%和40.30%。其中，2020年该区组平均粗蛋白含量最高为40.30%，比该区组最低平均粗蛋白含量37.84%（2016年）高2.46%（图42-11）。就该区组内平均粗蛋白含量变异程度而言，2020年最大（2.17），2016年最小（1.15）。该区组最高粗蛋白含量是东农豆251（2020年），达44.97%，最低粗蛋白含量为吉育362（2018年），达35.64%（表42-10）。

9. 中晚熟组

2016—2020年中晚熟组参试品种平均粗蛋白含量为37.56%、38.59%、38.04%、37.44%和35.79%。其中，2019年该区组平均粗蛋白含量最高为38.59%，比该区组最低平均粗蛋白含量35.79%（2020年）高2.8%（图42-11）。就该区组内平均粗蛋白含量变异程度而言，2018年最大（1.83），2020年最小（1.04）。该区组最高粗蛋白含量是铁豆81（2017年），达41.44%，最低粗蛋白含量为吉育584（2020年），达34.29%（表42-10）。

10. 晚熟组

2016—2020年晚熟组参试品种平均粗蛋白含量为40.45%、39.46%、39.15%、38.81%和37.65%。其中，2016年该区组平均粗蛋白含量最高为40.45%，比该区组最低平均粗蛋白含量37.65%（2020年），高2.8%（图42-11）。就该区组内平均粗蛋白含量变异程度而言，2019年最大（3.03），2016年最小（1.44）。该区组最高粗蛋白含量是冀豆21（2019年），达44.50%，最低粗蛋白含量为铁豆97（2019年），达34.11%（表42-10）。

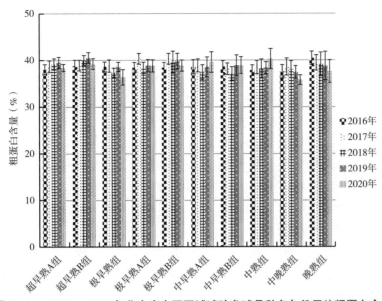

图42-11　2016—2020年北方春大豆区域试验参试品种各年份平均粗蛋白含量

表42-10　2016—2020年北方春大豆区域试验参试品种各年份平均粗蛋白含量分析

试验组别	粗蛋白含量	2016年	2017年	2018年	2019年	2020年	平均值
超早熟A组	最大值（%）	39.31	40.62	40.29	41.64（龙垦3318）	39.44	40.26
	最小值（%）	36.06（金源72）	37.12	37.20	37.52	37.33	37.05
	平均值（%）	38.06	38.68	39.19	39.51	38.42	38.77
	标准差	1.07	1.21	1.20	1.21	0.77	1.09
超早熟B组	最大值（%）	40.13	40.76	41.25	41.62	41.69（合农163）	41.09
	最小值（%）	36.96（昊疆3号）	37.02	38.55	37.52	37.64	37.54
	平均值（%）	38.77	38.93	40.01	40.5	39.27	39.50
	标准差	1.31	1.15	1.03	1.19	1.12	1.16
极早熟组	最大值（%）	40.02	40.1	38.74	40.68（昊疆17）	39.2	39.75
	最小值（%）	36.56	36.56	35.14	36.95	32.5（北源3号）	35.54
	平均值（%）	38.62	38.80	37.35	38.64	36.37	37.96
	标准差	1.05	1.31	1.01	0.98	1.65	1.20
早熟A组	最大值（%）	40.71	42.09（蒙豆1137）	41.30	40.99	40.98	41.21
	最小值（%）	36.52	37.32	36.98	36.70	36.07（中黄916）	36.72
	平均值（%）	38.44	40.35	38.39	38.84	38.82	38.97
	标准差	1.12	1.15	1.19	1.31	1.32	1.22
早熟B组	最大值（%）	40.71	42.09	44.33（星农20号）	43.35	40.62	42.22
	最小值（%）	36.52	37.32	36.16	37.52	35.98（克豆66）	36.70
	平均值（%）	38.44	40.35	39.59	39.81	38.86	39.41
	标准差	1.12	1.15	2.36	1.67	1.21	1.50
中早熟A组	最大值（%）	40.2	41.39	39.55	44.3	45.15（黑农50）	42.12
	最小值（%）	35.6	37.00	33.75（合农148）	35.68	36.13	35.63
	平均值（%）	38.60	38.90	37.47	38.56	39.58	38.62
	标准差	1.50	1.39	1.57	2.12	2.19	1.754

（续表）

试验组别	粗蛋白含量	2016年	2017年	2018年	2019年	2020年	平均值
中早熟B组	最大值（%）	39.78	39.56	41.09	42.63（垦农37）	42.18	41.05
	最小值（%）	36.74	36.8	34.93（黑农102）	35.07	36.28	35.96
	平均值（%）	38.63	38.16	37.14	38.91	38.94	38.36
	标准差	1.27	1.23	1.47	2.18	1.81	1.59
中熟组	最大值（%）	39.33	41.14	43.04	41.69	44.97（东农豆251）	42.03
	最小值（%）	35.86	36.63	35.64（吉育362）	37.02	38.24	36.68
	平均值（%）	37.84	38.50	38.18	38.36	40.30	38.64
	标准差	1.15	1.40	2.02	1.30	2.17	1.61
中晚熟组	最大值（%）	39.63	41.44（铁豆81）	41.03	39.03	35.39	39.30
	最小值（%）	35.66	36.23	34.81	35.88	34.29（吉育584）	35.37
	平均值（%）	37.56	38.59	38.04	37.44	35.79	37.48
	标准差	1.46	1.82	1.83	1.35	1.04	1.50
晚熟组	最大值（%）	42.64	42.26	43.61	44.50（冀豆21）	41.75	42.950 2
	最小值（%）	38.02	36.24	34.46	34.11（铁豆97）	35.17	35.60
	平均值（%）	40.45	39.46	39.15	38.81	37.65	39.100 4
	标准差	1.44	1.64	2.52	3.03	2.42	2.21

（二）2016—2020年北方春大豆品种试验参试品种粗蛋白含量区组间比较

1. 2016年

2016年北方春大豆参试品种各区组平均粗蛋白含量为：超早熟A组为38.06%，超早熟B组为38.77%，极早熟组为38.62%，早熟组为38.44%，中早熟A组为38.60%，中早熟B组为38.63%，中熟组为37.84%，中晚熟组为37.56%和晚熟组为40.45%。其中，平均粗蛋白含量最高为晚熟组40.45%，比最低中晚熟组37.56%高2.89%（图42-12）。就该区组内平均粗蛋白含量变异程度而言，最大中早熟A组为1.50%，最小为超早熟A组1.07%。该地区最高粗蛋白含量是晚熟组的辽豆48，达42.64%；最低粗蛋白含量为中早熟A组的龙垦331，达35.60%（表42-11）。

2. 2017年

2017年北方春大豆大豆参试品种各区组平均粗蛋白含量为：超早熟A组为38.68%，超早熟B组为38.93%，极早熟组为38.80%，早熟组为40.35%，中早熟A组为38.90%，中早熟B组为38.16%，中熟组为38.50%，中晚熟组为38.59%，晚熟组为39.46%。其中，平均粗蛋白含量最高为早熟组40.35%，比平均粗蛋白含量最低中早熟B组（38.16%）高2.19%（图42-12）。就该区组内平均粗蛋白含量变异程度而言，最大中晚熟组为1.82%，最小为超早熟B组和早熟组同为1.15%。该地区最高粗蛋白含量是晚熟组的汾豆93，达42.26%；最低粗蛋白含量为中晚熟的吉农82，达36.23%（表42-11）。

3. 2018年

2018年北方春大豆大豆参试品种各区组平均粗蛋白含量为：超早熟A组为39.19%，超早熟B组为40.01%，极早熟组为37.35%，早熟A组为38.39%，早熟B组为39.59%，中早熟A组为37.47%，中早熟B组为37.14%，中熟组为38.18%，中晚熟组为38.04%，晚熟组为39.15%。其中，平均粗蛋白含量最高为超早熟B组40.01%，比最低中早熟B组（37.14%）高2.87%（图42-12）。就该区组内平均粗蛋白含量变异程度而言，最大早熟B组为2.36%，最小为极早熟组1.01%。该地区最高粗蛋白含量是早熟B组的星农20号，达44.33%；最低粗蛋白含量为中早熟A组的合农148，达33.75%（表42-11）。

4. 2019年

2019年北方春大豆大豆参试品种各区组平均粗蛋白含量为：超早熟A组为39.51%，超早熟B组为40.5%，极早熟组为38.64%，早熟A组为38.84%，早熟B组为39.81%，中早熟A组为38.56%，中早熟B组为38.91%，中熟组为38.36%，中晚熟组为37.44%，晚熟组为38.81%。其中，平均粗蛋白含量最高为超早熟B组40.5%，比最低中晚熟组（37.44%）高3.06%（图42-12）。就该区组内平均粗蛋白含量变异程度而言，最大晚熟组为3.03，最小为超早熟B组1.2%。该地区最高粗蛋白含量是晚熟组的冀豆21，达44.50%；最低粗蛋白含量为晚熟组的铁豆97，达34.11%（表42-11）。

5. 2020年

2020年北方春大豆大豆参试品种各区组平均粗蛋白含量为：超早熟A组为38.42%，超早熟B组为39.27%，极早熟组为36.37%，早熟A组为38.82%，早熟B组为38.86%，中早熟A组为39.58%，中早熟B组为38.94%，中熟组为40.3%，中晚熟组为35.79%，晚熟组为37.65%。其中，平均粗蛋白含量最高为中熟组40.3%，比最低中晚熟组（35.79%）高4.51%（图42-12）。就该区组内平均粗蛋白含量变异程度而言，最大晚熟组为2.42%，最小为超早熟A组0.77%。该地区最高粗蛋白含量是中早熟A组的黑农504，达45.15%；最低粗蛋白含量为极早熟组的北源3号，达32.50%（表42-11）。

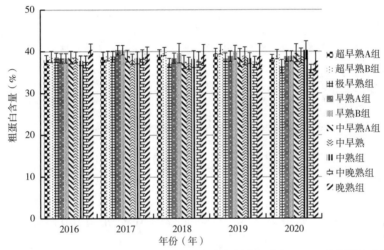

图42-12　2016—2020年北方春大豆区域试验参试品种各区组平均粗蛋白含量

表42-11　2016—2020年北方春大豆区域试验参试品种各区组平均粗蛋白含量分析

年份	粗蛋白含量	超早熟A组	超早熟B组	极早熟组	早熟A组	早熟B组	中早熟A组	中早熟B组	中熟组	中晚熟组	晚熟组	平均值
2016	最大值（%）	39.31	40.13	40.02	40.71	—	40.2	39.78	39.33	39.63	42.64（辽豆48）	40.19
	最小值（%）	36.06	36.96	36.56	36.52	—	35.60（龙垦331）	36.74	35.86	35.66	38.02	36.44
	平均值（%）	38.06	38.77	38.62	38.44	—	38.60	38.63	37.84	37.56	40.45	38.55
	标准差	1.07	1.31	1.05	1.12	—	1.50	1.27	1.15	1.46	1.44	1.26
2017	最大值（%）	40.62	40.76	40.1	42.09	—	41.39	39.56	41.14	41.44	42.26（汾豆93）	41.04
	最小值（%）	37.12	37.02	36.56	37.32	—	37	36.8	36.63	36.23（吉农82）	36.24	36.77
	平均值（%）	38.68	38.93	38.80	40.35	—	38.90	38.16	38.50	38.59	39.46	38.93
	标准差	1.21	1.15	1.31	1.15	—	1.39	1.23	1.40	1.82	1.64	1.37

（续表）

年份	粗蛋白含量	超早熟A组	超早熟B组	极早熟组	早熟A组	早熟B组	中早熟A组	中早熟B组	中熟组	中晚熟组	晚熟组	平均值
2018	最大值（%）	40.29	41.25	38.74	41.3	44.33（星农20号）	39.55	41.09	43.04	41.03	43.61	41.42
	最小值（%）	37.2	38.55	35.14	36.98	36.16	33.75（合农148）	34.93	35.64	34.81	34.46	35.76
	平均值（%）	39.19	40.01	37.35	38.39	39.59	37.47	37.14	38.18	38.04	39.15	38.45
	标准差	1.20	1.03	1.01	1.19	2.36	1.57	1.47	2.02	1.83	2.52	1.62
2019	最大值（%）	41.64	41.62	40.68	40.99	43.35	44.3	42.63	41.69	39.03	44.50（冀豆21）	42.04
	最小值（%）	37.52	37.52	36.95	36.7	37.52	35.68	35.07	37.02	35.88	34.11（铁豆97）	36.40
	平均值（%）	39.51	40.5	38.64	38.84	39.81	38.56	38.91	38.36	37.44	38.81	38.94
	标准差	1.21	1.19	0.98	1.31	1.67	2.12	2.18	1.30	1.35	3.03	1.63
2020	最大值（%）	39.44	41.69	39.2	40.98	40.62	45.15（黑农504）	42.18	44.97	35.39	41.75	41.14
	最小值（%）	37.33	37.64	32.50（北源3号）	36.07	35.98	36.13	36.28	38.24	34.29	35.17	35.96
	平均值（%）	38.42	39.27	36.37	38.82	38.86	39.58	38.94	40.30	35.79	37.65	38.4
	标准差	0.77	1.12	1.65	1.32	1.21	2.19	1.81	2.17	1.04	2.42	1.57

二、2016—2020年北方春大豆品种试验参试品种粗脂肪含量动态分析

（一）2016—2020年北方春大豆品种试验参试品种粗脂肪含量年份间比较

1. 超早熟A组

2016—2020年超早熟A组参试品种平均粗脂肪含量为20.54%、20.33%、18.76%、18.14%和19.48%。其中，2016年该区组平均粗脂肪含量最高为20.54%，比该区组最低平均粗脂肪含量18.14%（2019年）高2.4%（图42-13）。就该区组内平均粗脂肪含量变异程度而言，2016年最大（0.77），2019年最小（0.49）。该区组最高粗脂肪含量是昊疆7号（2017年），达21.71%；最低粗脂肪含量为龙垦3318（2019年），达17.32%（表42-12）。

2. 超早熟B组

2016—2020年超早熟B组参试品种平均粗脂肪含量为19.69%、19.81%、18.97%、18.23%和19.06%。其中，2016年该区组平均粗脂肪含量最高为19.69%，比该区组最低平均粗脂肪含量18.23%（2019年）高1.46%（图42-13）。就该区组内平均粗脂肪含量变异程度而言，2016年最大（1.25），2020年最小（0.69）。该区组最高粗脂肪含量是蒙豆37（2016年），达21.19%；最低粗脂肪含量为合农118（2018年），达16.28%（表42-12）。

3. 极早熟组

2016—2020年极早熟组参试品种平均粗脂肪含量为19.92%、19.14%、20.61%、18.93%和20.16%。其中，2020年该区组平均粗脂肪含量最高为20.16%，比该区组最低平均粗脂肪含量18.93%（2019年）高1.23%（图42-13）。就该区组内平均粗脂肪含量变异程度而言，2019年最大

（1.03），2016年最小（0.74）。该区组最高粗脂肪含量是北源3号（2020年），达21.74%；最低粗脂肪含量为蒙豆287（2019年），达16.98%（表42-12）。

4. 早熟A组

2016—2020年早熟A组参试品种平均粗脂肪含量为20.65%、18.96%、19.73%、19.75%和20.10%。其中，2016年该区组平均粗脂肪含量最高为20.65%，比该区组最低平均粗脂肪含量18.96%（2017年）高1.69%（图42-13）。就该区组内平均粗脂肪含量变异程度而言，2017年最大（0.76），2019年最小（0.49）。该区组最高粗脂肪含量是合农165（2020年），达21.83%；最低粗脂肪含量为蒙豆640（2017年），达17.49%（表42-12）。

5. 早熟B组

2016—2020年早熟B组参试品种平均粗脂肪含量为20.65%、18.96%、19.65%、19.48%和19.92%。其中，2016年该区组平均粗脂肪含量最高为20.65%，比该区组最低平均粗脂肪含量18.96%（2017年）高1.69%（图42-13）。就该区组内平均粗脂肪含量变异程度而言，2017年最大（0.76），2019年最小（0.51）。该区组最高粗脂肪含量是垦农39（2016年），达21.75%；最低粗脂肪含量为蒙豆640（2017年），达17.49%（表42-12）。

6. 中早熟A组

2016—2020年中早熟A组参试品种平均粗脂肪含量为21.57%、20.96%、21.49%、20.59%和20.58%。其中，2016年该区组平均粗脂肪含量最高为21.57%，比该区组最低平均粗脂肪含量20.58%（2020年）高0.99%（图42-13）。就该区组内平均粗脂肪含量变异程度而言，2020年最大（1.28），2017年最小（0.73）。该区组最高粗脂肪含量是合农148（2018年），达22.81%；最低粗脂肪含量为黑农504（2020年），达17.01%（表42-12）。

7. 中早熟B组

2016—2020年中早熟B组参试品种平均粗脂肪含量为21.18%、20.73%、21.58%、20.31%和20.61%。其中，2018年该区组平均粗脂肪含量最高为21.58%，比该区组最低平均粗脂肪含量20.31%（2019年）高1.27%（图42-13）。就该区组内平均粗脂肪含量变异程度而言，2020年最大（1.17），2019年最小（0.88）。该区组最高粗脂肪含量是龙垦335（2016年），达22.95%；最低粗脂肪含量为垦农37（2020年），达18.23%（表42-12）。

8. 中熟组

2016—2020年中熟组参试品种平均粗脂肪含量为21.54%、20.86%、21.45%、20.53%和21.20%。其中，2016年该区组平均粗脂肪含量最高为21.54%，比该区组最低平均粗脂肪含量20.53%（2019年）高1.01%（图42-13）。就该区组内平均粗脂肪含量变异程度而言，2019年最大（1.15），2016年最小（0.72）。该区组最高粗脂肪含量是吉育362（2018年），达23.31%；最低粗脂肪含量为华菽1号（2019年），达17.35%（表42-12）。

9. 中晚熟组

2016—2020年中晚熟组参试品种平均粗脂肪含量为22.21%、20.77%、21.27%、21.42%、和21.42%。其中，2016年该区组平均粗脂肪含量最高为22.21%，比该区组最低平均粗脂肪含量20.77%（2017年）高1.44%（图42-13）。就该区组内平均粗脂肪含量变异程度而言，2018年最大（1.20），2019年最小（0.89）。该区组最高粗脂肪含量是辽豆46（2016年），达23.70%；最低粗脂肪含量为铁豆81（2017年），达19.26%（表42-12）。

10. 晚熟组

2016—2020年中晚熟组参试品种平均粗脂肪含量为21.19%、20.97%、21.60%、21.34%和21.31%。其中，2018年该区组平均粗脂肪含量最高为21.60%，比该区组最低平均粗脂肪含量20.97%（2017年）高0.63%（图42-13）。就该区组内平均粗脂肪含量变异程度而言，2019年最大（1.74），2017年最小（0.78）。该区组最高粗脂肪含量是铁豆97（2018年），达24.12%；最低粗脂肪含量为冀豆21（2019年），达18.09%（表42-12）。

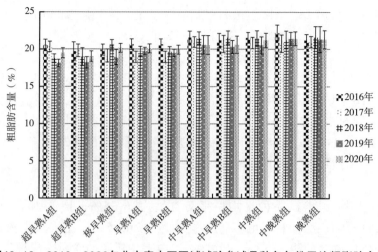

图42-13　2016—2020年北方春大豆区域试验参试品种各年份平均粗脂肪含量

表42-12　2016—2020年北方春大豆区域试验参试品种各年份平均粗脂肪含量分析

试验组别	粗脂肪含量	2016年	2017年	2018年	2019年	2020年	平均值
超早熟A组	最大值（%）	21.63	21.71（昊疆7号	19.43	18.86	20.34	20.39
	最小值（%）	19.54	19.63	18.03	17.32（龙垦3318）	18.42	18.59
	平均值（%）	20.54	20.33	18.76	18.14	19.48	19.45
	标准差	0.77	0.71	0.58	0.49	0.68	0.65
超早熟B组	最大值（%）	21.19（蒙豆37）	21.14	20.19	19.17	20.10	20.36
	最小值（%）	18.48	18.65	16.28（合农118）	16.7	18.14	17.65
	平均值（%）	19.69	19.81	18.97	18.23	19.06	19.15
	标准差	1.25	0.84	1.19	0.76	0.69	0.95
极早熟组	最大值（%）	21.25	20.86	21.54	20.58	21.74（北源3号）	21.19
	最小值（%）	19.14	18.19	19.33	16.98（蒙豆287）	19.05	18.54
	平均值（%）	19.92	19.14	20.61	18.93	20.16	19.75
	标准差	0.74	0.87	0.65	1.03	0.59	0.78
早熟A组	最大值（%）	21.75	20.26	20.26	20.45	21.83（合农165）	20.91
	最小值（%）	19.25	17.49（蒙豆640）	18.8	18.98	19.26	18.76
	平均值（%）	20.65	18.96	19.73	19.75	20.1	19.84
	标准差	0.71	0.76	0.63	0.49	0.60	0.64
早熟B组	最大值（%）	21.75（垦农39）	20.26	20.81	20.33	20.95	20.82
	最小值（%）	19.25	17.49（蒙豆640）	18.61	18.67	18.74	18.55
	平均值（%）	20.65	18.96	19.65	19.48	19.92	19.73
	标准差	0.71	0.76	0.68	0.51	0.60	0.65
中早熟A组	最大值（%）	22.65	22.59	22.81（合农148）	22.51	20.7	22.25
	最小值（%）	20.36	20.2	20.08	17.83	17.01（黑农504）	19.10
	平均值（%）	21.57	20.96	21.49	20.59	20.58	21.04
	标准差	0.87	0.73	0.84	1.25	1.28	0.99

（续表）

试验组别	粗脂肪含量	2016年	2017年	2018年	2019年	2020年	平均值
中早熟B组	最大值（%）	22.95（龙垦335）	22.57	22.84	21.59	22.38	22.47
	最小值（%）	20.28	18.78	20.32	18.39	18.23（垦农37）	19.2
	平均值（%）	21.18	20.73	21.58	20.31	20.61	20.82
	标准差	0.97	1.16	0.90	0.88	1.17	1.02
中熟组	最大值（%）	22.58	22.27	23.31（吉育362）	21.81	22.31	22.46
	最小值（%）	20.66	19.54	19.49	17.35（华菽1号）	19.25	19.26
	平均值（%）	21.54	20.86	21.45	20.53	21.2	21.12
	标准差	0.72	0.77	1.06	1.15	0.98	0.94
中晚熟组	最大值（%）	23.70（辽豆46）	22.85	23.15	22.49	22.86	23.01
	最小值（%）	20.34	19.26（铁豆81）	19.55	20.30	19.79	19.85
	平均值（%）	22.21	20.77	21.27	21.42	21.43	21.42
	标准差	1.07	1.19	1.20	0.89	0.93	1.06
晚熟组	最大值（%）	22.51	21.88	24.12（铁豆97）	23.67	22.44	22.92
	最小值（%）	20.25	19.72	19.46	18.09（冀豆21）	19.26	19.36
	平均值（%）	21.19	20.97	21.6	21.34	21.31	21.28
	标准差	0.84	0.78	1.48	1.74	1.22	1.21

（二）2016—2020年北方春大豆品种试验参试品种粗脂肪含量区组间比较

1. 2016年

2016年北方春大豆大豆参试品种各区组平均粗脂肪含量为：超早熟A组为20.54%，超早熟B组为19.69%，极早熟组为19.92%，早熟组为20.65%，中早熟A组为21.57%，中早熟B组为21.18%，中熟组为21.54%，中晚熟组为22.21%，晚熟组为21.19%。其中，平均粗脂肪含量最高为中晚熟组达22.21%，比平均粗脂肪含量最低超早熟B组（19.69%）高2.52%（图42-14）。就该区组内平均粗脂肪含量变异程度而言，最大超早熟B组为1.25%，最小为早熟组0.71%。该地区最高粗脂肪含量是中晚熟组的辽豆46，达23.70%；最低粗脂肪含量为超早熟B组的黑科56号，达18.48%（表42-13）。

2. 2017年

2017年北方春大豆大豆参试品种各区组平均粗脂肪含量为：超早熟A组为20.33%，超早熟B组为19.81%，极早熟组为19.14%，早熟组为18.96%，中早熟A组为20.96%，中早熟B组为20.73%，中熟组为20.86%，中晚熟组为20.77%，晚熟组为20.97%。其中，平均粗脂肪含量最高为晚熟组达20.97%，比平均粗脂肪含量最低最早熟组（18.96%）高2.01%（图42-14）。就该区组内平均粗脂肪含量变异程度而言，最大中晚熟组为1.19%，最小为超早熟A组0.71%。该地区最高粗脂肪含量是中晚熟组的吉农82，达22.85%；最低粗脂肪含量为早熟组的蒙豆640，达17.49%（表42-13）。

3. 2018年

2018年北方春大豆大豆参试品种各区组平均粗脂肪含量为：超早熟A组为18.76%，超早熟B组为18.97%，极早熟组为20.61%，早熟A组为19.73%，早熟B组为19.65%，中早熟A组为21.49%，中早熟B组为21.58%，中熟组为21.45%，中晚熟组为21.27%，晚熟组为21.6%。其中，平均粗脂肪含量最高为中早熟B达21.58%，比粗脂肪含量最低超早熟A组（18.76%）高2.82%（图42-14）。就该区组内平均粗脂肪含量变异程度而言，最大中晚熟组为1.48%，最小为超早熟A组0.58%。该地区最高粗脂肪含量是晚熟组的铁豆97，达24.12%；最低粗脂肪含量为超早熟B组的合农118，达16.28%（表42-13）。

4. 2019年

2019年北方春大豆大豆参试品种各区组平均粗脂肪含量为：超早熟A组为18.14%，超早熟B组为18.23%，极早熟组为18.93%，早熟A组为19.75%，早熟B组为19.48%，中早熟A组为20.59%，中早熟B组为20.31%，中熟组为20.53%，中晚熟组为21.42%，晚熟组为21.34%。其中，平均粗脂肪含量最高为晚熟组达21.34%，比粗脂肪含量最低超早熟A组（18.14%）高3.2%（图42-14）。就该区组内平均粗脂肪含量变异程度而言，最大中晚熟组为1.74%，最小为超早熟A组0.49%。该地区最高粗脂肪含量是晚熟组的铁豆97，达23.67%；最低粗脂肪含量为超早熟B组的蒙豆343，达16.70%（表42-13）。

5. 2020年

2020年北方春大豆大豆参试品种各区组平均粗脂肪含量为：超早熟A组为19.48%，超早熟B组为19.06%，极早熟组为20.16%，早熟A组为20.10%，早熟B组为19.92%，中早熟A组为20.58%，中早熟B组为20.61%，中熟组为21.20%，中晚熟组为21.43%，晚熟组为21.31%。其中，平均粗脂肪含量最高为晚熟组达21.31%，比粗脂肪含量最低超早熟B组（19.06%）高2.25%（图42-14）。就该区组内平均粗脂肪含量变异程度而言，最大中早熟A组为1.28%，最小为极早熟组0.59%。该地区最高粗脂肪含量是中晚熟组的吉农105，达22.86%；最低粗脂肪含量为中早熟A组的黑农504，达17.01%（表42-13）。

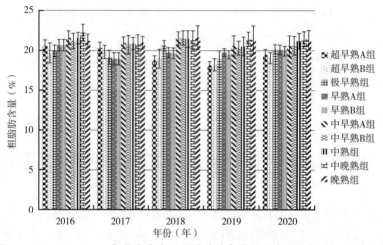

图42-14　2016—2020年北方春大豆区域试验参试品种各区组平均粗脂肪含量

表42-13　2016—2020年北方春大豆区域试验参试品种各区组平均粗脂肪含量分析

年份	粗脂肪含量	超早熟A组	超早熟B组	极早熟组	早熟A组	早熟B组	中早熟A组	中早熟B组	中熟组	中晚熟组	晚熟组	平均值
2016	最大值（%）	21.63	21.19	21.25	21.75	—	22.65	22.95	22.58	23.70（辽豆46）	22.51	22.25
	最小值（%）	19.54	18.48（黑科56号）	19.14	19.25	—	20.36	20.28	20.66	20.34	20.25	19.81
	平均值（%）	20.54	19.69	19.92	20.65	—	21.57	21.18	21.54	22.21	21.19	20.94
	标准差	0.77	1.25	0.74	0.71	—	0.87	0.97	0.72	1.07	0.84	0.88
2017	最大值（%）	21.71	21.14	20.86	20.26	—	22.59	22.57	22.27	22.85（吉农82）	21.88	21.79
	最小值（%）	19.63	18.65	18.19	17.49（蒙豆640）	—	20.2	18.78	19.54	19.26	19.72	19.05
	平均值（%）	20.33	19.81	19.14	18.96	—	20.96	20.73	20.86	20.77	20.97	20.28
	标准差	0.71	0.84	0.87	0.76	—	0.73	1.16	0.77	1.19	0.78	0.87

（续表）

年份	粗脂肪含量	超早熟A组	超早熟B组	极早熟组	早熟A组	早熟B组	中早熟A组	中早熟B组	中熟组	中晚熟组	晚熟组	平均值
2018	最大值（%）	19.43	20.19	21.54	20.26	20.81	22.81	22.84	23.31	23.15	24.12（铁豆97）	21.85
	最小值（%）	18.03	16.28（合农118）	19.33	18.8	18.61	20.08	20.32	19.49	19.55	19.46	18.99
	平均值（%）	18.76	18.97	20.61	19.73	19.65	21.49	21.58	21.45	21.27	21.6	20.51
	标准差	0.58	1.19	0.65	0.63	0.68	0.84	0.9	1.06	1.2	1.48	0.92
2019	最大值（%）	18.86	19.17	20.58	20.45	20.33	22.51	21.59	21.81	22.49	23.67（铁豆97）	21.15
	最小值（%）	17.32	16.70（蒙豆343）	16.98	18.98	18.67	17.83	18.39	17.35	20.3	18.09	18.06
	平均值（%）	18.14	18.23	18.93	19.75	19.48	20.59	20.31	20.53	21.42	21.34	19.87
	标准差	0.49	0.76	1.03	0.49	0.51	1.25	0.88	1.15	0.89	1.74	0.92
2020	最大值（%）	20.34	20.1	21.74	21.83	20.95	20.7	22.38	22.31	22.86（吉农105）	22.44	21.57
	最小值（%）	18.42	18.14	19.05	19.26	18.74	17.01（黑农504）	18.23	19.25	19.79	19.26	18.72
	平均值（%）	19.48	19.06	20.16	20.1	19.92	20.58	20.61	21.2	21.43	21.31	20.39
	标准差	0.68	0.69	0.59	0.6	0.6	1.28	1.17	0.98	0.93	1.22	0.88

第四节　2016—2020年北方春大豆品种试验参试品种抗性性状动态分析

一、2016—2020年北方春大豆品种试验参试品种大豆花叶病毒病抗性动态分析

2016—2020年大豆花叶病毒病参试品种（不排除重复的品种和对照）共计546份。分别接种东北流行的SMVⅠ、SMVⅢ。其中，接种SMVⅠ的参试品种中，无高抗品种；抗病品种121份，占比22.16%；中抗品种217份，占比39.74%；中感品种189份，占比34.62%；感病品种19份，占比3.48%；无高感品种。接种SMVⅢ的参试品种中，无高抗品种；抗病品种60份，占比10.99%；中抗品种141份，占比25.82%；中感品种199份，占比36.45%；感病品种146份，占比26.74%；无高感品种。

（一）2016—2020年北方春大豆品种试验参试品种大豆花叶病毒病抗性年份间比较分析

从接种SMVⅠ号株系各抗病级别品种数量、占比年度间的比较（图42-15、图42-16）可以看出，2016—2020年均没有高抗、高感品种，2016年没有感病品种。抗病、中抗品种数量及占当年鉴定数量比例2016年、2017年几乎持平，2018年明显减少，2019年、2020年明显增多并在2020年达最大值。中感品种数量及占比在2018年达峰值，2019年其次，2020年最少。感病品种数量及占比没有明显差异，2016年为0，2019年其次。

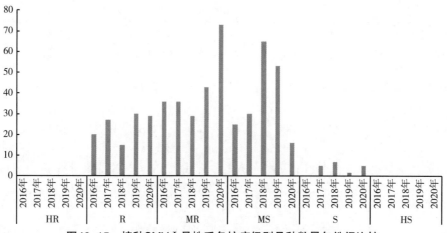

图42-15　接种SMV Ⅰ号株系各抗病级别品种数量年份间比较

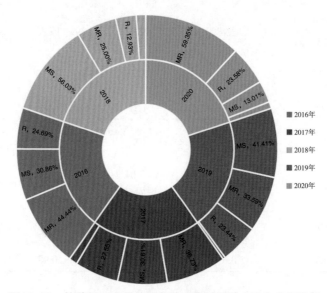

图42-16　接种SMV Ⅰ号株系各抗病级别品种占比年份间比较

从接种SMV Ⅲ号株系各抗病级别品种数量、占比年度间的比较（图42-17、图42-18）可以看出，2016—2020年均没有高抗、高感品种，抗病品种数量及占当年鉴定数量比例在2016年、2018年最少，2019年最多。中抗品种数量及占比在2016—2019年基本持平，2020年最多并远超其他年度。中感品种数量及占比在差异不明显，2019年数量达最大但占比基本持平。感病品种数量及占比在2018年达峰值，2020年最少。

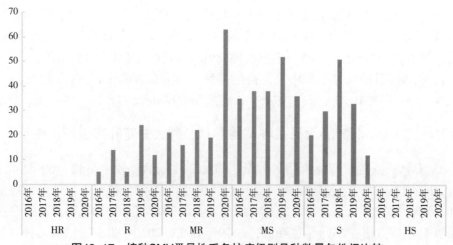

图42-17　接种SMV Ⅲ号株系各抗病级别品种数量年份间比较

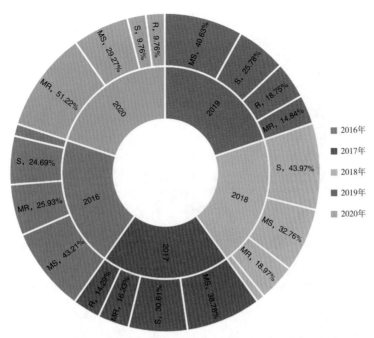

图42-18 接种SMVⅢ号株系各抗病级别品种占比年份间比较

（二）2016—2020年北方春大豆品种试验参试品种大豆花叶病毒病抗性区组间比较

2016—2020年，评价了北方春大豆超早熟、极早熟、早熟、中早熟、中熟、中晚熟和晚熟7个熟期组大豆品种对大豆花叶病毒的抗性。其中，超早熟89份、极早熟67份、早熟99份、中早熟组130份、中熟组52份、中晚熟组54份、晚熟组55份。

从接种SMVⅠ号株系各抗病级别品种数量、占比区组间的比较（图42-19、图42-20）可以看出，所有参试组别均为没有高抗、高感品种。抗病品种中超早熟、极早熟组5年均没有抗病品种，早熟组抗病品种数量和占比也极少，其他各组数量基本持平，占比按熟期从早到晚逐渐增加；中抗品种早熟、中早熟数量远超其他熟期组，其他各组差异不大，占比各组间差异不大，中早熟较多，超早熟最小；中感品种呈现出按熟期从早到晚逐渐减少，晚熟组无中感品种，中熟、中晚熟组品种数量比例明显少于其他各组；感病品种中熟、晚熟组无感病品种，其他各组差异不大，呈按熟期从早到晚小幅度减少现象。

几个熟期组比较来看，呈按熟期从早到晚抗性逐渐增强的趋势。

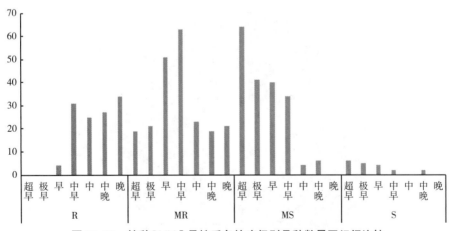

图42-19 接种SMVⅠ号株系各抗病级别品种数量区组间比较

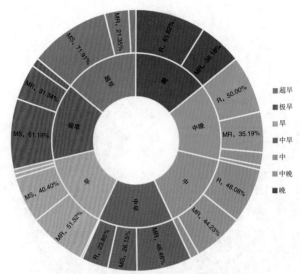

图42-20　接种SMVⅠ号株系各抗病级别品种占比区组间比较

从接种SMVⅢ号株系各抗病级别品种数量、占比区组间的比较（图42-21、图42-22）可以看出，所有参试组别均为没有高抗、高感品种。抗病品种中超早熟、极早熟组5年均没有抗病品种，早熟组抗病品种数量和占比也极少，中早熟组占比较少，其他各组数量、占比基本持平；中抗品种超早熟、极早熟组数量占比远低于其他各组，中早熟数量远超其他熟期组；中感品种数量及占比呈从超早、极早熟、早熟、中早熟逐渐减多，中熟、中晚熟、晚熟组急降并持平。感病品种、中熟无感病品种，其他各组呈按熟期从早到晚减少现象。

几个熟期组比较来看，呈按熟期从早到晚抗性逐渐增强的趋势。

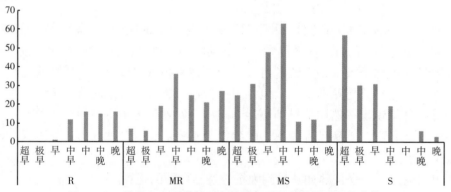

图42-21　接种SMVⅢ号株系各抗病级别品种数量区组间比较

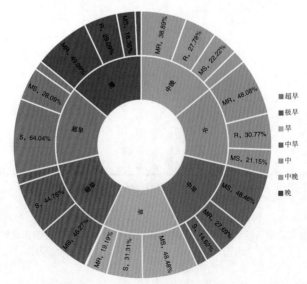

图42-22　接种SMVⅢ号株系各抗病级别品种占比区组间比较

二、2016—2020年北方春大豆品种试验参试品种大豆灰斑病抗性动态分析

2016—2020年大豆灰斑病参试品种（不排除重复的品种和对照）共计385份。分别接种东北流行的1号、7号混合小种。其中，高抗品种13份，占3.38%；抗病品种168份，占比43.64%；中抗品种147份，占比38.18%；中感品种44份，占比11.43%；感病品种13份，占比3.38%；无高感品种。

（一）2016—2020年北方春大豆品种试验参试品种大豆灰斑病抗性年份间比较分析

从接种灰斑病各抗病级别品种数量、占比年度间的比较（图42-23、图42-24）可以看出，2016—2018年均没有高感品种，2019—2020年高抗品种有所增加。抗病品种，2016—2018年数量基本持平，2017—2020年逐年增加，所占比例2016年、2020年相对较高，其他年度基本持平；中抗品种数量及占比2018—2019年最高，其他年度几乎持平；中感品种数量及占比在2017年达最多，2017—2020年逐年减少。感病品种数量及占比，2016—2018年逐年减少，2018年最少为0，2018—2020年逐年增多。

可以看出参试品种在2016—2020年整体抗病水平还是保持逐年增强，但是2019—2020年感病材料有所增加。

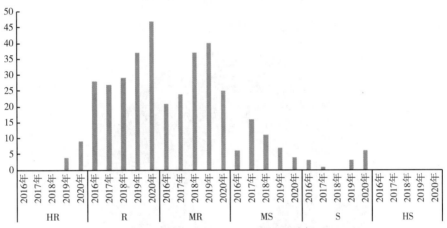

图42-23 接种灰斑病各抗病级别品种数量年份间比较

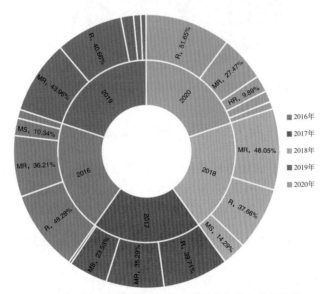

图42-24 接种灰斑病各抗病级别品种占比年份间比较

（二）2016—2020年北方春大豆品种试验参试品种大豆灰斑病抗性区组间比较

2016—2020年，评价了北方春大豆超早熟、极早熟、早熟和中早熟4个熟期组大豆品种对大豆

花叶病毒的抗性。其中，超早熟89份、极早熟67份、早熟99份、中早熟组130份。

从接种大豆灰斑病各抗病级别品种数量、占比区组间的比较（图42-25、图42-26）可以看出，2016—2018年均没有高感品种；高抗品种，早熟组没有高抗品种，中早熟组相对较多；抗病品种、中抗品种，极早熟组数量最少，中早熟组数量最多，各组占比基本持平；中感品种，极早熟组数量占比均少于其他各组，超早熟、早熟、中早熟3组数量和占比基本持平；感病品种，极早熟最少，中早熟组最多，单是各组之间差异不大。

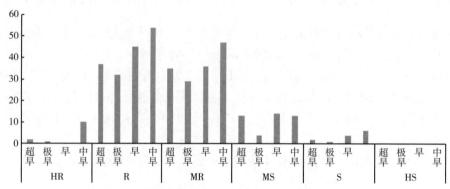

图42-25　接种灰斑病各抗病级别品种数量区组间比较

几个熟期组比较来看，各个熟期组之间抗性表现没有较大差异。

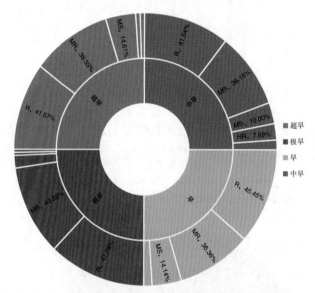

图42-26　接种灰斑病各抗病级别品种占比区组间比较

三、2016—2020年北方春大豆品种试验参试品种孢囊线虫抗性动态分析

2016—2020年大豆抗孢囊线虫病参试品种（不排除重复的品种和对照）共计219份，所有参试品种中，抗病品种10份，占比4.57%，分别为吉农89、铁豆82、德黄10、辽豆50、辽豆56、铁豆82、铁豆80、吉育491、吉育593、吉育491（因不同年份参试品种有重复，存在重复计数）。

（一）2016—2020年北方春大豆品种试验参试品种孢囊线虫抗性年份间比较

2016年参试品种23份、2017年30份、2018年39份、2019年66份、2020年61份。

从各抗病级别品种数量年份间的比较（图42-27）可以看出，2016—2020年均没有抗病品种。2017年中抗品种有5个，是5年来抗病品种数量最多的一年；2016年和2018年各有2个；2019年有1个中抗品种；2020年没有中抗品种。2016—2019年中感品种数量几乎是逐年上升，2020年中感品种明显减少。感病品种数量除2017年较2016年下降外，其他年份呈逐年上升的趋势。

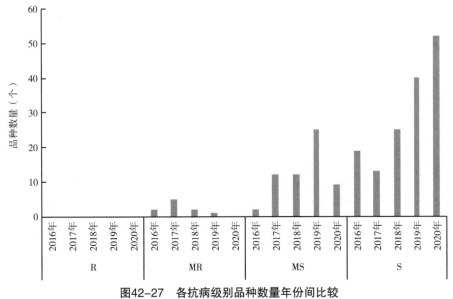

图42-27　各抗病级别品种数量年份间比较

从年度间各抗病级别所占比例来看（图42-28），2016年中抗和中感所占比例均为8.7%，其余全部为感病品种。2017年，中抗品种占16.67%，中感占40.00%，其余43.33%为感病品种。2018年，中抗品种占5.13%，中感占30.77%，其余全部为感病品种。2019年，中抗品种占1.52%，中感品种占37.88%，60.61%为感病品种。2020年中感占14.75%，其余全部为感病品种。除2017年以外，中抗品种所占比例逐年减少，中感和感病品种数量在逐年上升。从参试品种抗孢囊线虫年度间比较来看，2017年参试品种的抗性较好，中抗品种较多，且感病品种比例明显低于其他年度。

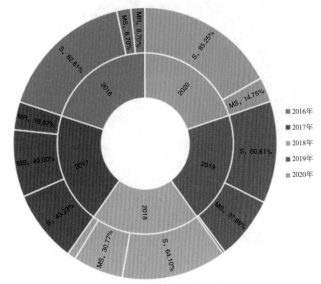

图42-28　年份间各抗病级别所占比例

（二）2016—2020年北方春大豆品种试验参试品种孢囊线虫抗性区组间比较

2016—2020年，评价了北方春大豆中早熟、中熟、中晚熟和晚熟4个熟期组大豆品种对大豆孢囊线虫的抗性。其中，中早熟组大豆品种从2019年开始参试，共计58份，中熟组52份，中晚熟组54份，晚熟组55份。

从区组间各抗病级别品种数量比较（图42-29）可以看出，所有参试组别均为没有抗病品种。除了中早熟组没有中抗品种外，其他3个熟期组中抗品种数量基本一致，分别为3个、4个、3个，中感级别品种数量，除了中晚熟组较少外，其他组别数量差别不大。中熟组的感病级别品种相对于其他组别较少，中早熟组中感病品种最多。

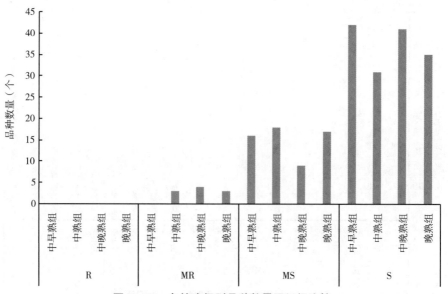

图42-29 各抗病级别品种数量区组间比较

从区组间各抗病级别所占比例来看（图42-30），中晚熟组品种的抗性相对来说较好，抗病品种占7.41%，其次为中熟组和晚熟组，分别为5.77%和5.45%，中早熟组没有抗病品种。中晚熟组感病品种所占比例最高，为75.93%，其次是中早熟组72.41%，晚熟和中熟组分别为63.64%和59.62%。

几个熟期组比较来看，中早熟组参试品种的抗性较差，没有中抗品种，且感病品种比例较高。

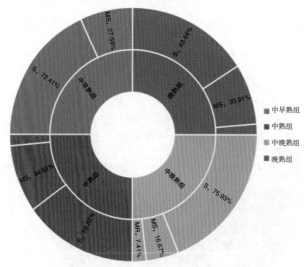

图42-30 区组间各抗病级别所占比例

第四十三章　2016—2020年黄淮海夏大豆品种试验性状动态分析

第一节　2016—2020年黄淮海夏大豆品种试验参试品种产量及构成因子动态分析

一、2016—2020年黄淮海夏大豆品种试验参试品种产量动态分析

（一）2016—2020年黄淮海夏大豆品种试验参试品种产量年份间比较

1. 黄淮海北片

2016—2020年黄淮海夏大豆北片参试品种平均产量分别为212.5kg/亩、216.7kg/亩、182.4kg/亩、204.3kg/亩和202.4kg/亩，其中2017年该片区平均产量最高，比该片区最低平均产量（2018年）高18.80%（图43-1）。就该片区组内平均产量变异程度而言，2017年最大（12.4），2020年最小（6.5）。2017年，中黄78单产达235.9kg/亩，成为5年来该片区的最高单产纪录；最低产量为2018年中黄324，单产为162.8kg/亩。

2. 黄淮海中片

2016—2020年黄淮海夏大豆中片参试品种平均产量分别为176.8kg/亩、196.7kg/亩、197.5kg/亩、198.0kg/亩和214.8kg/亩，其中2020年该片区平均产量最高，比该片区组最低平均产量（2016年）高21.49%（图43-1）。就该片区组内平均产量变异程度而言，2017年最大（11.3），2019年最小（7.4）。2020年，中黄301单产达232.1kg/亩，成为5年来该片区的最高单产纪录；最低产量为2016年邯豆5号，单产为163.3kg/亩。

3. 黄淮海南片

2016—2020年黄淮海夏大豆南片参试品种平均产量分别为192.4kg/亩、182.2kg/亩、190.5kg/亩、194.2kg/亩和194.5kg/亩，其中2020年该片区平均产量最高，比该片区组低平均产量（2017年）高6.75%（图43-1）。就该片区组内平均产量变异程度而言，2017年最大（13.5），2020年最小（8.8）。2019年，郑1311单产达221.8kg/亩，成为5年来该片区的最高单产纪录；最低产量为2017年科豆17号，单产144.4kg/亩。

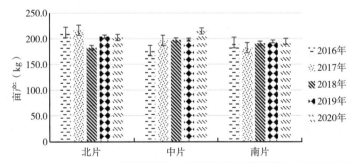

图43-1　2016—2020年黄淮海夏大豆品种试验参试品种各年份平均产量

（二）2016—2020年黄淮海夏大豆品种试验参试品种产量区组间比较

1. 2016年

2016年黄淮海夏大豆参试品种的平均产量为193.9kg/亩。各片区参试品种平均单产分别为

212.5kg/亩、176.8kg/亩和192.4kg/亩（图43-2）。黄淮海北片的参试品种产量最高，高于最低平均单产（中片）20.19%。从各片的变异幅度来看，北片组内产量变异幅度最大（11.3），中片组内产量变异幅度最小（9.7）。2016年，北片中黄78单产最高，达228.5kg/亩，中片邯豆5号的产量最低，为163.3kg/亩。

2. 2017年

2017年黄淮海夏大豆参试品种的平均产量为198.5kg/亩。各片区参试品种平均单产分别为216.7kg/亩、196.7kg/亩和182.2kg/亩（图43-2）。北片的参试品种产量最高，高于最低平均单产（南片）18.93%。从各片的变异幅度来看，北片组内产量变异幅度最大（13.5），中片组内产量变异幅度最小（11.3）。2017年，北片中黄78单产最高，达235.9kg/亩，南片科豆17号的产量最低，为144.4kg/亩。

3. 2018年

2018年黄淮海夏大豆参试品种的平均产量为190.1kg/亩。各片区参试品种平均单产分别为182.4kg/亩、197.5kg/亩和190.5kg/亩（图43-2）。黄淮海中片的参试品种产量最高，高于最低平均单产（北片）8.27%。从各片的变异幅度来看，北片组内产量变异幅度最大（9.2），中片组内产量变异幅度最小（8.8）。2018年，中片郑1311单产最高，达224.5kg/亩，北片中黄324的产量最低，为162.8kg/亩。

4. 2019年

2019年黄淮海夏大豆参试品种的平均产量198.8kg/亩。各片区参试品种平均单产分别为204.39kg/亩、198.0kg/亩和194.2kg/亩（图43-2）。北片的参试品种产量最高，高于最低平均单产（南片）5.2%。从各片的变异幅度来看，北片组内产量变异幅度最大（10.1），中片组内产量变异幅度最小（7.4）。2019年，北片HN0811单产最高，为223.7kg/亩，南片兴豆6号的产量最低，为170.2kg/亩。

5. 2020年

2020年黄淮海夏大豆参试品种的平均产量203.9kg/亩。各片区参试品种平均单产分别为202.4kg/亩、214.8kg/亩和194.5kg/亩（图43-2）。中片的参试品种产量最高，高于最低平均单产（南片）10.43%。从各片的变异幅度来看，中片组内产量变异幅度最大（9.4），南片组内产量变异幅度最小（6.5）。2020年，南片中黄301产量最高，达232.1kg/亩；南片兴豆985的产量最低，为173.6kg/亩。

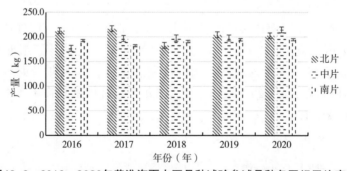

图43-2　2016—2020年黄淮海夏大豆品种试验参试品种各区组平均产量

二、2016—2020年黄淮海夏大豆品种试验参试品种产量构成因子动态分析

（一）2016—2020年黄淮海夏大豆品种试验参试品种单株粒数区组间比较

1. 2016年

2016年黄淮海夏大豆参试品种的平均单株粒数89.4粒，各片区参试品种平均单株粒数分别为92.8粒、79.1粒和96.2粒（图43-3）。南片的参试品种单株粒数最多，高于最低平均单株粒数（中片）17.1粒。从各片的单株粒数变异幅度来看，南片组内单株粒数变异幅度最大（14.5），北片组内单株粒数变异幅度最小（5.1）。2016年，南片濉科8号单株粒数最多，为126.3粒，中片冀豆20单

株粒数最少，为66.7粒。

2.2017年

2017年黄淮海夏大豆参试品种的平均单株粒数91.5粒。各片区参试品种平均单株粒数分别为106.1粒、76.1粒和92.4粒（图43-3）。黄淮海北片的参试品种单株粒数最多，高于最低平均单株粒数（中片）30粒。从各片单株粒数的变异幅度来看，北片组内单株粒数变异幅度最大（12.8），中片组内单株粒数变异幅度最小（7.1）。2017年，南片科豆7号单株粒数最多，为145.5粒，是5年内最高单株粒数。黄淮海南片蒙0811单株粒数最少，为65.1粒。

3.2018年

2018年黄淮海夏大豆参试品种的平均单株粒数87.8粒，各片区参试品种平均单株粒数分别为92.8粒、87.5粒和83粒（图43-3）。黄淮海北片的参试品种单株粒数最多，高于最低平均单株粒数（南片）9.8。从各片单株粒数的变异幅度来看，中片组内单株粒数变异幅度最大（10.4），北片组内单株粒数变异幅度最小（6.9）。2018年，北片中黄80单株粒数最多，为115.1粒，南片中黄202单株粒数最少，为63粒。

4.2019年

2019年黄淮海夏大豆参试品种的平均单株粒数88.6粒，各片区参试品种平均单株粒数分别为88.3粒、82.4粒和89粒（图43-3）。黄淮海南片的参试品种单株粒数最多，高于最低平均单株粒数（中片）6.6粒。从各片单株粒数的变异幅度来看，南片组内单株粒数变异幅度最大（9.6），北片组内单株粒数变异幅度最小（7.9）。2019年，南片郑1311单株粒数最多，为113.1粒，南片徐0112-24单株粒数最少，为69.7粒。

5.2020年

2020年黄淮海夏大豆参试品种的平均单株粒数84粒，各片区参试品种平均单株粒数分别为90.2粒、81.2粒和80.7粒（图43-3）。黄淮海北片的参试品种单株粒数最多，高于最低平均单株粒数（南片）9.5。从各片单株粒数的变异幅度来看，南片组内单株粒数变异幅度最大（11.7），中片组内单株粒数变异幅度最小（7.7）。2020年，南片恒豆6号单株粒数最多，为116.2粒，南片兴农2号单株粒数最少，为63.9粒。

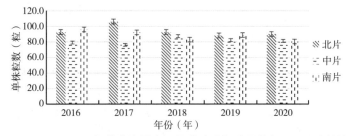

图43-3 2016—2020年黄淮海夏大豆品种试验参试品种各区组平均单株粒数

（二）2016—2020年黄淮海夏大豆品种试验参试品种单株有效荚数区组间比较

1.2016年

2016年黄淮海夏大豆参试品种的平均单株有效荚数43.3个，各片区参试品种平均单株有效荚数分别为43个、38.4个和48.4个（图43-4）。黄淮海南片的参试品种单株有效荚数最多，高于最低平均单株有效荚数（中片）10个。从各片单株有效荚数的变异幅度来看，北片组内单株有效荚数变异幅度最大（3.0），南片组内单株有效荚数变异幅度最小（2.5）。2016年，南片周豆22号单株有效荚数最多，为62.9个；中片石153单株有效荚数最少，为31.9个。

2.2017年

2017年黄淮海夏大豆参试品种的平均单株有效荚数45.7个，各片区参试品种平均单株有效荚数分别为50.4个、40.3个和46.3个（图43-4）。黄淮海北片的参试品种单株有效荚数最多，高于最低平均单株有效荚数（中片）10.1个。从各片平均单株有效荚数的变异幅度来看，南片组内单株有效莱数变异幅度最大（6.6），北片组内单株有效荚数变异幅度最小（4.9）。2017年，北片科豆7号单株有效荚数最多，为71.3个；中片石153单株有效荚数最少，为33.2个。

3. 2018年

2018年黄淮海夏大豆参试品种的平均单株有效荚数43.3个，各片区参试品种平均单株有效荚数分别为45.6个、42.7个和41.5个（图43-4）。黄淮海北片的参试品种单株有效荚数最多，高于最低平均单株有效荚数（中片）4.1个。从各片的变异幅度来看，黄淮海中片组内单株有效荚数变异幅度最大（6.7），黄淮海北片组内单株有效荚数变异幅度最小（3.7）。2018年，黄淮海中片郑1311单株有效荚数最多，为56.1个，黄淮海南片中黄202单株有效荚数最少，为32.3个。

4. 2019年

2019年黄淮海夏大豆参试品种的平均单株有效荚数39.6个。各片区参试品种平均单株有效荚数分别为38.9个、37.7个和42.2个（图43-4）。黄淮海南片的参试品种单株有效荚数最多，高于最低平均单株有效荚数（中片）4.5个。北片和中片单株有效荚数差别不大，差异不明显。从各片平均单株有效荚数的变异幅度来看，北片组内单株有效荚数变异幅度最大（4.9），中片组内单株有效荚数变异幅度最小（4.5）。2019年，南片郑1311单株有效荚数最多，为55.4个，北片中黄205单株有效荚数最少，为28.5个。

5. 2020年

2020年黄淮海夏大豆参试品种的平均单株有效荚数38.4个，各片区参试品种平均单株有效荚数分别为39.3个、37个和38.9个（图43-4）。北片的参试品种单株有效荚数最多，高于最低平均单株有效荚数（中片）2.3个。从各片平均单株有效荚数的变异幅度来看，南片组内单株有效荚数变异幅度最大（5.7），中片组内单株有效荚数变异幅度最小（4.0）。2020年，中片郑1307单株有效荚数最多，为54.3个；北片石936单株有效荚数最少，为27.8个。

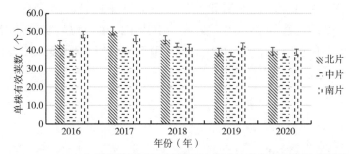

图43-4　2016—2020年黄淮海夏大豆品种试验参试品种各区组平均单株有效荚数

（三）2016—2020年黄淮海夏大豆品种试验参试品种百粒重区组间比较

1. 2016年

2016年黄淮海夏大豆参试品种的平均百粒重22.2g，各片区参试品种平均百粒重分别为24.8g、22.1g和19.7g（图43-5）。北片的参试品种百粒重最重，高于最低平均百粒重（南片）5.1g。从各片百粒重的变异幅度来看，北片和南片组内百粒重变异幅度最大（2.0），中片组内百粒重变异幅度最小（1.7）。2016年，北片齐黄34百粒重最重，为29.8g；南片中黄301百粒重最轻，为15.9g。

2. 2017年

2017年黄淮海夏大豆参试品种的平均百粒重21.9g，各片区参试品种平均百粒重分别为23.4g、23g和19.2g（图43-5）。黄淮海北片的参试品种百粒重最重，高于最低平均百粒重（南片）4.2g。从各片的平均百粒重变异幅度来看，北片和南片组内百粒重变异幅度最大（2.2），中片组内百粒重变异幅度最小（1.7）。2017年，北片齐黄34百粒重最重，为27.3g；南片冀1514百粒重最轻，为15.6g。

3. 2018年

2018年黄淮海夏大豆参试品种的平均百粒重21.6g，各片区参试品种平均百粒重分别为21.6g、21.9g和21.3g（图43-5）。黄淮海中片的参试品种百粒重最重，高于最低平均百粒重（南片）0.6g。

从各片的平均百粒重变异幅度来看，中片组内百粒重变异幅度最大（2.4），北片组内百粒重变异幅度最小（1.8）。2018年，中片皖宿1015百粒重最重，为27.3g；南片商豆1201百粒重最轻，为16.1g。

4. 2019年

2019年黄淮海夏大豆参试品种的平均百粒重20.1g，各片区参试品种平均百粒重分别为17.3g、22.2g和20.7g（图43-5）。中片的参试品种百粒重最重，高于最低平均百粒重（北片）4.9g。从各片的平均百粒重变异幅度来看，中片和南片组内百粒重变异幅度最大（2.3），北片组内百粒重变异幅度最小（1.7）。2019年，中片皖宿1015百粒重最重，为27g；北片中黄313百粒重最轻，为14.0g。

5. 2020年

2020年黄淮海夏大豆参试品种的平均百粒重21.6g。各片区参试品种平均百粒重分别为19.8g、23.8g和21.1g（图43-5）。黄淮海中片的参试品种百粒重最重，高于最低平均百粒重（南片）4g。从各片的平均百粒重变异幅度来看，南片组内百粒重变异幅度最大（2.4），中片组内百粒重变异幅度最小（2.0）。2020年，中片山宁29百粒重最重，为27.5g；南片恒豆6号百粒重最轻，为15.4g。

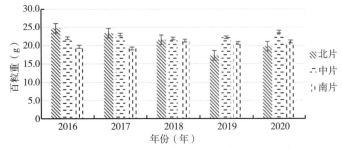

图43-5　2016—2020年黄淮海夏大豆品种试验参试品种各区组平均百粒重

第二节　2016—2020年黄淮海夏大豆品种试验
参试品种农艺性状动态分析

一、2016—2020年黄淮海夏大豆品种试验参试品种生育期动态分析

（一）2016年

2016年黄淮海夏大豆参试品种的平均生育期102d，各片区参试品种平均生育期分别为105d、102d和100d。黄淮海北片的参试品种生育期最长，高于最低平均生育期（南片）5d（图43-6）。各片的生育期变异幅度来看，南片组内生育期变异幅度最大（3.3），北片组内生育期变异幅度最小（0.8）。2016年，北片石936和南片祥豆1号生育期最长，为107d；南片潍豆8号生育期最短，为93d。

（二）2017年

2017年黄淮海夏大豆参试品种的平均生育期105d，各片区参试品种平均生育期分别为105d、107d和102d。北片的参试品种生育期最长，高于最低平均生育期（南片）5d（图43-6）。各片的生育期变异幅度来看，南片组内生育期变异幅度最大（2.4），北片组内生育期变异幅度最小（1.8）。2017年，北片洛豆1号生育期最长，为112d；南片中黄13（对照品种）生育期最短，为96d。

（三）2018年

2018年黄淮海夏大豆参试品种的平均生育期108d，各片区参试品种平均生育期分别为108d、

112d和103d。中片的参试品种生育期最长，高于最低平均生育期（南片）9d（图43-6）。各片的生育期变异幅度来看，南片组内生育期变异幅度最大（2.2），中片组内生育期变异幅度最小（1.1）。2018年，中片皖宿1015生育期最长，为115d，也是5年生育期最长的品种；南片中黄13（对照品种）生育期最短，为98d。

（四）2019年

2019年黄淮海夏大豆参试品种的平均生育期100d，各片区参试品种平均生育期分别为101d、103d和97d。黄淮海中片的参试品种生育期最长，高于最低平均生育期（南片）6d（图43-6）。从各片的生育期变异幅度来看，南片组内生育期变异幅度最大（2.8），中片组内生育期变异幅度最小（0.8）。2019年，中片皖宿1015生育期最长，为106d；南片邯豆15和山宁23生育期最短，为92d。

（五）2020年

2020年黄淮海夏大豆参试品种的平均生育期102d，各片区参试品种平均生育期分别为103d、104d和98d。中片的参试品种生育期最长，高于最低平均生育期（南片）6d（图43-6）。各片的生育期变异幅度来看，中片和南片组内生育期变异幅度最大（2.2），北片组内生育期变异幅度最小（1.8）。2020年，中片郑1307和濮豆820生育期最长，为108d，南片邯豆15生育期最短，为93d。

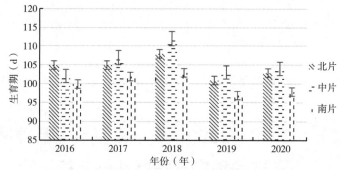

图43-6　2016—2020年黄淮海夏大豆品种试验参试品种各区组平均生育期

二、2016—2020年黄淮海夏大豆品种试验参试品种株高动态分析

（一）2016年

2016年黄淮海夏大豆参试品种的平均株高86.9cm，各片区参试品种平均株高分别为98.9cm、81.4cm和80.4cm。北片的参试品种株高最高，高于最低平均株高（南片）18.5cm（图43-7）。从各片的变异幅度来看，中片组内株高变异幅度最大（14.0），南片组内株高变异幅度最小（13.3）。2016年，北片石936株高最高，为135.4cm，是5年内株高最高大豆品种，南片中黄13（对照品种）株高最低，为57.1cm。

（二）2017年

2017年黄淮海夏大豆参试品种的平均株高87.2cm，各片区参试品种平均株高分别为96.4cm、78.6cm和86.5cm。北片的参试品种株高最高，高于最低平均株高（中片）17.8cm（图43-7）。从各片的变异幅度来看，南片组内株高变异幅度最大（13.1），北片组内株高变异幅度最小（10.8）。2017年，南片冀1514株高最高，为123.4cm；中片冀1503株高最低，为57.8cm。

（三）2018年

2018年黄淮海夏大豆参试品种的平均株高81.1cm，各片区参试品种平均株高分别为90.5cm、

84.5cm和68.4cm。北片的参试品种株高最高，高于最低平均株高（南片）22.1cm（图43-7）。从各片的变异幅度来看，北片组内株高变异幅度最大（15.3），南片组内株高变异幅度最小（10）。2018年，北片冀豆29株高最高，为133.1cm；南片山宁23株高最低，为46.6cm。

（四）2019年

2019年黄淮海夏大豆参试品种的平均株高74.7cm，各片区参试品种平均株高分别为77.7cm、71.5cm和74.9cm。北片的参试品种株高最高，高于最低平均株高（中片）6.2cm（图43-7）。从各片的变异幅度来看，南片组内株高变异幅度最大（10.8），中片组内株高变异幅度最小（10.3）。2019年，南片冀豆30株高最高，为109.2cm；南片山宁23株高最低，为49.8cm。

（五）2020年

2020年黄淮海夏大豆参试品种的平均株高73.2cm，各片区参试品种平均株高分别为77.2cm、79.9cm和62.6cm。中片的参试品种株高最高，高于最低平均株高（南片）17.3cm（图43-7）。从各片的变异幅度来看，北片组内株高变异幅度最大（12.8），南片组内株高变异幅度最小（6.9）。2020年，北片冀豆29株高最高，为107.1cm，南片山宁23株高最低，为51.7cm。

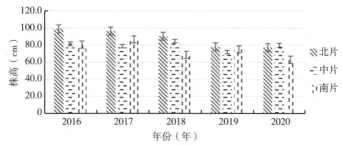

图43-7　2016—2020年黄淮海夏大豆品种试验参试品种各区组平均株高

三、2016—2020年黄淮海夏大豆品种试验参试品种底荚高度动态分析

（一）2016年

2016年黄淮海夏大豆参试品种的平均底荚高度17.8cm，各片区参试品种平均底荚高度分别为19.9cm、16.9cm和16.5cm。北片的参试品种底荚高度最高，高于最低平均底荚高度（南片）3.4cm（图43-8）。从各片的变异幅度来看，北片组内底荚高度变异幅度最大（3.0），南片组内底荚高度变异幅度最小（2.5）。2016年，北片齐黄34底荚高度最高，为26.9cm；南片潍豆8号底荚高度最低，为11cm。

（二）2017年

2017年黄淮海夏大豆参试品种的平均底荚高度16.7cm，各片区参试品种平均底荚高度分别为16.4cm、15.4cm和18.3cm。南片的参试品种底荚高度最高，高于最低平均底荚高度（中片）2.9cm（图43-8）。从各片的变异幅度来看，中片组内底荚高度变异幅度最大（2.9），北片组内底荚高度变异幅度最小（2.0）。2017年，南片濮豆1788和冀1514底荚高度最高，为22.1cm；中片潍豆17底荚高度最低，为11cm。

（三）2018年

2018年黄淮海夏大豆参试品种的平均底荚高度17.3cm，各片区参试品种平均底荚高度分别为18.6cm、16.3cm和17.1cm。北片的参试品种底荚高度最高，高于最低平均底荚高度（中片）2.3cm（图43-8）。从各片的变异幅度来看，北片组内底荚高度变异幅度最大（2.9），中片组内底荚高度变异幅度最小（2.1）。2018年，北片中黄324底荚高度最高，为27.5cm，是5年内株高最高的品种，南片中黄13（对照品种）底荚高度最低，为12.6cm。

（四）2019年

2019年黄淮海夏大豆参试品种的平均底荚高度15.5cm，各片区参试品种平均底荚高度分别为14.6cm、14.7cm和17.3cm。南片的参试品种底荚高度最高，高于最低平均底荚高度（北片）2.7cm（图43-8）。从各片的变异幅度来看，南片组内底荚高度变异幅度最大（2.6），中片组内底荚高度变异幅度最小（2.0）。2019年，南片濮豆820底荚高度最高，为24.1cm；北片中黄205底荚高度最低，为10.3cm。

（五）2020年

2020年黄淮海夏大豆参试品种的平均底荚高度15.1cm，各片区参试品种平均底荚高度分别为15.1cm、15.1cm和15.1cm（图43-8）。从各片的变异幅度来看，南片组内底荚高度变异幅度最大（2.8），中片组内底荚高度变异幅度最小（2.4）。2020年，中片濮豆820底荚高度最高，为21.9cm；北片中黄313底荚高度最低，为9cm。

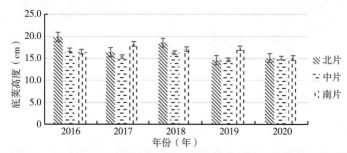

图43-8　2016—2020年黄淮海夏大豆品种试验参试品种各区组平均底荚高度

四、2016—2020年黄淮海夏大豆品种试验参试品种主茎节数动态分析

（一）2016年

2016年黄淮海夏大豆参试品种的平均主茎节数16.8节，各片区参试品种平均主茎节数分别为17.8节、16.1节和16.4节。北片的参试品种主茎节数最多，高于最低平均主茎节数（中片）1.7节（图43-9）。从各片的变异幅度来看，北片组内主茎节数变异幅度最大（2.1），中片组内主茎节数变异幅度最小（1.6）。2016年，北片石936主茎节数最多，为21.8节，南片山宁18主茎节数最少，为12.4节。

（二）2017年

2017年黄淮海夏大豆参试品种的平均主茎节数16.7节，各片区参试品种平均主茎节数分别为17.2节、16.0节和16.9节。北片的参试品种主茎节数最多，高于最低平均主茎节数（中片）1.2节（图43-9）。从各片的变异幅度来看，南片组内主茎节数变异幅度最大（1.9），北片组内主茎节数变异幅度最小（1.3）。2017年，南片冀1514主茎节数最多，为22.7节；南片皇豆11主茎节数最少，为13.4节。

（三）2018年

2018年黄淮海夏大豆参试品种的平均主茎节数16.7节，各片区参试品种平均主茎节数分别为18.2节、16.7节和15.3节。北片的参试品种主茎节数最多，高于最低平均主茎节数（南片）2.9节（图43-9）。从各片的变异幅度来看，北片组内主茎节数变异幅度最大（2.1），南片组内主茎节数变异幅度最小（1.2）。2018年，北片冀豆29主茎节数最多，为22.8节，是5年内主茎节数最多的品种；南片皇豆11主茎节数最少，为12.9节。

（四）2019年

2019年黄淮海夏大豆参试品种的平均主茎节数15.6节，各片区参试品种平均主茎节数分别为15.7节、15.3节和15.9节。南片的参试品种主茎节数最多，高于最低平均主茎节数（中片）0.6节（图43-9）。从各片的变异幅度来看，北片组内主茎节数变异幅度最大（2.5），中片和南片组内主茎节数变异幅度最小（1.3）。2019年，南片石豆14主茎节数最多，为19.2节；北片中黄205主茎节数最少，为11.6节。

（五）2020年

2020年黄淮海夏大豆参试品种的平均主茎节数14.8节，各片区参试品种平均主茎节数分别为15.2节、15.0节和14.3节。北片的参试品种主茎节数最多，高于最低平均主茎节数（南片）0.9节（图43-9）。从各片的变异幅度来看，北片组内主茎节数变异幅度最大（1.8），南片组内主茎节数变异幅度最小（0.9）。2020年，中片郑1307主茎节数最多，为17.1节，中片山宁29主茎节数最少，为12.5节。

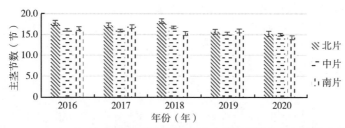

图43-9 2016—2020年黄淮海夏大豆品种试验参试品种各区组平均主茎节数

五、2016—2020年黄淮海夏大豆品种试验参试品种有效分枝动态分析

（一）2016年

2016年黄淮海夏大豆参试品种的平均有效分枝2个，各片区参试品种平均有效分枝分别为2.1个、1.8个和2.1个。北片和南片的参试品种有效分枝最多，高于最低平均有效分枝（中片）0.3个（图43-10）。从各片的变异幅度来看，北片和南片组内有效分枝变异幅度最大（0.6），南片组内有效分枝变异幅度最小（0.4）。2016年，南片淮12-13有效分枝最多，为3.4个；中片石153有效分枝最少，为0.8个。

（二）2017年

2017年黄淮海夏大豆参试品种的平均有效分枝1.8个，各片区参试品种平均有效分枝分别为2.2个、1.5个和1.6个。北片的参试品种有效分枝最多，高于最低平均有效分枝（中片）0.7个（图43-10）。从各片的变异幅度来看，北片组内有效分枝变异幅度最大（0.8），中片组内有效分枝变异幅度最小（0.4）。2017年，南片淮12-13有效分枝最多，为3.4个；南片冀1514有效分枝最少，为0.5个。

（三）2018年

2018年黄淮海夏大豆参试品种的平均有效分枝2个，各片区参试品种平均有效分枝分别为1.9个、2.1个和2.0个。中片的参试品种有效分枝最多，高于最低平均有效分枝（北片）0.2个（图43-10）。从各片的变异幅度来看，中片组内有效分枝变异幅度最大（0.6），北片和南片组内有效分枝变异幅度最小（0.5）。2018年，北片冀豆29有效分枝最多，为3.6个，北片中黄324和中片齐黄39有效分枝最少，均为1个。

（四）2019年

2019年黄淮海夏大豆参试品种的平均有效分枝1.8个，各片区参试品种平均有效分枝分别为2.0个、1.9个和1.6个。北片的参试品种有效分枝最多，高于最低平均有效分枝（南片）0.4个（图43-10）。从各片的变异幅度来看，北片组内有效分枝变异幅度最大（0.6），中片组内有效分枝变异幅度最小（0.4）。2019年，中片濮豆561有效分枝最多，为3.1个；北片中黄688和南片菏豆36号有效分枝最少，均为0.6个。

（五）2020年

2020年黄淮海夏大豆参试品种的平均有效分枝2个，各片区参试品种平均有效分枝分别为1.9个、2.2个和1.8个。黄淮海中片的参试品种有效分枝最多，高于最低平均有效分枝（南片）0.4个（图43-10）。从各片的变异幅度来看，南片组内有效分枝变异幅度最大（0.6），北片组内有效分枝变异幅度最小（0.2）。2020年，中片邯豆15有效分枝最多，为3.7个，是5年内有效分枝最多的品种；南片菏育10号和华豆22有效分枝最少，均为0.7个。

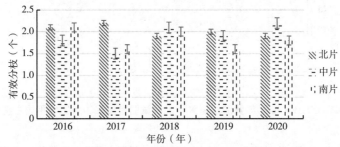

图43-10　2016—2020年黄淮海夏大豆品种试验参试品种各区组平均有效分枝

第三节　2016—2020年黄淮海夏大豆品种试验参试品种品质性状动态分析

一、2016—2020年黄淮海夏大豆品种试验参试品种粗蛋白含量动态分析

（一）2016—2020年黄淮海夏大豆品种试验参试品种粗蛋白含量年份间比较

1. 黄淮海北片

2016—2020年黄淮海北片大豆品种试验参试品种平均粗蛋白含量为42.85%、41.15%、41.01%、39.94%和38.19，其中2016年该区组平均粗蛋白含量最高为42.85%，比该区组最低平均粗蛋白含量38.19%（2020年）高4.66%（图43-11）。就该区组内平均粗蛋白含量变异程度而言，2018年最大（2.12），2017年最小（1.68）。该地区最高粗蛋白含量是冀13BA10（2016年），达45.37%，最低粗蛋白含量为冀豆29（2020年），达35.21%（表43-1）。

2. 黄淮海中片

2016—2020年黄淮海中片大豆品种试验参试品种平均粗蛋白含量为42.87%、42.93%、42.25%、41.31%和41.49%，其中2017年该区组平均粗蛋白含量最高为42.93%，比该区组最低平均粗蛋白含量41.19%（2020年）高1.74%（图43-11）。就该区组内平均粗蛋白含量变异程度而言，2020年最大（1.96），2017年最小（1.45）。该地区最高粗蛋白含量是石153（2017年），达

45.36%，最低粗蛋白含量为邯13-99（2019年），达38.29%（表43-1）。

3. 黄淮海南片A组

2016—2020年黄淮海南片A组大豆品种试验参试品种平均粗蛋白含量为43.09%、42.98%、43.33%、41.19%和41.45%，其中2018年该区组平均粗蛋白含量最高为43.33%，比该区组最低平均粗蛋白含量41.45%（2020年）高1.88%（图43-11）。就该区组内平均粗蛋白含量变异程度而言，2019年最大（1.66），2020年最小（1.44）。该地区最高粗蛋白含量是蒙01-42（2016年），达46.05%，最低粗蛋白含量为漯豆4904（2019年），达38.72%（表43-1）。

4. 黄淮海南片B组

2016—2020年黄淮海南片B组大豆品种试验参试品种平均粗蛋白含量为43.57%、43.41%、44.13%、41.71%和41.51%，其中2018年该区组平均粗蛋白含量最高为44.13%，比该区组最低平均粗蛋白含量41.51%（2020年）高2.62%（图43-11）。就该区组内平均粗蛋白含量变异程度而言，2018年最大（1.82），2017年最小（1.00）。该地区最高粗蛋白含量是徐0112-24（2018年），达46.68%，最低粗蛋白含量为周豆33（2019年），达38.29%（表43-1）。

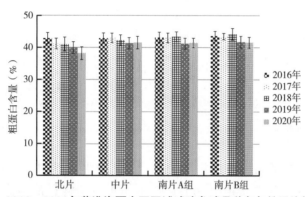

图43-11　2016—2020年黄淮海夏大豆区域试验参试品种各年份平均粗蛋白含量

表43-1　2016—2020年黄淮海夏大豆区域试验参试品种各年份平均粗蛋白含量分析

试验组别	粗蛋白含量	2016年	2017年	2018年	2019年	2020年	平均
北片	最大值（%）	45.37（冀13BA10）	43.93	44.13	43.17	40.82	43.48
	最小值（%）	40.7	38.8	38.06	37.4	35.21（冀豆29）	38.03
	平均值（%）	42.85	41.15	41.01	39.94	38.19	40.63
	标准差	1.74	1.68	2.12	1.83	1.96	1.87
中片	最大值（%）	45.03	45.36（石153）	44.76	41.73	45.24	44.42
	最小值（%）	40.28	39.76	39.67	38.29（邯13-99）	38.39	39.28
	平均值（%）	42.87	42.93	42.25	41.31	41.49	42.17
	标准差	1.58	1.45	1.63	1.75	1.96	1.67
南片A组	最大值（%）	46.05（蒙01-42）	45.57	45.84	44.06	44.02	45.11
	最小值（%）	39.61	39.8	40.9	38.72（漯豆4904）	38.96	39.60
	平均值（%）	43.09	42.98	43.33	41.19	41.45	42.41
	标准差	1.65	1.49	1.51	1.66	1.44	1.55
南片B组	最大值（%）	46.49	45.32	46.68（徐0112-24）	44.3	44.64	45.49
	最小值（%）	41.55	41.44	39.26	38.29（周豆33）	39.63	40.03
	平均值（%）	43.57	43.41	44.13	41.71	41.51	42.87
	标准差	1.45	1.00	1.82	1.81	1.71	1.57

（二）2016—2020年黄淮海夏大豆品种试验参试品种粗蛋白含量区组间比较

1. 2016年

2016年黄淮海夏大豆参试品种平均粗蛋白含量为：北片组为42.85%，中片组为42.87%，南片A组43.09%和南片B组43.57%。其中，南片B组平均粗蛋白含量最高为43.57%，比最低北片组（42.85%）高0.72%（图43-12）。就该区组内平均粗蛋白含量变异程度而言，最大北片组为1.74，最小南片B组为1.45。该地区最高粗蛋白含量是潍科20，达46.69%；最低粗蛋白含量为中作X96058，达39.61%（表43-2）。

2. 2017年

2017年黄淮海夏大豆参试品种平均粗蛋白含量为：北片组为41.15%，中片组为42.93%，南片A组42.98%和南片B组43.41%。其中，南片B组平均粗蛋白含量最高为43.41%，比最低北片组（41.15%）高2.26%（图43-12）。就该区组内平均粗蛋白含量变异程度而言，最大北片组为1.68，最小南片B组为1.00%。该地区最高粗蛋白含量是蒙01-42，达45.57%；最低粗蛋白含量为潍黑豆1号，达38.8%（表43-2）。

3. 2018年

2018年黄淮海夏大豆参试品种平均粗蛋白含量为：北片组为41.01%，中片组为42.25%，南片A组43.33%和南片B组44.13%。其中，南片B组平均粗蛋白含量最高为44.13%，比最低北片组（41.01%）高3.12%（图43-12）。就该区组内平均粗蛋白含量变异程度而言，最大北片组为2.12%，最小南片A组为1.51%。该地区最高粗蛋白含量是徐0112-24，达46.68%；最低粗蛋白含量为冀豆29，达38.06%（表43-2）。

4. 2019年

2019年黄淮海夏大豆参试品种平均粗蛋白含量为：北片组为39.94%，中片组为41.31%，南片A组41.19%和南片B组41.71%。其中，中片组平均粗蛋白含量最高为41.31%，比最低北片组（39.94%）高1.37%（图43-12）。就该区组内平均粗蛋白含量变异程度而言，最大北片组为1.83%，最小南片A组为1.66%。该地区最高粗蛋白含量是徐0112-24，达44.30%；最低粗蛋白含量为HN0811，达37.40%（表43-2）。

5. 2020年

2020年黄淮海夏大豆参试品种平均粗蛋白含量为：北片组为38.19%，中片组为41.49%，南片A组41.45%和南片B组41.51%。其中，南片B组组平均粗蛋白含量最高为41.51%，比最低北片组平均粗蛋白含量（38.19%）高3.32%（图43-12）。就该区组内平均粗蛋白含量变异程度而言，最大北片组为1.96%，最小南片A组为1.62%。粗蛋白含量最高品种为山宁29，达45.24%；最低粗蛋白含量为冀豆29，达35.21%（表43-2）。

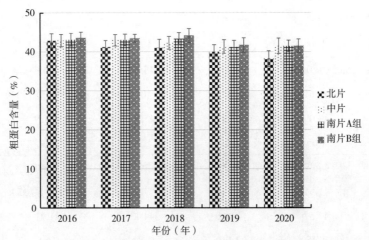

图43-12　2016—2020年黄淮海夏大豆区域试验参试品种各区组平均粗蛋白含量

表43-2 2016—2020年黄淮海夏大豆区域试验参试品种各区组平均粗蛋白含量分析

年份	粗蛋白含量	北片	中片	南片A组	南片B组	平均值
2016	最大值（%）	45.37	45.03	46.05	46.49（潍科20）	45.74
	最小值（%）	40.7	40.28	39.61（中作X96058）	41.55	40.54
	平均值（%）	42.85	42.87	43.09	43.57	43.10
	标准差	1.74	1.58	1.65	1.45	1.61
2017	最大值（%）	43.93	45.36	45.57（蒙01-42）	45.32	45.05
	最小值（%）	38.8（潍黑豆1号）	39.76	39.8	41.44	39.95
	平均值（%）	41.15	42.93	42.98	43.41	42.62
	标准差	1.68	1.45	1.49	1.00	1.41
2018	最大值（%）	44.13	44.76	45.84	46.68（徐0112-24）	45.35
	最小值（%）	38.06（冀豆29）	39.67	40.9	39.26	39.47
	平均值（%）	41.01	42.25	43.33	44.13	42.68
	标准差	2.12	1.63	1.51	1.82	1.77
2019	最大值（%）	43.17	41.73	44.06	44.3（徐0112-24）	43.32
	最小值（%）	37.4（HN0811）	38.29	38.72	38.29	38.18
	平均值（%）	39.94	41.31	41.19	41.71	41.04
	标准差	1.83	1.75	1.66	1.81	1.76
2020	最大值（%）	40.82	45.24（山宁29）	44.02	44.64	43.68
	最小值（%）	35.21（冀豆29）	38.39	38.96	39.63	38.05
	平均值（%）	38.19	41.49	41.45	41.51	40.66
	标准差	1.96	1.96	1.44	1.71	1.77

二、2016—2020年黄淮海夏大豆品种试验参试品种粗脂肪含量动态分析

（一）2016—2020年黄淮海夏大豆品种试验参试品种粗脂肪含量年份间比较

1. 黄淮海北片

2016—2020年黄淮海北片组大豆品种试验参试品种平均粗脂肪含量为19.10%、19.95%、20.38%、20.96%和21.78%，其中2020年该区组平均粗脂肪含量最高为21.78%，比该区组最低平均粗脂肪含量19.10%（2016年）高2.68%（图43-13）。就该区组内平均粗脂肪含量变异程度而言，2018年最大（1.32），2017年最小（0.99）。该地区最高粗脂肪含量是冀豆32（2020年），达23.32%；最低粗脂肪含量为中黄204（2018年），达17.66%（表43-3）。

2. 黄淮海中片

2016—2020年黄淮海中片组大豆品种试验参试品种平均粗脂肪含量为20.30%、19.76%、19.77%、20.30%和19.89%，其中2016年和2020年该区组平均粗脂肪含量最高为20.30%（图43-13）。就该区组内平均粗脂肪含量变异程度而言，2019年最大（1.57），2016年最小（0.98）。该地区最高粗脂肪含量是中黄207（2019年），达21.78%；最低粗脂肪含量为山宁30（2018年），达17.11%（表43-3）。

3. 黄淮海南片A组

2016—2020年黄淮海南片A组大豆品种试验参试品种平均粗脂肪含量为20.04%、20.07%、19.58%、20.04%和20.77%，其中2020年该区组平均粗脂肪含量最高为20.77%（图43-13）。就该区组内平均粗脂肪含量变异程度而言，2016年最大（1.44），2018年和2020年最小（0.98）。该地区最高粗脂肪含量是中作X96058（2017年），达23.43%；最低粗脂肪含量为阜1306（2018年），达

17.66%（表43-3）。

4. 黄淮海南片B组

2016—2020年黄淮海南片B组大豆品种试验参试品种平均粗脂肪含量为19.85%、19.26%、19.22%、20.73%和20.27%，其中2020年该区组平均粗脂肪含量最高为20.73%（图43-13）。就该区组内平均粗脂肪含量变异程度而言，2018年最大（1.28），2017年最小（0.64）。该地区最高粗脂肪含量是石豆14（2019年），达23.07%；最低粗脂肪含量为徐0112-24（2018年），达17.10%（表43-3）。

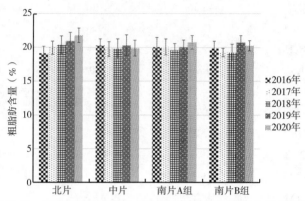

图43-13 2016—2020年黄淮海夏大豆区域试验参试品种各年份平均粗脂肪含量

表43-3 2016—2020年黄淮海夏大豆区域试验参试品种各年份平均粗脂肪含量分析

试验组别	粗脂肪含量	2016年	2017年	2018年	2019年	2020年	平均
北片	最大值(%)	20.98	21.38	21.89	22.67	23.32（冀豆32）	22.05
	最小值(%)	17.91	18.12	17.66（中黄204）	18.06	20.52	18.45
	平均值(%)	19.10	19.95	20.38	20.96	21.78	20.43
	标准差	1.06	0.99	1.32	1.27	1.07	1.14
中片	最大值(%)	21.73	20.74	21.72	21.78（中黄207）	21.71	21.54
	最小值(%)	18.88	17.77	17.11（山宁30）	17.42	18.13	17.86
	平均值(%)	20.30	19.76	19.77	20.30	19.89	20.00
	标准差	0.98	1.09	1.49	1.57	1.18	1.26
南片A组	最大值(%)	23.16	23.43（中作X96058）	22.07	21.67	22.21	22.51
	最小值(%)	18.05	18.72	17.66（阜1306）	17.91	19.34	18.34
	平均值(%)	20.04	20.07	19.58	20.04	20.77	20.10
	标准差	1.44	1.20	0.99	1.07	0.99	1.14
南片B组	最大值(%)	21.89	20.44	21.75	23.07（石豆14）	21.8	21.79
	最小值(%)	18.36	18.08	17.1（徐0112-24）	18.9	18.78	18.24
	平均值(%)	19.85	19.26	19.22	20.73	20.27	19.87
	标准差	1.09	0.64	1.28	1.02	0.76	0.96

（二）2016—2020年黄淮海夏大豆品种试验参试品种粗脂肪含量区组间比较

1. 2016年

2016年黄淮海夏大豆参试品种平均粗脂肪含量为：北片组为19.10%，中片组为20.30%，南片A组20.04%和南片B组19.85%，其中中片组平均粗脂肪含量最高为20.30%，比最低北片组（19.10%）高1.2%（图43-14）。就该区组内平均粗脂肪含量变异程度而言，最大南片A组为1.44，最小中片组为0.98。该地区最高粗脂肪含量是中作X96058，达23.16%；最低粗脂肪含量为科丰29号，达17.91%（表43-4）。

2. 2017年

2017年黄淮海夏大豆参试品种平均粗脂肪含量为：北片组为19.10%，中片组为20.30%，南片A组20.04%和南片B组19.85%。其中，中片组平均粗脂肪含量最高为20.30%，比最低北片组（19.10%）高1.2%（图43-14）。就该区组内平均粗脂肪含量变异程度而言，最大南片A组为1.44，最小中片组为0.98。该地区最高粗脂肪含量是中作X96058，达23.43%；最低粗脂肪含量为冀1503，达7.77%（表43-4）。

3. 2018年

2018年黄淮海夏大豆参试品种平均粗脂肪含量为：北片组20.38%，中片组19.77%，南片A组19.58%和南片B组19.22%。其中，平均粗脂肪含量最高为北片组20.38%，比最低南片A组（19.58%）高0.8%（图43-14）。就该区组内平均粗脂肪含量变异程度而言，最大中片组为1.49，最小南片A组为0.99。2018年粗脂肪含量最高的是冀豆30，达22.07%；粗脂肪含量最低为徐0112-24，达到17.10%（表43-4）。

4. 2019年

2019年黄淮海夏大豆参试品种平均粗脂肪含量为：北片组20.96%，中片组20.30%，南片A组20.04%和南片B组20.73%。其中，平均粗脂肪含量最高为北片组20.96%，比最低南片A组（20.04%）高0.926%（图43-14）。就该区组内平均粗脂肪含量变异程度而言，最大中片组为1.57，最小南片B组为1.02。2019年粗脂肪含量最高的是石豆14，达23.07%；粗脂肪含量最低为山宁30，达17.42%（表43-4）。

5. 2020年

2020年黄淮海夏大豆参试品种平均粗脂肪含量为：北片组21.78%，中片组19.89%，南片A组20.77%和南片B组20.27%。其中，平均粗脂肪含量最高为北片组21.78%，比最低中片组（19.89%）高1.89%（图43-14）。就该区组内平均粗脂肪含量变异程度而言，最大中片组为1.18，最小南片B组为0.76。2020年粗脂肪含量最高的是冀豆32，达23.32%；粗脂肪含量最低为山宁29，达到18.13%（表43-4）。

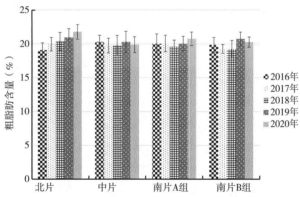

图43-14 2016—2020年黄淮海夏大豆区域试验参试品种各区组平均粗脂肪含量

表43-4 2016—2020年黄淮海夏大豆区域试验参试品种各区组平均粗脂肪含量分

年份	粗脂肪含量	北片	中片	南片A组	南片B组	平均值
2016	最大值（%）	20.98	21.73	23.16（中作X96058）	21.89	21.94
	最小值（%）	17.91（科丰29号）	18.88	18.05	18.36	18.3
	平均值（%）	19.10	20.30	20.04	19.85	19.82
	标准差	1.06	0.98	1.44	1.09	1.14
2017	最大值（%）	21.38	20.74	23.43（中作X96058）	20.44	21.50
	最小值（%）	18.12	17.77（冀1503）	18.72	18.08	18.17
	平均值（%）	19.95	19.76	20.07	19.26	19.76
	标准差	0.99	1.09	1.20	0.64	0.98

（续表）

年份	粗脂肪含量	北片	中片	南片A组	南片B组	平均值
2018	最大值(%)	21.89	21.72	22.07（冀豆30）	21.75	21.86
	最小值(%)	17.66	17.11	17.66	17.10（徐0112-24）	17.38
	平均值(%)	20.38	19.77	19.58	19.22	19.74
	标准差	1.32	1.49	0.99	1.28	1.27
2019	最大值(%)	22.67	21.78	21.67	23.07（石豆14）	22.30
	最小值(%)	18.06	17.42（山宁30）	17.91	18.9	18.07
	平均值(%)	20.96	20.30	20.04	20.73	20.51
	标准差	1.27	1.57	1.07	1.02	1.23
2020	最大值(%)	23.32（冀豆32）	21.71	22.21	21.8	22.26
	最小值(%)	20.52	18.13（山宁29）	19.34	18.78	19.19
	平均值(%)	21.78	19.89	20.77	20.27	20.68
	标准差	1.07	1.18	0.99	0.76	1.00

第四节　2016—2020年黄淮海夏大豆品种试验参试品种抗性性状动态分析

一、2016—2020年黄淮海夏大豆品种试验参试品种花叶病毒抗性动态分析

（一）2016—2020年黄淮海夏大豆品种试验参试品种花叶病毒抗性年份间比较

1. 黄淮海北片

2016—2020年黄淮海夏大豆北片参试品种对花叶病毒SC3/SC7抗性平均病情指数分别为12.5/21.8、26.9/27.1、19.7/23.8、15.9/23.9和24.4/23.1，其中2016年该片区SC3/SC7平均病情指数最低，比该片区SC3/SC7最高平均病情指数（2017年）低14.4/5.3（图43-15、图43-16）。就该片区内平均病情指数变异程度而言，2016年最大（SC3，33.18%；SC7，28.44%），2020年最小（SC3，13.76%；SC7，17.09%）。该片区SC3/SC7病情指数最低的是科丰29号（2016年）、中黄74（2017年）、石豆17（2018年）、中黄341（2020年），病情指数均为0/0，SC3/SC7病情指数最高的是冀15J09/邯12-383（2017年），病情指数62/64。

2. 黄淮海中片

2016—2020年黄淮海夏大豆中片参试品种对花叶病毒SC3/SC7抗性平均病情指数分别为15.5/22.3、16.9/21.6、17.8/20.6、15.5/14.5和12.7/9.9，其中2020年该片区SC3/SC7平均病情指数最低，比该片区SC3/SC7最高平均病情指数（2018年/2016年）低5.1/12.4（图43-15、图43-16）。就该片区内平均病情指数变异程度而言，2019年/2020年最大（SC3，30.37%；SC7，31.31%），2018年/2017年最小（SC3，26.58%；SC7，22.91%）。该片区SC3/SC7病情指数最低的是石885（2016年）、洛1304，晋豆50号、中黄311（2018年）、晋豆50号、濮豆561（2019年）、晋遗51（2020年），病情指数均为0/0，SC3/SC7病情指数最高的是蒙03-26/（2016年），病情指数50/63。

3. 黄淮海南片

2016—2020年黄淮海夏大豆南片参试品种对花叶病毒SC3/SC7抗性平均病情指数分别为22.7/23.8、22.4/25.3、32.0/35.2、21.8/24.7和30.4/26.8，其中2019年/2016年该片区SC3/SC7平均病

情指数最低，比该片区SC3/SC7最高平均病情指数（2018年）低10.2/11.4（图43-15、图43-16）。就该片区内平均病情指数变异程度而言，2016年最大（SC3，15.46%；SC7，17.98%），2020年最小（SC3，9.84%；SC7，11.31%）。该片区SC3/SC7病情指数最低的是周豆22号（2016年）、科豆10号（2017年）、邯豆13（2020年），病情指数均为0/0；SC3/SC7病情指数最高的是皖宿0922（2018年），病情指数63/75。

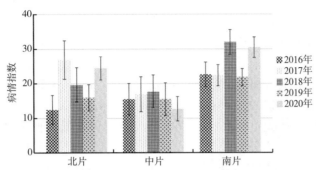

图43-15　2016—2020年黄淮海夏大豆区域试验参试品种对花叶病毒SC3抗性各年份平均病情指数

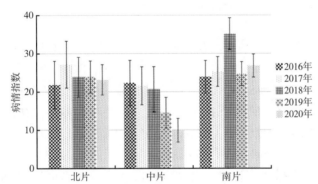

图43-16　2016—2020年黄淮海夏大豆区域试验参试品种对花叶病毒SC7抗性各年份平均病情指数

（二）2016—2020年黄淮海夏大豆品种试验参试品种花叶病毒抗性区组间比较

1. 2016年

2016年黄淮海夏大豆参试品种的平均病情指数为SC3、16.9/SC7、22.6。各片区参试品种平均病情指数分别为SC3、12.5/SC7、21.8/SC3、15.5/SC7、22.3、SC3、22.7/SC7和23.8（图43-17、图43-18）。黄淮海北片的参试品种SC3/SC7平均病情指数最低，比SC3/SC7最高平均病情指数（南片）低10.2/2。从各片的变异幅度来看，北片组内抗性变异幅度最大（SC3，33.18%；SC7，28.44%），南片组内抗性变异幅度最小（SC3，15.46%；SC7，17.98%）。2016年，北片科丰29号、中片石885、南片周豆22号对SC3/SC7病情指数最低，病情指数均为0/0。中片蒙03-26、南片中黄13对SC3/SC7病情指数最高，病情指数均为50/63。

2. 2017年

2017年黄淮海夏大豆参试品种的平均病情指数为SC3、22.1/SC7、24.7。各片区参试品种平均病情指数分别为SC3、26.9/SC7、27.1/SC3、16.9/SC7、21.6、SC3、22.4/SC7和25.3（图43-17、图43-18）。黄淮海中片的参试品种SC3/SC7平均病情指数最低，比SC3/SC7最高平均病情指数（北片）低10.0/5.5。从各片的变异幅度来看，中片组内抗性变异幅度最大（SC3，29.80%；SC7，22.88%），南片组内抗性变异幅度最小（SC3，13.60%；SC7，15.32%）。2017年，北片中黄74、南片科豆10号对SC3/SC7病情指数最低，病情指数均为0/0。北片冀15J09，对SC3病情指数最高，病情指数为62。南片中黄13，对SC7病情指数最高，病情指数为66。

3.2018年

2018年黄淮海夏大豆参试品种的平均病情指数为SC3、23.2/SC7、26.5。各片区参试品种平均病情指数分别为SC3、19.7/SC7、23.8/SC3、17.8/SC7、20.6、SC3，32.0/SC7和35.2（图43-17、图43-18）。黄淮海中片的参试品种SC3/SC7平均病情指数最低，比SC3/SC7最高平均病情指数（南片）低14.2/14.6。从各片的变异幅度来看，中片组内抗性变异幅度最大（SC3，26.53%；SC7，28.61%），南片组内抗性变异幅度最小（SC3，11.17%；SC7，11.72%）。2018年，北片石豆17，中片洛1304、晋豆50号、中黄311对SC3/SC7病情指数最低，病情指数均为0/0。南片皖宿0922、皇豆11对SC3病情指数最高，病情指数均为63。南片皖宿0922，对SC7病情指数最高，病情指数为75。

4.2019年

2019年黄淮海夏大豆参试品种的平均病情指数为SC3、17.7/SC7、21.0。各片区参试品种平均病情指数分别为SC3、15.9/SC7、23.9/SC3、15.5/SC7、14.5、SC3、21.8/SC7和24.7（图43-17、图43-18）。黄淮海中片的参试品种SC3/SC7平均病情指数最低，比SC3/SC7最高平均病情指数（南片）低6.3/10.2。从各片的变异幅度来看，中片组内抗性变异幅度最大（SC3，30.37%；SC7，27.87%），南片组内抗性变异幅度最小（SC3，11.20%；SC7，12.62%）。2019年，中片濮豆561、晋豆50号对SC3/SC7病情指数最低，病情指数均为0/0。北片科豆13号，对SC3病情指数最高，病情指数为49。南片皇豆12，对SC7病情指数最高，病情指数为67。

5.2020年

2020年黄淮海夏大豆参试品种的平均病情指数为SC3、22.5/SC7、19.9。各片区参试品种平均病情指数分别为SC3、24.4/SC7、23.1/SC3、12.7/SC7、9.9、SC3、30.4/SC7和26.8（图43-17、图43-18）。黄淮海中片的参试品种SC3/SC7平均病情指数最低，比SC3/SC7最高平均病情指数（南片）低17.7/16.9。从各片的变异幅度来看，中片组内抗性变异幅度最大（SC3，27.68%；SC7，31.41%），南片组内抗性变异幅度最小（SC3，9.84%；SC7，11.31%）。2020年，北片中黄341，中片晋遗51，南片邯豆13对SC3/SC7病情指数最低，病情指数均为0/0。南片山宁23、皇豆12、菏豆37对SC3病情指数最高，病情指数均为50。南片徐9416-8，对SC7病情指数最高，病情指数为48。

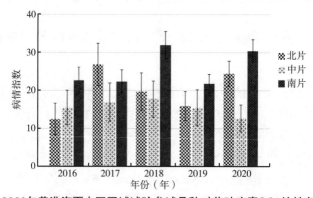

图43-17　2016—2020年黄淮海夏大豆区域试验参试品种对花叶病毒SC3抗性各区组平均病情指数

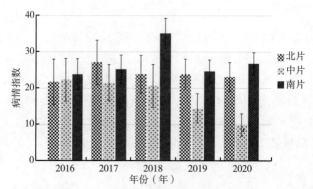

图43-18　2016—2020年黄淮海夏大豆区域试验参试品种对花叶病毒SC7抗性各区组平均病情指数

二、2016—2020年黄淮海夏大豆品种试验参试品种孢囊线虫病抗性动态分析

（一）2016—2020年黄淮海夏大豆品种试验参试品种孢囊线虫病抗性年份间比较

1. 黄淮海北片

2016—2020年黄淮海夏大豆北片参试品种对孢囊线虫病抗性平均孢囊指数分别为93.3%、89.6%、106.0%、139.0%和133.5%，其中2017年该片区平均孢囊指数最低，比该片区最高平均孢囊指数（2019年）低49.4%（图43-19）。就该片区内平均孢囊指数变异程度而言，2020年最大（16.97%），2018年最小（7.38%）。该片区孢囊指数最低的是冀1507（2017年），孢囊指数为31.1%，孢囊指数最高的是HN0811（2020年），孢囊指数307.8%。

2. 黄淮海中片

2016—2020年黄淮海夏大豆中片参试品种对孢囊线虫病抗性平均孢囊指数分别为109.6%、107.8%、102.5%、168.0%和90.3%，其中2020年该片区平均孢囊指数最低，比该片区最高平均孢囊指数（2019年）低77.7%（图43-19）。就该片区内平均孢囊指数变异程度而言，2019年最大（9.61%），2020年最小（4.49%）。该片区孢囊指数最低的是安豆5246（2017年），孢囊指数为51.1%；孢囊指数最高的是中黄207（2019年），孢囊指数264.5%。

3. 黄淮海南片

2016—2020年黄淮海夏大豆南片参试品种对孢囊线虫病抗性平均孢囊指数分别为106.2%、87.4%、106.0%、153.4%和122.6%，其中2017年该片区平均孢囊指数最低，比该片区最高平均孢囊指数（2019年）低66.0%（图43-19）。就该片区内平均孢囊指数变异程度而言，2019年最大（10.55%），2016年最小（6.02%）。该片区孢囊指数最低的是徐0117-46（2017年），孢囊指数为30.2%；孢囊指数最高的是兴豆571（2019年），孢囊指数410.4%。

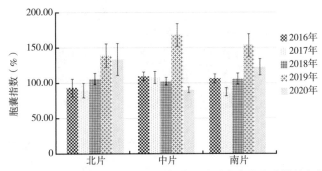

图43-19　2016—2020年黄淮海夏大豆区域试验参试品种对孢囊线虫病抗性各年份平均孢囊指数

（二）2016—2020年黄淮海夏大豆品种试验参试品种孢囊线虫病抗性区组间比较

1. 2016年

2016年黄淮海夏大豆参试品种的平均孢囊指数为103.0%。各片区参试品种平均孢囊指数分别为93.3%、109.6%和106.2%（图43-20）。黄淮海北片的参试品种平均孢囊指数最低，比最高平均孢囊指数（中片）低16.3%。从各片的变异幅度来看，北片组内抗性变异幅度最大（13.3%），中片组内抗性变异幅度最小（5.5%）。2016年，北片冀豆19孢囊指数最低，孢囊指数为44.68%；北片科丰29号孢囊指数最高，孢囊指数为177.47%。

2. 2017年

2017年黄淮海夏大豆参试品种的平均孢囊指数为94.9%。各片区参试品种平均孢囊指数分别为89.6%、107.8%和87.4%（图43-20）。黄淮海南片的参试品种平均孢囊指数最低，比最高平均孢囊指数（中片）低20.4%。从各片的变异幅度来看，北片组内抗性变异幅度最大（11.4%），南片组内抗性变异幅度最小（6.5%）。2017年，南片徐0117-46孢囊指数最低，孢囊指数为30.16%；中片邯

11-222孢囊指数最高，孢囊指数为168.35%。

3. 2018年

2018年黄淮海夏大豆参试品种的平均孢囊指数为104.8%。各片区参试品种平均孢囊指数分别为106.0%、102.5%和106.0%（图43-20）。黄淮海中片的参试品种平均孢囊指数最低，比最高平均孢囊指数（北片、南片）低3.5%。从各片的变异幅度来看，北片组内抗性变异幅度最大（7.4%），中片组内抗性变异幅度最小（5.2%）。2018年，南片商豆1201孢囊指数最低，孢囊指数为60.26%。南片皖豆38孢囊指数最高，孢囊指数为270.14%。

4. 2019年

2019年黄淮海夏大豆参试品种的平均孢囊指数为153.4%。各片区参试品种平均孢囊指数分别为139.0%、168.0%和153.4%（图43-20）。黄淮海北片的参试品种平均孢囊指数最低，比最高平均孢囊指数（中片）低29.0%。从各片的变异幅度来看，北片组内抗性变异幅度最大（11.9%），中片组内抗性变异幅度最小（9.6%）。2019年，南片兴农2号孢囊指数最低，孢囊指数为61.50%；南片兴豆571孢囊指数最高，孢囊指数为410.40%。

5. 2020年

2020年黄淮海夏大豆参试品种的平均孢囊指数为115.4%。各片区参试品种平均孢囊指数分别为133.5%、90.3%和122.6%（图43-20）。黄淮海中片的参试品种平均孢囊指数最低，比最高平均孢囊指数（北片）低43.2%。从各片的变异幅度来看，北片组内抗性变异幅度最大（17.0%），中片组内抗性变异幅度最小（4.5%）。2020年，中片圣豆7号孢囊指数最低，孢囊指数为63.70%；南片淮豆17孢囊指数最高，孢囊指数为323.50%。

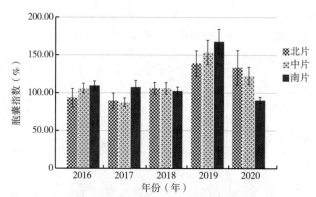

图43-20　2016—2020年黄淮海夏大豆区域试验参试品种对孢囊线虫病抗性各区组平均孢囊指数

第四十四章 2016—2020年长江流域大豆品种试验性状动态分析

第一节 2016—2020年长江流域试验参试品种产量及构成因子动态分析

一、2016—2020年长江流域大豆品种试验参试品种产量动态分析

（一）2016—2020年长江流域大豆品种试验参试品种产量年份间比较

从2016—2020年长江流域大豆品种产量结果来看，不同年份间，长江流域春大豆组产量表现稳定，长江流域夏大豆早中熟组平均产量最高，长江流域夏大豆晚熟组产量最低，但不同熟期组品种产量年际间又呈现不同的变化规律（图44-1）。

从图44-1中可知，长江流域春大豆组（以下简称"长春组"）品种平均产量除2019年较高外，在其他年份变化不大，这可能与春播大豆试验期间气候条件较为一致有关；夏大豆早中熟组（以下简称"夏早组"）品种平均产量年度间变化较大，总体表现为2016—2018年产量逐年下降，2019—2020年开始回升，其中2019年平均亩产最高，达212.5kg，这可能与年度间品种组成、夏大豆试验期间的极端气候有关；长江流域夏大豆晚熟组（以下简称"夏晚组"）平均产量最低，且年度间变化较大，2017和2019年产量较高，2018和2020年产量较低，这与该两年夏大豆期间的极端气候条件有关（图44-1）。

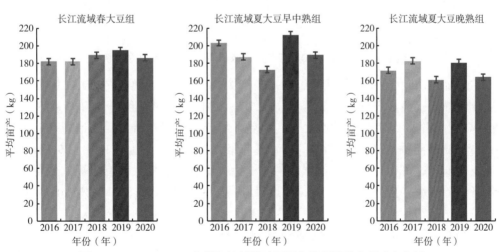

图44-1 2016—2020年长江流域试验不同年份间品种产量动态分析

由表44-1结果可知，2016—2020年长江流域春大豆组平均亩产187.0kg，表现较为稳定，年度间产量变幅在182.1～195.1kg，其中2018年最高，2016年和2017年最低，最高产量比最低产量高23.6%；长江流域夏大豆早中熟组平均亩产为193.1kg，不同年份变化较大，年度间产量变幅在172.8～212.5kg，其中2019年最高，2018年最低，最高产量比最低产量高28.0%；长江流域夏大豆晚熟组平均亩产为172.1kg，年度间产量变幅在161.1～182.7kg，其中2017年最高，2018年最低。

表44-1　2016—2020年长江流域不同年份间品种产量分析　　　　（kg）

试验组别	值说明	2016年	2017年	2018年	2019年	2020年	平均
长江流域 春大豆组	最大值	201.6	202.6	203.8	209.8	203.4	204.2
	最小值	156.1	168.2	172.1	163.7	167.0	165.4
	平均值	182.1	182.1	189.3	195.1	186.3	187.0
长江流域 夏大豆早中熟组	最大值	223.4	205.2	192.7	236.1	198.7	211.2
	最小值	169.2	163.4	138.1	178.6	175.9	165.0
	平均值	203.2	187.4	172.8	212.5	189.4	193.1
长江流域 夏大豆晚熟组	最大值	191.8	192.6	185.6	203.7	181.1	191.0
	最小值	148.3	161.4	142.5	151.6	137.0	148.2
	平均值	171.9	182.7	161.1	180.9	164.0	172.1

（二）2016—2020年长江流域试验参试品种产量不同试验组间比较

从2016—2020年长江流域大豆品种产量结果来看，总体上说，2019各试验组亩产最高，2018年最低。除2018年外，长江流域夏大豆早中熟组在各年度均表现为产量最高，长江流域春大豆组次之，长江流域夏大豆晚熟组最低。这夏大豆试验期间的气候条件有关（图44-2）。

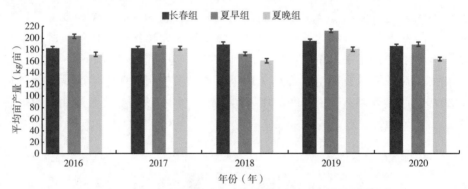

图44-2　2016—2020年长江流域不同试验组产量动态分析

由表44-2结果可知，2016年各试验组平均亩产为185.7kg，变幅为171.9～203.2kg，其中夏早组最高，夏晚组最低，最高产量比最低产量高18.7%；2017年各试验组平均亩产为184.1kg，变幅为182.1～187.4kg，各试验组产量差异不大，其中夏早组最高，长春组最低，最高产量比最低产量高2.9%；2018年各试验组平均亩产为174.4kg，为近年最低产量，变幅为161.1～189.3kg，其中长春组最高，夏晚组最低，这可能与2018年气候条件对夏大豆试验影响较大但春大豆试验期间气候正常有关。2019年各试验组平均亩产为196.2kg，为近年最高产量，变幅为180.9～212.5kg，其中夏早组最高，夏晚组最低。2020年各试验组平均亩产为179.9kg，变幅为164.0～189.0kg，其中夏早组最高，夏晚组最低，2020年气候条件对夏大豆也产生了一定的不利影响。

表44-2　2016—2020年长江流域不同试验组品种产量分析　　　　（kg）

年份	产量	长春组	夏早组	夏晚组	平均值
2016	最大值	201.6	223.4	191.8	205.6
	最小值	156.1	169.2	148.3	157.9
	平均值	182.1	203.2	171.9	185.7
2017	最大值	202.6	205.2	192.6	200.1
	最小值	168.2	163.4	161.4	164.3
	平均值	182.1	187.4	182.7	184.1

（续表）

年份	产量	长春组	夏早组	夏晚组	平均值
2018	最大值	203.8	192.7	185.6	194.0
	最小值	172.1	138.1	142.5	150.9
	平均值	189.3	172.8	161.1	174.4
2019	最大值	209.8	236.1	203.7	216.5
	最小值	163.7	178.6	151.6	164.6
	平均值	195.1	212.5	180.9	196.2
2020	最大值	203.4	198.7	181.1	194.4
	最小值	167.0	175.9	137.0	160.0
	平均值	186.3	189.4	164.0	179.9

二、2016—2020年长江流域大豆品种试验参试品种产量构成因子动态分析

（一）2016—2020年长江流域大豆品种试验参试品种单株粒数年份间比较

从2016—2020年长江流域大豆品种单株粒数结果来看，不同年份间，长江流域春大豆组单株粒数表现稳定，长江流域夏大豆早中熟组平均单株粒数最高，但年度间变化较大，长江流域夏大豆晚熟组次之，但不同熟期组品种产量年际间又呈现不同的变化规律（图44-3）。

从图44-3可知，2016—2020长江流域春大豆组平均单株粒数为60粒，各年度间变化不大，2019年最高，2018年最低，这与春大豆试验期间气候较为稳定及品种特点有关。长江流域夏大豆早中熟组平均单株粒数为90粒，年度间变化较大，2019年最高，2018年最低，最高与最低相差28.2%；长江流域夏大豆晚熟组平均单株粒数为80粒，以2020年最高，2018年最低。总体上说，2019年和2020年的气候条件对春大豆和夏豆都较为有利，2018年的气候条件对春夏大豆均有不利影响。

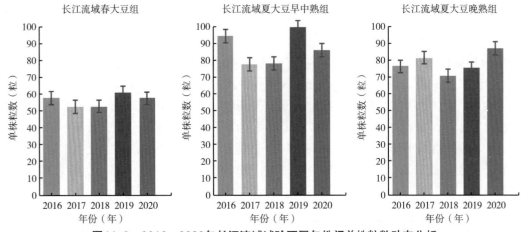

图44-3　2016—2020年长江流域试验不同年份间单株粒数动态分析

由表44-3结果可知，2016—2020年长江流域春大豆组平均单株粒数为56.1粒，年度变幅为52.4～60.7粒，其中2019年最高，2017年最低，最高单株粒数比最低高15.8%；长江流域夏大豆早中熟组平均单株粒数为87.0粒，年度变幅为77.6～99.5粒，其中2019年最高，2017年最低，最高单株粒数比最低高28.2%；长江流域夏大豆晚熟组平均单株粒数为78.1粒，年度变幅为70.7～86.8粒，其中2020年最高，2018年最低。最高单株粒数比最低高22.8%。

表44-3　2016—2020年长江流域不同年份间品种单株粒数分析　　　　　　　　（粒）

组别	单株粒数	2016年	2017年	2018年	2019年	2020年	平均值
长江流域 春大豆组	最大值	72.3	60.4	69.3	75.3	70.7	69.6
	最小值	45.9	35.1	34.0	47.8	46.4	41.8
	平均值	57.5	52.4	52.6	60.7	57.4	56.1
长江流域 夏大豆早中熟组	最大值	126.0	94.9	109.2	117.9	103.5	110.3
	最小值	68.1	57.8	46.0	79.5	68.0	63.9
	平均值	94.1	77.6	78.0	99.5	85.9	87.0
长江流域 夏大豆晚熟组	最大值	95.1	90.7	95.3	87.1	102.9	94.2
	最小值	56.7	68.4	56.5	67.2	61.7	62.1
	平均值	76.2	81.4	70.7	75.2	86.8	78.1

（二）2016—2020年长江流域大豆品种试验参试品种单株粒数各试验组间比较

从2016—2020年长江流域大豆品种单株粒数结果来看，除2017年和2020年长江流域夏大豆晚熟组高于长江流域夏大豆早中熟组外，不同试验组在各年度均表现为长江流域夏大豆早中熟组单株粒数最高，长江流域夏大豆晚熟组次之，长江流域春大豆组最低。这与不同播期试验期间的气候条件有关（图44-4）。

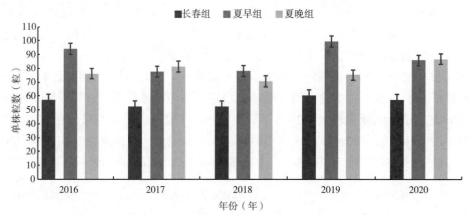

图44-4　2016—2020年长江流域不同试验组间单株粒数动态分析

由表44-4结果可知，2016年各试验组平均单株粒数为75.9粒，变幅为57.5～94.1粒，其中夏早组最高，长春组最低，最高单株粒数比最低高63.7%；2017年各试验组平均单株粒数为70.5粒，变幅为52.4～81.4粒，其中夏晚组最高，长春组最低，最高单株粒数比最低高55.3%；2018年各试验组平均单株粒数为67.1粒，变幅为52.6～78.0粒，其中夏早组最高，长春组最低，最高单株粒数比最低高48.3%；2019年各试验组平均单株粒数为78.5粒，变幅为60.7～99.5粒，其中夏早组最高，长春组最低，最高单株粒数比最低高63.9%；2020年各试验组平均单株粒数为76.7粒，变幅为57.4～86.8粒，其中夏晚组最高，长春组最低，最高单株粒数比最低高51.2%。

表44-4　2016—2020年长江流域不同试验组间品种单株粒数分析　　　　　　　　（粒）

年份	单株粒数	长春组	夏早组	夏晚组	平均值
2016	最大值	72.3	126.0	95.1	97.8
	最小值	45.9	68.1	56.7	56.9
	平均值	57.5	94.1	76.2	75.9
2017	最大值	60.4	94.9	90.7	82.0
	最小值	35.1	57.8	68.4	53.8
	平均值	52.4	77.6	81.4	70.5

（续表）

年份	单株粒数	长春组	夏早组	夏晚组	平均值
2018	最大值	69.3	109.2	95.3	91.3
	最小值	34.0	46.0	56.5	45.5
	平均值	52.6	78.0	70.7	67.1
2019	最大值	75.3	117.9	87.1	93.4
	最小值	47.8	79.5	67.2	64.8
	平均值	60.7	99.5	75.2	78.5
2020	最大值	70.7	103.5	102.9	92.4
	最小值	46.4	68.0	61.7	58.7
	平均值	57.4	85.9	86.8	76.7

（三）2016—2020年长江流域大豆品种试验参试品种单株荚数年份间比较

从2016—2020年长江流域大豆品种单株荚数结果来看，不同试验组在各年度均表现为长江流域夏大豆早中熟组单株有效荚数最高，长江流域夏大豆晚熟组次之，长江流域春大豆组最低。从各试验组来看，不同年度长江流域春大豆组单株有效荚数表现稳定，这与春大豆试验期间气候条件较为一致有关；长江流域夏大豆早中熟组单株荚数年度间变化较大，以2016年最高，2018年最低；除2020年外，长江流域夏大豆晚熟组单株荚数年度间变化不大（图44-5）。

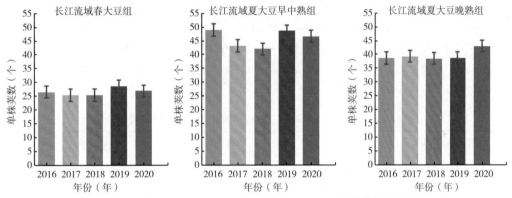

图44-5　2016—2020年长江流域试验不同年份间单株荚数动态分析

由表44-5结果可知，2016—2020年长江流域春大豆组平均单株有效荚数为26.6个，年度变幅在25.4～28.6个，其中2019年最高，2017年最低，最高单株有效荚数比最低高12.6%；长江流域夏大豆早中熟组平均单株有效荚数为45.9个，年度变幅为42.0～48.9个，其中2016年最高，2018年最低，最高单株有效荚数比最低高16.4%；长江流域夏大豆晚熟组平均单株有效荚数为39.6个，年度变幅为38.5～43.0个，其中2020年最高，2018年最低。最高单株有效荚数比最低高11.7%。

表44-5　2016—2020年长江流域试验不同年份间品种单荚粒数分析　　　　　　（个）

试验组别	单荚粒数	2016年	2017年	2018年	2019年	2020年	平均值
长江流域春大豆组	最大值	34.6	28.7	32.1	34.5	31.2	32.2
	最小值	20.1	19.2	18.1	21.3	22.2	20.2
	平均值	26.6	25.4	25.4	28.6	26.9	26.6
长江流域夏大豆早中熟组	最大值	59.0	53.9	53.2	60.7	55.8	56.5
	最小值	39.2	34.0	28.1	39.1	38.3	35.7
	平均值	48.9	43.2	42.0	48.6	46.6	45.9
长江流域夏大豆晚熟组	最大值	46.8	46.6	44.2	45.6	48.0	46.2
	最小值	33.6	32.4	33.9	32.8	36.6	33.9
	平均值	38.6	39.3	38.5	38.7	43.0	39.6

（四）2016—2020年长江流域大豆品种试验参试品种单株荚数试验组间比较

从2016—2020年长江流域试验品种单株荚数结果来看，不同试验组间均表现为长江流域夏大豆早中熟组单株有效荚数最多，长江流域春大豆组单株有效荚数最少。除长江流域夏大豆早中熟组外，不同试验组单株有效荚数年度间变化不大（图44-6）。

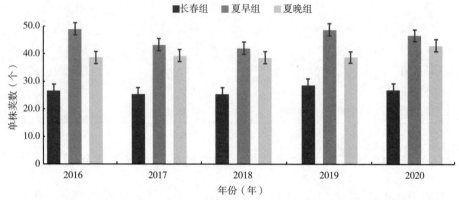

图44-6　2016—2020年长江流域试验不同试验组间单株荚数动态分析

由表44-6中结果可知，2016年各试验组平均单株有效荚数为38.0个，变幅为26.6～48.9个，其中夏早组最高，长春组最低，最高单株有效荚数比最低高83.8%；2017年各试验组平均单株有效荚数为36.0个，变幅为25.4～43.2个，其中夏早组最高，长春组最低，最高单株有效荚数比最低高70.1%；2018年各试验组平均单株有效荚数为35.3个，变幅为25.4～42.0个，其中夏早组最高，长春组最低，最高单株有效荚数比最低高65.4%；2019年各试验组平均单株有效荚数为38.6个，变幅在28.6～48.6个，其中夏早组最高，长春组最低，最高单株有效荚数比最低高69.9%；2020年各试验组平均单株有效荚数为38.8个，变幅为26.9～46.6个，其中夏早组最高，长春组最低，最高单株有效荚数比最低高73.2%。

表44-6　2016—2020年长江流域不同年份间品种单株荚数分析　　　　　　　　　　　　（个）

年份	单株荚数	长春组	夏早组	夏晚组	平均值
2016	最大值	34.6	59.0	46.8	46.8
	最小值	20.1	39.2	33.6	31.0
	平均值	26.6	48.9	38.6	38.0
2017	最大值	28.7	53.9	46.6	43.1
	最小值	19.2	34.0	32.4	28.5
	平均值	25.4	43.2	39.3	36.0
2018	最大值	32.1	53.2	44.2	43.2
	最小值	18.1	28.1	33.9	26.7
	平均值	25.4	42.0	38.5	35.3
2019	最大值	34.5	60.7	45.6	46.9
	最小值	21.3	39.1	32.8	31.1
	平均值	28.6	48.6	38.7	38.6
2020	最大值	31.2	55.8	48.0	45.0
	最小值	22.2	38.3	36.6	32.4
	平均值	26.9	46.6	43.0	38.8

（五）2016—2020年长江流域大豆品种试验参试品种百粒重年度间比较

从2016—2020年长江流域大豆品种百粒重结果来看，长江流域夏大豆晚熟组平均百粒重最高，长江流域春大豆组次之，长江流域夏大豆早中熟组最低。不同年度间不同试验组又呈现不同的变化规律。长江流域春大豆组以2018年百粒重最高，2016年最低，百粒重变化呈倒"U"形；长江流域夏大豆早中熟组以2017年百粒重最高，2018年最低；长江流域夏大豆晚熟组以2016年百粒重最高，2019年最低。百粒重变化规律与试验组品种组成及气候条件有关（图44-7）。

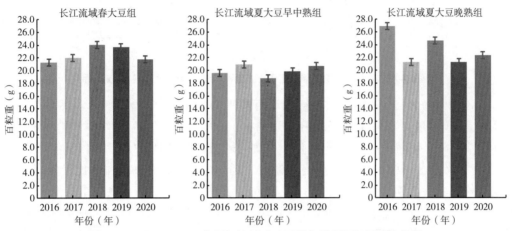

图44-7　2016—2020年长江流域试验不同年份间百粒重动态分析

由表44-7结果可知，2016—2020年长江流域春大豆组平均百粒重为22.5g，年份变幅为21.3～24.0g，其中2018年最高，2016年最低，最高百粒重比最低高12.7%；长江流域夏大豆早中熟组平均百粒重为20.0g，年份间变幅为18.8～20.9g，其中2017年最高，2018年最低，最高百粒重比最低高11.2%；长江流域夏大豆晚熟组平均百粒重为23.3g，年份间变幅为21.3～26.9g，其中2016年最高，2017年最低。最高百粒重比最低高26.3%。

表44-7　2016—2020年长江流域不同年份间品种百粒重分析　（g）

试验组别	百粒重	2016年	2017年	2018年	2019年	2020年	平均值
长江流域 春大豆组	最大值	25.6	24.9	28.4	27.2	27.1	26.6
	最小值	18.8	18.4	19.3	20.0	18.8	19.1
	平均值	21.3	22.0	24.0	23.6	21.7	22.5
长江流域 夏大豆早中熟组	最大值	23.7	25.3	23.4	23.0	23.5	23.8
	最小值	14.9	17.4	15.6	16.2	17.3	16.3
	平均值	19.6	20.9	18.8	19.8	20.7	20.0
长江流域 夏大豆晚熟组	最大值	35.5	24.7	27.5	23.8	25.6	27.4
	最小值	20.6	18.7	19.6	19.9	19.9	19.7
	平均值	26.9	21.3	24.6	21.3	22.3	23.3

（六）2016—2020年长江流域大豆品种试验参试品种百粒重试验组间比较

从2016—2020年长江流域大豆品种百粒重结果来看，除2017年和2019年外，不同试验组平均百粒重均表现长江流域夏大豆晚熟组最高，长江流域春大豆组次之，长江流域夏大豆早中熟组最低。2017年和2019年长江流域春大豆组百粒重最高，这与春大豆试验期间气候条件更为有利及品种组成有关（图44-8）。

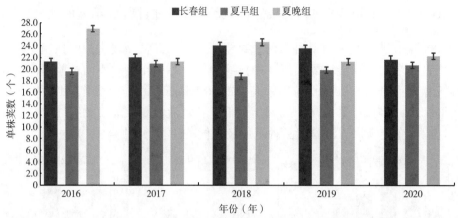

图44-8 2016—2020年长江流域试验不同试验组间百粒重动态分析

由表44-8结果可知，2016年各试验组平均百粒重为22.6g，变幅为19.6~26.9g，其中夏晚组最高，夏早组最低，最高百粒重比最低高37.2%；2017年各试验组平均百粒重为21.4g，变幅为20.9~22.0g，其中长春组最高，夏早组最低，最高百粒重比最低高5.3%；2018年各试验组平均百粒重为22.5g，变幅为18.8~24.6g，其中夏晚组最高，夏早组最低，最高百粒重比最低高30.9%；2019年各试验组平均百粒重为21.6g，变幅为19.8~23.6g，其中长春组最高，夏早组最低，最高百粒重比最低高19.2%；2020年各试验组平均百粒重为21.6g，变幅为20.7~22.3g，其中夏晚组最高，夏早组最低，最高百粒重比最低高7.7%。

表44-8 2016—2020年长江流域不同试验组间品种百粒重分析 （g）

年份	百粒重	长春组	夏早组	夏晚组	平均值
2016	最大值	25.6	23.7	35.5	28.3
	最小值	18.8	14.9	20.6	18.1
	平均值	21.3	19.6	26.9	22.6
2017	最大值	24.9	25.3	24.7	25.0
	最小值	18.4	17.4	18.7	18.2
	平均值	22.0	20.9	21.3	21.4
2018	最大值	28.4	23.4	27.5	26.4
	最小值	19.3	15.6	19.6	18.2
	平均值	24.0	18.8	24.6	22.5
2019	最大值	27.2	23.0	23.8	24.7
	最小值	20.0	16.2	19.9	18.7
	平均值	23.6	19.8	21.3	21.6
2020	最大值	27.1	23.5	25.6	25.4
	最小值	18.8	17.3	19.9	18.7
	平均值	21.7	20.7	22.3	21.6

第二节 2016—2020年长江流域试验参试品种农艺性状动态分析

一、2016—2020年长江流域大豆品种试验参试品种生育期动态分析

（一）2016—2020年长江流域大豆品种试验参试品种生育期年份间比较

从2016—2020年长江流域大豆品种生育期结果来看，不同年份间，长江流域春大豆组生育期变化不大，说明春大豆试验期间气候条件稳定，夏大豆试验尤其是长江流域夏大豆晚熟组生育期变化

较大，这与试验期间的气候条件和参试品种生育期情况有关。由图44-9可知，长江流域春大豆组品种平均生育期最短，长江流域夏大豆早中熟组居中，长江流域夏大豆晚熟组（图44-9）。

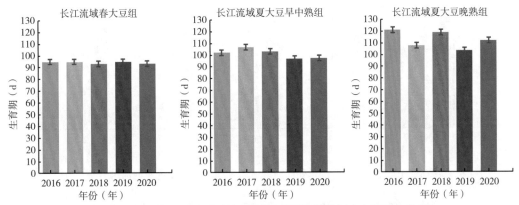

图44-9 2016—2020年长江流域试验不同年份间生育期动态分析

由表44-9结果可知，2016—2020年长江流域春大豆组平均生育日数最短，为94.2d，年度变幅为93.0～95.0d，其中2016年最高，2018年最低，最高生育日数比最低高2.2%；长江流域夏大豆早中熟组平均生育日数为101.3d，年度变幅为97.0～107.0d，其中2017年最高，2019年最低，最高生育日数比最低高10.3%；长江流域夏大豆晚熟组平均生育日数最长，为112.8d，年度变幅为104.0～121.0d，其中2016年最高，2019年最低。最高生育日数比最低高16.3%。

表44-9 2016—2020年长江流域不同年份间品种生育期分析　　　　　　（d）

试验组别	生育期	2016年	2017年	2018年	2019年	2020年	平均值
长江流域 春大豆组	最大值	103.0	100.0	97.0	98.0	98.0	99.2
	最小值	86.0	86.0	84.0	84.0	84.0	84.8
	平均值	95.0	95.0	93.0	95.0	93.0	94.2
长江流域 夏大豆早中熟组	最大值	114.0	110.0	108.0	101.0	104.0	107.4
	最小值	97.0	102.0	98.0	92.0	93.0	96.4
	平均值	102.0	107.0	103.0	97.0	97.0	101.3
长江流域 夏大豆晚熟组	最大值	124.0	116.0	128.0	115.0	116.0	119.8
	最小值	118.0	96.0	109.0	93.0	108.0	104.8
	平均值	121.0	108.0	119.0	104.0	112.0	112.8

（二）2016—2020年长江流域大豆品种试验参试品种生育期试验组间比较

从2016—2020年长江流域大豆品种生育期结果来看，不同试验组间，参试品种平均生育期不同年份均表现为长江流域春大豆组最短，长江流域夏大豆晚熟组最长，长江流域夏大豆早中熟组居中，这与参试品种组成和试验期间的气候条件有关。夏大豆试验期间，除2017年长江流域夏大豆早中熟组和晚熟生育期差异不大外，其他年度均差异较大（图44-10）。

由表44-10结果可知，2016年各试验组平均生育日数为106.0d，变幅在95.0～121.0d，其中夏晚组最高，长春组最低，最高生育日数比最低高27.4%；2017年各试验组平均生育日数为103.3d，变幅在95.0～108.0d，其中夏晚组最高，长春组最低，最高生育日数比最低高13.7%；2018年各试验组平均生育日数为105.0d，变幅在93.0～119.0d，其中夏晚组最高，长春组最低，最高生育日数比最低高28.0%；2019年各试验组平均生育日数为98.7d，变幅在95.0～104.0d，其中夏晚组最高，长春组最低，最高生育日数比最低高9.5%；2020年各试验组平均生育日数为100.8d，变幅在93.0～112.0d，其中夏晚组最高，长春组最低，最高生育日数比最低高20.4%。

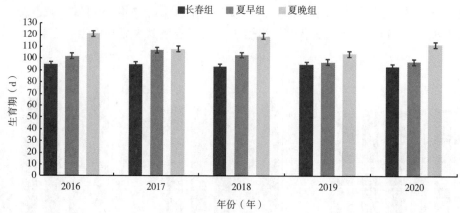

图44-10　2016—2020年长江流域试验不同试验组间生育期动态分析

表44-10　2016—2020年长江流域不同试验组间品种生育期分析　　　　　　　　　（d）

年份	生育期	长春组	夏早组	夏晚组	平均值
2016	最大值	103.0	114.0	124.0	113.7
	最小值	86.0	97.0	118.0	100.3
	平均值	95.0	102.0	121.0	106.0
2017	最大值	100.0	110.0	116.0	108.7
	最小值	86.0	102.0	96.0	94.7
	平均值	95.0	107.0	108.0	103.3
2018	最大值	97.0	108.0	128.0	111.0
	最小值	84.0	98.0	109.0	97.0
	平均值	93.0	103.0	119.0	105.0
2019	最大值	98.0	101.0	115.0	104.7
	最小值	84.0	92.0	93.0	89.7
	平均值	95.0	97.0	104.0	98.7
2020	最大值	98.0	104.0	116.0	106.0
	最小值	84.0	93.0	108.0	95.0
	平均值	93.0	97.3	112.0	100.8

二、2016—2020年长江流域大豆品种试验参试品种株高动态分析

（一）2016—2020年长江流域大豆品种试验参试品种株高年份间比较

从2016—2020年长江流域大豆品种株高结果来看，不同年份间，春大豆试验期间株高较为稳定，夏大豆试验株高变化较大。长江流域春大豆组株高表现为2017年最高，2019年最低；长江流域夏大豆早中熟组株高2018年最高，2016年最低；长江流域夏大豆晚熟组株高2018年最高，2019年最低，这与不同年度参试品种组成不同有关（图44-11）。

由表44-11结果可知，2016—2020年长江流域春大豆组平均株高为52.3cm，年度变幅为50.3～53.9cm，其中2017年最高，2016年最低，最高株高比最低高7.2%；长江流域夏大豆早中熟组平均株高为67.8cm，年度变幅为61.8～75.7cm，其中2018年最高，2016年最低，最高株高比最低高22.5%；长江流域夏大豆晚熟组平均株高为81.5cm，年度变幅为70.0～93.0cm，其中2018年最高，2019年最低。最高株高比最低高32.9%。

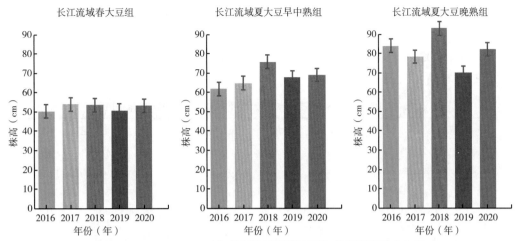

图44-11　2016—2020年长江流域试验不同年份间株高动态分析

表44-11　2016—2020年长江流域不同年份间品种株高分析　　　　　　　　　　　（cm）

试验组别	株高	2016年	2017年	2018年	2019年	2020年	平均值
长江流域 春大豆组	最大值	69.0	60.9	64.2	60.7	61.5	63.3
	最小值	39.6	37.7	46.7	45.8	41.0	42.2
	平均值	50.3	53.9	53.5	50.7	53.2	52.3
长江流域 夏大豆早中熟组	最大值	71.6	83.3	98.6	79.1	86.1	83.7
	最小值	47.8	51.9	59.4	53.1	59.2	54.3
	平均值	61.8	64.8	75.7	67.8	68.9	67.8
长江流域 夏大豆晚熟组	最大值	100.7	103.5	113.3	93.8	104.8	103.2
	最小值	56.9	39.1	67.2	55.6	64.4	56.6
	平均值	83.9	78.3	93.0	70.0	82.1	81.5

（二）2016—2020年长江流域大豆品种试验参试品种株高试验组间比较

从2016—2020年长江流域大豆品种株高结果来看，不同试验组间，参试品种株高不同年度均表现为长江流域春大豆组最低，长江流域夏大豆晚熟组最高，长江流域夏大豆早中熟组居中。除2019年夏早组和夏晚组株高差异不大外，其他年度各试验组间株高差异均较大，这与不同试验期组的品种组成及试验期间的气候条件有关（图44-12）。

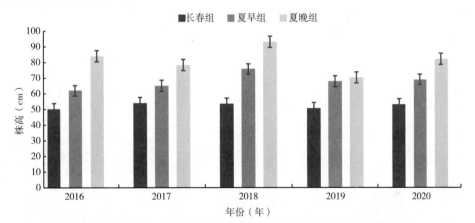

图44-12　2016—2020年长江流域试验不同试验组间株高动态分析

由表44-12结果可知，2016年各试验组平均株高为65.3cm，变幅为50.3～83.9cm，其中夏晚组最高，长春组最低，最高株高比最低高66.8%；2017年各试验组平均株高为65.7cm，变幅为53.9～78.3cm，其中夏晚组最高，长春组最低，最高株高比最低高45.3%；2018年各试验组平均株高为74.1cm，变幅为53.5~93.0cm，其中夏晚组最高，长春组最低，最高株高比最低高73.8%；2019年各试验组平均株高为62.8cm，变幅为50.7~70.0cm，其中夏晚组最高，长春组最低，最高株高比最低高38.1%；2020年各试验组平均株高为68.1cm，变幅为53.2~82.1cm，其中夏晚组最高，长春组最低，最高株高比最低高54.3%。

表44-12　2016—2020年长江流域不同试验组间品种株高分析　　　　（cm）

年份	株高	长春组	夏早组	夏晚组	平均值
2016	最大值	69.0	71.6	100.7	80.4
	最小值	39.6	47.8	56.9	48.1
	平均值	50.3	61.8	83.9	65.3
2017	最大值	60.9	83.3	103.5	82.6
	最小值	37.7	51.9	39.1	42.9
	平均值	53.9	64.8	78.3	65.7
2018	最大值	64.2	98.6	113.3	92.0
	最小值	46.7	59.4	67.2	57.8
	平均值	53.5	75.7	93.0	74.1
2019	最大值	60.7	79.1	93.8	77.9
	最小值	45.8	53.1	55.6	51.5
	平均值	50.7	67.8	70.0	62.8
2020	最大值	61.5	86.1	104.8	84.1
	最小值	41.0	59.2	64.4	54.9
	平均值	53.2	68.9	82.1	68.1

三、2016—2020年长江流域大豆品种试验参试品种底荚高度动态分析

（一）2016—2020年长江流域大豆品种试验参试品种底荚高度年份间比较

从2016—2020年长江流域大豆品种底荚高度结果来看，不同年份间，长江流域春大豆组品种底荚高度表现稳定，且均低于其他两个试验组，这与春大豆试验期间较为一致的气候条件有关。长江流域夏大豆早中熟组品种底荚高度年度间变化较大，呈倒"U"形分布，以2018年最高，2020年最低；长江流域夏大豆晚熟组品种底荚高度年度变化最大，以2018年最高，2019年最低，这由夏大豆生育期间的气候条件和品种特点所决定（图44-13）。

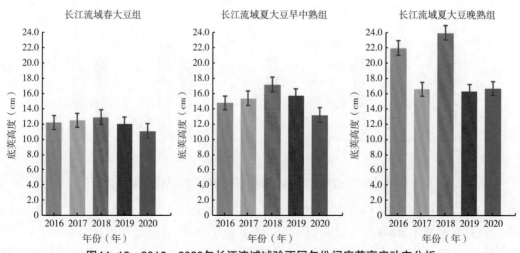

图44-13　2016—2020年长江流域试验不同年份间底荚高度动态分析

由表44-13结果可知，2016—2020年长江流域春大豆组平均底荚高度为12.1cm，年度变幅为11.1～12.9cm，其中2018年最高，2020年最低，最高底荚高度比最低高16.2%；长江流域夏大豆早中熟组平均底荚高度为15.3cm，年度变幅为13.2～17.2cm，其中2018年最高，2020年最低，最高底荚高度比最低高30.3%；长江流域夏大豆晚熟组平均底荚高度为19.1cm，年度变幅为16.3～24.0cm，其中2018年最高，2019年最低。最高底荚高度比最低高47.2%。

表44-13　2016—2020年长江流域不同年份间品种底荚高度分析　　　　（cm）

试验组别	底荚高度	2016年	2017年	2018年	2019年	2020年	平均值
长江流域 春大豆组	最大值	16.0	15.2	15.3	14.8	14.0	15.1
	最小值	10.2	9.5	11.4	10.2	8.7	10.0
	平均值	12.2	12.5	12.9	12.0	11.1	12.1
长江流域 夏大豆早中熟组	最大值	19.9	17.9	21.5	23.2	16.5	19.8
	最小值	11.9	12.3	14.4	12.7	10.6	12.4
	平均值	14.8	15.4	17.2	15.7	13.2	15.3
长江流域 夏大豆晚熟组	最大值	26.6	22.6	28.4	21.9	21.5	24.2
	最小值	15.9	9.7	20.5	11.6	10.4	13.6
	平均值	22.0	16.6	24.0	16.3	16.7	19.1

（二）2016—2020年长江流域大豆品种试验参试品种底荚高度试验组间比较

从2016—2020年长江流域大豆品种底荚高度结果来看，不同试验组间，品种底荚高度均表现为长江流域春大豆组最低，长江流域夏大豆晚熟组最高，长江流域夏大豆早中熟组居中（图44-14）。

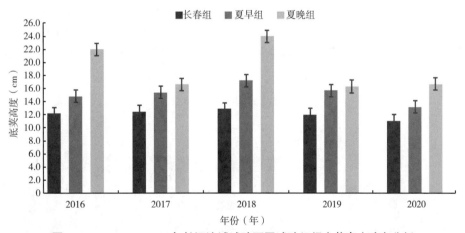

图44-14　2016—2020年长江流域试验不同试验组间底荚高度动态分析

由表44-14结果可知，2016年各试验组平均底荚高度为16.3cm，变幅为12.2～22.0cm，其中夏晚组最高，长春组最低，最高底荚高度比最低高80.3%；2017年各试验组平均底荚高度为14.8cm，变幅为12.5～16.6cm，其中夏晚组最高，长春组最低，最高底荚高度比最低高32.8%；2018年各试验组平均底荚高度为18.0cm，变幅为12.9～24.0cm，其中夏晚组最高，长春组最低，最高底荚高度比最低高86.0%；2019年各试验组平均底荚高度为14.7cm，变幅为12.0～16.3cm，其中夏晚组最高，长春组最低，最高底荚高度比最低高35.8%；2020年各试验组平均底荚高度为13.7cm，变幅为11.1～16.7cm，其中夏晚组最高，长春组最低，最高底荚高度比最低高50.5%。

表44-14　2016—2020年长江流域不同试验组间品种底荚高度分析　　　　（cm）

年份	底荚高度	长春组	夏早组	夏晚组	平均值
2016	最大值	16.0	19.9	26.6	20.8
	最小值	10.2	11.9	15.9	12.7
	平均值	12.2	14.8	22.0	16.3
2017	最大值	15.2	17.9	22.6	18.6
	最小值	9.5	12.3	9.7	10.5
	平均值	12.5	15.4	16.6	14.8
2018	最大值	15.3	21.5	28.4	21.7
	最小值	11.4	14.4	20.5	15.4
	平均值	12.9	17.2	24.0	18.0
2019	最大值	14.8	23.2	21.9	20.0
	最小值	10.2	12.7	11.6	11.5
	平均值	12.0	15.7	16.3	14.7
2020	最大值	14.0	16.5	21.5	17.3
	最小值	8.7	10.6	10.4	9.9
	平均值	11.1	13.2	16.7	13.7

四、2016—2020年长江流域大豆品种试验参试品种主茎节数动态分析

（一）2016—2020年长江流域大豆品种试验参试品种主茎节数年份间比较

从2016—2020年长江流域大豆品种主茎节数结果来看，不同年份间，长江流域春大豆组和长江流域夏大豆早中熟组主茎节数较为稳定，长江流域夏大豆晚熟组主茎节数变化较大。长江流域春大豆组主茎节数2017年最大，2020年最小；长江流域夏大豆早中熟组主茎节数2018年和2019年最大，2020年最小；长江流域夏大豆晚熟组2018年主茎节数最大，2019年最小，说明不同年份间春大豆试验期间气候条件较为稳定，夏大豆尤其是晚熟组夏大豆试验期间，气候条件对参试品种主茎节数影响较大（图44-15）。

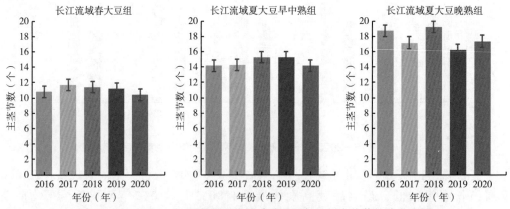

图44-15　2016—2020年长江流域试验不同年份间主茎节数动态分析

由表44-15结果可知，2016—2020年长江流域春大豆组平均主茎节数为11.1节，年度变幅为10.4～11.7节，其中2017年最高，2020年最低，最高主茎节数比最低高12.5%；长江流域夏大豆早中熟组平均主茎节数为14.7节，年度变幅为14.2～15.3节，其中2018年最高，2016年最低，最高主茎节数比最低高7.7%；长江流域夏大豆晚熟组平均主茎节数为17.8节，年度变幅为16.3～19.2节，其中2018年最高，2019年最低。最高主茎节数比最低高17.8%。

表44-15 2016—2020年长江流域不同年份间品种主茎节数分析 （节）

试验组别	主茎节数	2016年	2017年	2018年	2019年	2020年	平均值
长江流域 春大豆组	最大值	12.2	12.9	12.3	11.8	11.7	12.2
	最小值	9.6	9.3	10.1	10.2	8.4	9.5
	平均值	10.8	11.7	11.4	11.2	10.4	11.1
长江流域 夏大豆早中熟组	最大值	15.8	16.5	19.1	17.0	15.9	16.9
	最小值	13.1	12.5	13.1	14.3	12.9	13.2
	平均值	14.2	14.3	15.3	15.3	14.2	14.7
长江流域 夏大豆晚熟组	最大值	22.3	22.0	24.1	20.4	21.3	22.0
	最小值	14.6	12.7	15.6	13.6	14.3	14.2
	平均值	18.7	17.2	19.2	16.3	17.4	17.8

（二）2016—2020年长江流域大豆品种试验参试品种主茎节数试验组间比较

从2016—2020年长江流域大豆品种主茎节数结果来看，不同试验组间，参试品种株高不同年度均表现为长江流域春大豆组最小，长江流域夏大豆晚熟组最大，长江流域夏大豆早中熟组居中，且试验组间差异明显。这与不同试验期组的品种组成及试验期间的气候条件有关（图44-16）。

由表44-16结果可知，2016年各试验组平均主茎节数为14.6节，变幅为10.8～18.7节，其中夏晚组最高，长春组最低，最高主茎节数比最低高73.1%；2017年各试验组平均主茎节数为14.4节，变幅为11.7～17.2节，其中夏晚组最高，长春组最低，最高主茎节数比最低高47.0%；2018年各试验组平均主茎节数为15.3节，变幅为11.4～19.2节，其中夏晚组最高，长春组最低，最高主茎节数比最低高68.4%；2019年各试验组平均主茎节数为14.3节，变幅为11.2～16.3节，其中夏晚组最高，长春组最低，最高主茎节数比最低高45.5%；2020年各试验组平均主茎节数为14.0节，变幅为10.4～17.4节，其中夏晚组最高，长春组最低，最高主茎节数比最低高67.3%。

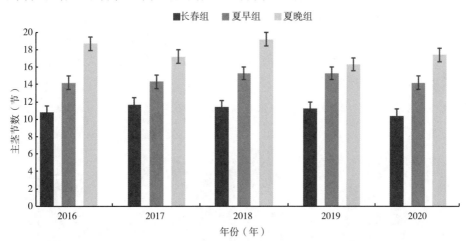

图44-16 2016—2020年长江流域试验不同试验组间主茎节数动态分析

表44-16 2016—2020年长江流域不同试验组间品种主茎节数分析 （节）

年份	主茎节数	长春组	夏早组	夏晚组	平均值
2016	最大值	12.2	15.8	22.3	16.8
	最小值	9.6	13.1	14.6	12.4
	平均值	10.8	14.2	18.7	14.6
2017	最大值	12.9	16.5	22.0	17.1
	最小值	9.3	12.5	12.7	11.5
	平均值	11.7	14.3	17.2	14.4

（续表）

年份	主茎节数	长春组	夏早组	夏晚组	平均值
2018	最大值	12.3	19.1	24.1	18.5
	最小值	10.1	13.1	15.6	12.9
	平均值	11.4	15.3	19.2	15.3
2019	最大值	11.8	17.0	20.4	16.4
	最小值	10.2	14.3	13.6	12.7
	平均值	11.2	15.3	16.3	14.3
2020	最大值	11.7	15.9	21.3	16.3
	最小值	8.4	12.9	14.3	11.9
	平均值	10.4	14.2	17.4	14.0
平均值	最大值	11.2	15.1	18.3	14.9
	最小值	9.5	13.2	14.2	12.3
	平均值	11.1	14.7	17.8	14.5

五、2016—2020年长江流域大豆品种试验参试品种有效分枝数动态分析

（一）2016—2020年长江流域大豆品种试验参试品种有效分枝数年份间比较

从2016—2020年长江流域大豆品种有效分枝数结果来看，不同年份间，各试验组参试品种分枝数均呈下降趋势。长江流域春大豆组参试品种分枝数2019年最多，2020年最少，总体呈下降趋势；长江流域夏大豆早中熟组2016年最多，2018年最少，长江流域夏大豆晚熟组2016年和2019年最多，2020年最少，这与不同年份间参试品种组成及气候条件有关（图44-17）。

由表44-17结果可知，2016—2020年长江流域春大豆组平均有效分枝为2.4个，年度变幅在2.0～2.7个，其中2019年最高，2020年最低，最高有效分枝比最低高35%；长江流域夏大豆早中熟组平均有效分枝为2.7个，年度变幅为2.4～3.4个，其中2016年最高，2018年最低，最高有效分枝比最低高41.7%；长江流域夏大豆晚熟组平均有效分枝为2.2个，年度变幅为2.0～2.3个，其中2016年最高，2020年最低。最高有效分枝比最低高15%。

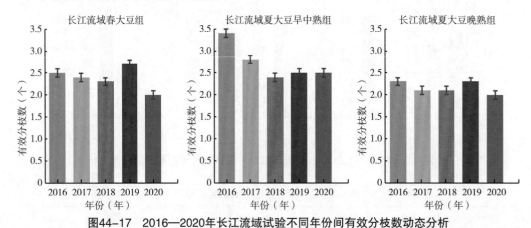

图44-17 2016—2020年长江流域试验不同年份间有效分枝数动态分析

表44-17 2016—2020年长江流域不同年份间品种有效分枝数分析 （个）

试验组别	有效分枝数	2016年	2017年	2018年	2019年	2020年	平均值
长江流域春大豆组	最大值	3.1	3.5	3.1	3.1	2.7	3.1
	最小值	1.8	1.3	1.3	2.3	1.0	1.5
	平均值	2.5	2.4	2.3	2.7	2.0	2.4

（续表）

试验组别	有效分枝数	2016年	2017年	2018年	2019年	2020年	平均值
长江流域 夏大豆早中熟组	最大值	4.9	3.5	3.2	3.3	3.0	3.6
	最小值	2.5	1.8	1.4	1.9	1.9	1.9
	平均值	3.4	2.8	2.4	2.5	2.5	2.7
长江流域 夏大豆晚熟组	最大值	3.5	3.4	3.2	3.6	2.6	3.3
	最小值	1.3	0.7	1.6	1.4	1.4	1.3
	平均值	2.3	2.1	2.1	2.3	2.0	2.2

（二）2016—2020年长江流域大豆品种试验参试品种有效分枝数试验组间比较

从2016—2020年长江流域大豆品种有效分枝数结果来看，不同试验组间，除2019年外，参试品种有效分枝数均表现为长江流域夏大豆早中熟组最多，长江流域夏大豆晚熟组最少，长江流域春大豆组居中。2019年长江流域春大豆组分枝数最多，长江流域夏大豆晚熟组最少，这与试验期间的气候条件有关（图44-18）。

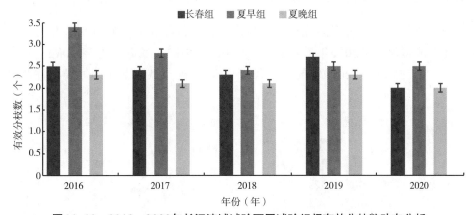

图44-18　2016—2020年长江流域试验不同试验组间有效分枝数动态分析

由表44-18结果可知，2016年各试验组平均有效分枝为2.7个，变幅为2.3～3.4个，其中夏早组最高，夏晚组最低，最高有效分枝比最低高47.8%；2017年各试验组平均有效分枝为2.4个，变幅为2.1～2.8个，其中夏早组最高，夏晚组最低，最高有效分枝比最低高33.3%；2018年各试验组平均有效分枝为2.3个，变幅为2.1～2.4个，其中夏早组最高，夏晚组最低，最高有效分枝比最低高14.3%；2019年各试验组平均有效分枝为2.5个，变幅为2.3～2.7个，其中长春组最高，夏晚组最低，最高有效分枝比最低高17.4%；2020年各试验组平均有效分枝为2.2个，变幅为2.0～2.5个，其中夏早组最高，长春组最低，最高有效分枝比最低高25.0%。

表44-18　2016—2020年长江流域不同试验组间品种有效分枝数分析　　　　（个）

年份	有效分枝数	长春组	夏早组	夏晚组	平均值
2016	最大值	3.1	4.9	3.5	3.8
	最小值	1.8	2.5	1.3	1.9
	平均值	2.5	3.4	2.3	2.7
2017	最大值	3.5	3.5	3.4	3.5
	最小值	1.3	1.8	0.7	1.3
	平均值	2.4	2.8	2.1	2.4
2018	最大值	3.1	3.2	3.2	3.2
	最小值	1.3	1.4	1.6	1.4
	平均值	2.3	2.4	2.1	2.3

（续表）

年份	有效分枝数	长春组	夏早组	夏晚组	平均值
	最大值	3.1	3.3	3.6	3.3
2019	最小值	2.3	1.9	1.4	1.9
	平均值	2.7	2.5	2.3	2.5
	最大值	2.7	3.0	2.6	2.8
2020	最小值	1.0	1.9	1.4	1.4
	平均值	2.0	2.5	2.0	2.2

第三节　2016—2020年鲜食大豆品种产量及构成因子动态分析

一、2016—2020年鲜食大豆品种试验参试品种产量动态分析

（一）2016—2020年鲜食大豆品种试验参试品种产量年份间比较

从2016—2020年长江流域大豆品种产量结果来看，不同年份间，鲜食大豆品种产量变化较大。鲜食大豆春播组参试品种产量2016年最高，为838.8kg，2017年最低，为758.0kg；鲜食大豆夏播组2018年产量最高，为774.2kg，2019年最低，为724.2kg，这与试验期间的气候条件及品种组成有关（图44-19）。

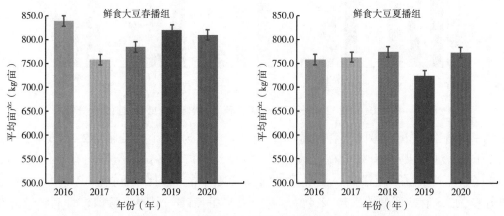

图44-19　2016—2020年鲜食大豆试验不同年份间品种产量动态分析

由表44-19结果可知，2016—2020年鲜食大豆春播组平均产量为797.5kg，年度变幅为749.4～837.8kg，其中2016年最高，2017年最低，最高产量比最低高11.8%；鲜食大豆夏播组产量为756.4kg，年度变幅为727.3～774.3kg，其中2018年最高，2019年最低，最高产量比最低高6.5%。

表44-19　2016—2020年鲜食大豆试验不同年份间品种产量分析　　　　　　（kg）

试验组	产量	2016年	2017年	2018年	2019年	2020年	平均值
	最大值	877.4	798.2	892.5	980.2	875.3	884.7
鲜食大豆春播组	最小值	808.0	711.5	658.8	651.3	766.9	719.3
	平均值	837.8	749.4	780.4	812.1	807.7	797.5
	最大值	827.8	877.4	892.5	803.8	843.7	849.0
鲜食大豆夏播组	最小值	714.2	658.8	651.3	651.7	677.6	670.7
	平均值	763.9	764.9	774.3	727.3	751.8	756.4

（二）2016—2020年鲜食大豆品种试验参试品种产量不同试验组间比较

从2016—2020年鲜食大豆品种产量结果来看，不同试验组间，除2017年和2018年外，鲜食大豆春播组产量均显著高于鲜食大豆夏播组，这与试验期间的气候条件有关（图44-20）。

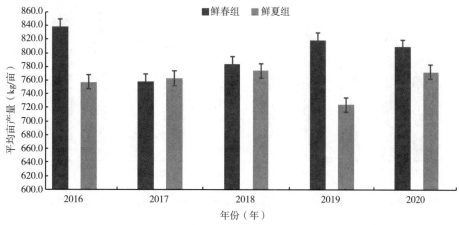

图44-20　2016—2020年鲜食大豆试验不同试验组产量动态分析

由表44-20结果可知，2016年各试验组平均产量为800.9kg，变幅为763.9～837.8kg，其中鲜春组最高，鲜夏组最低，最高产量比最低高9.7%；2017年各试验组平均产量为757.2kg，变幅为749.4～764.9kg，其中鲜夏组最高，鲜春组最低，最高产量比最低高2.1%；2018年各试验组平均产量为777.4kg，变幅为774.3～780.4kg，其中鲜春组最高，鲜夏组最低，最高产量比最低高0.8%；2019年各试验组平均产量为769.7kg，变幅为727.3～812.1kg，其中鲜春组最高，鲜夏组最低，最高产量比最低高11.7%；2020年各试验组平均产量为779.8kg，变幅为751.8～807.7kg，其中鲜春组最高，鲜夏组最低，最高产量比最低高7.4%。

表44-20　2016—2020年鲜食大豆试验不同试验组品种产量分析　　　　（kg）

年份	产量	鲜春组	鲜夏组	平均值
2016	最大值	877.4	827.8	852.6
	最小值	808.0	714.2	761.1
	平均值	837.8	763.9	800.9
2017	最大值	798.2	877.4	837.8
	最小值	711.5	658.8	685.2
	平均值	749.4	764.9	757.2
2018	最大值	892.5	892.5	892.5
	最小值	658.8	651.3	655.1
	平均值	780.4	774.3	777.4
2019	最大值	980.2	803.8	892.0
	最小值	651.3	651.7	651.5
	平均值	812.1	727.3	769.7
2020	最大值	875.3	843.7	859.5
	最小值	766.9	677.6	722.3
	平均值	807.7	751.8	779.8

二、2016—2020年鲜食大豆品种试验参试品种产量构成因子动态分析

（一）2016—2020年鲜食大豆品种试验参试品种单株荚数年份间比较

从2016—2020年鲜食大豆品种单株荚数结果来看，不同年份间参试品种单株荚数变化较大。鲜

食大豆春播组参试品种单株荚数2019年最多，2020年最少；鲜食大豆夏播组2020年最多，2017年最少，这与不用年度间的气候条件及品种组成有关（图44-21）。

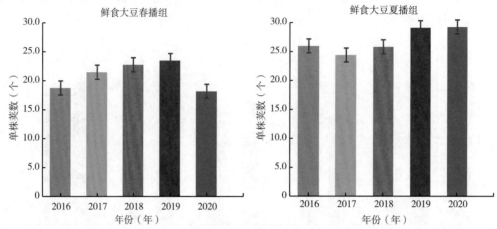

图44-21 2016—2020年鲜食大豆试验不同年份间单株荚数动态分析

由表44-21中结果可知，2016—2020年鲜食大豆春播组平均单株有效荚数为21.0个，年度变幅为17.9～24.5个，其中2019年最高，2020年最低，最高单株有效荚数比最低高36.9%；鲜食大豆夏播组单株有效荚数为26.5个，年度变幅为24.2～29.9个，其中2020年最高，2017年最低，最高单株有效荚数比最低高23.6%。

表44-21 2016—2020年鲜食大豆试验不同年份间单株荚数分析 （个）

试验组	单株荚数	2016年	2017年	2018年	2019年	2020年	平均值
鲜食大豆春播组	最大值	21.2	23.3	32.3	41.6	21.4	28.0
	最小值	17.3	18.4	17.2	17.2	16.0	17.2
	平均值	18.7	21.0	22.8	24.5	17.9	21.0
鲜食大豆夏播组	最大值	28.4	32.3	41.6	33.9	33.0	33.8
	最小值	21.1	17.3	17.2	23.5	25.7	21.0
	平均值	25.1	24.2	25.9	27.6	29.9	26.5

（二）2016—2020年鲜食大豆品种试验参试品种单株荚数试验组间比较

从2016—2020年鲜食大豆试验品种单株荚数结果来看，不同试验组间均表现鲜食大豆春播组最少，鲜食大豆夏播组最多，这与试验期间的气候条件及品种特点有关（图44-22）。

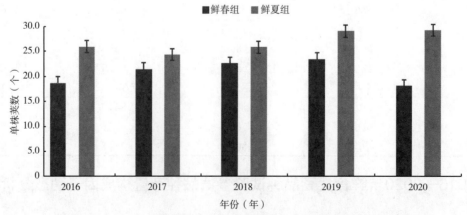

图44-22 2016—2020年长江流域试验不同试验组间单株荚数动态分析

由表44-22结果可知，2016年各试验组平均单株有效荚数为21.9个，变幅为18.7～25.1个，其中鲜夏组最高，鲜春组最低，最高单株有效荚数比最低高34.2%；2017年各试验组平均单株有效荚数为22.6个，变幅为21.0～24.2个，其中鲜夏组最高，鲜春组最低，最高单株有效荚数比最低高15.2%；2018年各试验组平均单株有效荚数为24.4个，变幅为22.8～25.9个，其中鲜夏组最高，鲜春组最低，最高单株有效荚数比最低高13.6%；2019年各试验组平均单株有效荚数为26.1个，变幅为24.5～27.6个，其中鲜夏组最高，鲜春组最低，最高单株有效荚数比最低高12.7%；2020年各试验组平均单株有效荚数为23.9个，变幅为17.9～29.9个，其中鲜夏组最高，鲜春组最低，最高单株有效荚数比最低高67.0%

表44-22　2016—2020年鲜食大豆不同试验组间品种单株荚数分析　　　　　　　　　（个）

年份	单株荚数	鲜春组	鲜夏组	平均值
2016	最大值	21.2	28.4	24.8
	最小值	17.3	21.1	19.2
	平均值	18.7	25.1	21.9
2017	最大值	23.3	32.3	27.8
	最小值	18.4	17.3	17.9
	平均值	21.0	24.2	22.6
2018	最大值	32.3	41.6	37.0
	最小值	17.2	17.2	17.2
	平均值	22.8	25.9	24.4
2019	最大值	41.6	33.9	37.8
	最小值	17.2	23.5	20.4
	平均值	24.5	27.6	26.1
2020	最大值	21.4	33.0	27.2
	最小值	16.0	25.7	20.9
	平均值	17.9	29.9	23.9

（三）2016—2020年鲜食大豆品种试验参试品种百粒鲜重年份间比较

从2016—2020年鲜食大豆品种百粒鲜重结果来看，鲜食大豆春播组参试品种百粒鲜重2016年最高，2017年最低，2018—2020年变化不大，表现稳定；鲜食大豆夏播组参试品种百粒鲜重2016年最高，2019年最低，且年度间呈逐渐下降趋势，这可能与参试品种组成有关（图44-23）。

由表44-23结果可知，2016—2020年鲜食大豆春播组平均百粒鲜重为74.9g，年度变幅为71.4～79.8g，其中2016最高，2017最低，最高百粒鲜重比最低高11.8%；鲜食大豆夏播组百粒鲜重为76.1g，年度变幅为72.5～78.8g，其中2016最高，2018最低，最高百粒鲜重比最低高8.7%。

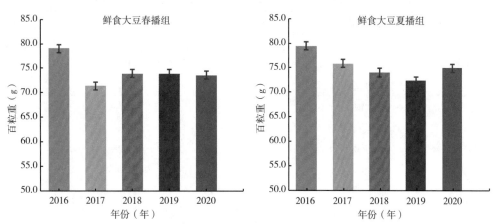

图44-23　2016—2020年鲜食大豆试验不同年份间百粒鲜重动态分析

表44-23 2016—2020年鲜食大豆试验不同年份间品种百粒鲜重分析 （g）

试验组	百粒鲜重	2016年	2017年	2018年	2019年	2020年	平均值
鲜食大豆春播组	最大值	83.6	77.1	76.0	88.3	80.9	81.2
	最小值	70.7	68.0	67.0	63.9	60.6	66.0
	平均值	79.8	71.4	73.0	76.6	73.6	74.9
鲜食大豆夏播组	最大值	87.3	88.1	85.1	83.0	86.2	85.9
	最小值	70.5	63.9	63.1	72.1	70.7	68.1
	平均值	78.8	74.5	72.5	77.1	77.5	76.1

（四）2016—2020年鲜食大豆品种试验参试品种百粒重试验组间比较

从2016—2020年鲜食大豆品种百粒鲜重结果来看，除2019年外，不同年度间参试品种百粒鲜重均表现为鲜食大豆春播组低于鲜食大豆夏播组，这与试验期间气候条件及品种组成有关（图44-24）。

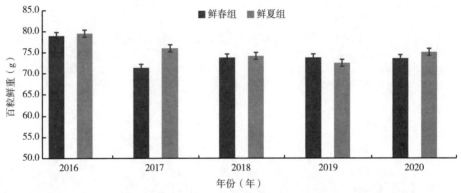

图44-24 2016—2020年鲜食大豆试验不同试验组间百粒鲜重动态分析

由表44-24结果可知，2016年各试验组平均单株有效荚数为21.9个，变幅为18.7～25.1个，其中鲜夏组最高，鲜春组最低，最高单株有效荚数比最低高34.2%；2017年各试验组平均单株有效荚数为22.6个，变幅为21.0～24.2个，其中鲜夏组最高，鲜春组最低，最高单株有效荚数比最低高15.2%；2018年各试验组平均单株有效荚数为24.4个，变幅为22.8～25.9个，其中鲜夏组最高，鲜春组最低，最高单株有效荚数比最低高13.6%；2019年各试验组平均单株有效荚数为26.1个，变幅为24.5～27.6个，其中鲜夏组最高，鲜春组最低，最高单株有效荚数比最低高12.7%；2020年各试验组平均单株有效荚数为23.9个，变幅为17.9～29.9个，其中鲜夏组最高，鲜春组最低，最高单株有效荚数比最低高67.0%。

表44-24 2016—2020年鲜食大豆试验不同试验组间品种百粒鲜重分析 （g）

年份	百粒鲜重	鲜春组	鲜夏组	平均值
2016	最大值	21.2	28.4	24.8
	最小值	17.3	21.1	19.2
	平均值	18.7	25.1	21.9
2017	最大值	23.3	32.3	27.8
	最小值	18.4	17.3	17.9
	平均值	21.0	24.2	22.6
2018	最大值	32.3	41.6	37.0
	最小值	17.2	17.2	17.2
	平均值	22.8	25.9	24.4

（续表）

年份	百粒鲜重	鲜春组	鲜夏组	平均值
2019	最大值	41.6	33.9	37.8
	最小值	17.2	23.5	20.4
	平均值	24.5	27.6	26.1
2020	最大值	21.4	33.0	27.2
	最小值	16.0	25.7	20.9
	平均值	17.9	29.9	23.9

第四节　2016—2020年鲜食大豆试验参试品种农艺性状动态分析

一、2016—2020年鲜食大豆品种试验参试品种生育期动态分析

（一）2016—2020年鲜食大豆品种试验参试品种生育期年份间比较

从2016—2020年鲜食大豆品种参试品种生育期结果来看，不同年份间，鲜食大豆春播组品种生育期表现较为稳定，年度间变化不大；鲜食大豆夏播组品种生育期差异较大，这与不同试验组的参试品种组成有关（图44-25）。

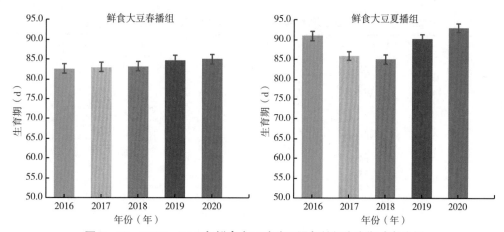

图44-25　2016—2020年鲜食大豆试验不同年份间生育期动态分析

由表44-25结果可知，2016—2020年鲜食大豆春播组平均生育日数为84.3d，年度变幅为82.1～85.6d，其中2019年最高，2016年最低，最高生育日数比最低高4.3%；鲜食大豆夏播组生育日数为89.3d，年度变幅为84.9～94.2d，其中2020年最高，2018年最低，最高生育日数比最低高11.0%。

表44-25　2016—2020年鲜食大豆试验不同年份间生育期动态分析　　　　　　（d）

试验组	生育期	2016年	2017年	2018年	2019年	2020年	平均值
鲜食大豆春播组	最大值	89.0	89.0	97.0	100.0	93.0	93.6
	最小值	80.0	80.0	75.0	75.0	82.0	78.4
	平均值	82.1	84.1	83.9	85.6	85.6	84.3
鲜食大豆夏播组	最大值	97.0	97.0	100.0	99.0	99.0	98.4
	最小值	84.0	75.0	75.0	86.0	85.0	81.0
	平均值	89.9	86.2	84.9	91.4	94.2	89.3

（二）2016—2020年鲜食大豆品种试验参试品种生育期试验组间比较

从2016—2020年鲜食大豆品种生育期结果来看，不同年度均表现为鲜食大豆春播组参试品种生育期较鲜食大豆夏播组短，这与不同试验组的品种特点及试验期间气候条件有关（图44-26）。

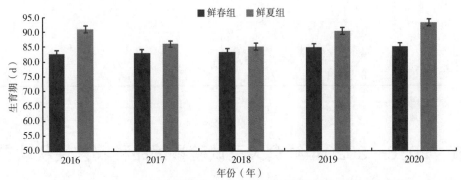

图44-26　2016—2020年鲜食大豆试验不同试验组间生育期动态分析

由表44-26结果可知，2016年各试验组平均生育期为86.0d，变幅为82.1～89.9d，其中鲜夏组最高，鲜春组最低，最高生育期比最低高9.5%；2017年各试验组平均生育期为85.2d，变幅为84.1～86.2d，其中鲜夏组最高，鲜春组最低，最高生育期比最低高2.5%；2018年各试验组平均生育期为84.4d，变幅为83.9～84.9d，其中鲜夏组最高，鲜春组最低，最高生育期比最低高1.2%；2019年各试验组平均生育期为88.5d，变幅为85.6～91.4d，其中鲜夏组最高，鲜春组最低，最高生育期比最低高6.8%；2020年各试验组平均生育期为89.9d，变幅为85.6～94.2d，其中鲜夏组最高，鲜春组最低，最高生长期比最低高10.0%。

表44-26　2016—2020年鲜食大豆试验不同试验组间生育期动态分析　　　　　　　　（d）

年份	生育期	鲜春组	鲜夏组	平均值
	最大值	89.0	97.0	93.0
2016	最小值	80.0	84.0	82.0
	平均值	82.1	89.9	86.0
	最大值	89.0	97.0	93.0
2017	最小值	80.0	75.0	77.5
	平均值	84.1	86.2	85.2
	最大值	97.0	100.0	98.5
2018	最小值	75.0	75.0	75.0
	平均值	83.9	84.9	84.4
	最大值	100.0	99.0	99.5
2019	最小值	75.0	86.0	80.5
	平均值	85.6	91.4	88.5
	最大值	93.0	99.0	96.0
2020	最小值	82.0	85.0	83.5
	平均值	85.6	94.2	89.9

二、2016—2020年鲜食大豆品种试验参试品种株高动态分析

（一）2016—2020年鲜食大豆品种试验参试品种株高年份间比较

从2016—2020年鲜食大豆品种株高结果来看，不同年份间，鲜食大豆春播组参试品种株高变

化不大，2017年最高（53.9cm），2016年最低（50.3cm）；鲜食大豆夏播组品种株高2018年最高（75.7cm），2016年最低（61.8cm）（图44-27）。

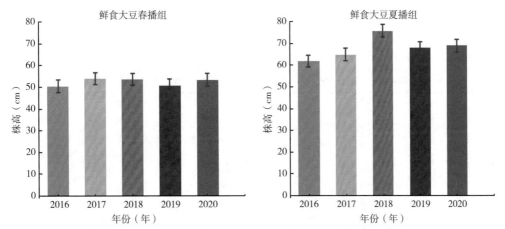

图44-27　2016—2020年鲜食大豆试验不同年份间株高动态分析

由表44-27结果可知，2016—2020年鲜食大豆春播组平均株高为45.8cm，年度变幅为41.3～53.3cm，其中2019年最高，2017年最低，最高株高比最低高29.1%；鲜食大豆夏播组株高为60.4cm，年度变幅为54.4～64.7cm，其中2019年最高，2017年最低，最高株高比最低高18.9%。

表44-27　2016—2020年鲜食大豆试验不同年份间株高动态分析　　　　　（cm）

试验组	株高	2016年	2017年	2018年	2019年	2020年	平均值
鲜食大豆春播组	最大值	57.1	55.3	89.5	112.2	55.2	73.9
	最小值	33.3	30.6	25.0	25.0	28.8	28.5
	平均值	41.8	41.3	50.4	53.3	42.1	45.8
鲜食大豆夏播组	最大值	74.3	89.5	112.2	80.1	88.9	89.0
	最小值	43.7	30.6	25.0	51.0	44.6	39.0
	平均值	61.0	54.4	58.8	64.7	63.3	60.4

（二）2016—2020年鲜食大豆品种试验参试品种株高试验组间比较

从2016—2020年鲜食大豆品种株高结果来看，不同试验组间在各年度均表现为鲜食大豆春播组品种株高显著低于鲜食大豆夏播组品种，这与试验期间的不同气候条件和品种特点有关（图44-28）。

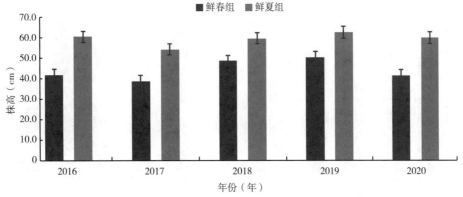

图44-28　2016—2020年鲜食大豆不同试验组间株高动态分析

由表44-28结果可知，2016年各试验组平均株高为51.4cm，变幅为41.8～61.0cm，其中鲜夏组最高，鲜春组最低，最高株高比最低高45.9%；2017年各试验组平均株高为47.9cm，变幅为

41.3～54.4cm，其中鲜夏组最高，鲜春组最低，最高株高比最低高31.7%；2018年各试验组平均株高为54.6cm，变幅为50.4～58.8cm，其中鲜夏组最高，鲜春组最低，最高株高比最低高16.7%；2019年各试验组平均株高为59.0cm，变幅为53.3～64.7cm，其中鲜夏组最高，鲜春组最低，最高株高比最低高21.4%；2020年各试验组平均株高为52.7cm，变幅为42.1～63.3cm，其中鲜夏组最高，鲜春组最低，最高株高比最低高50.4%。

表44-28　2016—2020年鲜食大豆试验不同试验组间品种株高分析　　　　（cm）

年份	株高	鲜春组	鲜夏组	平均值
2016	最大值	57.1	74.3	65.7
	最小值	33.3	43.7	38.5
	平均值	41.8	61.0	51.4
2017	最大值	55.3	89.5	72.4
	最小值	30.6	30.6	30.6
	平均值	41.3	54.4	47.9
2018	最大值	89.5	112.2	100.9
	最小值	25.0	25.0	25.0
	平均值	50.4	58.8	54.6
2019	最大值	112.2	80.1	96.2
	最小值	25.0	51.0	38.0
	平均值	53.3	64.7	59.0
2020	最大值	55.2	88.9	72.1
	最小值	28.8	44.6	36.7
	平均值	42.1	63.3	52.7

三、2016—2020年鲜食大豆品种试验参试品种主茎节数动态分析

（一）2016—2020年鲜食大豆品种试验参试品种主茎节数年份间比较

从2016—2020年鲜食大豆品种主茎节数结果来看，不同年份间参试品种主茎节数变化不大。鲜食大豆春播组品种株高2017年最多（11.7节），2020年最少（10.4节）；鲜食大豆夏播组2018年最多（15.3节），2016年和2020年最少（14.2节），这与试验期间的气候条件及不同试验组品种特点有关（图44-29）。

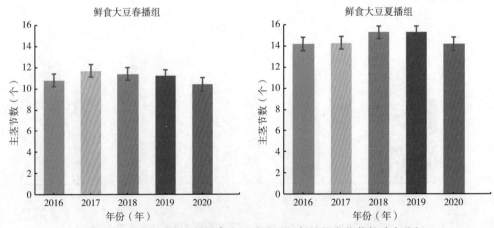

图44-29　2016—2020年鲜食大豆试验不同年份间主茎节数动态分析

由表44-29结果可知，2016—2020年鲜食大豆春播组平均主茎节数为10.6节，年度变幅为9.2～12.5节，其中2019年最高，2016年最低，最高主茎节数比最低高35.9%；鲜食大豆夏播组主茎节数为14.3

节，年度变幅为12.8～15.6节，其中2019年最高，2017年最低，最高主茎节数比最低高21.9%。

表44-29　2016—2020年鲜食大豆试验不同年份间主茎节数动态分析表　　　　　（节）

试验组	主茎节数	2016年	2017年	2018年	2019年	2020年	平均值
鲜食大豆春播组	最大值	10.9	11.4	19.2	24.5	12.1	15.6
	最小值	8.7	8.6	7.7	7.7	8.2	8.2
	平均值	9.2	10.0	11.7	12.5	9.8	10.6
鲜食大豆夏播组	最大值	18.4	19.2	24.5	18.4	19.9	20.1
	最小值	11.6	8.6	7.7	12.8	10.8	10.3
	平均值	15.1	12.8	13.5	15.6	14.6	14.3

（二）2016—2020年鲜食大豆品种试验参试品种主茎节数试验组间比较

从2016—2020年鲜食大豆品种主茎节数结果来看，不同试验组在各年度均表现鲜食大豆春播组品种主茎节数显著低于鲜食大豆夏播组，这与试验期间的气候条件及不同试验组品种特点有关（图44-30）。

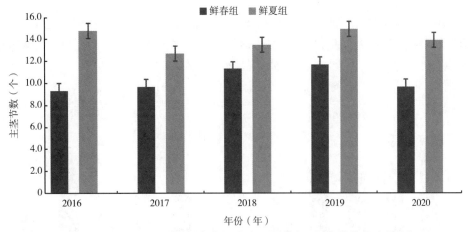

图44-30　2016—2020年鲜食大豆试验不同试验组间主茎节数动态分析

由表44-30结果可知，2016年各试验组平均主茎节数为12.2节，变幅为9.2～15.1节，其中鲜夏组最高、鲜春组最低，最高主茎节数比最低高64.1%；2017年各试验组平均主茎节数为11.4节，变幅为10.0～12.8节，其中鲜夏组最高、鲜春组最低，最高主茎节数比最低高28.0%；2018年各试验组平均主茎节数为12.6节，变幅为11.7～13.5节，其中鲜夏组最高，鲜春组最低，最高主茎节数比最低高15.4%；2019年各试验组平均主茎节数为14.1节，变幅为12.5～15.6节，其中鲜夏组最高，鲜春组最低，最高主茎节数比最低高24.8%；2020年各试验组平均主茎节数为12.2节，变幅为9.8～14.6节，其中鲜夏组最高，鲜春组最低，最高主茎节数比最低高49.0%。

表44-30　2016—2020年鲜食大豆试验不同试验组间主茎节数动态分析　　　　　（节）

年份	主茎节数	鲜春组	鲜夏组	平均值
2016	最大值	10.9	18.4	14.7
	最小值	8.7	11.6	10.2
	平均值	9.2	15.1	12.2
2017	最大值	11.4	19.2	15.3
	最小值	8.6	8.6	8.6
	平均值	10.0	12.8	11.4

（续表）

年份	主茎节数	鲜春组	鲜夏组	平均值
	最大值	19.2	24.5	21.9
2018	最小值	7.7	7.7	7.7
	平均值	11.7	13.5	12.6
	最大值	24.5	18.4	21.5
2019	最小值	7.7	12.8	10.3
	平均值	12.5	15.6	14.1
	最大值	12.1	19.9	16.0
2020	最小值	8.2	10.8	9.5
	平均值	9.8	14.6	12.2

四、2016—2020年鲜食大豆品种试验参试品种有效分枝数动态分析

（一）2016—2020年鲜食大豆品种试验参试品种有效分枝数年份间比较

从2016—2020年鲜食大豆品种分枝数结果来看，不同年份间不同试验组变化不同，鲜食大豆春播组呈逐年下降趋势，鲜食大豆夏播组呈上升趋势。鲜食大豆夏播组品种分枝数2016年最多（2.6个），2020年最少（1.8个）；鲜食大豆夏播组品种分枝数2016年最少（1.7个），2019年最多（2.3个），这与试验期间不同的气候条件和品种组成有关（图44-31）。

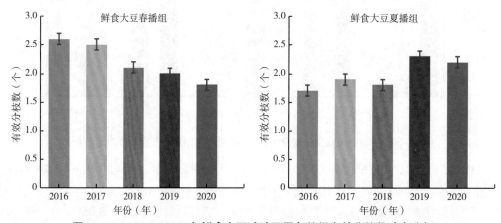

图44-31　2016—2020年鲜食大豆试验不同年份间有效分枝数动态分析

由表44-31结果可知，2016—2020年鲜食大豆春播组平均分枝数为2.1个，年度变幅为1.7～2.7个，其中2016年最高，2020年最低，最高分枝数比最低高58.8%；鲜食大豆夏播组分枝数为2.0个，年度变幅为1.6～2.2个，其中2020年最高，2016年最低，最高分枝数比最低高37.5%。

表44-31　2016—2020年鲜食大豆试验不同年份间有效分枝数动态分析　　　　　（个）

试验组	有效分枝数	2016年	2017年	2018年	2019年	2020年	平均值
	最大值	3.0	3.0	3.0	3.0	2.5	2.9
鲜食大豆春播组	最小值	2.4	1.4	0.9	0.9	0.9	1.3
	平均值	2.7	2.3	2.0	2.0	1.7	2.1
	最大值	2.7	3.0	3.0	2.8	2.5	2.8
鲜食大豆夏播组	最小值	1.0	0.9	0.9	1.5	2.0	1.3
	平均值	1.6	2.0	1.9	2.1	2.2	2.0

（二）2016—2020年鲜食大豆品种试验参试品种有效分枝数试验组间比较

从2016—2020年鲜食大豆品种有效分枝数结果来看，2016—2018年鲜食大豆春播组品种有效分枝数均显著高于鲜食大豆夏播组，2019—2020年则相反，这可能与品种组成变化有关（图44-32）。

由表44-32结果可知，2016年各试验组平均分枝数为2.2个，变幅为1.6～2.7个，其中鲜春组最高，鲜夏组最低，最高分枝数比最低高68.8%；2017年各试验组平均分枝数为2.2个，变幅为2.0～2.3个，其中鲜春组最高、鲜夏组最低，最高分枝数比最低高15.0%；2018年各试验组平均分枝数为2.0个，变幅为1.9～2.0个，其中鲜春组最高、鲜夏组最低，最高分枝数比最低高5.3%；2019年各试验组平均分枝数为2.1个，变幅为2.0～2.1个，其中鲜夏组最高，鲜春组最低，最高分枝数比最低高5.0%；2020年各试验组平均分枝数为2.0个，变幅为1.7～2.2个，其中鲜夏组最高，鲜春组最低，最高分枝数比最低高29.4%。

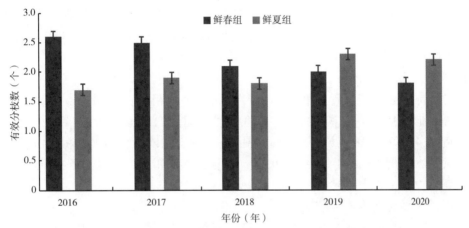

图44-32　2016—2020年长鲜食大豆不同试验组间有效分枝数动态分析

表44-32　2016—2020年长鲜食大豆不同试验组间有效分枝数动态分析　　　　　（个）

年份	有效分枝数	鲜春组	鲜夏组	平均值
2016	最大值	3.0	2.7	2.9
	最小值	2.4	1.0	1.7
	平均值	2.7	1.6	2.2
2017	最大值	3.0	3.0	3.0
	最小值	1.4	0.9	1.2
	平均值	2.3	2.0	2.2
2018	最大值	3.0	3.0	3.0
	最小值	0.9	0.9	0.9
	平均值	2.0	1.9	2.0
2019	最大值	3.0	2.8	2.9
	最小值	0.9	1.5	1.2
	平均值	2.0	2.1	2.1
2020	最大值	2.5	2.5	2.5
	最小值	0.9	2.0	1.5
	平均值	1.7	2.2	2.0

第五节 2016—2020年长江流域大豆品种试验参试品种品质性状动态分析

一、2016—2020年长江流域大豆品种试验参试品种粗蛋白含量动态分析

（一）2016—2020年长江流域大豆品种试验参试品种粗蛋白含量年份间比较

1. 长江流域春大豆

2016—2020年长江流域春大豆参试品种平均粗蛋白含量为：43.05%、43.81%、43.61%、42.16%和42.37%。其中，2017年该区组平均粗蛋白含量最高为43.81%，比该区组最低平均粗蛋白含量42.16%（2019年）高1.65%（图44-33）。就该区组内平均粗蛋白含量变异程度而言，2017年最大（2.26），2016年最小（0.95）。该地区最高粗蛋白含量是南农49（2018年），达47.37%；最低粗蛋白含量为中豆5201（2020年），达39.84%（表44-33）。

2. 长江流域夏大豆早中熟组

2016—2020年长江流域夏大豆早中熟组参试品种平均粗蛋白含量为：44.50%、44.30%、43.47%、43.41%和44.38%。其中，2016年该区组平均粗蛋白含量最高为44.50%，比该区组最低平均粗蛋白含量43.41%（2019年）高1.09%（图44-33）。就该区组内平均粗蛋白含量变异程度而言，2016年最大（2.52），2018年最小（1.05）。该地区最高粗蛋白含量是圣豆3号（2020年），达49.71%；最低粗蛋白含量为中豆5501（2019年），达40.23%（表44-33）。

3. 长江流域夏大豆晚熟组

2016—2020年长江流域夏大豆早中熟组参试品种平均粗蛋白含量为：42.20%、40.61%、43.84%、42.10%和41.92%。其中，2018年该区组平均粗蛋白含量最高为43.84%，比该区组最低平均粗蛋白含量40.61%（2017年）高3.23%（图44-33）。就该区组内平均粗蛋白含量变异程度而言，2020年最大（3.81），2017年最小（1.01）。该地区最高粗蛋白含量为南黑豆20（2018年），达48.95%；最低粗蛋白含量为川农5号（2020年），达39.15%（表44-33）。

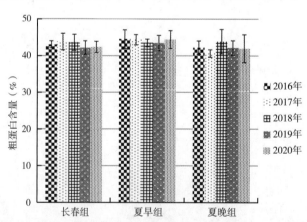

图44-33 2016—2020年长江流域区域试验参试品种各年份平均粗蛋白含量

表44-33 2016—2020年长江流域区域试验参试品种各年份平均粗蛋白含量分析 （%）

试验组别	粗蛋白含量	2016年	2017年	2018年	2019年	2020年	平均值
长春组	最大值	44.07	46.19	47.37（南农49）	46.31	44.9	45.77
	最小值	42.69	41.747	42.72	40.35	39.84（中豆5201）	41.47
	平均值	43.05	43.81	43.61	42.16	42.37	43.00
	标准差	0.95	2.26	2.18	1.84	1.53	1.75

（续表）

试验组别	粗蛋白含量	2016年	2017年	2018年	2019年	2020年	平均值
夏早组	最大值	48.41	46.21	45.11	47.56	49.71（圣豆3号）	47.40
	最小值	41.22	41.93	41.13	40.23（中豆5501）	41.58	41.22
	平均值	44.5	44.3	43.47	43.41	44.38	44.01
	标准差	2.52	1.4	1.05	2.08	2.41	1.89
夏晚组	最大值	44.36	42.41	48.95（黑豆20）	43.25	49.52	45.70
	最小值	40.08	39.71	39.81	41.37	39.15（川农5号）	40.02
	平均值	42.2	40.61	43.84	42.1	41.92	42.13
	标准差	1.78	1.01	3.3	1.98	3.81	2.38

（二）2016—2020年长江流域大豆品种试验参试品种粗蛋白含量区组间比较

1. 2016年

2016年长江流域大豆参试品种区组平均粗蛋白含量为：春大豆组43.05%，夏大豆中早熟组44.50%，夏大豆晚熟组42.20%。其中，平均粗蛋白含量最高为夏大豆中早熟44.50%，比最低夏大豆晚熟组（42.20%）高2.3%（图44-34）。就该区组内平均粗蛋白含量变异程度而言，最大夏大豆中早熟组为2.52，最小为春大豆组0.95。粗蛋白含量最高的是夏大豆中早熟组的皖豆21590，达48.41%；粗蛋白含量最低为夏大豆晚熟组的通豆11号，达40.08%（表44-34）。

2. 2017年

2017年长江流域大豆参试品种区组平均粗蛋白含量为：春大豆组43.81%，夏大豆中早熟组44.30%，夏大豆晚熟组40.61%。其中，平均粗蛋白含量最高为夏大豆中早熟44.30%，比最低夏大豆晚熟组（40.61%）高3.69%（图44-34）。就该区组内平均粗蛋白含量变异程度而言，春大豆组为2.26，最小为夏大豆晚熟组1.01。粗蛋白含量最高的是春大豆组的中豆4601，达46.19%；粗蛋白含量最低为夏大豆晚熟组的通豆11号，达39.71%（表44-34）。

3. 2018年

2018年长江流域大豆参试品种区组平均粗蛋白含量为：春大豆组43.61%，夏大豆中早熟组43.47%，夏大豆晚熟组43.84%。其中，平均粗蛋白含量最高为夏大豆晚熟组43.84%，比最低春大豆组（43.61%）高0.23%（图44-34）。就该区组内平均粗蛋白含量变异程度而言，夏大豆晚熟组为3.30，最小为夏大豆中早熟组1.05。粗蛋白含量最高的是夏大豆晚熟组的南黑豆20，达48.95%；粗蛋白含量最低为夏大豆晚熟组的通豆11号，达39.81%（表44-34）。

4. 2019年

2019年长江流域大豆参试品种区组平均粗蛋白含量为：春大豆组42.16%，夏大豆中早熟组43.41%，夏大豆晚熟组42.10%。其中，平均粗蛋白含量最高为夏大豆中早熟组43.41%，比最低夏大豆晚熟组（42.10%）高1.31%（图44-34）。就该区组内平均粗蛋白含量变异程度而言，最高为夏大豆中早熟组2.08，最小为春大豆组1.84。粗蛋白含量最高的是夏大豆中早熟组的圣豆3号，达47.56%；粗蛋白含量最低为夏大豆中早熟组的中豆5501，达40.23%（表44-34）。

5. 2020年

2020年长江流域大豆参试品种区组平均粗蛋白含量为：春大豆组42.37%，夏大豆中早熟组44.38%，夏大豆晚熟组41.92%。其中，平均粗蛋白含量最高为夏大豆中早熟组44.38%，比最低夏大豆晚熟组（41.92%）高2.46%（图44-34）。就该区组内平均粗蛋白含量变异程度而言，最高为夏大豆晚熟组3.81，最小为春大豆组1.53。粗蛋白含量最高的是夏大豆中早熟组的圣豆3号，达49.71%；粗蛋白含量最低为春大豆组的中豆5201，达39.84%（表44-34）。

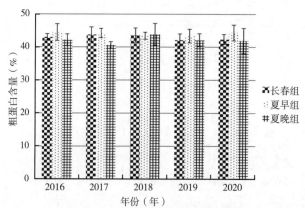

图44-34　2016—2020年长江流域区域试验参试品种各区组平均粗蛋白含量

表44-34　2016—2020年长江流域区域试验参试品种各区组平均粗蛋白含量分析　　　　　　　　（%）

年份	粗蛋白含量	长春组	夏早组	夏晚组	平均值
2016	最大值	44.07	48.41（皖豆21590）	44.36	45.61
	最小值	42.69	41.22	40.08（通豆11号）	41.33
	平均值	43.05	44.5	42.2	43.25
	标准差	0.95	2.52	1.78	1.75
2017	最大值	46.19（中豆4601）	46.21	42.41	44.94
	最小值	41.747	41.93	39.71（通豆11号）	41.13
	平均值	43.81	44.3	40.61	42.91
	标准差	2.26	1.4	1.01	1.56
2018	最大值	47.37	45.11	48.95（南黑豆20）	47.14
	最小值	42.72	41.13	39.81（通豆11号）	41.22
	平均值	43.61	43.47	43.84	43.64
	标准差	2.18	1.05	3.3	2.18
2019	最大值	46.31	47.56（圣豆3号）	43.25	45.71
	最小值	40.35	40.23（中豆5501）	41.37	40.65
	平均值	42.16	43.41	42.1	42.56
	标准差	1.84	2.08	1.98	1.97
2020	最大值	44.9	49.71（圣豆3号）	49.52	48.04
	最小值	39.84（中豆5201）	41.58	39.15	40.19
	平均值	42.37	44.38	41.92	42.89
	标准差	1.53	2.41	3.81	2.58

二、2016—2020年长江流域大豆品种试验参试品种粗脂肪含量动态分析

（一）2016—2020年长江流域大豆品种试验参试品种粗脂肪含量年份间比较

1. 长江流域春大豆

2016—2020年长江流域春大豆组参试品种平均粗脂肪含量为：20.32%、18.97%、19.93%、20.58%和20.54%。其中，2019年该区组平均粗脂肪含量最高为20.58%，比该区组最低平均粗脂肪含量18.97%（2017年）高1.61%（图44-35）。就该区组内平均粗脂肪含量变异程度而言，2020年最大（1.80），2017年最小（1.16）。该地区最高粗脂肪含量是中豆5201（2020年），达23.21%；最低脂肪含量为南春豆31（2017年），达17.71%（表44-35）。

2. 长江流域夏大豆早中熟组

2016—2020年长江流域夏大豆早中熟组参试品种平均粗脂肪含量为：19.23%、19.09%、20.77%、20.24%和20.16%。其中，2018年该区组平均粗脂肪含量最高为20.77%，比该区组最低平均粗脂肪含量19.09%（2017年）高1.68%（图44-35）。就该区组内平均粗脂肪含量变异程度而言，2020年最大（1.38），2016年最小（0.89）。该地区最高粗脂肪含量是周豆35（2019年），达22.75%；最低脂肪含量为油春12-4（2017年），达17.23%（表44-35）。

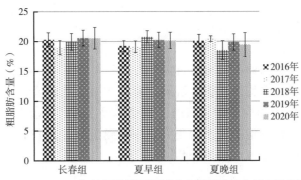

图44-35　2016—2020年长江流域区域试验参试品种各年份平均粗脂肪含量

3. 长江流域夏大豆晚熟组

2016—2020年长江流域夏大豆晚熟组参试品种平均粗脂肪含量为：20.09%、20.44%、18.53%、19.88%和19.43%。其中，2017年该区组平均粗脂肪含量最高为20.44%，比该区组最低平均粗脂肪含量18.53%（2018年）高1.91%（图44-35）。就该区组内平均粗脂肪含量变异程度而言，2020年最大（2.01），2017年最小（0.47）。该地区最高粗脂肪含量是南夏豆38（2019年），达21.39%；最低脂肪含量为南黑豆20（2018年），达16.02%（表44-35）。

表44-35　2016—2020年长江流域区域试验参试品种各年份平均粗脂肪含量分析　　　　（%）

试验组别	粗脂肪含量	2016年	2017年	2018年	2019年	2020年	平均
长春组	最大值	22.99	19.93	21.02	22.58	23.21（中豆5201）	21.95
	最小值	19.28	17.71（南春豆31）	18.15	18.63	17.29	18.21
	平均值	20.32	18.97	19.93	20.58	20.54	20.07
	标准差	1.16	1.18	1.40	1.33	1.80	1.37
夏早组	最大值	20.69	20.62	22.71	22.75（周豆35）	22	21.75
	最小值	17.59	17.23（油春12-4）	18.81	17.4	17.65	17.74
	平均值	19.23	19.09	20.77	20.24	20.16	19.908
	标准差	0.89	0.96	1.03	1.3	1.38	1.11
夏晚组	最大值	21.33	20.94	20.83	21.39（南夏豆38）	20.87	21.07
	最小值	18.56	19.84	16.02（南黑豆20）	17.51	15.78	17.54
	平均值	20.09	20.44	18.53	19.88	19.43	19.67
	标准差	1.10	0.47	1.56	1.37	2.01	1.30

（二）2016—2020年长江流域大豆品种试验参试品种粗脂肪含量区组间比较

1. 2016年

2016年长江流域大豆参试品种平均粗脂肪含量为：春大豆组20.32%，夏大豆中早熟组19.23%，夏大豆晚熟组20.09%。其中，2016年该区组平均粗脂肪含量最高为20.32%，比该区组最低平均粗脂肪含量19.23%高1.09%（图44-36）。就该区组内平均粗脂肪含量变异程度而言，最大春大豆组为

1.16，最小夏大豆中早熟组为0.89。该地区最高粗脂肪含量是春大豆组的油春13-19，达22.99%；最低脂肪含量为夏大豆中早熟组的皖豆21590，达到17.59%（表44-36）。

2. 2017年

2017年长江流域大豆参试品种平均粗脂肪含量为：春大豆组18.97%，夏大豆中早熟组19.09%，夏大豆晚熟组20.44%。其中，平均粗脂肪含量最高为20.44%，比该区组最低平均粗脂肪含量18.97%高1.47%（图44-36）。就该区组内平均粗脂肪含量变异程度而言，最大春大豆组为1.18，最小夏大豆晚熟组为0.47。最高粗脂肪含量为夏大豆晚熟组的通豆11号，达20.94%；最低脂肪含量为夏大豆中早熟组的油春12-4，达17.23%（表44-36）。

3. 2018年

2018年长江流域大豆参试品种平均粗脂肪含量为：春大豆组19.93%，夏大豆中早熟组20.77%，夏大豆晚熟组18.53%。其中，平均粗脂肪含量最高为20.77%，比该区组最低平均粗脂肪含量18.53%高2.24%（图44-36）。就该区组内平均粗脂肪含量变异程度而言，最大夏大豆晚熟组为1.56，最小夏大豆中早熟组为1.03。最高粗脂肪含量为夏大豆中早熟组的蒙12131，达22.71%；最低脂肪含量为夏大豆晚熟组的南黑豆20，达16.02%（表44-36）。

4. 2019年

2019年长江流域大豆参试品种平均粗脂肪含量为：春大豆组20.58%，夏大豆中早熟组20.24%，夏大豆晚熟组19.88%。其中，平均粗脂肪含量最高为20.58%，比该区组最低平均粗脂肪含量19.88%高0.7%（图44-36）。就该区组内平均粗脂肪含量变异程度而言，最大夏大豆晚熟组为1.37，最小夏大豆中早熟组为1.30。最高粗脂肪含量为夏大豆中早熟组的周豆35，达22.75%；最低脂肪含量为夏大豆中早熟组的圣豆3号，达17.40%（表44-36）。

5. 2020年

2020年长江流域大豆参试品种平均粗脂肪含量为：春大豆组20.54%，夏大豆中早熟组20.16%，夏大豆晚熟组19.43%。其中，平均粗脂肪含量最高为20.54%，比该区组最低平均粗脂肪含量19.43%，高1.11%（图44-36）。就该区组内平均粗脂肪含量变异程度而言，最大夏大豆晚熟组为2.01，最小夏大豆中早熟组为1.38。最高粗脂肪含量为春大豆组的中豆5201，达23.21%；最低脂肪含量为夏大豆晚熟组的南夏豆25，达15.78%（表44-36）。

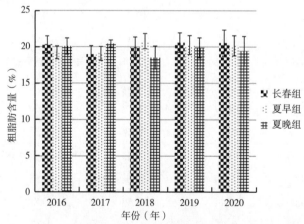

图44-36　2016—2020年长江流域区域试验参试品种各区组平均粗脂肪含量

表44-36　2016—2020年长江流域区域试验参试品种各区组平均粗脂肪含量分析　　（%）

年份	粗脂肪含量	长春组	夏早组	夏晚组	平均值
2016	最大值	22.99（油春13-19）	20.69	21.33	21.67
	最小值	19.28	17.59（皖豆21590）	18.56	18.48
	平均值	20.32	19.23	20.09	19.88
	标准差	1.16	0.89	1.10	1.05

（续表）

年份	粗脂肪含量	长春组	夏早组	夏晚组	平均值
2017	最大值	19.93	20.62	20.94（通豆11号）	20.50
	最小值	17.71	17.23（油春12-4）	19.84	18.26
	平均值	18.97	19.09	20.44	19.5
	标准差	1.18	0.96	0.47	0.87
2018	最大值	21.02	22.71（蒙12131）	20.83	21.52
	最小值	18.15	18.81	16.02（南黑豆20）	17.66
	平均值	19.93	20.77	18.53	19.74
	标准差	1.4	1.03	1.56	1.33
2019	最大值	22.58	22.75（周豆35）	21.39	22.24
	最小值	18.63	17.40（圣豆3号）	17.51	17.85
	平均值	20.58	20.24	19.88	20.23
	标准差	1.33	1.3	1.37	1.33
2020	最大值	23.21（中豆5201）	22	20.87	22.03
	最小值	17.29	17.65	15.78（南夏豆25）	16.91
	平均值	20.54	20.16	19.43	20.04
	标准差	1.8	1.38	2.01	1.73

第六节　2016—2020年长江流域大豆品种试验参试品种抗性性状动态分析

一、2016—2020年长江流域大豆试验参试品种花叶病毒抗性动态分析

（一）2016—2020年长江流域大豆试验参试品种花叶病毒抗性年份间比较

1. 长江流域春大豆组

2016—2020年长江流域春大豆组参试品种对花叶病毒SC3/SC7抗性平均病情指数分别为31.6/32.4、35.6/37.1、33.8/39.7、24.6/27.3和22.9/22.3，其中2020年该片区SC3/SC7平均病情指数最低，比该片区SC3（2017年）/SC7（2018年）最高平均病情指数低12.7/17.4（图44-37、图44-37）。就该片区内平均病情指数变异程度而言，2019年SC3最大（25.33%），2016年SC7最大（24.33%），2017年SC3最小（13.95%），2020年SC7最小（10.89%）。该片区SC3病情指数最低的是中豆5201（2019年），病情指数0；SC7病情指数最低的是鄂2066（2017年），病情指数4；SC3/SC7病情指数最高的是湘春豆26（2016年）、南春豆37（2018年），病情指数75/75。

2. 长江流域夏大豆早中熟组

2016—2020年长江流域夏大豆早中熟组参试品种对花叶病毒SC3/SC7抗性平均病情指数分别为22.3/32.1、29.6/16.6、33.3/37.8、21.1/25.2和11.7/10.3，其中2020年该片区SC3/SC7平均病情指数最低，比该片区SC3/SC7最高平均病情指数（2018年）低21.6/27.5（图44-37、图44-37）。就该片区内平均病情指数变异程度而言，2020年/2017年最大（SC3，26.60%；SC7，26.42%），

2018年/2019年最小（SC3，14.59%；SC7，10.17%）。该片区SC3/SC7病情指数最低的是兴豆5号（2016—2017年）、华豆15（2020年），病情指数均为0/0；SC3病情指数最高的是蒙12131（2018年），病情指数59；SC7病情指数最高的是皖豆36（2016年），病情指数75。

3. 长江流域夏大豆晚熟组

2016—2020年长江流域夏大豆晚熟组参试品种对花叶病毒SC3/SC7抗性平均病情指数分别为34.0/35.7、29.6/28.4、36.7/48.0、27.3/31.0和30.3/24.1，其中2019年/2020年该片区SC3/SC7平均病情指数最低，比该片区SC3/SC7最高平均病情指数（2018年）低9.4/23.9（图44-37、图44-38）。就该片区内平均病情指数变异程度而言，2019年/2020年最大（SC3，24.56%；SC7，28.69%），2020年/2018年最小（SC3，19.17%；SC7，11.36%）。该片区SC3/SC7病情指数最低的是川农5号（2020年），病情指数均为0/0；SC3病情指数最高的是通豆11（2018年），病情指数75，SC7病情指数最高的是南农53（2018年），病情指数75。

4. 鲜食大豆春播组

2016—2020年鲜食大豆春播组参试品种对花叶病毒SC3/SC7抗性平均病情指数分别为30.2/40.6、15.0/20.8、11.3/8.3、8.5/9.5和13.7/11.4，其中2019年/2018年该片区SC3/SC7平均病情指数最低，比该片区SC3/SC7最高平均病情指数（2016年）低21.7/32.3（图44-37、图44-38）。就该片区内平均病情指数变异程度而言，2019年/2018年最大（SC3，45.11%；SC7，58.45%），2016年/2020年最小（SC3，22.45%；SC7，20.56%）。该片区SC3/SC7病情指数最低的是成鲜43、交大14、辽鲜豆17号（2018年）、辽鲜豆13（2020年），病情指数均为0/0；SC3病情指数最高的是辽鲜豆8号（2016年），病情指数63；SC7病情指数最高的是交大11号（2016年），病情指数75。

5. 鲜食大豆夏播组

2016—2020年鲜食大豆夏播组参试品种对花叶病毒SC3/SC7抗性平均病情指数分别为28.8/33.9、31.7/30.4、39.4/45.5、26.3/27.2和32.3/27.9，其中2019年该片区SC3/SC7平均病情指数最低，比该片区SC3/SC7最高平均病情指数（2018年）低13.1/18.3（图44-37、图44-38）。就该片区内平均病情指数变异程度而言，2017年/2019年最大（SC3，28.78%；SC7，27.80%），2020年/2018年最小（SC3，10.59%；SC7，17.01%）。该片区SC3/SC7病情指数最低的是南农J4-3（2017—2018年），病情指数均为0/0；SC3/SC7病情指数最高的是绿宝珠（2017年），病情指数75/63。

2016—2020年长江流域大豆同一片区在不同年份间花叶病毒抗性表现出不同的差异。5年当中，各片组随着时间的推移，平均病情指数呈现下降的趋势（2018年除外）。以上结果表明，近年来长江流域片大豆品种的选育在整体抗性上有所提高，尤其对强毒株系SC7的抗性提高明显。

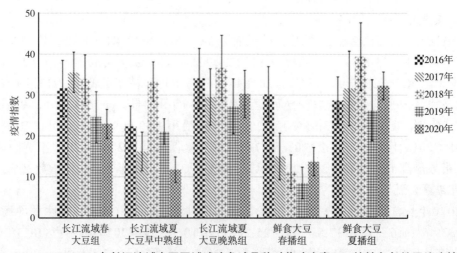

图44-37　2016—2020年长江流域大豆区域试验参试品种对花叶病毒SC3抗性各年份平均病情指数

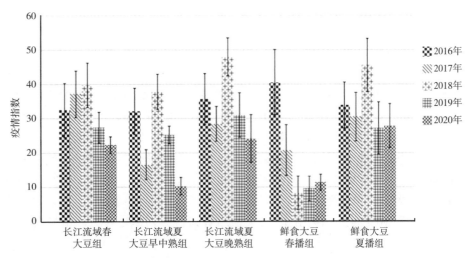

图44-38　2016—2020年长江流域大豆区域试验参试品种对花叶病毒SC7抗性各年份平均病情指数

（二）2016—2020年长江流域大豆品种试验参试品种花叶病毒抗性区组间比较

1. 2016年

2016年长江流域大豆参试品种的平均病情指数为SC3、29.4/SC7、35.3。各片区参试品种平均病情指数分别为SC3、31.6/SC7、32.4/SC3、22.3/SC7、32.1、SC3，34.0/SC7、35.7/SC3、30.2/SC7、40.6/SC3、28.8/SC7、33.9（图44-39、图44-40）。长江流域夏大豆早中熟组的参试品种SC3/SC7平均病情指数最低，比SC3/SC7最高平均病情指数（长江流域夏大豆晚熟组/鲜食大豆春播组）低11.7/8.5。从各片的变异幅度来看，长江流域夏大豆早中熟组组内参试品种对SC3抗性变异幅度最大（22.60%），长江流域春大豆组组内参试品种对SC7抗性变异幅度最大（24.33%），鲜食大豆夏播组组内抗性变异幅度最小（SC3，19.91%；SC7，19.78%）。2016年，长江流域夏大豆早中熟组兴豆5号对SC3/SC7病情指数最低，病情指数为0/0；长江流域春大豆组湘春豆26对SC3/SC7病情指数最高，病情指数为75/75。

2. 2017年

2017年长江流域大豆参试品种的平均病情指数为SC3、28.3/SC7、26.7。各片区参试品种平均病情指数分别为SC3、35.6/SC7、37.1/SC3、29.6/SC7、16.6/SC3、29.6/SC7、28.4/SC3、15.0/SC7、20.8/SC3、31.7/SC7、30.4（图44-39、图44-40）。鲜食春大豆组/长江流域夏大豆早中熟组的参试品种分别对SC3/SC7平均病情指数最低，比SC3/SC7最高平均病情指数（长江流域春大豆组）低20.6/20.5。从各片的变异幅度来看，鲜食大豆春播组组内参试品种对SC3/SC7抗性变异幅度最大（38.05%/35.57%），长江流域春大豆组组内参试品种对SC3抗性变异幅度最小（13.95%），长江流域夏大豆晚熟组组内参试品种对SC7抗性变异幅度最小（17.70%）。2017年，长江流域夏大豆早中熟组兴豆5号、鲜食大豆夏播组南农J4-3对SC3/SC7病情指数最低，病情指数均为0/0；鲜食大豆夏播组绿宝珠对SC3/SC7病情指数最高，病情指数为75/63。

3. 2018年

2018年长江流域大豆参试品种的平均病情指数为SC3、30.9/SC7、35.9。各片区参试品种平均病情指数分别为SC3、33.8/SC7、39.7/SC3、33.3/SC7、37.8/SC3、36.7/SC7、48.0/SC3、11.3/SC7、8.3/SC3、39.4/SC7、45.5（图44-39、图44-40）。鲜食大豆春播组的参试品种SC3/SC7平均病情指数最低，比SC3/SC7最高平均病情指数（鲜食大豆夏播组/长江流域夏大豆晚熟组）低28.1/39.7。从各片的变异幅度来看，鲜食大豆春播组组内参试品种对SC3/SC7抗性变异幅度最大（36.42%/58.45%），长江流域夏大豆早中熟组组内参试品种对SC3抗性变异幅度最小（14.59%），长江流域夏大豆晚熟组组内参试品种对SC7抗性变异幅度最小（11.36%）。2018年，鲜食大豆春播组成鲜43、交大14、辽鲜豆17号、鲜食大豆夏播组南农J4-3对SC3/SC7病情指数最低，病情指数均为0/0；长江流域春大豆组南春豆37对SC3/SC7病情指数最高，病情指数为75/75。

4. 2019年

2019年长江流域大豆参试品种的平均病情指数为SC3、21.6/SC7、24.0。各片区参试品种平均病情指数分别为SC3、24.6/SC7、27.3/SC3、21.1/SC7、25.2/SC3、27.3/SC7、31.0/SC3、8.5/SC7、9.5/SC3、26.3/SC7、27.2（图44-39、图44-40）。鲜食大豆春播组的参试品种SC3/SC7平均病情指数最低，比SC3/SC7最高平均病情指数（长江流域夏大豆晚熟组）低18.8/21.5。从各片的变异幅度来看，鲜食大豆春播组组内抗性变异幅度最大（SC3，45.11%；SC7，37.57%），长江流域夏大豆早中熟组组内抗性变异幅度最小（SC3，14.84%；SC7，10.17%）。2019年，长江流域春大豆组中豆5201、长江流域夏大豆早中熟组濉科43、鲜食大豆春播组交大14、浙鲜18对SC3病情指数最低，病情指数均为0，鲜食大豆春播组浙鲜19、浙鲜5号，鲜食大豆夏播组通豆14对SC7病情指数最低，病情指数均为0，长江流域夏大豆晚熟组南农99-6/通豆13分别对SC3/SC7病情指数最高，病情指数53/68。

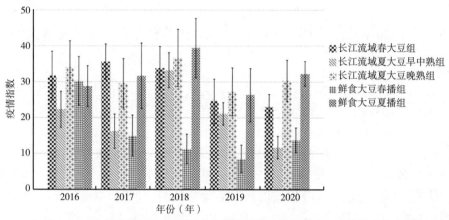

图44-39　2016—2020年长江流域大豆区域试验参试品种对花叶病毒SC3抗性各区组平均病情指数

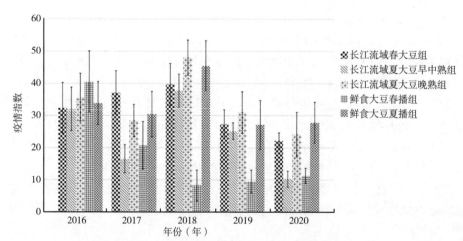

图44-40　2016—2020年长江流域大豆区域试验参试品种对花叶病毒SC7抗性各区组平均病情指数

5. 2020年

2020年长江流域大豆参试品种的平均病情指数为SC3、22.2/SC7、19.2。各片区参试品种平均病情指数分别为SC3、22.9/SC7、22.3/SC3、11.7/SC7、10.3/SC3、30.3/SC7、24.1/SC3、13.7/SC7、11.4/SC3、32.3/SC7、27.9（图44-39、图44-40）。长江流域夏大豆早中熟组的参试品种SC3/SC7平均病情指数最低，比SC3/SC7最高平均病情指数（鲜食大豆夏播组）低20.6/17.6。从各片的变异幅度来看，长江流域夏大豆早中熟组组内参试品种对SC3抗性变异幅度最大（26.60%），长江流域夏大豆晚熟组组内参试品种对SC7抗性变异幅度最大（28.69%），鲜食大豆夏播组组内参试品种对SC3抗性变异幅度最小（10.59%），长江流域春大豆组组内参试品种对SC7抗性变异幅度最小（10.89%）。2020年，长江流域夏大豆早中熟组华豆15、长江流域夏大豆晚熟组川农5号、鲜食大豆春播组辽鲜豆13对SC3/SC7病情指数最低，病情指数均为0/0。长江流域春大豆组南春豆37对SC3病情指数最高，病情指数46；鲜食大豆夏播组南农416对SC7病情指数最高，病情指数48。

2016—2020年长江流域大豆参试品种区组间花叶病毒抗性变化趋势如下：长江流域夏大豆早中熟组和鲜食大豆春播种参试品种平均病情指数较低，抗性较好（2016年除外）。长江流域夏大豆晚熟组和鲜食大豆夏播组参试品种平均病情指数较高，抗性稍差。

二、2016—2020年长江流域、鲜食大豆品种大豆炭疽病抗性动态分析

（一）2016—2020年长江流域、鲜食大豆品种大豆炭疽病抗性年份间比较

从2016—2020年大豆品种炭疽病抗性结果来看，不同年份间，各组炭疽病发病情况表现稳定，鲜食大豆夏播组炭疽病平均病情指数最低，鲜食大豆春播组平均病情指最高，但不同组大豆发病情况年际间又呈现不同的变化规律（图44-41）。

从图44-41可知，鲜食大豆春播组品种平均病情指数最高，年份间表现为2016年较高，2017—2019年变化不大，2020年平均病情指数最低，可能与2016年该组大豆幼荚期雨水较多有关；鲜食大豆夏播组品种平均病情指数最低，可能是该组品种生育期温度高、雨水少大豆炭疽病发生较轻，年份间表现为2016年较高，2017—2019年逐年升高，2020年开始降低，2019年平均病情指数最高，可能与该组大豆幼荚期雨水较多有关；长江流域春大豆组品种平均病情指数总体表现较为一致，2016年和2019年病情指数较高，2017年病情指数较低（图44-41）。

从表44-37结果可知，2016—2020年鲜食大豆春播组平均病情指数最高，其余依次为长江流域春大豆组和鲜食大豆夏播组；鲜食大豆春播组平均病情指数为38.87，年度间病情指数变幅为27.99～48.18，其中2016年最高，2020年最低，最低病情指数比最高病情指数低41.91%；鲜食大豆夏播组平均病情指数为23.28，年度间病情指数变幅为16.68～30.87，其中2019年最高，2020年最低，最低病情指数比最高病情指数低45.97%；长江流域春大豆组平均病情指数为31.61，年度间病情指数变幅为25.54～36.25，其中2019年最高，2017年最低，最低病情指数比最高病情指数低29.54%。

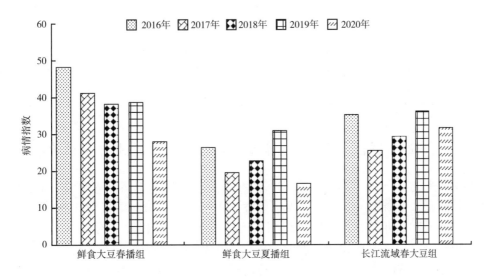

图44-41　2016—2020年大豆区域试验不同年份间大豆炭疽病病情指数动态分析

表44-37　2016—2020年大豆区域试验不同年份间大豆炭疽病病情指数分析

试验组别	病情指数	2016年	2017年	2018年	2019年	2020年	平均
鲜食大豆春播组	最大值	59.06	52.76	57.31	57.56	44.17	54.17
	最小值	39.11	31.88	23.16	23.56	11.56	25.85
	平均值	48.18	41.25	38.19	38.72	27.99	38.87
鲜食大豆夏播组	最大值	41.24	25.60	25.60	40.52	33.54	33.30
	最小值	12.38	5.48	5.48	19.38	4.18	9.38
	平均值	26.45	19.69	22.70	30.87	16.68	23.28
长江流域春大豆组	最大值	56.23	34.20	51.87	57.78	46.45	49.31
	最小值	20.51	11.30	8.96	10.44	13.79	13.00
	平均值	35.32	25.54	29.34	36.25	31.59	31.61

从表44-38结果可知，2016—2020年累计鉴定162份大豆品种，其中鲜食大豆春播组46份，未出现高抗和抗病品种，中抗品种2份，比率为4.35%，中感品种24份，比率为52.17%，感病品种20份，比率为43.58%；鲜食大豆夏播组30份，未出现高抗品种，抗病品种4份，比率为13.33%，中抗品种10份，比率为33.33%，中感品种13份，比率为43.33%，感病品种3份，比率为10.00%；长江流域春大豆组44份，未出现高抗品种，抗病品种2份，比率为4.55%，中抗品种9份，比率为20.45%，中感品种21份，比率为47.73%，感病品种12份，比率为27.27%。

表44-38　2016—2020年大豆区域试验不同年份间大豆炭疽病抗性情况分析

试验组别	品种抗性	2016年	2017年	2018年	2019年	2020年	合计
鲜食大豆春播组	抗病	0	0	0	0	0	0
	中抗	0	0	0	0	2	2
	中感	1	3	6	6	8	24
	感病	5	6	3	4	2	20
鲜食大豆夏播组	抗病	0	1	1	0	2	4
	中抗	3	2	3	1	1	10
	中感	2	4	3	2	2	13
	感病	1	0	1	1	0	3
长江流域春大豆组	抗病	0	0	2	0	0	2
	中抗	0	2	2	2	3	9
	中感	4	5	4	1	7	21
	感病	3	0	3	4	2	12

（二）2016—2020年鲜食大豆、长江流域品种大豆炭疽病抗性不同试验组间比较

2016—2020年鲜食大豆春播组（图中简写为"鲜春"）、鲜食大豆夏播组（图中简写为"鲜夏"）和长江流域大豆春播组（图中简写为"长春"）对大豆炭疽病的抗病性差异较为显著，鲜食大豆春播组在2016—2019年均是最感病的组别，这与品种的特性相关（图44-42）。鲜食大豆夏播组在2016年、2017年、2018年和2020年均较为抗病，在2019年较为感病，这与人工接种大豆炭疽病菌时温度、湿度等气候条件密切相关，夏播大豆的开花和结荚时期的温度和降水等气候条件与春播大豆相比不利于大豆炭疽病的发生。长江流域春大豆组在2016—2019年均比鲜食大豆春播组抗病，比鲜食大豆夏播组抗病，在2020年是最感大豆炭疽病的组别，整体来看该组别较感炭疽病，这可能与特性相关。

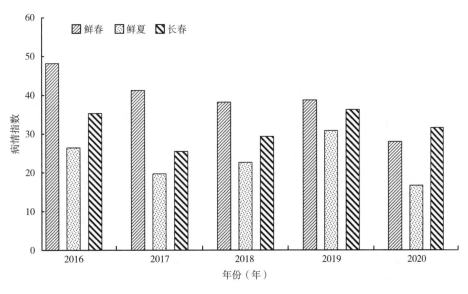

图44-42 2016—2020年大豆区域试验不同试验组间大豆炭疽病病情指数动态分析

从2016—2020年各组的病情指数来看，鲜食大豆春播组最大病情指数是59.06，最小为11.56，除2020年外，各年份组内品种间病情指数变化较小，表明鲜食大豆春播组抗病品种较少，存在普遍感病的现象。鲜食大豆夏播组病情指数最大为41.24，最小为5.48，2016—2020年鲜食大豆夏播组的病情指数相对较小，且品种间病情指数的变化较大，表明夏播组发病与气候条件相关（表44-39），同时鲜食大豆夏播组品种间的抗病分化较为显著，有较为抗病的品种。长江流域春大豆组最大病情指数为56.23，最小为8.96，2016—2020年组内品种间的病情指数分化较大，表明组内品种间抗病性分化较为显著。

表44-39 2016—2020年大豆区域试验不同试验组间大豆炭疽病病情指数分析

年份	病情指数	鲜食大豆春播组	鲜食大豆夏播组	长江流域春大豆组	平均值
2016	最大值	59.06	41.24	56.23	52.18
	最小值	39.11	12.38	20.51	24
	平均值	48.18	26.45	35.32	36.65
2017	最大值	52.76	25.60	34.20	37.52
	最小值	31.88	5.48	11.30	16.22
	平均值	41.25	19.69	25.54	28.83
2018	最大值	57.31	25.60	51.87	44.93
	最小值	23.16	5.48	8.96	12.53
	平均值	38.19	22.70	29.34	30.08
2019	最大值	57.56	40.52	57.78	51.95
	最小值	23.56	19.38	10.44	17.79
	平均值	38.72	30.87	36.25	35.28
2020	最大值	44.17	33.54	46.45	41.39
	最小值	11.56	4.18	13.79	9.84
	平均值	27.99	16.68	31.59	25.42

从2016—2020年各组的抗感病品种的数量来看，鲜食大豆春播组除2020年出现2个中抗品种外，其余年份均未出现中抗和抗病品种，表明鲜食大豆春播组抗病品种稀缺。鲜食大豆夏播组2016—2020年每年均有中抗以上的品种出现，且在2017年和2020年没有感病品种出现，这可能与

夏播品种结荚期的气候条件密切相关（表44-40）。长江流域春大豆组除2016年外，均有中抗品种出现，其中2018年出现2个抗病品种，这表明该组有较为抗病品种，但该组别每年均有感病品种出现，表明该组别品种的抗病性分化较为显著。

表44-40　2016—2020年大豆区域试验不同试验组间大豆炭疽病抗性情况分析

年份	品种抗性	鲜食大豆春播组	鲜食大豆夏播组	长江流域春大豆组	合计
2016	抗病	0	0	0	0
	中抗	0	3	0	3
	中感	1	2	4	7
	感病	5	1	3	9
2017	抗病	0	1	0	1
	中抗	0	2	2	4
	中感	3	4	5	12
	感病	6	0	0	6
2018	抗病	0	1	2	3
	中抗	0	3	2	5
	中感	6	3	4	13
	感病	3	1	3	7
2019	抗病	0	0	0	0
	中抗	0	1	2	3
	中感	6	2	1	9
	感病	4	1	4	9
2020	抗病	0	2	0	2
	中抗	2	1	3	6
	中感	8	2	7	17
	感病	2	0	2	4

第四十五章　2016—2020年热带亚热带大豆品种试验性状动态分析

第一节　2016—2020年热带亚热带大豆品种试验参试品种产量及构成因子动态分析

一、2016—2020年热带亚热带大豆品种试验参试品种产量动态分析

（一）2016—2020年热带亚热带大豆品种试验参试品种产量年份间比较

从2016—2020年热带亚热带大豆品种区域试验产量结果来看，不同年份间，热带亚热带大豆品种试验参试品种中，春大豆组产量表现较稳定，夏大豆在2017年平均产量最高，2016年夏大豆产量最低，但不同熟期组品种产量年际间又呈现不同的变化规律（图45-1）。

从图45-1可知，热带亚热带大豆品种区域试验参试品种中，春大豆平均产量相差不大；夏大豆品种平均产量年度间变化较大，其中2017年平均亩产最高，达177.0kg（图45-1）。

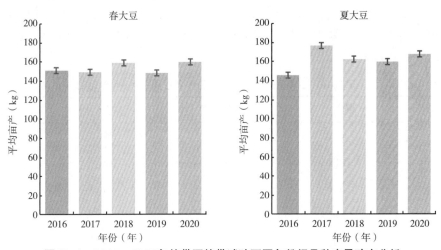

图45-1　2016—2020年热带亚热带试验不同年份间品种产量动态分析

由表45-1结果可知，2016—2020年热带亚热带春大豆组平均亩产均为150kg，表现较为稳定，年度间亩产为148.7～160.2kg，其中2020年最高，2019年最低，最高产量比最低产量高7.7%；热带亚热带夏大豆组平均亩产为160kg，不同年份变化较大，年度间亩产为146.1～177.0kg，其中2017年最高，2016年最低，最高产量比最低产量高21.1%。

表45-1　2016—2020年热带亚热带不同年份间品种亩产量分析　　　　　　　　（kg）

试验组别	产量	2016年	2017年	2018年	2019年	2020年	平均值
	最大值	161.2	160.5	172.5	168.3	175.3	167.6
春大豆组	最小值	145.1	140.1	127.3	135.6	141.2	137.9
	平均值	151.1	149.1	159.1	148.7	160.2	153.6
	最大值	156.7	193.4	178.4	179.9	200.1	181.7
夏大豆组	最小值	127.4	166.3	132.9	134.9	141.0	140.5
	平均值	146.1	177.0	162.2	159.7	168.2	162.6

（二）2016—2020年热带亚热带大豆品种试验参试品种产量不同季间比较

从2016—2020年热带亚热带大豆品种区域试验产量结果来看，总体上说，2017年夏大豆亩产最高，2019年春大豆最低。除2016年外，夏大豆组在各年度均高于春大豆，这与夏大豆试验期间的气候条件有关（图45-2）。

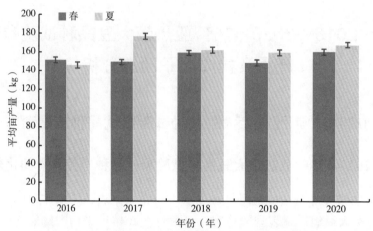

图45-2　2016—2020年热带亚热带试验不同季产量动态分析

由表45-2结果可知，2016年各季平均亩产为148.6kg，变幅为127.4～161.2kg，最高产量比最低产量高26.5%；2017年各季平均亩产为163.1kg，变幅为140.1～193.4kg，最高产量比最低产量高38.0%；2018年各季平均亩产为160.7kg，变幅为127.3～178.4kg。2019年各季平均亩产为154.2kg，为近年最低产量，变幅为134.9～179.9kg。2020年各季平均亩产为164.2kg，为近年最高产量，变幅为141.0～200.1kg。

表45-2　2016—2020年热带亚热带不同季品种亩产量分析　　　　　　　　　　（kg）

年份	亩产	春大豆组	夏大豆组	平均值
	最大值	161.2	156.7	159.0
2016	最小值	145.1	127.4	136.3
	平均值	151.1	146.1	148.6
	最大值	160.5	193.4	177.0
2017	最小值	140.1	166.3	153.2
	平均值	149.1	177.0	163.1
	最大值	172.5	178.4	175.5
2018	最小值	127.3	132.9	130.1
	平均值	159.1	162.2	160.7
	最大值	168.3	179.9	174.1
2019	最小值	135.6	134.9	135.3
	平均值	148.7	159.7	154.2
	最大值	175.3	200.1	187.7
2020	最小值	141.2	141.0	141.1
	平均值	160.2	168.2	164.2

二、2016—2020年热带亚热带大豆品种试验参试品种产量构成因子动态分析

（一）2016—2020年热带亚热带大豆品种试验参试品种单株粒数年份间比较

从2016—2020年热带亚热带大豆品种单株粒数结果来看，不同年份间，热带亚热带春大豆单株粒数表现稳定，夏大豆平均单株粒数最高，但年度间变化较大（图45-3）。

从图45-3可知，2016—2020热带亚热带春大豆单株粒数在70粒左右，各年度间变化不大，2020年最高，2016年最低，这与春大豆试验期间气候较为稳定及品种特点有关。热带亚热带夏大豆单株粒数平均为100粒，年度间变化较大，2020年最高，2019年最低，最高与最低相差25.4%。总体上说，2020年的气候条件对春大豆和夏大豆都较为有利。

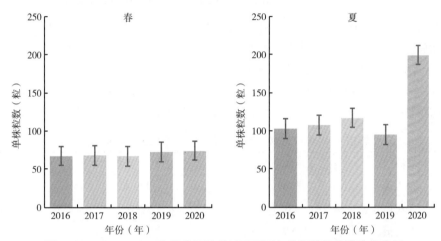

图45-3 2016—2020年热带亚热带试验不同年份间单株粒数动态分析

由表45-3结果可知，2016—2020年热带亚热带春大豆组平均单株粒数为69.7粒，年度变幅为67.1～74.0粒，其中2020年最高，2018年最低，最高单株粒数比最低高10.3%；夏大豆平均单株粒数为124.4粒，年度变幅为95.1～119.3粒，其中2020年最高，2019年最低，最高单株粒数比最低高25.4%。

表45-3 2016—2020年热带亚热带试验不同年份间品种单株粒数分析 （粒）

试验组别	单株粒数	2016年	2017年	2018年	2019年	2020年	平均值
春大豆组	最大值	76.6	80.2	80.2	93.5	95.3	85.16
	最小值	56.5	60.8	41.1	49.5	49.5	51.48
	平均值	67.3	68.0	67.1	72.1	74.0	69.7
夏大豆组	最大值	119.4	120.9	181.3	121.7	140.4	136.74
	最小值	82.0	86.5	53.7	62.2	63.2	69.52
	平均值	103.0	107.6	117.0	95.1	119.3	124.4

（二）2016—2020年热带亚热带大豆品种试验参试品种单株粒数各季间比较

从2016—2020年热带亚热带大豆品种单株粒数结果来看，不同季节在各年度均表现为夏大豆高于春大豆组（图45-4）。

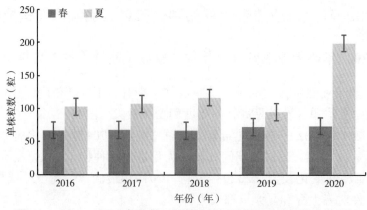

图45-4　2016—2020年热带亚热带试验不同季间单株粒数动态分析

由表45-4结果可知，2016年各季平均单株粒数为85.2粒，变幅为63.7～103.0粒，最高单株粒数比最低高53.0%；2017年各季平均单株粒数为87.8粒，变幅为68.0～107.6粒，最高单株粒数比最低高58.2%；2018年各季平均单株粒数为92.5粒，变幅为68.0～117.0粒，最高单株粒数比最低高72.1%；2019年各季平均单株粒数为83.6粒，变幅为72.1～95.1粒，最高单株粒数比最低高31.9%；2020年各季平均单株粒数为96.7粒，变幅为74.0～119.3粒，最高单株粒数比最低高61.2%。

表45-4　2016—2020年热带亚热带不同季品种单株粒数分析　　　　　　　　　（粒）

年份	单株粒数	春大豆组	夏大豆组	平均值
2016	最大值	76.6	119.4	98.0
	最小值	56.5	82.0	69.3
	平均值	67.3	103.0	85.2
2017	最大值	80.2	120.9	100.6
	最小值	60.8	86.5	73.7
	平均值	68.0	107.6	87.8
2018	最大值	80.2	181.3	130.8
	最小值	60.8	53.7	57.3
	平均值	68.0	117.0	92.5
2019	最大值	93.5	121.7	107.6
	最小值	49.5	62.2	55.9
	平均值	72.1	95.1	83.6
2020	最大值	95.3	140.4	117.9
	最小值	49.5	63.2	56.4
	平均值	74.0	119.3	96.7

（三）2016—2020年热带亚热带大豆品种试验参试品种单株荚数年份间比较

从2016—2020年热带亚热带大豆品种单株荚数结果来看，不同季节在各年度均表现为夏大豆早单株有效荚数较高。从各季来看，不同年度春大豆单株有效荚数表现稳定，这与春大豆试验期间气候条件较为一致有关；热带亚热带夏大豆单株荚数年度间变化较大，以2018年最高，2019年最低（图45-5）。

由表45-5结果可知，2016—2020年热带亚热带春大豆组平均单株有效荚数为34.5个，年度变幅为32.9～37.1个，其中2020年最高，2016年最低，最高单株有效荚数比最低高12.8%；热带亚热带夏大豆平均单株有效荚数为55.6个，年度变幅为47.0～61.9个，其中2018年最高，2019年最低，最高单株有效荚数比最低高31.7%。

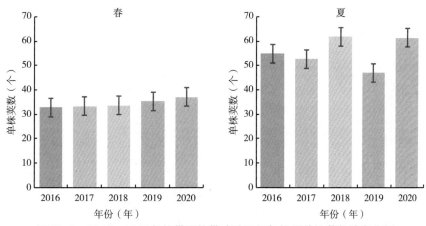

图45-5 2016—2020年热带亚热带试验不同年份间单株荚数动态分析

表45-5 2016—2020年热带亚热带试验不同年份间品种单株荚数分析 （个）

试验组别	单株荚数	2016年	2017年	2018年	2019年	2020年	平均
春大豆组	最大值	35.9	37.9	40.3	46.0	46.9	41.4
	最小值	29.3	29.8	22.9	25.3	25.3	26.5
	平均值	32.9	33.3	33.6	35.4	37.1	34.5
夏大豆组	最大值	63.4	64.1	90.2	59.8	75.9	70.7
	最小值	48.6	36.9	36.2	31.5	36.1	37.9
	平均值	55.0	52.7	61.9	47.0	61.4	55.6

（四）2016—2020年热带亚热带大豆品种试验参试品种单株荚数季间比较

从2016—2020年热带亚热带试验品种单株荚数结果来看，不同季节间均表现为夏大豆单株有效荚数较多，春大豆组单株有效荚数较少（图45-6）。

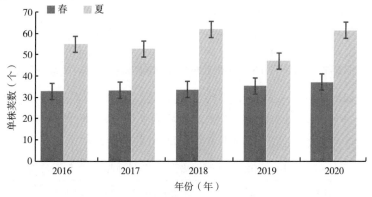

图45-6 2016—2020年热带亚热带试验不同季间单株荚数动态分析

由表45-6结果可知，2016年各季平均单株有效荚数为44.0个，变幅为32.9～55.0个，最高单株有效荚数比最低高67.2%；2017年各季平均单株有效荚数为43.0个，变幅为33.3～52.7个，最高单株有效荚数比最低高58.3%；2018年各季平均单株有效荚数为47.8个，变幅为33.6～61.9个，最高单株有效荚数比最低高84.2%；2019年各季平均单株有效荚数为41.2个，变幅为35.4～47.0个，最高单株有效荚数比最低高32.8%；2020年各季平均单株有效荚数为49.3个，变幅为37.1～61.4个，最高单株有效荚数比最低高65.5%。

表45-6　2016—2020年热带亚热带不同季间品种单株荚数分析　　　　　　（个）

年份	单株荚数	春大豆组	夏大豆组	平均值
2016	最大值	35.9	63.4	49.7
	最小值	29.3	48.6	39.0
	平均值	32.9	55.0	44.0
2017	最大值	37.9	64.1	51.0
	最小值	29.8	36.9	33.4
	平均值	33.3	52.7	43.0
2018	最大值	40.3	90.2	65.3
	最小值	22.9	36.2	29.6
	平均值	33.6	61.9	47.8
2019	最大值	46.0	59.8	52.9
	最小值	25.3	31.5	28.4
	平均值	35.4	47.0	41.2
2020	最大值	46.9	75.9	61.4
	最小值	25.3	36.1	30.7
	平均值	37.1	61.4	49.3

（五）2016—2020年热带亚热带大豆品种试验参试品种百粒重年份间比较

从2016—2020年热带亚热带大豆品种百粒重结果来看，春大豆平均百粒重较高，夏大豆较低。不同年度间不同季又呈现不同的变化规律。春大豆以2019年百粒重最高，2016年最低；夏大豆以2019年百粒重最高，2016年最低（图45-7）。

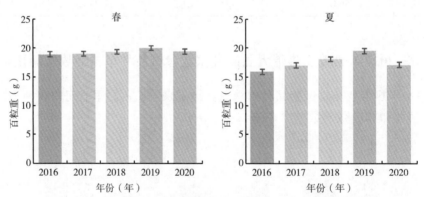

图45-7　2016—2020年热带亚热带试验不同年份间百粒重动态分析

由表45-7结果可知，2016—2020年热带亚热带春大豆组平均百粒重为19.3g，年度变幅为18.9～20.0g，其中2019年最高，2016年最低，最高百粒重比最低高5.8%；夏大豆平均百粒重为17.5g，年度变幅为15.9～19.5g，其中2019年最高，2016年最低，最高百粒重比最低高22.6%。

表45-7　2016—2020年热带亚热带不同年份间品种百粒重分析　　　　　　（g）

试验组别	百粒重	2016年	2017年	2018年	2019年	2020年	平均值
春大豆组	最大值	21.5	22.1	24.4	27.6	27.6	24.6
	最小值	18.0	17.0	17.6	17.0	15.5	17.0
	平均值	18.9	19.0	19.3	20.0	19.4	19.3
夏大豆组	最大值	17.4	19.3	28.9	24.4	26.9	23.4
	最小值	14.8	15.4	11.3	14.5	13.2	13.8
	平均值	15.9	17.0	18.1	19.5	17.1	17.5

（六）2016—2020年热带亚热带大豆品种试验参试品种百粒重季间比较

从2016—2020年热带亚热带大豆品种百粒重结果来看，平均百粒重均表现为春大豆较高，夏大豆较低（图45-8）。

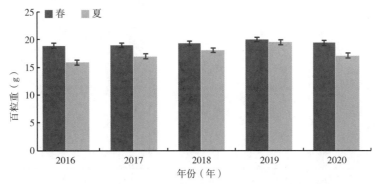

图45-8 2016—2020年热带亚热带试验不同季间百粒重动态分析

由表45-8结果可知，2016年各季平均百粒重为17.4g，变幅为15.9 ~ 18.9g，最高百粒重比最低高18.9%；2017年各季平均百粒重为18.0g，变幅为17.0 ~ 19.0g，最高百粒重比最低高11.1%；2018年各季平均百粒重为18.7g，变幅为18.1 ~ 19.3g，最高百粒重比最低高6.6%；2019年各季平均百粒重为19.8g，变幅为19.5 ~ 20.0g，最高百粒重比最低高2.6%；2020年各季平均百粒重为18.3g，变幅为17.1 ~ 19.4g，最高百粒重比最低高13.5%。

表45-8 2016—2020年热带亚热带不同季间品种百粒重分析　　　　　　（g）

年份	百粒重	春大豆组	夏大豆组	平均值
2016	最大值	21.5	17.4	19.5
	最小值	18.0	14.8	16.4
	平均值	18.9	15.9	17.4
2017	最大值	22.1	19.3	20.7
	最小值	17.0	15.4	16.2
	平均值	19.0	17.0	18.0
2018	最大值	24.4	28.9	26.7
	最小值	17.6	11.3	14.5
	平均值	19.3	18.1	18.7
2019	最大值	27.6	24.4	26.0
	最小值	17.0	14.5	15.8
	平均值	20.0	19.5	19.8
2020	最大值	27.6	26.9	27.3
	最小值	15.5	13.2	14.4
	平均值	19.4	17.1	18.3

第二节　2016—2020年热带亚热带试验参试品种农艺性状动态分析

一、2016—2020年热带亚热带大豆品种试验参试品种生育期动态分析

（一）2016—2020年热带亚热带大豆品种试验参试品种生育期年份间比较

从2016—2020年热带亚热带大豆品种生育期结果来看，不同年份间，春大豆和夏大豆的生育期

变化都较大。由图45-9可知，春大豆2019年生育期最长，为98d，2016年最短，为92d；夏大豆2020年生育期最长，为103d，2019年最短，为96d。

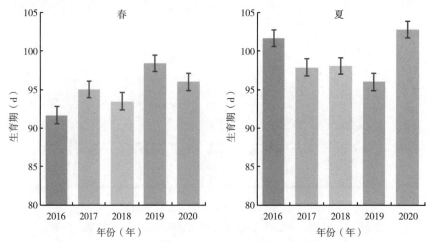

图45-9　2016—2020年热带亚热带试验不同年份间生育期动态分析

由表45-9结果可知，2016—2020年热带亚热带春大豆平均生育日数较短，为94.9d，年度变幅为91.7~98.4d，其中2019年最高，2016年最低，最高生育日数比最低高7.3%；夏大豆平均生育日数为99.3d，年度变幅为96.0~102.8d，其中2020年最高，2019年最低，最高生育日数比最低高7.1%。

表45-9　2016—2020年热带亚热带不同年份间品种生育期分析　　　　　　　（d）

试验组别	生育期	2016年	2017年	2018年	2019年	2020年	平均
	最大值	95	99	97	101	101	98.6
春大豆组	最小值	89	91	91	91	89	90.2
	平均值	91.7	95	93.5	98.4	96	94.9
	最大值	108	103	104	104	108	105.4
夏大豆组	最小值	94	92	90	88	92	91.2
	平均值	101.7	97.9	98.1	96	102.8	99.3

（二）2016—2020年热带亚热带大豆品种试验参试品种生育期季间比较

从2016—2020年热带亚热带大豆品种生育期结果来看，不同季间，参试品种平均生育日数不同年份均表现为春大豆组较短，夏大豆组较长（图45-10）。

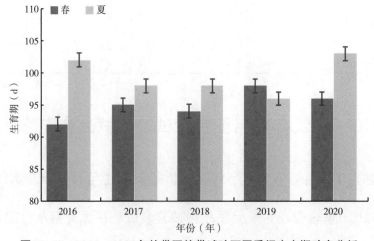

图45-10　2016—2020年热带亚热带试验不同季间生育期动态分析

由表45-10结果可知，2016年各季平均生育日数为96.7d，变幅为91.7~101.7d，最高生育日数比最低高10.9%；2017年各季平均生育日数为96.5d，变幅为95.0~97.9d，最高生育日数比最低高3.1%；2018年各季平均生育日数为95.8d，变幅为93.5~98.1d最高生育日数比最低高4.9%；2019年各季平均生育日数为97.2d，变幅为96.0~98.4d，最高生育日数比最低高2.5%；2020年各季平均生育日数为99.4d，变幅为96.0~102.8d，最高生育日数比最低高7.1%。

表45-10 2016—2020年热带亚热带不同季间品种生育期分析 （d）

年份	生育期	春大豆组	夏大豆组	平均值
2016	最大值	95	108	101.5
	最小值	89	94	91.5
	平均值	91.7	101.7	96.7
2017	最大值	99	103	101
	最小值	91	92	91.5
	平均值	95	97.9	96.5
2018	最大值	97	104	100.5
	最小值	91	90	90.5
	平均值	93.5	98.1	95.8
2019	最大值	101	104	102.5
	最小值	91	88	89.5
	平均值	98.4	96	97.2
2020	最大值	101	108	104.5
	最小值	89	92	90.5
	平均值	96	102.8	99.4

二、2016—2020年热带亚热带大豆品种试验参试品种株高动态分析

（一）2016—2020年热带亚热带大豆品种试验参试品种株高年份间比较

从2016—2020年热带亚热带大豆品种株高结果来看，不同年份间，春大豆试验期间株高较为稳定，夏大豆试验株高变化较大。春大豆组株高表现为2019年最高，2016年最低；夏大豆株高2020年最高，2019年最低（图45-11）。

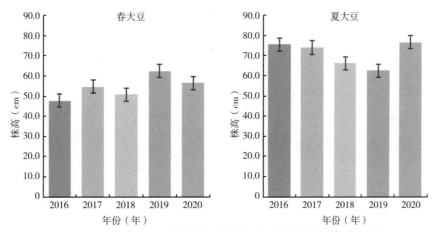

图45-11 2016—2020年热带亚热带试验不同年份间株高动态分析

由表45-11结果可知，2016—2020年热带亚热带春大豆组平均株高为54.4cm，年度变幅为47.7~62.3cm，其中2019年最高，2016年最低，最高株高比最低高30.6%；夏大豆早平均株高为

71.0cm，年度变幅为62.6～76.6cm，其中2020年最高，2019年最低，最高株高比最低高22.4%。

表45-11　2016—2020年热带亚热带不同年份间品种株高分析　　（cm）

试验组别	株高	2016年	2017年	2018年	2019年	2020年	平均
春大豆组	最大值	55.0	71.3	64.4	93.1	93.1	75.4
	最小值	44.2	47.5	36.4	45.4	38.3	42.4
	平均值	47.7	54.6	50.8	62.3	56.5	54.4
夏大豆组	最大值	85.6	82.7	81.7	78.9	96.1	85.0
	最小值	66.9	59.8	48.6	47.8	50.5	54.7
	平均值	75.6	74.0	66.2	62.6	76.6	71.0

（二）2016—2020年热带亚热带大豆品种试验参试品种株高季间比较

从2016—2020年热带亚热带大豆品种株高结果来看，不同季间，参试品种株高不同年度均表现为春大豆组较低，夏大豆较高。除2019年夏大豆与春大豆株高差异不大外，其他年度各季间株高差异均较大（图45-12）。

由表45-12结果可知，2016年各季平均株高为61.7cm，变幅为47.7～75.6cm，最高株高比最低高58.5%；2017年各季平均株高为64.3cm，变幅为54.6～74.0cm，最高株高比最低高35.5%；2018年各季平均株高为58.5cm，变幅为50.8～66.2cm，最高株高比最低高30.3%；2019年各季平均株高为62.5cm，变幅为62.3～62.6cm，最高株高比最低高0.5%；2020年各季平均株高为66.6cm，变幅为56.5～76.6cm，最高株高比最低高35.6%。

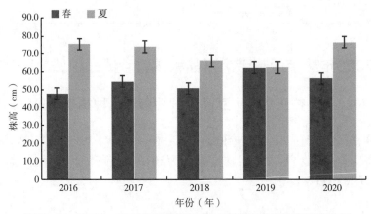

图45-12　2016—2020年热带亚热带试验不同季间株高动态分析

表45-12　2016—2020年热带亚热带不同季间品种株高分析　　（cm）

年份	株高	春大豆组	夏大豆组	平均值
2016	最大值	55.0	85.6	70.3
	最小值	44.2	66.9	55.6
	平均值	47.7	75.6	61.7
2017	最大值	71.3	82.7	77.0
	最小值	47.5	59.8	53.7
	平均值	54.6	74.0	64.3
2018	最大值	64.4	81.7	73.1
	最小值	36.4	48.6	42.5
	平均值	50.8	66.2	58.5

（续表）

年份	株高	春大豆组	夏大豆组	平均值
2019	最大值	93.1	78.9	86.0
	最小值	45.4	47.8	46.6
	平均值	62.3	62.6	62.5
2020	最大值	93.1	96.1	94.6
	最小值	38.3	50.5	44.4
	平均值	56.5	76.6	66.6

三、2016—2020年热带亚热带大豆品种试验参试品种底荚高度动态分析

（一）2016—2020年热带亚热带大豆品种试验参试品种底荚高度年份间比较

从2016—2020年热带亚热带大豆品种底荚高度结果来看，不同年份间，春大豆品种底荚高度表现稳定，且均低夏大豆。夏大豆品种底荚高度年度间变化较大，以2016年最高，2018年最低（图45-13）。

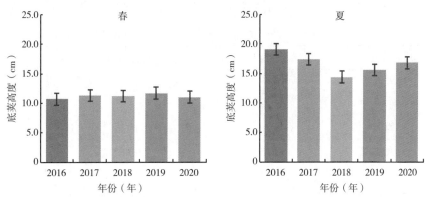

图45-13　2016—2020年热带亚热带试验不同年份间底荚高度动态分析

由表45-13结果可知，2016—2020年热带亚热带春大豆平均底荚高度为11.2cm，年度变幅为10.7～11.7cm，其中2019年最高，2016年最低，最高底荚高度比最低高9.3%；夏大豆平均底荚高度为16.7cm，年度变幅为14.4～19.1cm，其中2016年最高，2018年最低，最高底荚高度比最低高32.6%。

表45-13　2016—2020年热带亚热带不同年份间品种底荚高度分析　　　　　　（cm）

试验组别	底荚高度	2016年	2017年	2018年	2019年	2020年	平均
春大豆组	最大值	12.4	13.9	16.6	16.4	15.6	15.0
	最小值	8.5	8.6	7.2	8.2	7.6	8.0
	平均值	10.7	11.3	11.2	11.7	11.0	11.2
夏大豆组	最大值	21.5	19.9	18.1	19.1	25.6	20.8
	最小值	16.4	12.1	11.0	12.7	10.8	12.6
	平均值	19.1	17.4	14.4	15.6	16.8	16.7

（二）2016—2020年热带亚热带大豆品种试验参试品种底荚高度季间比较

从2016—2020年热带亚热带大豆品种底荚高度结果来看，不同季间，品种底荚高度均表现为春大豆组较低，夏大豆晚熟组较高（图45-14）

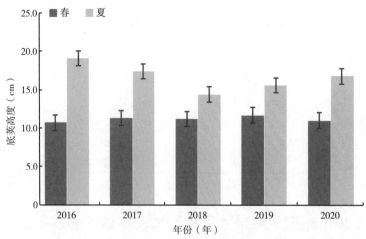

图45-14　2016—2020年热带亚热带试验不同季间底荚高度动态分析

由表45-14结果可知，2016年各季平均底荚高度为14.9cm，变幅为10.7～19.1cm，最高底荚高度比最低高78.5%；2017年各季平均底荚高度为14.4cm，变幅为11.3～17.4cm，最高底荚高度比最低高54.0%；2018年各季平均底荚高度为12.8cm，变幅为11.2～14.4cm，最高底荚高度比最低高28.6%；2019年各季平均底荚高度为13.7cm，变幅为11.7～15.6cm，最高底荚高度比最低高33.3%；2020年各季平均底荚高度为13.9cm，变幅为11.0～16.8cm，最高底荚高度比最低高52.7%。

表45-14　2016—2020年热带亚热带不同季间品种底荚高度分析　　　（cm）

年份	底荚高度	春大豆组	夏大豆组	平均值
2016	最大值	12.4	21.5	17.0
	最小值	8.5	16.4	12.5
	平均值	10.7	19.1	14.9
2017	最大值	13.9	19.9	16.9
	最小值	8.6	12.1	10.4
	平均值	11.3	17.4	14.4
2018	最大值	16.6	18.1	17.4
	最小值	7.2	11.0	9.1
	平均值	11.2	14.4	12.8
2019	最大值	16.4	19.1	17.8
	最小值	8.2	12.7	10.5
	平均值	11.7	15.6	13.7
2020	最大值	15.6	25.6	20.6
	最小值	7.6	10.7	9.2
	平均值	11.0	16.8	13.9

四、2016—2020年热带亚热带大豆品种试验参试品种主茎节数动态分析

（一）2016—2020年热带亚热带大豆品种试验参试品种主茎节数年份间比较

从2016—2020年热带亚热带大豆品种主茎节数结果来看，不同年份间，春大豆组和夏大豆均较为稳定。春大豆组主茎节数2019年最大，2016年和2018年最小；夏大豆主茎节数2016年、2017年和2020年最大，2019年最小（图45-15）。

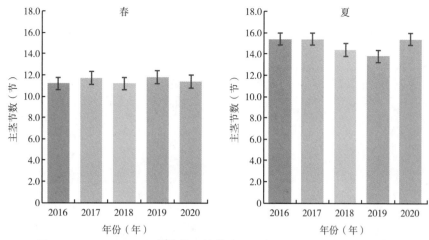

图45-15 2016—2020年热带亚热带试验不同年份间主茎节数动态分析

由表45-15结果可知，2016—2020年热带亚热带春大豆平均主茎节数为11.5节，年度变幅为11.2～11.8节，其中2019年最高，2016年和2018年最低，最高主茎节数比最低高5.4%；夏大豆平均主茎节数为14.9节，年度变幅为14.4～15.4节，其中2016年、2017年和2020年最高，2018年最低，最高主茎节数比最低高6.9%。

表45-15 2016—2020年热带亚热带不同年份间品种主茎节数分析　　　　　　（节）

试验组别	主茎节数	2016年	2017年	2018年	2019年	2020年	平均
春大豆组	最大值	12.2	14.3	12.8	13.5	13.6	13.3
	最小值	10.4	10.4	8.9	10.0	9.7	9.9
	平均值	11.2	11.7	11.2	11.8	11.4	11.5
夏大豆组	最大值	16.8	17.4	17.2	16.8	18.5	17.3
	最小值	14.5	14.4	10.9	11.2	12.8	12.8
	平均值	15.4	15.4	14.4	13.8	15.4	14.9

（二）2016—2020年热带亚热带大豆品种试验参试品种主茎节数季间比较

从2016—2020年热带亚热带大豆品种主茎节数结果来看，不同季间，参试品种株高不同年度均表现为春大豆较小，夏大豆较大（图45-16）。

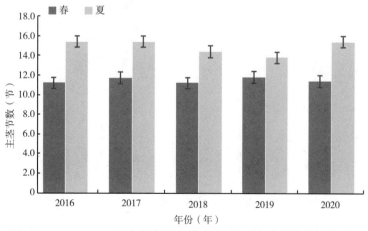

图45-16 2016—2020年热带亚热带试验不同季间主茎节数动态分析

由表45-16结果可知，2016年各季平均主茎节数为13.3节，变幅为11.2～15.4节，最高主茎节数比最低高37.5%；2017年各季平均主茎节数为13.6节，变幅为11.7～15.4节，最高主茎节数比最低高

31.6%；2018年各季平均主茎节数为12.8节，变幅为11.2～14.4节，最高主茎节数比最低高28.6%；2019年各季平均主茎节数为12.8节，变幅为11.8～13.8节，最高主茎节数比最低高16.9%；2020年各季平均主茎节数为13.4节，变幅为11.4～15.4节，最高主茎节数比最低高35.1%。

表45-16　2016—2020年热带亚热带不同季间品种主茎节数分析　　　　　　（节）

年份	主茎节数	春大豆组	夏大豆组	平均值
2016	最大值	12.2	16.8	14.5
	最小值	10.4	14.5	12.5
	平均值	11.2	15.4	13.3
2017	最大值	14.3	17.4	15.9
	最小值	10.4	14.4	12.4
	平均值	11.7	15.4	13.6
2018	最大值	12.8	17.2	15.0
	最小值	8.9	10.9	9.9
	平均值	11.2	14.4	12.8
2019	最大值	13.5	16.8	15.2
	最小值	10.0	11.2	10.6
	平均值	11.8	13.8	12.8
2020	最大值	13.6	18.5	16.1
	最小值	9.7	12.8	11.3
	平均值	11.4	15.4	13.4

五、2016—2020年热带亚热带大豆品种试验参试品种有效分枝数动态分析

（一）2016—2020年热带亚热带大豆品种试验参试品种有效分枝数年份间比较

从2016—2020年热带亚热带大豆品种有效分枝数结果来看，春大豆参试品种分枝数2017年最多，2019年和2020年最少；夏大豆2016年和2017年最多，2019年最少（图45-17）。

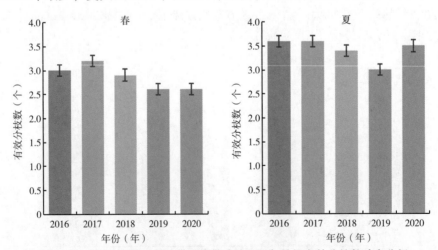

图45-17　2016—2020年热带亚热带试验不同年份间有效分枝数动态分析

由表45-17结果可知，2016—2020年热带亚热带春大豆组平均有效分枝为2.9个，年度变幅为2.6～3.2个，其中2017年最高，2019年和2020年最低，最高有效分枝比最低高23.1%；夏大豆平均有效分枝为3.4个，年度变幅为3.0～3.6个，其中2016年和2017年最高，2019年最低，最高有效分枝比最低高20.0%。

表45-17 2016—2020年热带亚热带不同年份间品种有效分枝数分析 （个）

试验组别	有效分枝数	2016年	2017年	2018年	2019年	2020年	平均
春大豆组	最大值	3.5	4.0	3.5	3.6	3.6	3.6
	最小值	2.6	2.5	2.0	1.0	1.0	1.8
	平均值	3.0	3.2	2.9	2.6	2.6	2.9
夏大豆组	最大值	4.3	4.3	4.3	4.2	4.5	4.3
	最小值	2.2	2.6	2.6	1.7	1.8	2.2
	平均值	3.6	3.6	3.4	3.0	3.5	3.4

（二）2016—2020年热带亚热带大豆品种试验参试品种有效分枝数季间比较

从2016—2020年热带亚热带大豆品种有效分枝数结果来看，不同季间，参试品种有效分枝数均表现为夏大豆早较多，春大豆组较少（图45-18）。

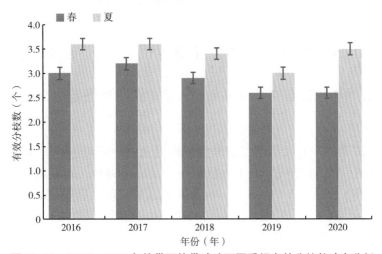

图45-18 2016—2020年热带亚热带试验不同季间有效分枝数动态分析

由表45-18结果可知，2016年各季平均有效分枝为3.3个，变幅为3.0~3.6个，最高有效分枝比最低高20.0%；2017年各季平均有效分枝为3.4个，变幅为3.2~3.6个，最高有效分枝比最低高12.5%；2018年各季平均有效分枝为3.2个，变幅为2.9~3.4个，最高有效分枝比最低高17.2%；2019年各季平均有效分枝为2.8个，变幅为2.6~3.0个，最高有效分枝比最低高15.4%；2020年各季平均有效分枝为3.1个，变幅为2.6~3.5个，最高有效分枝比最低高34.6%。

表45-18 2016—2020年热带亚热带不同季间品种有效分枝数分析 （个）

年份	有效分枝数	春大豆组	夏大豆组	平均值
2016	最大值	3.5	4.3	3.9
	最小值	2.6	2.2	2.4
	平均值	3.0	3.6	3.3
2017	最大值	4.0	4.3	4.2
	最小值	2.5	2.6	2.6
	平均值	3.2	3.6	3.4
2018	最大值	3.5	4.3	3.9
	最小值	2.0	2.6	2.3
	平均值	2.9	3.4	3.2

（续表）

年份	有效分枝数	春大豆组	夏大豆组	平均值
	最大值	3.6	4.2	3.9
2019	最小值	1.0	1.7	1.4
	平均值	2.6	3.0	2.8
	最大值	3.6	4.5	4.1
2020	最小值	1.0	1.8	1.4
	平均值	2.6	3.5	3.1

第三节 2016—2020年热带亚热带大豆品种试验参试品种品质性状动态分析

一、2016—2020年热带亚热带大豆品种试验参试品种粗蛋白含量动态分析

（一）2016—2020年热带亚热带大豆品种试验参试品种粗蛋白含量年份间比较

1. 春大豆组

2016—2020年热带亚热带春大豆组参试品种平均粗蛋白含量为：46.20%、45.01%、45.27%、44.46%和42.65%。其中，2016年该区组平均粗蛋白含量最高为46.20%，比该区组最低平均蛋白含量42.65%（2020年）高3.55%（图45-19）。就该区组内平均蛋白含量变异程度而言，2016年最大（2.50），2019年最小（1.43）。该地区最高蛋白含量是莆豆5号（2016年），达48.77%；最低蛋白含量为华春14（2020年），达39.71%（表45-19）。

2. 夏大豆组

2016—2020年热带亚热带夏大豆组参试品种平均粗蛋白含量为：42.21%、41.48%、42.91%、42.44%和42.87%。其中，2018年该区组平均粗蛋白含量最高为42.91%，比该区组最低平均粗蛋白含量41.48%（2017年）高1.43%（图45-19）。就该区组内平均粗蛋白含量变异程度而言，2020年最大（2.66），2016年最小（1.39）。该地区最高粗蛋白含量是南夏豆25（2020年），达49.58%；最低粗蛋白含量为华夏16号（2018年），达38.58%（表45-19）。

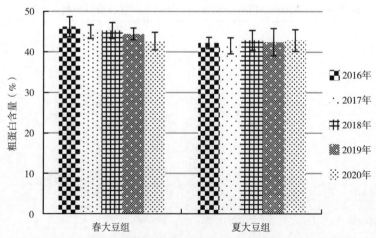

图45-19 2016—2020年热带亚热带区域试验参试品种各年份平均粗蛋白含量

表45-19 2016—2020年热带亚热带区域试验参试品种各年份平均粗蛋白含量分析 （%）

试验组别	粗蛋白含量	2016年	2017年	2018年	2019年	2020年	平均
春大豆组	最大值	48.77（莆豆5号）	47.65	47.65	46.87	45.42	47.27
	最小值	45.46	43.42	42.11	42.85	39.71（华春14）	42.71
	平均值	46.20	45.01	45.27	44.46	42.65	44.72
	标准差	2.50	1.64	1.93	1.43	2.19	1.94
夏大豆组	最大值	43.5	44.51	46.29	49.49	49.58（南夏豆25）	46.67
	最小值	40.76	39.22	38.58（华夏16号）	39.48	40.01	39.61
	平均值	42.21	41.48	42.91	42.44	42.87	42.38
	标准差	1.39	2.00	2.40	3.38	2.66	2.37

（二）2016—2020年热带亚热带大豆品种试验参试品种粗蛋白含量区组间比较

1. 2016年

2016年热带亚热带大豆参试品种平均粗蛋白含量为：春大豆组46.20%和夏大豆组42.21%，春大豆组比夏大豆组高3.99%（图45-20）。平均粗蛋白含量变异程度而言，春大豆组为2.50，夏大豆组为1.39。最高粗蛋白含量为春大豆组的莆豆5号，达48.77%；最低粗蛋白含量为夏大豆组的桂夏7号，达40.76%（表45-20）。

2. 2017年

2017年热带亚热带大豆参试品种平均粗蛋白含量为：春大豆组45.01%和夏大豆组41.48%，春大豆组比夏大豆组高3.53%（图45-20）。平均粗蛋白含量变异程度而言，春大豆组为1.64，夏大豆组为2.00。最高粗蛋白含量为春大豆组的华春11号，达47.65%；最低粗蛋白含量为夏大豆组的桂夏7号，达39.22%（表45-20）。

3. 2018年

2018年热带亚热带大豆参试品种平均粗蛋白含量为：春大豆组45.27%和夏大豆组42.91%，春大豆组比夏大豆组高2.36%（图45-20）。平均粗蛋白含量变异程度而言，春大豆组为1.93，夏大豆组为2.40。最高粗蛋白含量为春大豆组的南春豆31，达47.65%；最低粗蛋白含量为夏大豆组的华夏16号，达38.58%（表45-20）。

4. 2019年

2019年热带亚热带大豆参试品种平均粗蛋白含量为：春大豆组44.46%和夏大豆组42.44%，春大豆组比夏大豆组高2.02%（图45-20）。平均粗蛋白含量变异程度而言，春大豆组为1.43，夏大豆组为3.38。最高粗蛋白含量为春大豆组的南夏豆25，达49.49%；最低粗蛋白含量为夏大豆组的华夏21号，达39.48%（表45-20）。

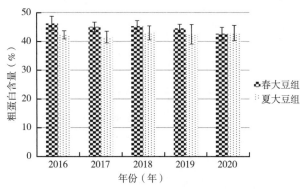

图45-20 2016—2020年热带亚热带区域试验参试品种各区组平均粗蛋白含量

5. 2020年

2020年热带亚热带大豆参试品种平均粗蛋白含量为：春大豆组42.65%和夏大豆组42.87%，夏大豆组比春大豆组高0.22%（图45-20）。平均粗蛋白含量变异程度而言，春大豆组为2.19，夏大豆组为2.66。最高粗蛋白含量为夏大豆组的南夏豆25，达49.58%；最低粗蛋白含量为夏大豆组的华春14号，达39.71%（表45-20）。

表45-20　2016—2020年热带亚热带区域试验参试品种各区组平均粗蛋白含量分析　　　　　（%）

年份	粗蛋白含量	春大豆组	夏大豆组	平均值
2016	最大值	48.77莆豆5号	43.5	46.14
	最小值	45.46	40.76桂夏7号	43.11
	平均值	46.20	42.21	44.21
	标准差	2.50	1.39	1.95
2017	最大值	47.65华春11号	44.51	46.08
	最小值	43.42	39.22桂夏7号	41.32
	平均值	45.01	41.48	43.25
	标准差	1.64	2.00	1.82
2018	最大值	47.65南春豆31	46.29	46.97
	最小值	42.11	38.58华夏16号	40.35
	平均值	45.27	42.91	44.09
	标准差	1.93	2.40	2.17
2019	最大值	46.87	49.49南夏豆25	48.18
	最小值	42.85	39.48华夏21号	41.17
	平均值	44.46	42.44	43.45
	标准差	1.43	3.38	2.41
2020	最大值	45.42	49.58南夏豆25	47.5
	最小值	39.71华春14	40.01	39.86
	平均值	42.65	42.87	42.76
	标准差	2.19	2.66	2.45

二、2016—2020年热带亚热带大豆品种试验参试品种粗脂肪含量动态分析

（一）2016—2020年热带亚热带大豆品种试验参试品种粗脂肪含量年份间比较

1. 春大豆组

2016—2020年热带亚热带春大豆组参试品种平均粗脂肪含量为：18.80%、19.03%、19.01%、19.53%和20.25%。其中，2020年该区组平均粗脂肪含量最高为20.25%，比该区组最低平均粗脂肪含量18.80%（2016年）高1.45%（图45-21）。就该区组内平均粗脂肪含量变异程度而言，2020年最大（2.12），2017年最小（1.43）。该地区最高粗脂肪含量是齐黄34（2020年），达22.89%；最低粗脂肪含量为南春豆31（2018年），达16.64%（表45-21）。

2. 夏大豆组

2016—2020年热带亚热带夏大豆组参试品种平均粗脂肪含量为：19.52%、20.32%、18.95%、19.29%和19.15%。其中，2017年该区组平均粗脂肪含量最高为20.32%，比该区组最低平均粗脂肪含量18.95%（2018年）高1.37%（图45-21）。就该区组内平均粗脂肪含量变异程度而言，2017年最大（1.36），2016年最小（0.72）。该地区最高粗脂肪含量是华夏2号（2017年），达22.52%；最低粗脂肪含量为南夏豆25（2019年），达17.05%（表45-21）。

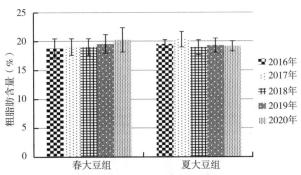

图45-21 2016—2020年热带亚热带区域试验参试品种各年份平均粗脂肪含量

表45-21 2016—2020年热带亚热带区域试验参试品种各年份平均粗脂肪含量分析 （%）

试验组别	粗脂肪含量	2016年	2017年	2018年	2019年	2020年	平均
春大豆组	最大值	19.43	20.26	20.55	22.48	22.89（齐黄34）	21.12
	最小值	16.76	17.02	16.64（南春豆31）	16.82	17.44	16.94
	平均值	18.80	19.03	19.01	19.53	20.25	19.32
	标准差	1.66	1.43	1.44	1.62	2.12	1.65
夏大豆组	最大值	20.12	22.52（华夏2号）	21.29	20.85	20.42	21.04
	最小值	19.0	18.71	17.67	17.05（南夏豆25）	17.98	18.08
	平均值	19.52	20.32	18.95	19.29	19.15	19.45
	标准差	0.72	1.36	1.27	1.23	0.88	1.092

（二）2016—2020年热带亚热带大豆品种试验参试品种粗脂肪含量区组间比较

1. 2016年

2016年热带亚热带大豆参试品种平均粗脂肪含量为：春大豆组18.80%和夏大豆组19.52%，夏大豆组比春大豆组高0.72%（图45-22）。平均脂肪含量变异程度而言，春大豆组为1.66，夏大豆组为0.72。最高脂肪含量为夏大豆组的桂夏7号，达20.12%；最低脂肪含量为春大豆组的莆豆5号，达16.76%（表45-22）。

2. 2017年

2017年热带亚热带大豆参试品种平均粗脂肪含量为：春大豆组19.03%和夏大豆组20.32%，夏大豆组比春大豆组高1.29%（图45-22）。平均脂肪含量变异程度而言，春大豆组为1.43，夏大豆组为1.36。最高脂肪含量为夏大豆组的华夏2号，达22.52%；最低脂肪含量为春大豆组的华春11号，达17.02%（表45-22）。

3. 2018年

2018年热带亚热带大豆参试品种平均粗脂肪含量为：春大豆组19.01%和夏大豆组18.95%，春大豆组比夏大豆组高0.06%（图45-22）。平均脂肪含量变异程度而言，春大豆组为1.44，夏大豆组为1.27。最高脂肪含量为夏大豆组的华夏2号，达21.29%；最低脂肪含量为春大豆组的南春豆31，达16.64%（表45-22）。

4. 2019年

2019年热带亚热带大豆参试品种平均粗脂肪含量为：春大豆组19.53%和夏大豆组19.29%，春大豆组比夏大豆组高0.24%（图45-22）。平均脂肪含量变异程度而言，春大豆组为1.62，夏大豆组为1.23。最高脂肪含量为春大豆组的齐黄34，达22.48%；最低脂肪含量为春大豆组的泉豆20，达16.82%（表45-22）。

5. 2020年

2020年热带亚热带大豆参试品种平均粗脂肪含量为：春大豆组20.25%和夏大豆组19.15%，春大豆组比夏大豆组高1.1%（图45-22）。平均脂肪含量变异程度而言，春大豆组为2.12，夏大豆组为0.88。最高脂肪含量为春大豆组的齐黄34，达22.89%；最低脂肪含量为春大豆组的泉豆20，达17.44%（表45-22）。

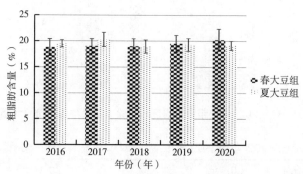

图45-22　2016—2020年热带亚热带区域试验参试品种各区组平均粗脂肪含量

表45-22　2016—2020年热带亚热带区域试验参试品种各区组平均粗脂肪含量分析　　　　（%）

年份	粗脂肪含量	长春组	夏早组	平均值
2016	最大值	19.43	20.12（桂夏7号）	19.78
	最小值	16.76（莆豆5号）	19.0	17.88
	平均值	18.80	19.52	19.16
	标准差	1.66	0.72	1.19
2017	最大值	20.26	22.52（华夏2号）	21.39
	最小值	17.02（华春11号）	18.71	17.87
	平均值	19.03	20.32	19.68
	标准差	1.43	1.36	1.40
2018	最大值	20.55	21.29（华夏2号）	20.92
	最小值	16.64（南春豆31）	17.67	17.16
	平均值	19.01	18.95	18.98
	标准差	1.44	1.27	1.36
2019	最大值	22.48（齐黄34）	20.85	21.67
	最小值	16.82（泉豆20）	17.05	16.94
	平均值	19.53	19.29	19.41
	标准差	1.62	1.23	1.43
2020	最大值	22.89（齐黄34）	20.42	21.66
	最小值	17.44（泉豆20）	17.98	17.71
	平均值	20.25	19.15	19.7
	标准差	2.12	0.88	1.50

第四节　2016—2020年热带亚热带大豆品种试验参试品种抗性性状动态分析

一、2016—2020年热带亚热带大豆品种试验参试品种花叶病毒抗性动态分析

（一）2016—2020年热带亚热带大豆品种试验参试品种花叶病毒抗性年份间比较

1. 热带亚热带春大豆组

2016—2020年热带亚热带春大豆组参试品种对花叶病毒SC15/SC18抗性平均病情指数分别为56.1/44.1、45.8/44.6、54.0/41.3、22.9/35.3和34.5/28.7，其中2019年/2020年该片区SC15/SC18平均

病情指数最低，比该片区SC15/SC18最高平均病情指数（2016年/2017年）低33.2/15.9（图45-23、图45-24）。就该片区内平均病情指数变异程度而言，2019年SC15最大，为13.69%；2020年SC18最大，为17.10%，2017年最小（SC15，6.80%；SC18，2.93%）。该片组SC15/SC18病情指数最低的是齐黄34（2020年），病情指数为0/2；SC15病情指数最高的是桂春16号（2016年），病情指数75；SC18病情指数最高的是桂1602（2018年），病情指数75。

2. 热带亚热带夏大豆组

2016—2020年热带亚热带夏大豆组参试品种对花叶病毒SC15/SC18抗性平均病情指数分别为36.6/26.6、29.7/28.3、54.9/44.3、28.0/30.9和36.5/35.5，其中2019年/2016年该片区SC15/SC18平均病情指数最低，比该片区SC15/SC18最高平均病情指数（2018年）低26.9/17.7（图45-23、图45-24）。就该片区内平均病情指数变异程度而言，2017年最大（SC15，22.42%；SC18，19.31%），2018年SC15最小，为4.33%；2019年SC18最小，为13.92%。该片组SC15病情指数最低的是华夏24号（2019年），病情指数0；SC18病情指数最低的是贡夏豆13（2020年），病情指数1；SC15病情指数最高的是华夏2号、桂1605、华夏3号（2018年），病情指数均为63；SC18病情指数最高的是华夏16号、桂1605（2018年），病情指数均为63。

2016—2020年热带亚热带大豆同一片区在不同年份间花叶病毒抗性表现出不同的差异。5年当中，春大豆组随着时间的推移，平均病情指数呈现下降的趋势（尤其对SC18的抗性），夏大豆组平均病情指数变化不明显。以上结果表明，近年来热带亚热带春大豆品种的选育在整体抗性上有所提高，但夏大豆品种的选育在整体抗性上提高不显著，应适当提高品种选育的抗性标准。

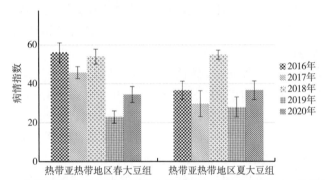

图45-23　2016—2020年热带亚热带大豆区域试验参试品种对花叶病毒SC15抗性各年份平均病情指数

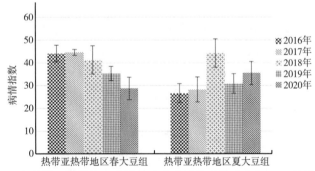

图45-24　2016—2020年热带亚热带大豆区域试验参试品种对花叶病毒SC18抗性各年份平均病情指数

（二）2016—2020年热带亚热带春夏大豆品种试验参试品种花叶病毒抗性区组间比较

1. 2016年

2016年热带亚热带大豆参试品种的平均病情指数为SC15、46.4/SC18、35.4。各片区参试品种平均病情指数分别为SC15、56.1/SC18、44.1/SC15、36.6/SC18、26.6（图45-25、图45-26）。夏大豆组的参试品种SC15/SC18平均病情指数最低，比SC15/SC18最高平均病情指数（春大豆组）低19.5/17.5。各片的变异幅度来看，夏大豆组内抗性变异幅度最大（SC15，12.56%；SC18，

15.73%），春大豆组内抗性变异幅度最小（SC15，8.78%；SC18，8.28%）。2016年，夏大豆组贡秋豆5号对SC15/SC18病情指数最低，病情指数为20/12。春大豆组桂春16号对SC15病情指数最高，病情指数75；春大豆组莆豆5号对SC18病情指数最高，病情指数57。

2. 2017年

2017年热带亚热带大豆参试品种的平均病情指数为SC15、37.7/SC18、36.5。各片区参试品种平均病情指数分别为SC15、45.8/SC18、44.6/SC15、29.7/SC18、28.3（图45-25、图45-26）。夏大豆组的参试品种SC15/SC18平均病情指数最低，比SC15/SC18最高平均病情指数（春大豆组）低16.1/16.3。从各片的变异幅度来看，夏大豆组内抗性变异幅度最大（SC15，22.42%；SC18，19.31%），春大豆组内抗性变异幅度最小（SC15，6.80%；SC18，2.93%）。2017年，夏大豆组华夏9号对SC15/SC18病情指数最低，病情指数为4/10；春大豆组华春7号对SC15病情指数最高，病情指数57；春大豆组泉豆17对SC18病情指数最高，病情指数50。

3. 2018年

2018年热带亚热带大豆参试品种的平均病情指数为SC15、54.4/SC18、42.8。各片区参试品种平均病情指数分别为SC15、54.0/SC18、41.3/SC15、54.9/SC18、44.3（图45-25、图45-26）。春大豆组的参试品种SC15/SC18平均病情指数最低，比SC15/SC18最高平均病情指数（夏大豆组）低0.9/3.0。从各片的变异幅度来看，春大豆组内抗性变异幅度最大（SC15，7.07%；SC18，15.10%），夏大豆组内抗性变异幅度最小（SC15，4.33%；SC18，14.10%）。2018年，春大豆组中黄306对SC15病情指数最低，病情指数25；夏大豆组华夏9号对SC18病情指数最低，病情指数11；春大豆组华春11号、华春7号、桂1016、桂1603、华春2号、夏大豆组华夏2号、桂1605、华夏3号对SC15病情指数最高，病情指数63；春大豆组桂1602对SC18病情指数最高，病情指数75。

4. 2019年

2019年热带亚热带大豆参试品种的平均病情指数为SC15、25.5/SC18、33.1。各片区参试品种平均病情指数分别为SC15、22.9/SC18、35.3/SC15、28.0/SC18、30.9（图45-25、图45-26）。春大豆组的参试品种对SC15、夏大豆组的参试品种对SC18平均病情指数最低，比SC15/SC18最高平均病情指数（夏大豆组/春大豆组）低5.1/4.4。从各片的变异幅度来看，夏大豆组内抗性变异幅度最大（SC15，18.33%；SC18，13.92%），春大豆组内抗性变异幅度最小（SC15，13.69%；SC18，8.82%）。2019年，夏大豆组华夏24号对SC15病情指数最低，病情指数0；夏大豆组华夏3号对SC18病情指数最低，病情指数9；夏大豆组华夏21号对SC15/SC18病情指数最高，病情指数48/49。

5. 2020年

2020年热带亚热带大豆参试品种的平均病情指数为SC15、35.5/SC18、32.1。各片区参试品种平均病情指数分别为SC15、34.5/SC18、28.7/SC15、36.5/SC18、35.5（图45-25、图45-26）。春大豆组的参试品种SC15/SC18平均病情指数最低，比SC15/SC18最高平均病情指数（夏大豆组）低2.0/6.8。从各片的变异幅度来看，夏大豆组内参试品种对SC15的抗性变异幅度最大（12.56%）；春大豆组内参试品种对SC18的抗性变异幅度最大（17.10%），春大豆组内参试品种对SC15的抗性变异幅度最小（11.84%）；夏大豆组内参试品种对SC18的抗性变异幅度最小（14.45%）。2020年，春大豆组齐黄34对SC15病情指数最低，病情指数0；夏大豆组贡夏豆13对SC18病情指数最低，病情指数1；夏大豆组华夏21号、桂夏豆117对SC15/SC18病情指数最高，病情指数50/50。

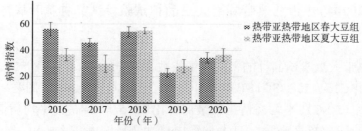

图45-25　2016—2020年热带亚热带大豆区域试验参试品种对花叶病毒SC15抗性各区组平均病情指数

2016—2020年热带亚热带大豆参试品种区组间花叶病毒抗性变化趋势如下：2016—2017年春大豆参试品种平均病情指数高于夏大豆，2018—2020年夏大豆参试品种平均病情指数略高于春大豆（2019年对SC8株系抗性除外）。热带亚热带地区参试品种无论春大豆还是夏大豆组对2个株系的平均病情指数均超过20，抗病育种有待加强。

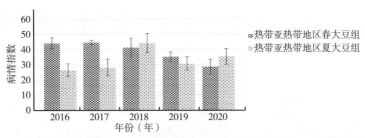

图45-26 2016—2020年热带亚热带大豆区域试验参试品种对花叶病毒SC18抗性各区组平均病情指数

二、2016—2020年热带亚热带品种大豆炭疽病抗性动态分析

从2016—2020年大豆品种炭疽病抗性结果来看，不同年份间，炭疽病发病情况表现稳定（图45-27）。从图45-27可知，热带亚热带春大豆组品种平均病情指数除2016年较高外，2017—2020年平均病情指数较为一致，可能与2016年6月雨水较多有关（图45-27）。

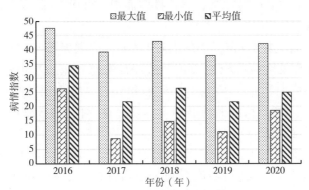

图45-27 2016—2020年大豆区域试验不同年份间大豆炭疽病病情指数动态分析

从表45-23中结果可知，2016—2020年热带亚热带春大豆组平均病情指数为25.82，年度间病情指数变幅为21.60～34.40，其中2016年最高，2019年最低，最低病情指数比最高病情指数低37.21%。

表45-23 2016—2020年大豆区域试验不同年份间大豆炭疽病病情指数分析

试验组别	病情指数	2016年	2017年	2018年	2019年	2020年	平均
热带亚热带春大豆组	最大值	47.54	39.20	42.90	37.89	42.11	41.93
	最小值	26.34	8.70	14.69	11.11	18.59	15.89
	平均值	34.40	21.68	26.50	21.60	24.93	25.82

从表45-24结果可知，2016—2020年热带亚热带春大豆组累计鉴定42份大豆品种，未出现高抗品种，抗病品种2份，比率为4.76%，中抗品种13份，比率为30.95%，中感品种24份，比率为57.14%，感病品种3份，比率为7.14%。

表45-24 2016—2020年大豆区域试验不同年份间大豆炭疽病抗性情况分析

试验组别	品种抗性	2016年	2017年	2018年	2019年	2020年	合计
热带亚热带春大豆组	抗病	0	2	0	0	0	2
	中抗	0	2	2	5	4	13
	中感	5	4	6	4	5	24
	感病	1	0	1	0	1	3

第四十六章　2016—2020年大豆品种推广情况分析

第一节　2016—2020年不同推广面积大豆品种数量和面积贡献的动态分析

2016年我国大豆推广面积200万亩以上的品种有5个，分别为黑河43、中黄13、绥农36、克山1号和合丰55，累计推广面积1 874万亩，占2016年总面积的22.6%。推广面积100万～199万亩的品种有6个，累计推广面积1 874万亩；推广面积50万～99万亩的品种有21个，累计推广面积1 409万亩；推广面积20万～49万亩的品种有72个，累计推广面积2 312万亩；推广面积20万亩以下的品种有206个，累计推广面积1 867万亩（表46-1）。

2017年我国大豆推广面积200万亩以上的品种有5个，分别为黑河43、克山1号、中黄13、绥农36和合农75，累计推广面积2 555万亩，占2017年总面积的25.2%。推广面积100万～199万亩的品种有11个，累计推广面积1 521万亩；推广面积50万～99万亩的品种有26个，累计推广面积1 790万亩；推广面积20万～49万亩的品种有75个，累计推广面积2 284万亩；推广面积20万亩以下的品种有218个，累计推广面积2 008万亩。

2018年我国大豆推广面积200万亩以上的品种有6个，分别为黑河43、克山1号、中黄13、合农95、合农75和合农69，累计推广面积2 525万亩，占2018年总面积的23.4%。推广面积100万～199万亩的品种有13个，累计推广面积1 731万亩；推广面积50万～99万亩的品种有24个，累计推广面积1 623万亩；推广面积20万～49万亩的品种有84个，累计推广面积2 522万亩；推广面积20万亩以下的品种有256个，累计推广面积2 372万亩。

2019年我国大豆推广面积200万亩以上的品种有9个，分别为黑河43、中黄13、合农95、黑农84、合农75、绥农44、绥农42、齐黄34和克山1号，累计推广面积3 044万亩，占2019年总面积的28.8%。推广面积100万～199万亩的品种有12个，累计推广面积1 508万亩；推广面积50万～99万亩的品种有25个，累计推广面积1 617万亩；推广面积20万～49万亩的品种有82个，累计推广面积2 428万亩；推广面积20万亩以下的品种有210个，累计推广面积1 983万亩。

2020年我国大豆推广面积200万亩以上的品种有8个，分别为黑河43、克山1号、登科5、合农95、黑农84、中黄13、齐黄34和金源55，累计推广面积3 044万亩，占2020年总面积的25.2%。推广面积100万～199万亩的品种有11个，累计推广面积1 474万亩；推广面积50万～99万亩的品种有24个，累计推广面积1 635万亩；推广面积20万～49万亩的品种有90个，累计推广面积2 763万亩；推广面积20万亩以下的品种有263个，累计推广面积2 503万亩。

2016—2020年，我国大豆推广面积200万亩以上的品种有14个，累计推广面积12 817万亩，占总面积的25.1%，约为1/4，这些品种虽数量少，但数量逐年增加，推广面积大，具有优异的综合表现和广泛的适应性。推广面积100万～199万亩的品种累计推广面积7 055万亩，占总面积的13.8%；推广面积50万～99万亩的品种累计推广面积8 074万亩，占总面积的15.8%；推广面积20万～49万亩的品种累计推广面积12 309万亩，占总面积的24.1%；推广面积20万亩以下的品种累计推广面积10 733万亩，占总面积的21.1%。总体来看，推广面积200万亩以上的品种对面积的贡献率最高，2016—2020年表现出围绕平均值上下波动的趋势，但总体保持在1/4的比例。其次，推广面积20万～49万亩的品种累计对面积的贡献率位居第二位，这部分品种数量多，但是每个品种推广面积小，对产业影响有限。

表46-1　2016—2020年我国大豆品种推广规模

面积分组	2016年		2017年		2018年		2019年		2020年		合计	
	品种个数（个）	累计推广面积（万亩）	品种个数（个）	累计推广面积（万亩）	品种个数（个）	累计推广面积（万亩）	品种个数（个）	累计推广面积（万亩）	品种个数（个）	累计推广面积（万亩）	品种个数（个）	累计推广面积（万亩）
200万亩以上	5	1 874	5	2 555	6	2 525	9	3 044	8	2 819	33	12 817
100万~199万亩	6	821	11	1 521	13	1 731	12	1 508	11	1 474	53	7 055
50万~99万亩	21	1 409	26	1 790	24	1 623	25	1 617	24	1 635	120	8 074
20万~49万亩	72	2 312	75	2 284	84	2 522	82	2 428	90	2 763	403	12 309
20万亩以下	206	1 867	218	2 008	256	2 372	210	1 983	263	2 503	1 153	10 733
合计	310	8 283	335	10 158	383	10 773	338	10 580	396	11 194		50 988

第二节　2016—2020年不同省份推广大豆品种数量和面积贡献的动态分析

2016年，推广面积为5万亩以上的大豆品种分布在全国25个省份，推广面积位居前三位的省份为黑龙江、内蒙古和安徽。其中，黑龙江推广的大豆品种数为117个，推广面积为4 115万亩，占全国总面积的50.0%。其次为内蒙古，推广大豆品种数为31个，推广面积为785万亩，占全国总面积的9.5%。位居全国第三位的是安徽，推广的大豆品种数为35个，推广面积为768万亩，占全国总面积的9.3%，其余的22个省份大豆品种推广面积占总面积的31.2%（表46-2）。

2017年，推广面积为5万亩以上的大豆品种分布在全国25个省份，推广面积位居前三位的省份为黑龙江、安徽和内蒙古。其中，黑龙江推广的大豆品种数为122个，推广面积为5 211万亩，占全国总面积的51.3%。其次为安徽，推广的大豆品种数为43个，推广面积为906万亩，占全国总面积的8.9%。位居全国第三位的是内蒙古，推广的大豆品种数为36个，推广面积为892万亩，占全国总面积的8.8%，其余的22个省份大豆品种推广面积占总面积的31.1%。

2018年，推广面积为5万亩以上的大豆品种分布在全国25个省份，推广面积位居前三位的省份为黑龙江、内蒙古和安徽。其中，在黑龙江推广的大豆品种数为143个，推广面积为5 288万亩，占全国总面积的49.1%。其次为内蒙古，推广大豆品种数为70个，推广面积为1 171万亩，占全国总面积的10.9%。位居全国第三位的是安徽，推广的大豆品种数为53个，推广面积为921万亩，占全国总面积的8.6%，其余的22个省份大豆品种推广面积占总面积的31.4%。

2019年，推广面积为5万亩以上的大豆品种分布在全国23个省份，推广面积位居前三位的省份为黑龙江、内蒙古和安徽。其中，在黑龙江推广的大豆品种数为142个，推广面积为5 779万亩，占全国总面积的54.6%。其次为内蒙古，推广大豆品种数为68个，推广面积为1 444万亩，占全国总面积的13.7%。位居全国第三位的是安徽，推广的大豆品种数为47个，推广面积为706万亩，占全国总面积的6.7%，其余的20个省份大豆品种推广面积占总面积的25.0%。

2020年，推广面积为5万亩以上的大豆品种分布在全国24个省份，推广面积位居前三位的省份为黑龙江、内蒙古和河南。其中，在黑龙江推广的大豆品种数为194个，推广面积为6 110万亩，占全国总面积的54.6%。其次为内蒙古，推广大豆品种数为87个，推广面积为1 637万亩，占全国总面积的10.2%。位居全国第三位的是河南，推广的大豆品种数为45个，推广面积为642万亩，占全国总面积的5.7%，其余的21个省份大豆品种推广面积占总面积的29.5%。

总的来看，2016—2020年累计推广面积位居前三位的省份为黑龙江、内蒙古和安徽，累计推广面积分别为26 503万亩、5 929万亩和3 930万亩，对全国的推广面积贡献率分别为52.0%、11.6%和

7.7%，共计71.3%，且面积贡献率在2016—2020年波动不大。数据表明，东北北部地区和黄淮南部地区是我国大豆主产区，对我国国产大豆生产与供给起着不可替代的关键作用。

表46-2　2016—2020年我国大豆品种各省份推广情况汇总

省份	2016年		2017年		2018年		2019年		2020年		总计	
	推广面积（万亩）	品种个数（个）	推广面积（万亩）	品种个数（个）	推广面积（万亩）	品种个数（个）	推广面积（万亩）	品种个数（个）	推广面积（万亩）	品种个数（个）	推广面积（万亩）	品种个数（个）
安徽	768	35	906	43	921	53	706	47	629	48	3 930	226
北京	2	2	1	1	0	0	0	0	1	1	4	4
福建	58	9	54	10	16	3	15	3	0	0	143	25
甘肃	56	6	67	9	95	13	39	11	37	13	294	52
广东	26	5	0	0	37	6	0	0	7	1	70	12
广西	71	7	110	9	0	0	93	5	118	7	392	28
河北	184	13	231	13	288	15	276	13	271	13	1 250	67
河南	471	33	723	42	729	42	667	39	642	45	3 232	201
黑龙江	4 115	117	5 211	122	5 288	143	5 779	142	6 110	194	26 503	718
湖北	193	13	213	13	231	14	186	20	182	18	1 005	78
湖南	86	14	69	13	108	16	125	16	83	11	470	70
吉林	198	13	391	25	383	31	141	21	292	46	1 405	136
江苏	204	28	234	32	201	35	191	28	200	29	1 030	152
江西	119	6	41	4	31	3	25	5	23	5	239	23
辽宁	99	9	85	10	102	11	86	10	71	11	443	51
内蒙古	785	31	892	36	1 171	70	1 444	68	1 637	87	5 929	292
宁夏	19	3	24	3	11	3	35	1	0	0	89	10
山东	237	18	240	20	274	20	284	19	295	21	1 330	98
山西	76	7	120	11	62	9	87	9	80	6	426	42
陕西	111	12	121	18	182	16	108	11	126	18	648	75
四川	221	16	231	18	438	25	112	8	204	12	1 206	79
天津	7	3	6	3	5	2	12	4	6	4	36	16
云南	2	1	3	2	13	4	35	7	15	6	68	20
浙江	100	14	86	11	94	15	70	9	86	11	436	60
重庆	75	8	91	13	67	9	65	9	62	8	360	47
新疆	0	0	8	1	4	3	0	0	17	5	29	9
贵州	0	0	0	0	22	2	0	0	0	0	22	2
上海	0	0	0	0	0	0	0	0	0	0	0	0
总计	8 283	423	10 158	482	10 773.39	563	10 580.18	505	11 194.00	620.00	50 989	2 593

第三节　2016—2020年推广面积前10位的大豆品种推广年数分析

对我国推广面积前10位品种的推广年数进行分析，2016—2020年平均推广年数分别为9.4年、10.3年、10.1年、7.5年和10.2年（表46-3）。2016年，面积前10位品种中推广年数超过10年的品种有4个，分别为黑河43、中黄13、冀豆12和合丰50；2017年，推广年数超过10年的品种有5个，分别为黑河43、中黄13、冀豆12、黑农48和华疆2号；2018年，推广年数超过10年的品种有5个，黑河43、中黄13、冀豆12、黑农48和克山1号；2019年，推广年数超过10年的品种有3个，黑河43、中黄13和克山1号；2020年，推广年数超过10年的品种有4个，黑河43、中黄13、克山1号和冀豆12。截至2020年，推广面积前10位品种中，推广年数最长的为冀豆12，推广25年；其次为中黄13，推广21年。推广前10位的品种中只有东北和黄淮海地区的品种，总体来说，我国面积前10位的大豆品种更新换代缓慢，亟须加快种质资源创新，提高品种遗传改良进度。

表46-3　2016—2020年我国大豆品种更新换代分析

年份	项目		
	品种名称	初次审定年份	推广年数（年）
2016年	黑河43	2007	10
	中黄13	2000	17
	绥农36	2014	3
	克山1号	2009	8
	合丰55	2008	9
	绥农35	2012	5
	齐黄34	2012	5
	东生7	2012	5
	冀豆12	1996	21
	合丰50	2006	11
	平均		9.4
2017年	黑河43	2007	11
	克山1号	2009	9
	中黄13	2000	18
	绥农36	2014	4
	合农75	2015	3
	金源55	2014	4
	齐黄34	2012	6
	黑农48	2004	14
	冀豆12	1996	22
	华疆2	2006	12
	平均		10.3
	品种名称	初次审定年份	推广年数（年）
2018年	黑河43	2007	12
	克山1号	2009	10
	中黄13	2000	19
	合农95	2016	3
	合农75	2015	4
	合农69	2014	5
	黑农48	2004	15
	齐黄34	2012	7
	冀豆12	1996	23
	绥农44	2016	3
	平均		10.1

（续表）

年份	项目		
	品种名称	初次审定年份	推广年数（年）
2019年	黑河43	2007	13
	中黄13	2000	20
	合农95	2016	4
	黑农84	2017	3
	合农75	2015	5
	绥农44	2016	4
	绥农42	2016	4
	齐黄34	2012	8
	克山1号	2009	11
	绥农52	2017	3
	平均		7.5
2020年	黑河43	2007	14
	克山1号	2009	12
	登科5	2012	9
	合农95	2016	5
	黑农84	2017	4
	中黄13	2000	21
	齐黄34	2012	9
	金源55	2014	7
	合农76	2015	6
	冀豆12	1996	15
	平均		10.2

第五部分 棉花

第四十七章　2016—2020年国家棉花品种试验概况

农作物品种区域试验是将新育成或新引进的品种按统一的技术方案在不同的生态环境下进行连续多年、多点试验，分析、评价其特征特性，以确定新品种利用价值和适宜推广区域的过程。它既是品种审定的重要依据，又是鉴定科研育种成果并将其转化为生产力必不可少的关键环节。2007年颁布的国家行业标准《农作物品种试验技术规程　棉花》（NY/T 1302—2007）为我国的棉花品种区域试验工作进一步规范化管理提供了依据。2016—2020年国家棉花品种区域试验和生产试验参试品种分别为538个和94个，其中西北内陆棉区、黄河流域棉区和长江流域棉区的区域试验参试品种分别为174个、224个和140个，生产试验参试品种分别为24个、43个和27个（不含对照品种）。及时总结和分析评价近年来我国棉花区域试验品种特性变化动态，可为与时俱进地制定更具针对性和实用性的棉花品种试验规范提供依据。

第一节　2016—2020年长江流域棉花品种试验概况

长江流域棉区是全国三大主产区之一，主要包括四川、湖南、湖北、浙江、河南南襄盆地、江苏和安徽淮河以南棉区。自中华人民共和国成立以来长江流域棉区引进和自育了大批优良新品种，在区域试验的基础上推广应用，历史上实现了7次大规模的新品种更替，为棉花生产做出了重要贡献。自1956年开始，国家棉花区域试验实现统一规划，按黄河流域、长江流域、西北内陆等大棉区分别设立区域试验组别，其中长江流域棉花区域试验在1968—1972年因"文化大革命"中断5年，1973年恢复区域试验，1976年因无新品种参试暂停3年，1979年继续进行试验至今。随着生产的发展不同历史时期棉花育种目标和审定标准要求也在不断地调整和完善，以更符合当时棉花生产发展需求。棉花品种试验的试验组别和类型设置、参试品种来源和类型、试验调查性状、鉴定测试指标和品种主要农艺、产量、抗性和品质指标都在动态变化中。2016—2020年长江流域棉花品种试验概况总结如下。

一、2016—2020年长江流域棉区气候概况

棉花生长发育期间的气候情况是影响棉花产量、品质和农艺性状表现的重要因素，在进行品种性状评价时需要综合考虑气候因素的影响。2016—2020年的长江流域棉区的气候情况变化大，极端气候现象发生频次较高，总体上不利于棉花的生长发育，可归纳为"两年好光景，三年坏天气"。其中，2018年和2019年的气候条件有利于棉花的生长发育，而2016年"前雨后旱、旱涝急转"，2017年"中期高温干旱、后期阴雨连绵"，2020年"前期超级梅雨、后期阴雨"，都不利于棉花的生长发育。

2016—2020年各年份气候情况具体表现为：2016年7月中旬前持续低温多雨，其后旱涝急转，多日无雨，高温干旱严重，棉花长势弱，产量低，品质差。2017年棉花苗期气候适宜；蕾铃期持续高温干旱，导致蕾铃脱落严重，棉株中上部结铃少，对产量形成影响很大；吐絮期连续低温阴雨天气，对棉花吐絮、采摘和晾晒不利。2018年苗期和蕾铃期气候适宜，棉株长势良好；生长中期部分试点受高温干旱、台风和强降雨影响，导致蕾铃脱落较重，但总体上气候较好；吐絮前期气温高，光照充足，降雨较少，棉花吐絮畅；虽然中后期天气多阴雨，对棉花吐絮和采收不利，但总体天气情况有利于棉花产量和品质形成。2019年苗期气候适宜，利于棉苗生长；蕾铃前期多数试点气候适宜，利于蕾铃早发；结铃后期部分试点受到高温干旱影响，导致蕾铃脱落；吐絮期晴朗天气为主，气温高光照足，利于棉花吐絮采摘；总体气候有利于棉花的生长发育。2020年苗期气候较适宜，

棉苗生长较快；现蕾期进入梅雨季节，直至蕾铃初期才出梅，梅雨持续40多天，时间长、雨量大，被称为"超级梅雨"，对棉花生长发育极为不利，棉株长势弱，蕾铃花脱落严重，导致中下部结铃少；蕾铃后期至吐絮前期天气转晴，棉株恢复生长，结铃较集中；吐絮期阴雨天气较多，不利于棉花吐絮采收。

二、试验组别设置

2016—2020年长江流域国家棉花品种试验共设置区域试验19组和生产试验9组，每年设置中熟常规棉区域试验1组、中熟杂交棉区域试验2组，其中2019—2020年每年增设早熟常规棉区域试验2组；2016—2017年每年设置中熟杂交棉生产试验1组，2018—2020年每年设置中熟杂交棉和中熟常规棉生产试验各1组，2020年增设早熟常规棉生产试验1组。总之，试验组别由杂交棉向常规棉和早熟棉类型过渡（表47-1）。

表47-1 2016—2020年长江流域国家棉花品种试验组别设置情况 （组）

| 类型 | 品种类型 | 各年份试验组数 | | | | | 累计组数 |
		2016年	2017年	2018年	2019年	2020年	
区域试验	中熟常规	1	1	1	1	1	5
	中熟杂交	2	2	2	2	2	10
	早熟常规	—	—	—	2	2	4
	合计组数	3	3	3	5	5	19
生产试验	中熟常规			1	1	1	3
	中熟杂交	1	1	1	1	1	5
	早熟常规	—	—	—	—	1	1
	合计组数	1	1	2	2	3	9

三、参试品种类型和来源的变化动态

2016—2020年长江流域国家棉花品种试验参试品种共计195个（含对照），其中区域试验参试品种159个、生产试验参试品种36个。2016—2020年区域试验参试品种依次为21个、24个、23个、45个和46个，生产试验品种依次为4个、4个、7个、9个和12个。2016年中熟各组区域试验和生产试验的对照品种均为鄂杂棉10号，2017年开始更换为GK39；2019年开始设置的早熟棉区域试验和2020年开始设置的早熟棉生产试验对照品种均为中棉所50。参试品种类型和来源变化动态具体表现如下。

（一）参试品种由以杂交棉为主转变为以常规棉为主

2016—2020年长江流域棉花品种区域试验参试品种中常规棉品种的比例逐年提高，每年约提高10%，常规棉品种比例由2016年的28.6%提高到2020年的71.7%，累计提高了43.1%。同时，杂交棉品种的比例由2016年的71.4%下降到2020年的28.3%。5年时间里，参试品种由"杂交棉占主导地位"转变为"常规棉占主导地位"，常规棉实现了与杂交棉的角色互换。生产试验参试品种由于品种数量少，变化规律没有区域试验品种明显，但在2017—2020年也实现了常规棉与杂交棉的占比互换，常规棉由2017年的25%提高到2020年的83.3%。常规棉和杂交棉的角色转变和互换与长江流域棉区棉花生产发展需求相一致。长江流域棉花生产从以"稀植大株"的中熟杂交棉为主导，逐步向"小个体大群体"的常规棉转化，并将逐步向麦（油）后早熟常规棉发展。由此可见，这种品种类型的转化符合长江流域棉区的生产发展需求，充分体现了长江流域棉花区域试验和品种选择做到了与时俱进、增强了品种试验的针对性和实用性。

（二）参试品种纤维品质明显提升，Ⅱ型品种逐步占主导地位

2016年区域试验参试品种中纤维品质为Ⅱ型和Ⅲ型的比例分别为47.6%和52.4%，Ⅲ型占多数；2017—2020年参试品种中Ⅱ型的比例逐步提高，从2017年的4.2%提升到2020年的67.4%，从而实现了由量变到质变的飞跃，由"微不足道"转变为"主导"类型，在2020年还有4.3%的Ⅰ型品种，Ⅰ型和Ⅱ型品种比例合计超过70%。同时，2017年和2018年出现的"型外"品种比例分别达20.8%和8.7%，而在2019年和2020年没有出现。总体来说，2016—2020年参试品种的纤维品质发生了质的变化，从以Ⅲ型品种为主，转变为以Ⅱ型品种为主的格局。这种纤维品质的变化，是由于近年来国家品种审定工作中十分重视纤维品质提升，从而引导了棉花育种目标和育种方向，符合棉花生产"提质增效"的发展方向和生产上棉花品种的实际需求。

（三）品种来源从以企业为主转变为以科研单位为主

从参试品种的供种单位（品种来源）的变化来看，科研单位参试品种的比例呈明显上升趋势，而种子企业的参试品种比例呈现下降趋势。区域试验参试品种中种子公司供种比例由2016—2017年的50%左右，下降到2020年的13%；而科研单位品种比例则提高到2020年的87%，成为参试品种的主要供种单位。生产试验参试品种来源的变化也十分明显，种业公司供种比例逐年下降，由2016年的100%下降到2020年的33.3%，仅占1/3。随着区域试验参试品种中种业公司供种比例的下降，预计其在生产试验中的占比将持续下降，并可能最终退出。这种现象出现的背景主要是近年来随着农业产业结构的调整，长江流域棉花种植面积已经呈现出"断崖式"滑坡，对种业公司来说长江流域棉花种子市场和品种的商业价值逐步失去了吸引力，因而原来针对长江流域的棉花育种工作也多数取消或转移到西北内陆棉区，公司提供的参试品种也就必然越来越少了。科研单位的育种工作相对稳定，这可能利益于科研项目的持续性和科研工作本身的特点。另一方面，2019年增设的早熟组区域试验参试品种主要来源于科研单位，这也是科研单位育种工作长期积累的结果。随着棉花主产区进一步向西北内陆转移，预计长江流域棉区品种试验的参试品种会进一步减少，科研单位的参试品种数量也会呈现下降趋势（表47-2）。

表47-2　2016—2020年长江流域国家棉花品种试验参试品种类型与来源分布

分类或来源	试验类型	品种类型	2016年	2017年	2018年	2019年	2020年	总计
常规/杂交	区域试验	常规（%）	28.6	45.8	52.2	62.2	71.7	56.6
		杂交（%）	71.4	54.2	47.8	37.8	28.3	43.4
	生产试验	常规（%）	50.0	25.0	42.9	44.4	83.3	55.6
		杂交（%）	50.0	75.0	57.1	55.6	16.7	44.4
品质类型	区域试验	Ⅰ型（%）	0	0	0	0	4.3	1.3
		Ⅱ型（%）	47.6	4.2	17.4	37.8	67.4	39.6
		Ⅲ型（%）	52.4	75.0	73.9	62.2	28.3	54.7
		型外（%）	0	20.8	8.7	0	0	4.4
供种单位性质	区域试验	公司（%）	47.6	50.0	30.4	13.3	13.0	25.8
		科研（%）	52.4	50.0	69.6	86.7	87.0	74.2
	生产试验	公司（%）	100.0	75.0	57.1	55.6	33.3	55.6
		科研（%）	0	25.0	42.9	44.4	66.7	44.4

四、长江流域区域试验点设置和变化

2016—2020年长江流域棉区国家棉花区域试验中熟棉组的试点布置相对稳定，全流域布点19个，其中江苏3个、浙江1个、安徽3个、江西1个、河南1个、湖北5个，湖南3个和四川2个。早熟棉区域试验布点15个左右，生产试验布点10个左右。各承试单位和简称依次为：江苏省农业科学院经济作物

研究所（南京）、江苏沿江地区农业科学研究所（南通）、江苏沿海地区农业科学研究所（盐城）、浙江省慈溪市农业科学研究所（慈溪）、安徽省农业科学院棉花研究所（安庆）、安徽荃银高科种业股份有限公司（合肥）、中国农业科学院棉花研究所长江试验站（望江）、江西省棉花研究所（九江）、南阳市农业科学院（南阳）、湖北省农业科学院经济作物研究所（武汉）、黄冈市农业科学院（黄冈）、荆州农业科学院（荆州）、襄阳市农业科学院（襄阳）、湖北惠民农业科技有限公司（监利）、湖南省棉花科学研究所（常德）、岳阳市农业科学研究所（岳阳）、湖南省益阳市大通湖区农业技术推广中心（大通湖）、四川省农业科学院经济作物研究所（成都）和四川省亿诚现代农业科技有限公司（射洪）。其中，南通、安庆、九江、南阳、黄冈、荆州、常德和射洪等8个试点承担中熟和早熟棉区域试验和生产试验各组试验，南京、武汉、襄阳、岳阳、大通湖和成都等6个试点承担中熟和早熟棉各组区域试验，盐城、慈溪和合肥试点承担中熟棉各组区域试验，监利点承担中熟棉区域试验和生产试验，望江试点承担早熟棉区域试验、中熟和早熟棉生产试验。另外，盐城点2016—2018年承担了中熟棉生产试验，2019年开始不再承担。2016—2018年成都点承担了中熟和早熟棉区域试验和生产试验各组试验，从2019年开始生产试验更换为射洪点承担。早熟组区域试验2019年开始，生产试验从2020年开始（表47-3）。

表47-3 2016—2020年长江流域棉区国家棉花品种区域试验和生产试验承担单位

序号	承担单位	简称	中熟区域试验	早熟区域试验	中熟生产试验	早熟生产试验
1	江苏省农业科学院经济作物研究所	南京	√	√	×	×
2	江苏沿江地区农业科学研究所	南通	√	√	√	√
3	江苏沿海地区农业科学研究所	盐城	√	×	×	×
4	浙江省慈溪市农业科学研究所	慈溪	√	×	×	×
5	安徽省农业科学院棉花所	安庆	√	√	√	√
6	安徽荃银高科种业股份有限公司	合肥	√	×	×	×
7	中国农业科学院棉花研究所长江试验站	望江	×	√	√	√
8	江西省棉花研究所	九江	√	√	√	√
9	南阳市农业科学院	南阳	√	√	√	√
10	湖北省农业科学院经济作物研究所	武汉	√	√	×	×
11	黄冈市农业科学院	黄冈	√	√	√	√
12	荆州农业科学院	荆州	√	√	√	√
13	襄阳农业科学院	襄阳	√	√	√	√
14	湖北惠民农业科技有限公司	监利	√	×	√	×
15	湖南省棉花科学研究所	常德	√	√	√	√
16	岳阳市农业科学研究所	岳阳	√	√	×	×
17	湖南省益阳市大通湖区农技中心	大通湖	√	√	×	×
18	四川省农业科学院经济作物研究所	成都	√	√	×	×
19	四川省亿诚现代农业科技有限公司	射洪	√	√	√	√

注：√和×分别表示承担的试验组别和未承担的试验组别。

五、参试品种抗性鉴定与品质测试

2016—2020年长江流域棉花区域试验参试品种的抗枯黄萎病和抗虫性委托江苏省农业科学院植物保护研究所鉴定；Bt抗虫蛋白检测委托中国农业科学院生物技术研究所承担；品质检测由农业农村部棉花品质监督检验测试中心承担。区域试验和生产试验品种真实性和纯度的检测（SSR检测）由中国农业科学院棉花研究所承担。另外，华中农业大学植物科技学院于2017—2019年承担了长江流域棉花区域试验品种的抗枯黄萎病鉴定，但鉴定结果都没有参加汇总。

第二节　2016—2020年黄河流域棉花品种试验概况

　　黄河流域棉区是全国三大主产区之一，主要包括河北、河南、山东、山西、陕西、天津、江苏和安徽淮河以北棉区。自中华人民共和国成立以来黄河流域棉区引进和自育了大批优良新品种，在区域试验的基础上推广应用，历史上实现了7次大规模的新品种更替，为棉花生产做出了重要贡献。自1956年开始，按棉花生态区下设特早熟、黄河流域、长江流域、西北内陆棉区的区域试验，次年增加了华南棉区的区域试验和特早熟棉区的早熟区域试验，国家棉花区域试验实现统一规划，按各棉区分别设立区域试验组别，其中黄河流域棉花区域试验在1968—1972年因"文化大革命"中断5年，1973年四大棉区的国家棉花品种区域试验（华南棉区棉花面积小，没有纳入国家区域试验）开始恢复，北部特早熟棉区也因棉花面积萎缩于1999年停止试验，国家棉花品种区域试验集中到黄河流域、长江流域和西北内陆棉区。根据棉花生产的变化于1977年和1980年分别开展了全国棉花抗枯萎病区域试验和全国棉花耕作改制区域试验，1989年在黄河流域开展了麦套棉品种区域试验，1995年又开展了抗虫棉品种区域试验。1999年国家棉花品种区域试验改由农业部直接领导，先后于2004年和2006年开展了杂交棉品种区域试验和超早熟棉品种区域试验。由于粮棉争地的矛盾突出，也为了适应小麦机械化收获，通过棉花育种家不懈的努力改进了早熟棉品种的纤维品质，2012年恢复了早熟棉区域试验，一直持续到目前。2012年取消了黄河流域棉区中早熟组的区域试验工作。随着转基因抗虫棉的推广，品种的熟性有所提高，偏早的中熟棉品种类似于中早熟类型的品种，且随着机械化程度的提高，棉麦套种模式逐渐淡出生产。

　　随着生产的发展不同历史时期棉花育种目标和审定标准要求也在不断地调整和完善，以更符合当时棉花生产发展需求。棉花品种试验的试验组别和类型设置、参试品种来源和类型、试验调查性状、鉴定测试指标和品种主要农艺、产量、抗性和品质指标都在动态变化中。2016—2020年黄河流域棉花品种试验概况总结如下。

一、2016—2020年黄河流域棉区气候概况

　　棉花生长发育期间的气候情况是影响棉花产量、品质和农艺性状表现的重要影响因素，在进行品种性状评价时需要综合考虑气候因素的影响。2016—2020年的黄河流域棉区的气候情况差异不大，苗期基本有利于棉苗的生长，田间苗病和枯萎发生较轻。中期遇连续阴雨天气，影响中上部成铃。吐絮期基本有利于正常吐絮。2018年大范围遇台风暴雨，棉株倒伏严重，中上部蕾铃脱落多，不利于品种的上部成铃。2018年和2019年棉花生长前期遇干旱天气，生育进程提前，不利于中熟棉花品种产量潜力的发挥。2020年初花期黄萎病发生较重，其他年份黄萎病发生较轻。

　　2016—2020年各年份气候情况具体表现为：

　　2016年苗期低温寡照，生长偏缓。出苗情况较好，大部分试点采用盖膜播种，一播全苗。棉花生育中期，尤其是7—8月，多地出现强降雨天气，植株生长发育旺盛，中部蕾铃脱落较多。8月底至10月初，天气转好，气温高、光照充足，利于棉花结铃、吐絮。10月中下旬连续降雨、低温，严重地影响了棉铃的正常吐絮和采摘。枯萎病发病普遍较轻，黄萎病偏轻发生。

　　2017年苗期气温高光照充足，有利于棉苗生长，田间发病轻。中期基本有利于棉花生长，6月下旬至7月上中旬气温高，降水少，棉花发育快，开花早，生育进程提前，伏前桃和伏桃较往年多。7月下旬至8月初阴雨寡照天气致使棉花中部蕾铃脱落，普遍出现中空现象。结铃后期天气正常，有利于上部成铃。吐絮初期光照不足，下部烂铃较多，吐絮后期又遇低温寡照，不利晚熟品种产量形成。

　　2018年前期气温较高，降水适中，有利于棉花的生长，田间枯萎病发生轻，苗病也较往年发生轻。进入蕾铃盛期气温较常年偏高，降水少，日照充足，棉花生育进程提前，开花早，中下部成铃较多，伏前桃较往年多。8月18—19日黄河流域大面积遇台风天气，大风暴雨，商丘、灵璧、东

营、泗阳等试点棉株倒伏严重，上部蕾铃脱落较为严重。中期干旱高温及台风影响不利于产量潜力的发挥，后期降水少气温高，利于吐絮和采收。天气的干旱，使部分试点的纤维品质降低，纤维长度偏短，马克隆值偏大。

2019年前期气温较高，降水少，基本有利于棉花的生长，苗病轻。蕾铃初期气温高，降水少，光照充足，棉花生长稳健，中期持续的高温干旱不利于产量潜力的发挥，多个试点遭遇强降雨并伴有大风，发生不同程度的倒伏，中上部蕾铃脱落较为严重，产量受到一定影响。后期气温高降水少，利于吐絮和采收，霜前花率较高，僵瓣少。但吐絮前期天气干旱，不利于上部棉铃的充实，使部分试点的纤维品质降低，纤维长度偏短。

2020年播种后气温较高，有利于出苗，出苗后降水适宜，日照充足，棉苗生长正常。蕾铃前期降水少，田间有旱象，及时浇水后生长正常，中期普降大雨，雨量集中，日照不足，中上部蕾铃脱落较为严重，一定程度上影响了产量。吐絮期气温较高，降水少，有利于吐絮和采收，烂铃少。总体气候较有利于棉花的生长。枯萎病发生轻，黄萎病中度发生。

二、试验组别设置

2016—2020年黄河流域国家棉花品种试验共设置区域试验24组和生产试验12组，2016—2017年设置中熟常规棉区域试验2组，2018—2020年增加到3组，2016—2019年中熟杂交棉区域试验1组，2020年增加到2组，早熟组包含有常规棉和杂交棉，每年设置区域试验1组；由于参试品种表现原因，2016—2018年分别缺失中熟常规组、早熟组和中熟杂交组的生产试验，其他年度均设置各类区域试验对应的生产试验1组。黄河流域棉区以常规棉品种为主，杂交棉和早熟棉为辅（表47-4）。

表47-4 2016—2020年黄河流域国家棉花品种试验组别设置情况 （组）

类型	品种类型	各年份试验组数					累计组数
		2016年	2017年	2018年	2019年	2020年	
区域试验	中熟常规	2	2	3	3	3	13
	中熟杂交	1	1	1	1	2	6
	早熟	1	1	1	1	1	5
	合计组数	4	4	5	5	6	24
生产试验	中熟常规	—	1	1	1	1	4
	中熟杂交	1	1	—	1	1	4
	早熟	1	—	1	1	1	4
	合计组数	2	2	2	3	3	12

三、参试品种类型和来源的变化动态

2016—2020年黄河流域国家棉花品种试验参试品种共计267个（不含对照），其中区域试验参试品种224个、生产试验参试品种43个。2016—2020年区域试验参试品种依次为28个、36个、52个、51个和57个，生产试验品种依次为4个、3个、10个、10个和16个（表47-5）。5年试验中唯中熟常规试验2019年更换对照，由原来的石抗126更换为中棉所100，其他组别5年内不变，中熟杂交组对照为瑞杂816，早熟组对照为中棉所50。参试品种类型和来源变化动态具体表现如下。

（一）参试品种以常规棉为主，杂交棉品种比例有所提高

2016—2020年黄河流域棉花品种区域试验参试品种中常规棉品种一直占主导，比例有所下降，杂交棉品种参试增加，比例由2016年的17.86%提高到2020年的33.33%（表47-6）。生产试验参试品种由于品种数量少，变化规律没有区域试验品种明显。黄河流域棉区生产上以常规棉为主，杂交棉的育种工作非常重视，也在不断进步，5年期间审定了8个杂交棉品种（表47-5）。

表47-5 2016—2020年黄河流域国家棉花品种试验参试品种情况 （个）

分类或来源	试验类型	2016年	2017年	2018年	2019年	2020年	总计
区域试验	常规	23	27	40	38	38	166
	杂交	5	9	12	13	19	58
生产试验	常规	2	2	9	8	11	32
	杂交	2	1	1	2	5	11
区域试验	Ⅰ	0	0	0	0	0	0
	Ⅱ	4	11	12	10	15	52
	Ⅲ	20	21	32	38	42	153
	型外	4	4	8	3	0	19
区域试验	公司	5	7	4	4	4	24
	科研	23	29	48	47	53	200
生产试验	公司	1	0	2	2	0	5
	科研	3	3	8	8	16	38
区域试验合计		28	36	52	51	57	224
生产试验合计		4	3	10	10	16	43

（二）参试品种纤维品质有所提升，Ⅲ型品种仍占主导地位，型外类型品种逐步减少

Ⅱ型品种比例有所提高，Ⅱ型品种的比例从2016年14.29%提高到2020年26.32%，2017年占比最高，达30.56%。Ⅲ型品种仍占主导地位且比例变化不大，占参试品种的七成以上。没有Ⅰ型品种，型外品种比例持续下降，2020年没有出现型外品种。总体来说，2016—2020年参试品种的纤维品质发生了变化，Ⅱ型品种的比例不断提高，型外品种已消失。纤维品质的变化，得益于近年来国家品种审定工作中十分重视纤维品质的提升，从而引导棉花育种目标和育种方向，反映了育种家在加大力度提高棉花的纤维品质，符合棉花生产"提质增效"的发展方向和对原棉的实际需求（表47-6）。

（三）品种来源以科研单位为主，企业参试逐渐减少

从参试品种的供种单位（品种来源）的变化来看，科研单位参试品种占绝对优势，而种子企业的参试品种比例呈现下降趋势。区域试验参试品种中种业公司供种比例由2016—2017年的20%左右，下降到2020年的7.02%；而科研单位品种比例继续提高，2020年达92.98%。生产试验参试品种来源的变化趋势也类似，种业公司供种比例逐年下降，由2016年的25%下降到2019年的20%，到2020年没有品种进入生产试验。随着区域试验参试品种中种业公司供种比例的下降，预计其在生产试验中的占比将持续下降，并可能最终退出。这种现象出现的背景主要是近年来随着农业产业结构的调整，黄河流域棉花种植面积呈现出"断崖式"滑坡，对种业公司来说黄河流域棉花种子市场和品种的商业价值逐步失去了吸引力，因而原来针对黄河流域的棉花育种工作转化为其他作物的育种或转移到西北内陆棉区，公司提供的参试品种也就越来越少了。科研单位的育种工作相对稳定，这主要得益于科研项目的持续性和科研工作本身的特点。随着棉花主产区进一步向西北内陆转移，预计黄河流域棉区品种试验的参试品种也会逐渐减少，科研单位的参试品种数量会呈现下降趋势。

表47-6 2016—2020年黄河流域国家棉花品种试验参试品种类型与来源分布 （%）

分类或来源	试验类型	品种类型	2016年	2017年	2018年	2019年	2020年	总计
常规/杂交	区域试验	常规	82.14	75.00	76.92	74.51	66.67	74.11
		杂交	17.86	25.00	23.08	25.49	33.33	25.89
	生产试验	常规	50.00	66.67	90.00	80.00	68.75	74.42
		杂交	50.00	33.33	10.00	20.00	31.25	25.58

（续表）

分类或来源	试验类型	品种类型	2016年	2017年	2018年	2019年	2020年	总计
品质类型	区域试验	Ⅰ型	0	0	0	0	0	0
		Ⅱ型	14.29	30.56	23.08	19.61	26.32	23.21
		Ⅲ型	71.43	58.33	61.54	74.51	73.68	68.30
		型外	14.29	11.11	15.38	5.88	0	8.48
供种单位性质	区域试验	公司	17.86	19.44	7.69	7.84	7.02	10.71
		科研	82.14	80.56	92.31	92.16	92.98	89.29
	生产试验	公司	25.00	0	20.00	20.00	0	11.63
		科研	75.00	100.00	80.00	80.00	100.00	88.37

四、黄河流域区域试验点设置和变化

2016—2020年黄河流域棉区国家棉花区域试验试点整体布置相对稳定，目前全流域试点29个，其中河北6个、山东9个、河南8个、山西1个、陕西1个、天津1个、江苏2个和安徽1个。各承试单位和简称依次为：天津市优质农产品开发示范中心（天津）、河北省农林科学院棉花研究所（石家庄）、邯郸市农业科学院（邯郸）、沧州市农林科学院（沧州）、河间市国欣农村技术服务总会（河间）、故城县秋耘农业科技有限公司（故城）、石家庄市农林科学研究院［石家庄（市）］、山东棉花研究中心（临清）、济南鑫瑞种业科技有限公司（齐河）、山东银兴种业股份有限公司（夏津）、惠民县鲁优棉花研究所（惠民）、山东贵禾农业科技有限公司（金乡）、山东众力棉业科技有限公司（东营）、德州市农业科学研究院（德州）、聊城市农业科学研究院（聊城）、梁山县干鱼头良种繁育场（梁山）、中国农业科学院棉花研究所（安阳）、商丘市农林科学院（商丘）、新乡市锦科棉花研究所（新乡）、河南省黄泛区地神种业有限公司（西华）、开封市农林科学研究院（开封）、河南省杞县棉花原种场（杞县）、郑州市农林科学研究所（郑州）、河南省农业科学院经济作物研究所（原阳）、山西省农业科学院棉花研究所（运城）、西北农林科技大学农学院（杨陵）、江苏省农业科学院宿迁农业科学研究所（泗阳）、江苏徐淮地区徐州农业科学研究所（徐州）、灵璧县喜丰登家庭农场（灵璧）。其中18个试点承担中熟区域试验，15个试点承担中熟生产试验，14个试点同时承担了早熟棉区域试验和生产试验（表47-7）。

5年间，中熟常规组和中熟杂交组试点一致，中熟组区域试验和生产试验试点有所减少，中熟区域试验试点从2016年的21个试点减少到2020年的18个，中熟生产试验试点从2016年的18个试点减少到2020年的15个。早熟区域试验和生产试验是同步设点的，变化不大，减少了一个点（表47-8）。试点整体调整变少，随着试验点当地的种植结构调整，个别试点不再承担棉花区域试验工作。目前的试验点分布8个省份，主要分布在冀鲁豫3个宜棉省份，布局合理，个别试点的减少不会影响试验的代表性。

表47-7 2020年黄河流域棉区国家棉花品种区域试验和生产试验承担单位（8省份，29个点）

序号	承担单位	简称	中熟区域试验	早熟区域试验	中熟生产试验	早熟生产试验
1	天津市优质农产品开发示范中心	天津	√	×	√	×
2	河北省农林科学院棉花研究所	石家庄	√	×	√	×
3	邯郸市农业科学院	邯郸	√	√	√	√
4	沧州市农林科学院	沧州	√	×	×	×
5	河间市国欣农村技术服务总会	河间	×	√	×	√
6	故城县秋耘农业科技有限公司	故城	√	×	×	×
7	石家庄市农林科学研究院	石家庄（市）	×	√	×	√
8	山东棉花研究中心	临清	√	×	×	×
9	济南鑫瑞种业科技有限公司	齐河	√	×	×	×

（续表）

序号	承担单位	简称	中熟区域试验	早熟区域试验	中熟生产试验	早熟生产试验
10	山东银兴种业股份有限公司	夏津	×	×	√	×
11	惠民县鲁优棉花研究所	惠民	√	√	×	√
12	山东贵禾农业科技有限公司	金乡	√	×	√	×
13	山东众力棉业科技有限公司	东营	√	×	√	×
14	德州市农业科学研究院	德州	×	√	×	√
15	聊城市农业科学研究院	聊城	×	√	×	√
16	梁山县干鱼头良种繁育场	梁山	×	√	×	√
17	中国农业科学院棉花研究所	安阳	√	√	×	√
18	商丘市农林科学院	商丘	√	×	×	×
19	新乡市锦科棉花研究所	新乡	√	√	×	√
20	河南省黄泛区地神种业有限公司	西华	√	√	×	√
21	开封市农林科学研究院	开封	×	√	×	√
22	河南省杞县棉花原种场	杞县	×	√	×	√
23	郑州市农林科学研究所	郑州	×	√	×	√
24	河南省农业科学院经济作物研究所	原阳	×	√	×	√
25	山西省农业科学院棉花研究所	运城	√	×	√	×
26	西北农林科技大学农学院	杨陵	√	×	×	×
27	江苏省农业科学院宿迁农业科学研究所	泗阳	√	×	√	×
28	江苏徐淮地区徐州农业科学研究所	徐州	×	√	√	√
29	灵璧县喜丰登家庭农场	灵璧	√	×	×	×

注：√和×分别表示承担的试验组别和未承担的试验组别。

表47-8　2016—2020年黄河流棉区域试验验试点数变化情况　　　　　（个）

年份	中熟区域试验	中熟生产试验	早熟区域试验	早熟生产试验	备注
2016	21	18	15	15	
2017	19	18	15	15	大荔和响水不承担中熟区域试验
2018	19	17	15	14	圣丰不承担中熟区域试验和生产试验，增加杨陵区域试验，阜阳不承担早熟生产试验
2019	18	16	14	14	永济不承担中熟区域试验和生产试验，阜阳不承担早熟
2020	18	15	14	14	灵璧不承担中熟生产试验

五、参试品种抗性鉴定与品质测试

2016—2020年黄河流域棉花区域试验参试品种的抗枯黄萎病和抗虫性委托中国农业科学院棉花研究所鉴定；Bt抗虫蛋白检测委托中国农业科学院生物技术研究所承担；品质检测由农业农村部棉花品质监督检验测试中心承担。区域试验和生产试验品种真实性和纯度的检测（SSR检测）由中国农业科学院棉花研究所承担。

第三节　2016—2020年西北内陆棉花品种试验概况

依照公平、公正、科学、效率的原则，通过多环境试验鉴定棉花新品种（系）在西北内陆的丰产性、抗逆性、适应性、纤维品质、综合表现及与对照品种的差异，客观评价参试品种特性与生产利用价值，为国家棉花品种审定和推广提供科学依据。

一、西北内陆棉区生态气候类型

西北内陆棉区主要包括新疆棉区和甘肃河西走廊棉区，该区地域辽阔，地处欧亚大陆腹地。属干旱半干旱荒漠灌溉农业生态区，具有气候干旱、降水量少、蒸发量大、日照充足、温差大的典型大陆性气候特点。由于复杂的地理特征，形成了多样性的生态环境，特别是天山山脉东西横断，形成南疆和北疆两个大的生态区。该区棉花生产从南疆36°51′的于田县到北疆46°17′的第十师184团（新疆和布克赛尔蒙古自治县）均有分布，由于较大的跨度和复杂的地形，使得南北疆区域内又有不同的气候类型。气候类型的多样性，积温多少和无霜期长短的不同。

（一）西北内陆早熟棉区

北疆早熟棉区是全疆第二大棉区。2016年棉田面积67.2万hm²，占全疆棉田面积30.18%，总产149.13万t，占全疆总产34.3%。

本区位于天山北坡，准噶尔盆地西南缘，古尔班通古特沙漠以南，分布于玛纳斯河流域、奎屯河流域、博尔塔拉河下游的绿洲平原，海拔400m以下地区。包括博乐市东部、精河、乌苏、奎屯、沙湾、石河子、玛纳斯、克拉玛依等县市，兵团第五师、第七师、第八师的大多数团场、第六师西线的新湖总场、芳草湖总场等团场。本区80%保证率≥10℃积温3 400～3 500℃，积温最少年也可达3 000～3 100℃，最热月平均温度25.2～27.8℃，无霜期175～193d，年降水量150～200mm，相对湿度50%～60%，是我国纬度最北、典型的早熟陆地棉区，也是新疆主要的优质棉产区。主栽品种均为自育的新陆早系列品种（生育期115～125d），品种良种化程度高。病虫害主要是黄萎病、枯萎病、棉蚜和棉叶螨。热量条件、无霜期年际间变幅较大，适宜种植品种的首选条件是早熟性，同时要重视优质、抗病、丰产等性状。

精河、乌苏、沙湾、石河子、玛纳斯等县市乌伊公路以南的乡镇，呼图壁县、昌吉市、五家渠市、共青团、六运湖、红旗等团场。本区80%保证率≥10℃积温3 200～3 400℃，无霜期165～190d，最热月平均温度为23.0～25.5℃，其他零星植棉地区，包括克拉玛依市以北的乌尔禾至夏孜盖地区（第十师184团），伊犁河谷下游含霍城县和察布查尔县部分乡及兵团第四师的62～64团场，适宜种植特早熟陆地棉品种（生育期100～115d）。一切技术措施突出"早"字，采用密度更高、更矮化的栽培措施。

（二）西北内陆早中熟棉区

南疆早中熟棉区是全疆最大的棉区，2016年棉田面积145.6万hm²，占全疆棉田面积66.8%，总产275.2万t，占全疆总产63.28%。

集中在叶尔羌河、阿克苏河、喀什喀尔河流域和塔里木河上中游流域，地处塔里木盆地边缘的西北部及西南部海拔1 400m以下的平原地区，包括沙雅、阿拉尔、阿瓦提、阿克苏南部、巴楚、伽师、喀什、岳普湖、麦盖提、莎车、英吉沙、泽普、叶城、皮山、墨玉、和田、洛浦、于田等县，兵团第一师1～3团、9～16团，第三师42～53团等。本区80%保证率≥10℃的积温为3 900～4 300℃，90%保证率的积温超过3 800℃，最少年的积温也大于3 600℃，无霜期可达210～240d，棉花的霜前花率较高。因此，适宜种植早熟长绒棉和早中熟陆地棉（生育期125～135d）。生育期中有害高温显著减少，棉花品质优，高产纪录不断涌现，是新疆棉花生产潜力最大的棉区。本区主要不利的条件是春季棉花苗期的风、雨频发引起盐碱危害。病害主要是枯萎病和黄萎病，非抗病品种不宜种植；虫害主要是棉铃虫和棉蚜，应以生物防治为主，综合治理。

新和、库车、轮台、尉犁、若羌等县，兵团第二师28～36团，本区热量条件较丰富，80%保证率≥10℃积温为3 650～4 000℃，90%保证率的积温为3 550℃以上，以种植早中熟陆地棉和早熟陆地棉品种为宜。不利的自然条件是水资源较紧张，棉花生产不宜盲目扩大。病害主要有黄萎病、枯萎病，棉铃虫、棉蚜为害也较重。

甘肃河西走廊棉区主要包括敦煌、金塔、安西、民勤等市县，气候特点、栽培品种与北疆棉区类同。甘肃除河西走廊的太阳辐射和日照时数优于其他棉区、安敦盆地≥10℃活动积温基本接近辽河流域棉区和新疆北疆棉区外，≥10℃活动积温及持续天数、7月温度、无霜期等主要气象要素指标均低于其他棉区，是全国各棉区中温度条件最差的植棉区，由于以上气候条件限制，决定了甘肃在棉花生产上必须选用早熟、特早熟品种，栽培管理上必须采用促早熟技术措施。

二、西北内陆棉区域试验情况

（一）西北内陆棉区域试验区组设置情况

西北内陆棉花区域试验分为早熟棉区域试验和早中熟棉区域试验，2016—2017年设置4组区组试验，早熟棉区域试验、早中熟棉区域试验、早熟棉生产试验、早中熟棉生产试验。2018年设置5组区组试验，新增早熟机采棉品种区域试验。2019—2020年设置6组区组试验，新增早熟机采棉品种生产试验。

（二）西北内陆棉区域试验品种参试情况

2016—2020年共计参试品种201个，其中西北内陆棉区早熟品种区域试验参试品种90个，占总参试品种44.8%；西北内陆棉区早熟机采棉品种区域试验参试品种26个，占总参试品种12.9%；西北内陆棉区早中熟品种区域试验参试品种48个，占总参试品种23.9%；西北内陆棉区早熟品种生产试验参试品种25个，占总参试品种12.4%；西北内陆棉区早熟机采棉品种生产试验参试品种2个，占总参试品种1%；西北内陆棉区早中熟品种生产试验参试品种10个，占总参试品种5.0%（表47-9）。

表47-9　2016—2020年西北内陆棉区品种参试情况　　　　　　　　　　（个）

年份	早熟棉区域试验	早熟棉机采区域试验	早中熟棉区域试验	早熟棉生产试验	早熟棉机采生产试验	早中熟棉生产试验
2016	9	0	7	2	0	1
2017	21	0	9	1	0	0
2018	29	7	10	10	0	2
2019	18	10	9	4	0	3
2020	13	9	13	8	2	4

（三）区域试验比较情况

由图47-1可以看出，早熟区域试验参试品种数量一直高于早中熟区域试验数量。

早熟区域试验参试品种数量不稳定，参试数量随年纪间变化较大，其中2016—2018年呈上升趋势，2018—2020年呈下降区域试验，但仍然保持在10个参试品种以上。

早中熟棉区参试品种数量较为稳定，常年保持在10个左右，缓慢增长趋势，从2016年参试品种7个增长到2020年13个品种。

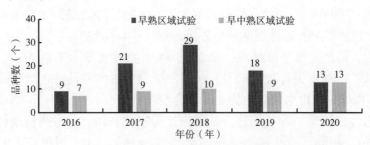

图47-1　2016—2020年西北内陆棉区区域试验品种比较情况

（四）生产试验及不同生态类型品种审定比较情况

生产试验情况早熟棉一直高于早中熟棉生产试验数量，随年际间变化较大，2016—2018年呈增长趋势，2018—2020年呈波动增长（表47-10）。

早中熟生产试验呈逐年增长趋势，从2016年1个材料增长为2020年4个材料，增长速度较慢，从而反映了早中熟区域试验材料的综合性状还有待提高。

从审定材料来看，早熟棉区在2016—2017年进入生产试验的材料都能获得审定，2018年生产试验数量较多，经过综合分析比较审定材料7个。

早中熟棉区2016—2019年进入生产试验的材料都获得了品种审定。

表47-10　2016—2020年西北内陆棉区品种生产试验和审定情况　　　　　（个）

组别	2016年	2017年	2018年	2019年	2020年
早熟生产试验	2	1	10	4	8
早中熟生产试验	1	0	2	3	4
早熟审定	2	2	1	7	0
早中熟审定	2	1	0	2	0

（五）审定情况比较

2016年早熟棉区域试验材料9个，其中5份材料进入2018年生产试验，2019年审定棉花新品种7个，其中5个材料为2016年进入区域试验第1年，通过率为55.5%。2017年区域试验材料21个，2019年进入生产试验材料4个（表47-11）。

2016年早中熟棉区域试验材料7个，其中2个材料进入2018年生产试验，2019年审定棉花新品种2个，通过率为28.57%。2017年区域试验9个，2019年进入生产试验的材料3个。

表47-11　2016—2020年西北内陆棉区品种审定情况比较　　　　　（个）

组别	2016年	2017年	2018年	2019年	2020年
早熟棉区域试验	9	21	29	18	13
早中熟棉区域试验	7	9	10	9	13
早熟棉审定	2	2	1	7	0
早中熟棉审定	2	1	0	2	0

三、西北内陆棉区域试验对照设置情况

西北内陆棉区早熟常规组：2016—2019年试验对照品种是新陆早36号，2020年试验对照更换为新陆早61号。

西北内陆棉区早熟机采组：2018—2019年试验对照品种设置为新陆早36号，2020年试验对照品种设置为新陆早61号。

西北内陆棉区早中熟常规组：试验对照品种设置为中棉49号。

四、西北内陆棉区域试验点设置情况

依据西北内陆棉区现有分布状况、气候类型、地理特点，同时考虑经度、纬度、海拔等地理因素，同时承试点也是西北内陆棉区重要的植棉生产县（团）市。精心设计试验方案，选取有代表性的生态棉区。

（一）早熟棉区域试验点设置

早熟棉常规、早熟棉机采区域试验在全生态区共设置9个试点：新疆乌苏市种子管理站、新疆石河籽棉花研究所、新疆精河县农技推广中心、新疆博乐市种子站、新疆农八师121团农技推广站、新疆农六师农业科学研究所、新疆生产建设兵团农七师125团试验站、新疆生产建设兵团农七师农业科学研究所、甘肃省酒泉市农业科学研究所棉花试验站。早熟棉常规、早熟棉机采生产试验在全生态区共设置6个试点：石河籽棉花研究所、精河县农技站、农八师121团、农七师125团、甘肃省酒泉试验站、农六师农业科学研究所。

（二）早中熟棉区域试点设置

早中熟棉常规区域试验在全生态区共设置9个试点：新疆阿克苏地区种子管理站、新疆喀什地区麦盖提县种子站、新疆第三师农业科学所、新疆喀什地区莎车县种子站、新疆农业科学院库车试验站、新疆农一师塔河种业股份有限公司、新疆巴州农业科学研究所、新疆维吾尔自治区国家农作物原种场、新疆富全新科种业。早中熟棉常规生产试验在全生态区设置6个试验点：新疆兵团第三师农业科学研究所（农三师）、新疆莎车县种子站（莎车）、新疆农业科学院库车试验站（库车）、新疆塔里木河种业股份有限公司（塔河）、新疆巴州农业科学研究所（巴州）和新疆巴州富全新科种业（富全）。

西北内陆棉区区域试验工作主要由18家单位承担，主要以科研院所和地方种子管理站为主要承试单位。这些试验承担单位经历了多年的试验考验，都能严格按照试验要求完成试验，提供准确的品种测试信息，公平公正，为品种审定提供数据支持。

五、品种鉴定、检测单位

棉花枯萎、黄萎病抗性鉴定：石河子农业科学院承担西北内陆棉区参加区域试验品种的抗病性鉴定。

Bt抗虫蛋白检测：中国农业科学院生物技术研究所承担参加区域试验品种Bt抗虫蛋白含量的检测。

品质检测：农业农村部棉花品质监督检验测试中心（中国农业科学院棉花研究所）承担参加区域试验品种的纤维品质检测。

SSR检测：中国农业科学院棉花研究所承担参加区域试验和生产试验品种真实性和纯度的检测。

六、试验要求

各承担单位所接收的试验用种仅用于区域试验、生产试验的鉴定、检测，在确保试验顺利实施后多余种子及由参试品种产生的繁殖材料均应及时销毁，禁止用于育种、繁殖、交流等活动。

各承担单位严禁接待选育（供种）单位、有关企业考察、了解参试品种情况，违者将取消承试资格；如发现有关单位的不正常行为，必须及时向全国农业技术推广服务中心汇报，如有违规将依法追究责任；欢迎任何单位和个人对国家棉花品种区域试验工作中的违规行为进行举报。

第四十八章 2016—2020年长江流域棉花品种试验性状动态分析

第一节 2016—2020年长江流域棉花品种试验参试品种农艺性状动态分析

一、中熟常规棉品种农艺性状变化动态

2016—2020年长江流域国家棉花区域试验中熟常规棉参试品种的平均生育期、霜前花、果枝始节、株高、单株果枝数、子指和种植密度等农艺性状统计结果表明（表48-1）：生育期、果枝始节、株高、单株果枝数和子指平均值依次为122d（118～127d）、6.8节（6.6～7.3节）、118.1cm（115.3～122.3cm）、17.3台/株（16.4～18.3台/株）和11.4g（11.2～11.5g），受气候等影响，各年份的具体表型值略有波动，但与年份间都不存在明显的线性变化趋势。霜前花率和种植密度随年份呈明显的增长趋势。其中，霜前花率平均95%，呈逐年提高的趋势，与年份的线性相关极显著，其随着年份变化的线性回归函数为：霜前花率（%）=1.216 9×年份-2 361（R^2=0.790 9**），即霜前花率的年增长速率为1.22%。种植密度平均1 976株/亩，呈逐年增长的趋势，与年份的线性相关极显著，其随着年份变化的线性回归函数为：种植密度（株/亩）=49.915×年份-98 757（R^2=0.956 5**），即种植密度的年增长速率约为50株/亩，2016—2020年种植密度提高约200株/亩，提高了约11%。

二、中熟杂交棉品种农艺性状变化动态

2016—2020年长江流域国家棉花区域试验中熟杂交棉参试品种农艺性状的总体表现与中熟常规棉品种类似，其平均生育期、霜前花、果枝始节、株高、单株果枝数、子指和种植密度等农艺性状统计结果表明（表48-1）：生育期、果枝始节、株高、单株果枝数和子指平均值依次为120d（117～126d）、6.7节（6.4～6.9节）、117.7cm（114.3～119.7cm）、17.1台/株（16.4～17.9台/株）和11.7g（11.4～11.9g），受气候等影响，各年份的具体表型值略有波动，但与年份间都不存在明显的线性变化趋势。霜前花率和种植密度随年份呈明显的增长趋势。其中，霜前花率平均略高于95%，呈逐年提高的趋势，与年份的线性相关显著，其随着年份变化的线性回归函数为：霜前花率（%）=0.774 4×年份-1 467.6（R^2=0.521*），即霜前花率的年增长速率为0.77%。种植密度平均1 937株/亩，呈逐年增长的趋势，与年份的线性相关极显著，其随着年份变化的线性回归函数为：种植密度（株/亩）=34.350×年份-67 380（R^2=0.984 1**），即种植密度的年增长速率约为35株/亩，2016—2020年种植密度提高约140株/亩，提高了约8%。

三、中熟常规棉和杂交棉品种农艺性状比较分析

2016—2020年长江流域国家棉花区域试验中熟常规棉和中熟杂交棉参试品种的平均生育期、霜前花、果枝始节、株高、单株果枝数和种植密度等农艺和管理性状综合表现相当（表48-1）。其中，中熟杂交棉的生育期、霜前花率和果枝始节略优于中熟常规棉，但二者差异均未达到显著水平；中熟杂交棉的平均株高、单株果枝数和种植密度低于中熟常规棉，但二者的差异也都没有达到显著水平；中熟杂交棉的子指显著高于中熟常规棉，而且在各相应的年份中杂交棉的子指均高于常规棉，表明杂交棉的种子较大。

表48-1　2016—2020年长江流域棉区国家品种区域试验参试品种农艺性状

品种类型	年份	生育期(d)	霜前花(%)	始节(节)	株高(cm)	果枝(台/株)	子指(g)	种植密度(株/亩)
中熟常规	2016	127	91.4	6.6	115.3	17.8	11.2	1 864
	2017	120	93.9	6.6	116.0	17.4	11.5	1 941
	2018	118	95.4	7.3	122.3	18.3	11.3	1 947
	2019	123	97.0	6.9	116.1	16.8	11.4	2 030
	2020	122	96.0	6.6	119.7	16.4	11.5	2 070
	平均	122	94.9	6.8	118.1	17.3	11.4	1 976
中熟杂交	2016	126	93.3	6.6	116.5	17.6	11.6	1 860
	2017	122	93.5	6.6	114.3	17.1	11.9	1 909
	2018	117	96.5	6.9	119.0	17.9	11.4	1 945
	2019	122	97.0	6.8	119.4	16.6	11.6	1 968
	2020	120	95.4	6.4	119.7	16.4	11.7	2 002
	平均	122	95.1	6.7	117.7	17.1	11.7*	1 937

注：*表示杂交棉和常规棉差异达显著水平。

第二节　2016—2020年长江流域棉花品种试验参试品种产量性状动态分析

一、中熟常规棉品种产量性状变化动态

2016—2020年长江流域国家棉花区域试验中熟常规棉参试品种的籽棉产量、皮棉产量、单株结铃数、亩铃数、单铃重和衣分的统计结果表明（表48-2）：籽棉产量和皮棉产量受气候因素影响较大，年份间波动大，5年平均值分别为242.5kg/亩和97.5kg/亩。其中，2018年和2019年的气候条件有利于棉花的生长发育，而2016年"前雨后旱、旱涝急转"，2017年"中期高温干旱、后期阴雨连绵"，2020年"前期超级梅雨、后期阴雨"，都不利于棉花生长发育和产量形成。2018年和2019年的产量水平最高（皮棉产量105kg/亩左右），2017年产量水平最低（皮棉产量不足90kg/亩），2016年和2020年产量水平较低（皮棉产量90～100kg/亩）。皮棉产量增产率呈逐年增加趋势。其中，2016年参试品种平均比对照品种减产13.2%（对照品种为鄂杂棉10号）；2017—2018年参试品种平均增产1.6%～1.7%（对照品种为GK39）；2019年和2020年参试品种平均分别增产4.0%和4.8%（对照品种为GK39）；2017—2020年参试品种平均比对照品种GK39增产3.0%。从参试品种增产率分布比例来看，比对照品种减产的品种比例5年平均约为50%，呈现逐年减少趋势（线性回归函数为：减产品种比例=−0.164 8×年份+333.08，R^2=0.996 4**），从2016年的85%左右下降到2020年的20.0%，每年大约减少16%，说明参试品种的相对产量水平明显逐年提高。从产量构成因素来看，单株结铃数、亩铃数、单铃重和衣分平均值依次为29.2个/株（26.6～33.3个/株）、5.7万个/亩（5.3万～6.1万个/亩）、5.73g（5.65～5.84g）和40.2%（39.5%～40.9%）。其中，单株结铃数、亩铃数和衣分受气候等影响，年份间略有波动，但与年份间都不存在明显的线性变化趋势；单铃重随年份呈现上升趋势，与年份的线性相关达显著水平，其随着年份变化的线性回归函数为：单铃重=0.035×年份−64.545（R^2=0.434 9*），即单铃重年增长率约为0.035，增长较缓慢。

二、中熟杂交棉品种产量性状变化动态

2016—2020年长江流域国家棉花区域试验中熟杂交棉参试品种的籽棉产量、皮棉产量、单株

结铃数、亩铃数、单铃重和衣分的统计结果表明（表48-2）：籽棉产量和皮棉产量同样受气候因素影响较大，总体变化动态与中熟常规棉品种表现类似，籽棉产量和皮棉产量5年平均值分别为255.8kg/亩和104.9kg/亩。其中，2018年和2019年的产量水平最高（皮棉产量分别约为115kg/亩和110kg/亩），2017年产量水平最低（皮棉产量约93kg/亩），2016年产量水平较高（皮棉产量108.6kg/亩），2020年产量水平较低（皮棉产量98.4kg/亩）。皮棉产量增产率相对稳定。其中，2016年参试品种平均比对照品种增产0.2%（对照品种为鄂杂棉10号）；2017—2020年参试品种平均增产8.3%（对照品种为GK39），为7.2%～9.3%。从参试品种增产率分布比例来看，比对照品种减产的品种比例5年平均为23.6%，约占参试品种的1/4，随年份逐年减少趋势不明显，而与皮棉产量水平呈极显著负相关（2017—2020年的线性回归函数为：减产品种比例=-0.831 6×年份+103.66，$R^2=0.997^{**}$）。可见，参试品种的平均产量水平越高，减产的品种比例就越少，说明对照品种GK39的静态稳产性较好。从产量构成因素来看，单株结铃数、亩铃数、单铃重和衣分平均值依次为29.1个/株（26.7～32.4个/株）、5.6万个/亩（5.1万～5.9万个/亩）、6.08g（5.99～6.18g）和41.0%（40.3%～41.5%），受气候等因素影响，各性状在年份间略有波动，但与年份间都不存在明显的线性变化趋势。

三、中熟常规棉和杂交棉品种产量性状比较分析

2016—2020年长江流域国家棉花区域试验中熟常规棉和中熟杂交棉参试品种的平均籽棉产量、皮棉产量、单株结铃数、亩铃数、单铃重和衣分的差异比较情况如表48-2所示：杂交棉品种平均籽棉产量和皮棉产量分别比常规棉品种增加13.3kg/亩和7.4kg/亩，增产率平均提高约5%。其中，杂交棉与常规棉相比，籽棉产量比常规棉增产达显著水平，皮棉产量增产和增产率提高均达极显著水平。比对照品种减产的品种比例下降了25%，而比对照品种增产0～5%、5%～10%和10%以上的品种比例分别提高了7.5%、5.0%和12.7%。杂交棉的单株结铃数和亩总铃数与常规棉品种相当，二者差异不显著；杂交棉的单铃重平均在6.0g以上，比常规棉高0.35g，差异达极显著水平；杂交棉的衣分平均达41%，比常规棉高0.8%，二者差异达到显著水平。可见，中熟杂交棉的籽棉产量、皮棉产量和增产率均显著高于常规棉品种，皮棉产量增收约7.0kg/亩，增产率约提高5%；产量提高主要归因于单铃重和衣分的改良。

表48-2　2016—2020年长江流域棉区国家品种区域试验参试品种产量性状

类型	年份	籽棉产量（kg/亩）	皮棉产量（kg/亩）	增产率（%）	品种增产率分布比例				株铃数（个/株）	亩铃数（万/亩）	单铃重（g）	衣分（%）
					<0	0～5%	5%～10%	≥10%				
常规	2016	234.0	96.3	-13.2	85.7	14.3	0.0	0.0	33.3	6.1	5.65	40.9
	2017	218.9	88.1	1.6	66.7	11.1	11.1	11.1	27.4	5.3	5.66	40.1
	2018	260.4	104.2	1.7	50.0	40.0	0.0	10.0	30.1	5.8	5.68	39.9
	2019	268.1	105.5	4.0	33.3	22.2	44.4	0.0	29.6	5.9	5.79	39.5
	2020	227.6	92.5	4.8	20.0	30.0	40.0	10.0	26.6	5.4	5.84	40.6
	平均	242.5	97.5	0.5/3.0	48.9	24.4	20.0	6.7	29.2	5.7	5.73	40.2
杂交	2016	263.9	108.6	0.2	50.0	35.7	14.3	0.0	32.4	5.9	6.00	41.0
	2017	229.8	92.8	9.3	26.7	26.7	40.0	6.7	26.9	5.1	6.13	40.3
	2018	281.2	115.0	7.5	7.7	30.8	38.5	23.1	30.5	5.8	5.99	40.9
	2019	268.2	110.3	9.2	12.5	37.5	12.5	37.5	29.3	5.7	6.11	41.2
	2020	236.8	98.4	7.2	21.4	28.6	21.4	28.6	26.7	5.3	6.18	41.5
	平均	255.8*	104.9**	6.8/8.3**	23.6	31.9	25.0	19.4	29.1	5.6	6.08**	41.0*

注：*、**分别表示中熟杂交棉和常规棉差异达显著和极显著水平。/后为2017—2020年平均值。

第三节　2016—2020年长江流域棉花品种试验
参试品种品质性状动态分析

根据全国农业技术推广服务中心关于国家棉花品种试验及展示示范实施方案的要求，中国农业科学院棉花研究所/农业农村部棉花品质监督检验测试中心承担了2016—2020年国家区域试验参试品种纤维品质检测与评价工作。依照公平、公正、科学、效率的原则，通过多环境试验鉴定棉花新品种（系）对多品种在不同生态环境的一年多个试点试验，正确评析国家棉花区域试验长江流域棉区的新品种（系）的纤维品质，在不同生长条件下丰产性、抗逆性、适应性、纤维品质、综合表现及与对照品种的差异，客观评价参试品种特性与生产利用价值，为国家棉花品种审定和推广提供科学依据。

一、纤维检测仪器和试验方法

样品统一在恒温恒湿实验室进行预调试，环境温度为（20±2）℃；相对湿度为（65±3）%。采用目前国际先进的大容量纤维测试仪HVI1000型进行测试，使用HVICC校准棉样进行仪器校准。依据GB/T 20392—2006《HVI棉纤维物理性能试验方法》统一安排检测。检测指标有：上半部平均长度（mm）、整齐度指数（%）、断裂比强度（cN/tex）、伸长率（%）、马克隆值、反射率（%）、黄度、纺纱均匀性指数等。同时，参考国家标准GB 1103.1—2012《棉花　第1部分　锯齿加工细绒棉》和GB 1103.2—2012《棉花　第2部分　皮辊加工细绒棉》进行检测分析。

二、纤维品质评价标准

根据国家农作物品种审定委员会国品审〔2014〕2《关于印发主要农作物品种审定标准的通知》规定，依据纤维上半部平均长度、断裂比强度、马克隆值三项指标的综合表现，将棉花品种纤维品质分为Ⅰ型品种、Ⅱ型品种、Ⅲ型品种三种主要类型（表48-3）。

表48-3　主要农作物品种审定纤维品质标准

类型	要求	上半部平均长度（mm）	断裂比强度（cN/tex）	马克隆值	整齐度指数（%）
Ⅰ型品种	两年区域试验平均	≥31	≥32	3.7～4.2	≥83
Ⅱ型品种	两年区域试验平均	≥29	≥30	3.5～5.0	≥83
Ⅲ型品种	两年区域试验平均	27	28	3.5～5.5	≥83

三、2016—2020年国家棉花区域试验长江流域棉区对照品种选用概况

2016年之前长江流域棉花区域试验棉区对照品种选用的是鄂杂棉10号，该品种上半部平均长度30.9mm、断裂比强度30.0cN/tex、马克隆值4.7、整齐度指数84.4%，由于产量低，在2017年更换对照品种GK39，GK39是河间市国欣农村技术服务总会，2015年经国家农作物品种审定委员会审定通过的抗虫基因中早熟常规品种，审定编号为国审棉2015008。该品种审定时HVICC纤维上半部平均长度30.7mm、断裂比强度30.8cN/tex、马克隆值5.0、整齐度指数84.7%、断裂伸长率6.1%、反射率76.7%、黄色深度8.0、纺纱均匀性指数144。长江流域棉区春播生育期126d。出苗较好，长势强，整齐度较好，不早衰，结铃性强，吐絮较好。2019年长江流域又增加了早熟组区域试验，接纳了一些早熟品种（系），对照品种是中棉所50，该品种HVICC纤维上半部平均长度29.5mm、断裂比强度27.9cN/tex、马克隆值4.4、断裂伸长率6.9%、反射率74.9%、黄色深度8.3、整齐度指数

84.6%、纺纱均匀性指数136。中棉所50是中国农业科学院棉花研究所、中国农业科学院生物技术研究所，2007年国家农作物品种审定委员会审定通过的转抗虫基因早熟常规品种，审定编号：国审棉2007013。在黄河流域棉区夏播全生育期110d，出苗快，苗齐、苗壮，前、中期长势强，后期长势转弱，整齐度好，高抗枯萎病、耐黄萎，抗棉铃虫（表48-4）。

表48-4　2016—2020年长江流域对照品种纤维品质结果汇总

对照品种	年份	上半部平均长度（mm）	断裂比强度（cN/tex）	马克隆值	整齐度指数（%）
鄂杂棉10号	审定品质	30.9	30.0	4.7	84.4
	2016	29.2	32.6	5.2	—
GK39	审定品质	30.7	30.8	5.0	84.7
	2017	29.2	30.9	5.4	84.4
	2018	29.8	31.9	5.4	84.8
	2019	30.2	31.6	4.9	85.2
	2020	30.2	31.8	5.0	84.9
中棉所50	审定品质	29.5	27.9	4.4	84.6
	2019	28.5	30.6	5.1	85.0
	2020	29.9	30.5	5.0	85.0

四、2016—2020年国家棉花区域试验长江流域棉区纤维品质分析

（一）2016—2020年国家区域试验长江流域棉区域试验验纤维品质结果汇总

整理汇总2016—2020年国家棉花区域试验长江流域棉区纤维品质平均值数据汇总表（表48-5）。

表48-5　2016—2020年国家区域试验长江流域棉区域试验纤维品质数据汇总

年份	类型	品种名称	长度（mm）	比强度（cN/tex）	马克隆值	伸长率（%）	反射率（%）	黄度	整齐度（%）	纺纱均匀指数
2016	中熟常规	国欣棉17号	32.8	37.2	5.3	6.7	74.5	7.9	86.6	171
2016	中熟常规	华棉A111	30.0	30.6	4.0	6.2	79.1	7.4	84.7	152
2016	中熟常规	徐棉266	27.1	31.6	5.3	8.0	76.7	7.7	85.7	141
2016	中熟常规	泗阳493	29.0	34.6	4.8	6.0	76.9	7.9	85.2	155
2016	中熟常规	晶华棉134	29.3	33.6	4.9	5.6	78.1	7.5	85.7	154
2016	中熟常规	华惠15	29.2	32.1	4.8	6.6	78.6	7.2	85.4	150
2016	中熟常规	鄂杂棉10号	29.2	33.0	5.2	6.4	78.3	7.5	85.5	150
2016	中熟杂交	湘杂198	29.1	32.6	5.0	6.4	78.2	7.3	85.4	149
2016	中熟杂交	华惠13	30.9	34.8	5.0	6.5	78.3	7.5	86.8	167
2016	中熟杂交	福棉9号	29.0	33.9	5.3	5.8	77.6	7.6	85.4	150
2016	中熟杂交	中棉1279	29.1	34.3	5.0	7.0	78.3	7.4	86.2	158
2016	中熟杂交	慈杂11号	30.8	36.7	5.2	6.3	77.3	7.5	86.7	168
2016	中熟杂交	冈0996	29.5	35.6	5.2	6.1	76.1	7.7	86.1	159
2016	中熟杂交	鄂杂棉10号	29.0	32.5	5.2	6.5	78.0	7.3	85.7	148
2016	中熟杂交	ZHM19	29.9	32.3	4.9	6.6	79.1	7.2	86.1	155
2016	中熟杂交	慈杂12号	30.8	34.5	4.9	6.4	77.9	7.4	86.5	164
2016	中熟杂交	国欣棉18号	31.0	35.0	5.0	6.4	76.7	7.7	86.4	164
2016	中熟杂交	徐D821	28.7	33.8	5.3	6.6	78.0	7.4	85.9	152
2016	中熟杂交	CRIZ140104	30.8	36.9	5.2	5.8	77.3	7.6	86.7	170
2016	中熟杂交	亚华棉19号	29.5	33.3	5.2	6.4	78.2	7.2	85.9	153

（续表）

年份	类型	品种名称	长度 （mm）	比强度 （cN/tex）	马克 隆值	伸长率 （%）	反射率 （%）	黄度	整齐度 （%）	纺纱均 匀指数
2016	中熟杂交	鄂杂棉10号	29.4	32.2	5.2	6.6	78.2	7.4	85.6	148
2017	中熟常规	晶华棉134	28.8	30.0	5.2	4.5	78.5	7.0	84.4	135
2017	中熟常规	华惠15	28.6	28.6	5.1	5.1	78.8	7.1	84.3	131
2017	中熟常规	国欣棉17号	31.4	33.7	5.6	5.2	75.9	7.7	85.1	149
2017	中熟常规	华惠20	28.1	28.5	5.7	4.9	77.7	7.5	84.4	124
2017	中熟常规	中棉所9706	30.7	34.5	5.2	3.8	77.6	7.0	85.5	157
2017	中熟常规	国欣棉31	30.7	29.5	5.1	5.2	77.4	7.4	85.2	141
2017	中熟常规	湘K27	27.7	27.7	5.6	4.5	77.3	6.8	84.0	120
2017	中熟常规	冈86	29.1	33.3	5.7	4.8	77.1	7.3	85.1	143
2017	中熟杂交	ZHM19	29.2	28.7	5.2	5.4	78.9	7.2	85.2	136
2017	中熟杂交	国欣棉18号	29.9	31.4	5.4	5.2	76.8	7.5	85.4	143
2017	中熟杂交	冈0996	29.6	32.3	5.4	4.9	77.2	7.3	85.3	145
2017	中熟杂交	中生棉11号	27.3	28.8	5.5	5.3	77.8	7.5	84.5	127
2017	中熟杂交	徐D818	28.6	30.2	5.7	5.3	78.2	7.1	85.0	134
2017	中熟杂交	华田10号	28.8	30.5	5.5	5.0	77.4	7.5	85.2	136
2017	中熟杂交	湘XP522	29.5	32.4	5.8	4.7	77.4	7.3	86.1	146
2017	中熟杂交	GK39	29.0	30.8	5.5	5.5	76.8	7.4	84.3	134
2017	中熟杂交	徐D108	28.7	29.7	5.6	5.1	77.8	7.1	85.2	134
2017	中熟杂交	湘X1251	28.2	28.1	5.3	5.2	77.7	7.4	84.7	128
2017	中熟杂交	鄂杂棉938	29.0	31.3	5.6	5.2	75.6	7.9	85.4	139
2017	中熟杂交	川杂棉76	30.3	32.8	5.2	4.2	78.5	7.2	85.7	153
2017	中熟杂交	国欣棉30号	30.7	33.2	5.9	4.3	76.5	7.5	85.7	147
2017	中熟杂交	中棉所9702	32.1	34.8	5.0	4.1	79.5	6.5	86.4	168
2017	中熟杂交	GK39	29.3	30.7	5.4	5.6	76.8	7.5	84.2	134
2018	中熟常规	华惠20	29.2	30.7	5.7	5.0	78.0	7.7	85.0	137
2018	中熟常规	国欣棉31	31.6	31.6	4.8	5.5	79.4	7.3	86.0	157
2018	中熟常规	湘FZ031	29.9	30.4	4.9	5.4	80.2	7.2	85.3	146
2018	中熟常规	中棉所96014	28.2	29.4	5.7	5.3	78.4	7.3	85.0	131
2018	中熟常规	湘XP66	30.2	30.8	5.2	4.6	79.7	6.9	85.5	146
2018	中熟常规	冈棉10号	29.3	32.0	5.4	5.0	78.4	7.7	85.2	144
2018	中熟常规	赣棉15号	31.5	32.8	5.1	5.0	79.6	7.5	85.6	156
2018	中熟常规	中棉所1606	31.6	36.1	5.2	3.9	79.0	7.3	86.2	168
2018	中熟常规	冈棉9号	29.9	29.6	5.1	5.8	79.0	7.5	85.4	143
2018	中熟常规	GK39	30.1	31.7	5.3	5.6	77.9	7.9	85.0	144
2018	中熟杂交	湘X1251	29.2	29.7	5.3	5.2	78.8	7.5	85.0	137
2018	中熟杂交	华田10号	29.8	31.7	5.6	5.1	78.7	7.5	85.4	143
2018	中熟杂交	中生棉11号	27.6	29.9	5.6	5.5	78.8	7.7	85.3	134
2018	中熟杂交	长金棉11	28.7	31.3	5.5	4.8	78.3	7.8	85.6	142
2018	中熟杂交	中棉所1605	31.0	35.4	5.4	4.2	78.7	7.3	86.0	162
2018	中熟杂交	浙大8号	31.1	32.8	5.1	5.1	78.7	7.5	86.6	159
2018	中熟杂交	GK39	29.8	32.0	5.5	5.6	77.8	7.7	85.2	144
2018	中熟杂交	中生棉10号	31.0	32.5	5.5	5.0	78.2	7.6	86.2	153

（续表）

年份	类型	品种名称	长度 （mm）	比强度 （cN/tex）	马克 隆值	伸长率 （%）	反射率 （%）	黄度	整齐度 （%）	纺纱均 匀指数
2018	中熟杂交	皖棉研258	29.4	32.8	5.4	5.1	79.1	7.3	85.5	148
2018	中熟杂交	湘K28	28.7	31.1	5.2	5.7	79.3	7.4	86.1	147
2018	中熟杂交	冈杂棉10号	30.7	34.2	5.0	4.8	78.3	7.5	86.7	164
2018	中熟杂交	H116	30.9	34.5	5.0	4.7	78.8	7.4	86.5	165
2018	中熟杂交	GK39	29.6	32.2	5.4	5.4	77.0	7.9	84.4	141
2019	中熟常规	冈棉9号	29.1	29.2	4.7	6.2	80.2	8.5	85.1	143
2019	中熟常规	赣棉15号	30.6	32.5	5.0	5.8	80.5	8.3	84.9	152
2019	中熟常规	湘FZ031	29.5	30.7	4.6	6.2	82.0	8.0	85.1	150
2019	中熟常规	冈棉10号	28.4	32.1	5.3	5.4	79.6	8.6	84.3	140
2019	中熟常规	中棉所1607	28.9	35.9	5.4	5.1	80.2	8.2	85.4	158
2019	中熟常规	盐丰39	29.2	31.9	5.4	5.5	79.4	8.5	85.7	146
2019	中熟常规	皖棉研1318	29.7	31.6	4.9	6.4	80.0	8.7	85.3	150
2019	中熟常规	天3	29.5	31.3	5.0	5.9	81.3	8.2	85.8	151
2019	中熟常规	GK39	30.2	31.7	4.9	6.6	78.3	8.7	85.2	150
2019	中熟杂交	中棉所1605	30.8	35.4	5.1	5.2	80.2	8.3	85.7	163
2019	中熟杂交	长金棉11	28.1	30.7	5.1	5.5	79.2	8.9	84.4	137
2019	中熟杂交	浙大8号	29.5	31.2	5.1	6.4	80.3	8.5	85.6	149
2019	中熟杂交	H116	30.2	33.7	5.0	5.6	80.2	8.6	85.6	158
2019	中熟杂交	中杂棉108	28.8	33.1	5.5	5.6	80.1	8.5	85.3	147
2019	中熟杂交	中生棉15号	27.5	30.1	5.3	5.7	79.9	8.6	84.4	134
2019	中熟杂交	徐D821	28.6	30.5	5.5	5.7	80.0	8.5	84.4	135
2019	中熟杂交	GK39	30.2	31.8	4.9	6.7	78.8	8.6	85.3	151
2019	中熟杂交	冈杂棉10号	30.0	33.8	5.0	5.4	79.1	8.4	85.8	158
2019	中熟杂交	湘K28	27.9	30.3	5.1	6.4	80.3	8.6	84.4	137
2019	中熟杂交	中生棉10号	30.2	31.5	5.3	6.0	79.1	8.7	85.7	149
2019	中熟杂交	湘X1107	30.3	32.3	4.7	5.1	80.8	8.7	86.0	159
2019	中熟杂交	GB826	29.1	32.0	5.3	6.1	80.1	8.4	85.5	148
2019	中熟杂交	SM2110	31.0	35.7	4.9	5.4	79.3	8.4	86.4	169
2019	中熟杂交	华杂棉H922	29.0	32.2	5.3	5.5	79.4	8.7	85.0	145
2019	中熟杂交	GK39	30.2	31.3	4.8	6.5	79.0	8.7	84.7	147
2019	早熟	中MB1460	30.1	34.1	5.4	5.3	80.2	8.1	85.7	155
2019	早熟	ZD2040	29.7	34.2	4.7	5.4	80.6	8.4	85.9	163
2019	早熟	中棉所9C02	30.2	32.0	5.3	5.9	81.1	8.4	86.1	153
2019	早熟	湘K29	27.9	31.1	5.0	6.4	80.3	8.4	84.5	142
2019	早熟	荆棉91	29.9	31.7	5.0	5.9	80.2	8.4	85.9	153
2019	早熟	苏机棉211	28.1	32.4	4.9	5.6	80.9	8.5	84.9	148
2019	早熟	中棉所9B02	30.4	31.9	4.6	5.9	80.8	8.1	85.6	157
2019	早熟	创棉11号	30.9	33.3	4.9	6.2	79.4	8.5	86.4	163
2019	早熟	华棉2270	28.4	31.8	4.6	6.8	79.7	8.7	84.8	149
2019	早熟	中棉所50	28.5	30.5	5.1	5.7	79.8	8.6	85.0	141
2019	早熟	中5009	29.8	33.3	5.2	5.6	79.6	8.3	85.3	152
2019	早熟	皖棉研121	29.0	30.9	5.1	5.6	79.5	8.6	85.4	145

（续表）

年份	类型	品种名称	长度（mm）	比强度（cN/tex）	马克隆值	伸长率（%）	反射率（%）	黄度	整齐度（%）	纺纱均匀指数
2019	早熟	EZ9	29.0	31.2	5.1	6.1	80.7	8.1	85.0	144
2019	早熟	湘FZ010	27.9	32.2	5.3	5.8	80.6	8.2	84.6	141
2019	早熟	中棉所99001	29.1	32.3	4.5	6.2	80.7	8.3	85.1	154
2019	早熟	冈棉11号	29.0	31.6	5.4	6.7	82.4	7.8	85.7	148
2019	早熟	中棉所96001	29.4	33.5	5.1	6.2	79.6	8.4	86.1	157
2019	早熟	湘XH50	30.9	30.9	4.8	6.0	81.6	8.2	84.7	150
2019	早熟	徐棉608	27.2	31.5	5.3	5.6	79.2	8.6	84.4	136
2019	早熟	中棉所50	28.6	30.8	5.1	5.6	79.2	8.8	85.1	142
2020	中熟常规	GB521	29.8	32.3	4.2	7.0	78.0	8.1	85.2	156
2020	中熟常规	皖棉研1318	29.7	30.9	4.9	6.8	77.1	8.4	84.6	142
2020	中熟常规	国欣棉35	30.0	32.3	5.2	6.7	78.5	7.7	85.4	149
2020	中熟常规	湘C176	34.4	34.0	3.9	7.0	78.2	8.4	86.7	181
2020	中熟常规	皖棉研65	29.9	31.4	4.9	6.8	77.4	8.3	84.9	146
2020	中熟常规	湘X0935	32.1	35.2	4.6	5.7	79.5	7.9	86.5	174
2020	中熟常规	盐丰39	29.0	31.2	5.3	5.7	77.5	8.4	85.1	141
2020	中熟常规	徽棉1号	30.3	30.3	4.9	6.0	77.2	8.4	84.6	143
2020	中熟常规	中棉9102	29.0	32.9	5.2	5.7	77.8	8.1	85.0	146
2020	中熟常规	GK39	30.2	31.9	4.9	7.0	77.1	8.5	84.8	147
2020	中熟杂交	湘X1067	28.9	31.7	4.9	5.7	78.1	7.9	84.6	145
2020	中熟杂交	GB826	29.4	31.8	5.2	6.3	78.9	8.0	85.1	146
2020	中熟杂交	中生棉14号	27.7	29.7	5.4	5.8	77.7	8.2	83.8	128
2020	中熟杂交	赣棉Z003	32.0	34.2	4.5	5.7	79.7	7.7	85.9	168
2020	中熟杂交	湘K18	30.6	31.4	5.1	6.1	78.6	7.9	85.6	150
2020	中熟杂交	华杂棉H922	29.0	32.4	5.0	5.6	76.6	8.3	84.9	146
2020	中熟杂交	GK39	30.3	31.9	5.0	7.0	77.1	8.7	85.2	149
2020	中熟杂交	冈杂棉10号	30.0	33.8	5.0	5.4	79.1	8.4	85.8	158
2020	中熟杂交	湘K28	27.9	30.3	5.1	6.4	80.3	8.6	84.4	137
2020	中熟杂交	中生棉10号	30.2	31.5	5.3	6.0	79.1	8.7	85.7	149
2020	中熟杂交	湘X1107	30.3	32.3	4.7	5.1	80.8	8.7	86.0	159
2020	中熟杂交	GB826	29.1	32.0	5.3	6.1	80.1	8.4	85.5	148
2020	中熟杂交	SM2110	31.0	35.7	4.9	5.4	79.3	8.4	86.4	169
2020	中熟杂交	华杂棉H922	29.0	32.2	5.3	5.5	79.4	8.7	85.0	145
2020	中熟杂交	GK39	30.2	31.3	4.8	6.5	79.0	8.7	84.7	147
2020	早熟	中MB1460	30.1	34.1	5.4	5.3	80.2	8.1	85.7	155
2020	早熟	ZD2040	29.7	34.2	4.7	5.4	80.6	8.4	85.9	163
2020	早熟	中棉所9C02	30.2	32.0	5.3	5.9	81.1	8.4	86.1	153
2020	早熟	湘K29	27.9	31.1	5.0	6.4	80.3	8.4	84.5	142
2020	早熟	荆棉91	29.9	31.7	5.0	5.9	80.2	8.4	85.9	153
2020	早熟	苏机棉211	28.1	32.4	4.9	5.6	80.9	8.5	84.9	148
2020	早熟	中棉所9B02	30.4	31.9	4.6	5.9	80.8	8.1	85.6	157
2020	早熟	创棉11号	30.9	33.3	4.9	6.2	79.4	8.5	86.4	163
2020	早熟	华棉2270	28.4	31.8	4.6	6.8	79.7	8.7	84.8	149

（续表）

年份	类型	品种名称	长度（mm）	比强度（cN/tex）	马克隆值	伸长率（%）	反射率（%）	黄度	整齐度（%）	纺纱均匀指数
2020	早熟	中棉所50	28.5	30.5	5.1	5.7	79.8	8.6	85.0	141
2020	早熟	中5009	29.8	33.3	5.2	5.6	79.6	8.3	85.3	152
2020	早熟	皖棉研121	29.0	30.9	5.1	5.6	79.5	8.6	85.4	145
2020	早熟	EZ9	29.0	31.2	5.1	6.1	80.7	8.1	85.0	144
2020	早熟	湘FZ010	27.9	32.2	5.3	5.8	80.6	8.2	84.6	141
2020	早熟	中棉所99001	29.1	32.3	4.5	6.2	80.7	8.3	85.1	154
2020	早熟	冈棉11号	29.0	31.6	5.4	6.7	82.4	7.8	85.7	148
2020	早熟	中棉所96001	29.4	33.5	5.1	6.2	79.6	8.4	86.1	157
2020	早熟	湘XH50	30.9	30.9	4.8	6.0	81.6	8.2	84.7	150
2020	早熟	徐棉608	27.2	31.5	5.3	5.6	79.2	8.6	84.4	136
2020	早熟	中棉所50	28.6	30.8	5.1	5.6	79.2	8.8	85.1	142

（二）2016—2020年长江流域棉区参试品种纤维品质符合类型

2016—2020年，长江流域棉区参试品种（含对照）共计有159个（次），经测试分析，其各品种的纤维品质符合的类型，达Ⅰ型（长度31mm，比强度32cN/tex，马克隆值3.7～4.2）有2个品种，占所有参试品种的比例为1.3%。达Ⅱ型（长度29mm，比强度30cN/tex，马克隆值3.5～5.0）的有63个品种，占参试品种的比例为39.7%，达Ⅲ型（长度27mm，比强度28cN/tex，马克隆值3.5～5.5）的有85个品种，占参试品种的比例为53.5%（表48-6）。说明在长江流域棉区，参试品种近几年的品种表现大多数达Ⅲ型，其次为Ⅱ型，2020年长江区域试验有两个Ⅰ型品种，品质较优，湘C176纤维长度达34mm档。

表48-6 2016—2020年长江流域棉区参试品种纤维结果符合审定标准类型 （个）

长江流域棉区	组别	参试品种数	符合纤维类型的品种数			
			Ⅰ	Ⅱ	Ⅲ	型外
2016	中熟常规组QCA	7		4	3	
	中熟杂交组QCB	7		2	5	
	中熟杂交组QCC	7		3	4	
2017	中熟常规组QCA	9		1	6	2
	中熟杂交组QCB	8		0	6	2
	中熟杂交组QCC	7		1	5	1
2018	中熟常规组QCA	10		2	6	2
	中熟杂交组QCB	7			5	2
	中熟杂交组QCC	6		2	4	
2019	中熟常规组QCA	9		5	4	
	中熟杂交组QCB	8		2	6	
	中熟杂交组QCC	8		4	4	
	早熟常规组QCD	10		4	6	
	早熟常规组QCE	10		2	8	
2020	中熟常规组QCA	10	1	6	3	
	中熟杂交组QCB	7		3	4	
	中熟杂交组QCC	7	1	5	1	
	早熟常规组QCD	11		10	1	
	早熟常规组QCE	11		7	4	
总计（个）		159	2	63	85	9
Ⅰ、Ⅱ、Ⅲ三种类型所占的比例（%）		—	1.3	39.7	53.5	5.7

（三）长江流域棉区区域试验纤维品质指标分布

2016—2020年长江流域棉区陆地棉参试品种的纤维长度为27～34mm。27mm级，所占比例较低，为9%；28mm级占16%；29mm品种所占的比例最大，为39.4%；其次占比例较大的是长度30mm，占26.1%；31mm级占6.4%；32mm级及以上占3.1%，说明长江流域棉花育种对纤维长度的改进成效显著；陆地棉品种出现纤维长度32mm、34mm档的参试品种。陆地棉品种未出现纤维长度26mm档及以下的短纤维参试品种（图48-1）。

2016—2020年长江流域棉区陆地棉参试品种的比强度为27～37cN/tex。最低档27cN/tex，占0.6%；28cN/tex，占3.2%；29cN/tex，占5.1%；多数品种以"中等"档强度品种为主，30cN/tex，占15.9%；比强度31cN/tex的品种数最多，占24.9%；其次是"强"档品种32cN/tex，比例为22.3%；比强度达33cN/tex的品种数占11.5%，比强度34cN/tex及以上的品种数合计占16.5%。近年来比强度达到"强""很强"档棉花参试品种所占比例显著上升，且其中纤维比强度达到"很强"（31cN/tex）档及以上的比例增加幅度很快，表明长江棉区棉花育种纤维比强度的提高成效也十分显著（图48-2）。

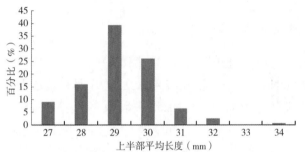

图48-1　上半部平均长度各档分布所占百分比　　　　图48-2　断裂比强度各档分布所占百分比

2016—2020年长江流域棉区参试品种马克隆值主要分布在C2（大于5.0）档，马克隆值为5.0～5.5的品种数比例占64.9%，说明长江流域棉区参试品种马克隆值普遍偏高；其次为B2档，马克隆值为4.3～4.9的品种数比例占24.8%；马克隆值主要分布在A（3.7～4.2）档，品种数比例占2%。超过5.6的高马克隆值的品种占8.3%（图48-3）。

2016—2020年长江流域棉区参试品种整齐度指数主要分布在83%～86%档，所有参试品种的整齐度指数都达品种审定规定的83%水平，整齐度指数在84%品种数比例为23.6%，整齐度指数在85%品种数比例为56%，整齐度指数在86%品种数比例为19.8%，长江流域棉区整齐度指数近年来年份间相对稳定且呈优化的趋势（图48-4）。

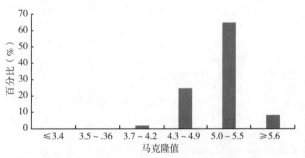

图48-3　马克隆值各档分布所占百分比　　　　图48-4　整齐度指数各档分布所占百分比

2016—2020年长江流域棉区参试品种纺纱均匀性指数主要分布在120～180档，纺纱均匀性指数达120比例为3.2%，纺纱均匀性指数在150以上适纺高支纱的比例为30%，纺纱均匀性指数达160适纺高支纱的比例为10.8%，纺纱均匀性指数达170及以上适纺高支纱的比例合计为2.5%，长江流域棉区纤维纺纱均匀性指数，近年来适纺高支纱的比例增大，年份间相对稳定且呈优化趋势（图48-5）。

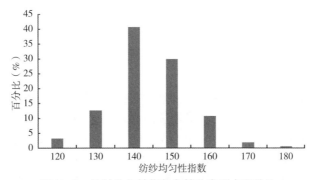

图48-5 纺纱均匀性指数各档分布所占百分比

（四）长江流域棉区区域试验年份间纤维品质变化趋势

总体看来，2016—2020年国家区域试验长江流域棉区，纤维上半部平均长度平均值为29.3～30.0mm；比强度为30.9～33.9cN/tex；马克隆值平均值为5.0～5.4；整齐度指数平均值为85.1%～85.9%；纺纱均匀性指数平均值为139～156（图48-6至图48-10）。

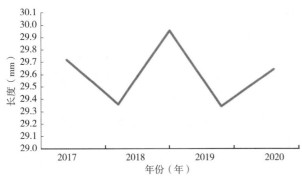

图48-6 2016—2020年上半部平均长度平均值年份间变化趋势

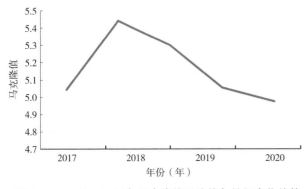

图48-8 2016—2020年马克隆值平均值年份间变化趋势

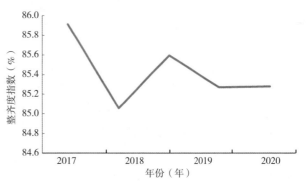

图48-9 2016—2020年整齐度指数平均值年份间变化趋势

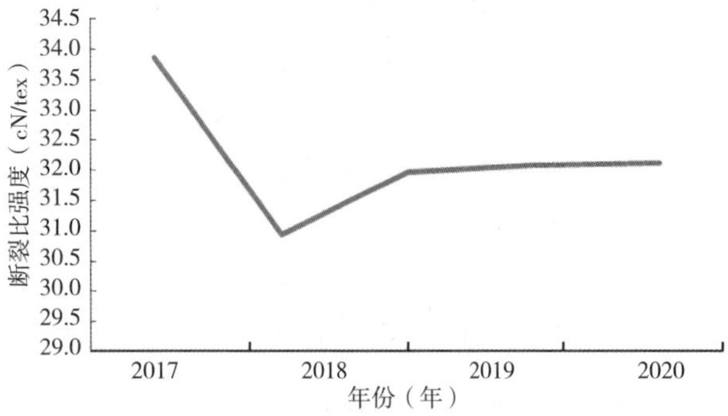

图48-7 2016—2020年断裂比强度平均值年份间变化趋势

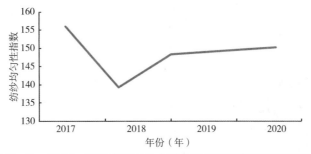

图48-10 2016—2020年纺纱均匀性指数平均值年份间变化趋势

五、总结

（一）中熟常规棉品种纤维品质变化动态

2016—2020年长江流域国家棉花区域试验中熟常规棉参试品种纤维品质统计结果表明，纤维品质受气候因素影响较大，年份间波动大，5年参试品种纤维长度平均值分别为29.5mm、29.4mm、30.2mm、29.5mm、30.4mm。其中，2018年和2020年的气候条件有利于棉花的生长发育，而2016年"前雨后旱、旱涝急转"，2017年"中期高温干旱、后期阴雨连绵"，不利于棉花生长发育。纤维断裂比强度5年平均值分别为33.2cN/tex、30.7cN/tex、31.5cN/tex、31.9cN/tex、32.2cN/tex。从平均值可以看出参试品种的比强度都超过30.0cN/tex，2016年和2020年比强度达到最高（33.2cN/tex和32.2cN/tex）。马克隆值5年平均值分别为4.9、5.4、5.2、5.0、4.8。马克隆值平均值从2017—2020年有降低趋势。近几年随着育种家对品种选育的逐步改良，马克隆值有降低趋势，再加上长江流域棉区纤维加厚发育时期，雨水多，高温干旱天气少，马克隆值变低。整齐度指数5年平均值分别为85.5%、84.8%、85.4%、85.2%、85.3%。整齐度指数平均水平年份间差异不大，但都达85%左右的水平。

长江流域中熟常规参试品种中，年份间Ⅱ型参试品种有所提高，Ⅱ型品种的比例从2017年2.23%提高到2019年11.1%，2019年占比最高，达11.1%。Ⅲ型参试品种仍占主导地位且比例变化不大，2017年、2018年、2020年达Ⅲ型的品种均占13.3%。没有Ⅰ型品种，型外品种比例持续下降。总体来说，2016—2020年参试品种的纤维品质发生了变化，Ⅱ型品种的比例不断提高，型外品种越来越少。纤维品质的变化，得益于长江流域马克隆值的降低，国家品种审定工作中也十分重视纤维品质的提升，从而引导棉花育种目标和育种方向，反映了育种家在加大力度提高棉花的纤维品质，符合棉花生产"提质增效"的发展方向和对原棉的实际需求。

（二）中熟杂交棉品种纤维品质变化动态

2016—2020年长江流域国家棉花区域试验中熟杂交棉参试品种纤维品质统计结果表明，纤维品质受气候因素影响较大，年份间波动大，5年参试品种纤维长度平均值分别为29.8mm、29.3mm、29.8mm、29.5mm、29.7mm。整体上杂交棉组纤维长度都达29mm档，未超过30mm。其中，2016年和2018年的气候条件有利于杂交棉花品种的生长，纤维长度平均值达到29.8mm。纤维断裂比强度5年平均值分别为34.2cN/tex、31.0cN/tex、32.3cN/tex、32.2cN/tex、32.1cN/tex。从平均值可以看出参试品种的比强度都超过31.0cN/tex，2016年比强度达最高（34.2cN/tex）。马克隆值5年平均值分别为5.1、5.5、5.3、5.1、5.0。马克隆值平均值从2017—2020年有逐年降低趋势。中熟杂交品种的平均马克隆值都超过5.0。而且2017年马克隆值平均达5.5，这与2017年长江流域中期高温干旱气候影响很大，参试品种马克隆值偏高，纤维偏粗。近几年随着杂交育种的专家们对品种选育的逐步改良，确保杂交棉产量提高的基础上，降低杂交棉品种马克隆值是主要任务，年份间参试品种的马克隆值平均值从5.5降到5.0。整齐度指数5年平均值分别为86.1%、85.2%、85.7%、85.3%、85.2%。整齐度指数平均水平年份间差异不大，都达85%左右的水平，其中2016年整齐度指数平均值达86.1%的较高水平。

长江流域中熟杂交组参试品种中，年份间变化较大，Ⅱ型参试品种有所提高，Ⅱ型品种的比例从2017年2.23%提高到2019年11.1%，2019年占比最高，达11.1%。Ⅲ型参试品种仍占主导地位，且年份间比例差距不大，2016—2020年达Ⅲ型的品种占杂交组参试品种的比例分别为12.5%、15.3%、12.5%、13.9%、6.95%。2020年出现1个Ⅰ型品种，所占比例为1.4%。型外品种比例持续下降，2019年和2020年未出现型外品种。总体来说，2016—2020年参试品种的纤维品质发生了变化，Ⅱ型品种的比例不断提高，型外品种越来越少。

（三）品种审定促进品质大幅度提高

纤维品质的变化，得益于长江流域马克隆值的降低，每年的7月中旬天气如果持续低温多雨，纤维伸长会受到很大影响，纤维长度会变短，如果高温持续干旱又会影响马克隆值变大，纤维变粗。在棉花收获的时节，吐絮期气温高，光照充足，降雨较少，非常有利于棉花吐絮，纤维自然开裂，纤维粗细适中，正常成熟，品质较好，颜色级较好；达Ⅱ型的纤维品质多些。近几年来，通过审定的品种纤维品质及达到的品种类型（表48-7），长江流域通过审定的品种，纤维品质长度都在29mm档和30mm档，比强度都在30cN/tex，满足"双29"和"双30"对品种纤维品质的要求。国家品种审定工作中也十分重视纤维品质的提升，从而引导棉花育种目标和育种方向，反映了育种家在确保产量提高并超过对照品种的同时，加大力度提高棉花的纤维品质，符合棉花生产"提质增效"的发展方向和对原棉纺纱的实际需求。

表48-7 2016—2020年长江流域棉区国审棉花品种的品质及品种类型

年份	通过审定品种数（个）	品质各类型国审品种数量		长度（mm）	比强度（cN/tex）	马克隆值
		Ⅱ	Ⅲ			
2016	2	0	2	30.4	31.4	5.3
2017	4	1	3	29.4	30.2	5.3
2018	2	1	1	29.6	31.9	5.1
2019	4	2	2	29.7	32.2	5.1
2020	6	2	4	29.7	31.0	5.3
总计	18	6	12	29.7	31.2	5.2

第四节 2016—2020年长江流域棉花品种
试验参试品种抗病性状动态分析

选育抗病品种是防治作物病害最经济有效的途径，而抗病性鉴定则是选育抗病品种的关键程序，也是区域试验的重要内容。在棉花生产上，最为严重的病害就是棉花的枯萎病和黄萎病，这两种病害严重为害棉花的产量和纤维品质，发病严重时可造成绝产。因此，棉花品种对枯萎病、黄萎病的抗性就关系到棉花的生产安全，棉花品种对枯萎病、黄萎病的抗性鉴定结果成为棉花新品种审定的重要指标之一。依据全国农业技术推广服务中心《国家棉花品种试验实施方案》的要求，2016—2020年对参加长江流域棉花区域试验的新品种进行抗枯萎病、黄萎病性鉴定。本文就鉴定结果分析这5年长江流域棉花品种试验参试品种的抗病性状动态，以期为棉花抗病育种、抗原筛选及新品种的审定推广提供依据。

一、材料和方法

（一）试验材料

长江流域棉花品种区域试验参试品种140样次，其中2016年18个、2017年21个、2018年20个、2019年40个、2020年41个。2016—2018年参试的棉花品种（系）包括中熟常规棉和中熟杂交棉。2019—2020年增加了早熟棉类型。

（二）鉴定方法

1. 枯萎病抗性鉴定

采用温室苗期菌土法，每个品种为3次重复，每个重复留苗25～35株。病原菌菌株是分离自南京的棉花枯萎病菌强致病力菌株Fnj1。以泗棉3号为感病对照，以中植棉2号为抗病对照。

2. 黄萎病抗性鉴定

2016—2017年在江苏省农业科学院本部的人工病圃进行，采用人工病圃成株期鉴定方法，病原菌菌株是分离自大丰的棉花黄萎病菌强致病力落叶型菌株V07DF2。2018—2019年采用温室苗期菌液灌根法，病原菌菌株是分离自大丰的棉花黄萎病菌强致病力落叶型菌株V14DF2-1。2020年在江苏省农业科学院六合试验基地"江苏省国家水稻小麦棉花品种审定特性鉴定站"的人工病圃进行，采用人工病圃成株期鉴定方法，病原菌菌株是分离自大丰的棉花黄萎病菌强致病力落叶型菌株V08DF-1。人工病圃成株期鉴定方法中，供试品种单行种植，2次或3次重复，随机排列。温室苗期菌液灌根法中，每个品种为3次重复，每个重复留苗25～35株。以泗棉3号为感病对照品种，以中植棉2号为抗病对照品种。

（三）调查与统计方法

1. 病害的调查

按照全国统一的病情分级标准，温室苗期鉴定中，在播种后1个月左右开始调查枯萎病病情，在接种后1个月左右开始调查黄萎病病情。人工病圃鉴定中，于花铃期按病叶发病情况，拔棉秆时按维管束发病情况调查黄萎病病情。当感病对照病情指数达50左右时，全面调查各品种的发病情况。

2. 抗病性评价

由于鉴定的外界条件，包括地区间不可能完全一致，即使同一地区年度间、批次间鉴定结果可能存在差异。为此，应对鉴定结果进行校正，采用校正后的相对病情指数来划分抗病类型。即用50.0除以感病对照病指，得到校正系数K，再用被鉴定品种病指乘以校正系数K，所得数值为校正后的相对病指。以相对病情指数评判各品种的抗病水平。感病对照病情指数为35.1～65.0时可采用相对病情指数，超出范围不宜采用相对病情指数。

枯萎病抗性以及2018—2019年的黄萎病抗性，以苗期病叶发病情况调查时取得的各品种的实际病情指数，2016年和2020年的黄萎病抗性，以花铃期病叶发病情况调查时取得的各品种的实际病情指数，2017年的黄萎病抗性，以拔棉秆时维管束发病情况调查时取得的各品种的实际病情指数，乘以校正系数K进行校正，计算出相对病情指数来评价各品种的抗性水平。

3. 抗病类型划分

品种的抗病类型根据校正后的相对病情指数按全国统一标准划分为5个级别，分别是免疫（I）、高抗（HR）、抗病（R）、耐病（T）、感病（S）。具体标准参见表48-8。

表48-8　棉花品种枯萎病、黄萎病抗性评定标准

抗性类型（英文缩写）	相对病情指数	
	枯萎病	黄萎病
免疫（I）	0.0	0.0
高抗（HR）	0.1～5.0	0.1～10.0
抗病（R）	5.1～10.0	10.1～20.0
耐病（T）	10.1～20.0	20.1～35.0
感病（S）	>20.0	>35.0

二、结果与分析

（一）参试品种对枯萎病的抗性情况

2016—2020年共有140样次的棉花品种参加长江流域棉花品种区域试验的抗枯萎病性鉴定，平均相对病情指数为10.7～15.5，没有发现对枯萎病免疫的品种，从2019年开始，对枯萎病达高抗及抗病品种的比例大幅下降。2016年和2017年参试品种分为高抗、抗病、耐病和感病4种类型，高抗品种的比例分别为5.6%、38.1%；抗病品种的比例分别为33.3%、19.0%；高抗和抗病品种合在一起的比例分别达38.9%、57.1%。2018—2020年参试的棉花品种仅分为抗病和耐病两种类型，没有出现高抗和感枯萎病的品种，抗病品种的比例分别为45.0%、15.0%、12.2%（表48-9）。

表48-9　2016—2020年参试棉花品种抗枯萎病鉴定结果

| 年份 | 品种数量 | 不同抗病类型品种数量（所占比例，%） | | | | | 平均相对病情指数 |
		免疫	高抗	抗病	耐病	感病	
2016	18	0	1（5.6）	6（33.3）	7（38.9）	4（22.2）	15.5
2017	21	0	8（38.1）	4（19.0）	4（19.0）	5（23.8）	13.5
2018	20	0	0	9（45.0）	11（55.0）	0	10.7
2019	40	0	0	6（15.0）	34（85.0）	0	12.4
2020	41	0	0	5（12.2）	36（87.8）	0	13.7

（二）参试品种对黄萎病的抗性情况

2016—2020年参加长江流域棉花品种区域试验黄萎病抗性鉴定的品种与参加抗枯萎病性鉴定的品种相同，平均相对病情指数为24.4～26.1。参试的品种中一直没有出现免疫和高抗黄萎病的品种，参试品种的黄萎病抗性水平有所提高，仅2016年出现1个感黄萎病的品种，其余年份参试品种对黄萎病的抗性水平都达到了耐病和抗病。除了2019年没有达抗黄萎病水平的品种之外，2016年、2017年、2018年、2020年达到抗黄萎病水平的品种比例分别为16.7%、4.8%、25.0%和4.9%（表48-10）。

表48-10　2016—2020年参试棉花品种抗黄萎病鉴定结果

| 年份 | 品种数量 | 不同抗病类型品种数量（所占比例，%） | | | | | 平均相对病情指数 |
		免疫	高抗	抗病	耐病	感病	
2016	18	0	0	3（16.7）	14（77.8）	1（5.6）	26.1
2017	21	0	0	1（4.8）	20（95.2）	0	25.6
2018	20	0	0	5（25.0）	15（75.0）	0	24.4
2019	40	0	0	0	40（100.0）	0	24.4
2020	41	0	0	2（4.9）	39（95.1）	0	25.0

（三）兼抗枯萎病、黄萎病棉花品种筛选

2016—2020年对长江流域棉花品种区域试验进行抗枯萎病、黄萎病性鉴定的过程中，共发现5个兼抗枯萎病、黄萎病的棉花品种，其中2017B4对枯萎病达高抗水平，对黄萎病达抗病水平，其余4个品种2016B6、2018A1、2018A2、2018C1对枯萎病、黄萎病都达抗病水平（表48-11）。

表48-11　2016—2020年兼抗枯萎病、黄萎病的棉花品种

品种编号	枯萎病		黄萎病	
	相对病情指数	抗病类型	相对病情指数	抗病类型
2016B6	8.4	R	17.5	R
2017B4	4.0	HR	15.9	R
2018A1	6.2	R	17.0	R
2018A2	5.1	R	18.0	R
2018C1	5.4	R	17.6	R

三、小结与讨论

分析近5年来参加长江流域棉花品种区域试验抗枯萎病、黄萎病性鉴定的结果可以看出，参试的棉花新品种对枯萎病的平均相对病情指数为10.7～15.5，对枯萎病的抗性水平有所下降，自2018年开始没有出现高抗枯萎病的品种，自2019年开始达抗及高抗枯萎病水平的品种（系）比例大幅下降。但2018—2020年也没有出现感枯萎病的品种。参试品种对黄萎病的平均相对病情指数为24.4～26.1，对黄萎病抗性水平稳步提高，2017—2020年参试品种对黄萎病的抗性水平都达到了抗病和耐病。5年来共筛鉴出5个兼抗枯萎病、黄萎病的棉花品种。

在棉花抗枯萎病、黄萎病性鉴定工作中，往往应用校正病指来减少年度间、批次间鉴定结果的差异。但是校正病情指数的应用也有一定的适用范围，只有当感病对照病情指数为35.1～65.0进行校正，抗性评价的结果才准确可靠。早在2011年，江苏省农业科学院本部的棉花枯萎病人工病圃，就出现枯萎病发生很轻，感病对照的枯萎病病情指数不能达35.1，不能对棉花各品种的枯萎病抗性水平进行有效筛选鉴别的问题。因此，从2013年开始就改用温室苗期菌土法进行抗枯萎病性鉴定。但是，缺乏有效的棉花枯萎病人工病圃已经成为棉花抗枯萎病育种的瓶颈，2019年开始达抗及高抗枯萎病水平的品种（系）比例大幅下降，可能与此有关。

2016—2020年的实际鉴定中，2017年棉花黄萎病在江苏省农业科学院本部的人工病圃中发生较轻，花铃期病叶发病情况调查时，感病对照泗棉3号的黄萎病病情指数未能达35.1，但拔棉秆时维管束发病情况调查时，感病对照泗棉3号剖秆调查的病指为47.2，达到了要求，最终以拔棉秆时维管束发病情况调查时取得的各品种的实际病情为基准，计算出相对病情指数来评价各品种的抗性水平。但是，2018年和2019年棉花黄萎病在江苏省农业科学院本部的人工病圃中发生很轻，在花铃期病叶发病情况和拔棉秆时维管束发病情况调查时，感病对照泗棉3号的黄萎病病情指数都未能达35.1，病圃中黄萎病的发生程度不能对棉花各品种的黄萎病抗性水平进行有效筛选鉴别，因此只能在秋季采用苗期菌液灌根法在温室中进行黄萎病抗性鉴定，以温室苗期病叶调查的病情指数为基准进行校正，计算出相对病情指数评判各品种的抗病水平。2020年，新的棉花黄萎病人工病圃设在江苏省农业科学院六合试验基地建成的"江苏省国家水稻小麦棉花品种审定特性鉴定站"中，该病圃配置有喷灌设施。2020年，棉花黄萎病在新病圃中病原菌感染充分，病害发病状况良好，5月底观察到棉花黄萎病开始显症，之后病情不断加重，至7月21日感病对照泗棉3号的病情指数达46.5，新的黄萎病病圃运行良好，黄萎病的发生程度能够对棉花各品种的黄萎病抗性水平进行有效筛选鉴别，为长江流域棉花品种区域试验抗黄萎病性鉴定提供了有力的保障。

长江流域棉区枯萎病、黄萎病混合发生，因此，生产上急需兼抗枯萎病、黄萎病的棉花优良品种。2016—2020年共筛鉴出5个兼抗枯、黄萎病的棉花品种，分别为2016B6、2017B4、2018A1、2018A2、2018C1。但是查询区域试验年会后公布的品种编号所对应的棉花品种，发现没有一个品种在两年区域试验中都达到抗黄萎病，更没有两年鉴定为兼抗枯萎病、黄萎病的棉花品种。因此，急需创制筛选兼抗枯萎病、黄萎病的品种资源。

第五节　2016—2020年长江流域棉花品种试验Bt检测性状动态分析

根据棉花品种试验方案要求,整个检测鉴定试验分为两个方面:一是对所有参试材料利用Bt胶体金免疫检测试纸条进行抗虫株率检测;二是对参试材料利用ELISA方法对其进行Bt抗虫蛋白量的检测。综合两方面的试验结果,对参试品种是否为抗虫棉以及其抗虫基因蛋白表达量高低进行评价。

一、材料与方法

(一)试验材料

以2016—2020年长江流域棉花品种试验参试品种为试验材料,共计159份。

(二)主要试验仪器及试剂

主要试验仪器包括CertiPrep样品粉碎仪(SPEX公司)、酶标板(Envirologix公司)和Tecan酶标仪(Sunrise公司)。主要试剂包括Qualiplate Kit for Cry1Ab/Cry1Ac(Envirologix公司)、Washing Buffer:PBS/0.05% Tween-20、Extract Buffer:PBS/0.55% Tween-20和Stop Solution:1N HCl。

(三)试验方法

抗虫株率检测:随机选取供试材料的种子100粒,采用Bt胶体金免疫检测试纸条进行检测。抗虫株率(%)=阳性种子数/总检测种子数×100

Bt蛋白表达量的测定:所有试验材料均种植在中国农业科学院生物技术研究所抗虫棉试验基地,每材料点播40穴,间苗前使用卡那霉素检测供试材料,现黄斑植株挂牌标记。于每年6月23日选取卡那鉴定为阳性的15株植物,摘取顶端叶片,采用酶联免疫法(Enzyme linked immunosorbent assays,ELISA)测定Bt蛋白表达量。测定时进行混样检测,3次重复,以3次检测的平均值作为该品种的Bt蛋白表达量。并依据Bt蛋白表达量进行分级,分级标准为:不表达,0~5ng/g FW;低表达,5~150ng/g FW;中表达,150~300ng/g FW;中高表达,300~450ng/g FW;高表达,>450ng/g FW。

二、结果分析

(一)2016年长江流域棉花品种试验参试品种抗虫性分析

2016年长江流域棉花品种试验参试品种共21份,抗虫株率均达90%以上,其中14份材料的抗虫株率为100%,占样品数的66.66%;Bt蛋白表达量为141~472,其中,仅1份材料的表达量较低,其余材料的Bt蛋白表达量均达中、中高或高量级,其中达中高、高量级的材料有9份,占检测样品数的42.85%(表48-12)。

表48-12　2016年区域试验材料的抗虫株率和Bt蛋白表达量

序号	品种名称	检测株数(株)	抗虫株数(株)	抗虫株率(%)	Bt蛋白表达量(ng/g FW)	Bt蛋白表达量级
1	国欣棉17号	100	100	100	141.3	低
2	华棉A111	100	100	100	472.78	高
3	徐棉266	100	100	100	386.54	中高
4	泗阳493	100	100	100	252.28	中
5	晶华棉134	100	100	100	221.9	中
6	华惠15	100	100	100	181.16	中

（续表）

序号	品种名称	检测株数（株）	抗虫株数（株）	抗虫株率（%）	Bt蛋白表达量（ng/g FW）	Bt蛋白表达量级
7	鄂杂棉10号	100	98	98	310.52	中高
8	湘杂198	100	100	100	300.72	中高
9	华惠13	100	100	100	290.22	中
10	福棉9号	100	90	90	451.64	高
11	中棉1279	100	100	100	170.8	中
12	慈杂11号	100	100	100	309.54	中高
13	冈0996	100	90	90	257.88	中
14	鄂杂棉10号	100	90	90	208.46	中
15	ZHM19	100	100	100	174.06	中
16	慈杂12号	100	100	100	276.78	中
17	国欣棉18号	100	94	94	158.9	中
18	徐D821	100	100	100	303.8	中高
19	CRIZ140104	100	100	100	170.28	中
20	亚华棉19号	100	98	98	303.94	中高
21	鄂杂棉10号	100	96	96	334.46	中高

（二）2017年长江流域棉花品种试验参试品种抗虫性分析

2017年长江流域棉花品种试验参试品种共24份，抗虫株率均达90%以上，其中13份材料的抗虫株率为100%，占样品数的54.17%；Bt蛋白表达量为236～662ng/g FW，所有材料的Bt蛋白表达量均达中量级以上，仅2份材料的Bt蛋白表达量级为中级，其余均为中高或高量级，其中达到高量级的材料有9份，占检测样品数的37.50%（表48-13）。

表48-13　2017年区域试验材料的抗虫株率和Bt蛋白表达量

序号	品种名称	检测株数（株）	抗虫株数（株）	抗虫株率（%）	Bt蛋白表达量（ng/g FW）	Bt蛋白表达量级
1	晶华棉134	100	100	100	662.85	高
2	华惠15	100	94	94	329.3	中高
3	国欣棉17号	100	92	92	304.3	中高
4	华惠20	100	100	100	279.7	中
5	中棉所9706	100	91	91	434.7	中高
6	国欣棉31	100	100	100	582.73	高
7	湘K27	100	96	96	401.43	中高
8	冈86	100	100	100	378.9	中高
9	GK39	100	91	91	616.16	高
10	ZHM19	100	100	100	236.3	中
11	国欣棉18号	100	95	95	516.33	高
12	冈0996	100	95	95	548.92	高
13	中生棉11号	100	100	100	315.1	中高
14	徐D818	100	94	94	338.63	中高
15	华田10号	100	100	100	319.8	中高
16	湘XP522	100	100	100	326.2	中高
17	GK39	100	100	100	471.92	高
18	徐D108	100	92	92	307.6	中高

（续表）

序号	品种名称	检测株数（株）	抗虫株数（株）	抗虫株率（%）	Bt蛋白表达量（ng/g FW）	Bt蛋白表达量级
19	湘X1251	100	92	92	322.9	中高
20	鄂杂棉938	100	100	100	454.77	高
21	川杂棉76	100	100	100	509.22	高
22	国欣棉30号	100	100	100	612.1	高
23	中棉所9702	100	100	100	354.2	中高
24	GK39	100	92	92	393.59	中高

（三）2018年长江流域棉花品种试验参试品种抗虫性分析

2018年黄河流域棉花品种试验参试品种共23份，抗虫株率均达90%以上，其中7份材料的抗虫株率为100%，占样品数的30.43%；Bt蛋白表达量为298～1 249ng/g FW，所有材料的Bt蛋白表达量均达到中高或高量级，其中达到高量级的材料有9份，占检测样品数的39.13%，有1份材料的Bt蛋白表达量超过1 000ng/g FW（表48-14）。

表48-14　2018年区域试验材料的抗虫株率和Bt蛋白表达量

序号	品种名称	检测株数（株）	抗虫株数（株）	抗虫株率（%）	Bt蛋白表达量（ng/g FW）	Bt蛋白表达量级
1	华惠20	100	100	100	351.26	中高
2	国欣棉31	100	100	100	510.45	高
3	湘FZ031	100	96	96	808.73	高
4	中棉所96014	100	100	100	334.30	中高
5	湘XP66	100	94	94	385.74	中高
6	冈棉10号	100	91	91	359.59	中高
7	赣棉15号	100	90	90	298.96	中高
8	中棉所1606	100	100	100	456.72	高
9	冈棉9号	100	94	94	572.52	高
10	GK39	100	94	94	431.72	中高
11	湘X1251	100	94	94	326.26	中高
12	华田10号	100	96	96	629.71	高
13	中生棉11号	100	96	96	345.51	中高
14	长金棉11	100	100	100	485.45	高
15	中棉所1605	100	96	96	565.05	高
16	浙大8号	100	96	96	330.57	中高
17	GK39	100	96	96	1 249.83	高
18	中生棉10号	100	98	98	314.76	中高
19	皖棉研258	100	100	100	366.77	中高
20	湘K28	100	100	100	395.36	中高
21	冈杂棉10号	100	90	90	300.97	中高
22	H116	100	96	96	311.89	中高
23	GK39	100	96	96	1 235.74	高

（四）2019年长江流域棉花品种试验参试品种抗虫性分析

2019年长江流域棉花品种试验参试品种共45份，抗虫株率均达90%以上，其中24份材料的抗虫株率为100%，占样品数的53.33%；Bt蛋白表达量为234～2 014ng/g FW，所有材料的Bt蛋白表达量均达中量级以上，其中达高量级的材料有32份，占检测样品数的71.11%，有9份材料的Bt蛋白表达量超过1 000ng/g FW，有3份材料的Bt蛋白表达量超过1 500ng/g FW，有1份材料的Bt蛋白表达量超过2 000ng/g FW（表48-15）。

表48-15　2019年区域试验材料的抗虫株率和Bt蛋白表达量

序号	品种名称	检测株数（株）	抗虫株数（株）	抗虫株率（%）	Bt蛋白表达量（ng/g FW）	Bt蛋白表达量级
1	冈棉9号	100	93	93	234.29	中
2	赣棉15号	100	96	96	2 014.99	高
3	湘FZ031	100	100	100	991.72	高
4	冈棉10号	100	91	91	1 083.94	高
5	中棉所1607	100	100	100	852.45	高
6	盐丰39	100	98	98	298.52	中高
7	皖棉研1318	100	100	100	609.51	高
8	天3	100	100	100	1 031.79	高
9	GK39	100	100	100	1 027.34	高
10	中棉所1605	100	100	100	546.55	高
11	长金棉11	100	98	98	1 094.75	高
12	浙大8号	100	98	98	1 182.51	高
13	H116	100	90	90	610.14	高
14	中杂棉108	100	100	100	504.57	高
15	中生棉15号	100	100	100	1 604.16	高
16	徐D821	100	96	96	524.29	高
17	GK39	100	100	100	1 594.62	高
18	冈杂棉10号	100	96	96	1 082.67	高
19	湘K28	100	98	98	537.64	高
20	中生棉10号	100	100	100	241.92	中
21	湘X1107	100	100	100	306.79	中高
22	GB826	100	100	100	470.23	高
23	SM2110	100	97	97	366.08	中高
24	华杂棉H922	100	91	91	359.39	中高
25	GK39	100	98	98	1 745.98	高
26	中MB1460	100	100	100	1 679.84	高
27	ZD2040	100	98	98	435.89	中高
28	中棉所9C02	100	100	100	413.63	中高
29	湘K29	100	90	90	718.26	高
30	荆棉91	100	100	100	829.55	高
31	苏机棉211	100	90	90	1 182.51	高
32	中棉所9B02	100	100	100	534.46	高
33	创棉11号	100	92	92	1 990.19	高
34	华棉2270	100	100	100	1 839.47	高
35	中棉所50	100	100	100	366.77	中高
36	中5009	100	100	100	396.36	中高
37	皖棉研121	100	98	98	789.49	高
38	EZ9	100	100	100	511.15	高
39	湘FZ010	100	100	100	806.13	高

（续表）

序号	品种名称	检测株数（株）	抗虫株数（株）	抗虫株率（%）	Bt蛋白表达量（ng/g FW）	Bt蛋白表达量级
40	中棉所99001	100	98	98	435.30	中高
41	冈棉11号	100	98	98	495.74	高
42	中棉所96001	100	100	100	609.31	高
43	湘XH50	100	98	98	445.51	中高
44	徐棉608	100	100	100	643.21	高
45	中棉所50	100	100	100	402.82	中高

（五）2020年长江流域棉花品种试验参试品种抗虫性分析

2020年长江流域棉花品种试验参试品种共46份，有3份材料的抗虫株率较差，分别为3%、10%和50%，其余材料抗虫株率均达90%以上，其中有30份材料的抗虫株率为100%，占样品数的65.21%；Bt蛋白表达量为225～1 374ng/g FW，所有材料的Bt蛋白表达量均达中量级以上，其中达高量级的材料有27份，占检测样品数的58.70%，有8份材料的Bt蛋白表达量超过1 000ng/g FW（表48-16）。

表48-16　2020年区域试验材料的抗虫株率和Bt蛋白表达量

序号	品种名称	检测株数	抗虫株数	抗虫株率（%）	Bt蛋白表达量（ng/g FW）	Bt蛋白表达量级
1	GB521	100	100	100	654.74	高
2	皖棉研1318	100	100	100	368.30	中高
3	国欣棉35	100	100	100	356.77	中高
4	湘C176	100	3	3	—	—
5	皖棉研65	100	98	98	324.27	中高
6	湘X0935	100	100	100	342.78	中高
7	盐丰39	100	100	100	372.01	中高
8	徽棉1号	100	100	100	225.91	中高
9	中棉9102	100	100	100	1 374.93	高
10	GK39	100	100	100	311.50	中高
11	湘X1067	100	98	98	411.10	中高
12	GB826	100	100	100	495.47	高
13	中生棉14号	100	100	100	304.10	中高
14	赣棉Z003	100	50	50	390.53	中高
15	湘K18	100	98	98	337.43	中高
16	华杂棉H922	100	90	90	1 369.58	高
17	GK39	100	100	100	373.24	中高
18	国欣棉34	100	100	100	675.31	高
19	中生棉15号	100	100	100	229.20	中
20	湘X1107	100	98	98	654.74	高
21	中棉所1702	100	100	100	1 066.69	高
22	湘Q188	100	10	10	—	—
23	H834	100	94	94	1 060.51	高
24	GK39	100	100	100	1 357.24	高
25	中棉所9C02	100	100	100	641.98	高
26	ZD2040	100	100	100	1 167.93	高
27	中棉所EM1706	100	100	100	983.56	高
28	苏机棉211	100	98	98	730.46	高

（续表）

序号	品种名称	检测株数	抗虫株数	抗虫株率（%）	Bt蛋白表达量（ng/g FW）	Bt蛋白表达量级
29	中MB1460	100	100	100	710.71	高
30	华棉2270	100	100	100	729.23	高
31	中MB902	100	100	100	733.75	高
32	荆棉91	100	98	98	627.16	高
33	中棉所9B02	100	96	96	681.49	高
34	创棉11号	100	100	100	462.55	高
35	中棉所50	100	100	100	820.59	高
36	皖棉研121	100	100	100	1 106.61	高
37	中棉所99001	100	100	100	1 046.11	高
38	EZ9	100	98	98	916.89	高
39	中棉所96014	100	100	100	749.39	高
40	冈棉11号	100	96	96	666.26	高
41	湘XH50	100	100	100	404.93	中高
42	中5009	100	100	100	274.05	中
43	湘FZ010	100	98	98	374.06	中高
44	中棉所96001	100	100	100	644.86	高
45	湘棉早2号	100	0	0	—	—
46	中棉所50	100	100	100	826.76	高

（六）2016—2020年长江流域棉花品种试验参试品种抗虫性的变化分析

对2016—2020年长江流域棉花品种试验参试品种的抗虫株率进行统计，结果表明（图48-11），随着年份的推进，参试品种的抗虫株率呈上升趋势。进一步对各年参试品种的Bt蛋白表达量进行分析，呈现出类似规律，即随着年份的推进，参试品种的Bt蛋白表达量呈上升趋势。2019年和2020年参试品种的Bt蛋白表达量显著高于2016—2018年参试品种的Bt蛋白表达量。

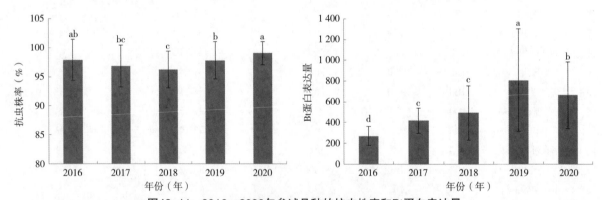

图48-11　2016—2020年参试品种的抗虫株率和Bt蛋白表达量

（注：不同小写字母表示不同年份间存在显著差异，$P<0.05$）

第六节　2016—2020年长江流域棉花品种试验抗虫性状动态分析

20世纪末以来，转基因抗虫棉的成功问世并推广应用，为棉铃虫等靶标害虫的治理发挥了巨大作用，极大减轻了虫害导致的经济损失。证实了种植抗虫品种是生产上防治棉铃虫最经济、有效的措施。棉铃虫是抗虫棉主要防治对象，而抗虫品种的选育一直以抗虫性鉴定评价为基础，因此加强棉花品种抗虫性鉴定评价十分重要。

一、材料与方法

（一）试验材料

2016—2020年长江流域棉花品种区域试验的共159个参试品种，棉铃虫的室内抗性鉴定可为抗虫新品种的推广应用提供科学依据。其中，2016年参试品种21个、2017年24个、2018年23个、2019年45个、2020年46个。参试的棉花品种（系）可分为中熟常规、中熟杂交品种（系），2019年和2020年增加了早熟常规品种（系）。鉴定所用的棉铃虫敏感对照组为苏棉9号和泗棉3号，其中2016年感虫对照为苏棉9号，其余4年感虫对照均为泗棉3号，两组对照组分别由江苏省农业科学院经济作物研究所及江苏省泗阳棉花原种场育成和提供。

（二）鉴定虫源准备

从棉田采集棉铃虫，在恒温养虫室内用人工饲料饲养形成标准虫种。养虫室内温光条件控制为：光照16h，温度为26℃。

（三）试验设计

试验设在南京江苏省农业科学院植物保护研究所试验场棉田。所有试验材料均于4月下旬播种，地膜覆盖。随机区组排列，3次重复。区组内每个棉花试验材料（处理）种植1行，每行30～35株。试验田各处理统一按高产栽培措施进行肥水管理等，害虫防治也根据棉田发生实况与试验要求统一进行。

（四）抗虫性鉴定

采取室内棉叶接虫测定法。于棉花苗期和蕾铃期接虫测定，各区组每品种采回10张嫩叶（每株最多采1张），每培养皿放2张嫩叶，用脱脂棉保湿，接龄期整齐的棉铃虫低龄幼虫6头。接虫3d、5d后分别观察其死虫数、活虫数、活虫龄期及叶片受害等级等。

（五）试验数据处理与分析方法

依据抗虫性鉴定所得的死虫数、活虫数数据计算各品种棉铃虫幼虫死亡率、幼虫校正死亡率，以评估各品种棉花对棉铃虫的毒杀作用。依据试验残存活虫龄期与叶片被害程度，分析评估棉铃虫与各品种棉花的互作作用。校正幼虫死亡率（%）（A）、活虫指数（B）、活虫指数减退率（C）、叶片平均受害等级（D）计算公式为：

A＝（处理幼虫死亡率–对照幼虫死亡率）/（100–对照幼虫死亡率）×100%

B＝1龄虫数+2龄虫数×2+3龄虫数×3+4龄虫数×4+5龄虫数×5+6龄虫数×6

C＝（对照活虫指数–处理活虫指数）/对照活虫指数×100%

D＝（Ⅰ级叶片数+Ⅱ级叶片数×2+Ⅲ级叶片数×3+Ⅳ级叶片数×4）/总叶片数

采用Dps win统计分析软件，对叶片受害程度、幼虫死亡率（%）、活虫指数、活虫指数减退率（%）等数据进行方差分析与多重比较，以确定各品种不同指标抗虫性差异的显著性程度。最后对不同抗性指标采用综合量化方法确定品种抗虫等级，具体划分标准参见表48-17。

表48-17　棉花品种（系）抗虫性评定标准的划分

抗病级别	平均抗性值PK
高抗（HR）	≥3.5
抗虫（R）	≤3.5，>2.5
抵抗（LR）	≤2.5，>1.5
不抗（S）	≤1.5

二、结果与分析

（一）棉铃虫抗性水平分析

参试品种（系）中，各年份不同棉铃虫抗性级别品种的比例见图48-12。2016—2019年高抗和抗虫品种（系）的占比均为100%，其中2019年抗棉铃虫的占比为100%，无高抗或抵抗等品种（系），而2016年、2017年和2018年抗棉铃虫的占比为80.95%，95.83%和78.26%，远高于高抗品种（系）的占比；2020年高、中、低抗虫品种均有，其中低抗虫品种，占比为4.35%，远低于高抗和抗虫的占比，高抗品种占比为58.70%，高于抗虫品种占比，且远高于其他年份高抗品种占比。总体上参试棉花品种（系）对棉铃虫的抗性水平较高，除2020年高抗和抗虫品种（系）占比为95.65%，其他年份均达100%。

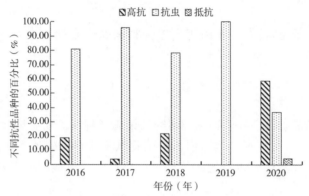

图48-12　2016—2020年参试品种（系）抗棉铃虫不同抗性级别的比例

（二）参试不同类型棉花棉铃虫平均抗性值比较

由图48-13可以看出，棉花品种分为中熟常规棉，中熟杂交棉和早熟常规棉，其中早熟常规棉品种（系）只在2019年和2020年参试，平均抗性值（PK）分别为3.10和3.48。2016—2020年中熟常规棉品种（系）的平均抗性值（PK）分别为3.25、3.05、2.93、3.12和3.29；中熟杂交棉品种（系）的平均抗性值（PK）分别为3.20、3.09、3.25、3.17和3.47；总体上参试棉花平均抗性值均大于2.5，其中除2016年外，其余年份中熟杂交棉品种（系）的PK值均大于中熟常规棉品种（系）。

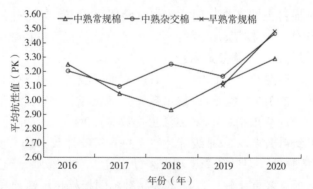

图48-13　2016—2020年不同类型棉花棉铃虫平均抗性值（PK）

（三）参试不同生育期棉花棉铃虫平均抗性值比较

从图48-14可以看出，各年参试品种（系）的综合平均抗性值PK为3.08~3.44，总体呈现上升趋势，但2017年有所下降；各年参试品种（系）苗期平均抗性值PK为2.78~3.56，2018年稍有回落，之后稳定上升；各年参试品种（系）蕾铃期平均抗性值（PK）为2.86~3.58，2016年为最高，2019年为最低。除2016年，其他年份参试品种苗期平均抗性值均大于蕾铃期。

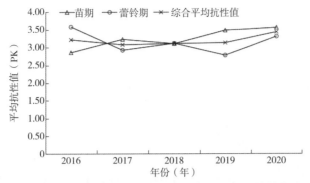

图48-14　2016—2020年不同生育期棉花棉铃虫平均抗性值（PK）

三、讨论与结论

目前，种植抗虫棉是生产上控制棉铃虫为害最经济有效的措施。2016—2020年参试品种（系）的抗虫性分析结果表明，长江流域棉区在抗棉铃虫的棉花品种（系）选育方面颇有成效。各年参试品种（系）的抗虫占比均在95%以上，其中2016—2019年均以抗虫品种（系）为主，高抗品种（系）次之，只有2020年高抗占比高于抗虫品种（系），显示棉花对棉铃虫抗性达较高水平。但是2020年出现了4.35%抵抗品种（系），显示抗虫品种（系）初筛有待加强。

在相同的气候条件下，除2016年中熟杂交棉对棉铃虫的抗性略高于中熟常规棉，其他年份中熟杂交棉对棉铃虫的抗性均优于中熟常规棉，这可能与品种（系）的生物学特征有关。杂交棉品种综合了亲本的优势基因，增强了对棉铃虫的抗性。早熟常规棉只有在2019年和2020年参试，其中2019年早熟常规棉抗性略低于中熟杂交棉和中熟常规棉，而2020年略高于其他两种类型。

不同生育期棉花抗虫性分析结果表明，2016—2020年各参试品种（系）苗期和综合平均抗性值总体呈波动式上升趋势，而蕾铃期的平均抗性值呈波动式下降趋势，但平均抗性值均大于2.5；除2016年外，其他年份显示苗期平均抗性值均高于蕾铃期，这可能是不同生育期棉植株体内抗性基因表达量不同所致。

抗虫棉多以外源基因导入表达抗性为主，对棉铃虫的防效显著，但是抗虫棉本身还是存在缺陷，其中外源基因在棉花体内的表达存在时空差异，表达缺乏稳定性。而且地域、环境的不同也可能影响棉花的抗虫性，如极端的天气或盐碱地等会影响外来抗虫基因的表达。因此为了减轻由于病虫为害造成的经济损失，抗虫棉选育工作任重而道远，即使经过抗虫性鉴定的棉花品种，其在不同气候环境及土壤条件下种植，其实际抗虫效果仍需进一步加强监测。

第七节　2016—2020年长江流域棉花品种试验SSR分子检测动态分析

一、2016—2020年检测样品（品种）基本情况

依据2016—2020年国家棉花品种试验实施方案的要求，2016—2020年中国农业科学院棉花研究所对参加长江流域棉区的参试品种进行了SSR分子检测。2016年长江流域棉区包括3组区域试验、1组生产试验，总计参试品种21个（不含各组的对照品种）。2017年长江流域棉区包括3组区域试验、1组生产试验，总计参试品种24个（同上）。2018年长江流域棉区包括3组区域试验、2组生产试验，总计参试品种25个（同上）。2019年长江流域棉区包括5组区域试验、2组生产试验，总计参试品种47个（同上）。2020年长江流域棉区包括5组区域试验、3组生产试验，总计参试品种50个（同上）。自2017年起，中熟常规及中熟杂交组的对照品种均由鄂杂棉10号更换为常规棉品种GK39。

二、试验方法

（一）DNA提取

长江流域棉区的品种直接于田间取真叶或采用温室发苗取子叶。采用CTAB法（PATERSON，1993年）并稍加修改。

（二）SSR扩增、电泳与银染

SSR引物主要选自郭旺珍等（2007年）报道的棉花海陆种间遗传图谱。PCR反应体系、PCR扩增程序和银染过程按张军等（2000年）介绍的方法。具体过程同上。

（三）数据处理

观察PCR扩增产物结果，统计清晰稳定且易于辨认的条带以及各引物扩增带型的种类。在同一等位基因位点上有带记为1，无带记为0。

利用核心引物进行SSR纯度检测。每一品种取样24株。每株中如果有2对以上引物的谱带与其他植株不一致，则判定为杂株。

利用软件PowerMarker V3.25计算各材料间遗传相似系数，并用类平均法（UPGMA）对各材料进行聚类分析。在此基础上判断各参试材料间的相似性。

三、2016—2020年SSR鉴定结果

（一）SSR纯度鉴定结果

根据以往纯DNA度鉴定结合田间表现的结果，常规棉品种DNA纯度在90%以上的品种一般被认为是纯度较好的品种，杂交棉品种DNA纯度在80%以上的品种一般被认为是纯度较好的品种。从图可以看出，2016—2020年，长江流域棉区传统的中熟杂交棉中，纯度较好的品种所占比例相对稳定；而中熟常规棉自2017年以来也呈稳步上升的趋势。2019年起新开了早熟棉组区域试验，2019—2020年纯度较好的品种所占比例相对稳定（图48-15）。

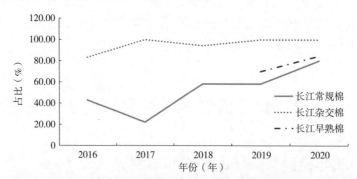

图48-15 2016—2020年长江流域棉区参试品种中较高纯度品种占比的变化趋势

就长江流域中熟常规棉品种的具体分布而言，5年来DNA纯度在100%的品种总体所占比例一直不超过15%；DNA纯度在90%~99%的品种则是占据主要比重，5年来变化较大，保持稳步增长的趋势；DNA纯度在90%以下的品种则是5年来呈逐步下降的趋势（图48-16）。

如果只针对最终能够参加到长江流域中熟常规棉生产试验的品种，可以看到，这些品种中的部分品种，在参试的前两年可能因为品种自交代数不够，导致品种的DNA纯度较低；而后进一步提过了繁殖代数，品种的DNA纯度随之呈逐年稳步上升的趋势；到进入生产试验这一年，品种的DNA纯度达最高（图48-17）。以上数据表明，长江流域中熟常规棉品种的DNA纯度在2016—2020年一直在逐年改善，纯度高于90%的品种逐渐增多，纯度在90%以下的品种自2017年开始逐年大幅度减

少。说明DNA检测工作在一定程度上提高了育种者对长江流域中熟常规棉品种纯度的重视程度，从而也促进了中熟常规棉参试品种DNA纯度的改良工作。

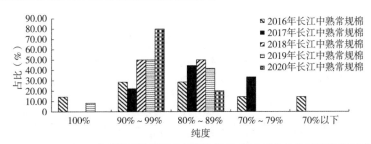

图48-16　2016—2020年长江流域棉区中熟常规棉参试品种各纯度范围的变化趋势

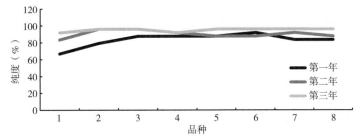

图48-17　长江流域棉区8个中熟常规棉生产试验品种DNA纯度变化趋势

　　长江流域中熟杂交棉品种，DNA纯度在80%以上的优良品种常年占八成以上，且总体呈现逐步上升的趋势；DNA纯度在80%以下的品种常年一直所占比重较小（图48-18）。从这几年来能够参加到中熟杂交生产试验的品种，可以看到，这些品种中的绝大多数DNA纯度在85%以上，并且在参试的3年中，品种的DNA纯度明显呈现稳步上升的趋势；到进入生产试验这一年，品种的DNA纯度达最高（图48-19）。以上数据表明，长江流域中熟杂交棉品种的DNA纯度在2016—2020年一直在逐年改善，纯度高于80%的杂交棉品种常年占较大比重，纯度在80%以下的杂交棉品种一直数量不大，在生产试验中更是没有出现过。

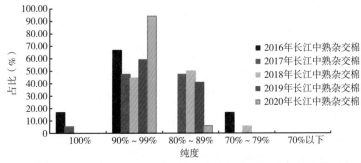

图48-18　2016—2020年长江流域棉区中熟杂交棉参试品种各纯度范围变化趋势

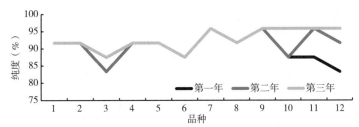

图48-19　长江流域棉区12个中熟杂交棉生产试验品种DNA纯度变化趋势

　　长江流域早熟常规棉品种，是从2019年度新开始区域试验的。近两年来DNA纯度在90%以上的品种一直所占比重较大，且呈逐步上升的趋势；DNA纯度在90%以下的品种近两年来则有逐步下降的趋势，且所占比重逐渐缩小（图48-20）。从这两年来最终能够参加到早熟组生产试验的两个品种，可以看到，品种的DNA纯度一直都较为稳定，到进入生产试验这一年，品种的DNA纯度明显较高（表48-18）。以上数据表明，长江流域早熟常规棉品种的DNA纯度在2019—2020年逐年改善，纯度高于90%的品种逐渐增多，纯度在90%以下的品种逐渐减少。

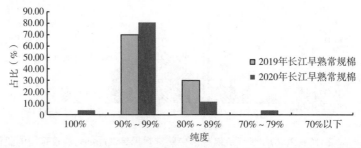

图48-20　2019—2020年长江流域早熟常规棉参试品种各纯度范围的变化趋势

表48-18　长江流域棉区3个早熟棉生产试验品种DNA纯度变化趋势

品种代号	第一年	第二年	同年生产试验
1	95.84	95.84	95.84
2	91.67	95.84	95.84
3	91.67	95.84	95.84

综上所述，长江流域中熟常规棉、中熟杂交以及早熟棉品种的DNA纯度，在2016—2020年一直在逐年改善，进入生产试验的品种尤其如此。说明DNA检测工作较好地提高了育种者对参试棉花品种繁殖纯化代数的重视程度，从而促进了长江流域棉花参试品种的纯度改良工作。

（二）SSR遗传相似性鉴定结果

长江流域棉区参试品种在通过核心引物进行纯度检测后，去掉杂株，初步构建参试品种的DNA指纹图谱。品种的DNA指纹反映了一个品种若干特异性分子标记的基因型，一旦待测品种中混入杂株，便将杂株的基因型带入待测品种的群体，如不剔除杂株，很可能造成指纹的错误。在此基础上，利用PowerMarker V3.25软件计算各个参试品种间的遗传距离，进行了品种间的遗传相似性分析。

根据2016—2020年国家棉花品种试验方案提供的品种，长江流域棉区各对照品种，在不同区域试验组别、不同年份中，遗传上完全一致，遗传标记吻合。另外，DNA指纹图谱显示，连续第二年参试及第三年参试的各个品种，在不同区域试验年份中，遗传一致性较好，未发现有年际间换种的现象。各年度新参试的品种中，也未发现有指纹相似的品种，遗传特异性较好。

此外，根据参试品种间的遗传相似度分析显示：长江流域中熟常规棉品种近5年来品种间遗传相似度没有在90%以上的，说明新参试品种的遗传特异性相对较好。长江流域中熟常规棉品种间遗传相似度在70%~90%的这5年间变化幅度稍大，尤其是2018—2019年增长幅度明显，到2020年又大幅降低；这说明中熟常规棉品种间遗传相似度较大的品种在2018—2019年增加较快，参试品种中有一些遗传背景较为相近的品种进入到试验中；但随着DNA指纹的持续监控作用以及品种纯度对产量的影响等因素，这些品种陆续被淘汰，遗传背景较为相近的品种能再次进入到试验中的在大幅降低。长江流域中熟常规棉品种间遗传相似度在60%以下的常年占七成以上，而且在近几年呈逐年递增的趋势，这说明长江流域中熟常规棉品种间遗传特异性好的品种正在逐年增加（图48-21）。以上所有结果显示，长江流域常规棉品种间的遗传基础并没有出现逐年趋于狭窄的迹象，品种间的遗传多样性仍在逐年扩大。这也说明，在不同自然条件下，长江流域培育形成适应不同生长环境的各种不同类型的中熟常规棉品种。未来，在此基础上选育有竞争力的高产、稳产常规棉品种，将为长江流域疲软的棉种市场带来新的活力。

长江流域中熟杂交棉品种间遗传相似度没有在90%以上的，说明新参试品种的遗传特异性较好。遗传相似度为60%~90%的2016—2020年基本处于逐年下降的趋势，说明长江流域杂交棉品种间遗传背景较为相似的品种近5年间正在逐年递减。长江流域中熟杂交棉品种间遗传相似度在60%以下的常年占接近80%以上，而且相似度在20%以下的品种也呈逐年递增的趋势；这说明长江流域中熟杂交棉品种间遗传特异性好的品种正在逐年增加（图48-22）。以上所有结果显示，长江流域中熟杂交棉品种间的遗传基础并没有出现逐年趋于狭窄的迹象，品种间的遗传多样性也在逐年扩大。长江流域的杂交棉品种，虽因劳动力、用工、制种等多种因素，目前陷入发展的瓶颈期，但是未来随着各种优良基因的聚合杂交育种，仍有希望培育出产量、品质性状更加突出的杂交棉品种。

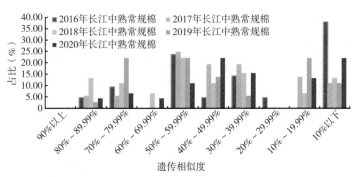

图48-21 2016—2020年长江流域中熟常规棉参试品种间遗传相似度的变化趋势

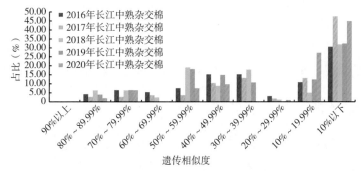

图48-22 2016—2020年长江流域中熟杂交棉参试品种间遗传相似度的变化趋势

长江流域早熟棉品种自2019年才开始参加国家区域试验。从近两年的情况看，早熟常规棉间遗传相似度没有在90%以上的，说明新参试品种的遗传特异性较好。早熟棉品种间遗传相似度为70%～90%的在这两年间变化幅度不大，所占比例不超过10%，说明长江流域早熟常规棉品种间遗传背景较为相近的品种比例较低，这表明长江早熟棉品种中进行高仿育种的品种比例小。近年来，大量的早熟棉品种被引进长江流域棉区进行栽培试验，长江流域各育种单位已经能够陆续选出一些适合机械化的早熟棉花品种。而DNA指纹的持续监控，也能在国家区域试验中发挥清理品种多、乱、杂的作用。长江流域早熟棉品种间遗传相似度在60%以下的这两年间增长幅度不大，所占比例一直超过80%，这说明这两年长江流域早熟常规棉品种间遗传来源差异大（即遗传特异性较好）的品种所占比重较大（图48-23）。以上所有结果显示，长江流域早熟常规棉品种间的遗传基础也没有出现逐年趋于狭窄的迹象，品种间遗传来源差异大的品种一直占主要比重。这也说明，在不同自然条件下，长江流域也可以培育形成适应不同生长环境的各种不同类型的早熟常规棉品种。今后应进一步深入研究这些早熟棉花种质资源的内在品质、产量和早熟性，建立适合于长江流域棉区育种需要的早熟种质资源数据库。

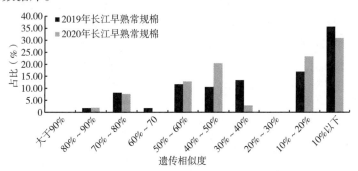

图48-23 2019—2020年长江流域早熟常规棉参试品种间遗传相似度的变化趋势

第四十九章 2016—2020年黄河流域棉花品种试验性状动态分析

第一节 2016—2020年黄河流域棉花品种试验参试品种农艺性状动态分析

一、中熟常规棉品种农艺性状变化动态

2016—2020年黄河流域国家棉花区域试验中熟常规棉参试品种的平均生育期、霜前花率、果枝始节、株高、单株果枝数和子指等农艺性状统计结果表明（表49-1），生育期、霜前花率、果枝始节、株高、单株果枝数和子指平均值依次为116d（112～122d）、93.4%（91.1%～95.2%）、6.9节（6.8～7.1节）、103.7cm（99.0～107.0cm）、13.2台/株（12.7～13.8台/株）和11.4g（11.1～11.9g），受气候等影响，各年份的具体表型值略有波动，但与年份间都不存在明显的线性变化趋势。2019年前期干旱，棉花生育进程提前，生育期短，霜前花率高，株高略矮。

二、中熟杂交棉品种农艺性状变化动态

2016—2020年黄河流域国家棉花区域试验中熟杂交棉参试品种的平均生育期、霜前花率、果枝始节、株高、单株果枝数和子指等农艺性状统计结果表明（表49-1），生育期、霜前花率、果枝始节、株高、单株果枝数和子指平均值依次为116d（112～122d）、93.8%（91.3%～95.1%）、6.6节（6.5～7.0节）、105.0cm（100.0～108.3cm）、13.3台/株（12.9～14.0台/株）和11.3g（11.0～12.0g），受气候等影响，各年份的具体表型值略有波动，但与年份间都不存在明显的线性变化趋势。2019年杂交区域试验和常规区域试验有相同的表现，生育期短，霜前花率高。

三、中熟常规棉和杂交棉品种农艺性状比较分析

2016—2020年黄河流域国家棉花区域试验中熟常规棉和中熟杂交棉参试品种的平均生育期、霜前花率、果枝始节、株高、单株果枝数等农艺和管理性状综合表现相当（表49-1）。其中，中熟杂交棉的霜前花率和果枝始节略优于中熟常规棉，但二者差异均未达到显著水平；中熟杂交棉的平均株高略高于中熟常规棉，子指和果枝数相当，二者的差异均没有达到显著水平。

四、早熟棉品种农艺性状变化动态

2016—2020年黄河流域国家棉花区域试验早熟棉参试品种的平均生育期、霜前花率、果枝始节、株高、单株果枝数和子指等农艺性状统计结果表明（表49-1），生育期、霜前花率、果枝始节、株高、单株果枝数和子指平均值依次为96d（93～100d）、91.3%（89.0%～93.6%）、5.4节（5.1～5.7节）、83.2cm（80.9～85.6cm）、10.7台/株（11.6～11.1台/株）和10.7g（10.4～11.5g），受气候等影响，各年份的具体表型值略有波动，但与年份间都不存在明显的线性变化趋势（表49-1）。

表49-1 2016—2020年黄河流域棉区国家品种区域试验参试品种农艺性状

品种类型	年份	生育期（d）	霜前花（%）	始节（节）	株高（cm）	果枝（台/株）	子指（g）
中熟常规	2016	122	90.3	7.1	107.0	13.5	11.5
	2017	116	91.1	6.9	104.9	13.8	11.9
	2018	114	93.7	7.0	104.6	13.2	11.4
	2019	112	95.2	6.9	99.0	12.8	11.1
	2020	119	93.4	6.8	104.6	12.7	11.1
	平均	116	93.0	6.9	103.7	13.2	11.4
中熟杂交	2016	122	91.3	7.0	108.3	14.0	11.8
	2017	116	92.9	6.6	106.1	13.8	12.0
	2018	114	94.5	6.7	104.5	13.4	11.1
	2019	112	95.1	6.5	100.0	13.1	11.0
	2020	118	93.2	6.5	107.5	12.9	11.3
	平均	116	93.8	6.6	105.0	13.3	11.3
早熟	2016	96	92.7	5.1	80.9	10.6	11.5
	2017	97	89.0	5.3	85.6	11.1	10.9
	2018	93	91.2	5.3	81.7	10.6	10.5
	2019	95	93.6	5.7	81.7	10.8	10.4
	2020	100	90.2	5.4	85.6	10.6	10.6
	平均	96	91.3	5.4	83.2	10.7	10.7

第二节 2016—2020年黄河流域棉花品种试验参试
品种产量性状动态分析

一、中熟常规棉品种产量性状变化动态

2016—2020年黄河流域国家棉花区域试验中熟常规棉参试品种的籽棉产量、皮棉产量、单株结铃数、亩铃数、单铃重和衣分的统计结果表明（表49-2），籽棉产量和皮棉产量受气候因素影响较大，年份间波动大，5年平均值分别为265.4kg/亩和108.1kg/亩。其中，2019年的气候条件有利于棉花的生长发育，产量较高，平均皮棉产量为113.1kg/亩，而2018年和2020年蕾期高温干旱，棉花生育进程提前，影响产量潜力的发挥，产量偏低。皮棉产量增产率由大变小，主要原因是2016—2018年对照品种为石抗126，该品种衣分偏低，参试品种的皮棉增产幅度偏大，2019—2020年以中棉所100为对照，对照皮棉产量高，参试品种的增产幅度变小。从参试品种增产率分布比例来看，前三年比对照品种减产的品种比例小，后两年比对照品种减产的品种比例明显增高，因为对照品种的皮棉产量提高所致。从产量构成因素来看，单株结铃数、亩铃数、单铃重和衣分平均值依次为18.1个/株（17.1～19.6个/株）、52 808个/亩（50 461～56 392个/亩）、6.3g（6.1～6.5g）和40.7%（39.4%～41.9%）。其中，单株铃数、亩铃数和衣分受气候等影响，年份间略有波动，但年份间都不存在明显的线性变化趋势。

二、中熟杂交棉品种产量性状变化动态

2016—2020年黄河流域国家棉花区域试验中熟杂交棉参试品种的籽棉产量、皮棉产量、单株结铃数、亩铃数、单铃重和衣分的统计结果表明（表49-2），籽棉产量和皮棉产量同样受气候因素影响

较大，总体变化动态与中熟常规棉品种表现类似，籽棉产量和皮棉产量5年平均值分别为264.5kg/亩和108.8kg/亩。其中，2019年和2017年的产量水平较高（皮棉产量分别约为113.2kg/亩和112.5kg/亩），2016年产量水平较低（皮棉产量约104.9kg/亩）。皮棉产量增产率相对较低，表明对照品种瑞杂816年度间稳定性较好。其中，2016年参试品种平均比对照品种增产0.6%；2017年参试品种平均增产5.9%相对较高。从参试品种增产率分布比例来看，比对照品种减产的品种比例5年平均为21.2%，约占参试品种的1/4，随年份逐年减少趋势不明显。可见，参试品种的平均产量水平越高，减产的品种比例就越少。从产量构成因素来看，单株结铃数、亩铃数、单铃重和衣分平均值依次为18.6个/株（18.4~18.9个/株）、48 775个/亩（48 177~49 103个/亩）、6.6g（6.3~6.9g）和41.1%（40.0%~42.1%），受气候等因素影响，各性状在年份间略有波动，但与年份都不存在明显的线性变化趋势。

三、中熟常规棉和杂交棉品种产量性状比较分析

2016—2020年黄河流域国家棉花区域试验中熟常规棉和中熟杂交棉参试品种的平均的籽棉产量、皮棉产量、单株结铃数、亩铃数、单铃重和衣分的差异比较情况如下（表49-2），杂交棉品种平均籽棉产量和皮棉产量与常规棉品种相当。比对照品种减产的品种比例下降了8%，比对照品种增产0%~5%和5%~10%的品种比例分别下降了12.8%和3.6%，而比对照品种增产10%以上的品种比例增加了24.2%。杂交棉品种的单株结铃数略高于常规棉品种，亩总铃数低于常规棉品种；杂交棉的单铃重平均在6.6g，比常规棉高0.3g；杂交棉的衣分平均达41.1%，比常规棉高0.4%。中熟杂交棉的籽棉产量、皮棉产量与常规棉品种相当，杂交棉产量优势在铃重和衣分上，常规棉产量优势在亩铃数上，两者的单株成铃数相当。

四、早熟棉品种产量性状变化动态

2016—2020年黄河流域国家棉花区域试验早熟棉参试品种的籽棉产量、皮棉产量、单株结铃数、亩铃数、单铃重和衣分的统计结果表明（表49-2），籽棉产量和皮棉产量同样受气候因素影响较大，总体变化动态与中熟常规棉品种表现类似，籽棉产量和皮棉产量5年平均值分别为230.3kg/亩和91.0kg/亩。其中，2019年和2020年的产量水平最高（皮棉产量分别为96.9kg/亩和95.5kg/亩），2018年产量水平最低（皮棉产量约81.4kg/亩），2016年产量水平较高（皮棉产量93.6kg/亩）。皮棉产量增产率相对较高，2018年皮棉产量增产率低，为2.6%。从参试品种增产率分布比例来看，比对照品种减产的品种比例5年平均为13.9%，随年份逐年减少。可见，参试品种的平均产量水平越高，减产的品种比例就越少。从产量构成因素来看，单株结铃数、亩铃数、单铃重和衣分平均值依次为9.7个/株（9.1~10.0个/株）、58 053个/亩（54 662~60 617个/亩）、5.4g（5.0~5.7g）和39.6%（38.1%~41.3%），受气候等因素影响，各性状在年份间略有波动，但与年份间都不存在明显的线性变化趋势。早熟棉品种单株铃数少，由于密度高，亩铃数较高，铃重偏小，衣分偏低。

表49-2 2016—2020年黄河流域棉区国家品种区域试验参试品种产量性状

类型	年份	籽棉产量（kg/亩）	皮棉产量（kg/亩）	增产率（%）	品种皮棉增产率分布比例				株铃数（个/株）	亩铃数（万/亩）	单铃重（g）	衣分（%）
					<0	0~5%	5%~10%	≥10%				
中熟常规	2016	266.5	108.0	10.5	5.0	15.0	25.0	55.0	19.6	56 392	6.3	40.5
	2017	276.0	108.6	9.3	4.5	18.2	31.8	45.5	19.3	54 980	6.2	39.4
	2018	263.9	104.6	15.5	0.0	3.3	16.7	80.0	17.9	52 641	6.1	39.6
	2019	271.0	113.1	1.4	38.7	32.3	29.0	0.0	17.7	51 615	6.2	41.7
	2020	253.8	106.2	3.8	12.1	51.5	33.3	3.0	17.1	50 461	6.5	41.9
	平均	265.4	108.1	7.7	13.2	25.7	27.2	33.8	18.1	52 808	6.3	40.7

类型	年份	籽棉产量 （kg/亩）	皮棉产量 （kg/亩）	增产率 （%）	品种皮棉增产率分布比例				株铃数 （个/株）	亩铃数 （万/亩）	单铃重 （g）	衣分 （%）
					<0	0~5%	5%~10%	≥10%				
中熟 杂交	2016	260.6	104.9	0.6	25.0	75.0	0.0	0.0	18.9	49 040	6.9	40.3
	2017	281.3	112.5	5.9	14.3	28.6	28.6	28.6	18.5	48 648	6.9	40.0
	2018	269.3	107.7	3.2	16.7	41.7	41.7	0.0	18.6	49 103	6.3	40.0
	2019	268.5	113.2	0.8	41.7	25.0	33.3	0.0	18.4	48 177	6.4	42.1
	2020	252.4	105.7	4.7	11.8	41.2	29.4	17.6	18.7	48 955	6.9	41.9
	平均	264.5	108.8	3.3	21.2	38.5	30.8	9.6	18.6	48 775	6.6	41.1
早熟	2016	240.5	91.3	9.5	0.0	25.0	25.0	50.0	9.9	57 303	5.4	38.1
	2017	236.3	93.6	11.7	14.3	0.0	28.6	57.1	10.0	60 617	5.6	39.6
	2018	213.8	81.4	2.6	40.0	20.0	30.0	10.0	9.5	57 245	5.0	38.1
	2019	240.1	96.9	9.9	0.0	25.0	12.5	62.5	10.0	60 162	5.3	40.5
	2020	230.9	95.5	9.6	0.0	0.0	57.1	42.9	9.1	54 662	5.7	41.3
	平均	230.3	91.0	8.1	13.9	13.9	30.6	41.7	9.7	58 053	5.4	39.6

第三节　2016—2020年黄河流域棉花品种试验参试品种品质性状动态分析

　　根据国家棉花品种试验及展示示范实施方案要求，中国农业科学院棉花研究所/农业农村部棉花品质监督检验测试中心承担了2016—2020年国家区域试验参试品种纤维品质检测与评价工作。依照公平、公正、科学、效率的原则，通过多环境试验鉴定棉花新品种（系）对多品种在不同生态环境的一年多个试点试验，正确评析国家棉花区域试验黄河流域棉区的新品种（系）的纤维品质，在不同生长条件下丰产性、抗逆性、适应性、纤维品质、综合表现及与对照品种的差异，客观评价参试品种特性与生产利用价值，为国家棉花品种审定和推广提供科学依据。

一、纤维检测仪器和试验方法

　　样品统一在恒温恒湿实验室进行预调试，环境温度为（20±2）℃；相对湿度为（65±3）%。采用目前国际先进的大容量纤维测试仪HVI1000型进行测试，使用HVICC校准棉样进行仪器校准。依据GB/T 20392—2006《HVI棉纤维物理性能试验方法》统一安排检测。检测指标有：上半部平均长度（mm）、整齐度指数（%）、断裂比强度（cN/tex）、伸长率（%）、马克隆值、反射率（%）、黄度、纺纱均匀性指数等。同时，参考国家标准GB 1103.1—2012《棉花　第1部分　锯齿加工细绒棉》和GB 1103.2—2012《棉花　第2部分　皮辊加工细绒棉》进行检测分析。

二、纤维品质评价标准

　　根据国家农作物品种审定委员会国品审〔2014〕2号《关于印发主要农作物品种审定标准的通知》规定，依据纤维上半部平均长度、断裂比强度、马克隆值三项指标的综合表现，将棉花品种纤维品质分为Ⅰ型品种、Ⅱ型品种、Ⅲ型品种三种主要类型（表49-3）。

表49-3　主要农作物品种审定纤维品质标准

类型	要求	上半部平均长度（mm）	断裂比强度（cN/tex）	马克隆值	整齐度指数（%）
Ⅰ型品种	两年区域试验平均	≥31	≥32	3.7~4.2	≥83
Ⅱ型品种	两年区域试验平均	≥29	≥30	3.5~5.0	≥83
Ⅲ型品种	两年区域试验平均	27	28	3.5~5.5	≥83

三、2016—2020年国家棉花区域试验黄河棉区对照品种选用概况

2016—2020年黄河棉区使用的对照品种为石抗126，该品种上半部平均长度31.0mm，断裂比强度31.0cN/tex，马克隆值4.3，整齐度指数84.5%，由于产量低，在2019年更换对照品种中棉所100，该品种审定时HVICC纤维上半部平均长度28.3mm，断裂比强度30.9cN/tex，马克隆值5.3，整齐度指数85%（表49-4）。黄河杂交棉组，对照品种为瑞杂816，该品种审定时HVICC纤维上半部平均长度30.2mm，断裂比强度31.2cN/tex，马克隆值4.9，整齐度指数85%。

黄河早熟组区域试验，接纳了一些早熟品种（系），对照品种是中棉所50，该品种HVICC纤维上半部平均长度29.5mm，断裂比强度27.9cN/tex，马克隆值4.4，断裂伸长率6.9%，反射率74.9%，黄色深度8.3，整齐度指数84.6%，纺纱均匀性指数136。中棉所50是中国农业科学院棉花研究所、中国农业科学院生物技术研究所，用双价Bt+CpTI基因导入中394，病圃鉴定、加代选育而成的棉花新品种。由中国农业科学院棉花研究所、中国农业科学院生物技术研究所申请，2007年国家农作物品种审定委员会审定通过的转抗虫基因早熟常规品种，审定编号：国审棉2007013。在黄河棉区夏播全生育期110d，出苗快，苗齐、苗壮，前、中期长势强，后期长势转弱，整齐度好。植株塔形、紧凑，株高71.1cm，茎秆坚韧、青紫色多茸毛，叶片中等偏小、深绿色，缺刻深，花冠乳白色，花药和柱头米黄色，第一果枝节位5.7节，单株结铃7.6个，铃卵圆形，吐絮畅且集中，单铃重5.2g，衣分40.5%，子指10.0g，霜前花率95.3%。高抗枯萎病、耐黄萎病，抗棉铃虫。

表49-4　2016—2020年黄河对照品种纤维品质结果汇总

对照品种	年份	上半部平均长度（mm）	断裂比强度（cN/tex）	马克隆值	整齐度指数（%）
石抗126	审定品质	31.0	31.0	4.3	84.5
	2016	30.1	30.6	4.7	—
	2017	30.2	30.4	4.9	84.5
	2018	30.0	31.3	4.9	84.7
中棉所100	审定品质	28.3	30.9	5.3	85.0
	2019	28.1	31.7	5.3	84.8
	2020	28.1	30.7	5.3	84.5
瑞杂816	审定品质	30.2	31.2	4.9	85.0
	2016	29.6	32.1	5.5	—
	2017	30.2	33.8	5.5	85.6
	2018	29.2	33.1	5.4	85.1
	2019	29.4	33.0	5.5	85.6
	2020	29.4	32.2	5.3	84.8
中棉所50	审定品质	29.5	27.9	4.4	84.6
	2016	30.5	31.5	4.8	—
	2017	29.3	29.3	4.8	84.6
	2018	29.5	32.1	5.0	85.2
	2019	29.3	29.8	5.0	85.6
	2020	29.5	30.4	4.9	84.6

四、2016—2020国家棉花区域试验黄河棉区纤维品质分析

（一）2016—2020年国家区域试验黄河棉区域试验纤维品质结果汇总

整理汇总2016—2020年国家区域试验黄河棉区域试验纤维品质平均值数据汇总表（表49-5）。

表49-5　2016—2020年国家区域试验黄河棉区域试验纤维品质数据汇总

年份	类型	品种名称	长度（mm）	比强度（cN/tex）	马克隆值	伸长率（%）	反射率（%）	黄度	整齐度（%）	纺纱均匀指数
2016	中熟常规	鲁棉418	29.4	31.8	5.5	5.2	78.0	8.0	84.9	141
2016	中熟常规	鲁棉1127	29.2	32.3	5.3	5.0	78.8	7.9	85.3	147
2016	中熟常规	石抗126	29.8	30.3	4.8	5.6	78.5	7.6	84.3	141
2016	中熟常规	冀棉521	29.3	31.5	5.6	4.9	77.4	8.4	83.9	135
2016	中熟常规	鲁棉522	28.3	29.0	5.5	5.3	76.4	8.4	84.6	129
2016	中熟常规	中1007	29.2	31.9	5.4	5.0	78.1	7.8	84.8	142
2016	中熟常规	创1010	28.2	29.4	5.5	4.7	78.8	8.1	84.4	131
2016	中熟常规	银兴棉8号	28.4	31.5	5.6	5.7	78.7	7.7	85.2	139
2016	中熟常规	冀丰优1187	29.6	31.3	5.3	5.6	78.4	8.1	84.5	140
2016	中熟常规	鲁棉1131	30.3	32.3	4.6	5.0	80.1	7.1	85.2	155
2016	中熟常规	中棉9213	30.7	29.8	5.0	4.4	78.4	8.0	83.5	136
2016	中熟常规	中M02	29.3	31.9	4.9	5.0	78.1	8.1	85.4	149
2016	中熟常规	石抗126	30.4	30.8	4.6	5.6	78.5	7.4	84.6	147
2016	中熟常规	鲁棉696	30.9	33.2	5.2	4.5	78.8	7.7	86.1	157
2016	中熟常规	中棉9421	29.5	30.9	5.2	5.2	77.8	8.0	84.5	140
2016	中熟常规	国欣棉25	28.8	30.3	5.6	5.3	77.0	8.0	84.8	133
2016	中熟常规	汴棉584	28.4	30.2	5.4	4.9	77.8	7.8	84.4	133
2016	中熟常规	山农棉9号	28.5	28.9	5.4	4.6	78.7	7.8	83.9	127
2016	中熟常规	聊棉15号	28.7	30.4	5.4	5.6	79.3	7.5	85.2	139
2016	中熟常规	鲁棉338	29.0	30.5	5.3	5.8	79.6	7.2	85.6	142
2016	中熟常规	鲁棉238	30.0	31.4	5.2	5.2	79.2	7.4	85.9	150
2016	中熟常规	NXC1208	28.0	29.1	5.8	5.0	78.4	7.9	84.3	125
2016	中熟杂交	徐D619	28.4	29.9	5.2	5.5	77.7	7.8	84.1	132
2016	中熟杂交	百棉86	28.8	30.8	5.3	5.1	78.7	7.5	84.2	136
2016	中熟杂交	瑞杂816ck	29.6	32.1	5.5	4.5	77.4	7.9	85.0	143
2016	中熟杂交	鲁杂2138	28.8	31.7	5.3	5.5	77.1	7.9	85.5	144
2016	中熟杂交	欣抗棉963	28.7	29.8	5.3	5.1	77.7	7.9	85.0	136
2016	早熟	鲁棉2387	28.3	31.8	5.1	5.3	78.2	7.9	86.1	149
2016	早熟	中棉425	29.7	32.3	5.0	6.1	78.9	8.0	86.3	155
2016	早熟	中棉所50	30.5	31.5	4.8	5.4	79.3	8.0	86.3	157
2016	早熟	CRIZ140203	30.3	33.4	4.7	5.1	80.2	7.4	87.2	167
2016	早熟	百棉10号	28.7	31.9	5.1	5.2	79.1	7.3	86.6	153
2017	中熟常规	邯棉6101	30.0	33.0	5.2	5.4	78.5	7.9	85.5	152
2017	中熟常规	鑫秋110	30.8	34.3	5.5	4.8	78.3	7.8	84.6	150
2017	中熟常规	国欣棉25	29.8	30.1	5.4	6.0	77.5	7.7	85.1	139
2017	中熟常规	鲁棉696	31.5	33.5	5.3	5.1	78.7	7.5	86.2	159
2017	中熟常规	中棉9213	31.0	30.4	4.9	5.1	77.8	8.5	84.2	142
2017	中熟常规	石抗126	30.3	30.4	5.0	6.0	79.1	7.5	84.7	144
2017	中熟常规	中棉9421	29.9	31.4	5.3	5.9	78.4	7.9	85.0	144
2017	中熟常规	鲁棉238	30.1	31.3	5.3	5.7	79.2	7.8	85.5	147
2017	中熟常规	聊棉15号	29.1	30.7	5.6	6.0	78.6	7.6	85.0	137
2017	中熟常规	鲁棉1131	31.1	32.5	4.7	5.4	80.6	7.2	85.8	160
2017	中熟常规	豫棉54	29.9	32.2	5.3	6.0	77.7	7.9	85.2	146
2017	中熟常规	中棉所9708	31.4	32.5	4.9	5.5	78.4	8.3	84.7	153
2017	中熟常规	邯棉3008	28.6	32.2	5.4	6.2	77.4	8.4	85.1	143

（续表）

年份	类型	品种名称	长度（mm）	比强度（cN/tex）	马克隆值	伸长率（%）	反射率（%）	黄度	整齐度（%）	纺纱均匀指数
2017	中熟常规	德利农12号	29.3	32.7	5.4	5.6	78.9	8.1	85.4	148
2017	中熟常规	国欣棉26	29.2	31.3	5.5	5.3	79.6	7.9	84.0	136
2017	中熟常规	鲁棉691	29.5	32.6	5.4	6.1	77.4	8.0	85.6	148
2017	中熟常规	K33	29.4	32.4	5.4	6.1	79.0	8.2	85.1	146
2017	中熟常规	中棉所94A915	30.0	33.7	5.6	6.0	78.2	8.2	85.6	150
2017	中熟常规	运H13	28.2	31.2	5.5	5.7	78.1	8.2	84.5	136
2017	中熟常规	GB516	28.8	29.8	5.5	5.3	78.0	8.1	84.6	133
2017	中熟常规	金农308	31.9	32.0	4.9	5.4	80.2	7.4	85.3	155
2017	中熟常规	中棉9001	31.6	31.5	4.8	5.6	79.7	7.7	85.1	153
2017	中熟常规	石抗126	30.1	30.3	4.8	6.2	78.7	7.7	84.2	142
2017	中熟常规	邯218	29.1	31.7	5.2	6.2	79.1	7.9	85.1	145
2017	中熟杂交	中MB9029	30.0	31.8	4.9	5.7	78.8	7.7	84.6	147
2017	中熟杂交	百棉86	29.3	31.1	5.5	5.5	78.6	7.4	84.8	138
2017	中熟杂交	中棉所9711	30.7	35.1	5.0	5.1	78.3	7.7	85.3	160
2017	中熟杂交	银兴棉14号	29.1	32.4	5.9	5.6	78.3	7.8	84.5	137
2017	中熟杂交	中6913	28.8	32.3	5.6	5.8	78.6	8.2	84.9	142
2017	中熟杂交	中M04	29.8	30.8	5.5	5.5	76.0	7.1	84.8	137
2017	中熟杂交	中棉所94A2021	29.6	32.3	5.5	5.9	78.9	7.6	85.4	146
2017	中熟杂交	瑞杂816	30.2	33.8	5.5	5.1	78.3	8.0	85.6	152
2017	早熟组	中棉425	29.0	29.8	4.8	7.5	76.2	8.8	85.6	144
2017	早熟组	百棉10号	27.9	29.6	5.2	6.8	76.5	7.8	85.1	135
2017	早熟组	鲁棉2387	27.8	29.6	5.2	6.5	76.4	8.5	85.1	135
2017	早熟组	CRIZ140203	29.6	31.5	4.6	6.0	77.8	8.1	86.3	156
2017	早熟组	中棉所50	29.3	29.3	4.8	6.6	77.4	7.9	84.6	139
2017	早熟组	鲁棉532	30.6	30.1	4.6	6.4	77.3	8.0	85.8	151
2017	早熟组	中棉所9701	29.7	31.6	4.5	6.0	77.3	8.5	86.2	156
2017	早熟组	中棉所94A2941	28.9	28.5	4.9	7.2	76.1	9.0	85.3	137
2018	中熟常规	中棉所94A915	28.7	32.6	5.7	5.2	77.3	7.4	84.9	140
2018	中熟常规	GB516	27.7	29.0	5.7	4.7	78.1	7.3	84.0	123
2018	中熟常规	邯棉6101	29.1	33.2	5.3	4.7	78.1	7.2	84.4	144
2018	中熟常规	邯棉3008	27.9	32.3	5.5	5.3	76.1	7.8	84.5	136
2018	中熟常规	金农308	30.6	31.5	4.9	4.7	80.3	6.7	84.3	147
2018	中熟常规	运H13	27.6	32.0	5.6	5.2	77.7	7.1	84.3	134
2018	中熟常规	邯218	27.9	31.3	5.1	5.8	77.6	7.2	84.9	140
2018	中熟常规	中棉所9708	30.7	33.6	5.0	5.1	77.6	7.6	84.8	153
2018	中熟常规	国欣棉26	28.7	30.8	5.4	4.9	79.0	7.0	84.2	134
2018	中熟常规	石抗126	29.7	30.7	4.9	5.8	78.0	7.0	84.2	141
2018	中熟常规	德利农12号	28.3	31.5	5.5	5.3	77.9	7.4	84.9	138
2018	中熟常规	中棉9001	31.2	32.8	4.9	5.2	79.4	7.1	85.1	154
2018	中熟常规	中棉EB005	28.7	34.9	5.6	5.0	77.0	7.3	85.6	150
2018	中熟常规	中棉所95602	30.7	33.7	5.2	5.6	77.5	7.2	86.2	158
2018	中熟常规	新科棉6号	27.3	29.5	6.0	5.5	78.0	7.4	83.8	120
2018	中熟常规	鲁棉378	27.8	32.5	5.5	5.1	78.4	6.9	84.8	140
2018	中熟常规	银兴棉15号	28.1	30.9	5.4	5.7	77.9	7.0	84.6	135
2018	中熟常规	中棉所9C01	29.2	32.1	5.3	4.7	78.1	7.1	84.7	142

（续表）

年份	类型	品种名称	长度 （mm）	比强度 （cN/tex）	马克 隆值	伸长率 （%）	反射率 （%）	黄度	整齐度 （%）	纺纱均 匀指数
2018	中熟常规	冀棉29	31.3	32.2	5.1	5.1	79.2	6.9	85.1	152
2018	中熟常规	冀丰4号	30.6	31.6	5.3	5.4	78.8	6.8	85.7	149
2018	中熟常规	邯棉5019	30.2	35.7	4.9	5.6	77.9	7.1	86.1	166
2018	中熟常规	石抗126	30.1	31.7	4.8	5.8	78.3	6.8	84.8	148
2018	中熟常规	中棉所1601	31.1	34.6	4.8	4.9	79.2	6.3	84.8	159
2018	中熟常规	冀棉803	29.8	33.3	5.2	5.2	73.7	8.9	85.2	148
2018	中熟常规	鲁棉1141	30.2	32.1	5.0	4.9	78.5	6.8	85.2	150
2018	中熟常规	德棉16号	29.8	34.1	5.0	4.6	79.2	6.6	86.0	158
2018	中熟常规	豫棉616	27.2	30.6	5.5	5.8	78.9	6.7	84.6	132
2018	中熟常规	MH335223	29.4	32.6	5.2	5.3	78.4	6.8	85.0	146
2018	中熟常规	衡棉1670	29.1	33.7	5.4	5.5	77.9	7.3	85.0	148
2018	中熟常规	中棉所96019	28.2	32.7	5.2	5.3	78.0	7.3	84.6	142
2018	中熟常规	中棉1038	28.9	33.3	5.3	5.5	78.5	7.2	85.3	149
2018	中熟常规	GB518	29.2	31.5	5.2	5.6	78.1	7.1	85.6	146
2018	中熟常规	石抗126	30.1	31.4	4.9	5.7	77.6	6.9	84.4	144
2018	中熟杂交	中棉所9711	29.7	34.3	5.0	4.7	77.8	7.1	84.4	151
2018	中熟杂交	CRIZ140204	30.4	33.1	5.0	4.9	78.5	7.1	84.9	152
2018	中熟杂交	中棉所1603	29.5	32.9	5.0	4.9	79.3	7.0	85.4	151
2018	中熟杂交	中棉所94A2021	29.3	32.3	5.6	5.3	78.2	7.0	85.4	144
2018	中熟杂交	鲁杂216	28.6	31.6	5.5	5.6	79.0	6.8	84.7	138
2018	中熟杂交	冀1518	29.8	33.7	5.4	4.5	78.6	6.9	84.4	146
2018	中熟杂交	冀杂707	30.5	31.5	5.2	4.8	78.8	7.0	84.3	143
2018	中熟杂交	中MBH13001	27.8	30.1	5.5	5.2	77.5	7.2	84.3	129
2018	中熟杂交	中棉9101	30.0	31.2	5.1	4.9	78.9	7.1	84.4	142
2018	中熟杂交	中6913	28.2	31.2	5.6	5.8	78.9	6.8	84.8	135
2018	中熟杂交	中M04	29.1	30.9	5.4	5.3	77.9	7.0	83.9	133
2018	中熟杂交	中棉所99007	28.9	31.8	5.4	5.1	78.3	7.2	84.3	139
2018	中熟杂交	瑞杂816	29.2	33.1	5.4	4.7	77.3	7.3	85.1	147
2018	早熟组	中棉EB003	28.6	32.6	5.3	6.5	76.7	7.5	85.7	147
2018	早熟组	鲁棉532	31.0	33.2	4.9	6.0	77.9	7.0	85.7	158
2018	早熟组	鲁棉541	30.3	33.3	5.2	5.6	77.3	7.1	85.9	155
2018	早熟组	鲁棉243	29.1	32.7	5.1	5.4	77.6	7.3	85.6	150
2018	早熟组	德棉15号	28.0	31.3	5.1	6.3	77.0	7.4	85.1	140
2018	早熟组	徐棉608	26.9	29.5	5.2	6.4	77.8	7.1	84.6	131
2018	早熟组	中棉所1602	27.5	32.2	5.1	5.7	77.5	7.5	84.6	141
2018	早熟组	邯853	28.9	32.5	5.5	5.8	76.8	7.8	85.4	144
2018	早熟组	邯901	30.5	33.9	5.2	5.5	77.1	7.4	86.1	158
2018	早熟组	中棉EB001	29.9	32.4	4.8	5.7	77.1	7.9	85.2	151
2018	早熟组	中棉所50	29.5	32.1	5.0	6.0	77.4	7.4	85.2	148
2019	中熟常规	鲁棉378	28.0	32.7	5.4	5.8	79.2	8.0	84.7	142
2019	中熟常规	冀棉803	29.7	32.6	5.3	5.8	76.4	9.1	85.2	147
2019	中熟常规	冀丰4号	30.4	31.1	5.2	6.2	79.4	7.9	85.8	149
2019	中熟常规	衡棉1670	29.1	33.0	5.4	6.1	78.9	8.2	84.9	146
2019	中熟常规	中棉所96019	28.1	31.6	5.3	5.8	78.3	8.1	84.2	137
2019	中熟常规	中棉EB005	29.1	34.3	5.4	5.6	78.1	8.1	85.0	149

（续表）

年份	类型	品种名称	长度（mm）	比强度（cN/tex）	马克隆值	伸长率（%）	反射率（%）	黄度	整齐度（%）	纺纱均匀指数
2019	中熟常规	中棉所100	28.2	31.9	5.3	5.6	78.3	8.5	84.9	141
2019	中熟常规	GB518	29.7	31.0	5.2	6.2	79.9	8.2	85.4	145
2019	中熟常规	银兴棉15号	28.9	31.5	5.3	6.2	79.2	7.9	85.1	142
2019	中熟常规	德棉16号	29.9	33.4	5.1	5.5	78.4	7.6	85.5	154
2019	中熟常规	中棉所95602	30.4	32.1	5.0	6.1	78.8	8.2	85.4	152
2019	中熟常规	MH335223	29.9	31.1	4.7	6.0	79.7	7.7	84.8	148
2019	中熟常规	鲁棉263	29.9	32.4	5.0	5.5	78.2	8.5	84.9	149
2019	中熟常规	中棉所9A01	29.2	30.3	5.2	5.5	80.2	7.6	84.1	137
2019	中熟常规	中棉612	28.0	32.5	5.4	5.4	78.2	8.3	85.0	142
2019	中熟常规	冀棉569	30.0	33.2	5.1	6.1	76.4	8.5	85.7	153
2019	中熟常规	冀石265	28.7	32.6	5.5	6.0	77.0	8.8	84.9	142
2019	中熟常规	中20080	28.7	30.8	5.3	5.5	78.6	7.9	84.1	135
2019	中熟常规	邯6382	29.4	29.8	5.3	6.4	79.2	7.6	85.1	139
2019	中熟常规	中棉所100	28.0	32.1	5.4	5.7	77.7	8.4	84.8	140
2019	中熟常规	衡棉482	28.8	30.6	5.3	6.2	78.7	7.9	84.8	138
2019	中熟常规	鲁棉336	30.3	31.2	5.0	6.7	79.8	7.7	84.9	147
2019	中熟常规	中MBC31776	31.9	35.1	5.1	5.4	77.2	8.2	85.1	161
2019	中熟常规	豫棉508	30.1	30.8	5.5	6.3	79.1	8.3	84.5	138
2019	中熟常规	邯棉3022	28.3	32.9	5.3	6.0	77.7	8.7	84.8	144
2019	中熟常规	冀棉262	29.2	30.6	5.4	5.9	78.8	8.3	84.9	139
2019	中熟常规	GB828	30.5	32.3	5.7	5.7	79.2	8.0	85.3	145
2019	中熟常规	鲁棉1157	28.9	32.9	4.7	6.1	79.6	8.1	85.2	153
2019	中熟常规	鲁棉319	29.8	31.8	5.3	6.2	79.3	8.3	85.4	147
2019	中熟常规	中棉所100	28.0	31.3	5.4	5.7	79.0	8.3	84.7	138
2019	中熟常规	冀丰1458	30.3	32.2	5.0	6.6	79.3	7.9	85.4	151
2019	中熟常规	中MB11761A	29.7	32.3	5.4	5.6	77.4	8.6	85.3	146
2019	中熟常规	中518	29.0	31.2	5.3	6.3	78.7	8.2	85.1	142
2019	中熟常规	中生棉8号	30.2	34.3	5.3	5.6	78.4	7.9	85.4	154
2019	中熟杂交	邯杂棉9号	27.5	31.6	5.6	6.3	76.9	8.6	84.4	134
2019	中熟杂交	中棉所99007	29.2	32.2	5.4	5.7	78.0	8.3	84.9	143
2019	中熟杂交	中杂306	29.9	31.6	5.3	6.1	78.0	8.1	85.4	146
2019	中熟杂交	冀1518	29.9	33.2	5.4	5.4	77.6	7.9	84.6	146
2019	中熟杂交	鲁杂216	28.6	31.6	5.4	6.3	78.7	7.8	84.8	141
2019	中熟杂交	中棉EB002	29.0	33.4	5.6	5.6	75.9	7.8	85.5	146
2019	中熟杂交	邯杂棉14号	28.3	30.7	5.5	6.0	78.1	8.4	84.2	132
2019	中熟杂交	瑞杂816	29.4	33.0	5.5	5.4	77.0	8.3	85.6	148
2019	中熟杂交	中棉所96020	29.3	30.3	5.4	5.7	78.3	8.0	84.7	137
2019	中熟杂交	CRIZ140204	30.4	33.6	4.9	5.7	78.4	7.9	85.2	155
2019	中熟杂交	GB814	28.6	30.4	5.6	5.8	78.0	8.0	84.7	134
2019	中熟杂交	CRIZ140201	30.5	34.7	4.9	5.3	76.2	8.3	85.7	161
2019	中熟杂交	中生棉3号	33.0	34.8	4.5	5.2	78.9	7.6	86.4	174
2019	早熟	中棉EB004	27.9	30.6	5.1	7.1	78.2	8.7	85.1	140
2019	早熟	中棉所9701	29.2	32.1	4.7	6.3	79.9	8.3	85.6	154
2019	早熟	邯3206	28.1	31.6	5.3	6.4	78.7	8.6	84.3	137
2019	早熟	鲁棉243	28.4	31.2	4.9	6.2	79.0	8.3	85.3	145

（续表）

年份	类型	品种名称	长度（mm）	比强度（cN/tex）	马克隆值	伸长率（%）	反射率（%）	黄度	整齐度（%）	纺纱均匀指数
2019	早熟	中棉EB003	28.0	29.2	4.9	7.2	78.1	8.9	84.4	134
2019	早熟	中棉EB001	29.2	31.0	4.5	6.0	78.4	9.0	84.6	147
2019	早熟	鲁棉245	27.5	29.7	5.1	6.6	77.9	8.4	84.1	131
2019	早熟	鲁棉551	27.8	29.5	5.0	6.3	78.0	8.4	84.4	133
2019	早熟	中棉所50	29.3	29.8	5.0	6.6	79.1	8.3	85.6	144
2020	中熟常规	中棉所9A01	29.8	29.4	5.0	5.5	79.6	7.7	84.3	138
2020	中熟常规	冀棉569	29.8	31.7	5.0	6.1	76.0	8.7	84.9	145
2020	中熟常规	鲁棉263	29.4	30.8	4.9	5.4	77.4	8.7	83.8	138
2020	中熟常规	中棉所EM1701	29.3	31.1	5.1	5.8	78.4	7.9	85.5	146
2020	中熟常规	中棉612	28.5	31.2	5.2	5.4	77.2	8.6	84.5	138
2020	中熟常规	中20080	29.1	30.7	5.1	5.3	77.8	7.9	84.3	138
2020	中熟常规	冀石265	28.7	31.0	5.4	5.8	76.3	8.9	84.3	135
2020	中熟常规	聊棉21号	29.7	31.1	5.0	6.2	79.7	7.5	84.9	146
2020	中熟常规	邯505	29.7	31.0	5.2	5.6	78.5	8.1	84.8	142
2020	中熟常规	中棉所100	28.2	30.7	5.2	5.5	76.9	8.3	84.5	135
2020	中熟常规	邯6382	29.7	29.8	5.1	6.2	78.4	7.9	85.0	140
2020	中熟常规	中生棉6号	30.1	31.7	4.8	5.3	79.2	7.8	84.8	149
2020	中熟常规	邯棉6105	30.4	30.9	5.3	5.7	78.4	8.1	84.7	142
2020	中熟常规	中棉所9C04	29.2	29.8	5.1	5.4	78.7	7.7	84.6	137
2020	中熟常规	邯棉3022	28.2	31.5	5.1	5.8	76.5	8.5	84.5	138
2020	中熟常规	豫棉508	29.8	30.4	5.3	6.2	77.4	8.2	84.4	137
2020	中熟常规	冀棉262	29.1	30.2	5.2	5.7	77.4	8.1	84.5	136
2020	中熟常规	鲁棉1157	29.4	32.4	4.5	5.9	78.6	8.0	85.3	155
2020	中熟常规	豫棉601	29.6	30.2	5.3	6.2	77.2	8.4	84.5	136
2020	中熟常规	鲁棉319	29.9	31.8	5.2	6.3	77.6	8.1	85.4	147
2020	中熟常规	金农969	28.8	30.4	5.2	6.4	78.0	7.8	85.0	139
2020	中熟常规	H46R	29.0	31.6	5.3	5.7	78.1	8.1	84.3	139
2020	中熟常规	中MB11761A	29.5	31.7	5.1	5.6	76.3	8.7	84.2	141
2020	中熟常规	中棉所100	28.1	30.9	5.3	5.5	77.2	8.2	84.5	136
2020	中熟常规	冀棉30	28.5	29.3	5.4	5.3	77.9	7.9	83.5	126
2020	中熟常规	国欣棉33	29.9	30.9	5.1	5.9	78.0	8.0	84.8	143
2020	中熟常规	银兴棉17号	28.9	31.0	5.3	6.6	77.1	7.7	85.2	140
2020	中熟常规	鲁棉361	29.6	31.0	5.1	6.4	76.5	8.3	84.9	142
2020	中熟常规	冀棉9116	29.7	32.2	4.5	6.5	73.6	9.8	85.1	151
2020	中熟常规	冀石367	29.1	31.4	5.1	6.4	77.5	7.5	85.0	143
2020	中熟常规	鲁棉1165	29.1	30.3	5.3	5.6	77.7	7.9	85.4	141
2020	中熟常规	豫棉206	30.0	32.3	4.7	5.9	77.8	8.4	85.5	154
2020	中熟常规	中棉所100902	29.2	30.8	5.1	6.1	77.3	8.3	85.2	142
2020	中熟常规	中棉所100	28.1	30.7	5.3	5.5	76.4	8.2	84.5	135
2020	中熟常规	中棉所96024	29.2	32.7	5.0	6.0	77.1	8.0	84.7	146
2020	中熟常规	邯棉12号	29.9	31.0	4.6	6.4	77.6	8.1	84.7	147
2020	中熟杂交	中棉所9B04	30.3	30.9	4.9	5.4	77.7	8.3	84.7	145
2020	中熟杂交	鲁杂1168	29.0	31.2	5.1	5.9	78.7	7.9	85.0	143
2020	中熟杂交	邯杂棉9号	28.0	30.7	5.4	5.9	76.6	8.8	84.1	132
2020	中熟杂交	邯杂棉14号	28.2	29.6	5.2	5.8	77.7	8.3	84.0	130

（续表）

年份	类型	品种名称	长度（mm）	比强度（cN/tex）	马克隆值	伸长率（%）	反射率（%）	黄度	整齐度（%）	纺纱均匀指数
2020	中熟杂交	中杂306	30.0	30.8	5.1	6.0	78.3	8.1	84.9	143
2020	中熟杂交	中棉所96020	29.1	29.8	5.3	5.6	78.1	8.1	84.4	135
2020	中熟杂交	中棉EB002	29.4	31.7	5.2	5.7	77.7	8.1	84.9	144
2020	中熟杂交	中棉5014	29.7	31.6	5.3	5.9	77.2	8.2	85.4	146
2020	中熟杂交	瑞杂816	29.3	32.3	5.3	5.3	76.7	8.3	85.0	144
2020	中熟杂交	CRIZ140201	30.6	33.5	4.7	5.3	76.5	8.1	85.6	158
2020	中熟杂交	邯杂棉13号	27.4	30.3	5.5	5.8	76.9	8.1	84.0	128
2020	中熟杂交	中棉所99020	28.5	30.6	5.2	5.7	76.9	8.0	84.2	135
2020	中熟杂交	邯杂棉15号	27.9	30.7	5.1	5.7	77.4	7.9	84.3	135
2020	中熟杂交	中棉所100901	29.3	31.0	5.4	5.8	77.9	7.8	85.0	140
2020	中熟杂交	中棉所96021	30.3	31.2	5.1	5.7	77.3	7.6	85.1	144
2020	中熟杂交	中棉所9713	30.1	31.9	4.8	5.8	77.7	7.7	84.7	148
2020	中熟杂交	中棉所95615	28.8	31.9	5.4	6.1	76.4	8.3	84.4	138
2020	中熟杂交	瑞杂816	29.6	32.1	5.3	5.1	77.3	7.8	84.7	143
2020	中熟杂交	中生棉13号	31.5	33.0	4.5	5.1	78.7	7.6	85.4	160
2020	早熟	中棉所1701	28.9	32.5	5.0	6.0	78.2	8.5	85.1	148
2020	早熟	邯816	29.6	32.0	5.1	6.5	77.9	9.2	85.9	151
2020	早熟	中棉所9701	29.1	32.9	4.8	6.1	79.2	8.3	85.3	154
2020	早熟	中棉EB004	28.7	30.6	5.0	6.8	77.7	8.9	85.1	142
2020	早熟	邯3206	29.1	31.1	5.5	6.0	77.4	8.6	85.0	139
2020	早熟	豫棉701	28.7	30.3	5.1	6.3	78.0	8.5	85.1	140
2020	早熟	中棉所EM1704	29.3	30.3	4.8	6.6	77.9	8.6	85.3	145
2020	早熟	中棉所50	29.5	30.4	4.9	6.4	78.1	8.2	84.6	141

（二）2016—2020年黄河棉区参试品种纤维品质符合类型

2016—2020年，黄河棉区参试品种（含对照）共计有248个次，经测试分析，其各品种的纤维品质符合的类型，达到Ⅰ型（长度31mm，比强度32cN/tex，马克隆值3.7～4.2）没有品种。达到Ⅱ型（长度29mm，比强度30cN/tex，马克隆值3.5～5.0）的有65个，占比26.1%，达到Ⅲ型（长度27mm，比强度28cN/tex，马克隆值3.5～5.5）的有166个品种，占比67.0%。另有Ⅰ、Ⅱ、Ⅲ三种类型都未达到的有17个品种，占比6.9%（表49-6）。说明在黄河棉区，参试品种近几年的品种表现大多数达到Ⅲ型，其次为Ⅱ型，黄河棉区近几年没有现Ⅰ型品种。

表49-6　2016—2020年黄河棉区参试品种纤维结果符合审定标准类型　　　　　（个）

黄河棉区	组别	参试品种数	符合纤维类型的品种数			
			Ⅰ	Ⅱ	Ⅲ	型外
2016	中熟常规组QHA	9		1	6	2
	中熟常规组QHB	13		4	7	2
	中熟杂交组QHC	5			5	
	早熟组QHE	5			3	2
2017	中熟常规组QHA	12		4	8	
	中熟常规组QHB	12		3	9	
	中熟杂交组QHC	8		2	5	1
	早熟组QHE	8		5	3	

（续表）

黄河棉区	组别	参试品种数	符合纤维类型的品种数			
			I	II	III	型外
2018	中熟常规组QHA	12		4	5	3
	中熟常规组QHB	11		3	6	2
	中熟常规组QHC	10		3	7	
	中熟杂交组QHD	13		3	8	2
	早熟常规组QHE	11		3	7	1
2019	中熟常规组QHA	12		2	10	
	中熟常规组QHB	11		2	9	
	中熟常规组QHC	11		1	9	1
	中熟杂交组QHD	13		3	7	3
	早熟常规组QHE	9		2	7	
2020	中熟常规组QHA	12		5	7	
	中熟常规组QHB	12		1	11	
	中熟常规组QHC	12		4	8	
	中熟杂交组QHD	10		2	8	
	中熟杂交组QHE	9		2	7	
	早熟常规组QHF	8		3	5	
总计（个）		248		65	166	17
I、II、II 三种类型所占的比例（%）				26.1	67.0	6.9

（三）黄河流域棉区区域试验纤维品质指标分布

2016—2020年黄河流域棉区陆地棉参试品种的纤维长度为26.9～33.0mm。其中最短26mm级，所占比例为0.4%；27mm级占6.8%；28mm级占26.4%；29mm级占74%，32mm级及以上占0.4%，说明黄河流域棉花育种对纤维长度的改进成效显著；陆地棉品种出现纤维长度31mm、33mm档的参试品种。陆地棉品种最短出现纤维长度26mm档及以下的短纤维参试品种（图49-1）。

2016—2020年黄河流域棉区陆地棉参试品种的比强度为28.5～35.7cN/tex。最低档28cN/tex，占0.8%；29cN/tex，占10.1%；多数品种以"中等"档强度（30cN/tex）为主，约占21.4%；比强度"很强"档（31cN/tex）的品种数最多占29.4%；其次是"强"档（32cN/tex）的品种比例占为22.6%；比强度达到33cN/tex的品种数占10.9%，比强度34cN/tex及以上的品种数合计占4.8%。近年来比强度达到"强""很强"档棉花参试品种所占比例显著上升，且其中纤维比强度达到"很强"（31cN/tex）档及以上的比例增加幅度很快，表明黄河棉区棉花育种纤维比强度的提高成效也十分显著（图49-2）。

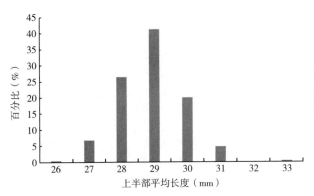

图49-1 上半部平均长度各档分布所占百分比

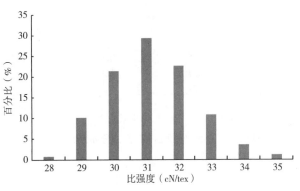

图49-2 断裂比强度各档分布所占百分比

2016—2020年黄河流域棉区参试品种马克隆值主要为4.5～6.0，黄河流域近5年来参试品种中没有达最佳A级（3.7～4.2），也没有3.6以下的，马克隆值在5.0～5.5的品种数比例占72.1%，说明黄河流域棉区参试品种马克隆值普遍偏高；其次为B2档，马克隆值在4.3～4.9的品种数比例占20.2%；超过5.6的高马克隆值的品种占7.7%（图49-3）。

2016—2020年黄河流域棉区参试品种整齐度指数主要分布在83.5%～87.2%档，所有参试品种的整齐度指数都达到品种审定规定的83%水平，整齐度指数在83%品种数比例为2.9%；整齐度指数在84%品种数比例为48.8%；整齐度指数在85%品种数比例为42.7%；整齐度指数在86%品种数比例为5.2%；整齐度指数在87%品种数比例为0.4%。黄河流域棉区整齐度指数近年来年份间相对稳定且呈优化的趋势（图49-4）。

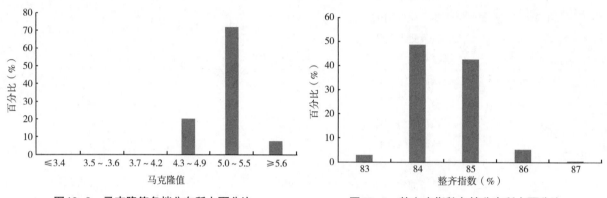

图49-3　马克隆值各档分布所占百分比　　　　图49-4　整齐度指数各档分布所占百分比

2016—2020年黄河流域棉区参试品种纺纱均匀性指数主要分布在120～174档，纺纱均匀性指数达到120比例为3.2%；纺纱均匀性指数在130以上适纺高支纱的比例为28.6%；纺纱均匀性指数在140以上适纺高支纱的比例为46.0%，纺纱均匀性指数在150以上适纺高支纱的比例为19.0%，纺纱均匀性指数达到160适纺高支纱的比例为2.8%，纺纱均匀性指数达到170及以上适纺高支纱的比例合计为0.4%，黄河流域棉区纤维纺纱均匀性指数，近年来适纺高支纱的比例在增大，年份间相对稳定且呈优化的趋势（图49-5）。

（四）黄河流域棉区区域试验年份间纤维品质变化趋势

2016—2020年国家区域试验黄河流域棉区，纤维上半部平均长度平均值为29.2～29.8mm；比强度为31.1～32.3cN/tex；马克隆值平均值为5.1～5.2；整齐度指数平均值为84.8%～85.1%；纺纱均匀性指数平均值为142～146（图49-6至图49-10）。

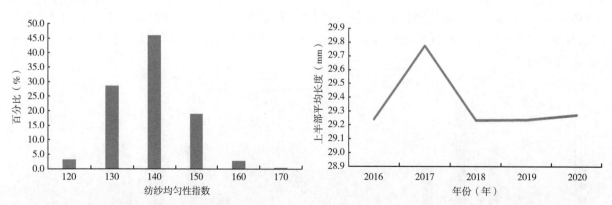

图49-5　纺纱均匀性指数各档分布所占百分比　　　图49-6　2016—2020年上半部平均长度平均值年份间
变化趋势

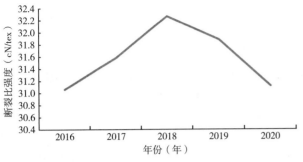

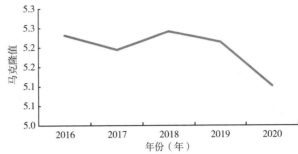

图49-7　2016—2020年断裂比强度平均值年份间变化趋势　　**图49-8　2016—2020年马克隆值平均值年份间变化趋势**

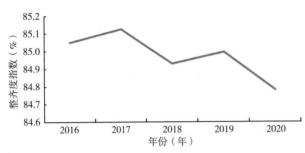

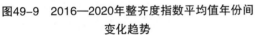

图49-9　2016—2020年整齐度指数平均值年份间
变化趋势

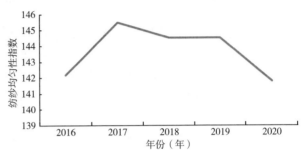

图49-10　2016—2020年纺纱均匀性指数平均值年份间
变化趋势

五、总结

（一）黄河流域棉区中熟常规组品种纤维品质变化动态

2016—2020年黄河流域棉区国家棉花区域试验中熟常规棉组，参试品种纤维品质统计结果表明，5年（2016—2020年）参试品种纤维上半部平均长度平均值依次分别为29.3mm、30.0mm、29.2mm、29.4mm、29.3mm。参试品种的纤维长度平均值都在29mm档以上。纤维断裂比强度5年平均值分别为30.9cN/tex、31.8cN/tex、32.3cN/tex、32.0cN/tex、31.0cN/tex。从平均值可以看出参试品种的比强度都达30.0cN/tex以上，2018年比强度达到最高（32.3cN/tex）。马克隆值5年平均值分别为5.3、5.2、5.3、5.3、5.1。马克隆值平均值年份间都在C2级（5.0及以上）。整齐度指数5年平均值分别为84.8%、85.0%、84.9%、85.0%、84.7%。整齐度指数平均水平年份间差异不大，但都达84.0%及以上水平。近几年黄河流域的马克隆值普遍偏高，大多数品种（约占72.1%）马克隆值都在5.0及以上，这与近几年黄河流域的天气有较大关系。2017年苗期气温高光照充足，有利于棉苗生长，6月下旬至7月上中旬气温高，降水少，棉花发育快，开花早，生育进程提前，7月下旬至8月初阴雨寡照天气。2018年前期气温较高，降水适中，有利于棉花的生长，进入蕾铃盛期气温较常年偏高，降水少，日照充足，棉花生育进程提前，开花早，中下部成铃较多，伏前桃较往年多。8月中期干旱高温，天气的干旱，使部分试点的纤维品质降低，纤维长度偏短，马克隆值偏大。2019年前期气温较高，降水少，蕾铃初期气温高，降水少，光照充足，棉花生长稳健，中期持续的高温干旱，后期气温高降水少，利于吐絮和采收，霜前花率较高，僵瓣少。但吐絮前期天气干旱，不利于上部棉铃的充实，使部分试点的纤维品质降低，纤维长度偏短。

近几年随着育种家对品种选育的逐步改良，黄河流域棉区参试品种的纤维长度和比强度平均值都达到"双29"品质需求，这说明从品种育种选育的角度来讲，近几年来选育的品种品质很好，能够满足纺织部门对原棉品质的配棉所需。但由于天气的原因，应引起育种家们注意马克隆值过高，在品种筛选上应重视马克隆值的改良，在协调产量和品质矛盾的基础上，尽量降低马克隆值。

2016—2020年黄河流域棉区中熟常规组参试品种中，达到Ⅰ型、Ⅱ型、Ⅲ型、型外的品种数比例分别为0、24.8%、68.5%、6.7%。Ⅲ型品种的比例近几年逐渐增大，主要是马克隆值高纤维偏粗的原因。Ⅲ型品种仍占主导地位且比例变化不大。没有Ⅰ型品种，型外品种比例近几年持续下降，2020年没有出现型外品种。总体来说，2016—2020年参试品种的纤维品质发生了变化，Ⅱ型品种的比例不断提高，型外品种逐渐消失。纤维品质的变化，得益于近年来国家品种审定工作中十分重视纤维品质的提升，从而引导棉花育种目标和育种方向，反映了育种家在加大力度提高棉花的纤维品质，提高纤维长度和比强度，降低马克隆值，满足品种审定和推广的要求，为棉纺织企业提供优质棉系列品种。

（二）黄河流域棉区中熟杂交组品种纤维品质变化动态

2016—2020年黄河流域棉区国家棉花区域试验中熟杂交组，参试品种纤维品质统计结果表明，2016—2020年参试品种纤维长度平均值依次为28.9mm、29.7mm、29.3mm、29.5mm、29.3mm。参试品种的纤维长度平均值都在28mm和29mm档以上。纤维断裂比强度5年平均值分别为30.9cN/tex、32.5cN/tex、32.1cN/tex、32.4cN/tex、31.3cN/tex。从平均值可以看出2017年、2018年、2019年参试品种的比强度都达到32.0cN/tex及以上水平。马克隆值5年平均值分别为5.3、5.4、5.3、5.3、5.1。马克隆值平均值年份间都达到C2级（5.0及以上）。整齐度指数5年平均值分别为84.8%、85.0%、84.6%、85.1%、84.7%。整齐度指数平均水平年份间差异不大，但都达到84.0%及以上水平。近几年随着育种家对品种选育的逐步改良，黄河流域棉区参试的品种纤维长度和比强度平均值都达到"双28""双29"的品质需求，这说明从品种育种选育的角度来讲，近几年来选育的品种品质很好，能够满足纺织部门对原棉品质的配棉所需。只是在后续的种子繁育、示范推广、监督管理等环节上，要从严把控和监管。

（三）黄河流域棉区早熟组品种纤维品质变化动态

2016—2020年黄河流域棉区国家棉花区域试验早熟组，41个参试品种纤维品质统计结果表明，2016—2020年参试品种纤维长度平均值依次为29.5mm、29.1mm、29.1mm、28.4mm、29.1mm。参试品种的纤维长度平均值都在28mm和29mm档。纤维断裂比强度5年平均值分别为32.2cN/tex、30.0cN/tex、32.3cN/tex、30.5cN/tex、31.3cN/tex。从平均值可以看出2016年、2018年参试品种的比强度都达到32.0cN/tex及以上水平。马克隆值5年平均值分别为4.9、4.8、5.1、4.9、5.0。马克隆值平均值年份间都达B2（4.3～4.9）和C2级（5.0及以上）。整齐度指数5年平均值分别为86.5%、85.5%、85.4%、84.8%、85.2%。整齐度指数平均水平年份间差异不大，但都达到84.0%及以上，2016年整齐度指数达到86.5%较高水平。近几年随着育种家对品种选育的逐步改良，黄河流域棉区早熟组参试的品种纤维长度和比强度平均值都达到"双28"和"双29"的品质需求，马克隆值都达到B2和C2级水平，说明近几年来早熟品种的选育品质有较大幅度的提升，尤其马克隆值大多数品种在5.0以下，尽管黄河流域近几年在棉花生长的关键时期气温偏高，但早熟棉品种的改良能够满足纺织部门对原棉长、强、细的搭配选择上比较合理。原棉品质逐年有加大的改良和提升。2016—2020年黄河流域棉区早熟组参试品种达到Ⅰ型、Ⅱ型、Ⅲ型、型外的品种数比例分别为0、39.0%、58.5%、2.4%。早熟组Ⅲ型品种仍占主导地位且年份间比例变化不大。没有Ⅰ型品种，型外品种比例很少，Ⅱ型品种逐年有增加趋势。

（四）品种审定促进品质大幅度提高

近几年来，黄河流域棉区通过审定的品种纤维品质及品种类型（表49-7），2016—2020年黄河流域棉区国审棉花品种共34个，纤维品质达到Ⅱ型的品种数占26.5%，Ⅱ型品种占比总体上呈上升趋势，Ⅲ型比例占73.5%。纤维品质性状表现为：纤维上半部平均长度、断裂比强度和马克隆值在年份间略有波动，但随年份变化的趋势不明显。2016—2020年国审品种纤维长度平均值为29.7mm，纤维比强度平均值为31.6cN/tex，马克隆值平均值为5.2。满足"双29"对品种纤维品质的要求。其中2018年纤维长度较低，马克隆值5.4，纤维偏粗。2020年的比强度较高，平均值达32.2cN/tex，国审棉花品种在提高棉花产量、改进纤维品质和促进棉花生产发展等方面发挥了重要作用。总体来看，2016年和2020年纤维品质综合表现较好。国家品种审定工作十分重视纤维品质的提升，从而引导棉花育种目标和育种方向，反映了育种家在确保产量提高，并超过对照品种的同时，加大力度提高棉花的纤维品质，符合棉花生产"提质增效"的发展方向，顺应纺织企业对原棉纱支的实际需求。通过品种审定的品质现状可以了解我国黄河流域棉区国审棉花品种遗传改良的成就和不足，为国审棉花品种资源的合理利用和国家品种审定指标的进一步完善提供参考依据。

表49-7　2016—2020年黄河流域棉区国审棉花品种的品质及品种类型

年份	通过审定品种数（个）	品质各类型国审品种数量（个）			上半部平均长度（mm）	断裂比强度（cN/tex）	马克隆值
		I	II	III			
2016	7	0	1	6	29.7	31.7	5.2
2017	3	0	0	3	29.5	30.9	5.3
2018	3	0	0	3	29.1	30.8	5.4
2019	10	0	3	7	29.6	31.2	5.2
2020	11	0	5	6	29.9	32.2	5.2
总计	34	0	9	25	29.7	31.6	5.2

第四节　2016—2020年黄河流域棉花品种试验参试品种抗病性状动态分析

棉花品种区域试验是品种审定的重要环节，其目的在于为棉花新品种的审定、发放、布局及宏观调控提供科学依据。参试棉花新品种的抗病性是一项重要指标，关系到棉花的生产安全。2016—2020年依据国家棉花品种试验实施方案的要求，采用菌土营养钵鉴定法和人工病圃成株期鉴定法，对国家黄河流域棉花品种区域试验参试的248个新品种进行了枯萎病、黄萎病抗性鉴定，本节对鉴定结果进行了分析评述，以期为棉花抗病育种及新品种的审定推广提供依据。

一、材料与方法

（一）试验材料

由全国农业技术推广服务中心提供的黄河流域棉花品种区域试验参试品种（系）248个，其中2016年32个、2017年40个、2018年57个、2019年56个、2020年63个。参试的棉花品种包括常规品种和杂交品种，早熟、中熟和中早熟。

（二）鉴定方法

抗枯萎病鉴定：采用菌土营养钵法，每品种3次重复，每重复6钵，留苗30课。供试菌株为生产上的优势小种（7号小种）。感病对照为冀棉11，抗病对照为中植棉2号。

抗黄萎病鉴定：依据国家标准，试验采用人工病圃成株期鉴定方法，病原菌为安阳菌系，具中等偏强致病力，供试品种2行区，3~4次重复，随机排列。感病对照为冀棉11，抗病对照为中植棉2号。

（三）调查与统计方法

病害的调查：枯萎病鉴定试验中，一般在播种后25d左右棉苗普遍时调查各品种（系）的发生情况，调查采用5级分级法，进行多次调查。黄萎病鉴定试验中，于花铃期按全国统一病情分级标准调查，并实行全程监控，根据监控结果，当感病对照病株率达65%～90%，病指达37.5～66.5时，调查各品种（系）的病害发生情况，整个发病期调查3～4次。

抗病性评价指标：病情分级标准参照国家标准《棉花抗病虫性评价技术规范　第5部分》（GB/T 22101.5—2009）中所述的五级分级法，根据调查结果计算的相对病情指数（IR）来划分各品种（系）的抗病类型。

$$相对病情指数（IR）=\frac{参试品种的病情指数 \times 50}{感病对照的病情指数}$$

抗病类型的划分：品种的抗病类型按全国的统一标准划分为免疫（I）、高抗（HR）、抗病（R）、耐病（T）和感病（S）5个级别。具体标准参见表49-8。

表49-8　棉花品种（系）枯萎病、黄萎病抗性评定标准的划分

抗病类型	相对病情指数标准	
	枯萎病	黄萎病
免疫（I）	0.0	0.0
高抗（HR）	0.1～5.0	0.1～10.0
抗病（R）	5.1～10.0	10.1～20.0
耐病（T）	10.1～20.0	20.1～35.0
感病（S）	20.1～100	35.1～100

品种的总体抗性指数：2016—2020年参试品种（系）采用总体抗性指数进行分析，具体方法参照朱荷琴和冯自力的文献。$rF（rV）=（4I+3HR+2R+1T+0S）\times 100/（4\times 总品种数）$，其中$rF$、$rV$分别表示品种的总体抗枯萎病指数和抗黄萎病指数；$I$、$HR$、$R$、$T$、$S$分别表示免疫、高抗、抗病、耐病、感病的品种数。品种的总体兼抗指数$rFV=\sum rij \times n \times 100/（16\times 总品种数）$，其中$n$为枯萎病、黄萎病不同兼抗性级别的品种数，$rij$为枯萎病、黄萎病不同兼抗性级别的系数。

二、结果与分析

（一）参试品种（系）对枯萎病的抗性情况

2016—2020年248个参试品种（系）的枯萎病抗性类型比例见图49-11。各年度的高抗品种（系）所占的比例分别为62.5%、52.5%、38.6%、64.3%、46.0%，2018年和2020年高抗品种（系）所占的比例低于50.0%，其余年份所占的比例为50.0%～64.3%；各年度参试品种（系）抗病品种所占的比例分别为3.1%、15.0%、28.1%、12.5%、17.5%；各年度参试品种（系）耐病品种所占的比例分别为21.9%、17.5%、21.1%、19.6%、23.8%；2019年感病品种所占的比例最低，为3.6%，其余年份为12.1%～15.0%。参试棉花品种（系）对枯萎病的抗性水平较高，抗性品种（系）平均占68.0%。

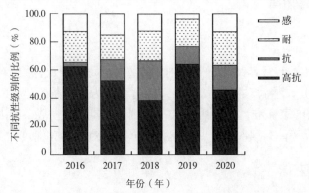

图49-11　2016—2020年参试品种（系）枯萎病不同抗性级别的比例

（二）参试品种（系）对黄萎病的抗性情况

参试品种（系）的黄萎病抗性类型比例情况见图49-12。参试的品种（系）中没有出现高抗黄萎病的品种（系），抗病品种所占比例为9.5%~24.6%，2020年最低，所占比例为9.5%，平均占比为16.9%；耐黄萎病品种所占比例为67.5%~85.7%，平均占比为77.8%；各年度感黄萎病品种（系）所占的比例为0~15.0%，2018年没有出现感病品种。表明参试品种以耐黄萎病为主，对黄萎病抗性为中等水平。

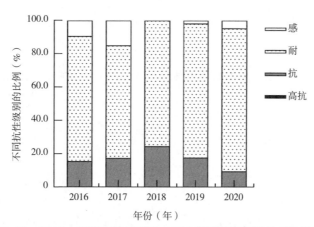

图49-12　2016—2020年参试品种（系）黄萎病不同抗性品种的比例

（三）参试品种的兼抗性

248个参试品种（系）中，兼抗枯黄萎病品种（系）所占比例见图49-13。2020年兼抗品种的比例较低（6.3%），2016—2019年基本相当（14.0%~16.0%），兼抗品种所占的比例趋于稳定。

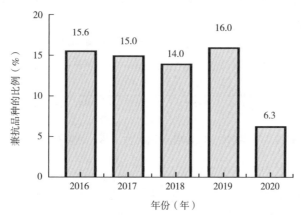

图49-13　2016—2020年参试品种（系）兼抗品种的比例

（四）常规棉与杂交棉品种（系）的抗枯萎病情况

2016—2020年常规棉与杂交棉品种的枯萎病总体抗性指数（r_F）见图49-14。常规棉的枯萎病总体抗性指数分别为57.4、53.2、53.4、61.6、54.2，杂交棉的枯萎病总体抗性指数分别为35.0、44.4、30.8、51.9、42.6，表明常规棉品种（系）对枯萎病的抗性优于杂交棉。

（五）常规棉与杂交棉品种（系）的黄萎病抗性情况

2016—2020年常规棉与杂交棉品种（系）的黄萎病总体抗性指数（r_V）见图49-15，常规棉的黄萎病总体抗性指数分别为27.8、25.8、30.1、29.7、27.1；杂交棉品种（系）黄萎病总体抗性指数分别为20.0、25.0、34.6、26.9、25.0。总体来看，常规棉和杂交棉对黄萎病的抗性水平基本一致。

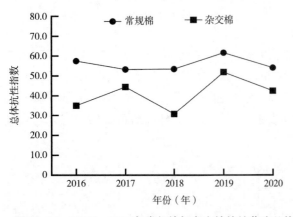

图49-14　2016—2020年常规棉与杂交棉的枯萎病总体抗性指数

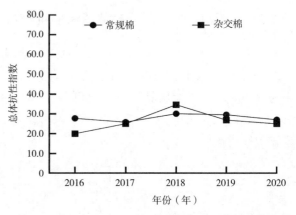

图49-15　2016—2020年常规棉与杂交棉的黄萎病总体抗性指数

（六）参试品种的总体抗性

2016—2020年参试品种的总体抗性指数（图49-16）可以看出，供试品种的总体抗枯萎病指数r_F值为48.2～59.4，2018年最低（48.2），然后在2019年又急剧上升（59.4），2020年又下降到49.2；供试品种的总体抗黄萎病指数r_V为26.2～31.1，变化幅度较小，趋于平稳状态；供试品种的总体兼抗指数r_{FV}值为13.8～17.4，2017年最低，为13.8。各年度均表现$r_F > r_V > r_{FV}$，品种的兼抗性与黄萎病抗性趋势一致，要获得兼抗性好的品种，仍然要注重黄萎病抗性的提高。

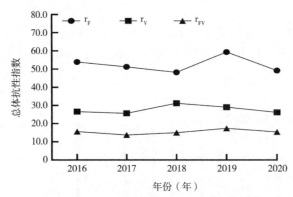

图49-16　2016—2020年参试品种（系）总体抗性指数

三、小结与讨论

棉花枯黄萎病是影响我国棉花生产的主要病害，严重影响棉花的产量和品质，目前，国际上公认种植抗病品种是控制其为害的最经济有效的措施。选育抗病品种的核心是准确评价品种的抗病性，无论是棉花品种审定还是抗病育种及相关研究均是如此。本文分析了近5年来国家黄河流域棉花品种区域试验参试新品种（系）对枯萎病、黄萎病的抗性，结果表明，参试的棉花新品种总体对枯萎病的抗性较好，各年度高抗枯萎病品种所占比例＞38.6%，但近几年来一直没有出现高抗黄萎病的品种，抗黄萎病的品种所占比例最高为24.6%，该结果与先前报道一致。各年度参试的品种（系）中，双抗的品种较少，参试的大部分品种抗枯萎病较好，但抗黄萎病不太好，品种的总体兼抗性指数与抗黄萎病指数趋势一致，品种的抗黄萎病为培育兼抗品种的限制因子，这与前人的报道一致。参试棉花品种（系）中抗黄萎病的有42个（16.9%），耐黄萎病的有193个（77.8%），兼抗品种（系）有32个（12.9%），比先前报道中抗病（11.4%）、耐病（71.6%）和兼抗（6.6%）分别提高5.5个百分点、6.2个百分点和6.3个百分点，由此可以看出抗黄萎病品种是逐步提高的，近几年来育种家是越来越注重抗黄萎病品种的培育；供试棉花品种（系）中，常规棉品种（系）对枯萎病的抗性优于杂交棉品种，与林玲报道的相反，分析原因，可能是品种来源、样本量、鉴定方法等方面的原因，有待进一步探讨。

2018年供试品种中，抗黄萎病品种所占比例较高，也没有出现感黄萎病的品种，可能与当年黄萎病发生偏轻有关，在黄萎病发生偏轻年份，尽管感病对照能达到鉴定要求的下限，但由于发病高峰期持续时间短，发病不充分，仍会对鉴定结果有一定的影响。棉花黄萎病是全生育期病害，发生期长，发生消长受气温和湿度影响明显，近年来，在黄河流域和长江流域棉区，均出现夏季高温抑制黄萎病发生为害的现象，给抗病鉴定带来一定的困难，如何降温增湿，保证发病充分，准确评价品种的抗病性有待进一步研究完善。

第五节　2016—2020年黄河流域棉花品种试验Bt检测性状动态分析

根据国家棉花品种试验方案要求，整个检测鉴定试验分为两个方面：一是对所有参试材料利用Bt胶体金免疫检测试纸条进行抗虫株率检测；二是对参试材料利用ELISA方法对其进行Bt抗虫蛋白量的检测。综合两方面的试验结果，对参试品种是否为抗虫棉以及其抗虫基因蛋白表达量高低进行评价。

一、材料与方法

（一）试验材料

以2016—2020年黄河流域棉花品种试验参试品种为试验材料，共计248份。

（二）主要试验仪器及试剂

主要试验仪器包括CertiPrep样品粉碎仪（SPEX公司）、酶标板（Envirologix公司）和Tecan酶标仪（Sunrise公司）。主要试剂包括Qualiplate Kit for Cry1Ab/Cry1Ac（Envirologix公司）、Washing Buffer：PBS/0.05%Tween-20、Extract Buffer：PBS/0.55%Tween-20和Stop Solution：1N HCl。

（三）试验方法

抗虫株率检测：随机选取供试材料的种子100粒，采用Bt胶体金免疫检测试纸条进行检测。抗虫株率（%）=阳性种子数/总检测种子数×100

Bt蛋白表达量的测定：所有试验材料均种植在中国农业科学院生物技术研究所抗虫棉试验基地，每材料点播40穴，间苗前使用卡那霉素检测供试材料，现黄斑植株挂牌标记。于每年6月23日选取卡那鉴定为阳性的15株植物，摘取顶端叶片，采用酶联免疫法（Enzyme linked immunosorbent assays，ELISA）测定Bt蛋白表达量。测定时进行混样检测，3次重复，以3次检测的平均值作为该品种的Bt蛋白表达量。并依据Bt蛋白表达量进行分级，分级标准为：不表达，0~5ng/g FW；低表达，5~150ng/g FW；中表达，150~300ng/g FW；中高表达，300~450ng/g FW；高表达，>450ng/g FW。

二、结果分析

（一）2016年黄河流域棉花品种试验参试品种抗虫性分析

2016年黄河流域棉花品种试验参试品种共32份，抗虫株率均达92%以上，其中27份材料的抗虫株率为100%，占样品数的84.38%；Bt蛋白表达量为132~492，其中，仅1份材料的Bt表达量较低，其余材料的Bt蛋白表达量均达到中高量级，达到中高和高量级的材料有19份，占检测样品数的59.38%（表49-9）。

表49-9 2016年区域试验材料的抗虫株率和Bt蛋白表达量

序号	品种	检测株数（株）	抗虫株数（株）	抗虫株率（%）	Bt蛋白表达量（ng/g FW）	Bt蛋白表达量级
1	鲁棉418	100	90	90	279.58	中
2	鲁棉1127	100	100	100	318.64	中高
3	石抗126（CK）	100	96	96	286.3	中
4	冀棉521	100	100	100	340.06	中高
5	鲁棉522	100	92	92	280.98	中
6	中1007	100	100	100	264.18	中
7	创1010	100	100	100	316.26	中高
8	银兴棉8号	100	100	100	308.98	中高
9	冀丰优1187	100	100	100	230.02	中
10	鲁棉1131	100	100	100	281.4	中
11	中棉9213	100	100	100	367.92	中高
12	中M02	100	100	100	300.44	中高
13	石抗126（CK）	100	100	100	407.4	中高
14	鲁棉696	100	100	100	301.7	中高
15	中棉9421	100	100	100	325.64	中高
16	国欣棉25	100	100	100	398.86	中高
17	汴棉584	100	100	100	325.64	中高
18	山农棉9号	100	100	100	288.4	中
19	聊棉15号	100	100	100	418.46	中高
20	鲁棉338	100	100	100	377.72	中高
21	鲁棉238	100	100	100	355.88	中高
22	NXC1208	100	100	100	332.64	中高
23	徐D619	100	94	94	355.6	中高
24	百棉86	100	100	100	436.52	中高
25	瑞杂816（CK）	100	100	100	132.58	低
26	鲁杂2138（三系）	100	98	98	339.36	中高
27	欣抗棉963	100	100	100	452.62	高
28	鲁棉2387	100	100	100	289.1	中
29	中棉425	100	100	100	292.6	中
30	中棉所50（CK）	100	100	100	275.1	中
31	CRIZ140203	100	100	100	286.3	中
32	百棉10号	100	100	100	297.36	中

（二）2017年黄河流域棉花品种试验参试品种抗虫性分析

2017年黄河流域棉花品种试验参试品种共40份，抗虫株率均为100%；Bt蛋白表达量为151～1 168ng/g FW，其中，17份材料的Bt表达量为中量级，占总样品数的42%；其余材料的Bt蛋白表达量均达到中高、高量级，其中达到高量级的材料有15份，占检测样品数的37.50%，有4份材料的Bt蛋白表达量超过1 000ng/g FW（表49-10）。

表49-10　2017年区域试验材料的抗虫株率和Bt蛋白表达量

序号	品种名称	检测株数（株）	抗虫株数（株）	抗虫株率（%）	Bt蛋白表达量（ng/gFW）	Bt蛋白表达量级
1	邯棉6101	100	100	100	321.92	中高
2	鑫秋110	100	100	100	262.4	中
3	国欣棉25	100	100	100	899.76	高
4	鲁棉696	100	100	100	157.08	中
5	中棉9213	100	100	100	375.24	中高
6	石抗126	100	100	100	424.22	中高
7	中棉9421	100	100	100	219.62	中
8	鲁棉238	100	100	100	560.62	高
9	聊棉15号	100	100	100	217.94	中
10	鲁棉1131	100	100	100	151.6	中
11	豫棉54	100	100	100	407.48	中高
12	中棉所9708	100	100	100	482.5	高
13	邯棉3008	100	100	100	619.52	高
14	德利农12号	100	100	100	405	中高
15	国欣棉26	100	100	100	827.22	高
16	鲁棉691	100	100	100	172.68	中
17	K33	100	100	100	232.64	中
18	中棉所94A915	100	100	100	218.56	中
19	运H13	100	100	100	1 168.84	高
20	GB516	100	100	100	382.06	中高
21	金农308	100	100	100	416.78	中高
22	中棉9001	100	100	100	573.02	高
23	石抗126	100	100	100	607.12	高
24	邯218	100	100	100	172.68	中
25	中MB9029	100	100	100	166.02	中
26	百棉86	100	100	100	155.32	中
27	中棉所9711	100	100	100	419.26	中高
28	银兴棉14号	100	100	100	293.4	中
29	中6913	100	100	100	570.54	高
30	中M04	100	100	100	289.06	中
31	中棉所94A2021	100	100	100	202.26	中
32	瑞杂816	100	100	100	208.02	中
33	中棉425	100	100	100	982.84	高
34	百棉10号	100	100	100	1 277.34	高
35	鲁棉2387	100	100	100	1 210.28	高
36	CRIZ140203	100	100	100	1 110.46	高
37	中棉所50	100	100	100	997.1	高
38	鲁棉532	100	100	100	868.14	高
39	中棉所9701	100	100	100	227.68	中
40	中棉所94A2941	100	100	100	234.5	中

（三）2018年黄河流域棉花品种试验参试品种抗虫性分析

2018年黄河流域棉花品种试验参试品种共57份，抗虫株率均达96%以上，其中43份材料的抗虫株率为100%，占样品数的75.44%；Bt蛋白表达量为182～1 107ng/g FW，其中，仅16份材料的Bt表达量为中量级，占总样品数的28.07%；其余材料的Bt蛋白表达量均达到中高、高量级，其中达到高量级的材料有29份，占检测样品数的50.88%，有3份材料的Bt蛋白表达量超过1 000ng/g FW（表49-11）。

表49-11 2018年区域试验材料的抗虫株率和Bt蛋白表达量

序号	品种名称	检测株数（株）	抗虫株数（株）	抗虫株率（%）	Bt蛋白表达量（ng/gFW）	Bt蛋白表达量级
1	中棉所94A915	100	98	98	561.12	高
2	GB516	100	98	98	747.62	高
3	邯棉6101	100	100	100	480.37	高
4	邯棉3008	100	100	100	689.28	高
5	金农308	100	100	100	979.51	高
6	运H13	100	97	97	1 107.96	高
7	邯218	100	100	100	1 054.80	高
8	中棉所9708	100	100	100	780.37	高
9	国欣棉26	100	100	100	336.98	中高
10	石抗126	100	100	100	779.23	高
11	德利农12号	100	100	100	1 054.23	高
12	中棉9001	100	100	100	789.00	高
13	中棉EB005	100	100	100	229.51	中
14	中棉所95602	100	100	100	561.70	高
15	新科棉6号	100	100	100	191.58	中
16	鲁棉378	100	98	98	424.63	中高
17	银兴棉15号	100	100	100	511.12	高
18	中棉所9C01	100	96	96	340.14	中高
19	冀棉29	100	100	100	308.53	中高
20	冀丰4号	100	100	100	799.34	高
21	邯棉5019	100	100	100	182.10	中
22	石抗126	100	99	99	881.24	高
23	中棉所1601	100	100	100	352.21	中高
24	冀棉803	100	99	99	360.83	中高
25	鲁棉1141	100	100	100	273.76	中
26	德棉16号	100	100	100	416.29	中高
27	豫棉616	100	100	100	255.95	中
28	MH335223	100	100	100	415.43	中高
29	衡棉1670	100	100	100	610.83	高
30	中棉所96019	100	100	100	393.59	中高
31	中棉1038	100	98	98	231.81	中
32	GB518	100	100	100	598.48	高
33	石抗126	100	99	99	713.13	高
34	中棉所9711	100	100	100	610.83	高
35	CRIZ140204	100	100	100	405.95	中高
36	中棉所1603	100	100	100	880.09	高
37	中棉所94A2021	100	98	98	295.89	中
38	鲁杂216	100	98	98	807.96	高
39	冀1518	100	100	100	336.12	中高
40	冀杂707	100	100	100	202.21	中

序号	品种名称	检测株数（株）	抗虫株数（株）	抗虫株率（%）	Bt蛋白表达量（ng/gFW）	Bt蛋白表达量级
41	中MBH13001	100	100	100	460.26	高
42	中棉9101	100	100	100	259.97	中
43	中6913	100	100	100	257.96	中
44	中M04	100	100	100	268.30	中
45	中棉所99007	100	100	100	260.83	中
46	瑞杂816	100	100	100	268.02	中
47	中棉EB003	100	100	100	324.63	中高
48	鲁棉532	100	100	100	637.56	高
49	鲁棉541	100	100	100	196.46	中
50	鲁棉243	100	100	100	623.48	高
51	德棉15号	100	96	96	721.18	高
52	徐棉608	100	100	100	970.32	高
53	中棉所1602	100	100	100	681.24	高
54	邯853	100	100	100	694.45	高
55	邯901	100	96	96	205.66	中
56	中棉EB001	100	100	100	289.28	中
57	中棉所50	100	97	97	806.52	高

（四）2019年黄河流域棉花品种试验参试品种抗虫性分析

2019年黄河流域棉花品种试验参试品种共56份，抗虫株率均达95%以上，其中35份材料的抗虫株率为100%，占样品数的62.50%；Bt蛋白表达量为227~2 084ng/g FW，其中，仅5份材料的Bt表达量为中量级，占总样品数的8.93%；其余材料的Bt蛋白表达量均达到中高、高量级，其中达到高量级的材料有47份，占检测样品数的83.93%，有22份材料的Bt蛋白表达量超过1 000ng/g FW，有9份材料的Bt蛋白表达量超过1 500ng/g FW，有1份材料的Bt蛋白表达量超过2 000ng/g FW（表49-12）。

表49-12　2019年区域试验材料的抗虫株率和Bt蛋白表达量

序号	品种名称	检测株数（株）	抗虫株数（株）	抗虫株率（%）	Bt蛋白表达量（ng/gFW）	Bt蛋白表达量级
1	中棉EB005	100	100	100	668.65	高
2	冀棉803	100	98	98	652.75	高
3	中棉所96019	100	98	98	1 492.23	高
4	冀丰4号	100	100	100	1 253.10	高
5	GB518	100	100	100	947.20	高
6	衡棉1670	100	100	100	785.03	高
7	中棉所95602	100	98	98	384.37	中高
8	鲁棉378	100	100	100	1 871.26	高
9	中棉所100	100	100	100	1 718.63	高
10	银兴棉15号	100	100	100	780.51	高
11	MH335223	100	100	100	985.36	高
12	德棉16号	100	98	98	1 224.49	高
13	中棉所9A01	100	100	100	1 106.83	高
14	冀棉569	100	100	100	1 597.80	高
15	中20080	100	100	100	227.93	中
16	邯6382	100	100	100	1 375.21	高
17	中MBC31776	100	100	100	301.06	中高

（续表）

序号	品种名称	检测株数（株）	抗虫株数（株）	抗虫株率（%）	Bt蛋白表达量（ng/gFW）	Bt蛋白表达量级
18	冀石265	100	98	98	589.16	高
19	中棉612	100	96	96	696.00	高
20	衡棉482	100	96	96	1 947.58	高
21	中棉所100	100	98	98	2 084.95	高
22	鲁棉263	100	98	98	1 424.82	高
23	鲁棉336	100	96	96	1 600.34	高
24	中518	100	98	98	647.66	高
25	冀棉262	100	100	100	1 036.24	高
26	中MB11761A	100	100	100	681.37	高
27	冀丰1458	100	100	100	1 780.96	高
28	GB828	100	100	100	545.91	高
29	邯棉3022	100	100	100	572.62	高
30	中生棉8号	100	98	98	1 260.74	高
31	豫棉508	100	100	100	1 768.87	高
32	中棉所100	100	100	100	1 043.87	高
33	鲁棉1157	100	100	100	1 282.36	高
34	鲁棉319	100	100	100	706.81	高
35	中棉所99007	100	98	98	308.69	中高
36	冀1518	100	100	100	621.59	高
37	CRIZ140204	100	100	100	516.02	高
38	邯杂棉9号	100	96	96	412.99	中高
39	CRIZ140201	100	100	100	516.02	高
40	邯杂棉14号	100	100	100	271.17	中
41	GB814	100	98	98	705.54	高
42	瑞杂816	100	100	100	272.44	中
43	中杂306	100	98	98	595.52	高
44	鲁杂216	100	98	98	673.10	高
45	中棉EB002	100	98	98	946.57	高
46	中棉所96020	100	100	100	540.19	高
47	中生棉3号	100	100	100	1 233.39	高
48	中棉EB001	100	98	98	1 445.80	高
49	鲁棉243	100	100	100	243.98	中
50	中棉EB003	100	96	96	273.72	中
51	鲁棉245	100	95	95	623.18	高
52	中棉EB004	100	100	100	785.03	高
53	鲁棉551	100	100	100	1 221.31	高
54	中棉所9701	100	100	100	481.04	高
55	邯3206	100	100	100	546.55	高
56	中棉所50	100	100	100	1 994.01	高

（五）2020年黄河流域棉花品种试验参试品种抗虫性分析

2020年黄河流域棉花品种试验参试品种共63份，抗虫株率均达95%以上，其中51份材料的抗虫株率为100%，占样品数的80.95%；Bt蛋白表达量为309~1 400ng/g FW，所有材料的Bt蛋白表达量均达到中高或高量级，其中达到高量级的材料有54份，占检测样品数的85.71%，有4份材料的Bt蛋白表达量超过1 000ng/g FW（表49-13）。

表49-13 2020年区域试验材料的抗虫株率和Bt蛋白表达量

序号	品种名称	检测株数（株）	抗虫株数（株）	抗虫株率（%）	Bt蛋白表达量（ng/g FW）	Bt蛋白表达量级
1	邯505	100	100	100	964.21	高
2	聊棉21号	100	100	100	1 051.05	高
3	中生棉6号	100	100	100	867.09	高
4	中棉所EM1701	100	100	100	458.84	高
5	冀棉569	100	100	100	642.80	高
6	中棉所9A01	100	100	100	490.94	高
7	邯6382	100	100	100	717.70	高
8	鲁棉263	100	100	100	388.06	中高
9	中20080	100	100	100	472.84	高
10	冀石265	100	100	100	346.08	中高
11	中棉612	100	100	100	926.35	高
12	中棉所100	100	100	100	848.16	高
13	豫棉601	100	100	100	311.92	中高
14	金农969	100	100	100	587.24	高
15	中棉所9C04	100	100	100	727.17	高
16	邯棉6105	100	98	98	565.43	高
17	H46R	100	100	100	620.58	高
18	冀棉262	100	100	100	513.99	高
19	中MB11761A	100	100	100	639.92	高
20	豫棉508	100	100	100	560.91	高
21	邯棉3022	100	100	100	353.08	中高
22	鲁棉1157	100	100	100	674.49	高
23	鲁棉319	100	100	100	739.51	高
24	中棉所100	100	100	100	802.48	高
25	银兴棉17号	100	100	100	519.75	高
26	鲁棉361	100	100	100	772.85	高
27	豫棉206	100	98	98	309.04	中高
28	冀棉30	100	100	100	694.66	高
29	冀石367	100	100	100	622.64	高
30	鲁棉1165	100	100	100	519.75	高
31	中棉所100902	100	98	98	849.39	高
32	冀棉9116	100	100	100	726.34	高
33	中棉所96024	100	100	100	888.90	高
34	邯棉12号	100	98	98	734.58	高
35	国欣棉33	100	98	98	777.38	高
36	中棉所100	100	100	100	672.43	高
37	鲁杂1168	100	100	100	929.65	高
38	中棉5014	100	100	100	902.07	高
39	中棉所9B04	100	100	100	550.21	高

（续表）

序号	品种名称	检测株数（株）	抗虫株数（株）	抗虫株率（%）	Bt蛋白表达量（ng/g FW）	Bt蛋白表达量级
40	邯杂棉9号	100	98	98	763.79	高
41	邯杂棉14号	100	100	100	807.01	高
42	中棉EB002	100	100	100	995.49	高
43	中杂306	100	100	100	691.36	高
44	中棉所96020	100	100	100	722.23	高
45	CRIZ140201	100	100	100	678.19	高
46	瑞杂816	100	100	100	363.36	中高
47	中棉所95615	100	99	99	653.50	高
48	中生棉13号	100	98	98	386.00	中高
49	中棉所100901	100	95	95	646.51	高
50	中棉所9713	100	100	100	593.83	高
51	中棉所99020	100	100	100	894.25	高
52	中棉所96021	100	98	98	832.11	高
53	邯杂棉15号	100	98	98	1 400.86	高
54	邯杂棉13号	100	100	100	1 299.62	高
55	瑞杂816	100	98	98	349.37	中高
56	豫棉701	100	100	100	541.15	高
57	中棉所1701	100	100	100	769.56	高
58	中棉所EM1704	100	100	100	804.13	高
59	邯816	100	100	100	853.51	高
60	邯3206	100	100	100	887.67	高
61	中棉EB004	100	100	100	775.32	高
62	中棉所9701	100	100	100	1 076.56	高
63	中棉所50	100	100	100	446.50	中高

（六）2016—2020年黄河流域棉花品种试验参试品种抗虫性变化趋势分析

对2016—2020年黄河流域棉花品种试验参试品种的抗虫株率进行统计，结果表明（图49-17），2017年参试品种的抗虫株率最高，各品种的抗虫株率均为100%。其次为2018年和2020年参试品种，2016年和2019年参试品种的抗虫株率较低。进一步对各年参试品种的Bt蛋白表达量进行分析，结果表明，随着年份的推进，参试品种的Bt蛋白表达量呈上升趋势。2019年和2020年参试品种的Bt蛋白表达量显著高于2016—2018年参试品种的Bt蛋白表达量。

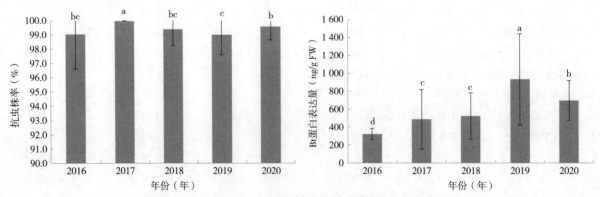

图49-17　2016—2020年参试品种的抗虫株率和Bt蛋白表达量

［注：不同小写字母表示不同年份间存在显著差异（P<0.05）］

第六节 2016—2020年黄河流域棉花品种试验参试品种抗虫性状动态分析

一、2016年黄河流域棉花品种试验参试品种抗虫性

（一）试验材料

2016年黄河流域棉区国家区域试验参试品种共32份，其中A组9个、B组13个、C组5个、E组5个，常规棉对照品种为HG-BR-8。

（二）试验方法

1. 网室鉴定

网室（长20m、宽5m、高1.8m）内种植供试棉花品种，每品种13株，每个网室为一次重复，共3次重复。以HG-BR-8为常规棉对照品种，网室两端设置保护行。罩笼内棉花栽培方式同大田，苗期可防治棉蚜。

供试虫源和成虫释放量：试验用棉铃虫为室内人工饲养羽化后的成虫，羽化后的成虫在养虫笼内自由交配，并喂以10%的蜂蜜水，3d后选择活动能力强的成虫释放于网室内。成虫释放量为按雌雄1∶1的比例，每10m²释放2对。

释放时期：棉花现蕾期释放成虫，释放时间与第二代棉铃虫发生期相一致。

调查方法：在成虫释放后第3天调查卵量，第10～15天调查各品种的蕾铃被害数、健蕾铃数，计算蕾铃被害百分率，并与常规棉对照品种相比较，计算各参试品种（系）的蕾铃被害减退率，计算公式为：蕾铃被害减退率（%）={［对照品种蕾铃被害率（%）-鉴定材料蕾铃被害率（%）］÷对照品种蕾铃被害率（%）}×100。

2. 室内生物测定

第三代棉铃虫发生期进行室内生物测定。每个试验材料采上部展开叶片10片，每叶片接棉铃虫初孵幼虫5头，重复3次。接虫后将试验盒置于光照培养箱内，温度为（27±1）℃，相对湿度为70%，光周期为（$L∶D=14∶10$），并于接虫后第6d检查其死虫数、活虫数，计算第三代棉铃虫幼虫校正死亡率。幼虫校正死亡率（%）={［处理幼虫死亡率（%）-对照幼虫死亡率（%）］÷［1-对照幼虫死亡率（%）］}×100。

3. 抗性判别标准

以二代棉铃虫为害的蕾铃被害减退率、三代棉铃虫幼虫校正死亡率综合评判各参试品种（材料）的抗性程度（表49-14）。

表49-14 抗棉铃虫性评判标准

抗性级别	蕾铃被害减退率（%）	幼虫校正死亡率（%）
高抗	>80	>90
抗	$50<x≤80$	$60<x≤90$
中抗	$30<x≤50$	$40<x≤60$
感	≤30	≤40

（三）结果与分析

A组的9个品种为中熟常规品种，蕾铃被害减退率最高和最低的品种分别为鲁棉1127和创1010，

对应的值分别为77.99%和65.54%，幼虫校正死亡率最高和最低的品种分别为中1007和创1010，对应的值分别为82.97%和61.60%。虽然棉花品种创1010的抗棉铃虫性水平为抗，但是在本组的9个品种中，两个参数都是最低的且处于判定标准的最下限（幼虫校正死亡率小于60%时抗性水平就要降级为中抗或感），是抗性最低的一个品种（表49-15）。

B组的13个品种也为中熟常规品种，蕾铃被害减退率最高和最低的品种分别为鲁棉696和鲁棉338，对应的值分别为81.98%和60.84%，按照评判标准中蕾铃被害减退率>80%的规定，前者的抗性级别为高抗，但是该品种的幼虫校正死亡率为77.29%，处于另一参数的抗性水平，抗性级别综合判定为抗。幼虫校正死亡率最高和最低的品种分别为中M02和汴棉584，对应的值分别为78.94%和60.01%，该组中幼虫校正死亡率高于抗性级别判定下限（60%）5%以内的品种有3个，分别为中棉9213（63.49%）、汴棉584（60.01%）和聊棉15号（64.16%），这些品种的抗棉铃虫性水平虽然达到抗性级别，但是仍需要持续监测从而进行综合判断（表49-16）。

C组的5个品种为中熟杂交品种，E组的5个品种为早熟常规/杂交品种，这两组中蕾铃被害减退率最低的品种为C组中的欣抗棉963（68.65%），比判定标准中抗性级别的下限高18.65%（用蕾铃被害减退率判定棉花品种的抗性水平时，抗性级别对应的蕾铃被害减退率为50%～80%）（表49-17）。

用幼虫校正死亡率判定棉花品种的抗性水平时，幼虫校正死亡率为60%～90%时抗性水平为抗，E组中的中棉425的幼虫校正死亡率最低，为65.51%，比该区间的下限高5.51%，幼虫校正死亡率最高的品种为中棉所50，对应的值为81.44%（表49-18）。

综合网室鉴定和室内生物测定的结果，参加2016年黄河流域棉区区域试验的4组共计32个棉花品种对棉铃虫的抗性级别均为抗。

表49-15　2016年黄河流域棉区A组区域试验鉴定结果

品种名称	二代棉铃虫		三代棉铃虫		抗性级别
	蕾铃被害率（%）	蕾铃被害减退率（%）	幼虫死亡率（%）	幼虫校正死亡率（%）	
鲁棉418	16.34	76.59	71.33	64.77	抗
鲁棉1127	15.22	77.99	80.67	76.37	抗
石抗126（CK）	17.57	74.86	81.33	77.29	抗
冀棉521	17.37	74.82	81.33	77.23	抗
鲁棉522	19.41	72.10	80.00	75.64	抗
中1007	21.97	68.34	86.00	82.97	抗
创1010	24.05	65.54	68.67	61.60	抗
银兴棉8号	16.98	75.70	86.00	82.90	抗
冀丰优1187	21.03	69.64	72.67	66.73	抗
HG-BR-8	69.72	—	18.00	—	—

表49-16　2016年黄河流域棉区B组区域试验鉴定结果

品种名称	二代棉铃虫		三代棉铃虫		抗性级别
	蕾铃被害率（%）	蕾铃被害减退率（%）	幼虫死亡率（%）	幼虫校正死亡率（%）	
鲁棉1131	19.95	71.52	74.00	68.25	抗
中棉9213	22.35	67.82	70.00	63.49	抗
中M02	13.91	79.93	82.67	78.94	抗
石抗126（CK）	23.37	66.53	76.67	71.79	抗
鲁棉696	12.57	81.98	81.33	77.29	抗
中棉9421	14.52	79.30	74.67	69.17	抗
国欣棉25	15.03	78.45	73.33	67.34	抗
汴棉584	14.38	79.33	67.33	60.01	抗

（续表）

品种名称	二代棉铃虫		三代棉铃虫		抗性级别
	蕾铃被害率（%）	蕾铃被害减退率（%）	幼虫死亡率（%）	幼虫校正死亡率（%）	
山农棉9号	15.81	77.32	72.00	65.81	抗
聊棉15号	21.67	68.78	70.67	64.16	抗
鲁棉338	27.72	60.84	79.33	74.66	抗
鲁棉238	21.33	69.22	76.67	71.61	抗
NXC1208	17.13	75.43	76.67	71.49	抗
HG-BR-8	69.72	—	17.33	—	

表49-17 2016年黄河流域棉区C组区域试验鉴定结果

品种名称	二代棉铃虫		三代棉铃虫		抗性级别
	蕾铃被害率（%）	蕾铃被害减退率（%）	幼虫死亡率（%）	幼虫校正死亡率（%）	
徐D619	20.13	70.06	79.33	74.79	抗
百棉86	15.02	78.61	77.33	72.16	抗
瑞杂816（CK）	16.54	76.40	79.33	74.85	抗
鲁杂2138（三系）	19.13	72.30	72.67	66.79	抗
欣抗棉963	21.18	68.65	78.67	73.99	抗
HG-BR-8	71.96	—	20.00	—	—

表49-18 2016年黄河流域棉区E组区域试验鉴定结果

品种名称	二代棉铃虫		三代棉铃虫		抗性级别
	蕾铃被害率（%）	蕾铃被害减退率（%）	幼虫死亡率（%）	幼虫校正死亡率（%）	
鲁棉2387	20.78	69.33	79.33	74.66	抗
中棉425	17.04	75.63	72.00	65.51	抗
中棉所50（CK）	21.30	69.13	84.67	81.44	抗
CRIZ140203	14.73	78.38	82.00	78.14	抗
百棉10号	16.37	76.28	73.33	67.46	抗
HG-BR-8	69.03	—	20.00	—	—

二、2017年黄河流域棉花品种试验参试品种抗虫性

（一）试验方法

1. 网室鉴定

网室（长20m、宽5m、高1.8m）内种植供试棉花品种，每品种13株，每个网室为一次重复，共3次重复。以HG-BR-8为常规棉对照品种，网室两端设置保护行。罩笼内棉花栽培方式同大田，苗期可防治棉蚜。

供试虫源和成虫释放量：试验用棉铃虫为室内人工饲养羽化后的成虫，羽化后的成虫在养虫笼内自由交配，并喂以10%的蜂蜜水，3d后选择活动能力强的成虫释放于网室内。成虫释放量为按雌雄1∶1的比例，每10m²释放2对。

释放时期：棉花现蕾期释放成虫，释放时间与第二代棉铃虫发生期相一致。

调查方法：在成虫释放后第3天调查卵量，第10～15d调查各品种的蕾铃被害数、健蕾铃数，计算蕾铃被害百分率，并与常规棉对照品种相比较，计算各参试品种（系）的蕾铃被害减退率，计算公式为：蕾铃被害减退率（%）={［对照品种蕾铃被害率（%）−鉴定材料蕾铃被害率（%）］÷对

照品种蕾铃被害率（％）}×100。

2. 室内生物测定

第三代棉铃虫发生期进行室内生物测定。每个试验材料采上部展开叶片10片，每叶片接棉铃虫初孵幼虫5头，重复3次。接虫后将试验盒置于光照培养箱内，温度为（27±1）℃，相对湿度为70%，光周期为（$L:D=14:10$），并于接虫后第6d检查其死虫数、活虫数，计算第三代棉铃虫幼虫校正死亡率。幼虫校正死亡率（％）={［处理幼虫死亡率（％）-对照幼虫死亡率（％）］÷［1-对照幼虫死亡率（％）］}×100。

3. 抗性判别标准

以二代棉铃虫为害的蕾铃被害减退率、三代棉铃虫幼虫校正死亡率综合评判各参试品种（材料）的抗性程度（表49-19）。

表49-19 抗棉铃虫性评判标准 （％）

抗性级别	蕾铃被害减退率	幼虫校正死亡率
高抗	>80	>90
抗	$50<x\leq80$	$60<x\leq90$
中抗	$30<x\leq50$	$40<x\leq60$
感	≤30	≤40

（二）鉴定结果

鉴定结果如表49-20至表49-23所示。

表49-20 2017年黄河流域棉区A组区域试验鉴定结果

品种名称	二代棉铃虫		三代棉铃虫		抗性级别
	蕾铃被害率（％）	蕾铃被害减退率（％）	幼虫死亡率（％）	幼虫校正死亡率（％）	
邯棉6101	7.78	88.61	77.33	74.70	抗
鑫秋110	6.83	89.93	74.67	72.00	抗
国欣棉25	14.77	78.73	85.33	83.26	抗
鲁棉696	14.07	79.28	70.67	66.69	抗
中棉9213	14.39	78.72	78.67	75.99	抗
石抗126	17.23	74.60	76.67	73.60	抗
中棉9421	13.19	80.61	78.00	75.20	抗
鲁棉238	21.14	68.54	74.67	71.15	抗
聊棉15号	15.09	77.81	65.33	60.87	抗
鲁棉1131	13.57	79.95	89.33	87.96	抗
豫棉54	10.78	84.14	66.67	62.41	抗
中棉所9708	11.54	83.34	65.33	60.92	抗
HG-BR-8	68.51	—	11.33	—	—

表49-21 2017年黄河流域棉区B组区域试验鉴定结果

品种名称	二代棉铃虫		三代棉铃虫		抗性级别
	蕾铃被害率（％）	蕾铃被害减退率（％）	幼虫死亡率（％）	幼虫校正死亡率（％）	
邯棉3008	14.58	79.20	87.33	85.08	抗
德利农12号	16.36	76.58	83.33	80.32	抗
国欣棉26	14.33	79.44	72.67	67.95	抗
鲁棉691	15.83	77.11	89.33	87.41	抗
K33	19.40	72.40	82.00	78.99	抗

（续表）

品种名称	二代棉铃虫		三代棉铃虫		抗性级别
	蕾铃被害率（%）	蕾铃被害减退率（%）	幼虫死亡率（%）	幼虫校正死亡率（%）	
中棉所94A915	19.18	72.73	66.67	60.67	抗
运H13	14.09	79.76	72.67	67.76	抗
GB516	15.59	77.62	71.33	66.36	抗
金农308	15.25	78.17	75.33	70.94	抗
中棉9001	14.98	78.81	95.33	94.57	抗
石抗126	11.35	83.54	78.00	74.33	抗
邯218	13.48	80.97	78.67	74.29	抗
HG-BR-8	70.12	—	15.33	—	抗

表49-22 2017年黄河流域棉区C组区域试验鉴定结果

品种名称	二代棉铃虫		三代棉铃虫		抗性级别
	蕾铃被害率（%）	蕾铃被害减退率（%）	幼虫死亡率（%）	幼虫校正死亡率（%）	
中MB9029	15.33	78.54	56.67	46.75	中抗
百棉86	14.65	79.60	68.00	60.59	抗
中棉所9711	12.83	82.10	78.00	72.91	抗
银兴棉14号	14.56	79.83	77.33	72.15	抗
中6913	14.40	80.02	78.67	73.82	抗
中M04	11.24	84.37	86.00	82.85	抗
中棉所94A2021	15.61	78.29	68.67	61.44	抗
瑞杂816	18.79	73.91	54.67	44.21	中抗
HG-BR-8	72.37	—	18.67	—	—

表49-23 2017年黄河流域棉区E组区域试验鉴定结果

品种名称	二代棉铃虫		三代棉铃虫		抗性级别
	蕾铃被害率（%）	蕾铃被害减退率（%）	幼虫死亡率（%）	幼虫校正死亡率（%）	
中棉425	13.90	79.45	75.33	70.20	抗
百棉10号	12.90	80.93	88.00	85.63	抗
鲁棉2387	13.73	79.67	89.33	87.10	抗
CRIZ140203	12.82	81.01	72.00	66.27	抗
中棉所50	10.52	84.32	84.67	81.51	抗
鲁棉532	14.77	78.06	67.33	60.71	抗
中棉所9701	16.13	76.04	68.67	62.30	抗
中棉所94A2941	14.66	78.20	78.67	74.60	抗
HG-BR-8	67.73	—	17.33	—	—

三、2018年黄河流域棉花品种试验参试品种抗虫性

（一）试验材料

2018年黄河流域棉区国家区域试验参试品种共57份，其中A组12个、B组11个、C组10个、D组13个、E组11个，常规棉对照品种为HG-BR-8。

（二）试验方法

1. 网室鉴定

网室（长20m、宽5m、高1.8m）内种植供试棉花品种，每品种13株，每个网室为1次重复，共3次重复。以HG-BR-8为常规棉对照品种，网室两端设置保护行。罩笼内棉花栽培方式同大田，苗期可防治棉蚜。

供试虫源和成虫释放量：试验用棉铃虫为室内人工饲养羽化后的成虫，羽化后的成虫在养虫笼内自由交配，并喂以10%的蜂蜜水，3d后选择活动能力强的成虫释放于网室内。成虫释放量为按雌雄1∶1的比例，每10m²释放2对。

释放时期：棉花现蕾期释放成虫，释放时间与第二代棉铃虫发生期相一致。

调查方法：在成虫释放后第3天调查卵量，第10～15d调查各品种的蕾铃被害数、健蕾铃数，计算蕾铃被害百分率，并与常规棉对照品种相比较，计算各参试品种（系）的蕾铃被害减退率，计算公式为：蕾铃被害减退率（%）={［对照品种蕾铃被害率（%）-鉴定材料蕾铃被害率（%）］÷对照品种蕾铃被害率（%）}×100。

2. 室内生物测定

第三代棉铃虫发生期进行室内生物测定。每个试验材料采上部展开叶片10片，每叶片接棉铃虫初孵幼虫5头，重复3次。接虫后将试验盒置于光照培养箱内温度为（27±1）℃，相对湿度为70%，光周期为（$L∶D=14∶10$），并于接虫后第6d检查其死虫数、活虫数，计算第三代棉铃虫幼虫校正死亡率。幼虫校正死亡率（%）={［处理幼虫死亡率（%）-对照幼虫死亡率（%）］÷［1-对照幼虫死亡率（%）］}×100。

3. 抗性判别标准

以二代棉铃虫为害的蕾铃被害减退率、三代棉铃虫幼虫校正死亡率综合评判各参试品种（材料）的抗性程度（表49-24）。

表49-24　抗棉铃虫性评判标准　　　　　　　　　　　　　　（%）

抗性级别	蕾铃被害减退率	幼虫校正死亡率
高抗	>80	>90
抗	50<x≤80	60<x≤90
中抗	30<x≤50	40<x≤60
感	≤30	≤40

（三）结果与讨论

A组的12个品种为中熟常规品种，蕾铃被害减退率均在70%～75%之间，差异不大；幼虫校正死亡率最高和最低的品种分别为A3和A12，对应的值分别为82.09%和19.40%。仅看蕾铃被害减退率一个指标的话，所有品种的抗性级别为抗，但A1和A12的幼虫校正死亡分别为37.31%和19.40%，均低于40%，综合评定为4级（感）。虽然棉花品种A2、A6和A8的抗棉铃虫性水平为抗，但是其幼虫校正死亡率分别为64.18%、64.18%和62.69%，仅比判定标准的最下限（幼虫校正死亡率小于60%时抗性水平就要降级为中抗或感）高出不到5%（表49-25）。

B组的11个品种也为中熟常规品种，蕾铃被害减退率均为70%～75%，差异不大，按照评判标准中蕾铃被害减退率为50%～80%均为抗性2级的规定，所有品种均为抗性2级。幼虫校正死亡率最高和最低的品种分别为B1和B6，对应的值分别为79.10%和43.28%，仅按照幼虫校正死亡率一个参数进行评判的话，B6和B7的幼虫校正死亡率分别为43.28%和44.77%，均为抗性3级，其余9个品种的幼虫校正死亡率均在60%～90%之间，均为抗性2级。综合蕾铃被害减退率和幼虫校正死亡率，B组的11个品种中，只有B6和B7两个品种为抗性2级，其余9个品种为抗性2级（表49-26）。

C组的10个品种也为中熟常规品种，蕾铃被害减退率均为50%～80%，且差异不大；幼虫校正死亡率均为60%～90%，最高的为C8和C9，对应的值均为79.10%，最低的为C7，对应的值为62.69%。综合蕾铃被害减退率和幼虫校正死亡率的结果后，C组10个品种的抗性级别均为2级（表49-27）。

D组的13个品种为中熟杂交品种，蕾铃被害减退率均为50%～80%，且差异不大；幼虫校正死亡率均为60%～90%，最高的为D3，对应的值均为85.71%，最低的为D12，对应的值为62.86%。综合蕾铃被害减退率和幼虫校正死亡率的结果后，D组13个品种的抗性级别均为2级（表49-28）。

E组的11个品种为早熟品种，蕾铃被害减退率均为50%～80%，且差异不大；幼虫校正死亡率均为60%～90%，最高的为E7，对应的值均为81.43%，最低的为E9，对应的值为63.57%。综合蕾铃被害减退率和幼虫校正死亡率的结果后，E组11个品种的抗性级别均为2级（表49-29）。

综合网室鉴定（蕾铃被害减退率）和室内生物测定（幼虫校正死亡率）的结果，参加2018年黄河流域棉区区域试验的5组共计57个棉花品种中，对棉铃虫的抗性级别为抗（2级）的有53个；抗性级别为中抗（3级）的有2个，分别为B6和B7；抗性级别为感（4级）的有2个，分别为A1和A12。

表49-25　2018年黄河流域棉区A组区域试验鉴定结果

品种名称	二代棉铃虫		三代棉铃虫		抗性级别
	蕾铃被害率（%）	蕾铃被害减退率（%）	幼虫死亡率（%）	幼虫校正死亡率（%）	
A1	16.80	74.73	44.00	37.31	4
A2	19.68	70.41	68.00	64.18	2
A3	16.97	74.48	84.00	82.09	2
A4	17.82	73.20	81.33	79.10	2
A5	17.41	73.82	76.00	73.13	2
A6	17.18	74.16	68.00	64.18	2
A7	17.38	73.85	70.67	67.16	2
A8	17.69	73.39	66.67	62.69	2
A9	17.03	74.39	81.33	79.10	2
A10	17.40	73.83	81.33	79.10	2
A11	17.14	74.22	72.00	68.66	2
A12	16.98	74.46	28.00	19.40	4
HG-BR-8	66.49	—	10.67	—	—

表49-26　2018年黄河流域棉区B组区域试验鉴定结果

品种名称	二代棉铃虫		三代棉铃虫		抗性级别
	蕾铃被害率（%）	蕾铃被害减退率（%）	幼虫死亡率（%）	幼虫校正死亡（%）	
B1	17.03	74.39	81.33	79.10	2
B2	17.71	73.36	68.00	64.18	2
B3	18.08	72.81	81.33	79.10	2
B4	18.66	71.94	74.67	71.64	2
B5	17.34	73.91	69.33	65.67	2
B6	17.67	73.43	49.33	43.28	3
B7	17.31	73.96	50.67	44.77	3
B8	17.36	73.89	73.33	70.15	2
B9	17.33	73.94	76.00	73.13	2
B10	17.94	73.02	81.33	79.10	2
B11	17.46	73.75	78.00	75.37	2
HG-BR-8	66.49	—	10.67	—	—

表49-27　2018年黄河流域棉区C组区域试验鉴定结果

品种名称	二代棉铃虫		三代棉铃虫		抗性级别
	蕾铃被害率（%）	蕾铃被害减退率（%）	幼虫死亡率（%）	幼虫校正死亡率（%）	
C1	17.27	74.03	69.33	65.67	2
C2	16.83	74.68	68.00	64.18	2
C3	17.53	73.64	74.67	71.64	2
C4	16.85	74.66	69.33	65.67	2
C5	17.11	74.27	76.00	73.13	2
C6	17.41	73.82	74.67	71.64	2
C7	17.53	73.64	66.67	62.69	2
C8	17.52	73.65	81.33	79.10	2
C9	16.80	74.73	81.33	79.10	2
C10	17.43	73.79	70.67	67.16	2
HG-BR-8	66.49	—	10.67	—	—

表49-28　2018年黄河流域棉区D组区域试验鉴定结果

品种名称	二代棉铃虫		三代棉铃虫		抗性级别
	蕾铃被害率（%）	蕾铃被害减退率（%）	幼虫死亡率（%）	幼虫校正死亡率（%）	
D1	18.75	70.18	77.33	75.71	2
D2	17.81	71.66	85.33	84.29	2
D3	18.08	71.23	86.67	85.71	2
D4	17.24	72.57	68.00	65.71	2
D5	18.26	70.95	68.00	65.71	2
D6	18.11	71.19	73.33	71.43	2
D7	17.38	72.35	80.00	78.57	2
D8	18.75	70.16	77.33	75.71	2
D9	18.12	71.18	72.00	70.00	2
D10	18.65	70.33	66.67	64.28	2
D11	18.76	70.15	76.00	74.28	2
D12	18.36	70.80	65.33	62.86	2
D13	18.51	70.56	69.33	67.14	2
HG-BR-8	62.86	—	6.67	—	—

表49-29　2018年黄河流域棉区E组区域试验鉴定结果

品种名称	二代棉铃虫		三代棉铃虫		抗性级别
	蕾铃被害率（%）	蕾铃被害减退率（%）	幼虫死亡率（%）	幼虫校正死亡率（%）	
E1	18.44	70.67	73.33	71.43	2
E2	17.80	71.69	65.33	62.86	2
E3	17.67	71.89	72.00	70.00	2
E4	17.98	71.40	80.00	78.57	2
E5	18.39	70.75	69.33	67.14	2
E6	21.64	65.58	74.67	72.86	2
E7	17.56	72.07	82.67	81.43	2
E8	18.21	71.03	76.00	74.28	2
E9	18.44	70.67	66.00	63.57	2
E10	18.65	70.33	88.00	87.14	2

品种名称	二代棉铃虫		三代棉铃虫		抗性级别
	蕾铃被害率（%）	蕾铃被害减退率（%）	幼虫死亡率（%）	幼虫校正死亡率（%）	
E11	18.37	70.78	82.00	80.71	2
HG-BR-8	62.86	—	6.67	—	—

四、2019年黄河流域棉花品种试验参试品种抗虫性

（一）试验材料

2019年黄河流域棉区国家区域试验参试品种共56份，其中A组12个、B组11个、C组11个、D组13个、E组9个，常规棉对照品种为中棉所49。

（二）试验方法

1. 网室鉴定

网室（长20m、宽5m、高1.8m）内种植供试棉花品种，每品种13株，每个网室为1次重复，共3次重复。以HG-BR-8为常规棉对照品种，网室两端设置保护行。罩笼内棉花栽培方式同大田，苗期可防治棉蚜。

供试虫源和成虫释放量：试验用棉铃虫为室内人工饲养羽化后的成虫，羽化后的成虫在养虫笼内自由交配，并喂以10%的蜂蜜水，3d后选择活动能力强的成虫释放于网室内。成虫释放量为按雌雄1∶1的比例，每10m²释放2对。

释放时期：棉花现蕾期释放成虫，释放时间与第二代棉铃虫发生期相一致。

调查方法：在成虫释放后第3d调查卵量，第10~15d调查各品种的蕾铃被害数、健蕾铃数，计算蕾铃被害百分率，并与常规棉对照品种相比较，计算各参试品种（系）的蕾铃被害减退率，计算公式为：蕾铃被害减退率（%）={［对照品种蕾铃被害率（%）-鉴定材料蕾铃被害率（%）］÷对照品种蕾铃被害率（%）}×100。

2. 室内生物测定

第三代棉铃虫发生期进行室内生物测定。每个试验材料采上部展开叶片10片，每叶片接棉铃虫初孵幼虫5头，重复3次。接虫后将试验盒置于光照培养箱内，温度为（27±1）℃，相对湿度为70%，光周期为（L∶D＝14∶10），并于接虫后第6d检查其死虫数、活虫数，计算第三代棉铃虫幼虫校正死亡率。幼虫校正死亡率（%）={［处理幼虫死亡率（%）-对照幼虫死亡率（%）］÷［1-对照幼虫死亡率（%）］}×100。

3. 抗性判别标准

以二代棉铃虫为害的蕾铃被害减退率、三代棉铃虫幼虫校正死亡率综合评判各参试品种（材料）的抗性程度（表49-30）。

表49-30　抗棉铃虫性评判标准　　　　　　　　　　　　　　　　　　（%）

抗性级别	蕾铃被害减退率	幼虫校正死亡率
1	≥80	≥90
2	50≤x<80	60≤x<90
3	30≤x<50	40≤x<60
4	<30	<40

（三）结果与讨论

综合网室鉴定（蕾铃被害减退率）和室内生物测定（幼虫校正死亡率）的结果，参加2019年黄

河流域棉区区域试验的5组共计56个棉花品种中，对棉铃虫的抗性级别为高抗（1级）的有1个，为D组的CRIZ140204；抗性级别为中抗（3级）的有1个，为E组的鲁棉551；其余品种的抗性级别均为抗（2级），合计54个品种；没有抗性级别为感（4级）的品种（表49-31至表49-35）。

表49-31 2019年黄河流域棉区A组区域试验鉴定结果

品种名称	二代棉铃虫		三代棉铃虫		抗性级别
	蕾铃被害率（%）	蕾铃被害减退率（%）	幼虫死亡率（%）	幼虫校正死亡率（%）	
中棉EB005	7.68	89.08	84.00	80.15	2
冀棉803	11.53	83.60	88.67	85.94	2
中棉所96019	9.67	86.24	78.00	72.70	2
冀丰4号	6.68	90.50	86.67	83.46	2
GB518	8.04	88.57	88.67	85.94	2
衡棉1670	10.34	85.30	76.00	70.22	2
中棉所95602	11.43	83.75	78.00	72.70	2
鲁棉378	16.95	75.89	91.33	89.25	2
中棉所100	8.55	87.84	84.67	80.97	2
银兴棉15号	8.39	88.07	82.00	77.67	2
MH335223	17.26	75.45	87.33	84.28	2
德棉16号	12.00	82.93	86.00	82.63	2
中棉所49	70.30	—	19.41	—	—

表49-32 2019年黄河流域棉区B组区域试验鉴定结果

品种名称	二代棉铃虫		三代棉铃虫		抗性级别
	蕾铃被害率（%）	蕾铃被害减退率（%）	幼虫死亡率（%）	幼虫校正死亡率（%）	
中棉所9A01	14.31	79.65	76.00	70.22	2
冀棉569	8.85	87.41	84.00	80.15	2
中20080	10.26	85.40	68.00	60.29	2
邯6382	19.47	72.31	86.67	83.46	2
中MBC31776	7.15	89.82	77.33	71.88	2
冀石265	16.29	76.83	88.67	85.94	2
中棉612	13.64	80.59	83.33	79.32	2
衡棉482	12.24	82.58	79.33	74.36	2
中棉所100	7.55	89.26	88.00	85.11	2
鲁棉263	10.77	84.67	84.00	80.15	2
鲁棉336	13.33	81.04	75.33	69.39	2
中棉所49	70.30	—	19.41	—	—

表49-33 2019年黄河流域棉区C组区域试验鉴定结果

品种名称	二代棉铃虫		三代棉铃虫		抗性级别
	蕾铃被害率（%）	蕾铃被害减退率（%）	幼虫死亡率（%）	幼虫校正死亡率（%）	
中518	20.54	70.78	87.33	84.28	2
冀棉262	17.66	74.87	71.33	64.43	2
中MB11761A	15.50	77.96	78.67	73.53	2
冀丰1458	13.53	80.76	78.00	72.70	2
GB828	13.21	81.21	76.00	70.22	2
邯棉3022	14.21	79.78	89.33	86.76	2

（续表）

品种名称	二代棉铃虫		三代棉铃虫		抗性级别
	蕾铃被害率（%）	蕾铃被害减退率（%）	幼虫死亡率（%）	幼虫校正死亡率（%）	
中生棉8号	26.09	62.89	85.33	81.80	2
豫棉508	15.36	78.15	88.00	85.11	2
中棉所100	9.70	86.21	84.67	80.97	2
鲁棉1157	26.22	62.70	89.33	86.76	2
鲁棉319	18.44	73.77	82.00	77.67	2
中棉所49	70.30	—	19.41	—	—

表49-34　2019年黄河流域棉区D组区域试验鉴定结果

品种名称	二代棉铃虫		三代棉铃虫		抗性级别
	蕾铃被害率（%）	蕾铃被害减退率（%）	幼虫死亡率（%）	幼虫校正死亡率（%）	
中棉所99007	4.73	92.67	68.67	62.40	2
冀1518	5.63	91.28	80.67	76.80	2
CRIZ140204	5.08	92.13	95.33	94.40	1
邯杂棉9号	9.07	85.93	72.00	66.40	2
CRIZ140201	7.56	88.28	84.67	81.60	2
邯杂棉14号	6.05	90.62	75.33	70.40	2
GB814	9.05	85.97	67.33	60.80	2
瑞杂816	7.96	87.66	68.00	61.60	2
中杂306	8.35	87.05	71.33	65.60	2
鲁杂216	9.47	85.32	77.33	72.80	2
中棉EB002	6.50	89.92	77.33	72.80	2
中棉所96020	10.00	84.50	72.00	66.40	2
中生棉3号	10.11	84.33	80.00	76.00	2
中棉所49	64.49	—	16.67	—	—

表49-35　2019年黄河流域棉区E组区域试验鉴定结果

品种名称	二代棉铃虫		三代棉铃虫		抗性级别
	蕾铃被害率（%）	蕾铃被害减退率（%）	幼虫死亡率（%）	幼虫校正死亡率（%）	
中棉EB001	9.23	85.69	91.11	89.33	2
鲁棉243	3.78	94.14	82.00	78.40	2
中棉EB003	6.85	89.37	86.67	84.00	2
鲁棉245	5.41	91.61	78.67	74.40	2
中棉EB004	6.64	89.70	78.67	74.40	2
鲁棉551	3.94	93.89	54.00	44.80	3
中棉所9701	2.35	96.36	91.33	89.60	2
邯3206	5.52	91.45	69.33	63.20	2
中棉所50	6.60	89.76	78.67	74.40	2
中棉所49	64.49	—	16.67	—	—

五、2020年黄河流域棉花品种试验参试品种抗虫性

（一）试验材料

2020年黄河流域棉区国家区域试验参试品种共63份，其中A组12个、B组12个、C组12个、D组10个、E组9个、F组8个，常规棉对照品种为中棉所49。

（二）试验方法

1. 网室鉴定

网室（长20m、宽5m、高1.8m）内种植供试棉花品种，每品种13株，每个网室为1次重复，共3次重复。以HG-BR-8为常规棉对照品种，网室两端设置保护行。罩笼内棉花栽培方式同大田，苗期可防治棉蚜。

供试虫源和成虫释放量：试验用棉铃虫为室内人工饲养羽化后的成虫，羽化后的成虫在养虫笼内自由交配，并喂以10%的蜂蜜水，3d后选择活动能力强的成虫释放于网室内。成虫释放量为按雌雄1∶1的比例，每10m²释放2对。

释放时期：棉花现蕾期释放成虫，释放时间与第二代棉铃虫发生期相一致。

调查方法：在成虫释放后第3天调查卵量，第10～15天调查各品种的蕾铃被害数、健蕾铃数，计算蕾铃被害百分率，并与常规棉对照品种相比较，计算各参试品种（系）的蕾铃被害减退率，计算公式为：蕾铃被害减退率（%）={［对照品种蕾铃被害率（%）－鉴定材料蕾铃被害率（%）］÷对照品种蕾铃被害率（%）}×100。

2. 室内生物测定

第三代棉铃虫发生期进行室内生物测定。每个试验材料采上部展开叶片10片，每叶片接棉铃虫初孵幼虫5头，重复3次。接虫后将试验盒置于光照培养箱内，温度为（27±1）℃，相对湿度为70%，光周期为（L∶D=14∶10），并于接虫后第6d检查其死虫数、活虫数，计算第三代棉铃虫幼虫校正死亡率。幼虫校正死亡率（%）={［处理幼虫死亡率（%）－对照幼虫死亡率（%）］÷［1－对照幼虫死亡率（%）］}×100。

3. 抗性判别标准

以二代棉铃虫为害的蕾铃被害减退率、三代棉铃虫幼虫校正死亡率综合评判各参试品种（材料）的抗性程度（表49-36）。

表49-36　抗棉铃虫性评判标准　　　　　　　　　　　　　　　　　（%）

抗性级别	蕾铃被害减退率	幼虫校正死亡率
1	≥80	≥90
2	50≤x<80	60≤x<90
3	30≤x<50	40≤x<60
4	<30	<40

（三）鉴定结果

鉴定结果如表49-37至表49-42所示。

表49-37　2020年黄河流域棉区A组区域试验鉴定结果

品种名称	二代棉铃虫		三代棉铃虫		抗性级别
	蕾铃被害率（%）	蕾铃被害减退率（%）	幼虫死亡率（%）	幼虫校正死亡率（%）	
A1	21.15	71.63	69.63	64.96	2
A2	22.56	69.74	82.67	80.00	2

（续表）

品种名称	二代棉铃虫		三代棉铃虫		抗性级别
	蕾铃被害率（%）	蕾铃被害减退率（%）	幼虫死亡率（%）	幼虫校正死亡率（%）	
A3	15.69	78.96	82.67	80.00	2
A4	27.72	62.82	80.67	77.70	2
A5	29.42	60.54	90.67	89.24	2
A6	25.01	66.46	78.00	74.62	2
A7	28.52	61.75	70.00	65.39	2
A8	26.00	65.13	93.33	92.30	2
A9	20.55	72.44	76.67	73.08	2
A10	15.89	78.69	94.67	93.85	2
A11	29.34	60.65	97.33	96.92	2
A12	28.37	61.95	94.67	93.85	2
中棉所49	74.56	—	13.33	—	—

表49-38 2020年黄河流域棉区B组区域试验鉴定结果

品种名称	二代棉铃虫		三代棉铃虫		抗性级别
	蕾铃被害率（%）	蕾铃被害减退率（%）	幼虫死亡率（%）	幼虫校正死亡率（%）	
B1	19.35	74.05	96.00	95.38	2
B2	24.37	67.31	93.33	92.30	2
B3	28.52	61.75	78.00	74.62	2
B4	22.40	69.96	98.00	97.69	2
B5	28.56	61.70	79.33	76.15	2
B6	23.41	68.60	91.33	90.00	2
B7	25.18	66.23	78.00	74.62	2
B8	26.53	64.42	94.67	93.85	2
B9	22.75	69.49	90.00	88.46	2
B10	19.55	73.78	89.33	87.69	2
B11	27.00	63.79	90.67	89.24	2
B12	23.25	68.82	88.67	86.93	2
中棉所49	74.56	—	13.33	—	—

表49-39 2020年黄河流域棉区C组区域试验鉴定结果

品种名称	二代棉铃虫		三代棉铃虫		抗性级别
	蕾铃被害率（%）	蕾铃被害减退率（%）	幼虫死亡率（%）	幼虫校正死亡率（%）	
C1	26.97	63.83	86.67	84.62	2
C2	25.32	66.04	94.67	93.85	2
C3	19.64	73.66	77.33	73.84	2
C4	26.32	64.70	80.67	77.70	2
C5	25.94	65.21	68.07	63.16	2
C6	26.28	64.75	66.07	60.85	2
C7	29.18	60.86	70.15	65.56	2
C8	29.15	60.90	79.33	76.15	2
C9	18.93	74.61	93.33	92.30	2
C10	15.85	78.74	75.33	71.54	2

（续表）

品种名称	二代棉铃虫		三代棉铃虫		抗性级别
	蕾铃被害率（%）	蕾铃被害减退率（%）	幼虫死亡率（%）	幼虫校正死亡率（%）	
C11	23.65	68.28	85.33	83.07	2
C12	28.45	61.84	93.33	92.30	2
中棉所49	74.56	—	13.33	—	

表49-40　2020年黄河流域棉区D组区域试验鉴定结果

品种名称	二代棉铃虫		三代棉铃虫		抗性级别
	蕾铃被害率（%）	蕾铃被害减退率（%）	幼虫死亡率（%）	幼虫校正死亡率（%）	
D1	11.70	84.31	86.00	83.85	2
D2	2.81	96.23	89.33	87.69	2
D3	9.17	87.70	83.11	80.51	2
D4	17.12	77.04	85.33	83.07	2
D5	9.53	87.22	92.00	90.77	1
D6	10.02	86.56	91.19	89.84	2
D7	24.50	67.14	86.00	83.85	2
D8	17.21	76.92	93.33	92.30	2
D9	14.40	80.69	88.67	86.93	2
D10	12.89	82.71	86.00	83.85	2
中棉所49	74.56	—	13.33	—	—

表49-41　2020年黄河流域棉区E组区域试验鉴定结果

品种名称	二代棉铃虫		三代棉铃虫		抗性级别
	蕾铃被害率（%）	蕾铃被害减退率（%）	幼虫死亡率（%）	幼虫校正死亡率（%）	
E1	16.12	78.38	92.00	90.77	2
E2	26.45	64.53	84.67	82.31	2
E3	12.92	82.67	73.33	69.23	2
E4	7.66	89.73	90.00	88.46	2
E5	16.05	78.47	92.67	91.54	2
E6	20.35	72.71	74.67	70.77	2
E7	14.19	80.97	86.00	83.85	2
E8	15.89	78.69	91.33	90.00	2
E9	9.72	86.96	79.33	76.15	2
中棉所49	74.56	—	13.33	—	—

表49-42　2020年黄河流域棉区F组区域试验鉴定结果

品种名称	二代棉铃虫		三代棉铃虫		抗性级别
	蕾铃被害率（%）	蕾铃被害减退率（%）	幼虫死亡率（%）	幼虫校正死亡率（%）	
F1	9.60	87.12	91.00	89.62	2
F2	3.95	94.70	80.67	77.70	2
F3	11.50	84.58	87.33	85.38	2
F4	5.07	93.20	91.04	89.66	2
F5	4.94	93.37	80.67	77.70	2
F6	8.27	88.91	84.67	82.31	2
F7	0.70	99.06	78.67	75.39	2
F8	4.52	93.94	77.33	73.84	2
中棉所49	74.56	—	13.33	—	—

六、2016—2020年黄河流域棉花品种试验对照品种抗虫性

（一）蕾铃被害率变化趋势

2016—2020年对照品种的蕾铃被害率最低为62.86%，在2018年；蕾铃被害率最高为74.56%，在2020年，其余年份的蕾铃被害率均为62.86%~74.56%（图49-18）。

（二）幼虫死亡率变化趋势

2016—2020年对照品种的幼虫死亡率最低为6.67%，在2018年，幼虫死亡率最高为20.00%，在2016年，其余年份的幼虫死亡率均为6.67%~20.00%（图49-19）。

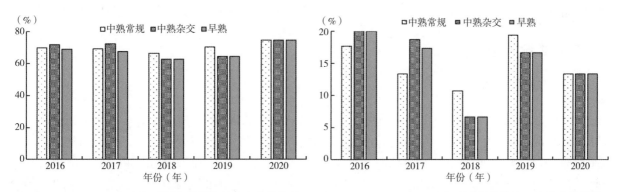

图49-18　2016—2020年对照品种蕾铃被害率变化趋势　　图49-19　2016—2020年对照品种幼虫死亡率变化趋势

七、2016—2020年黄河流域棉花品种试验参试品种抗虫性抗性水平变化

2016—2020年，参加黄河流域国家区域试验的抗虫棉数量逐渐升高，抗性级别为抗的品种数量占参试样品总数的大多数，每年占的百分比分别为100.00%、95.00%、92.98%、96.43%和98.41%；2016—2018年没有抗性级别为高抗的品种，2019年和2020年，抗性级别为高抗的品种分别为1个和1个，占当年参试品种的比例分别为1.79%和1.59%；2016年和2020年没有抗性级别为中抗的品种，2017—2019年，抗性级别为中抗的品种分别为2个、2个和1个，占当年参试品种的比例分别为5.00%、3.51%和1.79%；2016—2020年，仅2018年出现了抗性级别为感的品种，数量为2个，占当年参试品种的比例为3.51%。从上述分析可以看出，我国转基因抗虫棉对棉铃虫的抗性水平整体较好（图49-20）。

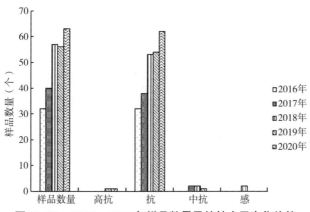

图49-20　2016—2020年样品数量及抗性水平变化趋势

第七节　2016—2020年黄河流域棉花品种试验SSR分子检测动态分析

一、2016—2020年检测样品（品种）基本情况

依据全国农业技术推广服务中心2016—2020年国家棉花品种试验实施方案的要求，2016—2020年中国农业科学院棉花研究所对参加黄河流域棉区的参试品种进行了SSR分子检测。2016年黄河流域棉区包括4组区域试验、2组生产试验，总计参试品种32个（不含对照，下同）。2017年黄河流域棉区包括4组区域试验、2组生产试验，总计参试品种39个。2018年黄河流域棉区包括5组区域试验、2组生产试验，总计参试品种62个。2019年黄河流域棉区包括5组区域试验、3组生产试验，总计参试品种61个。2020年黄河流域棉区包括6组区域试验、3组生产试验，总计参试品种73个。

二、试验方法

（一）DNA提取

黄河流域的品种均直接于田间取真叶，采用CTAB法（PATERSON，1993年）并稍加修改。将鲜叶放入2mL离心管中，加入约500μL新鲜配制的提取缓冲液研磨（表49-43），采用高速研磨仪将样品彻底打碎，10 000r/min离心5min（4℃），弃上清；于沉淀中加入650μL在65℃水浴中预热的裂解缓冲液（表49-44），涡旋混匀，65℃水浴40min；加入等体积的氯仿：异戊醇（24：1）混合液，翻转50次左右，12 000r/min离心10min（4℃），将上清液转入1.5mL的离心管中，加2/3体积的预冷的异丙醇，缓慢翻转混匀50次，直至有絮状DNA沉淀为止，静置5min，挑出絮状沉淀至新灭菌的1.5mL离心管中，加入400μL的70%乙醇洗涤5min，倒掉上清液，加入400μL的无水乙醇，采用真空风干机干燥20min；加600μL的TE缓冲液溶解DNA（4℃，30min以上），并保存。表49-43、表49-44列出DNA提取缓冲液和裂解缓冲液的浓度和配方。缓冲液清亮，很快变黄，室温可保存1～2周，用前加1/100体积的β-Me（β-巯基乙醇），CTAB溶解要数小时。

表49-43　DNA提取缓冲液配方

存储液	500mL体系	100mL体系
葡萄糖（固体）	34.68g	6.936g
1.0mol/L Tris.HCl（pH值为8.0）	50mL	10mL
0.2mol/L EDTA（pH值为8.0）	5mL	1mL
PVP-40（固体）	10g	2g
β-Me（液体）	5mL	1mL
灭菌水	385mL	77mL
总计（mL）	500mL	100mL

表49-44　DNA裂解缓冲液配方

存储液	500mL体系	100mL体系
NaCl（固体）	40.4g	8.181 6g
1.0mol/L Tris.HCl（pH值为8.0）	50mL	10mL
0.2mol/L EDTA（pH值为8.0）	50mL	10mL
PVP-40（固体）	10g	2g
CTAB（固体）	10g	2g
β-Me（液体）	5mL	1mL
灭菌水	335mL	67mL
总计（mL）	500mL	100mL

（二）SSR扩增、电泳与银染

SSR引物主要选自郭旺珍等（2007年）报道的棉花海陆种间遗传图谱。PCR反应体系、PCR扩增程序和银染过程参照张军等（2000年）介绍的方法（表49-45）。

表49-45　PCR反应体系

项目	通用反应体积（μL）
PCRMix	5.0
左引物5μmol/L	0.5
右引物5μmol/L	0.5
模板DNA	1.0
水	3

将表49-44体系涡旋混匀。先加1.0μL模板DNA至PCR样板槽内，再将混样加入。

PCR反应设置如下：

95℃，3min，
94℃，30s，
55℃，45s，
72℃，1min，
72℃，5min，
4℃，1min。

$\left.\begin{array}{l}94℃，30s，\\ 55℃，45s，\\ 72℃，1min，\end{array}\right\}$30次循环

PCR反应后，在电泳前于PCR样板槽内每孔内加溴酚蓝2.0μL。

凝胶电泳与银染程序如下：充分洗净玻璃板、梳子，使无水珠，装板；用2%琼脂液封胶板底，保证无气泡、平直（琼脂粉称量后溶于1×TBE溶液中，琼脂液加热融化后呈透明液体状）；装槽、试梳。配10%的PAGE凝胶；10%的PAGE胶配好后混匀，将透明液体状凝胶倒入拧紧固定的两块胶板中。倒胶时电泳槽先大角度倾斜，随着倒胶的增加，逐渐放平、直立，胶液面离玻璃板顶部1mm左右为宜。然后插入梳子，使梳子紧贴玻璃板；点样前倒入1×TBE电泳缓冲液，缓慢拔出梳子，预电泳10min以上（100V左右）；每孔上样量2μL，200V左右开始电泳，45min后（至溴酚蓝电泳到凝胶底部为止）停止电泳；将电泳后的凝胶取下，完整放入500mL固定液（95%乙醇50mL、10%冰乙酸25mL、水425mL）中，置摇床摇匀（10min左右）；倒掉固定液，加入500mL的0.2% AgNO$_3$溶液，置于摇床上银染10~12min，500mL纯水洗去离子；倒掉银染液，加入显色液（7.5g NaOH+5.5mL甲醛+500mL水），至凝胶上显示出清晰且易于辨认的条带为止，水洗2遍后，即可读取扩增产物的带型。

（三）数据处理

观察PCR扩增产物结果，统计清晰稳定且易于辨认的条带以及各引物扩增带型的种类。在同一等位基因位点上有带记为1，无带记为0。

利用核心引物进行SSR纯度检测。每一品种取样24株。每株中如果有2对以上引物的谱带与其他植株不一致，则判定为杂株。

利用软件PowerMarker V3.25计算各材料间遗传相似系数，并用类平均法（UPGMA）对各材料进行聚类分析。在此基础上判断各参试材料间的相似性。

三、2016—2020年SSR鉴定结果

（一）SSR纯度鉴定结果

根据以往DNA纯度鉴定结合田间表现的结果，常规棉（含早熟棉）品种DNA纯度在90%以上的品种一般被认为是纯度较好的品种，杂交棉品种DNA纯度在80%以上的品种一般被认为是纯度较好的品种。从图49-21可以看出，2016—2020年，黄河流域棉区传统的常规棉、杂交棉中，纯度较好的品种所占比例相对稳定。黄河流域2012年重新开始了早熟组区域试验，2016—2020年纯度也在逐步好转（图49-21）。

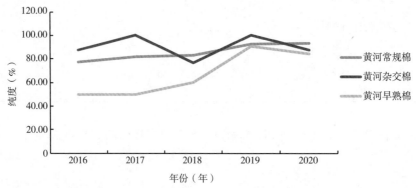

图49-21　2016—2020年黄河流域棉区参试品种的较高纯度品种占比的变化趋势

就黄河流域中熟常规棉品种的具体分布而言，5年来DNA纯度在100%的品种总体呈逐步上升的趋势；DNA纯度在90%～99%的品种则是常年占据主要比重，5年来一直变化不大，保持相对稳定；DNA纯度在90%以下的品种则是5年来呈逐步下降的趋势（图49-22）。如果只针对最终能够参加到中熟常规生产试验的品种，可以看到，这些品种中的绝大多数，在参试的3年中，品种的DNA纯度呈稳步上升的趋势；到进入生产试验这一年，品种的DNA纯度达到最高（图49-23）。以上数据表明，黄河流域常规棉品种的DNA纯度在2016—2020年一直在逐年改善，纯度高于90%的品种逐渐增多，纯度在90%以下的品种逐渐减少。

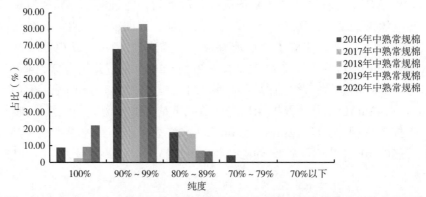

图49-22　2016—2020年黄河流域棉区中熟常规棉参试品种各纯度范围的变化趋势

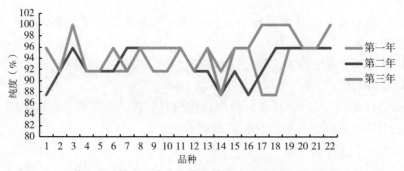

图49-23　黄河流域棉区22个中熟常规棉生产试验品种DNA纯度变化趋势

　　黄河流域中熟杂交棉品种，5年来DNA纯度在100%的品种总体呈缓步上升的趋势；DNA纯度在90%～99%的品种则是常年占据主要比重，5年来也在逐步上升，保持相对稳定；DNA纯度在80%～89%的品种则是5年来呈逐步下降的趋势，80%以下的品种常年一直所占比重较小（图49-24）。从这几年来能够参加到中熟杂交生产试验的品种，可以看到，这些品种中的绝大多数DNA纯度在90%以上，并且在参试的3年中，品种的DNA纯度明显呈稳步上升的趋势；到进入生产试验这一年，品种的DNA纯度达到最高（图49-25）。以上数据表明，黄河流域中熟杂交棉品种的DNA纯度在2016—2020年一直在逐年改善，纯度高于90%的品种逐渐增多，纯度在90%以下的品种逐渐减少。

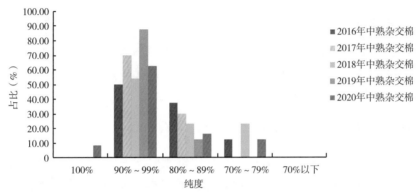

图49-24　2016—2020年黄河流域棉区中熟杂交棉参试品种各纯度范围的变化趋势

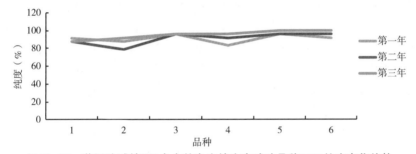

图49-25　黄河流域棉区6个中熟杂交棉生产试验品种DNA纯度变化趋势

　　黄河流域早熟棉品种，是在2012年度重新开始区域试验的。近5年来DNA纯度在100%的品种总体上升趋势明显；DNA纯度在90%～99%的品种则是常年占据主要比重，5年来也在逐步上升；DNA纯度在80%～89%的品种一直占比较高，近5年来开始呈大幅下降的趋势，80%以下的品种常年一直所占比重较小（图49-26）。从这几年来能够参加到早熟组生产试验的品种，可以看到，这些品种中的绝大多数DNA纯度在参试的3年中变化相对较大。在进入区域试验的两年中，品种的DNA纯度第一年明显较低，而后呈稳步上升的趋势，到进入生产试验这一年，品种的DNA纯度达最高（图49-27）。以上数据表明，黄河流域早熟棉品种的DNA纯度在2016—2020年一直在逐年改善，纯度高于90%的品种逐渐增多，纯度在90%以下的品种逐渐减少。

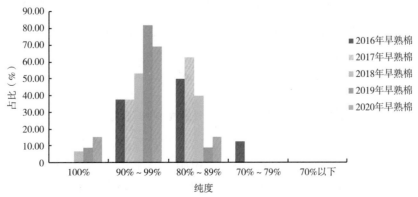

图49-26　2016—2020年黄河流域棉区早熟棉参试品种各纯度范围的变化趋势

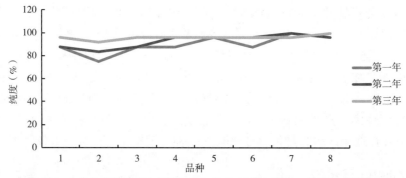

图49-27　黄河流域棉区8个早熟常规棉生产试验品种DNA纯度变化趋势

综上所述，黄河流域中熟常规、中熟杂交以及早熟棉品种的DNA纯度在2016—2020年一直在逐年改善。这说明，DNA检测工作也较好地提高了育种者对棉花品种纯度的重视程度，从而促进了黄河流域各类棉花参试品种的纯度改良工作。

（二）SSR遗传相似性鉴定结果

黄河流域棉区参试品种在通过核心引物进行纯度检测后，去掉杂株，初步构建参试品种的指纹图谱。在此基础上，利用PowerMarker V3.25软件计算各个参试品种间的遗传距离，进行了品种间的遗传相似性分析。

根据2016—2020年国家棉花品种试验方案提供的品种，黄河流域棉区各对照品种，在不同区域试验组别、不同年份中，遗传上完全一致，遗传标记吻合。另外，DNA指纹图谱显示，连续第二年参试及第三年参试的各个品种，在不同区域试验年份中，遗传一致性较好，未发现有年际间换种的现象。各年度新参试的品种中，也未发现有指纹相似的品种，遗传特异性较好。

此外，根据参试品种间的遗传相似度分析显示：黄河流域中熟常规棉品种近5年来品种间遗传相似度在90%以上的品种基本没有，说明新参试品种的遗传特异性相对较好。仅2018年度有2组品种间相似度达92.59%，依据农业行业标准（NY/T 2469—2013），判断为近似品种；但在田间性状比对中发现，以上品种在茎秆茸毛、果枝长度、铃尖、早熟性、结铃性等性状上有明显差异，故应判定为相似但具有不同利用价值的品种。黄河常规棉品种间遗传相似度为70%～90%的2016—2020年上升幅度不大，说明常规棉品种间遗传相似度较大的品种增加缓慢。黄河流域常规棉品种间遗传相似度为30%～60%的常年占一半左右，而且相似度在20%以下的品种也在逐年递增；这说明黄河流域常规棉品种间遗传相似度较小（亦即遗传特异性好）的品种正在逐年增加（图49-28）。

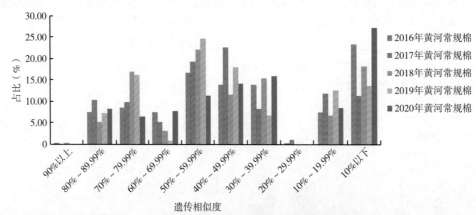

图49-28　2016—2020年黄河流域常规棉参试品种间遗传相似度的变化趋势

黄河杂交棉品种间遗传相似度没有在90%以上的，说明新参试品种的遗传特异性较好。遗传相似度为60%～90%的2016—2020年上升幅度不大，说明黄河流域杂交棉品种间遗传相似度较大的品种基本没有增加。黄河流域杂交棉品种间遗传相似度为30%～60%的常年占接近四成左右，而且相似度在20%以下的品种也呈逐年递增的趋势；这说明黄河流域杂交棉品种间遗传特异性好的品种正在逐年增加（图49-29）。

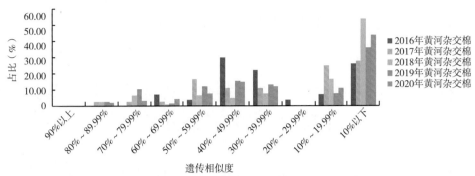

图49-29 2016—2020年黄河流域中熟杂交棉参试品种间遗传相似度的变化趋势

黄河早熟棉品种间遗传相似度没有在90%以上的，说明新参试品种的遗传特异性较好。早熟棉品种间遗传相似度为70%～90%的在2016—2020年呈逐年下降的趋势，说明黄河流域早熟棉品种间遗传相似度较大的品种正在逐年递减。黄河流域早熟棉品种间遗传相似度为30%～60%的呈逐年递增的趋势，而且相似度在20%以下的品种也基本没有变化，常年维持在一半左右；这说明黄河流域早熟棉品种间遗传特异性较好的品种正在逐年增加（图49-30）。

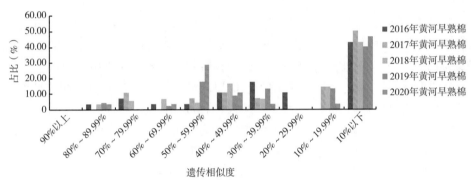

图49-30 2016—2020年黄河流域早熟棉参试品种间遗传相似度的变化趋势

综上所述，以上所有结果显示，黄河流域中熟常规、中熟杂交以及早熟棉品种间的遗传基础也没有出现逐年趋于狭窄的迹象，品种间的遗传多样性反而也在逐年扩大。这也说明，在不同自然条件下，黄河流域培育形成了性状各异、适应不同生长环境的各种不同类型的棉花品种，这将有利于未来各种类型的优异棉花品种的选育与改良工作。

第五十章 2016—2020年西北内陆棉花品种试验性状动态分析

第一节 2016—2020年西北内陆棉花品种试验参试品种农艺性状动态分析

农艺性状包括生育期、株高、第一果枝节位、果枝数、单株铃数、单铃重、衣分等六大性状，其中生育期和第一果枝节位年纪间差异不显著，株高、果枝数、单株铃数、单铃重等性状品种间、年际间差异较大。

一、2016—2020年西北内陆棉区早熟品种农艺性状动态分析

（一）早熟品种生育期动态分析

2016—2020年参试早熟品种平均生育期除2016年为125d，其余年份均为121d左右，年际间早熟性差异不明显。参试品种最大生育期为130d，最短生育期为116d，参试品种的生育期差异较大。2016年生育期为123~128d，平均生育期为125d，对照品种生育期为124d，平均生育期长于对照品种。2017年生育期为116~130d，平均生育期为120.2d，对照品种生育期为118d，平均生育期长于对照品种。2018年生育期为117~125d，平均生育期为121.6d，对照品种生育期为118d，平均生育期长于对照品种。2019年生育期为118~125d，平均生育期为120.4d，对照品种生育期为118d，平均生育期长于对照品种。2020年生育期为119~124d，平均生育期为121.5d，对照品种生育期为121d，平均生育期长于对照品种。2016—2020年平均生育期为121.7d（图50-1）。

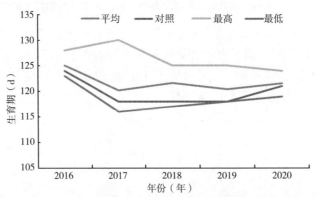

图50-1 2016—2020年西北内陆棉区区域试验早熟品种生育期

（二）早熟品种株高动态分析

2016—2020年参试早熟品种平均株高2016年最高为78.3cm，2017—2019年株高均为70cm左右。参试品种最大株高为84.7cm，最矮为58.5cm，参试品种的株高差异较大。2016年株高为68.8~82.4cm，平均株高为78.3cm，对照品种株高为69.9cm，平均株高高于对照品种。2017年株高为59.3~82.4cm，平均株高为69.9cm，对照品种株高为64.1cm，平均株高高于对照品种。2018年株高为58.5~78.3cm，平均株高为70.7cm，对照品种株高为62.1cm，平均株高高于对照品种。2019年株高为61.6~84.7cm，平均株高为70.5cm，对照品种株高为71.5cm，平均株高低于对照品种。2020年株高为68.7~80.7cm，平均株高为75.9cm，对照品种株高为78.6cm，平均株高低于对照品种。

2016—2020年平均株高为73.1cm（图50-2）。

（三）早熟品种第一果枝节位动态分析

2016—2020年参试早熟品种平均第一果枝节位2016年最高为5.8，2020年最低为5.2，2017—2019年第一果枝节位均为5.6左右。参试品种最大第一果枝节位为6.4，最小为4.8，参试品种的第一果枝节位差异不大。2016年第一果枝节位为5.4～6.4，平均第一果枝节位为5.8，对照品种第一果枝节位为5.4，平均第一果枝节位高于对照品种。2017年第一果枝节位为5～6.3，平均第一果枝节位为5.7，对照品种第一果枝节位为5.2，平均第一果枝节位高于对照品种。2018年第一果枝节位为5～6.4，平均第一果枝节位为5.5，对照品种第一果枝节位为5.1，平均第一果枝节位高于对照品种。2019年第一果枝节位为5.1～6.4cm，平均第一果枝节位为5.6，对照品种第一果枝节位为5.2，平均第一果枝节位高于对照品种。2020年第一果枝节位为4.8～5.6，平均第一果枝节位为5.2，对照品种第一果枝节位为5.1，平均第一果枝节位高于对照品种。2016—2020年平均第一果枝节位为5.5（图50-3）。

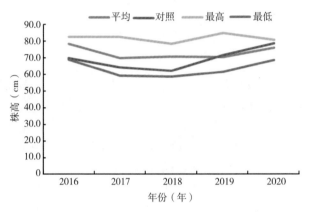

图50-2　2016—2020年西北内陆棉区区域试验早熟　　图50-3　2016—2020年西北内陆棉区区域试验早熟
　　　　品种株高　　　　　　　　　　　　　　　　　　　　　　品种第一果枝节位

（四）早熟品种单株果枝台数动态分析

2016—2020年参试早熟品种平均果枝台数2018年最高为8.2，平均果枝台数均为8左右。参试品种最大果枝台数为9.7，最小为6.2。2016年果枝台数为7.4～8.6，平均果枝台数为8.0，对照品种果枝台数为7.5，平均果枝台数高于对照品种。2017年果枝台数为7.4～8.8，平均果枝台数为8.1，对照品种果枝台数为7.9，平均果枝台数高于对照品种。2018年果枝台数为7.1～9.2，平均果枝台数为8.2，对照品种果枝台数为7.9，平均果枝台数高于对照品种。2019年果枝台数为6.26～9.7，平均果枝台数为7.7，对照品种果枝台数为7.8，平均果枝台数低于对照品种。2020年果枝台数为7.5～9.5，平均果枝台数为8.1，对照品种果枝台数为8.1，平均果枝台数与对照品种持平。2016—2020年平均果枝台数为8.0（图50-4）。

（五）早熟品种单株铃数动态分析

2016—2020年参试早熟品种平均单株铃数稳步上升，2020年平均最高达到了7.3个，参试品种最高单株铃数为9.2个，最低单株铃数为5.4个。2016年单株铃数为5.6～6.4个，平均单株铃数为5.9个，对照品种品种单株铃数为5.8个，平均单株铃数高于对照品种。2017年单株铃数为5.9～7.4个，平均单株铃数为6.7个，对照品种单株铃数为6.5个，平均单株铃数对高于对照品种。2018年单株铃数为5.9～8.7个，平均单株铃数为7.2个，对照品种单株铃数为6.5个，平均单株铃数高于对照品种。2019年单株铃数为5.4～9.2个，平均单株铃数为6.8个，对照品种单株铃数为6.6个，平均单株铃数高于对照品种。2020年单株铃数为6.5～8.1个，平均单株铃数为7.3个，对照品种单株铃数为6.9个，平均单株铃数高于对照品种。2016—2020年平均单株铃数为6.8个（图50-5）。

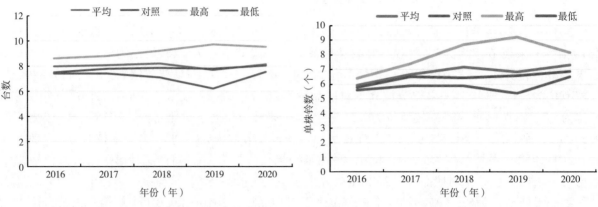

图50-4　2016—2020年西北内陆棉区区域试验　　　图50-5　2016—2020年西北内陆棉区区域试验早
　　　　早熟品种果枝台数　　　　　　　　　　　　　　　　　熟品种单株铃数

（六）早熟品种单铃重动态分析

2016—2020年参试早熟品种平均单铃重2016年平均最高达到了5.9g，参试品种最高单铃重为6.5g，最低单铃重为4.8g。2016年单铃重为5.5～6.5g，平均单铃重为5.9g，对照品种单铃重为5.5g，平均单铃重高于对照品种。2017年单铃重为5.3～6.4g，平均单铃重为5.7g，对照品种单铃重为5.6g，平均单铃重对高于对照品种。2018年单铃重为5.9～8.7g，平均单铃重为7.2g，对照品种单铃重为6.5g，平均单铃重高于对照品种。2019年单铃重为5.3～6.3g，平均单铃重为5.6g，对照品种单铃重为5.3g，平均单铃重高于对照品种。2020年单铃重为5.3～6.5g，平均单铃重为5.8g，对照品种单铃重为5.8g，平均单铃重等于对照品种。2016—2020年平均单铃重为5.7g（图50-6）。

（七）早熟品种衣分动态分析

2018—2020年参试早熟品种平均衣分呈稳步上升的趋势，以2020年衣分最高。参试品种最高衣分为46.2%，最低衣分为39.0%。2016年衣分为39.0%～42.6%，平均为41.2%，对照品种衣分为41.2%，平均衣分等于对照品种。2017年衣分为39.1%～43.3%，平均为41.2%，对照品种衣分为41.2%，平均衣分等于对照品种。2018年衣分为40.3%～43.5%，平均为41.9%，对照品种衣分为41.8%，平均衣分高于对照品种。2019年衣分为40.9%～44.5%，平均为42.5%，对照品种衣分为42.2%，平均衣分高于对照品种。2020年衣分为43.2%～46.2%，平均为44.3%，对照品种产量为43.6%，平均产量低于对照品种。2016—2020年平均衣分为42.2%（图50-7）。

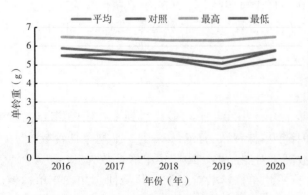
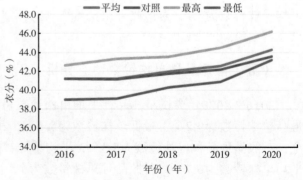

图50-6　2016—2020年西北内陆棉区区域试验早熟　　　图50-7　2016—2020年西北内陆棉区区域试验
　　　　　　品种单铃重　　　　　　　　　　　　　　　　　　　　早熟品种衣分

2016年早熟品种衣分平均与对照品种持平，2017年早熟品种衣分平均较2016年持平，与对照品种持平，2018年早熟品种衣分平均较2017年增加了0.7%，比对照品种高0.1%，2019年早熟品种衣分平均较2018年增加了0.6%，与对照品种持平，2020年早熟品种衣分平均较2019年增加了0.8%，比对照品种高0.7%。

二、2018—2020年西北内陆棉区早熟机采棉品种农艺性状动态分析

（一）早熟机采棉品种生育期动态分析

2018—2020年参试早熟机采棉品种平均生育期差异不大，均为120d左右。参试品种最大生育期为123d，最短生育期为118d。2018年生育期为118～123d，平均生育期为119.8d，对照品种生育期为118d，平均生育期长于对照品种。2019年生育期为118～120d，平均生育期为119.4d，对照品种生育期为118d，平均生育期长于对照品种。2020年生育期为120～122d，平均生育期为121d，对照品种生育期为121d，平均生育期育对照品种相同。2018—2020年平均生育期为119.6d（图50-8）。

（二）早熟机采棉品种株高动态分析

2018—2020年参试早熟机采棉品种平均株高2020年最高，为78.4cm。参试品种最大株高为84.6cm，最矮为63.3cm。2018年株高为63.3～74.0cm，平均株高为68.5cm，对照品种株高为63.3cm，参试品种株高高于对照品种。2019年株高为73.4～84.6cm，平均株高为77.2cm，对照品种株高为74.6cm，平均株高高于对照品种。2020年株高为71.8～83.9cm，平均株高为78.4cm，对照品种株高为80.5cm，平均株高低于对照品种。2018—2020年平均株高为74.7cm（图50-9）。

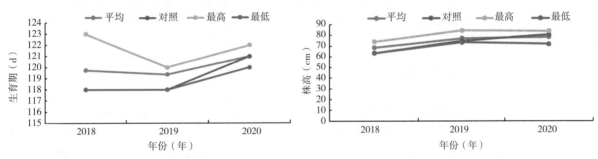

图50-8 2018—2020年西北内陆棉区区域试验早熟机采棉品种生育期

图50-9 2018—2020年西北内陆棉区区域试验早熟机采棉品种株高

（三）早熟机采棉品种第一果枝节位动态分析

2018—2020年参试早熟机采棉品种最大第一果枝节位为6.1，最小为4.9。2018年第一果枝节位为4.9～5.9，平均第一果枝节位为5.5，对照品种第一果枝节位为5.1，平均第一果枝节位高于对照品种。2019年第一果枝节位为5.1～6.1，平均第一果枝节位为5.6，对照品种第一果枝节位为5.1，平均第一果枝节位高于对照品种。2020年第一果枝节位为5.1～5.5，平均第一果枝节位为5.3，对照品种第一果枝节位为5.1，平均第一果枝节位高于对照品种。2018—2020年平均第一果枝节位为5.4（图50-10）。

（四）早熟机采棉品种单株果枝台数动态分析

2018—2020年参试品种最大果枝台数为9台，最小为7.2台。2018年果枝台数为7.7～8.3台，平均果枝台数为7.9台，对照品种品种果枝台数为7.7台，平均果枝台数高于对照品种。2019年果枝台数为7.5～9台，平均果枝台数为8.3台，对照品种果枝台数为9台，平均果枝台数低于对照品种。

2020年果枝台数为7.2～7.9台，平均果枝台数为7.6台，对照品种果枝台数为7.7台，平均果枝台数低于对照品种。2018—2020年平均果枝台数为8.0台（图50-11）。

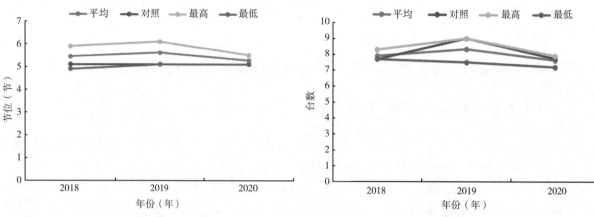

图50-10　2018—2020年西北内陆棉区区域试验早
熟机采棉品种第一果枝节位

图50-11　2018—2020年西北内陆棉区区域试验
早熟机采棉果枝台数

（五）早熟机采棉品种单株铃数动态分析

2018—2020年参试早熟机采棉品种平均单株铃数在2019年最高为7.5个，参试品种最高单株铃数为8.3个，最低单株铃数为6.0个。2018年单株铃数为6.6～7.5个，平均单株铃数为7.0个，对照品种品种单株铃数为6.9个，平均单株铃数高于对照品种。2019年单株铃数为6.6～8.3个，平均单株铃数为7.5个，对照品种单株铃数为7.6个，平均单株铃数低于对照品种。2020年单株铃数为6.5～8.1个，平均单株铃数为6.9个，对照品种单株铃数为6.8个，平均单株铃数高于对照品种。2018—2020年平均单株铃数为7.1个（图50-12）。

（六）早熟机采棉品种单铃重动态分析

2018—2020年参试早熟机采棉品种参试品种，2019年平均单铃重最低为4.8g。最高单铃重为6.1g，最低单铃重为4.2g。2018年单铃重为5.4～6.1g，平均单铃重为5.7g，对照品种单铃重为5.4g，平均单铃重高于对照品种。2019年单铃重为4.2～5.3g，平均单铃重为4.8g，对照品种单铃重为4.6g，平均单铃重高于对照品种。2020年单铃重为5.4～6.0g，平均单铃重为5.7g，对照品种单铃重为5.7g，平均单铃重等于对照品种。2018—2020年平均单铃重为5.4g（图50-13）。

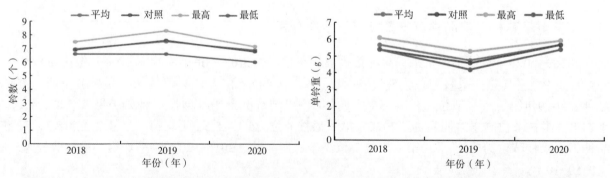

图50-12　2018—2020年西北内陆棉区区域试验早熟
机采棉品种单株铃数

图50-13　2018—2020年西北内陆棉区区域试验早
熟机采棉品种单铃重

（七）早熟机采棉品种衣分动态分析

2018—2020年参试早熟机采棉品种平均衣分呈稳步上升的趋势，以2020年衣分最高。参试品种最高衣分为45.4%，最低衣分为40.2%。2018年衣分为40.2%～44.4%，平均为41.8%，对照品种衣分为41.6%，平均衣分高于对照品种。2019年衣分为41%～43.4%，平均为42.4%，对照品种衣分为42%，平均衣分高于对照品种。2020年衣分为43.3%～45.4%，平均为44.1%，对照品种衣分为43.5%，平均衣分低于对照品种。2018—2020年平均衣分为42.1%（图50-14）。

2018年早熟机采棉品种衣分平均比对照品种高0.2%，2019年早熟机采棉衣分平均较2018年增加了0.5%，比对照品种高0.4%，2020年早熟机采棉品种衣分平均较2019年增加了1.7%，比对照品种高0.6%（图50-14）。

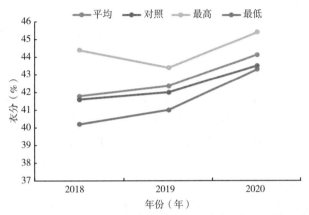

图50-14　2018—2020年西北内陆棉区区域试验早熟机采棉品种衣分

三、2016—2020年西北内陆棉区早中熟品种农艺性状动态分析

（一）早中熟品种生育期动态分析

2016—2020年参试早中熟品种最大生育期为139d，最短生育期为127d。2016年生育期为135～139d，平均生育期为136.6d，对照品种生育期为136d，平均生育期长于对照品种，参试品种生育期差异不大。2017年生育期为133～137d，平均生育期为134.8d，对照品种生育期为134d，平均生育期长于对照品种。2018年生育期为129～138d，平均生育期为132.8d，对照品种生育期为133d，平均生育期短于对照品种。2019年生育期为127～138d，平均生育期为133.8d，对照品种生育期为134d，平均生育期短于对照品种。2020年生育期为127～139d，平均生育期为133.4d，对照品种生育期为134d，平均生育期短于对照品种。2016—2020年平均生育期为134.5d（图50-15）。

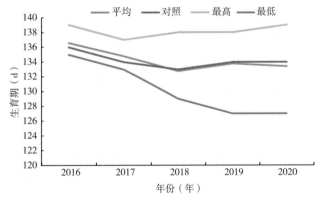

图50-15　2016—2020年西北内陆棉区区域试验早中熟品种生育期

（二）早中熟品种株高动态分析

2016—2020年参试早中熟品种平均株高2017年，最高为82.9cm，2019年平均株高最矮为72cm左右。参试品种最大株高为91.8cm，最矮为62cm，品种间株高差异大。2016年株高为

69.8 ~ 87.3cm，平均株高为77.9cm，对照品种株高为72.7cm，平均株高长于对照品种。2017年株高为75.3 ~ 88.6cm，平均株高为82.9cm，对照品种株高为75.3cm，平均株高长于对照品种。2018年株高为65.1 ~ 81.0cm，平均株高为73.1cm，对照品种株高为65.9cm，平均株高长于对照品种。2019年株高为62.4 ~ 91.8cm，平均株高为72.0cm，对照品种株高为64.9cm，平均株高高于对照品种。2020年生育期为62.0 ~ 83.7cm，平均株高为73.7cm，对照品种株高为62.9cm，平均株高高于对照品种。2016—2020年平均株高为75.9cm（图50-16）。

（三）早中熟品种第一果枝节位动态分析

2016—2020年参试早中熟品种平均第一果枝节位2016年为5.7节，2020年最低为5.8节，2017—2019年第一果枝节位均为6.3节左右。参试品种最大第一果枝节位为6.9节，最小为5.3节。2016年第一果枝节位为5.3 ~ 6.1节，平均第一果枝节位为5.7节，对照品种第一果枝节位为5.7节，平均第一果枝节位等于对照品种。2017年第一果枝节位为5.9 ~ 6.9节，平均第一果枝节位为6.3节，对照品种第一果枝节位为6.3节，平均第一果枝节位等于对照品种。2018年第一果枝节位为5.8 ~ 6.8节，平均第一果枝节位为6.4节，对照品种第一果枝节位为6.2节，平均第一果枝节位高于对照品种。2019年第一果枝节位为6 ~ 6.6节，平均第一果枝节位为6.2节，对照品种第一果枝节位为6.4节，平均第一果枝节位低于对照品种。2020年第一果枝节位为6.4 ~ 6.2节，平均第一果枝节位为5.8节，对照品种第一果枝节位为5.9节，平均第一果枝节位低于对照品种。2016—2020年平均第一果枝节位为5.5节（图50-17）。

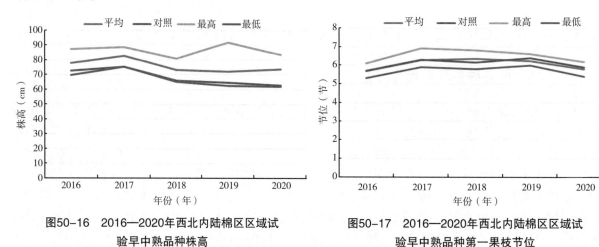

图50-16　2016—2020年西北内陆棉区区域试验早中熟品种株高　　　　图50-17　2016—2020年西北内陆棉区区域试验早中熟品种第一果枝节位

（四）早中熟品种单株果枝台数动态分析

2016—2020年参试早中熟品种平均果枝台数2016年最高为9.9台，参试早中熟品种果枝台数普遍高于早熟品种果枝台数。参试品种最大果枝台数为10.6台，最小为7.4台。2016年果枝台数为8.9 ~ 10.6台，平均果枝台数为9.9台，对照品种品种果枝台数为10.3台，平均果枝台数低于对照品种。2017年果枝台数为7.4 ~ 9.5台，平均果枝台数为8.5台，对照品种果枝台数为8.9台，平均果枝台数低于对照品种。2018年果枝台数为7.9 ~ 8.6台，平均果枝台数为8.7台，对照品种果枝台数为9.1台，平均果枝台数低于对照品种。2019年果枝台数为8.4 ~ 9.6台，平均果枝台数为8.9台，对照品种果枝台数为8.9台，平均果枝台数与对照品种持平。2020年果枝台数为8.3 ~ 10台，平均果枝台数为9台，对照品种果枝台数为8.8台，平均果枝台数高于对照品种。2016—2020年平均果枝台数为9.0台（图50-18）。

（五）早中熟品种单株铃数动态分析

2016—2020年参试早中熟品种平均单株铃数2018年平均最高，达7.0个，参试品种最高单株铃数为7.8个，最低单株铃数为6.1个。2016年单株铃数为6.5～7.4个，平均单株铃数为6.9个，对照品种单株铃数为6.8个，平均单株铃数高于对照品种。2017年单株铃数为6.2～6.9个，平均单株铃数为6.5个，对照品种单株铃数为6.2个，平均单株铃数对高于对照品种。2018年单株铃数为6.6～7.8个，平均单株铃数为7.0个，对照品种单株铃数为7.0个，平均单株铃数等于对照品种。2019年单株铃数为5.6～7.6个，平均单株铃数为6.7个，对照品种单株铃数为6.1个，平均单株铃数高于对照品种。2020年单株铃数为6.1～7.6个，平均单株铃数为6.8个，对照品种单株铃数为6.2个，平均单株铃数高于对照品种。2016—2020年平均单株铃数为6.8个，与早熟棉组大致相同（图50-19）。

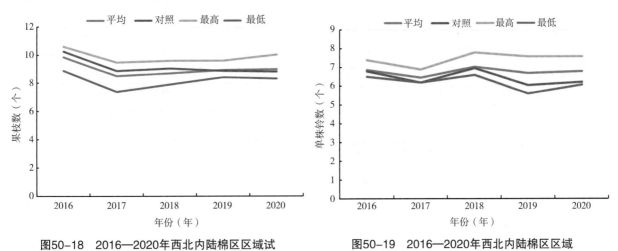

图50-18　2016—2020年西北内陆棉区区域试验早中熟品种果枝数

图50-19　2016—2020年西北内陆棉区区域试验早中熟品种单株铃数

（六）早中熟品种单铃重动态分析

2016—2020年参试早中熟品种平均单铃重波动上升，2020年平均最高，达6.3g，参试品种最高单铃重为6.9g，最低单铃重为4.8g。2016年单铃重为5.3～6.3g，平均单铃重为6.0g，对照品种单铃重为6g，平均单铃重等于对照品种。2017年单铃重为5.3～6.7g，平均单铃重为6.2g，对照品种单铃重为6.3g，平均单铃重低于对照品种。2018年单铃重为5.7～6.6g，平均单铃重为6.1g，对照品种单铃重为6.3g，平均单铃重低于对照品种。2019年单铃重为4.8～6.5g，平均单铃重为5.9g，对照品种单铃重为5.5g，平均单铃重高于对照品种。2020年单铃重为5.8～6.9g，平均单铃重为6.3g，对照品种单铃重为6.4g，平均单铃重低于对照品种。2016—2020年平均单铃重为6.1g，高于早熟品种（图50-20）。

（七）早中熟品种衣分动态分析

2018—2020年参试早中熟品种平均衣分呈波折上升的趋势，以2020年衣分最高。参试品种最高衣分为45.9%，最低衣分为38.4%。2016年衣分为40.6%～45.0%，平均为42.6%，对照品种衣分为42.0%，平均衣分高于对照品种。2017年衣分为39.4%～44.1%，平均为41.9%，对照品种衣分为41.7%，平均衣分高于对照品种。2018年衣分为39.8%～43.9%，平均为41.9%，对照品种衣分为41.2%，平均衣分高于对照品种。2019年衣分为38.4%～45.1%，平均为43.3%，对照品种衣分为42.9%，平均衣分高于对照品种。2020年衣分为42.1%～45.9%，平均为43.7%，对照品种衣分为43.6%，平均衣分高于对照品种。2016—2020年平均衣分为42.2%（图50-21）。

2016年早中熟品种衣分高于对照品种0.6%，2017年早中熟品种衣分平均较2016年减少0.7%，比对照品种高0.2%，2018年早中熟品种衣分平均较2017年增加了0.7%，比对照品种高0.7%，2019年早中熟品种衣分平均较2018年增加了1.4%，比对照品种高0.4%，2020年早中熟品种衣分平均较2019年增加了0.4%，比对照品种高0.1%。

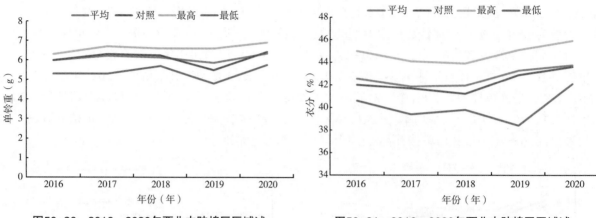

图50-20　2016—2020年西北内陆棉区区域试
验早中熟品种单铃重

图50-21　2016—2020年西北内陆棉区区域试
验早中熟品种衣分

四、2016—2019年西北内陆棉区审定品种农艺性状动态分析

从表50-1可以看出，2016—2019年通过新疆审定的17个棉花品种第一果枝节位、果枝台数、结铃数都较高，早熟性好，上桃快，结铃集中，机采性好，丰产性和稳产性都较好。J8031株高高大，禾棉A9-9较低，但果枝台数较高，新石K21生育期最短为118d，创棉501号生育期最长为138d。早熟类型品种的生育期为118～125d，株高为70.3～80.5cm，第一果枝节位为5.2～6.1节，平均生育期为122.4d，平均株高为76.4cm，符合机采棉株高要求，生育期与早熟棉区自然条件相适应，其中Z1112第一果枝节位最高为6.1节；早中熟类型品种的生育期为135～139d，株高为60.6～87.3cm，第一果枝节位为5.7～6节，平均生育期为122.4d，平均株高为73.2cm，株高平均略低于早熟品种，第一果枝节位高于早熟品种，生育期与早中熟棉区自然条件相适应，其中J8031第一果枝节位较低为5.7节（表50-1）。

表50-1　2016—2019年西北内陆棉区审定品种农艺性状

审定年份	品种名称	生育期（d）	株高（cm）	第一果枝节位（个）	株果枝台数（个）	株铃数（个）	铃重（g）	子指（g）	区域试验年份	区组
2016	Z1112	123	75.7	6.1	8.5	6.5	5.6	11.5	2013—2014	早熟
2016	新石K18	121	71.8	5.5	8.2	6.7	5.2	9.4	2013—2014	早熟
2016	J206-5	137	70.8	6	7.4	6.6	5.4	10.1	2013—2014	早中熟
2016	创棉501号	138	67.4	6	7.8	6.6	5.6	11.5	2013—2014	早中熟
2017	惠远720	122	72.8	5.8	7.6	6.5	5.7	11.8	2014—2015	早熟
2017	新石K21	118	70.3	5.5	8.6	6.4	5.6	9.7	2014—2015	早熟
2017	禾棉A9-9	139	60.6	6	10.2	5.9	5.8	9.9	2014—2015	早中熟
2018	创棉508	125	78.1	5.6	7.4	6.2	6.4	11.9	2015—2016	早熟
2019	庄稼汉902	124	79.3	5.8	7.7	6.1	6	11.1	2016—2017	早熟
2019	F015-5	123	77.7	5.2	8.2	6.3	5.8	11.6	2016—2017	早熟
2019	H33-1-4	125	80.2	5.7	7.8	6.5	6.1	11.2	2016—2017	早熟
2019	金科20	123	75.2	5.6	8.4	7.2	5.6	11.4	2016—2017	早熟
2019	惠远1401	122	80.5	5.6	8.6	6	6	12	2016—2017	早熟
2019	新石K28	121	77.9	6.0	8.3	6.3	5.8	10.4	2016—2017	早熟
2019	中棉201	122	77.4	5.9	8.1	7.2	6.1	11.4	2016—2017	早熟
2019	创棉512	135	80.1	6.0	9.6	6.6	6.4	11.5	2016—2017	早中熟
2019	J8031	135	87.3	5.7	9.3	7.2	6	11.1	2016—2017	早中熟

第二节　2016—2020年西北内陆棉花品种试验参试品种产量性状动态分析

产量性状分析包括籽棉产量、皮棉产量，2016—2020年各组别试验产量性状都呈上升趋势，说明在品种审定过程中，参试品种的综合性状在稳步提高，符合国家品种审定及示范推广的要求。

一、2016—2020年西北内陆棉区早熟品种产量性状动态分析

西北内陆棉区早熟品种产量在2016—2020年呈稳步上升趋势，2016—2020年对照品种平均籽棉产量为348.7kg/亩，平均皮棉产量为146.1kg/亩。2016—2020年平均产量相较于对照品种平均产量的动态趋势2020年增长幅度最大，2019年和2020年皮棉增长幅度大于籽棉增长幅度。

（一）早熟品种籽棉产量动态分析

2016—2020年参试早熟品种籽棉产量呈稳步上升的趋势，以2020年产量最高。参试品种最高产量为410.6kg/亩，最低产量为288.2kg/亩。2016年产量为320.9～354.6kg/亩，平均为340.9kg/亩，对照品种产量为320.9kg/亩，平均产量高于对照品种。2017年产量为288.2～383.5kg/亩，平均为360.2kg/亩，对照品种产量为363.5kg/亩，平均产量低于对照品种。2018年产量为333.3～393.1kg/亩，平均为358.2kg/亩，对照品种产量为353.2kg/亩，平均产量高于对照品种。2019年产量为326.9～394.7kg/亩，平均为364.6kg/亩，对照品种产量为334.0kg/亩，平均产量高于对照品种，对照品种产量较2018有所下降。2020年产量为348.3～410.6kg/亩，平均为382.2kg/亩，对照品种产量为371.7kg/亩，平均产量高于对照品种。2016—2020年籽棉平均产量361.2kg/亩（图50-22）。

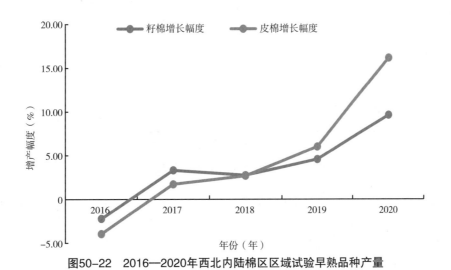

图50-22　2016—2020年西北内陆棉区区域试验早熟品种产量

（注：对照为2016—2020年早熟品种区域试验对照种平均籽棉和皮棉产量）

2016年早熟品种籽棉平均产量比对照品种高20kg/亩，2017年早熟品种籽棉平均产量较2016年增加了19.3kg/亩，比对照品种低3.3kg/亩，2018年早熟品种籽棉平均产量较2017年减少了2kg/亩，比对照品种高5kg/亩，2019年早熟品种籽棉平均产量较2018年增加了6.4kg/亩，比对照品种高30.6kg/亩，2020年早熟品种籽棉平均产量较2019年增加了17.6kg/亩，比对照品种高10.5kg/亩（图50-23）。

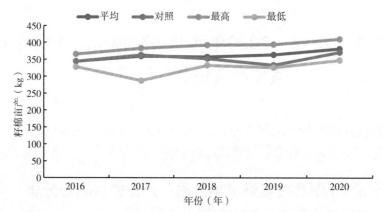

图50-23 2016—2020年西北内陆棉区区域试验早熟品种籽棉产量

（二）早熟品种皮棉产量动态分析

2016—2020年参试早熟品种皮棉产量呈稳步上升的趋势，以2020年产量最高。参试品种最高皮棉产量为182.9kg/亩，最低产量为125.4kg/亩。2016年产量为125.4～148.9kg/亩，平均为140.3kg/亩，对照品种产量为133.0kg/亩，平均产量高于对照品种。2017年产量为116.4～159.4kg/亩，平均为148.6kg/亩，对照品种产量为148.0kg/亩，平均产量高于对照品种。2018年产量为137.7～168.5kg/亩，平均为150.0kg/亩，对照品种产量为148.6kg/亩，平均产量高于对照品种。2019年产量为137.3～167.8kg/亩，平均为154.9kg/亩，对照品种产量为139.2kg/亩，平均产量高于对照品种，对照品种产量较2018年有所下降。2020年产量为151.0～182.9kg/亩，平均为169.7kg/亩，对照品种产量为161.7kg/亩，平均产量高于对照品种。2016—2020年皮棉平均产量152.7kg/亩（图50-24）。

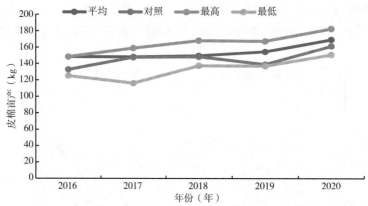

图50-24 2016—2020年西北内陆棉区区域试验早熟品种皮棉产量

2016年早熟品种皮棉平均产量比对照品种高7.3kg/亩，2017年早熟品种皮棉平均产量较2016年增加了8.3kg/亩，比对照品种高0.6kg/亩，2018年早熟品种皮棉平均产量较2017年增加了1.4kg/亩，比对照品种高1.4kg/亩，2019年早熟品种皮棉平均产量较2018年增加了4.9kg/亩，比对照品种高15.7kg/亩，2020年早熟品种皮棉平均产量较2019年增加了14.8kg/亩，比对照品种高8kg/亩。

二、2018—2020年西北内陆棉区早熟机采品种产量性状动态分析

从2018年开始西北内陆棉区早熟品种区域试验增加机采棉分组，2018—2020年参试早熟机采棉品种籽棉产量呈现稳步上升的趋势，以2020年产量最高。2018—2020年对照品种平均籽棉产量为348.7kg/亩，平均皮棉产量为146.1kg/亩。2018—2020年平均产量相较于对照品种平均产量的动态趋势2020年增长幅度最大，皮棉增长幅度速率大于籽棉增长幅度速率。

（一）早熟机采棉品种籽棉产量动态分析

从2018年开始西北内陆棉区早熟品种区域试验增加机采棉分组，2018—2020年参试早熟机采棉品种籽棉产量呈稳步上升的趋势，以2020年产量最高（图50-25）。参试品种最高产量为387.1kg/亩，最低产量为312.9kg/亩。2018年产量为339.1～374.4kg/亩，平均为359.0kg/亩，对照品种产量为344.9kg/亩，平均产量高于对照品种。2019年产量为312.9～382.8kg/亩，平均为366.6kg/亩，对照品种产量为339.1kg/亩，平均产量高于对照品种，对照品种产量较2018年有所下降。2020年产量为346.5～387.1kg/亩，平均为366.8kg/亩，对照品种产量为371.0kg/亩，平均产量低于对照品种。

2018年早熟机采棉品种籽棉平均产量比对照品种高14.1kg/亩，2019年早熟机采棉品种籽棉平均产量较2018年增加了7.6kg/亩，比对照品种高27.5kg/亩，2020年早熟机采棉品种籽棉平均产量较2019年增加了0.2kg/亩，比对照品种低4.2kg/亩（图50-26）。

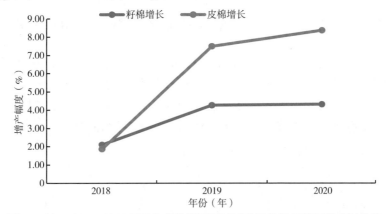

图50-25　2016—2020年西北内陆棉区区域试验早熟机采棉品种产量趋势

（注：对照为2018—2020年早熟机采棉品种区域试验对照品种平均籽棉和皮棉产量）

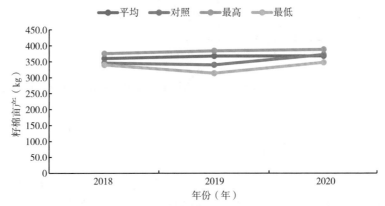

图50-26　2016—2020年西北内陆棉区区域试验早熟机采棉品种籽棉产量

（二）早熟机采棉品种皮棉产量动态分析

2018—2020年参试早熟机采棉品种皮棉产量呈稳步上升的趋势，以2020年产量最高。参试品种最高产量为173.2kg/亩，最低产量为129.9kg/亩。2018年产量为142.2～160.1kg/亩，平均为152.1kg/亩，对照品种产量为143.8kg/亩，平均产量高于对照品种。2019年产量为129.9～173.2kg/亩，平均为160.5kg/亩，对照品种产量为142.2kg/亩，平均产量高于对照品种，对照品种产量较2018年有所下降。2020年产量为152.3～171.2kg/亩，平均为161.8kg/亩，对照品种产量为162.0kg/亩，平均产量低于对照品种。

2018年早熟机采棉品种皮棉平均产量比对照品种高8.3kg/亩，2019年早熟机采棉品种皮棉平均产量较2018年增加了8.4kg/亩，比对照品种高8.3kg/亩，2020年早熟机采棉品种皮棉平均产量较2019年增加了1.3kg/亩，比对照品种低0.2kg/亩（图50-27）。

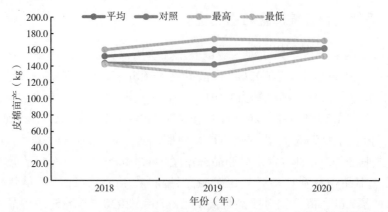

图50-27　2016—2020年西北内陆棉区区域试验早熟机采棉品种皮棉产量

三、2016—2020年西北内陆棉区早中熟品种产量性状动态分析

西北内陆棉区参试早中熟品种产量在2016—2020年呈稳步上升趋势，除2019年籽棉产量较218年有所下降，以2020年产量最高。2016—2020年对照品种平均籽棉产量为343.7kg/亩，平均皮棉产量为144.2kg/亩。2016—2020年平均产量相较于对照品种平均产量的动态趋势2020年增长幅度最大，除2017年，其余年份皮棉增长幅度均大于籽棉增长幅度（图50-28）。

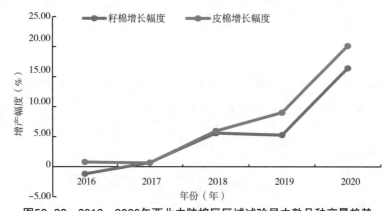

图50-28　2016—2020年西北内陆棉区区域试验早中熟品种产量趋势

（注：对照为2016—2020年早中熟品种区域试验对照品种平均籽棉和皮棉产量）

（一）早中熟品种籽棉产量动态分析

2016—2020年参试早中熟品种籽棉产量呈稳步上升的趋势，除2019年籽棉产量较2018年有所下降，以2020年产量最高。参试品种最高产量为446.9kg/亩，最低产量为306.5kg/亩。2016年产量为312.2～348.2kg/亩，平均为339.6kg/亩，对照品种产量为321.1kg/亩，平均产量高于对照品种。2017年产量为306.5～371.6kg/亩，平均为346.0kg/亩，对照品种产量为326.4kg/亩，平均产量高于对照品种。2018年产量为336.1～381.6kg/亩，平均为363.0kg/亩，对照品种产量为350.4kg/亩，平均产量高于对照品种。2019年产量为316.3～388.5kg/亩，平均为361.9kg/亩，对照品种产量为342.1kg/亩，平均产量高于对照品种，对照品种产量较2018年有所下降。2020年产量为360.7～446.9kg/亩，平均为400.1kg/亩，对照品种产量为378.4kg/亩，平均产量高于对照品种。2016—2020年籽棉平均产量362.1kg/亩。

2016年早中熟品种籽棉平均产量比对照品种高18.5kg/亩，2017年早中熟品种籽棉平均产量较2016年增加了6.4kg/亩，比对照品种高19.6kg/亩，2018年早中熟品种籽棉平均产量较2017年增加了17kg/亩，比对照品种高12.6kg/亩，2019年早中熟品种籽棉平均产量较2018年减少了1.1kg/亩，比对照品种高19.8kg/亩，2020年早中熟品种籽棉平均产量较2019年增加了39.2kg/亩，比对照品种高21.7kg/亩（图50-29）。

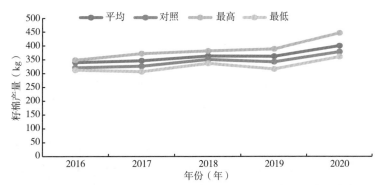

图50-29 2016—2020年西北内陆棉区区域试验早中熟品种籽棉产量

（二）早中熟品种皮棉产量动态分析

2016—2020年参试早中熟品种皮棉产量呈稳步上升的趋势，除2017年皮棉产量较2016年有所下降，以2020年产量最高。参试品种最高产量为190.2kg/亩，最低产量为126.7kg/亩。2016年产量为130.8～152.8kg/亩，平均为145.3kg/亩，对照品种产量为127.3kg/亩，平均产量高于对照品种。2017年产量为126.7～160.9kg/亩，平均为145.1kg/亩，对照品种产量为136.5kg/亩，平均产量高于对照品种，平均产量较2016年有所下降。2018年产量为139.3～165.7kg/亩，平均为152.8kg/亩，对照品种产量为145.5kg/亩，平均产量高于对照品种。2019年产量为140.2～166kg/亩，平均为157.2kg/亩，对照品种产量为146.7kg/亩，平均产量高于对照品种。2020年产量为153.5～190.2kg/亩，平均为173.2kg/亩，对照品种产量为164.9kg/亩，平均产量高于对照品种。2016—2020年皮棉平均产量154.7kg/亩。

2016年早中熟品种皮棉平均产量比对照品种高18kg/亩，2017年早中熟品种皮棉平均产量较2016年减少了0.2kg/亩，比对照品种高8.6kg/亩，2018年早中熟品种皮棉平均产量较2017年增加了7.7kg/亩，比对照品种高7.3kg/亩，2019年早中熟品种皮棉平均产量较2018年增加了4.4kg/亩，比对照品种高10.5kg/亩，2020年早中熟品种皮棉平均产量较2019年增加了12.5kg/亩，比对照品种高8kg/亩（图50-30）。

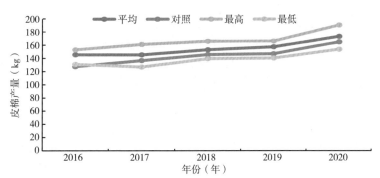

图50-30 2016—2020年西北内陆棉区区域试验早中熟品种皮棉产量

四、2016—2019年西北内陆棉区审定品种产量性状动态分析

2016—2019年从表50-2可以看出，通过新疆审定的17个棉花品种籽棉产量、皮棉产量都较高，丰产性和稳产性都较好。早熟类型品种的籽棉产量为331.8～412.9kg/亩，皮棉产量为139.2～173.7kg/亩，平均籽棉产量为364.1kg/亩，皮棉产量均值为155.2kg/亩，其中创棉508产量表现最好；早中熟类型品种的籽棉产量为365.6～406.1kg/亩，平均籽棉产量为380.4kg/亩，皮棉产量均值为166.0kg/亩，以禾棉A9-9的籽棉产量和皮棉产量均最高。

从表50-3得出，在早熟棉的12个品种中，单株结铃数有6个品种都在6.5个铃以上，占比50%，结铃性较好，以金科20和中棉201最高，为7.2个，单铃重以创棉508最高，为6.4g。在早中熟的5个品种中只有禾棉A9-9没有达6个铃以上，单铃重都在5.4g以上。所有通过审定的棉花新品种单铃重基本在5.2g以上。在西北内陆棉区该项产量性状符合生产需求，一般情况下，大铃品种较容易被棉农接受，便于推广。各品种的衣分都较高，在42.0%左右，以禾棉A9-9的衣分最高，达45.7%，衣分在42.0%以上的品种有8个，分别是新石K18、J206-5、新石K21、禾棉A9-9、创棉11号、金科20、新石K28、创棉512、J8031，是这些品种皮棉产量普遍较高的原因之一。从霜前花率来看，所有品种都在93.0%以上，表明在生产上这些品种的早熟性较好，其中，新石K18、惠远720、新石K21、创棉508、创棉512、J8031的霜前花率均在97%以上，便于统一采摘。在这审定的17个品种中子指都在9~12g，子指最高的是创棉508，达11.9g，子指相对较小的是新石K18，为9.4g。

表50-2 2016—2020年西北内陆棉区审定品种的产量表现和参加试验年份

区域试验年份	区组	品种名称	籽棉产量		皮棉产量		霜前皮棉产量	
			亩产（kg）	增产率（%）	亩产（kg）	增产率（%）	亩产（kg）	增产率（%）
2013—2014	早熟	Z1112	368.4	9.7	159.7	13.3	153.7	10.8
2013—2014	早熟	新石K18	373.9	11.4	163.5	16	159.4	15
2013—2014	早中熟	J206-5	365.6	3.6	162.4	6.7	155.8	5
2013—2014	早中熟	创棉501号	374.1	6	159.1	4.5	151.5	1.4
2014—2015	早熟	惠远720	331.8	5.3	139.2	7.6	130.3	5.3
2014—2015	早熟	新石K21	347.6	10.4	148.1	14.5	141.7	14.6
2014—2015	早中熟	禾棉A9-9	406.1	6.8	180.8	13.5	173.7	11.4
2015—2016	早熟	创棉508	412.9	14.2	173.7	14.1	165.4	11.5
2016—2017	早熟	庄稼汉902	373.2	10	160.2	13	159.1	12.4
2016—2017	早熟	F015-5	364.9	7.6	157	10.7	157	10.9
2016—2017	早熟	H33-1-4	371.1	9.4	158.4	11.7	158.1	11.8
2016—2017	早熟	金科20	344.6	1.6	145.5	2.6	145.3	2.7
2016—2017	早熟	惠远1401	350.2	3.8	147	3.9	147	3.9
2016—2017	早熟	新石K28	370.9	9.9	160.3	13.3	160.1	13.2
2016—2017	早熟	中棉201	359.2	6.5	149.9	6	149.7	5.9
2016—2017	早中熟	创棉512	374.4	8	160.4	13.1	155.5	14.5
2016—2017	早中熟	J8031	381.6	10	167.5	18.1	162	19.3

表50-3 2016—2020年西北内陆棉区区域试验各品种的产量性状和审定年份

审定年份	审定编号	品种名称	铃数	铃重	衣份	子指	霜前花率（%）
2016	国审棉2016009	Z1112	6.5	5.6	41.4	11.5	93.9
2016	国审棉2016010	新石K18	6.7	5.2	42.2	9.4	97.7
2016	国审棉2016011	J206-5	6.6	5.4	44.7	10.1	96.2
2016	国审棉2016012	创棉501号	6.6	5.6	41.5	11.5	93
2017	国审棉20170008	惠远720	6.5	5.7	40.9	11.8	97.4
2017	国审棉20170009	新石K21	6.4	5.6	42.9	9.7	98.5
2017	国审棉20170010	禾棉A9-9	5.9	5.8	45.7	9.9	93.6
2018	国审棉20180006	创棉508	6.2	6.4	41	11.9	97.2
2019	国审棉20190015	庄稼汉902	6.1	6	41.8	11.1	95.8
2019	国审棉20190016	F015-5	6.3	5.8	41.1	11.6	97
2019	国审棉20190017	H33-1-4	6.5	6.1	41.6	11.2	94.9
2019	国审棉20190018	金科20	7.2	5.6	42.2	11.4	94.1
2019	国审棉20190019	惠远1401	6	6	40.6	12	96.4
2019	国审棉20190020	新石K28	6.3	5.8	42.1	10.4	95.8
2019	国审棉20190021	中棉201	7.2	6.1	41.3	11.4	94.9
2019	国审棉20190022	创棉512	6.6	6.4	43.6	11.5	97.7
2019	国审棉20190023	J8031	7.2	6	44.4	11.1	97.3

第三节　2016—2020年西北内陆棉花品种试验参试品种品质性状动态分析

根据国家棉花品种试验及展示示范实施方案的要求，中国农业科学院棉花研究所/农业农村部棉花品质监督检验测试中心承担了2016—2020年国家区域试验参试品种纤维品质检测与评价工作。依照公平、公正、科学、效率的原则，通过多环境试验鉴定棉花新品种（系）对多品种在不同生态环境的一年多个试点试验，正确评析国家棉花区域试验西北内陆棉区的新品种（系）的纤维品质，在不同生长条件下丰产性、抗逆性、适应性、纤维品质、综合表现及与对照品种的差异，客观评价参试品种特性与生产利用价值，为国家棉花品种审定和推广提供科学依据。

一、纤维检测仪器和试验方法

样品统一在恒温恒湿实验室进行预调试，环境温度为（20±2）℃；相对湿度为（65±3）%。采用目前国际先进的大容量纤维测试仪HVI1000型进行测试，使用HVICC校准棉样进行仪器校准。依据《HVI棉纤维物理性能试验方法》（GB/T 20392—2006）统一安排检测。检测指标有：上半部平均长度（mm）、整齐度指数（%）、断裂比强度（cN/tex）、伸长率（%）、马克隆值、反射率（%）、黄度、纺纱均匀性指数等。同时，参考国家标准《棉花第1部分　锯齿加工细绒棉》（GB 1103.1—2012）和《棉花第2部分　皮辊加工细绒棉》（GB 1103.2—2012）进行检测分析。

二、纤维品质评价标准

根据国家农作物品种审定委员会国品审〔2014〕2《关于印发主要农作物品种审定标准的通知》规定，依据纤维上半部平均长度、断裂比强度、马克隆值3项指标的综合表现，将棉花品种纤维品质分为Ⅰ型品种、Ⅱ型品种、Ⅲ型品种3种主要类型（表50-4）。

表50-4　主要农作物品种审定纤维品质标准

类型	要求	上半部平均长（mm）	断裂比强（cN/tex）	马克隆值	整齐度指数（%）
Ⅰ型品种	两年区域试验平均	≥31	≥32	3.7～4.2	≥83
Ⅱ型品种	两年区域试验平均	≥29	≥30	3.5～5.0	≥83
Ⅲ型品种	两年区域试验平均	27	28	3.5～5.5	≥83

三、2016—2020年国家棉花区域试验西北内陆棉区对照品种选用概况

2016—2020年西北内陆棉区使用的对照品种南疆为中棉所49，连续多年作为对照品种，该品种上半部平均长度29.3mm，断裂比强度29.9cN/tex，马克隆值4.3，整齐度指数85.3%。北疆使用的是新陆早36号，该品种审定时HVICC纤维上半部平均长度28.6mm，断裂比强度29.4cN/tex，马克隆值4.4。为了提高纤维品质，2020年更换为"双30"品种新陆早61号，该品种HVICC纤维上半部平均长度31.0mm，断裂比强度30.5cN/tex，马克隆值4.2（表50-5）。

表50-5　2016—2020年西北内陆棉区对照品种纤维品质结果汇总

对照品种	年份	上半部平均长度（mm）	断裂比强度（cN/tex）	马克隆值	整齐度指数（%）
中棉所49	审定品质	29.3	29.9	4.3	85.3
	2016	30.2	30.3	4.5	—
	2017	30.6	29.9	4.6	85.2

（续表）

对照品种	年份	上半部平均长度（mm）	断裂比强度（cN/tex）	马克隆值	整齐度指数（%）
中棉所49	2018	30.8	31.0	4.3	84.6
	2019	30.0	31.2	4.8	85.1
	2020	29.6	30.2	4.7	85.2
新陆早36号	审定品质	28.6	29.4	4.4	—
	2015	28.2	27.5	4.9	—
	2016	29.3	29.3	4.5	—
	2017	29.5	30.7	4.5	85.2
	2018	29.6	29.6	4.6	84.9
	2019	28.5	27.8	4.5	83.9
新陆早61号	审定品质	31.0	30.5	4.2	86.4
	2020	30.3	31.5	4.6	85.6

四、2016—2020年国家棉花区域试验西北内陆棉区纤维品质分析

（一）2016—2020年国家区域试验西北内陆棉区域试验纤维品质结果汇总

整理汇总2016—2020年国家区域试验西北内陆棉区域试验纤维品质平均值数据汇总详见表50-6。

（二）2016—2020年西北内陆棉区参试品种纤维品质符合类型

由表50-7看出，2016—2020年，西北内陆棉区参试品种（含对照）共计有182个次，经测试分析，其各品种的纤维品质符合的类型，达到I型（长度31mm，比强度32cN/tex，马克隆值3.7～4.2）有38个品种，所占所有参试品种的比例为20.9%。达到Ⅱ型（长度29mm，比强度30cN/tex，马克隆值3.5～5.0）的有124个，占比68.1%，达Ⅲ型（长度27mm，比强度28cN/tex，马克隆值3.5～5.5）的有20个品种，占比11.0%。近几年未出现Ⅰ、Ⅱ、Ⅲ三种类型之外的型外品种（表50-7）。说明在西北内陆棉区，参试品种近几年的品种表现大多数达到Ⅱ型，其次为Ⅰ型和Ⅲ型。

表50-6　2016—2020年国家区域试验西北内陆棉区域试验纤维品质数据汇总

年份	类型	品种名称	长度（mm）	比强度（cN/tex）	马克隆值	伸长率（%）	反射率（%）	黄度	整齐度（%）	纺纱均匀指数
2016	早熟	创棉508	31.2	32.8	4.4	6.4	81.6	7.0	84.6	159
2016	早熟	新石选14-4	29.7	33.2	4.7	6.2	79.9	7.6	85.2	155
2016	早熟	创棉511	30.1	31.5	4.7	6.2	80.7	7.7	84.8	150
2016	早熟	庄稼902	29.8	31.2	4.3	6.6	81.1	7.2	84.2	150
2016	早熟	天云11-8	30.6	32.8	4.5	6.3	79.8	7.8	84.5	155
2016	早熟	F015-5	30.3	34.0	4.9	5.8	81.5	7.2	84.9	158
2016	早熟	惠远1401	30.8	30.7	4.6	6.7	80.8	7.2	84.8	150
2016	早熟	新K28	31.2	30.9	4.2	6.1	82.8	6.9	85.0	157
2016	早熟	H33-1-4	30.8	32.2	4.3	5.9	80.9	7.3	84.1	154
2016	早熟	新陆早36号	29.3	29.3	4.5	5.8	81.0	7.7	83.4	137
2016	早中熟	ZLF616	30.9	30.3	4.6	6.8	78.3	6.7	83.5	141
2016	早中熟	创棉507	30.7	30.1	4.5	7.0	80.0	6.4	83.5	142
2016	早中熟	中8813	31.3	32.4	4.2	6.3	78.4	7.1	84.2	155
2016	早中熟	创棉512	31.0	32.1	4.4	7.4	81.0	6.1	85.1	158

（续表）

年份	类型	品种名称	长度（mm）	比强度（cN/tex）	马克隆值	伸长率（%）	反射率（%）	黄度	整齐度（%）	纺纱均匀指数
2016	早中熟	巴42789	30.4	32.3	4.5	7.4	78.3	7.0	85.4	156
2016	早中熟	惠祥1号	30.8	29.5	3.8	6.7	79.2	7.2	83.6	147
2016	早中熟	J8031	31.7	32.4	4.4	6.1	77.8	7.0	84.0	153
2016	早中熟	中棉所49	30.2	30.3	4.5	7.0	78.7	7.0	83.8	143
2017	早熟	LP518	31.7	34.8	4.1	6.3	80.2	7.6	86.8	178
2017	早熟	庄稼汉704	31.2	31.3	4.3	6.9	82.9	6.8	86.7	166
2017	早熟	庄稼汉902	29.8	32.0	4.4	7.3	81.1	6.7	85.8	159
2017	早熟	金垦1601	30.4	33.9	4.7	5.7	80.7	7.5	86.2	165
2017	早熟	15B014	28.0	31.7	5.1	7.2	79.3	7.7	84.5	141
2017	早熟	F015-5	31.2	36.7	4.9	6.2	81.6	7.0	86.2	173
2017	早熟	创棉515号	27.9	32.3	5.6	6.1	80.6	7.3	85.6	144
2017	早熟	友质268	32.0	30.4	4.4	7.0	81.6	7.3	85.7	159
2017	早熟	惠远1401	31.2	31.3	4.7	7.7	80.9	7.0	86.9	162
2017	早熟	新13274	32.2	34.2	4.5	6.2	80.7	7.5	86.5	173
2017	早熟	F016-9	30.1	33.6	4.7	6.8	80.8	7.4	86.1	163
2017	早熟	新陆早36号	29.8	30.9	4.5	6.5	81.1	7.4	85.5	153
2017	早熟	H219-6	32.8	33.0	3.8	6.8	81.2	6.9	85.9	174
2017	早熟	新K28	31.0	32.6	4.2	7.1	82.3	6.8	86.1	167
2017	早熟	惠远1502	31.3	32.6	4.2	7.6	80.5	7.6	87.0	171
2017	早熟	H33-1-4	31.8	32.5	4.2	6.3	81.7	7.0	86.6	171
2017	早熟	新石H14	31.3	32.1	4.2	7.2	82.6	7.0	86.6	169
2017	早熟	H216-17	31.1	33.0	4.4	6.7	81.2	6.9	86.4	167
2017	早熟	97F01	32.0	30.2	4.2	8.6	80.9	7.2	87.0	166
2017	早熟	金垦1643	31.1	35.0	4.2	6.1	81.2	7.3	86.2	174
2017	早熟	金科20	32.0	33.8	4.2	8.1	81.3	7.0	86.8	176
2017	早熟	新陆早36号	29.3	30.5	4.5	7.0	80.8	7.5	84.8	147
2017	早熟	中棉201	30.8	32.8	4.3	8.0	80.1	7.4	86.2	165
2017	早中熟	中棉所49	30.6	29.9	4.6	6.8	78.9	7.0	85.2	148
2017	早中熟	中棉所96B	32.7	31.1	4.1	6.7	80.6	6.8	87.5	172
2017	早中熟	中8813	31.2	32.8	4.0	6.1	78.1	7.3	85.6	165
2017	早中熟	15B05X	30.2	30.6	4.6	7.3	75.8	7.8	84.1	142
2017	早中熟	创棉512	31.1	31.9	4.4	7.6	81.3	6.5	86.4	164
2017	早中熟	巴43541	30.7	31.9	4.3	7.6	78.1	7.2	86.4	162
2017	早中熟	X19075	31.2	30.9	4.3	5.8	79.3	6.8	85.2	155
2017	早中熟	友质1286	31.8	30.4	4.3	6.8	79.5	7.2	85.5	157
2017	早中熟	J8031	31.4	32.8	4.4	6.1	77.9	7.2	85.2	159
2017	早中熟	南农6272	30.8	33.4	4.1	6.5	78.3	7.2	86.3	169
2018	早熟	五师16-15	32.2	32.1	4.0	6.4	81.1	7.5	86.7	172
2018	早熟	F016-9	30.1	32.1	4.8	6.8	80.1	7.6	86.1	157
2018	早熟	南农131	30.1	31.4	4.5	6.8	80.4	7.7	86.00	158
2018	早熟	金垦杂1707	31.1	32.8	4.5	7.1	81.0	7.2	86.8	167
2018	早熟	新陆早36号	29.1	28.9	4.6	6.4	80.5	7.6	84.3	139

（续表）

年份	类型	品种名称	长度（mm）	比强度（cN/tex）	马克隆值	伸长率（%）	反射率（%）	黄度	整齐度（%）	纺纱均匀指数
2018	早熟	中8886	31.6	32.5	4.7	6.7	78.0	8.3	85.6	159
2018	早熟	金垦1746	32.7	33.0	4.1	5.8	81.2	7.4	85.3	168
2018	早熟	五师16-13	31.4	32.2	4.1	7.2	81.6	7.5	87.0	172
2018	早熟	新石选16-2	30.8	32.5	4.6	6.7	82.2	7.1	85.4	159
2018	早熟	LP518	32.0	32.9	4.0	6.1	80.4	7.7	86.8	174
2018	早熟	新13274	32.5	34.9	4.2	6.3	80.8	7.8	85.5	173
2018	早熟	友质116	30.4	32.2	4.3	6.8	81.4	7.0	85.9	162
2018	早熟	金科21	31.1	34.0	4.0	6.9	80.0	7.9	86.5	174
2018	早熟	浙金研-1	30.4	31.6	4.4	7.3	80.6	7.8	85.8	159
2018	早熟	金科20	32.8	32.4	4.3	7.5	81.4	7.5	86.7	171
2018	早熟	金垦1762	31.7	31.2	4.2	7.0	81.7	7.4	85.3	160
2018	早熟	新陆早36号	29.6	29.2	4.7	6.3	80.8	7.5	85.2	145
2018	早熟	惠远162	30.5	31.9	4.3	7.0	81.2	7.6	86.9	166
2018	早熟	中棉201	30.8	32.4	4.3	7.5	80.7	7.8	86.6	167
2018	早熟	劲丰合678	32.1	34.7	4.3	7.2	79.6	7.7	87.7	180
2018	早熟	金垦1643	31.1	33.4	4.0	6.0	81.7	7.7	87.1	176
2018	早熟	中971（杂交）	32.7	31.5	4.1	7.0	81.0	7.3	87.1	172
2018	早熟	H219-6	33.3	31.8	3.6	6.3	81.9	7.6	85.7	173
2018	早熟	惠远1502	31.9	32.5	4.1	7.1	81.0	7.5	87.7	176
2018	早熟	H216-17	31.6	33.6	4.1	6.9	82.5	7.2	86.6	175
2018	早熟	中7700	32.3	34.3	4.5	6.4	78.3	8.2	86.2	170
2018	早熟	金垦1702	31.0	34.4	4.4	6.7	81.2	7.2	86.5	172
2018	早熟	庄稼汉704	30.7	30.7	4.1	6.8	83.8	6.6	85.7	161
2018	早熟	新陆早36号	29.2	29.3	4.7	6.2	80.3	7.6	84.4	140
2018	早熟	新苗2号	32.2	33.5	4.0	6.1	81.1	7.7	86.9	177
2018	早熟	新161402	30.8	32.7	4.5	7.0	80.2	7.5	87.0	167
2018	早熟	新石H16	32.1	34.1	4.1	5.9	81.0	7.5	87.0	177
2018	机采	新石K35	31.0	31.5	4.3	6.6	82.3	6.8	86.0	163
2018	机采	惠远163	31.0	31.7	4.4	5.9	82.0	7.1	85.4	158
2018	机采	锦棉61号	29.8	29.9	4.9	7.0	79.5	7.9	85.7	147
2018	机采	中棉218	30.6	33.5	4.2	7.2	80.3	7.8	86.2	168
2018	机采	新19075	31.8	32.8	4.1	6.1	79.4	7.9	86.8	172
2018	机采	金垦1763	31.0	32.4	4.5	6.9	79.9	7.7	87.4	169
2018	机采	金垦1743	32.0	32.5	4.1	6.4	81.9	7.3	86.0	169
2018	机采	新陆早36号	30.5	30.9	4.5	6.2	81.1	7.4	85.6	155
2018	早中熟	中生棉17号	31.5	32.3	4.7	6.9	79.4	7.6	85.5	157
2019	早中熟	南农6272	30.7	33.2	4.1	6.2	78.8	7.6	85.6	164
2018	早中熟	中1619	31.5	32.5	4.3	7.2	81.5	6.8	85.9	165
2018	早中熟	巴43541	31.6	32.5	4.2	6.5	80.4	7.4	85.2	162
2018	早中熟	苏新棉168	31.7	31.8	4.5	6.7	79.3	7.7	83.8	151
2018	早中熟	X19075	30.8	31.0	4.3	6.8	79.7	7.4	84.6	153
2018	早中熟	中棉698	32.7	35.0	4.1	5.6	79.0	7.6	85.6	174

（续表）

年份	类型	品种名称	长度（mm）	比强度（cN/tex）	马克隆值	伸长率（%）	反射率（%）	黄度	整齐度（%）	纺纱均匀指数
2018	早中熟	96D	32.3	34.7	4.3	5.4	79.2	7.5	85.8	171
2018	早中熟	中棉所49	30.7	31.2	4.8	6.6	79.9	7.3	85.5	152
2018	早中熟	浙金研-2	31.1	29.6	4.5	6.4	80.8	7.3	86.0	155
2018	早中熟	中棉所96B	33.5	32.4	3.9	6.8	80.1	7.5	85.8	171
2019	早熟	新早棉107	30.1	30.4	4.4	7.6	81.4	7.8	85.5	154
2019	早熟	华棉702	30.0	33.0	4.5	6.4	81.8	7.4	86.4	164
2019	早熟	五师16-15	31.0	31.6	4.1	6.6	80.3	8.2	86.4	166
2019	早熟	金科21	30.5	32.9	4.0	7.4	79.9	8.1	86.0	167
2019	早熟	新陆早36号	28.6	27.7	4.5	6.4	80.3	8.3	83.9	134
2019	早熟	华新102	29.3	31.0	4.1	6.5	81.2	7.9	85.1	154
2019	早熟	中8886	30.9	31.1	4.6	7.0	78.2	8.5	85.5	154
2019	早熟	金垦1746	31.8	31.6	4.0	6.0	80.3	7.7	85.0	161
2019	早熟	惠远162	29.4	30.6	4.4	7.3	80.2	8.3	85.7	153
2019	早熟	金垦1846	30.1	30.3	4.2	6.7	80.6	8.0	85.2	153
2019	早熟	五师1629	29.9	29.0	4.6	6.1	80.4	7.9	84.5	142
2019	早熟	新石选16-2	29.6	31.1	4.5	6.6	81.3	7.7	85.0	151
2019	早熟	美沃1号	30.0	30.7	4.5	7.2	81.0	7.9	85.1	151
2019	早熟	五师16-13	30.3	30.4	4.2	7.4	81.3	8.0	85.2	154
2019	早熟	石大棉192	29.4	30.2	4.4	7.2	80.2	8.0	84.5	146
2019	早熟	新陆早36号	28.7	28.1	4.6	6.3	80.6	8.1	84.4	137
2019	早熟	中7700	30.9	32.9	4.6	6.7	78.0	8.8	85.3	158
2019	早熟	金垦1802	30.7	33.4	4.6	6.3	79.3	8.1	86.0	163
2019	早熟	新苗2号	30.5	32.2	4.2	6.2	79.8	8.3	85.5	161
2019	早熟	新石H16	30.5	33.5	4.3	6.1	80.0	8.3	85.4	163
2019	机采	五师1633	31.0	31.2	4.1	7.5	82.8	7.5	86.1	164
2019	机采	塔河9号	30.1	32.4	4.1	6.0	79.4	8.3	85.6	161
2019	机采	新陆早36号	28.1	27.7	4.6	6.4	79.8	8.0	83.4	129
2019	机采	新石K35	29.9	30.1	4.3	6.9	83.3	7.1	85.4	154
2019	机采	石农1	30.6	31.3	4.5	7.3	81.0	8.0	85.5	156
2019	机采	惠远1615	30.1	31.2	4.1	6.4	80.5	8.3	85.1	157
2019	机采	新163011	31.9	31.8	4.0	6.8	81.9	7.6	85.1	164
2019	机采	金垦1760	29.7	27.9	4.3	7.8	82.5	7.6	84.7	143
2019	机采	新19075	30.5	32.2	4.1	6.4	80.3	8.2	85.7	163
2019	机采	Z1689	30.6	32.2	4.4	6.4	80.4	8.1	84.8	156
2019	机采	金垦1743	30.7	30.3	3.9	7.0	81.9	7.5	85.3	159
2019	早中熟	中生G40	33.9	30.7	3.8	7.1	81.1	7.1	85.0	164
2019	早中熟	中1619	31.2	32.8	4.1	7.5	81.5	7.6	86.3	170
2019	早中熟	中生棉17号	29.9	31.2	4.7	6.9	78.7	7.7	84.1	145
2019	早中熟	苏新棉168	29.9	34.5	4.7	5.6	79.7	8.3	85.0	159
2019	早中熟	苏新棉818	30.0	33.7	4.9	5.9	79.5	8.2	84.7	154
2019	早中熟	中棉698	31.9	33.5	4.5	6.3	78.5	7.7	85.7	165
2019	早中熟	中棉所49	30.0	31.2	4.8	6.8	78.6	7.4	85.1	148

年份	类型	品种名称	长度（mm）	比强度（cN/tex）	马克隆值	伸长率（%）	反射率（%）	黄度	整齐度（%）	纺纱均匀指数
2019	早中熟	浙金研-2	30.2	30.1	4.5	6.7	79.6	7.5	85.1	149
2019	早中熟	H1594	32.5	31.0	4.2	7.7	79.3	7.0	85.3	159
2019	早中熟	源棉8号	29.2	30.1	4.8	7.4	78.4	7.5	85.3	144
2020	早熟	新陆棉3号	31.9	31.6	4.3	5.4	80.8	8.2	84.9	159
2020	早熟	新石K37	30.1	32.2	4.2	5.7	80.7	8.2	85.6	161
2020	早熟	新陆早61号	30.7	31.7	4.6	5.7	80.5	8.2	85.6	157
2020	早熟	新早棉107	29.6	28.8	4.5	6.7	81.9	7.8	85.2	146
2020	早熟	新石H20	30.9	30.7	4.7	5.7	80.9	8.2	85.2	152
2020	早熟	华新102	29.2	29.7	4.4	5.9	81.5	8.0	84.2	144
2020	早熟	华棉702	30.0	31.9	4.4	5.9	82.6	7.8	85.5	158
2020	早熟	五师1629	29.8	29.0	4.7	5.5	81.7	8.2	85.4	146
2020	早熟	新丰186	29.5	28.9	4.4	5.9	81.5	7.9	85.0	146
2020	早熟	美沃1号	29.4	31.0	4.6	5.6	81.7	8.0	84.8	149
2020	早熟	华新103	30.2	30.8	4.4	5.8	80.4	8.6	85.7	155
2020	早熟	新陆早61号	29.9	31.4	4.5	5.8	80.5	8.5	85.6	156
2020	早熟	金垦1947	31.0	30.0	4.3	6.5	82.1	7.7	85.6	157
2020	早熟	金垦1903	30.4	30.6	4.4	5.8	81.0	8.3	85.8	156
2020	早熟	石大棉192	29.9	30.5	4.4	5.7	81.2	8.3	85.8	155
2020	机采	惠远1615	30.5	30.8	4.1	5.9	80.9	8.2	85.8	159
2020	机采	金垦1760	30.6	30.6	4.3	6.0	82.0	8.0	85.8	158
2020	机采	新陆早61号	30.5	31.4	4.6	6.0	80.4	8.3	85.7	156
2020	机采	新163011	29.6	30.7	4.7	6.1	79.3	7.9	85.7	151
2020	机采	Z1689	30.9	31.8	4.4	5.9	81.6	8.2	85.8	161
2020	机采	硕丰15025	29.6	30.4	4.5	6.2	80.6	8.3	85.5	151
2020	机采	石农1	30.5	31.5	4.3	6.5	81.3	8.2	85.8	159
2020	机采	原早152	29.8	29.1	4.5	5.8	82.4	8.1	84.4	144
2020	机采	QS1816	30.3	30.6	4.5	5.8	81.7	8.5	85.2	153
2020	机采	金垦1942	31.2	30.7	4.3	6.7	82.2	7.9	85.7	160
2020	早中熟	H1594	32.2	30.5	4.3	7.0	80.0	7.5	85.4	158
2020	早中熟	塔河11号	30.6	31.5	4.5	8.2	79.5	7.8	86.6	161
2020	早中熟	源棉8号	30.8	34.4	4.7	7.6	79.4	8.4	86.1	166
2020	早中熟	JFY122	31.9	33.5	4.8	5.5	79.2	8.2	85.3	161
2020	早中熟	金垦1974	30.7	31.3	4.4	6.4	80.6	7.8	85.8	158
2020	早中熟	D27565	30.6	30.0	4.5	6.8	79.5	8.2	85.2	150
2020	早中熟	金垦1975	31.0	31.1	4.4	6.8	81.5	7.3	86.3	161
2020	早中熟	中生棉Gz60	33.8	30.2	4.1	6.7	80.8	7.5	85.0	160
2020	早中熟	巴44430	31.1	28.9	4.3	6.9	77.6	7.9	84.4	145
2020	早中熟	硕丰15038	30.6	30.2	4.3	6.3	80.3	8.0	85.3	153
2020	早中熟	源棉5号	29.5	28.2	4.6	7.2	80.1	8.2	84.9	141
2020	早中熟	昊丰3611	30.5	31.5	4.2	5.7	78.7	8.2	85.7	159

（续表）

年份	类型	品种名称	长度（mm）	比强度（cN/tex）	马克隆值	伸长率（%）	反射率（%）	黄度	整齐度（%）	纺纱均匀指数
2020	早中熟	合信1691	29.4	28.9	4.7	7.0	79.2	8.2	85.0	141
2020	早中熟	中棉所49	29.6	30.2	4.7	6.4	80.0	7.7	85.2	147

表50-7　2016—2020年西北内陆棉区参试品种纤维结果符合审定标准类型表　　　　（个）

西北内陆棉区	组别	参试品种数	符合纤维类型的品种数			
			Ⅰ	Ⅱ	Ⅲ	型外
2016	早熟QXA	10		9	1	
	早中熟QXB	8	1	7		
2017	早熟QXA	12	3	8	1	
	早熟QXB	11	9	2		
	早中熟QXC	10	6	4		
2018	早熟常规QXA	11	5	5	1	
	早熟常规QXB	11	4	6	1	
	早熟常规QXC	10	4	5	1	
	早熟机采常规QXD	8	2	5	1	
	早中熟常规QXE	11	3	7	1	
2019	早熟常规QXA	10		9	1	
	早熟常规QXB	10		8	2	
	早熟常规机采QXC	11		9	2	
	早中熟常规QXD	10	1	9		
2020	早熟常规QXA	7		5	2	
	早熟常规QXB	8		6	2	
	早熟常规机采QXC	10		9	1	
	早中熟常规QXD	14		11	3	
总计（个）		182	38	124	20	
Ⅰ、Ⅱ、Ⅱ三种类型所占的比例（%）			20.9	68.1	11.0	

（三）西北内陆棉区区域试验纤维品质指标分布

2016—2020年西北内陆棉区陆地棉参试品种的纤维上半部平均长度为27.9～33.9mm。未出现26mm级及以下长度的品种；27～33mm级的品种所占的比例依次为0.6%、2.2%、18.1%、37.9%、27.5%、11.5%、2.2%，说明西北内陆流域棉花育种对纤维长度的改进成效显著；陆地棉品种出现纤维长度33mm档的参试品种占2.2%（图50-31）。

2016—2020年西北内陆棉区陆地棉参试品种的比强度为27.7～36.7cN/tex。细绒棉国家标准断裂比强度的分档，"很差"（小于24cN/tex）；"差"（24.0～25.9cN/tex）；"中等"（26.0～28.9cN/tex）；"强"（29.0～30.9cN/tex）；"很强"（大于等于31cN/tex）。近几年来

西北内陆棉区参试的所有品种纤维断裂比强度都达到"中等"强度档及以上；最多数品种断裂比强度达到"很强"（31cN/tex）档所占比例为23.6%；其次较多的是比强度32cN/tex的品种数也占23.6%。比强度达到30cN/tex的品种数占22.5%，近年来比强度达到"中等""强""很强"档参试品种所占比例显著上升，且比例增加幅度很快，表明西北内陆棉区棉花育种纤维比强度的提高成效也十分显著（图50-32）。

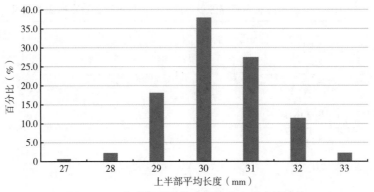

图50-31　上半部平均长度各档分布所占百分比

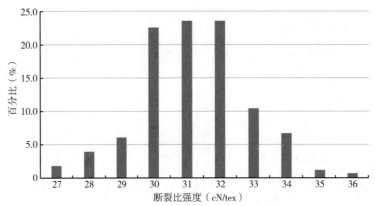

图50-32　断裂比强度各档分布所占百分比

2016—2020年西北内陆棉区参试品种马克隆值主要为3.6～5.6，近5年来参试品种中马克隆值主要在B2级（4.3～4.9）的品种数占67.5%；其次是达到最佳A级（3.7～4.2）占30.7%。低马克隆值B1（3.5～3.6）品种数占0.6%，高马克隆值C2（大于5.0）级及以上的品种数累计占1.2%（图50-33）。

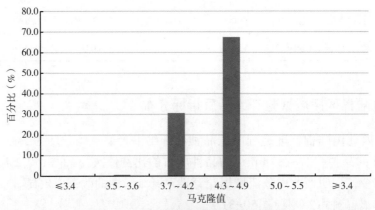

图50-33　马克隆值各档分布所占百分比

2016—2020年西北内陆流域棉区参试品种整齐度指数主要为83.4%～87.7%档，细绒棉国家标准对整齐度指数的分档，"很低"（小于77.0%）；"低"（77.0%～79.9%）；"中等"（80.0%～82.9%）；"高"（83.0%～85.9%）；"很高"（大于等于86.0%）。所有参试品种的整齐度指数都达到品种审定标准规定的83.0%"高"档水平，尤其整齐度指数达到85%档的品种数比例占50%；其次是整齐度指数达到86%档品种数比例为24.2%，西北内陆流域棉区整齐度指数近年来年份间相对稳定且呈优化的趋势（图50-34）。

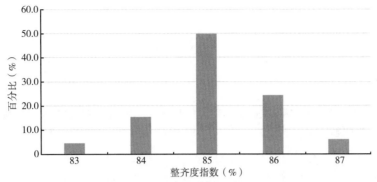

图50-34　整齐度指数各档分布所占百分比

2016—2020年西北内陆流域棉区参试品种纺纱均匀性指数主要为129～180，纺纱均匀性指数达到各档（120～180）所占的比例依次为0.6%、2.2%、15.9%、37.9%、26.9%、15.9%、0.6%。纺纱均匀性指数在130以上适纺高支纱的比例为28.6%；纺纱均匀性指数在140以上适纺高支纱的比例为46.0%，纺纱均匀性指数达150档适纺（45～55支）高支纱的比例为37.9%，纺纱均匀性指数达160档及以上适纺（60支及以上）高支纱的比例累计为43.4%。西北内陆流域棉区参试品种纤维纺纱均匀性指数近年来可适纺高支纱的比例在增大，年份间相对稳定且呈优化的趋势（图50-35）。

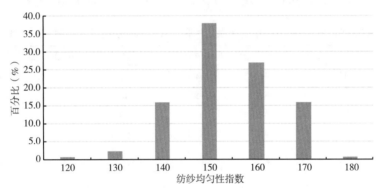

图50-35　纺纱均匀性指数各档分布所占百分比

（四）西北内陆流域棉区区域试验年份间纤维品质变化趋势

2016—2020年国家区域试验西北内陆棉区，纤维上半部平均长度平均值为30.3～31.3mm；比强度为30.7～32.3cN/tex；马克隆值平均值为4.3～4.4；整齐度指数平均值为84.4%～86.0%；纺纱均匀性指数平均值为151～165（图50-36至图50-40）和表50-8。

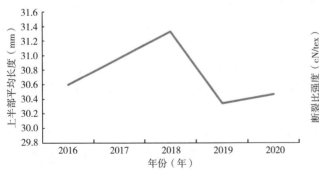

图50-36　2016—2020年上半部平均长度平均值年份间
变化趋势

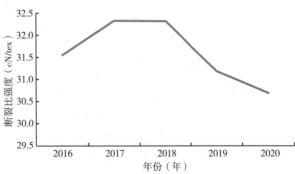

图50-37　2016—2020年断裂比强度平均值年份间
变化趋势

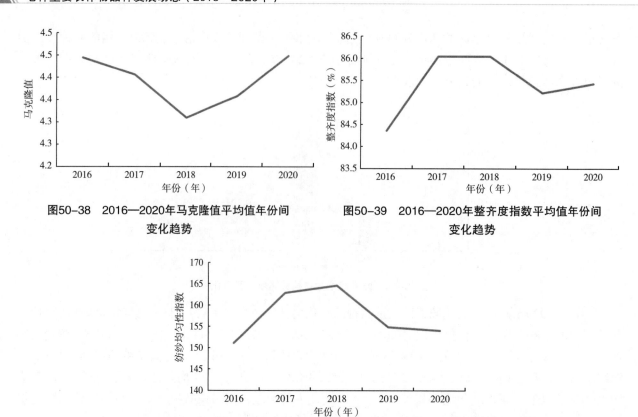

图50-38　2016—2020年马克隆值平均值年份间变化趋势

图50-39　2016—2020年整齐度指数平均值年份间变化趋势

图50-40　2016—2020年纺纱均匀性指数平均值年份间变化趋势

表50-8　2016—2020年西北内陆棉区参试品种年份间纤维品质总平均值

年份	长度（mm）	比强度（cN/tex）	马克隆值	伸长率（%）	反射率（%）	黄度	整齐度（%）	纺纱均匀指数
2016	30.6	31.6	4.4	6.5	80.1	7.1	84.4	151
2017	31.0	32.3	4.4	6.9	80.4	7.2	86.0	163
2018	31.3	32.3	4.3	6.6	80.7	7.5	86.0	165
2019	30.3	31.2	4.4	6.8	80.4	7.9	85.2	155
2020	30.5	30.7	4.4	6.2	80.7	8.1	85.4	154

五、总结

（一）西北内陆棉区早熟组品种纤维品质变化动态

2016—2020年西北内陆棉区国家棉花区域试验早熟常规棉组，参试品种纤维品质统计结果表明，5年参试品种纤维长度平均值分别为30.4mm、30.9mm、31.3mm、30.1mm、30.2mm。参试品种的纤维长度平均值都在30mm和31mm档以上。纤维断裂比强度5年平均值分别为31.9cN/tex、32.7cN/tex、32.4cN/tex、31.1cN/tex、30.6cN/tex。从平均值可以看出参试品种的比强度都达30.0cN/tex以上，2017年比强度达最高（32.7cN/tex）。马克隆值5年平均值分别为4.5、4.4、4.3、4.4、4.5。马克隆值平均值年份间都达B2级（4.3～4.9）。整齐度指数5年平均值分别为84.6%、86.2%、86.3%、85.3%、85.3%。整齐度指数平均水平年份间差异不大，但都达84.0%及以上水平。近几年随着育种家对品种选育的逐步改良，西北内陆棉区参试的品种纤维长度和比强度平均值都达"双30"（30.0mm和30.0cN/tex）品质需求，这说明从品种育种选育的角度来讲，近几年来选育的品种品质很好，能够满足纺织部门对原棉品质的配棉所需。只是在后续的种子繁育、示范推广、采摘、收购、加工、监督管理等环节上，要从严把控和监管。

2016—2020年西北内陆棉区早熟常规组参试品种中，达Ⅰ型、Ⅱ型、Ⅲ型的品种数比例分别为25%、63%、12%。2017年Ⅰ型品种占12%，2018年达13%，2019年和2020年未出现Ⅰ型品种，由于气候原因，2019年和2020年受气候影响比强度偏低，马克隆值稍有偏高，Ⅱ型参试品种占主导地位且年份间逐年有所提高。Ⅲ型品种仅占12%，近几年未出现型外品种。总体来说，2016—2020年参试品种的纤维品质发生了很大变化，Ⅱ型品种的比例不断提高，得益于西北内陆棉区气候条件使得纤维的发育较好，马克隆值处于最佳和适中的水平。机采棉的推广促使棉花生产对优质品种的渴求，品种审定工作中也十分重视纤维品质的提升，从而引导棉花育种目标和育种方向，全国的科研育种都在加大力度提高棉花的纤维品质，符合棉花生产"提质增效"的发展方向和对优质棉的需求。

（二）西北内陆棉区早中熟组品种纤维品质变化动态

2016—2020年西北内陆棉区国家棉花区域试验早中熟常规组，参试品种纤维品质统计结果表明，5年参试品种纤维长度平均值分别为30.9mm、31.2mm、31.6mm、30.9mm、30.9mm。参试品种的纤维长度平均值都在30mm和31mm档以上。纤维断裂比强度5年平均值分别为31.2cN/tex、31.6cN/tex、32.4cN/tex、31.9cN/tex、30.7cN/tex。从平均值可以看出参试品种的比强度都达到30.0cN/tex以上，2018年比强度达最高（32.4cN/tex）。马克隆值5年平均值分别为4.4、4.3、4.3、4.5、4.5。马克隆值平均值年份间都达B2级（4.3～4.9）。整齐度指数5年平均值分别为84.1%、85.7%、85.4%、85.2%、85.4%。整齐度指数平均水平年份间差异不大，但都达84.0%及以上水平。近几年随着育种家对品种选育的逐步改良，西北内陆棉区参试的品种纤维长度和比强度平均值都达"双30"（30.0mm和30.0cN/tex）品质需求，这说明从品种育种选育的角度来讲，近几年来选育的品种品质很好，能够满足纺织部门对原棉品质的配棉所需。只是在后续的种子繁育、示范推广、采摘、收购、加工、监督管理等环节上，要从严把控和监管。

2016—2020年西北内陆棉区早中熟常规组参试品种中，达Ⅰ型、Ⅱ型、Ⅲ型的品种数比例分别为20.8%、71.6%、7.6%。2017年Ⅰ型品种占11.3%，然后Ⅰ型品种的比例逐年减少，2020年没有达Ⅰ型的品种。由于气候原因，2020年受气候影响比强度偏低，马克隆值稍有偏高，Ⅱ型参试品种占主导地位且年份间逐年有所提高，年份间2016—2020年Ⅱ型品种数的比例依次为13.2%、7.6%、13.2%、17.0%、20.7%。尤其2020年Ⅱ型品种数比例达20.7%。西北内陆参试品种中Ⅲ型的品种很少，只有2018年占1.8%、2020年占5.7%，其余年份未出现Ⅲ型的品种。更没有型外的品种。总体来说，2016—2020年参试品种的纤维品质发生了很大变化，Ⅱ型品种的比例逐年提高，得益于西北内陆棉区气候条件使得纤维的发育较好，纤维品质各项指标逐步得以改良和提高，尤其西北内陆棉区马克隆值处于最佳和适中的水平，满足棉纺企业对马克隆值指标的需要。棉花育种目标和育种方向促进优质品种的参试和审定推广，逐步解决纺织部门对优质原棉的迫切需求。

（三）品种审定促进品质大幅度提高

近几年来，西北内陆棉区通过审定的品种纤维品质及达到的品种类型（表50-9），达Ⅱ型的纤维品质占82.4%，Ⅲ型占17.6%。纤维品质长度达29.2～32.4mm，比强度都达29.4～35.4cN/tex，满足"双29"和"双30"对品种纤维品质的要求。西北内陆棉区国审棉花品种在提高棉花产量、改进纤维品质和促进棉花生产发展等方面发挥了重要作用。西北内陆棉区因具备水土光热资源丰富、机械化程度高、节水灌溉比例高和机械化规模化程度高等因素的影响，植棉面积占比呈逐年上升趋势，植棉面积和总产量都处于主导地位，是我国现阶段最重要的主产棉区。全国棉花主产区已经由黄河流域、长江流域和西北内陆棉区的"三足鼎立"转变为"西北内陆为主，其余棉区为辅"的格局。西北内陆棉区在2016—2019年共有17个棉花新品种通过国家审定并在生产上推广应用。国家品种审定工作十分重视纤维品质的提升，从而引导棉花育种目标和育种方向，反映了育种家在确保产量提高，并超过对照品种的同时，加大力度提高棉花的纤维品质，符合棉花生产"提质增效"的发展方向和对原棉纺纱的实际需求。通过审定品种的品质现状可以了解我国西北内陆棉区国审棉花品种遗传改良的成就和不足，为国审棉花品种资源的合理利用和国家品种审定指标的进一步完善提供参考依据。

表50-9　2016—2019年西北内陆流域棉区国审棉花品种的品质及品种类型

年份	通过审定品种数（个）	品质各类型国审品种数量（个）			品种名称	上半部平均长度（mm）	断裂比强度（cN/tex）	马克隆值
		I	II	III				
2016	4			1	Z1112	29.9	31.6	3.9
			1		新石K18	30.5	29.9	4.0
				1	J206-5	30.5	30.2	4.1
			1		创棉501号	29.2	29.5	4.7
2017	3			1	惠远720	31.4	29.4	4.4
			1		新石K21	29.8	30.1	4.2
			1		禾棉A9-9	30.7	30.2	4.2
2018	1		1		创棉508	30.4	31.9	4.4
2019	9		1		庄稼汉902	29.8	31.6	4.4
			1		F015-5	30.8	35.4	4.9
			1		H33-1-4	31.3	32.4	4.3
			1		金科20	32.4	33.1	4.3
			1		惠远1401	31.0	31.0	4.7
			1		新K28	31.1	31.8	4.2
			1		中棉201	30.8	32.6	4.3
			1		创棉512	31.1	32.0	4.4
			1		J8031	31.6	32.6	4.4
总计	17		14	3				

第四节　2016—2020年西北内陆棉花品种试验参试品种抗病性状动态分析

种植抗病或耐病品种，是生产上防治棉花枯萎病、黄萎病最经济、有效的措施，因此选育抗病棉花品种是防治这两种病害的关键。而抗病性鉴定是选育抗病品种的关键程序，也是区域试验的重要内容。笔者分析了2016—2020年参加国家西北内陆棉区棉花品种区域试验的早熟常规品种、早熟机采常规品种和早中熟常规品种共179个品种（系）枯黄萎病的抗性鉴定结果，以期为棉花抗病育种及新品种的审定推广提供科学依据，加快育种进程和获得最大的经济效益。

一、材料与方法

（一）试验材料

国家西北内陆棉区棉花品种区域试验参试品种（系）179个，其中2016年18个、2017年30个、2018年51个、2019年41个、2020年39个。参试的棉花品种（系）可分为早熟常规、早中熟常规品种（系），2018年增加了早熟机采常规品种（系）。鉴定所用的枯萎病感病对照为新陆早7号，黄萎病感病对照为新陆早36号，均由石河子农业科学研究院棉花研究所提供；抗病对照中植棉2号由中国农业科学院棉花研究所提供。感病和抗病对照均由中国农业科学院棉花研究所朱荷琴研究员和石河子农业科学研究院棉花研究所赵建军副研究员在人工病圃内联合测试确定，符合国家标准。

（二）鉴定方法

抗枯萎病鉴定：依据国家标准，试验采用人工病圃成株期鉴定法。每年采用人工麦粒砂繁殖枯萎病病原菌，并将病秆粉碎还田，以增加病圃土壤中病原菌的含量。枯萎病菌为棉花生产中的优势小种7号生理小种。

抗黄萎病鉴定：依据国家标准，试验采用人工病圃成株期鉴定法。每年进行病秆粉碎还田，以增加病圃土壤中病原菌的含量。黄萎病菌株为V991，属落叶型、强致病性菌株。

（三）试验设计

供试品种（系）于每年4月中下旬播种，采用1.45m宽的地膜进行人工膜上点播，采用1膜4行、宽窄行配置，窄行0.3m，宽行0.6m，株距0.09m。每个品种种植1行，行长5m，3次重复，随机排列，每重复间留0.5m宽的走道。5月中旬定苗，确保每行基本苗在50株左右。病圃施肥、滴灌及田间管理措施与其他试验地相同。

（四）调查与统计方法

病害的调查：在人工接种诱发的病圃中，棉花出苗现行后，定期调查感病对照的发病情况，当感病对照病情指数（病指，DI）高于40.0时，进行第1次全面调查，此后每10d左右调查1次，病指达到65时结束调查，整个生育期调查次数不少于3次。

抗病性评价指标：病情分级参照国家标准中所述的5级分级法，根据调查结果计算的相对病情指数（RDI）来划分各品种（系）的抗病类型。计算公式：$RDI = DI/DI_{CK} \times 50$，其中DI为参试品种（系）病情指数，$DI_{CK}$为感病对照的病情指数。

抗病类型的划分：品种的抗病类型按国家标准划分为5个级别，分别为免疫（I）、高抗（HR）、抗病（R）、耐病（T）和感病（S），具体划分标准参见表50-10。

表50-10　棉花品种（系）抗枯萎病、黄萎病性评定标准的划分

抗病类型	相对病情指数	
	枯萎病	黄萎病
免疫（I）	0.0	0.0
高抗（HR）	0.1～5.0	0.1～10.0
抗病（R）	5.1～10.0	10.1～20.0
耐病（T）	10.1～20.0	20.1～35.0
感病（S）	>20.0	>35.0

品种的总体抗性指数：2016—2020年参试品种（系）采用总体抗性指数进行分析，其计算方法参照文献。$r_F（r_V）=（4I+3HR+2R+1T+0S）\times 100/4N$，其中$r_F$、$r_V$分别表示品种（系）的总体抗枯萎病指数和抗黄萎病指数，I、HR、R、T、S分别表示免疫、高抗、抗病、耐病、感病的品种（系）数，N为品种（系）总数。品种（系）的总体兼抗指数（r_{FV}）$=\sum r_{ij} \times n \times 100/16N$，其中$n$为枯黄萎病不同兼抗性级别的品种（系）数，$r_{ij}$为枯黄萎病不同兼抗性级别的系数（表50-11），$i$为枯萎病抗性级别，$j$为枯萎病抗性级别，$N$为品种（系）总数。

表50-11　品种总体兼抗性指数系数

黄萎病抗病类型（j）	枯萎病抗病类型（i）				
	I（4）	HR（3）	R（2）	T（1）	S（0）
I（4）	16	12	8	4	0
HR（3）	12	9	6	3	0
R（2）	8	6	4	2	0

（续表）

黄萎病抗病类型（j）	枯萎病抗病类型（i）				
	I（4）	HR（3）	R（2）	T（1）	S（0）
T（1）	4	3	2	1	0
S（0）	0	0	0	0	0

二、结果与分析

（一）枯萎病的抗性水平分析

参试品种（系）中，各年份不同枯萎病抗性级别品种的比例见图50-41。其中未出现免疫品种（系）；2016年、2017年和2020年抗和高抗枯萎病品种（系）的比例均为100%，且2017年和2020年高抗枯萎病的占比为96.7%和92.3%，远远高于抗病品种（系）的占比3.3%和7.7%；2018年耐病品种（系）占比为11.8%，2019年出现感病品种，占比为2.4%，但远低于高抗和抗病的占比。总体上参试棉花品种（系）对枯萎病的抗性水平较高，除2018年高抗和抗病品种（系）占比为88.2%外，其他年份均在92.0%以上。

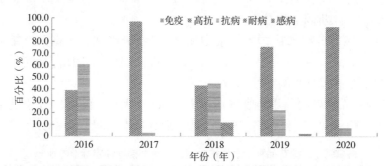

图50-41　2016—2020年参试品种（系）抗枯萎病不同抗性级别的比例

（二）黄萎病的抗性水平分析

2016—2020年黄萎病不同抗性级别参试品种（系）的比例见图50-42。5年的参试品种（系）中，没有出现免疫和高抗品种（系）；抗病品种（系）所占比例为5.1%～36.7%，呈先上升后下降趋势，2017年最高；耐病品种（系）所占比例为55.6%～76.9%，呈逐年上升趋势；感病品种（系）所占比例在2017年仅为6.7%，2018年有所上升，之后又下降，但5年整体上呈下降趋势，由2016年的33.3%下降至2020年的17.9%。参试品种（系）的黄萎病抗性水平除2017年较高外，其余各年均较低，以耐病品种（系）为主，5年平均耐病品种（系）占比为62.9%。

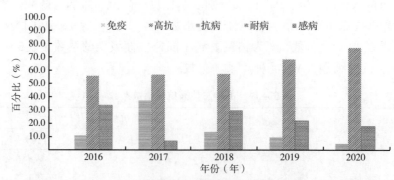

图50-42　2016—2020年黄萎病不同抗性级别参试品种（系）的比例

（三）参试品种的枯黄萎病兼抗性分析

由图50-43可以看出，2016年兼抗品种的比例为7.1%；2017年兼抗品种的比例较高为36.7%，之后兼抗品种的比例呈下降趋势，至2020年仅为5.1%（2个品种）。

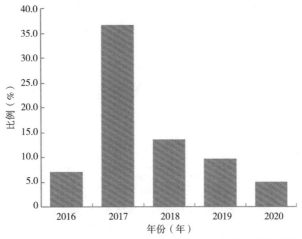

图50-43 2016—2020年参试品种（系）兼抗品种的比例

（四）参试不同熟性常规棉的枯萎病总体抗性比较

由图50-44可以看出，2016—2020年早熟常规棉品种（系）的r_F分别为33.3、51.7、44.6、49.4、46.8，早中熟常规棉品种（系）的r_F分别为59.4、75.0、61.4、75.0、73.2。各年份早中熟常规棉品种（系）的r_F均大于早熟常规棉品种（系），这表明早中熟常规棉对枯萎病的总体抗性优于早熟常规棉。

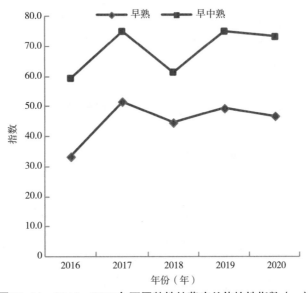

图50-44 2016—2020年不同熟性枯萎病总体抗性指数（r_F）

（五）参试不同熟性常规棉的黄萎病总体抗性比较

由图50-45可以看出，2016—2020年早熟常规棉品种（系）的r_V分别为9.7、23.3、13.2、13.4、12.8，2017年为最高，呈先上升后下降并趋于稳定的趋势；早中熟常规棉品种（系）的r_V分别为21.9、30.6、36.4、35.0、25.0，2018年为最高，呈先上升后下降的趋势。各年份早中熟常规棉品种（系）的r_V均大于早熟常规棉品种（系），这表明早中熟常规棉对黄萎病的总体抗性优于早熟常规棉。

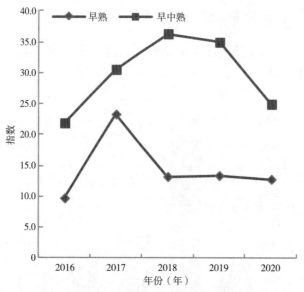

图50-45　2016—2020年不同熟性常规棉黄萎病总体抗性指数（r_V）

（六）参试品种（系）的总体抗性分析

从图50-46可以看出，各年参试品种（系）的r_F为59.7～98.3，总体呈上升趋势，2018年稍有回落；各年参试品种（系）的r_V为22.2～41.7，2017年为最高，2018年有所下降，之后变化幅度较小；各年参试品种（系）的r_{FV}为9.2～23.0，2017年为最高，2018年有所下降，之后趋于稳定。各年参试品种的r_F远大于r_V和r_{FV}，且三者均呈振荡上升趋势。

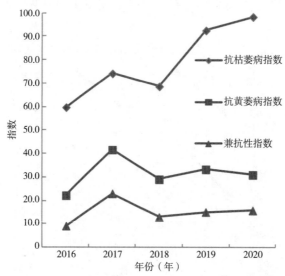

图50-46　2016—2020年参试品种（系）的枯萎病抗性指数（r_F）、黄萎病抗性指数（r_V）和兼抗性指数（r_{FV}）

三、讨论与结论

目前，国际上公认种植抗病品种是控制病害的经济有效措施。2016—2020年参试品种（系）的抗病性分析结果表明，西北内陆棉区在抗枯萎病、抗黄萎病和兼抗棉花品种的选育方面取得了一定的成效，尤其是在棉花枯萎病抗性方面。除2018年外，其他年份高抗和抗病品种（系）占比均在92%以上，棉花枯萎病抗性达到了较高水平且趋于稳定；棉花黄萎病抗性水平较低，各年份以耐病品种（系）为主，没有高抗品种（系），只有2017年抗病品种（系）占比较高，为36.7%；各年度参试的品种（系）的枯黄萎病兼抗性较差，且2017年以后呈下降趋势，2020年兼抗品种（系）的比例最低，仅为5.1%。

大部分参试品种（系）的枯萎病抗性较好，黄萎病抗性不好，多数年份总体兼抗性指数的变化程度与抗黄萎病指数的变化程度相近。可见，选育兼抗棉花品种过程中黄萎病抗性的提高是关键。不过，这5年品种的总体兼抗性指数呈振荡上升趋势。

在同样的气候条件和栽培管理方式下，早中熟常规棉的枯萎病抗性、黄萎病抗性及兼抗性均优于早熟常规棉，这可能与品种（系）的生物学特征特性有关。早中熟品种生育期较长，一般生长势强，茎秆粗壮坚韧，抗逆性较强。

棉花黄萎病发生时间较长，受气候的影响较大，与气温和湿度关系密切。2017年参试品种（系）中抗黄萎病及兼抗品种（系）比例远高于其他年份，可能与当年气候条件有关，高温干旱抑制黄萎病的发生发展，造成黄萎病发生偏轻。近几年，在夏季均出现不同程度的高温干旱，抑制黄萎病发生，对抗病鉴定造成了影响。

第五节　2016—2020年西北内陆棉花品种试验Bt检测动态分析

根据全国农业技术推广服务中心棉花品种试验方案要求，整个检测鉴定试验分为两个方面：一是对所有参试材料利用Bt胶体金免疫检测试纸条进行抗虫株率检测；二是对参试材料利用ELISA方法对其进行Bt抗虫蛋白量的检测。综合两方面的试验结果，对参试品种是否为抗虫棉以及其抗虫基因蛋白表达量高低进行评价。

一、材料与方法

（一）试验材料

以2016—2020年西北内陆棉花品种试验参试品种为试验材料，共计182份。

（二）主要试验仪器及试剂

主要试验仪器包括CertiPrep样品粉碎仪（SPEX公司）、酶标板（Envirologix公司）和Tecan酶标仪（Sunrise公司）。主要试剂包括Qualiplate Kit for Cry1Ab/Cry1Ac（Envirologix公司）、Washing Buffer：PBS/0.05%Tween-20、Extract Buffer：PBS/0.55%Tween-20和Stop Solution：1mol/L HCl。

（三）试验方法

抗虫株率检测：随机选取供试材料的种子100粒，采用BT胶体金免疫检测试纸条进行检测。抗虫株率（%）=阳性种子数/总检测种子数×100

Bt蛋白表达量的测定：所有试验材料均种植在中国农业科学院生物技术研究所抗虫棉试验基地，每材料点播40穴，间苗前使用卡那霉素检测供试材料，现黄斑植株挂牌标记。于每年6月23日选取卡那鉴定为阳性的15株植物，摘取顶端叶片，采用酶联免疫法（Enzyme linked immunosorbent assays，ELISA）测定Bt蛋白表达量。测定时进行混样检测，3次重复，以3次检测的平均值作为该品种的Bt蛋白表达量。并依据Bt蛋白表达量进行分级，分级标准为：不表达，0~5ng/g FW；低表达，5~150ng/g FW；中表达，150~300ng/g FW；中高表达，300~450ng/g FW；高表达，>450ng/g FW。

二、结果分析

（一）2016年西北内陆棉花品种试验参试品种抗虫性分析

2016年西北内陆棉花品种试验参试品种共18份，其中17份均为非转基因棉花品种，占参试品种数的94.44%；仅1份材料检测为转基因抗虫棉，抗虫株率达92%，Bt蛋白表达量为398.3（表50-12）。

表50-12　2016年区域试验材料的抗虫株率和Bt蛋白表达量

序号	品种	检测株数（株）	抗虫株数（株）	抗虫株率（%）	Bt蛋白表达量（ng/g FW）	Bt蛋白表达量级
1	创棉508	100	0	0	0	—
2	新石选14-4	100	0	0	0	—
3	创棉511	100	0	0	0	—
4	庄稼汉902	100	0	0	0	—
5	天云11-8	100	0	0	0	—
6	F015-5	100	0	0	0	—
7	惠远1401	100	2	2	0	—
8	新K28	100	0	0	0	—
9	H33-1-4	100	0	0	0	—
10	新陆早36号	100	0	0	0	—
11	ZLF616	100	92	92	398.3	中高
12	创棉507	100	0	0	0	—
13	中8813	100	0	0	0	—
14	创棉512	100	0	0	0	—
15	巴42789	100	0	0	0	—
16	惠祥17号	100	2	2	0	—
17	J8031	100	0	0	0	—
18	中棉所49	100	0	0	0	—

注：抗虫株率≤10%的样品没有检测Bt蛋白表达量。

（二）2017年西北内陆棉花品种试验参试品种抗虫性分析

2017年西北内陆棉花品种试验参试品种共33份，其中31份均为非转基因棉花品种，占参试品种数的93.94%；仅2份材料检测为转基因抗虫棉，抗虫株率分别为100%和84%，Bt蛋白表达量分别为368.57ng/g FW和306.41ng/g FW（表50-13）。

表50-13　2017年区域试验材料的抗虫株率和Bt蛋白表达量

序号	品种名称	检测株数（株）	抗虫株数（株）	抗虫株率（%）	Bt蛋白表达量（ng/g FW）	Bt蛋白表达量级
1	LP518	100	0	0	0	—
2	庄稼汉704	100	0	0	0	—
3	庄稼汉902	100	0	0	0	—
4	金垦1601	100	0	0	0	—
5	15B014	100	100	100	368.57	中高
6	F015-5	100	0	0	0	—
7	创棉515号	100	0	0	0	—
8	友质268	100	0	0	0	—
9	惠远1401	100	0	0	0	—

（续表）

序号	品种名称	检测株数（株）	抗虫株数（株）	抗虫株率（%）	Bt蛋白表达量（ng/g FW）	Bt蛋白表达量级
10	新13274	100	0	0	0	—
11	F016-9	100	0	0	0	—
12	新陆早36号	100	0	0	0	—
13	H219-6	100	0	0	0	—
14	新K28	100	0	0	0	—
15	惠远1502	100	0	0	0	—
16	H33-1-4	100	0	0	0	—
17	新石H14	100	84	84	306.41	中高
18	H216-17	100	0	0	0	—
19	97F01	100	0	0	0	—
20	金垦1643	100	0	0	0	—
21	金科20	100	0	0	0	—
22	新陆早36号	100	0	0	0	—
23	中棉201	100	0	0	0	—
24	中棉所49号	100	0	0	0	—
25	中棉所96B	100	0	0	0	—
26	中8813	100	0	0	0	—
27	15B05X	100	0	0	0	—
28	创棉512	100	0	0	0	—
29	巴43541	100	0	0	0	—
30	X19075	100	0	0	0	—
31	友质1286	100	8	8	0	—
32	J8031	100	0	0	0	—
33	南农6272	100	0	0	0	—

注：抗虫株率≤10%的样品没有检测Bt蛋白表达量。

（三）2018年西北内陆棉花品种试验参试品种抗虫性分析

2018年西北内陆棉花品种试验参试品种共51份，其中45份均为非转基因棉花品种，占参试品种数的88.24%；另有3份材料的抗虫株率为9%、2份材料的抗虫株率为2%，但均未检测出Bt蛋白表达量（表50-14）。

表50-14 2018年区域试验材料的抗虫株率和Bt蛋白表达量

序号	品种名称	检测株数（株）	抗虫株数（株）	抗虫株率（%）	Bt蛋白表达量（ng/g FW）	Bt蛋白表达量级
1	五师16-15	100	0	0	0	—
2	F016-9	100	0	0	0	—
3	南农131	100	2	2	0	—
4	金垦杂1707	100	2	2	0	—
5	新陆早36号	100	0	0	0	—
6	中8886	100	0	0	0	—
7	金垦1746	100	0	0	0	—
8	五师16-13	100	0	0	0	—
9	新石16-2	100	0	0	0	—
10	LP518	100	0	0	0	—
11	新13274	100	0	0	0	—

（续表）

序号	品种名称	检测株数（株）	抗虫株数（株）	抗虫株率（%）	Bt蛋白表达量（ng/g FW）	Bt蛋白表达量级
12	友质116	100	0	0	0	—
13	金科21	100	0	0	0	—
14	浙金研-1	100	0	0	0	—
15	金科20	100	0	0	0	—
16	金垦1762	100	0	0	0	—
17	新陆早36号	100	0	0	0	—
18	惠远162	100	0	0	0	—
19	中棉201	100	9	9	0	—
20	劲丰合678	100	0	0	0	—
21	金垦1643	100	0	0	0	—
22	中971	100	0	0	0	—
23	H219-6	100	0	0	0	—
24	惠远1502	100	0	0	0	—
25	H216-17	100	0	0	0	—
26	中7700	100	0	0	0	—
27	金垦1702	100	0	0	0	—
28	庄稼汉704	100	0	0	0	—
29	新陆早36号	100	0	0	0	—
30	新石2号	100	0	0	0	—
31	新161402	100	0	0	0	—
32	新石H16	100	0	0	0	—
33	新石K35	100	0	0	0	—
34	惠远163	100	0	0	0	—
35	锦棉61号	100	9	9	0	—
36	中棉218	100	9	9	0	—
37	新19075	100	0	0	0	—
38	金垦1763	100	0	0	0	—
39	金垦1743	100	0	0	0	—
40	新陆早36号	100	0	0	0	—
41	中生棉17号	100	0	0	0	—
42	南农6272	100	0	0	0	—
43	中1619	100	0	0	0	—
44	巴43541	100	0	0	0	—
45	苏新棉168	100	0	0	0	—
46	X19075	100	0	0	0	—
47	中棉698	100	0	0	0	—
48	96D	100	0	0	0	—
49	中棉所49	100	0	0	0	—
50	浙金研-2	100	0	0	0	—
51	中棉所96B	100	0	0	0	—

注：抗虫株率≤10%的样品没有检测Bt蛋白表达量。

（四）2019年西北内陆棉花品种试验参试品种抗虫性分析

2019年西北内陆棉花品种试验参试品种共41份，其中30份均为非转基因棉花品种，占参试品种数的73.17%；仅2份材料检测为转基因抗虫棉，抗虫株率分别为24%和26%，Bt蛋白表达量分别为

336.12ng/g FW和405.95ng/g FW；另有9份材料的抗虫株率为2%～4%，但未检测出Bt蛋白（表50-15）。

表50-15 2019年区域试验材料的抗虫株率和Bt蛋白表达量

序号	品种名称	检测株数（株）	抗虫株数（株）	抗虫株率（%）	Bt蛋白表达量（ng/g FW）	Bt蛋白表达量级
1	新早棉107	100	2	2	0	—
2	华棉702	100	0	0	0	—
3	五师16-15	100	0	0	0	—
4	金科21	100	0	0	0	—
5	新陆早36号	100	0	0	0	—
6	华新102	100	3	3	0	—
7	中8886	100	4	4	0	—
8	金垦1746	100	3	3	0	—
9	惠远162	100	3	3	0	—
10	金垦1846	100	0	0	0	—
11	五师1629	100	0	0	0	—
12	新石选16-2	100	0	0	0	—
13	美沃1号	100	2	2	0	—
14	五师16-13	100	0	0	0	—
15	石大棉192	100	0	0	0	—
16	新陆早36号	100	0	0	0	—
17	中7700	100	0	0	0	—
18	金垦1802	100	0	0	0	—
19	新苗2号	100	0	0	0	—
20	新石H16	100	0	0	0	—
21	五师1633	100	0	0	0	—
22	塔河9号	100	0	0	0	—
23	新陆早36号	100	0	0	0	—
24	新石K35	100	0	0	0	—
25	石农1	100	0	0	0	—
26	惠远1615	100	0	0	0	—
27	新163011	100	4	4	0	—
28	金垦1760	100	0	0	0	—
29	新19075	100	0	0	0	—
30	Z1689	100	0	0	0	—
31	金垦1743	100	0	0	0	—
32	中生G40	100	0	0	0	—
33	中1619	100	3	3	0	—
34	中生棉17号	100	4	4	0	—
35	苏新棉168	100	24	24	336.12	中高
36	苏新棉818	100	26	26	405.95	中高
37	中棉698	100	0	0	0	—
38	中棉所49	100	0	0	0	—
39	浙金研-2	100	0	0	0	—
40	H1594	100	0	0	0	—
41	源棉8号	100	0	0	0	—

注：抗虫株率≤10%的样品没有检测Bt蛋白表达量。

（五）2020年西北内陆棉花品种试验参试品种抗虫性分析

2020年西北内陆棉花品种试验参试品种共39份，其中33份均为非转基因棉花品种，占参试品种数的84.62%；仅3份材料检测为转基因抗虫棉，抗虫株率分别为98%、100%和100%，Bt蛋白表达量分别为321.17、740.21和518.63；另有3份材料的抗虫株率为1%~2%，但未检测出Bt蛋白（表50-16）。

表50-16　2020年区域试验材料的抗虫株率和Bt蛋白表达量

序号	品种名称	检测株数（株）	抗虫株数（株）	抗虫株率（%）	Bt蛋白表达量（ng/g FW）	Bt蛋白表达量级
1	新陆棉3号	100	0	0	0	—
2	新石K37	100	0	0	0	—
3	新陆早61号	100	0	0	0	—
4	新早棉107	100	0	0	0	—
5	新石H20	100	0	0	0	—
6	华新102	100	0	0	0	—
7	华棉702	100	0	0	0	—
8	五师1629	100	0	0	0	—
9	新丰186	100	0	0	0	—
10	美沃1号	100	98	98	321.17	中高
11	华新103	100	0	0	0	—
12	新陆早61号	100	0	0	0	—
13	金垦1947	100	0	0	0	—
14	金垦1903	100	2	2	0	—
15	石大棉192	100	0	0	0	—
16	惠远1615	100	0	0	0	—
17	金垦1760	100	2	2	0	—
18	新陆早61号	100	0	0	0	—
19	新163011	100	0	0	0	—
20	Z1689	100	0	0	0	—
21	硕丰15025	100	0	0	0	—
22	石农1	100	0	0	0	—
23	原早152	100	1	1	0	—
24	QS1816	100	0	0	0	—
25	金垦1942	100	0	0	0	—
26	H1594	100	0	0	0	—
27	塔河11号	100	0	0	0	—
28	源棉8号	100	0	0	0	—
29	JFY122	100	0	0	0	—
30	金垦1974	100	100	100	740.21	高
31	D27565	100	0	0	0	—
32	金垦1975	100	100	100	518.63	高
33	中生棉Gz60	100	0	0	0	—
34	巴44430	100	0	0	0	—
35	硕丰15038	100	0	0	0	—
36	源棉5号	100	0	0	0	—
37	昊丰3611	100	0	0	0	—
38	合信1691	100	0	0	0	—
39	中棉所49	100	0	0	0	—

注：抗虫株率≤10%的样品没有检测Bt蛋白表达量。

第六节　2016—2020年西北内陆棉花品种试验SSR分子检测动态分析

一、2016—2020年度检测样品（品种）基本情况

依据2016—2020年国家棉花品种试验实施方案的要求，2016—2020年中国农业科学院棉花研究所对参加西北内陆棉区的参试品种进行了SSR分子检测。2016年西北内陆棉区包括2组区域试验、2组生产试验，总计参试品种16个（不含对照品种，下同）。2017年西北内陆棉区包括3组区域试验、1组生产试验，总计参试品种31个。2018年西北内陆棉区包括5组区域试验、3组生产试验，总计参试品种58个。2019年西北内陆棉区包括4组区域试验、2组生产试验，总计参试品种44个。2020年西北内陆棉区包括4组区域试验、3组生产试验，总计参试品种49个。5年试验中早熟、早熟机采棉试验（区域试验、生产试验）于2020年更换了对照，由原来的新陆早36号更换为新陆早61号。

二、试验方法

（一）DNA提取

西北内陆棉区的品种直接于田间取真叶或采用温室发苗取子叶。采用CTAB法（PATERSON，1993年）并稍加修改。

（二）SSR扩增、电泳与银染

SSR引物主要选自郭旺珍等（2007年）报道的棉花海陆种间遗传图谱。PCR反应体系、PCR扩增程序和银染过程按张军等（2000年）介绍的方法。

（三）数据处理

观察PCR扩增产物结果，统计清晰稳定且易于辨认的条带以及各引物扩增带型的种类。在同一等位基因位点上有带记为1，无带记为0。利用核心引物进行SSR纯度检测。每一品种取样24株。每株中如果有两对以上引物的谱带与其他植株不一致，则判定为杂株。利用软件PowerMarker V3.25计算各材料间遗传相似系数，并用类平均法（UPGMA）对各材料进行聚类分析。在此基础上判断各参试材料间的相似性。

三、2016—2020年SSR鉴定结果

（一）SSR纯度鉴定结果

根据以往DNA纯度鉴定结合田间表现的结果，常规棉品种DNA纯度在90%以上的品种一般被认为是纯度较好的品种。从图50-47可以看出，2016—2020年，西北内陆棉区传统的常规早熟棉、早中熟棉中，纯度较好的品种所占比例相对稳定。2018年起新开了早熟机采棉组区域试验，2018—2020年纯度较好的品种也在逐步增多（图50-47）。

就西北内陆早熟常规棉品种的具体分布而言，5年来DNA纯度在100%的品种总体呈逐步上升的趋势；DNA纯度为90%～99%的品种则是常年占据主要比重，5年来一直变化不大，保持相对稳定；DNA纯度在90%以下的品种则是5年来呈逐步下降的趋势（图50-48）。

如果只针对最终能够参加到西北内陆早熟常规棉生产试验的品种，可以看到，这些品种中的绝大多数，在参试的3年中，品种的DNA纯度呈稳步上升的趋势；到进入生产试验这一年，品种的DNA纯度达最高（图50-49）。以上数据表明，西北内陆早熟常规棉品种的DNA纯度在2016—2020

年一直在逐年改善，纯度高于90%的品种逐渐增多，纯度在90%以下的品种逐渐减少。

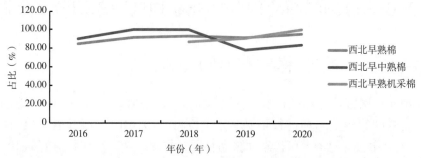

图50-47　2016—2020年西北内陆棉区参试品种中较高纯度品种占比的变化趋势

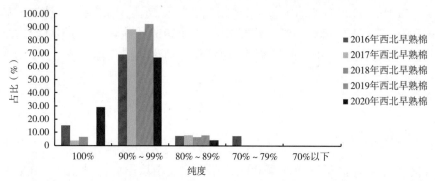

图50-48　2016—2020年西北内陆棉区早熟常规棉参试品种各纯度范围的变化趋势

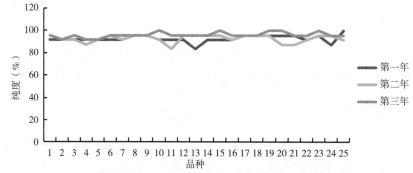

图50-49　西北内陆棉区25个早熟棉生产试验品种DNA纯度变化趋势

　　西北内陆早中熟棉品种，自2017年以来DNA纯度在100%的优秀品种总体呈逐步上升的趋势；DNA纯度为90%～99%的品种则是常年占据主要比重，5年来也保持相对稳定；DNA纯度为90%以下的品种常年一直所占比重较小（图50-50）。从这几年来能够参加到早中熟生产试验的品种，可以看到，这些品种中的绝大多数DNA纯度在90%以上，并且在参试的3年中，品种的DNA纯度明显呈稳步上升的趋势；到进入生产试验这一年，品种的DNA纯度达到最高（图50-51）。以上数据表明，西北内陆早中熟棉品种的DNA纯度为2016—2020年一直在逐年改善，纯度高于90%的品种常年占较大比重，纯度在90%以下的品种一直数量不大，在生产试验中更是没有出现。

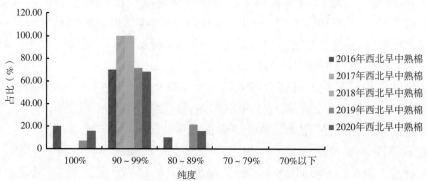

图50-50　2016—2020年西北内陆棉区早中熟棉参试品种各纯度范围的变化趋势

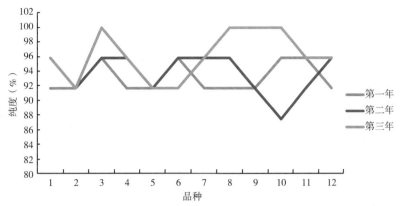

图50-51 西北内陆棉区12个早中熟棉生产试验品种DNA纯度变化趋势

西北内陆早熟机采棉品种，是从2018年度新开始区域试验的。近3年来DNA纯度在90%以上的品种一直所占比重较大，且呈现逐步上升的趋势；DNA纯度在90%以下的品种近3来来则是呈逐步下降的趋势，且一直所占比重较小（图50-52）。从这3年来最终能够参加到早熟机采组生产试验的两个品种，可以看到，在进入区域试验的两年中，品种的DNA纯度一直都较为稳定，到进入生产试验这一年，品种的DNA纯度达到最高（表50-17）。以上数据表明，西北内陆早熟机采棉品种的DNA纯度2018—2020年一直在逐年改善，纯度高于90%的品种逐渐增多，纯度在90%以下的品种逐渐减少。

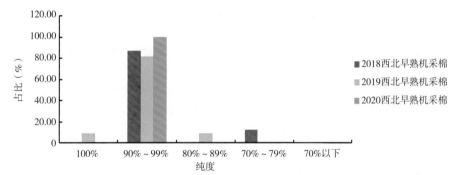

图50-52 2018—2020年西北内陆早熟机采棉参试品种各纯度范围的变化趋势

表50-17 西北内陆棉区2个早熟机采棉生产试验品种3年来DNA纯度变化趋势 （%）

品种代号	第一年	第二年	第三年
1	95.84	95.84	95.84
2	95.84	95.84	100

综上所述，西北内陆早熟、早中熟棉品种以及机采棉的DNA纯度在2016—2020年一直在逐年改善，进入生产试验的品种尤其如此；说明DNA检测工作在一定程度上提高了育种者对品种纯度的重视程度，逐年加大了品种繁殖纯化力度，从而也促进了西北内陆棉花参试品种DNA纯度的改良工作。

（二）SSR遗传相似性鉴定结果

西北内陆棉区参试品种在通过核心引物进行纯度检测后，去掉杂株，初步构建参试品种的指纹图谱。在此基础上，利用PowerMarker V3.25软件计算各个参试品种间的遗传距离，进行了品种间的遗传相似性分析。

根据2016—2020年国家棉花品种试验方案提供的品种，西北内陆棉区各对照品种，在不同区域试验组别、不同年份中，遗传上完全一致，遗传标记吻合。另外，DNA指纹图谱显示，连续第二年参试及第三年参试的各个品种，在不同区域试验年份中，遗传一致性较好，未发现有年际间换种的现象。各年度新参试的品种中，也未发现有指纹相似的品种，遗传特异性较好。

此外，根据参试品种间的遗传相似度分析显示：西北内陆早熟棉品种近5年来品种间遗传相似度没有在90%以上的，说明新参试品种的遗传特异性相对较好。西北内陆早熟棉品种间遗传相似度为70%～90%的这5年变化幅度不大，说明早熟棉品种间遗传相似度较大的品种5年来基本没有增加。西北内陆早熟棉品种间遗传相似度为30%～60%的常年占四成左右，而且相似度在20%以下的品种也呈逐年递增的趋势；这说明西北内陆早熟棉品种间遗传特异性好的品种正在逐年增加（图50-53）。

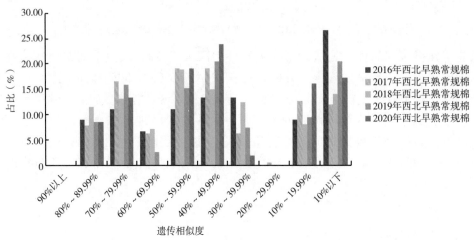

图50-53　2016—2020年西北内陆早熟棉参试品种间遗传相似度的变化趋势

西北内陆早中熟棉品种间遗传相似度没有在90%以上的，说明新参试品种的遗传特异性较好。遗传相似度为60%～90%的2016—2020年上升幅度不大，说明西北内陆杂交棉品种间遗传背景较为相似的品种近5年没有较大幅度增加过。西北内陆早中熟棉品种间遗传相似度为30%～60%的常年占接近一半，而且相似度在20%以下的品种也呈逐年递增的趋势；这说明西北内陆早中熟棉品种间遗传特异性好的品种正在逐年增加（图50-54）。

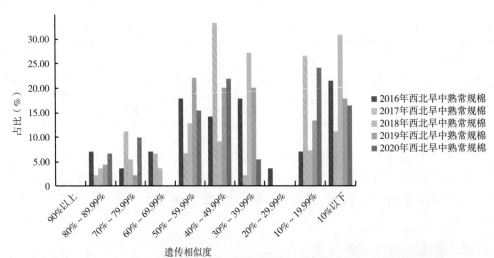

图50-54　2016—2020年西北内陆早中熟棉参试品种间遗传相似度的变化趋势

西北内陆早熟机采棉品种自2018年开始参加区域试验。从近3年情况看，早熟机采棉间遗传相似度没有在90%以上的，说明新参试品种的遗传特异性较好。早熟机采棉品种间遗传相似度为70%～90%的在2018—2020年呈现出逐年下降的趋势，说明西北内陆早熟机采棉品种间遗传背景较为相似的品种正在逐年递减。西北内陆早熟机采棉品种间遗传相似度为30%～60%的呈逐年递减的趋势，常年维持在一半左右。而早熟机采棉品种间相似度在20%以下的品种则呈逐年增长的趋势，这说明西北内陆早熟机采棉品种间遗传特异性较好的品种正在逐年增加（图50-55）。

　　综上所述，西北内陆早熟棉、早中熟棉以及早熟机采棉品种间的遗传基础并没有出现逐年趋于狭窄的迹象，品种间的遗传多样性仍在逐年扩大。这也说明，在不同自然条件下，西北内陆培育形成了熟性各异、适应不同生长环境的各种不同类型的棉花品种，这将有利于未来多种类型的优异棉花品种的选育与改良工作。

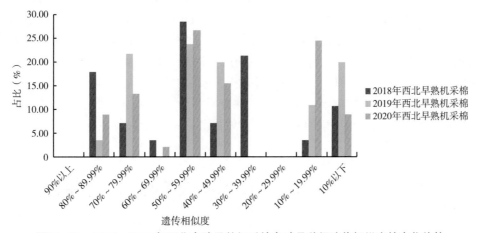

图50-55　2018—2020年西北内陆早熟机采棉参试品种间遗传相似度的变化趋势

第五十一章 2016—2020年国审棉花品种推广应用情况分析

2007年颁布的国家行业标准《农作物品种审定规范 棉花》，为我国的棉花品种审定工作进一步规范化提供了依据。2017年国家农作物品种审定委员会为适应农业供给侧结构性改革、绿色发展和农业现代化新形势对品种审定工作的要求，根据《中华人民共和国种子法》《主要农作物品种审定办法》有关规定，对《主要农作物品种审定标准（国家级）》进行了修订。新品种审定的目的就是择优推荐符合当时生产需要的新品种，因而不同历史时期育成的新品种类型丰富，特征特性差异较大。2016—2020年国审棉花品种共计78个，其中，西北内陆棉区、黄河流域棉区和长江流域棉区的国审品种分别为26个、34个和18个。及时总结和分析评价近年来国审棉花品种推广应用情况，可为与时俱进地制定更具针对性和实用性的棉花行业发展和产业政策提供依据。

第一节 2016—2020年长江流域国审棉花品种推广情况

一、2016—2020年长江流域国审棉花品种情况

（一）长江流域棉区品种国家审定情况

2016—2020年长江流域棉区国审品种共18个，其中转基因抗虫中熟常规棉品种5个，分别为宁棉2号、航棉12、国欣棉15、华惠15和国欣棉31；转基因抗虫中熟杂交棉品种13个，分别为国欣棉16、晶华棉112、江农棉2号、华惠13湘杂198、冈0996、国欣棉18号、HM19、中生棉11号、湘X1251、华田10号、中生棉10号和华杂棉H116。从审定品种单位性质来看，科研事业单位审定的品种共6个，即冈0996、ZHM19、中生棉11号、湘X1251、中生棉10号和华杂棉H116，其余12个品种均由企业单位育成。2016—2018年审定的8个品种全部为企业单位育成，2019—2020年审定的10个品种中科研事业单位审定6个品种，企业单位审定4个品种。从育种单位的省份来看，湖北的审定品种最多，占7个；其次是河北（国欣）4个；其后依次是北京和湖南各2个；江苏、安徽和江西各1个。主要育种单位主要包括河间市国欣农村技术服务总会（审定4个品种），其次是湖北华田农业科技股份有限公司、湖北惠民农业科技有限公司、湖南省棉花科学所和中国农业科学院生物技术研究所各审定2个品种，其后是华中农业大学、黄冈市农业科学院、安徽绿亿种业有限公司、江苏神农大丰种业科技有限公司、江西农庄主农业科技开发有限公司和荆州市晶华种业科技有限公司等单位各审定1个品种（表51-1）。

表51-1 2016—2020年长江流域棉区国审棉花品种

序号	国审年份	品种名称	审定编号	类型	省份	选育单位
1	2016	宁棉2号	国审棉2016007	常规	江苏	江苏神农大丰种业科技有限公司
2	2016	国欣棉16	国审棉2016008	杂交	河北	河间市国欣农村技术服务总会
3	2017	航棉12	国审棉20170004	常规	安徽	安徽绿亿种业有限公司
4	2017	国欣棉15	国审棉20170005	常规	河北	河间市国欣农村技术服务总会
5	2017	晶华棉112	国审棉20170006	杂交	湖北	荆州市晶华种业科技有限公司
6	2017	江农棉2号	国审棉20170007	杂交	江西	江西农庄主农业科技开发有限公司
7	2018	华惠13	国审棉20180004	杂交	湖北	湖北惠民农业科技有限公司
8	2018	湘杂198	国审棉20180005	杂交	湖北	湖北华田农业科技股份有限公司
9	2019	华惠15	国审棉20190001	常规	湖北	湖北惠民农业科技有限公司

（续表）

序号	国审年份	品种名称	审定编号	类型	省份	选育单位
10	2019	冈0996	国审棉20190002	杂交	湖北	黄冈市农业科学院
11	2019	国欣棉18号	国审棉20190003	杂交	河北	河间市国欣农村技术服务总会
12	2019	ZHM19	国审棉20190004	杂交	湖南	湖南省棉花科学所
13	2020	国欣棉31	国审棉20200001	常规	河北	河间市国欣农村技术服务总会
14	2020	中生棉11号	国审棉20200002	杂交	北京	中国农业科学院生物所
15	2020	湘X1251	国审棉20200003	杂交	湖南	湖南省棉花科学所
16	2020	华田10号	国审棉20200004	杂交	湖北	湖北华田农业科技股份有限公司
17	2020	中生棉10号	国审棉20200005	杂交	北京	中国农业科学院生物所
18	2020	华杂棉H116	国审棉20200006	杂交	湖北	华中农业大学

（二）审定品种产量、品质、抗性等主要性状指标的变化

2016—2020年长江流域棉区国审棉花品种共18个，各年份品种综合表现情况分析如下（表51-2），审定品种的皮棉产量表现为：2016—2020年长江流域棉区国审棉花品种总体皮棉单产为110kg/亩左右。其中，2016年和2019年审定品种皮棉产量最低，为105kg/亩左右；2017和2020年审定品种的皮棉产量水平相当，都在110kg/亩左右；2018年审定品种的皮棉产量最高，为118.6kg/亩，明显高于其余年份审定品种的皮棉产量水平。皮棉增产率表现为：国审棉花品种的皮棉增产率平均为5.0%左右，并随年份呈逐年提高趋势，二者相关性达极显著水平。增产率随年份变化的线性回归函数为：增产率（%）= $1.5 \times$ 年份 $- 3022.5$（$R^2 = 0.800\,9^{**}$），即皮棉增产率按每年提升1.5%的速率变化。纤维品质性状表现为：纤维长度、比强度和马克隆值在年份间略有波动，但随年份变化的趋势不明显。2016—2020年国审品种纤维长度平均值为29.7mm，2016年纤维长度较高，2017年较低，其余年份类似。纤维比强度平均值为31.2cN/tex，其中2018—2019年度的比强度较高，平均值在32cN/tex左右；2017年较低，其余年份均高于31cN/tex。马克隆值平均值为5.2，其中2018—2019年度为5.1，其余年份为5.3。总体来看，2018—2019年度纤维品质综合表现最好。审定品种的品质类型变化情况为：国审18个棉花品种中，纤维品质为Ⅱ型的品种6个，占1/3。其中，最近3年（2018—2020年）审定的Ⅱ型的品种5个，而2016—2017年度审定的6个品种中只有1个品种为Ⅱ型，可见，Ⅱ型品种占比总体上呈上升趋势。可见，近3年审定的品种中Ⅱ型品种比例明显提高，充分体现了国家棉花品种审定标准中重视品质指标权重对育成品种品质改良的成效。审定品种的抗病性变化情况为：2016—2020年审定品种中抗枯萎病和耐枯萎病品种均为9个，各占50%；平均枯萎病指为10.8，其中2016年和2019年平均值在10以下，其余年份在10以上，变化趋势不明显。抗黄萎病的品种只有1个，耐黄萎病品种17个；平均黄萎病指28.6，变化趋势不明显，但近2年审定品种的黄萎病指高于前3年的病指。

表51-2　2016—2020年长江流域棉区国审棉花品种的产量、品质、抗性等主要性状

年份	品种数（个）	皮棉单产（kg/亩）	增产率（%）	品质类型*		长度（mm）	比强度（cN/tex）	马克隆值	枯萎病指	黄萎病指	枯萎病*		黄萎病*	
				Ⅱ	Ⅲ						抗	耐	抗	耐
2016	2	104.8	1.7	0	2	30.4	31.4	5.3	9.4	23.7	2	0	1	1
2017	4	109.1	2.3	1	3	29.4	30.2	5.3	10.0	27.2	2	2	0	4
2018	2	118.6	5.8	1	1	29.6	31.9	5.1	12.3	25.3	1	1	0	2
2019	4	105.2	4.3	2	2	29.7	32.2	5.1	9.9	31.2	1	3	0	4
2020	6	111.8	8.2	2	4	29.7	31.0	5.3	11.9	30.7	3	3	0	6
总计	18	109.7	5.0	6	12	29.7	31.2	5.2	10.8	28.6	9	9	1	17

注：*品质类型和枯黄萎病列为各类型国审品种数量。

二、2016—2020年长江流域国审棉花品种推广应用情况

（一）长江流域棉区棉花种植面积情况

2016—2020年长江流域棉区棉花总面积为2 413万亩（表51-3），各年份种植面积在总体上呈明显的滑坡态势，总面积从2016年的786万亩，下滑到2020年的297万亩。种植面积随年份下降的线性回归函数为：种植面积=-125.53×年份+253 812（$R^2=0.929\,7^{**}$），即种植面积在近5年中平均每年下降125万亩左右，其中2020年比上年下降幅度小，仅下降了3%。

2016—2020年长江流域棉区棉花总面积下降了62%，其中江西、江苏和四川面积下滑速率最快，分别下降了约92%、87%和86%。湖北面积由300万亩左右下降到100万亩左右，面积下降了约64%。湖南和浙江的种植面积下降较少，分别下降了约34%和31%。2016—2020年各省总面积列前3名的分别是湖北、湖南和安徽，种植面积累计分别为883万亩、645万亩和492万亩，面积占比分别约为37%、27%和20%，合计占比约84%；其次为江苏和江西，种植面积分别为190万亩和126万亩；四川和浙江的种植面积累计分别为46万亩和30万亩，分别约占总面积的1.9%和1.2%。

2020年种植面积统计结果表明，长江流域各省种植面积列前3位的依次为湖南、湖北和安徽，种植面积分别为108万亩、107万亩和58万亩，面积占比分别约为36.4%、36.1%和19.5%，3省种植面积合计占比达92%左右。江苏、江西、四川和浙江的种植面积分别为11万亩、5万亩、3万亩和5万亩，分别约占比3.7%、1.7%、1.0%和1.7%。

表51-3 2016—2020年长江流域棉区棉花种植面积变化动态

年份	长江流域各产棉省植棉面积（万亩）//占比（%）							总面积（万亩）
	湖北	湖南	安徽	江苏	江西	四川	浙江	
2016	304//38.7	161//20.5	148//18.8	83//10.6	62//7.9	21//2.7	7//0.9	786
2017	209//35.9	144//24.6	121//20.7	60//10.3	35//5.9	8//1.4	7//1.1	584
2018	170//38.7	127//28.9	88//20.0	23//5.3	14//3.1	11//2.5	7//1.5	440
2019	92//29.9	107//34.7	78//25.3	12//4.0	11//3.7	3//01.0	4//1.4	307
2020	108//36.4	107//36.1	58//19.5	11//3.7	5//1.7	3//1.0	5//1.7	297
合计	883//36.6	645//26.7	492//20.4	190//7.9	126//5.2	46//1.9	30//1.2	2 413

注：符号//前的数据为植棉面积（万亩），后为占全流域面积的比例（%）。

（二）长江流域棉区种植棉花品种类型和国审品种比例

2016—2020年长江流域棉区推广应用的棉花品种类型以杂交棉为主，常规棉为辅（表51-4）。期间，杂交棉品种共推广应用面积共2 221万亩，占棉花总面积的92%。常规棉品种推广应用面积共193万亩，占棉花总面向的8%。杂交棉品种占总面积的比例，在近5年中均在90%左右，其中2020年杂交棉占比为89.3%，其余年份都在90%以上，为90.4%～94.5%。2017年以来，杂交棉面积占比呈下降趋势；常规棉占比呈逐年上升趋势，每年约增加1.74%。

2016—2020年长江流域棉区种植面积中国审品种共1 265万亩，约占总面积的52.4%；非国审品种（含省审品种在内）累计种植1 006万亩，约占总面积的41.7%；其他品种（未明确品种名称）累计种植142万亩，约占总面积的5.9%（表51-4）。

表51-4 2016—2020年长江流域棉区种植棉花品种类型及国审品种比例

年份	常规棉		杂交棉		国审品种		非国审品种		其他品种		总面积（万亩）
	面积（万亩）	占比（%）	面积（万亩）	占比（%）	面积（万亩）	占比（%）	面积（万亩）	占比（%）	面积（万亩）	占比（%）	
2016	76	9.6	710	90.4	367	46.7	300	38.2	119	15.1	786
2017	32	5.5	552	94.5	317	54.3	267	45.7	0	0	584

（续表）

年份	常规棉		杂交棉		国审品种		非国审品种		其他品种		总面积（万亩）
	面积（万亩）	占比（%）	面积（万亩）	占比（%）	面积（万亩）	占比（%）	面积（万亩）	占比（%）	面积（万亩）	占比（%）	
2018	28	6.4	412	93.6	236	53.6	204	46.4	0	0	440
2019	25	8.1	282	91.9	170	55.6	120	39.0	17	5.4	307
2020	32	10.7	266	89.3	175	59.0	115	38.7	7	2.4	297
合计	193	8.0	2 221	92.0	1 265	52.4	1 006	41.7	142	5.9	2 413

（三）主导品种推广应用情况

2016—2020年长江流域棉区累计推广棉花品种249个，其中累计推广应用面积在5万亩以上的品种107个，占比43%。累计推广应用面积在100万亩以上的主导品种共4个（表51-5），按推广面积排序依次为鄂杂棉10号（146万亩）、华杂棉H318（132万亩）、鄂杂棉29（132万亩）和中棉所63（110万亩），全部为国审棉花品种；推广应用面积在50万亩以上的品种还有铜杂411（97万亩）和创075（91万亩），均为国审品种；累计种植面积在20亩以上的品种还有华惠4号、鄂杂棉11号、中棉所66、岱杂1号、鄂杂棉28、湘丰棉3号、国欣棉16、鄂24、鄂杂棉26、湘杂棉14号、鄂抗棉11、创杂棉21号、湘杂棉5号、创072、湘杂棉11号、EK288、国欣棉8号、湘杂棉8号和鄂杂棉9号等19个品种。种植面积列前10名的品种累计面积892万亩，占总面积的40%；前20名的品种累计种植面积1 173万亩，占总面积的49%。

长江流域棉区的主导品种中，鄂杂棉10号、华杂棉H318、鄂杂棉29、中棉所63、铜杂411和创075的累计推广面积均在50万亩以上。其中，鄂杂棉10号的推广面积在5年中均排列前2名，2年排名第一，3年提名第二，是长江流域棉区近5年推广应用规模最大的品种。华杂棉H318的排名呈上升趋势，2016年排名第7位，2017年第4位，2018年第2位，2019—2020年第1位。鄂杂棉29在2016年种植面积列第1位，2017年第2位，2018—2019年度均列第3位，2020年列第4位，排名呈下降趋势。中棉所63在2016—2017年度列第3位，其后2年排名第5～6位，2020年列第3位。铜杂411和创075在5年中的排名都在第4～6名波动。

总体而言，近5年长江流域棉区主导品种突出，种植面积排名前10%的品种种植面积约占总面积的63%。其中，鄂杂棉10号、华杂棉H318、鄂杂棉29和中棉所63等品种表现突出，华杂棉H318逐年赶超并于2019年列首位。预计未来几年，长江流域棉区的主导品种仍将以华杂棉H318、鄂杂棉10号、中棉所63、鄂杂棉29、创075、铜杂411、国欣棉16、鄂杂棉11、创072和华惠4号等品种为主。

表51-5　2016—2020年长江流域棉区主导品种推广应用情况

年份	前10名品种面积占比（%）	总面积（万亩）	前10名品种清单（面积，万亩）
2016	32.2	786	鄂杂棉29（37.5）、鄂杂棉10号（37.2）、中棉所63（32.4）、铜杂411（29.3）、鄂杂棉28（26.8）、创075（21.2）、华杂棉H318（20.9）、岱杂1号（18）、鄂杂棉11号（15.2）、中棉所66（14.2）
2017	40.5	584	鄂杂棉10号（42.7）、鄂杂棉29（37）、中棉所63（29.1）、华杂棉H318（26.6）、铜杂411（26）、创075（24）、鄂杂棉11号（15）、岱杂1号（13.1）、华惠4号（12）、中棉所66（10.7）
2018	39.2	440	鄂杂棉10号（27.4）、华杂棉H318（27.1）、鄂杂棉29（26.2）、铜杂411（19.4）、创075（18.6）、中棉所63（17.7）、国欣棉8号（9.3）、华惠4号（9.2）、中棉所66（9）、鄂杂棉11号（8.6）

（续表）

年份	前10名品种面积占比（%）	总面积（万亩）	前10名品种清单（面积，万亩）
2019	45.5	307	华杂棉H318（30.5）、鄂杂棉10号（21.9）、鄂杂棉29（16.1）、创075（14.5）、中棉所63（13.6）、铜杂411（10.8）、国欣棉16（9.2）、鄂杂棉11号（8.3）、华惠4号（8）、中棉所66（6.6）
2020	44.8	297	华杂棉H318（27）、鄂杂棉10号（17）、中棉所63（17）、鄂杂棉29（15）、创075（13）、铜杂411（12）、国欣棉16（11）、鄂杂棉11（8）、创072（7）、华惠4号（6）
合计	40.0	2 413	鄂杂棉10号（146）、华杂棉H318（132）、鄂杂棉29（132）、中棉所63（110）、铜杂411（97）、创075（91）、华惠4号（49）、鄂杂棉11号（47）、中棉所66（45）、岱杂1号（43）

三、长江流域棉花生产问题与品种需求

受到长江流域棉区整体经济的快速发展、农业产业结构调整以及棉花生产特点的影响，农业机械化进程远远滞后于稻、麦、玉米等其他主要农作物。长江流域棉花生产受劳动力成本和生产资料成本攀升等因素的影响，近年来棉花种植面积呈"断崖式"滑坡，由2011年的1 735万亩下降到2014年的1 053万亩，并断续下降到2015年的642万亩，2017年的584万亩，2019年的307万亩，2020年的297万亩。2016—2019年每年的降幅均在100万亩左右，2020年降幅较少，长江流域棉花面积在短期内继续下滑趋势可能减缓。针对长江流域棉区棉花生产机械化程度低的现实和油（大麦）后直播早熟棉花发展的需要，国家区域试验应当适当调整品种选择和审定策略，大力发展和推进适应于机采棉需要和早熟棉品种的育种、审定和推广应用工作。当前，长江流域棉区已经于2019年设置了早熟常规棉区域试验类型，2020年有3个表现突出的早熟棉品种完成了生产试验，并于2021年通过国家审定。生产上推广应用面积较大的品种仍以杂交棉品种为主，2019年长江流域棉区推广应用面积在10万亩以上的主导品种共6个，按推广面积排序依次为华杂棉H318、鄂杂棉10号、中棉所63、鄂杂棉29、创075和铜杂411。

第二节　2016—2020年黄河流域国审棉花品种推广情况

一、2016—2020年黄河流域国审棉花品种情况

（一）黄河流域棉区品种国家审定情况

2016—2020年黄河流域棉区国审品种共34个，其中转基因抗虫中熟常规棉品种21个，分别为银兴棉28、硕丰棉1号、中棉所100、瑞棉1号、中棉所110、鲁棉1127、中棉所119、鲁棉696、国欣棉25、中棉所117、鲁棉238、聊棉15号、冀丰103、德利农12号、中棉9001、邯棉6101、邯棉3008、邯218金农308、中棉所9708和国欣棉26；转基因抗虫中熟杂交棉品种7个，分别为瑞杂818、中棉所99、锦科杂10号、YM111、鲁杂2138、中棉所9711和中M04。转基因抗虫早熟常规棉品种5个，分别为锦科707、邯818、鲁棉2387、中棉425和鲁棉532；转基因抗虫早熟杂交棉品种1个，为中棉所115。从审定品种单位性质来看，科研事业单位审定的品种共24个，其余10个品种由企业单位育成。2016年审定的7个品种中企业单位育成5个，占比高，后4年审定的27个品种中科研事业单位审定22个品种，企业单位审定仅5个品种。从育种单位的省份来看，河南的审定品种最多，为13个；其次是山东11个、河北9个、天津1个。主要育种单位包括中国农业科学院棉花研究所（审定11个

品种），山东棉花研究中心（审定6个品种），邯郸市农业科学院（审定5个品种），其次是河间市国欣农村技术服务总会（审定2个品种），湖北华田农业科技股份有限公司、湖北惠民农业科技有限公司、湖南省棉花科学所和中国农业科学院生物技术研究所（各审定2个品种），济南鑫瑞种业科技有限公司（各审定2个品种），新乡市锦科棉花研究所（各审定2个品种），其后是山东银兴种业股份有限公司、保定硕丰农产股份有限公司、河北省农林科学院粮油作物研究所、聊城市农业科学研究院、德州市德农种子有限公司和天津金世神农种业有限公司等单位（各审定1个品种）（表51-6）。

表51-6　2016—2020年黄河流域棉区国审棉花品种

序号	国审年份	品种名称	审定编号	类型	省份	选育单位
1	2016	银兴棉28	国审棉2016001	常规	山东	山东银兴种业股份有限公司
2	2016	硕丰棉1号	国审棉2016002	常规	河北	保定硕丰农产股份有限公司
3	2016	中棉所100	国审棉2016003	常规	河南	中国农业科学院棉花研究所
4	2016	瑞棉1号	国审棉2016004	常规	山东	济南鑫瑞种业科技有限公司
5	2016	瑞杂818	国审棉2016005	杂交	山东	济南鑫瑞种业科技有限公司
6	2016	锦科707	国审棉2016006	早熟常规	河南	新乡市锦科棉花研究所
7	2016	中棉所99	国审棉2016013	杂交	河南	中国农业科学院棉花研究所
8	2017	锦科杂10号	国审棉2017001	杂交	河南	新疆桑塔木种业股份有限公司 新乡市锦科棉花研究所
9	2017	YM111	国审棉2017002	杂交	河北	邯郸市农业科学院
10	2017	邯818	国审棉2017003	早熟常规	河北	邯郸市农业科学院
11	2018	中棉所110	国审棉20180001	常规	河南	中国农业科学院棉花研究所 山东众力棉业科技有限公司
12	2018	鲁棉1127	国审棉20180002	常规	山东	山东棉花研究中心
13	2018	鲁杂2138	国审棉20180003	杂交	山东	山东棉花研究中心
14	2019	中棉所119	国审棉20190005	常规	河南	中国农业科学院棉花研究所
15	2019	鲁棉696	国审棉20190006	常规	山东	山东棉花研究中心
16	2019	国欣棉25	国审棉20190007	常规	河北	河间市国欣农村技术服务总会 新疆国欣种业有限公司
17	2019	中棉所117	国审棉20190008	常规	河南	中国农业科学院棉花研究所
18	2019	聊棉15号	国审棉20190009	常规	山东	聊城市农业科学研究院 山东银兴种业股份有限公司
19	2019	鲁棉238	国审棉20190010	常规	山东	山东棉花研究中心
20	2019	中棉所115	国审棉20190011	早熟杂交	河南	中国农业科学院棉花研究所
21	2019	鲁棉2387	国审棉20190012	早熟常规	山东	山东棉花研究中心
22	2019	中棉425	国审棉20190013	早熟常规	河南	中国农业科学院棉花研究所 山东众力棉业科技有限公司
23	2019	冀丰103	国审棉20190014	常规	河北	河北省农林科学院粮油作物研究所 河北冀丰棉花科技有限公司
24	2020	鲁棉532	国审棉20200007	早熟常规	山东	山东棉花研究中心
25	2020	德利农12号	国审棉20200008	常规	山东	德州市德农种子有限公司
26	2020	中棉9001	国审棉20200009	常规	河南	中国农业科学院棉花研究所
27	2020	邯棉6101	国审棉20200010	常规	河北	邯郸市农业科学院
28	2020	邯棉3008	国审棉20200011	常规	河北	邯郸市农业科学院
29	2020	邯218	国审棉20200012	常规	河北	邯郸市农业科学院
30	2020	金农308	国审棉20200013	常规	天津	天津金世神农种业有限公司

（续表）

序号	国审年份	品种名称	审定编号	类型	省份	选育单位
31	2020	中棉所9708	国审棉20200014	常规	河南	中国农业科学院棉花研究所
32	2020	国欣棉26	国审棉20200015	常规	河北	河间市国欣农村技术服务总会 新疆国欣种业有限公司
33	2020	中棉所9711	国审棉20200016	杂交	河南	中国农业科学院棉花研究所
34	2020	中M04	国审棉20200017	杂交	河南	中国农业科学院棉花研究所

（二）审定品种产量、品质、抗性等主要性状指标的变化

2016—2020年黄河流域棉区国审棉花品种共34个，各年份品种综合表现情况分析如下（表51-7），审定品种的皮棉产量表现为：2016—2020年黄河流域棉区国审棉花品种总体皮棉单产为107.5kg/亩左右。其中，2019年和2020年审定品种皮棉产量较低，为105kg/亩左右；2017年和2018年审定品种的皮棉产量水平较高。皮棉增产率表现为：国审棉花品种的皮棉增产率平均为10.0%左右，并随年份呈逐年提高趋势。纤维品质性状表现为：纤维长度、比强度和马克隆值在年份间略有波动，但随年份变化的趋势不明显。2016—2020年国审品种纤维长度平均值为29.7mm，2018年纤维长度较低，其余年份类似。纤维比强度平均值为31.6cN/tex，其中2020年的比强度较高，平均值在32.2cN/tex，其余年份均高于30cN/tex。马克隆值平均值为5.2，其中2018年为5.4偏粗，其余年份为5.2～5.3。总体来看，2020年和2016年纤维品质综合表现最好。审定品种的品质类型变化情况为：国审34个棉花品种中，纤维品质为Ⅱ型的品种9个，占1/4。其中，最近2年（2019—2020年）审定的Ⅱ型的品种8个，Ⅱ型品种占比总体上呈上升趋势。可见，近两年审定的品种中Ⅱ型品种比例明显提高，充分体现了国家棉品品种审定标准中重视品质指标权重对育成品种品质改良的成效。审定品种的抗病性变化情况为：2016—2020年审定品种高抗枯萎病品种11个，抗枯萎病品种14个，耐枯萎病品种均为9个，高抗和抗占73.5%；平均枯萎病指为7.6，年际间有下降趋势。抗黄萎病的品种只有4个，耐黄萎病品种30个；平均黄萎病指28.5，变化趋势不明显，病指5年在30上下。

表51-7　2016—2020年黄河流域棉区国审棉花品种的产量、品质、抗性等主要性状

年份	品种数（个）	皮棉单产（kg/亩）	增产率（%）	品质类型*		长度（mm）	比强度（cN/tex）	马克隆值	枯萎病指	黄萎病指	枯萎病*			黄萎病*	
				Ⅱ	Ⅲ						高抗	抗	耐	抗	耐
2016	7	108.3	9.2	1	6	29.7	31.7	5.2	9.6	29.0	0	5	2	1	6
2017	3	113.1	9.5	0	3	29.5	30.9	5.3	10.0	28.3	0	2	1	0	3
2018	3	114.2	10.2	0	3	29.1	30.8	5.4	6.5	31.6	2	0	1	0	3
2019	10	105.8	11.9	3	7	29.6	31.2	5.2	6.7	28.6	5	2	3	2	8
2020	11	105.2	11.0	5	6	29.9	32.2	5.2	6.6	27.2	4	5	2	1	10
总计	34	107.5	10.7	9	25	29.7	31.6	5.2	7.6	28.5	11	14	9	4	30

注：*表示品质类型和枯黄萎病例为各类型国审品种数量。

二、2016—2020年黄河流域国审棉花品种推广应用情况

（一）黄河流域棉区棉花种植面积情况

2016—2020年黄河流域棉区棉花总面积为2 912万亩（表51-8），各年份种植面积在总体上呈明显的滑坡态势，总面积从2016年的802万亩下滑到2017年的542万亩，2018年和2019年分别稳定在596万亩和527万亩，2020年降至445万亩。

2016—2020年黄河流域棉区棉花主推省份为河北和山东，河南、天津和陕西生产面积已接近

0，山西已无统计面积。5年期间河北棉花面积每年居第一。2016—2017年河北和山东各占近一半，其他省份只有零星种植，2018—2020年河北占2/3，山东占1/3。

表51-8　2016—2020年黄河流域棉区棉花种植面积变化动态

年份	黄河流域各产棉省植棉面积（万亩）//占比（%）					总面积（万亩）
	河北	山东	河南	天津	陕西	
2016	395//49.3	373//46.5	22//2.7	9//1.1	3//0.4	802
2017	276//50.9	250//46.1	4//0.7	12//2.2	0	542
2018	355//59.6	217//36.4	5//0.8	19//3.2	0	596
2019	354//67.2	172//32.6	0	1//0.2	0	527
2020	286//64.3	158//35.5	1//0.2	0	0	445
合计	1 666//57.2	1 170//40.2	32//1.1	41//1.4	3//0.1	2 912

注：符号//前的数据为植棉面积（万亩），后为占全流域面积的比例（%）。

（二）黄河流域棉区种植棉花品种类型和国审品种比例

2016—2020年黄河流域棉区推广应用的棉花品种类型以常规棉为主，杂交棉为辅（表51-9）。期间，常规棉品种共推广应用面积共2 496万亩，占棉花总面积的85.71%。杂交棉品种推广应用面积共416万亩，占棉花总面向的14.29%。常规棉品种占总面积的比例，在近5年中均在80%以上，2019年占比近90%。

2016—2020年黄河流域棉区种植面积中国审品种共1 173万亩，约占总面积的40.28%；非国审品种（含省审品种及未明确品种名称在内）累计种植1 739万亩，约占总面积的59.72%。5年期间国审品种的种植面积占比逐渐减少，从1/2降到了1/4左右。

表51-9　2016—2020年黄河流域棉区种植棉花品种类型及国审品种比例

年份	常规棉		杂交棉		国审品种		非国审品种		总面积（万亩）
	面积（万亩）	占比（%）	面积（万亩）	占比（%）	面积（万亩）	占比（%）	面积（万亩）	占比（%）	
2016	712	88.78	90	11.22	426	53.12	376	46.88	802
2017	456	84.13	86	15.87	267	49.26	275	50.74	542
2018	490	82.21	106	17.79	230	38.59	366	61.41	596
2019	474	89.94	53	10.06	138	26.19	389	73.81	527
2020	364	81.80	81	18.20	112	25.17	333	74.83	445
合计	2496	85.71	416	14.29	1 173	40.28	1 739	59.72	2 912

（三）主导品种推广应用情况

2016—2020年黄河流域棉区累计推广棉花品种82个，其中常规棉品种56个、杂交棉品种26个。累计推广应用面积在100万亩以上的主导品种共6个（表51-10），其中，鲁棉研28号累计推广应用面积超过300万亩，位居第一，累计推广应用面积在200万亩以上的主导品种共2个，按推广面积排序依次为鲁棉研28号（302万亩）、鲁棉研37号（252万亩）、冀863（207万亩）、国欣棉3号（172万亩）、国欣棉9号（123万亩）和农大601（107万亩），鲁棉研28号、国欣棉3号和国欣棉9号均为国审棉花品种，其余品种为河北和山东的省级审定品种；推广应用面积在50万亩以上的品种共11个，按推广面积排序依次为农大棉8号（83万亩）、冀丰1982（76万亩）、冀农大23号（68万亩）、冀棉958（66万亩）、冀丰914（63万亩）、鲁棉研36号（62万亩）、瑞杂816（60万亩）、石抗126（58万亩）、农大棉7号（57万亩）、冀农大24号（53万亩）和冀棉229（50万亩），其中冀棉958、冀丰914、瑞杂816、石抗126为国审棉花品种，其余品种为河北和山东的省级审定品种。

种植面积列前10名的品种累计面积1 455万亩，占总面积的50.0%；前20名的品种累计种植面积2 002万亩，占总面积的68.8%。

黄河流域棉区的主导品种中，鲁棉研28号、鲁棉研37号、冀863、国欣棉3号、国欣棉9号和农大601这6个品种的累计推广面积均在100万亩以上。其中，鲁棉研28号的推广面积在前3年排列首位，后两年排列分别为第5位和第6位，是黄河流域棉区近5年推广应用规模最大的品种。鲁棉研37号在2016—2017年推广面积连续居第3位，2018年列第5位，2019—2020年种植面积居第1位，呈上升趋势，近5年累计推广面积居第2位。冀863的排名4年居第2位，1年为第4位，累计推广面积居第3位，是一个比较稳定的品种。

总体而言，近5年黄河流域棉区主导品种突出，种植面积排名前10名的品种种植面积占总面积的一半。其中，鲁棉研28号、鲁棉研37号和冀863等品种表现突出，鲁棉研37号稳步赶超并于2019年列首位。预计未来几年，黄河流域棉区的主导品种仍将以鲁棉研37号、鲁棉研28号、冀863、国欣棉3号、国欣棉9号等品种为主，新增冀农大棉23号冀农大棉24号和冀农大棉25号等新审定的品种。

表51-10 2016—2020年黄河流域棉区主导品种推广应用情况

年份	前10名品种面积占比（%）	总面积（万亩）	前10名品种清单（面积，万亩）
2015	56.8	1 117	鲁棉研28号（170）、冀863（74）、国欣棉3号（61）、鲁棉研37号（57）、农大棉8号（55）、农大棉7号（54）、农大601（54）、鲁棉研36号（39）、国欣棉9号（37）、冀棉229（34）
2016	51.6	802	鲁棉研28号（136）、国欣棉3号（49）、鲁棉研37号（33）、冀863（31）、冀棉958（31）、鲁棉研36号（29）、农大601（29）、国欣棉9号（27）、冀丰1982（26）、邯8266（23）
2017	56.3	542	鲁棉研28号（61）、冀863（42）、鲁棉研37号（37）、国欣棉3号（34）、农大棉8号（27）、冀丰1982（24）、农大棉10号（23）、国欣棉9号（22）、冀棉229（18）、晋棉38（17）
2018	52.0	596	鲁棉研28号（55）、冀863（46）、农大601（36）、国欣棉3号（35）、鲁棉研37号（34）、国欣棉9号（27）、冀丰914（24）、农大棉7号（19）、农大棉8号（17）、冀3816（17）
2019	63.6	527	鲁棉研37号（77）、冀863（52）、冀农大23号（40）、国欣棉9号（33）、鲁棉研28号（29）、冀农大棉24号（24）、农大601（23）、国欣棉3号（21）、农大棉13号（18）、冀农大棉25号（18）
2020	64.7	445	鲁棉研37号（71）、冀863（36）、国欣棉3号（33）、冀农大棉24号（29）、冀农大23号（28）、鲁棉研28号（20）、农大601（19）、冀棉315（18）、农大棉13号（17）、农大KZ05（17）

三、黄河流域棉花生产问题与品种需求

由于黄河流域棉区农业产业结构调整以及棉花生产特点的影响，农业机械化进程远远滞后于小麦、玉米等其他主要农作物。黄河流域棉花生产受劳动力成本和生产资料成本攀升等因素的影响，2010—2019年棉花面积总体上呈"断崖式"滑坡态势，2010—2012年每年2 500万亩以上，2014年下降到1 946万亩左右，2015—2017年逐年减少300万亩左右，2018年、2019年维持在550万亩左右。由于部分地区棉花价格补贴政策的落实，以及部分地区土壤条件的原因，黄河流域棉花面积在短期内可能保持原来的状态，不再继续下滑。在保证粮食面积的前提下，随着黄河流域棉区棉花生产机械化程度的改善，可适当发展麦后直播早熟棉花，早熟棉花品种及栽培措施的配套，能维持一定的棉花面积。目前生产上推广应用面积较大的品种仍以中熟常规棉品种为主，2020年黄河流域棉区推广应用面积在20万亩以上的主导品种共6个，按推广面积排序依次为鲁棉研37号、冀863、国欣棉3号、冀农大棉24号、冀农大23号和鲁棉研28号。

第三节 2016—2020年西北内陆国审棉花品种推广情况

一、品种审定情况

2016—2020年西北内陆棉区共审定棉花新品种26个，其中2016年审定棉花新品种4个，2017年审定棉花新品种3个，2018年审定棉花新品种1个，2019年审定棉花新品种9个，2020年审定9个。其中，企业审定棉花新品种18个，科研单位审定棉花新品种6个，科企合作审定棉花品种2个。

通过2016—2020年品种审定情况分析得出（表51-11），审定品种年际间数量有波动，不同年际间审定品种数差异较大。从审定品种单位性质来看，科研院所年审定品种数总体稳定，占比达30%左右，年度间略有波动；企业参与的年审定品种数已占主体，稳定在70%左右，最高年度达81.1%。通过审定品种分析来看，商业化育种已成为主体，有利于品种审定后快速大面积推广。

表51-11 2016—2019年西北内陆棉区审定棉花品种明细

序号	年份	审定编号	品种名称	品种类型	审定单位
1	2016	国审棉2016009	Z1112	早熟	新疆兵团第七师农业科学研究所新疆锦棉种业科技股份有限公司
2	2016	国审棉2016010	新石K18	早熟	新疆石河籽棉花研究所
3	2016	国审棉2016011	J206-5	早中熟	新疆金丰源种业股份有限公司
4	2016	国审棉2016012	创棉501号	早中熟	创世纪种业有限公司
5	2017	国审棉20170008	惠远720	早熟	新疆惠远种业股份有限公司
6	2017	国审棉20170009	新石K21	早熟	石河子农业科学研究院
7	2017	国审棉20170010	禾棉A9-9	早中熟	巴州禾春洲种业有限公司
8	2018	国审棉20180006	创棉508	早熟	创世纪种业有限公司
9	2019	国审棉20190015	庄家汉902	早熟	石河子市庄家汉农业科技有限公司
10	2019	国审棉20190016	F015-5	早熟	新疆金丰源种业股份有限公司
11	2019	国审棉20190017	H33-1-4	早熟	新疆合信科技发展有限公司
12	2019	国审棉20190018	金科20	早熟	北京中农金科种业科技有限公司
13	2019	国审棉20190019	惠远1401	早熟	新疆惠远种业股份有限公司
14	2019	国审棉20190020	新石K28	早熟	中国农业科学院棉花研究所、石河子农业科学研究院
15	2019	国审棉20190021	中棉201	早熟	中棉种业科技股份有限公司
16	2019	国审棉20190022	创棉512	早中熟	创世纪种业有限公司
17	2019	国审棉20190023	J8031	早中熟	新疆金丰源种业股份有限公司
18	2020	国审棉20200018	H219-6	早熟	新疆合信科技发展有限公司
19	2020	国审棉20200019	H216-17	早熟	新疆合信科技发展有限公司
20	2020	国审棉20200020	金垦1643	早熟	新疆农垦科学院棉花所
21	2020	国审棉20200021	LP518	早熟	安徽隆平高科种业有限公司
22	2020	国审棉20200022	X19075	早中熟	新疆合信科技发展有限公司
23	2020	国审棉20200023	巴43541	早中熟	新疆巴州农业科学所
24	2020	国审棉20200024	中棉所96B	早中熟	中国农业科学院棉花研究所
25	2020	国审棉20200025	K7-3	早中熟	新疆石大科技股份有限公司
26	2020	国审棉20200026	创棉517	早中熟	创世纪种业有限公司

二、品种推广情况

新品种数量不断增多，丰富了种子市场，选育的品种得到推广应用，很好地解决了生产中的问题，产量高、品质高、抗病性好、稳产性好。2016—2018年西北内陆棉区审定的8个品种，年推广面积为30万～50万亩，其中南疆主导品种中J206-5、北疆惠远720年推广面积在100万亩以上，年累计推广面积500万亩以上，占总植棉面积的13.9%。2019—2020年审定的品种还在示范繁种阶段，年示范推广5万～10万亩。

多个品种入选"一主一辅"品种目录。新疆棉区把加强棉花品种管理作为提升棉花整体品质、推动棉花高质量发展的重要举措，引导各地积极选用和扩繁适合本地种植的优质棉花品种，提高原棉品质一致性。自2020年开始新疆棉区为促进棉花产业高质量发展，落实农业供给侧结构性改革，提升棉花质量效益水平，增强市场竞争力，做优做强棉花产业，确保棉农增收，制定了"一主两辅""一主一辅"的棉花种植推荐品种的具体举措，即推动植棉县市以1个主栽品种、1～2个搭配品种开展棉花种植，同时鼓励因地制宜发展"一县一品""多县一品"，有效解决棉花品种多、杂、乱的局面，从源头提升棉花品种和棉纤维一致性。2021新疆兵团地区推荐品种7个，其中2017年国审品种惠远720进入兵团北疆棉区主推品种。

适宜机采棉花品种市场前景广阔。新疆机采棉育种大多仍采用常规杂交育种和系统选育方法，选育的品种差异较小，同质化品种较多。目前的品种选育多为常规杂交育种，后代进行选择，育种基础窄，育种技术滞后，特别是关键核心技术的滞后，造成对育种关键问题找不准、选育技术针对性不强、选育层面浅，很难打破基因的连锁，最终造成育种效率低。虽然审定品种多，但缺少既优质丰产、抗逆性突出、适应性较好又完全适宜机械采收的突破性品种。

棉花推广面积统计。2016—2020年审定棉花品种26个，其中13个品种有推广示范面积，累计推广2 186万亩，4个品种未见大面积推广使用，品种使用率占76.47%。其中惠远720和J206-5累计推广面积较大，合计推广面积1 215万亩，占55.8%。2016年审定棉花品种4个，总计推广面积35万亩，其中J206-5推广面积较大；2017年总计推广面积252万亩，其中新审定棉花品种3个，推广面积156万亩，惠远720推广面积较大；2018年总计推广面积371万亩，其中新审定棉花品种1个，推广面积8万亩；2019年总计推广面积435万亩，其中新审定棉花品种9个，推广面积21万亩，其中庄稼汉902、F015-5、惠远1401、创棉512等品种未大面积推广。2016—2020年国审品种中，惠远720自2019—2021年连续进入北疆兵团及地方主推品种，累计推广798万亩，J206-5也连续入选农一师主推品种，在南疆棉区累计推广417万亩。新石K18连续2年入选石河子、沙湾主推品种，累计推广面积59万亩。Z1112、中棉所201入选第七师主推品种，累计推广面积41万亩、5万亩。创棉501、禾棉A9-9入选库尔勒地区主推品种，累计推广面积34万亩、31万亩。创棉508入选沙湾主推品种，累计推广33万亩。金科20入选兵团第六师主推品种，累计推广10万亩（表51-12）。

表51-12　2016—2020年西北内陆棉区审定棉花品种种植面积　　　　　（万亩）

审定年份	品种名称	2016年	2017年	2018年	2019年	2020年
2016	Z1112	4	1	11	25	0
2016	新石K18	9	12	14	24	0
2016	J206-5	18	78	122	112	87
2016	创棉501号	4	8	10	12	0
2017	惠远720	0	140	190	213	255
2017	新石K21	0	0	12	5	0
2017	禾棉A9-9	0	13	4	9	5
2018	创棉508	0	0	8	14	11
2019	庄稼汉902	0	0	0	0	0
2019	F015-5	0	0	0	0	0

（续表）

审定年份	品种名称	2016年	2017年	2018年	2019年	2020年
2019	H33-1-4	0	0	0	7	0
2019	金科20	0	0	0	4	6
2019	惠远1401	0	0	0	0	0
2019	新石K28	0	0	0	2	0
2019	中棉201	0	0	0	5	0
2019	创棉512	0	0	0	0	0
2019	J8031	0	0	0	3	0
	合计	35	252	371	435	364

第六部分

油菜

2015—2020年国家油菜品种发展动态

第五十二章　2015—2020年国家油菜品种试验概况

　　油菜是我国主要油料作物之一，积极开展国家级油菜新品种试验工作，对促进全国油菜科研成果转化、加快优良新品种推广步伐、确保国家粮油生产安全具有重要的作用。

　　国家冬油菜品种试验将全国18个省（区、市）划分成六大生态区，安排了16组试验任务。2015—2020年共设置冬油菜参试品种数（含对照）总计951个。长江上游243个冬油菜品种参试，占比25.55%；长江中游239个冬油菜品种参试，占比25.13%；长江下游244个冬油菜品种参试，占比25.66%；长江流域冬油菜参试品种数占全部参试品种数的76.34%。黄淮海流域共有参试品种109个，占比11.46%，云贵高原区和早熟区分别有57个、59个参试品种，分别占5.99%和6.20%。各年度参试品种数呈现先上升并逐渐稳定的趋势（表52-1）。经中国农业科学院油料作物研究所和华中农业大学两家单位DNA指纹检测分析：92%以上的品种特异性高，即品种间相似性低；5个年度内未出现套牌或更换品种的现象（表52-1）。

表52-1　2015—2020年油菜参试品种数（含对照）概况　　　　　　　　　　　　　　　（个）

生态区组		2015—2016	2016—2017	2017—2018	2018—2019	2019—2020	总和
长江上游	A组	13	12	12	12	12	61
	B组	13	12	12	12	12	61
	C组	13	12	12	12	12	61
	D组	12	12	12	12	12	60
	合计	51	48	48	48	48	243
长江中游	A组	12	12	12	12	12	60
	B组	12	12	12	12	12	60
	C组	12	12	12	12	12	60
	D组	11	12	12	12	12	59
	合计	47	48	48	48	48	239
长江下游	A组	12	12	12	13	12	61
	B组	12	12	12	13	12	61
	C组	12	12	12	13	12	61
	D组	12	12	12	13	12	61
	合计	48	48	48	52	48	244
黄淮	A组	9	10	12	12	12	55
	B组	8	10	12	12	12	54
	合计	17	20	24	24	24	109
云贵高原组		11	12	12	11	11	57
早熟组		11	12	12	12	12	59
总和		185	188	192	195	191	951

　　2015—2016年度国家冬油菜试验设置了180个点次，自2016—2017年度开始，试验点次在205个左右。进入下年度试验品种数（续试品种数）分别占当年度参试品种数17.84%、18.09%、29.17%、26.15%和25.65%。完成试验品种数分别占比对照增产品种数45%、43.42%、37.63%、67.53%和21.59%（表52-2）。

表52-2　2015—2020年国家冬油菜试验概况

（个）

	2015—2016	2016—2017	2017—2018	2018—2019	2019—2020	总和
试验点次	180	207	205	205	205	1 002
进入下年度试验品种数	33	34	56	21	49	193
完成试验品种数	36	33	35	52	19	175
比对照增产品种数	80	76	93	77	88	414

　　2015—2020年各生态区承试单位、承试人及试验地点见表52-3至表52-8。从试点考察及试验结果看，各试点均能保证土壤肥力水平中等以上，栽培管理水平等同于当地生产水平或略高于当地生产水平，且按实施方案进行田间调查、记载、考种和称重计产，数据记录完整。除个别试点遇不可抗力如冰雹、台风等恶劣天气试验报废外，其余试点均能够完成当年度任务。

　　各大生态区域试验点整体变化较小，各试验组别时点数维持在11～12个。云南试点仅承担了2015—2016年长江上游流域试验（表52-3），2016—2020年则承担了云贵高原区域试验；部分生态区有试点退出和新试点加入。

表52-3　2015—2020年国家冬油菜长江上游流域试点概况

承试单位	承试地点	试点简称	海拔（m）	东经	北纬	联系人	承担组别
西南大学	重庆市北碚区	西南大学	236	106º22′	29º45′	徐新福	A、B、C、D
重庆三峡农业科学院	重庆市万州区	重庆万州	328	108º21′	30º40′	曾川	A、B、C、D
贵州省油料研究所	贵州省贵阳市	贵州贵阳	1 140	106º35′	26º35′	唐容、黄泽素	A、B、C
安顺市农业科学院	贵州省安顺市	贵州安顺	1 400	105º13′	26º38′	杨天英	D
遵义市农业科学研究院	贵州省遵义市	贵州遵义	900	106º90′	27º50′	钟永先	A、B、C、D
铜仁科学院	贵州省铜仁市	贵州铜仁	272	109º11′	27º13′	胡应堂	A、B、C、D
德阳科乐作物研究所	四川省德阳市	四川德阳	500	103º45′	31º42′	左上歧	C、D
绵阳市农业科学研究院	四川省绵阳市	四川绵阳	474	104º81′	31º38′	李芝凡	A、B、C、D
南充市农业科学院	四川省南充市	四川南充	297	106º04′	30º87′	邓武明	A、B、C、D
四川省原良种试验站	四川省双流区	四川双流	494	103º90′	30º65′	李龙飞	A、B、C、D
内江市农业科学院	四川省内江市	四川内江	352	105º43′	29º39′	王仕林	A、B
宜宾市农业科学院	四川省宜宾市	四川宜宾	280	104º58′	28º51′	张义娟	C、D
四川省农业科学院作物研究所	四川省成都市	四川成都	470	104º12′	30º46′	李浩杰	A、B、C、D
勉县良种场	陕西省勉县	陕西勉县	534	106º44′	33º90′	许伟	A、B、C、D

　　注：四川德阳点、成都点自2017—2018年度和2016—2017年度开始承担试验，四川内江点仅2016—2017年度承担4个组别，四川宜宾点2016—2017年度未承担试验，云南罗平、玉龙和腾冲仅2015—2016年度分别承担ABCD组、ABC组和D组。

表52-4　2015—2020年国家冬油菜长江中游流域试点概况

承试单位	承试地点	试点简称	海拔（m）	东经	北纬	联系人	承担组别
恩施土家族苗族自治州农业科学院	湖北省恩施州	湖北恩施	910	109º57′	30º24′	罗金华	A、B、C
襄阳市农业科学院	湖北省襄阳市	湖北襄阳	76	112º09′	31º13′	白桂萍	C、D
黄冈市农业科学院	湖北省黄冈市	湖北黄冈	27.6	114º55′	30º34′	殷辉	A、B
荆州农业科学院	湖北省荆州市	湖北荆州	32	112º25′	30º32′	刘署艳	A、B、C、D
宜昌市农业科学研究院	湖北省宜昌市	湖北宜昌	60	111º05′	30º34′	张晓玲	A、B、C
常德市农林科学研究院	湖南省常德市	湖南常德	34.5	110º33′	28º55′	罗晓玲	A、B、C、D
衡阳市农业科学研究院	湖南省衡阳市	湖南衡阳	70.1	112º30′	26º56′	李小芳	A、B、C、D
湖南省作物研究所	湖南省长沙市	湖南长沙	40	112º59′	28º12′	惠荣奎	A、B、C、D
张家界百农生物科技开发有限公司	湖南省慈利县	湖南慈利	100	110º12′	29º42′	李宏志	D

（续表）

承试单位	承试地点	试点简称	海拔（m）	东经	北纬	联系人	承担组别
岳阳市农业科学研究院	湖南省岳阳县	湖南岳阳	53	113°05′	29°23′	李连汉	A、B、C、D
九江市农业科学院	江西省九江市	江西九江	30	115°48′	29°27′	高冰可	A、B、C、D
江西省农业科学院作物研究所	江西省南昌县	江西作物所	50	115°06′	28°15′	陈伦林	A、B、C、D
江西省宜春市农业科学研究所	江西省宜春市	江西宜春	87	114°23′	27°48′	张萍	A、B、C、D
中国农业科学院油料作物研究所	湖北省武汉市	中油所	30	114°32′	30°37′	罗莉霞	A、B、C、D

注：湖北黄冈点2015—2016年度、2016—2017年度、2017—2018年度承担了A、B、D组试验，湖北荆州点2017—2018年度承担了A、B、C组试验，湖北荆楚种业有限公司在2015—2016年度、2016—2017年度承担D组试验，荆门（中国农谷）农业科学院在2017—2018年度承担D组试验，湖南慈利点自2016—2017年度开始承担试验。

表52-5　2015—2020年国家冬油菜长江下游流域试点概况

承试单位	承试地点	试点简称	海拔（m）	东经	北纬	联系人	承担组别
上海市农业科学院	上海市奉贤区	上海奉贤	3.3	121°38′	30°88′	杨立勇	A、B、C、D
滁州市农业科学研究所	安徽省滁州市	安徽滁州	17.8	118°26′	32°09′	林凯	A、B、D
六安市农业科学研究院	安徽省六安市	安徽六安	38	116°53′	31°81′	刘道敏	A、B、C、D
全椒县农业科学技术研究所	安徽省全椒县	安徽全椒	27	117°49′	31°51′	丁必华	C、D
铜陵市义安区农业技术推广中心	安徽省铜陵市	安徽铜陵	9.7	117°97′	30°92′	彭玉菊	C、D
芜湖市种子管理站	安徽省芜湖市	安徽芜湖	12.2	118°27′	30°54′	王志好	A、B
合肥市农业科学研究院	安徽省巢湖市	安徽巢湖	23	117°86′	31°95′	肖圣元	A、B、C、D
天禾农业科技集团股份有限公司	安徽省庐江县	安徽天禾	30	117°16′	31°15′	朱宗河	A、B
安徽省农业科学院作物研究所	安徽省池州市	安徽合肥	28	117°04′	30°47′	陈凤祥	C、D
南通瑞德农业科技有限公司	江苏省如皋市	江苏如皋	2.2	120°37′	32°08′	崔士友	C
江苏里下河地区农业科学研究所	江苏省扬州市	江苏扬州	12	119°26′	32°24′	惠飞虎	A、B、C、D
江苏太湖地区农业科学研究所	江苏省苏州市	江苏苏州	3.5	120°25′	31°27′	孙华、张建栋	A、B
江苏省农业科学院	江苏省南京市	江苏南京	23	118°05′	31°07′	龙卫华	A、B、C、D
嘉兴市农业科学研究院	浙江省嘉兴市	浙江嘉兴	3.2	120°72′	30°83′	姚祥坦	A、B、C、D
湖州市农业科学研究院	浙江省湖州市	浙江湖州	6.4	120°08′	30°87′	任韵	A、B、C、D
浙江省农业科学院作物与核技术利用研究所	浙江省杭州市	浙江杭州	9	120°12′	30°16′	林宝刚	A、B、C、D

注：安徽滁州2015—2016年度承担A、B、C、D组试验，安徽合肥点自2016—2017年度开始承担试验，江苏如皋2015—2016年度承担C、D组试验。

表52-6　2015—2020年国家冬油菜黄淮海流域试点概况

承试单位	承试地点	试点简称	海拔（m）	东经	北纬	联系人	承担组别
陕西省杂交油菜研究中心	陕西省大荔县	陕西大荔	29	116°97′	33°69′	孙开元	A、B
陕西省农作物新品种引进示范园	陕西省杨凌区	陕西杨凌	530	107°59′	34°20′	赵彦峰	A、B
陕西省农作物品种试验站	陕西省富平县	陕西富平	485	109°18′	34°75′	李安民	A、B
宝鸡市农业科学研究院	陕西省宝鸡市	陕西宝鸡	670	107°35′	34°26′	梅万虎	A、B
安徽华成种业股份有限公司	安徽省宿州市	安徽宿州	29	116°97′	33°69′	刘飞、孙开元	A、B
成县种子管理站	甘肃省成县	甘肃成县	1 050	105°35′	34°31′	王海平	A、B
河南省农业科学院经济作物研究所	河南省郑州市	河南郑州	97.5	114°13′	34°58′	朱家成	A、B
遂平县农业科学试验站	河南省遂平县	河南遂平	70	114°10′	33°18′	冯顺山、李金英	A、B
信阳市农业科学院	河南省信阳市	河南信阳	81.3	114°10′	32°59′	王军威	A、B
江苏沿海地区农业科学研究所	江苏市盐城市	江苏盐城	0.43	120°13′	33°25′	孙红芹	A、B
山西省农业科学院棉花研究所	山西运城市	山西运城	368	120°13′	35°08′	咸拴狮	A、B

表52-7　2015—2020年国家冬油菜云贵高原区域试验点概况

承试单位	承试地点	试点简称	海拔（m）	东经	北纬	联系人
保山市隆阳区农业技术推广所	云南省保山市	云南保山	1 641	99°14′	25°08′	陶加进
临沧市农业技术推广站	云南省临沧市	云南临沧	1 710	100°08′	23°88′	刘亚俊
罗平县种子管理站	云南省罗平县	云南罗平	1 480	103°57′	24°31′	李庆刚
云南省农业科学院经济作物研究所	云南省昆明市	云南昆明	1 998	103°40′	26°22′	符明联
腾冲市农业技术推广所	云南省腾冲市	云南腾冲	1 716	98°28′	24°55′	杨兆春
玉龙纳西族自治县农业技术推广中心	云南省玉龙县	云南玉龙	2 400	99°23′	26°43′	郑树东
玉溪市农业科学院	云南省玉溪市	云南玉溪	1 650	102°29′	24°16′	刘坚坚
安顺市农业科学院	贵州省安顺市	贵州安顺	1 400	105°27′	26°31′	杨天英
贵州黔西南喀斯特区域发展研究院	贵州省兴义市	贵州兴义	1 160	104°55′	25°01′	王秋
贵州省遵义市农业科学院	贵州省遵义市	贵州遵义	900	106°90′	27°50′	钟永先
西昌学院	四川省西昌市	四川西昌	1 600	102°02′	27°09′	郑传刚

注：云南罗平、腾冲、玉龙均自2016—2017年度开始承担试验，贵州遵义仅2015—2016年度、2016—2017年度、2017—2018年度承担试验，四川西昌点自2018—2019年度开始承担试验。

表52-8　2015—2020年国家冬油菜早熟区域试验点概况

承试单位	承试地点	试点简称	海拔（m）	东经	北纬	联系人
桂林市农业科学研究中心	广西桂林市	广西桂林	170	110°02′	25°07′	张宗急
吉安市农业科学研究所	江西省吉安县	江西吉安	58	114°90′	27°05′	欧阳凤仔
会昌县种子管理站	江西省会昌县	江西会昌	223	115°78′	25°60′	廖会花
江西省红壤研究所	江西省进贤县	江西进贤	57	116°26′	28°36′	肖国滨
江西省宜春市农业科学研究所	江西省宜春市	江西宜春	87	114°23′	27°48′	张萍
永州市农业科学研究所	湖南省永州市	湖南永州	142	110°59′	24°30′	李成业
衡阳市农业科学院	湖南省衡阳市	湖南衡阳	70	112°30′	26°56′	李小芳
浦城县种子站	福建省浦城县	福建浦城	243	118°37′	27°57′	钟建伟

注：江西进贤点自2018—2019年度开始承担试验。

第五十三章 2015—2020年长江上游流域冬油菜品种试验性状动态分析

第一节 2015—2020年长江上游流域冬油菜品种试验参试品种产量及构成因子动态分析

长江上游试验区域主要包括云南、贵州、四川、重庆等，涵盖四川盆地和云贵高原地区，各地小气候差别很大。2015—2016年度云南、贵州等试点，秋播期温度适宜，苗期气温偏低；1月中下旬持续雨夹雪天气，低温寡照，油菜受到不同程度的冻害，花期阴雨天较多，菌核病发病率高。四川播种期较早，气温较高，出苗快，整齐度高；移栽期雨水较多，病虫草害发生严重，蕾薹期霜冻较轻，角果发育期雨水偏多。重庆连续阴雨，播种期推迟，出苗及生长良好，冬季无明显低温；成熟期出现大风大雨，油菜倒伏情况严重。总体来看，气候条件对油菜生长发育较为不利。

2016—2017年度四川、贵州、陕西等试点，秋播期温度适宜，土壤墒情好，有利于出苗，苗期气温适宜，冬前长势好。花期低温阴雨天较多，花期延长。青荚期，雨水较多，日照偏少，对油菜籽的产量有所影响，大部分试点的成熟期正常。四川宜宾点鸟害较重。总体来看气候条件对油菜生长发育较为适宜。

2017—2018年度四川、贵州、陕西等试点，秋播期雨水较多，11月后天气有所晴好，苗情恢复长势。重庆和四川部分试点初花期至青荚期气温较低，花期延后，成熟期有高温逼熟现象。陕西勉县籽粒灌浆期晴好天气居多，田间湿度适宜；成熟期，气温偏高。贵州各试点生长季气候正常，适宜油菜生长，贵阳试点鸟害严重，后期加设了防鸟网。总体来看，气候条件对油菜生长发育较为适宜。

2018年9—10月的播种期雨水较多，各试点均及时抢晴播种；11月后天气晴好，苗情恢复长势；蕾薹期至成熟期气温正常，晴雨交替。贵州和陕西勉县点在2019年1月多次降雪，3—4月各试点均有两次大风，导致部分品种倒伏。四川绵阳和贵阳试点鸟害严重，因及时加设防鸟网，产量基本未受影响。总体来看，气候条件对油菜生长发育较为适宜。

2019年9—10月的播种期，天气晴好，土壤墒情合适，苗期生长良好；抽薹至初花期整个冬季持续干旱少雨，但土壤湿度较好。春季雨少，导致2019年油菜成熟偏早，高温逼熟明显。重庆试点生长期正常，无极端灾害天气发生，贵州贵阳点油菜割倒后遭受鸽子蛋大小的冰雹，所以产量结果未纳入汇总，各地菌核病发生较轻。气候条件对油菜生长发育较为适宜。

受气候的影响，长江流域上游区各年度平均亩产变化较大。A组5个年度的平均产量均低于该组对照蓉油18；除B组2016—2017年度平均产量与对照基本持平、C组2015—2016年度平均产量较对照高、D组2017—2018年度、2018—2019年度较对照高外，3个组别在其他年度的平均亩产均比对照要低。4个组别的变化趋势较一致，先下降再上升再下降。除C组较2014—2015年度最大增产幅度出现在2017—2018年度外，其他3个组均出现在2018—2019年度（图53-1）。同一年度内，各组别平均产量差异最大的年度为2016—2017年度，达11.79kg/亩，最小为2018—2019年度，平均亩产相差4.08kg。4个组最高平均产量出现在2018—2019年度，均超过175kg，其中D组的平均亩产超过了180kg（表53-1）。2016—2017年度、2017—2018年度和2019—2020年度花期遭遇低温阴雨天较多，花期延长；青荚期，雨水较多，日照偏少，后期高温逼熟，干物质积累少，千粒重降低，造成了一定幅度减产。

2015—2020年上游平均产量分别比对照每亩增产1.00kg、-6.04kg、-3.13kg、-3.44kg、-7.87kg，分别增产0.58%、-3.71%、-1.88%、-1.87%和-4.39%。部分品种对气候变化敏感，产量

较低，一定程度拉大了所在组别平均产量与对照平均产量的差距。除2015—2016年度外，长江流域上游区4个组别的参试品种在其他年度的平均产量均低于对照蓉油18的平均产量，蓉油18仍能较好地发挥引领丰产、稳产的作用（表53-1）。

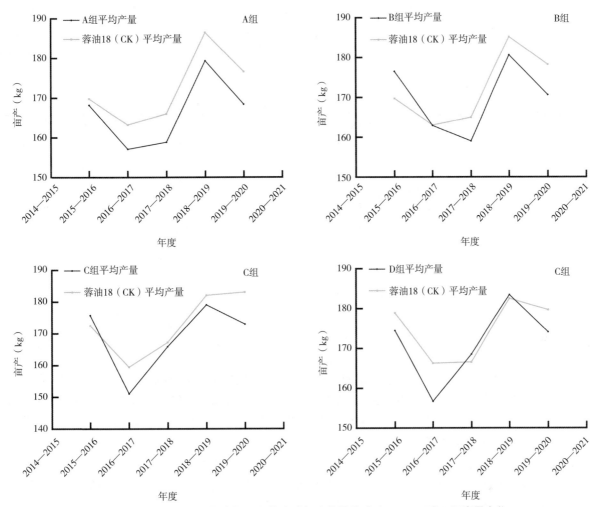

图53-1　2015—2020年度长江上游流域冬油菜品种试验A、B、C和D组产量变化

表53-1　2015—2020年长江上游流域冬油菜品种试验各组别区域试验产量 （kg/亩）

区组		2015—2016	2016—2017	2017—2018	2018—2019	2019—2020	平均
长江上游	A组	168.21	157.12	158.86	179.36	168.42	166.39
	B组	176.53	162.90	159.02	180.61	170.64	169.94
	C组	175.78	151.11	165.90	179.07	172.98	168.97
	D组	174.48	156.69	168.53	183.44	174.11	171.45
	平均	173.75	156.96	163.08	180.62	171.54	169.19
蓉油18（CK）	A组	169.81	163.23	166.02	186.48	176.63	172.43
	B组	169.74	163.01	164.98	185.17	178.25	172.23
	C组	172.53	159.46	167.22	182.08	183.06	172.87
	D组	178.93	166.29	166.59	182.53	179.70	174.81
	平均	172.75	163.00	166.20	184.07	179.41	173.09

单株有效角果数、每角粒数及千粒重是构成油菜产量的三要素。研究探讨三要素发展动态对油菜增产具有重要意义。

2015—2020年长江上游流域单株有效角果数呈波动下降的趋势。5个年度内，A组单株有效角果数逐年减少，为250.51～297.58个/株，平均278.6个/株，最高点出现在2016—2017年度，仅比2015—2016年度增加约0.7个/株。B、C组均呈先上升再下降的趋势，B组单株有效角果数最大值出现在2016—2017年度，为318.95个/株，C组则出现在2017—2018年度，达341.03个/株。D组最大值为2015—2016年度的361.05个/株。A组各年度的单株有效角果数均低于其他组别，除2015—2016年度外，C组和D组其他年度差异均比较小。长江上游各年度平均有效角果数相比对照平均单株有效角果数要少（表53-2、图53-2）。2018—2020年长江上游单株有效角果数较2015—2018年少，除品种因素外，2018—2019年度参试品种倒伏较多，2019—2020年度春季少雨，灌浆慢也有一定影响。

表53-2 2015—2020年长江上游流域冬油菜品种试验各组别单株有效角果数 （个/株）

区组		2015—2016	2016—2017	2017—2018	2018—2019	2019—2020	平均
长江上游	A组	296.90	297.58	284.96	263.03	250.51	278.60
	B组	311.23	318.95	300.23	264.60	272.01	293.40
	C组	303.00	306.34	341.03	287.16	282.03	303.91
	D组	361.05	297.58	336.55	284.56	291.91	314.33
	平均	318.05	305.11	315.69	274.84	274.12	297.56
蓉油18（CK）	A组	331.08	332.73	303.52	285.5	269.15	304.40
	B组	333.83	333.17	324.79	273.82	317.59	316.64
	C组	278.24	307.49	355.88	292.08	298.78	306.49
	D组	415.66	332.73	338.82	293.63	335.03	343.17
	平均	339.70	326.53	330.75	286.26	305.14	317.68

2015—2020年长江上游流域冬油菜品种同一年度中各组别平均每角粒数相差均较小，相同年度最多与最少每角粒数相差0.94粒、0.25粒、0.61粒、1.76粒和0.36粒。同一组别在不同年度有一定差异，2015—2018年各组别的平均每角粒数数整体呈上升趋势，2017—2018年度较2016—2017年度增长最大，该年度4组分别增加16.15%、14.10%、19.32%和15.61%，而2018—2019年度、2019—2020年度各组每角粒数则相对较稳定。对照蓉油18平均每角粒数则是呈现逐年上升的趋势，2018—2020年增加幅度较小。2016—2017年度、2018—2019年度和2019—2020年度对照的平均每角粒数高于当年度平均每角粒数（表53-3、图53-2）。

表53-3 2015—2020年长江上游流域冬油菜品种试验各组别每角粒数 （粒/角）

区组		2015—2016	2016—2017	2017—2018	2018—2019	2019—2020	平均
长江上游	A组	17.01	17.34	20.14	19.47	19.69	18.73
	B组	17.95	17.38	19.83	20.79	19.74	19.14
	C组	17.46	17.13	20.44	20.42	20.03	19.10
	D组	17.06	17.34	20.00	19.03	20.05	18.70
	平均	17.37	17.30	20.10	19.93	19.88	18.92
蓉油18（CK）	A组	16.98	18.16	20.19	20.06	20.27	19.13
	B组	16.53	18.75	19.71	21.21	20.91	19.42
	C组	17.57	18.15	19.31	20.43	20.28	19.15
	D组	15.90	18.16	20.05	19.54	19.91	18.71
	平均	16.75	18.31	19.82	20.31	20.34	19.10

长江上游A组、C组和D组的最低千粒重均出现在2017—2018年度，分别为3.56g、3.34g和3.48g，B组最低千粒重出现在2015—2016年度，为3.51g。除B组外，其他3个组别最大千粒重均出现在2016—2017年度，分别为3.92g、3.75g、3.79g和3.92g，B组最大千粒重出现在2019—2020年度，为3.80g。与其他3个组别相比，A组各年度平均千粒重最高，C组2015—2016年度、2017—2019年度均

比另3组低（表53-4、图53-2）。4组平均千粒重在5个年度中均要高于该组对照的平均千粒重（表53-4）。2015—2016年度和2017—2018年度年度初花期至青荚期气温较低，灌浆缓慢，造成千粒重低于其他3个年度。

表53-4　2015—2020年长江上游流域冬油菜品种试验各组别千粒重　（g）

区组		2015—2016	2016—2017	2017—2018	2018—2019	2019—2020	平均
长江上游	A组	3.73	3.92	3.56	3.91	3.83	3.81
	B组	3.51	3.75	3.52	3.62	3.80	3.67
	C组	3.49	3.79	3.34	3.47	3.72	3.58
	D组	3.63	3.92	3.48	3.87	3.72	3.75
	平均	3.59	3.85	3.48	3.72	3.77	3.70
蓉油18（CK）	A组	3.57	3.59	3.36	3.56	3.48	3.51
	B组	3.49	3.51	3.36	3.43	3.46	3.45
	C组	3.45	3.47	3.26	3.35	3.46	3.40
	D组	3.56	3.59	3.38	3.58	3.57	3.54
	平均	3.52	3.54	3.34	3.48	3.49	3.47

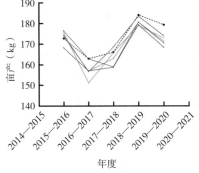

2015—2020年长江流域上游各组别及对照平均产量

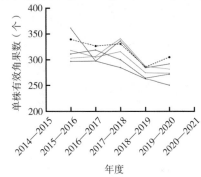

2015—2020年长江流域上游各组别及对照单株有效角果数

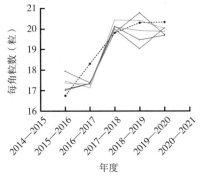

2015—2020年长江流域上游各组别及对照每角粒数

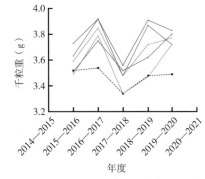

2015—2020年长江流域上游各组别及对照千粒重

图53-2　2015—2020年长江上游各组别亩产、单株有效角果数、每角粒数和千粒重变化

关于产量及其构成因子的相关性分析有很多，部分结果表明产量与构成因子均呈现显著正相关，也存在产量与某个构成因子为负相关，即产量与各构成因子间的相关性不统一。对2015—2020年长江上游流域产量及构成因子进行相关性分析，其产量和单株每角粒数呈极显著正相关，每角粒数和单株有效角果数、千粒重呈极显著负相关，千粒重和单株有效角果数也呈极显著负相关（表53-5）。每角粒数与其他农艺性状之间相关性较复杂，在育种过程中需权衡。

表53-5　2015—2020年长江上游流域产量及构成因子相关性分析

	产量	单株有效角果数	每角粒数	千粒重
产量	1			
单株有效角果数	0.086	1		
每角粒数	0.273[**]	−0.237[**]	1	
千粒重	−0.067	−0.504[**]	−0.350[**]	1

注：**表示在0.01水平上显著相关；*表示在0.05水平上显著相关。

整体上看，长江上游流域冬油菜产量在5个年度中是呈现增产趋势的，平均有效角果数有所下降，每角粒数较快增长后逐渐持平，而千粒重相对较稳定。产量与构成因子的相关性比较复杂，仅与每角粒数呈极显著正相关，与单株有效角果数和千粒重不相关。因此在适当维持或增加单株有效角果数和千粒重，还需要筛选每角粒数较多的品种。

第二节　2015—2020年长江上游流域冬油菜品种试验参试品种农艺性状动态分析

除2015—2016年度因气候原因重庆试点播种期有所推迟外，上游其他4个年度生育期未受影响。2016—2020年长江上游流域各个组别的生育期为204～209d，总体呈缩短的趋势。各小组变化趋势部分相同，A组在2015—2018年呈下降趋势，C组和D组在此区间生育期逐渐延长，B组则先延长后缩短，2017—2018年度至2019—2020年度A组和B组先延长后缩短，C组和D组则是缩短趋势。受气候等影响，对照蓉油18平均生育期为204—208d，且比上游各年度平均生育期要早（表53-6、图53-3）。缩短品种的生育期可提高土地使用率，选育早熟和极早熟油菜品种可作为育种的方向之一。然而生育期对于油菜品质、产量有一定影响，在维持产量的同时缩短生育期难度较大。

表53-6　2015—2020年长江上游流域冬油菜品种试验各组别生育期　　　　　（d）

区组		2015—2016	2016—2017	2017—2018	2018—2019	2019—2020	平均
长江上游	A组	208.30	207.80	205.80	206.53	204.50	206.59
	B组	207.90	209.70	205.20	206.88	205.30	207.00
	C组	207.40	207.90	208.80	208.28	207.00	207.88
	D组	205.60	207.80	208.60	207.71	207.40	207.42
	平均	207.30	208.30	207.10	207.35	206.05	207.22
蓉油18（CK）	A组	208.10	208.27	205.00	206.00	204.00	206.27
	B组	207.40	208.73	204.40	206.00	204.00	206.11
	C组	206.60	207.45	207.60	207.20	205.30	206.83
	D组	205.70	208.27	207.70	208.00	205.60	207.05
	平均	206.95	208.18	206.18	206.80	204.73	206.57

株高是油菜重要的农艺性状之一，长江上游地区寡照多雨，株高较高，5个年度的平均株高达198.01cm。4组变化趋势均为2015—2017年先增高，2016—2018年变矮，2017—2020年再次增高（图53-3）。5个年度中A组最大株高相比最小株高增长8.62%，B组为8.60%，C组为7.70%，D组为6.33%。各组（含对照）平均株高与该组对照相近，既不含对照的各参试品种平均株高与对照亦相近（表53-7）。长江上游的平均株高与对照的平均株高呈交错领先上升（图53-3）。

表53-7　2015—2020年度长江上游流域冬油菜品种试验各组别株高　（cm）

区组		2015—2016	2016—2017	2017—2018	2018—2019	2019—2020	平均
长江上游	A组	190.45	206.87	189.40	203.10	203.82	198.73
	B组	188.63	204.86	185.85	195.50	201.23	195.21
	C组	191.79	206.55	197.82	199.29	202.81	199.65
	D组	190.87	202.34	194.39	201.63	202.95	198.44
	平均	190.44	205.15	191.87	199.88	202.70	198.01
蓉油18（CK）	A组	188.61	204.66	190.54	196.06	203.12	196.60
	B组	185.93	202.09	191.42	200.34	207.06	197.37
	C组	185.08	203.85	197.53	187.85	201.52	195.17
	D组	191.44	203.04	195.21	200.35	210.93	200.19
	平均	187.77	203.41	193.68	196.15	205.66	197.33

单株有效分枝数是油菜另一个重要的农艺性状。2015—2020年长江上游流域各组别单株有效分枝数在7个/株上下波动（图53-3）。A组与B组在2015—2016年度至2016—2017年度呈现增加趋势，在2016—2019年度呈现减少趋势，2018—2019年度至2019—2020年度再度增加，各组最大与最小单株有效分枝数分别相差24.18%、14.95%、14.24%和22.19%。各组与该组对照有差异，但未超过0.6个/株（图53-3、表53-8）。除个别试点外，其余试点2017—2018年度初花期至成熟期温度适合参试品种多分枝、干物质多累积，因此要比其他年度分枝数更多。

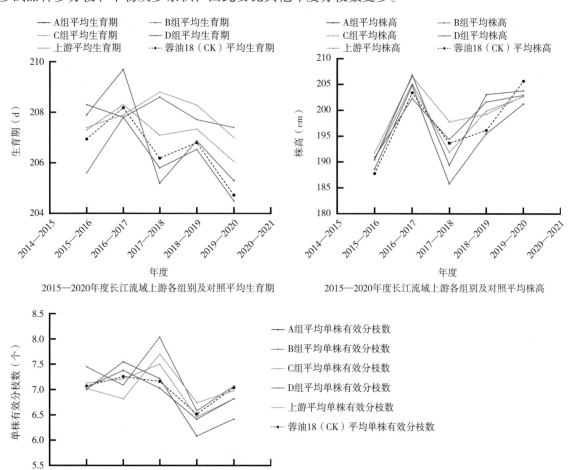

2015—2020年度长江流域上游各组别及对照平均生育期

2015—2020年度长江流域上游各组别及对照平均株高

2015—2020年度长江流域上游各组别及对照平均单株有效分枝数

图53-3　2015—2020年度长江上游各组别生育期、株高和单株有效分枝数变化

表53-8　2015—2020年度长江上游流域冬油菜品种试验各组别单株有效分枝数　　　（个/株）

区组		2015—2016	2016—2017	2017—2018	2018—2019	2019—2020	平均
长江上游	A组	7.00	7.55	7.22	6.08	6.42	6.85
	B组	7.05	7.38	7.03	6.42	6.82	6.94
	C组	7.02	6.82	7.70	6.74	6.98	7.05
	D组	7.45	7.09	8.04	6.58	7.07	7.25
	平均	7.13	7.21	7.50	6.46	6.82	7.02
蓉油18（CK）	A组	6.84	7.31	7.00	6.40	6.65	6.84
	B组	6.98	7.16	6.77	6.45	6.84	6.84
	C组	6.53	7.06	7.36	6.55	7.12	6.92
	D组	7.93	7.50	7.49	6.68	7.53	7.43
	平均	7.07	7.26	7.16	6.52	7.04	7.01

抗倒伏能力强弱会较大程度影响油菜品种的产量，抗倒伏较差的油菜品种可能会减产甚至绝收。长江上游2015—2016年度和2018—2019年度成熟期部分试点出现大风导致油菜倒伏情况较严重。5个年度间抗倒性强的品种数（含对照）有140个，占总数的57.61%，抗倒性中的品种数有98个，占总数的40.33%，二者合计占总数的97.94%，抗倒性弱的有5个，占总数的2.06%。可以看出，参试品种的抗倒性整体非常好（表53-9）。

表53-9　2015—2020年长江上游流域冬油菜品种试验各组别抗倒性统计

区组		2015—2016			2016—2017			2017—2018			2018—2019			2019—2020			总计
		强	中	弱	强	中	弱	强	中	弱	强	中	弱	强	中	弱	
长江上游	A组	9	4	0	8	4	0	7	5	0	6	6	0	6	6	0	61
	B组	7	6	0	8	3	1	8	3	1	9	3	0	6	6	0	61
	C组	5	7	1	6	4	2	8	4	0	7	5	0	7	5	0	61
	D组	6	6	0	8	4	0	6	6	0	6	6	0	7	5	0	60
	总计	27	23	1	30	15	3	29	18	1	28	20	0	26	22	0	243
蓉油18（CK）	A组	强			强-			强-			强-			强-			
	B组		中		强			强				中+		强-			
	C组	强			强-			强			强-			强-			
	D组	强			强-			强-			强-			强-			
	总计	3	1	0	4	0	0	4	0	0	3	1	0	4	0	0	

长江上游2015—2020年参试品种的主要农艺性状变化较为复杂。整体上看，生育期呈下降趋势；株高虽呈现较大波动，但有小幅度上升；单株平均有效分枝数在7个/株上下浮动，抗倒性表现较好。

第三节　2015—2020年长江上游流域冬油菜品种
试验参试品种品质性状动态分析

一、总体概况

受全国农业技术推广服务中心的委托，农业农村部油料及制品质量监督检验测试中心承担了2015—2020年度长江上游流域冬油菜品种试验参试品种的品质分析检测工作。5年来，共检测了472

份上游流域冬油菜品种试验参试品种，对其品质质量检测结果，均依据我国双低油菜品种审定标准判定品种的续试或登记，为新品种登记和管理提供了决策支持，为分析我国双低油菜品种品质质量水平提供了基础性、长期连续的数据。

二、材料与方法

（一）材料

试验材料为参加2015—2020年长江上游试验组国家区域试验试验的冬油菜品种，共收到全国油菜区域试验品质检测样品472份，样品经油菜区域试验主持单位统一将品种试验点样品混样、分样、编码，由中国农业科学院油料作物研究所油菜区域试验组送样，送样人为罗莉霞。其中230份样品检测了芥酸含量，242份样品检测了含油量和硫代葡萄糖苷（简称硫苷）。历年样品检测数量见图53-4、图53-5。

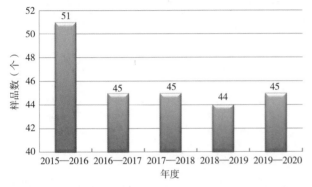

图53-4　2015—2020年长江上游检测芥酸的样品量

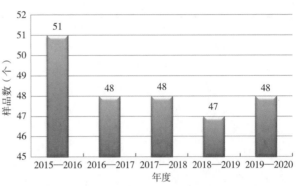

图53-5　2015—2020年长江上游检测含油量和硫苷的样品量

（二）方法

1. 芥酸检测

芥酸检测采用气相色谱法，检测标准为国家现行有效标准［GB/T 17377—2008（2016—2017）或GB/T 5009.168—2016（2018—2020）］，结果表示为油菜籽芥酸占总脂肪酸的百分比（％）（表53-10）。

表53-10　国内外油菜品质分析主要方法

项目	中国检测方法	油菜主要生产国加拿大检测方法	国际方法
硫苷	HPLC NY/T 1582—2007 结果为8.5%水杂饼粕中硫苷含量表示	HPLCISO 9167：1—1992（E） 光谱法ISO 9167：3—2007（E） 结果表示为含8.5%水分油菜籽中硫苷含量	ISO 9167：1—1992（E） AK1—1992
芥酸	GC GB/T 17377—2008 GB/T 5009.168—2016	GC ISO 5508：1990（E）	GC IS O5508：1990（E）
含油量	索氏抽提 NY/T 1285—2007 结果表示为干基菜籽中含油量	NMR ISO 10565：1992（E） ISO 734—1：2006 结果表示为含8.5%水分油菜籽中含油量	索氏抽提 ISO 734—1：2006

2. 硫代葡萄糖苷检测

硫代葡萄糖苷检测采用液相色谱法，检测标准为《油菜籽中硫代葡萄糖苷的测定高效液相色谱法》（NY/T 1582—2007），结果表示为8.5%水杂饼粕中硫代葡萄糖苷含量（μmol/g）。

3. 含油量检测

含油量检测采用经典方法——索氏抽提法，检测标准为《油料种籽含油量的测定——残余法》（NY/T 1285—2007），结果表示为干基菜籽中含油量（%）。

三、品质性状动态

（一）芥酸结果分析

2015—2020年长江上游地区检测芥酸的样品共有230份，检测结果表明，5年芥酸含量最高值的平均值为2.8%，最低值的平均值为未检出（0.05%），5年内的平均值为0.31%（表53-11）。2018年度的芥酸最高值为5年间最大（5.7%），2016年的芥酸最高值为5年间最小（1.2%）（图53-6）。芥酸平均值呈现逐年上升趋势，2020年芥酸平均值最高，达0.41%（图53-7）。其样品芥酸含量检测结果分布见图53-8。

表53-11　2015—2020年长江上游样品芥酸检测结果汇总　　　　　　　　　　（%）

年度	最高值	最低值	平均值
2015—2016	1.2	未检出	0.21
2016—2017	1.9	未检出	0.22
2017—2018	5.7	未检出	0.36
2018—2019	2.0	未检出	0.37
2019—2020	3.2	未检出	0.41
平均	2.8	未检出	0.31

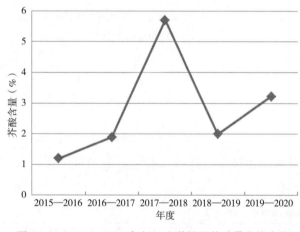

图53-6　2015—2020年长江上游样品芥酸最大值变化　　　图53-7　2015—2020年长江上游样品芥酸平均值变化

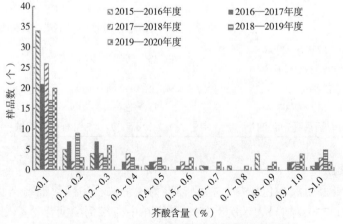

图53-8　2015—2020年样品芥酸含量检测结果分布

（二）硫代葡萄糖苷结果分析

2015—2020年长江上游地区检测硫代葡萄糖苷的样品共有242份，检测结果表明，5年硫代葡萄糖苷含量最高值的平均值为44.59μmol/g饼，最低值的平均值为19.87μmol/g饼，5年平均值为25.81μmol/g饼（表53-12）。2019—2020年度的硫代葡萄糖苷最大值为5年最高（55.87μmol/g饼），2015—2016年度硫代葡萄糖苷最大值为5年最低（34.57μmol/g饼）（图53-9）。2019—2020年度硫代葡萄糖苷最低值为5年间最高（20.81μmol/g饼），2015—2016年度硫代葡萄糖苷最低值为5年间最低（19.19μmol/g饼）（图53-10）。硫代葡萄糖苷平均值呈上升趋势，2019—2020年度硫代葡萄糖苷平均值最高，为27.8μmol/g饼（图53-11）。其样品硫代葡萄糖苷含量检测结果分布见图53-12。

表53-12 2015—2020年长江上游样品硫代葡萄糖苷检测结果汇总 （μmol/g）

年度	最高值（8.5%水杂）	最低值（8.5%水杂）	平均值（8.5%水杂）
2015—2016	34.57	19.19	23.96
2016—2017	41.09	20.61	25.71
2017—2018	36.92	19.37	24.92
2018—2019	54.49	19.39	26.66
2019—2020	55.87	20.81	27.8
平均	44.59	19.87	25.81

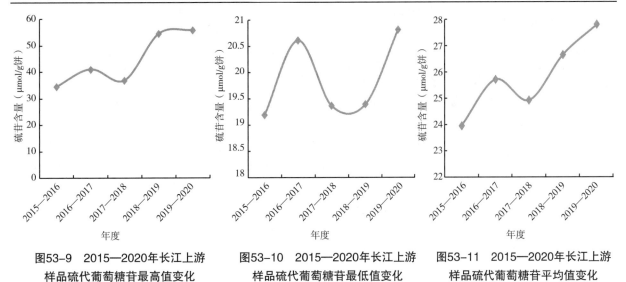

图53-9 2015—2020年长江上游样品硫代葡萄糖苷最高值变化

图53-10 2015—2020年长江上游样品硫代葡萄糖苷最低值变化

图53-11 2015—2020年长江上游样品硫代葡萄糖苷平均值变化

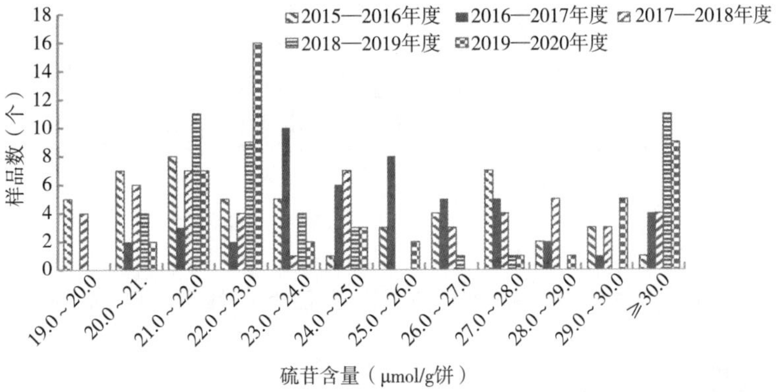

图53-12 2015—2020年长江上游样品硫代葡萄糖苷含量检测结果分布

（三）含油量结果分析

2015—2020年长江上游地区检测含油量的样品共有242份，检测结果表明：5年含油量含量最高值的平均值为47.38%，最低值的平均值为39.11%，5年平均值为42.69%（表53-13）。2020年度的含油量最大值为5年最高（48.78%），2015—2016年度含油量最大值为5年最低（46.16%）（图53-13）。2019—2020年度含油量最低值为5年间最高（40.64%），2016—2017年度含油量最低值为5年间最低（36.87%）（图53-14）。长江上游地区品种含油量平均值呈波动上升趋势，21016—2017年度含油量平均值最高，为43.16%，2015—2016年度含油量平均值最低，为41.86%（图53-15）。其品种含油量检测结果分布见图53-16。

表53-13 2015—2020年长江上游样品含油量检测结果汇总 （%）

年度	最高值	最低值	平均值
2015—2016	46.16	38.2	41.86
2016—2017	47.52	36.87	43.16
2017—2018	47.24	40.19	43.12
2018—2019	47.19	39.66	42.6
2019—2020	48.78	40.64	42.72
平均	47.38	39.11	42.69

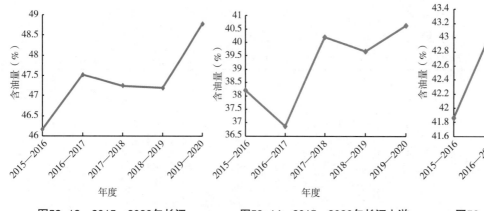

图53-13 2015—2020年长江
上游样品含油量最高值变化

图53-14 2015—2020年长江上游
样品含油量最低值变化

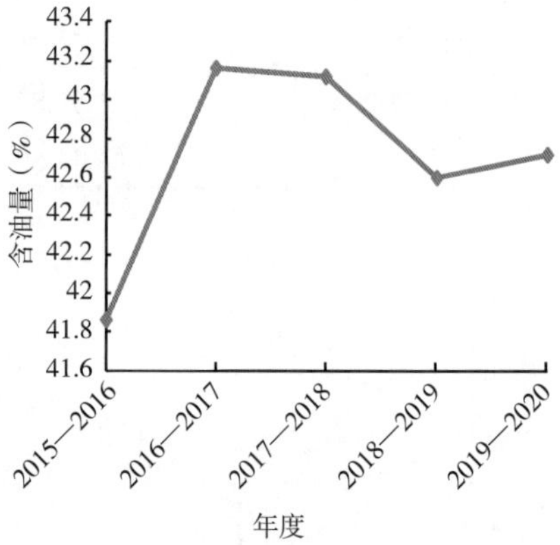

图53-15 2015—2020年长江
上游样品含油量平均值变化

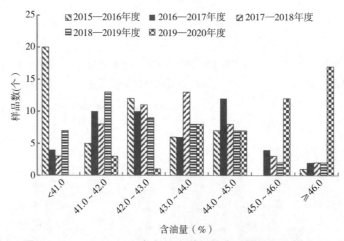

图53-16 2015—2020年长江上游样品含油量检测结果分布

（四）达标率结果分析

2015—2020年上游区域试验品种硫甙平均值为25.81μmol/g，5年单项达标率平均值为94.14%，其中2016—2017年度和2017—2018年度单项达标率达100%，2019—2020年度最低，85.42%；2015—2020年上游区域试验品种芥酸含量平均值为0.31%，平均单项达标率98.67%，其中2015—2016年度、

2016—2017年度和2018—2019年度单项达标率为100%，2019—2020年度单项达标率为95.56%。

2015—2020年上游区域试验油菜品种双低达标率变化见表53-14和图53-17。

表53-14　2015—2020年长江上游区域试验油菜品种双低达标率　　　（%）

芥酸（%）	硫苷（μmol/g饼）（8.5%水杂）	双低达标率				
		2015—2016年度	2016—2017年度	2017—2018年度	2018—2019年度	2019—2020年度
≤0.5	≤25.0	50.98	40.00	48.89	63.64	42.22
≤0.5	≤30.0	86.27	84.44	80.00	63.64	51.11
≤1.0	≤30.0	98.04	91.11	86.67	70.45	77.78
≤1.0	≤40.0	98.04	95.56	93.33	77.27	82.22
≤2.0	≤40.0	100.00	97.78	97.78	86.36	82.22

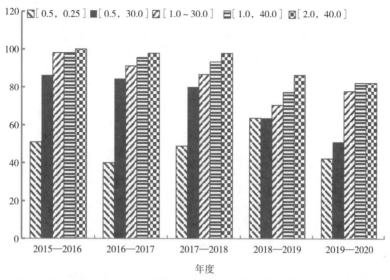

图53-17　2015—2020年度长江上游区域试验油菜品种双低达标率变化

四、结论

通过分析2015—2020年的检测结果，可以得出如下主要结论。

2015—2020年长江上游品种芥酸、硫苷分析：区域试验品种芥酸和硫苷的平均值有上升趋势，双低达标率从100%下降到82.22%。

2015—2020年长江上游品种含油量分析：区域试验品种含油量总体平均达42.69%，达到国际标准，有一定的年度间波动。

双低油菜籽为敏感性靠前的农作物品种，其质量安全水平受政策、气候、管理水平等多因素的影响，需要对其品质质量状况进行连续不间断跟踪，及时掌握其质量状况，引导双低油菜品种区域试验、生产与消费，优质与优价，促进双低油菜产业稳步健康发展。

第四节　2015—2020年长江上游流域冬油菜品种试验参试品种抗性动态分析

一、总体概况

受全国农业技术推广服务中心的委托，湖北武汉国家农作物品种区域试验抗性鉴定试验站连续承担了2015—2020年长江上游流域冬油菜品种试验参试品种的菌核病抗性鉴定工作。5年来，采用病圃诱发鉴定的方法并结合田间自然发病的数据，共评价了226份长江上游流域冬油菜品种对菌核病的抗性，其结果为后续油菜品种登记和管理提供了决策依据，为分析我国油菜品种菌核病抗性水平提供了基础性、长期性、系统性数据，为提高我国油菜抗病育种水平、阻止高感品种流入市场提供了有力支撑。

二、材料与方法

（一）材料

试验材料为参加2015—2020年国家冬油菜品种试验长江上游区组的226份品种。样品经油菜区域试验主持单位统一编码、分样，由中国农业科学院油料作物研究所油菜区域试验课题组送样。同时，为了能有一个统一的标准来直观地比较不同来源材料的相对抗性，所有试验均使用了相同的抗病对照中油821，系本试验站留种。试验地点为湖北省武汉市国家农作物品种区域试验抗性鉴定试验站阳逻试验基地大田人工病圃。历年鉴定样品数量见图53-18。

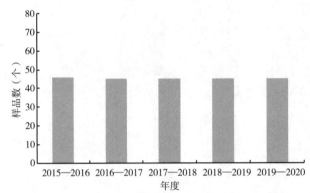

图53-18　2015—2020年长江上游流域冬油菜品种菌核病抗性鉴定样品量

（二）方法

参照《油菜品种菌核病抗性鉴定技术规程》（NY/T 3068—2016）、《农作物抗病虫性鉴定方法》（ISBN/S 1676）等进行。

1. 病害诱发

一方面，油菜播种后每平方米均匀增施2~3粒采自当地前一季发病油菜茎秆中的大小适中、有活力的菌核或每行中施1~2粒菌核，以维持田间有充足的菌源及菌源分布的均匀性。另一方面，病圃安装有以色列进口的人工喷雾系统，在油菜初花期至终花期进行喷雾，从上午8:00开始，每2h一次，每次60s，每天8次。

2. 试验设计与田间管理

试验采取随机区组设计，每份样品设置3次重复，小区面积2.5m×1.0m，行距0.33m，定苗后约合16 000株/亩。试验材料于9月下旬播种，底肥亩施复合肥（N、P、K）50kg，越冬前亩施尿素7.5kg。薹期不中耕培土，以免破坏子囊盘。花期不施用杀菌剂，不摘除老黄叶。其他按常规大田管理措施，但注意全部农事操作一致性，成熟前不在小区中走动（不破坏原植株分布结构）。

3. 病害调查

于收获前5~7d按照成熟期油菜菌核病调查分级标准（5级）进行病害。各小区逐行逐株调查，每个重复由一人完成，所有小区在半天内调查完毕。

4. 数据统计与分析

对病害压力P>15%的试验（方为有效抗病鉴定试验）进行数据统计分析。根据调查的病害级别分别计算每个小区的发病率和病情指数，用病情指数来衡量病害严重度。同时，针对发病率、病情指数和相对抗性指数求品种频度分布图，针对发病率、病情指数和相对抗性指数求重复间数据相关性，用此检验区组/重复设置效果，田间菌源分布和病害压力均一性。

5. 抗病等级划分

根据病情指数计算相对抗性指数RRI，据抗性指数RRI划定每个样品的抗病等级（图53-19）。

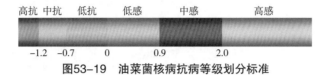

图53-19　油菜菌核病抗病等级划分标准

三、菌核病抗性动态

2015—2020年，共鉴定了226份长江上游流域冬油菜品种对菌核病的抗性，其平均发病率为52.64%，平均病情指数为40.08。数据有效性分析结果显示，5年里所有参试材料的菌核病发病率均高于15%，表明病害压力大于15%，抗性鉴定试验有效；各重复间发病率和病情指数均呈极显著相关（$P<0.01$），表明田间菌源和病害压力的分布是均匀或一致的，区组控制效果显著（图53-20）。

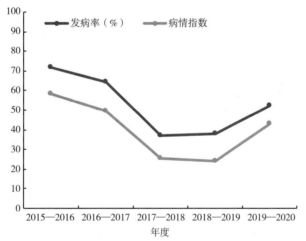

图53-20　2015—2020年长江上游流域冬油菜品种菌核病发生情况统计

在参试的226份品种中，大多数材料的发病率和病情指数与对照中油821相比差异不显著（$P>0.05$），仅少部分材料的发病率和病情指数要显著高于或低于其他材料（$P<0.05$）。以中油821为对照计算抗病等级，抗病品种共39份，占17.26%；感病品种共187份，占82.74%。其中，无高抗品种；中抗品种3份，占1.33%；低抗品种36份，占15.93%；高感品种14份，占6.19%；中感品种66份，占29.20%；低感品种107份，占47.35%。详细结果见图53-21。

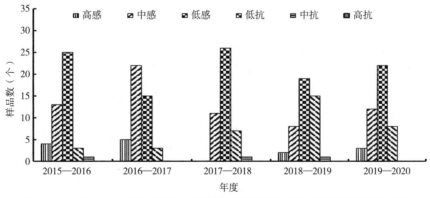

图53-21　2015—2020年长江上游流域冬油菜品种菌核病抗性鉴定结果统计

2018—2019年度参试材料的菌核病抗性最好，其中感病品种所占比例为64.44%，抗病品种所占比例为35.56%，高感和中感品种数量也最少。2016—2017年度参试材料的菌核病抗性最差，其中感病品种所占比例为93.33%，抗病品种所占比例为6.67%，高感和中感品种数量也最多。5年间，参试材料的菌核病抗性水平总体呈波动上升趋势。详细结果见图53-22。

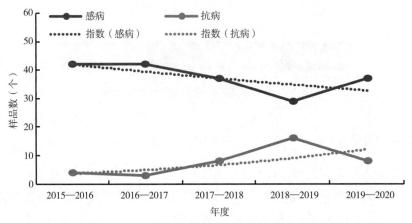

图53-22　2015—2020年长江上游流域冬油菜品种菌核病抗性变化趋势

四、结论

2015—2020年共鉴定长江上游流域冬油菜品种226份，其菌核病抗性大多属于低感水平，其次是中感和低抗，无高抗品种，中抗品种也仅3份。

2015—2020年，长江上游流域冬油菜品种的菌核病抗性水平总体呈波动上升趋势，抗病品种所占的比例从8.70%上升到17.78%。

自2004年以来，本试验站连年承担了国家和部分省份冬油菜品种菌核病抗性鉴定工作，比较历年病圃鉴定数据，发现通过该方法所获得的结果具有较高的准确性、稳定性和可重复性。然而，因不能完全保证在自然条件下所有小区都获得了同样的病原数量和发病环境，因此，也就不能完全保证所有品种在一次鉴定中的等级和位次在更多次的鉴定中均保持不变，但是，对于那些鉴定为感病的品种，特别是高感的，其结果是定性。

长期研究实践表明，要想更加精准地鉴定出不同品种的相对抗性水平，尤其是在抗性差异较小的品种间达到较好的区分度，需要做好以下3个方面的工作：一是维持大小适中、均衡一致的病害压力；二是保证油菜生长势、植株密度、田间湿度等的一致性；三是根据多年和/或多点的鉴定结果进行综合评判。

第五十四章　2015—2020年长江中游流域冬油菜品种试验性状动态分析

第一节　2015—2020年长江中游流域冬油菜品种试验参试品种产量及构成因子动态分析

长江流域中游含鄂、湘和赣三省，均为油菜主产大省。部分试验区域10月天气晴朗，日照充足，播种后遇短时间降雨，有利于出苗和保全苗。苗期降雨频繁，田间湿度大，低温寡照，无渍害、冻害、根腐病和霜霉病的发生，苗后期长势一般。12月气温较高，光照较足，多数品种抽薹时间较往年提前。蕾薹期气温较低，无冻害发生。花期晴雨相间，气温适宜。青荚期至成熟期以阴雨天气为主，光照不足，菌核病发生严重。总体来看，2015—2016年度油菜成熟期之前气候较为适宜，后期低温多雨寡照，菌核病严重发生。

2016年秋播期温度适宜，土壤墒情好，有利于出苗，苗期气温适宜，冬前苗情长势好。2017年春，花期低温阴雨天较多，花期延长。青荚期至成熟期，多阴雨，光照不足，菌核病发生严重，成熟后期有高温逼熟现象。总体来看，2016—2017年度油菜成熟期之前气候较为适宜，后期低温多雨寡照，菌核病严重发生，影响产量形成。

2017年9月秋播期，阴雨绵绵，大部分试点都在晴天抢播抢种。11—12月天气晴好，气温适宜。2018年春季花期雨晴交替，温度合适。青荚期至成熟期，雨水正常，晴天光照较多，菌核病发生较轻。总体来看，2017—2018年度油菜生长至成熟期气候较为适宜，但宜昌、襄阳等部分试点的阴雨天气使前茬水稻收获较迟，导致油菜播种期延后，冬前苗较弱。油菜生长中后期，天气晴好，菌核病发病正常。

2018年9月秋播期，大部分试点天气晴好，利于出苗，11—12月天气晴好，气温适宜。2019年春季初花期低温阴雨，花期延迟、植株高大；青荚期大部分试点出现大风，导致部分品种倒伏。江西宜春点和湖南常德点出现鸟害，对产量有轻微影响。湖南各试点冬季阴雨绵绵，渍害较重，成熟期雨水较多，对部分品种的产量影响较大。湖南衡阳点苗期的气温和湿度导致根肿病严重发生，产量数据未纳入汇总。

2019年9月播种期，大部分试点干旱少雨，因及时抗旱灌溉，保证了出全苗，油菜苗薹期长势旺。11月底温度下降，正式入冬，冬季整体气温较往年偏高，无冻害发生，因暖冬气候影响，花期提前，植株普遍高大；青荚期大部分试点出现大风，导致部分品种倒伏；成熟期均较往年略提早一周左右。菌核病发生较轻。总体来看，2019—2020年度气候条件对油菜生长发育非常适宜。

长江中游流域4组平均产量除在2015—2017年和2017—2019年呈小幅下降趋势外，其他年度均呈增加趋势（图54-1、图54-2）。2016—2017年度因低温阴雨，导致花期延长、青荚期菌核病多发，2018—2019年度则因大风品种倒伏较多，两个年度均减产较严重。对照华油杂12除B组呈先下降再上升的变化趋势，变化趋势与该组不同外，其他3个组别的变化趋势与该组平均产量变化趋势一致（图54-1）。随着生产和管理水平的不断提高和完善，对照产量逐步提高，可以推断部分品种在更高的生产条件下也具有较强增产潜力。各组最高亩产出现在2019—2020年度，A组、B组和C组最低亩产出现在2016—2017年度，D组出现在2015—2016年度，最高亩产与最低亩产分别相差25.42%、25.34%、33.94%和30.12%（表54-1）。与对照相比，上游各年度分别比对照减产5.96%、5.63%、1.37%、4.28%和3.72%。

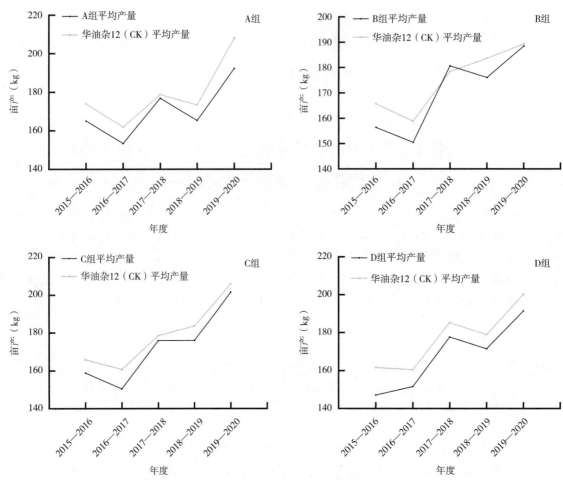

图54-1　2015—2020年长江中游流域冬油菜品种试验A、B、C和D组产量变化

表54-1　2015—2020年长江中游流域冬油菜品种试验各组别区域试验产量　　　　　　　　（kg/亩）

区组		2015—2016	2016—2017	2017—2018	2018—2019	2019—2020	平均
长江中游	A组	165.09	153.34	176.90	165.34	192.32	170.60
	B组	156.37	150.47	180.70	176.06	188.60	170.44
	C组	158.92	150.47	175.96	176.06	201.54	172.59
	D组	147.18	151.65	177.68	171.51	191.51	167.91
	平均	156.89	151.48	177.81	172.24	193.49	170.38
华油杂12（CK）	A组	174.04	161.89	178.83	173.37	208.17	179.26
	B组	165.72	158.89	178.41	183.70	189.45	175.23
	C组	165.92	160.76	178.54	183.70	205.97	178.98
	D组	161.62	160.51	185.35	178.99	200.23	177.34
	平均	166.83	160.51	180.28	179.94	200.96	177.70

　　2015—2020年长江中游流域A组、B组和D组的单株有效角果数变化趋势相似，均为先下降再上升，然后下降，C组则在5个年度里全部呈现上升趋势（图54-2）。各组对照华油杂12单株有效角果数也不断提高。承担试验试点各年度气候复杂，2015—2016年度/2016—2017年度和2018—2019年度花期多阴雨，气温较低，2019—2020年度出现暖冬，仅2017—2018年度气温较适宜，花期多阴雨造成植株花期延长，授粉减少，一些年份4—5月高温逼熟。A组和B组在2017—2018年度有最多单株有效角果数，分别为238.33个/株和228.01个/株；D组在2018—2019年度有最多单株有效角果数，为221.67个/株，C组则在2019—2020年度达最多平均单株有效角果数248.10个/株，分别比该组最少单株有效角果数增加20.07%、17.35%、28.98%和17.08%。与对照华油杂12相比，单株有效

角果数各年度分别增加-10.26%、-13.91%、-11.57%、-8.13%和-15.38%，各组平均单株有效角果数均少于该组对照，最小相差8.18个/株，最大相差54.88个/株，平均相差29.00个/株，差异较大（表54-2）。

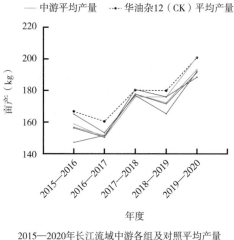

2015—2020年长江流域中游各组及对照平均产量

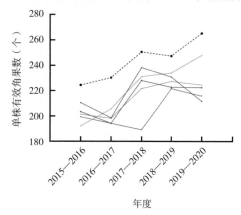

2015—2020年长江流域中游各组及对照单株有效角果数

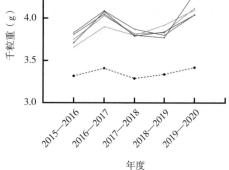

2015—2020年长江流域中游各组及对照每角粒数

2015—2020年长江流域中游各组及对照千粒重

图54-2　2015—2020年长江中游各组别亩产、单株有效角果数、每角粒数和千粒重变化

表54-2　2015—2020年长江中游流域冬油菜品种试验各组别单株有效角果数　　　　（个/株）

区组		2015—2016	2016—2017	2017—2018	2018—2019	2019—2020	平均
长江中游	A组	210.54	198.50	238.33	230.90	211.74	218.00
	B组	203.47	194.30	228.01	222.81	222.57	214.23
	C组	192.35	205.80	231.16	234.13	248.10	222.31
	D组	199.38	194.32	189.33	221.67	215.88	204.12
	平均	201.44	198.23	221.71	227.38	224.57	214.66
华油杂12（CK）	A组	231.50	234.03	273.63	254.34	261.20	250.94
	B组	224.27	227.66	260.38	242.97	244.99	240.05
	C组	211.45	236.72	243.03	262.82	302.98	251.40
	D组	230.67	222.62	225.82	229.85	252.40	232.27
	平均	224.47	230.25	250.72	247.50	265.39	243.67

长江中游流域2015—2020年中A组、C组和D组最少平均每角粒数出现在2016—2017年度，分别为20.44粒、20.00粒和19.95粒；最多每角粒数分别为21.51粒、21.47粒和21.57粒，分别出现在2019—2020年度、2017—2018年度和2019—2020年度；3组最多与最少每角粒数相差1.07粒、1.47粒和1.62粒。B组最多每角粒数出现在2017—2018年度，为21.47粒/角，最少每角粒数出现在2015—2016年度，为20.14粒/角，相差1.33粒/角（表54-3）。上游平均每角粒数与该组对照交替领先，分别比对照增加0.24%、-4.11%、1.00%、0.82%和4.86%（图54-2、表54-3）。5年来，参试品种的每角粒数整体上已接近对照华油杂12。

表54-3 2015—2020年长江中游流域冬油菜品种试验各组别每角粒数 （粒/角）

区组		2015—2016	2016—2017	2017—2018	2018—2019	2019—2020	平均
长江中游	A组	20.55	20.44	21.00	20.83	21.51	20.87
	B组	20.14	20.83	21.47	21.07	20.93	20.89
	C组	20.21	20.00	21.47	21.05	21.30	20.81
	D组	21.09	19.95	20.63	20.76	21.57	20.80
	平均	20.50	20.31	21.14	20.93	22.20	20.84
华油杂12（CK）	A组	20.61	21.76	20.83	20.70	21.48	21.08
	B组	20.98	21.69	21.73	21.69	20.33	21.28
	C组	20.27	20.27	20.88	20.15	21.75	20.66
	D组	19.94	21.00	20.26	20.49	21.12	20.56
	平均	20.45	21.18	20.93	20.76	21.17	20.90

2015—2020年长江中游流域千粒重整体呈现波动趋势，但有所提高。除品种因素外，2015—2016年度灌浆期多雨影响物质累积，该年度千粒重较低。A组和C组千粒重最大值均出现在2019—2020年度，分别为4.30g和4.10g，A组最小值出现在2018—2019年度，为3.77g，相差0.53g；C组最小值出现在2015—2016年度，为3.66g，相差0.44g。B组和D组最大千粒重出现在2016—2017年度，分别为4.08g和4.09g，B组最低千粒重出现在2015—2016年度，为3.71g，最大与最小千粒重相差0.37g；D组出现在2018—2019年度，为3.80g，最大与最小千粒重相差0.29g。各组最大与最小千粒重均差别较大（图54-2，表54-4）。中游各年度平均千粒重分别比对照增加12.95%、18.18%、16.11%、14.67%和20.47%，均大幅高于该组对照，千粒重增加促进了中游参试品种增产（表54-4）。

表54-4 2015—2020年长江中游流域冬油菜品种试验各组别千粒重 （g）

区组		2015—2016	2016—2017	2017—2018	2018—2019	2019—2020	平均
长江中游	A组	3.81	4.05	3.80	3.77	4.30	3.95
	B组	3.71	4.08	3.79	3.84	4.04	3.89
	C组	3.66	3.90	3.80	3.92	4.10	3.88
	D组	3.83	4.09	3.87	3.80	4.04	3.93
	平均	3.75	4.03	3.82	3.83	4.12	3.91
华油杂12（CK）	A组	3.33	3.32	3.28	3.29	3.52	3.35
	B组	3.18	3.37	3.22	3.38	3.35	3.30
	C组	3.11	3.47	3.33	3.36	3.46	3.35
	D组	3.64	3.48	3.32	3.31	3.34	3.42
	平均	3.32	3.41	3.29	3.34	3.42	3.35

2015—2020年长江中游流域产量及其构成因子的相关性分析表明，产量与有效角果数和每角粒数

呈极显著相关性，与千粒重呈现显著相关性。单株有效角果数与千粒重呈现显著负相关（表54-5）。在长江中游推广的品种应注重综合提高其产量构成因子。

表54-5 2015—2020年长江中游流域产量及构成因子相关性分析

	产量	有效角果数	每角粒数	千粒重
产量	1			
有效角果数	0.450**	1		
每角粒数	0.239**	0.002	1	
千粒重	.137*	−.379**	-0.111	1

注：**表示在0.01水平上显著相关；*表示在0.05水平上显著相关。

整体上看，长江上游流域冬油菜产量是呈明显增产趋势的。其产量与构成因子每角粒数、单株有效角果数和千粒重均呈极显著正相关，单株有效角果数和千粒重呈现显著负相关。因此在育种中需要注重综合提高其产量构成因子。

第二节 2015—2020年长江中游流域冬油菜品种
试验参试品种农艺性状动态分析

2015—2020年长江中游流域各组分别在2016—2017年度和2018—2019年度出现最长生育期，2017—2018年出现最短生育期，最长与最短生育期分别相差8.75d、8.49d、11.15d和7.29d，表明各年度参试品种的生育期差异较大。4组在2016—2017年度和2019—2020年度较接近，其他3个年度有差异（表54-6）。各组与本组对照差异较小，2017—2018年度部分试点因少雨干旱播种推迟，2019—2020年度因暖冬和后期高温，成熟期提前，均对当年度生育期有较大影响。

表54-6 2015—2020年长江中游流域冬油菜品种试验各组别生育期 （d）

区组		2015—2016	2016—2017	2017—2018	2018—2019	2019—2020	平均
长江中游	A组	207.90	211.90	206.20	214.95	210.90	210.37
	B组	208.00	211.50	206.10	214.59	209.80	210.00
	C组	205.90	210.90	204.00	215.15	209.90	209.17
	D组	207.70	210.50	205.60	212.89	209.50	209.24
	平均	207.38	211.20	205.48	214.40	210.03	209.69
华油杂12（CK）	A组	207.50	209.67	205.50	214.60	209.70	209.39
	B组	207.80	211.17	204.60	213.60	209.40	209.31
	C组	205.40	209.92	202.60	213.80	208.60	208.06
	D组	207.50	209.25	204.00	211.60	208.20	208.11
	平均	207.05	210.00	204.18	213.40	208.98	208.72

2015—2020年长江中游流域各组均在2019—2020年度达最高株高（图54-3），该年度因暖冬花期提前且植株高大，平均株高均超过190cm，A组和B组最矮株高出现在2017—2018年度，仅稍高于170cm，C组和D组则出现在2015—2016年度，仅稍高于166cm，各组最高株高比最低株高长11.47%、15.23%、16.36%和16.55%（表54-7）。4组平均株高在大部分年度间均要矮于对照华油杂12，仅D组在2017—2018年度和2018—2019年度比对照稍高，中游各年度平均株高分别比对照高-1.90%、-5.03%、-0.95%、-0.66%和-3.05%（图54-3、表54-7）。与上游相比，中游地区日照相对充足，因此株高较上游矮。

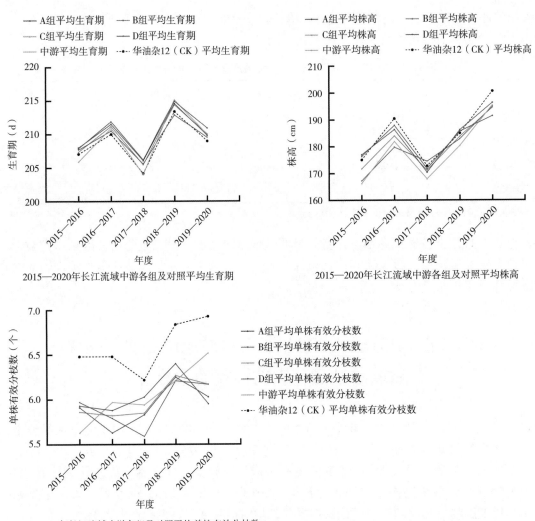

2015—2020年长江流域中游各组及对照平均生育期

2015—2020年长江流域中游各组及对照平均株高

2015—2020年长江流域中游各组及对照平均单株有效分枝数

图54-3　2015—2020年长江中游各组别生育期、株高和单株有效分枝数变化

表54-7　2015—2020年长江中游流域冬油菜品种试验各组别株高　　　　　　　　　　（cm）

区组		2015—2016	2016—2017	2017—2018	2018—2019	2019—2020	平均
长江中游	A组	176.36	187.90	171.77	185.66	191.47	182.63
	B组	176.97	186.30	170.42	186.20	196.38	183.25
	C组	166.31	181.89	167.99	180.31	195.48	178.40
	D组	167.22	179.76	174.53	182.81	194.90	179.84
	平均	171.72	183.96	171.18	183.75	194.56	181.03
华油杂12（CK）	A组	181.56	194.42	173.12	187.72	201.04	187.57
	B组	178.97	193.66	172.93	186.45	198.98	186.20
	C组	166.78	188.24	171.34	184.42	203.50	182.86
	D组	172.88	185.83	173.87	181.31	199.22	182.62
	平均	175.05	190.54	172.82	184.98	200.69	184.81

　　2015—2020年各试验组别单株有效分枝数总体上呈上升趋势（图54-3）。A组和B组2015—2016年度、2016—2017年度内稍有下降，自2016—2017年度一直增加至2018—2019年度最多平均单株有效角果数6.40个/株和6.25个/株，至2019—2020年度再次下降。C组2015—2020年几乎一直增加，仅在2016—2018年稍有降低，最大单株有效分枝数为6.52个/株。D组自2015—2018年连续下降，再快速增大到至2018—2019年度的最多单株有效分枝数6.21个，最后稍有下降。中游2018—2020年油菜植株均较高大，分枝较多（表54-8、图54-3）。4组对照平均单株有效分枝数均多于本

组平均单株有效分枝数，中游5个年度平均单株有效角果数比对照少9.1个百分点。

表54-8　2015—2020年长江中游流域冬油菜品种试验各组别单株有效分枝数　　　　（个/株）

区组		2015—2016	2016—2017	2017—2018	2018—2019	2019—2020	平均
长江中游	A组	5.93	5.88	6.03	6.40	5.95	6.04
	B组	5.91	5.63	5.83	6.25	6.03	5.93
	C组	5.63	5.97	5.94	6.21	6.52	6.05
	D组	5.97	5.79	5.59	6.21	6.17	5.95
	平均	5.86	5.82	5.85	6.27	6.17	5.99
华油杂12（CK）	A组	6.73	6.22	6.45	7.14	6.75	6.66
	B组	6.64	6.40	6.38	6.81	6.83	6.61
	C组	5.95	6.99	6.08	6.89	7.20	6.62
	D组	6.60	6.30	5.97	6.53	6.95	6.47
	平均	6.48	6.48	6.22	6.84	6.93	6.59

2018—2020年油菜青荚期均出现大风，导致参试品种倒伏较严重。2015—2020年共有参试品种（含对照）236个，其中抗倒性强的品种（含对照，下同）110个，占比46.61%，抗倒性中的品种数有109个，占比46.19%，二者合计92.80%，抗倒性弱的品种有17个，占比7.20%（表54-9）。对照华油杂12的5个年度抗倒性表现较好（表54-9）。从抗倒性方面看，中游的抗倒性需要进一步提高。

表54-9　2015—2020年长江中游流域冬油菜品种试验各组别抗倒性统计

区组		2015—2016			2016—2017			2017—2018			2018—2019			2019—2020			总计
		强	中	弱	强	中	弱	强	中	弱	强	中	弱	强	中	弱	
长江中游	A组	4	6	2	8	3	1	3	6	2	4	8	0	8	4	0	59
	B组	6	5	1	5	5	2	4	5	2	8	4	0	5	7	0	59
	C组	8	4	0	5	7	0	3	8	1	6	6	0	6	6	0	60
	D组	0	9	2	5	4	2	9	1	2	8	4	0	5	7	0	58
	总计	18	24	5	23	19	5	19	20	7	26	22	0	24	24	0	236
华油杂12（CK）	A组		中		强-			强-				中		强-			
	B组	强-			强-			强-			强-			强-			
	C组	强			强-				中+			中		强-			
	D组		中		强-				中+			中		强-			
	总计	2	2	0	4	0	0	2	2	0	1	3	0	4	0	0	

长江中游2015—2020年参试品种的主要农艺性状变化较为复杂。整体上看，生育期呈波动并稍有增加趋势，株高呈波动较大，但有较大幅度上升，单株平均有效分枝数在6个/株上下浮动，抗倒性表现较好。

第三节　2015—2020年长江中游流域冬油菜品种试验参试品种品质性状动态分析

一、总体概况

受全国农业技术推广服务中心的委托，农业农村部油料及制品质量监督检验测试中心承担了

2015—2020年长江中游流域冬油菜品种试验参试品种的品质分析检测工作。5年来，共检测了463份长江中游流域冬油菜品种试验参试品种，对其品质质量检测结果，均采用我国双低油菜品种审定标准判定品种的续试或登记，为新品种登记和管理提供了决策依据，为分析我国双低油菜品种品质质量水平提供了基础性、长期连续的数据。

二、材料与方法

（一）材料

试验材料为参加2015—2020年长江中游试验组国家区域试验试验的冬油菜品种，共收到全国油菜区域试验品质检测样品463份，样品经油菜区域试验主持单位统一将品种试验点样品混样、分样、编码，由中国农业科学院油料作物研究所油菜区域试验组送样，送样人为罗莉霞。其中227份样品检测了芥酸含量，236份样品检测了含油量和硫苷。历年样品检测数量见图54-4和图54-5。

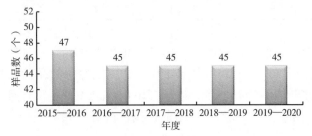

图54-4　2015—2020年长江中游检测芥酸的　　　图54-5　2015—2020年长江中游检测含油量和硫苷的
　　　　　　　样品量　　　　　　　　　　　　　　　　　　　样品量

（二）方法

1. 芥酸检测

芥酸检测方法见第五十三章第三节材料与方法，结果表示为油菜籽芥酸占总脂肪酸的百分比（%）。

2. 硫代葡萄糖苷检测

硫代葡萄糖苷检测方法见第五十三章第三节材料与方法，结果表示为8.5%水杂饼粕中硫代葡萄糖苷含量（μmol/g）。

3. 含油量检测

含油量检测方法见第五十三章第三节材料与方法，结果表示为干基菜籽中含油量（%）。

三、品质性状动态

（一）芥酸结果分析

2015—2020年长江中游地区检测芥酸的样品共有227份，检测结果表明：5年芥酸含量最高值的平均值为2.67%，最低值的平均值为未检出（0.05%），5年内的平均值为0.19%（表54-10）。2015—2016年度的芥酸最高值为5年内最大（5.5%），2016—2017年度的芥酸最高值为5年内最小（0.8%）（图54-6）。芥酸平均值呈逐年下降趋势，2015—2016年度芥酸平均值最高，达0.28%，2016—2017年度芥酸平均值最低（0.11%）（图54-7）。其样品芥酸含量检测结果分布见图54-8。

表54-10　2015—2020年长江中游样品芥酸检测结果汇总　　　　　　　　　　（%）

年度	最高值	最低值	平均值
2015—2016	5.5	未检出	0.28

（续表）

年度	最高值	最低值	平均值
2016—2017	0.8	未检出	0.11
2017—2018	2.6	未检出	0.19
2018—2019	1.8	未检出	0.15
2019—2020	2.63	未检出	0.2
平均	2.67	未检出	0.19

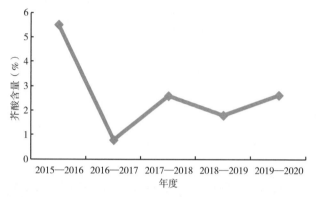

图54-6 2015—2020年长江中游样品芥酸最大值变化　　图54-7 2015—2020年长江中游样品芥酸平均值变化

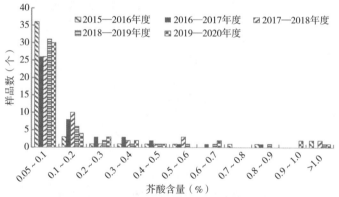

图54-8 2015—2020年长江中游样品芥酸含量检测结果分布

（二）硫代葡萄糖苷结果分析

2015—2020年长江中游地区检测硫代葡萄糖苷的样品共有236份，检测结果表明：5年硫代葡萄糖苷含量最高值的平均值为44.62μmol/g饼，最低值的平均值为19.83μmol/g饼，5年平均值为24.07μmol/g饼（表54-11）。2016—2017年度的硫代葡萄糖苷最大值为5年最高（74.95μmol/g饼），2016年硫代葡萄糖苷最大值为5年最低（29.95μmol/g饼）（图54-9）。2019—2020年度硫代葡萄糖苷最低值为5年内最高（20.55μmol/g饼），2015—2016年度硫代葡萄糖苷最低值为5年内最低（19.29μmol/g饼）（图54-10）。硫代葡萄糖苷平均值稳定在24μmol/g附近，呈年度间波动（图54-11）。其样品硫代葡萄糖苷含量检测结果分布见图54-12。

表54-11 2015—2020年长江中游样品硫代葡萄糖苷检测结果汇总 　　　　　　（μmol/g）

年度	最高值（8.5%水杂）	最低值（8.5%水杂）	平均值（8.5%水杂）
2015—2016	29.95	19.29	23.25

（续表）

年度	最高值（8.5%水杂）	最低值（8.5%水杂）	平均值（8.5%水杂）
2016—2017	74.95	19.62	24.72
2017—2018	34.51	19.8	24.24
2018—2019	39.21	19.9	23.45
2019—2020	44.47	20.55	24.71
平均	44.62	19.83	24.07

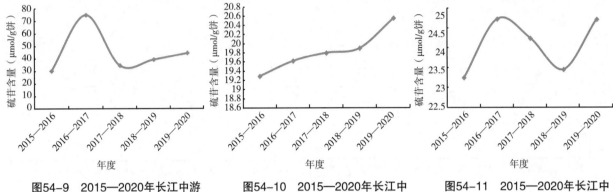

图54-9　2015—2020年长江中游样品硫代葡萄糖苷最高值变化

图54-10　2015—2020年长江中游样品硫代葡萄糖苷最低值变化

图54-11　2015—2020年长江中游样品硫代葡萄糖苷平均值变化

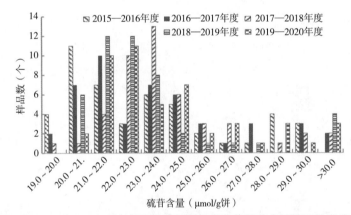

图54-12　2015—2020年长江中游样品硫代葡萄糖苷含量检测结果分布

（三）含油量结果分析

2015—2020年长江中游地区检测含油量的样品共有236份，检测结果表明，5年含油量最高值的平均值为48.88%，最低值的平均值为41.42%，5年平均值为44.80%（表54-12）。2017—2018年度和2019—2020年度的含油量最大值为5年最高（49.8%），2018—2019年度含油量最大值为5年最低（47.3%）（图54-13）。2018年含油量最低值为5年内最高（43.04%），2015—2016年度含油量最低值为5年内最低（40.06%）（图54-14）。长江中游地区品种含油量平均值呈波动上升趋势，2017—2018年度含油量平均值最高，为45.82%，2015—2016年度含油量平均值最低，为43.45%（图54-15）。品种含油量检测结果分布见图54-16。

表54-12　2015—2020年长江中游样品含油量检测结果汇总　　　　　　　　　　（%）

年度	最高值	最低值	平均值
2015—2016	47.84	40.06	43.45
2016—2017	49.64	41.51	45.13

（续表）

年度	最高值	最低值	平均值
2017—2018	49.8	43.04	45.82
2018—2019	47.3	40.26	43.92
2019—2020	49.8	42.22	45.68
平均	48.88	41.42	44.80

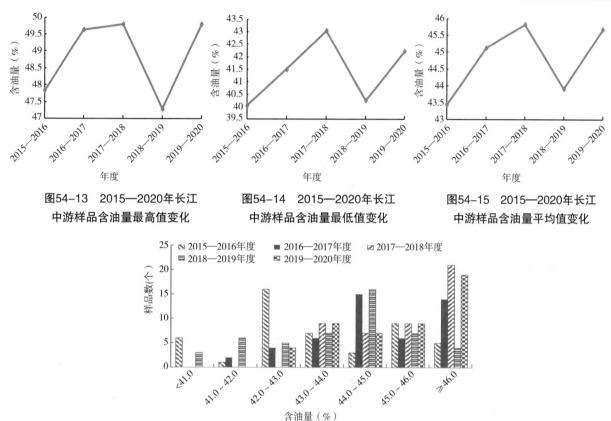

图54-13　2015—2020年长江中游样品含油量最高值变化

图54-14　2015—2020年长江中游样品含油量最低值变化

图54-15　2015—2020年长江中游样品含油量平均值变化

图54-16　2015—2020年长江中游样品含油量检测结果分布

（四）达标率结果分析

2015—2020年中游区域试验品种硫甙平均值24.07μmol/g，5个年度间单项达标率平均值98.74%，其中2015—2016年度、2017—2018年度和2018—2019年度单项达标率达100%，2019—2020年度最低，95.83%；2015—2020年中游区域试验品种芥酸含量平均值为0.19%，平均单项达标率为98.69%，其中2016—2017年度和2018—2019年度单项达标率为100%，2020年单项达标率最低，为97.78%。

2015—2020年中游区域试验油菜品种双低达标率变化见表54-13和图54-17。

表54-13　2015—2020年中游区域试验油菜品种双低达标率

芥酸（%）	硫苷（μmol/g）（8.5%水杂）	双低达标率（%）				
		2015—2016年度	2016—2017年度	2017—2018年度	2018—2019年度	2019—2020年度
≤0.5	≤25.0	72.34	77.27	68.89	80.00	68.89
≤0.5	≤30.0	89.36	93.18	84.44	86.67	82.22
≤1.0	≤30.0	95.74	95.45	86.67	88.89	88.89
≤1.0	≤40.0	95.74	97.73	91.11	97.78	88.89
≤2.0	≤40.0	97.87	97.73	93.33	100.00	86.67

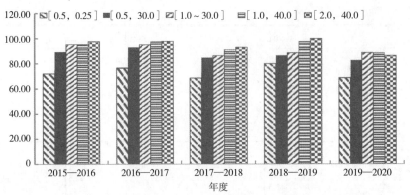

图54-17　2015—2020年长江中游区域试验油菜品种双低达标率变化

四、结论

通过分析2015—2020年5个年度的检测结果，可以得出如下主要结论。

2015—2020年长江中游品种芥酸、硫甙分析：区域试验品种芥酸呈下降趋势，硫甙的平均值在24μmol/g附近呈年度间波动，双低达标率在2018—2019年度达100%。

2015—2020年长江中游品种含油量分析：区域试验品种含油量总体平均值呈波动上升趋势，2017—2018年度含油量平均值最高，为45.82%，达国际标准。

双低油菜籽为敏感性靠前的农作物品种，其质量安全水平受政策、气候、管理水平等多因素的影响，需要对其品质质量状况进行连续不间断跟踪，及时掌握其质量状况，引导双低油菜品种区域试验、生产与消费，优质与优价，促进双低油菜产业稳步健康发展。

第四节　2015—2020年长江中游流域冬油菜品种试验参试品种抗性动态分析

一、总体概况

受全国农业技术推广服务中心的委托，湖北省武汉市国家农作物品种区域试验抗性鉴定试验站连续承担了2015—2020年长江中游流域冬油菜品种试验参试品种的菌核病抗性鉴定工作。5年来，采用病圃诱发鉴定的方法并结合田间自然发病的数据，共评价了220份长江中游流域冬油菜品种对菌核病的抗性，其结果为后续油菜品种登记和管理提供了决策依据，为分析我国油菜品种菌核病抗性水平提供了基础性、长期性、系统性数据，为提高我国油菜抗病育种水平、阻止高感品种流入市场提供了有力支撑。

二、材料与方法

（一）材料

试验材料为参加2015—2020年国家冬油菜品种试验长江中游区组的220份品种。样品经油菜区域试验主持单位统一编码、分样，由中国农业科学院油料作物研究所油菜区域试验课题组送样。同时，为了能有一个统一的标准来直观地比较不同来源材料的相对抗性，所有试验均使用了相同的抗病对照中油821，系本试验站留种。试验地点为湖北省武汉市国家农作物品种区域试验抗性鉴定试验站阳逻试验基地大田人工病圃。历年鉴定样品数量见图54-18。

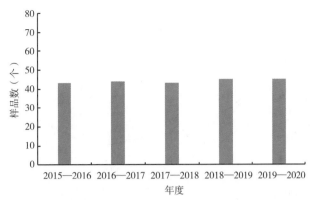

图54-18 2015—2020年长江中游流域冬油菜品种菌核病抗性鉴定样品量

（二）方法

参照《油菜品种菌核病抗性鉴定技术规程》（NY/T 3068—2016）、《农作物抗病虫性鉴定方法》（ISBN/S 1676）等进行。

1. 病害诱发

一方面，油菜播种后每平方米均匀增施2～3粒采自当地前一季发病油菜茎秆中的大小适中、有活力的菌核或每行中施1～2粒菌核，以维持田间有充足的菌源及菌源分布的均匀性。另一方面，病圃安装有以色列进口的人工喷雾系统，在油菜初花期至终花期进行喷雾，从上午8:00开始，每2h一次，每次60s，每天8次。

2. 试验设计与田间管理

试验采取随机区组设计，每份样品设置3次重复，小区面积2.5m×1.0m，行距0.33m，定苗后约合16 000株/亩。试验材料于9月下旬播种，底肥亩施复合肥（N、P、K）50kg，越冬前亩施尿素7.5kg。薹期不中耕培土，以免破坏子囊盘。花期不施用杀菌剂，不摘除老黄叶。其他按常规大田管理措施，但注意全部农事操作一致性，成熟前不在小区中走动（不破坏原植株分布结构）。

3. 病害调查

于收获前5～7d按照成熟期油菜菌核病调查分级标准（5级）进行病害。各小区逐行逐株调查，每个重复由一人完成，所有小区在半天内调查完毕。

4. 数据统计与分析

对病害压力$P>15\%$的试验（方为有效抗病鉴定试验）进行数据统计分析。根据调查的病害级别分别计算每个小区的发病率和病情指数，用病情指数来衡量病害严重度。同时，针对发病率、病情指数和相对抗性指数求品种频度分布图，针对发病率、病情指数和相对抗性指数求重复间数据相关性，用此检验区组/重复设置效果，田间菌源分布和病害压力均一性。

5. 抗病等级划分

根据病情指数计算相对抗性指数RRI，据抗性指数RRI划定每个样品的抗病等级（图54-19）。

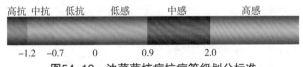

图54-19 油菜菌核病抗病等级划分标准

三、菌核病抗性动态

2015—2020年，共鉴定了220份长江中游流域冬油菜品种对菌核病的抗性，其平均发病率为46.40%，平均病情指数为34.08。数据有效性分析结果显示，5年里所有参试材料的菌核病发病率均高于15%，表明病害压力大于15%，抗性鉴定试验有效；各重复间发病率和病情指数均呈极显著相关的（$P<0.01$），表明田间菌源和病害压力的分布是均匀或一致的，区组控制效果显著（图54-20）。

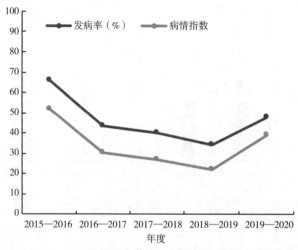

图54-20　2015—2020年长江中游流域冬油菜品种菌核病发生情况统计

在参试的220份品种中，大多数材料的发病率和病情指数与对照中油821相比差异不显著（P>0.05），仅少部分材料的发病率和病情指数要显著高于或低于其他材料（P<0.05）。以中油821为对照计算抗病等级，抗病品种一共45份，占20.45%；感病品种一共175份，占79.55%。其中，无高抗品种；中抗品种3份，占1.36%；低抗品种42份，占19.09%；高感品种10份，占4.55%；中感品种31份，占14.09%；低感品种134份，占60.91%。详细结果见图54-21。

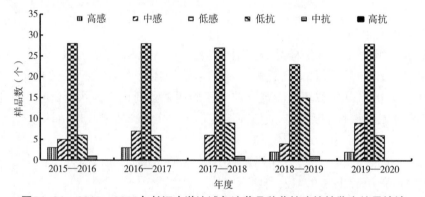

图54-21　2015—2020年长江中游流域冬油菜品种菌核病抗性鉴定结果统计

2018—2019年度参试材料的菌核病抗性为5年内最好，其中感病品种所占比例为64.44%，抗病品种所占比例为35.56%，高感和中感品种数量也最少。2019—2020年度参试材料的菌核病抗性为5年内最差，其中感病品种所占比例为86.67%，抗病品种所占比例为13.33%，高感和中感品种数量也最多。5年间参试材料的菌核病抗性水平总体持平，但年度间存在波动。详细结果见图54-22。

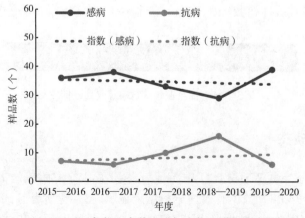

图54-22　2015—2020年长江中游流域冬油菜品种菌核病抗性变化趋势

四、结论

2015—2020年共鉴定长江中游流域冬油菜品种220份，其菌核病抗性大多属于低感水平，其次是低抗和中感，无高抗品种，中抗品种也仅3份。

2015—2020年，长江中游流域冬油菜品种的菌核病抗性水平总体持平，但年度间存在波动。

自2004年以来，本试验站连年承担了国家和部分省冬油菜品种菌核病抗性鉴定工作，比较历年病圃鉴定数据，发现通过该方法所获得的结果具有较高的准确性、稳定性和可重复性。然而，因不能完全保证在自然条件下所有小区都获得了同样的病原数量和发病环境，因此，也就不能完全保证所有品种在一次鉴定中的等级和位次在更多次的鉴定中均保持不变，但是，对于那些鉴定为感病的品种，特别是高感的，其结果是定性。

长期研究实践表明，要想更加精准地鉴定出不同品种的相对抗性水平，尤其是在抗性差异较小的品种间达到较好的区分度，需要做好以下3个方面的工作：一是维持大小适中、均衡一致的病害压力；二是保证油菜生长势、植株密度、田间湿度等的一致性；三是根据多年和/或多点的鉴定结果进行综合评判。

第五十五章　2015—2020年长江下游流域冬油菜品种试验性状动态分析

第一节　2015—2020年长江下游流域冬油菜品种试验参试品种产量及构成因子动态分析

长江下游试验区域包括沪、浙、苏、皖等，跨度较大，部分地区受海洋气候影响，气候变化复杂。浙江、上海各试点播种出苗期，受台风"杜鹃"外围影响，多地大雨、暴雨，影响出苗，10月初齐苗期持续阴雨天气，猝倒病严重；10月下旬天气晴雨相间，光照充足；11月雨量增多，日照减少；冬季出现极端气候，持续低温、雨雪天气，蕾薹期气温回升快；3月中下旬晴多雨少，光照充足；4月上旬持续阴雨大风天气，田间倒伏严重，菌核病发生率增加。江苏、安徽各试点播种期温、光、水适宜，冬季温度偏低，出现不同程度冻害，3月上旬雨水适宜，4月受大风阴雨影响，部分地区油菜倒伏严重。总体来看，2015—2016年度气候条件不利于油菜生长发育。

2016年10月播种后，出苗期连续阴雨，土壤湿度大，气温偏低出现猝倒病和立枯病。安徽省农业科学院、芜湖试点病害导致缺苗缺区，申请试验报废。冬前越冬苗普遍偏小，偏弱。抽薹至花期，平均气温较高，冬春季无明显寒流。青荚期至成熟期，温高光足。后期雨水少菌核病发生较轻。总体来看，2016年秋季油菜苗期不利于冬前壮苗，部分试点发生不同程度的猝倒病和立枯病；但2017年的春季温高光足利于油菜生长发育。

2017年秋播种准备期，连续阴雨，土壤湿度大。11月天气晴多雨少，利于苗期生长。2018年1月皖、苏、沪和浙暴雪，大部分油菜品种倒伏较重。花期雨水和温度正常，成熟期有干热风，有高温逼熟现象。总体来看，2017—2018年度长江下游的油菜生长至成熟期气候基本适宜。

2018年秋播种期，干旱少雨，各试点均及时抗旱灌溉，幼苗生长缓慢；2018年12月至2019年2月的越冬期持续低温阴雨；冻害发生较轻；初花期温度、湿度适宜，成熟期气温利于油菜成熟生长；菌核病发生较严重。总体来看，2018—2019年度长江下游区的油菜生长至成熟期气候比较适宜。

2019年秋播种期，干旱少雨，幼苗生长缓慢，但冬前苗势较好；2020年冬季气温较往年偏高，造成植株高大，成熟中后期部分品种倒伏较为严重；抽薹期和初花期均较往年略早，初花期温度湿度适宜，无低温凝冻，有利于扬花授粉和籽粒饱满；菌核病发生较轻。总体来看，2019—2020年度长江下游气候条件对油菜生长发育是比较适宜的。

2015—2020年长江下游A组和B组产量变化趋势一致，均为先小幅上升，然后下降，后两个年度几乎呈现线性快速增长，C组2016—2017年度较上一年度有稍许下降，后3个年度呈快速增长，D组除2017—2018年度和上一年度几乎持平，其他年度相较上一年度均有所增长（图55-1、图55-2）。4组最大平均亩产均出现在2019—2020年度，分别为204.69kg/亩、202.14kg/亩、203.04kg/亩和207.46kg/亩，与最低年度相差达46.15kg/亩、37.42kg/亩、37.37kg/亩和45.85kg/亩（表55-1）。同一年度不同组别的亩产量相差不大，同一组别不同年度的亩产差异较明显。各组对照在各年度产量也有所提高。2017—2018年度油菜越冬期出现暴雪，部分品种倒伏较严重，成熟期出现高温催熟，造成该年度平均产量下降；2016—2017年度出苗期连续阴雨，气温偏低出现猝倒病和立枯病，造成该年度平均产量较上一年度增产较少或者减产。

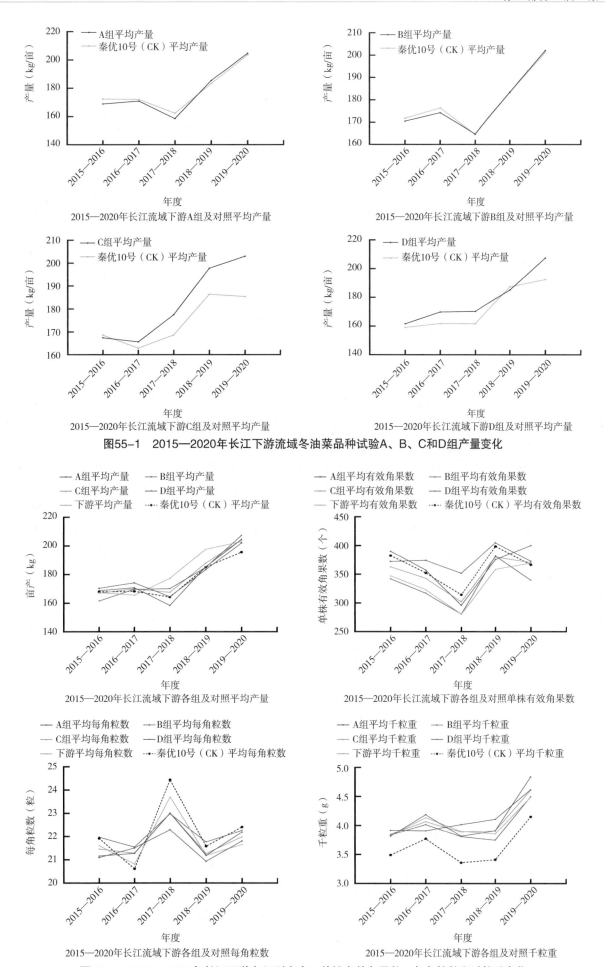

图55-1　2015—2020年长江下游流域冬油菜品种试验A、B、C和D组产量变化

图55-2　2015—2020年长江下游各组别亩产、单株有效角果数、每角粒数和千粒重变化

下游地区各年度亩产较前一年度增长1.83%、-1.43%、12.05%和8.72%，较对照分别增长-0.51%、1.09%、2.07%、1.55%和4.42%（表55-1），平均亩产自2016—2017年度已经高于对照秦优10号平均亩产，表明育种单位的育种水平取得了巨大进步。

表55-1　2015—2020年长江下游流域冬油菜品种试验各组别区域试验产量　　（kg/亩）

区组		2015—2016	2016—2017	2017—2018	2018—2019	2019—2020	平均
长江下游	A组	168.87	170.87	158.54	185.45	204.69	177.68
	B组	170.50	174.28	164.72	183.42	202.14	179.01
	C组	167.48	165.67	177.44	197.77	203.04	182.28
	D组	161.61	169.86	170.23	185.11	207.46	178.85
	平均	167.12	170.17	167.73	187.94	204.33	179.46
秦优10号（CK）	A组	172.34	172.11	162.39	183.24	203.62	178.74
	B组	171.83	176.39	164.54	183.36	201.26	179.48
	C组	168.66	162.97	168.69	186.38	185.39	174.42
	D组	159.09	161.85	161.69	187.29	192.46	172.48
	平均	167.98	168.33	164.33	185.07	195.68	176.28

2015—2020年各组的单株有效角果数变化不尽相同，2017—2018年度越冬期暴雪，油菜倒伏严重，造成平均单株有效角果数较其他年度少。A组最多单株有效角果数出现在2019—2020年度，达400.35个/株，与2017—2018年度的最少单株有效角果数相差103.96个，达到35.06个百分点。B组最多单株有效角果数出现在2018—2019年度，达405.24个/株，与2017—2018年度最少单株有效角果数相差53.17个/株，相差为15.10个百分点。C组最多单株有效角果数出现在2019—2020年度，为369.72个/株。与2017—2018年度最少值相差88.8个/株，差异为31.61个百分点。D组最大值为2018—2019年度的382.19个/株，与2017—2018年度最小值相差101.18个/株，差异达36.01个百分点（图55-2、表55-2）。从对照的单株有效角果数看，变化趋势与所在组较相似，但各年度的差异非常大。除2019—2020年度外，长江下游其他年度的平均单株有效角果数要小于对照的单株有效角果数。

表55-2　2015—2020年长江下游流域冬油菜品种试验各组别单株有效角果数　　（个/株）

区组		2015—2016	2016—2017	2017—2018	2018—2019	2019—2020	平均
长江下游	A组	390.41	357.66	296.39	375.86	400.35	357.57
	B组	372.64	374.62	352.07	405.24	373.07	376.25
	C组	347.34	323.28	280.92	358.84	369.72	333.19
	D组	342.29	317.32	281.01	382.19	339.94	330.12
	平均	363.17	343.22	302.60	380.53	370.77	349.28
秦优10号（CK）	A组	410.87	359.18	317.63	422.15	404.35	382.84
	B组	379.48	379.63	365.18	417.56	378.88	384.15
	C组	379.99	365.33	290.12	362.23	329.97	345.53
	D组	359.93	305.54	284.48	393.08	353.18	339.24
	平均	382.57	352.42	314.35	398.76	366.60	362.94

2015—2020年长江下游流域4组的最多每角粒数均出现在2017—2018年度（图55-2），分别为23.02个/角、22.30个/角、23.71个/角和22.99个/角，各组最小每角粒数相差1.85个/角、1.36个/角、2.89个/角和1.44个/角。下游各年度较前一年度增加-0.84%、8.08%、-7.56%和3.39%，相较于对照增加-2.05%、3.30%、-5.85%、-1.44%和-1.87%（表55-3）。除2017—2018年度，对照不同年度和不同组别间差异较小。

表55-3　2015—2020年长江下游流域冬油菜品种试验各组别每角粒数 （粒/角）

区组		2015—2016	2016—2017	2017—2018	2018—2019	2019—2020	平均
长江下游	A组	21.17	21.28	23.02	21.19	22.20	21.92
	B组	21.10	21.51	22.30	20.94	21.81	21.64
	C组	21.61	20.82	23.71	21.19	21.66	21.85
	D组	21.98	21.55	22.99	21.77	22.27	22.15
	平均	21.47	21.29	23.01	21.27	21.99	21.89
秦优10号（CK）	A组	21.97	19.72	25.54	21.54	22.82	22.32
	B组	21.63	21.36	24.47	21.39	22.06	22.18
	C组	21.77	19.74	23.60	21.54	22.93	21.92
	D组	22.32	21.64	24.15	21.85	21.83	22.36
	平均	21.92	20.61	24.44	21.58	22.41	22.19

2015—2020年长江下游各组千粒重呈起伏状态，整体微有上升。A组前两个年度基本相同，后3个年度一直增加，5个年度最大与最小千粒重相差0.71g，达18.16个百分点；B组前3个年度为先上升再下降，后2个年度一直上升，最大与最小千粒重相差1.02g，达26.70个百分点；C组和D组前2个年度为上升趋势，至第4个年度下降，第5个年度快速增加，两组最大与最低千粒重分别相差0.66g和0.75g，即17.23个百分点和20个百分点（图55-2、表55-4）。同一组别各年度间千粒重存在较大变化，同一年度不同组别的千粒重变化较小，各组的千粒重要高于该组对照。2019—2020年度中游千粒重要远高于其他年度，可能与气候比较适宜油菜生长、扬花授粉及干物质累积有关。对照秦优10号部分年度的千粒重也存在较大差异，表明外界条件有较大影响。

表55-4　2015—2020年长江下游流域冬油菜品种试验各组别千粒重 （g）

区组		2015—2016	2016—2017	2017—2018	2018—2019	2019—2020	平均
长江下游	A组	3.92	3.91	4.02	4.11	4.62	4.17
	B组	3.82	4.19	3.82	3.91	4.84	4.19
	C组	3.83	4.14	3.90	3.86	4.49	4.10
	D组	3.84	4.02	3.81	3.75	4.50	4.02
	平均	3.85	4.07	3.89	3.91	4.61	4.12
秦优10号（CK）	A组	3.64	3.77	3.36	3.37	4.23	3.67
	B组	3.45	3.81	3.48	3.57	4.27	3.72
	C组	3.34	3.70	3.35	3.31	4.01	3.54
	D组	3.51	3.83	3.24	3.37	4.07	3.60
	平均	3.49	3.77	3.36	3.41	4.15	3.63

2015—2020年长江下游流域产量及构成因子相关性分析表明：产量与单株有效角果数和千粒重呈极显著正相关，与每角粒数显著正相关。单株有效角果数与每角粒数和千粒重呈极显著负相关，千粒重与每角粒数也呈极显著负相关（表55-5）。从相关性方面看，提高产量需要综合考虑单株有效角果数、每角粒数和千粒重的影响。

表55-5　2015—2020年长江下游流域产量及构成因子相关性分析

	产量	有效角果数	每角粒数	千粒重
产量	1			
有效角果数	0.324**	1		
每角粒数	0.142*	-.307**	1	
千粒重	.341**	-.168**	-.242**	1

注：**表示在0.01水平上显著相关；*表示在0.05水平上显著相关。

整体上看，长江下游流域冬油菜产量是呈现明显增产趋势的。其产量与构成因子每角粒数、单株有效角果数和千粒重均呈现极显著正相关，单株有效角果数和每角粒数、千粒重呈显著负相关。因此在育种中需要注重综合提高产量构成因子。

第二节　2015—2020年长江下游流域冬油菜品种试验参试品种农艺性状动态分析

2015—2020年长江下游生育期受气候影响较小，整体呈下降趋势，各组别变化趋势相似，前3个年度缩短，至2018—2019年度有所延迟，至2019—2020年度再次缩短。各组最长生育期均出现在2015—2016年度，最短生育期出现在2017—2018年度，相差分别为10.7d、11.4d、10.3d和11.6d（表55-6、图55-3）。同一年度间各组别生育期相差很小。对照生育期变化与该组变化相似，表明5个年度中参加长江下游试验品种的平均生育期整体较为稳定，长江下游地区经济发达，农业用地紧张，适当缩短油菜生育期有助于提高土地利用率。

表55-6　2015—2020年长江下游流域冬油菜品种试验各组别生育期　　　　（d）

区组		2015—2016	2016—2017	2017—2018	2018—2019	2019—2020	平均
长江下游	A组	226.60	224.00	215.90	223.33	220.60	222.09
	B组	226.50	224.50	215.10	223.07	221.00	222.03
	C组	227.90	224.30	217.60	223.86	220.30	222.79
	D组	228.40	223.70	216.80	222.96	219.50	222.27
	平均	227.35	224.13	216.35	223.31	220.35	222.30
秦优10号（CK）	A组	226.70	224.00	215.30	222.40	220.10	221.70
	B组	226.50	223.50	215.10	222.30	222.00	221.88
	C组	228.00	223.64	217.20	224.30	220.60	222.75
	D组	228.20	223.30	216.00	222.90	220.30	222.14
	平均	227.35	223.61	215.90	222.98	220.75	222.12

2015—2020年长江下游各组平均株高在前3个年度较为稳定，2018—2019年度快速提高，各组分别提高15.67%、14.72%、10.48%和14.88%，至2019—2020年度B组、C组和D组增速放缓，A组平均株高出现稍许下降。A组5个年度平均最高株高为176.58cm，平均最矮株高152.66cm，相差23.92cm；B组和C组平均最高株高分别为180.71cm和183.22cm，最矮平均株高为150.33cm和152.78cm，分别相差30.38cm和30.44cm；D组平均最高株高为181.37cm，平均最矮株高为150.13cm，相差31.24cm（表55-7、图55-3）。对照秦优10号变化趋势和所在组一致，且各年度均高于该组平均株高。关于长江下游株高增高成因较为复杂，暂无法判定品种改良和生产条件改善哪个影响更大。下游地区土地肥沃，日照较充足，相较于长江上游和中游，平均株高要更矮。

表55-7　2015—2020年长江下游流域冬油菜品种试验各组别株高　　　　（cm）

区组		2015—2016	2016—2017	2017—2018	2018—2019	2019—2020	平均
长江下游	A组	156.67	156.26	152.66	176.58	175.90	163.61
	B组	150.33	157.19	155.66	178.57	180.71	164.49
	C组	152.78	154.84	156.07	172.43	183.22	163.87
	D组	152.24	150.13	154.80	177.84	181.37	163.28
	平均	153.01	154.61	154.80	176.36	180.30	163.81

（续表）

区组		2015—2016	2016—2017	2017—2018	2018—2019	2019—2020	平均
秦优10号（CK）	A组	166.49	159.65	163.33	185.73	191.47	173.33
	B组	165.49	163.61	168.73	186.48	187.64	174.39
	C组	167.74	163.62	166.87	181.08	188.53	173.57
	D组	164.53	154.87	166.23	184.63	189.05	171.86
	平均	166.06	160.44	166.29	184.48	189.17	173.29

2015—2020年长江下游流域各组别单株有效分枝数先升高后下降，A组前3个年度逐渐下降，后两个年度快速上升；B组、C组和D组前两个年度呈下降趋势，后三个年度逐渐增加。各组同一年度单株有效分枝数差异较小。下游各年度分别比上一年度增加-9.16%、3.98%、9.69%和3.14%（图55-3、表55-8）。整体上，长江下游5个年度在8.23个/株上下浮动，幅度不超过1.5个/株。除B组单株有效分枝数在2019—2020年度较对照稍高外，其他年度各组均要小于对照。

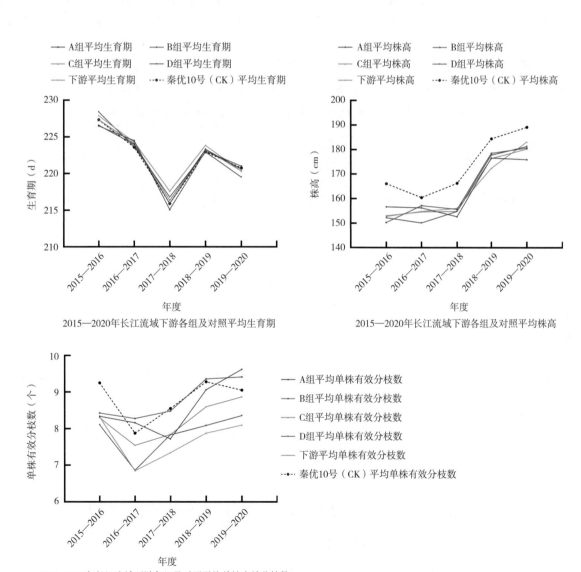

2015—2020年长江流域下游各组及对照平均生育期

2015—2020年长江流域下游各组及对照平均株高

2015—2020年长江流域下游各组及对照平均单株有效分枝数

图55-3　2015—2020年长江下游各组别生育期、株高和单株有效分枝数变化

表55-8 2015—2020年长江下游流域冬油菜品种试验各组别单株有效分枝数 （个/株）

区组		2015—2016	2016—2017	2017—2018	2018—2019	2019—2020	平均
长江下游	A组	8.34	8.16	7.72	9.06	9.62	8.58
	B组	8.43	8.28	8.48	9.36	9.41	8.79
	C组	8.32	6.85	7.34	7.88	8.10	7.70
	D组	8.11	6.86	7.83	8.09	8.36	7.85
	平均	8.30	7.54	7.84	8.60	8.87	8.23
秦优10号（CK）	A组	9.49	8.53	8.64	9.84	9.94	9.29
	B组	9.62	8.84	9.38	9.72	8.93	9.30
	C组	9.03	7.21	8.18	8.71	8.39	8.30
	D组	8.86	6.94	7.98	8.84	8.93	8.31
	平均	9.25	7.88	8.55	9.28	9.05	8.80

长江下游流域2019—2020年度因冬季气温偏高，植株高大，倒伏较严重，2016—2017年度出苗期连续阴雨导致猝倒病和立枯病发生。2015—2020年参加品种试验共有241个（含对照）。抗倒性强的品种共计有131个，占比54.36%，抗倒性中的品种共计104个，占比43.15%，二者合计占比97.51%，抗倒性弱的品种数有6个，占比2.49%。2016—2017年度和2018—2019年度参试品种表现较好（表55-9）。整体上，长江下游5个年度表现较为分化，即在一个年度内抗倒性强的品种数较多，而在另一年度中抗倒性弱的品种数较多。对照在5个年度间抗倒性表现中以上。

表55-9 2015—2020年长江下游流域冬油菜品种试验各组别抗倒性统计

区组		2015—2016			2016—2017			2017—2018			2018—2019			2019—2020			总计
		强	中	弱	强	中	弱	强	中	弱	强	中	弱	强	中	弱	
长江下游	A组	5	6	0	9	3	0	3	9	0	11	1	0	5	7	0	59
	B组	1	9	2	8	4	0	6	6	0	13	0	0	5	7	0	61
	C组	3	6	3	9	3	0	3	9	0	13	0	0	4	8	0	61
	D组	2	10	0	10	2	0	4	7	0	13	0	0	4	7	1	60
	总计	11	31	5	36	12	0	16	31	0	50	1	0	18	29	1	241
秦优10号（CK）	A组	强-				中			中-		强-				中		
	B组		中-			中			中		强				中		
	C组		中-			中			中-		强				中		
	D组		中		强-				中-		强				中		
	总计	1	3	0	1	3	0	0	4	0	4	0	0	0	4	0	

长江下游2015—2020年度参试品种的主要农艺性状变化较为清晰。整体上看，生育期呈下降趋势；株高呈增加趋势，但成因需要进一步判定；单株平均有效分枝数在8个/株上下浮动；抗倒性表现相对较好。

第三节 2015—2020年长江下游流域冬油菜品种试验参试品种品质性状动态分析

一、总体概况

受全国农业技术推广服务中心的委托，农业农村部油料及制品质量监督检验测试中心承担了

2015—2020年长江下游流域冬油菜品种试验参试品种的品质分析检测工作。5年来，共检测了472份下游流域冬油菜品种试验参试品种，对其品质质量检测结果，均采用我国双低油菜品种审定标准判定品种的续试或登记，为新品种登记和管理提供了决策依据，为分析我国双低油菜品种品质质量水平提供了基础性、长期连续的数据。

二、材料与方法

（一）材料

试验材料为参加2015—2020年长江下游试验组国家区域试验试验的冬油菜品种，共收到全国油菜区域试验品质检测样品472份，样品经油菜区域试验主持单位统一将品种试验点样品混样、分样、编码，由中国农业科学院油料作物研究所油菜区域试验组送样，送样人为罗莉霞。其中229份样品检测了芥酸含量，243份样品检测了含油量和硫苷。历年样品检测数量见图55-4、图55-5。

图55-4 2015—2020年长江下游检测芥酸的样品量　　图55-5 2015—2020年长江下游检测含油量和硫苷的样品量

（二）方法

1. 芥酸检测
芥酸检测方法见第五十三章第三节材料与方法，结果表示为油菜籽芥酸占总脂肪酸的百分比（%）。

2. 硫代葡萄糖苷检测
硫代葡萄糖苷检测方法见第五十三章第三节材料与方法，结果表示为8.5%水杂饼粕中硫代葡萄糖苷含量（μmol/g）。

3. 含油量检测
含油量检测采用方法见第五十三章第三节材料与方法，结果表示为干基菜籽中含油量（%）。

三、品质性状动态

（一）芥酸结果分析

2015—2020年长江下游地区检测芥酸的样品共有229份，检测结果表明，5年芥酸含量最高值的平均值为1.84%，最低值的平均值为未检出（0.05%），5年内的平均值为0.18%（表55-10）。2016—2017年度的芥酸最高值为5年内最大（3.5%），2018—2019年度的芥酸最高值为5年内最小（0.7%）（图55-6）。芥酸平均值呈逐年下降趋势，2016—2017年度芥酸平均值最高，达0.28%，2018—2019年度芥酸平均值最低，为0.11%（图55-7）。其样品芥酸含量检测结果分布见图55-8。

表55-10　2015—2020年长江下游样品芥酸检测结果汇总　　　　　　　　　　（%）

年度	最高值	最低值	平均值
2015—2016	1.70	未检出	0.18
2016—2017	3.50	未检出	0.28
2017—2018	2.30	未检出	0.2

（续表）

年度	最高值	最低值	平均值
2018—2019	0.70	未检出	0.11
2019—2020	0.98	未检出	0.13
平均	1.84	未检出	0.18

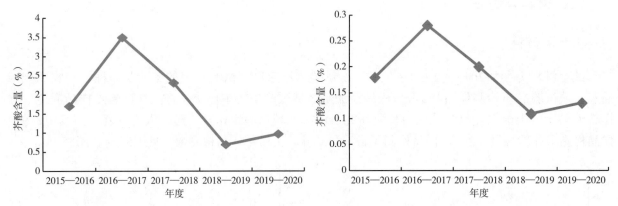

图55-6　2015—2020年长江下游样品芥酸最大值变化　　　　图55-7　2015—2020年长江下游样品芥酸平均值变化

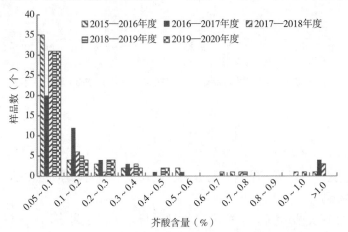

图55-8　2015—2020年长江下游样品芥酸含量检测结果分布

（二）硫代葡萄糖苷结果分析

2015—2020年长江下游地区检测硫代葡萄糖苷的样品共有243份，检测结果表明，5年硫代葡萄糖苷含量最高值的平均值为39.27μmol/g，最低值的平均值为20.19μmol/g，5年平均值为24.88μmol/g（表55-11）。2018—2019年度的硫代葡萄糖苷最大值为5年最高（44.83μmol/g），2016年硫代葡萄糖苷最大值为5年最低（29.33μmol/g）（图55-9）。2019—2020年度硫代葡萄糖苷最低值为5年内最高（21.12μmol/g），2017—2018年度硫代葡萄糖苷最低值为5年内最低（19.32μmol/g）（图55-10）。硫代葡萄糖苷平均值呈上升趋势，2018—2019年度硫代葡萄糖苷平均值最高，为26.30μmol/g，2016年硫代葡萄糖苷平均值最低（23.23μmol/g）（图55-11）。其样品硫代葡萄糖苷含量检测结果分布见图55-12。

表55-11　2015—2020年长江下游样品硫代葡萄糖苷检测结果汇总 　　　　　　　　　　　（μmol/g）

年度	最高值（8.5%水杂）	最低值（8.5%水杂）	平均值（8.5%水杂）
2015—2016	29.33	19.97	23.23
2016—2017	34.85	19.58	24.99
2017—2018	42.57	19.32	24.71
2018—2019	44.83	20.94	26.3

（续表）

年度	最高值（8.5%水杂）	最低值（8.5%水杂）	平均值（8.5%水杂）
2019—2020	44.79	21.12	25.19
平均	39.27	20.19	24.88

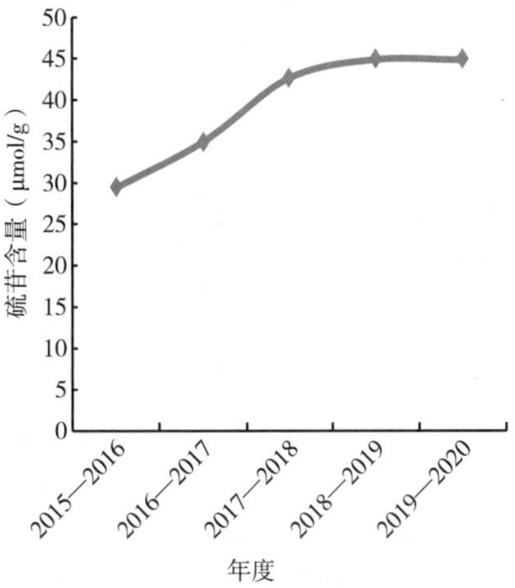

图55-9　2015—2020年长江下游样品硫代葡萄糖苷最高值变化

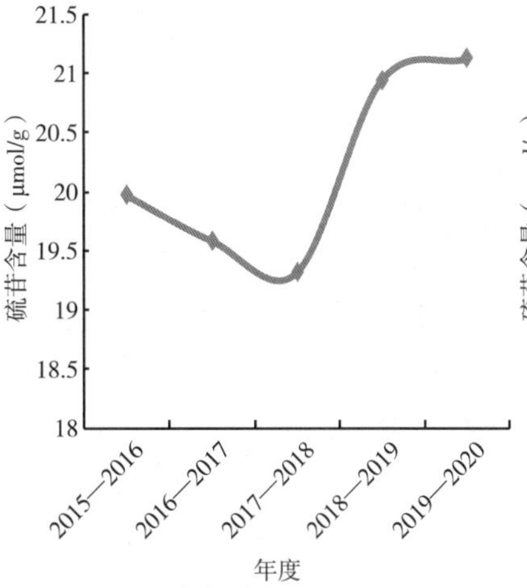

图55-10　2015—2020年长江下游样品硫代葡萄糖苷最低值变化

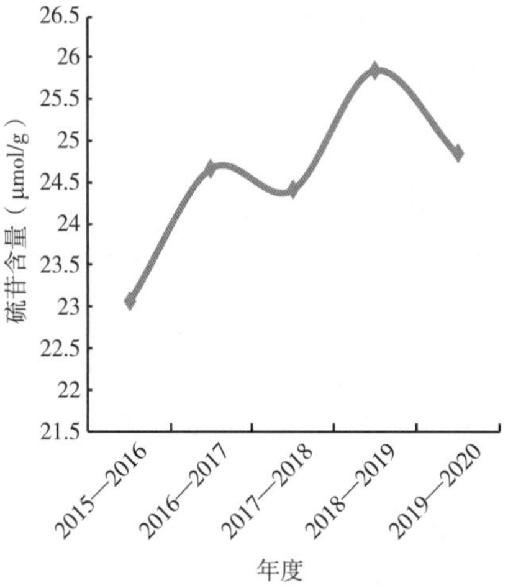

图55-11　2015—2020年长江下游样品硫代葡萄糖苷平均值变化

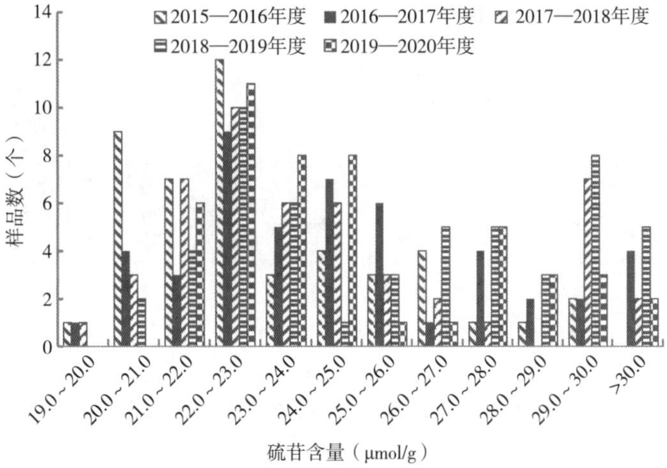

图55-12　2015—2020年长江下游样品硫代葡萄糖苷含量检测结果分布

（三）含油量结果分析

2015—2020年长江下游地区检测含油量的样品共有243份，检测结果表明，5年含油量含量最高值的平均值为49.23%，最低值的平均值为41.71%，5年平均值为45.61%（表55-12）。2019—2020年度的含油量最大值为5年最高（50.07%），2016—2017年度含油量最大值为5年最低（47.93%）（图55-13）。2019—2020年度含油量最低值为5年内最高（43.23%），2018—2019年度含油量最低值为5年内最低（40.68%），2019—2020年度含油量最低值为5年内最高（43.23%）（图55-14）。长江下游地区品种含油量平均值呈上升趋势，2019—2020年度含油量平均值最高，为46.25%，2016—2017年度含油量平均值最低，为45.05%（图55-15）。品种含油量检测结果分布图55-16。

表55-12　2015—2020年长江下游样品含油量检测结果汇总　（%）

年度	最高值	最低值	平均值
2015—2016	49.02	41.58	45.22
2016—2017	47.93	41.44	45.05
2017—2018	49.3	41.63	45.47

（续表）

年度	最高值	最低值	平均值
2018—2019	49.84	40.68	46.05
2019—2020	50.07	43.23	46.25
平均	49.23	41.71	45.61

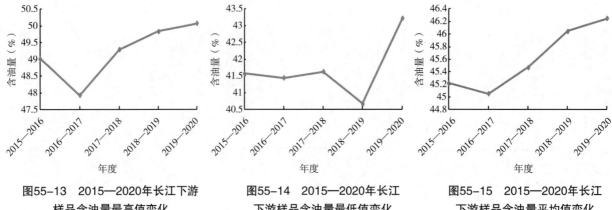

图55-13　2015—2020年长江下游　　　图55-14　2015—2020年长江　　　图55-15　2015—2020年长江
样品含油量最高值变化　　　　　下游样品含油量最低值变化　　　下游样品含油量平均值变化

图55-16　2015—2020年长江下游样品含油量检测结果分布

（四）达标率结果分析

2015—2020年下游区域试验品种硫甙平均值为24.88μmol/g，5年间单项达标率平均值为98.37%，其中2015—2016年度和2016—2017年度单项达标率达100%，2019—2020年度最低，95.83%；2015—2020年下游区域试验品种芥酸含量平均值为0.18%，平均单项达标率98.67%，其中2015—2016年度、2018—2019年度和2019—2020年度单项达标率为100%，2017年单项达标率最低，为95.56%。

2015—2020年下游区域试验油菜品种双低达标率变化见表55-13和图55-17。

表55-13　2015—2020年长江下游区域试验油菜品种双低达标率　　　　　　　（%）

芥酸（%）	硫甙（μmol/g）（8.5%水杂）	双低达标率				
		2015—2016年度	2016—2017年度	2017—2018年度	2018—2019年度	2019—2020年度
≤0.5	≤25.0	74.47	60.00	62.22	50.00	68.89
≤0.5	≤30.0	93.62	84.44	86.67	93.48	91.11
≤1.0	≤30.0	100.00	84.44	91.11	93.48	95.56
≤1.0	≤40.0	100.00	91.11	93.33	97.83	95.56
≤2.0	≤40.0	100.00	95.56	97.78	97.83	95.56

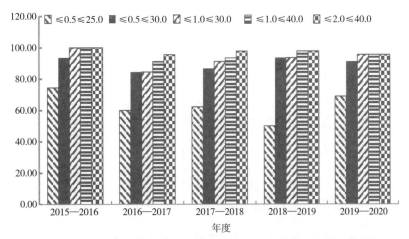

图55-17 2015—2020年长江下游区域试验油菜品种双低达标率变化

四、结论

通过分析2015—2020年5个年度的检测结果，可以得出如下主要结论。

2015—2020年长江下游品种芥酸、硫苷分析：区域试验品种芥酸呈下降趋势，硫代葡萄糖苷平均值呈上升趋势，双低达标率维持在95%以上，双低品种品质与国际接轨。

2015—2020年长江下游品种含油量分析：区域试验品种含油量总体平均值呈波动上升趋势，5年平均值为45.61%，达国际标准。

双低油菜籽为敏感性靠前的农作物品种，其质量安全水平受政策、气候、管理水平等多因素的影响，需要对其品质质量状况进行连续不间断跟踪，及时掌握其质量状况，引导双低油菜品种区域试验、生产与消费，优质与优价，促进双低油菜产业稳步健康发展。

第四节 2015—2020年长江下游流域冬油菜品种
试验参试品种抗性动态分析

一、总体概况

受全国农业技术推广服务中心的委托，湖北省武汉市国家农作物品种区域试验抗性鉴定试验站连续承担了2015—2020年长江下游流域冬油菜品种试验参试品种的菌核病抗性鉴定工作。5年来，采用病圃诱发鉴定的方法并结合田间自然发病的数据，共评价了224份长江下游流域冬油菜品种对菌核病的抗性，其结果为后续油菜品种登记和管理提供了决策依据，为分析我国油菜品种菌核病抗性水平提供了基础性、长期性、系统性数据，为提高我国油菜抗病育种水平、阻止高感品种流入市场提供了有力支撑。

二、材料与方法

（一）材料

试验材料为参加2015—2020年国家冬油菜品种试验长江下游区组的224份品种。样品经油菜区域试验主持单位统一编码、分样，由中国农业科学院油料作物研究所油菜区域试验课题组送样。同时，为了能有一个统一的标准来直观地比较不同来源材料的相对抗性，所有试验均使用了相同的抗病对照中油821，系本试验站留种。试验地点为湖北省武汉市国家农作物品种区域试验抗性鉴定试验站阳逻试验基地大田人工病圃。历年鉴定样品数量见图55-18。

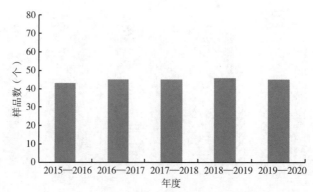

图55-18 2015—2020年长江下游流域冬油菜品种菌核病抗性鉴定样品量

（二）方法

参照《油菜品种菌核病抗性鉴定技术规程》（NY/T 3068—2016）、《农作物抗病虫性鉴定方法》（ISBN/S 1676）等进行。

1. 病害诱发

一方面，油菜播种后每平方米均匀增施2～3粒采自当地前一季发病油菜茎秆中的大小适中、有活力的菌核或每行中施1～2粒菌核，以维持田间有充足的菌源及菌源分布的均匀性。另一方面，病圃安装有以色列进口的人工喷雾系统，在油菜初花期至终花期进行喷雾，从上午8:00开始，每2h一次，每次60s，每天8次。

2. 试验设计与田间管理

试验采取随机区组设计，每份样品设置3次重复，小区面积2.5m×1.0m，行距0.33m，定苗后约合16 000株/亩。试验材料于9月下旬播种，底肥亩施复合肥（N、P、K）50kg，越冬前亩施尿素7.5kg。蔓期不中耕培土，以免破坏子囊盘。花期不施用杀菌剂，不摘除老黄叶。其他按常规大田管理措施，但注意全部农事操作一致性，成熟前不在小区中走动（不破坏原植株分布结构）。

3. 病害调查

于收获前5～7d按照成熟期油菜菌核病调查分级标准（5级）进行病害。各小区逐行逐株调查，每个重复由一人完成，所有小区在半天内调查完毕。

4. 数据统计与分析

对病害压力$P>15\%$的试验（方为有效抗病鉴定试验）进行数据统计分析。根据调查的病害级别分别计算每个小区的发病率和病情指数，用病情指数来衡量病害严重度。同时，针对发病率、病情指数和相对抗性指数求品种频度分布图，针对发病率、病情指数和相对抗性指数求重复间数据相关性，用此检验区组/重复设置效果，田间菌源分布和病害压力均一性。

5. 抗病等级划分

根据病情指数计算相对抗性指数RRI，据抗性指数RRI划定每个样品的抗病等级（图55-19）。

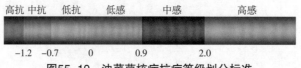

图55-19 油菜菌核病抗病等级划分标准

三、菌核病抗性动态

2015—2020年，共鉴定了224份长江下游流域冬油菜品种对菌核病的抗性，其平均发病率为43.16%，平均病情指数为32.38。数据有效性分析结果显示，5年里所有参试材料的菌核病发病率均高于15%，表明病害压力大于15%，抗性鉴定试验有效；各重复间发病率和病情指数均呈极显著相关（$P<0.01$），表明田间菌源和病害压力的分布是均匀或一致的，区组控制效果显著（图55-20）。

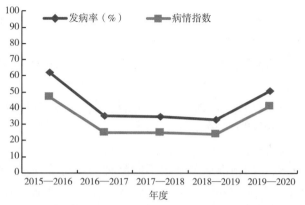

图55-20　2015—2020年长江下游流域冬油菜品种菌核病发生情况统计

在参试的224份品种中，大多数材料的发病率和病情指数与对照中油821相比差异不显著（$P>0.05$），仅少部分材料的发病率和病情指数要显著高于或低于其他材料（$P<0.05$）。以中油821为对照计算抗病等级，抗病品种共61份，占27.23%；感病品种共163份，占72.77%。其中，高抗品种1份，占0.45%；中抗品种7份，占3.13%；低抗品种53份，占23.66%；高感品种10份，占4.46%；中感品种35份，占15.63%；低感品种118份，占52.68%。详细结果见图55-21。

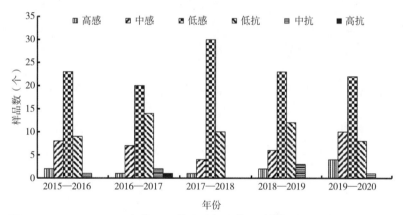

图55-21　2015—2020年长江下游流域冬油菜品种菌核病抗性鉴定结果统计

2016—2017年度参试材料的菌核病抗性为5年内最好，其中感病品种占62.22%，抗病品种占37.78%，高抗和中抗品种数量也最多。2019—2020年度参试材料的菌核病抗性为5年内最差，其中感病品种占80.00%，抗病品种占20.00%，高感和中感品种数量也最多。5年间，参试材料的菌核病抗性水平总体略有下降，且年度间存在波动。详细结果见图55-22。

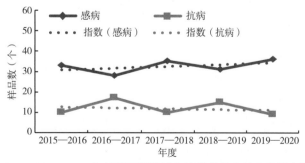

图55-22　2015—2020年长江下游流域冬油菜品种菌核病抗性变化趋势

四、结论

2015—2020年共鉴定长江下游流域冬油菜品种224份，其菌核病抗性大多属于低感水平，其次是低抗和中感，高抗品种仅1份，中抗品种也仅7份。

2015—2020年，长江下游流域冬油菜品种的菌核病抗性水平总体略有下降，且年度间存在波动，抗病品种所占的比例从23.26%下降到20.00%。

自2004年以来，本试验站连年承担了国家和部分省份冬油菜品种菌核病抗性鉴定工作，比较历年病圃鉴定数据，发现通过该方法所获得的结果具有较高的准确性、稳定性和可重复性。然而，因不能完全保证在自然条件下所有小区都获得了同样的病原数量和发病环境，因此，也就不能完全保证所有品种在一次鉴定中的等级和位次在更多次的鉴定中均保持不变，但是，对于那些鉴定为感病的品种，特别是高感的，其结果是定性。

长期研究实践表明，要想更加精准地鉴定出不同品种的相对抗性水平，尤其是在抗性差异较小的品种间达到较好的区分度，需要做好以下三个方面的工作：一是维持大小适中、均衡一致的病害压力；二是保证油菜生长势、植株密度、田间湿度等的一致性；三是根据多年和/或多点的鉴定结果进行综合评判。

第五十六章　2015—2020年黄淮海冬油菜品种试验性状动态分析

第一节　2015—2020年黄淮海冬油菜品种试验参试品种产量及构成因子动态分析

黄淮海流域的油菜主产区，包含陕西、河南、甘肃、山西及安徽和江苏淮河以北地区，地域分布广，各地冬季气候较为寒冷，比较适宜推广耐寒的油菜品种。各试点播种期间气温正常，苗期雨水充足，温度、湿度适宜，越冬前气温平稳，长势稳健。越冬期气温长时间低温，有明显冻害发生，对抗寒耐冻的品种产量影响不大。但富平、大荔、成县试点有品种受冻严重。蕾薹期气温平稳，墒情好；花期至成熟期，气温平稳、光照充足；成熟后期阴雨，菌核病普遍发生。

2016年秋季各试点播种期间气温正常，墒情适宜；苗期雨水充足，温度、湿度有利于油菜生长发育，越冬前气温平稳，长势稳健。2017年冬、春季的越冬期气温异常温暖；青荚期出现大风，倒伏品种较多；成熟期气温比较平稳，菌核病发生较轻。

2017年秋季大部分试点播种期间雨水充足，墒情适宜。2018年1月越冬前雨雪及时；春季温度回升快，墒情好，油菜提前抽薹，植株高大。成熟期气温比较平稳，菌核病发生正常。河南信阳点2017年秋播因雨水多，无法耕地，延迟到10月30日播种，导致苗弱产量偏低，故产量数据未纳入汇总。

2018年秋季大部分试点播种期间雨水充足，墒情适宜。陕西富平点2019年1月气温起伏变化较大，油菜普遍受冻，偏春性品种冻害尤为明显。蕾薹期干旱少雨，大部分试点的品种提前抽薹，植株高大。成熟期气温比较平稳，菌核病发生正常。河南信阳点2018年秋播因干旱无雨，出苗期延迟35d，各重复之间产量差异过大，产量数据未纳入汇总。

2019年秋季大部分试点播种期间雨水充足，墒情适宜，出苗整齐。2019年11—12月降雨、降雪较少，温度偏高，有暖冬现象，无冻害发生。2020年春季的花期至成熟期，雨量充沛，无暴雨大风等极端天气发生。

2015—2020年黄淮海流域各组别平均产量均高于210kg/亩。A组与B组平均亩产变化趋势比较相似，2016—2017年度较上一年度下降，至2018—2019年度一直上升，而2019—2020年度与上一年度持平；两个组别的对照变化趋势一致，且与该组的平均产量在5个年度内互有领先，2016—2017年度越冬期气温异常温暖，导致大部分试点的品种提前抽薹，植株高大，青荚期出现大风，加上植株高大，倒伏严重，因此该年度平均亩产较其他年度低（图56-1）。黄淮海流域各年度平均亩产较对照增加-1.44%、2.01%、2.42%、-3.25%和8.36%。A组最大平均亩产出现在2018—2019年度，达241.63kg，最小出现在2016—2017年度，为213.75kg，相差27.88kg，达13.04%；B组最大平均亩产为235.98kg，出现在2019—2020年度，最小平均亩产为215.66kg，出现在2016—2017年度，相差20.32kg，达9.42%，B组仅2016—2017年度平均亩产小于225kg（图56-1，表56-1）。与长江流域平均亩产相比，黄淮海流域各年度平均亩产均要更高，平均亩产为228.15kg，远高于长江流域上中下游169.19kg、170.38kg和179.46kg。

2015—2020年黄淮海流域A组单株有效角果数虽然在2017—2018年度出现下降，B组在前3个季度出现下降，但从整体看两个组别仍呈明显上升趋势。5个年度除2017—2018年度较有利于油菜生长外，其他4个年度越冬期出现异常低温或暖冬，成熟期多雨，均不利于油菜生长，但2018—2020年的有效角果数仍明显高于前3个年度（图56-2）。A组最多单株有效角果数为2019—2020年度的295.77个/株，最少为2015—2016年度的237.00个/株，相差58.77个/株，达24.80个百分点；B组最多单株有效角果数为2019—2020年度的281.15个/株，最少为242.96个/株，相差38.19个/株，即15.72个百分点。A组和B组分别自2017—2018年度和2015—2016年度开始，平均单株有效角果数对该组对照秦优7号实现超越，黄淮海流域单株有效分枝数各年度均多于对照，分别比对照增加5.13%、2.26%、8.05%、6.16%和8.16%（图56-2、表56-2）。与长江流域相比，黄淮海流域单株有效角果数高于上游，和中游相当，低于下游。

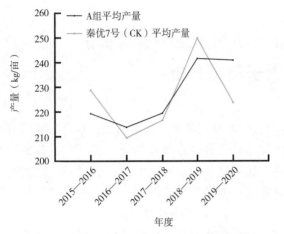
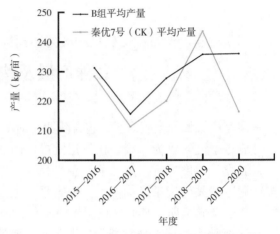

2015—2020年黄淮流域A组及对照平均产量　　　　　　2015—2020年黄淮流域B组及对照平均产量

图56-1　2015—2020年黄淮海流域冬油菜品种试验A、B组产量变化

表56-1　2015—2020年黄淮海流域冬油菜品种试验各组别区域试验产量　　　　　　（kg/亩）

区组		2015—2016	2016—2017	2017—2018	2018—2019	2019—2020	平均
黄淮	A组	219.34	213.75	219.48	241.63	240.91	227.02
	B组	231.29	215.66	227.71	235.79	235.98	229.29
	平均	225.32	214.71	223.60	238.71	238.45	228.15
秦优7号（CK）	A组	228.78	209.54	216.55	249.86	223.75	225.70
	B组	228.43	211.41	220.07	243.58	216.36	223.97
	平均	228.61	210.48	218.31	246.72	220.06	224.83

2015—2020年度黄淮海流域A组前3个年度逐渐下降，至2018—2019年度快速增加，2019—2020年度再次下降，最多与最少每角粒数在2018—2019年度和2017—2018年度，分别为25.23个/角和21.03个/角，相差4.2个/角，达19.97%，除去2018—2019年度最多每角粒数后，其他各年度相差并不大。B组前两个年度呈下降趋势，至2018—2019年度逐渐增加，2019—2020年度再次减少，最多与最少每角粒数在2018—2019年度和2016—2017年度，分别为24.88粒/角和21.67粒/角，相差3.21粒/角，达14.81%，除去最大每角粒数所在年度后，其他各年度相差亦不大。2017—2018年度油菜越冬期平稳，春季回温快，成熟期温度比较平稳，有利于籽粒灌浆和角果形成，也是每角粒数较其他年度多的原因之一（图56-3，表56-3）。与对照相比，黄淮海流域各年度每角粒数均比对照少，5个年度分别比对照少3.88%、4.71%、5.06%、6.25%和5.91%（表56-3）。与长江流域相比，多于上游和中游，稍多于下游。

2015—2020年黄淮海流域A组千粒重为3.62~4.14g，自2015—2016年度开始逐渐减少，2019—2020年度为3.64g，与上一年度3.62g基本持平。B组千粒重前两个年度逐渐增加后3个年度呈下降趋势，为3.50~3.98g，2019—2020年度千粒重为3.50g。A组各年度千粒重较该组对照秦优7号均要重，B组除2015—2016年度持平于对照外，其他年度也要更重。黄淮海流域5年平均比对照高6.48%。2017—2018年度气温较适宜油菜生长发育成熟，千粒重整体较重（图56-2、表56-4）。整体看，黄淮海地区2015—2020年参试品种平均千粒重呈下降趋势，且相较于长江流域，黄淮海地区平均千粒重并不占优。

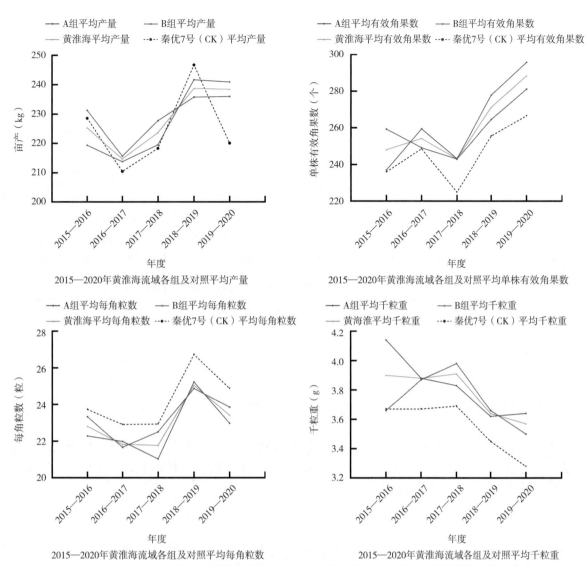

图56-2 2015—2020年度黄淮海流域各组别亩产、单株有效角果数、每角粒数和千粒重变化

表56-2 2015—2020年黄淮海流域冬油菜品种试验各组别单株有效角果数 （个/株）

区组		2015—2016	2016—2017	2017—2018	2018—2019	2019—2020	平均
黄淮	A组	237.00	259.41	243.17	277.89	295.77	262.65
	B组	259.24	249.10	242.96	264.64	281.15	259.42
	平均	248.12	254.26	243.07	271.27	288.46	261.03
秦优7号（CK）	A组	241.52	258.79	228.95	256.13	271.93	251.46
	B组	230.50	238.50	220.97	254.95	261.46	241.28
	平均	236.01	248.65	224.96	255.54	266.70	246.37

表56-3 2015—2020年黄淮海流域冬油菜品种试验各组别每角粒数 （粒/角）

区组		2015—2016	2016—2017	2017—2018	2018—2019	2019—2020	平均
黄淮	A组	22.28	21.98	21.03	25.23	22.97	22.70
	B组	23.33	21.67	22.50	24.88	23.85	23.25
	平均	22.81	21.83	21.77	25.06	23.41	22.97
秦优7号（CK）	A组	23.33	22.64	22.76	27.15	25.24	24.22
	B组	24.12	23.18	23.09	26.30	24.51	24.24
	平均	23.73	22.91	22.93	26.73	24.88	24.23

表56-4　2015—2020年黄淮海流域冬油菜品种试验各组别千粒重　　　　　（g）

区组		2015—2016	2016—2017	2017—2018	2018—2019	2019—2020	平均
黄淮	A组	4.14	3.88	3.83	3.62	3.64	3.82
	B组	3.66	3.87	3.98	3.66	3.50	3.73
	平均	3.90	3.88	3.91	3.64	3.57	3.78
秦优7号（CK）	A组	3.68	3.62	3.72	3.44	3.29	3.55
	B组	3.66	3.72	3.66	3.45	3.27	3.55
	平均	3.67	3.67	3.69	3.45	3.28	3.55

2015—2020年黄淮海流域产量及构成因子相关性分析表明，产量与单株有效角果数和每角粒数呈现极显著正相关，与千粒重呈现显著负相关，千粒重与单株有效角果数、每角粒数呈现极显著负相关（表56-5）。因此在提高产量时，应注重增加单株有效角果数与每角粒数，适当控制千粒重。

表56-5　2015—2020年黄淮海流域产量及构成因子相关性分析

	产量	有效角果数	每角粒数	千粒重
产量	1			
有效角果数	0.365**	1		
每角粒数	0.503**	0.087	1	
千粒重	−.232*	−.564**	−.339**	1

注：**表示在0.01水平上显著相关；*表示在0.05水平上显著相关。

整体上看，黄淮海流域冬油菜产量是呈明显增产趋势的。其产量与构成因子每角粒数、单株有效角果数均呈极显著正相关，产量、单株有效角果数、每角粒数与千粒重呈显著负相关。因此在育种中需要注重综合提高其产量构成因子。

第二节　2015—2020年黄淮海冬油菜品种试验参试品种农艺性状动态分析

2015—2020年黄淮海流域生育期受气候影响较小，未出现播种延迟或者成熟期提前的状况。各组生育期变化一致，A组和B组最长生育期均出现在2016—2017年度，分别是236.80d和236.70d，最短生育期年度为2017—2018年度，分别是232.60d和232.30d。黄淮海流域各组平均生育期在同一年度几乎相同，与对照在该年度相差0.1～1.3d，整体上两组生育期虽有波动但仍在逐渐缩短（表56-6、图56-3）。不同生态区生育期相差较大，与长江流域相比，黄淮海流域普遍晚熟8d及以上。

表56-6　2015—2020年黄淮海流域冬油菜品种试验各组别生育期　　　　　（d）

区组		2015—2016	2016—2017	2017—2018	2018—2019	2019—2020	平均
黄淮	A组	236.50	236.80	232.60	235.04	233.50	234.89
	B组	236.50	236.70	232.30	235.30	233.10	234.78
	平均	236.50	236.75	232.45	235.17	233.30	234.83
秦优7号（CK）	A组	236.60	237.09	233.80	235.40	234.50	235.48
	B组	236.60	237.18	233.10	236.10	234.40	235.48
	平均	236.60	237.14	233.45	235.75	234.45	235.48

2015—2020年黄淮海流域各组株高在前两个年度从最矮株高增加到最高株高后，第二至第三个年度出现下降，第三至第五个年度再次增高（图56-3），两组最低与最高株高分别相差31.35cm和

20.18cm，各组各个年度平均株高均矮于对照平均株高，2016—2017年度和2019—2020年度均出现暖冬现象，是造成两个年度植株高大的原因之一。黄淮海流域5个年度平均株高为156.77cm，相比于长江流域上、中游的198.01cm和181.03cm要更矮，稍低于长江下游的163.81cm（表56-7）。

表56-7　2015—2020年黄淮海流域冬油菜品种试验各组别株高　　　　　　（cm）

区组		2015—2016	2016—2017	2017—2018	2018—2019	2019—2020	平均
黄淮	A组	136.75	168.13	153.59	160.78	165.68	156.99
	B组	144.57	164.75	151.20	158.67	163.61	156.56
	平均	140.66	166.44	152.40	159.73	164.65	156.77
秦优7号（CK）	A组	152.71	171.14	159.27	168.23	179.48	166.17
	B组	154.06	174.29	161.30	171.95	174.75	167.27
	平均	153.39	172.72	160.29	170.09	177.12	166.72

2015—2020年黄淮海流域A组单株有效分枝数为7.34～7.91个/株，各年度浮动较小，B组除去2016—2017年度13.77个/株外，其他各年度为7.45～8.10个/株。除2016—2017年度外，各组别各个年度的平均有效分枝数均要多于该组对照的单株有效分枝数，5年平均比对照多8.26%（图56-3、表56-8）。该流域的单株有效分枝数整体与长江下游相似，要多于长江上游和中游流域。

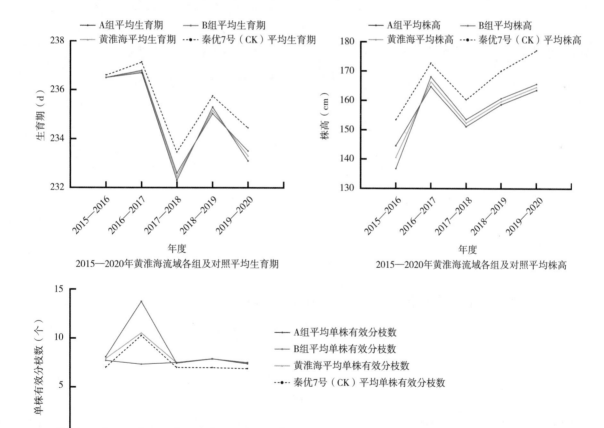

2015—2020年黄淮海流域各组及对照平均生育期

2015—2020年黄淮海流域各组及对照平均株高

2015—2020年黄淮海流域各组及对照平均单株有效分枝数

图56-3　2015—2020年黄淮海流域各组别生育期、株高和单株有效分枝数变化

表56-8　2015—2020年黄淮海流域冬油菜品种试验各组别单株有效分枝数　（个/株）

区组		2015—2016	2016—2017	2017—2018	2018—2019	2019—2020	平均
黄淮	A组	7.72	7.34	7.52	7.91	7.39	7.58
	B组	8.10	13.77	7.45	7.89	7.52	8.95
	平均	7.91	10.56	7.49	7.90	7.46	8.26
秦优7号（CK）	A组	7.25	6.65	6.97	6.73	6.83	6.89
	B组	6.76	13.90	7.02	7.25	6.95	8.38
	平均	7.01	10.28	7.00	6.99	6.89	7.63

黄淮海流域2016—2017年度青荚期出现大风导致参试品种倒伏品种较多。2015—2020年参试品种总计109个。抗倒伏能力强的品种数有46个，占比42.20%，抗倒性中的品种数有58个，占比53.21%，抗倒性弱的品种数有5个，占比4.59%（表56-9）。抗倒性中以上的品种占比95.41%，（表56-9）整体表现较好。对照秦优7号抗倒性评价为中以上。

表56-9　2015—2020年黄淮海流域冬油菜品种试验各组别抗倒性统计

区组		2015—2016			2016—2017			2017—2018			2018—2019			2019—2020			总计
		强	中	弱	强	中	弱	强	中	弱	强	中	弱	强	中	弱	
黄淮	A组	7	2	0	2	6	2	3	9	0	7	5	0	5	7	0	55
	B组	6	2	0	2	5	3	4	8	0	7	5	0	3	9	0	54
	总计	13	4	0	4	11	5	7	17	0	14	10	0	8	16	0	109
秦优7号（CK）	A组	强-				中-			中		强-				中-		
	B组	强-				中-			中-			中			中		
	总计	2	0	0	0	2	0	0	2	0	1	1	0	0	2	0

黄淮海流域2015—2020年度参试品种的主要农艺性状变化较为清晰。整体上看，生育期呈下降趋势，株高呈增加趋势。除个别年度外，单株平均有效分枝数在7.5个/株上下浮动，抗倒性表现相对较好。

第三节　2015—2020年黄淮海冬油菜品种试验参试品种品质性状动态分析

一、总体概况

受全国农业技术推广服务中心的委托，农业农村部油料及制品质量监督检验测试中心承担了2015—2020年度黄淮海冬油菜品种试验参试品种的品质分析检测工作。5年来，共检测了214份黄淮海冬油菜品种试验参试品种，对其品质质量检测结果，均采用我国双低油菜品种审定标准判定品种的续试或登记，为新品种登记和管理提供了决策依据，为分析我国双低油菜品种品质质量水平提供了基础性、长期连续的数据。

二、材料与方法

（一）材料

试验材料为参加2015—2020年黄淮海试验组国家区域试验试验的冬油菜品种，共收到全国油菜区域试验品质检测样品214份，样品经油菜区域试验主持单位统一将品种试验点样品混样、分样、编码，由中国农业科学院油料作物研究所油菜区域试验组送样，送样人为罗莉霞。其中105份样品检测了芥酸含量，109份样品检测了含油量和硫苷。历年样品检测数量见图56-4、图56-5。

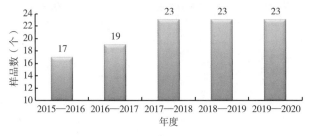

图56-4　2015—2020年黄淮海检测芥酸的样品量

图56-5　2015—2020年黄淮海检测含油量和硫苷的样品量

（二）方法

1. 芥酸检测

芥酸检测方法见第五十三章第三节材料与方法，结果表示为油菜籽芥酸占总脂肪酸的百分比（%）。

2. 硫代葡萄糖苷检测

硫代葡萄糖苷方法见第五十三章第三节材料与方法，结果表示为8.5%水杂饼粕中硫代葡萄糖苷含量（μmol/g）。

3. 含油量检测

含油量检测方法见第五十三章第三节材料与方法，结果表示为干基菜籽中含油量（%）。

三、品质性状动态

（一）芥酸结果分析

2015—2020年黄淮海组检测芥酸的样品共有105份，检测结果表明，5年芥酸含量最高值的平均值为0.91%，最低值的平均值为未检出（0.05%），5年内的平均值为0.12%（表56-10）。2019—2020年度的芥酸最高值为5年内最大（2.53%），2018—2019年度的芥酸最高值为5年内最小（0.40%）（图56-6）。芥酸平均值呈总体上升趋势，2019—2020年度芥酸平均值最高，达0.22%，2018年芥酸平均值最低，为0.06%（图56-7）。其样品芥酸含量检测结果分布见图56-8。

表56-10　2015—2020年黄淮海样品芥酸检测结果汇总　　　　　　　　　　　　　　　（%）

年度	最高值	最低值	平均值
2015—2016	0.60	未检出	0.12
2016—2017	0.50	未检出	0.12
2017—2018	0.50	未检出	0.06
2018—2019	0.40	未检出	0.09
2019—2020	2.53	未检出	0.22
平均	0.91	未检出	0.12

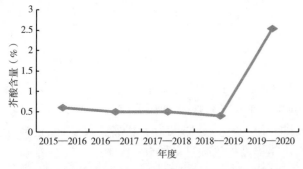

图56-6　2015—2020年黄淮海样品芥酸最大值变化

图56-7　2015—2020年黄淮海样品芥酸平均值变化

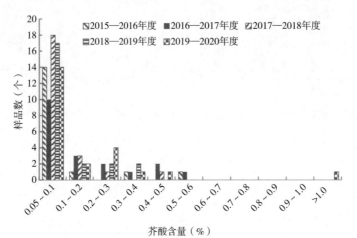

图56-8　2015—2020年黄淮海样品芥酸含量检测结果分布

（二）硫代葡萄糖苷结果分析

2015—2020年度黄淮海组检测硫代葡萄糖苷的样品共有109份，检测结果表明，5年硫代葡萄糖苷含量最高值的平均值为33.47μmol/g，最低值的平均值为20.27μmol/g，5年平均值为24.92μmol/g（表56-11）。2018—2019年度的硫代葡萄糖苷最大值为5年最高（38.39μmol/g），2015—2016年度硫代葡萄糖苷最大值为5年最低（27.43μmol/g）（图56-9）。2018—2019年度硫代葡萄糖苷最低值为5年内最高（21.41μmol/g），2015—2016年度硫代葡萄糖苷最低值为5年内最低（18.25μmol/g）（图56-10）。硫代葡萄糖苷平均值呈波动上升趋势，2018—2019年度硫代葡萄糖苷平均值最高，为27.88μmol/g，2015—2016年度硫代葡萄糖苷平均值最低，为21.82μmol/g（图56-11）。其样品硫代葡萄糖苷含量检测结果分布见图56-12。

表56-11　2015—2020年黄淮海样品硫代葡萄糖苷检测结果汇总　　　　　　　　（μmol/g）

年度	最高值（8.5%水杂）	最低值（8.5%水杂）	平均值（8.5%水杂）
2015—2016	27.43	18.25	21.82
2016—2017	33.6	21.07	25.41
2017—2018	33.93	20.13	24.94
2018—2019	38.39	21.41	27.88
2019—2020	33.98	20.48	24.56
平均	33.47	20.27	24.92

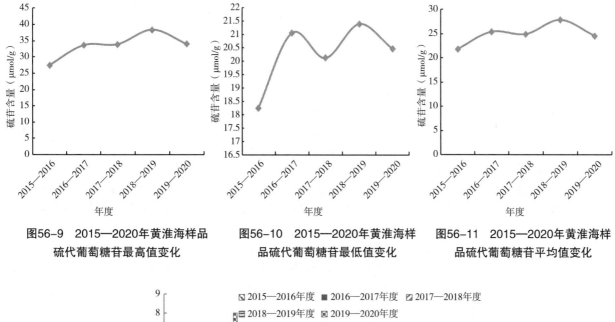

图56-9　2015—2020年黄淮海样品硫代葡萄糖苷最高值变化

图56-10　2015—2020年黄淮海样品硫代葡萄糖苷最低值变化

图56-11　2015—2020年黄淮海样品硫代葡萄糖苷平均值变化

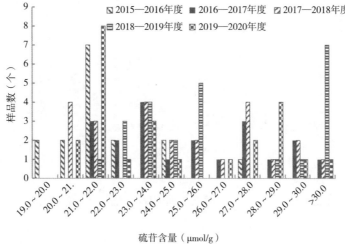

图56-12　2015—2020年黄淮海样品硫代葡萄糖苷含量检测结果分布

（三）含油量结果分析

2015—2020年黄淮海组检测含油量的样品共有109份，检测结果表明，5年含油量含量最高值的平均值为47.63%，最低值的平均值为41.20%，5年平均值为44.29%（表56-12）。2015—2016年度的含油量最大值为5年最高（49.62%），2019—2020年度含油量最大值为5年最低（45.36%）（图56-13）。2019年含油量最低值为5年内最高（41.7%），2015—2016年度含油量最低值为5年内最低（40.62%）（图56-14）。黄淮海组品种含油量平均值呈波动下降趋势，2015—2016年度含油量平均值最高，为45.63%，2019—2020年度含油量平均值最低，为42.72%（图56-15）。其品种含油量检测结果分布见图56-16。

表56-12　2015—2020年黄淮海样品含油量检测结果汇总　　　　　　　　（%）

年度	最高值	最低值	平均值
2015—2016	49.62	40.62	45.63
2016—2017	48.14	41.62	45
2017—2018	47.32	41.41	43.9
2018—2019	47.71	41.7	44.2
2019—2020	45.36	40.64	42.72
平均	47.63	41.20	44.29

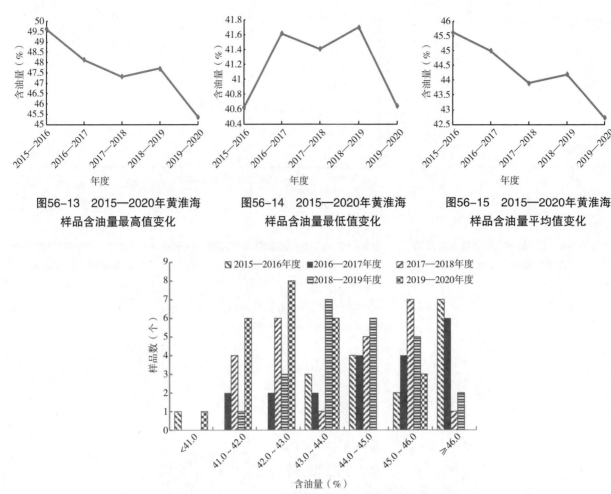

图56-13　2015—2020年黄淮海　　图56-14　2015—2020年黄淮海　　图56-15　2015—2020年黄淮海
样品含油量最高值变化　　　　　样品含油量最低值变化　　　　　样品含油量平均值变化

图56-16　2015—2020年度黄淮海样品含油量检测结果分布

（四）达标率结果分析

2015—2020年黄淮海区域试验品种硫甙平均值24.92μmol/g，5年内单项达标率平均值100.00%，5年单项达标率均达100%；2015—2020年黄淮海区域试验品种芥酸含量平均值0.12%，平均单项达标率99.13%，除了2019—2020年其余年度单项达标率为100%，2020年单项达标率为95.65%。

2015—2020年黄淮海区域试验油菜品种双低达标率变化见表56-13和图56-17。

表56-13　2015—2020年黄淮海区域试验油菜品种双低达标率

芥酸（%）	硫苷（μmol/g）（8.5%水杂）	双低达标率（%）				
		2015—2016年度	2016—2017年度	2017—2018年度	2018—2019年度	2019—2020年度
≤0.5	≤25.0	88.24	47.37	56.52	43.48	60.87
≤0.5	≤30.0	94.12	94.74	95.65	73.91	91.30
≤1.0	≤30.0	100.00	94.74	95.65	73.91	91.30
≤1.0	≤40.0	100.00	100.00	100.00	100.00	95.65
≤2.0	≤40.0	100.00	100.00	100.00	100.00	95.65

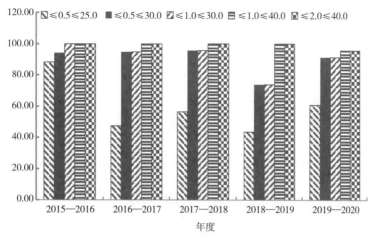

图56-17 2015—2020年黄淮海区域试验油菜品种双低达标率变化

四、结论

通过分析2015—2020年5个年度的检测结果，可以得出如下主要结论。

2015—2020年黄淮海组品种芥酸、硫苷分析：区域试验品种芥酸平均值呈总体上升趋势，硫代葡萄糖苷平均值呈波动上升趋势，双低达标率维持在95%以上，双低品种品质与国际接轨。

2015—2020年黄淮海组品种含油量分析：区域试验品种含油量总体平均值呈下降趋势，5年平均值为44.29%，达国际标准。

双低油菜籽为敏感性靠前的农作物品种，其质量安全水平受政策、气候、管理水平等多因素的影响，需要对其品质质量状况进行连续不间断跟踪，及时掌握其质量状况，引导双低油菜品种区域试验、生产与消费，优质与优价，促进双低油菜产业稳步健康发展。

第四节 2015—2020年黄淮海冬油菜品种试验参试品种抗性动态分析

一、总体概况

受全国农业技术推广服务中心的委托，湖北省武汉市国家农作物品种区域试验抗性鉴定试验站连续承担了2015—2020年黄淮海冬油菜品种试验参试品种的菌核病抗性鉴定工作。5年来，采用病圃诱发鉴定的方法并结合田间自然发病的数据，共评价了106份黄淮海冬油菜品种对菌核病的抗性，其结果为后续油菜品种登记和管理提供了决策依据，为分析我国油菜品种菌核病抗性水平提供了基础性、长期性、系统性数据，为提高我国油菜抗病育种水平、阻止高感品种流入市场提供了有力支撑。

二、材料与方法

（一）材料

试验材料为参加2015—2020年国家冬油菜品种试验黄淮海区组的106份品种。样品经油菜区域试验主持单位统一编码、分样，由中国农业科学院油料作物研究所油菜区域试验课题组送样。同时，为了能有一个统一的标准来直观地比较不同来源材料的相对抗性，所有试验均使用了相同的抗病对照中油821，系本试验站留种。试验地点为湖北省武汉市国家农作物品种区域试验抗性鉴定试验站阳逻试验基地大田人工病圃。历年鉴定样品数量见图56-18。

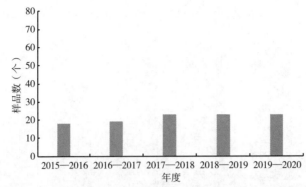

图56-18　2015—2020年黄淮海冬油菜品种菌核病抗性鉴定样品量

（二）方法

参照《油菜品种菌核病抗性鉴定技术规程》（NY/T 3068—2016）、《农作物抗病虫性鉴定方法》（ISBN/S 1676）等进行。

1. 病害诱发

一方面，油菜播种后每平方米均匀增施2～3粒采自当地前一季发病油菜茎秆中的大小适中、有活力的菌核或每行中施1～2粒菌核，以维持田间有充足的菌源及菌源分布的均匀性。另一方面，病圃安装有以色列进口的人工喷雾系统，在油菜初花期至终花期进行喷雾，从上午8:00开始，每2h一次，每次60s，每天8次。

2. 试验设计与田间管理

试验采取随机区组设计，每份样品设置3次重复，小区面积2.5m×1.0m，行距0.33m，定苗后约合16 000株/亩。试验材料于9月下旬播种，底肥亩施复合肥（N、P、K）50kg，越冬前亩施尿素7.5kg。薹期不中耕培土，以免破坏子囊盘。花期不施用杀菌剂，不摘除老黄叶。其他按常规大田管理措施，但注意全部农事操作一致性，成熟前不在小区中走动（不破坏原植株分布结构）。

3. 病害调查

于收获前5～7d按照成熟期油菜菌核病调查分级标准（5级）进行病害。各小区逐行逐株调查，每个重复由一人完成，所有小区在半天内调查完毕。

4. 数据统计与分析

对病害压力$P>15\%$的试验（为有效抗病鉴定试验）进行数据统计分析。根据调查的病害级别分别计算每个小区的发病率和病情指数，用病情指数来衡量病害严重度。同时，针对发病率、病情指数和相对抗性指数求品种频度分布图，针对发病率、病情指数和相对抗性指数求重复间数据相关性，用此检验区组/重复设置效果，田间菌源分布和病害压力均一性。

5. 抗病等级划分

根据病情指数计算相对抗性指数RRI，据抗性指数RRI划定每个样品的抗病等级（图56-19）。

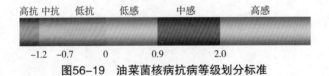

图56-19　油菜菌核病抗病等级划分标准

三、菌核病抗性动态

2015—2020年，共鉴定了106份黄淮海冬油菜品种对菌核病的抗性，其平均发病率为44.40%，平均病情指数为33.44。数据有效性分析结果显示，5年里所有参试材料的菌核病发病率均高于15%，表明病害压力大于15%，抗性鉴定试验有效；各重复间发病率和病情指数均呈极显著相关的（$P<0.01$），表明田间菌源和病害压力的分布是均匀或一致的，区组控制效果显著（图56-20）。

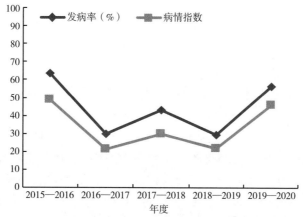

图56-20 2015—2020年黄淮海冬油菜品种菌核病发生情况统计

在参试的106份品种中，大多数材料的发病率和病情指数与对照中油821相比差异不显著（*P*>0.05），仅少部分材料的发病率和病情指数要显著高于或低于其他材料（*P*<0.05）。以中油821为对照计算抗病等级，抗病品种共32份，占30.19%；感病品种共74份，占69.81%。其中，高抗品种1份，占0.94%；中抗品种4份，占3.77%；低抗品种27份，占25.47%；高感品种5份，占4.72%；中感品种13份，占12.26%；低感品种56份，占52.83%。详细结果见图56-21。

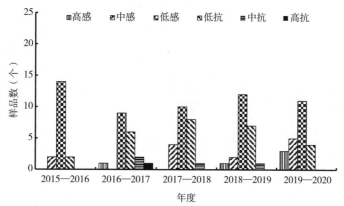

图56-21 2015—2020年黄淮海冬油菜品种菌核病抗性鉴定结果统计

2016—2017年度参试材料的菌核病抗性为5年内最好，其中感病品种所占比例为52.63%，抗病品种所占比例为47.37%，高抗和中抗品种数量也最多。2015—2016年度参试材料的菌核病抗性为五年内最差，其中感病品种占88.89%，抗病品种占11.11%。5年间参试材料的菌核病抗性水平总体呈上升趋势，且年度间存在波动。详细结果见图56-22。

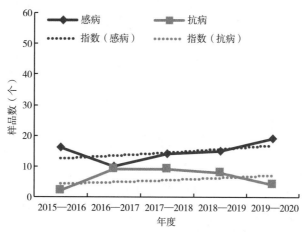

图56-22 2015—2020年黄淮海冬油菜品种菌核病抗性变化趋势

四、结论

2015—2020年共鉴定黄淮海冬油菜品种106份，其菌核病抗性大多属于低感水平，其次是低抗和中感，高抗品种仅1份，中抗品种也仅4份。

2015—2020年，黄淮海冬油菜品种的菌核病抗性水平总体呈上升趋势，且年度间存在波动，抗病品种所占的比例从11.11%上升到17.39%。

自2004年以来，本试验站连年承担了国家和部分省份冬油菜品种菌核病抗性鉴定工作，比较历年病圃鉴定数据，发现通过该方法所获得的结果具有较高的准确性、稳定性和可重复性。然而，因不能完全保证在自然条件下所有小区都获得了同样的病原数量和发病环境，因此，也就不能完全保证所有品种在一次鉴定中的等级和位次在更多次的鉴定中均保持不变，但是，对于那些鉴定为感病的品种，特别是高感的，其结果是定性。

长期研究实践表明，要想更加精准地鉴定出不同品种的相对抗性水平，尤其是在抗性差异较小的品种间达到较好的区分度，需要做好以下3方面的工作：一是维持大小适中、均衡一致的病害压力；二是保证油菜生长势、植株密度、田间湿度等的一致性；三是根据多年和/或多点的鉴定结果进行综合评判。

第五十七章　2015—2020年云贵高原组冬油菜品种试验性状动态分析

第一节　2015—2020年云贵高原冬油菜品种试验参试品种产量及构成因子动态分析

云贵高原组含云南全省、贵州大部早熟油菜地区及四川凉山彝族自治州高海拔地区，各试点生态环境差异大，各地具有特定的小气候。2015年10月大部分试点播种期间气候与墒情适宜，出苗普遍整齐。贵州各试点苗期雨量充足，油菜花期无霜冻天气发生，2016年4月成熟期虽然出现冰雹等极不利天气，但对油菜产量无大的影响，个别品种出现倒伏。云南各试点薹蕾期遇低温冻害，有个别品种分段结实现象。

各试点在2016年10月播种期间，气候与墒情适宜，出苗整齐。苗期雨量充足，仅云南省农业科学院因大雨导致渍害，缺苗缺区，申请试验报废。各试点的盛花期天晴光足，无低温冻害。成熟期晴雨相间，部分品种出现倒伏。

各试点在2017年10月播种期间，气候与墒情适宜，出苗整齐。苗期雨量充足，云南各点春季有轻微冻害，4月高温逼熟，成熟期白粉病发病较普遍。

各试点在2018年10月播种期间，气候与墒情适宜，出苗整齐。苗期雨量充足；2019年1—3月云南各点降雨偏少，出现轻微的冻害，4月高温逼熟，成熟期白粉病发病较普遍；贵州安顺点有轻微的鸟害。

2019年10月播种期云南各点干旱少雨，11月后降雨增加，有利于油菜壮苗。冬季云南罗平、玉龙点出现霜冻和大雪，参试品种有不同程度冻害，部分品种严重倒伏和返花。4月青荚期至成熟期晴雨交替，气温回升较快，有高温逼熟现象。贵州安顺和四川西昌试点苗期干旱少雨，花期至成熟期无不利生长的气候发生。

除2016—2017年度因成熟期因冰雹天气品种倒伏出现减产且平均亩产低于200kg/亩外，云贵高原生态区其他年度均高于200kg/亩。变化趋势为前两个年度降低，而后连续两个年度增加，至最后一个年度减少，最大平均亩产出现在2018—2019年度，超过250.08kg/亩，2019—2020年度冬季出现冻害，导致部分品种倒伏和返花，青荚期至成熟期晴雨交替不利于干物质累积，后期出现高温逼熟，导致产量不如上一年度。各年度平均亩产与对照青杂10号相比互有高低，分别比对照增产4.96%、−1.22%、11.13%、−0.51%和3.86%（表57-1、图57-1）。与上述两个生态大区相比，亩产量较长江流域高，与黄淮海流域相当。

云贵高原2015—2018年和2019—2020年度平均单株有效角果数处于增长状态，2018—2019年度有所下降。2017—2018年度云贵高原的气候，非常适合油菜生长，气候适，光照充足，雨水充沛，有利于油菜角果形成和籽粒饱满，该年度达最多单株有效角果数307.04个/株，2018—2019年度的单株有效角果数231.85个/株，降幅达24.49%。各年度平均单株有效角果数均多于该年度对照青杂10号，5个年度平均比对照多9.52%（图57-1、表57-2）。与上述生态区相比，5年平均单株有效角果数仅高于长江中游生态区，较其他生态区低。

表57-1　2015—2020年云贵高原冬油菜品种试验区域试验产量　　　　　　（kg/亩）

区组	2015—2016	2016—2017	2017—2018	2018—2019	2019—2020	平均
云贵高原	211.94	188.73	236.83	250.08	236.75	224.87
青杂10号（CK）	201.93	191.25	213.12	251.36	227.95	217.12

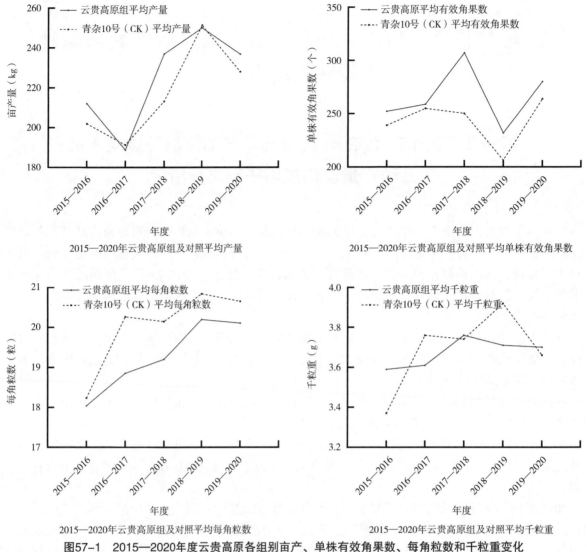

2015—2020年云贵高原组及对照平均产量

2015—2020年云贵高原组及对照平均单株有效角果数

2015—2020年云贵高原组及对照平均每角粒数

2015—2020年云贵高原组及对照平均千粒重

图57-1　2015—2020年度云贵高原各组别亩产、单株有效角果数、每角粒数和千粒重变化

表57-2　2015—2020年云贵高原冬油菜品种试验单株有效角果数　（个/株）

区组	2015—2016	2016—2017	2017—2018	2018—2019	2019—2020	平均
云贵高原	252.35	258.96	307.04	231.85	280.16	266.07
青杂10号（CK）	239.05	255.01	250.26	206.36	264.06	242.95

云贵高原每角粒数在2015—2019年度持续增长，2019—2020年度较前一年度稍有降低。最多每角粒数20.19粒/角，出现在2018—2019年度；最少每角粒数出现在2015—2016年度，为18.04粒/角。各年度每角粒数均少于该组对照青杂10号，5年平均每角粒数比对照少3.70%（图57-1、表57-3）。与上述生态区相比，5年平均每角粒数仅高于长江上游，较其他生态区低。

表57-3　2015—2020年云贵高原冬油菜品种试验各组别每角粒数　（粒/角）

区组	2015—2016	2016—2017	2017—2018	2018—2019	2019—2020	平均
云贵高原	18.04	18.85	19.20	20.19	20.10	19.28
青杂10号（CK）	18.23	20.26	20.14	20.84	20.65	20.02

2015—2018年云贵高原部分试点有倒伏或试验因渍报废，对千粒重有一定影响。该生态区至2017—2018年度平均千粒重逐年度增加，至2018—2019年度稍有下降，2019—2020年度与前一年度相当，2017—2018年度千粒重最高为3.76g，较2015—2016年度的最低千粒重3.59g，增加4.74%。各年度分别比对照增加6.53%、-3.99%、0.53%、-5.36%和1.09%（图57-1、表57-4）。与其他生态区相比，5年平均千粒重低于长江中下游和黄淮海流域，与长江上游生态区相当。

表57-4　2015—2020年云贵高原冬油菜品种试验千粒重　（g）

区组	2015—2016	2016—2017	2017—2018	2018—2019	2019—2020	平均
云贵高原	3.59	3.61	3.76	3.71	3.70	3.67
青杂10号（CK）	3.37	3.76	3.74	3.92	3.66	3.69

云贵高原2015—2020年产量及构成因子相关性分析表明，产量与每角粒数呈极显著正相关，与单株有效角果数有显著相关性（表57-5）。云贵高原参试品种在提高产量时，应着重增加每角粒数，兼顾单株有效角果数，维持千粒重。

表57-5　2015—2020年云贵高原产量及构成因子相关性分析

	产量	有效角果数	每角粒数	千粒重
产量	1			
有效角果数	0.324*	1		
每角粒数	0.468**	-0.161	1	
千粒重	0.224	-0.02	-0.15	1

注：*表示在0.05水平上显著相关；**表示在0.01水平上显著相关。

整体上看，云贵高原冬油菜产量是呈增产趋势的。其产量与构成因子每角粒数呈现极显著正相关，产量与单株有效角果数呈显著正相关。因此在育种中需要注重增加每角粒数，兼顾千粒重和单株有效角果数。

第二节　2015—2020年云贵高原冬油菜品种试验参试品种农艺性状动态分析

2015—2020年气候对云贵高原各试点未出现晚播情况。2015—2018年度平均生育期逐年度延迟，2017—2020年逐年度缩短（图57-2）。最长生育期在2017—2018年度，达185.0d，最短生育期年度为2015—2016年度，为177.8d，各年度平均生育期均要迟于对照青杂10号（表57-6）。相比黄淮海和长江流域参试品种，云贵高原参试品种平均生育期要更短。

云贵高原平均株高在2017—2018年度出现大幅降低，其他4个年度均在170cm以上（图57-2）。除2019—2020年度平均株高比对照青杂10号高外，其他4个年度均要比对照低，5年平均株高较对照低0.62%（表57-7）。云贵高原近两个年度平均株高要矮于长江流域平均株高，稍高于黄淮海流域平均株高。

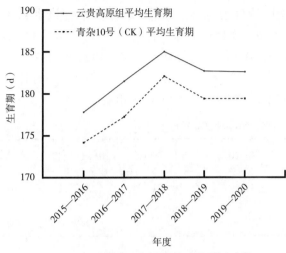

2015—2020年度云贵高原组及对照平均生育期

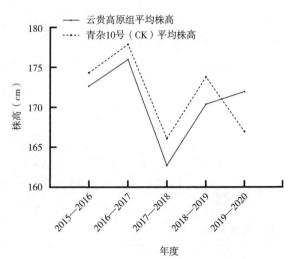

2015—2020年度云贵高原组及对照平均株高

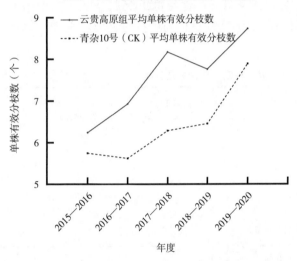

2015—2020年度云贵高原组及对照平均单株有效分枝数

图57-2　2015—2020年云贵高原各组别生育期、株高和单株有效分枝数变化

表57-6　2015—2020年云贵高原冬油菜品种试验生育期　　　　　　　　　　　　　　　（d）

区组	2015—2016	2016—2017	2017—2018	2018—2019	2019—2020	平均
云贵高原	177.80	181.50	185.00	182.70	182.60	181.92
青杂10号（CK）	174.20	177.25	182.10	179.40	179.40	178.47

表57-7　2015—2020年云贵高原冬油菜品种试验株高　　　　　　　　　　　　　　　　（cm）

区组	2015—2016	2016—2017	2017—2018	2018—2019	2019—2020	平均
云贵高原	172.64	175.96	162.70	170.38	171.94	170.72
青杂10号（CK）	174.30	177.87	166.06	173.77	166.93	171.79

　　2015—2020年云贵高原单株有效分枝数呈现明显上升趋势，仅2018—2019年度较上一年度出现下降（图57-2），最多与最少单株有效分枝数相差2.49个/株。其在各年度均要多于对照青杂10号，5年平均单株有效分枝数较对照低0.62%（表57-8）。5个年度平均单株有效分枝数低于长江下游和黄淮海流域，高于长江上游和长江中游。

表57-8　2015—2020年云贵高原冬油菜品种试验单株有效分枝数　　　　　　　　　　（个/株）

区组	2015—2016	2016—2017	2017—2018	2018—2019	2019—2020	平均
云贵高原	6.24	6.93	8.17	7.76	8.73	7.57
青杂10号（CK）	5.75	5.62	6.28	6.45	7.89	6.40

2019—2020年度冬季出现不同程度冻害，倒伏相较于其他年度较严重。2015—2020年云贵高原参试品种总计57个，抗倒性强的品种数为44个，占比77.19%，抗倒性中的品种有13个，占比22.81%，无抗倒性弱的品种（表57-9）。除2019—2020年度外，各个年度内抗倒性强的品种占比超过75%。

表57-9　2015—2020年云贵高原冬油菜品种试验抗倒性统计

区组	2015—2016			2016—2017			2017—2018			2018—2019			2019—2020			总计
	强	中	弱	强	中	弱	强	中	弱	强	中	弱	强	中	弱	
云贵高原	9	2	0	9	3	0	10	2	0	11	0	0	5	6	0	57
青杂10号（CK）		中			中			强-			强-			中		

黄淮海流域2015—2020年参试品种的主要农艺性状变化较为明了。整体上看，生育期稍有增加，株高呈稍有降低。除个别年度外，单株平均有效分枝数在7.5个/株上下浮动，抗倒性表现较好。

第三节　2015—2020年云贵高原冬油菜品种试验参试品种品质性状动态分析

一、总体概况

受全国农业技术推广服务中心的委托，农业农村部油料及制品质量监督检验测试中心承担了2015—2020年度云贵冬油菜品种试验参试品种的品质分析检测工作。5年来共检测了114份云贵冬油菜品种试验参试品种，对其品质质量检测结果，均采用我国双低油菜品种审定标准判定品种的续试或登记，为新品种登记和管理提供了决策依据，为分析我国双低油菜品种品质质量水平提供了基础性、长期连续的数据。

二、材料与方法

（一）材料

试验材料为参加2015—2020年度云贵试验组国家区域试验试验的冬油菜品种，共收到云贵油菜区域试验品质检测样品114份，样品经油菜区域试验主持单位统一将品种试验点样品混样、分样、编码，由中国农业科学院油料作物研究所油菜区域试验组送样，送样人为罗莉霞。其中57份样品检测了芥酸含量，57份样品检测了含油量和硫苷。历年样品检测数量见图57-3、图57-4。

图57-3　2015—2020年云贵高原检测芥酸的样品量　图57-4　2015—2020年云贵高原检测含油量和硫苷的样品量

（二）方法

1. 芥酸检测

芥酸检测方法见第五十三章第三节材料与方法，结果表示为油菜籽芥酸占总脂肪酸的百分比（%）。

2. 硫代葡萄糖苷检测

硫代葡萄糖苷检测方法见第五十三章第三节材料与方法，结果表示为8.5%水杂饼粕中硫代葡萄糖苷含量（μmol/g）。

3. 含油量检测

含油量检测方法见第五十三章第三节材料与方法，结果表示为干基菜籽中含油量（%）。

三、品质性状动态

（一）芥酸结果分析

2015—2020年云贵高原组检测芥酸的样品共有57份，检测结果表明：5年芥酸含量最高值的平均值为2.77%，最低值的平均值为未检出（0.05%），5年内的平均值为0.48%（表57-10）。2019—2020年度的芥酸最高值为5年内最大（5.04%），2015—2016年度的芥酸最高值为5年内最小（1.40%）（图57-5）。芥酸平均值总体呈上升趋势，2019—2020年度芥酸平均值最高，达0.88%，是2016年的3倍多（图57-6）。其样品芥酸含量检测结果分布见图57-7。

表57-10　2015—2020年云贵高原样品芥酸检测结果汇总　　　　　　　　　　　（%）

年度	最高值	最低值	平均值
2015—2016	1.4	未检出	0.28
2016—2017	2.9	未检出	0.45
2017—2018	1.7	未检出	0.24
2018—2019	2.8	未检出	0.54
2019—2020	5.04	未检出	0.88
平均	2.77	未检出	0.48

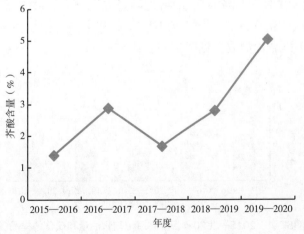

图57-5　2015—2020年云贵高原样品芥酸最大值变化

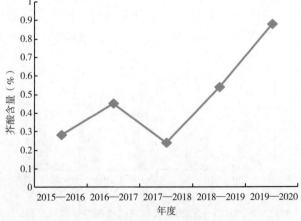

图57-6　2015—2020年云贵高原样品芥酸平均值变化

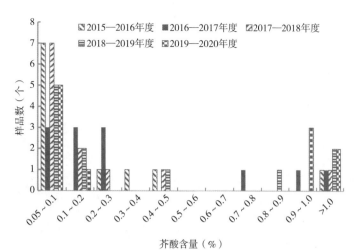

图57-7 2015—2020年云贵高原样品芥酸含量检测结果分布

（二）硫代葡萄糖苷结果分析

2015—2020年云贵组检测硫代葡萄糖苷的样品共有57份，检测结果表明：5年硫代葡萄糖苷含量最高值的平均值为44.44μmol/g，最低值的平均值为20.87μmol/g，5年平均值为30.00μmol/g（表57-11）。2015—2016年度的硫代葡萄糖苷最大值为5年最高（53.80μmol/g），2018年硫代葡萄糖苷最大值为5年最低（39.70μmol/g）（图57-8）。2018—2019年度硫代葡萄糖苷最低值为5年内最高（23.03μmol/g），2015—2016年硫代葡萄糖苷最低值为5年内最低（18.83μmol/g）（图57-9）。硫代葡萄糖苷平均值呈波动上升趋势，2019—2020年度硫代葡萄糖苷平均值最高，为32.32μmol/g，2015—2016年度硫苷平均值最低（27.94μmol/g）（图57-10）。其样品硫代葡萄糖苷含量检测结果分布见图57-11。

表57-11 2015—2020年云贵高原样品硫代葡萄糖苷检测结果汇总 （μmol/g）

年度	最高值（8.5%水杂）	最低值（8.5%水杂）	平均值（8.5%水杂）
2015—2016	53.8	18.83	27.94
2016—2017	39.75	20.23	29.14
2017—2018	39.7	19.93	28.32
2018—2019	44.11	23.03	32.29
2019—2020	44.82	22.33	32.32
平均	44.44	20.87	30.00

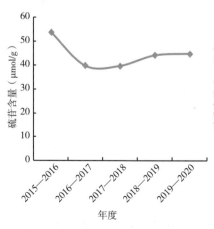

图57-8 2015—2020年云贵高原
样品硫代葡萄糖苷最高值变化

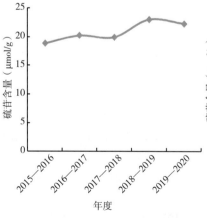

图57-9 2015—2020年云贵高原
样品硫代葡萄糖苷最低值变化

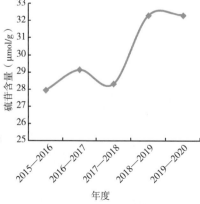

图57-10 2015—2020年云贵高原
样品硫代葡萄糖苷平均值变化

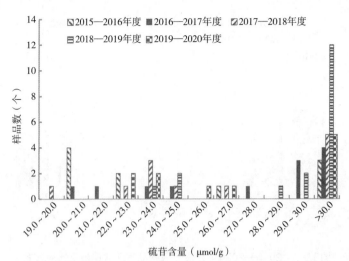

图57-11　2015—2020年云贵高原样品硫代葡萄糖苷含量检测结果分布

（三）含油量结果分析

2015—2020年云贵组检测含油量的样品共有57份，检测结果表明：5年含油量含量最高值的平均值为45.83%，最低值的平均值为40.75%，5年平均值为43.49%（表57-12）。2019—2020年度的含油量最大值为5年最高（46.64%），2015—2016年度含油量最大值为5年最低（44.30%）（图57-12）。2018—2019年度含油量最低值为5年内最高（42.19%），2016—2017年度含油量最低值为5年内最低（37.75%）（图57-13）。云贵组品种含油量平均值呈波动上升趋势，2017—2018年度含油量平均值最高，为44.86%，2015—2016年度含油量平均值最低，为42.23%（图57-14）。其品种含油量检测结果分布见图57-15。

表57-12　2015—2020年云贵高原样品含油量检测结果汇总　　　　　　　　　　　　　　（%）

年度	最高值	最低值	平均值
2015—2016	44.3	40.8	42.23
2016—2017	46.11	37.75	42.3
2017—2018	46.63	41.1	44.86
2018—2019	45.45	42.19	43.85
2019—2020	46.64	41.9	44.19
平均	45.83	40.75	43.49

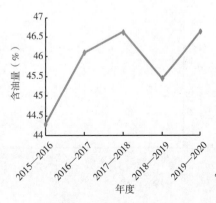

图57-12　2015—2020年云贵高原样品含油量最高值变化

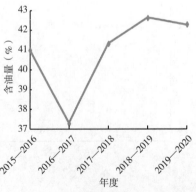

图57-13　2015—2020年云贵高原样品含油量最低值变化

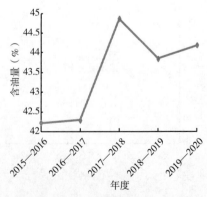

图57-14　2015—2020年云贵高原样品含油量平均值变化

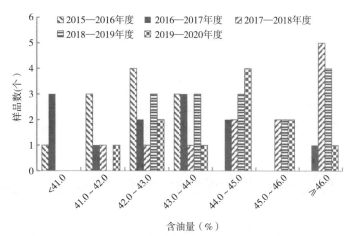

图57-15　2015—2020年云贵高原样品含油量检测结果分布

（四）达标率结果分析

2015—2020年云贵区域试验品种硫甙平均值30.00μmol/g，5年间单项达标率平均值85.45%，2016—2017年度和2017—2018年度单项达标率达到100%，2019—2020年度单项达标较低，63.64%；2015—2020年云贵区域试验品种芥酸含量平均值0.48%，平均单项达标率96.36%，2016—2018年单项达标率为100%，2018—2019年度和2019—2020年度单项达标率均为90.91%。

2015—2020年云贵区域试验油菜品种双低达标率变化见表57-13和图57-16。

表57-13　2015—2020年云贵高原区域试验油菜品种双低达标率

芥酸（%）	硫甙（μmol/g）（8.5%水杂）	双低达标率（%）				
		2015—2016年度	2016—2017年度	2017—2018年度	2018—2019年度	2019—2020年度
≤0.5	≤25.0	63.64	33.33	50.00	27.27	27.27
≤0.5	≤30.0	72.73	66.67	58.33	54.55	45.45
≤1.0	≤30.0	72.73	66.67	58.33	54.55	54.55
≤1.0	≤40.0	81.82	91.67	91.67	63.64	63.64
≤2.0	≤40.0	81.82	91.67	100.00	72.73	63.64

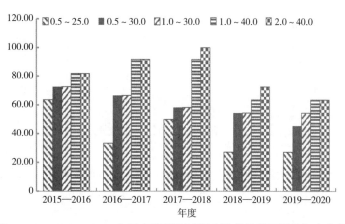

图57-16　2015—2020年云贵高原区域试验油菜品种双低达标率变化

四、结论

通过分析2015—2020年5个年度的检测结果，可以得出如下主要结论。

2015—2020年云贵高原冬油菜品种芥酸、硫甙分析：品种芥酸和硫甙平均值总体均呈上升趋势，双低达标率下降到63.64%。

2015—2020年云贵高原冬油菜品种含油量分析：区域试验品种含油量平均值呈波动上升趋势，5年平均值为43.49%，达国际标准。

双低油菜籽为敏感性靠前的农作物品种，其质量安全水平受政策、气候、管理水平等多因素的影响，需要对其品质质量状况进行连续不间断跟踪，及时掌握其质量状况，引导双低油菜品种区域试验、生产与消费，优质与优价，促进双低油菜产业稳步健康发展。

第四节　2015—2020年云贵高原冬油菜品种试验参试品种抗性动态分析

一、总体概况

受全国农业技术推广服务中心的委托，湖北省武汉市国家农作物品种区域试验抗性鉴定试验站连续承担了2015—2020年早熟和云贵高原冬油菜品种试验参试品种的菌核病抗性鉴定工作。5年来，采用病圃诱发鉴定的方法并结合田间自然发病的数据，共评价了112份早熟和云贵高原冬油菜品种对菌核病的抗性，其结果为后续油菜品种登记和管理提供了决策依据，为分析我国油菜品种菌核病抗性水平提供了基础性、长期性、系统性数据，为提高我国油菜抗病育种水平、阻止高感品种流入市场提供了有力支撑。

二、材料与方法

（一）材料

试验材料为参加2015—2020年国家冬油菜品种试验早熟和云贵高原区组的112份品种。样品经油菜区域试验主持单位统一编码、分样，由中国农业科学院油料作物研究所油菜区域试验课题组送样。同时，为了能有一个统一的标准来直观地比较不同来源材料的相对抗性，所有试验均使用了相同的抗病对照中油821，系本试验站留种。试验地点为湖北省武汉市国家农作物品种区域试验抗性鉴定试验站阳逻试验基地大田人工病圃。历年鉴定样品数量见图57-17。

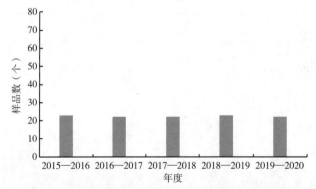

图57-17　2015—2020年早熟和云贵高原冬油菜品种菌核病抗性鉴定样品量

（二）方法

参照《油菜品种菌核病抗性鉴定技术规程》（NY/T 3068—2016）、《农作物抗病虫性鉴定方法》（ISBN/S 1676）等进行。

1. 病害诱发

一方面，油菜播种后每平方米均匀增施2～3粒采自当地前一季发病油菜茎秆中的大小适中、有活力的菌核或每行中施1～2粒菌核，以维持田间有充足的菌源及菌源分布的均匀性。另一方面，病圃安装有以色列进口的人工喷雾系统，在油菜初花期至终花期进行喷雾，从上午8:00开始，每2h一次，每次60s，每天8次。

2. 试验设计与田间管理

试验采取随机区组设计，每份样品设置3次重复，小区面积2.5m×1.0m，行距0.33m，定苗后约合16 000株/亩。试验材料于10月中旬播种，底肥亩施复合肥（N、P、K）50kg，越冬前亩施尿素7.5kg。薹期不中耕培土，以免破坏子囊盘。花期不施用杀菌剂，不摘除老黄叶。其他按常规大田管理措施，但注意全部农事操作一致性，成熟前不在小区中走动（不破坏原植株分布结构）。

3. 病害调查

于收获前5～7d按照成熟期油菜菌核病调查分级标准（5级）进行病害。各小区逐行逐株调查，每个重复由一人完成，所有小区在半天内调查完毕。

4. 数据统计与分析

对病害压力$P>15\%$的试验（方为有效抗病鉴定试验）进行数据统计分析。根据调查的病害级别分别计算每个小区的发病率和病情指数，用病情指数来衡量病害严重度。同时，针对发病率、病情指数和相对抗性指数求品种频度分布图，针对发病率、病情指数和相对抗性指数求重复间数据相关性，用此检验区组/重复设置效果，田间菌源分布和病害压力均一性。

5. 抗病等级划分

根据病情指数计算相对抗性指数RRI，据抗性指数RRI划定每个样品的抗病等级（图57-18）。

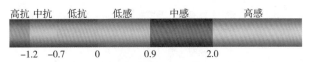

图57-18　油菜菌核病抗病等级划分标准

三、菌核病抗性动态

2015—2020年，共鉴定了112份早熟和云贵高原冬油菜品种对菌核病的抗性，其平均发病率为34.79%，平均病情指数为25.01。数据有效性分析结果显示，5年里所有参试材料的菌核病发病率均高于15%，表明病害压力大于15%，抗性鉴定试验有效；各重复间发病率和病情指数均呈极显著相关的（$P<0.01$），表明田间菌源和病害压力的分布是均匀或一致的，区组控制效果显著（图57-19）。

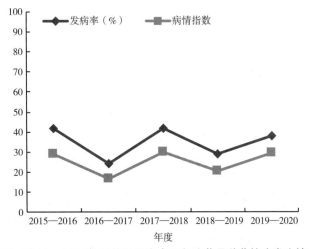

图57-19　2015—2020年早熟和云贵高原冬油菜品种菌核病发生情况统计

在参试的112份品种中，大多数材料的发病率和病情指数与对照中油821相比差异不显著（$P>0.05$），仅少部分材料的发病率和病情指数要显著高于或低于其他材料（$P<0.05$）。以中油821为对照计算抗病等级，抗病品种共35份，占31.25%；感病品种共77份，占68.75%。其中，无高

抗品种；中抗品种1份，占0.89%；低抗品种34份，占30.36%；高感品种8份，占7.14%；中感品种13份，占11.61%；低感品种56份，占50.00%。详细结果见图57-20。

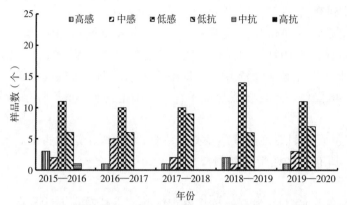

图57-20　2015—2020年早熟和云贵高原冬油菜品种菌核病抗性鉴定结果统计

2017—2018年度参试材料的菌核病抗性为5年内最好，其中感病品种占59.09%，抗病品种占40.91%。2016—2017年度参试材料的菌核病抗性为5年内最差，其中感病品种占72.73%，抗病品种占27.27%，高感和中感品种数量也最多。5年间参试材料的菌核病抗性水平总体持平，但年度间存在波动。详细结果见图57-21。

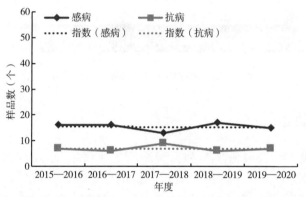

图57-21　2015—2020年早熟和云贵高原冬油菜品种菌核病抗性变化趋势

四、结论

2015—2020年共鉴定早熟和云贵高原冬油菜品种112份，其菌核病抗性大多属于低感水平，其次是低抗、中感和高感，无高抗品种，中抗品种也仅1份。

2015—2020年，早熟和云贵高原冬油菜品种的菌核病抗性水平总体持平，但年度间存在波动。

自2004年以来，本试验站连年承担了国家和部分省份冬油菜品种菌核病抗性鉴定工作，比较历年病圃鉴定数据，发现通过该方法所获得的结果具有较高的准确性、稳定性和可重复性。然而，因不能完全保证在自然条件下所有小区都获得了同样的病原数量和发病环境，因此，也就不能完全保证所有品种在一次鉴定中的等级和位次在更多次的鉴定中均保持不变，但是，对于那些鉴定为感病的品种，特别是高感的，其结果是定性。

长期研究实践表明，要想更加精准地鉴定出不同品种的相对抗性水平，尤其是在抗性差异较小的品种间达到较好的区分度，需要做好以下3个方面的工作：一是维持大小适中、均衡一致的病害压力；二是保证油菜生长势、植株密度、田间湿度等的一致性；三是根据多年和/或多点的鉴定结果进行综合评判。

第五十八章　2015—2020年早熟组冬油菜品种试验性状动态分析

第一节　2015—2020年早熟组冬油菜品种试验参试品种产量及构成因子动态分析

早熟组包含江西、湖南的南部和福建的北部及广西北部双季稻区，各试点生态环境及气候差异大。2015年大部分试点播种期间气候与墒情适宜，出苗整齐。福建浦城点苗期阴雨导致根腐病，严重缺区缺苗。湖南和江西各试点苗期低温多雨寡照。油菜花期气温起伏，成熟收获期雨水较多，菌核病较高于往年。

2016年秋播期间，气候与墒情适宜，出苗整齐。蕾薹期整体气候正常。2017年花期出现倒春寒，出现分段结实现象。成熟收获期雨水较多，菌核病发生较重。有个别品种在部分试点未能在试验方案规定的4月20日最后收获期内成熟。

2017年秋播期间，广西和湖南各试点降雨不足，人工灌溉多次，蕾薹期光照多整体气候正常。2018年春季的花期出现倒春寒；晴雨交替，温度高、光照充足，成熟期间，气温较高。

2018年秋播期间，各试点雨量充沛，出苗整齐；蕾薹期气候正常。2019年春季至成熟收获期阴雨寡照。江西进贤点和宜春点有轻微鸟害。

2019年各试点秋播期间，干旱少雨，灌溉及时，保证出苗整齐；苗薹期持续干旱高温，虫害防治及时，冬前期田间管理到位。2020年春季至成熟收获期雨晴交替，气温正常，有利于油菜扬花授粉、籽粒灌浆和产量形成。江西进贤点和宜春点有轻微鸟害。

早熟区在2015—2017年对照为青杂10号，2017—2020年对照更换为阳光131。前两个年度仅在110kg/亩左右，高于照青杂10号；后两个年度在120kg/亩左右，与对照阳光131互有领先（图58-1）。2017—2018年度油菜苗期长势好；蕾薹期光照多，春季晴雨交替，温度高、光照充足，十分有利于油菜授粉结实、籽粒灌浆和产量形成，因此该年度产量较前一年度增加36.23%（表58-1）。早熟区亩产要小于长江流域和云贵高原，显著小于黄淮海流域。

2015—2020年早熟区单株有效角果数呈先上升再下降的趋势，2019—2020年度相较于上一个年度仅有少许增加（图58-1）。2017—2019年自最多单株有效角果数228.97个/株下降至最少单株有效角果数179.25个/株。该生态区单株有效角果数与对照青杂10号相比，要更多，与阳光131互有领先。2017—2018年度气候条件十分有利于油菜生长，分枝、灌浆，单株有效角果数较其他年度都要多，较前一年度增加11.88%，增加幅度仅次于2016—2017年度的13.13%（表58-2）。早熟区5个年度单株有效角果数较长江上中下游、黄淮海流域和云贵高原均要少。

早熟区每角粒数在前两个年度自20.61粒/角增加至最多的22.32粒/角，增加8.30%，后3个年度逐渐下降至最少的20.49粒/角（图58-1、表58-3）。与当年度对照相比，早熟区每角粒数多于青杂10号，与阳光131也互有领先（图58-1）。2017—2018年度除单株有效角果数远多于其他年度外，每角粒数也达21.79个（表58-3），居于第二位。六个生态区冬油菜每角粒数差异并不大。

早熟区域试验验品种千粒重在前两个年度从最小3.43g走高至最大4.11g，至2018—2019年度一路走低，2019—2020年度稍高于2018—2019年度（表58-4、图58-1）。除2015—2016年度外，其他年度千粒重均要高于对照（表58-4）。六大生态区中，早熟区与长江上中游、黄淮海流域和云贵高原差异较小，均要小于长江下游千粒重。

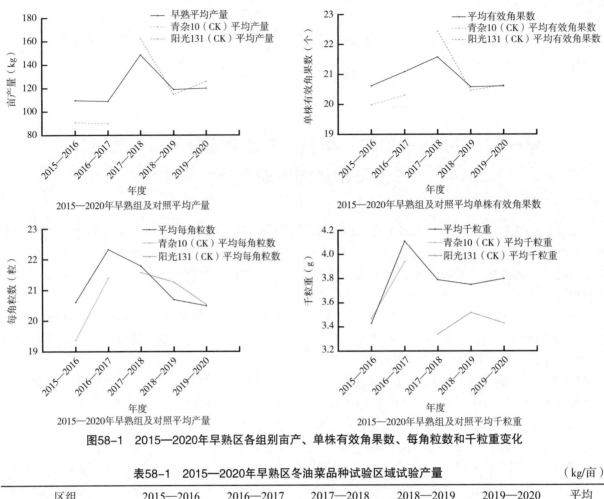

图58-1　2015—2020年早熟区各组别亩产、单株有效角果数、每角粒数和千粒重变化

表58-1　2015—2020年早熟区冬油菜品种试验区域试验产量　　　　　　　　　　　　　　（kg/亩）

区组		2015—2016	2016—2017	2017—2018	2018—2019	2019—2020	平均
	早熟	109.71	109.06	148.57	119.06	120.13	121.31
对照	青杂10号	90.81	89.92				90.37
	阳光131			162.60	114.84	125.94	134.46

表58-2　2015—2020年早熟区冬油菜品种试验单株有效角果数　　　　　　　　　　　　　（个/株）

区组		2015—2016	2016—2017	2017—2018	2018—2019	2019—2020	平均
	早熟	180.91	204.66	228.97	179.25	180.51	194.86
对照	青杂10号	149.46	165.63				157.54
	阳光131			272.57	173.17	182.06	209.27

表58-3　2015—2020年早熟区冬油菜品种试验每角粒数　　　　　　　　　　　　　　　　（粒/角）

区组		2015—2016	2016—2017	2017—2018	2018—2019	2019—2020	平均
	早熟	20.61	22.32	21.79	20.69	20.49	21.18
对照	青杂10号	19.37	21.40				20.39
	阳光131			21.58	21.26	20.53	21.12

表58-4　2015—2020年早熟区冬油菜品种试验千粒重　　　　　　　　　　　　　　　　　　（g）

区组		2015—2016	2016—2017	2017—2018	2018—2019	2019—2020	平均
	早熟	3.43	4.11	3.79	3.75	3.80	3.78
对照	青杂10号	3.47	3.94				3.71
	阳光131			3.34	3.52	3.43	3.43

　　早熟区产量及构成因子的相关性分析表明，产量与单株有效角果数呈显著正相关；单株有效角果数与每角粒数呈现显著正相关（表58-5）。

表58-5　2015—2020年早熟区产量及构成因子相关性分析

	产量	有效角果数	每角粒数	千粒重
产量	1			
有效角果数	0.614**	1		
每角粒数	0.103	0.351**	1	
千粒重	0.026	—0.126	—0.08	1

注：**表示在0.01水平上显著相关。

整体上看，早熟区冬油菜产量是呈增产趋势的。其产量与构成因子单株有效角果数呈极显著正相关，单株有效角果数与每角粒数呈正相关。因此在育种中需要注重增加单株有效角果数和每角粒数，兼顾千粒重。

第二节　2015—2020年早熟组冬油菜品种试验参试品种农艺性状动态分析

早熟区2015—2020年生育期5个年度内受气候对影响较小。该生态区生育期变化呈现"S"形（图58-2）。最长生育期出现在2018—2019年度，为185.30d；最短生育期出现在2016—2017年度，为180.50d（表58-6）。各年度生育期与对照相当。整体生育期与云贵高原相当，早于长江流域和黄淮海流域。

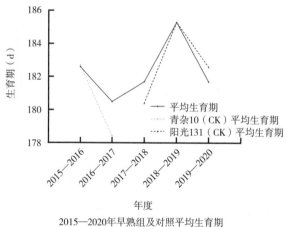

2015—2020年早熟组及对照平均生育期

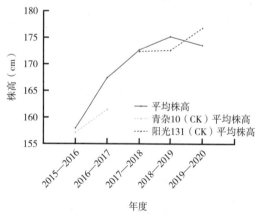

2015—2020年早熟组及对照平均株高

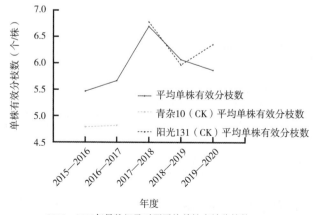

2015—2020年早熟组及对照平均单株有效分枝数

图58-2　2015—2020年早熟区各组别生育期、株高和单株有效分枝数变化

表58-6　2015—2020年早熟区冬油菜品种试验生育期　（d）

区组		2015—2016	2016—2017	2017—2018	2018—2019	2019—2020	平均
	早熟	182.60	180.50	181.70	185.30	181.70	182.36
对照	青杂10号	182.70	178.43				180.56
	阳光131			180.40	185.30	182.60	182.77

2015—2020年早熟区参试品种平均株高前4个年度从最低157.95cm一路攀升至最高175.21cm，至第五个年度少许下降。除2019—2020年度外，各年度早熟区株高均要高于对照（图58-2）。2017—2019年均出现倒春寒，2019—2020年度春季气温较低，导致该生态区株高较前两个年度增高，各年度分别较前一年度增高6.03%、3.12%、1.45%和-0.93%（表58-7）。该生态区株高低于长江流域和云贵高原，高于黄淮海流域。

表58-7　2015—2020年早熟区冬油菜品种试验株高　（cm）

区组		2015—2016	2016—2017	2017—2018	2018—2019	2019—2020	平均
	早熟	157.95	167.47	172.70	175.21	173.58	169.38
对照	青杂10号	157.14	161.49				159.32
	阳光131			172.41	172.64	176.86	173.97

早熟区单株有效分枝数5个年度以2017—2018年度为界，前3个年度增加，后3个年度下降（图58-2）。2017—2018年度该生态气候十分适宜油菜生长，单株有效分枝数也达6.70个/株，较前一年度增加18.17%。早熟区各年度平均单株有效分枝数要高于对照青杂10号，后3个年度与对照阳光131互有领先（表58-8、图58-2）。该生态区单株有效分枝数要与长江中游相似，要低于长江上下游、黄淮海流域和云贵高原。

表58-8　2015—2020年早熟区冬油菜品种试验单株有效分枝数　（个/株）

区组		2015—2016	2016—2017	2017—2018	2018—2019	2019—2020	平均
	早熟	5.47	5.67	6.70	6.07	5.87	5.96
对照	青杂10号	4.79	4.82				4.81
	阳光131			6.79	5.97	6.36	6.37

早熟区5个年度内未出现极端天气致使倒伏，参试品种共有57个，抗倒性强的品种共有46个，占比80.70%，抗倒性中的品种有11个，占比19.30%，无抗倒性弱的品种，对照抗倒性较强，早熟区参试品种的抗倒性整体较强（表58-9）。

表58-9　2015—2020年早熟区冬油菜品种试验别抗倒性统计

区组		2015—2016			2016—2017			2017—2018			2018—2019			2019—2020			总计
		强	中	弱	强	中	弱	强	中	弱	强	中	弱	强	中	弱	
	早熟	11	0	0	11	1	0	8	3	0	11	1	0	5	6	0	57
对照	青杂10号	强			强-												
	阳光131							强-			强			中			

早熟区2015—2020年参试品种的主要农艺性状变化较为清晰。整体上看，生育期相对稳定，株高逐渐增加。除个别年度外，单株平均有效分枝数在5.8个/株上下浮动，抗倒性表现较好。

第三节　2015—2020年早熟组冬油菜品种试验参试品种品质性状动态分析

一、总体概况

受全国农业技术推广服务中心的委托，农业农村部油料及制品质量监督检验测试中心承担了2015—2020年度早熟冬油菜品种试验参试品种的品质分析检测工作。5年来共检测了116份早熟冬油菜品种试验参试品种，对其品质质量检测结果，均采用我国双低油菜品种审定标准判定品种的续试或登记，为新品种登记和管理提供了决策依据，为分析我国双低油菜品种品质质量水平提供了基础性、长期连续的数据。

二、材料与方法

（一）材料

试验材料为参加2015—2020年度早熟试验组国家区域试验试验的冬油菜品种，共收到全国油菜区域试验品质检测样品116份，样品经油菜区域试验主持单位统一将品种试验点样品混样、分样、编码，由中国农业科学院油料作物研究所油菜区域试验组送样，送样人为罗莉霞。其中58份样品检测了芥酸含量，58份样品检测了含油量和硫苷。历年样品检测数量见图58-3、图58-4。

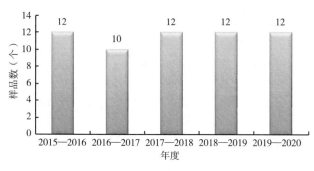

图58-3　2015—2020年早熟区检测芥酸的样品量

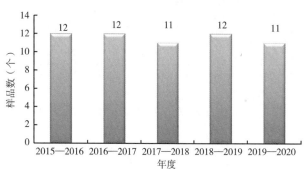

图58-4　2015—2020年检测早熟区含油量和硫苷的样品量

（二）方法

1. 芥酸检测

芥酸检测方法见第五十三章第三节材料与方法，结果表示为油菜籽芥酸占总脂肪酸的百分比（％）。

2. 硫代葡萄糖苷检测

硫代葡萄糖苷检测方法见第五十三章第三节材料与方法，结果表示为8.5%水杂饼粕中硫代葡萄糖苷含量（μmol/g）。

3. 含油量检测

含油量检测方法见第五十三章第三节材料与方法，结果表示为干基菜籽中含油量（％）。

三、品质性状动态

（一）芥酸结果分析

2015—2020年早熟组地区检测芥酸的样品共有58份，检测结果表明，5年芥酸含量最高值的平均值为1.08%，最低值的平均值为未检出（0.05%），5年内的平均值为0.17%（表58-10）。2018—2019年度的芥酸最高值为5年内最大（1.5%），2017—2018年度的芥酸最高值为5年内最小（0.60%）（图58-5）。芥酸平均值总体波动性较大，2018—2019年度芥酸平均值最高，达0.29%，2016—2017年度和2017—2018年度芥酸平均值最低，均为0.1%（图58-6）。其样品芥酸含量检测结果分布见图58-7。

表58-10 2015—2020年早熟区样品芥酸检测结果汇总 （%）

年度	最高值	最低值	平均值
2015—2016	1.4	未检出	0.16
2016—2017	0.9	未检出	0.1
2017—2018	0.6	未检出	0.1
2018—2019	1.5	未检出	0.29
2019—2020	0.99	未检出	0.19
平均	1.08	未检出	0.17

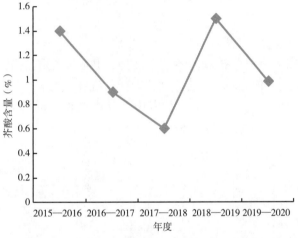

图58-5 2015—2020年度早熟区样品芥酸最大值变化　　图58-6 2015—2020年早熟区样品芥酸平均值变化

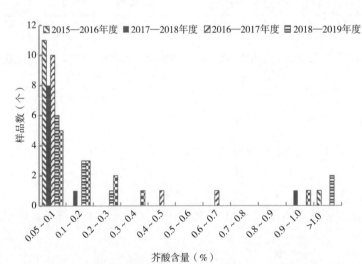

图58-7 2015—2020年早熟区样品芥酸含量检测结果分布

（二）硫代葡萄糖苷结果分析

2015—2020年早熟组地区检测硫代葡萄糖苷的样品共有58份，检测结果表明，5年硫代葡萄糖苷含量最高值的平均值为38.05μmol/g，最低值的平均值为19.68μmol/g，5年平均值为24.54μmol/g

（表58-11）。2015—2016年度的硫代葡萄糖苷最大值为5年最高（47.99μmol/g），2016—2017年度硫代葡萄糖苷最大值为5年最低（24.52μmol/g）（图58-8）。2019—2020年度硫代葡萄糖苷最低值为5年内最高（20.42μmol/g），2015—2016年度硫代葡萄糖苷最低值为5年内最低（18.48μmol/g）（图58-9）。硫代葡萄糖苷平均值呈波动上升趋势，2018—2019年度硫代葡萄糖苷平均值最高，为27.99μmol/g，2015—2016年度平均值最低，22.81μmol/g（图58-10）。其样品硫代葡萄糖苷含量检测结果分布见图58-11。

表58-11 2015—2020年早熟区样品硫代葡萄糖苷检测结果汇总 （μmol/g）

年度	最高值（8.5%水杂）	最低值（8.5%水杂）	平均值（8.5%水杂）
2015—2016	47.99	18.48	22.81
2016—2017	24.52	20.09	22.82
2017—2018	34.40	19.75	23.76
2018—2019	39.64	19.68	27.99
2019—2020	43.68	20.42	25.3
平均	38.05	19.68	24.54

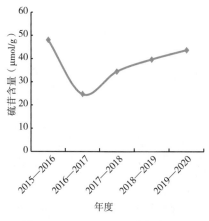

图58-8 2015—2020年早熟区样品硫代葡萄糖苷最高值变化

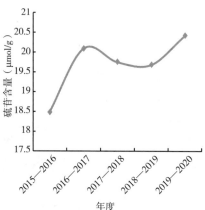

图58-9 2015—2020年早熟区样品硫代葡萄糖苷最低值变化

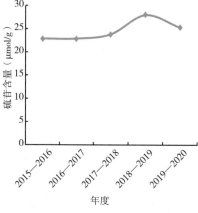

图58-10 2015—2020年早熟区样品硫代葡萄糖苷平均值变化

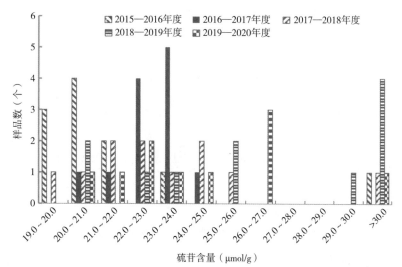

图58-11 2015—2020年早熟区样品硫代葡萄糖苷含量检测结果分布

（三）含油量结果分析

2015—2020年早熟组地区检测含油量的样品共有58份，检测结果表明，5年含油量含量最高值的平均值为45.36%，最低值的平均值为40.33%，5年平均值为42.64%（表58-12）。2016—2017年度的含油量最大值为5年最高（47.64%），2015—2016年度含油量最大值为5年最低（42.44%）（图58-12）。2017—2018年度含油量最低值为5年内最高（42.24%），2015—2016年度含油量最低值为5年内最低（38.37%）（图58-13）。早熟组地区品种含油量平均值呈波动上升趋势，2017—2018年度含油量平均值最高，为44.44%，2015—2016年度含油量平均值最低，为40.61%（图58-14）。其品种含油量检测结果分布见图58-15。

表58-12 2015—2020年早熟区样品含油量检测结果汇总

年度	最高值（%）	最低值（%）	平均值（%）
2015—2016	42.44	38.37	40.61
2016—2017	47.64	40.56	43.21
2017—2018	45.87	42.24	44.44
2018—2019	43.45	40.29	41.67
2019—2020	47.38	40.17	43.29
平均	45.36	40.33	42.64

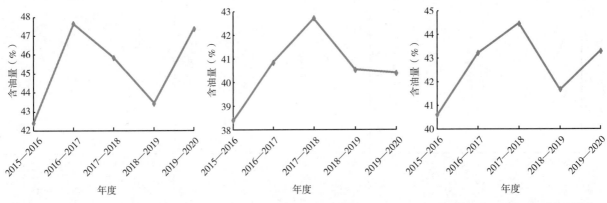

图58-12 2015—2020年早熟区样品含油量最高值变化

图58-13 2015—2020年早熟区样品含油量最低值变化

图58-14 2015—2020年早熟区样品含油量平均值变化

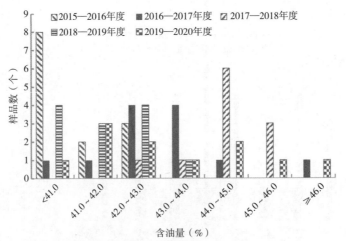

图58-15 2015—2020年早熟区样品含油量检测结果分布

（四）达标率结果分析

2015—2020年早熟组区域试验品种硫甙平均值24.54μmol/g，5年间单项达标率平均值96.52%，2017—2019年单项达标率均达到100%，2020年单项达标较低，90.91%；2015—2020年早熟组区域试验品种芥酸含量平均值0.17%，平均单项达标率100%。

2015—2020年早熟组区域试验油菜品种双低达标率变化见表58-13和图58-16。

表58-13　2015—2020年早熟组区域试验油菜品种双低达标率

芥酸（%）	硫苷（μmol/g）（8.5%水杂）	双低达标率（%）				
		2015—2016年度	2016—2017年度	2017—2018年度	2018—2019年度	2019—2020年度
≤0.5	≤25.0	91.67	90.00	81.82	0	63.64
≤0.5	≤30.0	91.67	90.00	90.91	66.67	90.91
≤1.0	≤30.0	91.67	100.00	90.91	66.67	90.91
≤1.0	≤40.0	91.67	100.00	100.00	83.33	90.91
≤2.0	≤40.0	91.67	100.00	100.00	100.00	90.91

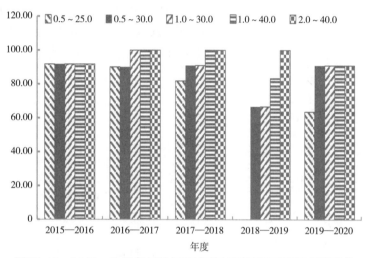

图58-16　2015—2020年早熟组区域试验油菜品种双低达标率变化

四、结论

通过分析2015—2020年5个年度的检测结果，可以得出如下主要结论。

2015—2020年早熟组冬油菜品种芥酸、硫苷分析：芥酸平均值总体波动性较大，含量平均值0.17%，平均单项达标率100%。硫代葡萄糖苷平均值呈波动上升趋势，5年平均值为24.54μmol/g；双低达标率在90%以上，双低品种品质与国际接轨。

2015—2020年早熟组冬油菜品种含油量分析：区域试验品种含油量总体平均达42.64%，年度间波动大。

双低油菜籽为敏感性靠前的农作物品种，其质量安全水平受政策、气候、管理水平等多因素的影响，需要对其品质质量状况进行连续不间断跟踪，及时掌握其质量状况，引导双低油菜品种区域试验、生产与消费，优质与优价，促进双低油菜产业稳步健康发展。

第四节　2015—2020年早熟组冬油菜品种试验参试品种抗性动态分析

早熟生态区与云贵高原生态区均只有一个分组。为方便处理将早熟组和云贵高原组合并分析讨论，结果见第五十七章第四节。

第五十九章　2016—2020年国家登记油菜品种推广情况分析

第一节　2016—2020年国家登记油菜品种概况

　　2017年是油菜实行登记制的第一年，截至2017年年底共登记油菜品种165个（图59-1）。其中有常规种20个，杂交种145个，占比分别为12.12%和87.88%；甘蓝型品种占比162个，白菜型品种3个。登记为工业用油的品种仅有1个。登记为食用油的品种含油量全部在38%以上，高于45%的品种有38个，占比23.17%；含油量为40%～45%的登记品种共有115个，占比70.12%；含油量小于40%的有11个，占食用油登记总数的6.71%。高抗菌核病品种有6个，中抗品种数32个，低抗61个，抗菌核病品种数占登记品种数60%，55个品种鉴定为低感，10个品种为中感，1个品种为高感，感菌核病品种占比40%。6个品种未鉴定病毒病，21个品种高抗病毒病，48个品种中抗病毒病，77个品种低抗病毒病，鉴定为抗病毒病的品种占比88.48%，低感品种12个，中感品种1个，无高感品种。另有2个品种中抗根腐病，2个品种高抗霜霉病。

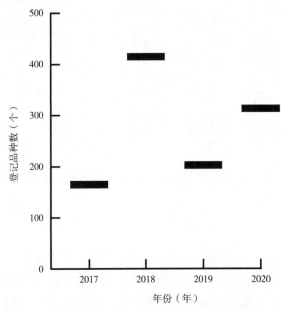

图59-1　2017—2020年各年份登记品种数

　　2018年底登记油菜品种415个（图59-1），其中白菜型品种6个、芥菜型2个、甘蓝型407个。工业油登记3个高芥酸品种；食用油登记412个品种，占比达99.28%。含油量全部在37.0%以上，高于45%的品种有114个品种，占食用油登记品种27.74%，含油量低于40%的品种有33个，含油量为40%～45%的登记品种共有260个，占食用油登记品种的63.26%。高抗菌核病的品种有15个，中抗品种数为78个，低抗为131个，表现为抗菌核病的品种数占全部品种数53.98%；有157个品种表现为低感菌核病，33个品种表现为中感，1个品种表现为高感。高抗病毒病的品种有38个，中抗有131个，低抗133个，抗病毒病的品种数占登记油菜总品种数72.77%；表现为低感病毒病的品种数有83个，中感为6个，高感1个，有23个品种未调查或者鉴定。其他病害：有28个品种表现为抗霜霉病，13个品种表现为抗白粉病，31个品种表现为抗白锈病，3个品种表现为抗4号根肿病，2个品种抗油菜花叶病，1个品种抗抗磺酰脲类除草剂，其中11个品种表现为抗除菌核病和病毒病外的多种病害。

　　2019年登记品种数量为203个（图59-1），其中常规种25个，占12.32%；杂交种178个，占87.68%，登记为工业用油的油菜品种有5个，登记为食用油的品种共有198个，占比为98.03%。含油量全部高于36%，高于45%的品种有62个，占登记食用油品种数的31.31%，含油量低于40%的品种有7个，含油量为40%～45%的登记品种共有131个，占食用油登记品种的66.16%。高抗菌核病品种有8个，中抗品种有32个，低抗品种70个，抗病的品种有110个，占全部登记品种的54.19%，低感品种79个，中感品种14个，感病品种占45.81%。高抗病毒病品种37个，中抗43个，低抗84个，表现为抗性的品种有164个，占全部品种的80.79%，低感30个，中感4个，5个品种未检测。抗白锈病品种有2个；中抗白粉病品种有4个；抗霜霉病品种有7个，2个品种为低抗。

2020年底共登记油菜313个（图59-1），常规种36个，占11.50%；杂交种277个，占比88.50%。白菜型品种4个，甘蓝型品种309个。3个品种登记为工业用油的品种，5个品种登记为绿肥专用品种，5个品种菜薹爽口、蛋白质维生素含量高，可用作品质蔬菜。登记品种含油量全部高于36%，含油量大于45%的品种有146个，占比46.65%；含油量为40%～45%的登记品种共147个，占46.96%；含油量低于40%的品种有10个。高抗菌核病品种5个，也全部高抗病毒病，中抗菌核病41个，低抗103个，表现为抗菌核病的品种占比47.60%；低感品种141个，中感22个，高感品种1个。高抗病毒病登记品种53个，中抗品种64个，低抗103个，表现为抗病的品种占比70.29%；低感病毒病品种57个，中感10个，高感1个，其他品种未鉴定。抗霜霉病品种11个，12个品种抗白粉病，抗磺酰脲类除草剂品种4个，7个品种抗白锈病，81个品种较抗裂荚。

可以看出，4年来登记的高品质品种越来越多；抗菌核病和病毒病、抗裂荚品种占比越来越大；从抗病单一向抗多种病害、抗除草剂方向快速发展，抗逆和抗病能力越来越强；从单一食用油向工业用油、菜用、绿肥用等多用途发展，用途越来越广。国家组织的油菜试验在引领油菜向多用途、机械化、广谱抗病、优质高产高营养等方向快速发展。油菜品种具有抵御非生物逆境（干旱、盐碱、重金属污染、异常气候等）、生物侵害（病虫害等）、水分养分高效利用和品质优良等性状，可大幅度节约水肥资源，减少化肥、农药的施用，适宜机械化作业或轻简化栽培，实现"资源节约型、环境友好型、营养多元化、供需数字化"农业可持续发展和现代健康农业转型。

第二节　油菜主栽代表品种

一、沣油737

登记编号：GPD油菜（2017）430090
选育单位：湖南省农业科学院作物研究所
品种来源：湘5A×6150R
2016—2020年在安徽、甘肃、广西、湖北、湖南、江苏、江西、陕西和浙江等省份累计推广面积达到1 555万亩。

特征特性。甘蓝型半冬性细胞质雄性不育三系杂交品种。幼苗半直立，子叶肾脏形，叶色浓绿，叶柄短。花瓣中等黄色。种子黑褐色，圆形。全生育期231.8d，比对照秦优7号早熟3d。平均株高152.6cm，中生分枝类型，单株有效角果数483.6个，每角粒数22.2粒，千粒重3.59g。芥酸0.05%，硫苷20.3μmol/g，含油量44.86%。中感菌核病，抗病毒病，抗寒性较强，抗倒性较强，抗裂荚性一般。第1生长周期亩产180.5kg，比对照秦优7号增产5.0%；第2生长周期亩产174.9kg，比对照秦优7号增产16.99%。

栽培要点。适时播种：长江流域9—10月播种，直播播种量0.2～0.25kg/亩，育苗移栽苗床播种量0.4～0.5kg/亩。移栽密度约0.8万株/亩；直播密度1.5万～2.5万株/亩。甘肃春播3月播种，播种量0.4～0.6kg/亩（直播），适宜密度2万～3万株/亩。合理施肥：播前施足底肥，注意每亩底施硼肥1kg。长江流域冬前施好追肥，一般肥力田块每亩纯氮用量10～12kg，且氮、磷、钾肥按2：1：2合理搭配；甘肃春油菜区结合定苗，每亩追施尿素约5kg，配施适量的磷钾肥。田间管理：注意除草、防病、治虫，天旱及时灌溉，雨天排干渍水。成熟期注意防止鸟害。适时收获：人工收割时期是植株主序中部角中籽粒变黑时，机械收割在全株黄熟时进行。

适宜种植区域及季节。适宜在湖南、湖北、江西、安徽、浙江、江苏、上海、重庆、四川、贵州、云南、甘肃、广西、福建和河南信阳、陕西汉中、安康冬油菜产区秋季种植；内蒙古、甘肃、青海和新疆伊犁春油菜产区春季种植。

二、中双9号

登记编号：GPD油菜（2017）420055

选育单位：中国农业科学院油料作物研究所

品种来源：（中油821/双低油菜品系84004）//中双4号变异株系

2016—2020年在湖北、湖南、江西和浙江等省份累计推广面积达到714万亩。

特征特性。属半冬性甘蓝型常规油菜品种，全生育期220d左右，比对照中油杂2号早1d。幼苗半匍匐，叶色深绿，长柄叶，叶片厚，大顶叶。越冬习性为半直立，叶片裂片为缺刻型，叶缘波状；花瓣颜色淡黄色。株高155cm左右，分枝部位30cm左右，一次有效分枝数9个左右，主花序长度65cm左右，单株有效角果数331个左右，角果着生角度为斜生型，每角粒数20粒左右，千粒重约3.63g左右，种皮颜色深褐色。低抗菌核病，低抗病毒病。抗倒性强。芥酸含量0.22%，硫苷含量17.05μmol/g，含油量为42.58%。第1生产周期平均亩产172.74kg，比对照中油821增产7.29%；第2生产周期平均亩产145.27kg，比对照中油杂2号减产9.96%。

栽培要点。适时早播：育苗移栽9月中旬播种，10月中旬移栽，苗龄30d左右。苗床与大田1∶5；直播9月下旬至10月上旬播种，及时间苗、定苗。直播9月下旬到10月上旬。合理密植：该品种株型较紧凑，适当密植有利于提高产量。移栽每亩0.9万～1.2万株，直播2.0万～2.5万株。提高施肥量，必施硼肥：该品种产量潜力大，且秆硬抗倒，高水肥种植可获得高产。重施底肥，一般肥力田块亩施饼肥50～80kg，复合肥80～100kg，低肥力田块酌增。薹肥早施，撒施尿素10kg。必施硼肥，以1.5～2kg优质硼砂作底肥，并于苔期喷施0.3%的硼溶液。防病治病：于初花期后一周喷施菌核净，用100g兑水50kg喷施。

适宜种植区域及季节。适宜在湖南、湖北、江西的油菜主产区种植，秋播。

三、华油杂9号

登记编号：GPD油菜（2017）420065

选育单位：华中农业大学

品种来源：986A×7-5

2016—2020年在安徽、湖北和湖南等省份累计推广面积达到737万亩。

特征特性。甘蓝型半冬性细胞质雄性不育三系杂交种，全生育期平均233d。子叶肾脏形，苗期叶为圆叶型，叶绿色，顶叶中等，有裂叶2～3对，茎绿色，黄花，花瓣相互重叠，种子黑褐色，近圆形。株型为扇形紧凑，平均株高175～190cm，一次有效分枝8个，二次有效分枝10个，主花序长85cm，单株有效角果数380～480个，每角粒数21～23粒，千粒重2.98～3.05g。冬前、春后均长势强；抗寒中等。低感菌核和病毒病，抗倒性强。芥酸含量0.47%，硫苷含量23.05μmol/g，含油量41.09%。第1生产周期平均亩产150.16kg，比对照中油821增产28.2%；第2生产周期平均亩产191.52kg，比对照中油821增产21.87%。

栽培要点。育苗移栽9月15—25日播种，10月中下旬移栽；直播9月20日至10月10日播种。亩种植密度，移栽6 000～10 000株、直播25 000株以上。有机肥作底肥，亩施纯氮15kg以上；氮、磷、钾肥按1∶0.5∶0.9比例配合施用，追肥注意苗肥重、薹肥轻，花期看苗根外补肥；特别注意施用硼肥，亩用硼砂1kg作基肥，或者用0.3%硼砂水溶液在苗期、薹期、花期根外追施。注意防治菌核病等病虫害。

适宜种植区域及季节。适宜江苏及安徽淮河以南地区、浙江、上海、湖北、湖南、重庆、贵州省（市）冬油菜区域种植。

四、丰油730

登记编号：GPD油菜（2017）430084

选育单位：湖南省农业科学院作物研究所

品种来源：20A×325R

2016—2020年在广西、湖南和江西等省份累计推广面积达到746万亩。

特征特性。杂交种。甘蓝型。甘蓝型半冬性细胞质雄性不育三系杂交种，全生育期约216d。苗期发育早，冬前长势快，植株整齐，花期一致，植株矮壮，分枝性强。株高171.6cm，有效分枝8个，单株有效荚果数321.5个，荚粒数22.1粒，千粒重3.47g。芥酸含量0，硫苷含量17.74μmol/g，含油量44.26%。低抗菌核病，抗病毒病，抗寒性较好，抗倒性较强，抗裂荚性一般。第1生长周期平均亩产172.5kg，比对照湘杂油2号增产11.78%；第2生长周期平均亩产186.7kg，比对照中油杂2号增产11.3%。

栽培要点。适时播种：育苗移栽宜在9月中下旬播种，苗床播种量每亩0.4～0.5kg/亩，苗龄35d左右；直播宜在9月下旬至10月中旬播种，播种量0.2～0.3kg/亩。移栽密度0.8万～1.0万株/亩；直播密度定苗2万～3万株/亩。合理施肥：每亩施45%的复合肥30kg作基肥，基肥中亩配施硼素含量10%以上的硼肥1kg。田间管理：移栽要及时查补苗，直播要及时除草促苗，田间保持排水畅通。综合防治菌核病、蚜虫等病虫害。

适宜种植区域及季节。适宜在湖南、江西、广西及广东韶关、云浮的冬油菜区主产区秋播种植。

五、秦优10号

登记编号：GPD油菜（2017）610193

选育单位：咸阳市农业科学研究院

品种来源：2168A×5009C

2016—2020年在安徽、福建、江西、河南和陕西等省份累计推广面积达到672万亩。

特征特性。杂交种。甘蓝型。该品种为甘蓝型双低油菜半冬性质不育三系杂交种。幼苗半直立，叶色绿，色浅，叶大，薄，裂叶数量中等，深裂叶，叶缘锯齿状，有蜡粉，花瓣中大，侧叠，花色浅黄。陕西全生育期230～248d，长江下游区全生育期233～240d，熟期与对照相当。一般株高171.5cm，匀生分枝，分枝位高40cm左右，单株有效分枝数9.3～11.0个，单株有效角果数455.81个，每角粒数21.21粒，千粒重3.44g，籽粒黑色。丰产稳产性好，陕西油菜品种区域试验，第1、第2生产周期平均亩产203.9kg，比对照秦优7号增产6.9%，长江下游区油菜区域试验，第1、第2生产周期平均亩产175.97kg，平均亩产油量75.25kg，比对照皖油14增产13.47%（产油量增产17.26%），比对照秦优7号增产6.07%（产油量增产8.48%），芥酸含量0.27%，硫苷含量27.93～29.06μmol/g，含油量42.52%～42.80%。低抗菌核病，中抗病毒病，抗倒性强，抗冻性中等。

栽培要点。播期：陕西关中9月中旬播种，陕南和长江下游区与当地品种同期播种；播量：直播每亩0.3kg，移栽每亩0.1kg；密度：亩留苗0.8万～1.2万株；施肥：施足底肥，早施追肥，增施磷钾肥，补施硼肥。一般亩施尿素15～18kg，过磷酸钙50kg或磷酸二铵15～20kg，钾肥和硼肥可根据土壤情况适量补施，一般亩施硼肥0.5～0.75kg；加强田间管理：1～2叶期及时间苗，3叶期及时定苗，实施冬灌，及时培土中耕和防治病虫害，封冻前培土壅根，保苗安全越冬。稻田要及时开沟排涝，做好抽薹初期和终花期后茎象甲、蚜虫、菌核病防治，叶面喷施硼肥、磷酸二氢钾和2%的尿素等，增角、增粒、增粒重；适时收获，堆垛后熟，及时打晒，防止发霉变质；大田收获的油菜籽不能作种子用。

适宜种植区域及季节。适宜于浙江、上海两省份及江苏安徽两省淮河以南、陕西关中陕南冬油菜主产区秋季种植。

六、华油杂62

登记编号：GPD油菜（2018）420200
选育单位：华中农业大学
品种来源：2063A×05-P71-2
2016—2020年在湖北、湖南、江苏和江西等省份累计推广面积达到654万亩。

特征特性。甘蓝型半冬性波里马细胞质雄性不育系杂交种。苗期长势中等，半直立，叶片缺刻较深，叶色浓绿，叶缘浅锯齿，无缺刻，蜡粉较厚，叶片无刺毛。花瓣大、黄色、侧叠。长江下游区域全生育期230d，株高147.8cm，一次有效分枝数7.8个，单株有效角果数333.1个，每角粒数22.7粒，千粒重3.62g。低感菌核病，中抗病毒病，抗倒性较强。芥酸含量0.45%，硫苷含量29.68μmol/g，含油量41.46%。长江中游区域全生育期平均219d，平均株高177cm，一次有效分枝数8个，单株有效角果数299.5个，每角粒数21.2粒，千粒重3.77g。低感菌核病，中抗病毒病，抗倒性较强。芥酸含量0.75%，硫苷含量29.00μmol/g，含油量40.58%。内蒙古、新疆及甘肃、青海低海拔地区的春油菜主产区全生育期140.5d，株高157.1cm，一次有效分枝数5.17个，单株有效角果数231.2个，每角粒数25.53粒，千粒重4.11g。平均芥酸含量0，硫苷含量29.64μmol/g，含油量43.46%。低抗菌核病，抗倒性强。第1生长周期亩产177.3kg，比对照秦油7号增产12.5%；第2生长周期亩产168.5kg，比对照秦油7号增产4.7%。

栽培要点。适期播种。做长江中下游地区冬油菜种植时育苗移栽油菜宜在9月中下旬播种，及时间苗定苗，力争10月下旬移栽；直播油菜宜在9月下旬至10月上中旬播种，要求一播全苗；做北方地区春油菜种植时适宜播期为4月初至5月上旬，条播或撒播，播种深度3~4cm，播种量为0.40~0.50kg/亩。合理密植。育苗移栽田块每亩0.8万~1.0万株；直播田块每亩1.5万~2.0万株。如播栽期推迟或氮肥用量不足，则应适当增加密度。科学施肥。N、P、K、B配合施用。每亩施用纯氮12~15kg，其中60%~70%基施；五氧化二磷4~5kg，全部基施；氧化钾5~7kg，其中60%基施；硼肥1.0kg，全部基施。及时早追苗肥，力争冬至前单株绿叶数达到10~12片。对迟栽、土质差或底肥少的弱苗田块要配合中耕松土适当增加苗肥施用量，促早生快发。看苗适当施用腊肥和薹肥。病虫防治。苗期防治蚜虫和菜青虫，初花期综合防治菌核病。清沟排湿。本区冬春雨雪较多，油菜渍害发生频繁，应及早清理三沟，提升沟厢质量。

适宜种植区域及季节。适宜在湖北、湖南、江西、上海、浙江、安徽和江苏两省淮河以南地区冬油菜主产区秋播种植，也适宜在内蒙古、新疆及甘肃、青海低海拔地区的春油菜主产区春播种植。

七、阳光2009

登记编号：GPD油菜（2018）420036
选育单位：中国农业科学院油料作物研究所
品种来源：中双6号/X22
2016—2020年在广西、湖北、湖南、江西和四川等省份累计推广面积达525万亩。

特征特性。甘蓝型半冬性常规种。苗期半直立，顶裂叶中等，叶色较绿，蜡粉少，叶片长度中等，裂叶深，叶脉明显，叶缘有小齿，波状。花瓣黄色，花瓣长度中等，较宽，呈侧叠状。种子黑褐色。全生育期217d，与对照中油杂2号相当。株高178.0cm，一次有效分枝数8个，匀生分枝，单株有效角果数275个，每角粒数19粒，千粒重3.79g。平均芥酸含量0.25%，饼粕硫苷含量18.39μmol/g，含油量43.98%。菌核病发病率10.03%，病指6.71；病毒病发病率1.00%，病指0.60。低抗菌核病。抗寒性强，抗裂荚性中等，抗倒性强。第1生长周期亩产164.74kg，比对照中油杂2号增产3.57%；第2生长周期亩产191.14kg，比对照中油杂2号增产6.60%。

栽培要点。适时早播。长江中游地区育苗移栽9月中旬播种，苗龄控制在30d左右，10月中旬移栽；直播9月下旬至10月上旬播种，每亩用种量0.2~0.4kg。中等肥力水平条件下，育苗移栽每亩8 000~9 000株、直播每亩15 000~20 000株。重施底肥。每亩施复合肥50kg、硼砂1.5kg左右，注意氮、磷、钾肥配比施用；如果底肥没施硼肥，应在薹期喷施0.2%硼肥。防治病虫害。初花期一周内防治菌核病。

适宜种植区域及季节。适宜湖北、湖南、江西冬油菜主产区秋播种植。

八、浙油50

登记编号：GPD油菜（2018）330350
选育单位：浙江省农业科学院
品种来源：沪油15/浙双6号
2016—2020年在安徽、湖北、湖南、江西、江苏、浙江和福建等省份累积推广面积516万亩。

特征特性。甘蓝型半冬性常规油菜。浙油50全生育期平均233d，平均株高141.2cm，一次有效分枝数9.1个，单株有效角果数396.6个，每角粒数20.7粒，千粒重3.96g。表现苗期叶片肥大，植株中等，有效分枝位较低，一次分枝数多，角果数多。芥酸含量0，硫苷含量27.28μmol/g，含油量47.71%。低抗菌核病，低抗病毒病，抗倒、抗裂角性强，抗寒性一般。第1生长周期亩产175.0kg，比对照秦优7号增产9.38%；第2生长周期亩产175.2kg，比对照秦优7号增产11.17%。

栽培要点。适期播种，培育壮苗。长江下游区宜于9月25日至10月5日播种育苗。每亩苗床用种0.5kg，苗床与大田比例为（1∶6）~（1∶5）。苗龄30~35d。施足底肥，合理密植。大田每亩底施农家肥2 000kg，尿素10kg，过磷酸钙40kg，氯化钾10kg，硼砂1kg。每亩种植密度7 000~8 000株，宽行窄株种植。及时管理，适时收获。栽后当天施定根肥水，栽后20d第1次追肥，12月上旬重施开盘肥。苗期注意防治猝倒病、菜青虫和蚜虫，开花后7d防治菌核病，角果成熟期注意防治蚜虫和预防鸟害。

适宜种植区域及季节。适宜长江中下游江西、湖北、湖南、浙江、江苏和安徽两省淮河以南等冬油菜主产区种植。

九、油研10号

登记编号：GPD油菜（2017）520031
选育单位：贵州省油菜研究所
品种来源：27821A×942
2016—2020年在安徽、贵州、湖北、湖南、江西、江苏、四川、浙江和重庆等省份累计推广面积达到455万亩。

特征特性。杂交种。甘蓝型。甘蓝型半冬性核不育杂交种，全生育期平均223d。幼苗半直立，子叶肾形、心叶微紫、深裂叶、裂叶3~4对、顶叶椭圆形，花黄色。平均株高176cm，一次分枝8个，单株有效角果数403个，每角粒数19个，千粒重3.4g。低感菌核病，低抗病毒病，抗倒性较强。芥酸含量0.45%，硫苷含量22.38μmol/g，含油量44.47%。第1生长周期亩产158.74kg。比对照油研七号增产6.68%；第2生长周期亩产140.68kg，比对照中油821增产12.83%。

栽培要点。移栽：9月中旬育苗，10月中下旬移栽；直播：一般在10月20号后直播。植株

6 000～8 000株/亩，如直播应留苗20 000～25 000株/亩。合理施肥，单产150～200kg/亩，需施纯氮15kg/亩以上，N：P_2O_5：K_2O按1：0.5：0.9配合施用，注意施用有机肥作底肥，追肥应注意苗重、薹轻，花期看苗根外补施，追肥方式以尿素兑清粪水浇施为最好。特别注意强调施用硼肥。用硼砂0.5～0.8kg/亩作基肥沟施或兑水（结合追肥）作追肥，亦可用0.3%硼砂水溶液在苗、薹花期作根外追肥，常年结实差的缺硼土壤，更应强调根外追肥的应用。

适宜种植区域及季节。适于在贵州、四川、云南、重庆、湖北、湖南、江西、浙江、上海九省（市）和江苏、安徽两省的淮河以南的冬油菜主产区推广种植。

十、中油杂7819

登记编号：GPD油菜（2018）420028
选育单位：中国农业科学院油料作物研究所
品种来源：A4×23008
2016—2020年在湖北、湖南和江西等省份累计推广面积达到360万亩。

特征特性。甘蓝型半冬性波里马细胞质雄性不育三系杂交种。叶色深绿，株型紧凑。全生育期平均218.5d，与对照中油杂2号相当。平均株高168cm，一次有效分枝数8.4个，单株有效角果数330.4个，每角粒数18.4粒，千粒重3.68g。芥酸含量0，硫苷含量18.3μmol/g，含油量42.79%。低感菌核病。抗寒性强，抗裂荚性中等，抗倒性较强。第1生长周期亩产163.4kg，比对照中油杂2号增产3.2%；第2生长周期亩产168.0kg，比对照中油杂2号增产7.8%。

栽培要点。适时早播。长江中游地区直播9月下旬至10月下旬播种。合理密植。在中等肥力水平条件下，育苗移栽的合理密度为每亩0.8万～0.9万株；直播每亩2.5万株左右。科学施肥。氮肥按7：2：1施用，重施底肥，每亩施复合肥35kg左右，硼砂1.5kg左右，注意必施硼肥。如果底肥没有施硼，应在薹期喷施硼肥（浓度为0.2%）。防治病害。油菜苗期应及时防治菜青虫。

适宜种植区域及季节。适宜湖北、湖南及江西冬油菜主产区秋播种植。

十一、湘杂油631

登记编号：GPD油菜（2018）430083
选育单位：湖南农业大学
品种来源：631HA×PW
2016—2020年在湖南省累计推广面积达到397万亩。

特征特性。杂交种。甘蓝型。属甘蓝型半冬性核不育黄籽杂交油菜组合，全生育期220d左右。子叶较大，幼苗半直立，叶片较大，叶色深绿，繁茂性中等，叶较圆，叶缘缺刻，裂叶少，叶柄长度较短，茎秆坚硬，抗倒性强。株高188.6cm，一次有效分枝数8.8个，单株有效角果数349.7个，每角粒数24.2粒，千粒重4.02g，黄籽率90%以上。芥酸含量0.16%，硫苷含量82.76μmol/g，含油量45.26%。低抗菌核病，抗病毒病，抗寒性强，抗倒性强，抗裂荚性为易裂。第1生长周期亩产143.54kg，比对照湘油13号增产8.66%；第2生长周期亩产185.58kg，比对照湘油13号19.01%。

栽培要点。播种：育苗移栽宜在9月中下旬；直播9月下旬至10月上旬。育苗移栽苗床亩用种量0.4kg左右，苗龄30d左右，移栽密度8 000株/亩左右。直播播种量0.2～0.3kg/亩，密度25 000株/亩左右。施肥：施足底肥，必须施用硼肥。田间管理：苗期注意防治猿叶虫、蚜虫和菜青虫，春后注意清沟排水，除菌核病。适时收获：当中部果籽粒变黑时可割晒，干后脱粒，机械收割则应采取过熟收割方式，以减少损失。

适宜种植区域及季节。适宜在湖南秋播种植。

第三节　登记推广中存在的问题

上述推广面积最大的11个品种，除湘杂油631仅在湖南推广外，均能够在多省份种植，表现出较强的适应性，各品种产量、品质和抗性在区域试验表现均较好。近5年合计推广面积分别占油菜总种植面积的24.12%、23.15%、23.67%、21.89%和16.57%，形成了较大的头部聚集效应。然而11个品种中最迟审定（登记制于2017年开始实行，2017年为审定制）的品种为阳光2009和浙油50，2011年审定；最早审定的品种为华油杂9号，2004年审定；推广面积最大的品种洋油737，2009年审定，在经历十多年的复杂的气候变化表现仍然良好。

我国农村地区土地、人口和农作物品种问题较突出。青壮年人口外流；土地荒废严重；极端不良气候频发；土壤肥力不均、肥力下降、土地盐碱化，促使农业向信息化、数据化、集约化、机械化、农场化和休整轮作方向发展。一些适宜机械化栽培和收割的油菜品种如中油杂19，高产优质早熟的品种如中双11，高产优质超早熟品种如阳光131，绿肥专用品种如油肥1号、中油肥1号，油饲兼用型品种如饲12P38，观赏型品种，工业用油，蔬菜品种佳和油苔1号、油苔928、富硒油菜硒滋圆1号多用途品种推广不足，仅中油杂19累计推广超过100万亩。

当前，我国农业进入新的历史发展阶段，农业供给侧结构性改革、绿色发展和农业现代化对品种提出新要求，在保障粮油安全的基础上，围绕市场需求变化，以种性安全为核心，以绿色发展为引领，以提高品质为方向，以鼓励创新为根本，把绿色优质、专用特用指标放在更加突出位置，引导品种选育方向，加快新一轮品种更新换代。

第七部分　马铃薯

第六十章 2016—2020年南方冬作组马铃薯品种试验

第一节 试验点基本概况

南方冬作组为我国马铃薯重要产区之一，填补了马铃薯商品薯在季节上需求的空白，本区域主要包括福建、广东、广西和云南等省份，本区域生产的马铃薯薯型美观、产量高、经济效益好。2016—2020年南方冬作组设置区域试验点9个，分别是福建3个、广东2个、广西3个、云南1个（表60-1）。试验地点分布在东经98°26′20″~119°和北纬21°29′18~25°，海拔高度为0~890m，试验点设置数量适当，代表性良好，承试单位稳定。

表60-1 2016—2020年中南早熟组承试单位基本情况

承试单位	试验地点	经度（E）	纬度（N）	海拔（m）
福建农林大学农学院	福建省龙海市海澄镇罗坑村	117°47′32″	24°23′55″	5
福建省南安市良种繁育场	福建省南安市官桥镇漳里村漳州辽	118°24′45″	24°48′53″	31.4
福建省厦门市翔安区农林水技术推广中心	厦门市翔安区马巷镇舫阳社区	118°16′	24°39′	15
广东省农业科学院作物研究所	广东省惠州市惠东县铁涌镇油麻地村	114°49′28″	22°45′48″	0
广东省恩平市农业科学研究所	广东省恩平市农业科学所基地	112°20′37″	22°13′03″	20
广西平南县农业技术推广中心	平南县思旺镇双上村	110°18′	23°41′	27.6
广西北海市农业科学研究所	北海市农业科学研究所	109°126′	21°29′18	15
广西农业科学院经济作物研究所	南宁市武鸣区里建基地	108°03′15′	23°14′47′	116
云南省德宏州农业技术推广中心	德宏州芒市芒市镇大湾村	98°26′20″	24°48′83″	890

第二节 气候概况

马铃薯生长期间的气候情况是影响产量、品质和农艺性状表现的重要因素，在进行品种评价时需要综合考虑气候因素的影响。2016—2020年南方冬作组的气候情况变化情况相对稳定，突出特点为生育前中期易受霜冻危害，后期易受降雨涝害影响。

2016—2020年各年份气候情况具体表现为：2015—2016年度南方冬作区气候异常，整个生产季节雨水偏多，1—2月遭受霜冻影响，植株生长缓慢，产量偏低。后期普遍发生晚疫病。2016—2017年度南方冬作区各试点气候基本正常。南安试点平均气温最低，为15.8℃；平南试点的降水量最多，为556.9mm，北海试点最少，降水量为48mm；各试点的海拔高度最高为芒市，海拔高度为890m，其余试点海拔高度为15~300m；生长后期各试点普遍发生晚疫病。2017—2018年度南方冬作区的南安试点、平南试点、南宁试点受低温霜冻影响，其余试点气候基本正常。南宁试点平均气温最低，为15.56℃；降水量最多，为370.8mm，北海试点最少，降水量为42mm。2018—2019年度南方冬作区各试点气候正常，无低温霜冻影响。北海试点平均气温最高，为20.8℃，平南试点平均气温最低，为16℃；平南试点的降水量最多，为571.3mm，北海试点降水量最少，为144mm。2019—2020年度南方冬作区各试点气候正常。北海试点平均气温最高，为19.8℃，芒市试点平均气温最低，为16.3℃；南安试点的降水量最多，为270.9mm，芒市试点降水量最少，为119.9mm。

第三节　参试品种概况

2016—2020年南方冬作组品种试验参试品种30个次（不含对照，下同），以费乌瑞它（CK）为对照。按品种类型分，均为鲜薯食用品种。从选育单位来看，由科研（高校）单位选育的品种30个，占比100%，企业选育的品种0个，占比0，科研（高校）单位仍然是南方冬作组参试品种的主要选育单位（表60-2），无科企合作选育品种，企业的育种能力和科企合作力度仍需加强。

表60-2　2016—2020年参试品种选育单位情况　　　　　　　　　　　　（个）

类别	2016年	2017年	2018年	2019年	2020年	合计	占比（%）
科研单位选育	6	5	7	5	7	30	100
企业选育	0	0	0	0	0	0	0
科企联合选育	0	0	0	0	0	0	0

第四节　产量和农艺性状动态分析

依据参试品种的年度平均产量分析，2016—2020年的平均亩产为1 756.1～2 467.8kg，2018年平均产量最低，2017年平均产量最高，5年平均产量为2 083.7kg，年度间平均产量相对稳定（表60-3）。从相对产量上看，相对于对照费乌瑞它平均减产2.1%。

在参试品种农艺性状方面，平均生育期83.8d，其中2017年生育期最长达86.8d，2019年生育期最短为82.0d；平均株高41.5cm，其中2020年株高最高达52.2cm，2018年株高最矮为41.5cm；5年平均出苗率达到92.7%，年际间较为稳定；平均大中薯率为84.1%，其中2019年大中薯率最高达87.5%，2016年大中薯率最低为83.1%（表60-3）。

表60-3　2016—2020年参试品种产量和农艺性状情况

年份	品种数量（个）	生育期（d）	株高（cm）	主茎数（个）	出苗率（%）	大中薯率（%）	亩产（kg）	比CK增产（%）
2016	6	83.6	51.6	1.9	91.3	83.1	1 785.3	-3.9
2017	6	86.8	45.8	2	95.8	86.4	2 467.8	-7.3
2018	8	83.3	41.5	2.1	91.9	81.3	1 756.1	-7.6
2019	6	82.0	42.6	1.7	91.6	87.5	2 236.6	8.6
2020	8	83.2	52.2	1.7	92.7	82.1	2 172.9	0.3
平均	6.8	83.8	46.7	1.9	92.7	84.1	2 083.7	-2.1

第五节　抗性性状动态分析

2016—2020年，在参试品种生育期间，对病毒病、环腐病、早疫病、晚疫病、青枯病等病害田间发生情况进行了调查，2017年开始新增调查了疮痂病和黑痣病发病情况。除黑痣病外，其他病害均有不同程度发生。

在花叶病毒病发病方面，平均最高发病率和最高病情指数分别为33.6%和9.9%，其中，2017年最高发病率和最高病情指数最重，分别为75.6%和21.3，2020年最高发病率和最高病情指数最轻，分别为14.6%和3.6。

在卷叶病毒病发病方面，平均最高发病率和最高病情指数分别为23.9%和11.1%，其中，2017年最高发病率和最高病情指数最重，分别为50.6%和14.7，2020年最高发病率和最高病情指数最轻，分别为0。

在环腐病发病方面，平均最高发病率和最高病情指数分别为2.9%和9.0，其中，2020年病薯率最高，为16.5%，2017年病薯率最低为0。

在早疫病发病方面，平均最高病叶率和最高病情指数分别为23.4%和7.2，其中，2018年最高病叶率和最高病情指数最重，分别为85.9%和26.8，2016年最高病叶率和最高病情指数最轻，分别为22.7%和8.9。

在晚疫病发病方面，平均最高病叶率和最高病情指数分别为97.9%和48.7，其中，2018年最高病叶率和最高病情指数最重，分别为100%和73.1，2019年最高病叶率和最高病情指数，分别为94.9%和35.3。

在青枯病发病方面，平均最高发病率为5.4%，其中，2018年发病率最高，为23.3%，2019年发病率最低，为0；在疮痂病发病方面，平均最高病薯率为0.9%，其中仅2020年发病，病薯率为2.8%（表60-4）。

表60-4　2016—2020年参试品种田间病害抗性情况

| 年份 | 品种数量（个） | 花叶病毒病 | | 卷叶病毒病 | | 环腐病 | | | 早疫病 | | 晚疫病 | | 青枯病 | 疮痂病 | 黑痣病 |
		发病率(%)	病指	发病率(%)	病指	发病率(%)	病指	病薯率(%)	病叶率(%)	病指	病叶率(%)	病指	发病率(%)	病薯率(%)	病薯率(%)
2016	6	16.1	3.5	3.9	1.0	5.6	—	—	22.7	8.9	95.8	56.0	0.9	—	—
2017	6	75.6	21.3	67.2	30.8	0	0	0	33.0	—	100	—	0.1	—	—
2018	8	36.9	14.2	32.9	16.6	—	4.9	16.1	85.9	26.8	100	73.1	23.3	0	0
2019	6	25.0	7.1	15.3	7.3	—	3.3	3.3	49.1	11.7	94.9	35.3	0	0	0
2020	8	14.6	3.6	0	0	—		16.5	62.1	11.4	98.8	30.4	2.5	2.8	0
平均	6.8	33.6	9.9	23.9	11.1	2.8	2.7	9.0	50.6	14.7	97.9	48.7	5.4	0.9	0.0

每轮品种试验第二年，对参试品种的病毒病和晚疫病抗性进行了人工接种鉴定，其中，PVX接种鉴定平均病情指数直径为23.0，不同试验轮次间变化较大；PVY接种鉴定平均病情指数直径为23.5，不同试验轮次间变化较大；晚疫病接种鉴定平均病斑直径19.6，不同试验轮次间变化小（表60-5）。

表60-5　2016—2020年参试品种接种抗性鉴定情况

| 年份 | 品种数量（个） | PVX | PVY | 晚疫病 |
		病指	病指	病斑直径
2017	6	28.4	26.7	22.1
2019	6	20.2	19.9	18.1
2020	7	26.1	25.1	19.8
平均	—	23.0	23.5	19.6

第六节　品质性状动态分析

每轮品种试验第二年，对参试品种的品质相关性状进行了评价分析，其中，2019年块茎平均蒸煮口感为7.1，整体上口感较好；平均二次生长率为0.2%，二次生长情况较轻；平均裂薯率为0.65%，裂薯情况较轻；平均空心率为0.1%，空心情况较轻；平均维生素C含量20.67mg/100g鲜薯，不同试验轮次间变化较大；平均干物质含量18.77%，不同试验轮次间变化较小；平均淀粉含量

13.31%，不同试验轮次间变化较小；平均粗蛋白含量2.0%，不同试验轮次间变化较小；平均还原糖含量0.47%，不同试验轮次间变化稍大（表60-6）。

表60-6　2016—2020年参试品种品质性状动态情况

年份	品种数量（个）	蒸煮口感	二次生长（%）	裂薯率（%）	空心率（%）	维生素C（mg/100g）	淀粉（%）	干物质（%）	还原糖（%）	蛋白质（%）
2017	6	—	0.2	0.7	0	17.42	12.28	18.70	0.21	2.06
2019	7	7.1	0.2	0.6	0.2	22.20	13.74	16.74	0.83	1.84
平均	—	—	0.2	0.65	0.1	20.67	13.31	18.77	0.47	2.00

第六十一章　2016—2020年中南早熟组马铃薯品种试验

第一节　试验点基本概况

中南早熟区为我国马铃薯重要主产区之一，在生育期上衔接南方冬作区和早熟中原区，主要包括湖北、湖南、江西和四川低海拔地区及广西北部和福建高海拔地区，栽培面积大，经济效益好。2016—2020年，设置区域试验点9个，分别是湖北1个、湖南2个、广西1个、江西1个、四川2个、福建2个（表61-1）。试验地点分布在东经106°02′~118°29′和北纬25°25′~31°14′，海拔高度为35.0~513.0m，试验点设置数量适当，代表性良好，承试单位固定。

表61-1　2016—2020年中南早熟组承试单位基本情况

承试单位	试验地点	经度（E）	纬度（N）	海拔（m）
湖北省襄阳市农业科学院	高新区邓城大道	110°45′	31°14′	74.0
湖南农业大学	芙蓉区湖南农大	113°48′	26°20′	330.0
湖南省常德市农林科学研究院	武陵区常桃路	110°55′	29°2′	35.0
广西桂林市农业科学研究中心	桂林市雁山镇	110°12′	25°4′	170.4
江西省农业科学院作物研究所	高安市相城镇	115°22′	28°25′	79.0
成都市农林科学院作物研究所	崇州市羊马镇	103°44′	30°41′	513.0
四川省南充市农业科学研究院	顺庆区潆溪街道	106°02′	30°52′	349.0
福建省龙岩市农业科学研究所	新罗区龙门镇	116°48′	25°25′	380.0
福建农林大学作物学院	尤溪县洋中镇	118°29′	26°17′	159.0

第二节　气候概况

马铃薯生长期间的气候情况是影响产量、品质和农艺性状表现的重要因素，在进行品种评价时需要综合考虑气候因素的影响。2016—2020年中南早熟组的气候情况变化情况相对稳定，总体上表现为生育前期易受干旱、低温和霜冻危害，后期易受降雨涝害危害，危害严重年份，存在部分试点试验报废情况。

2016—2020年各年份气候情况具体表现为：2016年1月中下旬，湖北、江西和福建试点遭受长时间低温霜冻危害，造成生育期延迟；4月，湖北、四川和福建试点降雨集中，雨量大于正常年份，造成晚疫病连发，产量损失较大。2017年2月中上旬，湖北和湖南试点出现连续低温霜冻天气，对出苗率影响较大；4月，湖北和四川试点雨量集中，造成晚疫病较重和块茎腐烂。2018年2月上旬，受北方寒流影响，湖北和福建试点遭遇霜冻，苗期叶片受冻后二次发芽生长；5月，襄阳试点降水量达到362.4mm，导致收获期推迟。2019年1—2月，湖南试点经历了长时间低温雨雪天气，试验播种和相关调查工作受影响较大；3—5月，湖南试点长期寡照多雨，造成供试品种出苗慢、出苗不整齐和出苗率低。2020年1月末至2月上旬，福建、湖南和四川试点遭遇严重霜冻危害，造成出苗率较低；4月，湖南和四川试点干旱少雨，早疫病较往年严重。

第三节　参试品种概况

2016—2020年中南早熟组品种试验参试品种28个次（不含对照，下同），以费乌瑞它（CK1）

和中薯3号（CK2）为对照。按品种类型分，均为鲜薯食用品种。从选育单位来看，由科研（高校）单位选育的品种26个，占比92.9%，企业选育的品种2个，占比7.1%，科研（高校）单位仍然是中南早熟组参试品种的主要选育单位（表61-2），无科企合作选育品种，企业的育种能力和科企合作力度仍需加强。

表61-2　2016—2020年参试品种选育单位情况　　　　　　　　　　　　（个）

类别	2016年	2017年	2018年	2019年	2020年	合计	占比（%）
科研单位选育	5	4	4	8	5	26	92.9
企业选育	2	0	0	0	0	2	7.1
科企联合选育	0	0	0	0	0	0	0

第四节　产量和农艺性状动态分析

依据参试品种的年度平均产量分析，2016—2020年的平均亩产为1 962.3～2 252.8kg，2016年平均产量最低，2017—2019年产量相对平稳，2020年平均产量最高，5年平均产量为2 067.2kg，年度间平均产量相对稳定，产量稳步提升（表61-3）。从相对产量上看，相对于对照费乌瑞它平均增产6.3%，相对于对照中薯3号平均减产4.1%，其中2018年较费乌瑞它增产较多达17.8%，2020年与中薯3号产量基本相当。

在参试品种农艺性状方面，平均生育期73.6d，其中2017年生育期最长达79.7d，2016年生育期最短为66.3d；平均株高48.1cm，其中2016年株高最高达53.9cm，2017年株高最矮为42.4cm；平均出苗率较高，达95.7%，年际间较为稳定；平均大中薯率为85.1%，其中2017年大中薯率最高达88.6%，2016年大中薯率最低为81.9%（表61-3）。

表61-3　2016—2020年参试品种产量和农艺性状情况

年份	品种数量（个）	生育期（d）	株高（cm）	主茎数（个）	出苗率（%）	大中薯率（%）	亩产（kg）	比CK1增产（%）	比CK2增产（%）
2016	7	66.3	53.9	2.4	96.1	81.9	1 962.3	0.0	—
2017	4	79.7	42.4	2.1	97.4	88.6	2 079.5	5.3	-4.8
2018	4	71.5	49.6	2.5	94.7	86.8	2 035.0	17.8	-4.7
2019	8	72.0	47.5	2.0	94.0	82.2	2 006.3	1.2	-7.1
2020	5	78.3	46.9	2.4	96.4	86.0	2 252.8	7.2	0.0
平均	—	73.6	48.1	2.3	95.7	85.1	2 067.2	6.3	-4.1

第五节　抗性性状动态分析

2016—2020年，在参试品种生育期间，对病毒病、环腐病、早疫病、晚疫病、青枯病等病害田间发生情况进行了调查，2017年开始新增调查了疮痂病和粉痂病发病情况，除环腐病、青枯病和黑痣病外，其他病害均有不同程度发生。在花叶病毒病发病方面，平均最高发病率和最高病情指数分别为26.0%和9.6，其中，2020年最高发病率和最高病情指数最重，分别为38.0%和18.5，2019年最高发病率和最高病情指数最轻，分别为8.8%和2.5；在卷叶病毒病发病方面，平均最高发病率和最高病情指数分别为36.7%和13.0，其中，2020年最高发病率和最高病情指数最重，分别为68.0%和22.5，2019年最高发病率和最高病情指数最轻，分别为5.0%和1.9；在早疫病发病方面，平均最高病叶率和最高病情指数分别为23.4%和7.2，其中，2020年最高病叶率和最高病情指数最重，分别为35.4%和

12.0，2019年最高病叶率和最高病情指数最轻，分别为8.5%和2.3；在晚疫病发病方面，平均最高病叶率和最高病情指数分别为73.8%和31.1，其中，2016年最高病叶率和最高病情指数最重，分别为78.6%和55.9，2017年最高病叶率和最高病情指数稍轻，分别为70.8%和19.3；在疮痂病发病方面，平均最高病薯率为35.8%，其中，2020年最高病薯率最重为85%，2019年最高病薯率最轻为2%；在黑痣病发病方面，平均最高病薯率为35.8%（表61-4）。

表61-4 2016—2020年参试品种田间病害抗性情况

年份	品种数量（个）	花叶病毒病		卷叶病毒病		环腐病			早疫病		晚疫病		青枯病	疮痂病	黑痣病
		发病率（%）	病指	发病率（%）	病指	发病率（%）	病指	病薯率（%）	病叶率（%）	病指	病叶率（%）	病指	发病率（%）	病薯率（%）	病薯率（%）
2016	7	25.7	8.2	32.9	12.1	0	0	0	17.3	5.2	78.6	55.9	0	—	—
2017	4	27.5	9.2	45.0	17.9	0	0	0	28.2	8.2	70.8	19.3	0	—	—
2018	4	30.0	9.4	32.5	10.6	0	0	0	27.5	8.3	71.5	20.4	0	20.5	0.0
2019	8	8.8	2.5	5.0	1.9	0	0	0	8.5	2.3	77.5	30.6	0	2.0	0.0
2020	5	38.0	18.5	68.0	22.5	0	0	0	35.4	12.0	70.8	29.2	0	85.0	0.0
平均	—	26.0	9.6	36.7	13.0	0	0	0	23.4	7.2	73.8	31.1	0	35.8	0.0

每轮品种试验第二年，对参试品种的病毒病和晚疫病抗性进行了人工接种鉴定，其中，PVX接种鉴定平均病情指数为21.8，不同试验轮次间变化小；PVY接种鉴定平均病情指数为24.1，不同试验轮次间变化较小；晚疫病接种鉴定平均病斑直径23.0，不同试验轮次间变化小（表61-5）。

表61-5 2016—2020年参试品种接种抗性鉴定情况

年份	品种数量（个）	PVX	PVY	晚疫病
		病指	病指	病斑直径
2018	4	22.1	22.1	22.5
2020	5	21.5	26.0	23.5
平均		21.8	24.1	23.0

第六节 品质性状动态分析

每轮品种试验第二年，对参试品种的品质相关性状进行了评价分析，其中，块茎平均蒸煮口感为7.0，年际间变化小，整体上口感较好；平均二次生长率为0.6%，二次生长情况较轻；平均裂薯率为0.6%，裂薯情况较轻；无空心情况发生；平均维生素C含量27.8mg/100g鲜薯，不同试验轮次间变化较大；平均干物质含量19.7%，不同试验轮次间变化较小；平均淀粉含量14.2%，不同试验轮次间变化较小；平均粗蛋白含量2.4%，不同试验轮次间变化较小；平均还原糖含量0.27%，不同试验轮次间变化稍大（表61-6）。

表61-6 2016—2020年参试品种品质性状动态情况

年份	品种数量（个）	蒸煮口感	二次生长（%）	裂薯（%）	空心（%）	维生素C（mg/100g）	干物质（%）	淀粉（%）	蛋白质（%）	还原糖（%）
2018	4	7.1	0.4	0.7	0	34.6	20.5	14.6	2.5	0.23
2020	5	6.8	0.9	0.4	0	21.1	19.0	13.8	2.4	0.30
平均	—	7.0	0.6	0.6	0	27.8	19.7	14.2	2.4	0.27

第六十二章 2016—2020年早熟中原组马铃薯品种试验性状动态分析

第一节 试验点基本概况

早熟中原区为我国马铃薯商品薯重要产区之一，主要包括辽宁、河北和山西南部，山东、河南、江苏、江西、安徽和浙江北部，马铃薯商品品质好，种植效益高。2016—2020年，设置区域试验点8个，分别是辽宁1个、河北1个、山东1个、河南2个、安徽1个、江苏1个、江西1个、浙江1个（表62-1）。试验地点分布在东经112°02′～123°45′和北纬29°07′～41°15′，海拔高度为19.0～416.0m，试验点设置数量适当，代表性良好，承试单位固定。

表62-1 2016—2020年中南早熟组承试单位基本情况

承试单位	试验地点	经度（E）	纬度（N）	海拔（m）
中国农业科学院蔬菜花卉研究所	望都县赵庄乡	115°12′	38°44′	40.0
本溪市马铃薯研究所	明山区东兴街道	123°45′	41°15′	416.0
徐州甘薯研究中心	徐州市开发区大庙镇	117°24′	34°18′	19.0
山东省农业科学院蔬菜花卉研究所	肥城王庄镇	116°48′	36°11′	113.0
郑州市蔬菜研究所	新郑市新村镇	113°30′	34°55′	111.4
洛阳农林科学院	洛龙区安乐镇	112°28′	34°38′	123.0
金华市农业科学研究院	金华市苏孟乡	119°38′	29°07′	64.0
安徽省农业科学院园艺研究所	界首市靳寨乡	115°22′	33°20′	37.5

第二节 气候概况

马铃薯生长期间的气候情况是影响产量、品质和农艺性状表现的重要因素，在进行品种评价时需要综合考虑气候因素的影响。2016—2020年早熟中原组的气候情况变化情况相对稳定，总体上表现为生育前期易受干旱、低温和霜冻危害，后期易受降雨涝害危害，危害严重年份，存在部分试点试验报废情况。

2016—2020年各年份气候情况具体表现为：2016年1月，金华试点遭受极端低温天气，造成生育期延迟；3月末，界首试点遭遇低温冷害；4—5月，金华试点降雨较多。2017年2月中下旬至3月初，金华试点遭受低温霜冻，秧苗遭受冻害；4月中旬，洛阳试点遭受霜冻，造成生育期延长。2018年3月上旬，金华试点苗期遭受冻害；4月上旬，济南和界首试点遭受低温冻害。2019年1月上中旬，金华试点连续阴雨。2020年1—2月平均气温较常年偏高；5月初，金华和界首试点遭遇干旱高温，植株叶片不同程度灼伤。

第三节 参试品种概况

2016—2020年中南早熟组品种试验参试品种26个次（不含对照，下同），以中薯3号（CK）

为对照。按品种类型分，均为鲜薯食用品种。从选育单位来看，由科研（高校）单位选育的品种25个，占96.2%，企业选育的品种1个，占比3.81%，科研（高校）单位仍然是中南早熟组参试品种的主要选育单位（表62-2），无科企合作选育品种，企业的育种能力和科企合作力度仍需加强。

表62-2　2016—2020年参试品种选育单位情况　　　　　　　　　　（个）

类别	2016年	2017年	2018年	2019年	2020年	合计	占比（%）
科研单位选育	6	6	4	4	5	25	96.2
企业选育	0	0	0	0	1	1	3.8
科企联合选育	0	0	0	0	0	0	0

第四节　产量和农艺性状动态分析

依据参试品种的年度平均产量分析，2016—2020年的平均亩产为2 076.6~2 292.6kg，2017年平均产量最低，2018年平均产量最高，5年平均产量为2 180.0kg，年度间平均产量相对稳定（表62-3）。从相对产量上看，相对于对照中薯3号平均增产1.5%，其中2017年较中薯3号增产较多达4.6%。

在参试品种农艺性状方面，平均生育期69.3d，其中2020年生育期最长达71.0d，2019年生育期最短为68.6d；平均株高58.7cm，其中2018年株高最高达63.9cm，2020年株高最矮为54.5cm；平均出苗率较高，达95.8%，年际间较为稳定；平均大中薯率为82.7%，其中2016年大中薯率最高达88.5%，2018年大中薯率最低75.5%（表62-3）。

表62-3　2016—2020年参试品种产量和农艺性状情况

年份	品种数量（个）	生育期（d）	株高（cm）	主茎数（个）	出苗率（%）	大中薯率（%）	亩产（kg）	比CK1增产（%）
2016	6	68.7	56.6	2.7	95.8	88.5	2 289.1	2.9
2017	6	69.1	62.3	2.6	96.3	81.3	2 076.6	4.6
2018	4	68.9	63.9	2.2	94.8	75.5	2 292.6	-0.1
2019	4	68.6	56.1	2.1	96.0	82.2	2 097.4	0.0
2020	5	71.0	54.5	2.0	96.0	86.0	2 144.3	-0.1
平均	—	69.3	58.7	2.3	95.8	82.7	2 180.0	1.5

第五节　抗性性状动态分析

2016—2020年，在参试品种生育期间，对病毒病、环腐病、早疫病、晚疫病、青枯病等病害田间发生情况进行了调查，2017年开始新增调查了疮痂病和粉痂病发病情况，除环腐病、青枯病和黑痣病外，其他病害均有不同程度发生。在花叶病毒病发病方面，平均最高发病率和最高病情指数分别为16.7%和5.3，其中，2019年最高发病率和最高病情指数最重，分别为47.5%和15.0，2017年最高发病率和最高病情指数最轻，分别为5.0%和1.3；在卷叶病毒病发病方面，平均最高发病率和最高病情指数分别为15.3%和4.4，其中，2019年最高发病率和最高病情指数最重，分别为25.0%和8.8，2016年最高发病率和最高病情指数最轻，分别为11.7%和2.9；在早疫病发病方面，平均最高病叶率和最高病情指数分别为11.0%和2.8，其中，2018年最高病叶率最重为28.8%，2020最高病情指数最重为7.7，2019年最高病叶率和最高病情指数最轻，分别为0.3%和0；在晚疫病发病方面，平均最高病叶率和最高病情指数分别为41.8%和20.6，其中，2016年最高病叶率和最高病情指数最重，分别为99.3%和74.3，2019年最高病叶率和最高病情指数最轻，分别为10.0%和1.3；在疮痂病发病方面，平均最高病薯率为1.0%，其中，2020年最高病薯率最重为3.1%，2018—2019年均未发病（表62-4）。

表62-4　2016—2020年参试品种田间病害抗性情况

年份	品种数量（个）	花叶病毒病		卷叶病毒病		环腐病			早疫病		晚疫病		青枯病	疮痂病	黑痣病
		发病率（%）	病指	发病率（%）	病指	发病率（%）	病指	病薯率（%）	病叶率（%）	病指	病叶率（%）	病指	发病率（%）	病薯率（%）	病薯率（%）
2016	6	10.0	2.5	11.7	2.9	0	0	0	1.2	0.2	99.3	74.3	0	—	—
2017	6	5.0	1.3	18.3	4.6	0	0	0	0.5	0.1	19.0	3.9	0	—	—
2018	4	7.5	4.4	10.0	2.5	0	0	0	28.8	5.8	39.5	11.6	0	0	0
2019	4	47.5	15.0	25.0	8.8	0	0	0	0.3	0.1	10.0	1.3	0	0	0
2020	5	13.3	3.3	11.7	3.3	0	0	0	24.3	7.7	41.3	12.1	0	3.1	0
平均	—	16.7	5.3	15.3	4.4	0	0	0	11.0	2.8	41.8	20.6	0	1.0	0

每轮品种试验第二年，对参试品种的病毒病和晚疫病抗性进行了人工接种鉴定，其中，PVX接种鉴定平均病情指数为21.5，2018—2019轮次较2016—2017轮次病情指数增加；PVY接种鉴定平均病情指数为20.8，2018—2019轮次较2016—2017轮次病情指数增加；晚疫病接种鉴定平均病斑直径20.9，2018—2019轮次较2016—2017轮次病斑致敬降低（表62-5）。

表62-5　2016—2020年参试品种接种抗性鉴定情况

年份	品种数量（个）	PVX	PVY	晚疫病
		病指	病指	病斑直径
2017	6	19.2	18.7	24.3
2019	4	23.7	22.8	17.4
平均		21.5	20.8	20.9

第六节　品质性状动态分析

每轮品种试验第二年，对参试品种的品质相关性状进行了评价分析，其中，块茎平均蒸煮口感为7.3，整体上口感较好；平均二次生长率为0.3%，2018—2019轮次较2016—2017轮次二次生长情况加重，但整体较轻；平均裂薯率为0.2%，2018—2019轮次较2016—2017轮次二次生长情况加重，但整体较轻；平均空心率为0.1%，整体较轻；平均维生素C含量30.1mg/100g鲜薯，2018—2019轮次较2016—2017轮次增幅较大；平均干物质含量20.5%，不同试验轮次间变化较小；平均淀粉含量15.2%，2018—2019轮次较2016—2017轮次增幅较大；平均粗蛋白含量2.4%，不同试验轮次间变化较小；平均还原糖含量0.32%，2018—2019轮次较2016—2017轮次增幅较大（表62-6）。

表62-6　2016—2020年参试品种品质性状动态情况

年份	品种数量（个）	蒸煮口感	二次生长（%）	裂薯（%）	空心（%）	维生素C（mg/100g）	干物质（%）	淀粉（%）	蛋白质（%）	还原糖（%）
2017	4	—	0.1	0.1	0.2	25.0	20.7	13.1	2.3	0.25
2019	5	7.3	0.5	0.3	0.0	35.2	20.3	17.2	2.5	0.39
平均	—	7.3	0.3	0.2	0.1	30.1	20.5	15.2	2.4	0.32

第六十三章　2016—2020年中晚熟华北组马铃薯品种试验性状动态分析

第一节　试验点基本概况

中晚熟华北区为我国马铃薯重要主产区之一，其北部为我国重要的种薯生产基地。本区主要包括河北北部、山西北部、陕西北部和内蒙古中部地区。2016—2020年，设置试点8个，分别是河北3个、山西2个、陕西1个、内蒙古2个（表63-1）。试验地点分布在东经109°77′~117°50′和北纬38°30′~42°02′，海拔高度为900~1 419m，试验点设置数量适当，代表性良好，承试单位固定。

表63-1　2016—2020年中晚熟华北组承试单位基本情况

承试单位	试验地点	经度（E）	纬度（N）	海拔（m）
河北省围场满族蒙古族自治县马铃薯研究所	围场县半截塔镇	117°50′	41°49′	900
山西省农业科学院高寒区作物研究所	怀仁市毛皂镇	113°26′	39°92′	1 065
山西省农业科学院五寨农业试验站	五寨县前所乡	111°49′	38°55′	1 398
内蒙古自治区马铃薯繁育中心	和林县公喇嘛乡	111°29′	40°14′	1 166
内蒙古自治区乌兰察布市农牧业科学研究院	察右前旗平地泉镇	113°04′	41°09′	1 419
内蒙古坤元太和农业科技有限公司	正蓝旗上都镇	115°56′	42°02′	1 390
陕西省榆林市农业科学研究院	榆阳区牛家梁镇	109°77′	38°30′	1 080

第二节　气候概况

马铃薯生长期间的气候情况是影响产量、品质和农艺性状表现的重要因素，在进行品种评价时需要综合考虑气候因素的影响。2016—2020年中晚熟华北组的气候情况变化情况相对稳定，总体上表现为生育前期主要易受低温和干旱为害，为害严重年份，存在部分试点试验报废情况。

2016—2020年各年份气候情况具体表现为：2016年内蒙古播种期低温，生长期间温度偏低。2017年呼和浩特播种期低温，播种期、生长期间气候严重干旱；榆林地区7月出现持续高温，最高达37℃；张北地区8月高温干旱。2018年张北地区6月、7月高温干旱；呼和浩特播种期、出苗期（5—6月）气候严重干旱，7月降水量偏大，试验田里有短时间积水。2019年五寨和呼和浩特播种期、出苗期（5—6月）气候严重干旱；张北地区8月干旱。2020年张北和呼和浩特播种期、出苗期（5—6月）气候严重干旱；榆林和乌兰察布生长期间遇有冰雹。

第三节　参试品种概况

2016—2020年中晚熟华北组品种试验参试品种28个次（不含对照，下同），以紫花白（CK1）为鲜食品种对照，大西洋（CK2）为加工品种对照。从选育单位来看，由科研（高校）单位选育的品种40个，占比97.6%，企业选育的品种1个，占比2.4%，科研（高校）单位仍然是中晚熟华北组参试品种的主要选育单位（表63-2），无科企合作选育品种，企业的育种能力和科企合作力度仍需加强。

表63-2　2016—2020年参试品种选育单位情况　　　　　　　　　　　　　　　（个）

类别	2016年	2017年	2018年	2019年	2020年	合计	占比（%）
科研单位选育	8	9	9	7	7	40	97.6
企业选育	1	0	0	0	0	1	2.4
科企联合选育	0	0	0	0	0	0	0

第四节　产量和农艺性状动态分析

依据参试品种的年度平均产量分析，2016—2020年的平均亩产为2 381～3 066kg，2018年平均产量最低，2019年平均产量最高，5年平均产量为2 649kg，年度间平均产量相对稳定（表63-3）。从相对产量上看，相对于对照紫花白平均增产22.1%，其中2017年较对照紫花白增产较多达27.8%，2020年增产10.5%。

在参试品种农艺性状方面，平均生育期99d，其中2017年生育期最长达104d，2020年生育期最短为96d；平均株高79cm，其中2017年株高最高达82cm，2020年株高最矮为75cm；平均出苗率较高，达95%，年际间较为稳定；平均大中薯率为76.3%，其中2019年大中薯率最高达77.9%，2018年大中薯率最低为71.2%（表63-3）。

表63-3　2016—2020年参试品种产量和农艺性状情况

年份	品种数量（个）	生育期（d）	株高（cm）	主茎数（个）	出苗率（%）	大中薯率（%）	亩产（kg）	比CK1增产（%）
2016	8	99	80	2.1	95	76.9	2 833	25.6
2017	9	104	82	2.2	96	77.7	2 526	27.8
2018	9	98	81	2.3	96	71.2	2 381	19.5
2019	7	98	78	2.5	95	77.9	3 066	27.1
2020	7	96	75	2.3	93	77.7	2 439	10.5
平均	8	99	79	2	95	76.3	2 649	22.1

第五节　抗性性状动态分析

2016—2020年，在参试品种生育期间，对病毒病、环腐病、早疫病、晚疫病、青枯病等病害田间发生情况进行了调查；对于黑痣病、疮痂病和粉痂病，部分试点进行了调查发病情况。除环腐病和青枯病外，其他病害均有不同程度发生。在花叶病毒病发病方面，平均最高发病率和最高病情指数分别为39.9%和16.1，其中，2020年最高发病率和最高病情指数最重，分别为65.8%和39.1，2018年最高发病率和最高病情指数最轻，分别为20.0%和5.5；在卷叶病毒病发病方面，平均最高发病率和最高病情指数分别为34.0%和12.3，其中，2020年最高发病率和最高病情指数最重，分别为49.6%和21.7，2018年最高发病率和最高病情指数最轻，分别为16.0%和4.8；在早疫病发病方面，平均最高病叶率和最高病情指数分别为80.4%和35.4，其中，2018年最高病叶率和最高病情指数最重，分别为100.0%和64.0，2017年最高病叶率和最高病情指数最轻，分别为54.0%和16.6；在晚疫病发病方面，平均最高病叶率和最高病情指数分别为12.8%和2.8，其中，2016年最高病叶率和最高病情指数最重，分别为28.9%和6.6，2019年和2020年最高病叶率和最高病情指数最轻，分别为3.3%和0.3（表63-4）。

表63-4　2016—2020年参试品种田间病害发生情况

年份	品种数量	花叶病		卷叶病		早疫病		晚疫病	
	个	发病率（%）	病指	发病率（%）	病指	病叶率（%）	病指	病叶率（%）	病指
2016	8	39.1	11.0	39.0	14.4	87.5	19.0	28.9	6.6
2017	7	29.5	8.3	24.4	6.7	54.0	16.6	17.6	4.2
2018	7	20.0	5.5	16.0	4.8	100.0	64.0	10.9	2.5
2019	9	45.0	16.5	40.8	14.2	66.4	29.9	3.3	0.3
2020	9	65.8	39.1	49.6	21.7	94.3	47.7	3.3	0.3
平均	8	39.9	16.1	34.0	12.3	80.4	35.4	12.8	2.8

每轮品种试验第二年，对参试品种的病毒病和晚疫病抗性进行了人工接种鉴定，其中，PVX接种鉴定平均病情指数直径为22.6，不同试验轮次间变化小；PVY接种鉴定平均病情指数直径为21.6，不同试验轮次间变化较小；晚疫病接种鉴定平均病斑直径21.4，不同试验轮次间变化大（表63-5）。

表63-5　2016—2020年参试品种接种抗性鉴定情况

年份	品种数量	PVX	PVY	晚疫病
	（个）	病指	病指	病斑直径（mm）
2018	7	22.0	21.5	14.9
2020	9	23.1	21.6	27.8
平均	8	22.6	21.6	21.4

第六节　品质性状动态分析

每轮品种试验第二年，对参试品种的品质相关性状进行了评价分析，其中，平均二次生长率为4.38%；平均裂薯率为3.08%；空心为1.85%；平均维生素C含量25.0mg/100g鲜薯，不同试验轮次间变化较大；平均干物质含量19.9%，不同试验轮次间变化较大；平均淀粉含量14.5%，不同试验轮次间变化较大；平均粗蛋白含量2.04%，不同试验轮次间变化较小；平均还原糖含量0.39%，不同试验轮次间变化较大（表63-6）。

表63-6　2016—2020年参试品种品质性状情况

年份	二次生长（%）	裂薯（%）	空心（%）	干物质（%）	淀粉（%）	维生素C（mg/100g）	粗蛋白（%）	还原糖（%）
2018	7.26	5.35	3.5	18.7	16	31.6	1.89	0.5
2020	1.5	0.8	0.2	21.1	13	18.3	2.19	0.27
平均	4.38	3.08	1.85	19.9	14.5	25.0	2.04	0.39

第六十四章 2016—2020年中晚熟东北组马铃薯品种试验性状动态分析

第一节 试验点基本概况

东北地区为我国马铃薯重要主产区之一，国家马铃薯品种试验中晚熟东北组的生态区域包括黑龙江、吉林和内蒙古东部与黑龙江比邻的呼伦贝尔，该地区位于东北大小兴安岭、长白山脉及三山之间的东北平原上，是我国的高纬度地区，地域广阔、土质肥沃、日照时间长、昼夜温差大、非常适合马铃薯生长。黑龙江和吉林也是我国最早的粮食主产区，黑龙江和内蒙古的呼伦贝尔还是我国马铃薯种薯、商品薯和原料薯的重要生产基地之一，马铃薯栽培历史较长。2016—2020年，该区域设置区域试验点10个，分别是吉林2个、内蒙古呼伦贝尔1个、黑龙江7个（表64-1）。试验地点分布在东经122°44′~130°25′和北纬42°42′~50°24′，海拔高度为130.2~371.7m，试验点设置数量适当，代表性良好，承试单位固定。

表64-1 2016—2020年中晚熟东北组承试单位基本情况

承试单位	试验地点	经度（E）	纬度（N）	海拔（m）
内蒙古呼伦贝尔市农业科学研究所	扎兰屯市中和镇	122°44′	48°00′	306.5
吉林省蔬菜花卉科学研究院	公主岭市范家屯镇	124°18′	43°05′	137.0
吉林省延边朝鲜族自治州农业科学研究院生物技术研究所	龙井市河西街	129°42′	42°42′	242.0
黑龙江省农业科学院克山分院	克山县克山镇	125°52′	48°04′	236.0
东北农业大学农学院	香坊区向阳乡	126°38′	45°45′	155.0
黑龙江省克山农场	克山农场科技园区	125°22′	48°18′	315.0
黑龙江省大兴安岭地区农林科学研究院	加格达奇区晨光满大街河南二队	124°07′	50°24′	371.7
鹤岗市农业技术推广中心	鹤岗市新华镇	130°25′	47°17′	130.2
黑龙江省农业科学院牡丹江分院	牡丹江市温春镇	129°30′	44°25′	250.6
黑龙江省农业科学院乡村振兴科技研究所	绥棱县绥棱镇	127°06′	47°14′	212.0

第二节 气候概况

马铃薯生长期间的气候情况是影响产量、品质和农艺性状表现的重要因素，所以在进行品种评价时需要综合考虑气候因素的影响。2016—2020年中晚熟东北组的气候情况变化相对稳定，总体上表现为生育前期易受干旱影响，出苗晚，生育后期阶段性集中降雨多，雨水在区域内分布有明显差异。为害严重年份，存在部分试点试验报废情况。

2016—2020年各年份气候情况具体表现为：2016年扎兰屯试点苗前期遇低温天气，影响幼苗期长势。盛花期7月末8月初遇连续干旱高温天气，严重影响马铃薯的长势和产量。2017年扎兰屯试点生育期有效降雨极少，高温35℃以上持续15d，气候极度反常。龙井试点和长春试点7月下旬突降暴雨，导致试验田积水，积水时间长，试验报废。2018年哈尔滨试点和扎兰屯试点播后至苗前无有效降雨，严重影响出苗。2019年龙井试点干旱严重，5月没有有效降雨，扎兰屯试点8月雨量大，克山农场5—7月共5场强降雨，严重影响马铃薯产量和质量。2020年6月末，龙井试点遭遇冰雹危害，造成部分植株受害；扎兰屯试点6月、7月连续高温干旱，9月连续降雨且雨量较大，影响马铃薯商品质量和产量。

第三节 参试品种概况

2016—2020年中晚熟东北组品种试验参试品种25个次（不含对照，下同），按品种类型分，分为鲜薯食用品种和加工品种。2016—2017年以克新13（CK1）为鲜食品种对照，克新12（CK2）为加工品种对照。2018—2020年以克新13（CK1）为鲜食品种对照，大西洋（CK2）为加工品种对照。从选育单位来看，25个品种均由科研（高校）单位选育，占比100%，科研（高校）单位仍然是中晚熟东北组参试品种的主要选育单位（表64-2），无企业和科企合作选育品种，企业的育种能力和科企合作力度仍需加强。

表64-2 2016—2020年参试品种选育单位情况 （个）

类别	2016年	2017年	2018年	2019年	2020年	合计	占比（%）
科研单位选育	3	6	6	5	5	25	100
企业选育	0	0	0	0	0	0	0
科企联合选育	0	0	0	0	0	0	0

第四节 产量和农艺性状动态分析

依据参试品种的年度平均产量分析，2016—2020年的平均亩产为2 069.3～2 452.8kg，2016年平均产量最低，2017年平均产量最高。平均产量为2 304.4kg，年度间平均产量相对稳定（表64-3）。从相对产量上看，5年鲜食品种相对于对照克新13平均增产3.8%，2016年淀粉加工品种相对于对照克新12号平均增产61.16%。2019年加工品种较对照品种大西洋增产较多达13.21%，2020年较大西洋增产2.78%。

在参试品种农艺性状方面，5年平均生育期85d，其中2017年生育期最长达89.4d，2019年生育期最短为81.4d；平均株高56.0cm，其中2016年株高最高达60.8cm，2017年株高最矮为53.8cm；平均出苗率较高，达到98%，年际间较为稳定；平均大中薯率为80.9%，其中2017年大中薯率最高达87.8%，2016年大中薯率最低为74.5%（表64-3）。

表64-3 2016—2020年参试品种产量和农艺性状情况

年份	品种数量（个）	生育期（d）	株高（cm）	主茎数（个）	出苗率（%）	大中薯率（%）	亩产（kg）	比CK1增产（%）	比CK2增产（%）
2016	3	85.7	60.8	4.0	97.9	74.5	2 069.3	-2.89	61.16
2017	6	89.4	53.8	2.8	98.0	87.8	2 452.8	13.15	—
2018	6	84.2	58.1	2.6	98.0	80.9	2 304.4	10.32	—
2019	5	81.4	57.1	3.0	97.6	82.0	2 199.6	0.35	13.21
2020	5	86.0	58.3	3.0	97.6	82.0	2 382.6	-5.38	2.78
平均	—	85.0	56.0	2.9	98.0	80.9	2 304.4	3.8	25.72

第五节 抗性性状动态分析

2016—2020年，在参试品种生育期间，对病毒病、环腐病、早疫病、晚疫病、等病害田间发生情况进行了调查，除环腐病外，其他病害均有不同程度发生。在花叶病毒病发病方面，5年平均最高发病率和平均最高病情指数分别为74.7%和35.6，其中，2018年最高发病率和最高病情指数最重，分别为87.5%和42.3，2019年最高发病率和最高病情指数最轻，分别为44.3%和14.8；在卷叶病毒病发病方面，平均最高发病率和平均最高病情指数分别为40.1%和11.0，其中，2016年最高病率和最高病情指数最重，分别为67.1%和21.5，2019年最高发病率和最高病情指数最轻，分别为13.8%和2.1；东北组各试点普遍存在生育后期降雨集中的问题，因此在早疫病和晚疫病发病方面均较为严重。在早疫病发病方面，平均最高病叶率和最高病程分别为91.6%和重度，其中，2019年和2020年最高病叶率均达到100%，2017年最高病叶率最轻，为89.2%；在晚疫病发病方面，平均最高病叶率和最高病程分别为97.1%和重度，其中，2018年、2019年和2020年最高病叶率均达到100%，2017年最高病叶率稍轻，为85.4%（表64-4）。

表64-4 2016—2020年参试品种田间病害抗性情况

年份	品种数量（个）	花叶病毒病		卷叶病毒病		环腐病			早疫病		晚疫病	
		发病率（%）	病指	发病率（%）	病指	发病率（%）	病指	病薯率（%）	病叶率（%）	最高病程	病叶率（%）	最高病程
2016	3	71.1	43.8	67.1	21.5	0	0	0	94.4	重	100	重
2017	6	71.3	41.5	27.1	8.0	0	0	0	89.2	重	85.4	重
2018	6	87.5	42.3	42.5	7.5	0	0	0	91.3	重	100	重
2019	5	44.3	14.8	13.8	2.1	0	0	0	100	重	100	重
2020	5	69.0	15.9	23.8	6.8	0	0	0	100	重	100	重
平均	—	74.7	35.6	40.1	11.0	0	0	0	91.6	重	97.1	重

每轮品种试验第二年，对参试品种的病毒病和晚疫病抗性进行了人工接种鉴定，其中，PVX接种鉴定平均病情指数直径为20.2，不同试验轮次间变化较小；PVY接种鉴定平均病情指数直径为20.8，不同试验轮次间变化小；晚疫病接种鉴定平均病斑直径15.0，不同试验轮次间变化较大（表64-5）。

表64-5 2016—2020年参试品种接种抗性鉴定情况

年份	品种数量（个）	PVX	PVY	晚疫病
		病指	病指	病斑直径
2018	6	22.1	21.0	7.8
2020	5	18.2	20.5	22.2
平均		20.2	20.8	15.0

第六节 品质性状动态分析

每轮品种试验第二年，对参试品种的品质相关性状进行评价分析，其中，平均二次生长率为0.9%，二次生长总体情况较轻，年度间存在一定变化；平均裂薯率为2%，裂薯情况较轻；无空心情况发生；平均维生素C含量23.4mg/100g鲜薯，不同试验轮次间变化较大；平均干物质含量18.3%，不同试验轮次间变化小；平均淀粉含量14.1%，不同试验轮次间变化较小；平均粗蛋白含量1.83%，不同试验轮次间变化较小；平均还原糖含量0.43%，不同试验轮次间变化稍大（表64-6）。

表64-6 2016—2020年参试品种品质性状动态情况

年份	品种数量（个）	二次生长（%）	裂薯（%）	空心（%）	维生素C（mg/100g）	干物质（%）	淀粉（%）	蛋白质（%）	还原糖（%）
2018	6	1.3	1.1	0	29.0	17.6	15.4	1.89	0.56
2020	5	0.5	2.0	0	17.7	18.9	12.8	1.78	0.30
平均	—	0.9	2.0	0	23.4	18.3	14.1	1.83	0.43

第六十五章 2016—2020年中晚熟西北组马铃薯品种试验性状动态分析

第一节 试验点基本概况

中晚熟西北区为我国西北马铃薯重要产区，在生育期上主要以中晚熟品种为主，主要包括青海东南部、甘肃中部和宁夏南部地区，栽培面积大，经济效益好。2016—2020年，设置区域试验点9个，分别是青海3个，甘肃3个，宁夏3个（表65-1）。试验地点分布在东经100°37′～106°28′和北纬34°36′～36°58′，海拔高度为1 630.0～2 930.0m，试验点设置数量适当，代表性良好，承试单位固定。

表65-1 2016—2020年中晚熟西北组承试单位基本情况

承试单位	试验地点	经度（E）	纬度（N）	海拔（m）
甘肃省农业科学院马铃薯研究所	渭源县会川镇	103°58′	35°06′	2 240
甘肃省天水市农业科学研究所	秦州区中梁试验站	105°39′	34°36′	1 650
甘肃省定西市农业科学研究院	定西市安定区	104°37′	35°32′	1 920
青海省农林科学院生物技术研究所	城北区二十里铺镇	101°35′	36°32′	2 642
青海省海南州农业科学所	共和县铁盖乡	100°37′	36°16′	2 930
青海省互助县农技推广中心	互助县威远镇	102°01′	36°52′	2 633
宁夏固原市农技推广中心	原州区中河乡	106°19′	36°07′	1 630
宁夏隆德种子管理站	隆德县沙塘镇	105°59′	35°35′	1 860
宁夏西吉马铃薯产业服务中心	西吉县吉强镇	105°63′	36°02′	1 984

第二节 气候概况

马铃薯生长期间的气候情况是影响产量、品质和农艺性状表现的重要因素，所以在进行品种评价时需要综合考虑气候因素的影响。2016—2020年中晚熟西北区的气候情况变化情况相对稳定，总体上表现为生育前期易受干旱、低温和霜冻为害，后期易受降雨涝害为害，为害严重年份，存在部分试点试验报废情况。

2016—2020年各年份气候情况具体表现为：2016年，马铃薯整个生长期间降雨偏少，致使植株生长缓慢，特别是7月中旬至9月上旬降雨较历年偏少，持续高温干旱，致使马铃薯产量偏低，马铃薯生长期间晚疫病发生较轻，渭源、隆德、海南、互助试点初霜期早，参试品种未能正常成熟，对产量影响较大。2017年4月中旬至5月底气温偏低，马铃薯生长缓慢，5月中旬至8月初降雨次数多但无有效降雨，6月中旬开始持续高温干旱，马铃薯生长受到干旱影响，8月中旬至9月底连续降雨，较往年多50%，马铃薯生长后期晚疫病发生较重，马铃薯产量受到天气的影响。2018年6—9月降雨天气多发，强降雨次数多，降水量大，较常年降水量偏多30%，气温偏高，平均气温较常年增加2℃左右，连续降雨导致晚疫病发生率较高，发病程度较重，使马铃薯产量受到影响。2019年3—5月降水量比常年同期偏少20%～40%，6月降水量比常年同期偏多30%～50%，持续时间长，7—8月降水量明显偏多，9月多阴雨天气，气温变化不大。马铃薯晚疫病发生较晚，发病程度较轻，马铃薯产量受到影响不大。2020年渭源试点在5—9月降水量多，阴雨天气较多，温度偏低，晚疫病属重度偏重发生。定西试点降雨较多，茎秆徒长，土壤板结，影响产量和薯块膨大。天水试点：地膜栽培，生育期降水偏多，植株徒长，晚疫病发生较重。固原试点：8月25日冰雹危害较轻。西宁试点：全年气温偏低，生育中后期降水偏多，植株晚疫病发生较重。其他试点天气基本正常，无特殊事件。

第三节 参试品种概况

2016—2020年中晚熟西北组品种试验参试品种33个次（不含对照，下同），以陇薯6号（CK）为对照。按品种类型分，均为鲜薯食用品种。从选育单位来看，均由科研（高校）单位选育，占比100%，科研（高校）单位仍然是中晚熟西北组参试品种的主要选育单位（表65-2），无科企合作选育品种，企业的育种能力和科企合作力度仍需加强。

表65-2 2016—2020年参试品种选育单位情况 （个）

类别	2016年	2017年	2018年	2019年	2020年	合计	占比（%）
科研单位选育	5	7	7	7	7	33	100
企业选育	0	0	0	0	0	0	0
科企联合选育	0	0	0	0	0	0	0

第四节 产量和农艺性状动态分析

依据参试品种的年度平均产量分析，2016—2020年的平均亩产为1 168.3～25 832.8kg，2018年平均产量最低，2016年、2017年和2020年产量相对平稳，2019年平均产量最高，5年平均产量为1 939.7kg，年度间平均产量相对稳定，产量稳步提升（表65-3）。从相对产量上看，相对于对照陇薯6号平均增产1.6%，其中2020年较陇薯6号增产较多达16.9%，2020年与中薯3号产量基本相当。

在参试品种农艺性状方面，平均生育期119.3d，其中2016年生育期最长达127.3d，2018年生育期最短为113.1d；平均株高66.6cm，其中2018年株高最高达78.6cm，2017年株高最矮为54.8cm；平均出苗率较高，达到96.1%，年际间较为稳定；平均大中薯率为75.1%，其中2020年大中薯率最高达80.3%，2017年大中薯率最低为70.4%（表65-3）。

表65-3 2016—2020年参试品种产量和农艺性状情况

年份	品种数量（个）	生育期（d）	株高（cm）	主茎数（个）	出苗率（%）	大中薯率（%）	亩产（kg）	比CK增产（%）
2016	6	127.3	55.9	2.7	97.1	73.7	1 746.9	-16.6
2017	8	122.9	54.8	2.4	97.2	70.4	1 840.4	12.4
2018	8	113.1	78.6	2.4	96.2	76.4	1 650.1	-3.9
2019	8	117.6	72.4	2.3	95.6	74.8	2 351.1	-0.8
2020	8	115.4	71.4	2.7	94.4	80.3	2 110.2	16.9
平均	—	119.3	66.6	2.5	96.1	75.1	1 939.7	1.6

第五节 抗性性状动态分析

2016—2020年，在参试品种生育期间，对病毒病、环腐病、早疫病、晚疫病、青枯病等病害田间发生情况进行了调查，2019年开始新增调查了疮痂病和粉痂病发病情况，除环腐病、青枯病和黑痣病外，其他病害均有不同程度发生。在花叶病毒病发病方面，平均最高发病率和最高病情指数分别为72.2%和25.2，其中，2020年最高发病率和最高病情指数最重，分别为76.8%和29.8，2017年最高发病率和最高病情指数最轻，分别为62.3%和20.3；在卷叶病毒病发病方面，平均最高发病率和最高病情指数分别为32.2%和11.7，其中，2016年最高发病率和最高病情指数最重，分别为56.7%和19.6，2019年最高发病率和最高病情指数最轻，分别为12.8%和6.4；在早疫病发病方面，平均最高病叶率和最高病情指数分别为95.6%和7.2，其中，2020年最高病叶率和最高病情指数最重，分别为35.4%和12.0，2020年最高病叶率和最高病情指数最轻，分别为86.9%和2.3；在晚疫病发病方面，平均最高病叶率和最高病情指数分别为100%和31.1，其中，2016年最高病叶率和最高病情指数最重，分别为78.6%和55.9，2017年最高病叶率和最高病情指数稍轻，分别为70.8%和19.3；在疮痂病发病方面，平均最高病薯率为25.5%，其中，2020年最高病薯率最重为50.9%，2019年最高病薯率最轻为0；在黑痣病发病方面，平均最高病薯率为28.9%（表65-4）。

表65-4 2016—2020年参试品种田间病害抗性情况

年份	品种数量（个）	花叶病毒病		卷叶病毒病		环腐病			早疫病		晚疫病		青枯病	疮痂病	黑痣病
		发病率（%）	病指	发病率（%）	病指	发病率（%）	病指	病薯率（%）	病叶率（%）	病指	病叶率（%）	病指	发病率（%）	病薯率（%）	病薯率（%）
2016	6	75.0	27.3	56.7	19.6	0.0	0.0	10.7	100		100		0.0	—	—
2017	8	62.3	20.3	51.7	13.2	0.6	0.6	10.6	100		100		0.0	—	—
2018	8	75.1	28.7	48.3	14.1	5.6	3.3	16.9	100		100		0.0	—	—
2019	8	71.7	19.7	12.8	6.4	—	—	1.8	100		100		—	0.0	0.0
2020	8	76.8	29.8	15.8	6.5	—	—	9.8	86.9		100		—	50.9	57.7
平均	—	72.2	25.2	32.2	11.7	2.1	1.3	10.0	95.6		100		0.0	25.5	28.9

每轮品种试验第二年，对参试品种的病毒病和晚疫病抗性进行了人工接种鉴定，其中，PVX接种鉴定平均病情指数直径为22.7，不同试验轮次间变化小；PVY接种鉴定平均病情指数直径为23.3，不同试验轮次间变化较小；晚疫病接种鉴定平均病斑直径12.7，不同试验轮次间变化小（表65-5）。

表65-5 2018—2020年参试品种接种抗性鉴定情况

年份	品种数量（个）	PVX	PVY	晚疫病
		病指	病指	病斑直径
2018	8	20.6	20.3	11.0
2020	8	24.7	26.3	14.3
平均		22.7	23.3	12.7

第六节　品质性状动态分析

每轮品种试验第二年，对参试品种的品质相关性状进行了评价分析，其中，块茎平均蒸煮口感为5.9，年际间变化小，整体上口感较好；平均二次生长率为1.0%，二次生长情况较轻；平均裂薯率为0.7%，裂薯情况较轻；平均空心率为0.3，空心率情况较轻；平均维生素C含量44.1mg/100g鲜薯，不同试验轮次间变化较大；平均干物质含量21.1%，不同试验轮次间变化较小；平均淀粉含量17.3%，不同试验轮次间变化较小；平均粗蛋白含量2.3%，不同试验轮次间变化较小；平均还原糖含量0.4%，不同试验轮次间变化稍大（表65-6）。

表65-6 2018—2020年参试品种品质性状动态情况

年份	品种数量（个）	蒸煮口感	二次生长（%）	裂薯（%）	空心（%）	维生素C（mg/100g）	干物质（%）	淀粉（%）	蛋白质（%）	还原糖（%）
2018	8		1.0	0.4	0.6	30.4	21.3	18.4	2.3	0.4
2020	8	5.9	0.9	0.9	0.0	58.3	20.9	16.2	2.2	0.4
平均			1.0	0.7	0.3	44.1	21.1	17.3	2.3	0.4

第六十六章　2016—2020年中晚熟西南组马铃薯品种试验性状动态分析

第一节　试验点基本概况

西南中晚熟区为我国马铃薯重要主产区之一，在生育期上衔接南方冬作区和早熟中原区，主要包括湖北、四川、重庆、贵州、云南和陕西中高海拔地区，栽培面积大，经济效益好。2016—2020年，设置区域试验点12个，分别是湖北2个、四川2个、重庆2个、贵州2个、云南3个、陕西1个（表66-1）。试验地点分布在东经99°16′~110°47′和北纬25°38′~34°14′，海拔高度为756~2 750m，试验点设置数量适当，具有区域代表性，承试单位固定，可持续性强。

表66-1　2016—2020年西南中晚熟组承试单位基本情况

承试单位	试验地点	经度（E）	纬度（N）	海拔（m）
湖北恩施中国南方马铃薯研究中心	恩施市三岔乡	109°39′	30°20′	1 250
兴山县古夫镇农旺种业	兴山县古夫镇	110°47′	31°16′	1 100
四川省农业科学院作物研究所	马尔康县邓家桥村	102°08′	31°56′	2 180
四川省西昌学院科技处	普格县五道箐乡	102°26′	27°13′	2 080
重庆巫溪县农业局	巫溪县柏杨社区	109°20′	34°14′	900
重庆三峡农业科学院	梁平区蟠龙镇	107°49′	30°37′	756
贵州省威宁县山地特色农业科学研究院	农业科学院试验基地	103°16′	25°51′	2 200
贵州省毕节市农业科学研究所	七星关区朱昌镇	105°16′	27°10′	1 590
云南省昆明市寻甸县农业局种子管理站	寻甸县六哨乡	102°46′	25°38′	2 649
云南省昭通市农业科学院	昭通市昭阳区	103°43′	27°20′	1 917
云南省丽江市农业科学研究所	玉龙县太安乡	99°16′	26°36′	2 750
陕西省安康市农业科学所	镇坪县曾家镇	109°24′	32°12′	1 450

第二节　气候概况

马铃薯生长期间的气候情况是影响产量、品质和农艺性状表现的重要因素，在进行品种评价时需要综合考虑气候因素的影响。2016—2020年西南中晚熟组各试点的气候情况变化情况整体相对稳定，各试点年间平均最高温度为0.69~7.99℃，平均最低温度差幅0.53~10.3℃，平均温度0.74~8.08℃；各试点年季降雨变化较大，218.6~909.3mm。总体上表现，生育前期易受干旱、低温和霜冻为害，中后期易受降雨涝害或晚疫病暴发为害，严重年份，存在部分试点试验报废情况〔威宁（2016年、2019年）、汶川（2017年）、昭通（2018年）、寻甸（2019年）、北川和西昌（2020年）〕。

2016—2020年各年份气候情况具体表现为：2016年恩施、巫溪生长前期遭遇低温冷害；安康、威宁6月遭遇冰雹；安康、恩施、万州、汶川、巫溪、昭通在生育期遭遇强降雨或者连阴雨。2017年大理、恩施、汶川、昭通前期遭遇低温或冻害，昭通在3月12—13日遭遇雨雪；恩施、万州、威宁、巫溪生育期降雨较多，晚疫病发病重。2018年毕节、巫溪、万州在生育期遭遇低温冷害；安康、丽江、北川、万州、威宁、巫溪生育期遇连阴雨，局部地区遭受特大暴雨；兴山生育中期出现旱情，毕节遭遇特大冰雹。2019年万州、威宁、丽江生长前期干旱，影响出苗及苗期生长；巫溪、万州、安康中后期降雨较多，晚疫病发病严重；毕节5月遭受特大暴雨，形成洪灾；北川试点生育期积温较低，影响整体产量。2020年安康、万州、威宁苗期干旱；安康、恩施、万州、北川生育期降雨较多，晚疫病发病重；万州蕾期遭遇低温。

第三节　参试品种概况

2016—2020年西南中晚熟组品种试验参试品种为35个次（不含对照，下同），以鄂马铃薯5号为对照。按品种类型分，均为鲜薯食用品种。从选育单位来看，由科研（高校）单位选育的品种35个次，占比94.6%；企业选育的品种2个次，占比5.4%；科研（高校）单位仍然是中南早熟组参试品种的主要选育单位（表66-2），无科企合作选育品种，企业的育种能力和科企合作力度仍需加强。

表66-2　2016—2020年参试品种选育单位情况　　　　　　　　　　　　　　（个）

类别	2016年	2017年	2018年	2019年	2020年	合计	占比（%）
科研单位选育	6	5	8	8	8	35	94.6
企业选育	0	0	1	1	0	2	5.4
科企联合选育	0	0	0	0	0	0	0

第四节　产量和农艺性状动态分析

依据参试品种的年度平均产量分析，2016—2020年的平均亩产为1 839.0～2 136.0kg，2019年平均产量最低，2017年平均产量最高，5年平均产量为2 007.6kg，年度间平均产量相对稳定，产量呈逐年缓慢下降（表66-3）。从相对产量上看，相对于对照鄂马铃薯5号平均增产11.0%，其中2020年较鄂马铃薯5号增产达32.1%，2018—2019年与鄂马铃薯5号产量基本相当。

在参试品种农艺性状方面，平均生育期94.0d，其中2020年生育期最长达99.9d，2019年生育期最短为90.8d；平均株高75.0cm，其中2016年株高最高为86.3cm，2017年株高最矮为67.2cm；平均主茎数3.9个，年度间较为稳定；平均出苗率较高，达到95.5%，年度间较为稳定；平均大中薯率为75.2%，年度间较为稳定（表66-3）。

表66-3　2016—2020年参试品种产量和农艺性状情况

年份（年）	品种数量（个）	生育期（d）	株高（cm）	主茎数（个）	出苗率（%）	大中薯率（%）	亩产（kg）	比CK增产（%）
2016	6	94.2	86.3	4.6	97.1	74.3	2 111.7	6.8
2017	5	93.4	67.2	3.6	96.1	78.9	2 136.0	14.7
2018	8	92.0	71.1	3.8	95.8	75.7	2 019.3	0.4
2019	8	90.8	75.5	3.7	94.5	73.3	1 839.0	0.8
2020	8	99.9	75.1	3.6	94.2	73.6	1 931.8	32.1
平均	—	94.0	75.0	3.9	95.5	75.2	2 007.6	11.0

第五节　抗性性状动态分析

2016—2020年，在参试品种生育期间，对病毒病、环腐病、早疫病、晚疫病、青枯病等病害田间发生情况进行了调查，调查病害均有不同程度发生。在花叶病毒病发病方面，平均最高发病率和最高病情指数分别为47.26%和7.52，其中，2017年最高发病率和最高病情指数最重，分别为74.0%和11.7，2018年最高发病率最轻，为21.1%，2020年病指最低，为5.6；在卷叶病毒病发病方面，平均最高发病率和最高病情指数分别为21.38%和4.4，其中，2017年最高发病率最重，为28.7%，2020

年病指最重，为5.0；2019年最高发病率和最高病情指数最轻，分别为15.8%和3.9；在环腐病方面，仅2018年和2020年植株发现环腐病，表现较轻，块茎未发现病薯；在早疫病发病方面，平均最高病叶率为36.04%，发病程度均为轻，其中，发病率2016年最高，为100%，2018年病叶率最轻，为6.2%；在晚疫病发病方面，平均最高病叶率和最高病情指数分别为98.94%和、2.1级，其中，2017年最高病叶率最轻，为94.7%，其余年份均为100%；发病级数2017年最低，为1.6级，2019年最高，为2.5级；在青枯病方面，各年份间发病率均较轻，2016年发病率最高，为1.3%，其余均相差不大（表66-4）。

表66-4　2016—2020年参试品种田间病害抗性情况

年份	品种数量（个）	花叶病毒病		卷叶病毒病		环腐病			早疫病		晚疫病		青枯病	
		发病率（%）	病指	发病率（%）	病指	发病率（%）	病指	病薯率（%）	病叶率（%）	程度	病叶率（%）	病级	发病率（%）	程度
2016	6	51.7	6.4	17.9	4.3	0	0	0	100.0	轻	100.0	1.7	1.3	轻
2017	5	74.0	11.7	28.7	4.1	0	0	0	50.2	轻	94.7	1.6	0.8	轻
2018	9	21.1	6.0	23.7	4.2	1.1	0.6	0	6.2	轻	100.0	2.3	0.7	轻
2019	9	34.5	7.8	15.8	3.9	0	0	0	6.3	轻	100.0	2.5	0.7	轻
2020	8	55.0	5.7	20.8	5.5	1.3	0.5	0	17.5	轻	100.0	2.4	0.6	轻
平均	—	47.26	7.52	21.38	4.4	0.48	0.22	0	36.04	轻	98.94	2.1	0.82	轻

每轮品种试验第二年，对参试品种的病毒病和晚疫病抗性进行了人工接种鉴定，其中，PVX接种鉴定平均病情指数为21.2，不同试验轮次间变化较大；PVY接种鉴定平均病情指数直径为19.7，不同试验轮次间变化较小；晚疫病接种鉴定平均病斑直径12.8，不同试验轮次间变化较大（表66-5）。

表66-5　2017年、2019年参试品种接种抗性鉴定情况

年份	品种数量（个）	PVX	PVY	晚疫病
		病指	病指	病斑直径
2017	5	23.8	19.8	11.0
2019	9	18.5	19.6	14.6
平均	—	21.2	19.7	12.8

第六节　品质性状动态分析

每轮品种试验第二年，对参试品种的品质相关性状进行了评价分析，其中，块茎平均蒸煮口感为8.25，年际间变化小，整体上口感较好；平均二次生长率为0.32%，二次生长情况较轻；平均裂薯率为0.36%，裂薯情况较轻；平均空心率为0.14%，空心情况较轻；平均维生素C含量13.9mg/100g鲜薯，不同试验轮次间变化较大；平均干物质含量21.2%，不同试验轮次间变化较小；平均淀粉含量12.0%，不同试验轮次间变化较小；平均粗蛋白含量2.2%，不同试验轮次间变化较小；平均还原糖含量0.28%，不同试验轮次间变化较大（表66-6）。

表66-6　2017年、2019年参试品种品质性状动态情况

年份	品种数量（个）	蒸煮口感	二次生长（%）	裂薯（%）	空心（%）	维生素C（mg/100g）	干物质（%）	淀粉（%）	蛋白质（%）	还原糖（%）
2017	5	8.00	0.59	0.622	0	11.2	22.1	12.1	2.3	0.32
2019	9	8.50	0.04	0.09	0.27	16.6	20.3	11.9	2.1	0.23
平均	—	8.25	0.32	0.36	0.14	13.9	21.2	12.0	2.2	0.28